U0421696

基于ABAQUS的有限元分析和应用

庄茁　由小川　廖剑晖　岑松　沈新普　梁明刚　编著

清華大學出版社
北京

内 容 简 介

ABAQUS是国际上最先进的大型通用有限元计算分析软件之一，具有强健的计算功能和模拟性能，拥有大量不同种类的单元模型、材料模型和分析过程。本书是基于ABAQUS软件6.7版本进行有限元分析与应用的入门指南和工程分析与科学研究教程。全书分为上、下两篇。上篇结合有限元的基本理论和数值计算方法，通过系列的相关例题和讨论，系统地介绍了ABAQUS软件的主要功能和应用方法，包括编写输入数据文件和前处理的要领，对输出文件进行分析和后处理的方法等；下篇精选了一批ABAQUS在科研和工程领域的典型应用案例，涉及了土木、机械、航空、铁道等工程领域，橡胶、岩土和复合材料等多种材料的应用研究，以及如何通过编写用户接口程序进行二次开发等内容。

本书是应用ABAQUS有限元软件进行力学分析和结构计算的必备工具书，可供从事工程设计和有限元分析的科研人员和工程师等阅读和参考，也可以作为力学和工程专业研究生和本科生的有限元数值计算课的辅助教材。

图书在版编目(CIP)数据

基于ABAQUS的有限元分析和应用/庄茁等编著. —北京：清华大学出版社，2009.1(2024.8重印)
ISBN 978-7-302-18816-2

Ⅰ. 基…　Ⅱ. 庄…　Ⅲ. 有限元分析—应用软件，ABAQUS 6.7　Ⅳ. O241.82-39

中国版本图书馆CIP数据核字(2008)第167334号

责任编辑：石　磊
责任校对：刘玉霞
责任印制：刘　菲

出版发行：清华大学出版社
　　网　　址：https://www.tup.com.cn，https://www.wqxuetang.com
　　地　　址：北京清华大学学研大厦A座　　**邮　　编**：100084
　　社 总 机：010-83470000　　**邮　　购**：010-62786544
　　投稿与读者服务：010-62776969，c-service@tup.tsinghua.edu.cn
　　质 量 反 馈：010-62772015，zhiliang@tup.tsinghua.edu.cn
印 装 者：三河市龙大印装有限公司
经　　销：全国新华书店
开　　本：185mm×260mm　　**印　　张**：36.75　　**字　　数**：890千字
版　　次：2009年1月第1版　　**印　　次**：2024年8月第18次印刷
定　　价：159.00元

产品编号：027899-06

前　　言

非线性力学问题(材料、几何和接触)是力学发展的前沿课题。非线性有限元是计算固体力学的组成部分,是基于仿真的工程与科学的重要方法之一。基于非线性力学理论和计算固体力学而发展的ABAQUS有限元软件是数值仿真的重要工具之一,在科学研究和工程分析领域得到了广泛的应用。

清华大学航天航空学院工程力学系的高级有限元中心(Advanced Finite Element Service,AFES)成立于1997年,并于当年将ABAQUS有限元软件引进到国内,取他山之石,助科研和工程分析之力。在有限元发展与应用上,站在高起点的ABAQUS软件平台上开发算法、发展用户单元和材料本构模型,使我们避免了研究工作的低水平重复,受益匪浅。我们所培养的本科生和研究生,在有限元软件的应用水平和开发能力上与国际接轨,在驾驭软件本体,开发接口程序方面达到了国际较高水平。

本书分为上、下两篇。上篇为ABAQUS的基础内容和应用指南,主要是基于ABAQUS软件6.7版本进行有限元分析与应用的入门指南和工程分析与科学研究教程;下篇为ABAQUS在科学研究和工程问题中的应用实例,其内容来自于AFES中心教师和研究生的科研工作及ABAQUS中国用户年会的论文集,它汇集了近十年的部分研究成果和工程应用实例。

借本书出版的机会,衷心感谢清华大学黄克智院士和杨卫院士的远见卓识和大力支持,推动了ABAQUS软件的应用和二次开发工作,使得清华大学高级有限元中心成为国内应用ABAQUS软件的技术支持中心。另外,对陈佩英高级工程师始终不渝的鼓励和帮助表示深深的谢意。也感谢与我们保持了多年友谊与合作的SIMULIA北京办事处前任总经理于旭光博士和现任总经理白锐先生及其全体同仁的支持。我们相信本书的出版必将推动ABAQUS软件在中国的推广和应用,有助于发展我国基于仿真的工程分析与科学研究事业。

庄茁等

2008年10月于清华园

目　　录

上篇　ABAQUS 的基础内容和应用指南

上　篇

ABAQUS 的基础内容和应用指南

1 绪　论

1.1 从 HKS 和 ABAQUS 到 SIMULIA

当中国人听到来自大洋彼岸的美国罗得岛州的 HKS 公司(Hibbitt，Karlsson & Sorensen，INC.，现为 SIMULIA 公司)的有限元软件命名为 ABAQUS，会觉得那么熟悉和亲切，因为我们中华民族的古老计算工具算盘的英文就是 ABACUS，发音相同，仅一个字母之差。聪明的美国科学家利用它作为商标，发展了汇集线性和非线性计算功能为一体的有限元软件，并且成立了商业化运作的大型跨国有限元软件公司。

HKS 公司，顾名思义，是由三个人发起创立的。在商用有限元软件的舞台上，David Hibbitt 是位举足轻重的人物。这位来自曼彻斯特市的英国人，1965 年毕业于英国的剑桥大学，1972 年在美国的布朗大学获得工学博士学位。这样的教育背景使他具备了坚实的工程力学基础和高超的计算编程能力。Hibbitt 与他的导师 Pedro Marcal 教授合作，以 Hibbitt 的博士论文工作为基础发展了 MARC 有限元软件。1969 年，MARC 公司成立，这个软件和公司的名字均为 Marcal 教授姓氏的前四个字母。博士毕业后，Hibbitt 在 MARC 公司工作到 1977 年。MARC 公司在市场上经营了整整 30 年，于 1999 年被 MSC 公司兼并，但是 MARC 有限元软件仍然是 MSC 的主要产品。HKS 的另外两个主要人物是 Karlsson 博士和 Sorensen 博士，后者是著名力学家 Rice 的学生。他们开始创业时，在 Hibbitt 家的车库里写程序，带着今天看来是“小儿科”的简单程序到企业去解决工程问题，有时甚至是一边修改程序一边向工程师介绍程序。1978 年 2 月 1 日，他们三人合作建立了 HKS 公司，使 ABAQUS 商用软件进入市场。该程序是能够引导研究人员自主增加用户单元和材料模型的早期有限元程序之一，因此受到科研人员和工程师们的青睐，对当时的有限元软件行业带来了实质性的冲击。

1997 年和 2000 年夏季，本书的第一作者两次应邀到 Hibbitt 博士家中作客，在他位于罗得岛州大西洋港湾岸边的白色房子中，望着远处片片轻舟，点点白帆，感受大西洋的暖风轻抚，聆听 Hibbitt 博士讲述当年他们三人以 2000 美元创业的故事。平静的交谈体现出 Hibbitt 博士脚踏实地的工作作风和远见卓识的创业精神。第一个 10 年，公司平均每两个月增加一人；第二个 10 年，平均每一个月增加一人；进入 21 世纪后，平均每一个月增加两人。人员稳步增加，规模逐渐扩大，市场不断发展，资本良性循环。没有泡沫，没有浮躁，所具有的只是工程师们在兢兢业业地编写软件。诚信谨慎的商业运行，使公司得到平稳的发展。

ABAQUS 公司在计算机硬件和软件高速发展的大环境下应运而生，如鱼得水，在激烈的全球市场竞争中适者生存。正是美国这种社会背景培育了人们的竞争精神，其价值取向使具有高水平科研能力的博士能够放弃待遇优厚和工作稳定的高校教授岗位，白手起家创立计算机软件公司，开发和生产高技术的软件产品。目前，ABAQUS 公司已成为拥有 300

多名员工、几十家分公司遍布美国和全世界的跨国有限元软件企业。2005年ABAQUS公司被法国达索公司收购，2007年公司更名为SIMULIA。

ABAQUS有限元软件的发展适逢有限元数值计算的蓬勃兴起及虚拟科学和工程仿真的大量需求，顺应历史者昌，高瞻远瞩者进。因此，我们有必要首先介绍有限元著作和软件的发展历史。

1.2　有限元著作和软件的发展历史

近50年来，发表了大量的有限元专著和文章，特别是一些成功的试验报道和专题文章，对有限元的发展做出了不同程度的贡献。例如，专门论述非线性有限元分析的著作中比较有影响的包括Oden(1972)[①]，Crisfield(1991)，Kleiber(1989)和Zhong(1993)等的作品。特别值得注意的是Oden的书，它是固体和结构非线性有限元分析的先驱著作。近期的著作有Simo和Hughes(1998)，Bonet和Wood(1997)，Belytschko，Liu和Moran(2000)等的书。还有一些著作部分地对非线性分析做出了贡献，它们是Belytschko和Hughes(1983)，Zienkiewicz和Taylor(1991)，Bathe(1996)，以及Cook，Malkus和Plesha(1989)等的相关图书。对于非线性有限元分析，这些书提供了有益的入门指南。作为姐妹篇，关于线性有限元分析的论述，内容最全面的著作是Hughes(1987)，Zienkiewicz[②]和Taylor(2000)的作品。

在我国比较有影响的有限元教材和专著包括浙江大学的谢贻权和何福保(1981)，同济大学的徐次达和华伯浩(1983)，清华大学的王勖成(2003)，浙江大学的郭乙木、陶伟明和清华大学的庄茁(2005)等编写的相关图书。

下面我们简要回顾有限元软件的发展历史。20世纪50年代，美国波音研究组的工作和Turner，Clough，Martin以及Topp(1956)的著名文章，使线性有限元分析得以闻名。不久之后，在许多大学和研究所里，工程师们开始将有限元方法扩展至非线性、小位移的静态问题。但是，它还难以燃起早期的科学界对有限元的激情和改变传统研究者们对于这些方法的鄙视。例如，因为考虑到没有科学的实质，*Journal of Applied Mechanics* 许多年都拒绝刊登关于有限元方法的文章。然而，对于许多必须涉及工程问题的工程师们，他们非常清楚有限元方法的前途——它提供了一种处理复杂形状的真实问题的可能性，这种求解的可能性是解析方法无法实现的。

有限元软件的一支血脉是隐式有限元程序。在20世纪60年代，由于Ed Wilson发布了他的第一个程序，这种激情终于被点燃了。这些程序的第一代没有名字。在遍布世界的许多实验室里，通过改进和扩展这些早期在Berkeley开发的软件，工程师们扩展了很多新的用途，从而带来了对工程分析的巨大冲击和有限元软件的随之发展。在Berkeley开发的第二代线性程序称为SAP(structural analysis program)。由Berkeley的工作发展起来的第一个非线性程序是NONSAP，它具有隐式积分进行平衡求解和瞬态问题求解的功能。

第一批非线性有限元方法文章的主要贡献者有Argyris(1965)以及Marcal和King

---

① 本节中人名后面括号中的数字是其代表著作发表的年份。

② 该作者的代表作《有限单元法(第5版)》(共3卷)中文翻译版已于2008年由清华大学出版社出版发行。

(1967)。不久,一大批文章涌现,软件随之诞生。当时在 Brown 大学任教的 Pedro Marcal 为了使第一个非线性商业有限元程序进入市场,于 1969 年建立了一个公司;该程序命名为 MARC,目前它仍然是有限元领域的主要软件之一。大约在同期,John Swanson 为了核能应用在 Westinghouse 开发了一个非线性有限元程序 ANSYS。为了使 ANSYS 进入市场,他于 1969 年离开了 Westinghouse。ANSYS 尽管主要是关注非线性材料而非求解完全的非线性问题,它多年来仍垄断了商业有限元软件的舞台。

在早期的商用软件舞台上,另外两个主要人物是 David Hibbitt 和 Klaus-Jürgen Bathe。Hibbitt 与 Pedro Marcal 合作到了 1977 年,后来与其他人合作建立了 HKS 公司,使 ABAQUS 商用软件进入市场。Klaus-Jürgen Bathe 是在 Ed Wilson 的指导下在 Berkeley 获得博士学位的,不久之后开始在 MIT 任教。这期间他发布了他的程序。这是 NONSAP 软件的派生产品,称为 ADINA。

直到大约 1990 年,商用有限元程序都集中在静态解答和隐式方法的动态解答。在 20 世纪 70 年代,这些方法取得了非常大的进步,主要贡献来自于 Berkeley 和起源于 Berkeley 的研究人员 Thomas J. R. Hughes,Robert Taylor,Juan Simo,Klaus-Jürgen Bathe,Carlos Felippa,Pal Bergan,Kaspar Willam,Ekerhard Ramm 和 Michael Ortiz。他们是 Berkeley 的杰出研究者的一部分;不容置疑,他们是早期的有限元的主要孵化人员。

有限元软件的另一支血脉是显式有限元程序(Explicit)。Wilkins(1964)在 DOE 实验室的工作,特别是命名为 hydro-codes 软件的诞生,强烈地影响了早期的显式有限元方法。

在 1964 年,Costantino 在芝加哥的 IIT 研究院开发了可能是第一个显式有限元程序。它局限于线性材料和小变形,由带状刚度矩阵乘以节点位移计算内部的节点力。它首先在一台 IBM7040 系列计算机上运行,花费了数百万美元。IBM7040 只有 32KB RAM,其速度远远低于一个 megaflop(每秒一百万次浮点运算)。刚度矩阵存储在磁带上,通过观察磁带驱动能够监测计算的过程;当每一步骤完成时,磁带驱动将逆转以便允许阅读刚度矩阵。这些和以后的 Control Data 机器有类似的性能,如 CDC6400 和 CDC6600,它们是 20 世纪 60 年代运行有限元程序的机器。一台 CDC6400 价值约为 1000 万美元,有 32KB 内存(存储全部的操作系统和编译器)和大约一个 megaflop 的真实速度。

在 1969 年,为了实现对美国空军销售的计划,研究人员发明了著名的单元乘单元的技术——节点力的计算不必应用刚度矩阵。以此为基础,开发了名为 SAMSON 的二维有限元程序,它被美国的武器实验室应用了 10 年。在 1972 年,该程序功能扩展至结构的完全非线性三维瞬态分析,称为 WRECKER。这一工作得到美国运输部敢于幻想的计划经理 Lee Ovenshire 的基金资助,他在 20 世纪 70 年代初期就预言汽车的碰撞试验可能被计算机仿真所代替。在当时进行一个 300 个单元模型的模拟计算,对于 2000 万次模拟需要大约 30 小时的计算机机时,花费大约 3 万美元。Lee Ovenshire 的计划资助了若干个开拓性的工作:Hughes 的接触-冲击工作,Ivor McIvor 的碰撞工作,以及由 Ted Shugar 和 Carly Ward 在 Port Hueneme 所从事的关于驾驶员人头的模拟研究。但是,大约在 1975 年,运输部认为仿真过于昂贵,决定将所有的基金转向试验方面,使这些研究努力令人痛心地停止下来。在 Ford 公司,WRECKER 勉强维持生存了下一个 10 年。而在 Argonne,由 Belytschko 发展的显式程序被移植应用在核安全工业上,其程序命名为 SADCAT 和 WHAMS。

在 DOE 国家实验室,开始了平行的研究工作。1975 年,工作在 Sandia 的 Sam Key 完成了 HONDO,它也是具有单元乘单元功能的显式方法。程序可以处理材料非线性和几何非线性问题,并且有精心编辑的文件。然而,这个程序遭遇到 Sandia 限制传播的政策,基于保密的原因,不允许发布。得益于 Northwestern 大学的研究生 Dennis Flanagan 的工作,使这些程序得到进一步的发展,他将程序命名为 PRONTO。

显式有限元程序发展的里程碑来自于 Lawrence Livermore 实验室的 John Hallquist 的工作。1975 年,John 开始他的工作,在 1976 年,他首先发布了 DYNA 程序。他慧眼吸取了前面许多人的成果,并且与 Berkeley 的研究人员紧密交流合作,包括 Jerry Goudreau,Bob Taylor,Tom Hughes 和 Juan Simo。他之所以成功的部分关键因素是与 Dave Benson 合作发展了接触-冲击相互作用,他的令人敬畏的编程效率,以及计算程序 DYNA-2D 和 DYNA-3D 的广泛传播。与 Sandia 相比,对于程序的传播,在 Livermore 几乎没有任何障碍,因此,Wilson 的程序和 John 的程序不久后在全世界的大学、政府和工业实验室里到处可见。它们不容易被修改,但是,的确发展了许多新的以 DYNA 程序作为试验台的想法。

Hallquist 关于有效接触-冲击算法的发展(与今天的有效算法相比,是原始的第一批算法,但是仍然常被采用)采用一点积分单元和高阶矢量,使得工程仿真得以有显著性突破的可能。矢量似乎已经与新一代计算机无关,但是,在 20 世纪 80 年代以 Cray 机为主的计算机上运行大型问题,矢量是至关重要的。一点积分单元与沙漏控制的一致性,通过几乎是一阶量值的完全积分三维单元,可以提高三维分析的速度。

在 20 世纪 80 年代,DYNA 程序首先被法国 ESI 公司商品化,命名为 PAMCRASH。它与 WHAMS 也有许多相关的子程序。在 1989 年,John Hallquist 离开了 Livermore,开始经营他自己的公司,他扩展了 LSDYNA,使之成为商业版的 DYNA 程序。

1.3 有限元分析中的问题与挑战

在过去的 20 年,计算机速度的加快、成本的迅速下降和显式程序功能的日益强大带来了设计的革命,有限元分析成为计算机辅助设计的基本组成部分。第一个最有价值的应用领域是汽车碰撞,之后迅速扩展。在越来越多的工业领域,采用更快捷和低成本的方式评估设计概念和细节的有限元仿真正在代替样品原型的试验。产品设计依赖于模拟正常工作状态、跌落试验和其他极端加载情况的帮助,例如手机、便携式计算机、洗衣机和许多其他产品。制造过程也应用有限元进行仿真,例如锻压、薄金属板成型和挤压成型等。对于某些仿真问题,隐式方法的功能也变得越来越强健。在分析中,如果能够根据不同情况充分发挥显式和隐式的功能,则效果更为突出。例如,显式方法可能适合仿真薄金属板成型的加工过程;而在回弹过程模拟中,隐式方法是更合适的。当前,隐式方法比显式方法的功能增加得更加迅速。对于处理非线性约束,例如接触和摩擦,隐式方法已经有了明显的改进。稀疏迭代求解器也已经成为更加有效的工具。随着工业问题和科学研究课题的不断产生,将对两种方法提出更多的发展需求。

商用软件只提供给用户前后处理和执行文件,其源程序对于用户是黑匣子。这样,分析者将面对许多选择和困惑,若不理解有限元的基本概念、程序中所包含的内容和这些选项的内涵,分析者将会非常被动。因此,应用和开发有限元程序的工程师必须理解有限元分析的基本概念。

有限元分析包含下列步骤：

(1) 建立模型——前处理；

(2) 推导方程的公式；

(3) 离散方程；

(4) 求解方程；

(5) 表述结果——后处理。

其中步骤(2)～(4)已在典型的分析程序中实现，而分析者的工作体现在第1项和第5项。

在过去的10年中，在发展仿真方面有了显著的变化。直到20世纪80年代，建模还只是注重提取反映力学性能的基本单元，目的是使这些基本单元能够与所复制的研究力学性能的最简单模型一致。现在，建立一个单一的详细的设计模型并应用它检验所有的必要的工业准则，在工业界已经成为非常普遍的方法。这种应用模拟方式的动力在于，对于一种工业产品生成几种网格的成本远高于生成对每种应用都适用的特殊网格的成本。例如，同样一个便携式计算机的有限元模型可以用来进行跌落仿真、线性静力分析和热应力分析。通过使用同一个模型进行所有这些分析，节省了大量的工程研制时间。当然，对于特定的分析，有限元软件的使用者必须能够评估有限元模型的适用性和限制条件。

今天，方程公式的推导和离散主要掌握在软件开发者的手中。然而，由于某些方法和软件可能应用得不合适，一位不理解软件基本内容的分析者会面对许多风险。而且，为了将试验数据转换为输入文件，分析者必须清楚在程序中所应用的和由实验人员提供的材料数据的应力和应变的度量。分析者必须理解和知道如何评估数据响应的敏感程度。一位有效率的分析者必须清楚容易产生误差的来源，如何检查这些误差和评价误差的量级，以及各种算法的限制和误差影响量。

求解离散方程也面临许多选择。一种不恰当的选择将导致冗长的计算时间消耗，从而使分析者在规定的时间内无法获得结果。为了实现建立一个合理的模型和选择最佳的求解过程的良好策略，了解各种求解过程的优势和劣势以及所需要的大致计算机机时是非常必要的。

分析者最重要的任务是表述结果。除了固有的近似之外，即便是线性有限元模型，对于许多参数的分析也常常是敏感的。这种敏感性可能给模拟带来成功，也可能将其引入歧途。非线性固体可能经历非稳态，其结果可能主要取决于材料的参数，对缺陷的反应可能是敏感的。这些都需要在进行有限元分析时加以注意。

本书大量地展示了对于工程和科学问题应用ABAQUS求解的各种方法和技巧。在阅读过程中，读者应特别注意以下内容：

(1) 对于要解决的问题，如何选择合适的隐式或显式的方法和程序；

(2) 对于给定的问题，如何选择合适的有限元网格描述以及动力学和运动学的方法；

(3) 如何检验计算的平滑性和求解过程的稳定性；

(4) 如何认识计算中所隐含的求解质量和困难；

(5) 如何判断主要假设的作用和误差的来源。

对于许多包含过程仿真的大变形问题和破坏分析，选择合适的网格描述是非常重要的。例如，是否应用Lagrangian(拉格朗日)、Eulerian(欧拉)或者Arbitrary Lagrangian Eulerian (ALE-任意的拉格朗日-欧拉)网格。需要认识网格畸变的影响，在选择网格时必须牢牢记住不同类型网格描述的优点。

在仿真过程中,普遍存在着稳定性的问题。在数值模拟中,很可能获得物理上不稳定,因而也是相对无意义的解答。对于不完备的材料和载荷参数,许多解答是敏感的;在某些求解情况下,甚至敏感于所采用的网格。一位睿智的有限元软件使用者必须清楚这些特性,估计到可能遇到的陷阱;否则,由计算机仿真精心制作的结果可能是错误的,也可能导致不正确的设计精度。

在有限元分析中,平滑性也是普遍存在的问题。缺乏平滑性会降低大多数算法的功能,并可能在结果中引入不期望的波动。目前已经发展了改进响应平滑性的技术,称为调整过程。然而,调整过程常常并不基于物理现象,在许多情况下难以确定与调整相关的常数。因此,分析者常常面临进退两难的窘境,需要决定是否选择导致平滑求解的方法或者处理不连续的响应。我们非常希望分析者能够理解调整参数和存在隐含调整的效果,例如在接触-碰撞中的罚函数方法、有限滑移和小滑移、过盈和侵彻,以及正确地应用和评价这些方法。

在非线性分析中,结果的精度和稳定性是重要的问题。这些问题以多种方式出现。例如,在选择单元的过程中,分析者必须清楚稳定性和各种单元的锁定特性。单元的选择包括多种因素,如对于求解问题的单元的稳定性、结果的期望平滑性以及期望变形的量级等。此外,分析者必须清楚非线性分析的复杂性。对于出现物理和数值非稳定性的可能性,必须给予密切关注并在求解过程中予以检查。

在工业设计和科学研究中,精通有限元软件(如ABAQUS)非常重要。分析者必须重视对于有限元方法的理解。提供这种理解和使读者能够清楚在ABAQUS分析中许多使人感兴趣的挑战和机遇,正是本书的目的。

1.4 在设计中应用ABAQUS

ABAQUS是一套功能强大的基于有限元方法的工程模拟软件,它可以解决从相对简单的线性分析到极富挑战性的非线性模拟等各种问题。ABAQUS具备十分丰富的单元库,可以模拟任意实际形状。ABAQUS也具有相当丰富的材料模型库,可以模拟大多数典型工程材料的性能,包括金属、橡胶、聚合物、复合材料、钢筋混凝土、可压缩的弹性泡沫以及地质材料(例如土壤和岩石)等。作为一种通用的模拟工具,应用ABAQUS不仅能够解决结构分析(应力/位移)问题,而且能够模拟和研究热传导、质量扩散、电子元器件的热控制(热-电耦合分析)、声学、土壤力学(渗流-应力耦合分析)和压电分析等广阔领域中的问题。

ABAQUS为用户提供了广泛的功能,使用起来十分简便,即便是最复杂的问题也可以很容易地建立模型。例如,对于多部件问题,可以通过对每个部件定义合适的材料模型,然后将它们组装成几何构形。对于大多数模拟,包括高度非线性的问题,用户仅需要提供结构的几何形状、材料性能、边界条件和载荷工况等工程数据。在非线性分析中,ABAQUS能自动选择合适的载荷增量和收敛准则。ABAQUS不仅能够自动选择这些参数的值,而且在分析过程中也能不断地调整这些参数值,以确保获得精确的解答。用户几乎不必去定义任何参数就能控制问题的数值求解过程。

1.5 ABAQUS 产品介绍

1.5.1 ABAQUS 软件

ABAQUS 由两个主要的分析模块组成：ABAQUS/Standard 和 ABAQUS/Explicit。其中在 ABAQUS/Standard 中还附加了三个特殊用途的分析模块：ABAQUS/Aqua、ABAQUS/Design 和 ABAQUS/Foundation。另外，ABAQUS 还分别为 MOLDFLOW 和 MSC.ADAMS 提供了 MOLDFLOW 接口和 ADAMS/Flex 接口。ABAQUS/CAE 是集成的 ABAQUS 工作环境，包含了 ABAQUS 模型的建模、交互式提交作业和监控运算过程以及结果评估(即后处理)等能力。ABAQUS/Viewer 是 ABAQUS/CAE 的子模块，它只包含其中的后处理功能。这些模块之间的关系见图 1-1。

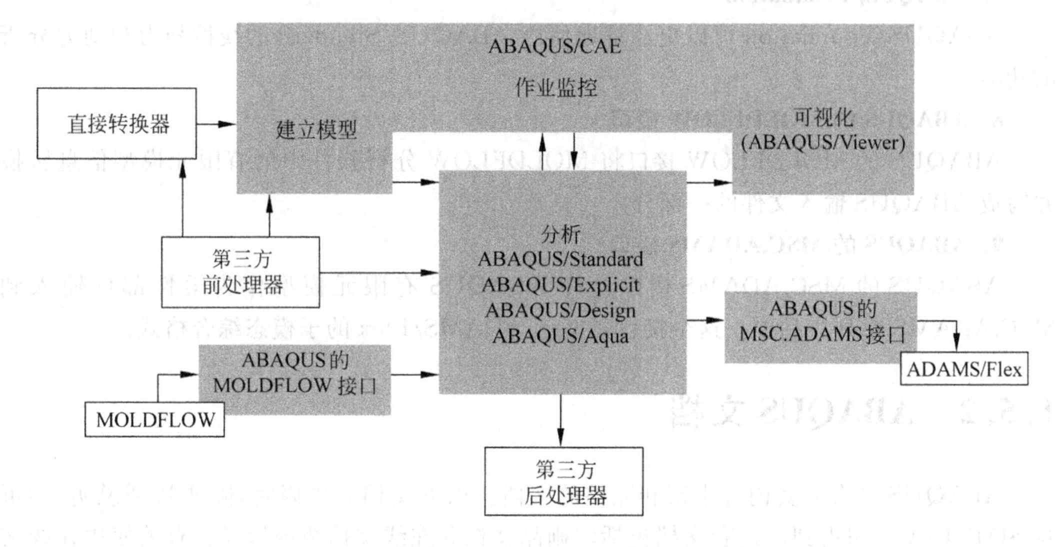

图 1-1 ABAQUS 产品

1. ABAQUS/Standard

ABAQUS/Standard 是一个通用分析模块，它能够求解广泛领域的线性和非线性问题，包括静力、动力、构件的热和电响应等问题，这个模块将在本书中详细讨论。

2. ABAQUS/Explicit

ABAQUS/Explicit 是一个具有专门用途的分析模块，采用显式动力学有限元格式。它适用于模拟短暂、瞬时的动态事件，如冲击和爆炸问题；此外，它对处理改变接触条件的高度非线性问题也非常有效，例如模拟成型问题。这个模块也将在本书中详细讨论。

3. ABAQUS/CAE

ABAQUS/CAE(Complete ABAQUS Environment)是 ABAQUS 的交互式图形环境。通过生成或输入将要分析结构的几何形状，并将其分解为便于网格划分的若干区域，应用它可以方便而快捷地构造模型，然后对生成的几何体赋予物理和材料特性、载荷以及边界条件。ABAQUS/CAE 具有对几何体划分网格的强大功能，并可检验所形成的分析模型。模型生成后，ABAQUS/CAE 可以提交、监视和控制分析作业。而 Visualization(可视化)模块可以用来显示得到的结果。本书将对 ABAQUS/CAE 进行讨论。

4. ABAQUS/Viewer

ABAQUS/Viewer 是 ABAQUS/CAE 的子模块，它只包含了可视化模块的后处理功能。在本书中对可视化模块的讨论都适用于 ABAQUS/Viewer。

5. ABAQUS/Aqua

ABAQUS/Aqua 是一套可选择模块，可以附加到 ABAQUS/Standard 模块。它的功能在于模拟近海结构，如海上石油钻井平台。其他一些功能包括模拟波浪、风载及浮力的影响。

6. ABAQUS/Design

ABAQUS/Design 是一套可选择模块，可以附加到 ABAQUS/Standard 模块，用于进行设计敏感度的计算。

7. ABAQUS/Foundation

ABAQUS/Foundation 可以更经济地使用 ABAQUS/Standard 的线性静力和动力分析的功能。

8. ABAQUS 的 MOLDFLOW 接口

ABAQUS 的 MOLDFLOW 接口将 MOLDFLOW 分析软件中的有限元模型信息转换并写成 ABAQUS 输入文件的一部分。

9. ABAQUS 的 MSC.ADAMS 接口

ABAQUS 的 MSC.ADAMS 接口允许 ABAQUS 有限元模型作为柔性部件输入到 MSC.ADAMS 系列产品中。这个接口是基于 ADAMS/Flex 的子模态综合格式。

1.5.2　ABAQUS 文档

ABAQUS 具有一套内容丰富和完整的文档。以下文档和出版物，除非特别说明，均可从 SIMULIA 公司得到。这套文档包括印刷品文档和在线文档两种形式。有关使用在线文档的更多信息，请参考《ABAQUS 分析用户手册》(*ABAQUS Analysis User's Manual*)中关于操作过程的讨论内容。

1.《ABAQUS 分析用户手册》(*ABAQUS Analysis User's Manual*)

这是最常用的 ABAQUS 手册，它是包含 ABAQUS 所有功能的参考手册，包括对单元、材料模型、分析过程、输入格式等内容的完整描述。本书会经常提到《ABAQUS 分析用户手册》的内容，因此当你运算例题时，最好具备该手册以便经常查阅。

2.《ABAQUS/CAE 用户手册》(*ABAQUS/CAE User's Manual*)

该手册通过 3 个便于理解的教程详细说明了如何运用 ABAQUS/CAE 生成模型、分析、结果评估和可视化。该手册中关于 Visualization(可视化)模块的内容同样适用于 ABAQUS/Viewer。

3.《ABAQUS 在线文档使用手册》(*Using ABAQUS Online Documentation*)

该在线手册的主要内容是指导怎样阅读和搜索 ABAQUS 在线文档。

4.《ABAQUS 实例手册》(*ABAQUS Example Problems Manual*)

该手册包括多达 75 个详细的实例，用来演示那些具有典型意义的线性和非线性计算分析的方法和结果。典型的例题有：弹塑性管撞击刚性墙产生的大运动、薄壁弯管的非弹性屈曲破坏、弹性粘塑性薄环承受爆炸载荷、地基作用下土壤的固结、带孔洞复合材料壳的屈曲、金属薄板的大变形拉伸等。每一个例题的说明中都包括了对单元类型和网格密度选择的讨论。

当用户想使用一个以前从未用过的功能时，可以参考一个或多个使用了该功能的例子。通过这些例子，可以熟悉如何正确地使用这种功能。为了查找使用某个功能的例子，可以搜索在线文档或利用 ABAQUS findkeyword（查询关键字）工具（见《ABAQUS 分析用户手册》的第 3.2.11 节"Execution procedure for querying the keyword/problem database"可获得更详细的信息）。与这些例子有关的所有输入文件都已在 ABAQUS 安装时提供。获取这些文件的工具称为 ABAQUS/Fetch（获取），它包含在每一个 ABAQUS 版本中。其语法为：

```
abaqus fetch job=〈文件名〉
```

用户可以从安装目录中提取任何一个例题文件，然后自己运行一遍模拟分析和观察计算结果。也可以通过《ABAQUS 实例手册》中的超链接进入例题的输入文件。

5.《ABAQUS 基准校核手册》(*ABAQUS Benchmark Manual*)

该手册只有在线版本，包括用于评估 ABAQUS 性能的基准问题和标准分析，其结果与精确解和其他已经发表的结果进行比较。这些问题与实例问题一样为学习各种单元和材料模型的性能提供了良好的开端。该手册包含了 NAFEMS 基准问题，其输入文件也在安装时提供，提取的方法与提取例题手册中输入文件的方法相同。

6.《ABAQUS 验证手册》(*ABAQUS Verification Manual*)

该手册只有在线版本，包括对 ABAQUS 每一种特定功能（分析过程、输出选项、多点约束等）质量评估的基本测试问题。当学习使用一种新的功能时，运行这些问题会对你很有帮助。这些基准问题的输入文件同样存在于安装目录中，可以用上面提到的获取例题输入文件的方法来获得。

7.《ABAQUS 理论手册》(*ABAQUS Theory Manual*)

该手册只有在线版本，包括关于 ABAQUS 理论方面的详尽而严谨的讨论，其内容是为具有工程背景的用户而写的，并不需要用作日常参考。

8.《ABAQUS 关键词参考手册》(*ABAQUS Keyword Reference Manual*)

该手册提供了在 ABAQUS 中全部输入选项的完整描述，包括对每个选项中可能使用的任何参数的说明。

9.《ABAQUS 版本说明》(*ABAQUS Release Notes*)

该文本包括了对 ABAQUS 产品序列的最新版本中的新增功能的简要描述。

10.《ABAQUS 安装和授权指南》(*ABAQUS Installation and Licensing Guide*)

在每一个 ABAQUS 授权中都提供了该指南，它描述了如何安装 ABAQUS 和如何针对特定的环境设置安装。其中与用户最相关的一些信息，也包含在用户手册中。

11.《质量保证计划》(*Quality Assurance Plan*)

该文件阐述了 ABAQUS 的质量保证（QA）程序。它是一个控制文件，只提供给订购了美国核工业质量保证程序（Nuclear QA Program）或质量监视服务（Quality Monitoring

Service)的用户。

12. 讲义(Lecture Notes)

讲义和专题培训班可以帮助用户理解许多ABAQUS的使用性能和实际应用，例如金属成型或热传导。在技术研讨会上，ABAQUS公司通过讲义帮助用户改进他们对ABAQUS软件的理解和使用。尽管讲义并不是一个完全独立的学习资料，但是其丰富的内容足以帮助用户理解ABAQUS。关于某一专题的讲义通常可用作该专题的入门教材，使得用户手册更容易被理解。可以在SIMULIA公司中文主页www.abaqus.com.cn的下载中心子页中找到讲义目录。

1.6 有限元法的简单回顾

本节将回顾有限元的基础知识。任何有限元模拟的第一步都是用一个**有限单元**(finite element)的集合离散(discretize)结构的实际几何形状，每一个单元代表这个实际结构的一个离散部分。这些单元通过共用**节点**(node)来连接。节点和单元的集合称为**网格**(mesh)。在一个特定网格中的单元数目称为**网格密度**(mesh density)。在应力分析中，每个节点的位移是ABAQUS计算的基本变量。一旦节点位移已知，每个单元的应力和应变就可以很容易地求出。

1.6.1 使用隐式方法求解位移

一端约束而另一端加载的桁架的简单例子如图1-2所示，我们通过这个简单的隐式算例介绍本书中将使用的一些术语和约定。该算例分析的目的是求解桁架自由端的位移、桁架中的应力以及桁架约束端的反力。

在图1-2所示的模型中，将圆杆离散成两个桁架单元。ABAQUS的桁架单元只能承受轴向载荷。在图1-3中显示了离散模型，并标出了节点和单元编号。

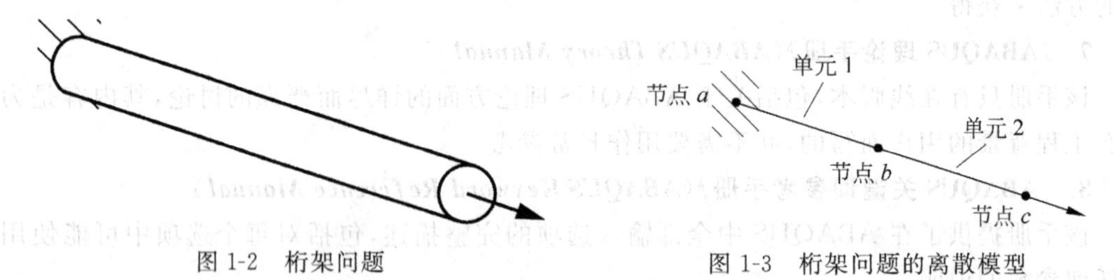

图1-2　桁架问题　　　　图1-3　桁架问题的离散模型

图1-4显示了模型中每个节点的分离图。在通常情况下，模型中的每个节点将承受外部载荷 P 和内部载荷 I，后者是由于节点相连单元的应力引起的。对于一个处于静平衡状态的模型，每个节点上的合力必须为零，即每个节点上的外部载荷和内部载荷必须相互平衡。

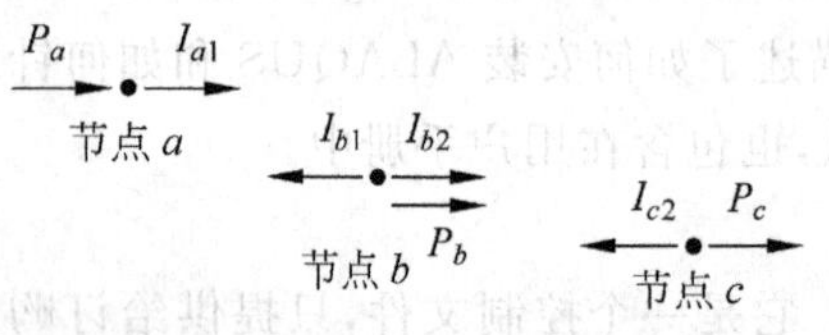

P_a　I_{a1}　节点 a　I_{b1}　I_{b2}　P_b　节点 b　I_{c2}　P_c　节点 c

图1-4　每个节点的分离图

对于节点 a，其平衡方程可建立如下。假设圆杆的长度变化很小，则单元1的应变可表示为

$$\varepsilon_{11}=\frac{u_b-u_a}{L}$$

其中，u_a 和 u_b 分别是节点 a 和 b 的位移；L 是单元的初始长度。假设材料是弹性的，圆杆的应力可以通过应变乘以杨氏模量 E 给出：

$$\sigma_{11} = E\varepsilon_{11}$$

作用在端部节点的轴向力等于圆杆的应力乘以其横截面积 A。这样，内力、材料性能和位移的关系为

$$I_{a1} = \sigma_{11}A = E\varepsilon_{11}A = \frac{EA}{L}(u_b - u_a)$$

在节点 a 处的平衡方程因此可以写成

$$P_a + \frac{EA}{L}(u_b - u_a) = 0$$

节点 b 的平衡必须同时考虑与该节点相连的两个单元的内力。对于节点 b，单元 1 的内力作用在反方向上，因此变为负值。平衡方程为

$$P_b - \frac{EA}{L}(u_b - u_a) + \frac{EA}{L}(u_c - u_b) = 0$$

节点 c 的平衡方程为

$$P_c - \frac{EA}{L}(u_c - u_b) = 0$$

对于隐式方法，这些平衡方程需要同时进行求解以获取每个节点的位移。以上求解最好采用矩阵算法。因此，将内力和外力的贡献写成矩阵形式。如果两个单元的性质和维数相同，平衡方程可以化简成如下形式：

$$\begin{Bmatrix} P_a \\ P_b \\ P_c \end{Bmatrix} - \left(\frac{EA}{L}\right)\begin{bmatrix} 1 & -1 & 0 \\ -1 & 2 & -1 \\ 0 & -1 & 1 \end{bmatrix}\begin{Bmatrix} u_a \\ u_b \\ u_c \end{Bmatrix} = 0$$

通常情况下，每个单元的刚度（本例中的 EA/L 项）是不同的。因此，可以将模型中两个单元的刚度分别写成 K_1 和 K_2。我们感兴趣的是获得平衡方程的解答，使施加的外力 P 与产生的内力 I 达到平衡。若考虑到问题的收敛性和非线性，可以将平衡方程写成

$$\{P\} - \{I\} = 0$$

对于完整的两单元三节点结构，经过这种符号变换后，可以将平衡方程重写为

$$\begin{Bmatrix} P_a \\ P_b \\ P_c \end{Bmatrix} - \begin{bmatrix} K_1 & -K_1 & 0 \\ -K_1 & K_1 + K_2 & -K_2 \\ 0 & -K_2 & K_2 \end{bmatrix}\begin{Bmatrix} u_a \\ u_b \\ u_c \end{Bmatrix} = 0$$

在隐式方法中（例如应用 ABAQUS/Standard），由此方程组能够解出 3 个未知变量的值 u_b，u_c 及 P_a（在该问题中，u_a 已指定为 0.0）。一旦位移求出后，就能利用位移返回计算出桁架单元的应力。当每一个求解增量步结束时，隐式的有限元方法要求解一组方程组。

显式方法与隐式方法不同，例如应用在 ABAQUS/Explicit 中的显式方法，并不需要同时求解一套方程组或计算整体刚度矩阵。求解是通过动态方法从一个增量步前推到下一个增量步得到的。在下面一节中，将介绍显式动力学有限元方法的内容。

1.6.2 应力波传播的描述

本节将帮助读者从概念上理解当应用显式动力学算法时应力是如何在模型中传播的。

在这个演示例子中，考虑应力波沿着一个由3个单元构成的杆件模型传播的过程，如图1-5所示。随着时间增量的变化，我们将研究杆件的各个状态。

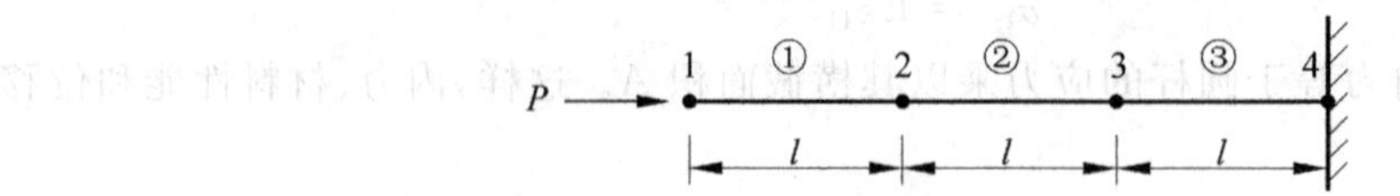

图 1-5 自由端作用有集中力 P 的杆件的初始状态

在第1个时间增量段，施加在节点1的集中力 P 使节点1产生了一个加速度 $\ddot{u}_1$。这个加速度使节点1产生速度 $\dot{u}_1$，在单元①内引起应变速率 $\dot{\varepsilon}_{\mathrm{el1}}$。在第1个时间增量段内对应变速率进行积分就获得了单元①的应变增量 $\mathrm{d}\varepsilon_{\mathrm{el1}}$。总应变 $\varepsilon_{\mathrm{el1}}$ 是初始应变 ε_0 和应变增量的和。在这个问题中的初始应变为零。一旦计算出了单元应变，就可以通过材料的本构模型求出单元的应力 σ_{el1}。对于线弹性材料，应力是弹性模量与总应变的乘积。这个过程如图1-6所示。在第1个时间增量段里，节点2和节点3因为没有力作用在其上，所以没有移动。

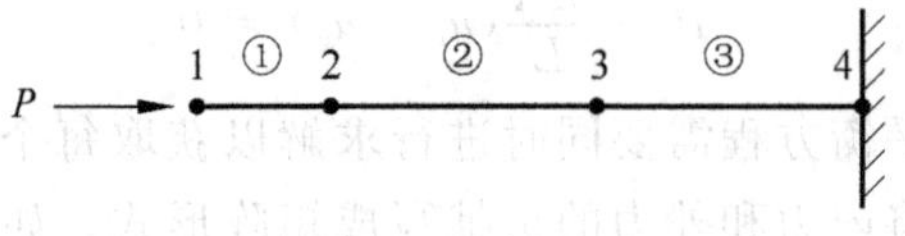

$$\ddot{u}_1=\frac{P}{M_1}\Rightarrow\dot{u}_1=\int\ddot{u}_1\,\mathrm{d}t\Rightarrow\dot{\varepsilon}_{\mathrm{el1}}=\frac{-\dot{u}_1}{l}\Rightarrow\mathrm{d}\varepsilon_{\mathrm{el1}}=\int\dot{\varepsilon}_{\mathrm{el1}}\,\mathrm{d}t\Rightarrow\varepsilon_{\mathrm{el1}}=\varepsilon_0+\mathrm{d}\varepsilon_{\mathrm{el1}}\Rightarrow\sigma_{\mathrm{el1}}=E\varepsilon_{\mathrm{el1}}$$

图 1-6 自由端作用有集中力的杆件在第1时间增量段结束时的状态

在第2个时间增量段，由单元的应力产生的单元内力被施加到了与单元①相连的所有节点上，如图1-7所示，然后应用这些单元应力计算节点1和节点2的动力平衡方程。

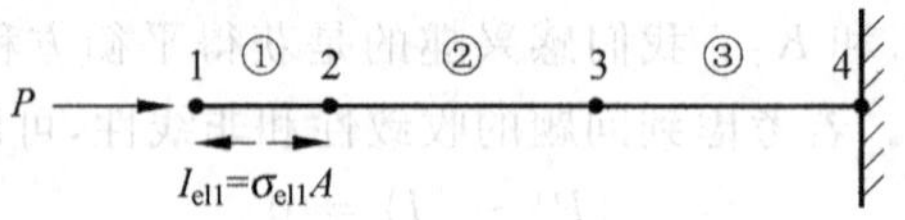

$I_{\mathrm{el1}}=\sigma_{\mathrm{el1}}A$

$$\ddot{u}_1=\frac{P-I_{\mathrm{el1}}}{M_1}\Rightarrow\dot{u}_1=\dot{u}_1^{\mathrm{old}}+\int\ddot{u}_1\,\mathrm{d}t\qquad\dot{\varepsilon}_{\mathrm{el1}}=\frac{\dot{u}_2-\dot{u}_1}{l}\Rightarrow\mathrm{d}\varepsilon_{\mathrm{el1}}=\int\dot{\varepsilon}_{\mathrm{el1}}$$

$$\ddot{u}_2=\frac{I_{\mathrm{el1}}}{M_2}\Rightarrow\dot{u}_2=\int u_2\,\mathrm{d}t\qquad\Rightarrow\varepsilon_{\mathrm{el1}}=\varepsilon_1+\mathrm{d}\varepsilon_{\mathrm{el1}}\quad\Rightarrow\sigma_{\mathrm{el1}}=E\varepsilon_{\mathrm{el1}}$$

图 1-7 杆件在第2个时间增量段开始时的状态

这个过程继续下去，到第3个时间增量段开始时，单元①和单元②中都已存在了应力，而节点1,2和3则存在了作用力，如图1-8所示。这个过程将一直继续下去，直到总的分析时间结束。

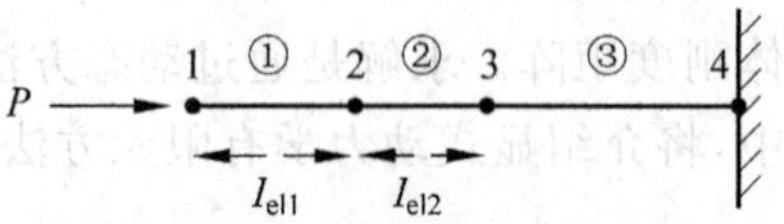

I_{el1}　I_{el2}

图 1-8 杆件在第3个时间增量段开始时的状态

1.7 本书阅读指南

1.7.1 本书内容

本书分为上、下两篇。上篇是提供给用户 ABAQUS 的基础内容和应用指南，使他们能够应用 ABAQUS/CAE 前处理生成实体、壳体和框架模型，应用 ABAQUS/Standard 和 ABAQUS/Explicit 对模型进行静力和动力分析，并在可视化模块 ABAQUS/CAE 中监控求解进程和观察后处理结果。上篇共有 13 章，每章介绍一个或几个主题。大部分章节包括对所介绍主题或者所涉及主题的简短讨论，以及一两个演示例题。由于它们包含使用 ABAQUS 的大量的实用建议，所以请务必仔细学习这些例题。ABAQUS/CAE 的功能也会在这些例题中逐步地介绍。

本章是对 ABAQUS 和全书的一个简短介绍。第 2 章“ABAQUS 基础”将围绕一个简单的例题介绍使用 ABAQUS 的基本知识。至第 2 章结束，读者将了解到对一个 ABAQUS 的模拟计算如何来准备模型、检查数据、运行分析作业和观察结果。第 3 章“有限单元和刚性体”展示了 ABAQUS 软件中的主要单元家族。第 4 章“应用实体单元”、第 5 章“应用壳单元”和第 6 章“应用梁单元”分别讨论了实体单元、壳单元和梁单元的具体使用。第 7 章为“线性动态分析”。第 8 章“非线性”一般性地介绍了非线性的概念，特别是几何非线性，并且包含 ABAQUS 所模拟的第一个非线性例题。第 9 章为“显式非线性动态分析”。第 10 章“材料”介绍了材料非线性。第 11 章“多步骤分析”介绍了多步骤模拟的概念。第 12 章“接触”提出了接触分析的诸多问题。第 13 章“ABAQUS/Explicit 准静态分析”展示了如何应用显式程序来求解准静态问题。

本书下篇介绍 ABAQUS 在科学研究与工程问题中的部分应用实例，其主要内容来自清华大学工程力学系高级有限元中心(AFES)的工作，其余部分选自《ABAQUS 中国用户会议论文集》。在这些应用实例中，有土木工程、焊接工艺、橡胶材料、岩土材料、复合材料、开发用户单元与材料接口程序等。它们是 AFES 多年积累的经验和教训的总结，相信会成为读者的良师益友。

下篇共有 10 章，基本是按照具体实例的应用领域划分的，如土木工程(第 14 章和第 15 章)、多场耦合分析(第 16 章)、焊接工艺(第 17 章)、橡胶超弹性材料(第 18 章)、岩土材料与结构(第 19 章)、复合材料冲击损伤(第 20 章)、用户材料子程序 UMAT(第 21 章)、用户单元子程序 UEL(第 22 章和第 23 章)等。每章均包含一个或多个应用实例。对每个实例的描述包括工程或课题背景、公式推导和程序框图、求解过程和例题结果分析，以及对问题的简短讨论。在用户材料和用户单元子程序的章节中给出了具体的子程序内容和有关数据的输入输出说明，便于读者学习如何编程。

本书是使用 ABAQUS/Standard 和 ABAQUS/Explicit 的参考指南。在每一个求解增量步中，ABAQUS/Standard 隐式地求解一套方程组；相比之下，ABAQUS/Explicit 在时间域中以很小的时间增量步前推出结果，无需在每一个增量步求解耦合的方程系统(或者生成总体刚度矩阵)。本书应用术语 ABAQUS 整体地代表 ABAQUS/Standard 和 ABAQUS/Explicit；当信息适用于个别软件时，采用个别软件的名称。

用户在阅读本书前需了解有限元方法的基本知识，但无需任何ABAQUS的预备知识。本书仅涉及了应力/位移问题的模拟计算，关注线性和非线性的静态和动态分析；而并没有涉及其他类型的模拟，如热传导和质量扩散问题。这里假定用户应用ABAQUS/CAE建模。如果用户不能进入ABAQUS/CAE或者其他前处理程序，也可以应用其他手册中的例题，人工创建ABAQUS所要求的输入文件。

1.7.2　本书中的一些约定

为便于读者阅读，本书在演示例题中分别采用了不同的字体：

- 用 `Courier Font` 字体表示需要用户准确按照书中所示输入ABAQUS/CAE或计算机中的字符，例如：

```
abaqus cae
```

在计算机中输入这个命令运行ABAQUS/CAE。

- 在ABAQUS/CAE屏幕上的菜单选项、对话框中的标记和分项标签则以黑体表示，例如：

View→Graphics Options

Deformed Shape Plot Options

1.7.3　鼠标的基本操作

图1-9为左、右手三键鼠标各键的方位。本书使用以下术语描述鼠标的各种操作功能：

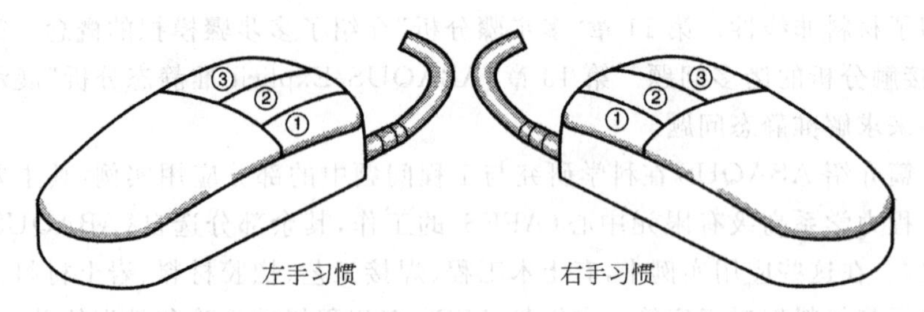

图1-9　鼠标键

单击（Click）：按下并快速松开鼠标键，除非特别指出，“单击”均指单击鼠标的键①。

拖动（Drag）：按住键①移动鼠标。

指向（Point）：移动鼠标使光标到达指定项的位置。

选取（Select）：使光标指向某一项后，单击键①。

[Shift]＋单击（Click）：按住[Shift]键，单击键①，然后松开[Shift]键。

[Ctrl]＋单击（Click）：按住[Ctrl]键，单击键①，然后松开[Ctrl]键。

ABAQUS/CAE设计使用的鼠标为三键鼠标，因此本书中参照图1-9所示的鼠标键①，②和③键。ABAQUS/CAE也可以按如下方法应用二键鼠标：

- 两个鼠标键分别相当于三键鼠标中的①，③键。
- 同时按下两个键相当于按下三键鼠标中的②键。

提示：在本书中提及的各个操作过程中要经常单击鼠标的②键，所以必须首先要确认鼠标②键（或滚轮键）的动作作为鼠标中键。

2 ABAQUS 基础

一个完整的 ABAQUS/Standard 或 ABAQUS/Explicit 分析过程，通常由三个明确的步骤组成：前处理、模拟计算和后处理。这三个步骤通过文件之间建立的联系如下：

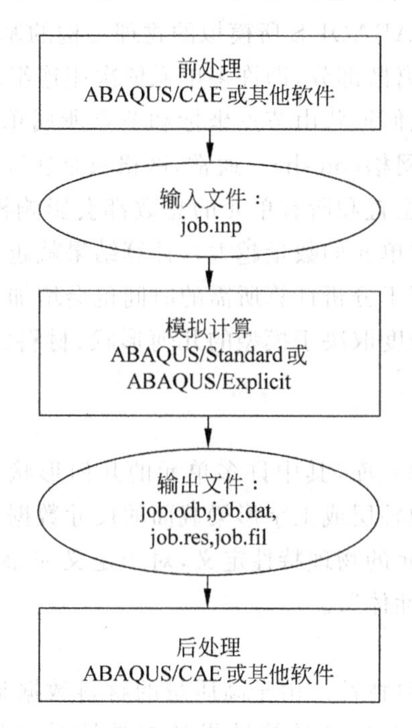

1. 前处理（ABAQUS/CAE）

在前处理阶段，需要定义物理问题的模型，并生成一个 ABAQUS 输入文件。对于一个简单分析，可以直接用文本编辑器生成 ABAQUS 输入文件；但通常的做法是使用 ABAQUS/CAE 或其他前处理程序，以图形方式生成模型。

2. 模拟计算（ABAQUS/Standard 或 ABAQUS/Explicit）

模拟计算阶段使用 ABAQUS/Standard 或 ABAQUS/Explicit 求解输入文件中所定义的数值模型。它通常以后台方式运行。以应力分析的输出为例，包括位移和应力的输出数据被保存在二进制文件中以便于后处理。完成一个求解过程所需的时间可以从几秒到几天不等，这取决于所分析问题的复杂程度和所使用计算机的运算能力。

3. 后处理（ABAQUS/CAE）

一旦完成了模拟计算并得到了位移、应力或其他基本变量后，就可以对计算结果进行评估。评估通常可以通过 ABAQUS/CAE 的可视化模块或其他后处理软件在图形环境下交互式进行。可视化模块可以将读入的二进制输出数据库中的文件以多种方法显示结果，包括彩色等值线图、动画、变形图和 *X-Y* 曲线图等。

2.1 ABAQUS分析模型的组成

ABAQUS模型通常由若干不同的部分组成，它们共同描述了所分析的物理问题和需要获得的结果。一个分析模型至少要包含如下的信息：离散化的几何形体、单元截面属性、材料数据、载荷和边界条件、分析类型和输出要求。

1. 离散化的几何形体

有限单元和节点定义了ABAQUS所模拟的物理结构的基本几何形状。模型中的每一个单元都代表了物理结构的离散部分，即许多单元依次相连组成了结构，单元之间通过公共节点彼此相互连接，模型的几何形状由节点坐标和节点所属单元的连接所确定。模型中所有的单元和节点的集合称为**网格**(mesh)。通常，网格只是实际结构几何形状的近似表达。

网格中单元类型、形状、位置和所有单元的总数都会影响模拟计算的结果。一般说来，网格的密度越高(即在网格中单元的数量越大)，计算结果就越精确。随着网格密度增加，分析结果会收敛到唯一解，但用于分析计算所需的时间也会增加。通常，数值解是所模拟的物理问题的近似解答，近似的程度取决于模型的几何形状、材料特性、边界条件和载荷对物理问题描述的准确程度。

2. 单元特性

ABAQUS拥有广泛的单元库，其中许多单元的几何形状无法完全由它们的节点坐标来定义。例如，复合材料壳的叠层或工字形梁截面的尺寸数据就不能通过单元节点来定义。这些附加的几何数据可由单元的物理特性定义，对于定义完整的模型几何形状它们是必要的(见第3章"有限单元和刚性体")。

3. 材料数据

必须指定所有单元的材料特性。由于高质量的材料数据是很难得到的，尤其是对于一些复杂的材料模型，所以ABAQUS计算结果的有效性受材料数据的准确程度和范围的制约。

4. 载荷和边界条件

载荷使物理结构产生变形，因而产生应力。最常见的载荷形式包括：

- 点载荷；
- 表面压力载荷；
- 体力，如重力；
- 热载荷。

应用边界条件可以使模型的某一部分受到约束从而保持固定(零位移)或使其移动指定大小的位移值(非零位移)。

在静态分析中，需要满足足够的边界条件以防止模型在任意方向上的刚体移动，否则，没有约束的刚体位移会导致刚度矩阵产生奇异。在求解阶段，求解器将发生问题，并可能引起模拟过程过早中断。在模拟过程中，如果查出了求解器问题，ABAQUS/Standard将发出警告信息。用户需要知道如何解释这些错误信息，这一点十分重要。如果在静态应力分析时看见警告信息"numerical singularity"(数值奇异)或"zero pivot"(主元素为零)，用户必须检查是否整个或者部分模型缺少限制刚体平动或转动的约束。

在动态分析中，由于结构模型中的所有分离部分都具有一定的质量，其惯性力可防止模型产生无限大的瞬时运动，因此，在动力分析时，求解器的警告信息通常提示了某些其他的模拟问题，如过度塑性等。

5. 分析类型

ABAQUS 可以进行多种不同类型的模拟分析。本书仅涉及两种最常见的类型：静态(static)和动态(dynamic)应力分析。

静态分析获得的是外载荷作用下结构的长期响应。在其他情况下，可能用户关心的是结构的动态响应。例如，在部件上突然加载(如发生在冲击过程中的响应)的影响，或在地震时建筑物的响应。

6. 输出要求

ABAQUS 的模拟计算过程会产生大量的输出数据。为了避免占用过多的磁盘空间，用户可根据所研究问题的需要对输出数据进行限制。

通常应用 ABAQUS/CAE 等前处理工具来定义模型中必要的输出信息。

2.2 ABAQUS/CAE 简介

ABAQUS/CAE 是完整的 ABAQUS 运行环境(Complete ABAQUS Environment)，它为生成 ABAQUS 模型、交互式地提交和监控 ABAQUS 作业以及评估 ABAQUS 模拟结果提供了一个风格简明、一致的界面。ABAQUS/CAE 分为若干个功能模块，每一个模块定义了模拟过程的一个逻辑方面，例如，定义几何形状、材料性质和生成网格等。通过使一个功能模块进入下一个模块，逐步地建立计算模型。建模完成后，ABAQUS/CAE 就生成了可提交给 ABAQUS 分析工具的一个输入文件。ABAQUS/Standard 或 ABAQUS/Explicit 读入由 ABAQUS/CAE 生成的输入文件，进行分析计算，将信息发送给 ABAQUS/CAE 以便用户对作业的进程进行监控，并生成输出数据库。最后，用户可使用 ABAQUS/CAE 的可视化模块读入输出数据，观察分析结果。用户在使用 ABAQUS/CAE 的同时会产生一个包含 ABAQUS/CAE 命令的执行文件(replay file)，它记录了用户进行的每个模拟操作过程。

2.2.1 启动 ABAQUS/CAE

启动 ABAQUS/CAE，只需在操作系统的命令提示符下输入命令：

```
abaqus cae
```

这里 abaqus 是用来运行 ABAQUS 的命令。这个命令可能与用户的系统中对应的命令不同。

当 ABAQUS/CAE 启动后，会出现 **Start Session**(开始任务)对话框，如图 2-1 所示。下面是对话框中的选项：

- **Create Model Database**，开始一个新的分析；
- **Open Database**，打开一个以前存储过的模型或输出数据库文件；
- **Run Script**，运行一个包含 ABAQUS/CAE 命令的文件；

• **Start Tutorial**,从在线文档中启动辅导教程。

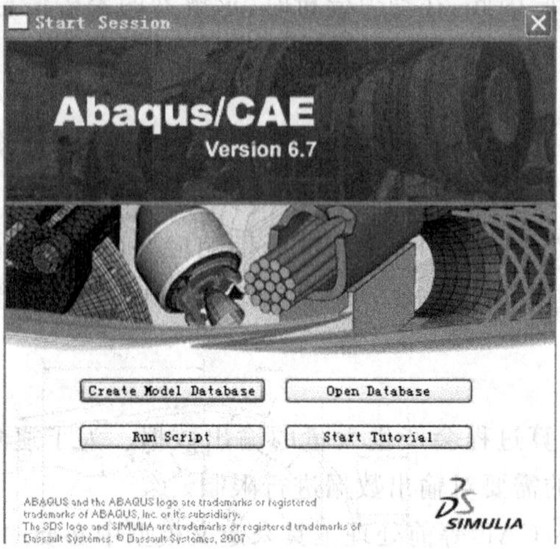

图 2-1　**Start Session** 对话框

2.2.2　主窗口的组成部分

用户通过主窗口与 ABAQUS/CAE 进行交互。图 2-2 所示为主窗口的各个部分。

1. 标题栏(Title bar)

标题栏显示了正在运行的 ABAQUS/CAE 版本和当前的模型数据库的名字。

2. 菜单栏(Menu bar)

菜单栏中包含了所有当前可用的菜单,通过对菜单的操作可调用 ABAQUS/CAE 的全部功能。用户在环境栏中选择不同的模块时,菜单栏中所包含的菜单项也会有所不同。如果需要详细信息,请查阅《ABAQUS/CAE 用户手册》第 6.2.2 节"Components of the main menu bar"。

3. 工具栏(Tool bar)

工具栏提供了菜单功能的快捷访问方式,这些功能也可以通过菜单直接访问。如果需要详细信息,请查阅《ABAQUS/CAE 用户手册》第 6.2.3 节"Components of the tool bar"。

4. 环境栏(Context bar)

ABAQUS/CAE 被划分为一组功能模块,其中每一模块针对模型的某一方面。用户可以在环境栏的 **Module**(模块)列表中的各模块之间进行切换。环境栏中的其他项则是当前正在操作模块的相关功能。例如,用户在创建模型的几何形状时,可以通过环境栏提取一个已经存在的部件(part)。如果需要详细信息,请查阅《ABAQUS/CAE 用户手册》第 6.2.4 节"The context bar"。

5. 工具箱区(Toolbox area)

当用户进入某一功能模块时,工具箱区中就会显示该功能模块相应的工具箱。工具箱使得用户可快速调用该模块的许多功能,这些功能也可通过菜单栏调用。如果需要详细信息,请查阅《ABAQUS/CAE 用户手册》第 7.3 节"Understanding and using toolboxes"。

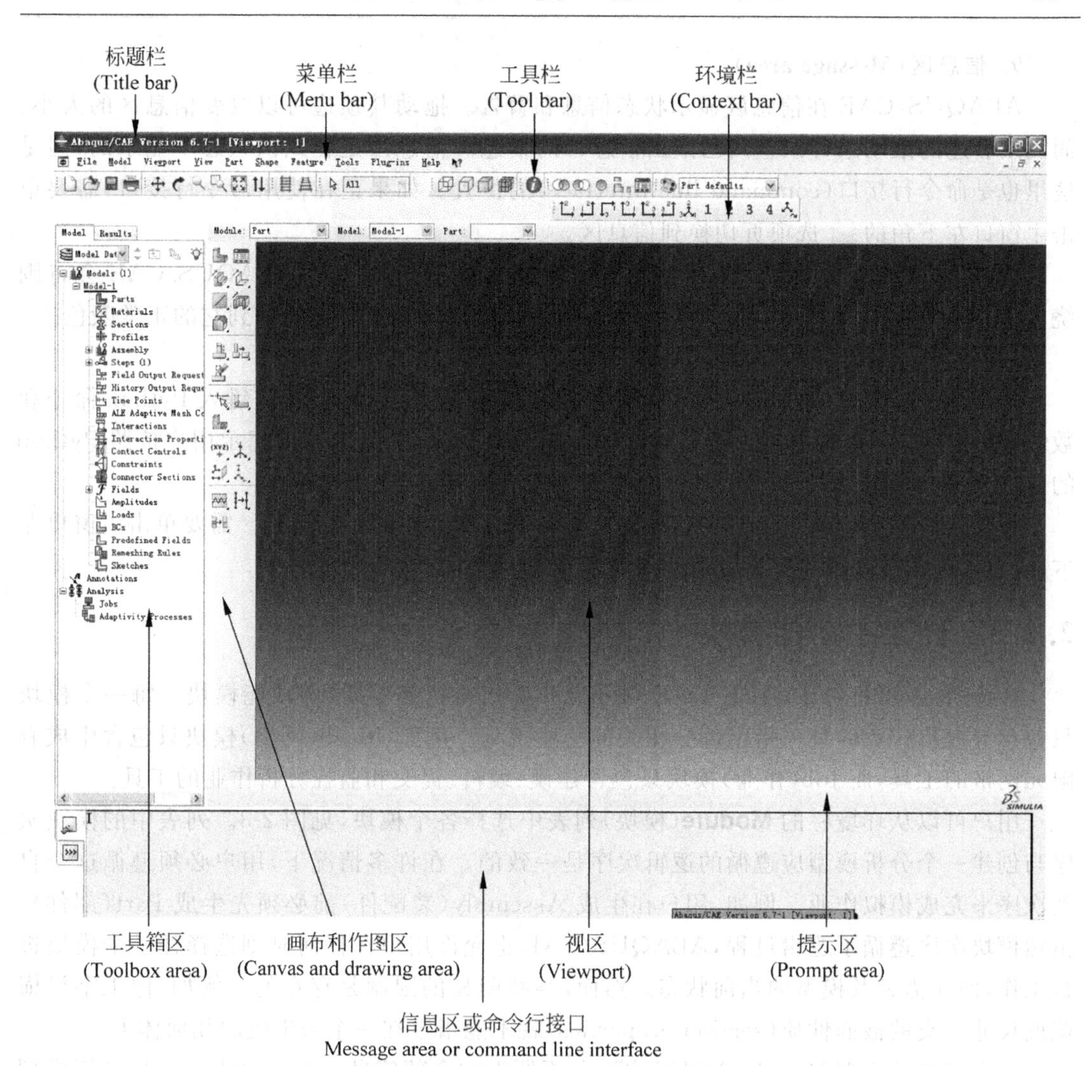

图 2-2 主窗口的各组成部分

6. 画布和作图区(Canvas and drawing area)

可把画布(canvas)设想为一个无限大的屏幕或布告板,用户在其中摆放视区(viewport)。如果需要详细信息,请查阅《ABAQUS/CAE 用户手册》第 8 章“Managing viewpoints on the canvas”。作图区是指画布当前显示的部分。

7. 视区(Viewport)

ABAQUS/CAE 通过画布上的视区显示用户的模型。如果需要详细信息,请查阅《ABAQUS/CAE 用户手册》第 8 章“Managing viewports on the canvas”。

8. 提示区(Prompt area)

用户在进行各种操作时会从这里得到相应的提示。例如在创建一个集合(set)时,提示区会提示用户选择相应的对象。如果需要详细信息,请查阅《ABAQUS/CAE 用户手册》第 7.1 节“Using the prompt area during procedures”。

9. 信息区(Message area)

ABAQUS/CAE在信息区显示状态信息和警告。拖动其顶边可以改变信息区的大小；而利用右边的滚动条可以查阅已滚出信息区的信息。信息区是在默认状态下显示的，但是这里也是命令行接口(command line interface)的位置。如果正在使用命令行接口，需要单击主窗口左下角的选项页切换到信息区。

注意：如果在显示命令行接口时在信息区中有新的信息加入，ABAQUS/CAE会将围绕该信息区图标的背景颜色改为红色；而当显示消息区时，背景则返回到它的正常颜色。

10. 命令行接口(Command line interface)

利用ABAQUS/CAE内置的Python编译器，可以使用命令行接口键入Python命令和数学计算表达式。接口中包含了主要(>>>)和次要(…)提示符，随时提示用户按照Python的语法缩进命令行。

在默认情况下，命令行接口是隐藏的，它和信息区共用同一个位置。需要单击主窗口左下角的选项页从信息区切换到命令行接口。

2.2.3　什么是功能模块

如前所述，可将ABAQUS/CAE划分为一系列的功能单元，即功能模块。每一个模块只包含与模拟作业的某一指定部分相关的一些工具。例如，Mesh(网格)模块只包含生成有限元网格的工具，而Job(作业)模块只包含建模、编辑、提交和监控分析作业的工具。

用户可以从环境栏的**Module**(模块)列表中选择各个模块，见图2-3。列表中的模块次序与创建一个分析模型应遵循的逻辑次序是一致的。在许多情况下，用户必须遵循这个自然次序来完成模拟作业。例如，用户在生成Assembly(装配件)前必须先生成Part(部件)。虽然模块次序遵循了逻辑过程，ABAQUS/CAE也允许用户在任何时刻选择任一个模块进行工作，而无需顾及模型的当前状态。然而，某些明显的限制是存在的。例如，像工字梁横截面尺寸一类的截面性质(section properties)就不能指定在一个未生成的几何体上。

一个完整的模型包含ABAQUS启动分析所需的全部信息。ABAQUS/CAE采用模型数据库来存储模型。当启动ABAQUS/CAE时，可通过**Start Session**对话框创建一个新的空模型数据库。在ABAQUS/CAE启动后，用户可以从主菜单栏中选择**File→Save**命令来保存自己建立的模型数据库，选择**File→Open**命令打开已有的模型数据库。

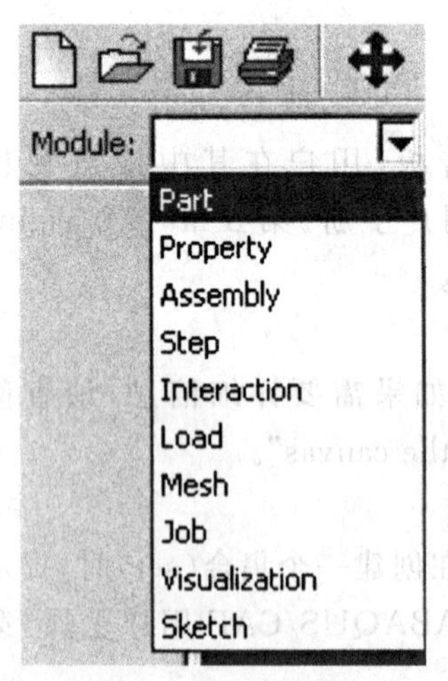

图2-3　选择一个模块

下面列出ABAQUS/CAE的各个模块并简要描述每一模块可能进行的模拟任务。所列出的模块次序与环境栏中**Module**列表中的顺序一致(见图2-3)。

1. Part(部件)

Part模块用于创建各个单独的部件，用户可以在ABAQUS/CAE环境下用图形工具直接生成，也可以从其他的图形软件导入部件的几何形状。更详细的信息请查阅《ABAQUS/CAE用户手册》第15章“The Part module”。

2. Property(特性)

整个部件或部件中某一部分的特性的信息,例如与该部分相关的材料定义和横截面几何形状,包含在截面(section)定义之中。在 Property 模块中,用户可以定义截面和材料,并将它们赋予部件的某一部分。更详细的信息请查阅《ABAQUS/CAE 用户手册》第 16 章"The Property module"。

3. Assembly(装配)

创建一个部件时,它存在于自己的坐标系中,独立于模型的其他部分。用户可应用 Assembly 模块创建部件的实例,并且将这些实例相对于其他部件定位在总体坐标系中,这样就构成了装配件。一个 ABAQUS 模型只能包含一个装配件。更详细的信息请查阅《ABAQUS/CAE 用户手册》第 17 章"The Assembly module"。

4. Step(分析步)

用户应用 Step 模块生成和构成分析步骤,并与输出需求联系起来。分析步序列为实现模拟过程的变化(如载荷和边界条件的变化)提供了方便的途径。根据需要,在分析步之间可以改变输出变量。更详细的信息请查阅《ABAQUS/CAE 用户手册》第 18 章"The Step module"。

5. Interaction(相互作用)

在 Interaction 模块里,用户可以指定模型各区域之间或者模型的一个区域与周围区域之间在热学和力学上的相互作用,如两个表面之间的接触。其他可以定义的相互作用包括约束,诸如绑定(tie)、方程(equation)和刚体(rigid body)约束。除非在相互作用模块中指定接触,否则 ABAQUS/CAE 不会自动识别部件实体之间或一个装配件的各区域之间的力学接触关系。在一个装配件中,仅指定表面之间某种类型的相互作用,对于描述两个表面的实际接近程度是不够的。相互作用与分析步有关,这意味着用户必须规定相互作用是在哪些分析步中起作用。更详细的信息请查阅《ABAQUS/CAE 用户手册》第 19 章"The Interaction module"。

6. Load(载荷)

在 Load 模块里指定载荷、边界条件和场变量。载荷和边界条件与分析步有关,这意味着用户必须指定载荷和边界条件在哪些分析步中起作用。某些场变量与分析步有关,而其他的场变量仅仅作用于分析的开始阶段。更详细的信息请查阅《ABAQUS/CAE 用户手册》第 20 章"The Load module"。

7. Mesh(网格)

Mesh 模块包含了 ABAQUS/CAE 为装配件创建有限元网格剖分的工具。利用所提供的各个层次上的自动剖分和控制工具,用户可以生成满足自己分析需要的网格。更详细的信息请查阅《ABAQUS/CAE 用户手册》第 21 章"The Mesh module"。

8. Job(作业)

一旦完成了所有定义模型的任务,用户便可以用 Job 模块分析计算模型。作业模块允许用户交互地提交分析作业并监控其过程。多个模型和运算可以同时被提交并进行监控。更详细的信息请查阅《ABAQUS/CAE 用户手册》第 22 章"The Job module"。

9. Visualization(可视化)

Visualization 模块提供了有限元模型和分析结果的图形显示。它从输出数据库中获得模型和结果信息；通过 Step 模块修改输出需求，用户可以控制写入输出数据库中的信息。更详细的信息请查阅《ABAQUS/CAE 用户手册》第Ⅴ部分“Viewing results”。

10. Sketch(草图)

Sketch 是二维轮廓图形，用来帮助形成几何形状，定义 ABAQUS/CAE 可识别的部件。应用 Sketch 模块创建草图，定义平面部件、梁、剖面，或者创建一个草图，然后通过拉伸、扫掠或者旋转等方式将其形成三维部件。更详细的信息请查阅《ABAQUS/CAE 用户手册》第 23 章“The Sketch module”。

在功能模块之间切换时，主窗口中的环境栏、工具箱区和菜单栏的内容也会发生相应改变。从环境栏的 **Module** 列表中选择一个模块，将使环境栏、工具箱区和菜单栏发生变化，以反映当前模块的功能。

在本书的演示算例中将对每个模块给出更详细的讨论。

2.3 例题：用 ABAQUS/CAE 生成桥式吊架模型

图 2-4 是一个起重机桥式吊架。本例通过访问每一个功能模块，演示创建和分析一个简单模型的基本步骤，引导读者进入 ABAQUS/CAE 的模拟过程。吊架是一个简支的铰接桁架，左端为固定铰支座，右端是滚轴支承。各杆件可绕节点自由转动。桁架的离面运动已被约束。首先应用 ABAQUS/Standard 进行模拟，确定在结构中杆件的静位移和峰值应力，所施加的载荷为 10kN，如图 2-4 所示，然后再应用 ABAQUS/Explicit 进行模拟。假设载荷是突然加到吊架上的，研究桁架的动态响应。

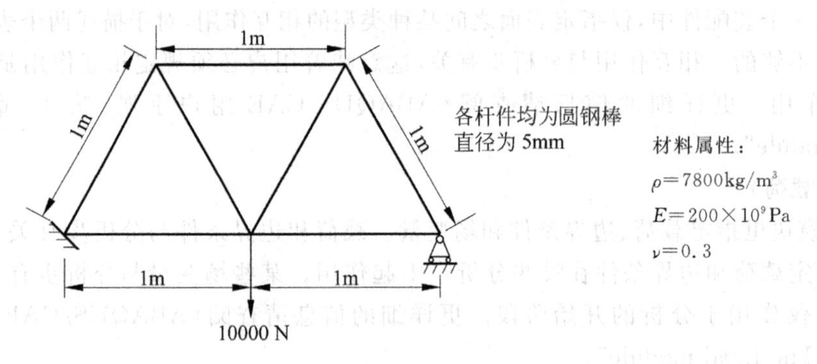

图 2-4 桥式吊架图形

对于桥式吊架，需进入 ABAQUS/CAE 的以下功能模块并完成如下任务。

(1) Part(部件)：绘制二维几何图形，并创建代表桁架的部件。

(2) Property(特性)：定义材料参数和桁架的截面性质。

(3) Assembly(装配)：装配模型。

(4) Step(分析步)：设置分析过程和输出要求。

(5) Load(载荷)：对桁架施加载荷和边界条件。

(6) Mesh(网格)：对桁架进行网格划分。

(7) Job(作业)：生成一个作业并提交进行分析计算。

(8) Visualization(可视化)：观察分析结果。

在Getting Started with ABAQUS的在线版本的第A.1节中提供了本例题的命令记录文件。当在ABAQUS/CAE中运行该命令记录文件时，会生成本例的完整分析模型。如果按照以下指导进行操作时遇到困难，或者希望检查自己的工作，即可运行命令记录文件。关于如何获取和运行命令记录文件，可参考附录A"例题文件"。

如前所述，假设读者将应用ABAQUS/CAE生成模型。当然，如果没有进入ABAQUS/CAE或其他前处理软件，也可以人工生成定义本例的输入文件，详细的信息可以参考*Getting Started with ABAQUS/Standard: Keywords Version*的第2.3节"Creating an input file"。

2.3.1 量纲系统

在开始定义这个或者任何其他模型之前，需要确定所采用的量纲系统。ABAQUS没有固定的量纲系统，所有的输入数据必须指定一致性的量纲系统，某些常用的一致性量纲系统列在表2-1中。

表2-1 一致性量纲系统

量	SI单位	SI单位(mm)	US单位(ft)	US单位(inch)
长度	m	mm	ft	in
力	N	N	lbf	lbf
质量	kg	tonne(10^3 kg)	slug	lbf · s^2/in
时间	s	s	s	s
应力	Pa(N/m^2)	MPa(N/mm^2)	lbf/ft^2	psi(lbf/in^2)
能量	J	mJ(10^{-3} J)	ft · lbf	in · lbf
密度	kg/m^3	tonne/mm^3	slug/ft^3	lbf · s^2/in^4

本书均将采用SI量纲系统。如果用户工作在标记"US Unit"的量纲系统，必须小心其密度的单位，因为在使用该量纲系统的材料性质手册中给出的密度往往是与重力加速度相乘后的值。

2.3.2 创建部件

应用Part(部件)模块创建分析模型中的每个部件。部件定义了模型各部分的几何形体，因此，它们是创建ABAQUS/CAE模型的基本构件。可以在ABAQUS/CAE环境中直接建立部件，也可以将其他软件建立的几何体或有限元网格导入。

我们通过建立一个二维的可变形的线型(wire)部件开始该吊架问题。可以画出这个桁架的几何形状。当创建一个部件时，ABAQUS/CAE会自动地进入绘图(sketcher)环境。

在提示区里，ABAQUS/CAE经常显示短信息，提示下一步的工作。如图2-5所示。单击取消(cancel)可取消当前的任务，单击回退(backup)可回到本任务的前一个步骤。

创建桥式吊架桁架：

(1) 若还未启动ABAQUS/CAE，可键入abaqus cae，这里的abaqus是用来运行ABAQUS命令的。

(2) 从出现的**Start Session**对话框中选择**Create Model Database**。

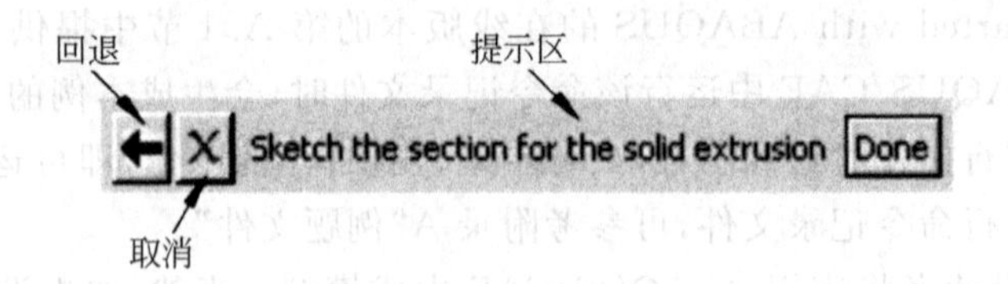

图 2-5　在提示区中显示的信息和提示

当 Part 模块载入后，光标会变成沙漏图标。当 Part 模块完成载入后，就会在主窗口的左方显示部件模块工具箱。工具箱中包含一组工具图标，用户可使用这些工具图标进入主菜单条目中的菜单。在工具箱中，每个模块显示它自己的一套工具。对于大多数工具，当用户从主菜单条目中选择某一项时，模块工具箱中对应的工具会以高亮度显示，这样用户就可以方便地知道该功能在工具箱中的对应位置。

(3) 从主菜单栏中选择 **Part→Create** 命令来创建新的部件。

在弹出 **Create Part**(创建部件)对话框时，在窗口底部的提示区也会出现相应的提示信息，指导随后的操作过程。

应用创建部件对话框命名部件；选定模型所在空间(modeling space)、类型(type)和基本特征(base feature)，并设置部件的大致尺寸(approximate size)。当部件创建后，仍可对其进行编辑和重新命名，但是其模型空间、类型或者基本特征不能改变。

(4) 为桁架部件命名，选择二维平面可变形体和线型(wire)特征。

(5) 在 **Approximate size**(大致尺寸)域内，键入 4.0。

键入对话框底部在 **Approximate size** 域内的这个参数值，设定了新部件的大致尺寸，ABAQUS/CAE 采用这个尺寸计算绘图区域和区域中栅格的尺寸。选取这个参数的原则必须是与最终模型的最大尺寸同一量级。如前所述，在 ABAQUS/CAE 中并不使用特殊的单位，在整个模型中采用一致性的量纲系统。在本模型中采用 SI 单位(国际单位)。

(6) 单击 **Continue**，退出 **Create Part** 对话框。

ABAQUS/CAE 会自动进入绘图环境，绘图工具箱显示在主窗口的左边，而绘图栅格同时出现在绘图区域内。绘图包含一组绘制部件二维轮廓的基本工具，无论创建或者编辑部件，ABAQUS/CAE 都会进入这个绘图环境。要停止使用某种工具，可在视区(viewport)中单击鼠标键②或选择其他新的工具。

提示：如同 ABAQUS/CAE 中所有的工具一样，在绘图工具箱中，若简单地将光标临时停留在某一工具处，就会出现一个小窗口，对该工具进行简短的说明。当选定一个工具后，就会显示白色的背景。

下列绘图环境的特点有助于绘制理想的几何形状：

- 绘图栅格可帮助定位光标和在视区中对齐物体；
- 虚线指示了图形的 X,Y 轴并相交在坐标原点处；
- 视区左下角的三方向坐标系指示了绘图平面和部件方位之间的关系；
- 如果选择了绘图工具，那么在绘图窗的左上角，ABAQUS/CAE 就会显示出光标位置的 X,Y 坐标值。

(7) 通过定义独立点，利用绘图工具箱左上方的 **Create Isolated point**（创建独立点）工具 开始绘制桁架的几何图形。创建下面三个坐标点：(-1.0,0.0)，(0.0,0.0)和(1.0,0.0)。这些点代表了桁架底部节点的位置。

在绘图区的任何位置单击鼠标键②均可以退出创建独立点工具。

(8) 桁架顶部节点的位置是不明显的，但是，利用各杆件之间夹角为60°这一条件能够很容易地确定顶部节点的位置。本例中，可采用**构造几何**(construction geometry)确定这些节点的位置。

在绘图模块中，用户创建构造几何辅助定位和对齐草图中的几何体。为了帮助绘图，绘图环境允许添加构造线和圆；此外，独立点也可以看作是构造几何。

关于构造几何的详细信息，请查阅《ABAQUS/CAE 用户手册》第23.10节"Creating construction geometry"。

① 利用 **Create construction：Line at an Angle**（创建构造角度辅助线）工具 在第8步创建的每一点上创建角度构造线。选择角度构造线工具，操作如下：

i. 注意到在某些工具框图标的底部有个小黑色三角形，这些小三角形表示该图标有若干个隐藏的可以切换的工具选项，单击位于绘图工具箱中部偏左的 **Create construction：Horizontal Line Thru Point**（创建构造：通过点的水平线）工具 ，按住鼠标键①不放，显示其他的图标。

ii. 按住鼠标键①，沿着一组图标拖动光标，直到角度构造线工具出现为止，此时松开鼠标键即选择了这一工具。

角度构造线绘图工具显示在绘图工具箱中，背景为白色表示已经选择了该工具。

② 在提示区输入60.0作为构造线与水平线之间的夹角。

③ 将光标移到坐标为(—1.0,0.0)的点，并单击鼠标键①即创建了一条构造线。

(9) 类似地，通过步骤(8)中创建的另外两个点创建构造线。

① 在(0.0,0.0)点创建另一条与水平线夹角为60°的角度构造线。

② 在(0.0,0.0)与(1.0,0.0)两点分别创建两条与水平线夹角为120°的角度构造线。（必须在视区中单击鼠标键②退出绘图工具，然后重新选择工具键入新的角度值。）

绘制的独立点和构造线如图2-6所示。

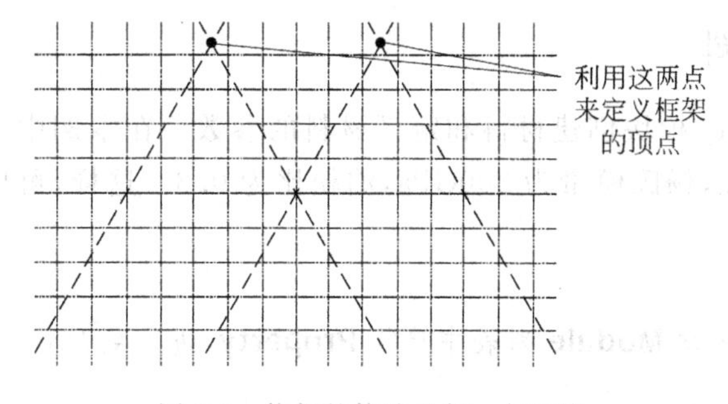

图2-6 桁架的构造几何：点和线

(10) 当应用绘图模块时，若操作有误，可在已绘图形中删除画错的线，做法如下：

① 在绘图工具箱中单击 **Delete Entities**(删除)工具。

② 在所绘图形中单击选择欲删除的线，ABAQUS/CAE 以高亮度红色显示被选中的线。

③ 在视区中单击鼠标键②就可删除该线。

④ 根据需要，常常重复步骤②和③。

⑤ 在绘图窗中单击鼠标键②或单击提示区中的 **Done**(完成)，结束使用 **Delete Entities** 工具环境。

(11) 创建几何线来定义桁架。当添加构造线并在绘图区中移动光标时 ABAQUS/CAE 就会显示预选点(preselection points)(例如，新构造几何体与已存在几何体的交叉点)，允许将目标精确对齐。使用位于绘图工具箱右上角处的 **Create Lines: Connected**(创建线：连接)工具，用几何线连接点。记住也可以创建几何线代表桁架内部的支撑，最终图形如图 2-7 所示。

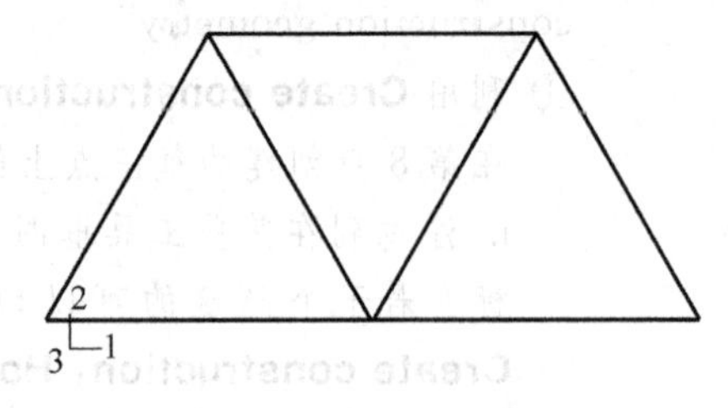

图 2-7　桁架几何图

(12) 从提示区(靠近主窗口的底部)单击 **Done** 退出绘图环境。

提示：在提示区中若未见到 **Done** 按钮，在视区中继续单击鼠标键②，直到它出现为止。

(13) 在进行下一步之前，需在模型数据库中存储模型。

① 从主菜单栏中选择 **File→Save**，显示 **Save Model Database As**(保存模型数据库为)对话框。

② 在 **File Name**(文件名)域内为新的模型键入名字，然后单击 **OK**。这里无需给出文件后缀名，ABAQUS/CAE 会自动在文件名后面附加上 .cae。

ABAQUS/CAE 将模型数据库保存为一个新的文件，并返回到 Part 模块。在主窗口的标题栏(title bar)上会显示文件名和路径。

用户应当总是以一定的时间间隔保存模型数据(例如，在每次切换功能模块时)；ABAQUS/CAE 不会自动地保存数据库。

2.3.3　创建材料

用户应用 Property 模块创建材料和定义材料的参数。在本例中全部桁架的杆件是钢制杆件，并假设线弹性，杨氏模量为 200GPa，泊松比为 0.3。这样，可应用这些参数创建单一的线弹性材料。

定义材料：

(1) 在工具栏的模块 **Module** 列表中选择 **Property**，进入到 Property 模块，此时光标会变为沙漏形状。

(2) 在主菜单栏中选择 **Material→Create**，创建新的材料，显示 **Edit Material**(编辑材料)对话框。

(3) 取材料名为 Steel。

(4) 应用在材料编辑器浏览区的菜单栏来展现菜单中所包含的材料选项，某些菜单条目还有子菜单。例如，图 2-8 显示了 **Mechanical→Elasticity** 菜单条目下的选项。当选择某一材料选项后，在菜单下方将展开相应的数据输入格式。

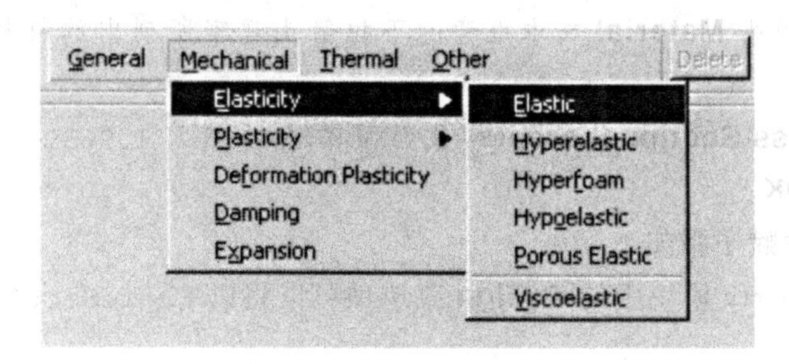

图 2-8 **Mechanical→Elasticity** 菜单下的子菜单

(5) 从材料编辑器的菜单栏中选择 **Mechanical→Elasticity→Elastic**，ABAQUS/CAE 显示弹性数据输入格式。

(6) 在相应的空格中分别键入杨氏模量 200.0E9 和泊松比 0.3 的值，为了在格子之间切换光标，应用[Tab]键或者移动光标到新的格子中并单击。

(7) 单击 **OK**，退出材料编辑器。

2.3.4 定义和赋予截面特性

用户定义一个模型的截面特性，需要在 Property 模块中创建一个截面(Section)。在截面创建后，用户可以应用下面两种方法中的一种将该截面特性赋予到当前视区中的部件：

① 直接选择部件中的区域，并将截面特性赋予该区域；

② 利用 Set(集合)工具创建一个同类(homogeneous)集，它包含该区域并将截面特性赋予该集合。

对本桁架模型，通过在视图中选择桁架部件，将创建一个单一的赋予这个桁架的截面特性。截面特性将参照刚刚创建的材料 Steel，并定义各杆件的横截面面积。

1. 定义桁架截面

桁架截面的定义仅需要材料参数和横截面面积。记住桁架单元是直径为 0.005m 的圆杆，所以其横截面面积为 $1.963\times10^{-5}\text{m}^2$。

提示：可以在 ABAQUS/CAE 的命令行接口(CLI)进行简单的计算。例如，计算杆件的横截面面积，单击 ABAQUS/CAE 窗口左下角的选项页标 ≫ 进入 CLI，在命令提示后键入3.1416*0.005**2/4.0，然后按[Enter]键，横截面面积的值会显示在 CLI 中。

定义桁架截面：

(1) 从主菜单栏中选择 **Section→Create**，显示 **Create Section**(创建截面)对话框。

(2) 在 **Create Section** 对话框中：

① 命名截面名称：FrameSection。

② 在 **Category**(类别)表中选择 **Beam**(梁)。

③ 在 **Type**(类型)表中选择 **Truss**(桁架)。

④ 单击 **Continue**。

显示 **Edit Section**(编辑截面)对话框。

(3) 在 **Edit Section** 对话框中:

① 接受默认的 Steel 选择作为截面的 **Material**(材料)属性。若已定义了其他材料,可单击 **Material** 文本框旁的下拉箭头观察所列出的材料表,并选择对应的材料。

② 在 **Cross-Sectional area**(横截面面积)格中填入 1.963E-5 的值。

③ 单击 **OK**。

2. 将截面特性赋予桁架

用户应用 Property 模块中的 **Assign** 菜单项可以将以 FrameSection 命名的截面特性赋予桁架。

将截面特性赋予桁架的步骤:

(1) 在主菜单栏中选择 **Assign→Section**。

ABAQUS/CAE 在提示区会显示相应的提示指导用户完成后续的操作。

(2) 选择整个部件作为应用截面赋值的区域:

① 在视区左上角单击和按住鼠标键①。

② 拖动鼠标创建一个围绕桁架的框。

③ 松开鼠标键①。

ABAQUS/CAE 使整个桁架结构变亮。

(3) 在视区中单击鼠标键②或单击提示区的 **Done** 按钮,表示接受所选择的几何形体。

显示 **Assign Section** 对话框,列出已经存在的截面。

(4) 接受默认的 FrameSection 的截面特性,并单击 **OK**。

ABAQUS/CAE 将桁架截面特性赋予桁架并关闭 **Assign Section** 对话框。

2.3.5 定义装配

每一个部件都创建在自己的坐标系中,在模型中彼此独立。在 Assembly(装配)模块中,通过创建各个部件的实体(instance)并在整体坐标系中将它们相互定位,用户能够定义装配件的几何形状。尽管一个模型可能包含多个部件,但只能包含一个装配件。

在本例中,用户将创建一个吊车桁架的单一实体。ABAQUS/CAE 自动定位这个实体,默认情况下,所定义的桁架图形方向与装配件的默认坐标系方向重合。

定义装配的步骤:

(1) 在位于工具栏的 **Module** 列表中单击 **Assembly**,进入装配模块,此时光标会变为沙漏形状。

(2) 从主菜单栏中选取 **Instance→Create**,显示 **Create Instance**(创建实体)对话框。

(3) 在该对话框中选择 Frame,并单击 **OK**。

ABAQUS/CAE 创建一个吊车桁架的实体。在本例中,桁架的单一实体就定义了装配件。桁架显示在整体坐标系的 1-2 平面中(一个右手的笛卡儿直角坐标系)。在视区左下角的三向坐标系标出了观察模型的方位。在视区中的第 2 个三向坐标系标出了坐标原点和整体坐标系的方向(X,Y 和 Z 轴)。整体 1 轴为桁架的水平轴,整体 2 轴为竖直轴,整体 3 轴垂直于桁架平面。对于类似这样的二维问题，ABAQUS要求模型必须位于一个平面内，该平面平行于整体的1-2平面。

2.3.6 设置分析过程

现在已经创建了装配件，可以进入到Step(分析步)模块来设置分析过程。在本模拟中，我们感兴趣的是桁架的静态响应，吊车桁架在中心点施加一个10kN的载荷，在左端完全约束，在右端滚轴约束(如图2-4所示)。这是个单一事件，只需要单一分析步进行模拟。因此，整个分析由两个步骤组成：

- 一个初始步(initial step)，施加边界条件约束桁架的端点；
- 一个分析步(analysis step)，在桁架的中心施加集中力。

ABAQUS/CAE会自动生成初始步，但是用户必须应用Step模块自己创建分析步。在Step模块中，也允许用户指定在分析过程中任何步骤输出数据。

在ABAQUS中有两类分析步：一般分析步(general analysis steps)，可以用来分析线性或非线性响应；线性摄动步(linear perturbation steps)，只能用来分析线性问题。在ABAQUS/Explicit中只能使用一般分析步。在本模拟中，可以定义一个静态线性摄动步。关于摄动过程将在第11章“多步骤分析”中进一步讨论。

1. 创建分析步

应用**Step**模块在初始分析步之后创建一个静态的线性摄动步：

(1) 在工具栏中的**Module**列表中单击**Step**进入Step(分析步)模块，此时光标会变为沙漏形状。

(2) 从主菜单栏中选择**Step→Create**创建分析步。显示**Create Step**(创建分析步)对话框，它列出了所有的一般分析过程和一个默认的分析步名称Step-1。

(3) 将分析步名字改为Apply load。

(4) 选择**Linear Perturbation**(线性摄动)作为**Procedure type**(过程类型)。

(5) 在**Create Step**对话框的线性摄动过程列表中选择**Static, Linear Perturbation**(静态线性摄动)，并单击**Continue**。

显示**Edit Step**(编辑分析步)对话框，默认设置静态线性摄动步。

(6) 在默认选择的**Basic**(基础)页，在**Description**(描述)域里键入10kN Central load。

(7) 单击**Other**(其他)页并查看其内容，可以接受对该步骤所提供的默认值。

(8) 单击**OK**创建分析步，并退出**Edit Step**对话框。

2. 设定输出数据

有限元分析可以创建大量的输出数据。ABAQUS允许用户控制和管理这些输出数据，从而只产生需要用来说明模拟结果的数据。从一个ABAQUS分析中可以输出4种类型的数据：

- 结果输出保存到一个中间二进制文件中，由ABAQUS/CAE应用于后处理。这个文件称为ABAQUS输出数据库文件，文件后缀为.odb。
- 结果以打印列表的形式输到ABAQUS数据(.dat)文件中。仅在ABAQUS/Standard有输出数据文件的功能。

- 重启动数据用于继续分析过程，输出在ABAQUS重启动(.res)文件中。
- 结果保存在一个二进制文件中，用于第三方软件进行后处理，写入到ABAQUS结果(.fil)文件。

在吊车桁架模拟中只用到这里的第一种输出。关于数据(.dat)文件打印输出的详细讨论，请参阅《ABAQUS分析用户手册》(*ABAQUS Analysis User's Manual*)的4.1.2节"Output to the data and results files"。

默认情况下，ABAQUS/CAE将分析结果写入输出数据库(.odb)文件中。每创建一个分析步，ABAQUS/CAE就默认生成一个该步骤的输出要求。在《ABAQUS分析用户手册》中列出了默认写入输出数据库中的预选变量列表。如果接受默认的输出，用户不需要做任何事情。用户可以使用**Field Output Requests Manager**(场变量输出管理器)来设置可能的变量输出，这些变量来自整个模型或模型的大部分区域，它们以相对较低的频率写入到输出数据库中。用户可以使用**History Output Requests Manager**(历史变量输出管理器)来设置可能需要的输出数据，它们以较高的频率将来自一小部分模型的数据写入到输出数据库中。例如，某一节点的位移。

对于本例，用户将检查对.odb文件的输出要求并接受默认设置。

检查.odb文件的输出要求：

(1) 从主菜单栏中选择**Output→Field Output Requests→Manager**。

ABAQUS/CAE显示**Field Output Requests Manager**。管理器沿着对话框的左边按字母排列出现有的变量输出设置。沿着对话框的顶部按执行次序排列出所有分析步的名字。这两个列表显示了在每一个分析步中每一个输出设置的状态。

应用**Field Output Requests Manager**，可以进行如下工作：

- 选择ABAQUS写入输出数据库的变量；
- 选择ABAQUS生成输出数据的截面点；
- 选择ABAQUS生成输出数据的模型区域；
- 改变ABAQUS将数据写入数据库的频率。

(2) 对于**Static,Linear Perturbation**已经创建并命名为Apply load的分析步，检查ABAQUS/CAE生成的默认输出请求。

单击列表中标有**Created**的单元格，单元格变成高亮度显示，与单元格有关的如下信息出现在管理器底部的列表栏中：

- 在这个表中的分析步中所执行的分析过程类型；
- 输出设置变量列表；
- 输出设置的状态。

(3) 在**Field Output Requests Manager**的右边，单击**Edit**(编辑)查看输出设置的更详细信息。

出现了场变量输出编辑器(field output editor)，在对话框的**Output Variables**(输出变量)区有一个文本框，它列出了所有将被输出的变量。如果要改变输出设置，只要单击上面文本框中的**Preselected defaults**(初始默认)，就能够返回到默认的输出设置。

(4) 单击每个输出变量类名称旁边的箭头，可以清楚地看到哪些变量将被输出。每个变量类标题旁边的小方框使你一目了然是否输出该类型的所有变量。若小方框填满,表示输出所有的变量;若小方框填满一部分,则表示只输出其中的某些变量。基于显示在对话框底部的选择,在分析过程中,在模型中每个默认的截面点①(section point)将要生成数据,并且在每一个增量步将其写入输出数据库。

(5) 如果不希望对默认的输出设置做任何修改,可单击 **Cancel**(取消)关闭场变量输出编辑器。

(6) 单击 **Dismiss**(离开)关闭场变量输出设置管理器。

注意:**Dismiss** 与 **Cancel** 按钮是有区别的。**Dismiss** 按钮出现在包含只读数据的对话框中。例如,**Field Output Requests Manager** 允许阅读输出设置,但是若要修改输出变量的设置必须应用场变量输出编辑器。单击 **Dismiss** 按钮直接关闭 **Field Output Requests Manager**。反之,**Cancel** 按钮出现在允许做出修改的对话框中,单击 **Cancel** 按钮可关闭对话框,但是不保存所修改的内容。

(7) 从主菜单栏中通过选择 **Output→History Output Requests→Manager**,用类似的方式可以查看历史变量输出设置,并打开历史变量输出编辑器(history output editor)。

2.3.7 在模型上施加边界条件和载荷

施加的条件,例如边界条件(boundary conditions)和载荷(loads),是与分析步相关的,即用户必须指定边界条件和载荷在哪个或哪些分析步中起作用。现在,已经定义了分析中的步骤,可以应用 Load(载荷)模块定义施加的条件。

1. 在桁架上施加边界条件

在结构分析中,边界条件施加在模型中的已知位移和/或转动区域。模拟时可以将这些区域进行约束从而使其保持固定(有零位移和/或转动),或者指定非零位移和/或转动。

在本例中,桁架的左下端部分是完全约束的,因此不能沿任何方向移动。桁架的右下端部分在竖直方向受到约束,但沿水平方向可以自由移动。

可产生运动的方向称为**自由度**(degrees of freedom, dof)。在 ABAQUS 中平移和转动自由度的标识如图 2-9 所示。

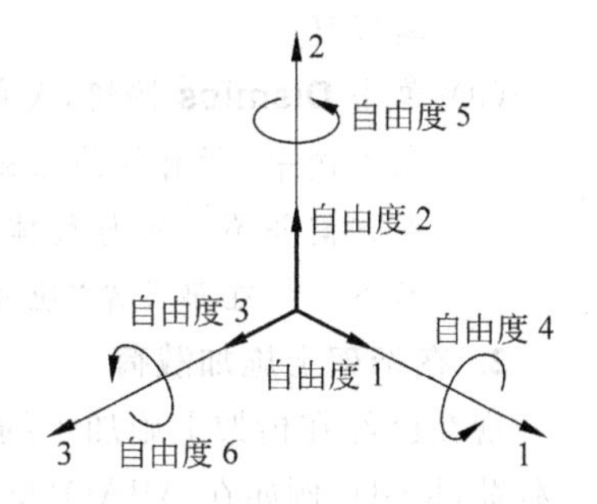

图 2-9 平移和转动自由度

1. 沿 1 方向的平移 U_1;2. 沿 2 方向的平移 U_2;3. 沿 3 方向的平移 U_3;4. 绕轴 1 的转动 UR_1;5. 绕轴 2 的转动 UR_2;6. 绕轴 3 的转动 UR_3

对桁架施加边界条件:

(1) 在位于工具栏的 **Module** 列表中单击 **Load**,进入 Load(载荷)模块,此时光标会变为沙漏形状。

(2) 从主菜单栏中选择 **BC→Create**,显示 **Create Boundary Condition**(创建边界条件)对话框。

(3) 在 **Create Boundary Condition** 对话框中:

① 将边界条件命名为 Fixed。

② 从分析步列表中选择 **Initial**(初始步)作为边界条件起作用的分析步。所有指定在初始步

① 截面点将在后面的章节中讲到。

中的力学边界条件必须赋值为零,该条件是在ABAQUS/CAE中自动强加的。

③ 在**Category**(类型)列表中,接受**Mechanical**(力学)作为默认的类型选项。

④ 在**Types for Selected Step**(选择步骤类型)列表中选择**Displacement/Rotation**(位移/旋转),并单击**Continue**。

ABAQUS/CAE在提示区中会显示提示,以指导用户完成整个过程。例如,要求用户选择在何处施加边界条件。

为了在区域上施加指定条件,用户可以直接在视区中选择区域,或者在一个存在的集合(集合是模型中一个命名的区域)中施加条件。集合是一个方便的工具,它可以用来管理大型复杂的模型,在这个简单的模型中,用户将不需要使用集合。

(4) 在视区中,选择在桁架左下角的顶点作为施加边界条件的区域。

(5) 在视区中,单击鼠标键②或单击提示区中的**Done**按钮,表示用户已经完成了区域选择。

显示**Edit Boundary Condition**(边界条件)对话框。当在初始步定义边界条件时,所有可能的自由度均被默认为是尚未约束的。

(6) 在**Edit Boundary Condition**对话框中:

① 因为所有的平移自由度均需要约束,故选中**U1**和**U2**。

② 单击**OK**就创建了边界条件并关闭对话框。

ABAQUS/CAE在模型端点处显示出两个箭头,表示约束了自由度。

(7) 重复上述过程,在桁架右下角端点约束自由度**U2**,命名边界条件为`Roller`。

(8) 从主菜单栏中选择**BC→Manager**,ABAQUS/CAE显示**Boundary Condition Manager**(边界条件管理器)。管理器表示在初始步中边界条件`Created`(被激活)了,并从基本状态传播到`Propagated from base state`(继续起作用)分析步`Apply load`中。

提示:在整个过程中,为了观察每列的标题,通过拉开列标题之间的分界线以扩展其宽度。

(9) 单击**Dismiss**按钮,关闭**Boundary Condition Manager**。

在本例中,所有的约束是在整体坐标的轴1或轴2方向。在许多情况下,需要的约束方向并不一定与整体坐标方向对齐,此时用户可定义一个局部坐标系以施加边界条件。在第5章"应用壳单元"中将通过一个斜板的例子具体演示如何定义。

2. 在桁架上施加载荷

现在已经在桁架上施加了约束,进而可以在桁架的底部施加载荷。在ABAQUS中,术语载荷(load)(例如在ABAQUS/CAE中的Load模块)通常代表从初始状态开始引起结构响应发生变化的各种因素,包括:

- 集中力;
- 压力;
- 非零边界条件;
- 体力;
- 温度(与材料热膨胀同时定义)。

有时候术语载荷专门用来指与力有关的量(如在 Load 模块的 **Load Manager**),例如,集中力、压力和体力,而不包括边界条件或者温度。从讨论的内容上,该项的实际含义必须是清楚的。

在本模拟中,10kN 的集中力施加在桁架底部中点的轴 2 负方向,载荷施加在分析步模块中创建的线性摄动步中。实际上并不存在真正意义的集中载荷或点载荷,载荷总是施加在有限大小的区域上,然而,如果被施加载荷的区域很小,将其处理为理想的集中载荷是合适的。

在桁架上施加集中力:

(1) 从主菜单栏选择 **Load→Manager**,弹出 **Load Manager**(载荷管理器)窗口。

(2) 在 **Load Manager** 的底部,单击 **Create** 按钮,弹出 **Create Load**(创建载荷)对话框。

(3) 在 **Create Load** 对话框中:

① 命名载荷为 Force。

② 从分析步列表中选择 **Apply Load** 作为施加载荷的分析步。

③ 在 **Category**(类型)列表中,接受 **Mechanical**(力学)作为默认类型选项。

④ 在 **Types for Selected Step**(选择分析步类型)列表中,接受默认选项 **Concentrated force**(集中力)。

⑤ 单击 **Continue**。

在整个过程中,ABAQUS/CAE 在提示区中显示提示以指导用户。要求用户选择一个载荷施加的区域。

如同创建边界条件时一样,用户可以直接在视区中或者在一个存在的集合中选择加载区域。如前所述,用户将直接在视区中选择区域。

(4) 在视区中,选择桁架底部中点的顶点作为载荷施加区域。

(5) 在视区中,单击鼠标键②或单击提示区中的 **Done** 按钮,表示用户完成了选择区域。弹出 **Edit Load**(编辑载荷)对话框。

(6) 在 **Edit Load** 对话框中:

① 在 **CF2**(表示 2 方向的集中力分量)处输入量值-10000.0。

② 单击 **OK** 即创建了载荷并关闭对话框。

ABAQUS/CAE 在顶点处显示出一个向下的箭头,表示这里施加了一个沿轴 2 负方向的载荷。

(7) 检查 **Load Manager** 窗口并注意到在 Apply load 分析步中新载荷处于 Created(被激活)状态。

(8) 单击 **Dismiss** 按钮,关闭 **Load Manager**。

2.3.8 模型的网格划分

应用 Mesh(网格)模块可以生成有限元网格。用户可以选择 ABAQUS/CAE 使用的创建网格、单元形状和单元类型的网格生成技术。尽管 ABAQUS/CAE 具有一系列的各种网格生成技术,但是,一维区域(例如本例)的网格生成技术不能改变。默认使用在模型中的网格生成技术由模型的颜色标识,并在进入 Mesh 模块时进行显示。如果 ABAQUS/CAE 显示模型为橙黄色,则表示没有用户的帮助就不能划分网格。

1. 设置ABAQUS单元类型

在本节中，用户将给模型设置特殊的ABAQUS单元类型。即使现在就可以设置单元类型，但也必须等到网格生成之后再进行。

应用二维桁架(truss)单元模拟桁架模型。因为桁架单元仅承受拉伸和压缩的轴向载荷，选择这种单元模拟诸如吊车桁架这类铰接桁架是理想的。

设置ABAQUS单元类型的过程：

(1) 在位于工具栏的 **Module** 列表中单击 **Mesh**，进入Mesh(网格)模块，此时光标会变为沙漏形状。

(2) 从主菜单栏中选择 **Mesh→Element Type**。

(3) 在视区中选择整个桁架，作为设置单元类型的区域，完成后在提示区单击 **Done** 按钮，弹出 **Element Type**(单元类型)对话框。

(4) 在对话框中，选择如下：
- **Standard**(标准)作为 **Element Library**(单元库)选择项(默认)；
- **Linear**(线性)作为 **Geometric Order**(几何阶次)选择项(默认)；
- **Truss**(桁架)作为单元的 **Family**(单元族)选择项。

(5) 在对话框的下部，检查单元形状的选项。在每个选项页的底部提供了默认的单元选择的简短描述。

因为本例的模型是二维桁架，所以在 **Line** 选项页上只显示出二维桁架单元。单元类型T2D2的说明显示在对话框的底部。现在，ABAQUS/CAE将网格中的单元设定为T2D2单元。

(6) 单击 **OK** 设定单元类型，并关闭对话框。

(7) 在提示区，单击 **Done** 按钮，结束过程。

2. 生成网格

基本的网格划分是两步骤操作：首先在部件实体的边界上"撒种子"(seeds)，然后对部件实体划分网格。基于希望得到的单元尺寸或者沿着每条边上划分的单元数目，用户选择种子的数目，并且ABAQUS/CAE会尽可能地在种子处布置网格的节点。对于本例，用户只需在每根杆件上建立一个单元。

撒种子和划分网格：

(1) 从主菜单栏中选择 **Seed→Instance**，在部件实体上撒种子。

注意：通过在部件实体的每条边上分别撒种子，用户可以更多地控制划分网格的过程，但本例并不需要这样做。

提示区显示出默认的单元尺寸，ABAQUS/CAE用它在部件实体上播撒种子。这个默认的单元尺寸是根据部件实体的尺寸给出的。用户将使用一个相对大的单元尺寸，因此，每个区域仅生成一个单元。

(2) 在提示区，指定单元尺寸为1.0，然后单击[Enter]或者在视区中单击鼠标键②。

(3) 在视区中单击鼠标键②，接受当前的种子分布。

(4) 从主菜单栏中，选择 **Mesh→Instance**，对部件实体划分网格。

(5) 从提示区的按钮中单击 **Yes**，确认希望对部件实体进行划分网格。

提示：通过在主菜单栏中选择 **View→Assembly Display Options**，用户可以在

Mesh 模块中显示节点和单元编号。在显示的 **Assembly Display Options**(装配件显示选项)对话框中，切换至 **Mesh** 选项页，选中 **Show node labels**(显示节点标记)与 **Show element labels**(显示单元标记)。

2.3.9 创建分析作业

现在已经设置好了分析模型，下一步可以进入到 Job(作业)模块中创建一个与该模型有关的作业。

创建分析作业：

(1) 在位于工具栏中的 **Module** 列表中单击 **Job**，进入 **Job** 模块，此时光标会变为沙漏形状。

(2) 从主菜单栏中选择 **Job→Manager**，显示 **Job Manager**(作业管理器)。完成作业定义后，**Job Manager** 将显示出作业列表、与每个作业相对应的模型、分析的类型和作业的状态。

(3) 在 **Job Manager** 中单击 **Create**，**Create Job**(创建作业)对话框显示模型数据库中模型的列表。

(4) 命名作业为 Frame，并单击 **Continue**，弹出 **Edit Job**(编辑作业)对话框。

(5) 在 **Description**(描述)域中键入 Two-dimensional overhead hoist frame。

(6) 在 **Submission**(提交)选项页上选择 **Data Check**(数据检查)，作为 **Job Type**(作业类型)。单击 **OK** 接受作业编辑器中所有其他的默认作业设置，并关闭对话框。

2.3.10 检查模型

生成模拟模型后，就可以准备运行分析计算了。遗憾的是，在模型中可能由于数据不正确或者疏漏而存在错误，因此在运行模拟之前必须进行数据检查分析。

1. 运行数据检查分析

确认 **Job Type**(作业类型)设置为 **Data Check**(数据检查)。从 **Job Manager**(作业管理器)窗口右边的按钮中，单击 **Submit**(提交)来提交作业进行分析。

在作业提交后，在 **Status**(状态)列的信息会及时更新以反映当前作业的状态。关于吊车桁架问题的状态列的信息显示如下：

- **None** 当分析输入文件正在被生成时。
- **Submitted** 当作业正在被提交分析时。
- **Running** 当 ABAQUS 运算分析模型时。
- **Completed** 当分析运算完成时，并将输出写入到输出数据库。
- **Aborted** 如果 ABAQUS/CAE 发现输入文件或者分析存在问题并且终止分析时。此外，ABAQUS/CAE 在信息区报告发生的问题(见图 2-2)。

在分析中，ABAQUS/Standard 会将信息发送到 ABAQUS/CAE，使用户可监控作业的运行过程。来自状态(status)、数据(data)、操作记录(log)和信息(message)文件的信息显示在作业监控器对话框(job monitor dialog box)中。

2. 监控作业的状态

从 **Job Manager**(作业管理器)右侧的按钮中，单击 **Monitor**(监控器)打开作业监控对话框(该按钮只有在作业处于 **Submitted**(已提交)状态时才有效)。对话框的上半区显示了在 ABAQUS 分析中所创建的状态文件(.sta)中的信息。该文件包括了分析进程的简单总结,并描述在《ABAQUS 分析用户手册》(*ABAQUS Analysis User's Manual*)第 4.1.1 节的"Output"中。对话框的下半区显示了下列信息:

- 单击 **Log**(操作记录)页,显示在操作记录(.log)中出现的分析开始和终止的时刻。
- 单击 **Errors**(错误)和 **Warnings**(警告)页,显示在数据(.dat)和信息(.msg)文件中出现的前 10 个出错信息或者前 10 个警告信息。如果模型的某一特殊区域导致了出错或者警告,则会自动创建一个包含该区域的节点集或单元集,同时显示节点或单元集的名字与出错或警告的信息,并且用户可以利用 Visualization(可视化)模块中的分组显示(display groups)查看这些集合。直到改正了引起任何出错信息的原因,才能进行分析运算。另外,要注意查找产生任何警告信息的原因,以确定是否需要改正,或者是否可以安全地忽略该信息。

  若遇到 10 个以上的出错或警告,可以从打印输出文件中获得其余的出错或警告信息。
- 单击 **Output**(输出)页,显示写入输出数据库中的每条输出数据的记录。

2.3.11　运行分析

根据系统提示信息对模型进行必要的修改。当数据检查分析完成和没有错误信息后,则运行分析计算。为此,用户需要编辑作业定义并设置 **Job Type** 为 **Continue analysis**(继续分析);然后,在 **Job Manager** 中单击 **Submit** 以提交作业进行分析。

为了确保模型定义的正确性,并检查是否具有足够的磁盘空间和可用内存来完成分析运算,在运行一个模拟之前,用户必须进行数据检查分析(datacheck)。然而,通过将 **Job Type** 设置为 **Full analysis**(完整分析),能够将数据检查和模拟的分析阶段组合起来。

如果一个模拟要占用一定的时间,通过选择 **Run Mode**(运行方式)为 **Queue**(排队),用批处理排队方式运行该模拟是比较方便的。(这种排队功能取决于用户的计算机;对于这方面的问题,请咨询计算机系统管理员。)

2.3.12　用 ABAQUS/CAE 进行后处理

由于在模拟过程中产生了大量的数据,所以图形后处理是十分重要的。ABAQUS/CAE 的 Visualization(可视化)模块(也另外授权为 ABAQUS/Viewer)允许用户应用各种不同的方法观察图形化的结果,包括变形图、等值线图、矢量图、动画和 *X-Y* 曲线图。此外,它允许用户创建一个输出数据的表格报告。在本书中讨论了所有这些方法。关于本书中讨论的任何后处理特性的更多信息,请参阅《ABAQUS/CAE 用户手册》的第Ⅴ部分"Viewing results"。对于本例,用户可以使用 Visualization 模块做一些基本的模型检验并显示桁架的变形形状。

当作业分析运算成功完成后,用户准备应用 Visualization 模块观察分析结果。从 **Job Manager**(作业管理器)右边的按钮中,单击 **Results**(结果),ABAQUS/CAE 载入 Visualization 模块和打开由该作业生成的输出数据库,并立即绘出模型的草图(fast plot)。该图形基本上绘出了未变形模型的形状,它表示已打开了要观察的文件。另一种进入可视化模块的方法是在位于工具栏 **Module** 列表中,单击 **Visualization**,选择 **File→Open**,从弹出的输出数据库文件列表中选择 Frame.odb，并单击 **OK**。

注意：草图不显示计算结果，也不能设置显示的内容，例如单元和节点编号。为了设置模型的外观，只能显示未变形的模型图形。

在视区底部的标题块(title block)给出下列信息：

- 模型的描述(来自作业描述)；
- 输出的数据库名(来自分析作业名)；
- 用来生成输出数据库的模块名(ABAQUS/Standard 或 ABAQUS/Explicit)和版本；
- 最近一次修改输出数据库的日期。

在图形底部的状态块(status block)给出下列信息：

- 当前所显示的分析步；
- 当前所显示的分析步中的增量步(关于增量步的概念请参见第 8 章"非线性")；
- 分析步的时间。

观察到的三向坐标系表示模型在整体坐标系中的方向。

用户可以隐藏上述任何一个显示内容，通过从主菜单栏中选择 **Viewport→Viewport Annotation Options** 设置标题块、状态块和三维观察方向(例如，本书中的许多图片并不包含标题块)。

1. 显示和设置未变形形状图

现在，用户将显示未变形的模型形状，并利用绘图选项显示图中节点和单元的编号。

从主菜单栏中选择 **Plot→Undeformed Shape**，或使用工具箱中 工具，ABAQUS/CAE 将显示未变形的模型形状，如图 2-10 所示。

显示节点编号：

(1) 从主菜单栏中选择 **Options→Undeformed Shape**，弹出 **Undeformed Shape Plot Options**(未变形的图形绘图选项)对话框。

(2) 单击 **Labels**(标签)页。

(3) 选中 **Show node labels**(显示节点编号)。

(4) 单击 **Apply**(应用)。

ABAQUS/CAE 将采用所作的修改并使对话框保持开放。

所设置的未变形图见图 2-11(实际的节点编号可能不同，这取决于创建每一个桁架单元的顺序)。

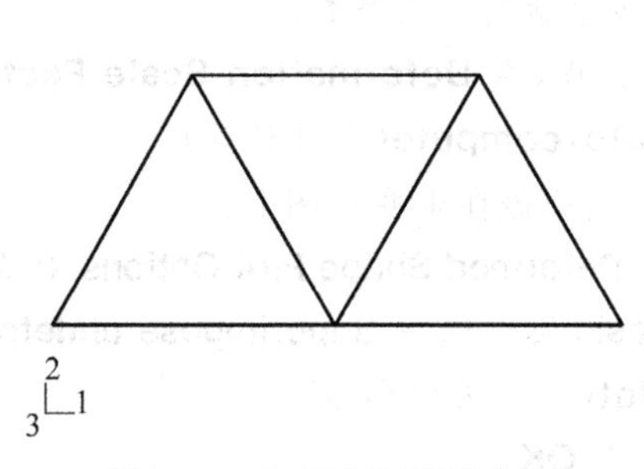

图 2-10　未变形的模型形状

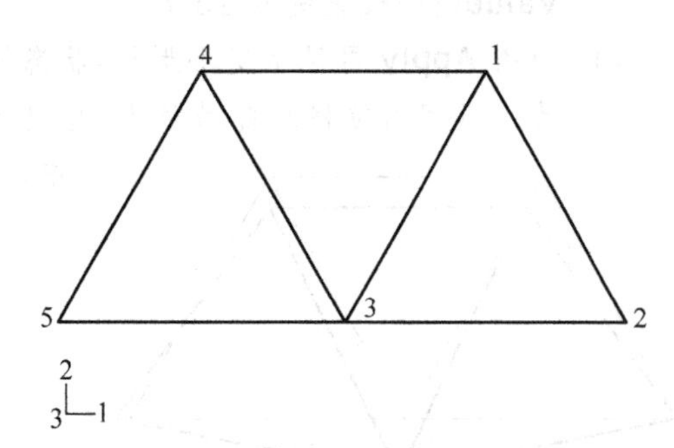

图 2-11　节点编号图

显示单元编号：

(1) 在 **Undeformed Shape Plot Options** 对话框的 **Labels** 选项页中，选中 **Show element labels**(显示单元编号)；

(2) 单击 **OK**，ABAQUS/CAE 采用所作的修改并关闭对话框。

绘图结果见图 2-12(实际的单元编号可能不同，这取决于创建每一个桁架单元的顺序)。

在未变形形状图中，若不希望显示节点和单元编号，重复上述步骤，并在 **Labels** 页取消对 **Show node labels** 和 **Show element labels** 的选择即可。

2. 显示和设置变形形状图

现在将显示模型变形后的形状，利用绘图选项修改变形放大系数，并将变形图覆盖在未变形图上。

从主菜单栏中选择 **Plot→Deformed Shape**，或利用工具箱中 工具，ABAQUS/CAE 则显示变形后的模型图，如图 2-13 所示。

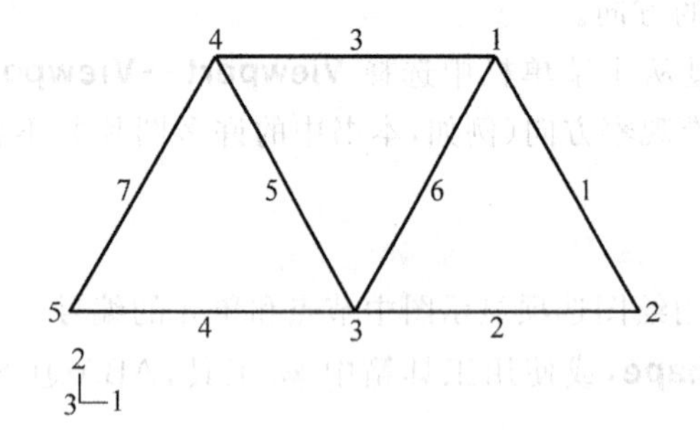

图 2-12　节点和单元编号图

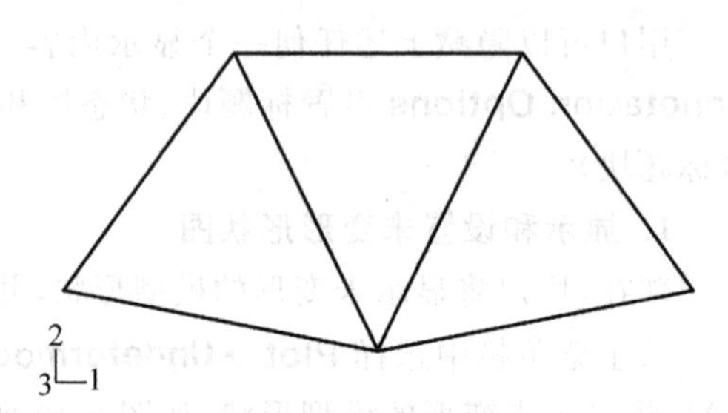

图 2-13　模型的变形图

对于小变形分析(ABAQUS/Standard 的默认情况)，为了确保清楚地观察变形，位移会被自动放大。放大系数值显示在状态块(status block)中。在本例中，位移被放大了 42.83 倍。

改变变形放大因子：

(1) 在主菜单栏中选择 **Options→Deformed Shape**。

(2) 在 **Deformed Shape Plot Options**(变形图绘图选项)对话框中，若 **Basic**(基础)页还未被选中，则单击它。

(3) 在 **Deformation Scale Factor**(变形放大系数)域中，选中 **Uniform**(一致的)，并在 **Value**(值)域里键入 10.0。

(4) 单击 **Apply** 再显示变形形状，状态块中会显示新的放大系数。

为了返回到位移的自动放大，重复上面的过程，在 **Deformation Scale Factor** 域中，选择 **Auto-compute**(自动计算)。

把变形图覆盖在未变形图上：

(1) 在 **Deformed Shape Plot Options** 对话框的 **Basic** 页中选中 **Superimpose undeformed plot**(覆盖未变形图)。

(2) 单击 **OK**。

默认情况下，ABAQUS/CAE 以绿色显示未变形图和以白色显示变形图。绘图如图 2-14 所示。

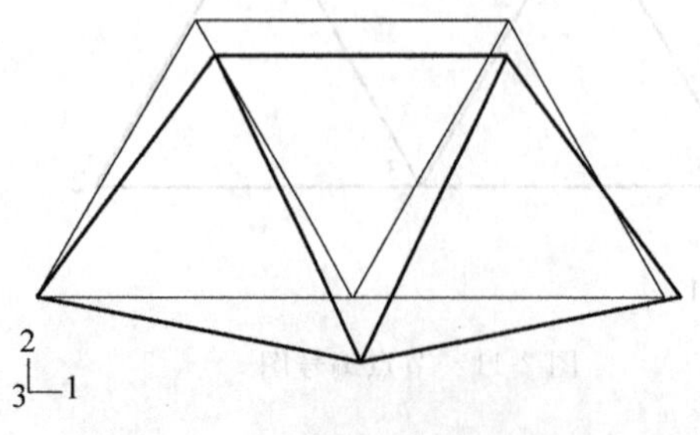

图 2-14　未变形和变形的模型图

3. 利用 ABAQUS/CAE 检查模型

在运行模拟前,用户可以利用 ABAQUS/CAE 检查模型是否正确。用户已经学会了如何绘制模型图和显示节点与单元编号,这些都是检查 ABAQUS 是否使用正确网格的有用工具。

在 Visualization 模块中,也可以显示和检查施加在吊车桁架模型上的边界条件。

在未变形模型图上显示边界条件:

(1) 从主菜单栏中选择 **Plot→Undeformed Shape**,或利用工具箱中 工具。

(2) 在主菜单栏中选择 **View→ODB Display Options**(输出数据库显示选项)。

(3) 在 **ODB Display Options** 对话框中单击 **Entity Display**(实体显示)页。

(4) 选中 **Show boundary conditions**(显示边界条件)。

(5) 单击 **OK**。

ABAQUS/CAE 显示符号以表示施加的边界条件,如图 2-15 所示。

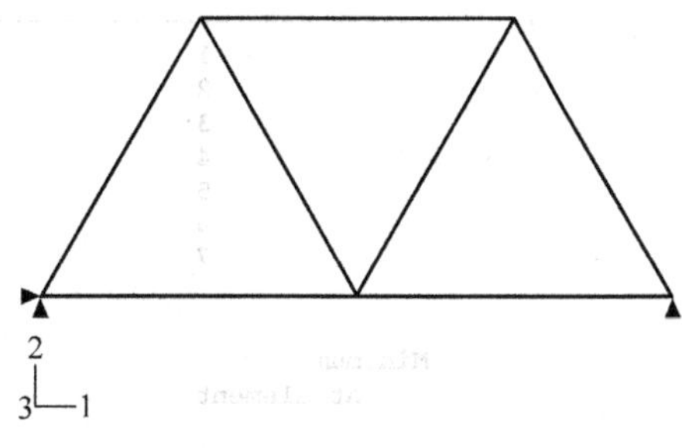

图 2-15 施加在吊车桁架上的边界条件

4. 数据列表报告

除了上面描述的图形功能之外,ABAQUS/CAE 允许以列表格式将数据写入到文本文件。这种功能是很方便的,它代替了将数据写入表格输出到数据文件(.dat)中。以此种方式生成的输出有许多用途,例如,可以用来撰写报告。在本例中,将生成一个包含单元应力、节点位移和支反力的报告。

生成场变量数据报告:

(1) 从主菜单栏中选择 **Report→Field Output**。

(2) 在 **Report Field Output**(场变量输出报告)对话框的 **Variable**(变量)选项页中,接受标记为 **Integration Point**(积分点)的默认位置。单击 **S: Stress components**(应力分量)旁边的三角形,扩展已存在变量的列表,从列表中选中 **S11**。

(3) 在 **Setup**(建立)选项页中,命名报告为 `Frame.rpt`。在该页底部的 **Data**(数据)区中,不选 **Column totals**(列汇总)。

(4) 单击 **Apply**,单元应力被写入报告文件中。

(5) 在 **Report Field Output** 对话框的 **Variable** 选项页中,将位置改变为 **Unique Nodal**(唯一节点处),放弃选择 **S: Stress components**,而从 **U: Spatial displacement**(空间位移)变量列表中选择 **U1** 和 **U2**。

(6) 单击 **Apply**,节点位移被添加到报告文件中。

(7) 在 **Report Field Output** 对话框的 **Variable** 选项页中,放弃选择 **U: Spatial displacement**,而从 **RF: Reaction force** 变量列表中选择 **RF1** 和 **RF2**。

(8) 在 **Setup** 选项页底部的 **Data** 区中,选中 **Column totals**。

(9) 单击 **OK**,支反力被添加到报告文件中,并关闭 **Report Field Output** 对话框。

在文本编辑器中,打开 Frame. rpt 文件,该文件的内容显示如下。

应力输出:

```
Field Output Report
Source 1

   ODB: Frame.odb
   Step: "Apply load"
   Frame: Increment      1: Step Time =    2.2200E-16

Loc 1 : Integration point values from source 1

Output sorted by column "Element Label".

Field Output reported at integration points for Region(s) FRAME-1: solid
< STEEL >

          Element                Int          S.S11
            Label                 Pt          @Loc 1
-------------------------------------------------
                1                  1      294.116E+06
                2                  1     -294.116E+06
                3                  1      147.058E+06
                4                  1      294.116E+06
                5                  1     -294.116E+06
                6                  1      147.058E+06
                7                  1     -294.116E+06


  Minimum                                -294.116E+06
      At Element                                    7

          Int Pt                                    1
  Maximum                                 294.116E+06
      At Element                                    4

          Int Pt                                    1
```

位移输出：

```
Field Output Report

Source 1
---------

   ODB: Frame.odb
   Step: "Apply load"
   Frame: Increment      1: Step Time =    2.2200E-16

Loc 1 : Nodal values from source 1

Output sorted by column "Node Label".

Field Output reported at nodes for Region(s) FRAME-1: solid < STEEL >

            Node            U.U1              U.U2
           Label           @Loc 1            @Loc 1
-------------------------------------------------
               1      735.291E-06      -4.66972E-03
               2     -975.782E-21      -2.54712E-03
               3      1.47058E-03      -2.54712E-03
               4      1.47058E-03          -5.E-33
               5               0.          -5.E-33


  Minimum          -975.782E-21      -4.66972E-03

          At Node              2                 1
  Maximum           1.47058E-03          -5.E-33

          At Node              4                 5
```

支反力输出：

```
Field Output Report

Source 1
---------

  ODB: Frame.odb
  Step: "Apply load"
  Frame: Increment      1: Step Time =    2.2200E-16

Loc 1 : Nodal values from source 1

Output sorted by column "Node Label".

Field Output reported at nodes for Region(s) FRAME-1: solid < STEEL >

        Node           RF.RF1          RF.RF2
       Label           @Loc 1          @Loc 1
-------------------------------------------------
           1               0.              0.
           2               0.              0.
           3               0.              0.
           4               0.          5.E+03
           5      909.495E-15          5.E+03


  Minimum                  0.              0.
      At Node              4               3

  Maximum         909.495E-15          5.E+03
      At Node              5               5

        Total     909.495E-15         10.E+03
```

对于吊车桁架和所施加的外载荷，如何判断每个杆件的节点位移和应力峰值是否合理呢？一个好的检验方法是检验模拟的结果是否满足基本的物理原理。在本例中，检验施加在吊车桁架上的外力在竖直和水平两个方向的合力是否分别为零。哪些节点被施加了竖直方向的外力？哪些节点受水平方向的外力？模拟计算的结果是否与这里列出的结果一致？

2.3.13 应用 ABAQUS/Explicit 重新运行分析

为了比较，我们将应用 ABAQUS/Explicit 重新运行同样的分析。这一次关心的是吊车桁架在中心突然施加同样载荷后的动态响应。在运行之前，将已经存在的模型复制成新的模型，命名为 Explicit。然后对这个 Explicit 模型进行所有相应的修改。在重新提交作业之前，需要将静态(static)分析步修改为显式动态(explicit dynamic)分析步，并修改输出要求和材料定义以及单元库。

1. 替换分析步

要反映一个动态、显式的分析，首先要改变分析步定义。

用显式动态分析步替换静态分析步：

(1) 进入 Step 模块。

(2) 从主菜单栏中选择 **Step→Replace→Apply load**。在 **Replace Step**(替换分析步)对话框中，从 **General**(一般)步骤列表中选择 **Dynamic，Explicit**。

在替换分析步时，保留模型的特征，诸如边界条件、载荷和相互接触，并删除不能转换的模型特征。在本模拟中，所有必要的模型特征均得到保留。

(3) 在 **Edit Step**(编辑分析步)对话框的 **Basic**(基础)选项页中，键入对分析步的描述为 10kN central load,suddenly applied,并设置分析步的时间期限为 0.01s。

2. 修改输出要求

由于这是动态分析,我们感兴趣的是桁架的振动,所以将中心点的位移作为历史变量输出将有助于分析问题。对于位移历史变量输出的要求只能设置在预先选定的集合中,因此,需要创建一个包括桁架底部中心顶点的集合,然后将位移加入到历史变量输出要求中。

创建一个集合:

(1) 将当前分析步改变为 Apply load。

(2) 从主菜单栏中选择 **Tools→Set→Create**,弹出 **Create Set**(创建集合)对话框。

(3) 命名集合为 Center,并单击 **Continue**。

(4) 在视区中选择桁架底边的中心点。完成后在提示区中单击 **Done**。

在历史变量输出要求中添加位移:

(1) 从主菜单栏中选择 **Output→History Output Requests→Manager**。

(2) 在弹出的 **History Output Requests Manager**(历史变量输出要求管理器)对话框中,单击 **Edit**,显示历史变量输出编辑器。

(3) 在 **Domain**(范围)域中选择 **Set name**(集合名称),ABAQUS 将自动提供已创建的所有集合的列表。在本例中,只创建了一个集合 Center。

(4) 在 **Output Variables**(输出变量)域中单击 **Displacement/Velocity/Acceleration** 类型左边的箭头,展现出有关平移和转动的历史变量输出选项。

(5) 选中 U,Translations and rotations,这样,所选集合的平移和转动将作为历史变量输出到输出数据库文件。

(6) 单击 **OK**,保存所作的修改,并关闭对话框。关闭 **History Output Requests Manager**。

3. 修改材料定义

由于 ABAQUS/Explicit 进行的是动态分析,所以一个完整的材料定义还需要指定材料的密度。在本例中,假设密度等于 7800kg/m^3。

在材料定义中添加密度:

(1) 进入 Property 模块。

(2) 从主菜单栏中选择 **Material→Edit→Steel**。

(3) 在材料编辑器中选择 **General→Density**,并输入 7800 作为密度值。

4. 修改单元库并提交分析作业

在第 3 章"有限单元和刚性体"中将讨论到,能够用于 ABAQUS/Explicit 的单元是那些用于 ABAQUS/Standard 单元的一个子集。因此,为了保证分析中应用了有效的单元类型,必须将选择单元的单元库改变为显式单元库。根据所选择的单元库,ABAQUS/CAE 会自动地过滤单元类型。改变单元库之后,将创建和运行关于 ABAQUS/Explicit 分析的一个新的作业。

改变单元库:

(1) 进入 Mesh 模块。

(2) 从主菜单栏中选择 **Mesh→Element Type**,选择视区中的桁架,并将 **Element Library**(单元库)改变为 **Explicit**。

运行新的作业:

(1) 进入 Job 模块。
(2) 从主菜单栏中选择 **Job→Manager**,并创建一个命名为 FrameExplicit 的新作业。
(3) 设置 **Job Type**(作业类型)为 **Full Analysis**(完整分析),并提交作业。

2.3.14 对动态分析的结果进行后处理

在由 ABAQUS/Standard 完成的静态线性摄动分析中,已经查看了变形形状以及应力、位移和支反力的输出。对于 ABAQUS/Explicit 的分析,用户可以类似地查看变形形状和生成的场变量数据报告。由于这是一个瞬时、动态分析,所以还必须查看由加载引起的振动响应。通过模型变形形状的时间历史动画和桁架底部中心节点的位移历史曲线,可以查看这种响应。

绘出模型的变形形状。在大位移分析(ABAQUS/Explicit 的默认情况)中,位移形状放大因子的默认值为 1。将 Deformed Scale Factor(变形放大因子)改变为 20,就可以更容易地观察桁架的振动。

创建模型变形形状的时间历史动画:

(1) 从主菜单栏中选择 **Animate→Time History**,或者应用工具箱中 工具。时间历史动画开始时是以其最快的速度连续循环演示的。ABAQUS/CAE 在提示区的左侧显示动画播放控制器。
(2) 从提示区选择 **Animation Options**(动画选项),弹出 **Animation Options** 对话框。
(3) 将播放 **Mode**(方式)改变为 **Play Once**(放映一次),并通过移动 **Frame Rate** 滑块减慢播放动画的速度。
(4) 在播放动画时,可以使用动画控制器启动、停止和跳跃播放。从左至右,这些控制执行下面的功能:**play**(播放)、**stop**(停止)、**first image**(第一张),**previous image**(前一张)、**next image**(后一张)和 **last image**(最后一张)。

在 0.01s 的分析时间内,作用在桁架上的瞬时载荷导致了振动。通过绘制节点集 Center 的竖向位移,可以更清楚地观察这个振动过程。

利用存储在输出数据库(.odb)中的历史变量或者场变量数据,可以创建 *X-Y* 曲线图。*X-Y* 曲线也可以由外部文件读入,或者可以交互式地输入 Visulization 模块中。一旦创建了这些曲线,就可以对这些数据进一步进行处理,并以图形的方式绘制在屏幕上。在本例中,将通过历史数据创建和绘制曲线。

创建节点竖向位移的 *X-Y* 曲线:

(1) 从主菜单栏中选择 **Result→History Output**, ABAQUS/CAE 显示出 **History Output**(历史变量输出)对话框,为了看到变量选择的完整描述,可以通过拖动左右边框以增加 **History Output** 对话框的宽度。
(2) 选择 **Spatial displacement: U2 at Node 1 in NSET CENTER**。
(3) 单击 **Plot**(绘制)。

ABAQUS/CAE 绘出沿着桁架底部中心节点处的竖向位移,如图 2-16 所示。

退出 ABAQUS/CAE:

保存模型数据文件,然后从主菜单栏中选择 **File→Exit**,退出 ABAQUS/CAE。

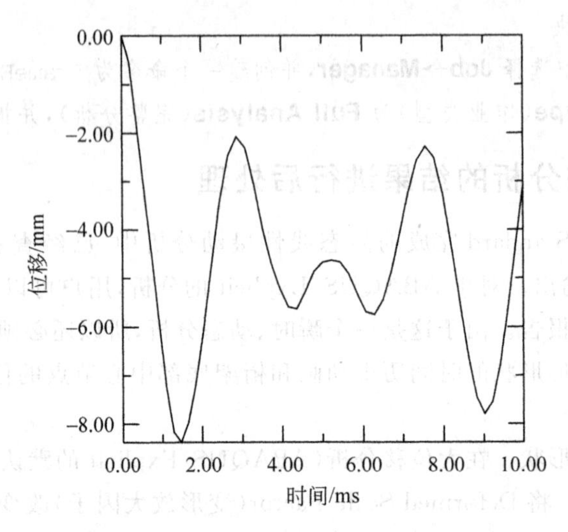

图 2-16　桁架中心处的竖向位移

2.4　比较隐式与显式过程

ABAQUS/Standard和ABAQUS/Explicit都有解决广泛的各种类型问题的能力。对于一个给定的问题,隐式和显式算法的特点决定了采用哪一种算法更适合。对于采用任何算法都可以解决的问题,求解问题的效率可能决定了采用哪种模块。理解隐式和显式算法的特点有助于回答这个问题。表2-2列出了在两种分析模块之间的主要区别,具体内容在本书后续的相关章节中将详细地进行讨论。

表 2-2　ABAQUS/Standard和ABAQUS/Explicit之间的主要区别

参　量	ABAQUS/Standard	ABAQUS/Explicit
单元库	提供了丰富的单元库	提供了适用于显式分析的丰富的单元库,这些单元是在ABAQUS/Standard中单元的子集
分析过程	一般过程和线性摄动过程	一般过程
材料模型	提供了广泛的材料模型	类似于在ABAQUS/Standard中的材料模型,一个显著的区别是提供了允许材料失效的模型
接触公式	对于求解接触问题具有很强的能力	具有更强的接触功能,甚至能够解决最复杂的接触模拟
求解技术	应用基于刚度的求解技术,具有无条件稳定性	应用显式积分求解技术,具有条件稳定性
磁盘空间和内存	由于在增量步中大量的迭代,可能占用大量的磁盘空间和内存	磁盘空间和内存的占用量相对于ABAQUS/Standard要小很多

2.4.1　在隐式和显式分析之间选择

对于许多分析,应用ABAQUS/Standard或者ABAQUS/Explicit应该是清楚的。例如,像在第8章"非线性"中演示的,对于求解光滑的非线性问题,ABAQUS/Standard更有效；另一方面，对于波的传播分析，ABAQUS/Explicit是明智的选择。同时，有一些静态或准静态问题，应用任何程序都能很好地进行模拟。需要注意的是，有些问题一般使用ABAQUS/Standard进行求解，但是由于接触或者材料的复杂性，可能难以收敛，从而导致大量的迭代。因为每次迭代都需要求解由大量线性方程组成的方程组，这时用ABAQUS/Standard进行分析的代价非常昂贵。

ABAQUS/Standard必须进行迭代才能确定非线性问题的解答，而ABAQUS/Explicit通过由前一增量步显式地前推动力学状态，确定解答无需进行迭代。应用显式方法，即便对于一个给定的可能需要大量的时间增量步的分析，如果同样的分析应用ABAQUS/Standard亦需要大量的迭代，应用ABAQUS/Explicit进行分析可能是更为有效的。

对于同样的模拟，ABAQUS/Explicit的另一个优点是它需要的磁盘空间和内存远远小于ABAQUS/Standard。从两个程序计算成本的角度来看，节省大量的磁盘空间和内存使得ABAQUS/Explicit更具有吸引力。

2.4.2 在隐式和显式分析中网格加密的成本

使用显式方法，机时消耗与单元数量成正比，并且大致与最小单元的尺寸成反比。由于增加了单元的数量和减小了最小单元的尺寸，因此网格细划增加了计算成本。作为一个例子，考虑由均匀的方形单元组成的一个三维模型，如果沿所有三个方向以2倍的因数细划网格，作为单元数目增加的结果而增加的计算成本为2×2×2倍，而作为最小单元尺寸减小的结果而增加的计算成本为2倍。由于网格细划，整个分析的计算成本增加为2^4，或16倍。磁盘空间和内存需求与单元数目成正比，与单元尺寸无关。因此，这些需求增加为8倍。

对于显式方法，可以很直接地预测随着网格细划带来的成本增加；而当采用隐式方法时，预测成本是非常困难的。困难来自于单元连接和求解成本之间的关系，在显式方法中不存在这种关系。经验表明，应用隐式方法对于许多问题的计算成本大致与自由度数目的平方成正比。考虑一个采用均匀的、方形单元的三维模型的同样例子，如果沿三个方向都以2倍的比例细划网格，自由度的数目大致增加为2^3倍，导致计算成本大约增加为$(2^3)^2$，或64倍。尽管实际的增加难以预测，但是磁盘空间和内存的需求将以同样的方式增加。

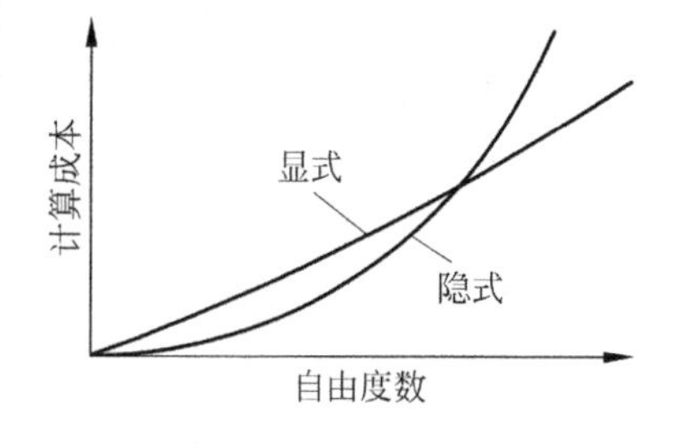

图2-17 应用隐式和显式方法的成本与自由度数关系图

只要网格是相对均匀的，随着网格密度的增加，显式方法比隐式方法会节省大量的计算成本。图2-17说明了应用显式与隐式方法计算成本与自由度数的关系的比较。对于这个问题，自由度数目与单元数目成正比。

2.5 小结

- ABAQUS/CAE可以用来创建完整的ABAQUS分析模型。分析模块(ABAQUS/Standard或ABAQUS/Explicit)读入由ABAQUS/CAE生成的输入文件，进行分析计算，给ABAQUS/CAE发回信息以便监控作业进程，并生成输出数据库。用户使用 Visualization(可视化)模块阅读输出数据库,并观察分析运算的结果。

- 一旦生成了模型,用户可以进行数据检查分析。产生的错误和警告信息将打印到作业监视器对话框中。
- 通过应用在数据检查阶段生成的输出数据库文件,应用 ABAQUS/CAE 中的 Visualization 模块,检验图形化的模型几何形状和边界条件。
- 必须检查结果是否满足工程基本原理,诸如平衡。
- ABAQUS/CAE 中的 Visualization 模块允许用户以各种方式观察图形化的分析结果,也允许用户撰写表格数据报告。
- 选择应用隐式或者显式,很大程度上依赖于问题的性质。

3 有限单元和刚性体

有限单元和刚性体是 ABAQUS 模型的基本构件。有限单元是可变形的,而刚性体在空间运动不改变形状。有限元分析程序的用户一般对有限单元有所了解,而对在有限元程序中的刚性体的概念则会感到陌生。

为了提高计算效率,ABAQUS 具有一般刚性体的功能。任何物体或物体的局部均可以定义作为刚性体;大多数单元类型都可以用于刚性体的定义(例外的类型列在《ABAQUS 分析用户手册》第 2.4.1 节"Rigid body definition")。刚性体比变形体的优越性在于对刚性体运动的完全描述只需要在一个参考点上的最多 6 个自由度。相比之下,可变形的单元拥有许多自由度,需要昂贵的单元计算才能确定变形。当该变形可以忽略或者我们对其不感兴趣时,将模型中的一个部分作为刚性体可以极大地节省计算时间,而不影响整体结果。

3.1 有限单元

ABAQUS 提供了广泛的单元,其庞大的单元库为用户提供了一套强有力的工具以解决多种不同类型的问题。在 ABAQUS/Explicit 中的单元是在 ABAQUS/Standard 中的单元的一个子集。本节将介绍影响每个单元特性的 5 个方面的问题。

3.1.1 单元的表征

每一个单元表征如下:

- 单元族;
- 自由度(与单元族直接相关);
- 节点数目;
- 数学描述;
- 积分。

ABAQUS 中每一个单元都有唯一的名字,例如 T2D2,S4R 或者 C3D8I。单元的名字标识了一个单元的 5 个方面问题的每一个特征。命名的约定将在本章中说明。

1. 单元族

图 3-1 给出了应力分析中最常用的单元族。不同单元族之间的一个主要区别是每一个单元族所假定的几何类型不同。

在本书中将用到的单元族有实体单元、壳单元、梁单元、桁架单元和刚性体单元,这些单元将在其他章节里详细讨论。其他单元族本书没有涉及,读者若在模型中对应用它们感兴趣,请查阅《ABAQUS 分析用户手册》第Ⅴ部分"Elements"。

单元名字中的第 1 个字母或者字母串表示该单元属于哪一个单元族。例如,S4R 中的 S 表示它是壳(shell)单元,而 C3D8I 中的 C 表示它是实体(continuum)单元。

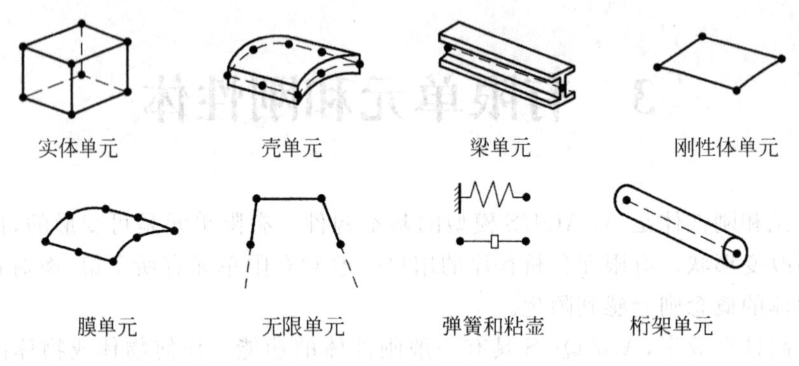

图 3-1　常用单元族

2. 自由度

自由度(dof)是在分析中计算的基本变量。对于应力/位移模拟，自由度是在每一节点处的平移。某些单元族，诸如梁和壳单元族，还包括转动的自由度。对于热传导模拟，自由度是在每一节点处的温度，因此，热传导分析要求使用与应力分析不同的单元，因为它们的自由度不同。

在ABAQUS中使用的关于自由度的顺序约定如下：

1　1方向的平移；

2　2方向的平移；

3　3方向的平移；

4　绕1轴的转动；

5　绕2轴的转动；

6　绕3轴的转动；

7　开口截面梁单元的翘曲；

8　声压、孔隙压力或静水压力；

9　电势；

11　实体单元的温度(或质量扩散分析中的归一化浓度)，或者在梁和壳的厚度上第一点的温度；

12＋　在梁和壳厚度上其他点的温度(继续增加自由度)。

除非在节点处已经定义了局部坐标系，否则方向1,2和3分别对应于整体坐标的1,2和3方向。

轴对称单元是一个例外，其位移和旋转的自由度规定如下：

1　r方向的平移；

2　z方向的平移；

6　r-z平面内的转动。

除非在节点处已经定义了局部坐标系，否则方向r(径向)和z(轴向)分别对应于整体坐标的1和2方向。关于在节点处定义局部坐标系的讨论，见第5章“应用壳单元”。

在本书中我们着力于结构应用方面，所以只讨论具有平移和转动自由度的单元。关于其他类型的单元的信息(如热传导单元)，可参考《ABAQUS分析用户手册》。

3. 节点数目与插值的阶数

ABAQUS 仅在单元的节点处计算前面提到的位移、转动、温度和其他自由度。在单元内的任何其他点处的位移是由节点位移插值获得的。通常插值的阶数由单元采用的节点数目决定。

- 仅在角点处布置节点的单元，如图 3-2(a)所示的 8 节点实体单元，在每一方向上采用线性插值，常常称它们为线性单元或一阶单元。
- 在每条边上有中间节点的单元，如图 3-2(b)所示的 20 节点实体单元，采用二次插值，常常称它们为二次单元或二阶单元。
- 在每条边上有中间节点的修正三角形或四面体单元，如图 3-2(c)所示的 10 节点四面体单元，采用修正的二阶插值，常常称它们为修正的单元或修正的二次单元或二阶单元。

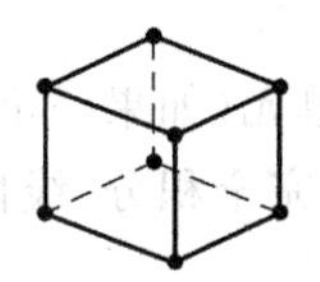
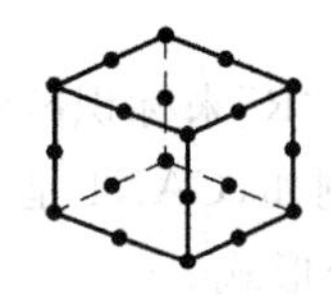
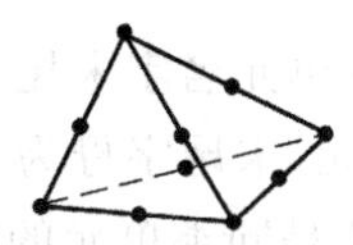

(a) 线性单元 (8 节点实体单元，C3D8)　(b) 二次单元 (20 节点实体单元，C3D20)　(c) 修正的二次单元 (10 节点四面体单元，C3D10M)

图 3-2 线性实体、二次实体和修正的四面体单元

ABAQUS/Standard 提供了对于线性和二次单元的广泛选择。除了二次梁单元和修正的四面体和三角形单元之外，ABAQUS/Explicit 仅提供线性单元。

一般情况下，一个单元的节点数目清楚地标识在其名字中。如前面所见，8 节点实体单元称为 C3D8；8 节点一般壳单元称为 S8R。梁单元族采用了稍有不同的约定：在单元的名字中标识了插值的阶数。这样，一阶三维梁单元称为 B31，而二阶三维梁单元称为 B32。对于轴对称壳单元和膜单元采用了类似的约定。

4. 数学描述

单元的数学描述是指用来定义单元行为的数学理论。在不考虑自适应网格的情况下，在 ABAQUS 中所有的应力/位移单元的行为都是基于拉格朗日或材料描述：在分析中，与单元关联的材料保持与单元关联，并且材料不能从单元中流出和越过单元的边界。与此相反，欧拉或空间描述则是单元在空间固定，材料在它们之间流动。欧拉方法通常用于流体力学模拟。ABAQUS/Standard 应用欧拉单元模拟对流换热。在 ABAUQS/Explicit 中的自适应网格技术，将纯拉格朗日和欧拉分析的特点组合，允许单元的运动独立于材料。在本书中不讨论欧拉单元和自适应网格技术。

为了适用于不同类型的行为，在 ABAQUS 中的某些单元族包含了几种采用不同数学描述的单元。例如，壳单元族具有三种类型：一种适用于一般性目的的壳体分析，另一种适用于薄壳，余下的一种适用于厚壳(这些壳单元的数学描述将在第 5 章“应用壳单元”中给予解释)。

ABAQUS/Standard 的某些单元族除了具有标准的数学公式描述外，还有一些其他可供选择的公式描述。具有其他可供选择的公式描述的单元由在单元名字末尾的附加字母来识别。例如，实体、梁和桁架单元族包括了采用杂交公式的单元，它们将静水压力(实体单元)或轴力(梁和桁架单元)处理为一个附加的未知量，这些杂交单元由其名字末尾的"H"字母标识(C3D8H或B31H)。

有些单元的数学公式允许耦合场问题求解。例如，以字母C开头和字母T结尾的单元(如C3D8T)具有力学和热学的自由度，可用于模拟热-力耦合问题。

几种最常用单元的数学描述将在本书的后续章节中讨论。

5. 积分

ABAQUS应用数值方法对各种变量在整个单元体内进行积分。对于大部分单元，ABAQUS运用高斯积分方法来计算每一单元内每一个积分点处的材料响应。对于ABAQUS中的一些实体单元，可以选择应用完全积分或者减缩积分。对于一个给定的问题，这种选择对于单元的精度有着明显的影响，我们将在第4.1节"单元的数学描述和积分"中详细讨论。

ABAQUS在单元名字末尾采用字母"R"来标识减缩积分单元(如果一个减缩积分单元同时又是杂交单元，末尾字母为RH)。例如，CAX4是4节点、完全积分、线性、轴对称实体单元；而CAX4R是同类单元的减缩积分形式。

ABAQUS/Standard提供了完全积分和减缩积分单元；除了修正的四面体和三角形单元外，ABAQUS/Explicit只提供了减缩积分单元。

3.1.2　实体单元

在不同的单元族中，连续体或者实体单元能够用来模拟范围最广泛的构件。顾名思义，实体单元简单地模拟部件中的一小块材料。由于它们可以通过其任何一个表面与其他单元相连，因此实体单元就像建筑物中的砖或马赛克中的瓷砖一样，能够用来构建具有几乎任何形状、承受几乎任意载荷的模型。ABAQUS具有应力/位移和热-力耦合的实体单元。本书中只讨论应力/位移单元。

在ABAQUS中，应力/位移实体单元的名字以字母"C"开头；随后的两个字母表示维数，并且通常表示(并不总是)单元的有效自由度；字母"3D"表示三维单元；"AX"表示轴对称单元；"PE"表示平面应变单元；而"PS"表示平面应力单元。

在第4章"应用实体单元"中，将对应用实体单元展开进一步讨论。

1. 三维实体单元库

三维实体单元可以是六面体形(砖形)、楔形或四面体形。关于三维实体单元的详细目录和每种单元中节点的连接方式，请参阅《ABAQUS分析用户手册》第14.1.4节"Three-dimensional solid element library"。

在ABAQUS中，应尽可能地使用六面体单元或二阶修正的四面体单元。一阶四面体单元(C3D4)具有简单的常应变公式，为了得到精确的解答需要非常细划的网格。

2. 二维实体单元库

ABAQUS拥有几种离面行为互不相同的二维实体单元。二维单元可以是四边形或三角形。应用最普遍的3种二维单元如图3-3所示。

平面应变(plain strain)单元假设离面应变ε_{33}为零，可以用来模拟厚结构。

平面应力(plain stress)单元假设离面应力σ_{33}为零，适合用来模拟薄结构。

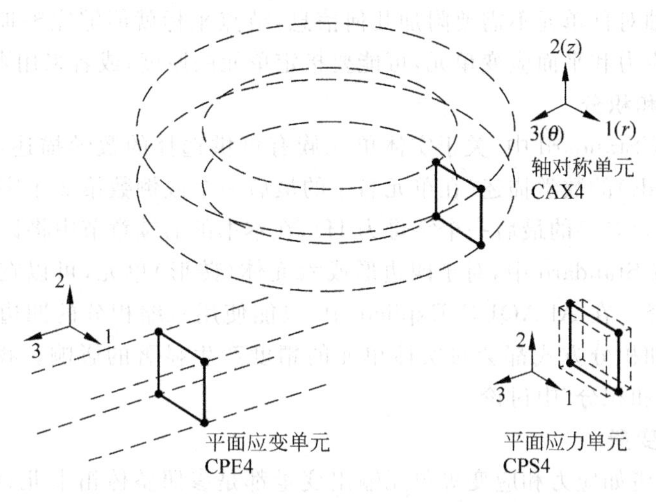

图 3-3 平面应变、平面应力和无扭曲的轴对称单元

无扭曲的轴对称单元(属于 CAX 类单元)可模拟 360°的环,适合于分析具有轴对称几何形状和承受轴对称载荷的结构。

ABAQUS/Standard 也提供了广义平面应变单元、可以扭曲的轴对称单元和具有反对称变形的轴对称单元:

- 广义平面应变单元包含了对原单元的推广,即离面应变可以随着模型平面内的位置发生线性变化。这种单元列式特别适合于厚截面的热应力分析。
- 带有扭曲的轴对称单元可以模拟初始时为轴对称几何形状,但能沿对称轴发生扭曲的模型。它们适合于模拟圆桶形结构的扭转,如轴对称的橡胶套管。
- 带有反对称变形的轴对称单元可以模拟初始时为轴对称几何形状,但能反对称变形的物体(特别是作为弯曲的结果)。它们适合于模拟诸如承受剪切载荷的轴对称橡胶支座的问题。

本书不讨论上面提到的这 3 种二维实体单元。

二维实体单元必须在 1-2 平面内定义,并使节点编号顺序为绕单元周界的逆时针方向,如图 3-4 所示。

当使用前处理器生成网格时,要确保所有点处的单元法线沿着同一方向,即正向,沿着整体坐标的 3 轴。如果没有提供正确的单元节点布局,ABAQUS 会给出单元具有负面积的出错信息。

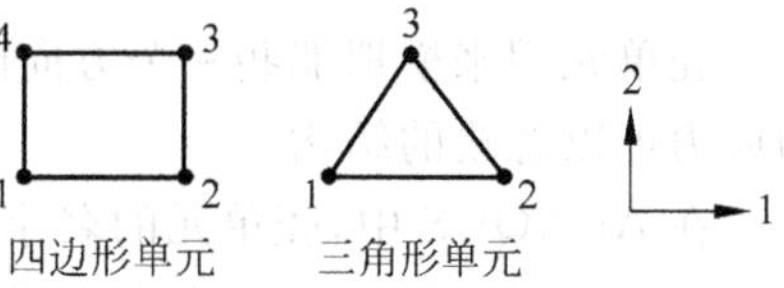

图 3-4 二维单元正确的节点布局

3. 自由度

应力/位移实体单元在每一节点处都有平移自由度。相应地,在三维单元中,自由度 1,2 和 3 是有效的,而在平面应变单元、平面应力单元和无扭曲的轴对称单元中,只有自由度 1 和 2 是有效的。关于其他类型的二维实体单元的有效自由度,请参阅《ABAQUS 分析用户手册》第 14.1.3 节“Two-dimensional solid element library”。

4. 单元性质

所有的实体单元必须赋予截面性质,它定义了与单元相关的材料和任何附加的几何数据。对于三维和轴对称单元不需要附加几何信息，节点坐标就能够完整地定义单元的几何形状。对于平面应力和平面应变单元，可能要指定单元的厚度，或者采用默认值 1.0。

5. 数学描述和积分

在 ABAQUS/Standard 中，关于实体单元族有可供选择的数学描述，包括非协调模式(incompatible mode)的数学描述(在单元名字的最后一个或倒数第 2 个字母为 I)和杂交单元的数学描述(单元名字的最后一个字母为 H)，在本书的后续章节中将详细讨论它们。

在 ABAQUS/Standard 中，对于四边形或六面体(砖形)单元，可以在完全积分和减缩积分之间进行选择。在 ABAQUS/Explicit 中，只能使用减缩积分的四边形或六面体实体单元。数学描述和积分方式都会对实体单元的精度产生显著的影响。我们将在第 4.1 节"单元的数学描述和积分"中讨论。

6. 单元输出变量

默认情况下，诸如应力和应变等单元输出变量都是参照整体笛卡儿直角坐标系的。因此，在积分点处 σ_{11} 应力分量是作用在整体坐标系的 1 方向，如图 3-5(a)所示。即使在一个大位移模拟中单元发生了转动，如图 3-5(b)所示，仍默认是在整体笛卡儿坐标系中定义单元变量。

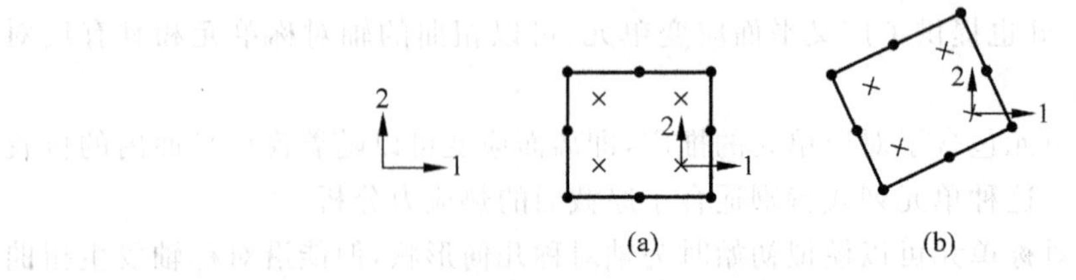

图 3-5　对于实体单元默认的材料方向

然而，ABAQUS 允许用户为单元变量定义一个局部坐标系(见第 5.5 节"例题：斜板")。该局部坐标系在大位移模拟中随着单元的运动而转动。当所分析的物体具有某个自然材料方向时，如在复合材料中的纤维方向，局部坐标系是十分有用的。

3.1.3　壳单元

壳单元用来模拟那些一个方向的尺寸(厚度)远小于其他方向的尺寸，并且沿厚度方向的应力可以忽略的结构。

在 ABAQUS 中，壳单元的名字以字母"S"开头。所有轴对称壳单元以字母"SAX"开头。在 ABAQUS/Standard 中也提供了带有反对称变形的轴对称壳单元，它以字母"SAXA"开头。除了轴对称壳的情况外，在壳单元名字中的第 1 个数字表示在单元中节点的数目，而在轴对称壳单元名字中的第 1 个数字表示插值的阶数。

在 ABAQUS 中具有两种壳单元：常规的壳单元和基于连续体的壳单元。通过定义单元的平面尺寸、表面法向和初始曲率，常规的壳单元对参考面进行离散。另一方面，基于连续体的壳单元类似于三维实体单元，它们对整个三维物体进行离散和建立数学描述，其运动和本构行为类似于常规壳单元。本书中仅讨论常规的壳单元。因此，将常规的壳单元简称为"壳单元"。关于基于连续体的壳单元的更多信息，请参阅《ABAQUS 分析用户手册》第 15.6.1 节"Shell elements：overview"。

关于壳单元的应用，将在第5章"应用壳单元"中详细讨论。

1. 壳单元库

在ABAQUS/Standard中，一般的三维壳单元有三种不同的数学描述：一般性目的(general-purpose)的壳单元、仅适合薄壳(thin-only)的壳单元和仅适合厚壳(thick-only)的壳单元。一般性目的的壳单元和带有反对称变形的轴对称壳单元考虑了有限的膜应变和任意大转动。三维"厚"和"薄"壳单元类型提供了任意大的转动，但是仅考虑了小应变。一般性目的的壳单元允许壳的厚度随着单元的变形而改变。所有其他的壳单元假设小应变和厚度不变，即使单元的节点可能发生有限的转动。在程序中包含线性和二次插值的三角形和四边形单元，以及线性和二次的轴对称壳单元。所有的四边形壳单元(除了S4)和三角形壳单元S3/S3R均采用减缩积分。而S4壳单元和其他三角形壳单元则采用完全积分。表3-1总结了ABAQUS/Standard中的壳单元。

表 3-1 ABAQUS/Standard 中的 3 种壳单元

一般性目的的壳	仅适合薄壳	仅适合厚壳
S4,S4R,S3/S3R,SAX1 SAX2,SAX2T	STRI3,STRI65 S4R5,S8R5,S9R5,SAXA	S8R,S8RT

所有在ABAQUS/Explicit中的壳单元是一般性目的的壳单元，具有有限的膜应变和小的膜应变公式。该程序提供了带有线性插值的三角形和四边形单元，也有线性轴对称壳单元。表3-2总结了在ABAQUS/Explicit中的壳单元。

表 3-2 ABAQUS/Explicit 中的两种壳单元

有限应变壳	小应变壳
S4R,S3/S3R,SAX1	S4RS,S4RSW,S3RS

对于大多数显式分析，使用大应变壳单元是合适的。然而，如果在分析中只涉及小的膜应变和任意的大转动，采用小应变壳单元则更富有计算效率。S4RS,S3RS没有考虑翘曲，而S4RSW则考虑了翘曲。

2. 自由度

在ABAQUS/Standard的三维壳单元中，名字以数字"5"结尾的(例如S4R5,STRI65)单元每一节点只有5个自由度：3个平移自由度和2个面内转动自由度(即没有绕壳面法线的转动)。然而，如果需要的话，可以使节点处的全部6个自由度都被激活，例如，施加转动的边界条件，或者节点位于壳的折线上。

其他的三维壳单元在每一节点处有6个自由度(3个平移自由度和3个转动自由度)。

轴对称壳单元的每一节点有3个自由度：

1 r 方向的平移；

2 z 方向的平动；

6 r-z 平面内的转动。

3. 单元性质

所有的壳单元必须提供壳截面性质，它定义了与单元有关的厚度和材料性质。

在分析过程中或者在分析开始时，可以计算壳的横截面刚度。

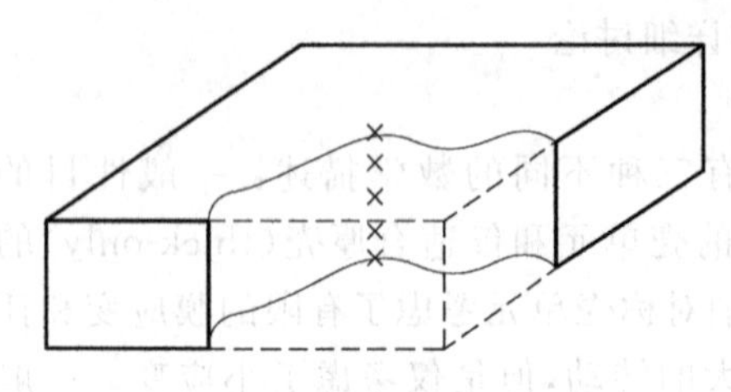

图3-6　壳单元厚度方向的截面点

若选择在分析过程中计算刚度，通过在壳厚度方向上选定的点，ABAQUS应用数值积分的方法计算结构的力学行为。所选定的点称为截面点(section point)，如图3-6所示。相关的材料性质定义可以是线性的或者是非线性的。用户可以在壳厚度方向上指定任意奇数个截面点。

若选择在分析开始时一次计算横截面刚度，可以定义横截面性质来模拟线性或非线性行为。在这种情况下，ABAQUS以截面工程参量(面积、惯性矩等)的方式直接模拟壳体的横截面行为，所以，无需让ABAQUS在单元横截面上积分任何变量。因此，这种方式计算成本较小。以合力和合力矩的方式计算响应，只有在被要求输出时，才会计算应力和应变。当壳体的响应是线弹性时，建议采用这种方式。

4. 单元输出变量

以位于每一壳单元表面上的局部材料方向的方式定义壳单元的输出变量。在所有大位移模拟中，这些轴随着单元的变形而转动。用户也可以定义局部材料坐标系，在大位移分析中它随着单元变形而转动。

3.1.4 梁单元

梁单元用来模拟一个方向的尺寸(长度)远大于另外两个方向的尺寸，并且仅沿梁轴方向的应力是比较显著的构件。

在ABAQUS中梁单元的名字以字母“B”开头。下一个字符表示单元的维数：“2”表示二维梁，“3”表示三维梁。第3个字符表示采用的插值：“1”表示线性插值，“2”表示二次插值和“3”表示三次插值。

在第6章“应用梁单元”中将讨论梁单元的应用。

1. 梁单元库

在二维和三维中有线性、二次及三次梁单元。在ABAQUS/Explicit中没有提供三次梁单元。

2. 自由度

三维梁在每一个节点有6个自由度：3个平移自由度(1～3)和3个转动自由度(4～6)。在ABAQUS/Standard中有“开口截面”(open-section)型梁单元(如B31OS)，它具有一个代表梁横截面翘曲(warping)的附加自由度(7)。

二维梁在每一个节点有3个自由度：2个平移自由度(1和2)和1个绕模型的平面法线转动的自由度(6)。

3. 单元性质

所有的梁单元必须提供梁截面性质，定义与单元有关的材料以及梁截面的轮廓(profile)(即单元横截面的几何)；节点坐标仅定义梁的长度。通过指定截面的形状和尺寸，用户可以从几何上定义梁截面的轮廓。另一种方式，通过给定截面工程参量，如面积和惯性矩，用户可以定义一个广义的梁截面轮廓。

若用户从几何上定义梁的截面轮廓，则ABAQUS通过在整个横截面上进行数值积分计算横截面行为，允许材料的性质为线性和非线性。

若用户通过提供截面的工程参量(面积、惯性矩和扭转常数)来代替横截面尺寸,则ABAQUS在单元横截面上无需对任何量进行积分。因此,这种方式的计算成本较少。采用这种方式,材料的行为可以是线性或者非线性。以合力和合力矩的方式计算响应。只有在被要求输出时,才会计算应力和应变。

4. 数学描述和积分

线性梁(B21和B31)和二次梁(B22和B32)允许剪切变形,并考虑了有限轴向应变,因此,它们既适合于模拟细长梁,也适合于模拟短粗梁。尽管允许梁的大位移和大转动,在ABAQUS/Standard中的三次梁单元(B23和B33)不考虑剪切弯曲和假设小的轴向应变,因此,它们只适合于模拟细长梁。

ABAQUS/Standard提供了线性和二次梁单元的派生形式(B31OS和B32OS),适合模拟薄壁开口截面梁。这些单元能正确地模拟在开口横截面中扭转和翘曲的影响,如I字梁或U型截面槽。在本书中不涉及开口截面梁。

ABAQUS/Standard也有杂交梁单元用来模拟非常细长的构件,如海上石油平台上的柔性立管,或者模拟非常刚硬的连接件。在本书中不涉及杂交梁。

5. 单元输出变量

三维剪切变形梁单元的应力分量为轴向应力(σ_{11})和由扭转引起的切应力(σ_{12})。在薄壁截面中,切应力绕截面的壁作用,亦有相应的应变度量。剪切变形梁也提供了对截面上横向剪力的评估。在ABAQUS/Standard中的细长(三次)梁只有轴向变量作为输出,空间的开口截面梁也仅有轴向变量作为输出,因为在这种情况下扭转切应力是可以忽略的。

所有的二维梁单元仅采用轴向的应力和应变。

也可以根据需要输出轴向力、弯矩和绕局部梁轴的曲率。关于每一种梁单元都有哪些变量可以输出,详细的内容可以参阅《ABAQUS分析用户手册》第15.3.1节"Beam modeling: overview"。在第6章"应用梁单元"中给出了关于如何定义局部梁轴的细节。

3.1.5 桁架单元

桁架单元是只能承受拉伸或者压缩载荷的杆件,它们不能承受弯曲,因此,适合于模拟铰接框架结构。此外,桁架单元能够用来近似地模拟缆索或者弹簧(例如,网球拍)。在其他单元中,桁架单元有时还用来代表加强构件。在第2章"ABAQUS基础"中的吊车桁架模型采用了桁架单元。

所有桁架单元的名字都以字母"T"开头。随后的两个字符表示单元的维数,如"2D"表示二维桁架,"3D"表示三维桁架。最后一个字符代表在单元中的节点数目。

1. 桁架单元库

在二维和三维中有线性和二次桁架。在ABAQUS/Explicit中没有二次桁架。

2. 自由度

桁架单元在每个节点只有平移自由度。三维桁架单元有自由度1,2和3,二维桁架单元有自由度1和2。

3. 单元性质

所有的桁架单元必须提供桁架截面性质、与单元相关的材料性质定义和指定的横截面面积。

4. 数学描述和积分

除了标准的数学公式外，在ABAQUS/Standard中有一种杂交桁架单元列式，这种单元适合于模拟非常刚硬的连接件，其刚度远大于所有结构单元的刚度。

5. 单元输出变量

输出轴向的应力和应变。

3.2 刚性体

在ABAQUS中，刚性体是节点和单元的集合体，这些节点和单元的运动由称为刚性体参考节点(rigid body reference node)的单一节点的运动所控制，如图3-7所示。

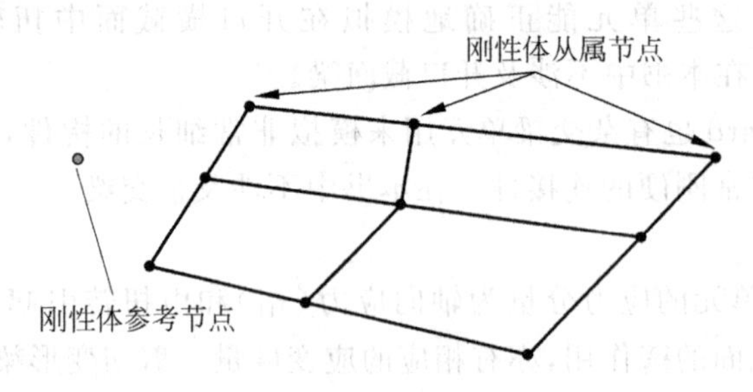

图3-7　组成刚性体的单元

定义刚性体的形状或者是一个解析表面，通过旋转或者拉伸一个二维几何图形得到这个表面；或者是一个离散的刚性体，通过剖分物体生成由节点和单元组成的网格得到这个刚性体。在模拟过程中，刚性体的形状不变，但可以产生大的刚体运动。离散刚性体的质量和惯量可以由其单元的贡献计算得到，也可以特殊设置。

通过在刚性体参考点上施加边界条件可以描述刚性体的运动。在刚体上生成的载荷来自施加在节点上的集中载荷和施加在部分刚性体单元上的分布载荷，或者来自施加在刚性体参考点上的载荷。通过节点连接和通过接触可变形的单元，刚性体与模型中的其他部分发生相互作用。

在第12章"接触"中将描述刚性体的应用。

3.2.1　确定何时使用刚性体

刚性体可以用于模拟非常坚硬的部件，这一部件或者是固定的，也可以进行任意大的刚体运动。它还可以用于模拟在变形部件之间的约束，并且提供了指定某些接触相互作用的简便方法。当ABAQUS应用于准静态成型(quasi-static forming)分析时，采用刚性体模拟加工工具(如冲头、砧、抽拉模具、夹具、辊轴等)是非常理想的，并且将其作为一种约束方式也可能是有效的。

使模型的一部分成为刚性体有助于达到验证模型的目的。例如，在开发复杂的模型时，所有潜在的接触条件是难以预见的，可以将远离接触区域的单元包含在刚性体中，成为其中的一部分，从而导致更快的运行速度。当用户对模型和接触对的定义感到满意时，可以消除那些刚性体的定义，这样，展现在模拟全过程中的就是一个可精确变形的有限元模型了。

将部分模型表示为刚性体而不是变形的有限单元体，其主要的优点在于计算效率。已经成为部分刚性体的单元不进行单元层次的计算。尽管需要某些计算工作以更新刚性体中节点的运动和设置集中和分布载荷，但是在刚性体参考点处的最多6个自由度完全确定了刚性体的运动。

在ABAQUS/Explicit分析中，对于模拟结构中相对比较刚性的部分，若其中的波动和应力分布是不重要的，应用刚性体特别有效。在坚硬区域对单元的稳定时间增量估计可能导致非常小的整体时间增量，所以在坚硬区域应用刚性体代替可变形的有限单元，可以导致更大的整体时间增量。刚性体和部分刚性体的单元并不影响整体时间增量，也不会显著地影响求解的整体精度。

在ABAQUS中，由解析刚性表面定义的刚性体比离散的刚性体可以节省一些计算成本。例如，在ABAQUS/Explicit中，因为解析刚性表面可以十分光滑，而离散刚性体本身有很多面，所以与解析刚性表面接触比与离散刚性体接触在计算中产生的噪声要少。然而，只有有限的形状能够被定义成为解析刚性表面。

3.2.2 刚性体部件

一个刚体的运动是由单一节点即刚性体参考点控制的。它有平移和转动的自由度，对于每一个刚性体必须给出唯一的定义。

刚性体参考点的位置一般并不重要，除非对刚性体施加旋转或者希望得到绕通过刚性体的某一轴的反力矩。在以上任何一种情况下，节点必须位于通过刚性体的某一理想轴上。

除了刚性体参考点外，离散的刚性体包含由指定到刚体上的单元和节点生成的节点集合体。这些节点称为刚性体从属节点(rigid body slave nodes)(见图3-7)，它们提供了与其他单元的连接。部分刚性体上的节点具有如下两种类型之一：

- 销钉节点(pin)，它只有平移自由度；
- 束缚节点(tie)，它有平移和转动自由度。

刚性体节点的类型取决于这些节点附属的刚性体单元的类型。当节点直接布置在刚性体上时，也可以指定或修改节点类型。对于销钉节点，仅是平移自由度属于刚性体部分，并且刚性体参考点的运动约束了这些节点自由度的运动；对于束缚节点，平移和转动自由度均属于刚性体部分，刚性体参考点的运动约束了这些节点的自由度。

定义在刚性体上的节点不能被施加上任何边界条件、多点约束(multi-point constraints)或者约束方程(constraint equations)。然而，边界条件、多点约束、约束方程和载荷可以施加在刚性体参考点上。

3.2.3 刚性单元

在ABAQUS中，刚性体的功能适用于大多数单元，它们均可成为刚性体的一部分，而不仅仅局限于刚性单元(rigid element)。例如，只要将单元赋予刚体，壳单元或者刚性单元可以用于模拟相同的问题。控制刚性体的规则，诸如如何施加载荷和边界条件，适合于所有组成刚性体的单元类型，包括刚性单元。

所有刚性单元的名字都以字母“R”开头。下一个字符表示单元的维数，例如，“2D” 表示单元是平面的；“AX” 表示单元是轴对称的。最后的字符代表在单元中的节点数目。

1. 刚性单元库

三维四边形(R3D4)和三角形(R3D3)刚性单元用来模拟三维刚性体的二维表面。在ABAQUS/Standard中,另外一种单元是2节点刚性梁单元(RB3D2),主要用来模拟受流体拽力和浮力作用的海上结构中的部件。

对于平面应变、平面应力和轴对称模型,可以应用2节点刚性单元。在ABAQUS/Standard中,也有一种平面2节点刚性梁单元,主要用于模拟二维的海上结构。

2. 自由度

仅在刚性体参考点处有独立的自由度。对于三维单元,参考点有3个平移和3个转动自由度;对于平面和轴对称单元,参考点有自由度1,2和6(绕3轴的转动)。

附属到刚性单元上的节点只有从属自由度。从属自由度的运动完全取决于刚性体参考点的运动。对于平面和三维刚性单元只有平移的从属自由度。相应于变形梁单元,在ABAQUS/Standard中的刚性梁单元具有相同的从属自由度:三维刚性梁为1～6,平面刚性梁为1,2和6。

3. 物理性质

所有刚性单元必须指定其截面性质。对于平面和刚性梁单元,可以定义横截面面积;对于轴对称和三维单元,可以定义厚度,而厚度的默认值为零。只有在刚性单元上施加体力时才需要这些数据,或者在ABAQUS/Explicit中定义接触时才需要厚度。

4. 数学描述和积分

由于刚性单元不能变形,所以它们不用数值积分点,也没有可选择的数学描述。

5. 单元输出变量

这里没有单元输出变量。刚体单元仅输出节点的运动。另外,可以输出在刚性体参考点处的约束反力和反力矩。

3.3　质量和转动惯量单元

接下来的两节中所描述的单元在ABAQUS/Standard和ABAQUS/Explicit中都可以适用,但是它们在ABAQUS/Explicit分析中占有尤为重要的地位。

本节的质量(MASS)单元和转动惯量(ROTARYI)单元用于在离散点处定义质量和转动惯量。

1. 自由度

质量单元的每个节点具有3个平动自由度。转动惯量单元的每个节点具有3个转动自由度。

2. 单元性质

质量单元的质量截面特性定义了该单元的质量大小。

转动惯量单元的惯量截面特性定义了该单元的转动惯量。

3. 单元输出变量

这些单元没有输出变量。

3.4 弹簧和减振器单元

弹簧(SPRINGA)和减振器单元(DASHPOTA)用于在不需要详细模拟整体的情况下建立两节点间的有效刚度或阻尼。在变形过程中两节点间的作用线保持不变。

1. 自由度

弹簧和减振器单元的每个节点具有3个平动自由度。

2. 单元性质

弹簧单元的截面特性定义了弹簧的线性或非线性刚度。

减振器单元的截面特性定义了减振器的线性或非线性阻尼。

3. 单元输出变量

对于弹簧单元来说,S11是弹簧中的力,E11是弹簧截面的相应位移。对于减振器单元来说,S11是减振器中的力,E11是减振器截面的相应位移。

3.5 小结

- ABAQUS拥有庞大的单元库,适用于广泛的结构应用。单元类型的选择对模拟计算的精度和效率有重要的影响。在ABAQUS/Explicit单元库中的单元是ABAQUS/Standard单元库中的单元的子集。
- 节点的有效自由度依赖于该节点所属单元的类型。
- 单元的名字完整地标明了单元族、数学描述、节点数目以及积分类型。
- 所有的单元必须提供截面性质定义,截面性质提供了定义单元几何形状所需要的任何附加数据,而且也标识了相关的材料性质定义。
- 对于实体单元,ABAQUS参照整体笛卡儿坐标系来定义单元的输出变量,如应力和应变。用户可以将其改变到局部材料坐标系。
- 对于三维壳单元,ABAQUS参照位于壳表面上的坐标系来定义单元的输出变量。用户可以定义局部材料坐标系。
- 为了提高计算效率,模型中的任何部分都可以定义成为一个刚性体,它仅在其参考点上具有自由度。
- 在ABAQUS/Explicit分析中,作为一种约束方式,刚性体比多点约束的计算效率更高。

4 应用实体单元

在 ABAQUS 中,应力/位移单元的实体(continuum)单元族是包含最广泛的。ABAQUS/Standard 和 ABAQUS/Explicit 的实体单元库多少有所不同。

1. ABAQUS/Standard 实体单元库

ABAQUS/Standard 的实体单元库包括二维和三维的一阶(线性)插值单元和二阶(二次)插值单元,它们应用完全积分或者减缩积分。二维单元有三角形和四边形;三维单元有四面体、三角楔形体和六面体(砖型),还有修正的二阶三角形和四面体单元。

此外,在 ABAQUS/Standard 中还有杂交和非协调模式单元。

2. ABAQUS/Explicit 实体单元库

ABAQUS/Explicit 实体单元库包括二维和三维的减缩积分一阶(线性)插值单元,也有修正的二阶插值三角形和四面体单元。在 ABAQUS/Explicit 中没有完全积分或者规则的二阶单元。

有关可选用的实体单元的详细信息,请参阅《ABAQUS 分析用户手册》第 14.1.1 节"Solid(continuum) elements"。

ABAQUS 中可供使用的实体单元的总数是相当大的,仅三维模型就超过了 20 种。模拟的精度很大程度上依赖于在模型中采用的单元类型。在这些单元中如何选择一个最适合的模型,可能是一件令人苦恼的事情,尤其是在初次使用时。然而,读者会逐渐认识到这种在 20 多件工具组中进行的选择会为自己提供一种能力,对于一个特殊的模拟能够选择恰当、正确的工具或单元。

本章讨论不同的单元数学描述和积分水平对于一个特定分析的精度的影响,同时给出一些关于选择实体单元的一般性指导意见。这些内容为读者积累 ABAQUS 的应用经验,并建立自己的知识库提供了基础。在本章末尾的例子中,通过建立和分析一个连接环构件模型,为读者应用这些知识提供了机会。

4.1 单元的数学描述和积分

通过对一个悬臂梁的静态分析,如图 4-1 所示,可以演示单元阶数(线性或二次)、单元数学描述和积分水平对结构模拟精度的影响。这是一个用来评估给定的有限元性能的典型测试。由于梁是相当细长的,所以通常采用梁单元来建立模型。但是,在这里将利用此模型帮助评估各种实体单元的效果。

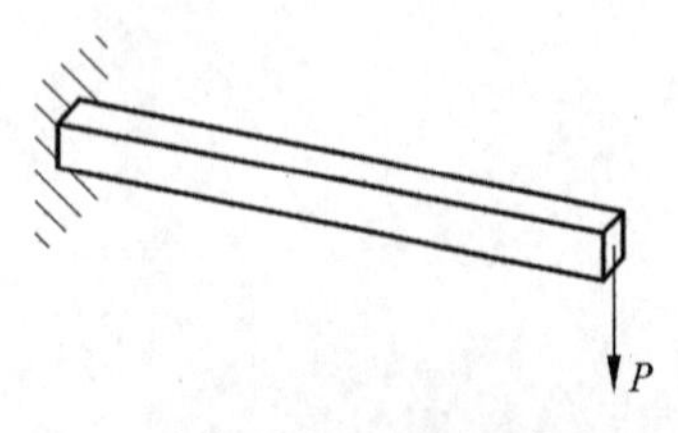

图 4-1 自由端受集中载荷 P 的悬臂梁

梁为 150mm 长,2.5mm 宽,5mm 高;一端固定;在自由端施加 5N 的集中载荷。材料的杨氏模量 E 为 70GPa,泊松比为 0.0。采用梁的理论,在载荷 P 作用下,梁自由端的静挠度为

$$\delta_{\text{tip}}=\frac{Pl^3}{3EI}$$

其中，$I=bd^3/12$；l 是长度；b 是宽度；d 是梁的高度。

当 $P=5\text{N}$ 时，自由端挠度是 3.09mm。

4.1.1 完全积分

所谓“完全积分”是指当单元具有规则形状时，所用的 Gauss 积分点的数目足以对单元刚度矩阵中的多项式进行精确积分。对六面体和四边形单元而言，所谓“规则形状”是指单元的边是直线并且边与边相交成直角，在任何边中的节点都位于边的中点上。完全积分的线性单元在每一个方向上采用两个积分点。因此，三维单元 C3D8 在单元中采用 2×2×2 个积分点。完全积分的二次单元(仅存在于 ABAQUS/Standard)在每一个方向上采用 3 个积分点。对于二维四边形单元，完全积分的积分点位置如图 4-2 所示。

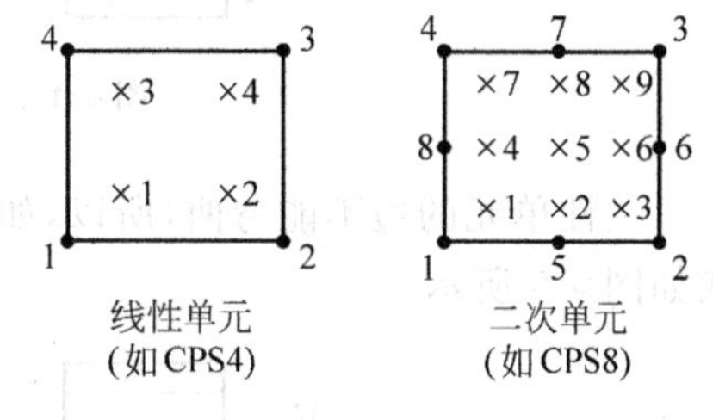

图 4-2 完全积分时二维四边形单元中的积分点

应用 ABAQUS/Standard 模拟悬臂梁问题，采用了几种不同的有限元网格，如图 4-3 所示。采用线性和二次的完全积分单元进行模拟，以此说明两种单元的阶数(一阶与二阶)和网格密度对结果精度的影响。

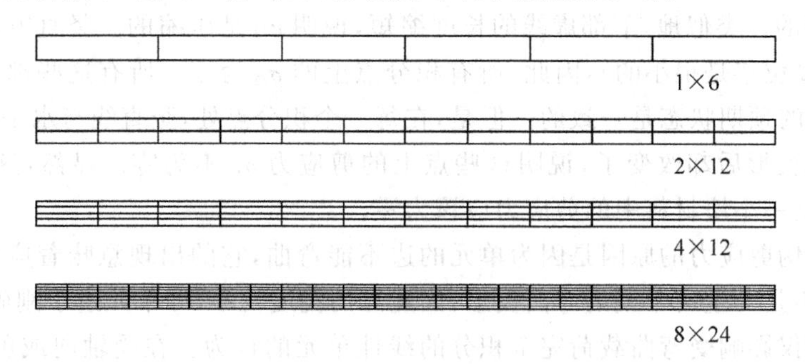

图 4-3 悬臂梁模拟所采用的网格

关于各种模拟情况下的自由端位移与梁理论解 3.09mm 的比值，如表 4-1 所示。

表 4-1 采用积分单元的梁挠度比值

单 元	网格尺寸(高度×长度)			
	1×6	2×12	4×12	8×24
CPS4	0.074	0.242	0.242	0.561
CPS8	0.994	1.000	1.000	1.000
C3D8	0.077	0.248	0.243	0.563
C3D20	0.994	1.000	1.000	1.000

应用线性单元 CPS4 和 C3D8 所得到的挠度值相当差，以至于其结果不可用。网格越粗糙，结果的精度越差，但是即使网格划分得相当细(8×24)，得到的自由端位移仍然只有理

论值的56%。需要注意的是,对于线性完全积分单元,在梁厚度方向的单元数目并不影响计算结果。自由端挠度的误差是由于**剪力自锁**(shear locking)引起的,这是存在于所有完全积分、一阶实体单元中的问题。

像我们所看到的,剪力自锁引起单元在弯曲时过于刚硬,对此解释如下。考虑受纯弯曲结构中的一小块材料,如图4-4所示,材料产生弯曲,变形前平行于水平轴的直线成为常曲率的曲线,而沿厚度方向的直线仍保持为直线,水平线与竖直线之间的夹角保持为90°。

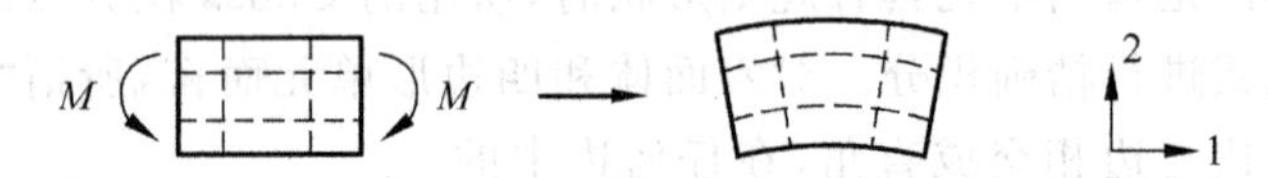

图4-4 在弯矩 M 作用下材料的变形

线性单元的边不能弯曲,所以,如果应用单一单元来模拟这一小块材料,其变形后的形状如图4-5所示。

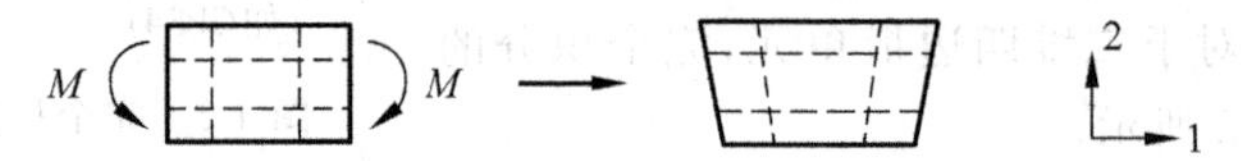

图4-5 在弯矩 M 作用下完全积分、线性单元的变形

为清楚起见,画出了通过积分点的虚线。显然,上部虚线的长度增加,说明1方向的应力(σ_{11})是拉伸的。类似地,下部虚线的长度缩短,说明 σ_{11} 是压缩的。竖直方向虚线的长度没有改变(假设位移是很小的),因此,所有积分点上的 σ_{22} 为零。所有这些都与受纯弯曲的小块材料应力的预期状态是一致的。但是,在每一个积分点处,竖直线与水平线之间的夹角开始时为90°,变形后却改变了,说明这些点上的剪应力 σ_{12} 不为零。显然,这是不正确的:在纯弯曲时,这一小块材料中的剪应力应该为零。

产生这种伪剪应力的原因是因为单元的边不能弯曲,它的出现意味着应变能正在产生剪切变形,而不是产生所希望的弯曲变形,因此总的挠度变小,即单元过于刚硬。

剪力自锁仅影响受弯曲载荷完全积分的线性单元的行为。在受轴向或剪切载荷时,这些单元的功能表现很好。而二次单元的边界可以弯曲(见图4-6),故它没有剪力自锁的问题。从表4-1可见,二次单元预测的自由端位移接近于理论解答。但是,如果二次单元发生扭曲或弯曲应力有梯度,将有可能出现某种程度的自锁,这两种情况在实际问题中是可能发生的。

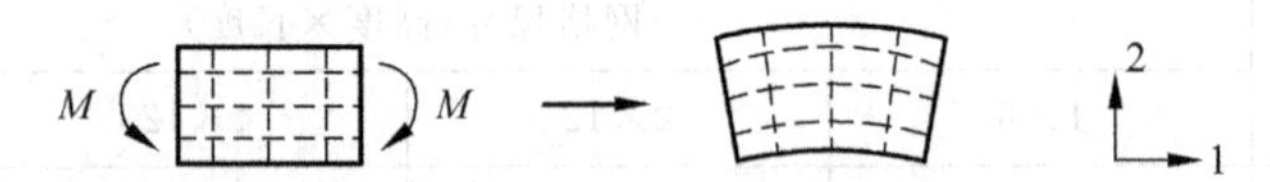

图4-6 在弯矩 M 作用下完全积分、二次单元的变形

只有当确信载荷只会在模型中产生很小的弯曲时,才可以采用完全积分的线性单元。如果对载荷产生的变形类型有所怀疑,则应采用不同类型的单元。在复杂应力状态下,完全积分的二次单元也有可能发生自锁,因此,如果在模型中应用这类单元,应仔细检查计算结果。然而,对于模拟局部应力集中的区域,应用这类单元是非常有用的。

4.1.2　减缩积分

只有四边形和六面体单元才能采用减缩积分方法，而所有的楔形体、四面体和三角形实体单元，虽然它们与减缩积分的六面体或四边形单元可以在同一网格中使用，但却可以采用完全积分。

减缩积分单元比完全积分单元在每个方向少用一个积分点。减缩积分的线性单元只在单元的中心有一个积分点。（实际上，在 ABAQUS 中这些一阶单元采用了更精确的均匀应变公式，即计算了单元应变分量的平均值，但是这种区别对于所讨论的问题并不重要。）对于减缩积分的四边形单元，积分点的位置如图 4-7 所示。

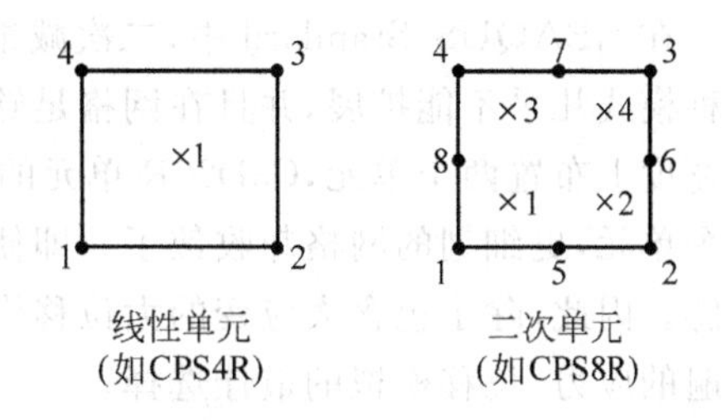

图 4-7　采用减缩积分的二维单元的积分点

应用前面曾用到的四种单元的减缩积分形式和在图 4-3 所示的四种有限元网格，ABAQUS 对悬臂梁问题进行了模拟，其结果列于表 4-2 中。

表 4-2　采用减缩积分单元的梁挠度比值

单　元	网格尺寸（高度×长度）			
	1×6	2×12	4×12	8×24
CPS4R	20.3*	1.308	1.051	1.012
CPS8R	1.000	1.000	1.000	1.000
C3D8R	70.1*	1.323	1.063	1.015
C3D20R	0.999**	1.000	1.000	1.000

注：* 没有刚度抵抗所加载荷；** 在宽度方向使用了两个单元。

线性的减缩积分单元由于存在着来自本身的所谓**沙漏**（hourglassing）数值问题而过于柔软。为了说明这个问题，再次考虑用单一减缩单元模拟受纯弯曲载荷的一小块材料（见图 4-8）。

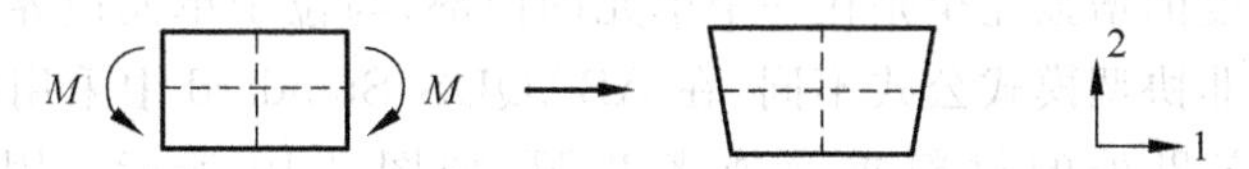

图 4-8　在弯矩 M 作用下减缩积分线性单元的变形

单元中虚线的长度没有改变，它们之间的夹角也没有改变，这意味着在单元单个积分点上的所有应力分量均为零。由于单元变形没有产生应变能，因此这种变形的弯曲模式是一个零能量模式。由于单元在此模式下没有刚度，所以单元不能抵抗这种形式的变形。在粗划网格中，这种零能量模式会通过网格扩展，从而产生无意义的结果。

ABAQUS 在一阶减缩积分单元中引入了一个小量的人工“沙漏刚度”以限制沙漏模式的扩展。在模型中应用的单元越多，这种刚度对沙漏模式的限制越有效，这说明只要合理地采用细划的网格，线性减缩积分单元可以给出可接受的结果。对多数问题而言，采用线性减缩积分单元的细划网格所产生的误差（见表 4-2）在一个可接受的范围之内。建议当采用这类单元模拟承受弯曲载荷的任何结构时，沿厚度方向上至少应采用四个单元。当沿梁的厚度方向采用单一线性减缩积分单元时，所有的积分点都位于中性轴上，该模型是不能抵抗弯曲载荷的(这种情况在表4-2中用*标出)。

线性减缩积分单元能够很好地承受扭曲变形，因此，在任何扭曲变形很大的模拟中可以采用网格细划的这类单元。

在ABAQUS/Standard中，二次减缩积分单元也有沙漏模式。然而，在正常的网格中这种模式几乎不能扩展，并且在网格足够加密时也不会产生什么问题。由于沙漏，除非在梁的宽度上布置两个单元，C3D20R单元的1×6网格不收敛，但是，即便在宽度方向上只采用一个单元，更细划的网格却收敛了。即使在复杂应力状态下，二次减缩积分单元对自锁也不敏感。因此，除了包含大应变的大位移模拟和某些类型的接触分析之外，这些单元一般是最普遍的应力/位移模拟的最佳选择。

4.1.3 非协调模式单元

仅在ABAQUS/Standard中有非协调模式的单元，它的目的是克服在完全积分、一阶单元中的剪力自锁问题。由于剪力自锁是单元的位移场不能模拟与弯曲相关的变形而引起的，所以在一阶单元中引入了一个增强单元变形梯度的附加自由度。这种对变形梯度的增强允许一阶单元在单元域上对于变形梯度有一个线性变化，如图4-9(a)所示。标准的单元数学公式使单元中的变形梯度为一个常数，如图4-9(b)所示，从而导致与剪力自锁相关的非零剪切应力。

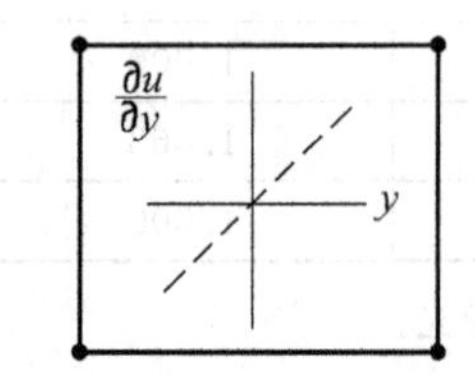

(a) 非协调模式(增强变形梯度)单元

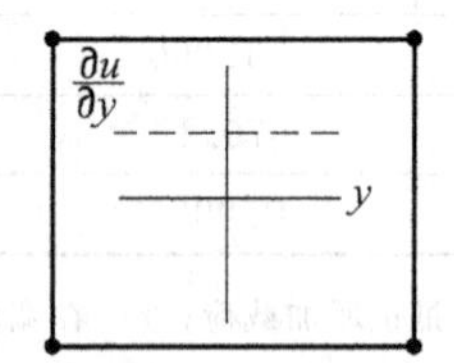

(b) 采用标准公式的一阶单元

图4-9 变形梯度的变化

这些对变形梯度的增强完全是在一个单元的内部，与位于单元边界上的节点无关。与直接增强位移场的非协调模式公式不同，在ABAQUS/Standard中采用的数学公式不会导致沿着两个单元交界处的材料重叠或者开洞，如图4-10所示。因此，在ABAQUS/Standard中应用的数学公式很容易扩展到非线性、有限应变的模拟，而这对于应用增强位移场单元是不容易处理的。

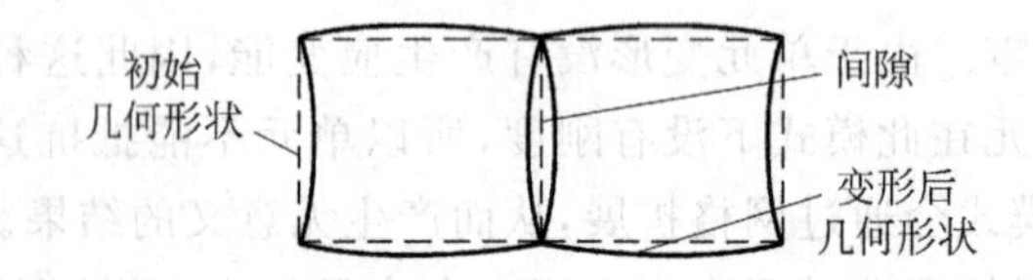

图4-10 在应用增强位移场而不是增强变形梯度的非协调单元之间可能的运动非协调性

(ABAQUS/Standard中的非协调模式单元采用了增强变形梯度公式)

在弯曲问题中，非协调模式单元可能产生与二次单元相当的结果，但是计算成本却明显降低。然而，它们对单元的扭曲很敏感。图 4-11 用故意扭曲的非协调模式单元来模拟悬臂梁：一种情况采用"平行"扭曲，另一种采用"交错"扭曲。

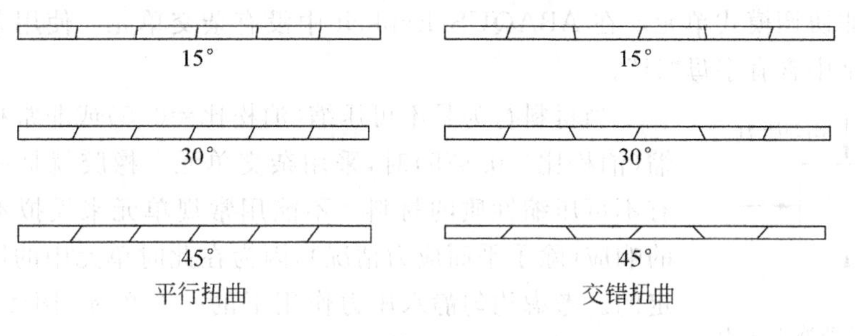

图 4-11 非协调模式单元的扭曲网格

对于悬臂梁模型，图 4-12 绘出了自由端位移相对于单元扭歪水平的曲线，比较了三种在 ABAQUS/Standard 中的平面应力单元：完全积分的线性单元、减缩积分的二次单元以及线性非协调模式单元。不出所料，在各种情况下完全积分的线性单元得到很差的结果。另一方面，减缩积分的二次单元获得了很好的结果，直到单元扭曲得很严重时其结果才会恶化。

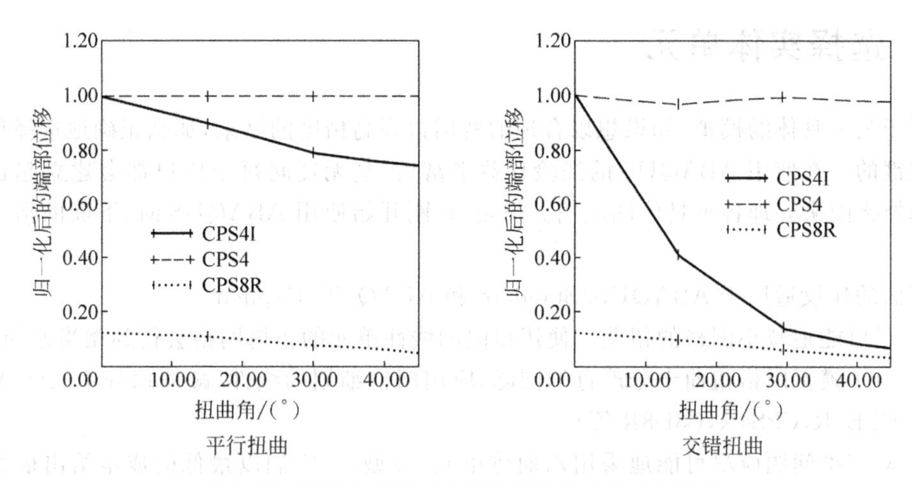

图 4-12 平行和交错扭曲对非协调模式单元的影响

当非协调模式单元是矩形时，即使在悬臂梁厚度方向上网格只有一个单元，给出的结果与理论值也十分接近。但是，即便是很低水平的交错扭曲也使得单元过于刚硬。平行扭曲也降低了单元的精度，但是降低的程度相对小一些。

如果应用得当，非协调模式单元是有用的，它们可以以很低的成本获得较高精度的结果。但是，必须小心以确保单元扭曲是非常小的，当为复杂的几何体划分网格时，这可能是难以保证的。因此，在模拟这种几何体时，必须再次考虑应用减缩积分的二次单元，因为它们显示出对网格扭曲的不敏感性。然而，对于网格严重扭曲的情况，简单地改变单元类型一般不会产生精确的结果。网格扭曲必须尽可能地最小化，以改进结果的精度。

4.1.4　杂交单元

在 ABAQUS/Standard 中，对于每一种实体单元都有其相应的杂交单元，包括所有的减缩积分和非协调模式单元。在 ABAQUS/Explicit 中没有杂交单元。使用杂交公式的单元在它的名字中含有字母“H”。

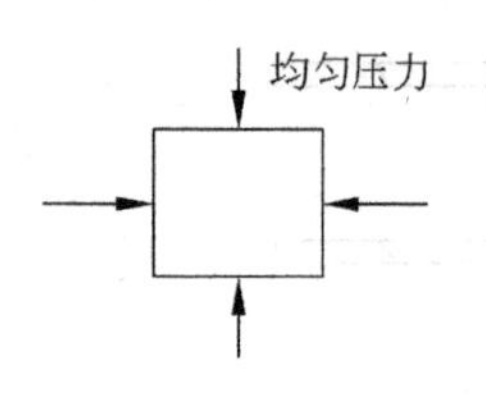

图 4-13　承受静水压力的单元

当材料行为是不可压缩(泊松比＝0.5)或非常接近于不可压缩(泊松比＞0.475)时，采用杂交单元。橡胶就是一种典型的具有不可压缩性质的材料。不能用常规单元来模拟不可压缩材料的响应(除了平面应力情况)，因为在此时单元中的压应力是不确定的。考虑均匀静水压力作用下的一个单元(图 4-13)。如果材料是不可压缩的，其体积在载荷作用下并不改变。因此，压应力不能由节点位移计算。这样，对于具有不可压缩材料性质的任何单元，一个纯位移的数学公式是不适宜的。

杂交单元包含一个可直接确定单元压应力的附加自由度。节点位移只用来计算偏(剪切)应变和偏应力。

在第 10 章“材料”中将给出对橡胶材料分析的更详细的描述。

4.2　选择实体单元

对于某一具体的模拟，如果想以合理的费用得到高精度的结果，那么正确地选择单元是非常关键的。在使用 ABAQUS 的经验日益丰富后，毫无疑问每个用户都会建立起自己的单元选择指南来处理各种具体的应用。但是，在刚开始使用 ABAQUS 时，下面的指导是有用的。

下面的建议适用于 ABAQUS/Standard 和 ABAQUS/Explicit：

- 尽可能地减小网格的扭曲。使用扭曲的线性单元的粗糙网格会得到相当差的结果。
- 对于模拟网格扭曲十分严重的问题，应用网格细划的线性、减缩积分单元(CAX4R，CPE4R，CPS4R，C3D8R 等)。
- 对三维问题应尽可能地采用六面体单元(砖型)。它们以最低的成本给出最好的结果。当几何形状复杂时，采用六面体单元划分全部的网格可能是非常困难的，因此，还需要楔形和四面体单元。这些单元——C3D4 和 C3D6——的一阶模式是较差的单元(需要细划网格以取得较好的精度)。作为结论，只有必须完成网格划分时，才应用这些单元。即便如此，它们必须远离需要精确结果的区域。
- 某些前处理器包含了自由划分网格算法，用四面体单元划分任意几何体的网格。对于小位移无接触的问题，在 ABAQUS/Standard 中的二次四面体单元(C3D10)能够给出合理的结果。这个单元的另一种模式是修正的二次四面体单元(C3D10M)，它适用于 ABAQUS/Standard 和 ABAQUS/Explicit，对于大变形和接触问题，这种单元是强健的，展示了很小的剪切和体积自锁。但是，无论采用何种四面体单元，所用的分析时间都长于采用了等效网格的六面体单元。不能采用仅包含线性四面体单元(C3D4)的网格，除非使用相当大量的单元，否则结果将是不精确的。

ABAQUS/Standard 的用户还需要考虑如下建议：

- 除非需要模拟非常大的应变或者模拟一个复杂的、接触条件不断变化的问题，对于一般的分析工作，应采用二次、减缩积分单元(CAX8R，CPE8R，CPS8R，C3D20R 等)。
- 在存在应力集中的局部区域，采用二次、完全积分单元(CAX8，CPE8，CPS8，C3D20 等)。它们以最低的成本提供了应力梯度的最好解答。
- 对于接触问题，采用细划网格的线性、减缩积分单元或者非协调模式单元(CAX4I，CPE4I，CPS4I，C3D8I 等)。请参阅第 12 章"接触"。

4.3　例题：连接环

此例中，将应用三维实体单元模拟连接环，如图 4-14 所示。连接环的一端被牢固地焊接在一个大型结构上，另一端有一个孔。在实际使用时，连接环的孔中将穿入一个销钉。当在销钉上沿 2 轴负方向施加 30kN 的载荷时，要求确定连接环的静挠度。由于这个分析的目的是检验连接环的静态响应，所以应该使用 ABAQUS/Standard 作为分析工具，并作如下的假定以简化问题：

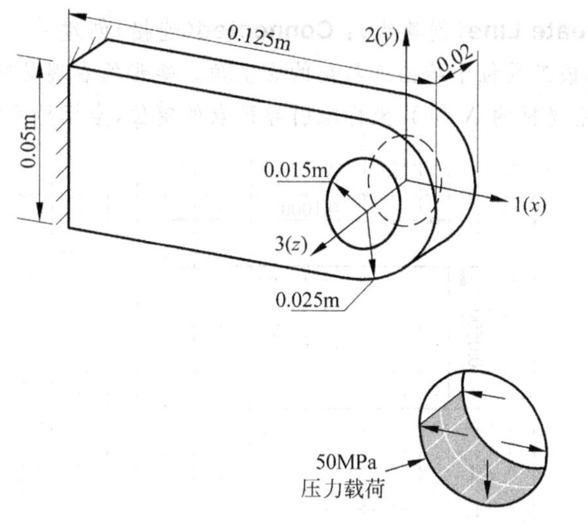

图 4-14　连接环示意图

- 在模型中不包含复杂的钉-环相互作用，在孔的下半部作用有分布压力来对连接环施加载荷(见图 4-14)。
- 沿孔的环向忽略压力量值分布的变化，并采用均匀压力。
- 所施加的均匀压力量值为 50MPa(30kN/(2×0.015m×0.02m))。

在检验了连接环的静态响应之后，用户可以修改模型并应用 ABAQUS/Explicit 研究在连接环上突然加载所导致的瞬时动态效果。

4.3.1　前处理——用 ABAQUS/CAE 创建模型

1. 启动 ABAQUS/CAE

启动 ABAQUS/CAE，在系统提示符下键入

```
abaqus cae
```

在操作系统提示中，abaqus是用来在系统中运行ABAQUS的命令。从显示的**Start Session**对话框中选择**Create Model Database**(创建一个新的模型数据库)。

2. 定义模型的几何形状

建立模型的第一步总是定义它的几何形状。在本例中，将应用实体和伸展基本特征来创建一个三维的变形体。首先绘制出连接环的二维轮廓，然后伸展成型。

用户需要确定在模型中采用的量纲系统。推荐采用米、秒和千克的国际量纲系统(SI)；当然也可以采用其他系统。

创建部件：

(1) 从主菜单栏中选择**Part→Create**，创建一个新的部件，命名为Lug，并在**Create Part**(创建部件)对话框中，接受三维、变形体(deformable body)和实体(solid)、伸展基本特征(extruded base feature)的默认设置。在**Approximate size**(大致尺寸)文本域中键入0.250，这个值是部件最大尺寸的2倍。单击**Continue**，退出**Create Part**对话框。

(2) 用图4-14中给出的尺寸绘制连接环的轮廓，可以采用下面的方法：

① 使用**Create Line**(创建线)：**Connected**(连接)创建一个长0.100m、宽0.050m的矩形，该工具位于绘图工具箱的右上角。矩形的右端必须开口，如图4-15所示。可以应用光标的X和Y坐标来引导顶点的定位，坐标显示在视区的左上角处。

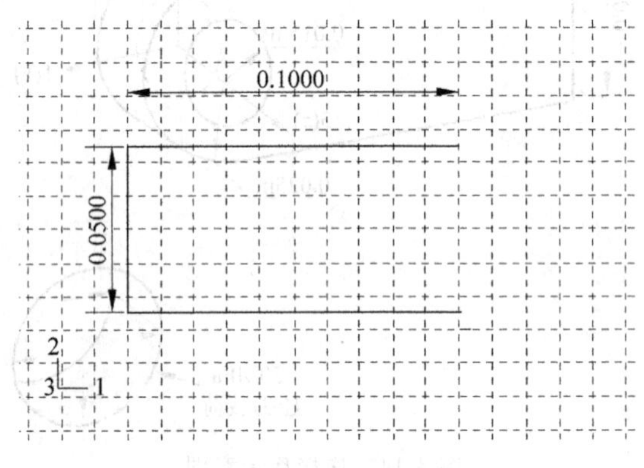

图4-15　开口矩形

注意：为了使示意图更加清楚，在本节中的图都增添了尺寸标注。在模型的顶点之间，可以分别应用 和 工具创建水平与竖直的尺寸。通过从主菜单栏选择**Add→Dimension**也可以得到这些工具。

通过从主菜单栏中选择**Edit→Dimensions**或使用**Edit Dimension Value**(编辑尺寸)工具 ，可以编辑任何尺寸值。当提示哪个顶点需要修改时，选择适当的点(用[shift]+单击可选择多个顶点)。当选择了所有要修改的顶点之后，在提示区域单击**Done**确认所做的选择，然后重新指定尺寸值。

② 通过增加一个半圆弧来闭合轮廓图，如图4-16所示，使用**Create Arc**(创建弧)：**Center and 2 Endpoints**(圆心和两端点)工具 。圆弧的中心已在图中标明，

选择矩形开口端的两个顶点作为圆弧的两个端点，圆弧始于上面那个端点。

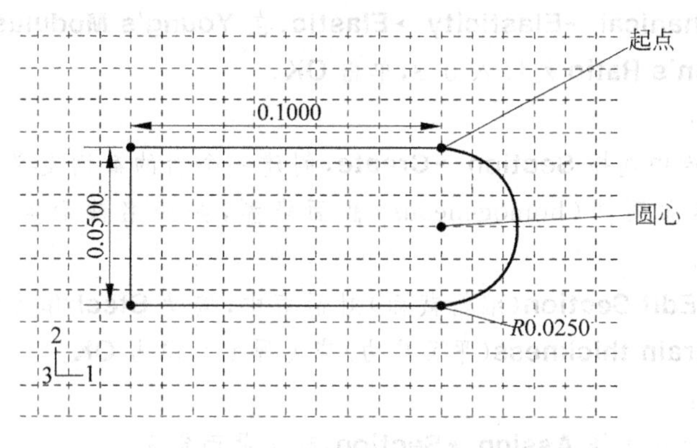

图 4-16 增加一个半圆弧

③ 画一个半径为 0.015m 的圆，如图 4-17 所示，使用 **Create Circle**(创建圆)：**Center and Perimeter**(中心和圆周法)工具。圆的中心应与上一步所建立的圆弧的中心一致。将用于确定圆周的点放在距圆心点水平方向 0.015m 处，如图 4-17 所示。如果需要，使用 **Create Dimension**(创建尺寸)：**Radial**(半径) 和 **Edit Dimension Value**(编辑尺寸) 工具来修改半径的值。

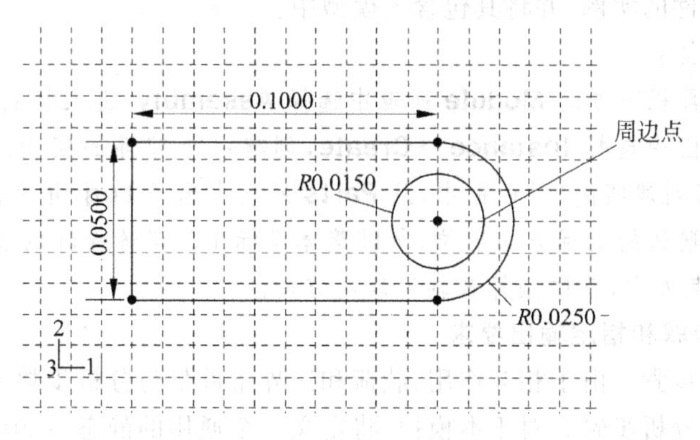

图 4-17 连接环上的孔

④ 当完成绘制轮廓图后，在提示区域单击 **Done**。显示 **Edit Base Extrusion**(编辑伸展方式)对话框。为了完成部件的定义，必须指定轮廓图伸展的距离。

⑤ 在对话框中键入伸展距离 0.020m。

ABAQUS/CAE 退出绘图环境，并显示部件。

3. 定义材料和截面特性

创建模型的下一步工作包括定义部件和赋予材料和截面性质。变形体的每个区域必须指定一个包含材料定义的截面属性。在这个模型中，将创建单一的线弹性材料，其杨氏模量 E=200GPa，泊松比 ν=0.3。

定义材料属性：

(1) 从位于工具栏下方的 **Module**(模块)列表中选择 **Property**，进入性质模块。

(2) 从主菜单栏中选择 **Material→Create**，创建一个新材料的定义，命名为 Steel。

(3) 选择 **Mechanical→Elasticity→Elastic**，在 **Young's Modulus** 处键入 200.0E9，在 **Poisson's Ratio** 处键入 0.3，单击 **OK**。

定义截面特性：

(1) 从主菜单栏中选择 **Section→Create**，创建一个新的截面定义。接受默认的实体(solid)、各向同性(homogeneous)截面类型，并命名截面为 LugSection，单击 **Continue**。

(2) 在弹出的 **Edit Section**(编辑截面)对话框中，接受 **Steel** 作为材料，1 作为 **Plane stress/strain thickness**(平面应力/应变厚度)，单击 **OK**。

赋予截面特性：

(1) 从主菜单栏中选择 **Assign→Section**，赋予截面定义。

(2) 选择整个部件作为赋予该截面特性的区域并单击它，当部件以高亮度显示时，单击 **Done**。

(3) 在弹出的 **Assign Section** 对话框中，接受 **LugSection** 作为截面定义，单击 **OK**。

4. 生成装配件

一个装配件包含有限元模型中的所有几何形体。每个 ABAQUS/CAE 模型包含一个单一装配件。尽管已经创建了部件，但是开始时装配件是空的，必须在 Assembly(装配件)模块中创建一个部件的实例，并将其包含入模型中。

创建部件的实体：

(1) 从位于工具栏下方的 **Module** 列表中选择 **Assembly**，进入装配模块。

(2) 从主菜单栏中选择 **Instance→Create**，创建一个部件的实例。在弹出的 **Create Instance**(创建实例)对话框中，从 **Parts** 列表中选择 **Lug**，并单击 **OK**。

模型按照默认的坐标方向定位，所以整体坐标 1 轴沿连接环的长度方向，整体坐标 2 轴是竖直方向，整体坐标 3 轴沿厚度方向。

5. 定义分析步骤和指定输出要求

现在定义分析步骤。由于相互作用、载荷和边界条件是与分析步骤关联的，所以在确定它们之前必须定义分析步骤。对于本模拟，将定义一个通用的静态(static，general)分析步。此外，可以为这次分析指定输出要求。这些输出要求包括将输出到输出数据库(.odb)文件的内容。

定义分析步骤：

(1) 从位于工具栏下方的 **Module** 列表中选择 **Step**，进入 Step(分析步)模块。

(2) 从主菜单中选择 **Step→Create**，创建分析步。在弹出的 **Create Step**(创建分析步)对话框中，命名此分析步为 LugLoad，并接受默认的 **General**(通用)分析过程类型。从所提供的过程选项列表中，接受 **Static，General**(静态、通用)，单击 **OK**。

(3) 在弹出的 **Edit Step**(编辑分析步)对话框中键入如下的分析步描述：Apply uniform pressure to the hole。接受默认的设置，单击 **OK**。

由于将使用 Visualization(可视化)模块对结果进行后处理，所以必须指定想要写入输出数据库文件中的输出数据。对于每一个过程类型，ABAQUS/CAE 自动选择了默认的历史(history)和场(field)变量输出要求。用户编辑这些要求，仅将位移、应力和约束反力作为场变量数据写入输出数据库文件中。

指定输出要求到.odb文件：

(1) 从主菜单栏中选择 **Output→Field Output Requests→Manager**，在 **Field Output Requests Manager**（场变量输出管理器）中，在标记 **LugLoad** 列中选择标记 Created（已创建）的格子（若它还没有被选中）。在对话框底部的信息表明，对于这一分析步，已经预先选择了默认的场输出变量要求。

(2) 在对话框的右边单击 **Edit**（编辑），来改变场变量输出要求。在弹出的 **Edit Field Output Request**（编辑场变量输出要求）对话框中：

① 单击 **Stresses**（应力）旁边的箭头来显示有效的应力输出列表，接受应力分量和不变量的默认的选择。

② 在 **Forces/Reactions**（力和约束反力）中，不选择集中力和力矩输出，仅要求约束反力(reaction force)（默认已选中）。

③ 不选择 **Strains**（应变）和 **Contact**（接触）。

④ 接受默认的 **Displacement / Velocity / Acceleration**（位移/速度/加速度）输出。

⑤ 单击 **OK**，并单击 **Dismiss** 来关闭 **Field Output Requests Manager**。

(3) 通过选择 **Output→History Output Requests→Manager** 来关闭所有的历史输出。在 **History Output Requests Manager**（历史变量输出管理器）中，在标记 **LugLoad** 列中选择标记 Created（已创建）的格子（若它还没有被选中）。在对话框的底部单击 **Delete**（删除），在弹出的警告对话框中单击 **Yes**，单击 **Dismiss** 关闭 **History Output Requests Manager**。

6. 指定边界条件和施加载荷

在模型中，需要约束连接环左端所有三个方向的自由度。该区域位于连接环与其母体结构的连接处（见图4-18）。在ABAQUS/CAE中，边界条件施加在部件的几何区域上，而不是施加在有限元网格本身。边界条件与部件几何之间的对应关系，使得非常容易变化网格而无需重新指定边界条件。这些同样适用于载荷的定义。

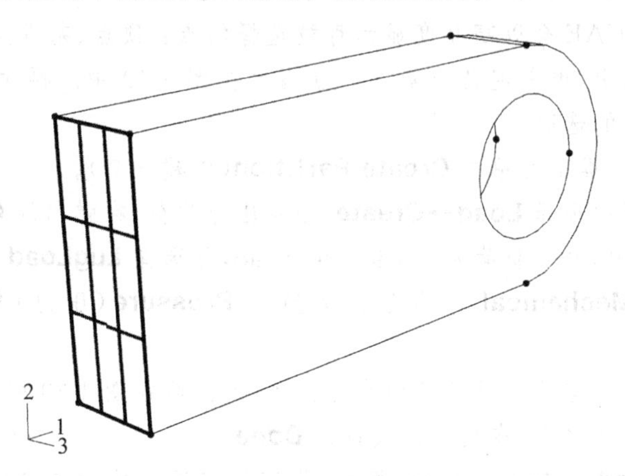

图4-18 连接环的固支端

指定边界条件：

(1) 从位于工具栏下方的 **Module** 列表中选择 **Load**，进入 Load(载荷)模块。

(2) 从主菜单栏中选择 **BC→Create** 来指定模型的边界条件，在弹出的 **Create Boundary Condition**(创建边界条件)对话框中，命名边界条件为 Fix left end，并选择 **LugLoad** 作为它所施加的分析步。接受 **Mechanical**(力学)作为类型和 Symmetry/Antisymmetry/Encastre(对称/反对称/固定)作为具体形式，单击 **Continue**。

(3) 为使在随后的步骤中选择更方便，需要转动观察角度。从主菜单中选择 **View→Rotate**(或使用工具箱中的工具)，在视区中的虚拟轨迹球上拖动光标。观察到交互式的视图旋转，试着在虚拟轨迹球的内部和外部分别拖动光标，体会两者行为的差异。

(4) 应用光标选择连接环的左端(在图 4-18 中表明)，当在视区中所选区域以高亮度显示时，在提示区中单击 **Done**，并在弹出的 **Edit Boundary Condition**(编辑边界条件)对话框中选中 **ENCASTRE**(固定)，单击 **OK** 施加边界条件。出现在表面上的箭头标明了所约束的自由度。固定边界条件约束了给定区域所有可动的结构自由度，在完成部件网格划分和生成作业后，这些约束将施加在位于该区域上的所有节点。

连接环承受了分布在孔下半部的 50MPa 的均布压力。然而，为了正确施加载荷，必须首先划分部件(即分割)，这样，将孔划分为两个区域：上半部和下半部。

利用分割工具组，可将一个部件或者装配件分解为多个区域。切割有多种用途，一般用来定义材料的边界、标明载荷和约束的位置(如在本例中)，以及细划网格。下一节将讨论一个利用分割辅助划分网格的例子。关于分割的详细信息，请参阅《ABAQUS/CAE 用户手册》第 45 章“The Partition toolset”。

施加压力载荷：

(1) 使用 **Partition Cell**(分割实体)：**Define Cutting Plane**(定义分割面)工具将部件一分为二。应用 **3 Points**(三点法)定义分割平面。当提示选择点时，ABAQUS/CAE 会以高亮度显示可被选择的点：顶点、基准点、边中点和圆弧的中心。在本例中，用来定义分割面的点指示在图 4-19 中。再次，你可能需要旋转视角以方便点的选取。

选完点后，在提示区单击 **Create Partition**(创建分割)。

(2) 从主菜单栏中选择 **Load→Create**，指定压力载荷，在弹出的 **Create Load**(创建载荷)对话框中，命名载荷为 Pressure load，并选择 **LugLoad** 作为它所施加的分析步。选择 **Mechanical** 作为分析类型和 **Pressure**(压力)作为具体形式，单击 **Continue**。

(3) 应用光标选择与孔的下半部相关的表面，该区域在图 4-20 中以高亮度显示。当适合的面被选择之后，在提示区域单击 **Done**。

(4) 在 **Edit Load**(编辑载荷)对话框中，指定均匀压力值为 5.0E7，并单击 **OK** 以施加载荷。

箭头出现在加载表面的节点上，标明已施加了载荷。

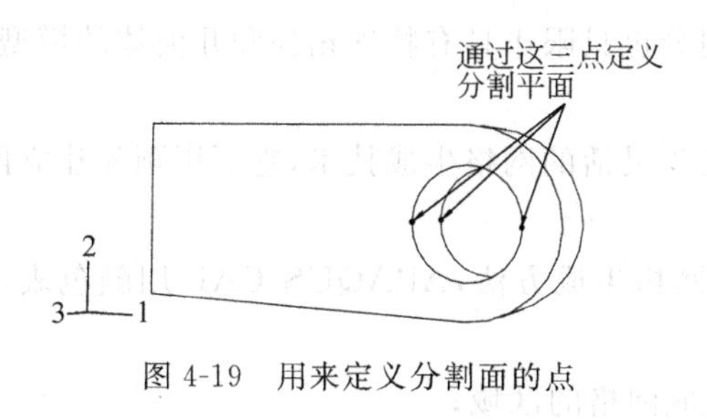

图 4-19 用来定义分割面的点

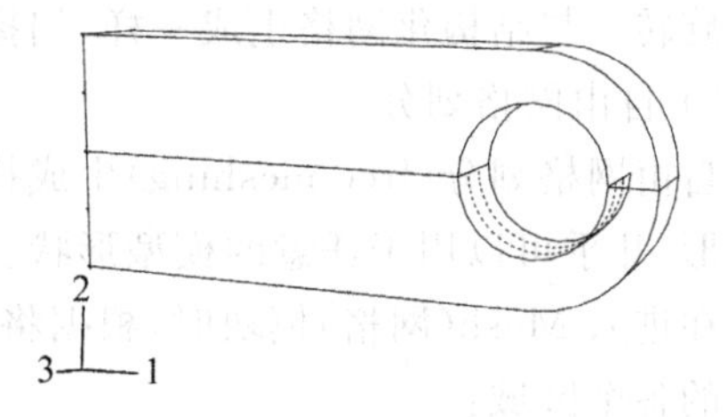

图 4-20 将被施加压力的表面

7. 设计网格：分割和生成网格

在开始建立一个问题的网格之前，首先需要考虑所采用的单元类型。一个适用于二次单元的网格设计，若改用于线性、减缩积分单元就可能非常不适合。对于本例，采用 20 节点六面体减缩积分单元(C3D20R)。一旦选择好了单元类型，就可以对连接环进行网格设计。对于本例的网格设计，最重要的是确定在连接环的孔周围采用多少单元。一种可能的网格划分方案如图 4-21 所示。

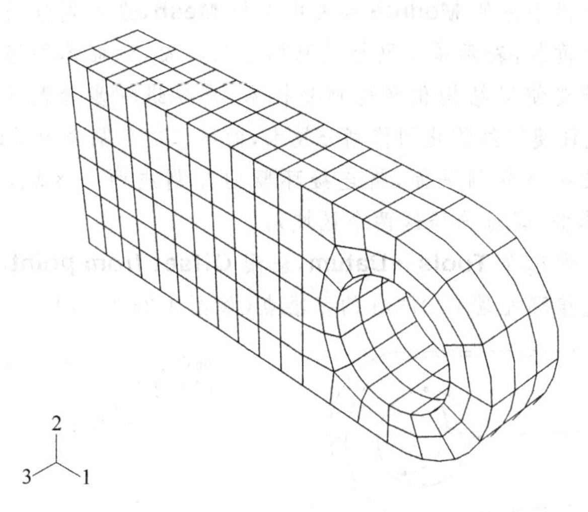

图 4-21 对连接环建议采用的 C3D20R 单元网格

当设计网格时，另一个考虑的因素是想从模拟中得到什么类型的结果。图 4-21 中的网格相当粗糙，因此不可能得到准确的应力。对于本例的情况，必须考虑到在每 90°圆弧上至少要分布 4 个二次单元。建议采用 2 倍于这个数目的单元以获得较合理的精确的应力结果。然而，采用这种网格有助于预测连接环在所施加载荷下变形的整体水平，而这正是所要确定的。增加网格密度对模拟的影响，将在第 4.4 节"网格收敛性"中讨论。

ABAQUS/CAE 提供了多种网格生成技术以生成不同拓扑的网格模型。不同的网格生成技术提供了不同的自动化和用户控制的水平。有以下三种类型的网格生成技术：

1) 结构化网格划分

结构化网格划分(structured meshing)是将预先设置的网格图案应用于特定模型拓扑。然而，将这种技术应用于复杂模型，一般需将模型分割成简单的区域。

2) 扫掠网格划分

扫掠网格划分(swept meshing)是通过将内部已经建立的网格沿扫掠路径拉伸或绕旋

转轴旋转。与结构化网格生成一样，扫掠网格划分也只限于具有特殊拓扑和几何体的模型。

3）自由网格划分

自由网格划分(free meshing)生成技术是最为灵活的网格生成技术，它不用预先建立网格图形，几乎可以用于任意的模型形状。

在进入 Mesh(网格)模块时，根据将采用的网格生成方法，ABAQUS/CAE 用颜色表示模型的各个区域：

- 绿色表示能够用结构化网格划分技术生成网格的区域；
- 黄色表示能够用扫掠网格划分技术生成网格的区域；
- 粉红色表示能够用自由网格划分技术生成网格的区域；
- 橙黄色表示不能使用默认的单元类型生成网格的区域，它必须被进一步分割。

在本问题中将创建一个结构化的网格。首先必须进一步分割这个模型，才能使用网格生成技术。在分割完成后，将对整体部件布置种子(网格密度)和生成网格。

分割连接环：

(1) 从位于工具栏下方的 **Module** 列表中选择 **Mesh**，进入划分网格模块。

部件最初为黄色，表示采用网格控制的默认设置，六面体网格只能应用扫掠网格技术生成。若要使用结构化网格划分技术，需要进一步分割区域。用户将建立的第一次分割允许使用结构化网格划分技术，而第二次分割是为了改进网格的整体质量。

(2) 三个点定义一个分割平面，将连接环竖向分割成两个区域，如图 4-22 所示(应用[Shift]+单击，同时选择这两个区域)。

(3) 从主菜单栏中选择 **Tools→Datum**，应用 **Offset from point**(从某点偏移)方法，创建一个距连接环左端 0.075m 的基准点(如图 4-23 所示)。

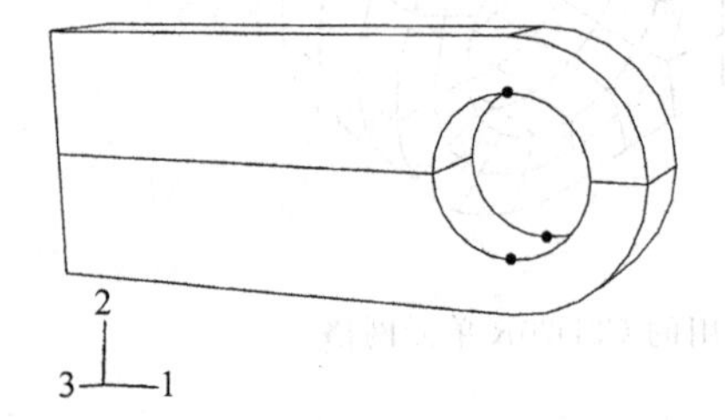

图 4-22　第一次分割以允许结构化网格划分

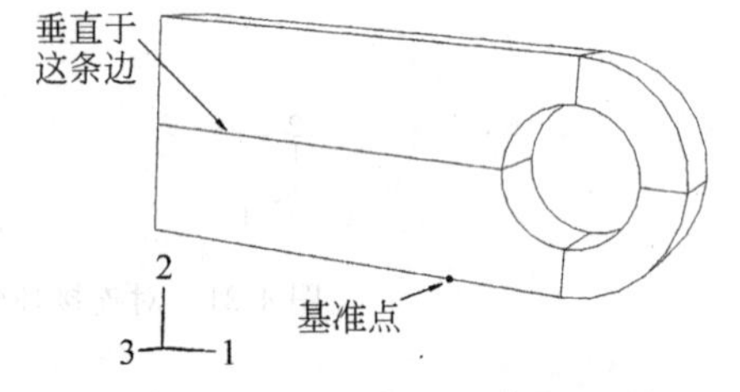

图 4-23　第二次分割改进了网格的质量

(4) 通过刚刚建立的基准点定义一个垂直于连接环的中心线的切割平面，创建了第二次竖向分割(如图 4-23 所示)。

将连接环分割完成后，所有的部件区域都应成为绿色，这(基于目前的网格控制技术)表明整个部件都是结构化的六面体单元网格。

对整体部件布置种子(网格密度)和生成网格：

(1) 从主菜单栏中选择 **Seed→Instance**，并指定整体的单元剖分尺寸为 0.007，各边上显示出了播撒的种子。

(2) 从主菜单栏中选择 **Mesh→Element Type**，为部件选择单元类型。由于已经创建了分割区，所以部件现在由几个区域组成。

① 应用光标围绕整个部件画一个方框，这样，就选择了部件的所有区域，在提示区

域单击 **Done**。

② 在弹出的 **Element Type**(单元类型)对话框中,选择 **Standard** 单元库、**3D Stress**(三维应力/位移单元)族、**Quadratic**(二次)几何阶次和 **Hex, Reduced integration**(减缩积分)单元,单击 **OK** 以接受 C3D20R 作为单元类型。

(3) 从主菜单栏中选择 **Mesh→Instance**,在提示区单击 **Yes** 对部件实体进行网格划分。

8. 生成、运行和监控作业

此刻为完成模型所剩下的唯一工作就是定义作业(job)了。可以从 ABAQUS/CAE 中提交作业,并交互式地监控求解过程。

在继续操作之前,从主菜单栏中,通过选择 **Model→Rename→Model-1** 重新为模型命名为 Elastic。这个模型将构成在第 10 章"材料"中所讨论的连接环例子的模型的基础。

创建作业的步骤:

(1) 从位于工具栏下方的 **Module** 列表中选择 **Job**,进入作业模块。

(2) 从主菜单栏中选择 **Job→Manager**,打开 **Job Manager**(作业管理器)。使用这个管理器可方便地进行与作业相关的各种操作。

(3) 在 **Job Manager** 中单击 **Create**,创建一个作业,命名为 Lug,并单击 **Continue**。

(4) 在 **Edit Job**(编辑作业)对话框中键入以下描述:Linear Elastic Steel Connecting Lug。

(5) 接受默认的作业设置,并单击 **OK**。

将模型保存在名为 Lug.cae 的模型数据库文件中。

运行作业:

(1) 在 **Job Manager** 中选择作业 **Lug**。

(2) 从 **Job Manager** 右边的一组按钮中单击 **Submit**(提交)。此时,会出现一个警告用户的对话框,问对于 LugLoad 分析步有没有历史输出结果的要求。单击 **Yes** 继续提交作业。

(3) 单击 **Monitor**(监视器)打开 **Lug Monitor** 对话框。

在对话框的上部,包含一个求解过程的小结。这个小结会随着分析的进程不断地被更新。在对应的记录页中,提示了在分析过程中遇到的任何错误(error)和(或)警告(warning)。如果遇到任何错误,需要修改模型并重新运行模拟。一定要调查引起任何警告信息的原因,并采取相应的措施。前面已提及过,可以安全地忽略某些警告信息,而另一些则需要采取改正措施。

(4) 作业完成后单击 **Dismiss**(离开),关闭 **Lug Monitor** 对话框。

4.3.2 后处理——结果可视化

如果 **Job Manager** 未被关闭,单击 **Results**(结果)进入 Visualization 模块,并自动打开由该作业生成的输出数据库文件(.odb)。另一种方法是从位于工具栏中的 **Module** 列表中选择 **Visualization**,进入可视化模块;从主菜单中通过选择 **File→Open** 打开.odb 文件,并双击相应的文件。

1. 绘制变形图

从主菜单栏中选择 **Plot→Deformed Shape**,或使用工具箱中的 工具。图 4-24 显示了在分析结束时模型的变形和位移的量值水平。

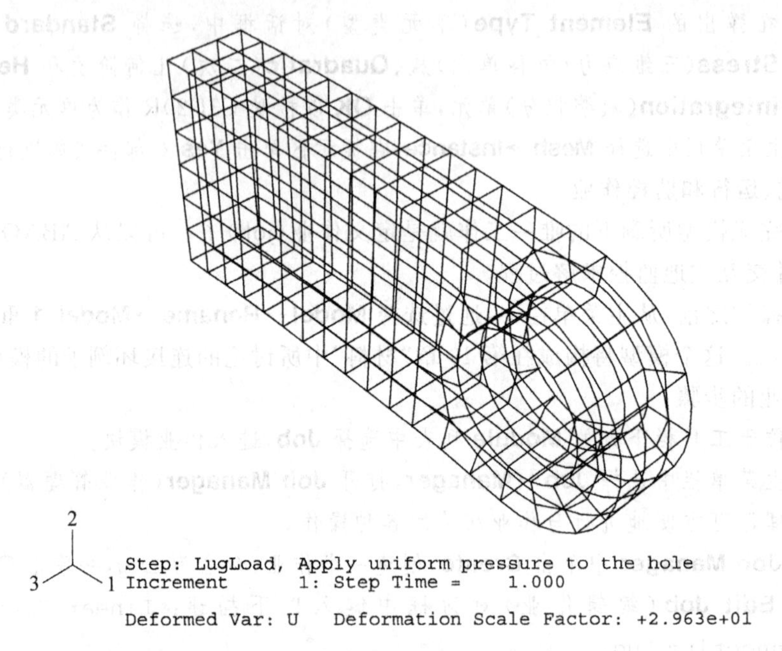

图 4-24　连接环的变形模型形状(线框图)

2. 改变视图

默认的视图(view)是等视图,可以用在 **View**(查看)菜单中的选项或在工具栏中的 view 工具来改变视图。通过输入旋转角(rotation angle)、视点(viewpoint)和放大因子(zoom factor)的值或者视区全景显示的比例(fraction of viewport),也可以设置视图。

设置视图:

(1) 从主菜单栏中选择 **View→Specify**,显示 **Specify View**(设置视图)对话框。

(2) 从列出的方法中选择 **Viewpoint**(视点法)。

在视点法中,要求输入3个数值,它们代表观察者所在的 X,Y 和 Z 位置。也可以指定一个向上的矢量,ABAQUS会定位模型,使该矢量指向上方。

(3) 输入视点矢量的 X,Y 和 Z 坐标为 1,1,3 和向上矢量的坐标为 0,1,0。

(4) 单击 **OK**。

ABAQUS/CAE 会按照指定的视图显示模型,如图 4-25 所示。

3. 可见棱边

在模型显示中,可以利用几种选项选择可视的棱边(edges)。在前面的视图中显示了模型中所有可见的棱边,图 4-26 仅显示特征边(feature edges)。

仅显示特征边:

(1) 从主菜单栏中选择 **Options→Deformed Shape**,弹出 **Deformed Shape Plot Options**(变形形状绘图选项)对话框。

(2) 选择 **Basic**(基础)页(如果它还未被选中)。

(3) 在 **Visible Edges**(可见棱边)选项中选择 **Feature edges**(特征边)。

(4) 单击 **Apply**(应用)。

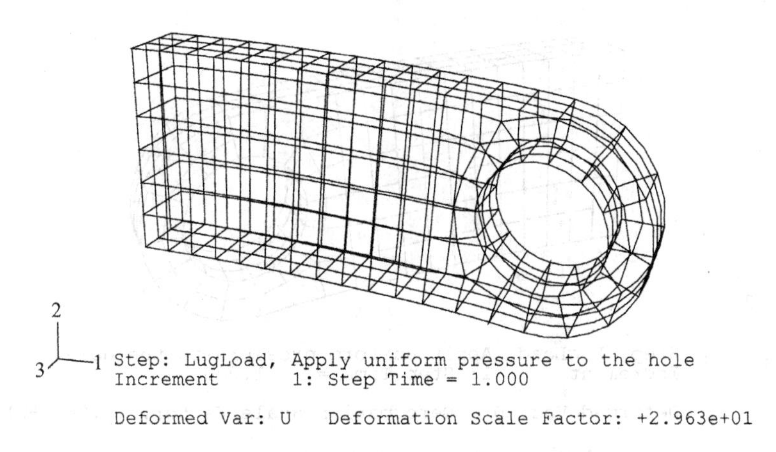

图 4-25 指定视图中的变形模型形状图

这样在当前视区的变形图中就会仅显示特征边，如图 4-26 所示。

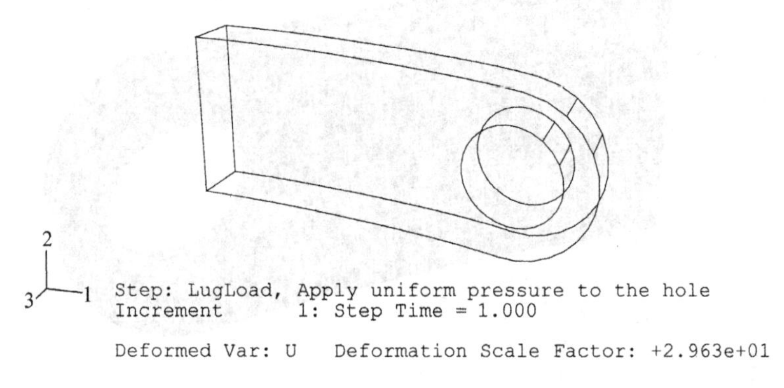

图 4-26 特征边可见的变形图

4. 显示格式

对于复杂的三维模型，显示内部边界的线框图(wireframe)模型会造成在视觉上的混乱，所以这里还提供了其他三种显示格式选项：消隐线图、填充图和阴影图。可以从主菜单的 **Options**(选项)菜单或者从工具栏的显示格式工具选择：线框图(wireframe)、消隐线图(hidden line)、填充图(filled)和阴影图(shaded)。为了显示图 4-27 的消隐线图，在 **Deformed Shape Plot Options**(变形形状绘图选项)对话框中选择 **Exterior edges**(外表面边)，单击 **OK** 关闭此对话框，然后单击工具，选择消隐线图绘图格式显示模型的变形图。变形形状绘图将以消隐线图格式显示，直到选择了另一种显示格式为止。

也可以使用其他显示格式工具选择填充图和阴影图的显示格式，分别如图 4-28 和图 4-29 所示。填充图在单元面涂上了统一的颜色，而阴影图在填充图的基础上增加了一个光源直接照射模型的效果。当观察复杂的三维模型时，这些显示格式是非常有用的。

5. 等值线图

等值线图(contour plots)显示了模型面上变量的变化情况。从输出数据库场变量的输出结果中，可以生成填充或阴影的等值线图。

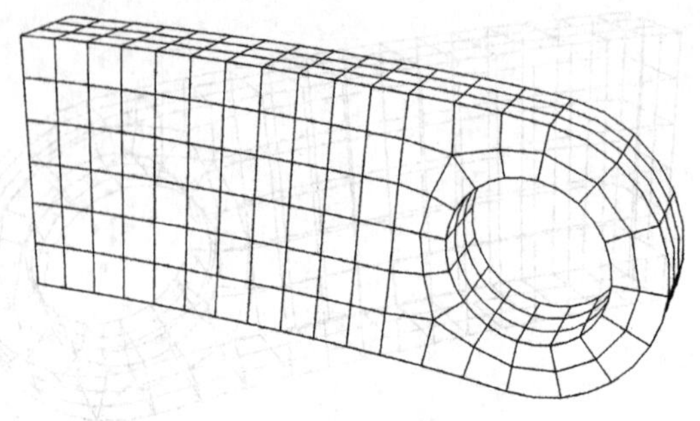

2
3 1 Step: LugLoad, Apply uniform pressure to the hole
Increment 1: Step Time = 1.000

Deformed Var: U Deformation Scale Factor: +2.963e+01

图 4-27 消隐线图

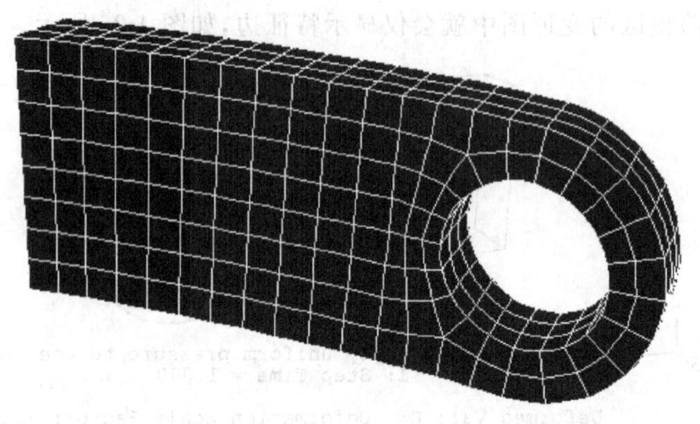

2
3 1 Step: LugLoad Increment 1: Step Time=1.000
Deformed Var: U Deformation Scale Factor: +2.960e+01

图 4-28 填充图

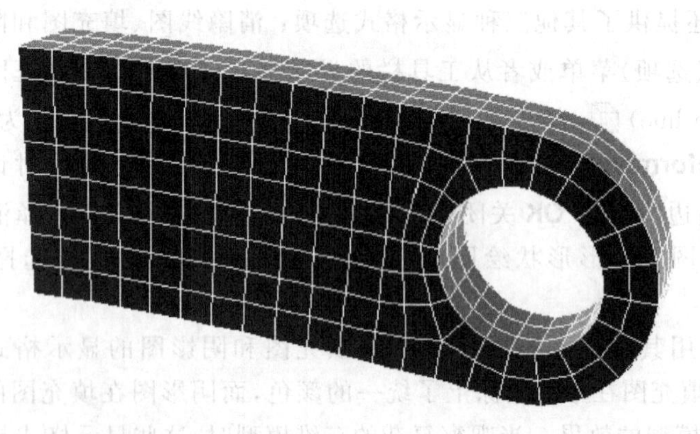

2
3 1 Step: LugLoad Increment 1: Step Time=1.000
Deformed Var: U Deformation Scale Factor: +2.960e+01

图 4-29 阴影图

生成 **Mises** 应力的等值线图：

(1) 从主菜单栏中选择 **Plot→Contours**，显示的填充等值线图(云纹图)如图 4-30 所示。

图例(legend)中显示的 S Mises 就是 Mises 应力，它是 ABAQUS 默认的选择变量。也可以选择其他变量进行绘图。

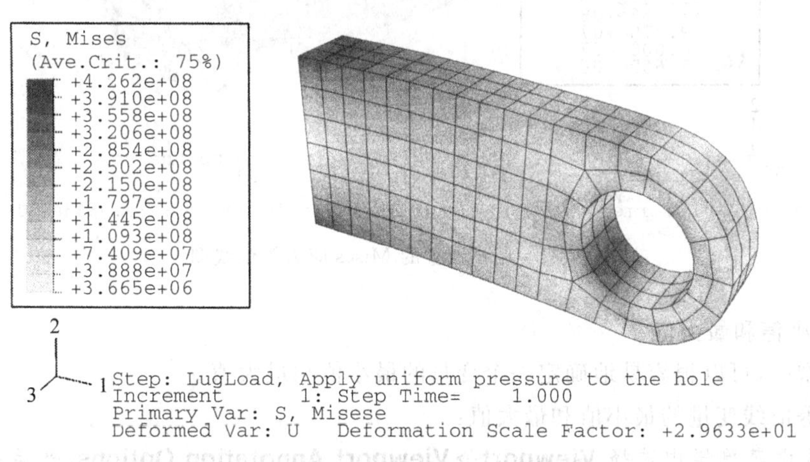

图 4-30 Mises 应力的填充云纹图

(2) 从主菜单栏中选择 **Result→Field Output**，弹出 **Field Output**(场变量输出)对话框，**Primary Variable**(主要变量)选项页是默认的选择。

(3) 从列出的输出变量表中选择一个新的变量进行绘图。

(4) 单击 **OK**。

在当前的视区中，等值线图的变化反映了所做出的选择。

ABAQUS/CAE 为用户提供了许多设置等值线图的选项。为了查看这些选项，在提示区单击 **Contour Options**(等值线图选项)。在默认情况下，ABAQUS/CAE 自动地计算显示在等值线图中变量的最小值和最大值，并将这两个值的区间均分为 12 个间隔。用户可以控制 ABAQUS/CAE 显示的最小值和最大值(例如，需要在一个固定范围内查看变化)以及划分间隔的数量。

生成用户设置的等值线图：

(1) 在 **Contour Plot Options**(等值线图选项)对话框的 **Limits**(范围)页中，选择 **Max**(最大值)旁边的 **Specify**(指定)，然后输入一个最大值 400E+6。

(2) 选择 **Min**(最小值)旁边的 **Specify**(指定)，输入一个最小值 60E+6。

(3) 在 **Contour Plot Options** 对话框的 **Basic**(基础)页中，拖动 **Contour Intervals**(等值线间隔)滑块，将间隔数目改为 9。

(4) 单击 **Apply**。

ABAQUS/CAE 以指定的等值线图选项设置显示模型，如图 4-31 所示(该图显示的是 Mises 应力，用户可根据自己的需要选择要显示的输出变量)。这些设置的效果将一直保留，并对后续等值线图起作用，直到改变设置或者重新设置它们为默认值。

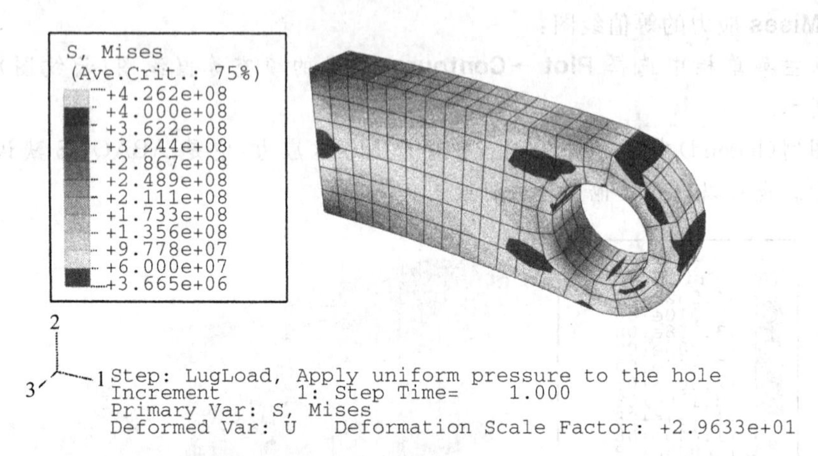

图 4-31　用户设置的 Mises 应力等值线图

6. 最小值和最大值

在模型中，可以很容易地确定一个变量的最小值和最大值。

显示等值线变量的最小值和最大值：

(1) 从主菜单栏中选择 **Viewport→Viewport Annotation Options**，然后在弹出的对话框中单击 Legend(图例)页。现在就可以应用 Legend 选项了。

(2) 选中 **Show min/max values**(显示最小/最大值)。

(3) 单击 **OK**。

等值线图例发生变化，并报告最小和最大的等值线值。

研究这个模型的目标之一是确定连接环在 2 坐标负方向的挠度。将画出连接环在 2 方向的位移分量等值线图，以确定沿竖直方向的位移峰值。在 **Contour Plot Options**(等值线绘图选项)对话框中单击 **Defaults**(默认)，使得在继续操作之前重新设置最小和最大的等值线值以及间隔数量。

绘制连接环 2 方向的位移等值线图：

(1) 从主菜单栏中选择 **Result→Field Output**，显示 **Field Output**(场变量输出)对话框，默认下选择的是 **Primary Variable**(主要变量)页。

(2) 从当前可用的输出结果变量列表中选择 **U**。

(3) 从分量列表中选择 **U2**。

(4) 单击 **OK**。

沿 2 负方向的最大位移值是多少?

7. 显示模型的子集

ABAQUS/CAE 默认地显示整个模型。然而，可以选择仅显示模型的子集，称为显示组(display group)。该子集可以包括来自当前模型或输出数据库中的部件实例、几何形体(小区域、面或边)、单元、节点和表面的任意组合。对于连接环模型，将创建包含孔的下部所有单元的一个显示组。由于在这个区域上施加了压力载荷，为了应用于可视化的目的，由 ABAQUS 创建一个内部(internal)集合。

显示模型的子集：

(1) 从主菜单栏中选择 **Tools→Display Group→Create**，打开 **Create Display Group**（创建显示组）对话框。

(2) 从 **Item**（项目）列表中选择 **Elements**（单元），在 **Selection Method**（选择方式）列表中选择 **Internal sets**（内部集合）。

一旦已经选择了这些项目，**Create Display Group** 对话框右侧的列表就会显示出相应的内容。

(3) 利用这个列表识别包含孔下部单元的集合，选中列表下面的 **Highlight items in viewport**（高亮度显示对象），这时以高亮度红色显示所选单元集中单元的轮廓。

(4) 当高亮度集合对应于孔下部的单元组时，单击 **Replace** 来替换当前的模型显示为这个单元集合。

ABAQUS/CAE 显示出模型中指定的子集。

当创建一个 ABAQUS 模型时，可能希望确定实体单元的面的编号。例如，当施加压力载荷或者定义接触表面时，可能希望验证所施加载荷的正确 ID（标识）。在这种情况下，在已经运行了 **datacheck** 分析并产生了输出数据库文件后，就可以应用 Visualization 模块来显示网格。

在未变形模型形状图上，显示面的标识编号和单元编号：

(1) 从主菜单栏中选择 **Options→Undeformed Shape**，弹出 **Undeformed Shape Plot Options**（未变形图绘图选项）对话框。

(2) 由于当显示格式设置为线框图时不能显示面的编号，所以将显示格式改变为填充图格式。为了方便，将显示出所有可见的单元边界。

① 在 **Render Style**（显示格式）选项中选中 **Filled**（填充图）。

② 在 **Visible Edges**（显示边界）选项中选中 **All edges**（所有边）。

(3) 单击 **Labels** 页，并选中 **Show element labels**（显示单元编号）和 **Show face labels**（显示面的编号）。

(4) 单击 **OK**，应用绘图选项并关闭对话框。

(5) 从主菜单栏中选择 **Plot→Undeformed Shape**。

ABAQUS/CAE 在当前的显示组中显示出单元和面的标识编号。

(6) 单击 **Dismiss**，关闭 **Create Display Group** 对话框。

8. 生成模型子集的数据报表

在吊车桁架的问题中，对于整个模型生成了表格输出数据。对于更复杂的模型，生成模型中指定区域的数据报表更为方便。这可以通过联合使用显示组和生成数据报表功能来实现。对于连接环的问题，将生成如下的表格数据报告：

- 在连接环固定端的单元的应力（以确定连接环中的最大应力）；
- 在连接环固定端的约束反力（以检查约束处的反力平衡所施加的载荷）；
- 孔底部的竖直方向位移（以确定施加载荷后环的挠度）。

由于没有为这些区域创建几何集合，所以生成的每一个报告应用了显示组，在视区内选取显示组的内容。这样，对每一个感兴趣的区域，开始创建和保存显示组。

创建并保存包含固定端单元的显示组：

(1) 从主菜单栏中选择 **Tools→Display Group→Manager**，打开 **ODB Display Group**

Manager(输出数据库显示组管理器)。在显示组列表中选择 **All**(全部),并单击 **Plot**(绘制),重新设置当前的显示组包含整个模型。

(2) 在 **ODB Display Group Manager** 中单击 **Create**,创建一个新的显示组。在 **Create Display Group** 对话框中,从 **Item** 列表中选择 **Elements** 和 **Pick from viewport** 作为选择方法。

(3) 在提示区中设置选取方法为 **by angle**,并单击连接环固定端的表面。当在视区图中连接环固定端上所有的单元都以高亮度显示时,单击 **Done**。在 **Create Display Group** 对话框中单击 **Replace**,然后单击 **Save as**,保存这个显示组为 built-in elements。

创建并保存包含固定端节点的显示组:

(1) 在 **Create Display Group** 对话框中,从 **Item** 列表中选择 **Nodes** 和 **Pick from viewport** 作为选择方法。

(2) 在提示区中设置选取方法为 **by angle**,并单击连接环固定端的表面。当在视区图中连接环固定端上所有的节点都以高亮度显示时,单击 **Done**。在 **Create Display Group** 对话框中单击 **Replace**,然后单击 **Save as**,保存这个显示组为 built-in nodes。

创建并保存包含孔底部节点的显示组:

(1) 在 **Create Display Group** 对话框中,从 **Item** 列表中选择 **All**,单击 **Replace**,重新设置当前的显示组包含整个模型。

(2) 在 **Create Display Group** 对话框中,从 **Item** 列表中选择 **Nodes** 和 **Pick from viewport** 作为选择方法。

(3) 在提示区中设置选取方法为 **individually**,并选择在连接环孔底部的节点。当在视区图中连接环孔底部的所有节点都以高亮度显示时,单击 **Done**。在 **Create Display Group** 对话框中单击 **Replace**,然后单击 **Save as**,保存这个显示组为 nodes at hole bottom。

现在来生成报告。

生成场变量报告:

(1) 在 **ODB Display Group Manager** 中选择 **built-in elements**,作为当前的显示组。

(2) 从主菜单栏中选择 **Report→Field Ouput**。

(3) 在 **Report Field Output**(场变量输出报告)对话框的 **Variable**(变量)页,接受默认的标为 **Integration Point**(积分点)的输出位置。单击 **S**: **Stress components** 旁的三角号,展开已有变量的列表。从这个表中选择 **Mises** 和6个独立的应力分量:**S11**,**S22**,**S33**,**S12**,**S13** 和 **S23**。

(4) 在 **Setup**(建立)选项页,命名报告为 Lug.rpt。在该页的底部 **Data**(数据)区域,放弃选择 **Column totals**(列汇总)。

(5) 单击 **Apply**。

(6) 在 **ODB Display Group Manager** 中选择 **built-in nodes**,作为当前的显示组。

(7) 在 **Report Field Output**(场变量输出报表)中的 **Variable**(变量)页,将位置改变为 **Unique Nodal**(唯一节点处)。取消选择的 **S**: **Stress components**,而从 **RF**:

Reaction force(约束反力)变量列表中选择 **RF1**,**RF2** 和 **RF3**。

(8) 在 **Setup** 选项页底部的 **Data** 区域选中 **Column totals**。

(9) 单击 **Apply**。

(10) 在 **ODB Display Group Manager** 中选择 **nodes at hole bottom**,作为当前的显示组。

(11) 在 **Report Field Output**(场变量输出报告)对话框的 **Variable**(变量)页取消选择的 **RF: Reaction force**,而从 **U: Spatial displacement**(空间位移)变量的列表中选择 **U2**。

(12) 在 **Setup** 选项页底部的 **Data** 区取消对 **Column totals** 的选择。

(13) 单击 **OK**。

在文本编辑器打开文件 Lug.rpt。部分的单元应力列表显示如下。这些单元数据来自单元的积分点。在标记 Int Pt 列的下面,提示了与给定单元有关的积分点。在报表的底部给出了包括该组单元中的最大应力和最小应力值的信息。结果表明,最大 Mises 应力在固定端,约为 330MPa。如果读者所使用的网格与此处叙述的略有差异,则计算结果可能多少有点区别。

```
Field Output Report

Source 1
---------

   ODB: Lug.odb
   Step: LugLoad
   Frame: Increment       1: Step Time =    1.000

Loc 1 : Integration point values from source 1

Output sorted by column "Element Label".

Field Output reported at integration points for Region(s) LUG-1: solid < STEEL >

Element    Int       S.Mises         S.S11         S.S22         S.S33         S.S12
Label      Pt         @Loc 1        @Loc 1        @Loc 1        @Loc 1        @Loc 1
---------------------------------------------------------------------------------------
        S.S13        S.S23
       @Loc 1       @Loc 1
---------------------------
   58      1     237.839E+06 -235.534E+06 -13.8995E+06  2.83029E+06  -33.891E+06
  1.25472E+06  1.57941E+06
   58      2     239.655E+06 -247.046E+06 -20.9897E+06 -13.4824E+06  -38.331E+06
  -7.4808E+06   1.1505E+06
   58      3     219.144E+06 -259.016E+06 -65.4028E+06 -61.2919E+06 -30.1529E+06
  -48.227E+06   2.6024E+06
   58      4     190.507E+06 -228.049E+06 -53.1236E+06 -51.1938E+06 -37.0096E+06
 -20.3556E+06  419.558E+03
   58      5     320.169E+06 -316.346E+06  1.80105E+06  4.87005E+06  -9.1539E+06
  4.10768E+06  1.03379E+06
   58      6     322.607E+06 -330.074E+06 -2.82076E+06 -14.7802E+06 -12.9163E+06
 -9.14611E+06  189.417E+03
   58      7     331.098E+06 -399.004E+06 -109.695E+06 -104.075E+06 -62.7377E+06
 -64.3938E+06  2.63754E+06
   58      8     300.073E+06 -364.931E+06 -95.1688E+06 -93.2852E+06 -69.7659E+06
 -26.8242E+06  343.388E+03
   .
   .
  270      1      239.67E+06   247.04E+06   20.988E+06  13.4819E+06 -38.3719E+06
 7.48075E+06  1.15243E+06
  270      2     237.844E+06   235.52E+06  13.8985E+06 -2.83123E+06 -33.9305E+06
 -1.25482E+06  1.58127E+06
  270      3     190.526E+06  228.049E+06  53.1222E+06  51.1929E+06    -37.04E+06
 20.3564E+06  420.207E+03
  270      4     219.153E+06   259.01E+06  65.4004E+06  61.2895E+06 -30.1802E+06
```

```
    48.2283E+06  2.60423E+06
    270     5      322.65E+06  330.117E+06  2.82297E+06  14.7842E+06  -12.932E+06
    9.14713E+06  190.526E+03
    270     6     320.203E+06  316.379E+06 -1.79896E+06 -4.87063E+06 -9.16853E+06
   -4.10909E+06     1.035E+06
    270     7     300.139E+06  365.004E+06  95.1929E+06    93.307E+06 -69.7926E+06
     26.829E+06    343.61E+03
    270     8     331.159E+06  399.073E+06  109.719E+06  104.095E+06 -62.7599E+06
    64.4051E+06  2.63899E+06

 Minimum          25.1732E+06 -399.004E+06 -109.695E+06 -122.144E+06 -72.2982E+06
    -64.4052E+06 -2.63899E+06
     At Element           204          60           60           59          269
           268          268
     Int Pt                 4           8            8            8            7
             7            7

 Maximum          331.159E+06  399.073E+06  109.719E+06  122.172E+06  -9.1539E+06
    64.4051E+06  2.63899E+06
     At Element           268         268          270          269           60
           270          270
     Int Pt                 7           7            8            8            6
             8            8
```

如何将这个 Mises 应力的最大值与前面生成的等值线图的最大值比较？这两个最大值都对应于模型中的同一个点吗？在等值线图中显示的 Mises 应力是外推到节点上的结果，而关于本问题的写入报告文件中的应力对应于单元积分点。所以，在报告文件中的最大 Mises 应力的位置与在等值线图中最大 Mises 应力的位置不恰好是同一点。通过要求在节点上的应力输出（从单元积分点外推和包含该节点的所有单元平均）写入报告文件，这种差异可以解决。如果差异过大，表明使用的网格过于粗糙。

下表列出了在约束点处的反力。在表末尾的 Total 行中包括了关于这一组节点的总约束反力的分量。结果证明，在约束节点上沿 2 方向的约束反力的合力等于且方向相反于沿该方向施加的－30kN 的外载。

```
Field Output Report

Source 1
---------

  ODB: Lug.odb
  Step: LugLoad
  Frame: Increment      1: Step Time =    1.000

Loc 1 : Nodal values from source 1

Output sorted by column "Node Label".

Field Output reported at nodes for Region(s) LUG-1: solid < STEEL >

          Node          RF.RF1          RF.RF2          RF.RF3
         Label          @Loc 1          @Loc 1          @Loc 1
--------------------------------------------------------------------
            13        -538.256         289.563        -382.329
            14        -538.254         289.564          382.33
            15     -60.4209E-03        -118.486    -31.2174E-03
```

```
              16     -60.4218E-03          -118.486     31.2172E-03
              25         538.193            289.574        -382.417
        .
        .
            1673     -5.90245E+03           216.287     1.63022E+03
            1675     -6.60386E+03       1.81556E+03    -32.7358E-06
            1676     -9.81734E+03           692.821        -792.062
            1678     -6.35448E+03       1.72817E+03        -331.611
            1679     -5.90245E+03           216.287    -1.63022E+03
 Minimum             -9.81734E+03          -264.368    -1.63022E+03
         At Node             1672               382            1679

 Maximum              9.81614E+03       1.81556E+03     1.63022E+03
         At Node              858              1675            1673

           Total     -16.1133E-03           30.E+03              0.
```

下表显示了沿孔底部节点的位移(在下面列出),表明在连接环的孔底部移动了约0.3mm。

```
Field Output Report

Source 1
---------

   ODB: Lug.odb
   Step: LugLoad
   Frame: Increment      1: Step Time =    1.000

Loc 1 : Nodal values from source 1

Output sorted by column "Node Label".

Field Output reported at nodes for Region(s) LUG-1: solid < STEEL >

           Node            U.U2
          Label           @Loc 1
---------------------------------
             18     -314.201E-06
             20     -314.201E-06
            122     -314.249E-06
            123     -314.249E-06
           1194     -314.224E-06
           1227     -314.224E-06
           1229     -314.263E-06


 Minimum            -314.263E-06

        At Node             1229
 Maximum            -314.201E-06

        At Node               18
```

4.3.3 用ABAQUS/Explicit重新进行分析

现在考察连接环在突然施加同样载荷时的动态响应,特别感兴趣的是它的振动问题。为了用ABAQUS/Explicit进行分析,必须对模型进行修改。在修改之前,将已存在的原模型复制成一个命名为Explicit的新模型。在新模型中进行所有后续的改变。在运行作业前,需要在材料模型中增加密度定义,改变分析步类型和单元类型。此外,还必须修改场变量的输出要求。

修改模型:

(1) 在Property模块中,对Steel编辑材料定义,包含质量密度为7800。

(2) 在Step模块中,将LugLoad分析步替换为一个显式动力学(dynamic, explicit)分析步,将分析步描述改为Dynamic lug loading,并指定分析步的时间为0.005s。

(3) 编辑场变量输出要求,命名为F-Output-1。在**Edit Field Output Request**对话框中,设定40作为等距间隔(equally spaced intervals)保存输出的数目。

(4) 在Mesh模块中改变用于划分连接环网格的单元类型。在**Element Type**对话框中选择**Explicit**单元库、**3D Stress**单元族、**Linear**(线性)几何阶数和**Hex**单元。为单元选择增强的沙漏控制(enhanced hourglass control)。最终选择的单元类型为**C3D8R**。

(5) 在**Job Manager**中,应用模型名字Explicit创建和提交一个命名为expLug的作业。

(6) 监控作业的进程。

在**expLug Monitor**对话框的上部,包含一个求解过程的小结。这个小结会随着分析的进程不断地被更新。在对应的记录页中,提示了在分析过程中遇到的任何错误(error)和/或警告(warning)。如果遇到任何错误,需要修改模型并重新运行模拟。一定要调查引起任何警告信息的原因,并采取相应的措施。前面已提及,可以安全地忽略某些警告信息,而另一些则需要采取改正措施。

4.3.4 后处理动力学分析结果

在由ABAQUS/Standard完成的静态分析中,检查了连接环的变形形状以及应力和位移输出。对于ABAQUS/Explicit的分析,也可以类似地查看上述结果。由于瞬时的动态响应可能源于突然加载,所以也要检查内能和动能、位移和Mises应力随时间历史的变化。

1. 绘制变形图

打开由该作业创建的输出数据库(.odb)文件。从主菜单栏中选择**Plot→Deformed Shape**,或者使用工具箱中的工具。图4-32显示了分析结束时的模型变形图。如前所述,ABAQUS/Explicit默认假设大变形理论,所以,变形放大因子自动设置为1。然而,实际位移可能很小而难以查看,此时可以更改放大因子,使变形更易于观察。

为了更清晰地观察连接环的振动,将放大因子改为50。此外,通过动画显示连接环变形的时间历史,并减缓时间历史动画的播放速度。

连接环变形的时间历史动画显示,由于突然施加载荷导致了环的振动。此外,将在这种载荷作用下得到的环中的动能、内能、位移和应力作为时间的函数,绘制出这些函数随时间

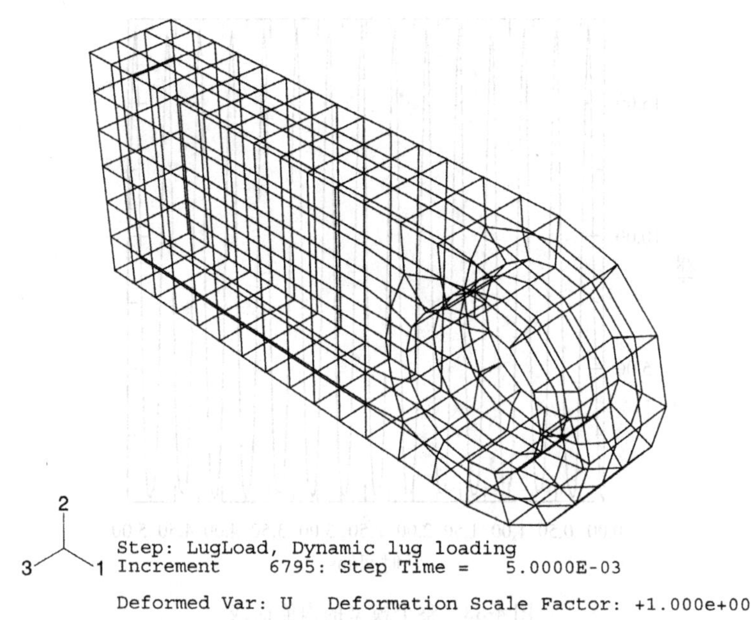

图 4-32　显式分析约束时的模型变形图

的变化，有助于进一步理解连接环的行为。可以考虑如下一些问题：

(1) 能量守恒吗？

(2) 对于这个分析，大变形理论必要吗？

(3) 应力峰值合理吗？材料会出现屈服吗？

2. 绘制 *X-Y* 曲线

X-Y 曲线图可以显示一个变量作为时间函数的变化。可以从场变量和历史变量输出创建 *X-Y* 曲线图。

创建内能和动能作为时间函数的 *X-Y* 曲线图：

(1) 从主菜单栏中选择 **Result→History Output**，显示历史输出变量。弹出 **History Output**(历史输出变量)对话框。

(2) 在 **Output Variables**(输出变量)域中，包括输出数据库中历史部分的所有变量的列表，它们是仅有的可绘图的历史输出变量。从输出变量的列表中，选择 **ALLIE** 来绘制整个模型的内能曲线。

(3) 单击 **Plot**。

ABAQUS 从输出数据库中读取曲线的数据并绘制图形，如图 4-33 所示。

(4) 重复上述过程，选择 **ALLKE** 绘制整个模型的动能曲线(见图 4-34)。

内能和动能都显示了震荡，反映出环的振动行为。在整个模拟过程中，动能被转换成内能(或应变能)，内能再转换回动能，总能量是守恒的(由于采用线弹性材料，这一点是所希望的)。通过在绘制 ALLIE 和 ALLKE 的同时绘制出 ETOTAL，可以观察到这一点。ETOTAL 的值在整个分析过程中几乎保持为零。在第 9 章“显式非线性动态分析”中进一步讨论在动力学分析中的能量平衡。

在连接环孔底部的节点将经历最大的位移。检验这些位移以评估几何非线性效果的显

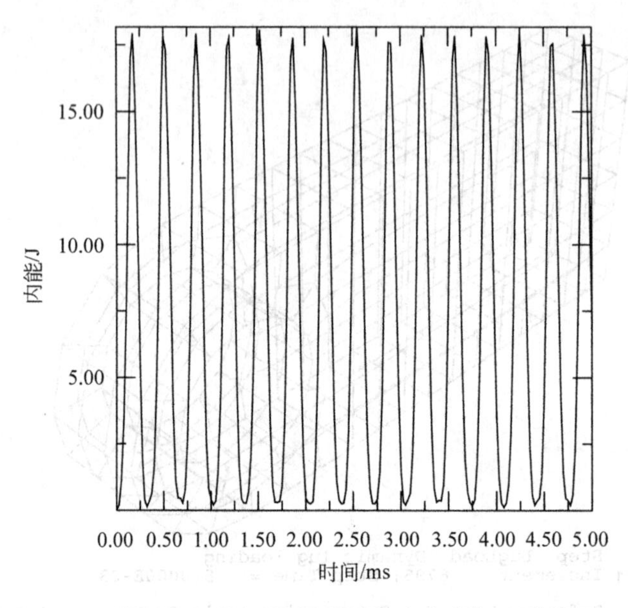

图 4-33　整个模型的内能曲线

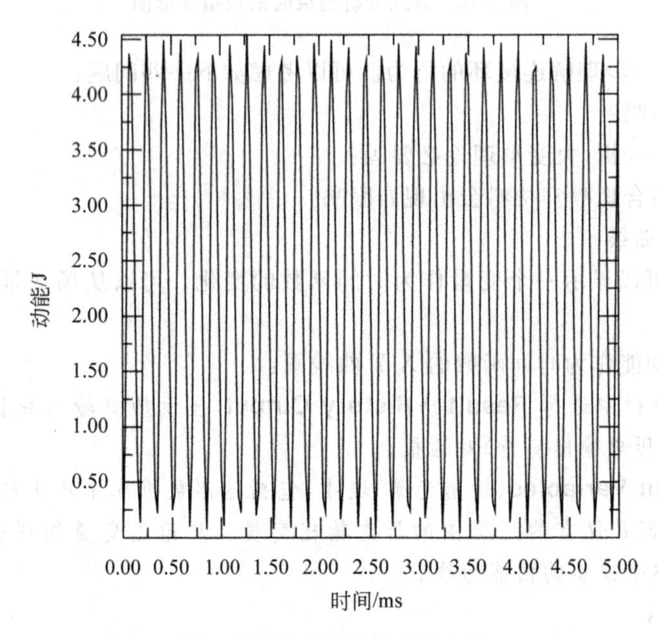

图 4-34　整个模型的动能曲线

著性。

生成位移随时间变化的曲线：

(1) 绘出环的变形形状。从主菜单栏中选择 **Tools→X Y Data→Create**。

(2) 在弹出的 **Create XY Data**（创建 *X*-*Y* 数据）对话框中选择 **ODB field output**（场变量），并单击 **Continue**。

(3) 在弹出的 **X Y data from ODB Field Output** 对话框中，选择 **Unique Nodal** 作为阅

读 X-Y 数据类型的位置。

(4) 单击 **U: Spatial displacement** 旁的箭头，并选中 **U2** 作为 X-Y 数据的位移变量。

(5) 选择 **Elements/Nodes**选项页并在 **Item field**(项目域)中将 **Nodes** 高亮度，选择 **Pick from viewport**(从视区选择)作为选取方式，以识别 X-Y 数据的节点。

(6) 在视区中，选择如图 4-35 中所示的孔底部的一个节点，在提示区中单击 **Done**。

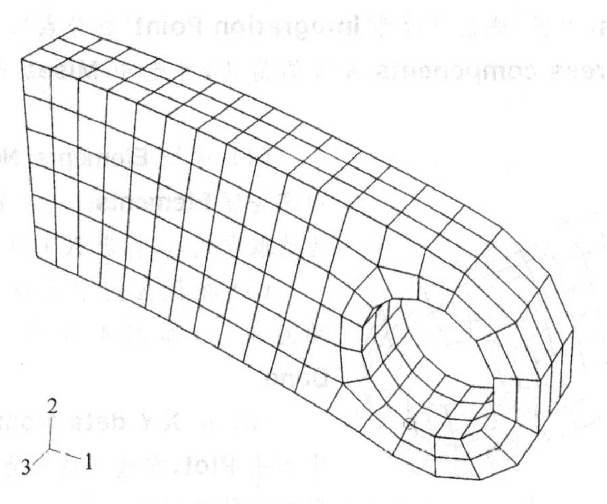

图 4-35 在孔的底部选择节点

(7) 在 **X Y data from ODB Field Output** 对话框中单击 **Plot**，绘制节点位移随时间变化的曲线。

如图 4-36 所示，振动的历史表明位移是很小的(相对于结构的尺寸)。所以，应用小变形理论求解这个问题是合适的。这将减少模拟的计算成本，而不会显著地影响结果。在第 8 章"非线性"中将进一步讨论几何非线性的影响。

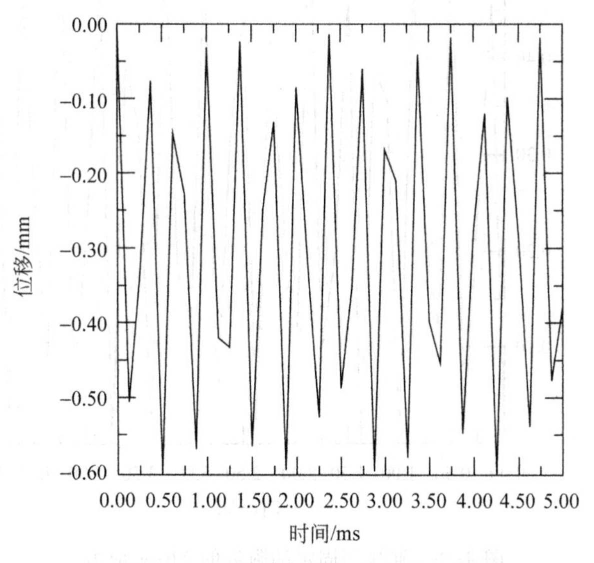

图 4-36 在孔底部某一节点的位移

我们也关心应力的历史，特别是关心连接环靠近固定端的区域，因为正是这里很可能出现应力的峰值。如果材料发生屈服，它会首先从这里开始。

生成 Mises 应力随时间变化的曲线：

(1) 在 **XY data from Field Output** 对话框中选择 **Variables** 页，取消 **U2** 作为 *X-Y* 数据图的变量。

(2) 将 **Position**(位置)域设置改为 **Integration Point**(积分点)。

(3) 单击 **S: Stress components** 旁边的箭头，并选中 **Mises** 作为 *X-Y* 数据的应力变量。

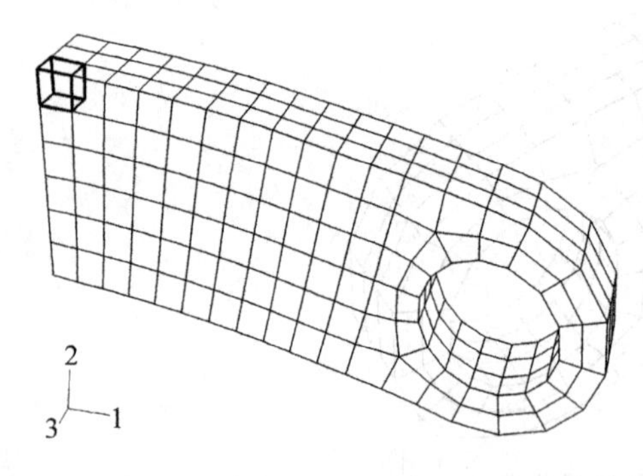

图 4-37　选择靠近连接环固定端的单元

(4) 选择 **Elements/Nodes** 页，在 **Item field** 中高亮度 **Elements**。选择 **Pick from viewport** 作为选取方式，以标识 *X-Y* 数据图的节点。

(5) 在视区图中选择一个靠近连接环固定端的单元，如图 4-37 所示，在提示区中单击 **Done**。

(6) 在 **XY data from field output** 对话框中单击 **Plot**，在选择的节点绘制 Mises 应力随时间变化的曲线。

Mises 应力的峰值在 500MPa 的量级，如图 4-38 所示。这个值已经高于典型的钢的屈服强度。因此，在经历这一高应力水平之前，材料可能已经屈服了。在第 10 章"材料"中将进一步讨论材料的非线性。

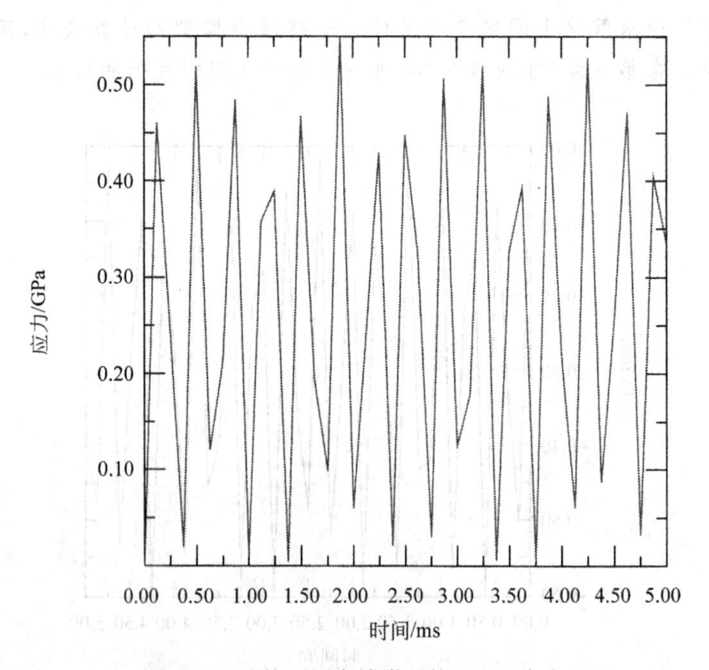

图 4-38　连接环固定端附近的 Mises 应力

4.4 网格收敛性

应用足够细密的网格以保证 ABAQUS 模拟的结果具有足够的精度是非常重要的。应用隐式或显式方法分析，粗糙网格可能会产生不精确的结果。随着网格密度的增加，模拟分析所产生的数值结果会趋于一个唯一解，但是运行模型所需要的计算机资源也会增加。当进一步细分网格所得到的解的变化可以忽略不计时，可以说网格已经收敛了。

随着经验的增加，对于大多数问题，用户将学会判断网格细分到何种程度所得的结果是可以接受的。然而，进行网格收敛的研究总是一个很好的实践。在研究中采用细划的网格模拟同一个问题，并比较其结果。如果两种网格基本上给出了相同的结果，那么可以确信所做的模拟得到了数学上的准确解。

无论对于 ABAQUS/Standard 还是 ABAQUS/Explicit，网格收敛性都是一个很重要的考虑因素。通过应用四种不同的网格密度（图 4-39）对连接环进行 ABAQUS/Standard 的进一步分析，以此为例进行网格细分的研究。图 4-39 中还列出了应用于每种网格的单元数目。

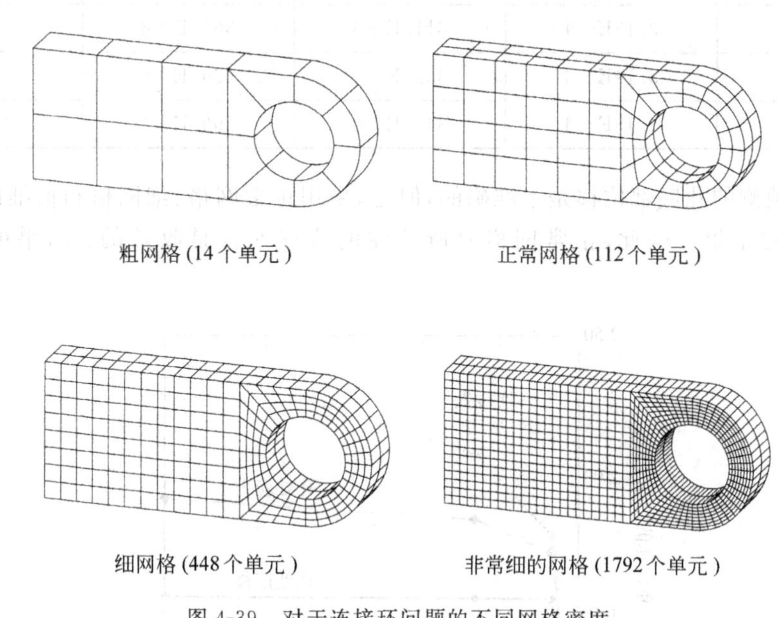

图 4-39 对于连接环问题的不同网格密度

通过模型的三个特定结果来考察网格密度的影响：

- 孔底部的位移；
- 孔底部表面应力集中处的 Mises 应力峰值；
- 连接环与母体结构连接处的 Mises 应力峰值。

这些用于进行比较结果的位置如图 4-40 所示。表 4-3 列出了 4 种不同网格密度下分析结果的比较以及每一模拟所需的 CPU 时间。

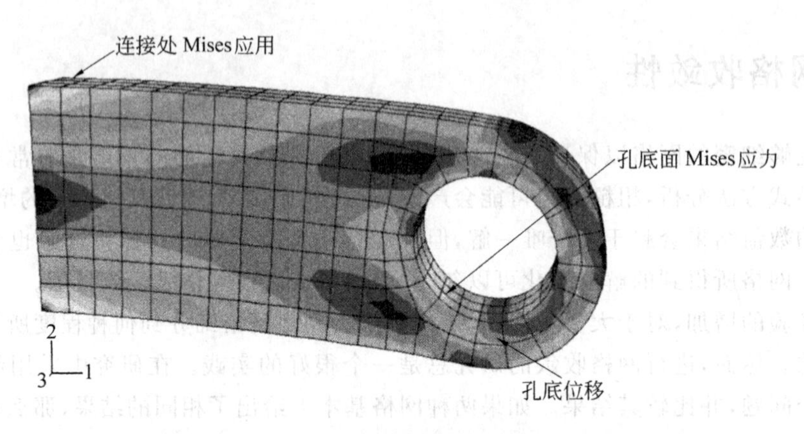

图 4-40 网格细划研究中比较结果的位置

表 4-3 网格细划研究的结果

网格	孔底部的位移	孔底部的应力	连接处的应力	相对的 CPU 时间
粗	2.01E－4	180.E＋6	205.E＋6	0.26
正常	3.13E－4	311.E＋6	365.E＋6	1.0
细	3.14E－4	332.E＋6	426.E＋6	2.7
很细	3.15E－4	345.E＋6	496.E＋6	22.5

粗网格预测的孔底部位移是不准确的，但是，采用正常网格、细网格和很细的网格预测了基本相同的结果。因此，正常网格对所关注的位移而言是收敛的。结果的收敛性如图 4-41 所示。

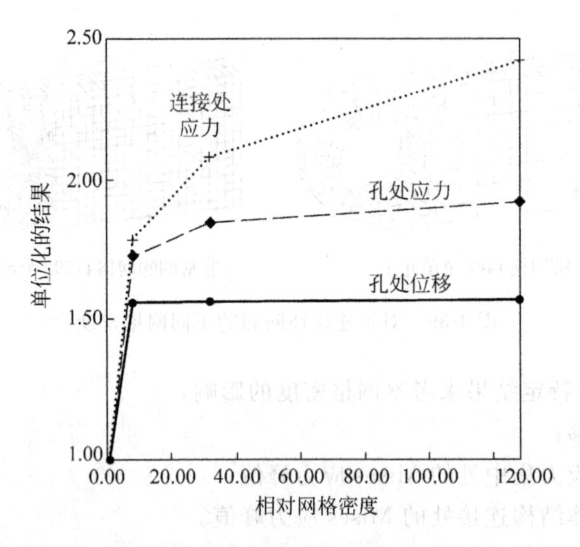

图 4-41 网格细划研究中结果的收敛性

所有的结果值都与由粗网格预测的结果值进行了无量纲化对比。孔底部应力峰值的收敛比位移慢得多，这是因为应力和应变是由位移的梯度计算得到的。而要预测准确的位移梯度比计算准确的位移所需的网格更密。

网格的细分明显地改变了连接环在固定端处的应力计算值。随着网格的细分应力值继续增加,在连接环与母结构连接的角点处存在应力奇异性。从理论上讲,在这个区域的应力是无限大的,因此,在此处增加网格密度不会产生一个收敛的应力。这种奇异性产生的原因在于应用了理想化的有限元模型。环与母体结构的连接处被模拟成了直角、母体结构被模拟成了刚体,这种理想化导致了应力的奇异性。实际上在环与母体结构之间可能有小的倒角,而且母体结构也是变形体而非刚体。如果需要这个位置的精确应力,必须准确地模拟部件之间的倒角(见图 4-42),并且也必须考虑母体结构的刚度。

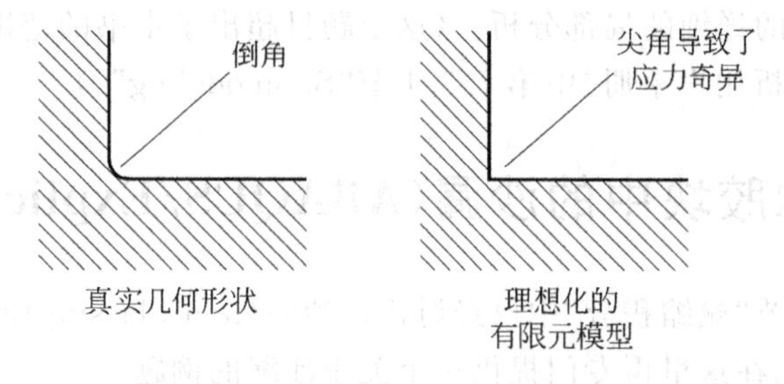

图 4-42 被理想化为尖角的倒角

为了简化分析和保持较为合理的模型尺度,一般在有限元模型中经常忽略类似倒角半径这样的一些小的细节。但是,在模型中引入任何尖角都将导致该处产生应力奇异。一般来说这对模型的总体响应的影响可以忽略,但对预测靠近奇异处的应力将是不准确的。

对复杂的三维模拟而言,实际上可利用的计算机资源常常限制了所采用的网格密度。在这种情况下,必须非常小心地应用从分析中得到的结果。粗糙的网格足以用来预测趋势和比较不同概念相互之间的表现如何不同。然而,应用由粗糙网格计算得到的位移和应力的具体量值应该很谨慎。

一般来说,没有必要对所分析的结构全部采用均匀的细划网格。应该在出现高应力梯度的地方采用细网格,而在低应力梯度或应力量值不被关注的地方采用粗网格。例如,图 4-43 显示了一种用于获得孔的底部应力集中准确预测的网格设计。细划的网格仅应用在高应力梯度的区域,而在其他地方则采用粗网格。在表 4-4 中展示了应用这种局部细划的网格由 ABAQUS/Standard 模拟的结果。从表中可见,其结果与整体划分很细网格的结果相近。但是,这种局部细划网格的模拟与应用很细网格的分析相比大大节省了计算需要的 CPU 时间。

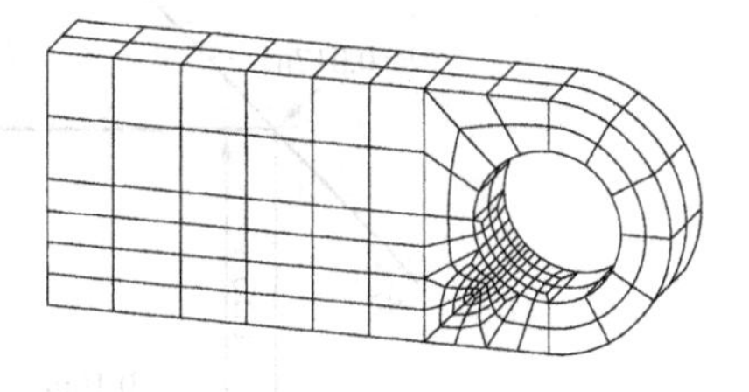

图 4-43 孔周围的网格细划

表 4-4 网格划分很细时与局部细分的比较

网　格	孔底部的位移	孔底部的应力	相关的 CPU 时间
很细	3.15E－4	345.E＋6	22.5
局部细划	3.14E－4	346.E＋6	3.44

应用对类似结构分析的经验或手工计算，常常可以预测出模型中的高应力区，即需要细分网格的区域。也可以通过其他办法得到这些信息：在开始时使用粗网格以识别高应力区的位置，然后在该区域中细分网格。应用像 ABAQUS/CAE 这样的前处理软件，可以很容易地实现后一过程。在这些软件中，整个数值模型（即材料特性、边界条件、载荷等）都是基于结构的几何形体定义的。在开始模拟时，简单地划分几何粗网格，通过理解粗网格模拟的结果，然后在适当的区域细分网格。

ABAQUS 提供了一种高级功能，称为子模型（submodeling）。在结构中感兴趣的区域，可以得到更详细（和精确）的结果。使用从整个结构粗网格分析得到的解答来“驱动”在感兴趣的区域采用细网格的详细的局部分析。（这个题目超出了本书的范围，关于进一步的细节请参阅《ABAQUS 分析用户手册》中第 7.3.1 节“Submodeling”。）

4.5 例题：橡胶块中的沙漏（ABAQUS/Explicit）

在前面的 4.1.2 节“减缩积分”中已经讨论过沙漏（hourglassing）问题，它对分析处理问题十分重要，所以我们在这里再专门提供一个关于沙漏的例题。

ABAQUS/Explicit 用的一阶减缩积分的四边形和六面体单元都存在沙漏模式，因此，沙漏有时可能扩展到整个网格。ABAQUS/Explicit 已包含了比较复杂的控制来防止沙漏现象在大多数实际分析中出现问题。然而，这种控制沙漏的工作是通过施加修正力实现的，它有可能要通过几个增量步才能控制沙漏。在一些比较严重的情况下，在沙漏控制能够纠正问题以前，沙漏现象就可能已经扩展到了整个网格。下面的例子便说明了这种模拟情况。

在本例中，考虑一个厚橡胶块在沿其对角线方向被一刚体平板缓慢压缩的情况，其压缩位移 u=0.017m，如图 4-44 所示。通过这个例子，读者将学到怎样确定沙漏是否会成为问题，如果它成为问题，应该怎样修正模型以防止问题发生。

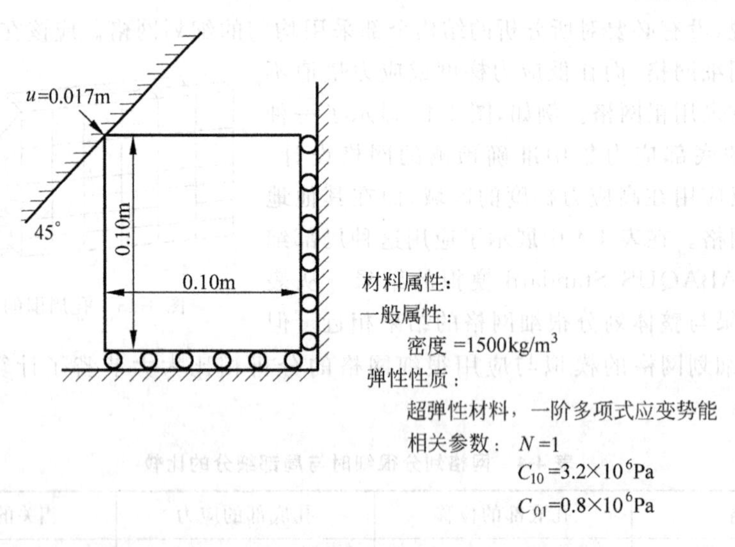

图 4-44 橡胶块被刚体表面沿对角线压缩

4.5.1 前处理——用 ABAQUS/CAE 创建模型

通过 ABAQUS/CAE 创建一个橡胶块和刚性平板表面的二维模型。本例中我们采用国际单位制。

1. 定义模型几何形体

启动 ABAQUS/CAE，进入 Part 模块，创建两个部件：一个变形体部件代表橡胶，一个刚性部件代表平面。下面给出建议的创建几何形体的概要过程。

绘制橡胶块的轮廓：

(1) 创建一个二维、可变形的平面壳部件，命名为 Block，大致尺寸定为 0.25。

(2) 在轮廓图中通过创建线工具组中的 **Rectangle**(矩形)工具创建一个任意尺寸的矩形。

(3) 使用尺寸标注工具和编辑尺寸工具对矩形的尺寸进行修改，使整个矩形变成高 0.1m×宽 0.1m。

提示：利用自动调整工具可以调整轮廓图区域的大小，使绘制的草图充满整个视图窗。

结果如图 4-45 所示。

(4) 在提示区里单击 **Done** 按钮，退出轮廓图，返回部件模块。

编辑平板的几何形体：

(1) 为平板另外创建一个刚体部件。创建一个二维、平面线(planar wire)的离散刚体(discret rigid)部件，命名为 RigidPlate，大致尺寸定为 0.5。

(2) 利用创建线工具组的连接工具从(—0.1，—0.1)到(0.1，0.1)画一条对角线。

(3) 使用 **Create Construction**(创建辅助线)工具组的 **Horizontal Line Thru Point**(过指定点的水平线)工具，过部件的左下角顶点创建一条辅助线。

(4) 通过创建尺寸标注工具组中的 **Angle**(角度)工具来指定几何形体线与辅助线之间的夹角为 45°。

(5) 通过创建尺寸标注工具组中的 **Oblique**(斜线)工具来指定线长为 0.283。最后的结果如图 4-46 所示。

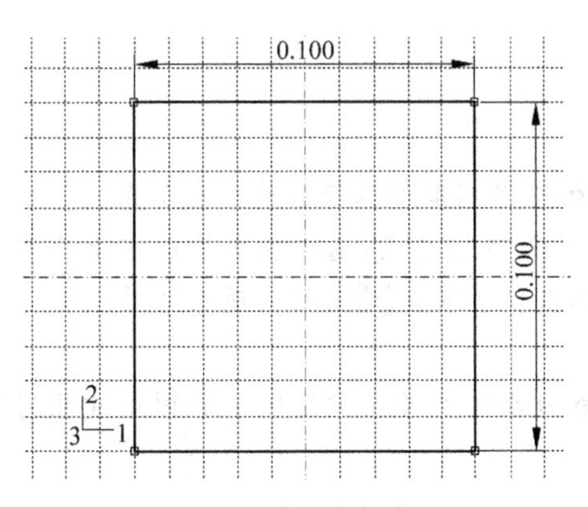

图 4-45 橡胶块轮廓图

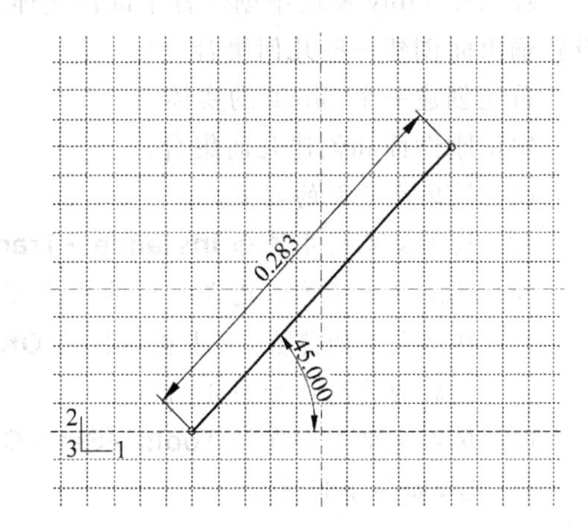

图 4-46 刚性平面的轮廓图

(6) 在提示区里单击 **Done** 按钮，退出轮廓图，返回部件模块。

(7) 接下来，创建一个刚体参考点。从主菜单栏，选择 **Tools→Reference Point**，输入参考点的坐标(-0.03,0.03,0.0)。

2. 定义材料和截面特性

本例中的变形块由橡胶制成，需要用超弹性(hyperelastic)材料模型模拟。这里使用的超弹性材料参数取自典型的合成橡胶数据。关于超弹性材料的更多讨论请见第10章“材料”。

本例中的橡胶用一阶多项式应变势能函数模拟；相应参数为 $C_{10}=3.2\times10^6$ Pa 和 $C_{01}=0.8\times10^6$ Pa。橡胶的密度为 1500kg/m³。

定义实体橡胶材料：

(1) 进入 Property 模块，创建一个名为 Rubber 的材料。

(2) 在 **Edit Material**(编辑材料)对话框中，选择 **General→Density**，设置材料的密度为 1500。

(3) 选择 **Mechanical→Elasticity→Hyperelastic**。指定 **Input source**(输入来源)为 **Coefficients**(系数)，选择一阶的 **Polynomial**(多项式)作为应变势能。

(4) 输入 C_{10} 的值 3.2E6 和 C_{01} 的值 0.8E6。保持 D1 为空(一个与初始泊松比 0.475 相关的默认值会被 ABAQUS/Explicit 自动指定，解释请参考 10.6 节“超弹性”)，单击 **OK**。

下面创建一个均匀的实体截面特性，设置块厚为 0.1m，材料指向 Rubber。

创建一个均匀实体截面：

(1) 从主菜单栏中选择 **Section→Create**。取名为 BlockSection，选择类型(Category)为实体(Solid)，种类(Type)为均匀(Homogeneous)。单击 **Continue**。

(2) 在 **Edit Section**(编辑截面)对话框中，接受 **Rubber** 为材料，设置 **Plane stress/strain thickness**(平面应力/应变厚度)为 0.1。

(3) 在工具栏下面的 **Part** 列表中选择 **Block**，将 **BlockSection** 赋予 **Block**。

3. 创建装配件定义分析步

在 Assembly 模块中创建各个部件实体。这里还将为了以后施加载荷与边界条件以及设置输出而创建一些几何集合。

首先创建一个 Block 的实体。

定位刚性面和创建几何集合：

(1) 创建刚性面的实体。

(2) 从主菜单栏中选择 **Instance→Translate**，准备将其移到橡胶块的左上角。

(3) 选择平板实体。选择平板的中点作为移动矢量的起点，选择橡胶块的左上角作为移动矢量的终点，单击提示区的 **OK**，再单击自动调整工具来观察结果。

最后的装配件如图 4-47 所示。

(4) 从主菜单栏中选择 **Tools→Set→Create** 为刚体参考点和橡胶块的面创建几何集合，如图 4-47 所示。

创建如下三个几何集合：

- RigidRef：平板的刚性参考点。

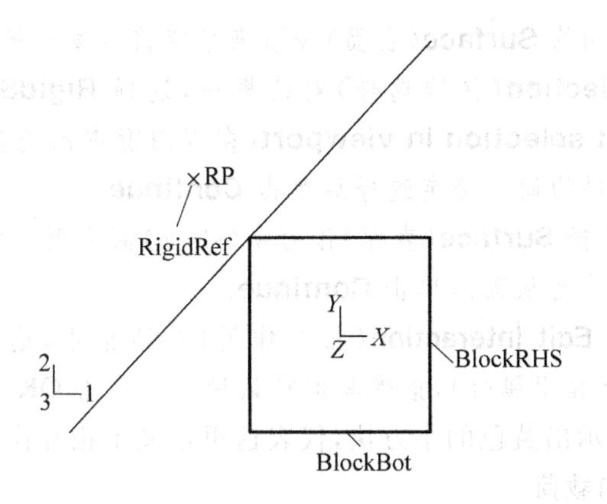

图 4-47 部件的装配图和集合

- BlockBot：橡胶块底边。
- BlockRHS：橡胶块右边。

接下来进入 Step 模块，创建一个显式动态分析步，取名 Load，描述为 Compress rubber block。本例分析的目标是使橡胶块的压缩过程足够慢，使动态影响并不占优。这种情况下，0.1s 的分析步长已经足够保证分析是在一种接近于静态的方式下进行。这样，输入分析步的时间为 0.1。接受其他的默认设置。

这里不需要对默认的场变量和历史变量输出进行修改。

4. 定义接触相互作用

在这个例子中，必须在橡胶块与平板之间定义接触相互作用。关于接触的详细讨论请见第 12 章。

进入 **Interaction**（相互作用）模块，从主菜单栏中选择 **Tools→Surface→Create** 定义接触面。定义橡胶块的左边界和上边界为 BlockSurf（用[Shift]+单击来同时选择多条边）。选择代表平板的边创建表面 RigidSuf，在提示区中，选择指向平板朝向橡胶块一侧表面的箭头颜色。

定义接触属性：

(1) 从主菜单栏中选择 **Interaction→Property→Create**。
(2) 在 **Create Interaction Property**（创建相互作用属性）对话框中，取名为 NoFric，选择 **Contact**（接触）为相互作用类型，单击 **Continue**。
(3) 无摩擦接触是 ABAQUS 中的默认接触属性。接受 **Edit Contact Property**（编辑接触属性）对话框中的默认设置，单击 **OK**。

最后，用默认的有限滑动（finite-sliding）公式和上面创建的相互作用属性定义橡胶块与刚性平板间的接触相互作用。

定义接触相互作用：

(1) 从主菜单栏中选择 **Interaction→Create**。
(2) 在弹出的 **Create Interaction**（创建相互作用）对话框中，取名为 Rigid-Block。选择在 **Initial**（初始）步中定义，选择相互作用类型为 **Surface-to-Surface contact (Explicit)**（显式面对面接触）。单击 **Continue**。

(3) 单击提示区右侧的 **Surface**(表面)按钮来指定将会发生接触的面。

(4) 在 **Region Selection**(区域选择)对话框中,选择 **RigidSurf** 作为主(master)面。选中 **Highlight selection in viewport**(在视图窗中高亮显示)选项以核查是否已选择了自己想要的面。确定选择后单击 **Continue**。

(5) 在提示区里,选择 **Surface**(表面)作为从(slave)面类型。在区域选择对话框中,选择 **BlockSurf** 作为从面。单击 **Continue**。

(6) 在弹出的编辑 **Edit Interaction**(相互作用)对话框中,选择 **NoFric** 为 **Interaction Property**(相互作用属性),接受其他默认设置。单击 **OK** 关闭对话框。

在主面和从面上显示出黄色的小方块,代表这里定义了相互作用。

5. 施加边界条件和载荷

进入 Load 模块定义分析中的边界条件。如图 4-48 所示,橡胶块的底边和右边都定义了对称的边界条件,而平板则受到了一个垂直于其平面的位移载荷。由于这最后一个载荷并不与整体坐标系的坐标轴平行,还需要定义一个含有与这个平面平行的坐标轴的局部坐标系。

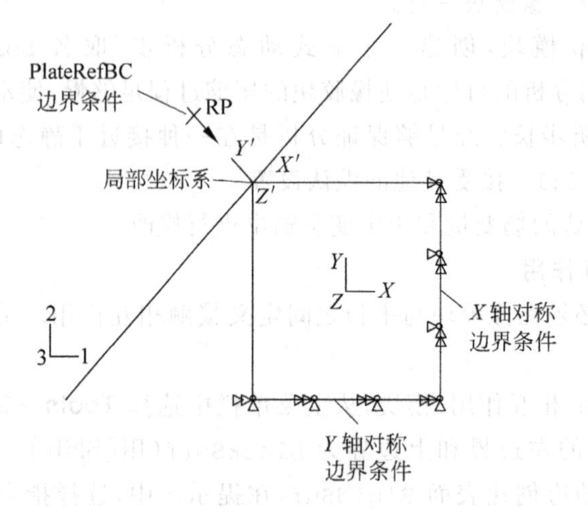

图 4-48　用于定义局部方向的数据坐标系和边界条件

施加对称边界条件:

(1) 选择 **BC→Create**,在 **Load** 分析步中定义一个 **Symmetry/Antisymmetry/Encastre**(对称/反对称/全约束)型的力学边界条件,取名为 Y-Symmetry,单击 **Continue**。

如果未弹出 **Region Selection**(区域选择)对话框,单击提示区的 **Sets** 按钮。

(2) 在区域选择对话框中,选择集合 **BlockBot**。橡胶块的底边以高亮显示。单击 **Continue**。

(3) 在 **Edit Boundary Condition**(编辑边界条件)对话框中,选择 **YSYMM(U2=UR1=UR3=0)**。单击 **OK**。

类似地,在集合 **BlockRHS** 上创建一个名为 **X-Symmetry** 的边界条件。选择 **XSYMM(U1=UR2=UR3=0)**。

现在橡胶块的底边和右边都已被约束了。

接下来要定义一个局部坐标系,它的 X' 方向沿着平板的方向(即与整体 1 轴成

40°)，它的 Y' 方向与平板垂直并指离橡胶块。

定义局部直角坐标系：

(1) 从主菜单栏中选择 **Tools→Datum**。

(2) 在 **Create Datum**(创建数据对象)对话框中，选择 **CSYS**(坐标系)作为数据对象类型，选择 **2 lines**(两线法)作为创建方式。单击 **OK**。

(3) 在 **Create Datum CSYS**(创建数据坐标系)对话框中，选择 **Rectangular**(直角坐标系)作为 **Coordinate System Type**(坐标系类型)，单击 **Continue**。选择平板的边作为 X 轴，选择橡胶块的上边界作为 X-Y 面内的直线。局部坐标系如图 4-48 所示。

为了用刚体参考点上给定的最终位移逐渐压缩橡胶，需要定义一个载荷振幅(amplitude)曲线。从主菜单栏中选择 **Tools→Amplitude→Create**；定义一个 **Smooth Step Amplitude**(光滑分析步)类型的振幅曲线，取名为 `Crush`。设置其在分析步开始时(0.0s)的值为 0，分析步结束时(0.1s)的值为 1。

这种振幅曲线在起始点和结束点的第一、二阶导数都为零。因此，当用它来定义载荷时，将得到一个光滑的过渡。这个载荷曲线经常用于与准静态(quasi-static)相关分析中。关于它的进一步讨论见 13.2.1 节“光滑幅值曲线”。

最后，将这个边界条件施加到刚体参考点上。

在局部坐标系上施加边界条件：

(1) 选择 **BC→Create**，在 **Load** 分析步定义一个 **Displacement/Rotation**(位移/旋转)类型的力学边界条件，取名为 `PlateRefBC`。

(2) 在 **Region Selection**(区域选择)对话框中，选择集合 **RigidRef**。平板的参考点以高亮显示。

(3) 在 **Edit Boundary Condition**(编辑边界条件)对话框中，单击 **Edit** 来指定边界条件将要使用的坐标系。选择我们刚刚创建的局部坐标系；它的 1 方向沿着平板的方向，2 方向与平板垂直并指离橡胶块。

(4) 在编辑边界条件对话框中，指定 **Amplitude**(幅值曲线)为 `Crush`。固定自由度 **U1** 和 **UR3**，指定 **U2** 的值为 `-0.017`。单击 **OK**。

现在平板的参考点已被施加了一个沿局部 2 方向的位移载荷。一旦平面被剖分后，所有与参考点有关的量(位移、速度、反作用力等)都将在这个基本坐标系下定义。

6. 创建网格和定义作业

进入 Mesh 模块，用 0.01 的整体单元尺寸在橡胶块上“撒种子”，用 1.0 的单元尺寸在刚性平板上撒种子。从主菜单栏中选择 **Mesh→Element Type**。如果需要，单击提示区的 **Select in Viewport**(从视图窗中选择)按钮，以便从视图窗中直接选择部件。在弹出的 **Element Type**(单元类型)对话框中，为橡胶块选择 **CPE4R** 单元——显式单元库、平面应变单元族、几何阶次为线性；为刚性平板选择 **R2D2** 单元——显式单元库、离散刚体单元族、几何阶次为线性。

剖分橡胶块和平板。模型网格如图 4-49 所示。

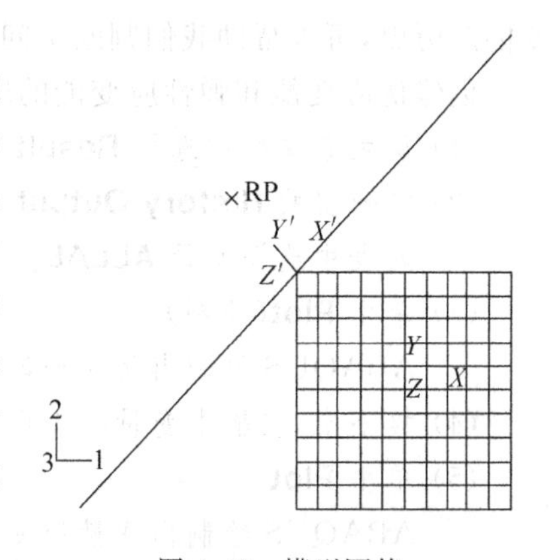

图 4-49 模型网格

进入 **Job**(作业)模块,创建一个名为 RubberBlock 的作业,描述为 Hourglassing in a rubber block(10×10 regular mesh)。

将模型保存到模型数据库中,提交作业进行分析,监控求解过程。修正探测到的建模中的错误,调查产生任何警告信息的原因。

4.5.2　后处理

当作业运行完成后,进入 Visualization(可视化)模块。打开作业生成的输出数据库(RubberBlock.odb)。

1. 绘制变形图

默认情况下,ABAQUS绘制出未变形形状的快图。为了检查变形形状,绘制如图 4-50 所示的变形图。

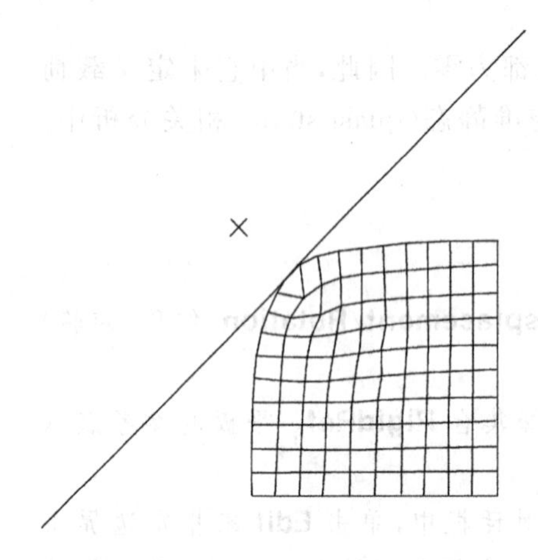

图 4-50　网格 1 最终的变形形状

仔细观察变形,将会发现很多网格呈交错的不规则四边形,表明沙漏现象在网格中已发生扩展。这种现象在角部受冲压的区域表现得最为明显。在本例中,沙漏现象非常剧烈,使得我们能够很容易地通过观察变形网格来看到。一般来说,如果从变形网格中看不出沙漏效应的话,就认为它造成的影响不大。一个更为量化的途径是研究伪应变能(artificial strain energy),它是控制沙漏变形所耗散的主要能量。如果伪应变能过高,说明过多的应变能可能被用来控制沙漏变形了。

2. 研究伪应变能

判断过高伪应变能的来源,最有效的途径是比较伪应变能和其他内部能量的值。在本例中,材料是弹性的,因此在此情况下与弹性应变能比较是适合的。

在 ABAQUS/Explicit 中,变量 ALLAE 是伪应变能的能量耗散总和,ALLSE 是弹性或可恢复应变能。ALLAE 包括粘性和弹性两项;然而,由于粘性项通常占主要地位,因此大部分转化为伪应变能的能量是不可恢复的。通过在可视化模块中观察伪应变能和弹性应变能的历史,可以帮助我们判断本问题中的伪应变能是否过大。

创建伪应变能和弹性应变能的历史曲线:

(1) 从主菜单栏中选择 **Result→History Output**。

(2) 在弹出的 **History Output**(历史数据)对话框中,从 **Output Variables**(输出变量)列表中选择变量 **ALLAE**。

(3) 单击 **Plot**(绘制)。

ABAQUS 绘制出伪应变能的历史,如图 4-51 所示。

(4) 接下来,在输出变量列表中选择 **ALLSE**。

(5) 单击 **Plot**。

ABAQUS 绘制出弹性应变能的历史,如图 4-52 所示。

(6) 单击 **Dismiss**,关闭历史变量输出对话框。

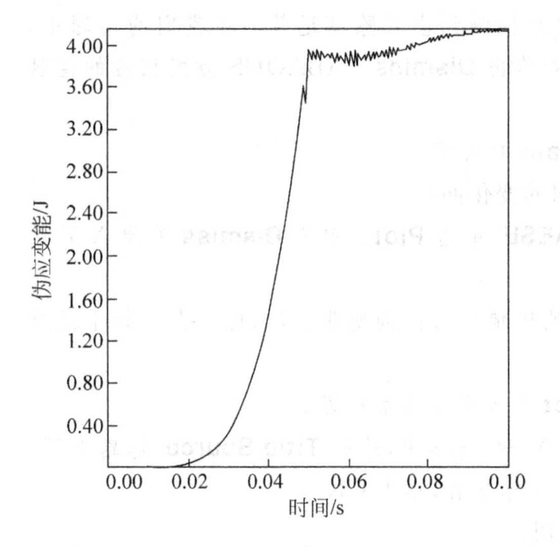

图 4-51 网格 1 的伪应变能(ALLAE)历史曲线

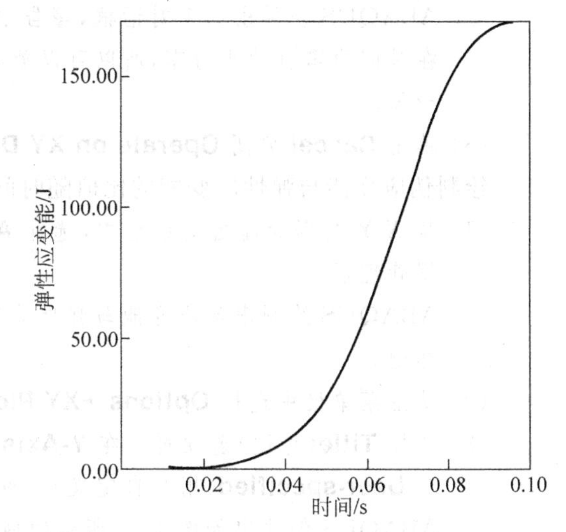

图 4-52 网格 1 的弹性应变能(ALLSE)历史曲线

ABAQUS 允许用户通过对原有的 *X-Y* 数据进行处理生成新的 *X-Y* 数据对象。我们将利用这个功能创建伪应变能与弹性应变能的比值随时间变化的曲线。

为伪应变能和弹性应变能创建数据对象：

(1) 从主菜单栏中选择 **Tools→XY Data→Manager**，在弹出的 **XY Data Manager**(*X-Y* 数据管理器)中单击 **Create** 按钮。

(2) 在弹出的 **Create XY Data**(创建 *X-Y* 数据)对话框中，选择 **ODB History Output**(ODB 历史数据输出)，单击 **Continue**，弹出 **History Output**(历史数据)对话框。

(3) 从输出变量列表中，选择 **ALLAE**，然后单击 **Save As**(另存为)，弹出 **Save XY Data As**(保存 *X-Y* 数据)对话框。

(4) 将这个 *X-Y* 数据取名为 ALLAE，单击 **OK**。

(5) 类似地，保存包含弹性能(**ALLSE**)的数据到名为 ALLSE 的数据对象。

(6) 单击 **Dismiss** 关闭对话框。

处理 *X-Y* 数据对象：

(1) 在 **XY Data Manager**(*X-Y* 数据管理器)中，单击 **Create**。

(2) 在弹出的 **Create XY Data** 对话框中，选择 **Operate on XY Data**(处理已有 *X-Y* 数据)，弹出 **Operate on XY Data** 对话框。

(3) 从 **XY Data**(*X-Y* 数据)列表中，选择 **ALLAE**，单击 **Add to Expression**(加入表达式)，“**ALLAE**”出现在对话框上部的文本域中。

(4) 从 **Operators**(操作)域中，选择除法符号(/)，一个“/”出现在文本域中“ALLAE”的后面。

(5) 从 *X-Y* 数据域中，再选择 **ALLSE**，并单击 **Add to Expression**，“ALLSE”被加到文本域的最后。

(6) 单击 **Save As**，弹出保存 *X-Y* 数据对话框。

(7) 起名为 AESE，单击 **OK**。

ABAQUS 会弹出一个对话框，警告用户探测到出现除零运算。在我们的问题中，在时间为零时动能为零，所以可以放心单击 **Dismiss**。ABAQUS 会把相应的值赋予零。

(8) 单击 **Cancel** 关闭 **Operate on XY Data** 对话框。

绘制伪应变能与弹性应变能的比值随时间的变化曲线：

(1) 从 *X-Y* 数据管理器对话框中，选择 **AESE**，单击 **Plot**。单击 **Dismiss** 关闭 *X-Y* 数据管理器。

ABAQUS 绘制出伪应变能与弹性能的比值随时间的变化曲线，但是在纵轴上没有标题。

(2) 从主菜单栏中选择 **Options→XY Plot** 来为纵轴添加标题。

(3) 选择 **Title**（标题）选项页。在 **Y-Axis**（*Y* 轴）选项中，选择 **Title Source**（标题来源）为 **User-specified**（用户自定义）。设置标题后，单击 OK。

ABAQUS 创建出如图 4-53 所示的视图。

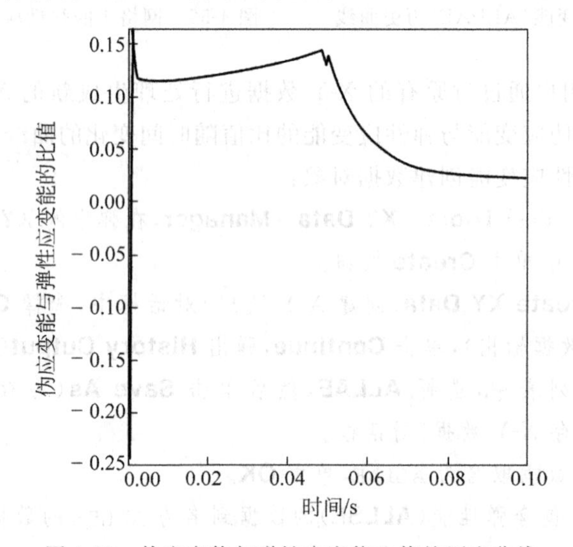

图 4-53　伪应变能与弹性应变能比值的历史曲线

这幅图表明，在分析的早期，伪应变能与弹性应变能的比值就达到了 15.7% 的最大值。可以忽略 0.00s 附加的瞬时值，因为这些值是一个微量被另一个微量所除的结果。在达到峰值后，随着弹性应变能的持续增长，耗散的伪应变能很小，说明沙漏现象没有恶化。在分析的结尾，该比值下降到约为 2%。由该图可确认在模拟过程的大部分时间内，伪应变能与实际应变能的能量耗散比率超过了 10%，而一般的规律希望控制这个比率低于 5%。针对 10% 的比率，我们有必要考虑可能引起伪能量过高的原因以及如何通过降低这个比率来改善结果。

3. 理解网格沙漏如此严重的原因

思考在沙漏最严重的时刻模型的变形形状，以判断问题的成因。

确定沙漏最严重的时刻：

(1) 从主菜单栏中选择 **Tools→Query**。

(2) 在 **Query**（查询）对话框中，选择 **Probe Values**（探测），单击 **OK**。弹出 **Probe**

Values(探测)对话框。

(3) 在曲线上移动光标。

鼠标移动的同时,ABAQUS 在探测对话框中的 **Probe Values**(探测值)域中实时显示出当前点的 X-Y 坐标。伪应变能与弹性应变能比值的峰值发生在大约 0.05s 时。

(4) 单击 **Cancel** 关闭探测对话框。

绘制 0.05s 时的变形图,以进一步调查沙漏的成因。

绘制接近沙漏最严重时刻的模型变形图:

(1) 从主菜单栏中选择 **Result→Step/Frame**。弹出 **Step/Frame**(分析步/帧)对话框。

(2) 在 **Frame**(帧)域中,选择分析步时间接近 0.05s 的增量步(increment)。关于增量步的概念将在第 8 章"非线性"中详细讨论。

(3) 单击 **OK**。

(4) 绘制所选增量步的模型变形图。

(5) 显示节点符号。从主菜单栏中选择 **Options→Deformed Shape**。在弹出的 **Deformed Shape Plot Options**(变形图选项)对话框中,选择 **Labels**(标识)页,选中 **Show Node Symbols**(显示节点符号)。

(6) 放大网格的左上角。从工具栏中单击 🔍 工具,拖动鼠标产生一个包含左上角网格的矩形。

ABAQUS/CAE 显示出放大的选择区域,如图 4-54 所示。

(7) 单击鼠标中键退出放大模式。

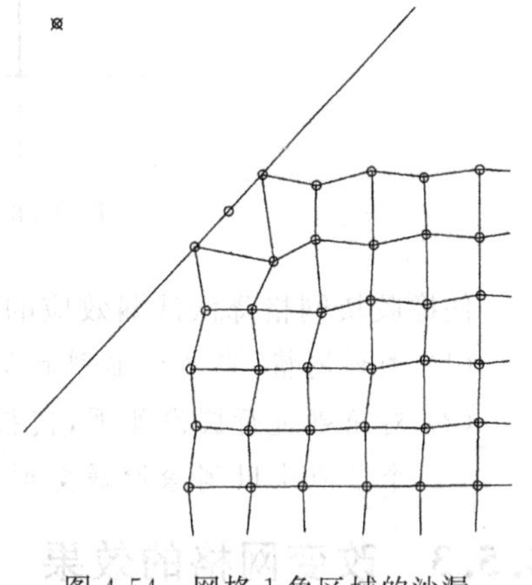

图 4-54 网格 1 角区域的沙漏

变形网格显示了典型的沙漏图形,邻近的单元为交错的不规则四边形。可以观察到以下几点:第一,开始只有一个节点与刚体接触的那个角部单元变形过度。第二,沙漏图形在靠近角部的单元表现得最为严重。第三,具有自由边界的单元相对于内部单元的沙漏效应更加严重。由于这些观察仅仅是基于变形形状,因而多少有点片面。

由此看来,沙漏现象产生于角部单元,此处单点接触的作用类似于施加了一个沿对角线的集中力。沙漏现象易于沿着块体未受约束的边界以及对角线扩展。随着分析过程的进行,自由边界逐渐被与刚体的接触所约束,沙漏效应的严重程度有所减轻。表 4-5 列出了引起沙漏现象的三个常见原因以及补救的办法。

表 4-5 过度沙漏现象的常见原因及补救办法

原　　因	补 救 措 施
单个节点上作用集中力	将力分布到多个节点或应用分布载荷
单个节点上作用边界条件	将边界约束分布到多个节点
单个节点上作用接触	将接触约束分布到多个节点

总体说来，作用在单独节点上的载荷、边界条件或者接触约束易于产生沙漏现象，如图 4-55 所示。另一方面，将载荷或约束分布在两个或更多节点上则大大减轻了沙漏问题，如图 4-56 所示。

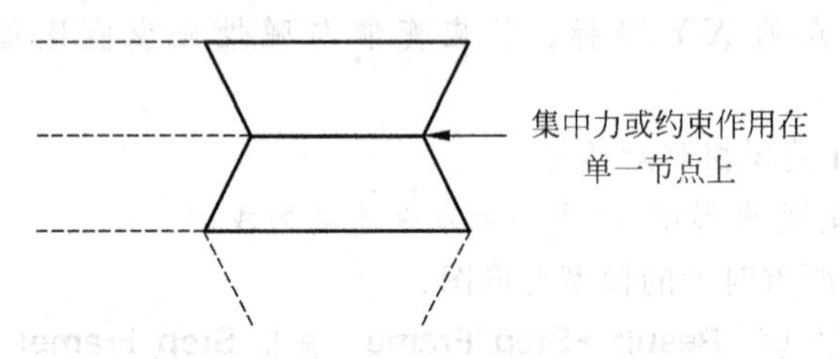

图 4-55 集中的力或约束促发沙漏变形

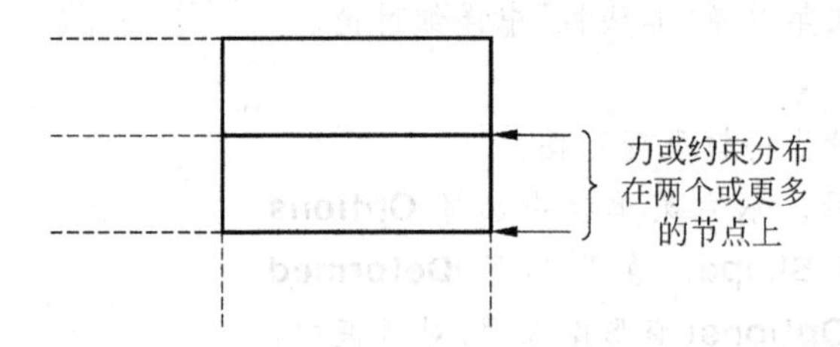

图 4-56 分布的力或约束改善变形图形

使橡胶块网格降低沙漏效应的途径有两种：

(1) 细划网格，当网格细划时总能降低沙漏现象。

(2) 对角部进行圆滑处理，使接触不会在某一单独节点处发生。将接触约束分散在多个节点上以消除沙漏变形形状的起因。

4.5.3 改变网格的效果

为了说明细划网格以及将接触约束分散在多个节点的效果，我们建立了另外三个网格，如图 4-57 所示。网格 2 和 4 统一做了最简单的圆角：在接触的角点处用一个三角形单元取代了方形单元。使用这些网格，接触就不会发生在一个单独的角节点上。如图 4-58 所示，初始接触点为两个节点，因而减小了沙漏效应。这样改变网格，显然在模型的角点处去掉了一些物质；然而，如果应用细划的网格，它对模型的变化影响就会小一些。

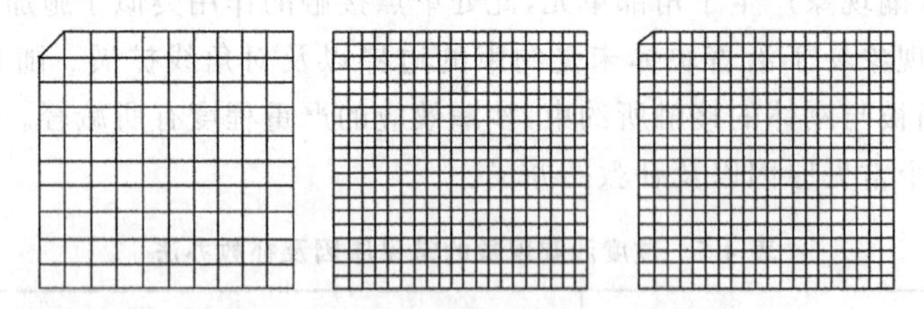

图 4-57 改进的网格

应用前面同样的方法并利用这些新网格，通过网格的变形图形和能量的 X-Y 曲线，来研究结果的质量。图 4-59 显示了原来的网格和三种新网格的弹性应变能历史。由于橡胶

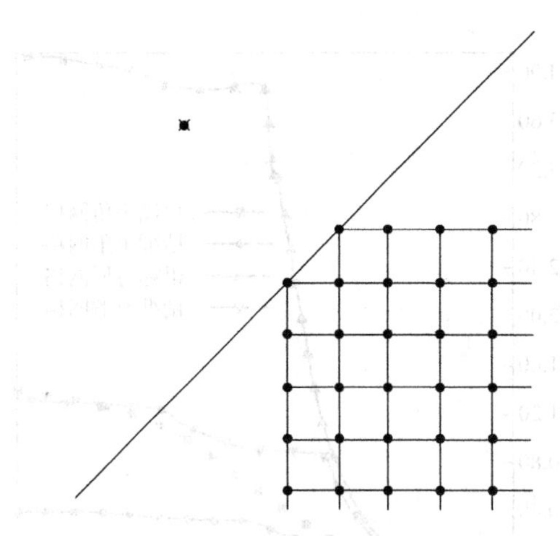

图 4-58 刚体与精细平角网格(网格 4)之间的初始接触

块被持续压缩,因而应变能也应随之单调递增。如图所示,平角模型中的最大应变能比起尖角模型要低一些,因为平角模型在角部的物质少了一些,从而受压的物质减少,储存的应变能也相应减小。随着网格的细划,平角网格和方形网格的结果差异有所缩小。

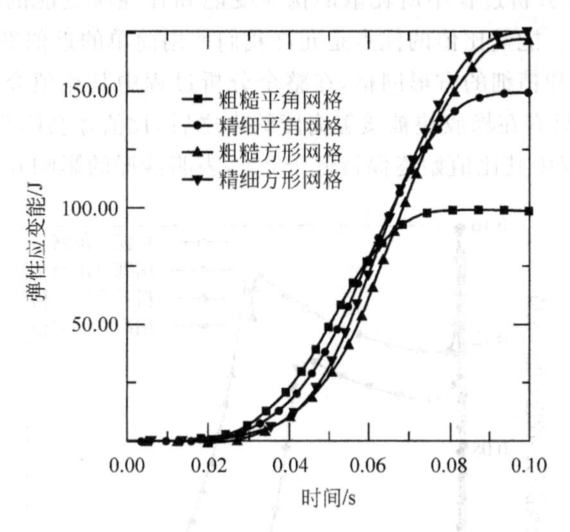

图 4-59 四种网格的弹性应变能历史

图 4-60 给出了四种网格的伪应变能历史,其趋势十分明显。网格 1(粗糙方形网格)的伪应变能远远高出其他几种;网格 3(精细方形网格)次之,尽管它的水平远低于粗糙网格。对于它们的每一种情况,伪应变能都在初始阶段迅速增长,直到达到一个稳定的平台值,此后则几乎保持为常数。当只有一个节点单独接触时,伪应变能迅速增加;当达到两点接触之后,伪应变能的最大值几乎没有增加。由这一观察结果导致的结论是:两点或多点接触发生得越快,沙漏将减弱得越快。平角网格在开始时就有两个接触节点;因此,伪应变能并不显示初始的平台值。粗糙平角网格(网格 2)的伪应变能甚至比精细方角网格更低,说明把接触作用力分布到两个节点上比细划网格更能减小沙漏效应。精细平角网格保持非常低的伪应变能,它比最初网格的优越性在于兼有细划和分布接触约束。

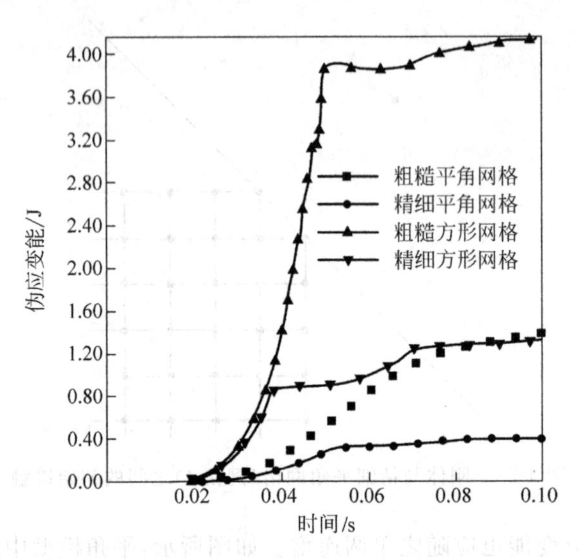

图 4-60　四种网格的伪应变能历史

图 4-61 显示了在分析过程中所耗散的伪应变能和弹性应变能的比值的变化。其趋势与伪应变能曲线类似。能量比值的优点是允许我们使用简单的近似准则来判断沙漏是否会成为问题。对于粗糙和精细的方形网格，在整个分析过程中其比值介于 10%和 15%之间，超过了 5%的准则。只有在橡胶块被接触高度约束之后，比值才会降到 5%以下。对于平角网格，在整个分析过程中其比值始终保持低于 2%，表明沙漏的影响并不重要。

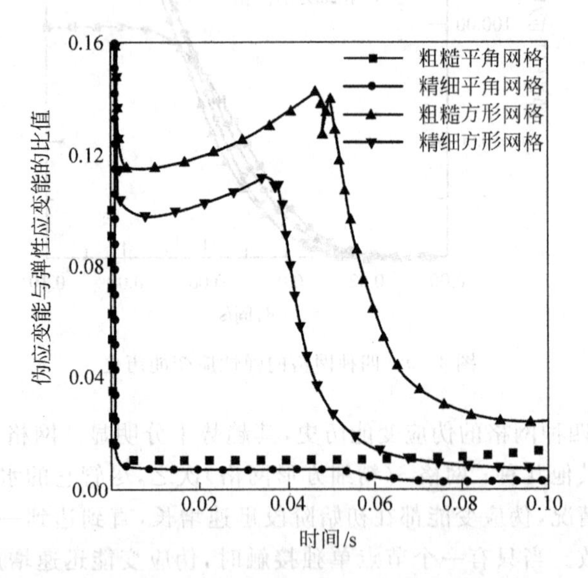

图 4-61　四种网格的伪应变能与弹性应变能比值的变化历史

在本例中，通过平展橡胶块的角域，我们展示了分散尖角处接触力最基本的方法。虽然这种方法已经显示出了修正过度沙漏的明显效果，但是一个更为一般的方法是用光滑的圆倒角来圆滑角域，而不是用一个三角形单元来替换角部单元。图 4-62 显示了粗糙圆倒角网格和精细圆倒角网格。尽管它们的行为比起相应的平角网格更复杂一些，但这些网格能够通过同样的方法减轻沙漏问题。只要在角部多于一个节点发生接触,沙漏问题就会减轻。由于圆角网格能更好地表示物理问题,因而在实际工程模拟中的应用更为广泛。

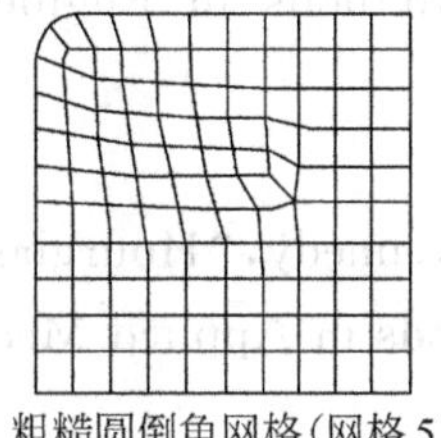
粗糙圆倒角网格(网格5)

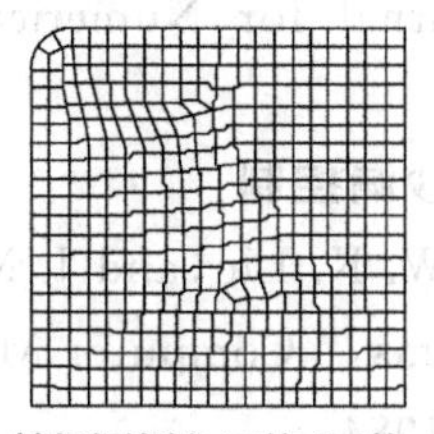
精细圆倒角网格(网格6)

图 4-62 两种圆倒角网络的对比

4.6 相关的ABAQUS例题

如果有兴趣进一步学习如何在ABAQUS中应用实体单元,可验算下述问题:

- 《ABAQUS基准手册》(*ABAQUS Benchmarks Manual*)第2.1.2节"Geometrically nonlinear analysis of a cantilever beam(悬臂梁的几何非线性分析)"。
- 《ABAQUS基准手册》第2.2.4节"Spherical cavity in an infinite medium(无限体中的球形孔洞)"。
- 《ABAQUS基准手册》第2.3.5节"Performance of continuum and shell elements for linear analysis of bending problems(实体与壳单元对弯曲问题进行线性分析的性能)"。

4.7 建议阅读的文献

关于有限元方法和有限元分析应用的文献浩如烟海。在本书余下的大部分章节中都提供了一些建议阅读的书和文章,以便读者可以按照自己的兴趣更深入地研究这些专题。而大多数读者对研究前沿的参考文献不一定感兴趣,这些文献为感兴趣的读者提供了详细的理论内容。

1. 有限元方法的通用文献

- NAFEMS Ltd.,*A Finite Element Primer*, 1986.
- Becker,E. B.,G. F. Carey,J. T. Oden,*Finite Elements: An Introduction*,Prentice-Hall,1981.
- Carey,G. F.,and J. T. Oden,*Finite Elements: A Second Course*,Prentice-Hall,1983.
- Cook,R. D.,D. S. Malkus,and M. E. Plesha,*Concepts and Applications of Finite Element Analysis*,John Wiley & Sons,1989.
- Hughes,T. J. R., *The Finite Element Method*,Prentice-Hall,Inc.,1987.
- Zienkiewicz,O. C.,and R. L. Taylor,*The Finite Element Method*,*Volumes Ⅰ,Ⅱ and Ⅲ*, Butterworth-Heinemann,2000.

2. 线性实体单元的行为

- Prathap, G., "The Poor Bending Response of the Four-Node Plane Stress Quadrilaterals," International Journal for Numerical Methods in Engineering, vol. 21, 825-835, 1985.

3. 在实体单元中的沙漏控制

- Belytschko, T., W. K. Liu, and J. M. Kennedy, "Hourglass Control in Linear and Nonlinear Problems," Computer Methods in Applied Mechanics and Engineering, vol. 43, 251-276, 1984.
- Flanagan, D. P., and T. Belytschko, "A Uniform Strain Hexahedron and Quadrilateral with Hourglass Control," International Journal for Numerical Methods in Engineering, vol. 17, 679-706, 1981.
- Puso, M. A., "A Highly Efficient Enhanced Assumed Strain Physically Stabilized Hexahedral Element," International Journal for Numerical Methods in Engineering, vol. 49, 1029-1064, 2000.

4. 非协调模式单元

- Simo, J. C. and M. S. Rifai, "A Class of Assumed Strain Methods and the Method of Incompatible Modes," International Journal for Numerical Methods in Engineering, vol. 29, 1595-1638, 1990.

4.8 小结

- 对于分析的精度和成本，在实体单元中采用的数学公式和积分阶数可以对其有显著的影响。
- 采用完全积分的一阶(线性)单元容易发生剪切自锁，在一般情况下不要使用。
- 一阶减缩积分单元容易出现沙漏，足够细划的网格可最大程度地减少这种问题。
- 当采用一阶减缩积分单元模拟发生弯曲变形的问题时，沿厚度方向应至少使用四个单元。
- 在ABAQUS/Standard中的二阶减缩积分单元中沙漏现象较为少见。对于大多数的一般问题，只要不是接触问题，应尽量考虑使用这类单元。
- 在ABAQUS/Standard中的非协调模式单元，其精度强烈地依赖于单元扭曲的程度。
- 计算结果的数值精度依赖于所用的网格。理想的情况下应该进行网格的细划研究，以确保该网格对问题能够提供唯一的解答。但是应记住，使用收敛的网格也并不能保证有限元模拟的结果与物理问题的实际行为相一致，它还依赖于在模型中的其他近似和理想化处理。
- 通常，只需在想要得到精确结果的区域细划网格，预测准确的应力比计算准确的位移需要更加细化的网格。
- 在ABAQUS中提供了高级功能，如子模型，以帮助用户从复杂模拟中得到有用的结果。
- 沙漏可能由于集中力、边界条件或接触作用在单个节点上所触发。细划网络以及将力或约束分布到多个节点上常常能够防止沙漏问题的发生。

5 应用壳单元

当结构一个方向的尺度(厚度)远小于其他方向的尺度,并忽略沿厚度方向的应力时,可以用壳单元模拟。例如,压力容器结构的壁厚小于典型整体结构尺寸的1/10,一般就可以用壳单元进行模拟。以下尺寸可以作为典型整体结构的尺寸:

- 支撑点之间的距离;
- 加强件之间的距离或截面厚度有很大变化部分之间的距离;
- 曲率半径;
- 所关注的最高阶振动模态的波长。

ABAQUS壳单元假设垂直于壳面的横截面保持为平面。不要误解为在壳单元中也要求厚度必须小于单元尺寸的1/10,高度精细的网格可能包含厚度尺寸大于平面内尺寸的壳单元(尽管一般不推荐这样做),实体单元可能更适合这种情况。

5.1 单元的几何尺寸

在ABAQUS中具有两种壳单元:常规的壳单元和基于连续体的壳单元。通过定义单元的平面尺寸、表面法向和初始曲率,常规的壳单元对参考面进行离散。但是,常规壳单元的节点不能定义壳的厚度,而只能通过截面性质定义壳的厚度。另一方面,基于连续体的壳单元类似于三维实体单元,它们对整个三维物体进行离散和建立数学描述,其动力学和本构行为是类似于常规壳单元的。对于模拟接触问题,基于连续体的壳单元与常规的壳单元相比更加精确,因为它可以在双面接触中考虑厚度的变化。然而,对于薄壳问题,常规的壳单元提供更优良的性能。

本书仅讨论常规的壳单元,因此将其简称为"壳单元"。关于基于连续体的壳单元的更多信息,请参阅《ABAQUS分析用户手册》第15.6.1节"Shell elements: overview"。

5.1.1 壳体厚度和截面点

描述壳体的横截面必须要定义壳体的厚度。此外,还要选择是在分析过程中还是在分析开始时计算横截面的刚度。

如果选择在分析过程中计算刚度,ABAQUS采用数值积分法沿厚度方向的每一个截面点(section points)(积分点)独立地计算应力和应变值,这样就允许了非线性的材料行为。例如,弹塑性材料的壳在内部截面点还保持弹性时,其外部截面点可能已经达到了屈服。在S4R(4节点、减缩积分)单元中唯一的积分点的位置和沿壳厚度上截面点的分布如图5-1所示。

当在分析过程中积分单元特性时,可指定壳厚度方向的截面点数目为任意奇数。对性质均匀的壳单元,ABAQUS默认在厚度方向上取5个截面点,对于大多数非线性设计问题这是足够的。但是,对于一些复杂的模拟必须采用更多的截面点,尤其是当预测会出现反向

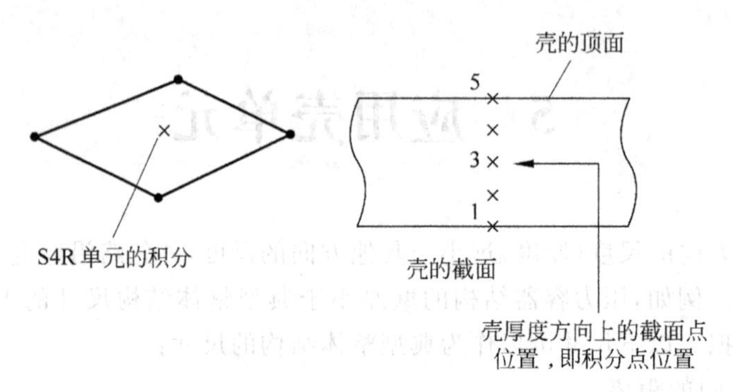

图5-1　在数值积分壳中截面点的分布

的塑性弯曲时(在这种情况下一般需要采用9个截面点)。对于线性问题，3个截面点已经提供了沿厚度方向的精确积分。当然，对于线弹性材料壳，选择在分析开始时计算材料刚度更为有效。

如果选择仅在模拟开始时计算横截面刚度，那么材料行为必须是线弹性的。在这种情况下，所有的计算都是以整个横截面上的合力和合力矩的形式进行。如果需要输出应力或应变，在壳底面、中面和顶面，ABAQUS提供了默认的输出值。

5.1.2　壳法线和壳面

壳单元的连接方式定义了它的正法线方向，如图5-2所示。

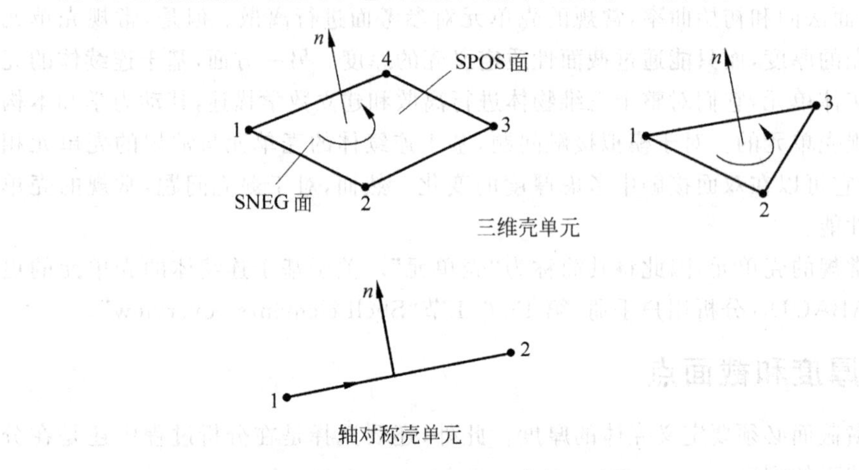

图5-2　壳的正法线

对于轴对称壳单元，从节点1前进到节点2的方向经逆时针旋转90°定义为其正法线方向。对于三维壳单元，根据出现在单元定义中的节点顺序，按右手法则围绕节点前进给出其正法线方向。

壳体的顶(上)表面是在正法线方向的表面，对于接触定义称其为SPOS面；而底(下)表面是在沿着法线负方向的表面，对于接触定义称其为SNEG面。在相邻壳单元中的法线必须是一致的。

正法线方向定义了基于单元的压力载荷(element-based pressure load)应用的约定和随

着壳厚度变化的量值的输出。施加于壳体单元上的正向压力载荷产生了作用在正法线方向的载荷。(基于单元的压力载荷的约定,壳单元与实体单元相反;基于表面的压力载荷(surface-based pressure load)的约定,壳单元与实体单元相同。有关基于单元的和基于表面的分布载荷之间的更多区别,请参阅《ABAQUS 分析用户手册》第 19.4.2 节"Concentrated and distributed loads"。)

5.1.3 壳的初始曲率

在 ABAQUS 中壳(除了单元类型 S3/S3R,S3RS,S4R,S4RS,S4RSW 和 STRI3 之外)的公式描述了真实的曲壳单元。真实的曲壳单元需要特别关注对初始壳面曲率的精确计算。在每一个壳单元的节点处,ABAQUS 自动地计算表面法线来估算壳的初始曲率,应用相当精确的算法确定每一节点处的表面法线。详细信息请参考《ABAQUS 分析用户手册》第 15.6.3 节"Defining the initial geometry of conventional shell elements"。

若采用图 5-3 所示的粗网格,在连接邻近单元的同一个节点上,ABAQUS 可能会得到多个独立的表面法线。在单一节点上有多个法线的物理意义是在享用共同节点的单元之间有一条折线,而用户可能打算模拟的却是一个拥有平滑曲面的壳体。ABAQUS 将尝试在这种节点处创建一个平均的法线,从而使壳面平滑。

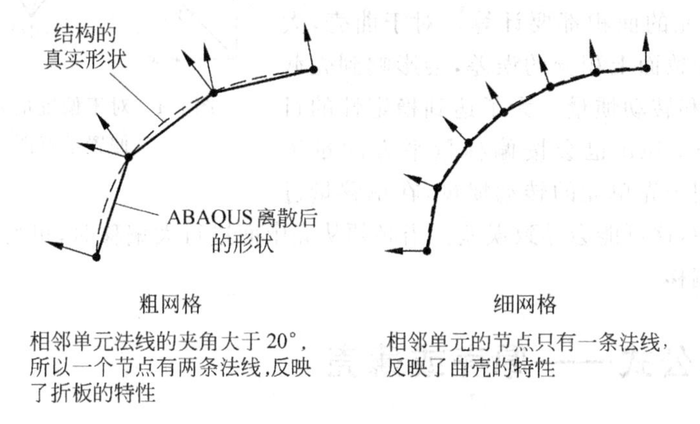

图 5-3 网格细划对节点处表面法线的影响

所采用的基本平滑算法如下:如果与同一节点连接的所有壳单元在该节点处的法线之间的夹角在 20°以内,则这些法线将被平均化。平均法线将作为所有与该节点相连的单元在该节点的法线。如果 ABAQUS 未能光滑壳面,在数据文件中(.dat)将发出一个警告信息。

有两种方法可以改变默认的算法。为了在曲壳中引入折线或者用粗网格模拟曲壳,可以在节点坐标后面给出 n_2 的分量,作为第 4、第 5 和第 6 个数据值(这种方法需要在文本编辑器中人工编辑由 ABAQUS/CAE 创建的输入文件);或者应用"*NORMAL"选项,直接规定法线方向(应用 ABAQUS/CAE 的 **Keywords Editor**(关键词编辑器)可以加入这个选项,见第 6.1.2 节"横截面方向")。如果同时应用两种方法,后者优先。有关更详细的信息,请查阅《ABAQUS 分析用户手册》第 15.6.3 节"Defining the initial geometry of conventional shell elements"。

5.1.4　参考面的偏移

壳单元的节点和法线定义了壳的参考面。当用壳单元建模时，典型的参考面重合于壳体的中面。然而在很多情况下，将参考面定义为中面的偏移更为方便。例如，由 CAD 软件包创建的面一般代表的或者是壳体的顶面，或者是底面。在这种情况下，定义参考面与由 CAD 创建的面一致更容易，而此时的参考面已偏移于壳体的中面。

对于接触问题，壳体的厚度是很重要的参数，壳体参考面的偏移也可以用于定义更精确的几何信息。另外一种情况是当模拟一个厚度连续变化的壳体时，中面的偏移可能也很重要，因为此时定义在壳体中面的节点是相当困难的。如果一个表面平滑而另一个表面粗糙，比如在某些飞行器结构中，应用壳体参考面偏移定义在平滑表面上的节点是最容易的。

可以通过指定一个偏移量引入偏移。偏移量定义为从壳的中面到壳的参考表面之间的壳体厚度与截面厚度的比值，如图 5-4 所示。

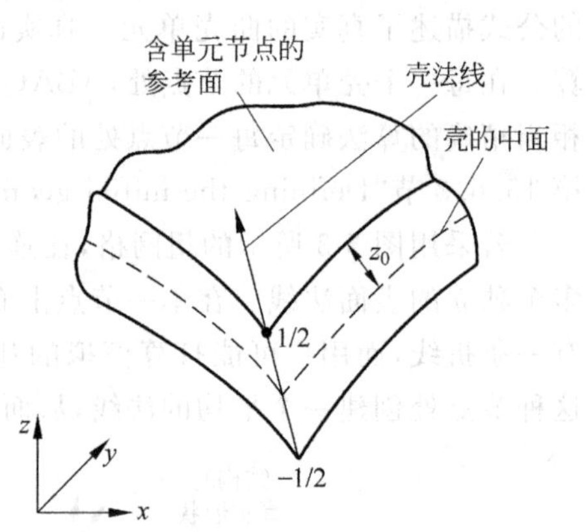

图 5-4　对于偏置量为 0.5 的壳体偏置示意图

壳的自由度与其参考表面相关。所有的动力学变量，包括单元的面积都要计算。对于曲壳，大的偏移量可能导致面上积分的误差，会影响到壳截面的刚度、质量和转动惯量。为了达到稳定性的目的，ABAQUS/Explicit 也会按偏移量平方的量级自动地增大应用于壳单元的转动惯量，在偏移量过大的动态分析中，这可能会导致误差。当必须从壳中面进行大偏移时，可使用多点约束或刚体约束来代替偏移。

5.2　壳体公式——厚壳或薄壳

壳体问题一般可以归结为以下两类：薄壳问题和厚壳问题。厚壳问题假设横向剪切变形对计算结果有重要的影响；而薄壳问题假设横向剪切变形非常小，可以忽略不计。图 5-5(a) 描述了薄壳的横向剪切行为：初始垂直于壳面的材料线在整个变形过程中保持直线和垂直，因此，假设横向剪切应变为零($\gamma=0$)。图 5-5(b) 描述了厚壳的横向剪切行为：初始垂直于壳面的材料线在整个变形过程中并不要求与壳面保持垂直，因此发生了横向剪切变形($\gamma\neq0$)。

按照将壳单元应用于薄壳和厚壳问题来划分，ABAQUS 提供了多种壳单元。通用目的(general-purpose)的壳单元应用于薄壳和厚壳问题均有效。在某些特殊用途的情况下，通过应用在 ABAQUS/Standard 中的特殊用途壳单元可以获得增强的性能。

特殊用途的壳单元可以归结为两类：薄壳单元和厚壳单元。所有特殊用途的壳单元均可以有任意大的转动，但是只限于小应变。薄壳单元施加了 Kirchhoff 约束，即垂直于壳体中面的平截面与壳中面保持垂直。ABAQUS 通过单元公式的解析解(STRI3 单元)或罚函数约束的数值解方法施加 Kirchhoff 约束。厚壳单元是二阶四边形单元，在小应变应用中，

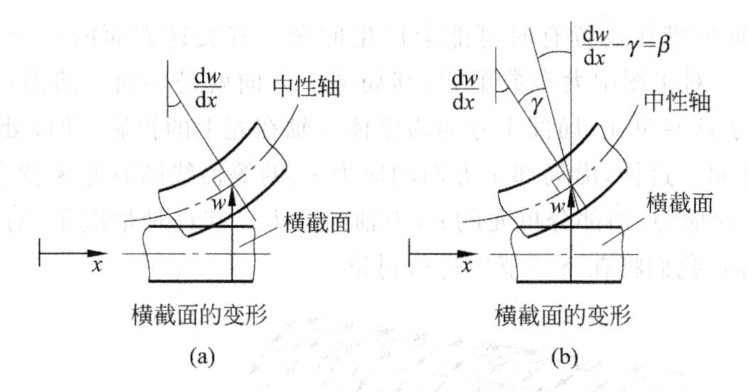

图 5-5 在(a)薄壳和(b)厚壳中的横截面行为

对于使解答沿壳的跨度方向上平滑变化的载荷,这种单元能产生比通用目的的壳单元更加精确的结果。

如何判断一个给定的问题属于薄壳还是厚壳问题,我们可以提供几点建议。对于厚壳,横向剪切变形是重要的;而对于薄壳则可以忽略不计。通过厚度与跨度的比值,可以估计在壳体中横向剪切的显著性。对于由单一各向同性材料组成的壳体,当比值大于 1/15 时可认为是厚壳;如果比值小于 1/15,则可认为是薄壳。这些估计是近似的;用户应当检验横向剪切在模型中的影响,以验证壳行为的假设。在复合材料层合壳结构中,由于横向剪切变形较为显著,所以如果应用薄壳理论,这个比值必须更小一些。采用高度柔软中间层的复合材料层合壳(即"三明治"复合)具有非常低的横向剪切刚度,所以它们几乎总要作为厚壳来模拟;而如果平截面保持平面的假设失效,则应采用实体单元。关于如何检验应用壳体理论的有效性的详细信息,请参阅《ABAQUS 分析用户手册》第 15.6.4 节"Shell section behavior"。

通用目的壳单元和厚壳单元考虑了横向剪力和剪切应变。对于三维单元,提供了对于横向剪切应力的评估。这些应力的计算忽略了在弯曲和扭转变形之间的耦合作用,并假设材料性质和弯矩的空间梯度很小。

5.3 壳的材料方向

与实体单元不同,每个壳体单元都使用局部材料方向。各向异性材料的数据(如纤维增强复合材料)和单元输出变量(如应力和应变)都是以局部材料方向的形式定义的。在大位移分析中,壳面上的局部材料坐标轴随着各积分点上材料的平均运动而转动。

5.3.1 默认的局部材料方向

局部材料的 1 和 2 方向位于壳面内,默认的局部 1 方向是整体坐标 1 轴在壳面上的投影。如果整体坐标 1 轴垂直于壳面,则局部 1 方向是整体坐标 3 轴在壳面上的投影。局部 2 方向垂直于位于壳面中的局部 1 方向,因此,局部 1 方向、2 方向和壳体表面的正法线构成右手坐标系,如图 5-6 所示。

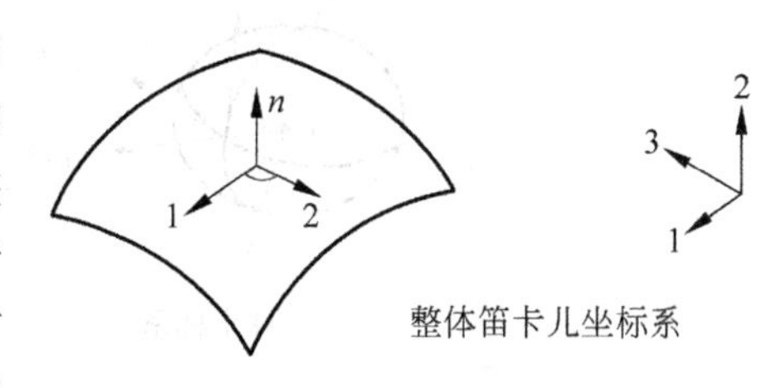

图 5-6 默认的壳体局部材料方向

局部材料方向的默认设置有时可能会产生问题。有关这方面的一个例子是圆柱形壳体，如图5-7所示。对于图中大多数单元，其局部1方向就是环向。然而，有一行单元垂直于整体1轴。对于这些单元，局部1方向为整体3轴在壳上的投影，使该处的局部1方向变为轴向，而不是环向。这样，沿局部1方向的应力σ_{11}的等值线图看起来就会非常奇怪，大多数单元的σ_{11}为环向应力，而部分单元的σ_{11}为轴向应力。在这种情况下，对于模型需要定义更合适的局部方向，我们将在下一节中进行讨论。

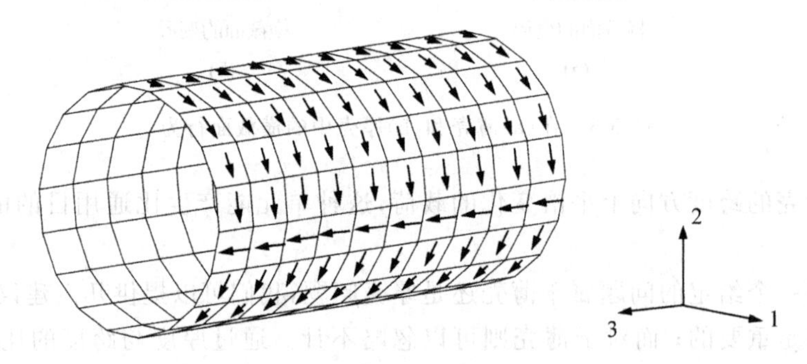

图5-7　在圆柱形壳体中默认的局部材料1方向

5.3.2　建立可变的材料方向

应用局部的直角、圆柱或者球坐标系，可以代替整体的笛卡儿坐标系，如图5-8所示。定义局部坐标系(x', y', z')的方向，并使局部坐标轴的方向与材料方向一致。为此，必须先指定一个最接近垂直于壳体的1和2材料方向的局部轴(1,2或3)，以及绕该轴的旋转量。ABAQUS按照坐标轴的循环顺序(1,2,3)及用户的选择将坐标轴投影到壳体上，从而构成材料的1方向。例如，如果用户选择了x'轴，ABAQUS将y'轴投影到壳体上而构成材料的1方向。由壳法线和材料1方向的叉积来定义材料的2方向。一般情况下，最终的材料2方向和其他局部坐标轴的投影，如本例中的z'轴，对于曲壳将是不一致的。

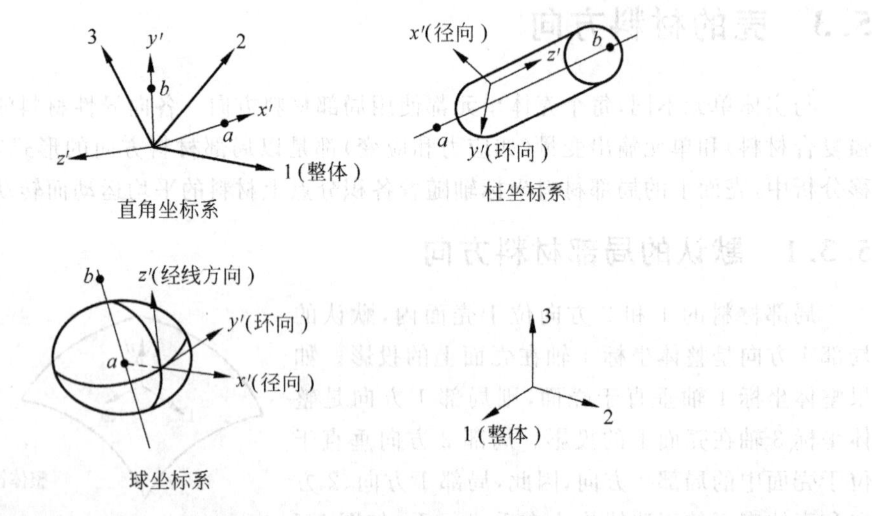

图5-8　局部坐标系的定义

如果这些局部坐标轴没有建立理想的材料方向，就需要用到前面指定的绕所选择轴的转动量了。另外两个局部坐标轴在投影到壳面之前将按照该转动量进行转动，以得到最终的材料方向。为了使投影容易实现，所选择的轴应尽可能地接近壳的法线。例如，如果图5-7中的圆柱中心线与整体坐标3轴一致，那么局部材料方向可以这样定义：使局部材料1方向总是沿着圆环方向，并使相应的局部材料2方向总是沿着轴方向。其过程描述如下。

定义局部材料方向：

(1) 从Property(特性)模块的主菜单栏中选择**Tools→Datum**，并定义一个圆柱数据坐标系。

(2) 选择**Assign→Material Orientation**，给部件赋予一个局部材料方向。当提示选择坐标系时，选择在上一步中定义的数据坐标系，近似的壳体法线方向是**Axis-1**(1-轴)。不需要额外的转动。

5.4 选择壳单元

- 对于需要考虑薄膜作用或含有弯曲模式沙漏的问题以及具有平面弯曲的问题，当希望得到更精确的解答时，可使用ABAQUS/Standard中的线性、有限薄膜应变、完全积分的四边形壳单元(S4)。
- 线性、有限薄膜应变、减缩积分、四边形壳单元(S4R)是强健的，而且应用很广。
- 线性、有限薄膜应变、三角形壳单元(S3/S3R)可作为通用目的的壳单元使用。因为在单元中是常应变的近似场，所以求解弯曲变形或者高应变梯度时可能需要精细的网格划分。
- 在复合材料层合壳模型中，考虑到剪切变形的影响，采用适合于模拟厚壳问题的单元(S4,S4R,S3/S3R,S8R)，并检验是否满足平截面保持平面的假定。
- 四边形或三角形的二次壳单元用于一般的小应变薄壳是很有效的，这些单元对于剪力自锁或薄膜自锁都不敏感。
- 如果在接触模拟中一定要使用二阶单元，那么不要使用二阶三角形壳单元(STRI65)，而要采用9节点的四边形壳单元(S9R5)。
- 对于规模非常大但仅经历几何线性行为的模型，使用线性、薄壳单元(S4R5)通常比通用目的的壳单元更节约计算成本。
- 对于包含任意的大转动和小薄膜应变的显式动态问题，小薄膜应变单元很有效。

5.5 例题：斜板

在这个例题中，要求模拟如图5-9所示的板。该板与整体1轴的夹角为30°，一端固支，另一端约束，但仅可沿平行于板轴的轨道运动。当板承受均布载荷时，确定跨中的挠度，并评估线性分析对于该问题是否有效。计算分析将采用ABAQUS/Standard。

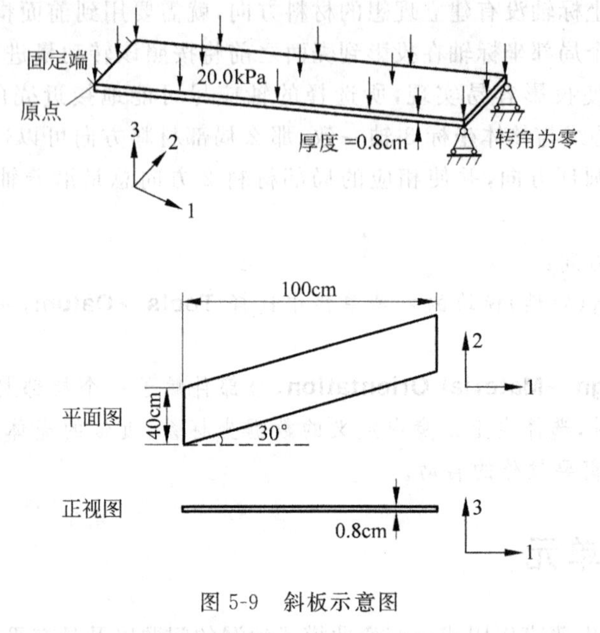

图 5-9　斜板示意图

5.5.1　前处理——用 ABAQUS/CAE 创建模型

在开始建模前，需要确定所使用的量纲系统。本例给出的尺寸单位为 cm，但是给出的载荷和材料属性的单位为 MPa 和 GPa。由于它们在量纲上不匹配，在模型应用中必须选择一致性的量纲系统，并在输入数据中进行必要的换算。在下面的讨论中，采用牛顿、米、千克和秒的国际量纲系统。

1. 定义模型的几何形状

启动 ABAQUS/CAE，进入 Part（部件）模块，并创建一个带有平面壳体基本特征的三维变形体，命名该部件为 Plate，并指定一个大致的部件尺寸为 4.0。

绘制板的几何形状：

(1) 在绘图区，用 **Create Lines**（创建线）：**Connected**（连接）工具绘制一条长度为 0.4m 的竖直线。

(2) 应用 **Create Construction**（创建辅助项）：**Line at an Angle**（角度辅助线）工具，通过直线的每个端点，创建一条与水平线成 30°角方向的辅助线。

(3) 应用 **Create Isolated Point**（创建独立点）工具，在竖直线的右边画一个与该线的水平距离为 1.0m 的独立点，然后通过这一点绘制一条竖直方向的辅助线。

(4) 使用 **Create Lines**：**Connected** 工具，利用已建立的辅助线之间的交点定位各个角点，绘制出斜矩形图，如图 5-10 所示。

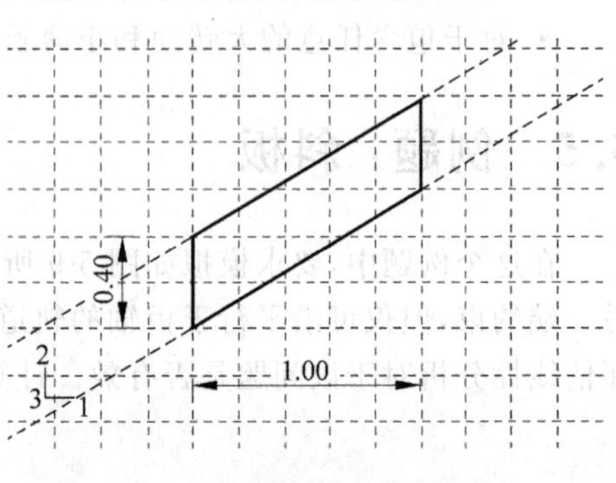

图 5-10　绘制板的几何形状

(5) 在提示区单击 **Done**，完成绘制。

2. 定义材料、截面特性和局部材料方向

板的材料是各向同性的线弹性材料，其弹性模量 $E = 30 \times 10^9$Pa，泊松比 $\nu = 0.3$。进入 Property(特性)模块并创建材料定义，命名材料为 Steel。

在整体坐标系下结构的方向如图 5-9 所示。整体笛卡儿坐标系定义了默认的材料方向，但是该板相对于这个坐标系是倾斜的，如果使用默认的材料方向，解释模拟结果将非常不容易，因为沿着材料 1 方向的正应力 σ_{11} 包含来自板弯曲产生的轴向应力和与板轴线垂直的横向应力。如果材料的方向倾斜于板的轴线并与横向方向一致，则很容易解释模拟的结果。因此，需要定义一个局部的直角坐标系，它的局部 x' 方向沿着板的轴向(即与整体坐标系 1 轴的夹角为 30°)，y' 轴方向也位于板的平面内。

定义壳的截面特性和局部材料方向：

(1) 定义一个均匀的壳体截面，命名为 PlateSection。赋值壳体厚度为 0.8E-2，并将 Steel 材料定义到截面上。由于材料是线弹性的，所以在指定分析前进行截面积分的计算。

(2) 使用 **Create Datum CSYS: 2 Lines**(两线法)工具，定义一个直角基准坐标系，如图 5-11 所示。

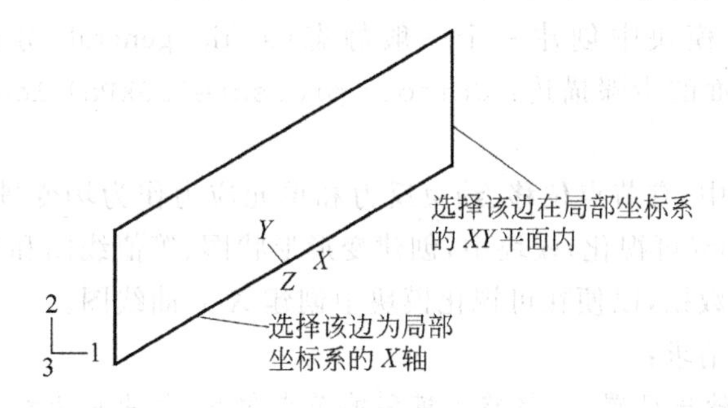

图 5-11　用于定义局部材料方向的基准坐标系

(3) 从主菜单栏中选择 **Assign→Material Orientation**，并选择整个部件作为将应用局部材料方向的区域。在视图中选择刚建立的基准坐标系，选择 **Axis-3** 作为壳体法线近似的方向，无需绕此轴进行额外的旋转。

提示：为了检验已经赋值的局部材料方向是否正确，从主菜单栏中选择 **Tools→Query**，进行关于材料方向的性能查询。

一旦在模型中的部件被网格划分和创建成单元后，所有的单元变量将被定义在这个局部坐标系下。

(4) 最后，将截面的定义赋值于板。

3. 创建装配件、定义分析步骤和指定输出要求

在 Assembly(装配件)模块中创建斜板部件的实体(instance)。在退出装配件模块前定义几何集合体，以便于定义输出要求和边界条件。首先，需要在板的中跨位置(midspan)将平板分割成两个区域以创建几何集合体。

分割板和定义几何集合：

(1) 应用 **Partition Face**(切割面): **Shortest Path Between 2 Points**(两点间最短路径)工具，将板分割为两个半区，采用板的斜边的中点创建切割分区，如图 5-12 所示。

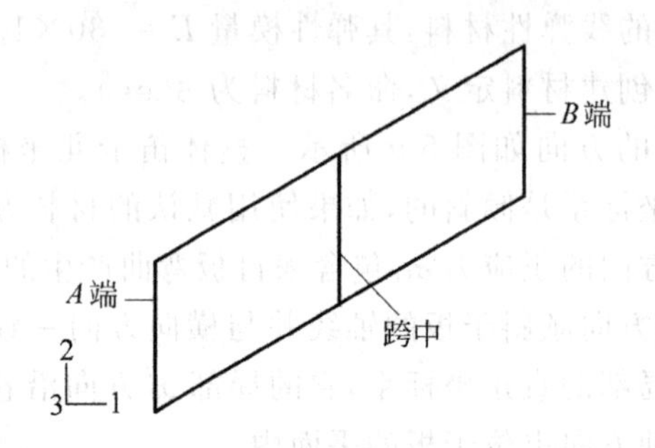

图 5-12 应用分割在板的跨中定义几何集合体

(2) 选择 **Tools→Set→Create** 为跨中创建一个几何集合，命名为 MidSpan。类似地，为板的左、右边界各创建一个几何集合，分别命名为 EndA 和 EndB。

提示：通过选择主菜单栏中的 **Tools→Set→Manager**，可以查看已有的几何集合。在 **Set Manager**(集合管理器)对话框中，双击集合的名称。所选择的集合在视区中以高亮度显示，需要时可以对其定义进行编辑。

接下来，在 Step 模块中创建一个一般静态(static, general)分析步，命名为 Apply Pressure，并给出下面的步骤描述：Uniform pressure(20kPa) load。接受所有的对分析步的默认设置。

在所需要的输出中，有节点位移、约束反力和单元应力作为场变量输出数据，这些数据将应用于 Visualization(可视化)模块中，创建变形形状图、等值线图和数据报表。也希望将中跨的位移写入历史数据，以便在可视化模块中创建 X-Y 曲线图。

修改默认的输出请求：

(1) 编辑场变量输出设置，只将整个模型的节点位移、约束反力和单元应力作为场变量数据写入到.odb 文件中。

(2) 编辑历史输出设置，只将 MidSpan 几何集合的节点位移作为历史变量数据写入到.odb 文件中。

4. 施加边界条件和载荷

如图 5-9 所示，板的左端是完全固支的；右端约束住了，但仅可沿平行于板的轴向的轨道移动。由于右端边界条件的方向与整体坐标轴不一致，所以必须定义一个局部坐标系，使一个轴与板的走向一致。可以利用前面为定义局部材料方向而创建的坐标系。在操作之前，切换到 Load(载荷)模块。

在局部坐标系中定义边界条件：

(1) 选择 **BC→Create**，在 Apply Pressure 分析步中，定义 **Displacement/Rotation**(位移/转动)力学边界条件，命名为 Rail boundary condition。

在本例中，将边界条件定义在集合上，而不是直接在视区中选定区域。因此，当提示选择施加边界条件的区域时，在视区中的提示区单击 **Sets**(集合)。

(2) 从显示的 **Region Selection**(区域选择)对话框中选择集合 **EndB**。选中 **Highlight selections in viewport**(高亮度显示选择区域)，以确保选择了正确的集合，此时板的右侧边会高亮度显示。单击 **Continue**。

(3) 在 **Edit Boundary Condition**(编辑边界条件)对话框中单击 **Edit**(编辑),以指定边界条件将要采用的局部坐标系。在视区中,选择前面为定义局部材料方向而创建的坐标系,局部 1 方向与板的轴向一致。

(4) 在 **Edit Boundary Condition** 对话框中,固定除了 **U1** 以外的所有自由度。

现在,板的右边界被限制住了,仅能沿平行于板的轴向移动。一旦对板的模型划分了网格和生成了节点,所有打印的与这个区域相关的节点输出值(位移、速度、约束反力等)都将被定义在这个局部坐标系中。

通过固定平板左端(集合 **EndA**)的全部自由度,完成边界条件的定义。命名这个边界条件为 `Fix left end`。对于这个边界条件采用默认的整体方向。

最后,在壳体的上部定义一均布压力载荷,命名为 `Pressure`。应用[Shift]+单击,选择部件的两个分区,并选定壳体的顶面(**Magenta**(紫红色)箭头)作为施加压力载荷的面。为了更加清楚地区分板的顶面,可以旋转视图。指定载荷值为 `2.E4Pa`。

5. 创建网格和定义作业

图 5-13 显示了对于该模拟所建议的网格划分。

在选择单元类型前,必须回答以下问题:板是薄还是厚?应变是小还是大?板是相当薄的,采用的厚度与最小跨度之比为 0.02(厚度为 0.8cm,最小跨度为 40cm)。虽然我们现在不能轻易地预测出在结构中的应变量级,但不妨先假定应变是小的。基于这些信息,选用二次壳单元(S8R5)。在小应变模拟中,对于薄壳,这类单元将给出精确的结果。关于壳单元选择的进一步详细内容,请参阅《ABAQUS 分析用户手册》第 15.6.2 节“Choosing a shell element”。

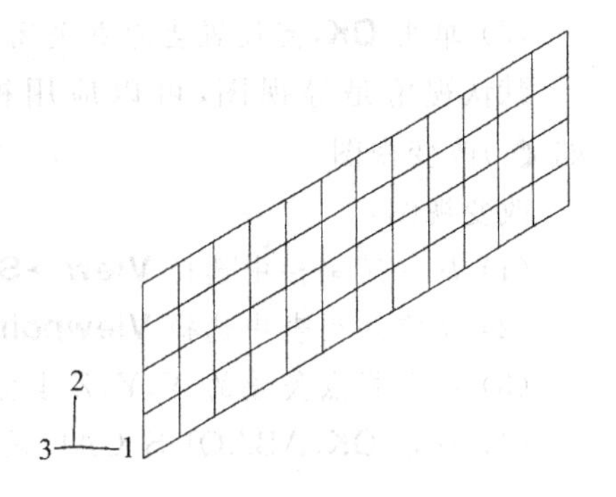

图 5-13 对于斜板模拟所建议的网格设计

进入 Mesh(网格)模块,采用整体单元的尺度为 0.1,在部件上播撒种子。从主菜单栏中选择 **Mesh→Controls**,为本模型指定结构化网格划分技术,应用每节点有 5 个自由度的二次、减缩积分壳单元(S8R5)创建一个四边形网格。

在操作前,重新命名模型为 `Linear`。该模型也是后面第 8 章“非线性”中所讨论的斜板例题的基础。

进入 Job(作业)模块,并定义一个命名为 `SkewPlate` 的作业,采用如下描述:

```
Linear Elastic Skew Plate. 20kPa Load.
```

将模型保存到名为 SkewPlate.cae 的模型数据库文件中。

提交作业进行分析,并监控求解过程。修正由分析求解程序发现的任何模拟错误,并调查引起任何警告的原因。

5.5.2 后处理

本节讨论如何应用 ABAQUS/CAE 进行后处理。对于壳体分析结果的可视化,等值线

(contour)图和矢量(symbol)图都是很有用的。在第4章“应用实体单元”中已经详细地讨论了等值线图,这里将使用矢量图。

在位于工具栏的 **Module** 列表中单击 **Visualization**,进入可视化模块,然后打开由该作业创建的.odb文件(SkewPlate.odb)。ABAQUS/CAE默认绘制出模型的快图。从主菜单栏中,通过选择 **Plot→Undeformed Shape** 或者单击在工具箱中的工具,绘制未变形模型图。

1. 单元法线

应用未变形图检验模型的定义。对于斜板模型的单元法线,检验其定义是否正确,并指向3轴的正方向。

显示单元法线:

(1) 在提示区中单击 **Undeformed Shape Plot Options**(未变形图选项),弹出 **Undeformed Shape Plot Options** 对话框。

(2) 设置显示格式(render style)为 **Shaded**(阴影图)。

(3) 单击 **Normals**(法线)页。

(4) 选中 **Show normals**(显示法线),并接受默认的 **On elements** 设置。

(5) 单击 **OK**,使设置生效并关闭对话框。

默认视角是等视图,可以应用视图(view)菜单中的选项或工具栏中的视图工具(如)改变视图。

改变视图:

(1) 从主菜单栏中选择 **View→Specify**,弹出 **Specify View**(设置视图)对话框。

(2) 从方法列表中选择 **Viewpoint**(视点法)。

(3) 键入视点矢量的 X,Y,Z 坐标值分别为-0.2,-1,0.8,向上矢量的坐标为0,0,1。

(4) 单击 **OK**,ABAQUS/CAE显示出指定视图的模型,如图5-14所示。

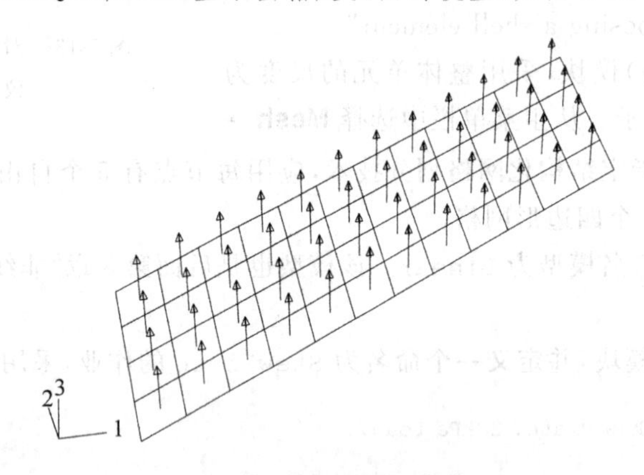

图5-14 斜板模型的壳单元法线

2. 矢量图(symbol plots)

矢量图用矢量显示指定的变量,矢量的始端为节点或单元积分点。除了一些主要是非力学输出变量和在节点上储存的单元结果(如节点力)之外,大多数用张量和矢量表达的变量都可以绘制出矢量图。相应的箭头尺寸表明结果值的相应量级,矢量指向沿着结果的整体方向。可以绘制出如位移(U)、约束反力(RF)等结果变量的矢量图,也可以绘制出这些变量的每个分量的矢量图。

生成位移矢量图:

(1) 从主菜单栏中选择 **Result→Field Output**,弹出 **Field Output**(场变量输出)对话框;默认选择 **Primary Variable**(主要变量)选项页。

(2) 从输出变量列表中选择位移(**U**)。

(3) 从分量表中选择3方向位移(**U3**)。

(4) 单击 **OK**,弹出 **Select Plot Mode**(选择绘图方式)对话框。

(5) 选中 **Symbol**(矢量图),并单击 **OK**。

ABAQUS/CAE在模型变形图中显示出在3方向位移的矢量图。

(6) 为了修改矢量图的属性,在提示区单击 **Symbol Options**(矢量图选项),弹出 **Symbol Plot Options** 对话框,默认选择为 **Basic**(基础)页。

(7) 为了在未变形的模型中绘制矢量图,单击 **Shape**(形状)页,选中 **Undeformed shape**(未变形形状图)。

(8) 单击 **OK**,使设置生效并关闭对话框。

显示的未变形模型的矢量图如图5-15所示。

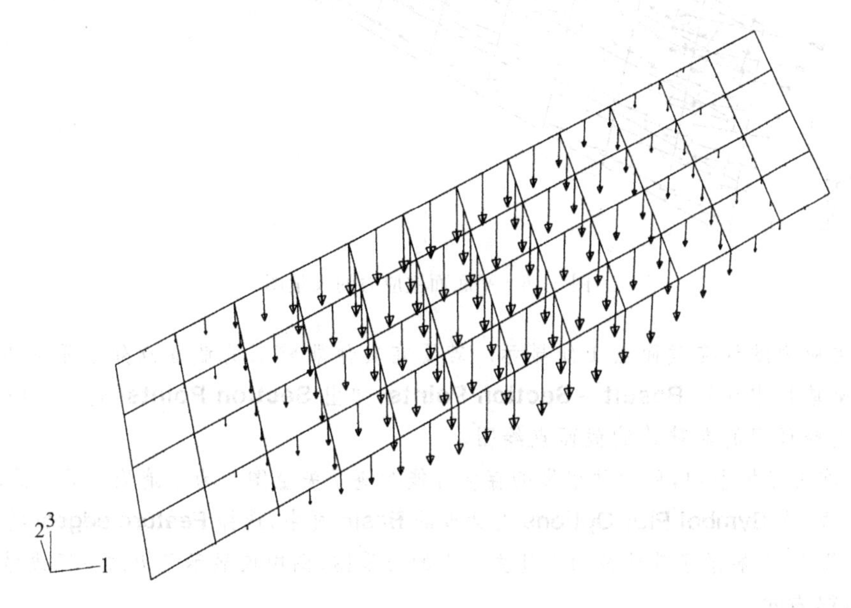

图5-15　位移矢量图

应用矢量图能够绘制出张量变量的主值,如应力。主应力值矢量图在每一个积分点处用3个矢量来表示,每个矢量代表一个主值,其方向沿着相应的主方向。压缩值的箭头指向积分点,而拉伸值的箭头背向积分点。也可以绘制出单独的主值。

生成主应力的矢量图:

(1) 从主菜单栏中选择 **Result→Field Output**,弹出 **Field Output** 对话框。

(2) 从输出变量列表中选择 **S**(应力),并从其不变量(invariants)列表中选择 **Max. Principal**(最大主应力)。

(3) 单击 **OK**,完成选择并关闭对话框。
ABAQUS/CAE 显示出主应力的矢量图。

(4) 为了改变箭头长度,在提示区单击 **Symbol Options**,弹出 **Symbol Plot Options** 对话框。

(5) 单击 **Color & Style**(颜色与样式)页,然后单击 **Tensor**(张量)子页。

(6) 设置 **Length**(长度)选项为 **Short**(短)。

(7) 单击 **OK**,确认设置并关闭对话框。
显示的矢量图如图 5-16 所示。

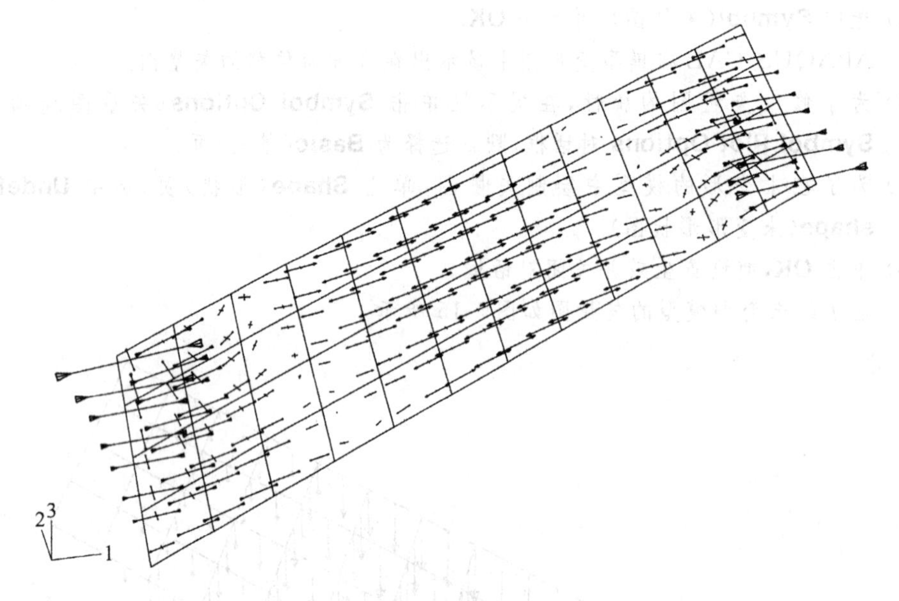

图 5-16　平底面主应力的矢量图

(8) 主应力默认在截面点 1 处显示。若要在其他非默认的截面点处显示应力,可从主菜单栏中选择 **Result→Section Points**,弹出 **Section Points**(截面点)对话框。

(9) 选择理想的非默认的截面点绘图。

(10) 在复杂模型中,单元网格线的存在可能遮掩了矢量图。为了消除所显示的单元网格线,在 **Symbol Plot Options** 对话框的 **Basic** 页中,选择 **Feature edges**(特征边界)。图 5-17 显示了默认截面点处主应力的矢量图,图中仅显示了板的特征边界。

3. 材料方向

ABAQUS/CAE也可以使单元材料方向可视化。这个功能特别有助于确保材料方向的正确性。

绘制材料方向:

(1) 从主菜单栏中选择 **Plot→Material Orientations**,或在工具栏中单击工具。
在变形后的模型中绘制出了材料的方向图,默认绘出了表示材料方向的三向坐标,但是没有箭头。

(2) 为了应用带箭头的坐标表示,在提示区单击 **Material Orientation Options**(材料方向图选项),弹出 **Material Orientation Plot Options**(材料方向图选项)对话框。

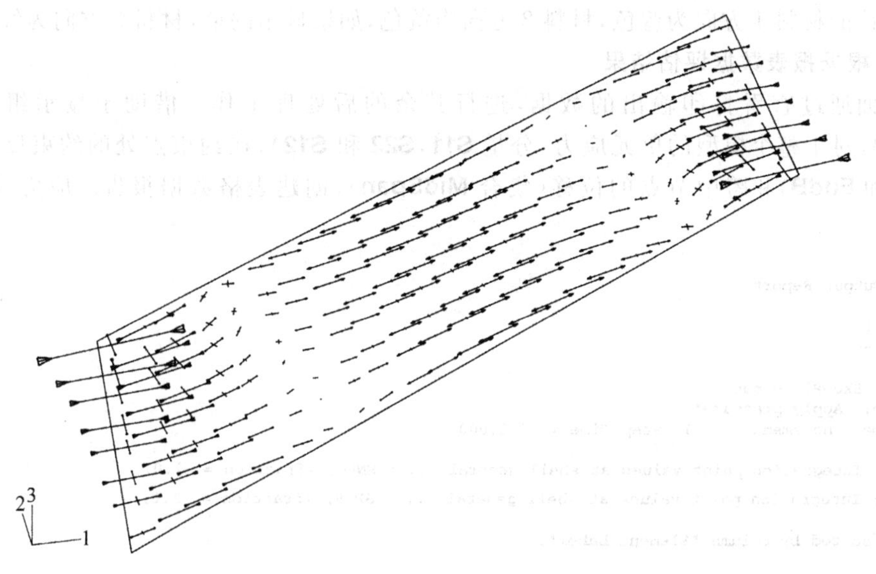

图 5-17 特征边界图显示主应力的矢量

(3) 单击 **Color & Style** 页，再单击 **Triad**(三向坐标系)页。

(4) 设置 **Arrowhead**(箭头)选项，为三个方向增添上箭头。

(5) 单击 **OK**，完成设置并关闭对话框。

(6) 从主菜单栏中选择 **View→Views Toolbox**，或在工具箱中单击 ▦ 工具，弹出 **Views**(视图)工具箱。

(7) 使用在工具箱中预先设置的视角来显示板，如图 5-18 所示，在这个图中，透视效果(perspective)被关闭了(单击在工具箱中的 ▤ 工具就可以关闭透视效果)。

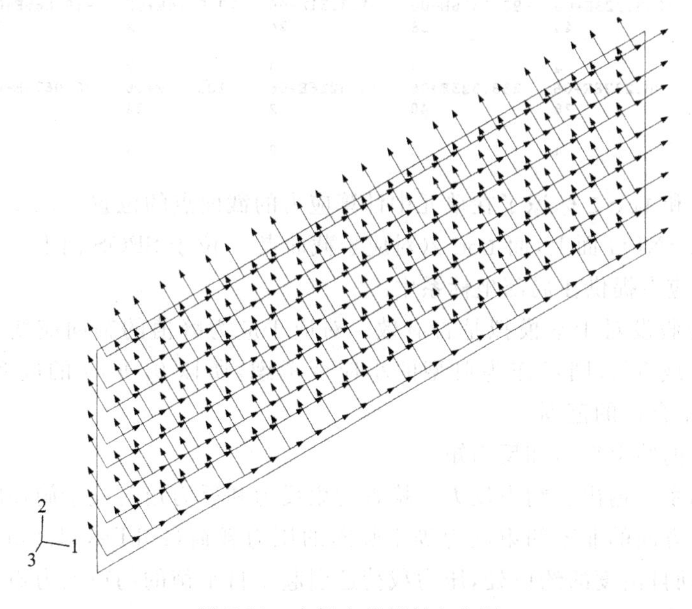

图 5-18 在板中的材料方向图

默认的材料 1 方向为蓝色，材料 2 方向为黄色，如果显示的话，材料 3 方向为红色。

4. 根据报表数据评估结果

下面通过查看打印输出的数据，进行其余的后处理工作。借助于显示组(display groups)，对于整个模型的单元应力(分量 **S11**，**S22** 和 **S12**)、在约束点处的约束反力(集合 **EndA** 和 **EndB**)和跨中节点的位移(集合 **MidSpan**)，创建表格数据报告。应力数据显示如下：

```
Field Output Report

Source 1
---------

   ODB: SkewPlate.odb
   Step: "Apply pressure"
   Frame: Increment      1: Step Time =    1.000

Loc 1 : Integration point values at shell general ... : SNEG, (fraction = -1.0)
Loc 2 : Integration point values at shell general ... : SPOS, (fraction =  1.0)

Output sorted by column "Element Label".

Field Output reported at integration points for Region(s) PLATE-1: ...

  Element     Int          S.S11          S.S11          S.S22          S.S22          S.S12          S.S12
    Label      Pt         @Loc 1         @Loc 2         @Loc 1         @Loc 2         @Loc 1         @Loc 2
-----------------------------------------------------------------------------------------------------------------

        1       1   79.7614E+06   -79.7614E+06     1.1085E+06    -1.1085E+06  -5.86291E+06    5.86291E+06
        1       2   83.7703E+06   -83.7703E+06    7.14559E+06   -7.14559E+06  -8.00706E+06    8.00706E+06
        1       3   66.9385E+06   -66.9385E+06    2.79241E+06   -2.79241E+06  -1.98396E+06    1.98396E+06
        1       4   72.3479E+06   -72.3479E+06    5.05957E+06   -5.05957E+06   -7.0819E+06     7.0819E+06
        .
        .
       48       1  -142.755E+06    142.755E+06   -56.0747E+06    56.0747E+06    21.007E+06    -21.007E+06
       48       2  -118.848E+06    118.848E+06   -7.21449E+06    7.21449E+06   4.00065E+06   -4.00065E+06
       48       3   -187.19E+06     187.19E+06    -103.31E+06     103.31E+06    50.352E+06    -50.352E+06
       48       4  -238.323E+06    238.323E+06   -84.7331E+06    84.7331E+06   70.0676E+06   -70.0676E+06


  Minimum          -238.323E+06   -90.2378E+06    -103.31E+06   -10.5216E+06   -18.865E+06   -70.0676E+06
     At Element              48             28             24              2            12             48

          Int Pt              4              4              3              2             4              4
  Maximum           90.2378E+06    238.323E+06    10.5216E+06     103.31E+06   70.0676E+06     18.865E+06
     At Element              28             48              2             24            48             12

          Int Pt              4              4              2              3             4              4
```

位置 Loc 1 和 Loc 2 标识了在单元中计算应力的截面点的位置。Loc 1(对应于截面点 1)位于壳表面的 SNEG 面上，而 Loc 2(对应于截面点 3)位于 SPOS 面上。对于单元采用了局部材料方向：应力提供在局部坐标系中。

检查小应变假设对于本模拟是否有效。对应于应力峰值的轴向应变为 $\varepsilon_{11} \approx 0.0079$。如果它小于 4% 或 5%，则可作为典型的小应变考虑，所以 0.0079 的应变属于应用单元 S8R5 模拟的非常合适的范围。

观察下表中的约束反力和反力矩：

在整体坐标系下输出了约束反力。检查约束反力和反力矩对应于施加的外载荷的合力是否为零。在 3 方向的非零约束反力等于竖向的压力载荷(20kPa×1.0m×0.4m)。除了约束反力，在转动自由度的约束处，压力载荷还引起了自平衡的约束反力矩。

```
Field Output Report

Source 1
---------

   ODB: SkewPlate.odb
   Step: "Apply pressure"
   Frame: Increment      1: Step Time =    1.000

Loc 1 : Nodal values from source 1

Output sorted by column "Node Label".

Field Output reported at nodes for Region(s) PLATE-1: ...

   Node        RF.RF1        RF.RF2        RF.RF3        RM.RM1        RM.RM2        RM.RM3
  Label        @Loc 1        @Loc 1        @Loc 1        @Loc 1        @Loc 1        @Loc 1
-------------------------------------------------------------------------------------------------
     3            0.            0.       37.3918      -1.59908       -76.494            0.
     4            0.            0.      -109.834       1.77236  -324.41E-03            0.
     5            0.            0.       37.3913       1.59906        76.494            0.
     6            0.            0.      -109.834      -1.77236   324.418E-03            0.
    15            0.            0.       73.6364       8.75019      -62.2242            0.
    16            0.            0.       260.424       6.95105      -51.1181            0.
    17            0.            0.       239.685       6.56987      -35.4374            0.
    28            0.            0.       73.6355      -8.75019       62.2241            0.
    29            0.            0.       260.424      -6.95106       51.1182            0.
    30            0.            0.       239.685      -6.56989       35.4374            0.
   116            0.            0.        6.1538        7.5915      -36.4275            0.
   119            0.            0.       455.132       6.80781       -88.237            0.
   121            0.            0.       750.805       8.31069      -126.462            0.
   123            0.            0.   2.28661E+03       31.0977      -205.818            0.
   170            0.            0.       6.15408       -7.5915       36.4274            0.
   173            0.            0.       455.133      -6.80783        88.237            0.
   175            0.            0.       750.806      -8.31071       126.462            0.
   177            0.            0.   2.28661E+03      -31.0978       205.818            0.


Minimum           0.            0.      -109.834      -31.0978      -205.818            0.
    At Node      177           177             6           177           123           177

Maximum           0.            0.   2.28661E+03       31.0977       205.818            0.
    At Node      177           177           123           123           177           177

      Total       0.            0.        8.E+03    -129.7E-06  -61.0352E-06            0.
```

5.6 相关的 ABAQUS 例题

- 《ABAQUS 实例问题手册》(*ABAQUS Example Problems Manual*)第 2.1.6 节“Pressurized fuel tank with variable shell thickness(变厚度压力燃料储罐)”。
- 《ABAQUS 基准手册》(*ABAQUS Benchmarks Manual*)第 1.1.2 节“Analysis of an anisotropic layered plate(各向异型层合板的分析)”。
- 《ABAQUS 基准手册》(*ABAQUS Benchmarks Manual*)第 1.2.4 节“Buckling of a simply supported square plate(简支方板的屈曲)”。
- 《ABAQUS 基准手册》(*ABAQUS Benchmarks Manual*)第 2.3.1 节“The barrel vault roof problem(圆柱形拱顶问题)。”

5.7 建议阅读的文献

以下参考文献提供了关于壳体的理论和计算方面更加深入的内容。

1. 基本壳体理论

Timoshenko, S., *Strength of Materials: Part Ⅱ*, Krieger Publishing Co., 1958.

Timoshenko, S. and S. W. Krieger, *Theory of Plates and Shells*, McGraw-Hill, Inc., 1959.

Ugural, A. C., *Stresses in Plates and Shells*, McGraw-Hill, Inc., 1981.

2. 基本计算壳体理论

Cook, R. D., D. S. Malkus, and M. E. Plesha, *Concepts and Applications of Finite Element Analysis*, John Wiley & Sons. 1989.

Hughes, T. J. R., *The Finite Element Method*, Prentice-Hill, Inc., 1987.

3. 高等壳体理论

Budiansky, B., and J. L. Sanders, "On the 'Best' First-Order Linear Shell Theory," Progress in Applied Mechanics, The Prager Anniversary Volume, 129-140, 1963.

4. 高等计算壳体理论

Ashwell, D. G., and R. H. Gallagher, *Finite Elements for Thin Shells and Curved Members*, John Wiley & Sons, 1976.

Hughes, T. J. R., T. E. Tezduyar, "Finite Elements Based upon Mindlin Plate Theory with Particular Reference to the Four-Node Bilinear Isoparametric Element," Journal of Applied Mechanics, 587-596, 1981.

Simo, J. C., D. D. Fox, and M. S. Rifai, "On a Stress Resultant Geometrically Exact Shell Model. Part Ⅲ: Computational Aspects of the Nonlinear Theory," Computer Methods in Applied Mechanics and Engineering, vol. 79, 21-70, 1990.

5.8　小结

- 壳单元的横截面性质可以由沿壳厚度方向的数值积分或应用在分析开始时计算的横截面刚度确定。
- 在分析开始时计算横截面刚度是效率较高的，但仅适用于线性材料；在分析过程中计算横截面刚度的方法对线性和非线性材料都适用。
- 在沿壳厚度的一系列截面点上进行数值积分，这些截面点位于可以输出单元变量的位置，默认的最外面的截面点位于壳的表面。
- 壳单元法线的方向决定了单元的正面和反面。为了正确地定义接触和解释单元输出，必须明确区分壳的正反面。壳法线还定义了施加在单元上正压力载荷的方向，并可在ABAQUS/CAE的Visulization模块中绘出。
- 壳单元采用每个单元局部的材料方向。在大位移分析中，局部材料轴随着单元转动。可定义非默认的局部坐标系统，单元的变量（如应力和应变）按局部坐标方向输出。
- 也可以定义节点的局部坐标系。集中载荷和边界条件可施加在局部坐标系中。所有打印的节点输出变量（如位移）也默认是基于局部坐标系的。
- 矢量图有助于可视化模拟分析的结果，尤其适用于观察结构的运动和载荷路径。

6 应用梁单元

当结构一个方向的尺度(长度)明显地大于其他两个方向的尺度,并且沿长度方向的应力最重要时,可以用梁单元模拟。梁理论的基本假设是:由一组变量可以完全确定结构的变形,而这组变量只是沿着结构长度方向位置的函数。为了应用梁理论产生可接受的结果,横截面的尺度必须小于结构典型轴向尺度的 1/10。下面是典型轴向尺度的例子:

- 支承点之间的距离;
- 横截面发生显著变化部分之间的距离;
- 所关注的最高阶振型的波长。

ABAQUS 梁单元假设在变形中垂直于梁轴线的平截面保持为平面。不要误解所谓横截面的尺度必须小于典型单元长度的 1/10 的提法,高度精细的网格中可能包含长度小于其横截面尺寸的梁单元。但一般不建议这样做,因为在这种情况下实体单元可能更适合。

6.1 梁横截面的几何形状

可以用以下三种方法定义梁横截面的轮廓:从 ABAQUS 提供的横截面库中选择和指定梁横截面的形状和尺度;应用截面工程性质来定义一个一般性的梁轮廓,如面积和惯性矩;利用特殊二维单元组成的一个网格,由数值计算得到它的几何量,称为梁横截面(meshed beam cross-section)。

ABAQUS 提供了各种常用的横截面形状,如图 6-1 所示。用户必须选择并定义梁的几何轮廓。利用任意横截面(arbitrary cross-section)的定义,可以定义几乎任意的薄壁横截面。有关在 ABAQUS 中应用梁横截面的详细讨论,请参阅《ABAQUS 分析用户手册》第 15.3.9 节“Beam cross-section library”。

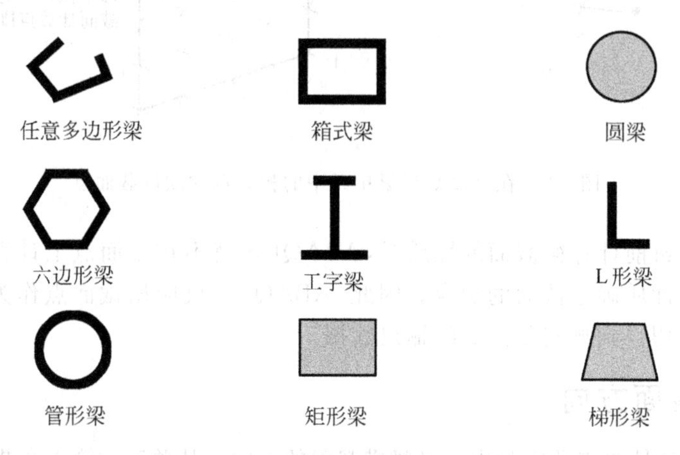

图 6-1 梁横截面

如果用ABAQUS库中的某种横截面定义梁的轮廓，ABAQUS /CAE会提示所需要的横截面尺寸，因为每一种类型的横截面是不同的。当梁的轮廓与梁的截面特性相关时，可以指定是在分析过程中计算截面的工程性质还是让ABAQUS预先计算它们(在分析开始时)。选择前者可以应用于线性或者非线性的材料行为(例如，截面刚度因非弹性屈服而改变)；选择后者虽然计算效率高，但只适用于线弹性材料行为。

相应地，可以提供截面的工程性质(面积、惯性矩和扭转常数)以代替横截面尺寸。材料行为可以是线性或者非线性。这样，可以将梁的几何和材料特性组合起来定义它对载荷的响应，这些响应可能是线性或者是非线性。更详细的内容请参阅《ABAQUS分析用户手册》第15.3.7节"Using the *BEAM GENERAL SECTION option to define the section behavior"。

梁的网格横截面允许表现包括多种材料和复杂几何形状的梁横截面。在《ABAQUS分析用户手册》的第7.13.1节"Meshed beam cross-sections"中进一步讨论了这种类型的梁轮廓。

6.1.1　截面点

当采用ABAQUS提供的横截面库定义梁横截面，并选择在分析过程中计算横截面的工程性质时，ABAQUS通过分布于梁横截面上的一组截面点计算梁单元的响应。截面点的数目及其位置详见《ABAQUS分析用户手册》第15.3.9节"Beam cross-section library"。可以在任何一个截面点上要求输出单元的输出变量，如应力和应变；然而，ABAQUS仅在几个选定的截面点上提供了默认的输出。对于矩形横截面，所有的截面点如图6-2所示。对于该截面，在点1,5,21和25上提供了默认的输出。图6-2所示的梁单元中共使用了50个截面点(两个积分点，每个积分点上有25个截面点)来计算刚度。

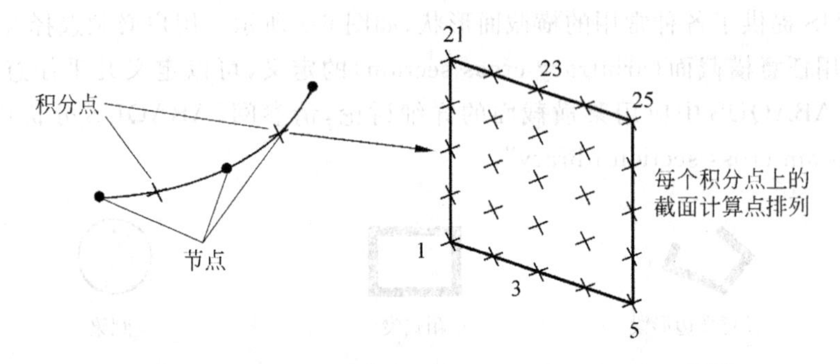

图6-2　在B32矩形梁单元中的积分点和默认截面点

当选择在分析前计算梁截面的性质时，ABAQUS就不在截面点上计算梁的响应，而是应用截面的工程性质确定截面的响应。因此，ABAQUS仅应用截面点作为输出的位置，而用户需要指明希望得到哪些截面点的输出数据。

6.1.2　横截面方向

用户必须在整体笛卡儿空间中定义梁横截面的方向。从单元的第1个节点到下一个节点的矢量被定义为沿着梁单元的局部切线 $\boldsymbol{t}$，梁的横截面垂直于这个局部切线矢量。矢量 $\boldsymbol{n}_1$ 和

$\boldsymbol{n}_2$代表了局部(1-2)梁截面轴。3个矢量$\boldsymbol{t}$,$\boldsymbol{n}_1$,$\boldsymbol{n}_2$构成了局部、右手法则的坐标系(见图6-3)。

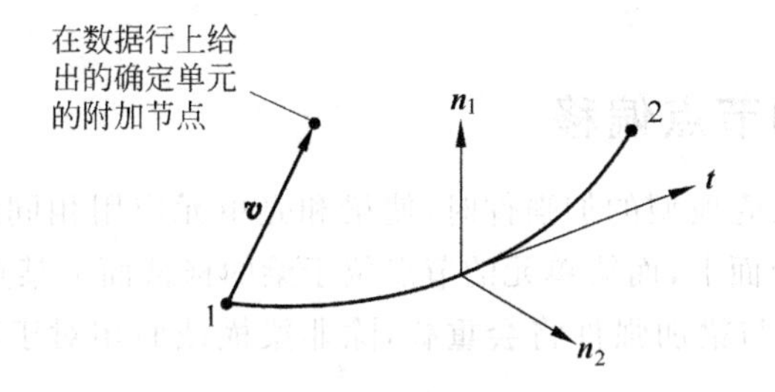

图6-3　梁单元切线矢量$\boldsymbol{t}$、梁截面轴$\boldsymbol{n}_1$和$\boldsymbol{n}_2$的取向

对于二维梁单元,$\boldsymbol{n}_1$的方向总是(0.0,0.0,−1.0)。

对于三维梁单元,有几种方法来定义局部梁截面轴的方向。一种方法是在定义单元的数据行中指定一个附加的节点(这种方法需要对由ABAQUS/CAE产生的输入文件(.inp)进行人工编辑)。用从梁单元的第1个节点到这个附加节点的矢量$\boldsymbol{v}$(见图6-3)作为初始的近似$\boldsymbol{n}_1$方向,然后ABAQUS定义梁的$\boldsymbol{n}_2$方向为$\boldsymbol{t}\times\boldsymbol{v}$。在$\boldsymbol{n}_2$确定后,ABAQUS定义实际的$\boldsymbol{n}_1$方向为$\boldsymbol{n}_2\times\boldsymbol{t}$。上述过程确保了局部切线与局部梁截面轴构成一个正交系。

另一种方法是当在ABAQUS/CAE中定义梁截面特性时,可以给定一个近似的$\boldsymbol{n}_1$方向,然后ABAQUS应用上面描述的过程计算实际的梁截面轴。如果不但指定了一个附加的节点,而且又给出了一个近似的$\boldsymbol{n}_1$方向,将优先采用附加节点的方法。如果没有提供近似的$\boldsymbol{n}_1$方向,ABAQUS将从原点到点(0.0,0.0,−1.0)的矢量作为默认的$\boldsymbol{n}_1$方向。

有两种办法可以用来代替由ABAQUS定义的$\boldsymbol{n}_2$方向,这两种办法都要求人工编辑输入文件。一种是给出$\boldsymbol{n}_2$矢量的分量作为节点坐标的第4、第5和第6个数据值;另一种是使用*NORMAL选项直接地指定法线方向(添加该选项可以通过ABAQUS/CAE中的**Keywords Editor**(关键词编辑器))。如果同时采用了这两种办法,后者优先。ABAQUS再由$\boldsymbol{n}_2\times\boldsymbol{t}$定义$\boldsymbol{n}_1$方向。

用户提供的$\boldsymbol{n}_2$方向不必垂直于梁单元的切线$\boldsymbol{t}$。如果提供了$\boldsymbol{n}_2$方向,局部梁单元的切线$\boldsymbol{t}$将被重新定义为$\boldsymbol{n}_1\times\boldsymbol{n}_2$的叉积。在这种情况下,重新定义的局部梁切线$\boldsymbol{t}$很有可能与从第1节点到第2节点的矢量所定义的梁轴线不一致。如果$\boldsymbol{n}_2$方向与垂直于单元轴线的平面的夹角超过了20°,ABAQUS将在数据文件(.dat)中发出一个警告信息。

在第6.4节“例题:货物吊车”展示的例子中,将说明如何用ABAQUS/CAE为梁横截面的方向赋值。

6.1.3　梁单元的曲率

梁单元的曲率是基于梁的$\boldsymbol{n}_2$方向相对于梁轴的取向。如果$\boldsymbol{n}_2$方向不与梁轴正交(即梁轴的方向不与切向$\boldsymbol{t}$一致),则认为梁单元有初始弯曲。由于曲梁的行为与直梁的行为不同,用户必须经常检查模型以确保应用了正确的法线,进而有正确的曲率。对于梁和壳体,ABAQUS使用同样的算法来确定几个单元共享节点的法线。在《ABAQUS分析用户手册》第15.3.4节“Beam element cross-section orientation”中给出了描述。

如果打算模拟曲梁结构,可能需要使用在前面描述的直接定义$\boldsymbol{n}_2$方向的两种方法之一,它可以使用户更好地控制对曲率进行模拟。即使打算模拟由直梁组成的结构,由于在共享节点处被平均化的法线，也可能要引入曲率。如前面所解释的，通过直接定义梁的法线可以矫正这个问题。

6.1.4　梁截面的节点偏移

当应用梁单元作为壳模型的加强件时，使梁和壳单元应用相同的节点是很方便的。壳单元的节点位于壳的中面上，而梁单元的节点位于梁的横截面上某点。因此，如果壳和梁单元使用相同的节点，壳与梁加强件将会重叠，除非梁横截面相对于这个节点位置进行偏移（见图 6-4）。

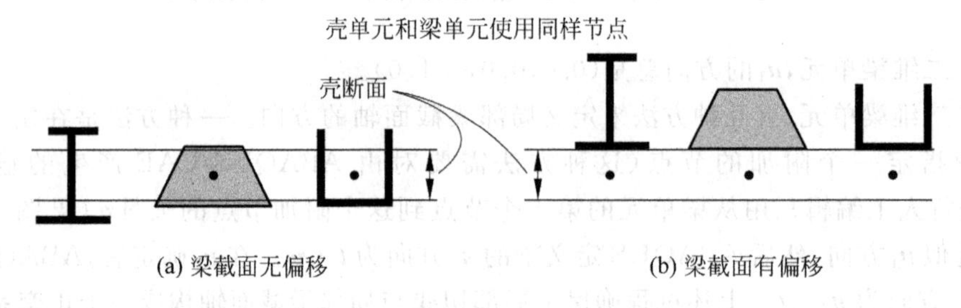

图 6-4　梁作为壳单元的加强部件

采用工字形、梯形和任意多边形的梁截面形式，可能要将该截面几何形状定位在与截面的局部坐标系的原点（原点位于单元节点处）具有一定距离的位置上。由于很容易使采用这些横截面的梁偏离它们的节点，因此可以应用它们作为如图 6-4(b)所示的加强件（如果加强件的翼缘或腹板的屈曲是很重要的，则应该采用壳单元来模拟加强件）。

图 6-5 中的工字形梁附着在一个 1.2 单位厚的壳上。通过设置梁的节点相对于工字形梁截面的底部的偏移量，便可得到如图所示的梁截面位置。在这种情况下，偏移量为 0.6，亦即壳厚度的一半。

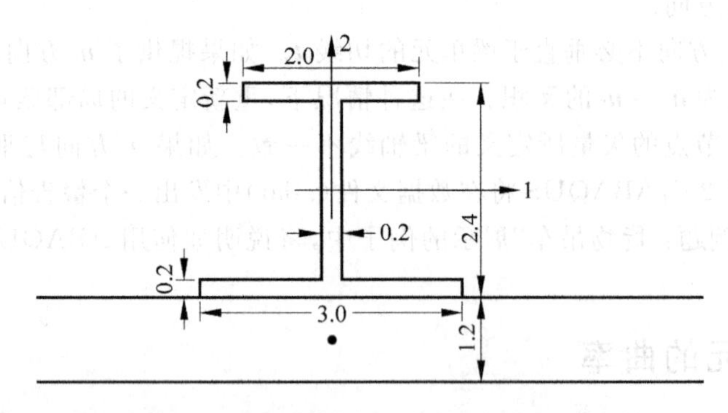

图 6-5　工字形梁用作壳单元的加强件

也可以指定形心和剪切中心的位置，这些位置也可以从梁的节点偏移，从而可以很容易地模拟加强件。

另外也可以分别定义梁节点和壳节点，并在两个节点之间用一个刚性梁的约束连接梁和壳。关于进一步详细的内容，请参阅《ABAQUS 分析用户手册》第 20.2.1 节“Linear constraint equations”。

6.2 计算公式和积分

在 ABAQUS 中的所有梁单元都是梁柱类单元，这意味着它们可以产生轴向、弯曲和扭转变形。Timoshenko 梁单元还考虑了横向剪切变形的影响。

6.2.1 剪切变形

线性单元(B21 和 B31)和二次单元(B22 和 B32)是考虑剪切变形的 Timoshenko 梁单元，既适用于模拟剪切变形起重要作用的深梁，又适用于模拟剪切变形不太重要的细长梁。这些单元横截面的特性与厚壳单元横截面的特性相同，如图 6-6(b) 所示。第 5.2 节“壳体公式——厚壳或薄壳”已经对此进行了讨论。

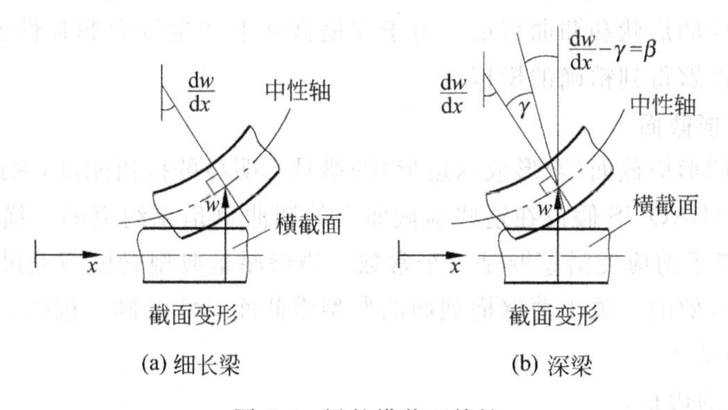

图 6-6　梁的横截面特性

ABAQUS 假设这些梁单元的横向剪切刚度为线弹性和常数。另外，建立了这些梁的数学公式，因此它们的横截面面积可以作为轴向变形的函数而变化，仅在几何非线性模拟中考虑它的影响，此时截面的泊松比具有非零值(详见第 8 章“非线性”)。只要梁的横截面尺寸小于结构典型轴向尺寸的 1/10(这通常被考虑为梁理论的适用性的界限)，这些单元就可以提供有用的结果。如果梁的横截面在弯曲变形时不能保持为平面，那么梁理论是不适合模拟这种变形的。

ABAQUS/Standard 中的三次单元被称为 Euler-Bernoulli 梁单元(B23 和 B33)，它们不能模拟剪切变形。这些单元的横截面在变形过程中与梁的轴线保持垂直(见图 6-6(a))。因此，应用三次梁单元模拟相对细长构件的结构更为有效。由于三次单元可以模拟沿单元长度方向位移的三阶变量，所以对于静态分析，常常可用一个三次单元模拟一个结构构件；而对于动态分析，也只采用很少数量的单元。这些单元假设剪切变形是可以忽略的。一般情况下，如果横截面尺寸小于结构典型轴向尺寸的 1/15，那么这个假设就是有效的。

6.2.2 扭转响应——翘曲

结构构件经常承受扭矩，几乎所有的三维框架结构都会发生这种情况。在一个构件中引起弯曲的载荷，可能在另一个构件中引起扭转，如图 6-7 所示。

梁对扭转的响应依赖于它的横截面形状。一般说来，梁的扭转会使横截面产生翘曲或非均匀的离面位移。ABAQUS仅对三维单元考虑扭转和翘曲的影响。在翘曲计算中假设翘曲位移是小量。在扭转时，实心横截面、闭口薄壁横截面和开口薄壁横截面的行为是不同的。

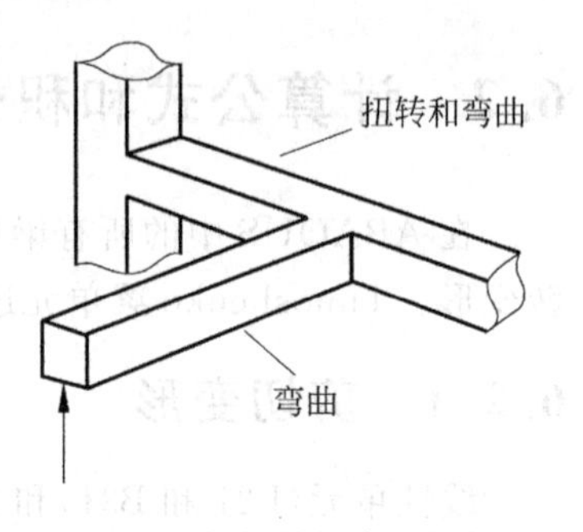

图 6-7　框架结构中的扭转

1. 实心横截面

在扭转作用下，非圆形的实心横截面不再保持平面，而是发生翘曲。ABAQUS应用St. Venant翘曲理论在横截面上每一个截面点处计算由翘曲引起的剪切应变的分量。这种实心横截面的翘曲被认为是无约束的，所产生的轴向应力可以忽略不计(翘曲约束仅仅影响非常靠近约束端处的结果)。实心横截面梁的扭转刚度取决于材料的剪切模量G和梁截面的扭转常数J。扭转常数取决于梁横截面的形状和翘曲特征。对于在横截面上产生较大非弹性变形的扭转载荷，应用这种方法不能够得到精确的模拟。

2. 闭口薄壁横截面

闭口薄壁非圆形横截面(箱形或六边形)的梁具有明显的抗扭刚度，因此，其性质与实心横截面梁类似。ABAQUS假设在这些横截面上的翘曲也是无约束的。横截面的薄壁性质允许ABAQUS考虑剪应变沿壁厚是一个常数。当壁厚是典型梁横截面尺寸的1/10时，一般的薄壁假设是有效的。关于薄壁横截面的典型横截面尺寸的例子包括：

- 管截面的尺寸；
- 箱形截面的边长；
- 任意形状截面的典型边长。

3. 开口薄壁横截面

当翘曲是无约束时，开口薄壁横截面在扭转中是非常柔性的，而这种结构抗扭刚度的主要来源是对于轴向翘曲应变的约束。约束开口薄壁梁的翘曲会引起轴向应力，该应力又会影响梁对其他类型载荷的响应。ABAQUS/Standard具有剪切变形梁单元——B31OS和B32OS，它们包括了在开口薄壁横截面中翘曲的影响。当模拟采用开口薄壁横截面的结构在承受显著的扭转载荷时，例如管道(定义为任意多边形截面)或者工字形截面，必须使用这些单元。

4. 翘曲函数

翘曲引起整个梁横截面的轴向变形，截面的翘曲函数定义了翘曲的变化。在开口截面梁单元中，采用一个附加的自由度7来处理这个函数的量值。约束住这个自由度可以使被约束的节点不会发生翘曲。

在每个构件分支上的翘曲量可以不同，在框架结构中开口截面梁之间的连接点处，一般每个构件分支应该使用各自不同的节点(见图6-8)。然而，如果连接方式的设计已经防止了翘曲，则所有的构件应该共享同一个节点，并必须约束住翘曲的自由度。

当剪力没有通过梁的剪切中心作用时会产生扭转，扭转力矩等于剪力乘以它到剪切中心的偏心距。对于开口薄壁梁截面，其形心和剪切中心常常并不重合(见图6-9)。如果节点不是位于横截面的剪切中心，那么在载荷作用下截面可能扭转。

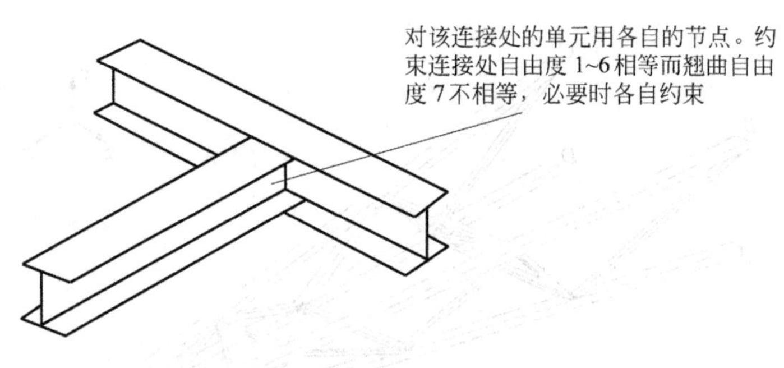

图 6-8 连接开口截面梁

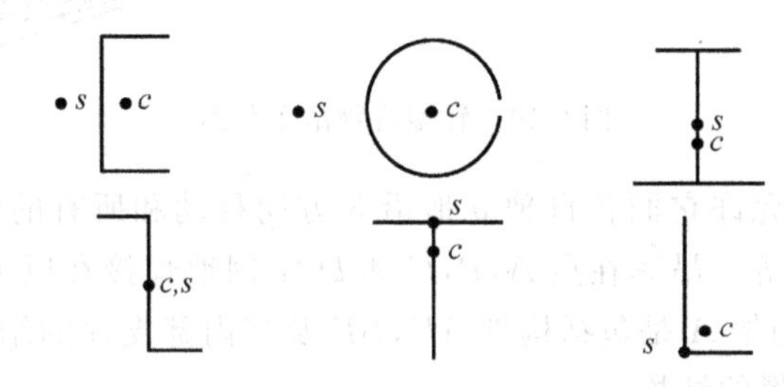

图 6-9 关于一些梁横截面的剪切中心 s 和形心 c 的近似位置

6.3 选择梁单元

- 在任何包含接触的模拟中，应该使用一阶剪切变形梁单元(B21,B31)。
- 如果横向剪切变形是非常重要的，则采用 Timoshenko(二阶)梁单元(B22,B32)。
- 如果结构非常刚硬或者非常柔软，在几何非线性模拟中，则应当使用 ABAQUS/Standard 中的杂交梁单元(B21H,B32H 等)。
- 在 ABAQUS/Standard 中的 Euler-Bernoulli 三次梁单元(B23,B33)模拟承受分布载荷作用的梁有很高的精度，例如动态振动分析。
- 在 ABAQUS/Standard 中，模拟开口薄壁横截面的结构应该采用那些应用了开口横截面翘曲理论的梁单元(B31OS,B32OS)。

6.4 例题：货物吊车

图 6-10 所示为一个轻型的货物吊车，要求确定它承受 10kN 载荷时的静挠度，并标识结构中有最大应力和载荷的关键部件和节点。由于这是一个静态分析，将应用 ABAQUS/Standard 进行分析。

吊车由两榀桁架结构组成，通过交叉支撑连接在一起。每榀桁架结构的两个主要构件是箱型截面钢梁(箱型横截面)。每榀桁架结构由内部支撑加固，内部支撑焊接在主要构件上。连接两榀桁架结构的交叉支撑通过螺栓连接在桁架结构上，这些连接不能传递弯矩(如果存在弯矩的话)，因此，将它们作为铰节点处理。内部支撑和交叉支撑均采用箱型横截面钢梁，其横截面尺寸远小于桁架结构主要构件的尺寸。两榀桁架结构在它们的端点(在点

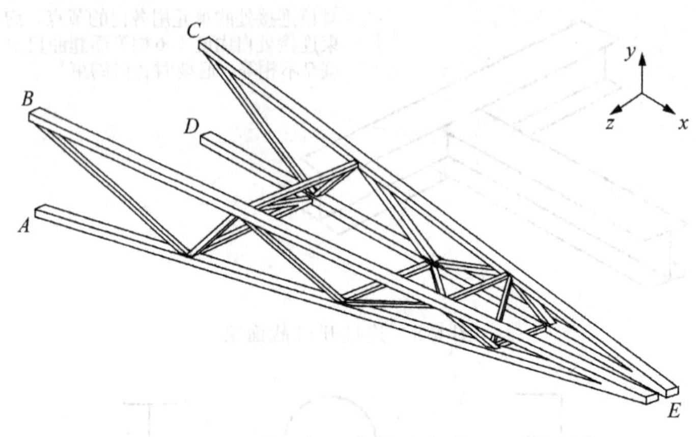

图 6-10　轻型货物吊车草图

E)连接，这种连接方式允许它们各自独立地沿 3 方向移动和所有的转动，而约束它们在 1 方向和 2 方向的位移相等。吊车在点 A，B，C 和 D 牢固地焊接在巨大的结构上，如图 6-11 所示。在以下各图中，桁架 A 是包括构件 AE，BE 及其内部支撑的结构；桁架 B 是包括构件 CE，DE 及其内部支撑的结构。

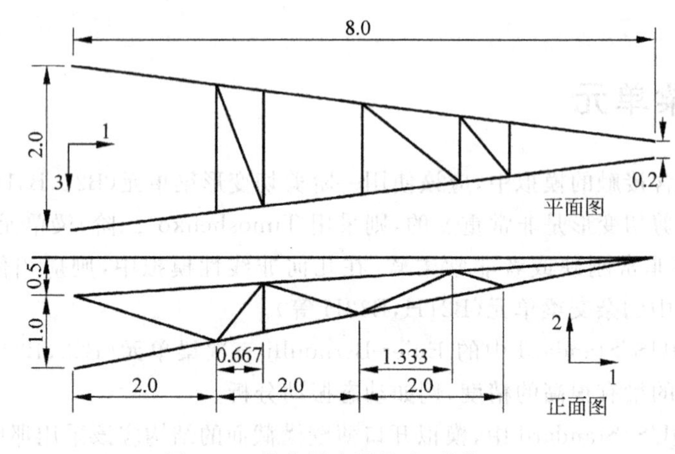

图 6-11　货物吊车的尺寸(单位：m)

在吊车的主要构件中，典型横截面的尺寸与总长度的比值远小于 1/15。在内部支撑应用的最短构件中，这个比值近似为 1/15。因此，应用梁单元模拟吊车是合理的。

6.4.1　前处理——用 ABAQUS/CAE 创建模型

1. 创建部件

在吊车的主要构件及其内部支撑之间是焊接节点。从模型的一个区域到邻近的区域，焊接节点提供了平移和转动的完全的连续性。因此，在模型中每一个焊接节点仅需要一个几何实体(即顶点)，可应用单一部件代表主要构件和内部支撑。为了方便，将两个桁架结构作为一个部件处理。

将交叉支撑连接到桁架结构的是螺栓节点，它们在桁架结构端点的连接区别于焊接节点的连接。由于这些节点对于所有的自由度不提供完全的连续性，所以在连接处需要分别给出各自的节点。由于需要明确的几何实体模拟螺钉,这样,交叉支撑需要作为独立的实体。在分离的节点之间需要定义适当的约束。

我们从讨论如何定义桁架几何形体的技术开始。由于两个桁架结构完全一致,所以仅用单一桁架结构的几何形状来定义部件的基本特征就足够了。可以先保存该桁架的几何构图,然后再利用它在部件的定义中增加第二个桁架结构。

图 6-11 显示的尺寸是相对于图中的笛卡儿坐标系给出的,然而,基本特征是画在部件的局部 1-2 平面上,因此,当绘制桁架时所指定的尺寸需要做相应的调整。一旦所有的部件装配在一个公共坐标系中,它们就可以根据需要进行旋转和重新定位,最终得到图 6-11 所示的结果。

定义单一桁架的几何形状:

(1) 首先创建一个三维、可变形的平面线框,设置近似的部件尺寸为 15.0,并命名部件为 Truss。

(2)应用 **Create Lines**(创建线):**Connected**(连接)工具,创建两条几何线代表桁架的主要构件。在图中标注尺寸,并用 **Edit Dimension Value**(编辑尺寸值)工具 编辑尺寸,以给出桁架的准确水平跨度,如图 6-12 所示。

提示:应用 **Sketcher Options** 修改尺寸文本的格式。

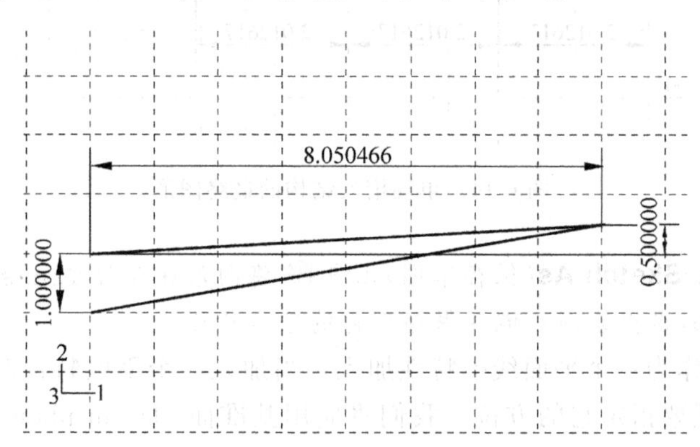

图 6-12 桁架的主要构件

(3) 生成 5 个独立点,如图 6-13 所示。

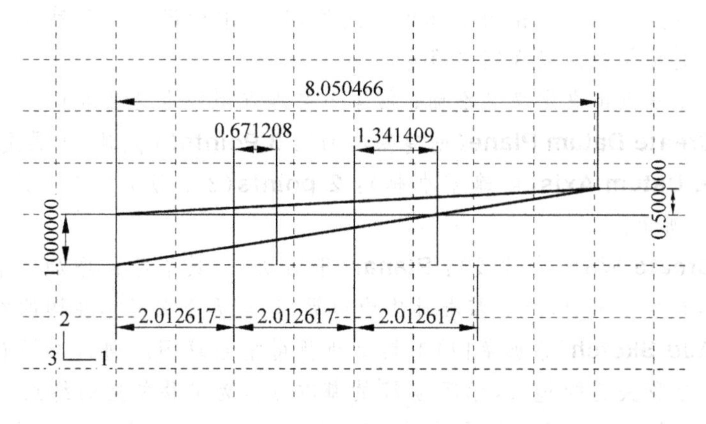

图 6-13 用于定位辅助几何的点

对每个点创建和编辑尺寸标注，如图6-13所示，然后通过每个点创建一条竖直辅助线。在主要构件上确定辅助线与两个主要构件之间的交叉点，在这些点上将内部支撑焊接到桁架上。

(4) 采用在辅助线和几何线(即代表桁架主要构件的线)之间预选的点，在焊接的位置创建独立点(isolated point)。此外，在两条几何线的端点创建独立点。

(5) 删除几何线，并应用一系列的连接线重新定义桁架的几何形状。例如，从位于结构左下角的点开始，以逆时针的方式依次连接相邻点，可以定义整个桁架的几何形状。最终的图形如图6-14所示。

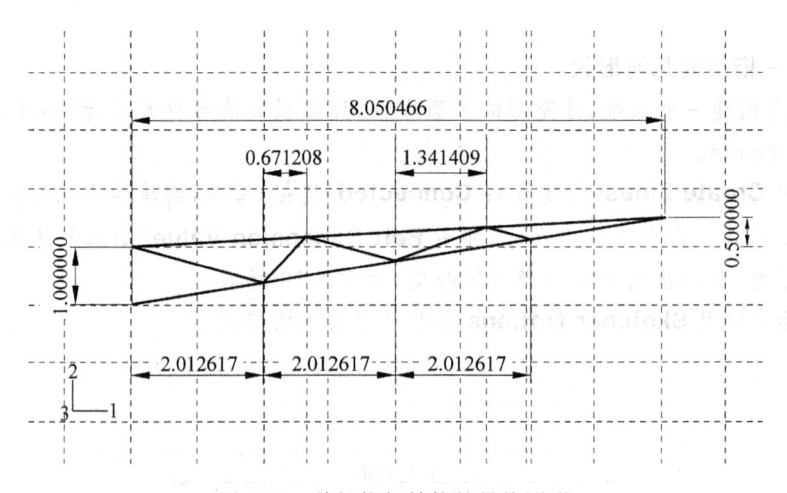

图6-14　单榀桁架结构的最终图形

(6) 应用 **Save Sketch As**(保存草图)工具将图形保存为 Truss。

(7) 单击 **Done**，退出绘图环境并保存部件的基本特征。

另一个桁架将作为一个平面线框特性加入。当加入一个平面特性时，不仅需要指定一个构图平面，而且还要指定它的方位。我们将应用基准面(datum plane)定义该平面，应用一个基准轴(datum axis)定义平面的方位。然后，将桁架草图投影到这个平面上。

定义第2个桁架结构的几何形体：

(1) 从桁架的端点应用偏移(offset)定义3个数据点，如图6-15所示。

从母体端点的偏移已在图中标出。此外，如图中标识定义了第4个基准点。可以根据需要旋转视图以观察基准点。

前三个基准点用来定义基准面；第4个基准点用来定义基准轴。

(2) 应用 **Create Datum Plane**(创建基准面)：**3 Points**(3点法)工具定义一个基准面，**Create Datum Axis**(创建基准轴)：**2 points**(2点法)工具定义一个基准轴，如图6-15所示。

(3) 应用 **Create Wire**(创建线)：**Planar**(平面法)工具给部件增加一个特性。选取基准面作为绘图平面，选取基准轴作为边界，该边界竖向显示在图的右侧。

(4) 应用 **Add Sketch**(添加草图)工具重新获得桁架草图。通过选择新桁架端部的顶点作为平移矢量的起点，标记为 E' 的基准点作为平移矢量的终点，平移(translate)草图，如图6-15所示。如果需要，可以放大和旋转图形以便于选取。

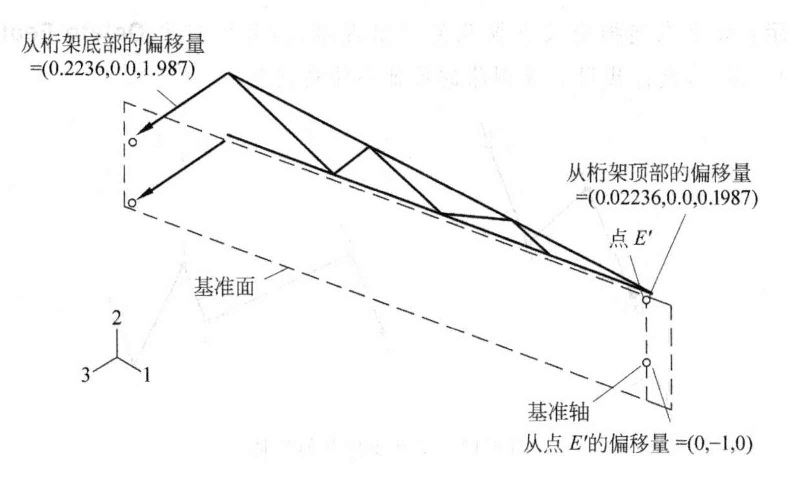

图 6-15　基准点、基准面和基准轴

(5) 在提示区单击 **Done**,退出绘图环境。

最终的桁架部件如图 6-16 所示。

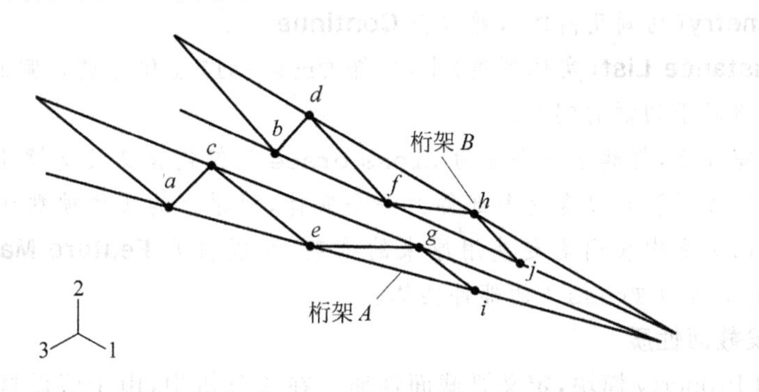

图 6-16　最终的桁架结构的几何图形(放大标识的点表示铰接点的位置)

如前所述,交叉支撑必须作为分离的部件处理,才能正确地代表在支撑与桁架之间的铰接关系。然而,绘制交叉支撑最简单的办法是直接在桁架连接点的位置之间创建线框特征。因此,我们将采用如下的方法创建交叉支撑部件:首先,创建一个桁架部件的复制件,在其上添加代表交叉支撑的线段(我们不能采用这一新的部件,这是因为在铰接点处是共享的,这样不能代表一个铰接点);然后,使用在装配(assembly)模块中的切割性能,在含有交叉支撑的桁架和没有交叉支撑的桁架之间进行布尔(Boolean)切割,保留交叉支撑几何部分作为一个明确的部件。其过程详述如下。

创建交叉支撑的几何形体:

(1) 从主菜单栏中选择 **Part→Copy→Truss**,在 **Part Copy**(复制部件)对话框中命名新部件为 Truss-all,并单击 **OK**。

(2) 铰接位置在图 6-16 中以高亮度显示。利用 **Creat Wire: Poly Line**(多线)工具将交叉支撑几何添加到新部件中,如图 6-17 所示(在该图中的点对应于在图 6-16 中标记的点,在图 6-17 中隐去了桁架的可视性)。采用如下的坐标指定类似的视图:**Viewpoint**(1.19,5.18,7.89),**Up vector**(−0.40,0.76,−0.51)。

提示：如果在连接交叉支撑几何时出现错误，可以应用 **Delete Feature**（删除特征）工具删除线段。被删除的特征不能被恢复。

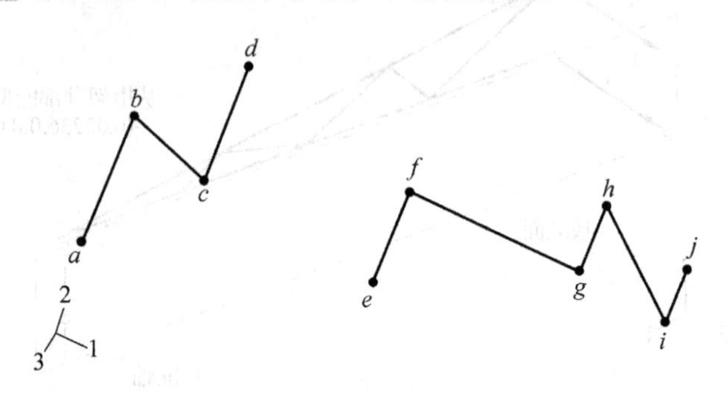

图 6-17　交叉支撑几何形体

(3) 进入 Assembly 模块，创建每个部件的实体（Truss 和 Truss-all）。

(4) 从主菜单栏中选择 **Instance→Merge/Cut**，在 **Merge/Cut Instances**（合并/切割实体）对话框中命名新部件为 Cross brace，在 **Operations**（操作）域中选择 **Cut geometry**（切割几何体），并单击 **Continue**。

(5) 从 **Instance List**（实体列表）中，选择 Truss-all-1 作为被切割的实体和 Truss-1 作为将用于切割的实体。

切割完成后，创建了一个名为 Cross brace 且仅包含交叉支撑几何的新部件。当前的装配模型只包含这个部件的一个实体，而原来的实体被默认删除了。由于在模型的装配中我们需要使用原来的桁架，所以打开 **Feature Manager**（特征管理器）恢复名为 Truss-1 的部件实体。

2. 定义梁截面性质

现在回到 Property 模块，定义梁截面性质。在该分析中，由于假设材料行为是线弹性的，所以从计算的观点考虑采用预先计算梁截面性质的方法将大幅提高计算效率。假定桁架和支撑都是由中等强度的钢材制造，$E=200.0\times10^9\,\text{Pa}$，$\nu=0.25$，$G=80.0\times10^9\,\text{Pa}$。在该结构中所有的梁都是箱型横截面。

箱型截面及吊车中两榀桁架主要构件的尺寸如图 6-18 所示，支撑构件梁截面的尺寸如图 6-19 所示。

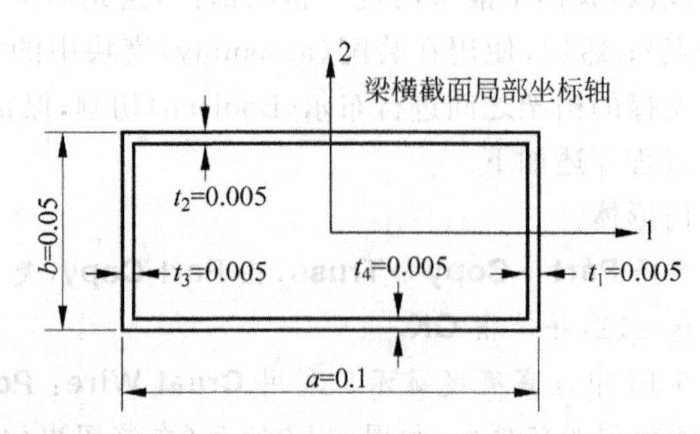

图 6-18　主要构件的横截面几何形状和尺寸(单位：m)

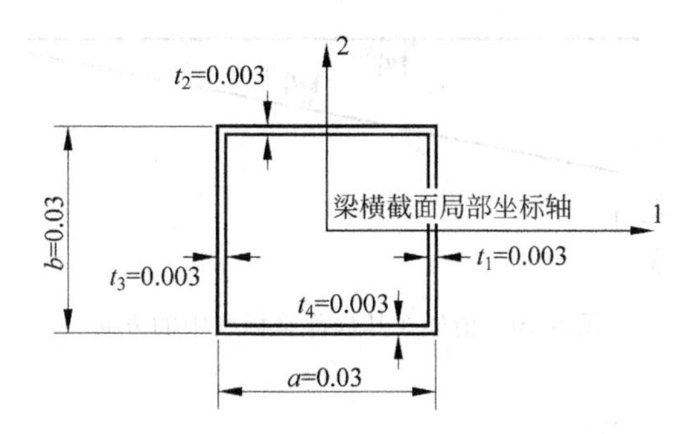

图 6-19 内部和交叉支撑构件的横截面几何形状和尺寸(单位：m)

定义梁截面性质：

(1) 在 Property 模块中创建两个箱型轮廓(profile)：一个是桁架结构的主要构件，另一个是内部和交叉支撑。将两个轮廓分别命名为 MainBoxProfile 和 BraceBoxProfile。采用图 6-18 和图 6-19 所示的尺寸完成轮廓的定义。

(2) 为桁架结构的主要构件以及内部和交叉支撑各创建一个梁截面，并分别命名截面为 MainMemberSection 和 BracingSection。

① 对于两个截面的定义，在分析前指定截面的积分方式。当选择了这种类型的截面积分时，材料性质定义就可以作为截面定义的组成部分，而不需要另外给出材料的定义。

② 选择 MainBoxProfile 作为主要构件的截面定义，选择 BraceBoxProfile 作为支撑截面的定义。

③ 单击 **Linear properties**(线性性质)，在 **Beam Linear Behavior**(梁线性行为)对话框中的相应文本区域中(如前面描述的)输入杨氏模量和剪切模量。

④ 在 **Edit Beam Section**(编辑梁截面)对话框的相应文本区域中输入泊松比。

(3) 将 MainMemberSection 赋予几何区域代表桁架的主要构件，并将 BracingSection 赋予区域代表内部和交叉支撑的构件。应用位于工具栏下面的 **Part** 列表恢复每一个部件。由于不再需要 Truss-all 部件，因此可以忽略它。

3. 定义梁截面方向

桁架主要构件的梁截面轴定位为：梁的 1 轴正交于桁架结构的平面，如在正视图(图 6-11)中所示；梁的 2 轴正交于该平面中的单元。对于内部桁架支撑和与之相应的桁架结构的主要构件，其近似的 $\boldsymbol{n}_1$ 矢量是相同的。

在桁架部件自己的局部坐标系中，Truss 部件的方向如图 6-20 所示。

从主菜单栏中选择 **Assign→Beam Section Orientation**，为每个桁架结构指定一个近似的 $\boldsymbol{n}_1$ 矢量。如前所述，该矢量的方向必须正交于桁架的平面。因此，对于平行于部件局部 1-2 平面的桁架(桁架 B)，近似的 $\boldsymbol{n}_1$ =(0.0,0.0,1.0)；而另一个桁架结构(桁架 A)，近似的 $\boldsymbol{n}_1$ =(－0.2222,0.0,－0.975)。

从主菜单栏中选择 **Assign→Tangent**，指定梁的切线方向。必要时翻转切线方向，显示的结果如图 6-21 所示。

所有交叉支撑和每榀桁架结构内部的支撑都具有相同的梁截面几何，而它们的梁截面

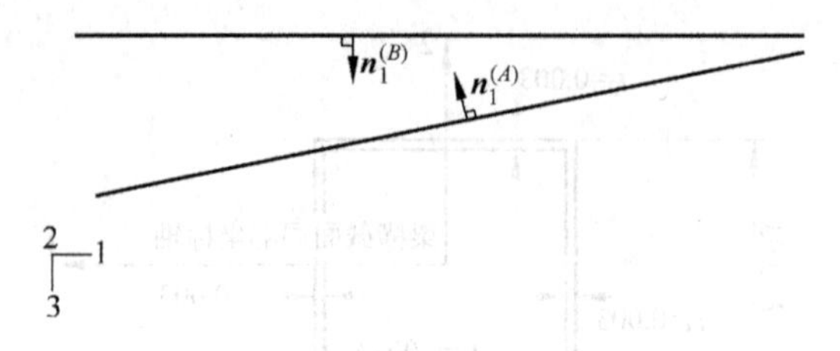

图 6-20　桁架在其局部坐标系中的方向

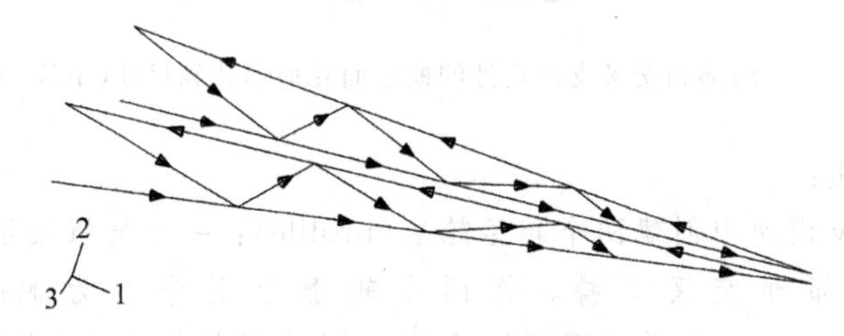

图 6-21　梁的切线方向

轴的方向却各不相同。由于方形交叉支承构件主要是承受轴向载荷，它们的变形对横截面的取向并不敏感；因此，我们可以采用某些假定，以便使指定交叉支撑的方向多少更容易些。所有的梁法线(n_2矢量)必须近似地位于货物吊车俯视图的平面内(见图 6-19)，这个平面相对于整体 1-3 平面只有轻微的倾斜。定义这个方向的一个简单办法就是提供一个正交于这个平面的近似的 n_1矢量。该矢量应该是几乎平行于整体的 2 方向。因此，对于交叉支撑，指定 $n_1=(0.0,1.0,0.0)$，以使它与部件的(后面也将看到，整体的)y 轴一致。

4. 梁的法线

在这个模型中，如果提供的数据仅定义了近似的 n_1矢量的方向，将会引起模拟的误差。如果不专门指定，梁法线的平均化方式(见第 6.1.3 节"梁截面曲率")将引起 ABAQUS 对于货物吊车模型使用不正确的几何形状。为了查看这一点，可以应用 Visualization 模块显示梁截面轴和梁切线矢量(见第 6.4.2 节"后处理")。如果没有对梁法线的方向给出进一步的修正，虽然吊车模型中的法线在 Visualization 模块中看上去是正确的，但事实上它们将有轻微的偏差。

图 6-22 显示了桁架结构的几何形状。从该图可以看出，对于吊车模型，其正确的几何形状要求在顶点 $V1$ 有 3 条独立的梁法线：$R1$ 区及 $R2$ 区各一个，$R3$ 区和 $R4$ 区共用一个。应用 ABAQUS 关于平均法线的逻辑，显然在 $R2$ 区中顶点 $V1$ 的梁法线将与在该点的相邻区的法线进行平均。在这个例子中，平均化逻辑的重要性在于当法线对参考法线的夹角小于 20°时，将该法线与参考法线平均化，从而定义一条新的参考法线。假设在该点的初始参考法线是对于 $R3$ 区和 $R4$ 区的法线，由于在顶点 $V1$ 处 $R2$ 区的法线与初始参考法线的夹角小于 20°，所以它与初始参考法线取平均化，在该点处定义新的参考法线。另一方面，由于在顶点 $V1$ 处 $R1$ 区的法线与初始参考法线的夹角大约是 30°，因此它有一个独立的法线。

这个不正确的平均法线意味着在 $R2$，$R3$ 和 $R4$ 区中创建的单元共享在 $V1$ 处创建的节点，这些单元具有围绕从单元的一端到另一端的梁轴线产生扭曲的截面几何形状，而这并不是所希望的几何形体。所以在相邻区域法线的夹角小于 20°的位置，必须明确地指定法线

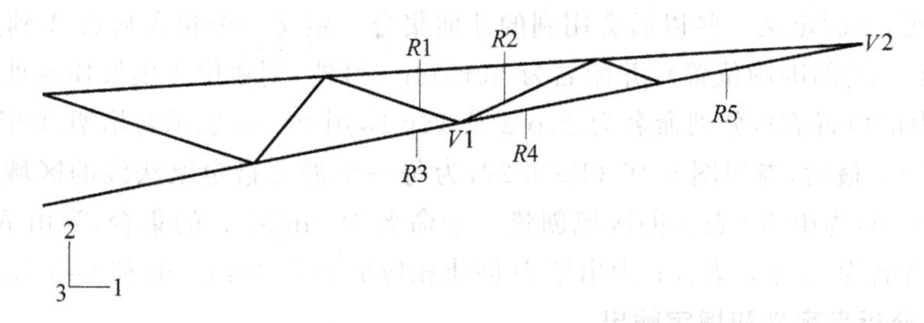

图 6-22　需要指定梁法线的位置

方向，这样才能避免 ABAQUS 应用它的平均算法。在这个例子中，在吊车的两侧桁架中的相应区域都需要采取这种办法。

在桁架结构的顶点 $V2$ 处的法线也存在这个问题，因为与这个顶点相连的两个区域之间的夹角也小于 20°。由于我们模拟的是直梁，在每根梁的两个端点的法线是同一个常数，所以通过直接指定梁的法线方向可以修正这一问题。如前所述，在吊车的两侧桁架中的相应区域都需要采取这种办法。

目前，在 ABAQUS/CAE 中指定梁法线方向的唯一方法是应用 **Keywords Editor**（关键词编辑器）。**Keywords Editor** 是一个专门的文本编辑器，在提交输入文件进行分析前，它允许用户修改由 ABAQUS/CAE 生成的 ABAQUS 输入文件。这样，用户可以使用它添加目前的 ABAQUS/CAE 版本还不支持的 ABAQUS/Standard 或者 ABAQUS/Explicit 功能。关于 **Keywords Editor** 的更多信息，请参阅《ABAQUS/CAE 用户手册》第 13.8.1 节 “Adding unsupported keywords to your ABAQUS/CAE model”。

由于 **Keywords Editor** 只能在 Job 模块中调用，所以只能在那时指定梁的法线方向。

5. 创建装配件

现在我们来关注如何组装模型，包括旋转和平移前面已经创建的部件实体，使它们在整体笛卡儿坐标下组装成一个如图 6-11 所示的整体。

定位吊车装配件：

(1) 从主菜单栏中选择 **Instance→Rotate**，将桁架部件实体绕着由 C 点和 D 点定义的轴旋转 6.4188°（定义在图 6-10 中）。该轴平行于整体 y 轴。判断旋转的方位取决于轴的方向，而轴的方向取决于首选了哪个顶点。例如，如果选择 C 点作为定义旋转轴的起点，那么转动必须指定作为正值（即对应于 y 轴负方向）。ABAQUS/CAE 会显示一个临时的效果图，演示对所选择部件实体将要施加的旋转。在提示区单击 **OK**，以接受部件实体的新位置。

(2) 对交叉支撑部件的实体重复上述步骤，确保旋转该实体的轴与对桁架所用的旋转轴一致（即再次应用 C 点和 D 点）。

(3) 在 B 点和 D 点之间的中点处创建一个基准点（见图 6-10），然后，从主菜单栏中选择 **Instance→Translate**，平移桁架部件的实体。指定这个基准点作为平移矢量的起点，点(0.0,0.0,0.0)作为矢量的终点。也必须将交叉支撑部件的实体平移相同的量。最简单的办法是在交叉支撑上任选一点作为平移矢量的起点，并将桁架中相应的点作为矢量的终点。

为了方便,下面定义一些以后会用到的几何集合。定义一个包含从点 A 到点 D 的几何集合(参见图 6-10 的准确位置),并命名为 Attach。另外,创建位于桁架顶端处的点的集合(在图 6-10 中的位置 E),分别命名为 Tip-a 及 Tip-b,用 Tip-a 表示与桁架 A 相关的几何集合(见图 6-16)。最后,参照图 6-16 和图 6-22,为每一个需要指定梁法线的区域创建一个集合。对于桁架 A,为由 $R2$ 表示的区域创建一个命名为 Inner-a 的集合,为由 $R5$ 表示的区域创建一个命名为 Leg-a 集合;为桁架 B 创建相应的集合 Inner-b 和 Leg-b。

6. 创建分析步定义和指定输出

在 Step 模块,创建一个一般静态(static,general)分析步,命名该步骤为 Tip load,并输入下面的分析步描述:Static tip load on crane。

为了应用 ABAQUS/CAE 作后处理,将在节点处的位移(U)和约束反力(RF)以及在单元中的截面力(SF)作为场变量写入输出数据库。

7. 定义约束方程

在 Interaction 模块中指定在节点自由度之间的约束。每个方程的形式是

$$A_1 u_1 + A_2 u_2 + \cdots + A_n u_n = 0$$

式中,A_i是与自由度 u_i相关的系数($i=1,2,\cdots,n$)。

在吊车模型中,将两榀桁架的顶端连接在一起,这样,自由度 1 和 2(在 1 和 2 方向的平移)是相等的,而其他的自由度(3～6)是独立的。需要两个线性约束,一个是在两个顶点的自由度 1 相等,而另一个是在两个顶点的自由度 2 相等。

创建线性方程:

(1) 切换到 Interaction 模块,从主菜单栏中选择 **Constraint→Create**,命名约束为 TipConstraint-1,并指定为方程约束。

(2) 在 **Edit Constraint**(编辑约束)对话框中,在第 1 行中输入系数(coefficient)1.0、集合名(set name)Tip-a 和自由度(DOF)1;在第 2 行中输入系数−1.0、集合名 Tip-b 和自由度 1。单击 **OK**。

这样就定义了自由度 1 的约束方程。

注意:在 ABAQUS/CAE 中的文本输入是区分大小写的。

(3) 从主菜单栏中选择 **Constraint → Copy**,将 TipConstraint-1 复制到 TipConstraint-2。

(4) 选择 **Constraint→Edit→TipConstraint-2**,将两行的自由度改为 2。

在刚度矩阵中,将消去定义在约束方程中与第 1 个集合相关的自由度。因此,这个集合将不能在其他的约束方程中出现,而且边界条件也不能施加在消去的自由度上。

8. 模拟桁架和交叉支撑之间的铰接

与桁架内部的支撑不同,交叉支撑是用螺栓连接在桁架构件上的。可以假设这些螺栓连接处不能传递转动和扭转。在这些需要定义约束的位置处定义了两个相同的节点。在 ABAQUS 中可以用多点约束、约束方程或者连接件来定义这样的约束。本例采用最后一种方法。

连接件允许模拟在模型装配件中任意两点之间(或者在装配件中的任意一点与地面之间)的连接。在 ABAQUS 中包含一个庞大的连接件库。关于每种连接件类型的描述和全部列表,请参阅《ABAQUS 分析用户手册》第 17.1.5 节“Connector element library”。

应用 JOIN 连接件模拟螺栓连接。由这种连接件建立的铰链连接约束了相等的位移，而转动(如果它们存在)则保持独立。

每一个连接件必须提供一个连接件特性以定义它的类型(类似于在单元与截面特性之间的关系)。因此，首先要定义特性，然后是各个连接件。

定义连接件特性：

(1) 从主菜单栏中选择 **Connector→Property→Create**，在 **Create Connector Property**(创建连接特性)对话框中选择 **Basic types**(基本类型)作为 **Connection Type**(连接类型)，从平移类型的列表中选择 **Join**。接受所有其他的默认设置，并单击 **Continue**。

(2) 不需要设置其他特性，因此，在显示的连接件特性编辑器中单击 **OK**。

定义连接件：

(1) 在主菜单栏中选择 **Connector→ Create**，在 **Create Connector** 对话框中，接受默认的名字选择，并单击 **Continue**。

(2) 在显示的连接件编辑器中，接受关于 **Connector Property**(连接件特性)的默认选择，单击 **Edit Point 1**(编辑点 1)。

(3) 在视区中，选择标记在图 6-16 中的 a 点。

显示在视区中的信息表示选择是不明确的。这是可以预见到的，因为同时有两个顶点占据着这个位置。在连接件定义中，选择与桁架相关的顶点作为第 1 个点。在提示区中单击 **Next**(如果需要)，直到与桁架相关的那个顶点以高亮度显示，然后单击 **OK**。

(4) 在连接件编辑器中单击 **Edit Point 2**，再一次选择在图 6-16 中标记 a 的点。在提示区中单击 **Next**(如果需要)，直到与交叉支撑相关的那个顶点高亮度显示，然后单击 **OK**。

注意：点的选取顺序是不重要的，视简单方便而定。

(5) 在连接件编辑器中单击 **OK**，完成连接件的定义。在视区中显示出符号，代表目前的连接件。

(6) 对于表示在图 6-16 中余下的每一个铰接位置，重复步骤 1～5。

9. 定义载荷和边界条件

总计为 10kN 的载荷施加在桁架端部的负 y 方向。回顾由一个约束方程连接了集合 `Tip-a` 和 `Tip-b` 的 y 向位移，这里关于集合 `Tip-a` 的自由度已经从系统方程中消去了。因此，在 Load 模块中，将载荷作为数值为 `10000` 的集中力施加到集合 `Tip-b` 上，命名载荷为 `Tip load`。由于约束的存在，载荷将由两榀桁架平均承担。

吊车是被坚实地固定在主体结构上的。创建一个固定边界条件，命名为 `Fixed end`，并将它施加在 `Attach` 集合上。

10. 创建网格

采用三维、细长的三次梁单元(B33)模拟货物吊车。这些单元中的三次插值允许对每个构件只采用一个单元，在所施加的弯曲载荷下仍然可获得精确的结果。在这个模拟中采用的网格如图 6-23 所示。

在 Mesh 模块中，对所有的区域指定一个整体的种子密度(seed)2.0，并应用线性三次

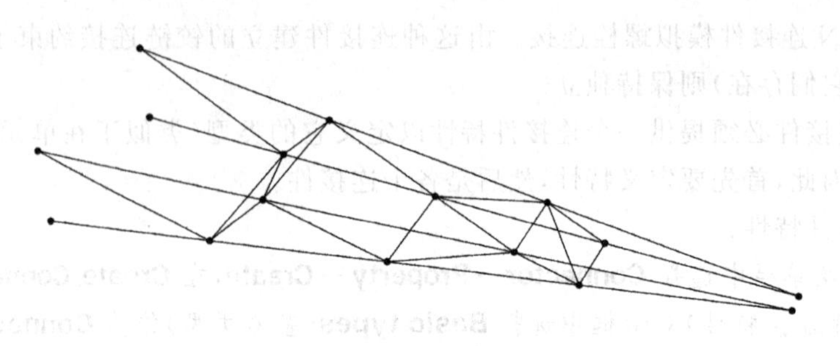

图 6-23　货物吊车的网格

空间梁(B33 单元)对两个部件实体剖分网格。

11. 使用 Keywords Editor(关键词编辑器)和定义作业

在作业(Job)模块,应用 **Keywords Editor** 添加必要的关键词选项(即指定梁法线方向的选项)来完成模型的定义。如果需要了解对所用符号的说明,请查阅《ABAQUS 关键词手册》(*ABAQUS Keywords Manual*)。

在关键词编辑器中增加选项:

(1) 从主菜单栏中选择 **Model→Edit Keywords**,并选择正确的模型。

在弹出的 **Keywords Editor** 对话框中,包含为了这个模型已经生成的输入文件。

(2) 在 **Keywords Editor** 中,每个关键词都显示在自己的文本块中。只有白色背景的文本块才能被编辑。选择刚好出现在位于 * END ASSEMBLY 选项前面的文本块,单击 **Add After**,(添加)增加一个空的文本块。

(3) 在出现的文本块中,输入以下内容:

```
* NORMAL,TYPE= ELEMENT
Inner-a,  Inner-a,  - 0.3986,    0.9114,  0.1025
Inner-b,  Inner-b,    0.3986,  - 0.9114,  0.1025
Leg-a,    Leg-a,    - 0.1820,    0.9829,  0.0205
Leg-b,    Leg-b,      0.1820,  - 0.9829,  0.0205
```

提示:利用弹出的快捷菜单,单击鼠标键③可以在文本块的不同位置之间进行剪切、复制和粘贴数据。

(4) 完成后,单击 **OK**,退出 **Keywords Editor**。

在进行下一步之前,将模型重新命名为 `Static`。这个模型在第 7 章"线性动态分析"讨论中将构成吊车例题模型的基础。

将模型保存在名为 `Crane.cae` 的模型数据文件中,并创建名为 `Crane` 的作业。

提交作业进行分析,并监控分析进程。修正遇到的任何模拟错误;如果还有警告信息,应该查找原因,必要时采取适当的措施。

6.4.2　后处理

切换到 Visualization 模块,并打开 Crane.odb 文件,ABAQUS 显示出吊车模型的草图(fast plot)。

1. 画出变形的模型形状

在开始练习时,首先将变形后的模型叠加在未变形的模型上,采用(0,0,1)作为观察点

矢量的 X,Y 和 Z 坐标,(0,1,0)作为向上矢量的 X,Y 和 Z 坐标,指定一个非默认的视图。

吊车变形后的形状叠加在未变形形状上,如图 6-24 所示。

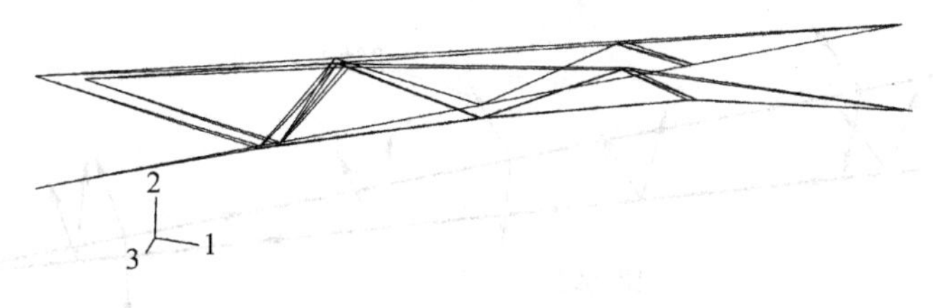

图 6-24　货物吊车的变形形状

2. 应用显示组绘出单元和节点集

可以应用显示组(display groups)画出已存在的节点和单元集;也可以通过在视区中直接选取节点或单元创建显示组。下面创建一个仅包含与桁架 A 的主要构件相关的单元的显示组。

创建并绘出显示组:

(1) 从主菜单栏中选择 **Tools→Display Group→Create**,或使用工具箱中的 工具,弹出 **Create Display Group**(创建显示组)对话框。

(2) 从这个对话框左上部的 **Item** 列表中选择 **Elements**。

(3) 从 **Selection Method** 列表中选择 **Pick from viewport**(从视区选取)。

(4) 用[Shift]+单击,从视区中选择与桁架 A 的主要构件相关的所有单元。

提示:如果在当前视图中选择单元有困难,用户可能希望恢复到在选择单元之前默认的等视图。

(5) 在 **Create Display Group** 对话框中单击 **Save Selection As**(保存选择为),并输入 MainA 作为该显示组的名字。

(6) 单击 **Dismiss**,关闭 **Create Display Group** 对话框。

(7) 从主菜单栏中选择 **Tools→Display Group→Plot→MainA**。

现在 ABAQUS/CAE 只显示出在显示组 MainA 中的单元。既有变形前的形状,又有变形后的形状。

3. 梁横截面方向

可以在未变形模型图上绘出截面轴和梁切线。

绘制梁截面轴:

(1) 从主菜单栏中选择 **Plot→Undeformed Shape**,或用工具箱中的 工具仅显示模型的未变形图。

(2) 在工具栏中单击 工具,并从弹出的 **Views** 对话框中选择等视图 。

(3) 从主菜单栏中选择 **Options→Undeformed Shape**,然后,在弹出的对话框中单击 **Normals**(法线)页。

(4) 选中 **Show normals**(显示法线),并接受 **On elements** 的默认设置。

(5) 在 **Normals** 页底部的 **Style**(方式)域中,指定 **Length**(长度)为 **Long**。

(6) 单击 **OK**,截面轴和梁切线显示在未变形图上。

显示的结果如图 6-25 所示。在图 6-25 中,标识截面轴和梁切线的文字注解将不会出现在屏幕上。另外,屏幕显示的梁局部1轴矢量 $\boldsymbol{n}_1$ 是蓝色的;显示的梁2轴矢量 $\boldsymbol{n}_2$ 是红色的;而显示的梁切线矢量 $\boldsymbol{t}$ 是白色的。

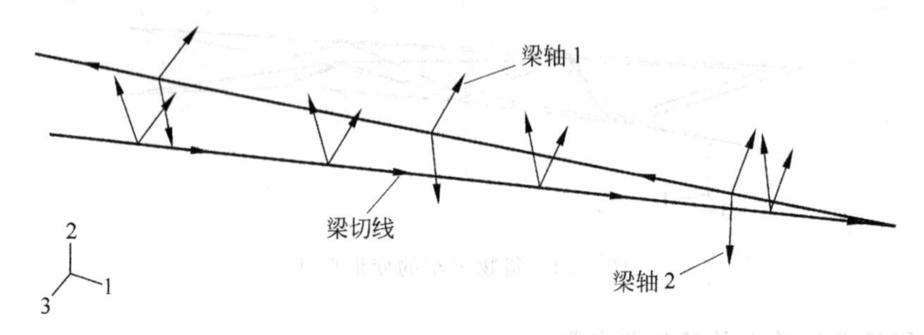

图6-25 在显示组MainA中单元的梁截面轴和切线图

4. 创建硬拷贝

可以将梁法线的图形保存到文件中以便于硬拷贝(hard copy)输出。

创建梁法线图形的后处理原稿(**PostScript**)文件:

(1) 从主菜单栏中选择 **File→Print**,弹出 **Print**(打印)对话框。

(2) 在打印对话框的 **Settings**(设置)域中选择 **Black&White**(黑白图),作为 **Rendition**(显示类型);选择 **File**(文件)作为 **Destination**(输出目标)。

(3) 选择 **PS** 作为 **Format**(格式),并输入 `beamsectaxes.ps` 作为 **File Name**(文件名)。

(4) 单击 **PS Options**(**PS** 选项),弹出 **PostScript Options** 对话框。

(5) 在 **PostScript Options** 对话框中,选择 **600 dpi** 作为 **Resolution**(分辨率),关闭 **Print date**(打印数据)。

(6) 单击 **OK**,确认全部选项,并关闭对话框。

(7) 在 **Print** 对话框中单击 **OK**。

ABAQUS/CAE创建了一个梁法线图形的PostScript文件,并以文件名 `beamsectaxes.ps` 保存在用户当前的工作目录下。如果要打印PostScript文件,可以应用系统中的打印命令。

5. 位移总结

用户可以将显示组 `MainA` 中所有节点位移的总结(displacement summary)写入一个名为 `crane.rpt` 的报表文件中。在吊车尖端沿2方向的峰值位移为0.0188m。

6. 截面力和弯矩

ABAQUS可以以作用在给定点处横截面上的力和弯矩的形式提供对于结构单元的数据输出。这些截面力和弯矩定义在局部的梁坐标系中。现在绘制在显示组 `MainA` 中单元绕梁1轴的截面弯矩的等值线图。为了清楚起见,重新设置视图以使单元显示在1-2平面内。

创建"弯矩"等值线图:

(1) 从主菜单栏中选择 **Result→Field Output**,弹出 **Field Output**(场变量输出)对话框,默认选择 **Primary Variable**(主要变量)页。

(2) 从现有的输出变量列表中选择 **SM**,再从子域中选择 **SM1**。

(3) 单击 **OK**，显示 **Select Plot Mode**(选择绘图方式)对话框。

(4) 选择 **Contour**(等值线图)，单击 **OK**。

ABAQUS/CAE 显示了绕梁 1 轴的弯矩的等值线图，等值线图是在变形模型图上画出的。由于在这个分析中没有考虑几何非线性，所以自动地选定了变形放大因子。对于诸如梁这样的一维单元，这种彩色等值线图并不特别有用，而应用等值线图选项(Contour Options)可以产生的"弯矩"类图形则更为有用。

(5) 在提示区单击 **Contour Options**(等值线图选项)，弹出 **Contour Plot Options** 对话框，默认地选择 **Basic**(基础)页。

(6) 在 **Contour Type**(等值线类型)域中选中 **Show tick marks for line elements**(对线单元显示标记)。

(7) 单击 **Shape**(形状)页，并选择 **Uniform**(一致)变形放大因子为 1.0。

(8) 单击 **OK**。

绘出的图形如图 6-26 所示。在每个节点上变量的大小通过从单元上垂直伸出的"标记棒"(tick mark)与等值线相交的位置来表示。这种"弯矩"类图形可以应用于任何一维单元(包括桁架、轴对称壳以及梁)的任何变量(不只限于弯矩)。

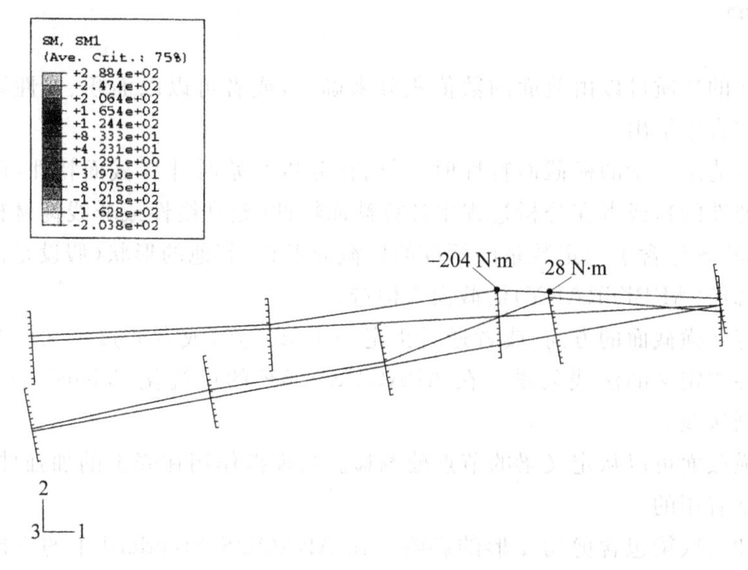

图 6-26　在显示组 MainA 中单元的弯矩图(绕梁 1 轴的弯矩)
(图中指出了最高应力(由单元的弯曲产生)的位置)

6.5　相关的 ABAQUS 例题

- 《ABAQUS 实例问题手册》(*ABAQUS Example Problems Manual*)第 2.1.2 节"Detroit Edison pipe whip experiment"(Detroit Edison 管道击打试验)。
- 《ABAQUS 基准手册》(*ABAQUS Benchmarks Manual*)第 1.2.1 节"Buckling analysis of beams "(梁的屈曲分析)。
- 《ABAQUS 基准手册》(*ABAQUS Benchmarks Manual*)第 1.3.14 节"Crash

simulation of a motor vehicle”(汽车的碰撞模拟)。

- 《ABAQUS 基准手册》(*ABAQUS Benchmarks Manual*)第 2.1.2 节“Geometrically nonlinear analysis of a cantilever beam”(悬臂梁的几何非线性分析)。

6.6 建议阅读的文献

1. 梁的基本理论

Timoshenko, S., *Strength of Materials: Part Ⅱ*, Krieger Publishing Co., 1958.

Oden, J. T. and E. A. Ripperger, *Mechanics of Elastic Structures*, McGraw-Hill, 1981.

2. 梁的基本计算理论

Cook, R. D., D. S. Malkus, and M. E. Plesha, *Concepts and Applications of Finite Element Analysis*, John Wiley & Sons, 1989.

Hughes, T. J. R., *The Finite Element Method*, Prentice-Hall Inc., 1987.

6.7 小结

- 梁单元的性质可以由截面的数值积分来确定,或者可以以面积、惯性矩和扭转常数的形式直接给出。
- 在用数值定义梁的横截面特性时,可以在分析开始时计算截面特性(假设材料行为是线弹性的),或者在分析过程中计算截面特性(允许线性或非线性材料行为)。
- ABAQUS 包含了一定数量的标准的横截面形状,其他的形状(假设是薄壁的),可以用“任意”(ARBITRARY)横截面来构造。
- 必须定义横截面的方向,或者通过指定一个第三点,或者通过定义一个作为部分的单元性质定义的法线矢量。在 ABAQUS/CAE 的可视化(Visualization)模块中可以绘制法线。
- 梁的横截面可以从定义梁的节点处偏移。当模拟作用在壳上的加强件时,这一过程是非常有用的。
- 线性和二次梁包含剪切变形的影响。在 ABAQUS/Standard 中的三次梁单元不考虑剪切变形。在 ABAQUS/Standard 中的开口截面梁单元正确地模拟了在薄壁开口截面上的扭转和翘曲(包括翘曲约束)的影响。
- 多点约束、约束方程和连接件可以用来连接在节点处的自由度,以模拟铰接、刚性连接等。
- “弯矩”类图形可以很容易地显示像梁这样的一维单元的结果。
- 由 PostScript(PS), Encapsulated PostScript(EPS), Tag Image File Format(TIFF)和 Portable Network Graphics(PNG)格式,可以获得 ABAQUS/CAE 图形的硬拷贝。

7　线性动态分析

如果只对结构承受载荷后的长期响应感兴趣，静力分析(static analysis)是足够的。然而，如果加载时间很短(例如在地震中)或者载荷在性质上是动态的(例如来自旋转机械的载荷)，就必须采用动态分析(dynamic analysis)。本章讨论应用 ABAQUS/Standard 进行线性动态分析。关于应用 ABAQUS/Explicit 进行非线性动态分析的讨论，请参阅第 9 章“显式非线性动态分析”。

7.1　线性动态问题简介

动态模拟是将惯性力包含在动力学平衡方程中：

$$M\ddot{u} + I - P = 0$$

式中，M 为结构的质量；$\ddot{u}$ 为结构的加速度；I 为在结构中的内力；P 为所施加的外力。这一公式实际上就是牛顿第二运动定律($F=ma$)。

静态和动态分析之间最主要的区别是在平衡方程中是否包含惯性力($M\ddot{u}$)。在两类模拟之间的另一个区别在于内力 I 的定义。在静态分析中，内力仅由结构的变形引起；而在动态分析中，内力包括了运动(例如阻尼)和结构变形的共同贡献。

7.1.1　固有频率和模态

最简单的动态问题是在弹簧上的质量自由振动，如图 7-1 所示。

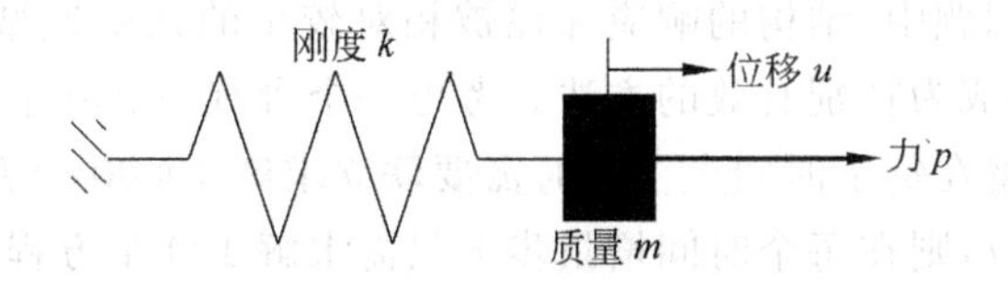

图 7-1　质量-弹簧系统

在弹簧中的内力为 ku，所以它的动态运动方程为

$$m\ddot{u} + ku - p = 0$$

这个质量-弹簧系统的固有频率(natural frequency)(单位是 rad/s)为

$$\omega = \sqrt{\frac{k}{m}}$$

如果质量块被移动后再释放，它将以这个频率振动。若以此频率施加一个动态外力，位移的幅度将剧烈增加，这种现象即所谓的共振。

实际结构具有大量的固有频率。因此在设计结构时，非常重要的是避免使可能的载荷频率过分接近于固有频率。通过考虑非加载结构(在动平衡方程中令 $P=0$)的动态响应可以确定固有频率。则运动方程变为

$$M\ddot{u} + I = 0$$

对于无阻尼系统，$I=Ku$，因此有

$$M\ddot{u} + Ku = 0$$

这个方程的解具有如下形式：

$$u = \phi e^{i\omega t}$$

将此式代入运动方程，即可得到特征值(eigenvalue)问题：

$$K\phi = \lambda M\phi$$

其中，$\lambda=\omega^2$。

该系统具有 n 个特征值，其中 n 是在有限元模型中的自由度数目。记 λ_j 是第 j 个特征值，其平方根 ω_j 是结构的第 j 阶模态的固有频率(natural frequency)；ϕ_j 是相应的第 j 阶特征向量(eigenvector)。特征向量也就是所谓的模态(mode shape)(也称为振型)，因为它是结构以第 j 阶模态振动的变形形状。

在 ABAQUS/Standard 中，应用频率的提取过程确定结构的振型和频率。这个过程应用起来十分容易，只要指出所需要的振型数目或所关心的最高频率即可。

7.1.2 振型叠加

在线性问题中，可以应用结构的固有频率和振型来定性它在载荷作用下的动态响应。采用振型叠加(modal superposition)技术，通过结构的振型组合可以计算结构的变形，每一阶模态乘以一个标量因子。在模型中的位移矢量 u 定义为

$$u = \sum_{i=1}^{\infty} \alpha_i \phi_i$$

其中，α_i 是振型 ϕ_i 的标量因子。这一技术仅在模拟小变形、线弹性材料和无接触条件的情况下是有效的，换句话说，即线性问题。

在结构的动力学问题中，结构的响应往往被相对较少的几阶振型控制。在计算这类系统的响应时，振型叠加成为特别有效的方法。考虑一个含有 10000 个自由度的模型，对动态运动方程的直接积分将在每个时间点上同时需要联立求解 10000 个方程。如果通过 100 个振型来描述结构的响应，则在每个时间增量步上只需求解 100 个方程。更重要的是，振型方程是解耦的，而原来的运动方程是耦合的。在计算振型和频率的过程中，开始时需要一点成本，但是，在计算响应时将会节省大量的计算花费。

如果在模拟中存在非线性，在分析中固有频率会发生明显的变化，因此振型叠加法将不再适用。在这种情况下，只能要求对动力平衡方程直接积分，它所花费的成本比振型分析昂贵得多。

必须具备下列特点的问题才适合于进行线性瞬态动力分析：

- 系统应该是线性的，即线性材料行为，无接触条件，没有非线性几何效应。
- 响应应该只受相对少数的频率支配。当在响应中频率的成分增加时，诸如打击和碰撞问题，振型叠加技术的效率将会降低。
- 载荷的主要频率应该在所提取的频率范围之内，以确保对载荷的描述足够精确。
- 应用特征模态，应该精确地描述由于任何突然加载所产生的初始加速度。
- 系统的阻尼不能过大。

7.2 阻尼

如果允许一个无阻尼结构做自由振动，则它的振幅会是一个常数。然而在实际中，能量被结构的运动耗散，振动的幅度减小直至振动停止。这种能量耗散被称为阻尼(damping)。通常假定阻尼为粘滞的，或者正比于速度。包含阻尼的动力平衡方程可以重新写为

$$M\ddot{u} + I - P = 0$$

$$I = Ku + C\dot{u}$$

其中，C 为结构的阻尼矩阵；$\dot{u}$ 为结构的速度。

能量耗散来自于诸多因素，其中包括结构连接处的摩擦和局部材料的迟滞效应。阻尼是一种很方便的方法，它包含了重要的能量吸收而又无需模拟具体的效果。

在 ABAQUS/Standard 中，特征模态的计算是关于无阻尼系统的。然而，大多数工程问题都包含某种阻尼，尽管阻尼可能很小。对于每个模态，在有阻尼和无阻尼的固有频率之间的关系是

$$\omega_{\mathrm{d}} = \omega\sqrt{1-\xi^{2}}$$

式中，ω_{d} 为阻尼特征值；$\xi=\frac{c}{c_0}$ 为临界阻尼比，c 为该振型的阻尼，c_0 为临界阻尼。

对于 ξ 的较小值($\xi<0.1$)，有阻尼系统的特征频率非常接近于无阻尼系统的相应值；当 ξ 增大时，无阻尼系统的特征频率会变得不太准确了；而当 ξ 接近于 1 时，采用无阻尼系统的特征频率就成为无效的。

如果结构阻尼是处于临界值($\xi=1$)，在任何扰动后，结构不会有摆动，而是尽可能迅速地恢复到它的初始静止构形(见图 7-2)。

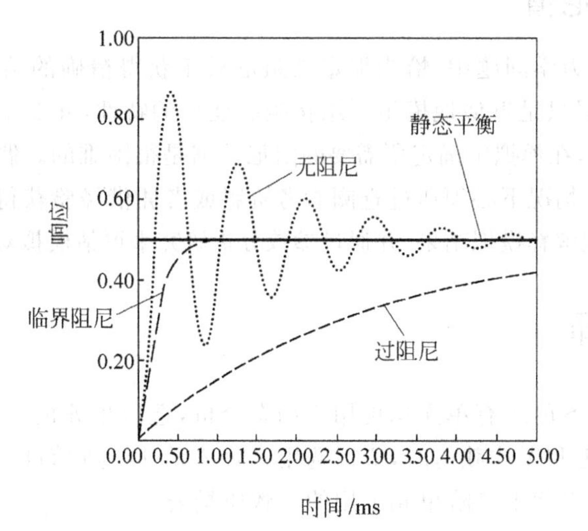

图 7-2 结构在不同阻尼情况下的响应

7.2.1 在 ABAQUS/Standard 中阻尼的定义

对于瞬时模态分析，在 ABAQUS/Standard 中可以定义一些不同类型的阻尼：直接模

态阻尼(direct modal damping)、瑞利阻尼(Rayleigh damping)和复合模态阻尼(composite modal damping)。

阻尼是针对模态动力学过程定义的,阻尼是分析步定义的一部分,每阶模态可以定义不同量值的阻尼。

1. 直接模态阻尼

应用直接模态阻尼可以定义与每阶模态相关的阻尼 c,其典型的取值范围是临界阻尼的1%～10%。直接模态阻尼允许用户精确地定义系统的每阶模态的阻尼。

2. Rayleigh 阻尼

在 Rayleigh 阻尼中,假设阻尼矩阵是质量和刚度矩阵的线性组合,即

$$C = \alpha M + \beta K$$

其中,α 和 β 是由用户定义的常数。尽管阻尼正比于质量和刚度矩阵的假设没有严格的物理基础,但实际上我们对于阻尼的分布知之甚少,也就不能保证其他更为复杂的模型是正确的。一般情况下,这个模型对于大阻尼系统(大约超过临界阻尼的10%)是不可靠的。相对于其他形式的阻尼,可以精确地定义系统的每阶模态的 Rayleigh 阻尼。

对于一个给定模态 i,临界阻尼比为 ξ_i,而 Rayleigh 阻尼值 α 和 β 的关系为

$$\xi_i = \frac{\alpha}{2\omega_i} = 2\beta\omega_i$$

3. 复合阻尼

在复合阻尼中,对于每种材料定义一个临界阻尼比,这样就得到了对应于整体结构的复合阻尼值。当结构中有多种不同的材料时,这一选项是有用的。在本书中将不对复合阻尼做进一步的讨论。

7.2.2 选择阻尼值

在大多数线性动力学问题中,恰当地定义阻尼对于获得精确的结果是十分重要的。但是在某种意义上,阻尼只是近似地模拟了结构吸收能量的特性,并非试图去模拟引起这种效果的物理机制。因此,在模拟中确定所需要的阻尼数据是很困难的。偶尔可以从动态试验中获得这些数据,但通常情况下必须通过查阅参考资料或者凭借经验获得这些数据。在这些情况下,必须十分谨慎地解释模拟结果,并通过参数分析研究来评估模拟对于阻尼值的敏感性。

7.3 单元选择

事实上,ABAQUS的所有单元均可用于动态分析,选取单元的一般原则与静力分析相同。但是,在模拟冲击和爆炸载荷时,应该选用一阶单元,因为它们具有集中质量公式,这种公式模拟应力波的效果优于二阶单元采用的一致质量公式。

7.4 动态问题的网格划分

设计应用于动态模拟的网格时,需要考虑在响应中将被激发的振型,并且使所采用的网格能够充分地反映出这些振型。这意味着能够满足静态模拟的网格,不一定能够计算由于

加载激发的高频振型的动态响应。

考虑图 7-3 所示的板。一阶壳单元的网格对于板受均布载荷的静力分析是适合的，并且也适合于一阶振型的预测。但是，该网格明显过于粗糙从而不能精确地模拟第六阶振型。

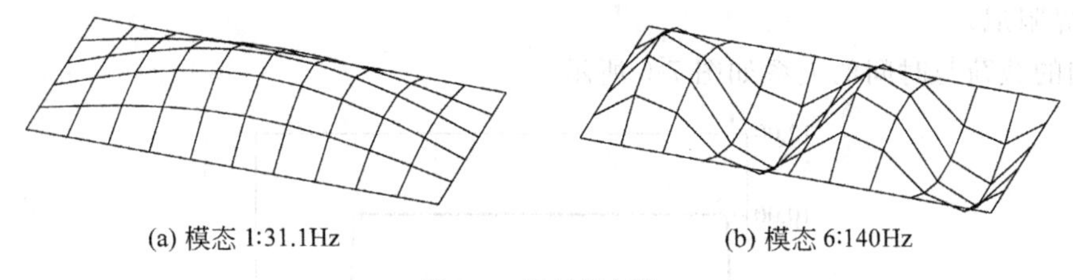
(a) 模态 1:31.1Hz　(b) 模态 6:140Hz

图 7-3 板的粗网格

图 7-4 显示了同样的板采用一阶单元的精细网格模拟的情况。现在，第六阶振型的位移形状看起来明显变好，对于该阶振型所预测的频率更加准确。如果作用在板上的动态载荷会显著地激发该阶振型，则必须采用精细的网格。采用粗网格将得不到准确的结果。

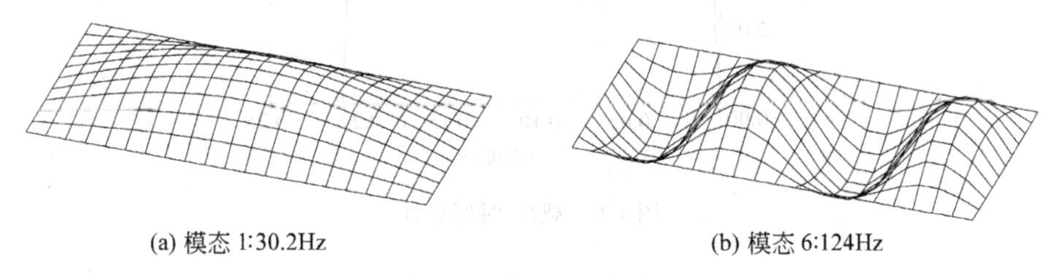
(a) 模态 1:30.2Hz　(b) 模态 6:124Hz

图 7-4 板的精细网格

7.5 例题：货物吊车——动态载荷

这个例子采用在第 6.4 节“例题：货物吊车”中已分析过的同样的货物吊车，现在要求研究的问题是当 10kN 的载荷在 0.2s 的时间中落到吊车挂钩上时所引起的响应。在 A，B，C 和 D 点（见图 7-5）处的连接仅能够承受的最大拉力为 100kN，需要判断这些连接的任何一个是否会断裂。

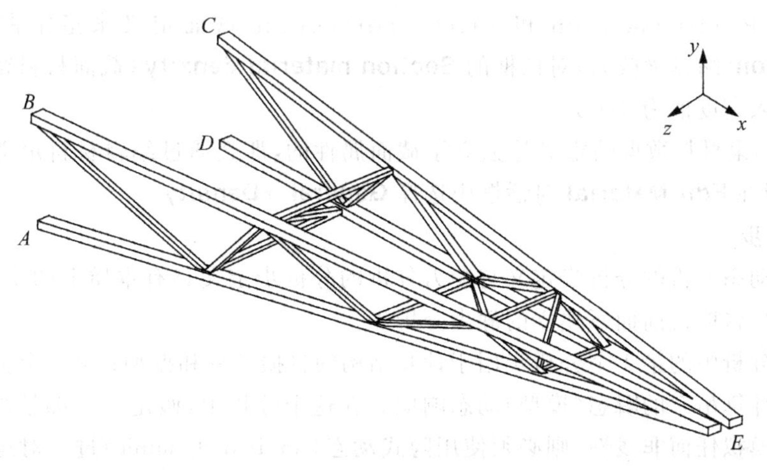

图 7-5 货物吊车

加载的持续时间很短意味着惯性效应可能是很重要的，基本上要进行动态分析。这里没有提供关于结构阻尼的任何信息。由于在桁架和交叉支撑之间采用的是螺栓连接，所以由摩擦效应引起的能量吸收可能是比较显著的。因此，基于经验可以对每一阶振型选择5%的临界阻尼。

施加的载荷与时间的关系如图7-6所示。

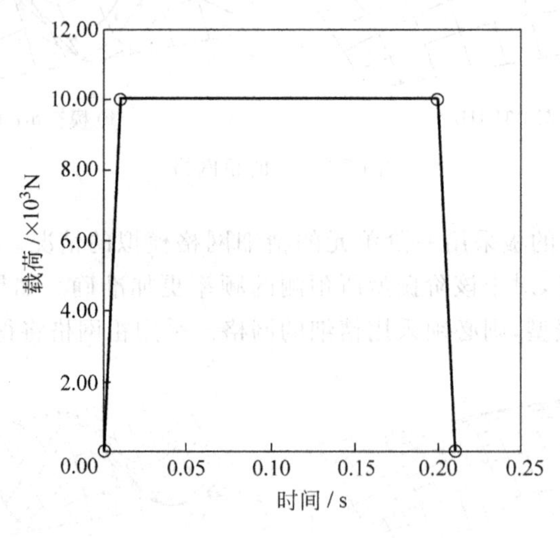

图7-6 载荷-时间特性

7.5.1 修改模型

打开模型数据库文件 `Crane.cae`，将 `Static` 模型复制成一个名为 `Dynamic` 的模型。除了下面描述的修改之外，动态分析的模型基本上与静力分析的模型相同。

1. 材料

在动态分析中，必须给定每种材料的密度，这样才能形成质量矩阵。在吊车中钢的密度为 $7800kg/m^3$。

在这个模型中，材料属性是作为截面特性定义的一部分给出的。所以需要在 Property 模块中编辑 `BracingSection` 和 `MainMemberSection` 截面定义来指定密度。在 **Edit Beam Section**（编辑梁截面）对话框的 **Section material density**（截面材料密度）域中，为每个截面输入密度值为 `7800`。

注意：如果材料数据的定义是独立于截面属性的，那么通过编辑材料定义可以将密度包括在内，即在 **Edit Material** 对话框中选择 **General→Density**。

2. 分析步

应用于动态分析的分析步定义与静力分析的分析步定义具有本质上的不同。因此，两个新的分析步将取代前面所建立的静力分析步。

在动态分析中的第1个分析步用于计算结构的自振频率和振型；第2个分析步则应用这些数据来计算吊车的瞬态（模型）动态响应。在这个分析中，假定一切都是线性的。如果想在分析中模拟任何非线性，则必须使用隐式动态（implicit dynamic）过程对运动方程进行直接积分。关于进一步的细节请参阅第7.9.2节“非线性动态分析”。

ABAQUS/Standard 提供了 Lanczos 和子空间迭代(subspace iteration)的特征值提取方法。对于具有很多自由度的系统,当要求大量的特征模态时,一般来说 Lanczos 方法的速度更快。当仅需要少数几个(少于 20)特征模态时,应用子空间迭代法的速度可能更快。

在这个分析中,我们使用 Lanczos 特征值求解器并求解前 30 个特征值。除了指定所要提取模态的数目之外,还可以指定感兴趣的最小和最大频率。因此,一旦 ABAQUS/Standard 已经提取了在这个指定范围内的所有特征值,就会结束该分析步。也可以指定一个变换点(shift point),距离这个变换点最近的特征值将被提取。在默认情况下,不使用最小或最大的频率或变换点。如果没有约束结构的刚体模态,则必须将变换值设置为一个小的负值,以避免由于刚体运动产生的数值问题。

采用频率提取分析步代替静态分析步:

(1) 从主菜单栏中选择 **Step→Replace→Tip Load**。在 **Replace Step**(替换分析步)对话框中,从 **Linear perturbation**(线性摄动)过程的列表中选择 **Frequency**(频率)。

将不能转换的模型参数删除。在本例中删除了集中力,因为在频率提取分析中不能应用它们。但是,频率提取分析步继承了与静态分析步相关的边界条件和输出需求。

(2) 在 **Edit Step**(编辑分析步)对话框的 **Basic**(基础)页中,输入分析步描述 `First 30 modes`,接受 Lanczos 特征求解器选项,并要求前 30 阶特征值。

(3) 将分析步重新命名为 `Extract Frequencies`。

在结构动态分析中,响应通常与低阶模态有关。但是,应该提取足够的模态以便较好地表达结构的动态响应。检查是否已经提取了足够数量特征值的一种方法是查看在每个自由度上的全部有效质量,它表明了在所提取模态的每个方向上激活了多少质量。在数据文件(.dat)的特征值输出中,给出了有效质量的列表。在理想情况下,对于每个振型在每个方向上有效质量的总和应当至少占总质量的 90%。在第 7.6 节"模态数量的影响"中将给出进一步的讨论。

应用模型动态过程进行瞬时动态分析。瞬时响应基于在第 1 个分析步中提取全部的模态,在全部的 30 阶模态中均采用了 5%的临界阻尼。

创建瞬时模型动态分析步:

(1) 从主菜单栏中选择 **Step→Create**,从 **Linear perturbation** 过程列表中选择 **Modal dynamics**,并命名分析步为 `Transient modal dynamics`。在上面定义的频率提取分析步之后插入这个分析步。

(2) 在 **Edit Step** 对话框的 **Basic** 页中输入分析步的描述 `Simulation of Load Dropped on Crane`,并指定分析步的时间为 `0.5` 和时间增量(time increment)为 `0.005`。在动态分析中,时间是一个真实的物理量。

(3) 在 **Edit Step** 对话框的 **Damping** 页中指定直接模态阻尼(direct modal),并对第 1 阶至第 30 阶的模态输入临界阻尼比为 0.05。

如果使用了模态阻尼,必须指定在基于模态的动态过程中使用的特征模态。ABAQUS/CAE 默认自动地选择所有可能得到的特征模态。当然,如果希望改变默认的选择，也可以应用 **Keywords Editor**（关键词编辑器）编辑 *SELECT EIGENMODES 块。在这个问题中，接受默认的选择。

3. 输出

应用 **Field Output Request Manager**（场变量输出管理器），对于 Extract Frequencies 分析步，可以修改场变量输出设置，因此，选择 **Preselected defaults**（预选默认值）。在默认情况下，ABAQUS/Standard 将振型写入到输出数据库文件(.odb)，以便应用 Visualization 模块绘制振型图。对于每阶振型，节点位移都是经过单位化的，所以最大的位移为 1 单位。因此，这些结果和对应的应力及应变是没有物理意义的，它们仅能够用于相互比较。

完成动态分析通常比静态分析需要更多的增量步。作为结果，来自动态分析的输出量可能非常大，用户应该控制输出要求以确保输出文件具有一个合理的量。在本例中，要求在每第 5 个增量步结束时，向输出数据库文件中输出一次位移形状。在分析步中有 100 个增量步(0.5/0.005)，所以有 20 组场变量输出。

另外，在每个增量步，将在模型加载端（如 Tip-a 集合）的位移和在固定端（Attach 集合）的约束反力作为历史数据写入到输出数据库文件中，以便从这些数据中得到更详细的解答。在动态分析中，我们也关心在模型中的能量分布以及能量采用的形式。在模型中表现出的动能是质量运动的结果，表现出的应变能是结构位移的结果，通过阻尼也耗散了能量。在默认情况下，对于模型动态过程，整个模型的能量将作为历史数据写入到.odb 文件中。

设置瞬时模型动态分析步中的输出：

(1) 从主菜单栏中选择 **Output → Field Output Requests → Manager**，在标记 **Transient modal dynamics** 的列中（可能需要拉大这列表格才能看见完整的分析步名称）选择标有 Created 的单元格。

(2) 编辑场变量输出要求，每第 5 个增量步仅向文件写入一次节点位移。

(3) 从主菜单栏中选择 **Output → History Output Requests → Manager**。在标记 **Transient modal dynamics** 的分析步中创建两个新的输出要求。在第 1 个输出要求中，输出集合 Tip-a 在每个增量步结束时的位移；在第 2 个输出要求中，输出集合 Attach 在每个增量步结束时的约束反力。

4. 载荷和边界条件

边界条件与在静力分析中的条件相同。由于在分析步替换过程中保留了这些条件，所以无需再定义新的边界条件。

在吊车的端部施加一个集中力，它的量级是与时间相关的，如图 7-6 所示。与时间相关的载荷可以应用幅值曲线(amplitude curve)进行定义。通过幅值曲线上的值乘以载荷的值(−10000N)，可以获得当时在任意点处所施加载荷的实际值。

指定与时间相关的载荷：

(1) 首先定义幅值。从 Load 模块的主菜单栏中选择 **Tools → Amplitude → Create**，命名幅值为 Bounce，并选择 **Tabular**（数据表）类型。在 **Edit Amplitude**（编辑幅值）对话框中，输入在表 7-1 中所示的数据。接受默认的 **Step time**（分析步时间）的选择作为时间跨度，并输入 0.25 作为光滑参数值。

注意：单击鼠标键③，进入表格选项。

(2) 现在定义载荷。从主菜单栏中选择 **Load → Create**，在 Transient modal dynamics 分析步中施加载荷，命名为 Tip load，并选择 **Concentrated force**（集中力）作为载荷类型。将载荷施加到集合 Tip-b。在集合 Tip-a 和 Tip-b 之间，前面定义的约束方程意味着吊车的两半部分将平均地分担载荷。

(3) 在 **Edit Load** 对话框中输入−1.E4，作为 **CF2**(2 方向作用力）的值，并为幅值选择 Bounce。

表 7-1 幅值曲线数据

时间/s	幅值	时间/s	幅值
0.0	0.0	0.2	1.0
0.01	1.0	0.21	0.0

在本例中，结构默认没有初始的速度或者加速度。如果希望定义初始速度，可在主菜单栏中选择 **Field→Create**，并在分析步开始时将初始平移速度设置到在模型中所选择的区域。为了引入初始条件，也需要编辑模型动态分析步的定义。

5. 运行分析

在 Job 模块中创建一个名为 DynCrane 的作业，采用下面的描述：3-D model of light-service cargo crane-dynamic analysis。

将模型保存在模型数据库文件中，并提交作业进行分析和监控求解过程。纠正发现的任何一个模拟错误，研究引起任何警告信息的原因，如果必要则采取相应的措施。

7.5.2 结果

在分析中，对于每一个增量步，**Job Monitor**（作业监视器）给出了所采用的自动时间增量步的简明总结。一旦该增量步结束就立刻写出相应的信息，这样就可以在作业运行中监控分析的过程。对于大型、复杂的问题，这个功能十分有用。在 **Job Monitor** 中给出的信息与在状态文件(DynCrane. sta)中给出的信息相同。

查看 **Job Monitor** 和打印的输出数据文件(DynCrane. dat)，以评估分析结果。

1. Job Monitor

在 **Job Monitor** 中，第 1 列显示了分析步编号，第 2 列给出了增量步编号，第 6 列显示了 ABAQUS/Standard 在每个增量步中为了得到收敛的结果所需要的迭代次数。观察 **Job Monitor** 的内容，可以发现在分析步 1 中与单一增量步相关的时间增量非常小。因为时间是与频率提取过程无关的，所以这个分析步没有占用时间。

分析步 2 的输出显示，在整个分析步中时间增量的大小保持为常数，并且每个增量步只需迭代 1 次。在图 7-7 中显示了 **Job Monitor** 的结束部分。

2. 数据文件

对于分析步 1 的主要结果是提取的特征值(eigenvalue)、参与系数(participation factor)和有效质量(effective mass)，如下所示：

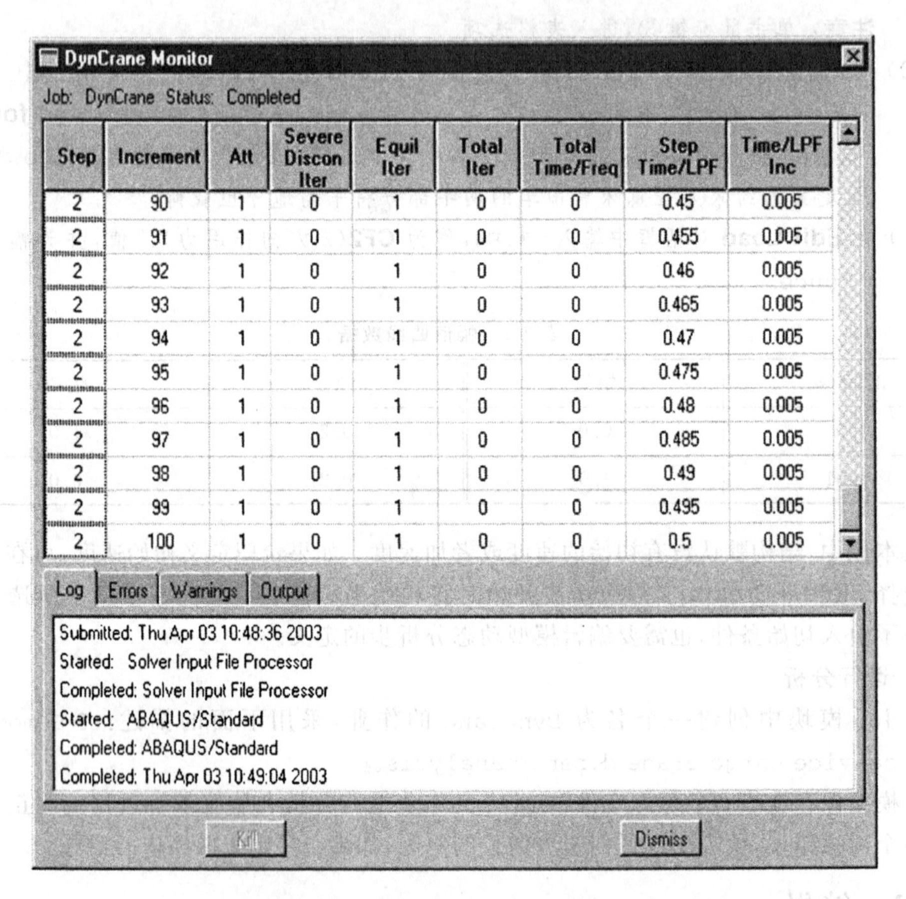

图 7-7　**Job Monitor** 的结束部分：货物吊车动态分析

```
                        E I G E N V A L U E    O U T P U T

MODE NO    EIGENVALUE        FREQUENCY              GENERALIZED MASS   COMPOSITE MODAL DAMPING
                        (RAD/TIME)  (CYCLES/TIME)

     1     1773.5        42.113     6.7025         151.93            0.00000E+00
     2     7016.2        83.763     13.331         30.209            0.00000E+00
     3     7647.5        87.450     13.918         90.342            0.00000E+00
     4     22990.        151.62     24.132         251.92            0.00000E+00
     5     24702.        157.17     25.014         273.74            0.00000E+00
     6     34722.        186.34     29.657         487.56            0.00000E+00
     7     42846.        206.99     32.944         1133.1            0.00000E+00
     8     46446.        215.51     34.300         86.041            0.00000E+00
     9     47424.        217.77     34.659         2550.5            0.00000E+00
    10     56035.        236.72     37.675         3573.7            0.00000E+00
....
    25     2.25734E+05   475.11     75.617         202.15            0.00000E+00
    26     2.42424E+05   492.37     78.362         126.39            0.00000E+00
    27     2.84034E+05   532.95     84.821         1254.6            0.00000E+00
    28     2.92366E+05   540.71     86.056         336.52            0.00000E+00
    29     3.13942E+05   560.31     89.175         272.82            0.00000E+00
    30     3.64669E+05   603.88     96.110         65.356            0.00000E+00
```

所提取的最高频率为96Hz，与此频率对应的周期为0.0104s，可以将它与固定的时间增量0.005s相比较。在所提取的振型中，其周期没有远小于时间增量的。相反地，时间增量必须能够求解感兴趣的最高频率。

广义质量(generalized mass)列给出了对应于该阶振型的单自由度系统的质量。

振型参与系数(participation factor)列表反映了在哪个自由度上该振型起主导作用。例如,根据结果可以看出 1 阶振型主要在 3 方向上起作用。

P A R T I C I P A T I O N   F A C T O R S

MODE NO	X-COMPONENT	Y-COMPONENT	Z-COMPONENT	X-ROTATION	Y-ROTATION	Z-ROTATION
1	-6.08767E-04	-6.16466E-03	1.4284	0.71334	-6.0252	-3.37862E-02
2	0.18478	-0.25740	8.02377E-04	1.69727E-03	-6.08635E-03	-1.6860
3	-0.17448	1.5525	4.85927E-03	-8.04253E-03	3.24877E-02	9.2789
4	-1.17462E-04	-9.14290E-03	8.21319E-02	0.21837	1.2227	-2.82725E-02
5	-3.92723E-03	2.10848E-03	-3.00557E-02	-0.59335	1.7706	-1.93122E-02
6	3.71846E-02	-0.35736	6.34471E-03	-1.77060E-02	1.00290E-02	-0.96540
7	-2.48952E-03	-1.51598E-03	6.05031E-02	4.76035E-02	-0.29182	-5.94742E-04
8	-7.04983E-02	2.46991E-02	0.72586	0.49698	-3.8836	7.04005E-02
9	3.61664E-02	-2.42230E-02	2.25446E-02	1.50036E-02	-0.12933	-9.59635E-04
10	3.47955E-02	4.06072E-02	1.95060E-02	1.09142E-02	-6.75301E-02	3.81632E-02
....						
25	-8.00355E-02	-0.20580	-3.85078E-02	4.64382E-02	-2.60237E-02	-0.17932
26	-2.44808E-02	-0.36456	4.43911E-02	-2.04329E-02	-1.19156E-02	-0.19909
27	1.69375E-02	2.49726E-02	2.25074E-02	-1.01249E-02	-4.29506E-02	2.77722E-02
28	4.65205E-02	2.75507E-02	-0.11799	5.13378E-02	0.24058	8.99153E-05
29	9.81655E-03	-3.65624E-03	4.59678E-03	-3.12401E-03	-1.55421E-02	-2.80348E-03
30	4.75742E-02	1.79940E-02	0.13086	-2.18162E-02	-0.34890	-1.78459E-02

有效质量(effective mass)列表反映了对于任何一个模态在每个自由度上所激活的质量的大小。结果表明,在方向 2 上具有显著质量的第 1 个模态是第 3 阶模态。在该方向上总的模型有效质量为 378.23kg。

E F F E C T I V E   M A S S

MODE NO	X-COMPONENT	Y-COMPONENT	Z-COMPONENT	X-ROTATION	Y-ROTATION	Z-ROTATION
1	5.63044E-05	5.77375E-03	309.98	77.309	5515.4	0.17343
2	1.0314	2.0014	1.94486E-05	8.70227E-05	1.11904E-03	85.875
3	2.7504	217.75	2.13321E-03	5.84355E-03	9.53520E-02	7778.3
4	3.47579E-06	2.10585E-02	1.6994	12.013	376.63	0.20137
5	4.22198E-03	1.21698E-03	0.24728	96.374	858.18	0.10210
6	0.67414	62.266	1.96268E-02	0.15285	4.90386E-02	454.41
7	7.02289E-03	2.60417E-03	4.1480	2.5678	96.494	4.00812E-04
8	0.42763	5.24892E-02	45.333	21.252	1297.7	0.42644
9	3.3361	1.4965	1.2963	0.57414	42.658	2.34876E-03
10	4.3268	5.8928	1.3597	0.42570	16.297	5.2048
....						
25	1.2949	8.5621	0.29976	0.43594	0.13690	6.5002
26	7.57441E-02	16.797	0.24905	5.27664E-02	1.79445E-02	5.0096
27	0.35992	0.78240	0.63555	0.12861	2.3144	0.96766
28	0.72827	0.25543	4.6845	0.88691	19.478	2.72066E-06
29	2.62906E-02	3.64714E-03	5.76490E-03	2.66262E-03	6.59028E-02	2.14426E-03
30	0.14792	2.11613E-02	1.1191	3.11062E-02	7.9558	2.08144E-02
TOTAL	22.157	378.23	373.62	269.74	8347.7	8518.0

在前面的数据文件中,给出了模型的总质量为 414.34kg。

为了保证已经采用了足够的模态,在每个方向上的总有效质量必须占模型质量的绝大部分(即 90%)。然而,模型中的某些质量是与约束节点相联系的,这些约束的质量大约占与约束节点相连接的所有单元质量的 1/4,在本例中,约为 28kg。因此,在模型中能够运动的质量是 386kg。在 x,y 和 z 方向上的有效质量分别为可运动质量的 6%,98%和 97%。在 2 和 3 方向上的总有效质量远远超过前面所建议的 90%,在 1 方向上的总有效质量低得多。然而,由于载荷是作用在 2 方向上的,所以在 1 方向上的响应是不明显的。

对于模型动态分析步,由于关闭了所有数据文件的输出要求,所以在数据文件中没有包含任何结果。

7.5.3 后处理

进入 Visualization 模块，打开输出数据库文件 DynCrane.odb。

1. 绘制振型

通过绘制与该频率相应的振型，可以观察与一个给定的频率相应的变形状态。

选择一个模态并绘制对应的振型：

(1) 从主菜单栏中选择 **Result→Step/Frame**，弹出 **Step/Frame**（分析步/画面）对话框。

(2) 从 **Step Name**（分析步名称）表中选择第 1 个分析步（Extract Frequencies），从 **Frame** 列表中选择 Mode 1。

(3) 从主菜单栏中选择 **Plot→Deformed Shape**，或者使用工具箱中的工具。ABAQUS/CAE 显示了关于第 1 阶振型的变形形态，如图 7-8 所示。

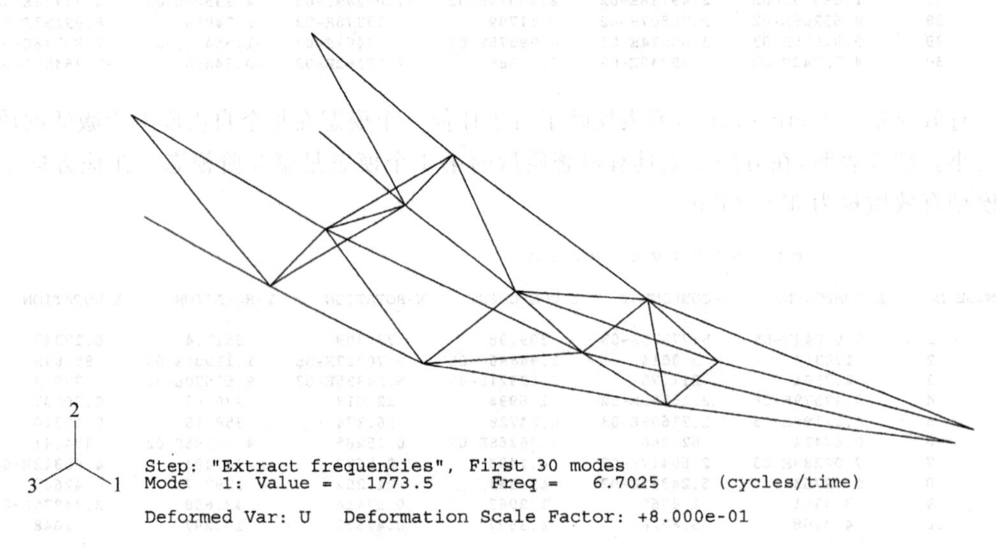

图 7-8 第 1 阶模态

(4) 从 **Step/Frame** 对话框中选择第 3 阶模态。

(5) 单击 **OK**。

ABAQUS/CAE 显示出第 3 阶振型，如图 7-9 所示，并且 **Step/Frame** 对话框消失了。

2. 结果的动画演示

用动画(animate)演示分析的结果。首先创建一个第 3 阶特征模态的放大系数动画，然后创建一个瞬时结果的时间历史动画(time-history animation)。

创建特征模态的放大系数动画：

(1) 从主菜单栏中选择 **Animate→Scale Factor**，或者使用工具箱中的工具。通过将变形放大系数从 0 逐渐变化到 1，ABAQUS/CAE 显示出第 3 阶振型。

在提示区的左侧，ABAQUS/CAE 也显示了动画播放控制器。

(2) 在提示区中，单击停止动画。

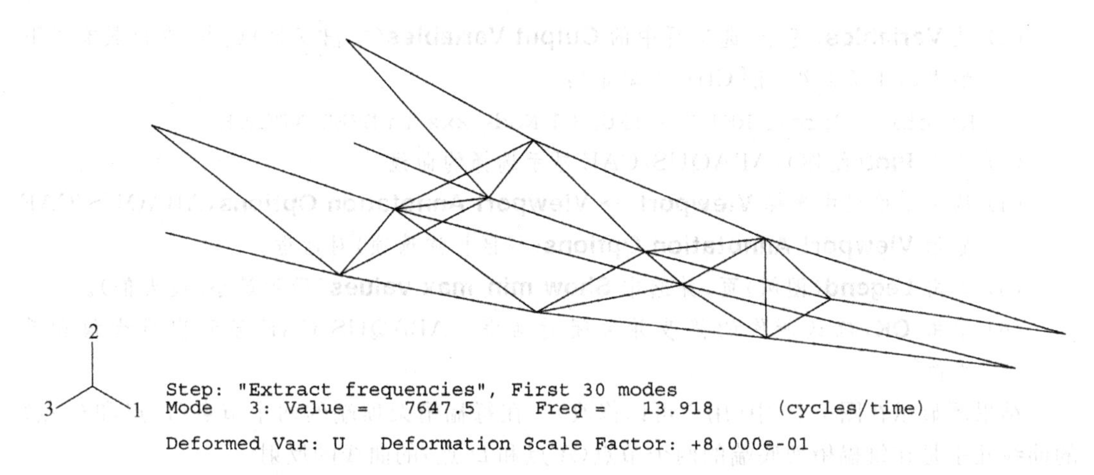

图 7-9　第 3 阶模态

创建瞬时结果的时间历史动画：

(1) 从主菜单栏中选择 **Options→Animation**，观察动画选项。ABAQUS/CAE 显示 **Animation Options**(动画选项)对话框。

(2) 单击 **Time History**(时间历史)页。

(3) 选择第 2 个分析步(Transient modal dynamics)。

(4) 单击 **OK**，接受以上的选择并关闭对话框。

(5) 从主菜单栏中选择 **Animate→Time History**，或者使用工具箱中的工具。ABAQUS/CAE 在提示区的左边显示出电影播放控制器，并开始播放第 2 个分析步中的每一帧画面。状态块(status block)在动画放映过程中显示了当前的分析步和增量步。在达到了该分析步的最后一个增量步后，动画便自动重播。

(6) 在动画的播放过程中，可以根据需要改变变形图。

① 显示 **Deformed Shape Plot Options**(变形形状图选项)对话框。

② 在 **Deformation Scale Factor**(变形放大系数)域中，选择 **Uniform**(一致性)。

③ 输入 15.0 作为变形放大系数值。

④ 单击 **Apply**，采用所作的修改。

现在，ABAQUS/CAE 以变形放大系数 15.0 播放第 2 个载荷步的每一帧图片。

⑤ 在 **Deformation Scale Factor** 域中选择 **Auto-compute**(自动计算)。

⑥ 单击 **OK**，采用所作的修改并关闭 **Deformed Shape Plot Options** 对话框。

现在，ABAQUS/CAE 以默认的变形放大系数 0.8 播放第 2 个载荷步的每一帧图片。

3. 确定拉力的峰值

为了找出固定连接点处的拉力峰值，创建在固定连接点处在 1 方向的约束反力(变量 RF1)的 *X*-*Y* 曲线图。在曲线图中可以同时绘制多条曲线。

绘制多条曲线：

(1) 从主菜单栏中选择 **Result→History Output**，ABAQUS/CAE 显示 **History Output**(历史输出)对话框。

(2) 从 **Variables**(变量)选项页中的 **Output Variables**(输出变量)域中,选择具有以下形式的 4 条曲线(用[Ctrl]+单击):

Reaction Force: RF1 PI: TRUSS-1 Node xxx in NSET ATTACH

(3) 单击 **Plot**(绘图),ABAQUS/CAE 显示选择的曲线。

(4) 从主菜单栏中选择 **Viewport → Viewport Annotation Options**,ABAQUS/CAE 显示 **Viewport Annotation Options**(视区标注选项)对话框。

(5) 单击 **Legend**(图例)页,并选中 **Show min/max values**(显示最小/最大值)。

(6) 单击 **OK**,确认所作的修改并关闭对话框。ABAQUS/CAE 显示出最大值和最小值。

结果图显示在图 7-10 中(用户可以修改)。在每榀桁架顶端的两个节点(B 点和 C 点)的曲线几乎是在每榀桁架底端的两个节点(A 点和 D 点)的曲线的反射。

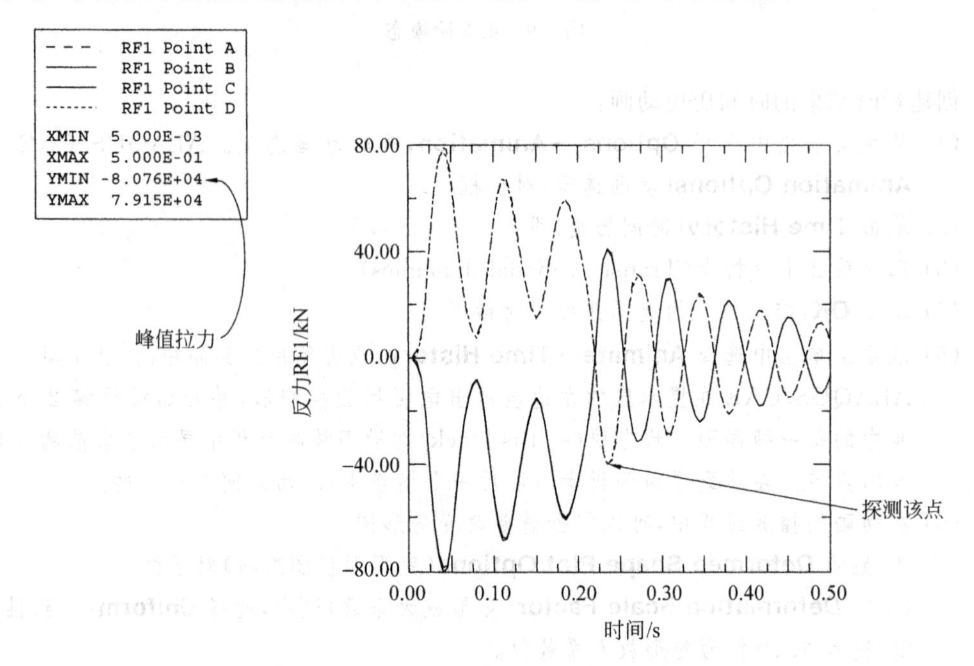

图 7-10　在固定端连接点处约束反力的历史

在每榀桁架顶端的固定连接点处的峰值拉力约为 80kN,它低于连接点 100kN 的承载能力。注意到在 1 方向的约束反力为负值,意味着杆件被拉出墙体。当施加载荷时,下面的连接点受压(正的约束反力),但是在卸载之后,约束反力在拉力和压力之间振荡。峰值拉力约为 40kN,远小于允许值。可通过观察 X-Y 图发现这些值。

查看 X-Y 图:

① 从主菜单栏中选择 **Tools→Query**,显示 **Query**(查询)对话框。

② 在 **Visualization Queries**(可视化查询)域中选择 **Probe values**(查看值)。

③ 单击 **OK**,显示 **Probe Values** 对话框。

④ 选择在图 7-10 所示的点。

该点的 Y 坐标值是 −40.3kN,它对应于在 1 方向的约束反力值。

7.6 模态数量的影响

该模拟采用了 30 个模态来表征结构的动力特性。这 30 个模态的总模态有效质量占到在 y 方向和 z 方向可运动的结构质量的 90%以上，这表明已经充分地反映了结构的动态特性。

图 7-11 显示的是在集合 Tip-a 中的节点在第 2 个自由度方向的位移-时间曲线，说明了使用少量的模态对结果质量的影响。

如果检查有效质量列表，会发现在 2 方向上起重要作用的第 1 个模态是第 3 阶模态，可见仅当采用两个模态时的动态响应是不足的。分析该节点在自由度 2 方向的位移，采用 5 个模态与 30 个模态的结果在 0.2s 之后是相似的，但是，在 0.2s 之前的响应却是有区别的，这表明在第 5 至第 30 阶模态之间存在着对早期响应起重要作用的模态。在采用 5 个模态时，在 2 方向上总的模态有效质量仅占可运动质量的 57%。

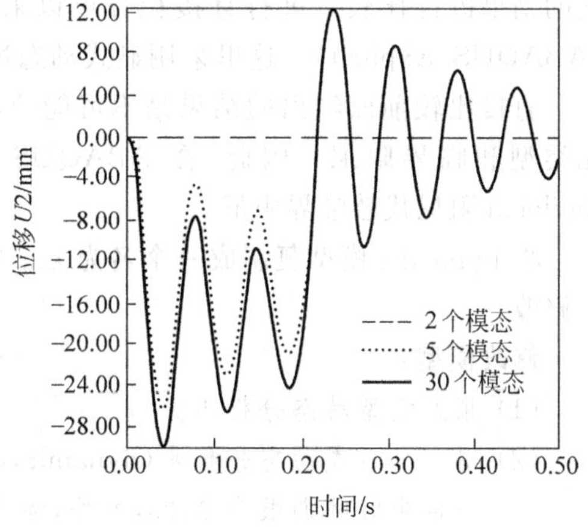

图 7-11 不同模态数量对结果的影响

7.7 阻尼的影响

在这个模拟中，对所有的模态均采用 5%的临界阻尼。这个值是根据经验选择的，它基于这样一个事实：作为局部摩擦效应的结果，在桁架和交叉支撑之间的螺栓连接可能吸收显著的能量。在难以得到准确数据的情况下，研究所选取的数据对结果的影响是很重要的。

当使用 1%，5%和 10%的临界阻尼时，图 7-12 比较了在顶部连接处某点(C 点)的约束反力的变化历史。

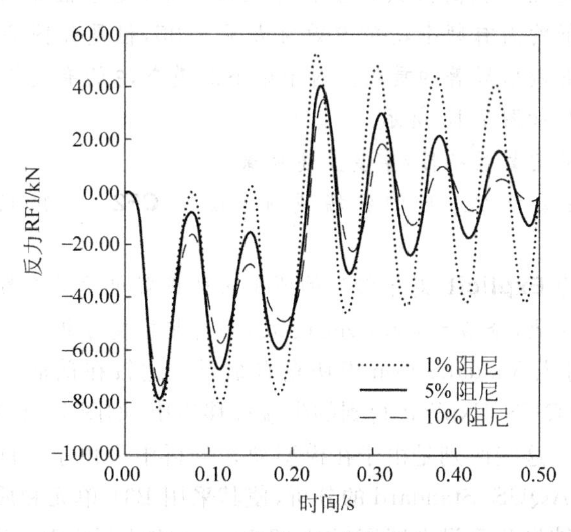

图 7-12 阻尼对结果的影响

正如所预料的那样，高阻尼水平比低阻尼水平时的振动衰减得快得多，并且在采用低阻尼时在模型中力的峰值更高一些。即使当阻尼低到1%时，拉力的峰值为85kN，仍低于连接的强度(100kN)。因此，在此跌落载荷作用下，货物吊车依然能够保持完好的状态。

7.8 与直接时间积分的比较

由于这是个瞬时动态分析，所以会很自然地想到将结果与对运动方程采用直接积分得到的结果进行比较。进行直接积分可以采用隐式方法(ABAQUS/Standard)或显式方式(ABAQUS/Explicit)。这里采用显式动态过程以扩展该分析。

直接比较前面给出的结果是不可能的，因为在ABAQUS/Explicit中没有提供B33单元类型和临界阻尼。因此，在ABAQUS/Explicit分析中，单元类型改换成B31，并用Rayleigh阻尼代替临界阻尼。

将Dynamic模型复制成一个名为explicit的新模型，必须对explicit模型进行如下修改。

修改模型：

(1) 删除模型动态分析步。

(2) 用一个显式动态分析步(dynamic，explicit)替换保留下的频率提取分析步，并指定分析步时间期限为0.5s，另外，为了应用几何线性(取消几何非线性 **Nlgeom**)，编辑分析步。这将导致一个线性分析。

(3) 将分析步改名为Transient dynamics。

(4) 创建两个新的历史变量输出要求。第1个要求输出集合Tip-a的位移历史；第2个要求输出集合Attach的约束反力历史。

(5) 在支撑的截面特性中添加质量比例阻尼(在主菜单栏中选择 **Section→ Edit→ BracingSection**，在截面编辑器中单击 **Damping**)。

对 **alpha** 采用的值为15，而其他的值保持为0。

对于在结构的低阶和高阶频率上临界阻尼的值，这些值作出了一个合理的权衡。对于3个最低的固有频率，ξ的有效值大于0.05，但是如图7-11所示，前两阶模态对于响应没有做出显著的贡献。对于余下的模态，ξ的有效值均小于0.05。ξ随固有频率的变化如图7-13所示。

(6) 对于主要构件的截面特性，重复上述步骤。

(7) 重新定义在集合Tip-b的尖端载荷。设置 **CF2**＝-10000，并使用幅值定义Bounce。

(8) 改变单元库为 **Explicit**，对于模型的所有区域设置单元类型为 **B31**。

(9) 创建一个新作业，命名为expDynCrane，并将其提交分析。

当作业完成后，进入Visualization模块查看结果。比较在前面从ABAQUS/Standard得到的与现在从ABAQUS/Explicit得到的尖端位移历史，如图7-14所示，发现在动态响应方面它们的区别很小。这些区别是由于在模型动态分析中采用了不同的单元和阻尼类型。实际上，如果修改ABAQUS/Standard的分析，使其采用B31单元和质量比例阻尼，那么由两种分析方法得到的结果几乎没有区别(见图7-14)，这确认了模型动态方法的准确性。

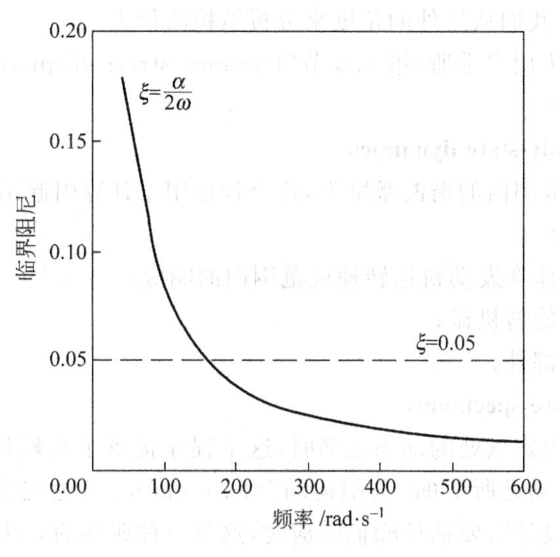

图 7-13 阻尼对结果的影响

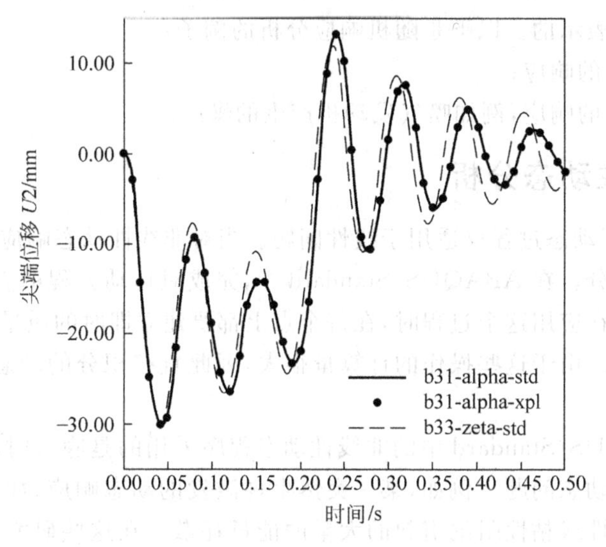

图 7-14 比较由 ABAQUS/Standard 和 ABAQUS/Explicit 得到的尖端位移

7.9 其他动态过程

现在简要回顾在 ABAQUS 中的其他动态过程，即线性模型动态(linear modal dynamics)和非线性动态(nonlinear dynamics)。

7.9.1 线性模态法的动态分析

在 ABAQUES/Standard 中还有其他几种采用了振型叠加技术的线性、动态过程。与模型动态过程在时域(time domain)上计算响应不同，这些过程在频域(frequency domain)

上提供结果，这可以使我们从另外的角度来分析结构的行为。

在《ABAQUS分析用户手册》第6.3节“Dynamic stress/displacement analysis”中给出了这些过程的完整描述。

1. 稳态动态(steady-state dynamics)

在用户指定频率范围内的谐波激励下，这个程序用于计算引起结构响应的振幅和相位。以下是一些典型的例子：

- 汽车发动机支座在发动机运转速度范围内的响应；
- 在建筑物中的旋转机械；
- 飞机发动机的部件。

2. 反应谱(response spectrum)

当结构承受在其固定点处的动态运动时，这个程序提供了对峰值响应的评估(位移、应力等)。固定点处的运动是所谓的“基础运动”(base motion)，地震发生时引起的地面运动就是一个例子。为了设计需要估计峰值响应时，这是一种典型的方法。

3. 随机响应(random response)

在承受随机连续的激励时，该程序用于预测系统的响应。激励是采用具有统计意义的能量谱密度函数来表示的。以下是随机响应分析的例子：

- 飞机对扰动的响应；
- 结构对噪声的响应，例如喷气发动机产生的噪声。

7.9.2　非线性动态分析

如前所述，模型动态过程仅适用于线性问题。当对非线性动态响应感兴趣时，必须对运动方程进行直接积分。在ABAQUS/Standard中，完成对运动方程的直接积分是采用了一个隐式动态过程。在应用这个过程时，在每个点上都要建立即时的质量、阻尼和刚度矩阵并求解动力平衡方程。由于这些操作的计算量很大，因此直接积分的动态分析比模态的方法昂贵得多。

由于在ABAQUS/Standard中的非线性动态程序采用的是隐式时间积分，所以它适用于求解非线性结构动态问题。例如，某一突然事件激发的动态响应，如冲击，或者在结构的响应中包含由于塑性或粘性阻尼引起的大量的能量耗散。在这些研究中，初始时高频响应十分重要，但是它们由于在模型中的耗散机制而被迅速衰减。

另一种非线性动态分析是在ABAQUS/Explicit中的显式动态过程。如在第2章“ABAQUS基础”中所讨论的，显式算法以应力波的方式在模型中传播结果，一次一个单元地传播。因此，它最适合于求解应力波影响非常重要并且所需模拟的事件是很短时间(典型的不超过1s)的问题。

与显式算法相关的另一个优点是它能够模拟不连续的非线性问题，例如接触和失效，它比采用ABAQUS/Standard更容易些。而对于大型、高度不连续的问题，即使响应是准静态(quasi-static)的，采用ABAQUS/Explicit模拟常常更容易些。在第9章“显式非线性动态分析”中将进一步讨论显式动态分析。

7.10 相关的 ABAQUS 例题

- 《ABAQUS 实例问题手册》(*ABAQUS Example Problems Manual*)第 2.2.2 节"Linear analysis of the Indian Point reactor feedwater line"(印度 Point 核反应堆供水线的线性分析)。
- 《ABAQUS 基准手册》(*ABAQUS Benchmarks Manual*)第 1.3.3 节"Explosively loaded cylindrical panel"(爆炸载荷作用的圆柱壳)。
- 《ABAQUS 基准手册》(*ABAQUS Benchmarks Manual*)第 1.4.6 节"Eigenvalue analysis of a cantilever plate"(悬臂板的特征值分析)。

7.11 建议阅读的文献

- Clough, R. W. and J. Penzien, *Dynamics of Structures*, McGraw-Hill, 1975.
- NAFEMS Ltd., *A Finite Element Dynamics Primer*, 1993.
- Spence, P. W. and C. J. Kenchington, *The Role of Damping in Finite Element Analysis*, Report R0021, NAFEMS Ltd., 1993.

7.12 小结

- 动态分析包括了结构惯性的效应。
- 在 ABAQUS/Standard 中的频率提取过程可提取结构的自振频率和振型。
- 通过振型叠加技术,可以应用振型确定线性系统的动态响应。这一方法尽管效率很高,但是不能用于非线性问题。
- 在 ABAQUS/Standard 中的线性动态过程可以计算瞬时载荷下的瞬时响应、谐波载荷下的稳态响应、基础运动的峰值响应以及随机载荷的响应。
- 为了获得结构动态行为的准确表示,必须提取足够多的振型。在发生运动的方向上总的模型有效质量必须至少占总的可运动质量的 90%以上,才能产生准确的结果。
- 在 ABAQUS/Standard 中,用户可以定义直接模态阻尼、Rayleigh 阻尼和复合模态阻尼。但是,由于固有频率和振型的计算都是基于无阻尼的结构,所以只能分析低阻尼的结构。
- 模态技术不适用于非线性的动态分析。在这类分析中必须采用直接时间积分方法或显式分析。
- 用幅值曲线可以定义任意的随时间变化的载荷和给定的边界条件。
- 振型和瞬时结果可以在 ABAQUS/CAE 的 Visualization 模块中用动画显示。这对理解动态响应和非线性静态分析是很有帮助的。

8 非 线 性

本章讨论在 ABAQUS 中的非线性结构分析。在线性与非线性分析之间的区别概述如下。

1. 线性分析

到目前为止,所讨论的分析均为线性分析:在外加载荷与系统的响应之间为线性关系。例如,如果一个线性弹簧在 10N 的载荷作用下静态地伸长 1m,那么当施加 20N 的载荷时它将伸长 2m。这意味着在 ABAQUS/Standard 的线性分析中,结构的柔度矩阵(将刚度矩阵集成并求逆)只需计算一次。通过将新的载荷向量乘以刚度矩阵的逆,可得到结构对其他载荷情况的线性响应。此外,结构对一种全新载荷情况(此载荷情况为前面各种载荷的组合)的响应,可以通过用常数放大和(或)相互叠加前面各种载荷情况下的响应来得到。这种载荷叠加原理假定所有的载荷情况采用了相同的边界条件。

在线性动力学模拟中,ABAQUS/Standard 也使用了载荷叠加原理,这些已在第 7 章"线性动态分析"中进行了讨论。

2. 非线性分析

非线性结构问题是指结构的刚度随其变形而改变的问题。所有的物理结构均是非线性的。线性分析只是一种方便的近似,它对设计来说通常是足够的。但是很显然,对于许多有限元模型包括加工过程的模拟,诸如锻造或者冲压、碰撞分析以及橡胶部件的分析,如轮胎或者发动机支座,线性分析是不够的。一个简单的例子就是具有非线性刚度响应的弹簧(见图 8-1)。

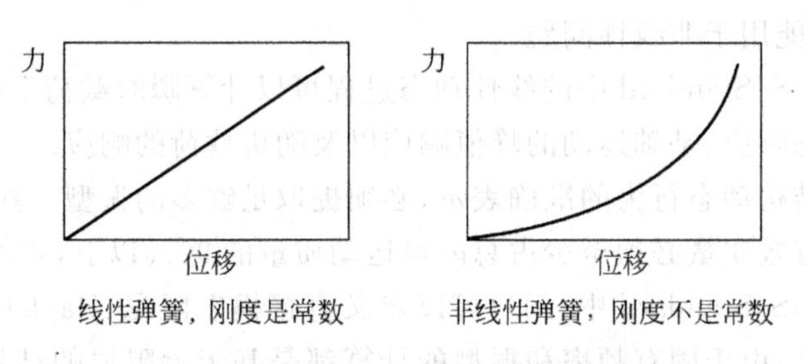

图 8-1 线性和非线性弹簧特性

由于现在刚度是依赖于位移的,所以不能再用初始柔度乘以外加载荷的方法来计算任意载荷时弹簧的位移。在非线性隐式分析中,结构的刚度矩阵在整个分析过程中必须进行许多次的生成和求逆,这使得分析求解的成本比线性隐式分析昂贵得多。在显式分析中,非线性分析增加的成本是由于稳定时间增量减小而造成的。在第 9 章"显式非线性动态分析"中将进一步讨论稳定时间增量。

由于非线性系统的响应不是所施加载荷值的线性函数,因此不可能通过叠加来获得不同载荷情况的解答。每种载荷情况都必须作为独立的分析进行定义和求解。

8.1 非线性的来源

在结构力学模拟中有三种非线性的来源：

- 材料非线性；
- 边界非线性；
- 几何非线性。

8.1.1 材料非线性

这种非线性可能是人们最熟悉的，将在第 10 章“材料”中进行更深入的讨论。大多数金属在低应变值时都具有良好的线性应力-应变关系，但是在高应变时材料发生屈服，此时材料的响应成为非线性且不可恢复(见图 8-2)。

橡胶材料可以用一种非线性、可恢复(弹性)响应的材料来近似(见图 8-3)。

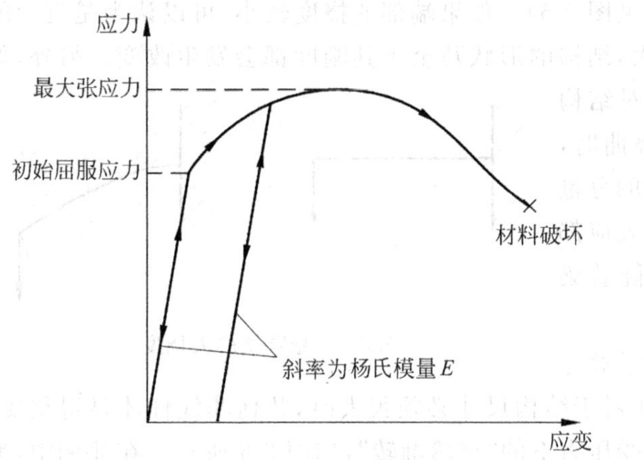

图 8-2 弹-塑性材料轴向拉伸的应力-应变曲线

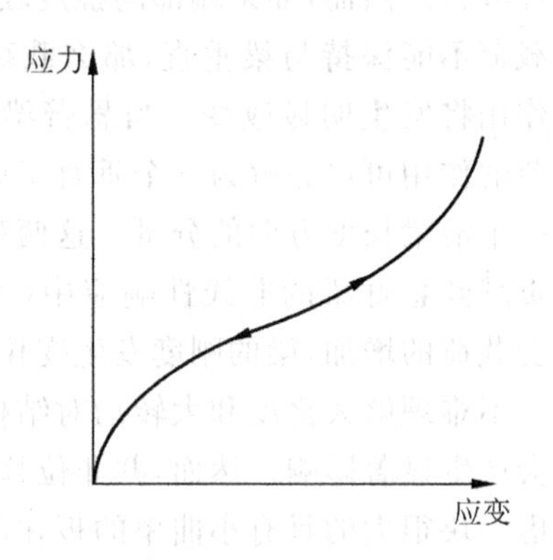

图 8-3 橡胶类材料的应力-应变曲线

材料的非线性也可能与应变以外的其他因素有关。应变率相关材料数据和材料失效都是材料非线性的形式。材料性质也可以是温度和其他预先定义的场变量的函数。

8.1.2 边界非线性

如果边界条件在分析过程中发生变化，就会产生边界非线性问题。考虑如图 8-4 所示的悬臂梁，它随着施加的载荷产生挠曲，直至碰到障碍物。

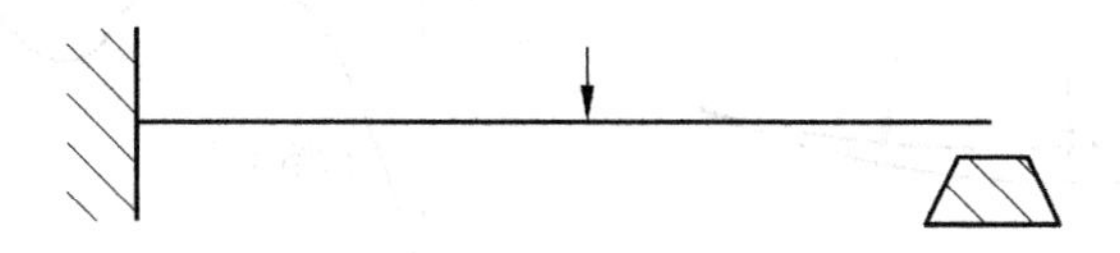

图 8-4 将碰到障碍物的悬臂梁

梁端点在接触到障碍物以前，其竖向挠度与载荷呈线性关系(如果挠度是小量)。当碰到障碍物时，梁端点的边界条件突然发生了变化，阻止了任何进一步的竖向挠度，因此梁的响应将不再是线性的。边界非线性是极度的不连续，当在模拟中发生接触时，在结构中的响应瞬时发生很大的变化。

另一个边界非线性的例子是将板材材料冲压入模具的过程。在与模具接触前，板材在压力下比较容易发生伸展变形。在与模具接触后，由于边界条件的改变，必须增加压力才能使板材继续成形。

在第12章"接触"中将讨论边界非线性。

8.1.3　几何非线性

非线性的第三种来源是与在分析中模型的几何形状改变相联系的。几何非线性发生在位移的大小影响到结构响应的情况。这可能是由于：

- 大挠度或大转动；
- "突然翻转"(snap through)；
- 初应力或载荷刚性化。

例如，考虑在端部竖向加载的悬臂梁(见图8-5)。如果端部的挠度较小，可以认为是近似的线性分析。然而，如果端部的挠度较大，结构的形状乃至于其刚度都会发生改变。另外，如果载荷不能保持与梁垂直，那么载荷对结构的作用将发生明显改变。当悬臂梁挠曲时，载荷的作用可以分解为一个垂直于梁的分量和一个沿梁长度方向的分量。这两种效应都会贡献到悬臂梁的非线性响应中(即随着梁承受载荷的增加，梁的刚度发生变化)。

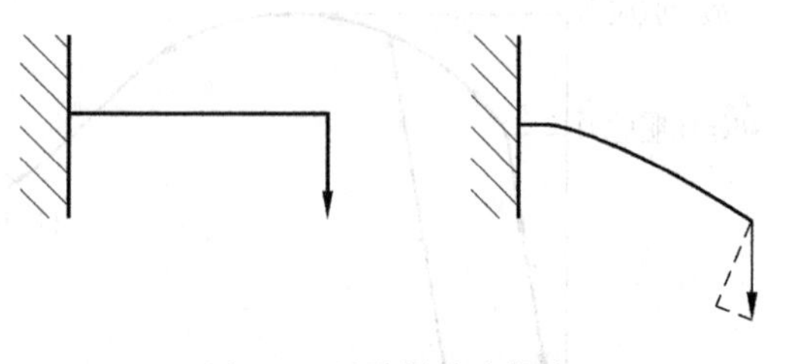

图8-5　悬臂梁的大挠度

不难理解大挠度和大转动对结构承载方式会产生显著影响。然而，并非位移相对于结构尺寸必须很大时，几何非线性才显得重要。考虑一块很大的具有小曲率的板在所受压力下的"突然翻转"，如图8-6所示。在此例中，平板的刚度在变形时会产生剧烈变化。当板突然翻转时，刚度变成负的。这样，尽管位移的量值相对于板的尺寸很小，但是有明显的几何非线性，必须在模拟中加以考虑。

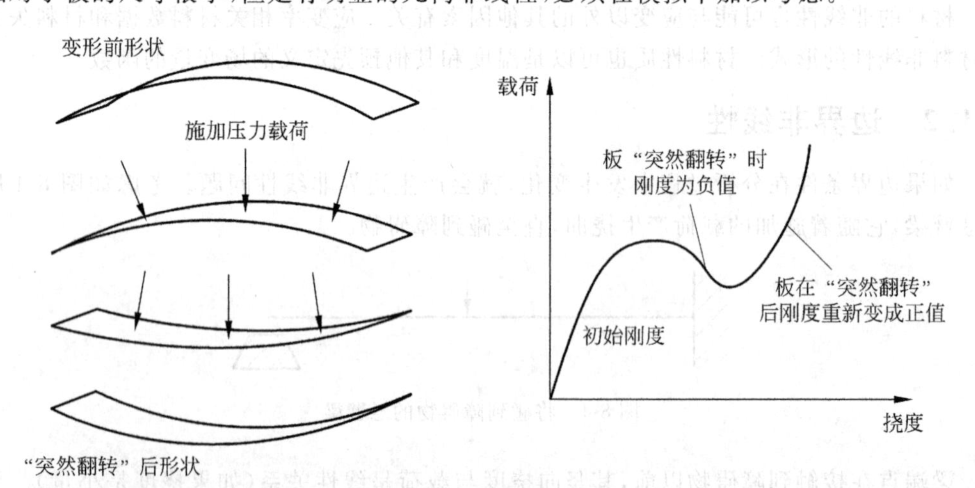

图8-6　大板的突然翻转

8.2 非线性问题的求解

结构的非线性载荷-位移曲线如图 8-7 所示,分析的目标是确定其响应。考虑作用在物体上的外部力 P 和内部(节点)力 I(分别见图 8-8(a)和图 8-8(b))。作用于该节点上的内部力由包含此节点的各个单元中的应力引起。

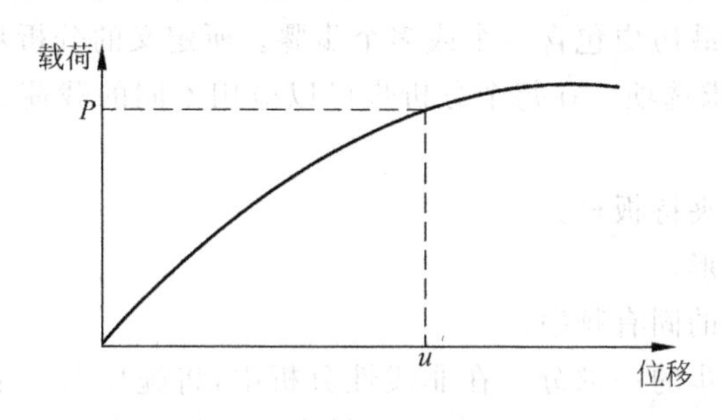

图 8-7 非线性载荷-位移曲线

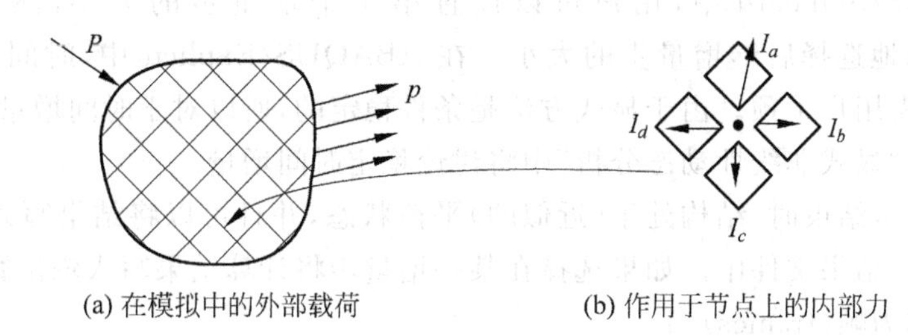

(a) 在模拟中的外部载荷 (b) 作用于节点上的内部力

图 8-8 物体上的外部载荷和内部作用力

为了使物体处于静态平衡,作用在每个节点上的静力必须为零。因此,静态平衡的基本判据是内部力 I 和外部力 P 必须互相平衡:

$$P - I = 0$$

ABAQUS/Standard 应用 Newton-Raphson 算法获得非线性问题的解答。在非线性分析中,不能像在线性问题中所做的那样,通过求解单一系统的方程计算求解;而是增量地施加给定的载荷求解,逐步地获得最终解答。因此,ABAQUS/Standard 将模拟划分为一定数量的载荷增量步(load increments),并在每个载荷增量步结束时寻求近似的平衡构形。对于一个给定的载荷增量步,ABAQUS/Standard 通常需要采取若干次迭代才能确定一个可接受的解答。所有这些增量响应的总和就是非线性分析的近似解答。因此,为了求解非线性问题,ABAQUS/Standard 组合了增量和迭代过程。

通过显式地从上一个增量步前推出动力学状态而无需进行迭代,ABAQUS/Explicit 确定了动平衡方程 $P-I=M\ddot{u}$ 的解答。显式地求解一个问题,不需要计算切线刚度矩阵。显式中心差分算子满足了在增量步开始时刻 t 的动力学平衡方程。利用在时刻 t 计算的加速度,前推出在时刻 $t+\Delta t/2$ 的速度解答和在时刻 $t+\Delta t$ 的位移解答。对于线性和非线性问题是相似的,显式方法都需要一个小的时间增量步,它只依赖于模型的最高阶自振频率,而与载荷的类型和加载时间无关。典型的模拟需要大量的增量步。然而事实上,由于在每个增量步中无需求解全体方程的集合，所以每一个增量步的计算成本，显式方法比隐式方法要小得多。正是显式动态方法的小增量步特点，使得 ABAQUS/Explicit 非常适合于非线性分析。

8.2.1　分析步、增量步和迭代步

本节将引入一些新词汇以描述分析过程的不同部分。清楚地理解分析步(step)、载荷增量步(load increment)和迭代步(iteration)相互之间的区别是很重要的：

(1) 模拟计算的加载历史包含一个或多个步骤。所定义的分析步一般包括分析过程选项、载荷选项和输出要求选项。在每个分析步可以应用不同的载荷、边界条件、分析过程选项和输出要求，例如，

步骤①：在刚性夹具上夹持板材。

步骤②：加载使板材变形。

步骤③：确定变形板材的固有频率。

(2) 增量步是分析步的一部分。在非线性分析中，将施加在一个分析步中的总载荷分解成更小的增量步，这样就可以按照非线性求解步骤进行计算。

在 ABAQUS/Standard 中，用户可以设置第 1 个增量步的大小，然后 ABAQUS/Standard 会自动地选择后继增量步的大小。在 ABAQUS/Explicit 中，时间增量步是完全自动默认的，无需用户干预。由于显式方法是条件稳定的，所以对于时间增量步具有稳定极限值。在第 9 章“显式非线性动态分析”中将讨论稳定时间增量。

在每个增量步结束时，结构处于(近似的)平衡状态，并且可以将结果写入输出数据库、重启动、数据或者结果文件中。如果选择在某一增量步将计算结果写入输出数据库文件，则将这个增量步称为帧(frames)。

(3) 在 ABAQUS/Standard 和在 ABAQUS/Explicit 的分析中，与时间增量有关的问题是非常不同的，原因是在 ABAQUS/Explicit 中的时间增量通常要小得多。

(4) 当采用隐式方法求解时，迭代步是在 1 个增量步中寻找平衡解答的一次试探。在迭代结束时，如果模型不处于平衡状态，那么 ABAQUS/Standard 将进行新一轮迭代。经过每一次迭代，ABAQUS/Standard 获得的解答应当更接近于平衡状态。有时 ABAQUS/Standard 可能需要许多次迭代才能得到平衡解答。一旦获得了平衡解答，增量步即告完成。仅当 1 个增量步结束时，才能输出所需要的结果。

(5) 在 1 个增量步中，ABAQUS/Explicit 无需迭代即可获得解答。

8.2.2　ABAQUS/Standard 中的平衡迭代和收敛

对于一个小的载荷增量 ΔP，结构的非线性响应如图 8-9 所示。ABAQUS/Standard 利用基于结构初始构形 u_0 时的结构初始刚度 K_0 和 ΔP 来计算结构的位移修正值(displacement correction)c_a，利用 c_a 将结构的构形更新为 u_a。

收敛性(convergence)

ABAQUS/Standard 基于结构的更新构形 u_a 形成了新的刚度 K_a，进而计算出新的内部作用力 I_a。这样所施加的总载荷 P 和 I_a 之间的差为

$$R_a = P - I_a$$

其中，R_a 是迭代的残差力(force residual)。

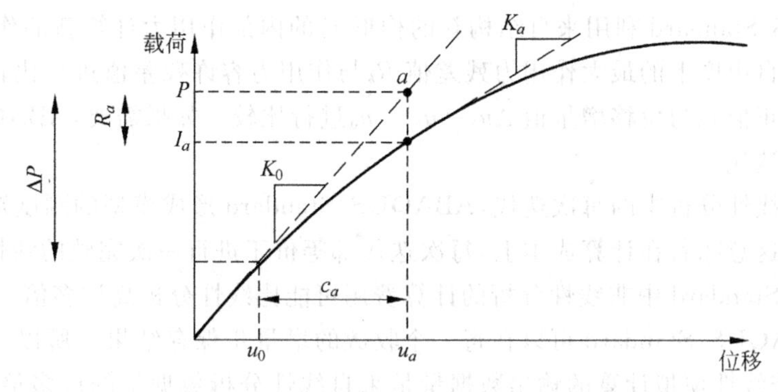

图 8-9 在 1 个增量步中的首次迭代

如果 R_a 在模型中的每个自由度上均为零，那么图 8-9 中的 a 点将位于载荷-挠度曲线上，并且结构将处于平衡状态。在非线性问题中，几乎不可能使 R_a 等于零，因此，ABAQUS/Standard 将 R_a 与一个容许值进行比较。如果 R_a 小于这个残差力容许值，ABAQUS/Standard 就接受结构的更新构形作为平衡的结果。默认的容许值设置为在整个时间段上作用在结构上的平均力的 0.5%。在整个模拟过程中，ABAQUS/Standard 自动地计算这个在空间和时间上的平均力。

如果 R_a 比目前的容许值小，则认为 P 和 I_a 处于平衡状态，而 u_a 就是结构在所施加载荷下有效的平衡构形。但是，在 ABAQUS/Standard 接受这个结果之前，还要检查位移修正值 c_a 是否相对小于总的增量位移 $\Delta u_a = u_a - u_0$。若 c_a 大于增量位移的 1%，ABAQUS/Standard 将再进行一次迭代。只有这两个收敛性检查都得到满足，才认为此载荷增量下的解是收敛的。上述收敛判断规则有一个例外，即所谓线性增量情况。若增量步内最大的作用力残差小于时间上的平均力乘以 10^{-8} 的任何增量步，则将其定义为线性增量。任何采用时间上平均力的情况，凡是通过了如此严格的最大作用力残差的比较，即被认为是线性的，不需要进一步迭代，其位移修正值的解答无需进行任何检查即认为是可接受的。

如果迭代的结果不收敛，ABAQUS/Standard 将进行下一次迭代以试图使内部力和外部力达到平衡。第 2 次迭代采用前面迭代结束时计算得到的刚度 K_a，并与 R_a 共同来确定另一个位移修正值 c_b，使得系统更加接近于平衡状态(见在图 8-10 中的点 b)。

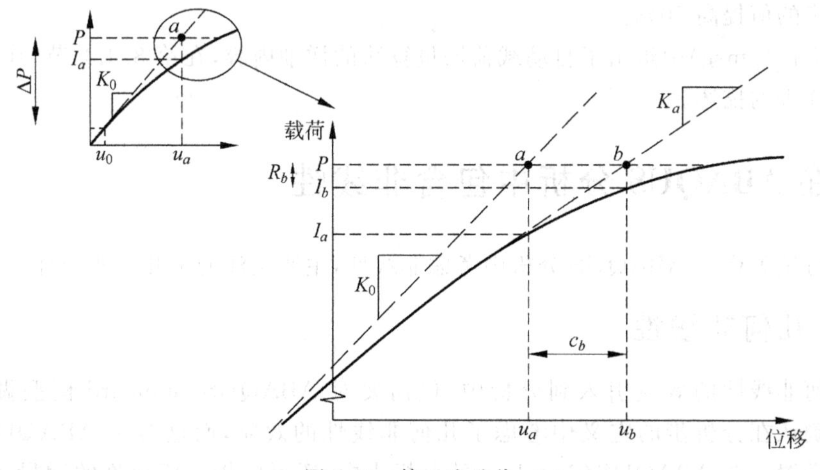

图 8-10 第 2 次迭代

ABAQUS/Standard 利用来自结构新的构形 u_b 的内部作用力计算新的作用力残值 R_b，再次将在任何自由度上的最大作用力残差值 R_b 与作用力容许残差值进行比较，并将第 2 次迭代的位移修正值 c_b 与位移增量值 $\Delta u_b = u_b - u_0$ 进行比较。如果需要，ABAQUS/Standard 将做进一步的迭代。

对于在非线性分析中的每次迭代，ABAQUS/Standard 形成模型的刚度矩阵，并求解系统的方程组。这意味着在计算成本上，每次迭代都等价于进行一次完整的线性分析。因此，在 ABAQUS/Standard 中非线性分析的计算费用可能比线性分析高许多倍。

使用 ABAQUS/Standard 可以在每一个收敛的增量步保存结果。所以，对于同一个几何构型，来自非线性模拟计算的输出数据量是来自线性分析数据量的许多倍。在规划计算机资源时，需要考虑这些因素和所要进行的非线性模拟计算的类型。

8.2.3　ABAQUS/Standard 中的自动增量控制

ABAQUS/Standard 可以自动调整载荷增量步的大小，因此它能便捷而有效地求解非线性问题。用户只需在每个分析步模拟中给出第 1 个增量步的值，然后，ABAQUS/Standard 自动地调整后续增量步的值。如果用户未提供初始增量步的值，ABAQUS/Standard 会试图将该分析步中所定义的全部载荷施加在第 1 个增量步中。在高度非线性问题中，ABAQUS/Standard 不得不反复减小增量步，从而导致占用了 CPU 时间。一般来说，提供一个合理的初始增量步的值会有利于问题的求解（例如，第 8.4.1 节“修改模型”）。只有在很平缓的非线性问题中，才可能将分析步中的所有载荷施加于单一增量步中。

对于一个载荷增量，得到收敛解所需要的迭代步数量的变化取决于系统的非线性程度。在默认情况下，如果经过 16 次迭代的解仍不能收敛或者结果显示出发散，ABAQUS/Standard 就放弃当前增量步，并将增量步的值设置为原来值的 25%，重新开始计算。利用比较小的载荷增量来尝试找到收敛的解答。若此增量仍不能使其收敛，ABAQUS/Standard 将再次减小增量步的值。在中止分析之前，ABAQUS/Standard 默认地允许至多 5 次减小增量步的值。

如果增量步在少于 5 次迭代时就达到了收敛，这表明相当容易地得到了解答。因此，如果连续两个增量步都只需少于 5 次的迭代就可以得到收敛解，ABAQUS/Standard 会自动地将增量步的值提高 50%。

信息文件（.msg）中给出了自动载荷增量算法的详细内容，在第 8.4.2 节“作业诊断”中将给出更详细的描述。

8.3　在 ABAQUS 分析中包含非线性

下面讨论怎样在 ABAQUS 分析中考虑非线性，主要关注的是几何非线性。

8.3.1　几何非线性

将几何非线性的效应引入到分析中，仅需要对 ABAQUS/Standard 模型做微小的修改。需要确认在分析步的定义中考虑了几何非线性的效应，而这对于 ABAQUS/Explicit 是默认的设置。在 ABAQUS/Standard 的分析步中，还可以指定所允许的增量步的最大数目。如果完成分析步所需要的增量步数目超过了这个限制，ABAQUS/Standard 将中止分析并给出错误信息。对于一个分析步，默认的增量步数目是 100。如果在模拟中出现了显著的非线性，就有可能需要更多的增量步进行分析。用户指定的是 ABAQUS/Standard 可以采用的增量步数目的上限，而不是它必须使用的增量步数目。

在非线性分析中，一个分析步发生于一段有限的"时间"内，除非惯性效应或率相关行为是重要的因素，否则这里的"时间"并没有实际的物理含义。在 ABAQUS/Standard 中，用户指定了初始时间增量 $\Delta T_{\text{initial}}$ 和分析步的总时间 T_{total}。在第 1 个增量步中，初始时间增量与分析步总时间的比值确定了载荷施加的比例。初始载荷增量为

$$\frac{\Delta T_{\text{initial}}}{T_{\text{total}}} \times \text{载荷值}$$

在 ABAQUS/Standard 的某些非线性模拟中，初始时间增量的选择可能是非常关键的，但是对于大多数分析，介于分析步总时间的 5%～10%的初始增量值通常是足够的。为了方便，在静态模拟时通常设置分析步的总时间为 1.0，除非在模型中包含了率相关材料效应或阻尼器等特例。采用分析步的总时间为 1.0 时，所施加载荷的比例总是等于当前的时间步，即当分析步时间是 0.5 时，则施加了总体载荷的 50%。

尽管在 ABAQUS/Standard 中必须指定初始增量值，ABAQUS/Standard 将自动地控制后续的增量值。这种增量值的自动控制适合于大多数应用 ABAQUS/Standard 进行的非线性模拟计算，然而对于增量值的进一步控制也是可能的。如果由于收敛性问题引起了增量值的过度减小，使其低于最小值，ABAQUS/Standard 将会中止分析。默认的最小容许时间增量 $\Delta T_{\min}$ 为 10^{-5} 乘以分析步的总时间。除了分析步的总时间之外，ABAQUS/Standard 默认没有增量值的上限值 $\Delta T_{\max}$。根据 ABAQUS/Standard 模拟，可能希望指定不同的最小和/或最大的容许增量值。例如，如果模型经历了塑性变形，当施加了过大的载荷增量时，模拟计算可能会难以得到解答，这时就可能希望减小 $\Delta T_{\max}$ 的值。

1. 局部方向

在几何非线性分析中，局部材料方向在每个单元中可能随着变形而转动。对于壳、梁和桁架单元，局部的材料方向总是随着变形而转动。对于实体单元，仅当单元中提供了非默认的局部材料方向时，它的局部材料方向才随着变形而转动，否则，默认的局部材料方向在整个分析中将始终保持不变。

定义在节点上的局部方向在整个分析中保持不变，它们不随变形而转动。关于进一步的详细内容，请查阅《ABAQUS 分析用户手册》第 2.1.5 节"Transformed coordinate systems"。

2. 对后继分析步的影响

一旦在一个分析步中包括了几何非线性，在所有的后继分析步中就都会考虑几何非线性。如果在一个后继分析步中没有要求几何非线性的效应，ABAQUS 就会发出警告，声明几何非线性已经包含在任何分析步中。

3. 其他的几何非线性效应

当考虑几何非线性效应时，在模型中的大变形并不是要考虑的唯一重要的几何非线性效应。ABAQUS/Standard 也包括由于施加载荷引起的单元刚度计算项，称为载荷刚度。这些项改善了收敛性行为。另外在对横向载荷的响应中，在壳中的薄膜载荷以及在缆索和

梁中的轴向载荷，都会对这些结构的刚度做出很大的贡献。通过包含几何非线性，在对横向载荷的响应中也考虑了薄膜刚度。

8.3.2 材料非线性

在第 10 章“材料”中讨论了关于 ABAQUS 模型的材料非线性问题。

8.3.3 边界非线性

在第 12 章“接触”中讨论了边界非线性问题。

8.4 例题：非线性斜板

这个例子是在第 5 章“应用壳单元”中所描述的线性斜板模拟的继续，如图 8-11 所示。前面已经应用 ABAQUS/Standard 模拟了板的线性响应，现在将应用 ABAQUS/Standard 对它进行重新分析，包含几何非线性的影响。线性模拟的结果表明，对于此问题的非线性效应可能是重要的。由此次分析的结果，可以判断这个结论是否正确。

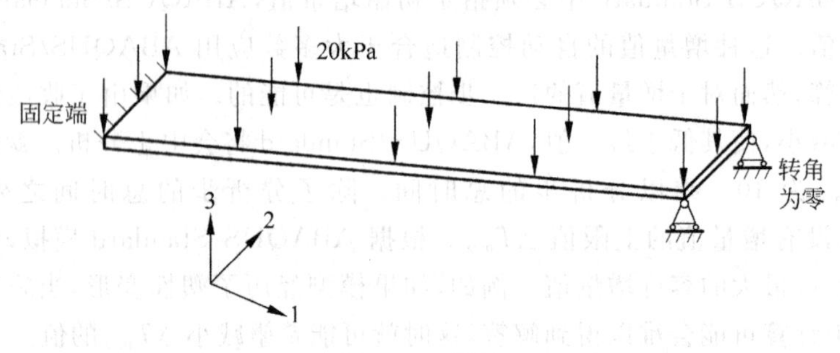

图 8-11　斜板

如果需要，可以根据本例题后面的指导，应用 ABAQUS/Explicit 将模拟扩展到动态分析。

8.4.1 修改模型

打开模型数据库文件 SkewPlate.cae，从主菜单栏中选择 **Model→Copy Model→Linear**，将名字为 Linear 的模型复制成名字为 Nonlinear 的模型。

对于非线性斜板模型，还需考虑几何非线性效应和改变输出要求。

1. 定义分析步

进入分析步 Step 模块，从主菜单栏中选择 **Step→Edit→Apply Pressure** 来编辑分析步定义。在 **Edit Step** 对话框的 **Basic** 页中，选中 **Nlgeom**（注：几何非线性的缩写）以考虑几何非线性的效应，并设置分析步的时间周期为 1.0。在 **Incrementation**（增量步）页中，将初始增量步的值（initial increment size）设置为 0.1。默认的增量步最大数目（maximum number of increments）为 100。ABAQUS 可能采用少于这个上限的增量步数目，但是如果需要高于这个上限的增量步数目，分析就会中止。

还可以改变分析步的描述，以反映它现在是一个非线性分析步。

2. 输出控制

在线性分析中，ABAQUS 仅求解一次平衡方程，并以此解答来计算结果。非线性分析可以产生更多的输出，因为在每一个收敛的增量步结束时都可以要求输出结果。如果不注意选择输出要求，输出文件会非常大，可能会占满计算机的磁盘空间。

如前所述，数据输出有四种不同的文件形式：

- 输出数据库文件(.odb)，它包含以二进制格式存储的数据，应用 ABAQUS/CAE 进行后处理时需要这些数据；
- 数据文件(.dat)，它包含选定结果的数据报表(仅应用于 ABAQUS/Standard)；
- 重启动文件(.res)，应用于继续分析；
- 结果文件(.fil)，由第三方后处理器使用的文件。

这里只讨论输出数据库文件(.odb)。如果注意选择，在模拟过程中可以经常存储数据，而又不会过多地占用磁盘空间。

从主菜单栏中选择 **Output→Field Output Requests→Manager**，打开 **Field Output Requests Manager**，在对话框的右边单击 **Edit**，来打开场变量输出编辑器。在 **Output Variables**(输出变量)域中选择 **Preselected defaults**，删除对线性分析模型定义的场变量输出要求，并指定默认的场变量输出要求。对于一般的静态过程，这个输出变量的预选设置是最经常应用的场变量输出设置。

为了减小输出数据库文件的尺寸，选择在每两个增量步写一次场变量输出。如果只对最终结果感兴趣，也可以选择 **The last increment**(最终增量步)或者设置保存输出的频率等于一个大数。不论指定什么值，在每个分析步结束时总会保存结果，所以，使用一个大数会导致仅保存最终的结果。

从前面的分析中，可以保留指定在跨中节点位移的历史输出，我们将在 Visualization 模块中应用 *X-Y* 曲线图功能演示这些结果。

3. 运行及监控作业

在 Job 模块中为非线性(Nonlinear)模型创建一个作业，命名为 `NlSkewPlate`，并给出描述为 `Nonlinear Elastic Skew Plate`。记住将该模型保存为一个新的模型数据库文件。

提交作业进行分析并监控求解进程。如果遇到了任何错误，必须纠正它们；如果发出了任何警告信息，必须调查它们的来源，并在必要时采取纠正的措施。

对于该非线性斜板例题，图 8-12 显示了 **Job Monitor**(作业监视器)的内容。第 1 列显示了分析步序号，在本例中只有一个分析步。第 2 列给出了增量步序号。第 6 列显示了在每个增量步中为了得到收敛解，ABAQUS/Standard 所需要的迭代步的数目。例如，在增量步 1 中，ABAQUS/Standard 需要 3 次迭代。第 8 列显示了已经完成的总的分析步时间。第 9 列显示了增量步的大小(ΔT)。

这个例子显示了 ABAQUS/Standard 如何自动地控制增量步的大小，即在每个增量步中载荷施加的比例。在此分析中，ABAQUS/Standard 在第 1 个增量步中施加了总载荷的 10%：指定了初始增量 $\Delta T_{\text{initial}}$ 为 0.1 和分析步的总时间为 1.0。在第 1 个增量步，ABAQUS/Standard 需要 3 次迭代才收敛到解答。在第 2 个增量步，ABAQUS/Standard 只需要 2 次迭代，因此，它自动地对下一个增量步的值增加了 50%，达到 ΔT= 0.15。在第

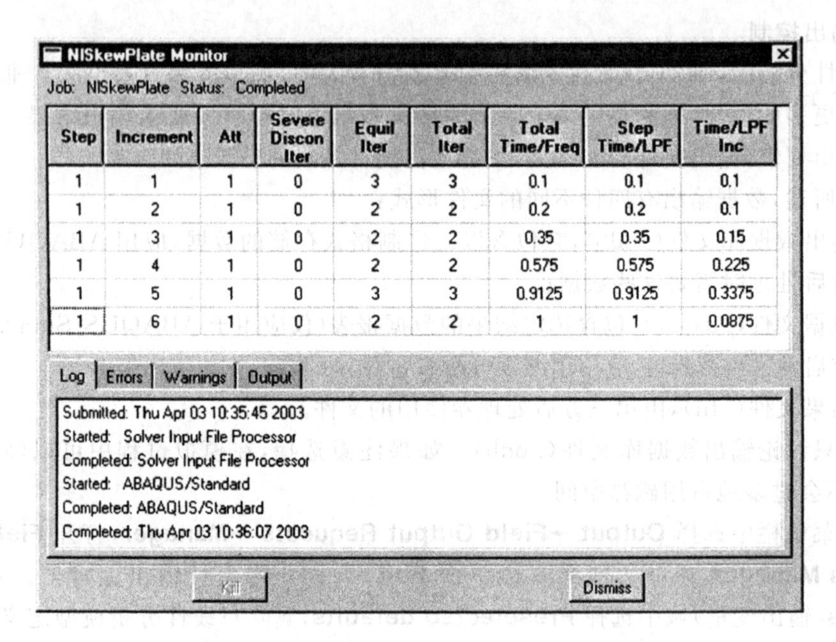

图 8-12　**Job Monitor**：非线性斜板分析

4 个和第 5 个增量步，ABAQUS/Standard 也增加了 ΔT。它调整最后一个增量步的值使得分析步刚好完成。在本例中，最后增量步的值为 0.0875。

8.4.2　作业诊断

ABAQUS/CAE 不仅可以监控分析作业的过程，而且还提供了一个可视化的诊断工具，用户可以使用它来了解这个分析模型的收敛行为以及在必要时对模型进行调试。ABAQUS/Standard 在输出数据库中存储了分析作业的每一个分析步、增量步、尝试计算和迭代的信息。当运行每一个作业时，将自动地存储诊断的信息。如果分析运算时间超出了预先估计的时间，或者过早地被中断，则可以观察由 ABAQUS/CAE 提供的作业诊断信息，以帮助查找问题的原因和修改模型的方法。

进入 Visulization 模块，打开输出数据库 `NlSkewPlate.odb` 以检查收敛历史。从主菜单栏中选择 **Tools→Job Diagnostics**，打开 **Job Diagnostics**（作业诊断）对话框。在 **Job History**（作业历史）列表中，单击“+”号以扩展列表，它包括了在分析作业中的分析步、增量步、尝试计算和迭代列表。例如，在 **Increment-1** 下，选择 **Attempt-1**，如图 8-13 所示。

在对话框右侧的 **Attempt Summary**（尝试计算信息摘要）中包含了基本信息，如增量步大小和迭代尝试次数等。选择本次尝试计算的 **Iteraction-1**，查看关于第 1 次迭代的详细信息。在 **Summary**（摘要）页中的信息表明本次迭代并没有达到收敛，所以单击 **Residuals**（残差）页以便查明原因。

如图 8-14 所示，**Residuals** 页显示了在模型中的平均力 q^{α} 和时间平均力$\tilde{q}^{\alpha}$ 的值。它也显示了最大作用力残差 $r^{\alpha}_{\max}$、最大位移增量 Δu_{α} 和最大位移修正值 c_{α}，以及发生这些值的节点和自由度。在对话框的底部，通过选择 **Highlight selection in viewpoint**（在视区高亮度显示），可以在视区的模型中高亮度显示任何这些节点和自由度的位置。诊断标准的选择是

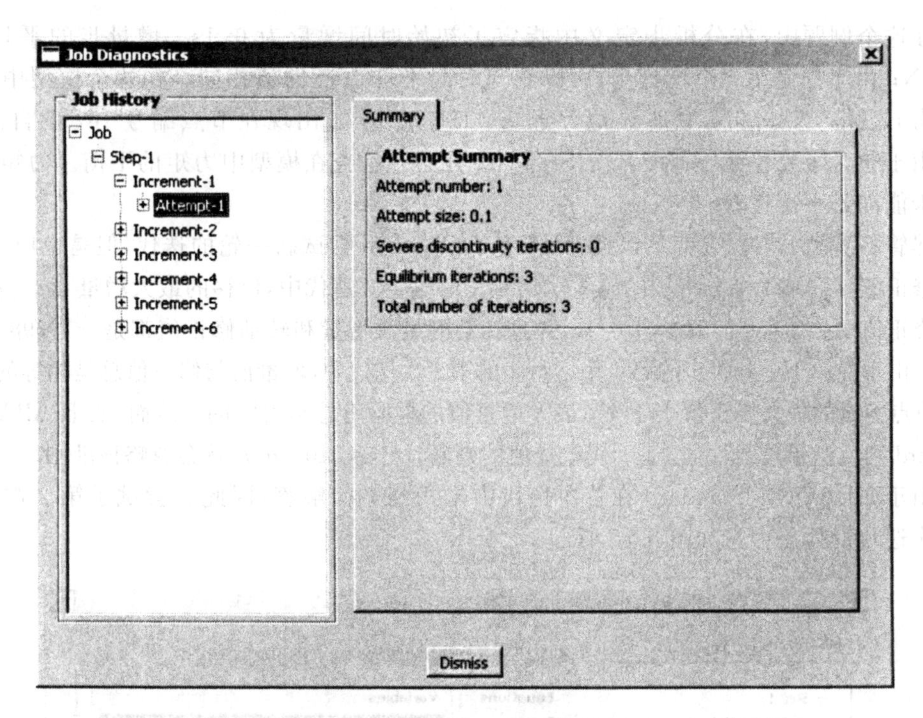

图 8-13 第 1 个增量步的第 1 次尝试计算的信息摘要

实时跟踪的，所以可以在对话框左边的迭代列表中快速移动，以查看在迭代过程中某指定迭代准则的位置变化。如果正在试图调试大型、复杂的模型，这可能是非常有用的。类似的显示可用于查看转动自由度(在 **Variables**(变量)列表中，选择 **Rotation**(转动))。

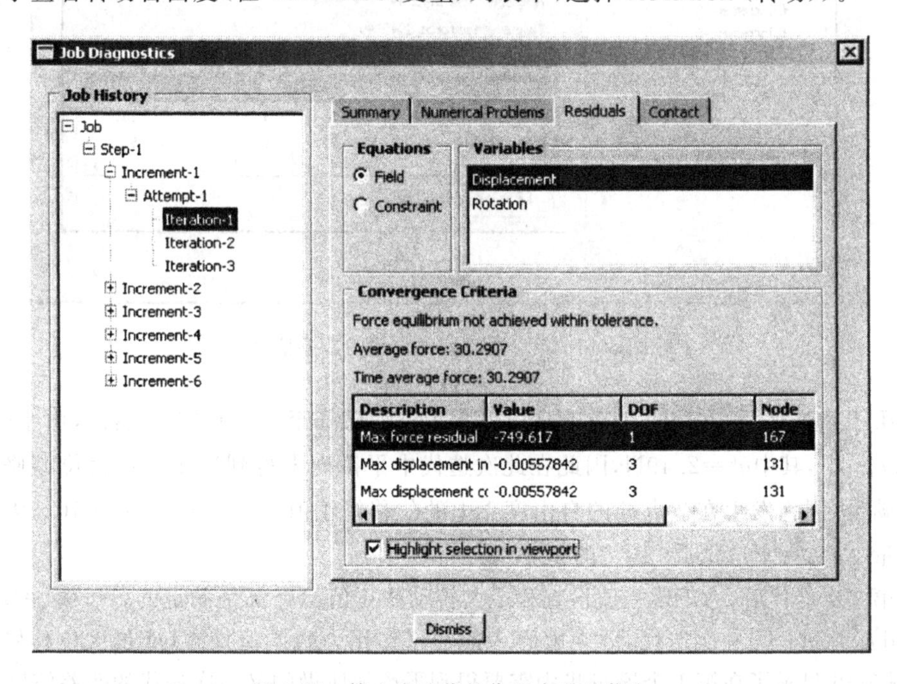

图 8-14 第 1 次迭代的作用力残差信息

在这个例题中，在分析步定义中指定了初始时间增量为 0.1s。增量步的平均力为 30.29N；由于这是第 1 个增量步，所以它与时间平均力$\tilde{q}^{\alpha}$ 的值相同。在这个模型中，最大残余力 $r^{\alpha}_{\max}$是-749.6N，它明显地大于 $0.005\times\tilde{q}^{\alpha}$。$r^{\alpha}_{\max}$出现在节点编号 167 的自由度 1 上。由于包含了壳单元，ABAQUS/Standard 还必须检查在模型中力矩的平衡。力矩/转动场也未能满足平衡检查。

尽管不满足平衡检查就足以使 ABAQUS/Standard 尝试新一轮的迭代，但是也应该检查位移修正值。在第 1 个分析步的第 1 个增量步的第 1 次迭代中，位移的最大增量 $\Delta u^{\alpha}_{\max}$和最大位移修正值 $c^{\alpha}_{\max}$均为-5.578×10^{-3}m，并且转动的最大增量和转动修正值都是-1.598×10^{-2}弧度。由于在第 1 个分析步的第 1 个增量步的第 1 次迭代中，增量值与修正值总是相等的，所以关于节点变量的最大修正值小于 1%最大增量值的检验将总是失败的。然而，如果 ABAQUS/Standard 判定结果是线性的(基于残差量值的判断，$r^{\alpha}_{\max} < 10^{-8}\tilde{q}^{\alpha}$)，就会忽略该准则。

由于 ABAQUS/Standard 在首次迭代中未找到平衡解答，因此它尝试了第 2 次迭代。第 2 次迭代的残差信息如图 8-15 所示。

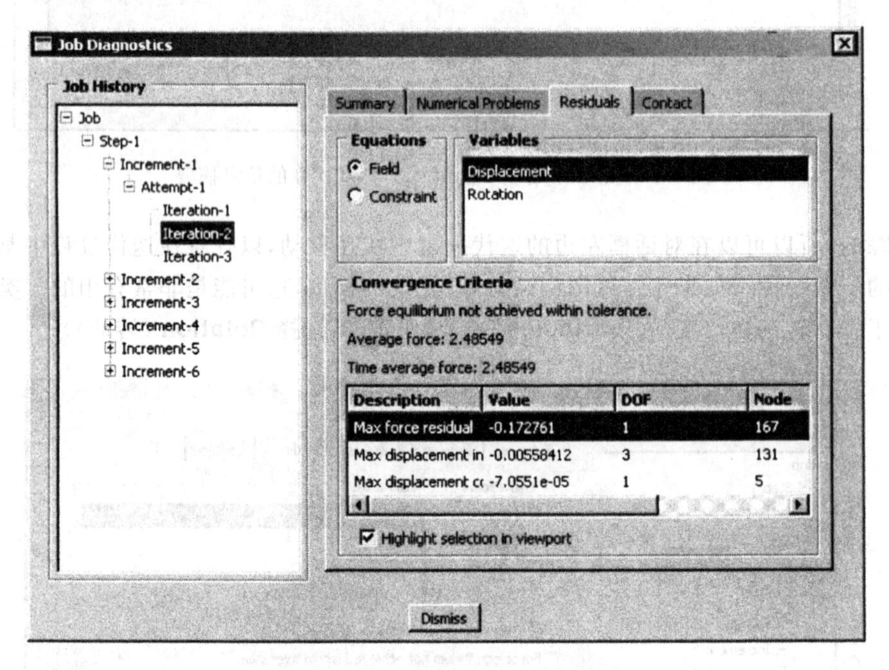

图 8-15　第 2 次迭代的作用力残差信息

在第 2 次迭代后，在节点 167 的自由度 1 上 $r^{\alpha}_{\max}$已降至-0.173N。然而，由于$0.005\times\tilde{q}^{\alpha}$ 仍比 $r^{\alpha}_{\max}$小，其中$\tilde{q}^{\alpha}=2.49$N，因此在此次迭代中平衡尚未得到满足。最大位移修正准则也未能满足，因为发生在节点 5 的自由度 1 上的位移修正值 $c^{\alpha}_{\max}=-7.055\times10^{-5}$大于最大位移增量 $\Delta u^{\alpha}_{\max}=-5.584\times10^{-3}$的 1%。

在第 2 次迭代后，力矩残差值检查和最大转动修正值检查都是满足的。然而，ABAQUS/Standard 必须进行另一次迭代，因为解答未能通过作用力残差值检查(或最大位移修正值准则)。图 8-16 显示了在第 1 个增量步中需要得到平衡解所做的又一次迭代的残差信息。

在第 3 次迭代后，$\tilde{q}^{\alpha}=2.476$N 和在节点 86 的自由度 2 上 $r^{\alpha}_{\max}=-5.855\times10^{-3}$N。这

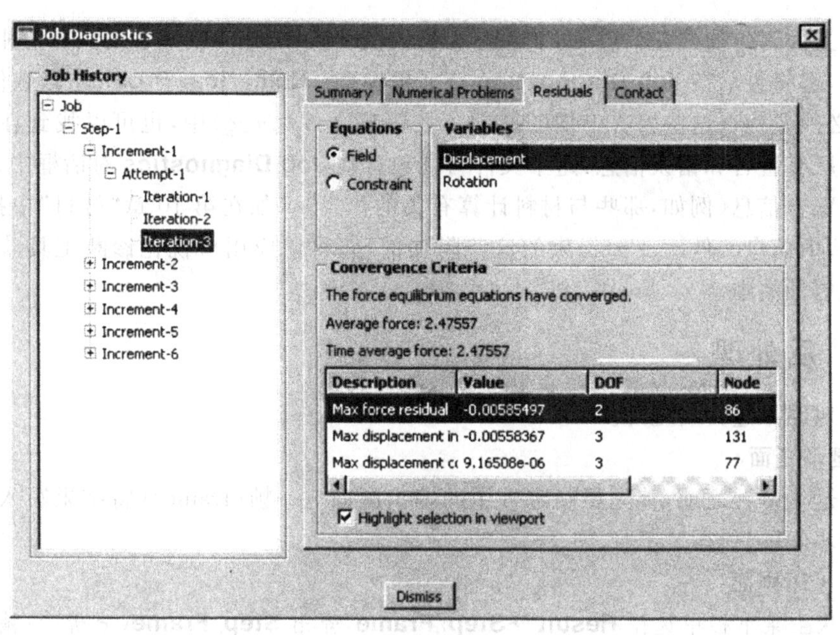

图 8-16　第 3 次迭代的作用力残差信息

些值满足 $r^{\alpha}_{\max}<0.005\times\tilde{q}^{\alpha}$，因此作用力残差值检查得到了满足。将 $c^{\alpha}_{\max}$ 与最大位移增量进行比较，表明位移修正值小于所要求的准则。因此，作用力和位移的解答达到收敛。对于力矩残差值和转动修正值的检查是继续满足的，自从第 2 次迭代它们就已经满足了。由于得到了一个对于所有变量（在本例中为位移和转动）都满足平衡的解答，第 1 个载荷增量步就完成了。尝试运算的摘要（图 8-13）列出了此增量步所需要的迭代次数和增量步的大小。

ABAQUS/Standard 继续施加载荷增量，然后迭代求解的过程，直到完成整个分析（或者达到所指定的最大增量步数目）。在此分析中，还需要 5 个增量步。分析步摘要如图 8-17 所示。

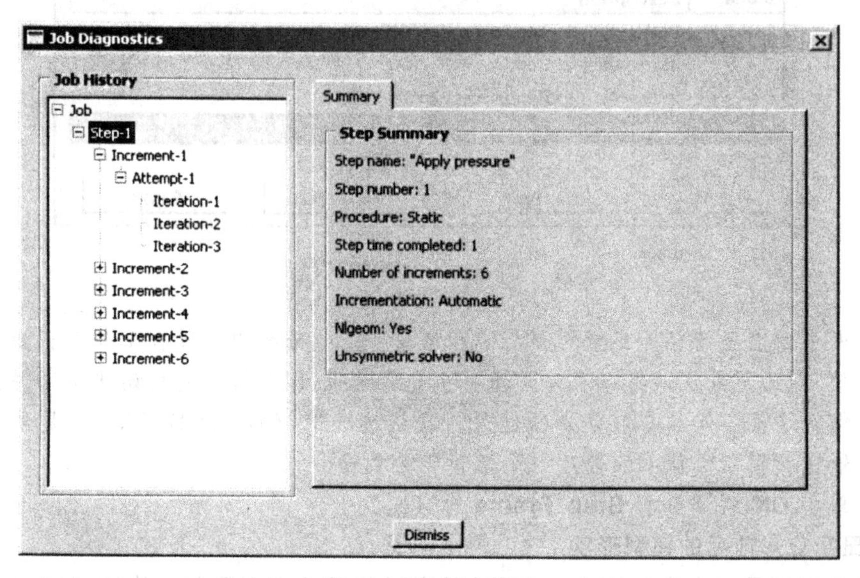

图 8-17　分析步摘要

除了上面讨论的残差信息外，如果存在与数值奇异、矩阵零主元和负特征值相关的任何警告信息，都将显示在 **Job Diagnostics** 对话框中(在 **Numerical Problems**(数值问题)选项页)。必须要检查这些警告出现的原因。在信息文件(.msg)中，也可以找到在分析过程中产生的所有警告和错误信息，这个文件可能包含在 **Job Diagnostics** 对话框中，而没有显示的附加警告信息(例如，那些与材料计算有关的信息)。如在第 10 章“材料”中指出，当调试问题时，由信息文件(.msg)提供的这些附加信息，将使应用可视化诊断工具获得的残差信息重点更加清晰。

8.4.3 后处理

现在对结果进行后处理。

1. 显示画面

开始这个练习之前，首先要确定可用的输出画面——帧(frame)(将结果写入输出数据库的增量步间隔)。

显示可用画面：

(1) 从主菜单栏中选择 **Result→Step/Frame**，弹出 **Step/Frame**(分析步/帧)对话框。在分析时，ABAQUS/Standard 根据要求在每两个增量步将场变量输出结果写入输出数据库文件。ABAQUS/CAE 显示画面列表，如图 8-18 所示。

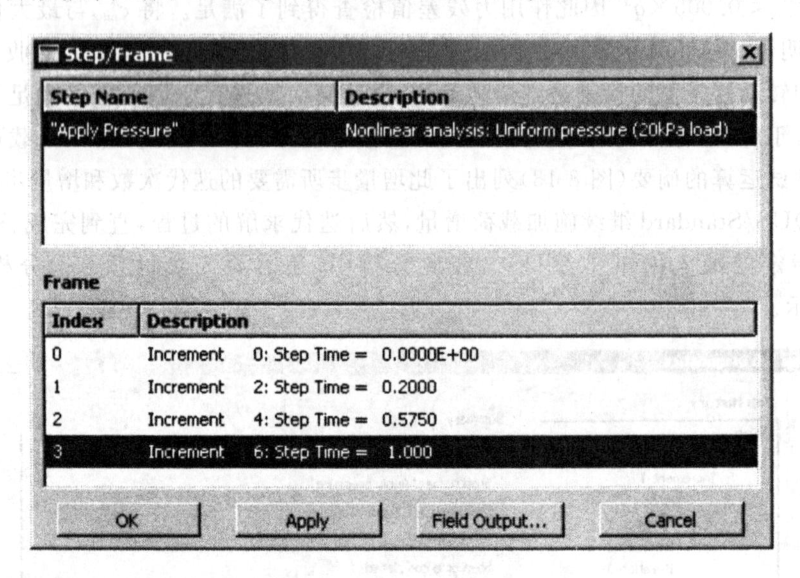

图 8-18　可用的帧

表中列出了储存场变量的分析步和增量步。此分析中只包含 1 个分析步和 6 个增量步，已经默认地保存了关于增量步 0 的结果(即分析步的初始状态)，并按照要求保存了第 2,4 和 6 增量步的结果。默认情况下，ABAQUS/CAE 总是使用保存在输出数据库文件中的最后一个增量步的数据。

(2) 单击 **OK**，关闭分析 **Step/Frame** 对话框。

2. 显示变形前后的模型形状

将未变形图叠加在变形图上，一起显示变形前后的模型形状。旋转视图得到类似于

图 8-19 所示的图形。

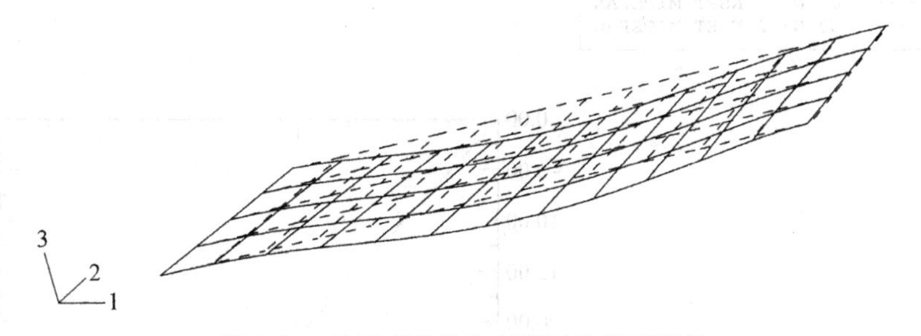

图 8-19 斜板变形前和变形后的模型形状

3. 应用来自其他帧的结果

从保存在输出数据库文件中的其他增量步数据中，可以选择适当的帧来评估结果。

选择一个新的帧：

(1) 从主菜单栏中选择 **Result→Step/Frame**，显示 **Step/Frame** 对话框。

(2) 从 **Frame** 菜单中选择 **Increment 4**(增量步 4)。

(3) 单击 **OK**，应用这些变化并关闭 **Step/Frame** 对话框。

现在，所需要的任何绘图将使用来自增量步 4 的结果。重复这个过程，用所感兴趣的增量步加以替换，自如地调用在输出数据库文件中的数据。

4. *X-Y* 曲线图

对于模拟中的每一个增量步，保存了跨中节点(节点集合 Midspan)的位移作为输出到数据库文件 NlSkewPlate.odb 中的历史变量，可以使用这些结果来绘制 *X-Y* 曲线图。特别是将绘制位于板跨中边界处节点的竖向位移历史。

创建跨中位移的 *X-Y* 图形：

(1) 首先创建一个显示组(display group)，它包括节点集 Midspan 中未变形的模型图，显示出节点号以确定那些位于板跨中边界处的节点。

(2) 从主菜单栏中选择 **Result→History Output**。

(3) 在弹出的 **History Output** 对话框中选择(用[Ctrl]+单击)两个跨中边界节点的竖向运动，其曲线标注的形式为 Spatial displacement: U3 at Node **xxx** in NSET Midspan(用节点编号确定所需要选择的曲线)。

(4) 单击 **Plot**。ABAQUS 从输出数据库文件中读出两条曲线的数据，并画出类似于图 8-20 所示的曲线图(为了清楚，第 2 条曲线用了虚线)。

从这些曲线中可以清楚地看到该模拟的非线性性质：随着分析的进行，板会逐渐变硬。几何非线性的效应意味着结构的刚度将随着变形而改变。在该模拟中，由于薄膜效应使板在变形时变得刚硬。因此，所得到的位移峰值比线性分析预测的小，因为在线性分析中没有包括这种效应。

应用保存在输出数据库文件(.odb)中的历史变量数据或场变量数据，可以创建 *X-Y* 曲线图。*X-Y* 曲线的数据也可以从外部文件读入，或者交互地键入到 Visulization 模块中。一旦创建了曲线，就可以进一步利用这些数据，并以图形的形式绘制到屏幕上。

在第 10 章“材料”中将进一步讨论 Visualization 模块的 *X-Y* 曲线图功能。

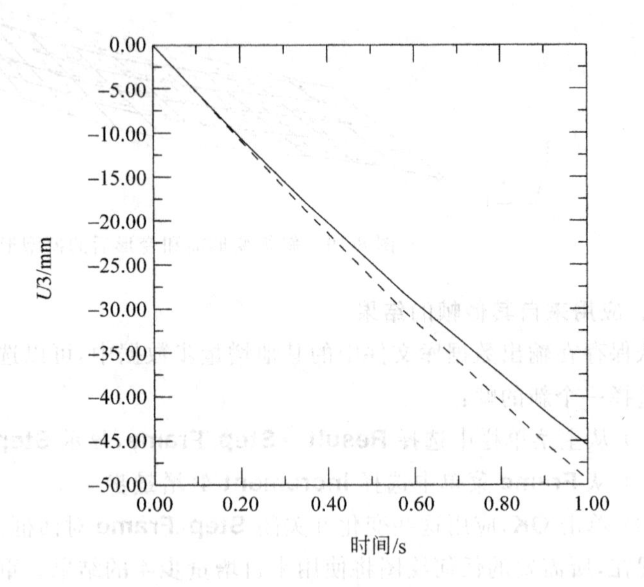

图 8-20 在板跨中边界的位移历史

5. 数据报表

创建一个跨中位移的数据报表。应用节点集合 Midspan 创建一个适当的显式组。报表内容显示如下。

```
Source 1
---------

   ODB: NlSkewPlate.odb
   Step: "Apply pressure"
   Frame: Increment      6: Step Time =     1.000

Loc 1 : Nodal values from source 1

Output sorted by column "Node Label".

Field Output reported at nodes for Region(s) PLATE-1: ...

            Node           U.U1            U.U2            U.U3
           Label          @Loc 1          @Loc 1          @Loc 1
-------------------------------------------------------------------
               1    -2.68697E-03    -747.394E-06    -49.4696E-03
               2    -2.27869E-03    -806.331E-06    -45.4817E-03
               7    -2.57405E-03    -759.298E-06    -48.5985E-03
               8    -2.49085E-03    -775.165E-06    -47.7038E-03
               9     -2.4038E-03    -793.355E-06     -46.533E-03
              66    -2.62603E-03    -750.246E-06    -49.0086E-03
              70    -2.53886E-03    -762.497E-06    -48.1876E-03
              73    -2.45757E-03    -778.207E-06     -47.144E-03
              76    -2.36229E-03    -794.069E-06    -45.9613E-03


Minimum             -2.68697E-03    -806.331E-06    -49.4696E-03

    At Node                    1               2               1
Maximum             -2.27869E-03    -747.394E-06    -45.4817E-03

    At Node                    2               1               2
```

将这些位移值与在第5章"应用壳单元"中应用线性分析得到的结果进行比较。该模拟中的跨中最大位移比由线性分析预测的位移约小9%。在模拟中包括非线性几何效应，减小了板跨中的竖向挠度(*U*3)。

两种分析的另一个区别是在非线性模拟中沿1和2方向有非零挠度。在非线性分析中，是什么效果使得面内位移*U*1和*U*2非零呢？为什么板的竖向挠度会小呢？

由于在非线性模拟中考虑了几何改变，所以板变形后成了弯曲形状。作为结果，薄膜效应使得部分载荷由薄膜作用来承受而不是仅由弯曲作用单独承受，这使得板更加刚硬。另外，始终保持垂直于板面的压力载荷随着板的变形也开始具有沿1和2方向的分量。非线性分析中考虑了这种刚性效应和压力方向的改变，而在线性分析中这两种效应均未考虑。

在线性和非线性模拟之间的差别是相当大的，表明在这种特殊载荷条件下，对于该板应用线性模拟是不合适的。

对于5个自由度的壳单元，如在这个分析中应用的S8R5单元，ABAQUS/Standard没有输出在节点处的所有转动。

8.4.4 用ABAQUS/Explicit运行分析

作为一个选作的练习，可修改模型并在ABAQUS/Explicit中计算斜板的动态分析。为此，需要为`Steel`的材料定义添加一个7800kg/m³的密度，应用一个显式动态分析步替换已存在的分析步，并改变单元库为**Explicit**。此外，必须编辑历史变量输出要求，将集合`MidSpan`的平移和转动写入输出数据文件。这些信息将有助于评估板的动态响应。在作出适当的模型修改之后，就可以创建并运行一个新的作业，以考察在板上突然施加载荷的瞬时动态效应。

8.5 相关的ABAQUS例题

- 《ABAQUS实例手册》(*ABAQUS Example Problems Manual*)第1.1.2节"Elastic-plastic collapse of a thin-walled elbow under in-plane bending and internal pressure"(薄壁弯管在平面内弯曲和内部压力下的弹塑性失效)。
- 《ABAQUS实例手册》(*ABAQUS Example Problems Manual*)第1.2.2节"Laminated composite shells: buckling of a cylindrical panel with a circular hole"(叠层复合材料壳：带圆孔环板的屈曲)。
- 《ABAQUS实例手册》(*ABAQUS Example Problems Manual*)第1.2.5节"Unstable static problem: reinforced plate under compressive loads"(不稳定静态问题：压力载荷下的加筋板)。
- 《ABAQUS基准手册》(*ABAQUS Benchmarks Manual*)第1.3.5节"Large rotation of a one degree of freedom system"(单自由度系统的大转动)。
- 《ABAQUS基准手册》(*ABAQUS Benchmarks Manual*)第1.4.3节"Vibration of a cable under tension"(受拉缆绳的振动)。

8.6 建议阅读的文献

以下参考文献提供了关于非线性有限元方法的更多资料。有兴趣的读者可以由此更加深入这个题目。

- Belytschko, T., W. K. Liu, and B. Moran, *Nonlinear Finite Elements for Continua and Structures*, Wiley & Sons, 2000.
- Bonet, J., and R. D. Wood, *Nonlinear Continuum Mechanics for Finite Element Analysis*, Cambridge, 1997.
- Cook, R. D., D. S. Malkus, and M. E. Plesha, *Concepts and Applications of Finite Element Analysis*, Wiley & Sons, 1989.
- Crisfield, M. A., *Non-linear Finite Element Analysis of Solids and Structures, Volume Ⅰ*: Essentials, Wiley & Sons, 1991.
- Crisfield, M. A., *Non-linear Finite Element Analysis of Solids and Structures, Volume Ⅱ: Advanced Topics*, Wiley & Sons, 1997.
- E. Hinton (editor), *NAFEMS Introduction to Nonlinear Finite Element Analysis*, NAFEMS Ltd., 1992.
- Oden, J. T., *Finite Elements of Nonlinear Continua*, McGraw-Hill, 1972.

8.7 小结

- 在结构问题中有三种非线性的来源：材料、几何和边界(接触)。这些因素的任意组合可以出现在 ABAQUS 的分析中。
- 只要位移的量级影响到结构的响应，就发生了几何非线性。它包括大位移和大转动、突然翻转及载荷刚度的效应。
- 在 ABAQUS/Standard 中，应用 Newton-Raphson 方法迭代求解非线性问题。非线性问题比线性问题所需要的计算机资源要多许多倍。
- ABAQUS/Explicit 不需要进行迭代以获得解答。但是，因为几何变化很大，所以由稳定时间增量的减小使得计算成本可能上升。
- 一个非线性分析步可以分为许多增量步。

  ABAQUS/Standard 通过迭代，在每一个新的载荷增量步结束时近似地达到静力学平衡。ABAQUS/Standard 在整个模拟中应用收敛控制来控制载荷的增量。

  ABAQUS/Explicit 通过从一个增量步前推出下一个增量步的动力学状态来确定解答，与在隐式方法通常采用的增量步比较，它采用更小的时间增量步。稳定时间增量限制了增量步的值。在默认情况下，ABAQUS/Explicit 自动地完成增量步的确定。
- 当作业运行时，**Job Monitor**(作业监视器)对话框允许监控分析的进程。**Job Diagnostics**(作业诊断)对话框包含了载荷增量和迭代过程的详细信息。
- 在每个增量步结束时可以保存结果，因此结构响应的演化可以显示在 Visualization 模块中。结果也可以用 *X-Y* 曲线图的形式绘出。

9 显式非线性动态分析

在前面的章节中，我们已经了解了显式动态程序的基本内容，本章将对这个问题进行更详细的讨论。显式动态程序对于求解广泛的、各种各样的非线性固体和结构力学问题是一种非常有效的工具，它是对隐式求解器，如 ABAQUS/Standard 的一个补充。从用户的观点来看，显式与隐式方法的区别在于：

- 显式方法需要很小的时间增量步，它仅依赖于模型的最高固有频率，而与载荷的类型和持续的时间无关。通常的模拟需要取 10000～1000000 个增量步，每个增量步的计算成本相对较低。
- 隐式方法对时间增量步的大小没有内在的限制，增量的大小通常取决于精度和收敛情况。典型的隐式模拟所采用的增量步数目要比显式模拟小几个数量级。然而，由于在每个增量步中必须求解一套全域的方程组，所以对于每一增量步的成本，隐式方法远高于显式方法。

了解两个方法的这些特性，能够帮助用户确定哪一种方法更适合自己的问题。

9.1 ABAQUS/Explicit 适用的问题类型

在讨论显式动态程序如何工作之前，有必要了解 ABAQUS/Explicit 适合于求解哪类问题。

1. 高速动力学事件

最初发展显式动力学方法是为了分析那些用隐式方法(如 ABAQUS/Standard)分析可能极端费时的高速动力学事件。作为此类模拟的例子，在第 10 章“材料”中分析了一块钢板在短时爆炸载荷下的响应。因为迅速施加的巨大载荷，结构的响应变化得非常快。对于捕获动力响应，精确地跟踪板内的应力波是非常重要的。由于应力波与系统的最高阶频率相关联，因此为了得到精确解答需要许多小的时间增量。

2. 复杂的接触问题

应用显式动力学方法建立接触条件的公式要比应用隐式方法容易得多。结论是 ABAQUS/Explicit 能够比较容易地分析包括许多独立物体相互作用的复杂接触问题。ABAQUS/Explicit 特别适合于分析受冲击载荷并随后在结构内部发生复杂相互接触作用的结构的瞬间动态响应问题。在第 12 章“接触”中展示的电路板跌落试验就是这类问题的一个例子。在这个例子中，一块插入在泡沫封装中的电路板从 1m 的高度跌落到地板上。这个问题包括封装与地板之间的冲击以及在电路板和封装之间的接触条件的迅速变化。

3. 复杂的后屈曲问题

ABAQUS/Explicit 能够比较容易地解决不稳定的后屈曲(postbuckling)问题。在此类问题中，随着载荷的施加，结构的刚度会发生剧烈变化。在后屈曲响应中常常包括接触相互作用的影响。

4. 高度非线性的准静态问题

由于各种原因,ABAQUS/Explicit常常能够有效地解决某些在本质上是静态的问题。准静态(quasi-static)过程模拟问题(包括复杂的接触,如锻造、滚压和薄板成形等过程)一般属于这类问题。薄板成形问题通常包含非常大的膜变形、褶皱和复杂的摩擦接触条件。块体成形问题的特征有大扭曲、瞬间变形以及与模具之间的相互接触。在第13章"ABAQUS/Explicit准静态分析"中,将展示一个准静态成形模拟的例子。

5. 材料退化和失效

在隐式分析程序中,材料的退化(degradation)和失效(failure)常常导致严重的收敛困难,但是ABAQUS/Explicit能够很好地模拟这类材料。混凝土开裂的模型是一个材料退化的例子,其拉伸裂缝导致了材料的刚度成为负值。金属的延性失效模型是一个材料失效的例子,其材料刚度能够退化并且一直降低到零,在这段时间中,单元从模型中被完全除掉。

这些类型分析的每一个问题都有可能包含温度和热传导的影响。

9.2　动力学显式有限元方法

本节描述了ABAQUS/Explicit求解器的算法,比较了隐式和显式时间积分,并讨论了显式方法的优越性。

9.2.1　显式时间积分

ABAQUS/Explicit应用中心差分方法对运动方程进行显式的时间积分,应用一个增量步的动力学条件计算下一个增量步的动力学条件。在增量步开始时,程序求解动力学平衡方程,表示为用节点质量矩阵$\boldsymbol{M}$乘以节点加速度$\ddot{\boldsymbol{u}}$等于节点的合力(在所施加的外力$\boldsymbol{P}$与单元内力$\boldsymbol{I}$之间的差值):

$$\boldsymbol{M}\ddot{\boldsymbol{u}} = \boldsymbol{P} - \boldsymbol{I}$$

在当前增量步开始时(t时刻),计算加速度为

$$\ddot{\boldsymbol{u}}\big|_{(t)} = (\boldsymbol{M})^{-1} \cdot (\boldsymbol{P} - \boldsymbol{I})\big|_{(t)}$$

由于显式算法总是采用一个对角的或者集中的质量矩阵,所以求解加速度并不复杂,不必同时求解联立方程。任何节点的加速度完全取决于节点质量和作用在节点上的合力,使得节点计算的成本非常低。

对加速度在时间上进行积分采用中心差分方法,在计算速度的变化时假定加速度为常数。应用这个速度的变化值加上前一个增量步中点的速度来确定当前增量步中点的速度:

$$\dot{\boldsymbol{u}}\big|_{(t+\frac{\Delta t}{2})} = \dot{\boldsymbol{u}}\big|_{(t-\frac{\Delta t}{2})} + \frac{(\Delta t\big|_{(t+\Delta t)} + \Delta t\big|_{(t)})}{2}\ddot{\boldsymbol{u}}\big|_{(t)}$$

速度对时间的积分加上在增量步开始时的位移以确定增量步结束时的位移:

$$\boldsymbol{u}\big|_{(t+\Delta t)} = \boldsymbol{u}\big|_{(t)} + \Delta t\big|_{(t+\Delta t)}\dot{\boldsymbol{u}}\big|_{(t+\frac{\Delta t}{2})}$$

这样,在增量步开始时提供了满足动力学平衡条件的加速度。得到了加速度,在时间上"显式地"前推速度和位移。所谓"显式"是指在增量步结束时的状态仅依赖于该增量步开始时的位移、速度和加速度。这种方法精确地积分常值的加速度。为了使该方法产生精确的

结果,时间增量必须相当小,这样在增量步中加速度几乎为常数。由于时间增量步必须很小,所以一个典型的分析需要成千上万个增量步。幸运的是,因为不必同时求解联立方程组,所以每一个增量步的计算成本很低。大部分的计算成本消耗在单元的计算上,以此确定作用在节点上的单元内力。单元的计算包括确定单元应变和应用材料本构关系(单元刚度)确定单元应力,从而进一步计算内力。

下面给出了显式动力学方法的总结:

(1) 节点计算

① 动力学平衡方程

$$\ddot{\boldsymbol{u}}_{(t)} = (\boldsymbol{M})^{-1}(\boldsymbol{P}_{(t)} - \boldsymbol{I}_{(t)})$$

② 对时间显式积分

$$\dot{\boldsymbol{u}}_{(t+\frac{\Delta t}{2})} = \dot{\boldsymbol{u}}_{(t-\frac{\Delta t}{2})} + \frac{(\Delta t_{(t+\Delta t)} + \Delta t_{(t)})}{2}\ddot{\boldsymbol{u}}_t$$

$$\boldsymbol{u}_{(t+\Delta t)} = \boldsymbol{u}_{(t)} + \Delta t_{(t+\Delta t)}\,\dot{\boldsymbol{u}}_{(t+\frac{\Delta t}{2})}$$

(2) 单元计算

① 根据应变速率 $\dot{\varepsilon}$,计算单元应变增量 $\mathrm{d}\varepsilon$

② 根据本构关系计算应力 σ

$$\sigma_{(t+\Delta t)} = f(\sigma_{(t)}, \mathrm{d}\varepsilon)$$

③ 集成节点内力 $\boldsymbol{I}_{(t+\Delta t)}$

(3) 设置时间 t 为 $t+\Delta t$,返回到步骤(1)。

9.2.2 比较隐式和显式时间积分程序

对于隐式和显式时间积分程序,都是以所施加的外力 $\boldsymbol{P}$、单元内力 $\boldsymbol{I}$ 和节点加速度的形式定义平衡:

$$\boldsymbol{M}\ddot{\boldsymbol{u}} = \boldsymbol{P} - \boldsymbol{I}$$

其中,$\boldsymbol{M}$ 是质量矩阵。两个程序求解节点加速度,并应用同样的单元计算以获得单元内力。两个程序之间最大的不同在于求解节点加速度的方式上。在隐式程序中,通过直接求解的方法求解一组线性方程组,与应用显式方法节点计算的成本相对较低比较,求解这组方程组的计算成本要高得多。

在完全 Newton 迭代求解方法的基础上,ABAQUS/Standard 使用自动增量步。在时刻 $t+\Delta t$ 增量步结束时,Newton 方法寻求满足动力学平衡方程,并计算出同一时刻的位移。由于隐式算法是无条件稳定的,所以时间增量 Δt 比应用于显式方法的时间增量相对大一些。对于非线性问题,每一个典型的增量步需要经过几次迭代才能获得满足给定容许误差的解答。每次 Newton 迭代都会得到对于位移增量 $\Delta\boldsymbol{u}_j$ 的修正值 $\boldsymbol{c}_j$。每次迭代需要求解的一组瞬时方程为

$$\hat{\boldsymbol{K}}_j\boldsymbol{c}_j = \boldsymbol{P}_j - \boldsymbol{I}_j - \boldsymbol{M}_j\ddot{\boldsymbol{u}}_j$$

对于较大的模型,这是一个昂贵的计算过程。有效刚度矩阵 $\hat{\boldsymbol{K}}_j$ 是关于本次迭代的切向刚度矩阵和质量矩阵的线性组合。直到一些量满足了给定的容许误差才结束迭代,如力残差、位移修正值等。对于一个光滑的非线性响应,Newton 方法以二次速率收敛,描述如下:

迭代	相对误差
1	1
2	10^{-2}
3	10^{-4}
⋮	⋮

然而，如果模型包含高度的非连续过程，如接触和滑动摩擦，则有可能失去二次收敛，并需要大量的迭代过程。为了满足平衡条件，需要减小时间增量的值。在极端情况下，在隐式分析中的求解时间增量值可能与在显式分析中的典型稳定时间增量值在同一量级上，但是仍然承担着隐式迭代的高昂求解成本。在某些情况下，应用隐式方法甚至可能不会收敛。

在隐式分析中，每一次迭代都需要求解大型的线性方程组，这一过程需要占用相当数量的计算资源、磁盘空间和内存。对于大型问题，对这些方程求解器的需求优于对单元和材料的计算的需求，这同样适用于ABAQUS/Explicit分析。随着问题尺度的增加，对方程求解器的需求迅速增加，因此在实践中，隐式分析的最大尺度常常取决于给定计算机中的磁盘空间的大小和可用内存的数量，而不是取决于需要的计算时间。

9.2.3 显式时间积分方法的优越性

显式方法特别适用于求解高速动力学事件，它需要许多小的时间增量来获得高精度的解答。如果事件持续的时间非常短，则可能得到高效率的解答。

在显式方法中可以很容易地模拟接触条件和其他一些极度不连续的情况，并且能够一个节点一个节点地求解而不必迭代。为了平衡在接触时的外力和内力，可以调整节点加速度。

显式方法最显著的特点是没有在隐式方法中所需要的整体切向刚度矩阵。由于是显式地前推模型的状态，所以不需要迭代和收敛准则。

9.3 自动时间增量和稳定性

稳定性限制了ABAQUS/Explicit求解器所能采用的最大时间步长，这是应用ABAQUS/Explicit进行计算的一个重要因素。下面一节将描述稳定性限制并讨论在ABAQUS/Explicit中如何确定这个值，还将讨论影响稳定性限制的有关模型设计参数的问题，这些模型参数包括模型的质量、材料和网格划分。

9.3.1 显式方法的条件稳定性

应用显式方法，基于在增量步开始时刻 t 的模型状态，通过时间增量 Δt 前推到当前时刻的模型状态。这个使得状态能够前推并仍能够保持对问题的精确描述的时间是非常短的。如果时间增量大于这个最大的时间步长，则此时间增量已经超出了稳定性限制(stability limite)。超过稳定性限制的一个可能后果就是数值不稳定，它可能导致解答不收敛。由于一般不可能精确地确定稳定性限制，因而采用保守的估计值。因为稳定性限制对可靠性和精确性有很大的影响，所以必须一致性和保守地确定这个值。为了提高计算效率，ABAQUS/Explicit选择时间增量，使其尽可能地接近而且又不超过稳定性限制。

9.3.2　稳定性限制的定义

以在系统中的最高频率($\omega_{\max}$)的形式定义稳定性限制。无阻尼的稳定极限由下式定义：

$$\Delta t_{\text{stable}} = \frac{2}{\omega_{\max}}$$

而有阻尼的稳定极限由下面的表达式定义：

$$\Delta t_{\text{stable}} = \frac{2}{\omega_{\max}}(\sqrt{1+\xi^2}-\xi)$$

式中，ξ是最高频率模态的临界阻尼部分(临界阻尼定义了在自由的和有阻尼的振动关系中有振荡运动与无振荡运动之间的限制。为了控制高频振荡，ABAQUS/Explicit 总是以体积粘性的形式引入一个小量的阻尼)。这也许与工程上的直觉相反，阻尼通常是减小稳定性限制的。

在系统中的实际最高频率基于一组复杂的相互作用因素，而且不大可能计算出确切的值。代替的办法是应用一个有效的和保守的简单估算。我们不是考虑模型整体，而是估算在模型中每个个体单元的最高频率，它总是与膨胀模态有关。可以证明，以逐个单元为基础确定的最高单元频率总是高于有限元组合模型的最高频率。

基于逐个单元的估算，稳定极限可以用单元长度 L^e 和材料波速 c_d 重新定义：

$$\Delta t_{\text{stable}} = \frac{L^e}{c_d}$$

因为没有明确如何确定单元的长度，所以对于大多数单元类型，例如一个扭曲的四边形单元，上述方程只是关于实际的逐个单元稳定极限的估算。作为近似值，可以采用最短的单元尺寸，但是估算的结果并不一定是保守的。单元长度越短，稳定极限越小。波速是材料的一个特性。对于泊松比为零的线弹性材料，

$$c_d = \sqrt{\frac{E}{\rho}}$$

其中，E 是杨氏模量；ρ是材料密度。材料的刚度越大，波速越高，导致越小的稳定极限；密度越高，波速越低，导致越大的稳定极限。

这种简单的稳定极限定义提供了某些直觉上的理解。稳定极限是当膨胀波通过由单元特征长度定义的距离时所需要的时间。如果知道最小的单元尺寸和材料的波速，就能够估算稳定极限。例如，如果最小单元尺寸是 5mm，膨胀波速是 5000m/s，那么稳定的时间增量就在 1×10^{-6}s 的量级上。

9.3.3　在 ABAQUS/Explicit 中的完全自动时间增量与固定时间增量

在分析过程中，ABAQUS/Explicit 应用在前一节讨论过的那些方程调整时间增量的值，使得基于模型的当前状态的稳定极限永不越界。时间增量是自动的，并不需要用户干涉，甚至不需要建议初始的时间增量。稳定极限是从数值模型得来的一个数学概念。因为有限元程序包含了所有的相关细节，所以能够确定出一个有效的和保守的稳定极限。然而，ABAQUS/Explicit 容许用户不必顾及自动时间增量。在第 9.7 节“摘要”中简要地讨论了

人工时间增量控制。

在显式分析中所采用的时间增量必须小于中心差分算子的稳定极限。如果未能使用足够小的时间增量,则会导致不稳定的解答。当解答成为不稳定时,求解变量(如位移)的时间历史响应一般会出现振幅不断增加的振荡。总体的能量平衡也将发生显著的变化。如果模型只包含一种材料,则初始时间增量直接与网格中的最小单元尺寸成正比。如果网格中包含了均匀尺寸的单元但是却包含多种材料,那么具有最大波速的单元将决定初始的时间增量。

在具有大变形和/或非线性材料响应的非线性问题中,模型的最高频率将连续变化,并因而导致稳定极限的变化。对于时间增量的控制,ABAQUS/Explicit 有两种方案:完全的自动时间增量(程序中考虑了稳定极限的变化)和固定的时间增量。

应用两种估算方法确定稳定极限:逐个单元法和整体法。在分析开始时总是使用逐个单元估算法,并在一定的条件下转变为整体估算法。

逐个单元估算法是保守的,与基于整体模型最高频率的真正的稳定极限相比较,它将给出一个更小的稳定时间增量。一般来说,约束(如边界条件)和动力学接触具有压缩特征值响应谱的效果,而逐个单元估算法没有考虑这种效果。

另一方面,整体估算法应用当前的膨胀波波速确定整个模型的最高阶频率。这种算法为了得到最高频率将连续地更新估算值。整体估算法一般地将允许时间增量超出逐个单元估算法得到的值。

在 ABAQUS/Explicit 中也提供了固定时间增量算法。确定固定时间增量的值可以采用在分析步中初始的逐个单元稳定性估算法,或者采用由用户直接指定的时间增量。当要求更精确地表达问题的高阶模态响应时,固定时间增量算法是更有用的。在这种情况下,可能采用比逐个单元估算法更小的时间增量值。如果在分析步中应用了固定时间增量,那么 ABAQUS/Explicit 将不再检查计算的响应是否稳定。通过仔细检查能量历史和其他响应变量,用户应当确保得到了有效的响应。

9.3.4　质量缩放以控制时间增量

由于质量密度影响稳定极限,所以在某些情况下,缩放质量密度能够潜在地提高分析的效率。例如,许多模型需要复杂的离散,因此有些区域常常包含控制稳定极限的非常小或者形状极差的单元。这些控制单元常常数量很少并且可能只存在于局部区域。通过仅增加这些控制单元的质量,就可以显著地增加稳定极限,而对模型的整体动力学行为的影响是可以忽略的。

在 ABAQUS/Explicit 中的自动质量缩放功能,可以阻止这些有缺陷的单元稳定极限的影响。质量缩放可以采用两种基本方法:直接定义一个缩放因子或者给那些质量需要缩放的单元逐个地定义所需要的稳定时间增量。这两种方法都允许对稳定极限附加用户控制,详细介绍请参考《ABAQUS 分析用户手册》第 7.15.1 节“Mass scaling”。然而,采用质量缩放时也要小心,因为模型质量的显著变化可能会改变问题的物理模型。

9.3.5　材料对稳定极限的影响

材料模型通过它对膨胀波波速的限制作用来影响稳定极限。在线性材料中,波速是常数,所以,在分析过程中稳定极限的唯一变化来自于最小单元尺寸的变化。在非线性材料中,例如产生塑性的金属材料,当材料屈服和材料的刚度变化时波速发生变化。在整个分析过程中,ABAQUS/Explicit 监督在模型中材料的有效波速,并应用在每个单元中的当前材料状态估算稳定性。在屈服之后刚度下降,减小了波速并因而相应地增加了稳定极限。

9.3.6 网格对稳定极限的影响

因为稳定极限大致与最短的单元尺寸成比例,所以应该优先使单元的尺寸尽可能大。遗憾的是,对于精确的分析采用一个细划的网格常常是必要的。为了在满足网格精度水平要求的前提下尽可能地获得最高的稳定极限,最好的方法是采用一个尽可能均匀的网格。由于稳定极限基于在模型中最小的单元尺寸,所以甚至一个单独的微小单元或者形状极差的单元都能够迅速地降低稳定极限。为了便于发现问题,ABAQUS/Explicit 在状态文件(.sta)中提供了网格中具有最低稳定极限的 10 个单元的清单。如果在模型中包含了一些稳定极限比网格中其他单元小得多的单元,将模型网格重新划分使其更加均匀可能是值得的。

9.3.7 数值不稳定性

在大多数情况下,ABAQUS/Explicit 对于大多数单元保持了稳定。但是,如果定义了弹簧和减振器单元,那么它们在分析过程中有可能成为不稳定。因此,能够在分析过程中识别是否发生了数值不稳定性是非常有用的。如果确实发生了数值不稳定,典型的情况是结果变得无界,没有物理意义,而且解常常是振荡的。

9.4 例题:在棒中的应力波传播

本例题展示了在前面第 2 章"ABAQUS 基础"中所描述过的显式动态分析的一些基本思想,也描述了稳定极限以及在求解时网格细划和材料的影响。

棒的尺寸如图 9-1 所示。

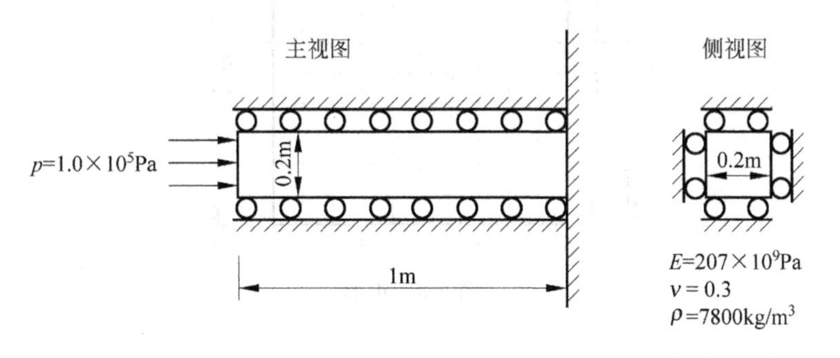

图 9-1 在棒中波传播的问题描述

为了使问题成为一个一维的应变问题,所有四个侧面均由滚轴支撑,这样,三维模型就模拟了一个一维问题。材料为钢材,其性质如图 9-1 所示。棒的自由端承受一个量级为 1.0×10^5 Pa 的爆炸载荷,如图 9-2 所示,爆炸载荷的持续时间为 3.88×10^{-5} s。

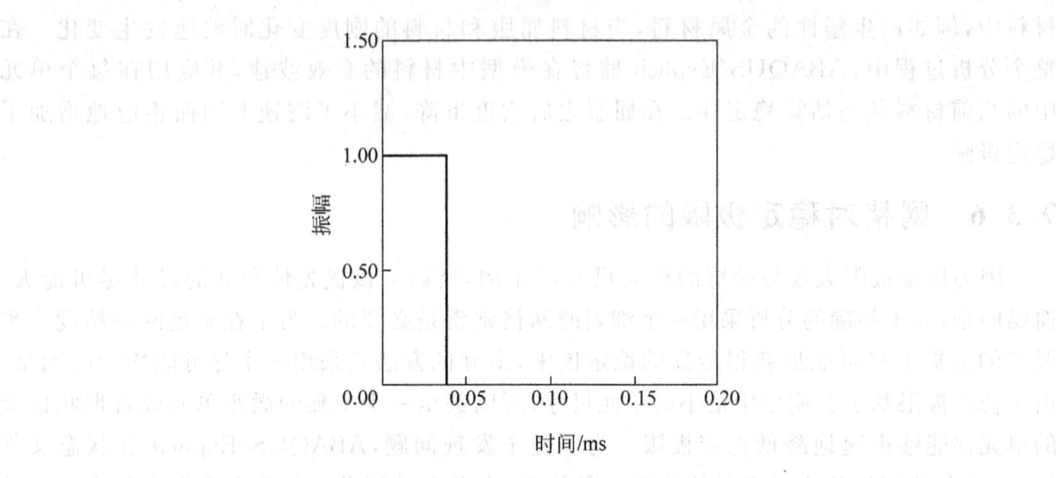

图 9-2 爆炸载荷的幅值-时间曲线

9.4.1 前处理——用 ABAQUS/CAE 创建模型

1. 定义模型几何

在这个例子中，应用可拉伸实体的基本特征创建一个三维的可变形物体。首先画棒的二维轮廓图，然后将它拉伸成形。

创建部件：

(1) 在 **Create Part** 对话框中创建一个部件并命名为 Bar，接受三维变形体和可拉伸实体的基本特征的默认设置，对于模型采用近似的尺寸为 0.50。

(2) 应用图 9-3 中给出的尺寸画棒的横截面。

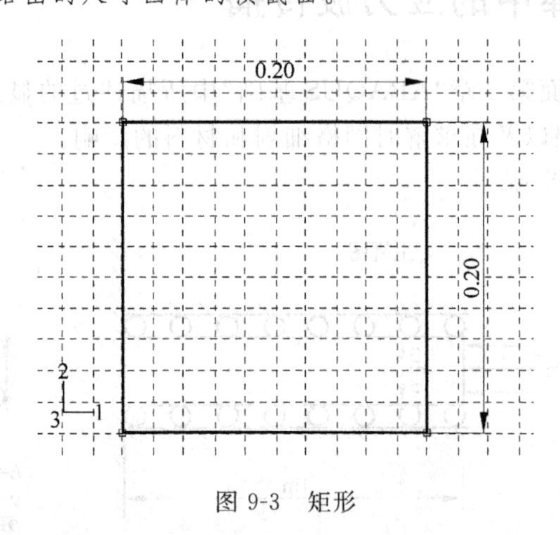

图 9-3 矩形

可以采用如下步骤：

① 应用位于画图工具箱右上角的 **Create Lines: Connected** 工具创建一个 0.20m 高×0.20m 宽的矩形。

② 当完成绘制轮廓图后，在提示区单击 **Done**，显示 **Edit Base Extrusion**（编辑基础拉伸）对话框。为了完成部件定义，必须指定横截面拉伸的距离。

③ 在对话框中输入拉伸深度 1.0m。

(3) 将模型保存到名为 Bar.cae 的模型数据库文件中。

2. 定义材料和截面性质

创建一个单一线弹性材料,命名为 Steel,采用密度 7800kg/m³,杨氏模量为 207E9Pa,泊松比为 0.3。

创建一个均匀的实体截面定义,命名为 BarSection,接受 **Steel** 作为材料,接受 **Plane stress/strain thickness** 为 1。

将截面定义 BarSection 赋予整个部件。

3. 创建装配件

进入 Assembly 模块,并创建一个部件 Bar 的实体。模型按照默认方向放置,整体的 3 轴位于棒的长度方向。

4. 创建几何集合和面

创建几何集合 TOP,BOT,FRONT,BACK,FIX 和 OUT,如图 9-4 所示(集合 OUT 包含棱边,在图 9-4 中如黑粗线所示)。创建面并命名为 LOAD,如图 9-5 所示。这些区域将用于施加载荷和边界条件,以及定义需要的输出变量。

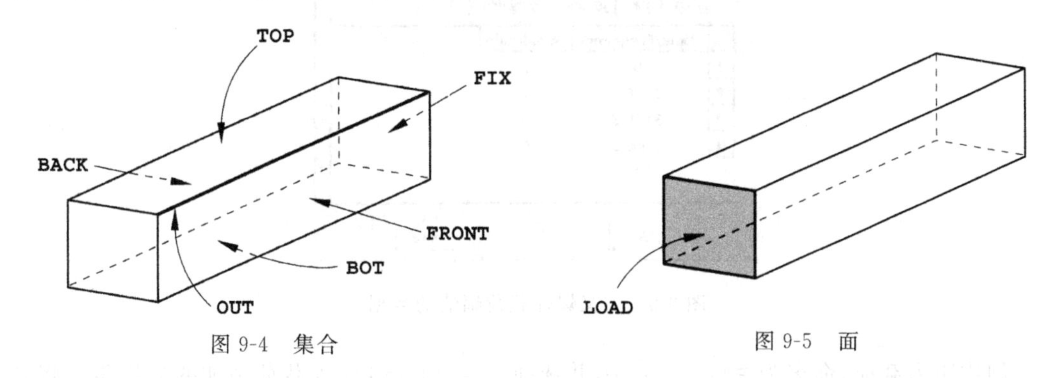

图 9-4 集合　　图 9-5 面

5. 定义分析步

创建一个单一的动态、显式分析步,命名为 BlastLoad。键入 Apply pressure load pulse 作为分析步的描述,并设置 **Time period** 为 2.0E-4s。在 **Edit Step** 对话框中单击 **Other** 页。为了保持应力波尽可能尖锐,将 **Quadratic bulk viscosity parameter**(二次体粘性参数,将在第 9.5.1 节"体粘性"中讨论)设置为 0。

6. 设置输出要求

编辑默认的场变量输出要求,这样在分析步 BlastLoad 中,预先选择的场变量数据将以 4 个相等的空间间隔写入输出数据库。

删除已存在的默认的历史变量输出请求,而创建一个新的历史变量输出请求的集合。在 **Create History Output**(创建历史变量输出)对话框中,接受默认的名称 H-Output-1 和选择的分析步 BlastLoad,单击 **Continue**。单击在 **Domain**(范围)选项框旁边的箭头,选择 **Set name**(集合名称),然后选择 OUT。在 **Output Variables**(输出变量)列表中单击在 **Stresses** 左边的三角形,单击在 **S,Stress components and invariants**(应力分量与不变量)左边的三角形,并选中 **S33** 变量,它是在棒的轴向的应力分量,指定在每 1.0E-6s 保存一次输出。

7. 定义边界条件

创建一个边界条件，命名为 Fix right end，并在所有三个方向上约束棒的右端面（几何集合 FIX）（见图 9-1）。创建其他边界条件，在这些面的法线方向约束顶面、底面、前面和后面（集合 FRONT 和 BACK 为 1 方向，集合 TOP 和 BOT 为 2 方向）。

8. 定义载荷历史

爆炸载荷将以它的最大值瞬时地施加并保持为常数，持续时间为 3.88×10^{-5}s，然后载荷突然全部去除并保持为零值。创建一个幅值定义，命名为 Blast，采用在图 9-6 中所示的数据。本问题中任意给定时刻的压力载荷值是指压力载荷的给定量级乘以由幅值曲线插值的值。

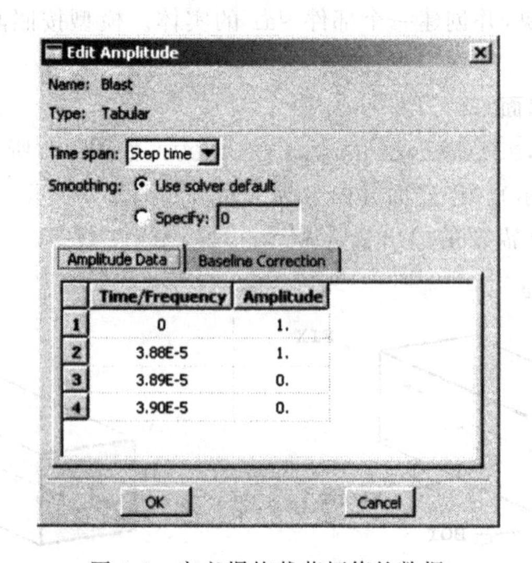

图 9-6　定义爆炸载荷幅值的数据

创建压力载荷，命名为 Blast load，并选择 BlastLoad 作为载荷施加的分析步。将载荷施加在 LOAD 面上。选择 **Uniform**（均匀）分布，指定值为 1.0E5Pa 作为载荷量级，并选择幅值为 **Blast**。

9. 创建网格

利用材料性质（忽略了泊松比），应用前面介绍的公式计算材料的波速：

$$c_{\mathrm{d}}=\sqrt{\frac{E}{\rho}}=\sqrt{\frac{207\times10^{9}\,\mathrm{MPa}}{7800\mathrm{kg/m^{3}}}}=5.15\times10^{3}\,\mathrm{m/s}$$

我们感兴趣的是应力随着时间沿着棒长度方向的传播，所以需要一个足够精细的网格来精确捕捉应力波。看起来使爆炸载荷发生在 10 个单元的跨度内是适合的。因为爆炸持续了 3.88×10^{-5} s，这意味着我们希望爆炸持续时间乘以波速等于 10 个单元的长度：

$$L_{10\mathrm{el}}=(3.88\times10^{-5}\,\mathrm{s})c_{\mathrm{d}}$$

波以这个速度在 1.94×10^{-4}s 时通过棒的固定端。10 个单元的长度为 0.2m。因为棒的长度为 1.0m，所以要在长度方向上划分 50 个单元。为了保持网格均匀，在每个横向上也划分了 10 个单元，使得网格为 50×10×10，如图 9-7 所示。

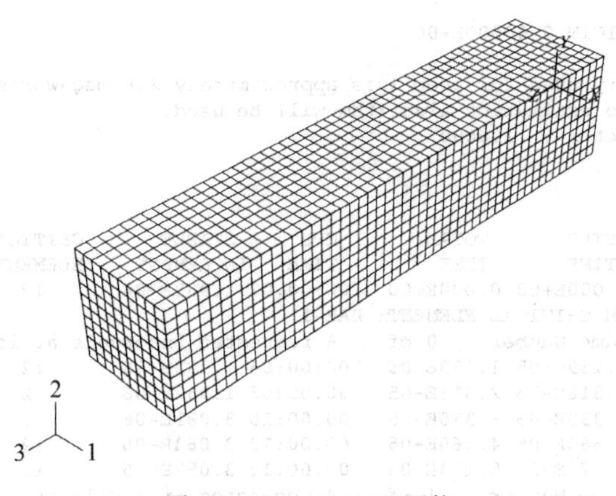

图 9-7 50×10×10 网格

使用整体单元尺寸 0.02 为播撒种子的目标。选择 C3D8R 作为单元类型，并划分网格。

10. 创建、运行和监控作业

创建一个作业，命名为 Bar，并键入 Stress wave propagation in a bar(SI units) 作为作业的描述。提交作业，并监控分析结果。如果遇到了任何错误，必须修改模型和重新运行模拟。必须调查任何警告信息的来源和采取适当的措施。前已述及，某些警告信息可以安全地忽略，而另一些警告信息需要采取纠正的措施。

11. 状态文件(.sta)

也可以观察状态文件 Bar.sta 来监控作业的进程，其中的信息包括惯性矩，接着是关注稳定极限的信息。按照顺序列出了 10 个具有最低稳定时间极限的单元。

```
Most critical elements :
 Element number   Rank    Time increment    Increment ratio
 (Instance name)
-----------------------------------------------------------
       12            1      1.931897E-06      1.000000E+00
 BAR-1
       13            2      1.931897E-06      1.000000E+00
 BAR-1
       14            3      1.931897E-06      1.000000E+00
 BAR-1
       15            4      1.931897E-06      1.000000E+00
 BAR-1
       16            5      1.931897E-06      1.000000E+00
 BAR-1
       17            6      1.931897E-06      1.000000E+00
 BAR-1
       18            7      1.931897E-06      1.000000E+00
 BAR-1
       19            8      1.931897E-06      1.000000E+00
 BAR-1
       42            9      1.931897E-06      1.000000E+00
 BAR-1
       43           10      1.931897E-06      1.000000E+00
 BAR-1
```

在状态文件中继续给出求解过程的信息。下面的信息也显示在 **Job Monitor** 中。

```
STEP 1  ORIGIN 0.00000E+00

Total memory used for step 1 is approximately 2.8 megawords
Global time estimation algorithm will be used.
Scaling factor :  1.0000


              STEP       TOTAL       CPU      STABLE       CRITICAL  KINETIC
  INCREMENT   TIME       TIME        TIME     INCREMENT    ELEMENT   ENERGY
          0  0.000E+00 0.000E+00   00:00:02 1.932E-06       12     0.000E+00
INSTANCE WITH CRITICAL ELEMENT: BAR-1
ODB Field Frame Number      0 of     4 requested intervals at increment zero.
          6  1.159E-05 1.159E-05   00:00:06 1.932E-06       12     4.487E-05
         12  2.318E-05 2.318E-05   00:00:08 1.932E-06       12     9.566E-05
         16  3.330E-05 3.330E-05   00:00:10 3.083E-06       12     1.388E-04
         20  4.560E-05 4.560E-05   00:00:12 3.064E-06       12     1.703E-04
         22  5.173E-05 5.173E-05   00:00:14 3.057E-06       12     1.693E-04
ODB Field Frame Number      1 of     4 requested intervals at  5.172962E-05
         26  6.394E-05 6.394E-05   00:00:16 3.048E-06       12     1.697E-04
         30  7.612E-05 7.612E-05   00:00:18 3.041E-06       12     1.697E-04
.
.
.
```

9.4.2 后处理

在 **Job Manager** 单击 **Results**，进入 ABAQUS/CAE 的 Visulization 模块，并自动地打开由这个作业创建的输出数据库(.odb)文件。另一种方法是，从位于工具栏下面的 **Module** 列表中选择 **Visulization**，进入 Visulization 模块；从主菜单栏中，通过选择 **File→Open** 打开.odb 文件，并双击合适的文件。

1. 沿路径绘制应力

我们希望观察沿着棒长度方向的应力分布是如何随着时间变化的。为此，我们将观察在整个分析过程中的3个不同时刻的应力分布。

对于输出数据库文件的前三个框图的每一个图，创建一条沿着棒的中心线3方向应力(S33)变化的曲线。为了创建这些绘图，首先需要定义沿着棒中心的直线路径。

沿着棒的中心创建一条由点构成的路径(point list path)：

(1) 在主菜单栏中选择 **Tools→Path→Create**，显示 **Create Path**(创建路径)对话框。

(2) 命名路径为 `Center`，选择 **Point list**(点列)作为路径类型，并单击 **Continue**。显示 **Edit Point List Path**(编辑点列路径)对话框。

(3) 在 **Point Coordinates**(点坐标)列表中输入棒两端中心的坐标。例如，如果应用前述的方法生成了几何和网格，那么在列表输入中是 0,0,1 和 0,0,0。(这个输入指定了从(0,0,1)到(0,0,0)的一条路径，如在模型的整体坐标系中所定义的。)

(4) 当完成后单击 **OK**，关闭 **Edit Point List Path** 对话框。

保存在3个不同时刻沿此路径的应力的 *X-Y* 曲线图：

(1) 在主菜单栏中选择 **Tools→XY Data→Manager**。

(2) 在 **XY Data Manager**(*X-Y* 数据管理器)中单击 **Create**，显示 **Create XY Data**(创建 *X-Y* 数据)对话框。

(3) 选择 **Path**(路径)作为 *X-Y* 数据的来源，并单击 **Continue**，显示 **XY Data from Path**(从路径中获取 *X-Y* 数据)对话框以及已经创建的在路径列表中可以找到的路径。如果当前显示的是未变形的模型形状，那么在视图中会高亮度显示所选择的路径。

(4) 在 **Point locations**(点位置)选中 **Include intersections**(包括交叉点)。

(5) 在对话框的 **X Values**(*X* 值)部分中，接受 **True distance**(真实距离)作为选择。

(6) 在对话框的 **Y Values**(*Y* 值)部分中，单击 **Field Output**(场变量输出)以打开 **Field Output** 对话框。

(7) 选择 **S33** 应力分量，并单击 **OK**。

在 **XY Data from Path** 对话框中的场输出变量发生变化，表示将创建在 3 方向的应力数据。

注意：ABAQUS/CAE 可能警告用户场输出变量将不会影响当前的图像，保留绘图模式为 **As is**，并单击 **OK** 继续。

(8) 在 **XY Data from Path** 对话框中的 **Y Values** 部分，单击 **Step/Frame**。

(9) 在弹出的 **Step/Frame** 对话框中选择 **frame 1**，它是 5 个记录框图的第 2 个图(列出的第 1 个框图为 frame 0，它是模型在分析步开始时的基本状态)。单击 **OK**。

在 **XY Data from Path** 对话框中的 **Y Values** 部分发生改变，表示将从第 1 个分析步的 frame 1 创建数据。

(10) 保存 *X*-*Y* 数据，单击 **Save as**，显示 **Save XY Data as** 对话框。

(11) 命名 *X*-*Y* 数据为 `S33_T1`，并单击 **OK**。在 **XY Data Manager** 中显示出 `S33_T1`。

(12) 重复步骤 8 到步骤 10，创建 frame 2 和 frame 3 的 *X*-*Y* 数据，并分别命名数据集合为 `S33_T2` 和 `S33_T3`。

(13) 关闭 **XY Data from Path** 对话框，单击 **Cancel**。

绘制应力曲线：

(1) 在 **XY Data Manager** 对话框中，拖动光标高亮度显示所有 3 组 *X*-*Y* 数据集。

(2) 单击 **Plot**。

ABAQUS/CAE 绘制出沿着棒中心 3 方向上对应于 frame 1,2 和 3 的应力，它们对应于近似的模拟时刻分别为 5×10^{-5}s，1×10^{-4}s 和 1.5×10^{-4}s。

设置 *X*-*Y* 曲线图：

(1) 从主菜单栏中选择 **Options→XY Plot**，显示 **XY Plot Options**(*XY* 图选项)对话框。

(2) 单击 **Tick Marks**(刻度)页，使 **Tick Marks** 选项可以工作。

(3) 指定 *Y* 轴的主要刻度出现在 `20E3s` 增量(increments)。

(4) 对于 *X* 轴和 *Y* 轴的次要刻度选项，在每个主要刻度间隔之间指定次要刻度为 `0`。用户也可以设置每个轴的标题。

(5) 单击 **Titles**(标题)页，使标题选项可以工作。

(6) 在 **X-Axis**(*X* 轴)域，选择标题来源为 **User-specified**(自定义)。在 **Title text**(标题内容)域，输入 `Distance along bar(m)`。

(7) 在 **Y-Axis** 域，指定 `Stress-S33(Pa)`为 *Y* 轴的标题。

(8) 单击 **OK**，确认用户选择的 *X*-*Y* 绘图参数，并关闭 **XY Plot Options** 对话框。

设置在 *X*-*Y* 绘图中曲线的显示：

(1) 从主菜单栏中选择 **Options→XY Curve**，显示 **XY Curve Options**（*X-Y* 曲线选项）对话框。

(2) 在 **XY Data** 数据域中选择 S33_T2。

(3) 对于 S33_T2 曲线，选择点线类型，并单击 **Apply**，S33_T2 曲线变成为点线。

(4) 重复步骤 2 与 3，使 S33_T3 成为虚线。

(5) 单击 **Dismiss**，关闭 **XY Curve Options** 对话框。

所设置的绘图显示在图 9-8 中。

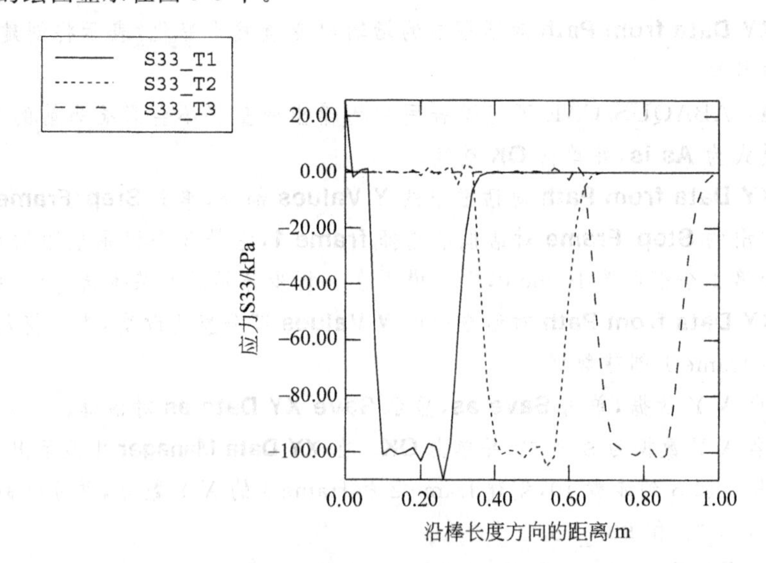

图 9-8 在 3 个不同时刻沿着棒的应力(S33)

可以看到，在三条曲线的每一条中应力波在棒的长度上的影响近似为 0.2m。这个距离应该对应于爆炸波在作用时间内传播的距离，这可以通过简单的计算来验证。如果波前的长度为 0.2m 和波速为 5.15×10^3 m/s，那么波传播 0.2m 所用的时间为 3.88×10^{-5} m/s。正如所预料的，这就是我们所施加的爆炸载荷的作用时间。当应力波沿着棒传播时它并不是严格的方波，特别是在应力突然改变之后有回复或者摆动。在本章后面将要讨论的线性体粘性，减缓了这种回复，因此并未对结果有负面的影响。

2. 创建历史曲线图

另一种研究结果的方法是观察在棒中的三个不同点的应力的时间历史，例如，距离棒的加载端为 0.25m，0.50m 和 0.75m 的三个点。为此，必须首先确定位于这些位置处的单元编号。确定这些单元编号的一种容易的方法是在包含沿着棒边界的单元（集合 OUT）的显示组中查询这些单元。

创建和绘出显示组并查询单元编号：

(1) 从主菜单栏中选择 **Tools→Display Group→Create**，ABAQUS/CAE 显示 **Create Display Group**（创建显示组）对话框。

(2) 选择 **Elements** 作为 **Item**，**Elements Sets**（单元集）作为 **Seletion Method**（选择方式）。从几何集合列表中选择 OUT，单击 **Save Selection As**（保存选择内容为）。

(3) 在 **Save Selection As** 对话框中,命名显示组为 History plot。单击 **OK**。
(4) 单击 **Dismiss**,关闭 **Create Display Group** 对话框。
(5) 从主菜单栏中选择 **Plot→Undeformed Shape**,绘制未变形形状。
(6) 从主菜单栏中选择 **Tools→Display Group→Plot→History plot**,绘制所创建的显示组。
(7) 从主菜单栏中选择 **Tools→Query**。
(8) 在弹出的 **Query**(查询)对话框中选择 **Probe values**(探测),并单击 **OK**,显示 **Probe Values** 对话框。
(9) 单击在图 9-9 中的阴影单元(在棒中的每第 13 个单元)。单元的 ID(编号)显示在 **Probe Values** 对话框中。标记这三个阴影单元的编号。
(10) 单击 **Cancel**,关闭 **Probe Values** 对话框。
当提示是否将结果写入到一个文件时,单击 **No**。

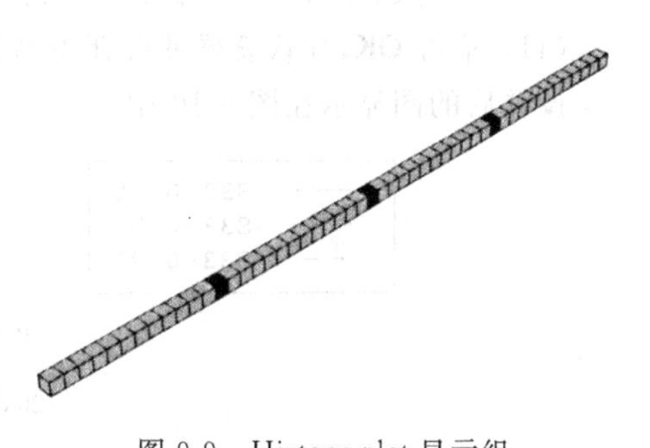

图 9-9 History plot 显示组

绘制应力历史:
(1) 从主菜单栏中选择 **Result→History Output**, ABAQUS/CAE 显示 **History Output** 对话框。在 **Output Variables** 域中包含了在输出数据库的历史变量部分中的所有变量的列表,这些也是用户能够绘制的所有变量。为了观察变量选择的完整描述,拖动对话框的左边或右边框,增加 **History Output** 对话框的宽度。
(2) 应用[Ctrl]+单击,选择多组 *X-Y* 数据集合,对于已经标识的 3 个单元(每第 13 个单元),选择在 3 方向上的应力(S33)数据。
(3) 在 **History Output** 对话框的底部单击 **Plot**,ABAQUS/CAE 绘制出在每个单元中的应力(纵轴)随时间变化的 *X-Y* 图。
(4) 单击 **Dismiss**,关闭对话框。
如前所述,可以设置图的显示。
设置 *X-Y* 图:
(1) 从主菜单栏中选择 **Options→ XY Plot**,显示 **XY Plot Options** 对话框。
(2) 单击 **Titles** 页。标题选项可以工作。
(3) 在 **X-axis** 域,指定 *X* 轴标题为 Total time(s)。
(4) 单击 **OK**,确认所设置的 *X-Y* 曲线图选项,并关闭对话框。
设置在 *X-Y* 图中曲线的显示:
(1) 从主菜单栏中选择 **Options→XY Curve**,显示 **XY Curve Options** 对话框。
(2) 在 **XY Data** 域中,选择对应于最接近于棒自由端单元的临时 *X-Y* 数据编号。(在这个集合中的单元最先受到应力波的影响。)
(3) 选择 **User-specified** 图标来源。
(4) 在 **Legend text**(图标文本)域中键入 S33-0.25。

(5) 单击 **Apply**。

(6) 在 **XY Data** 域中，选择对应于在棒中间单元的临时的 *X-Y* 数据编号。(这是下一个受应力波影响的单元。)

(7) 指定 S33-0.5 作为曲线的图标文本，并改变曲线类型为点线(dotted)。

(8) 单击 **Apply**。

(9) 在 **XY Data** 域中，选择对应于最接近于棒固定端单元的临时 *X-Y* 数据编号。(这是最后一个受应力波影响的单元。)

(10) 指定 S33-0.75 作为曲线的图标文本，并改变曲线类型为虚线(dashed)。

(11) 单击 **OK**，确认设置并关闭对话框。

设置后的图显示在图 9-10 中。

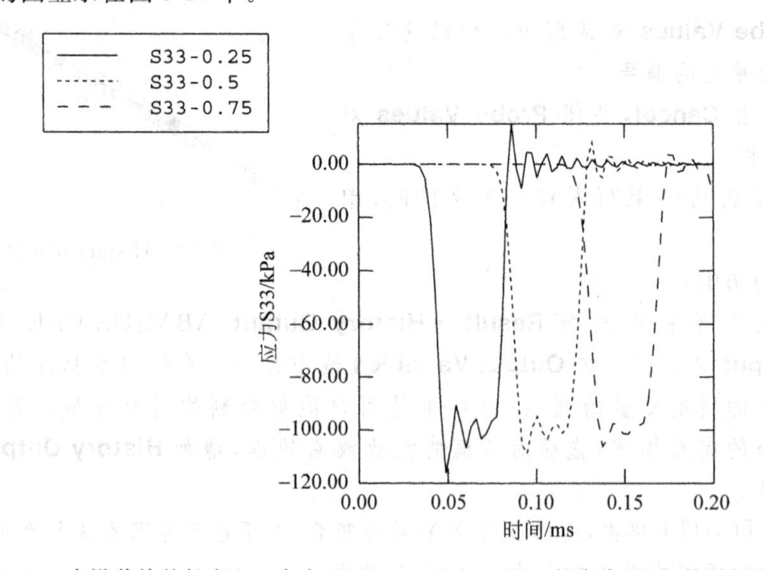

图 9-10　在沿着棒的长度上 3 个点(0.25m，0.5m，0.75m)的应力(S33)的时间历史

从历史图上可以看到，当应力波通过所给出的点时应力开始增加。一旦应力波完全通过了该点，该点的应力值就在零的附近振荡。

9.4.3　网格对稳定时间增量和 CPU 时间的影响

在第 9.3 节“自动时间增量和稳定性”中，讨论过网格细划对稳定极限和 CPU 时间的影响。这里以波的传播问题来说明这一影响。从方形单元的一种合理的精细网格开始，沿长度方向划分 50 个单元，两个横向方向各划分 10 个单元。为了说明问题，现在采用一种 25×5×5 单元的粗糙网格，并观察在各种方向上如何细划网格改变 CPU 时间。四种网格如图 9-11 所示。

表 9-1 显示了本问题的 CPU 时间随着网格细划的改变(以粗糙网格的模型结果进行了单位化)。基于在本指南中介绍的简单的稳定性方程，表格的前一半提供了期望值，后一半给出了在计算机工作站上由 ABAQUS/Explicit 运行分析得到的结果。

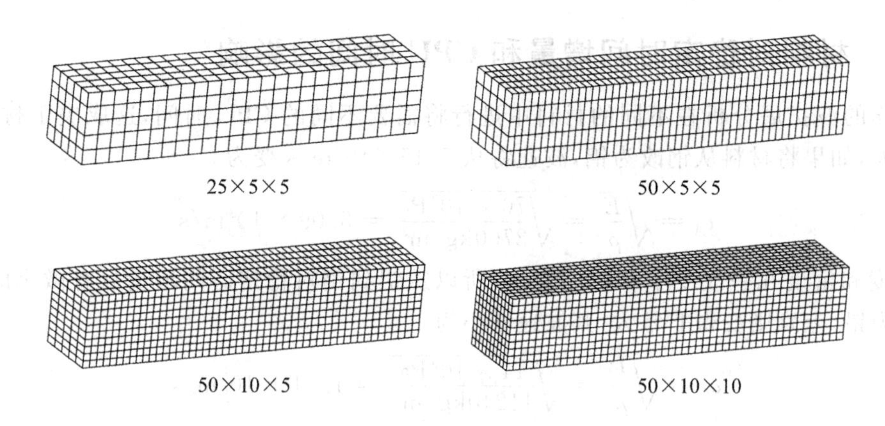

图 9-11 从最粗糙到最细划的网格划分

表 9-1 网格细划和求解时间

网 格	简化理论			实 际		
	$\Delta t_{\mathrm{stable}}$/s	单元数	CPU 时间/s	最大 $\Delta t_{\mathrm{stable}}$/s	单元数	CPU 时间/s
25×5×5	A	B	C	6.06E−6	625	1
50×5×5	$A/2$	$2B$	$4C$	3.14E−6	1250	4
50×10×5	$A/2$	$4B$	$8C$	3.12E−6	2500	8.33
50×10×10	$A/2$	$8B$	$16C$	3.11E−6	5000	16.67

对于理论解答，选择 25×5×5 的最粗糙网格作为基本状态，并且将稳定的时间增量、单元数量和 CPU 时间分别定义为变量 A，B 和 C。随着网格的细划，产生了两种结果：最小的单元尺寸减小了，在网格中的单元数目增加了，这些影响的每一种都会增加 CPU 时间。在第 1 次细划的 50×5×5 网格中，最小单元的尺寸减小了一半，并且单元的数目增加了 1 倍，因此增加了 CPU 时间，使其是前一种网格的 4 倍。然而，进一步将网格数目加倍至 50×10×5，没有改变最小单元的尺寸，而仅仅是加倍了单元数量。因此，CPU 时间是 50×5×5 网格的 2 倍。进一步将网格细划为 50×10×10，使单元成为均匀的方形，再一次加倍了单元的数量和 CPU 时间。

这种简单的计算非常好地预测了网格细划如何影响稳定时间增量和 CPU 时间的趋势。然而，为什么没有将预测值与实际的稳定时间增量值进行比较？这里是有原因的。首先回忆一下给出的稳定时间增量的近似公式：

$$\Delta t_{\mathrm{stable}} = \frac{L^{\mathrm{e}}}{c_{\mathrm{d}}}$$

然后假定单元特征长度 L^{e} 是最小的单元尺寸，而 ABAQUS/Explicit 实际上是根据单元的整体尺寸和形状来确定单元特征长度的。另外一个因素是 ABAQUS/Explicit 采用了一个整体稳定性估算，它允许使用一个更大的稳定时间增量。这些因素使得在运行分析之前实际上难以准确地预测稳定时间增量。然而，由于预测的趋势与简单的理论符合得很好，因此可以直接地预测稳定时间增量如何随着网格细划而发生变化。

9.4.4 材料对稳定时间增量和CPU时间的影响

同样的波扩展分析在不同的材料中进行将需要不同的CPU时间，这取决于材料的波速。例如，如果将材料从钢改为铝，波速将从 5.15×10^3m/s 变为

$$c_d=\sqrt{\frac{E}{\rho}}=\sqrt{\frac{70\times10^9\,\text{Pa}}{2700\text{kg/m}^3}}=5.09\times10^3\,\text{m/s}$$

因为刚度和密度几乎改变了相同的量级，所以从铝到钢对稳定时间增量只有微小的影响。如果改为铅，差别则变得非常大，其波速减小为

$$c_d=\sqrt{\frac{E}{\rho}}=\sqrt{\frac{14\times10^9\,\text{Pa}}{11240\text{kg/m}^3}}=1.11\times10^3\,\text{m/s}$$

这个值大约是钢波速的1/5。铅棒的稳定时间增量将是钢棒的稳定时间增量的5倍。

9.5 动态振荡的阻尼

在模型中加入阻尼有两个原因：限制数值振荡或者为系统增加物理的阻尼。ABAQUS/Explicit 提供了几种在分析中加入阻尼的方法。

9.5.1 体粘性

体粘性引入了与体积应变相关的阻尼，其目的是改进对高速动力学事件的模拟。ABAQUS/Explicit 包括体粘性的线性和二次的形式。可以在定义分析步时修改默认的体粘性参数，尽管只有很少情况需要这么做。因为仅仅将它作为一个数值影响，在材料点的应力中不包括体粘性压力，所以它并不作为材料本构响应的一部分。

1. 线性体粘性

在默认情况下，总是采用线性体粘性来削弱在单元最高阶频率中的振荡。根据下面的方程，它生成一个与体积应变率成线性关系的体粘性压力：

$$p_1=b_1\rho c_d L^e\dot{\varepsilon}_{vol}$$

式中，b_1 是一个阻尼系数，其默认值为0.06；ρ 是当前的材料密度；c_d 是当前的膨胀波速；L^e 是单元的特征长度；$\dot{\varepsilon}_{vol}$是体积应变速率。

2. 二次体粘性

仅在实体单元中(除了平面应力单元CPS4R外)包括二次体粘性，并且只有当体积应变速率可压缩时才被用到。根据下面的方程，体粘性压力是应变速率的二次方：

$$p_2=\rho(b_2L^e)^2\mid\dot{\varepsilon}_{vol}\mid\min(0,\dot{\varepsilon}_{vol})$$

其中，b_2 是阻尼系数，其默认值为1.2。

二次体粘性抹平了一个仅横跨几个单元的振荡波前，引入它是为了防止单元在极端高速梯度下发生破坏。设想一个单元的简单问题，固定单元一个侧面的节点，并且另一个侧面的节点有一个指向固定节点方向的初始速度，如图9-12所示。稳定时间增量尺度精确地等于一个膨胀波穿过单元的

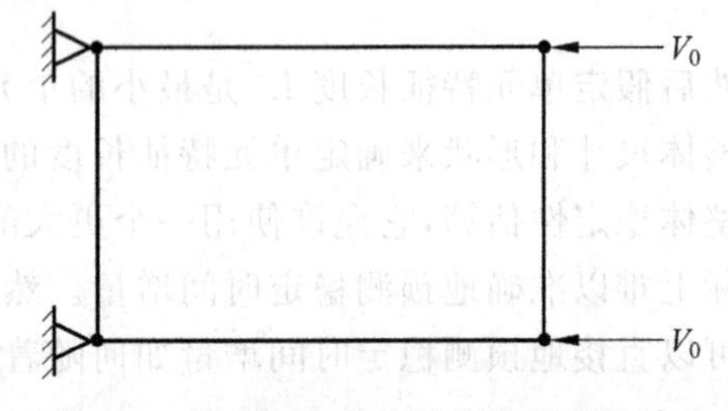

图9-12 具有固定节点和指定速度的单元

瞬时时间。因此，如果节点的初始速度等于材料的膨胀波速，那么在一个时间增量里，这个单元将发生崩溃至体积为零。二次体粘性压力引入一个阻抗压力以防止单元压溃。

3. 基于体粘性的临界阻尼比

体粘性压力只是基于每个单元的膨胀模式。在最高阶单元模式中的临界阻尼比由如下方程给出：

$$\xi = b_1 - b_2^2 \frac{L^e}{c_d} \min(0, \dot{\varepsilon}_{vol})$$

式中，ξ 是临界阻尼比。线性项单独代表了 6% 的临界阻尼，而二次项一般是更小的量。

9.5.2 粘性压力

粘性压力载荷一般应用在结构问题或者准静态问题，以阻止低阶频率的动态影响，从而以最少数目的增量步达到静态平衡。这些载荷以如下公式定义的分布载荷形式施加：

$$p = -c_v(\bar{\boldsymbol{v}} \cdot \bar{\boldsymbol{n}})$$

式中，p 是施加到物体上的压力；c_v 为粘度，在数据行中作为载荷的量值给出；$\bar{\boldsymbol{v}}$ 是在施加粘性压力面上的点的速度矢量；$\bar{\boldsymbol{n}}$ 是该点处表面上的单位外法线矢量。对于典型的结构问题，不能指望它吸收掉所有的能量。在典型的情况下，使当前动力影响最小化的有效方法是将 c_v 设置为 ρc_d 的一个很小的百分数（可能是 1% 或者 2%）。

9.5.3 材料阻尼

材料模型本身可能以塑性耗散或者粘弹性的形式提供阻尼。对于许多应用，这样的阻尼是足够的。另一个选择是使用 Rayleigh 阻尼。与 Rayleigh 阻尼相关的阻尼系数有两个：质量比例阻尼 α_R 和刚度比例阻尼 β_R。

1. 质量比例阻尼

α_R 因子定义了一个与单元质量矩阵成比例的阻尼贡献。引入的阻尼力源于在模型中节点的绝对速度。可以把结果影响比作模型在做一个穿越粘性液体的运动，这样，在模型中任何点的任何运动都能引起阻尼力。合理的质量比例阻尼不会明显地降低稳定极限。

2. 刚度比例阻尼

β_R 因子定义了一个与弹性材料刚度成比例的阻尼。"阻尼应力"σ_d 与引入的总体应变速率成比例，应用如下公式：

$$\tilde{\sigma}_d = \beta_R \widetilde{D}^{el} \dot{\varepsilon}$$

式中，$\dot{\varepsilon}$ 为应变速率。对于超弹性(hyperelastic)和泡沫(hyperfoam)材料，定义 $\widetilde{D}^{el}$ 为初始弹性刚度。对于所有其他材料，$\widetilde{D}^{el}$ 是材料的当前弹性刚度。这一阻尼应力添加到形成动平衡方程时在积分点处由本构响应引起的应力上，但是在应力输出中并不包括它。对于任何非线性分析，都可以引入阻尼；而对于线性分析，提供了标准的 Rayleigh 阻尼。对于线性分析，刚度比例阻尼与定义一个阻尼矩阵是完全相同的，它等于 β_R 乘以刚度矩阵。必须慎重地使用刚度比例阻尼，因为它可能使稳定极限明显地降低。为了避免大幅度地降低稳定时间增量，刚度比例阻尼因子 β_R 应该小于或者相同于未考虑阻尼时的初始时间增量的量级。

9.5.4 离散减振器

另外一种选择是定义单独的减振器单元。每个减振器单元提供了一个与它的两个节点之间的相对速度成正比的阻尼力。这种方法的优点是能够把阻尼只施加在自认为有必要施加的节点上。减振器应当总是与其他单元并行使用，例如弹簧或者桁架，因此，它们不会引起稳定极限的明显下降。

9.6 能量平衡

能量输出经常是ABAQUS/Explicit分析的一个重要部分。可以应用在各种能量分量之间的比较，来帮助评估一个分析是否得到了合理的响应。

9.6.1 能量平衡的表述

整体模型的能量平衡可以写为

$$E_I + E_V + E_{FD} + E_{KE} - E_W = E_{total} = \text{constant}$$

式中，E_I为内能；E_V为粘性耗散能；E_{FD}是摩擦耗散能；E_{KE}是动能；E_W是外加载荷所做的功。这些能量分量的总和为E_{total}，它必须是个常数。在数值模型中，E_{total}只是近似的常数，一般有小于1%的误差。

1. 内能

内能是能量的总和，包括可恢复的弹性应变能E_E、非弹性过程的能量耗散（例如塑性）E_P、粘弹性或者蠕变过程的能量耗散E_{CD}和伪应变能E_A：

$$E_I = E_E + E_P + E_{CD} + E_A$$

伪应变能包括储存在沙漏阻力以及在壳和梁单元的横向剪切中的能量。出现大量的伪应变能则表明必须对网格进行细划或对网格进行其他修改。

2. 粘性能

粘性能是由阻尼机制引起的能量耗散，包括体粘性阻尼和材料阻尼。作为一个在整体能量平衡中的基本变量，粘性能不是指在粘弹性或非弹性过程中耗散的那部分能量。

3. 施加力的外力功

外力功是向前连续地积分，完全由节点力（力矩）和位移（转角）定义的功。指定的边界条件也对外力功有贡献。

9.6.2 能量平衡的输出

对于整体模型、特殊的单元集合、单独的单元或者在每个单元中的能量密度，都可以要求输出每一种能量值并绘出能量的时间历史。表9-2列出了在整个模型或者单元集上与能量值有关的变量名称。

表 9-2 整个模型能量输出变量

变量名	能量值
ALLIE	内能，E_I：ALLIE＝ALLSE＋ALLPD＋ALLCD＋ALLAE
ALLKE	动能，E_{KE}
ALLVD	粘性耗散能，E_V
ALLFD	摩擦耗散能，E_{FD}
ALLCD	粘弹性耗散能，E_{CD}
ALLWK	外力的功，E_W
ALLSE	存储的应变能，E_E
ALLPD	非弹性耗散能，E_P
ALLAE	伪应变能，E_A
ETOTAL	能量平衡：$E_{TOT}=E_I+E_V+E_{FD}+E_{KE}-E_W$

另外，ABAQUS/Explicit 能够提供单元水平的能量输出和能量密度输出，如表 9-3 所示。

表 9-3 整个单元能量输出变量

变量名	整个单元能量值
ELSE	弹性应变能
ELPD	塑性耗散能
ELCD	蠕变耗散能
ELVD	粘性耗散能
ELASE	伪能量＝孔洞(drill)能＋沙漏能
EKEDEN	单元的动能密度
ESEDEN	单元的弹性应变能密度
EPDDEN	单元的塑性耗散能密度
EASEDEN	单元的伪应变能密度
ECDDEN	单元的蠕变应变能密度耗散
EVDDEN	单元的粘性能密度耗散

9.7 弹簧和减振器的潜在不稳定性

某些单元类型在 ABAQUS/Explicit 计算时的稳定性并未予以考虑。下面列出的单元具有使分析不稳定的潜在因素：

- 弹簧单元；
- 减振器单元。

而如下单元不会引起过程不稳定，只会有助于加强分析过程的稳定性：

- 质量单元；
- 转动惯量单元；
- 静水压力流体单元；
- 作为刚体一部分的单元。

下面用简单的模型来说明 ABAQUS/Explicit 中的不稳定问题。当程序设计对几乎所有的情况都可以提供有效而稳定的解答时,对于存在一些特殊的包括了弹簧和减振器的情况,它们的结果可能会变得不稳定。当问题发生时,如果能够识别这些不稳定性,将是非常有益的。

下面的例子虽然采用了非常简单的模型,但是说明的稳定性问题也可以发生在巨大而复杂的模型中。诚然,随着模型的增大,必将更难以提前判断分析过程是否将会出现非稳定情况,因为弹簧和减振器的位置以及其上的载荷都是影响的因素。但是一旦用户懂得了如何确定这些简单分析是否已进入了非稳定状态,就能用同样的方法判断自己的工程分析是否已经变得不再稳定了,并采取相应的措施。例如,一个可能转化为非稳定的分析,为了避免非稳定的发生,可以加入一个接触约束的限制。

弹簧如同实体单元等其他单元一样,在分析中也会引入一个稳定性要求。每个单元都有基于本单元刚度和质量的最大稳定时间增量。但是因为一个弹簧单元本身只有刚度而没有质量,所以它的稳定性中用到的质量和与其连接的其他具有质量的单元的质量有关。由于质量的不确定性,ABAQUS/Explicit不可能计算弹簧单元的稳定时间增量。例如,如果一个弹簧单元连接到实体单元上,一般不可能确定出多少质量与弹簧单元相关。如果弹簧要求的稳定时间增量比模型其他单元的最小稳定时间增量还小,则弹簧确定了模型的控制稳定时间增量,于是分析可能变得不稳定。

图9-13所示的模型由两个分开的简单部分组成:一个单独的桁架单元和一个自由端带有质量单元的弹簧单元。两个部分都是左端固定,右端受力。桁架单元既有质量又有刚度,ABAQUS/Explicit为桁架单元确定了一个稳定时间增量。弹簧单元只有刚度没有质量,ABAQUS/Explicit没有给弹簧单元计算出一个稳定时间增量。同样,ABAQUS/Explicit也没有给只有质量没有刚度的质量单元计算出一个稳定时间增量。

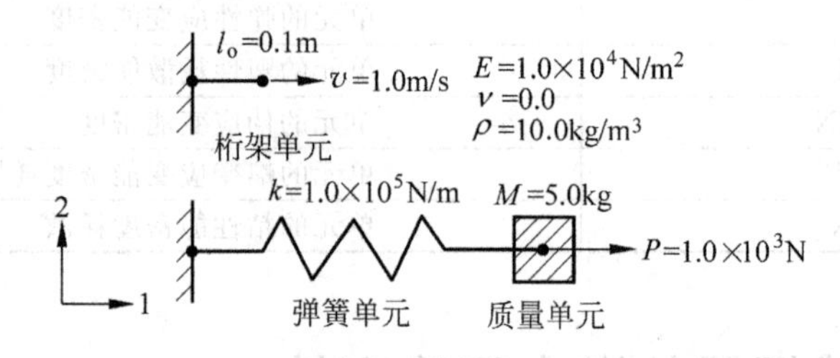

图9-13 由桁架、弹簧和质量单元组成的模型

在这个简单的例子中,附在弹簧上的质量就是质量单元的质量,因而,我们可以解析地计算出弹簧-质量系统的稳定要求。由于弹簧刚度和附加质量在分析中是恒定的,所以弹簧-质量系统的最大稳定时间增量也是恒定的。然而,在分析中桁架的长度是变化的,引起桁架的刚度发生变化,所以桁架的稳定时间增量也随着变化。在分析开始时,桁架比弹簧-质量系统所需要的稳定时间增量小;随着桁架的伸长,它的稳定时间增量增加,结果弹簧-质量系统的稳定时间增量最终成为分析过程的控制因素。当由桁架所决定的稳定时间增量超过弹簧-质量系统的稳定要求时,分析就变得不稳定了。稳定时间增量与时间的关系如图9-14所示。

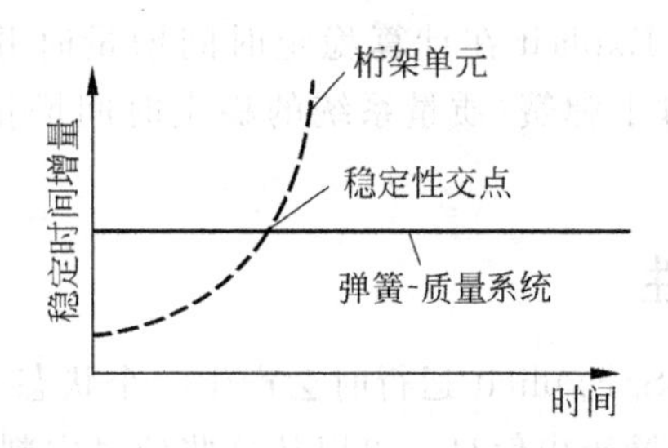

图 9-14 桁架单元和弹簧-质量系统的稳定时间增量相对于时间的曲线

9.7.1 确定稳定时间增量

弹簧-质量系统承受恒定的动力载荷 1000N。这个载荷引起质量产生加速度，弹簧伸长。由于力是作为分析步的函数施加的，弹簧将根据所受的载荷、质量和弹簧的刚度进行振动。弹簧刚度为 1×10^5N/m，载荷为 1×10^3N，弹簧的平均位移为 0.01m，最大位移为 0.02m。像对待其他单元一样，可以计算弹簧-质量系统的稳定时间增量。回顾单元与频率有关的稳定时间增量，依照下面的关系：

$$\Delta t_{\text{stable}} = \frac{2}{\omega_{\max}}(\text{s}) \tag{9-1}$$

为了计算弹簧-质量系统无阻尼的自然圆频率，利用如下方程：

$$\omega_{\text{spring}} = \sqrt{\frac{k_{\text{spring}}}{m}} = \sqrt{\frac{1.0\times10^5}{5}} \approx 141(\text{rad/s}) \tag{9-2}$$

因此，弹簧的稳定时间增量为

$$\Delta t_{\text{spring}} = \frac{2}{\omega_{\text{spring}}} = 0.0141(\text{s}) \tag{9-3}$$

对于桁架单元，ABAQUS/Explicit 应用下式计算稳定时间增长：

$$\begin{aligned} c_{\text{d}} &= \sqrt{\frac{E}{\rho}} = \sqrt{\frac{10000}{10}} \approx 31.6(\text{m/s}) \\ \Delta t_{\text{truss}} &= \frac{L^{\text{e}}}{c_{\text{d}}}(\text{s}) \end{aligned} \tag{9-4}$$

式中，c_{d} 是材料的波速；L^{e} 是单元特征长度，它由下式定义：

$$L^{\text{e}} = L_0\left(\frac{L}{L_0}\right)^{\frac{3}{2}}$$

在分析开始时 $L=L_0=0.1$m。生成的稳定时间增量为

$$\Delta t_{\text{truss}} = \frac{0.1}{31.62} \approx 0.00316(\text{s}) \tag{9-5}$$

然而，由于桁架以 1.0m/s 的恒定速度伸长，桁架单元长度在任一给定时间为

$$L^{\text{e}} = (0.1 + 1.0t)\text{m} \tag{9-6}$$

所以稳定时间增量为

$$\Delta t_{\text{truss}} = \frac{0.1\times(1.0+10.0t)^{\frac{3}{2}}}{31.62} \tag{9-7}$$

在 $t=0.169$s 时，这个由桁架单元得到的稳定时间增量开始超出了弹簧-质量系统的稳定

时间增量。由于 ABAQUS/Explicit 在计算稳定时间增量时并不考虑弹簧-质量系统，一旦桁架的稳定时间增量超过了弹簧-质量系统的稳定时间增量，弹簧-质量系统就不再稳定了。

9.7.2　识别非稳定性

这个模型在用 ABAQUS/Explicit 运行时会产生一个状态文件(.sta)，它包含了弹簧自由端的位移历史和模型的能量历史信息。可以从这些信息中判断不稳定性的来源。

1. 状态文件

分析运算的输出数据给我们提供了分析非稳定性的一些标志。状态文件非常有用，它包括的信息大致如下：

```
 .
 .
 --------------------------------------------------------------
  STABLE TIME INCREMENT INFORMATION
 --------------------------------------------------------------


   The stable time increment estimate for each element is based on
   linearization about the initial state.


     Initial time increment =  3.13066E-03

     Statistics for all elements:
        Mean = 3.13066E-03
        Standard deviation =  0.0000

     Most critical elements :
      Element number    Rank   Time increment  Increment ratio
     ----------------------------------------------------
             3            1       3.130655E-03      1.000000E+ 00


 The single precision ABAQUS/Explicit executable will be used in this analysis.


 --------------------------------------------------------------
  SOLUTION PROGRESS
 --------------------------------------------------------------

  STEP 1   ORIGIN 0.0000

   Total memory used for step 1 is approximately 41.8 kilowords
   Global time estimation algorithm will be used.
   Scaling factor :  1.0000
   Percentage change in total mass at the start of step:  0.0000
```

```
                STEP      TOTAL       CPU     STABLE       CRITICAL  KINETIC
  INCREMENT     TIME      TIME        TIME    INCREMENT    ELEMENT   ENERGY
MONITOR
        0   0.000E+ 00 0.000E+ 00   00:00:00 3.131E-03   3   2.500E-01 0.000E+ 00
Results number   0 at increment zero.
ODB Field Frame Number     0 of     1 requested intervals at increment zero.
       20 1.005E-01 1.005E-01       00:00:00 9.438E-03   3   6.271E+ 00 1.561E-02
       28 2.052E-01 2.052E-01       00:00:00 1.645E-02   3   1.563E+ 02 9.990E-02

*** WARNING: Large rotation detected for SPRINGA element 1. The analysis may go
             unstable. This message is printed during the first applicable
             increment,but will not be printed during subsequent increments for the
             remainder of the step.


*** WARNING: Large rotation is detected in 1 1D element(truss,spring,or dashpot). The
    analysis may go unstable.

    34   3.106E-01 3.106E-01   00:00:00 1.913E-02     3    6.906E+ 06-2.566E+ 01
    39   4.107E-01 4.107E-01   00:00:00 2.136E-02     3    1.393E+ 14 1.352E+ 05
Results Number   1 at 0.41073
    44   5.220E-01 5.220E-01   00:00:00 2.360E-02     3    7.129E+ 22-3.497E+ 09
```

对于这个分析,我们预先猜测弹簧-质量系统会变成非稳定,因此,选择弹簧右边的节点作为监视节点。这样,监视(MONITOR)列(数据的最后一列)的数据就是质量单元的位移。初始的少数几个增量表明质量单元有位移,正如所预料的那样,这个位移在－0.02～0.02m之间。然而在第28个增量,即时刻0.2052s时,节点2的位移变成了0.099m,落在了正确范围之外。我们预期弹簧-质量系统在时间超过0.169s时会发生不稳定,而第28个增量是状态文件中第一个超过0.169s的增量。在增量28～34之间,质量单元的位移保持为负值并出现了第一个关于分析稳定性的警告信息。在这种情况下,警告信息提示SPRINGA单元产生了过大的转动。这个转动并不是指转动自由度(弹簧不具有此自由度),而是指弹簧发生了刚性转动,因为此时质量单元一直在负方向上移动(相当于弹簧已被翻转)。在第34个增量以后,质量单元的位移迅速增长,在第44个增量时已达到了-3.497×10^{9}m。

2. 位移历史

弹簧自由端的位移历史如图9-15所示。可以注意到,在位移历史图上符号之间的距离增加,表明ABAQUS/Explicit使用的时间增量在分析中是增加的。从不切实际的位移很清楚地看出弹簧-质量系统已经变为不稳定。

3. 用能量来确定非稳定性

在一个更加复杂的分析中,事先并不一定知道模型的哪一部分可能会发生不稳定。除了监视一个单独节点的位移外,必须用其他方法确定是否解答已经变成了非稳定情况。在状态文件中,每个增量步的动能显示提供了另一种简单的稳定性标识。和监视一个特定自由度相比,状态文件中的动能表示的是整个模型的动能总和。动能不切实际的增长可能指示着分析已经变得不稳定,但是并没有指出产生问题的区域。在这个例子中,动能与弹簧伸

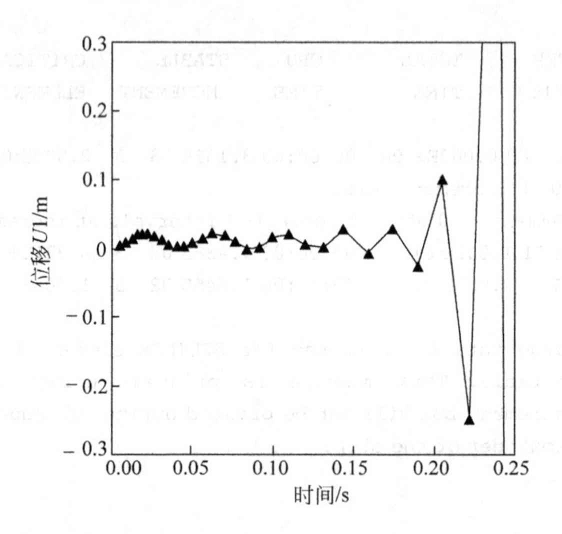

图 9-15　弹簧自由端的位移历史(节点 2)

长同时开始变得不切实际，表明两种结果有着相同的原因。

能量对于指示解答的稳定性是非常有用的，最一般的观察能量的方法是在 ABAQUS/CAE 中建立能量的历史图。图 9-16 显示了能量平衡(ETOTAL)、动能和内能(ALLKE 和 ALLIE)，以及外力功(ALLWK)的历史。

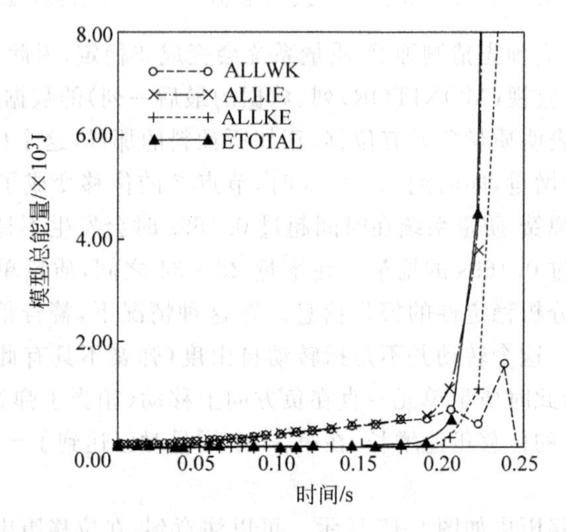

图 9-16　从选择的结果文件中画出的总模型能量图

由图 9-16 可以看出，直到大约 0.16s 时能量平衡几乎一直保持为常数零。一个常值的能量平衡表明解答是稳定的；相反，一个明显的、非恒定的能量平衡则明确地提示出解答不再稳定。由能量图表明当时间达到 0.16s 时，能量平衡发生了显著的增长，其他能量也一样。

在 log 文件中(.log)也可以指示不稳定性。如果由不稳定性产生了超过计算机存储限制的实数，log 文件可能会提示分析已经遗憾地结束了。

```
ABAQUS JOB spring
Current version is 5-7
BEGIN USER INPUT PROCESSING
Mon Jul 28 14:57:34  EDT 1997
Run /usr/abaqus/bin/pre.x
Mon Jul 28 14:57:39  EDT 1997
END OF USER INPUT PROCESSING
RUN PACKAGE
Mon Jul 28 14:57:39  EDT 1997
Run /usr/abaqus/bin/pac.x
Mon Jul 28 14:57:41  EDT 1997
END OF PACKAGE
BEGIN EXPLICIT ANALYSIS
Mon Jul 28 14:57:41  EDT 1997
Run /usr/abaqus/bin/xpl.x
Bus error(core dumped)
ABAQUS Error: Error during analysis - see status file.
Mon Jul 28 14:57:49  EDT 1997
ABAQUS JOB spring COMPLETED
```

9.7.3 消除不稳定性

有三种方法可以消除这种不稳定性，在接下来的内容里分别讨论。

1. 增加质量

消除弹簧引起的不稳定性的较好方法是增加与弹簧相连的质量。弹簧一般用以模拟刚度，而不是模拟更复杂的相关连续体的反应。弹簧能够精确地模拟刚度，但是它们不占有质量。随着与弹簧相连的质量的增加，弹簧-质量系统的自然频率下降；相应地，弹簧-质量系统的稳定时间增量增加。如果在与弹簧连接的节点上附加足够的质量，弹簧-质量系统的稳定时间增量将可以保证总大于模型中其他部分的稳定时间增量。在此水平上，弹簧将对结构行为具有理想的影响而又不控制分析的稳定性。

我们能够计算出需要加在弹簧右端节点上的质量，以便使弹簧-质量系统在历时 2s 的整个分析中保持稳定。从公式(9-7)可知，这个步骤结束时桁架的稳定时间增量增长为

$$\Delta t_{\text{truss}} = \frac{0.1 \times (1.0 + 10.0t)^{\frac{3}{2}}}{31.62} = 0.3043(\text{s})$$

于是就能确定一个为桁架最大稳定时间增量 4 倍的安全系数所需要的弹簧-质量系统的自然频率。设公式(9-3)等于桁架最大稳定时间增量的 4 倍，能够求出在弹簧自由端所需要的质量：

$$\Delta t_{\text{spring}} = 4\Delta t_{\text{truss}} = \frac{2}{\omega_{\text{spring}}} = 2\sqrt{\frac{m}{k}}$$

从而

$$m = 4k(\Delta t_{\text{truss}})^2 \tag{9-8}$$

把 $\Delta t_{\text{truss}}=0.3043\text{s}$ 代入，求得质量为 $m=37050\text{kg}$，这意味着要增加 37045kg。对于这个简单的弹簧-质量系统，附加质量显著地改变了结构的响应。但是，对于一个更大的、更厚重的模型，附加质量对结构产生的影响可能很小，恰当地说，那时质量只影响数值解的稳定性。弹簧自由端的位移如图 9-17 所示。

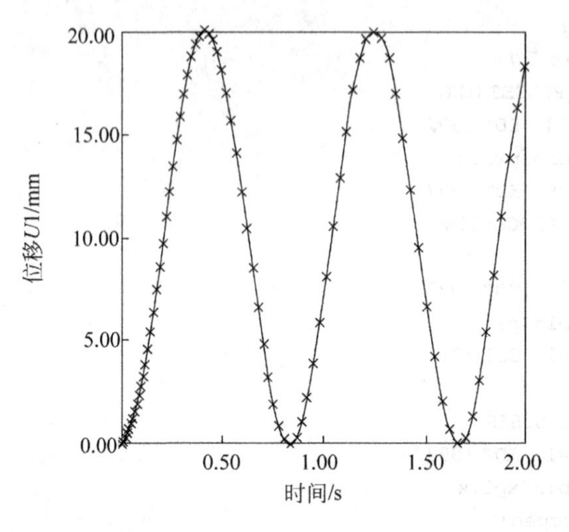

图 9-17　右端节点附加 37050kg 质量的弹簧-质量系统反应

在实际分析中,弹簧不仅可以用来像前面的例子一样把结构连接到大地(固定边界条件),而且还可以用来将结构的一部分连接到另一部分。在这样的模型中,弹簧的两端都可以自由移动,如图 9-18 所示。为了数值稳定,每一端都需要附加质量。这种情况的自然频率为

$$\omega = \sqrt{\frac{k(m_1 + m_2)}{m_1 m_2}} = \sqrt{\frac{k}{m_{\text{effective}}}} \tag{9-9}$$

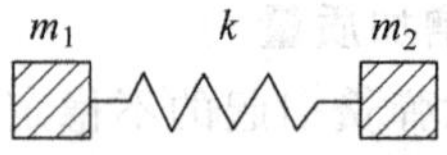

m_1　　k　　m_2

图 9-18　两端自由的弹簧-质量系统

其中,

$$m_{\text{effective}} = \frac{m_1 m_2}{m_1 + m_2} \tag{9-10}$$

为有效质量;m_1 为弹簧一端的附加质量;m_2 为另一端的附加质量。如果两端节点的附加质量相同,则有效质量和自然频率简化为

$$m_{\text{effective}} = \frac{m}{2} \tag{9-11}$$

和

$$\omega = \sqrt{\frac{2k}{m}} \tag{9-12}$$

对于弹簧-质量系统,如果希望指定一个稳定极限,可以对质量再一次求解公式(9-3)来确定在两端所需要附加的质量。如果包含一个 4 倍的安全系数,则方程变为

$$4\Delta t = \frac{2}{\omega} = 2\sqrt{\frac{m}{2k}} \Rightarrow m = 8k\,(\Delta t)^2 \tag{9-13}$$

2. 考虑阻尼的影响

减振器单元常常与弹簧单元联合运用,为模型中离散的点提供阻尼。使用减振器单元需要谨慎,并要理解阻尼对稳定性的影响。如同使用弹簧一样,减振器单元影响分析的稳定时间增量,不过 ABAQUS/Explicit 在计算稳定时间增量时并不考虑减振器。实际上,与弹簧并列使用的减振器总是降低弹簧的实际稳定时间增量。不过另一方面,ABAQUS/Explicit 考虑材料阻尼对稳定时间增量的影响。

没有材料阻尼时

$$\Delta t_{\text{stable}} = \frac{2}{\omega}$$

有材料阻尼时

$$\Delta t_{\text{stable}} = \frac{2}{\omega}[(\sqrt{1+\xi^2}) - \xi]$$

式中，ξ 是施加阻尼与临界阻尼之比。第 2 种情况即有材料阻尼时的稳定时间增量总是比第 1 种情况小。一般说来，因为不知道临界阻尼值，ξ 是不可能计算出来的。因此，很难事先知道 Δt 为何值时分析会变得不稳定。

表 9-4 总结了为确保达到预期时间增量时弹簧和弹簧-减振器系统所需附加的质量。为了简化，弹簧-减振器系统求解的是 Δt 而不是质量 m。

表 9-4 确保稳定所加质量

情 况	所加质量(考虑了 4 倍的安全系数)
墙—k—m	$m=4k(\Delta t)^2$
m—k—m	$m=8k(\Delta t)^2$
墙—k、c—m	$\Delta t=\frac{1}{2}\sqrt{\frac{m}{2k}}\left[\left(\sqrt{1+\frac{c^2}{4km}}\right)-\frac{c}{2\sqrt{km}}\right]$
m—k、c—m	$\Delta t=\frac{1}{2}\sqrt{\frac{m}{2k}}\left[\left(\sqrt{1+\frac{c^2}{2km}}\right)-\frac{c}{2\sqrt{2km}}\right]$

3. 控制时间增量

如果在弹簧节点上附加质量不符合物理实际，可以通过控制时间增量来保持稳定。显式动力过程提供了几个有用的选项。固定时间增量(fixed time incrementation)能够使 ABAQUS/Explicit 一直使用分析过程初始时计算得到的稳定时间增量。在这个例子中，使用固定时间增量可以消除解的不稳定性，因为稳定时间增量不允许超过初始的稳定水平。为了包括其他的安全系数，还可以设置一个时间增量的比例系数。

9.8 小结

- ABAQUS/Explicit 应用中心差分方法对时间进行动力学显式积分。
- 显式方法需要许多小的时间增量。因为不必同时求解联立方程，所以每个增量计算成本很低。
- 随着模型尺寸的增加，显式方法比隐式方法能够节省大量的计算成本。
- 稳定极限是能够用来前推动力学状态并仍保持精度的最大时间增量。
- 在整个分析过程中，ABAQUS/Explicit 自动地控制时间增量值以保持稳定性。
- 随着材料刚度的增加，稳定极限降低；随着材料密度的增加，稳定极限提高。

- 对于单一材料的网格，稳定极限大致与最小单元的尺寸成比例。
- 一般地，ABAQUS/Explicit 应用质量比例阻尼来减弱低阶频率振荡，并应用刚度比例阻尼来减弱高阶频率振荡。
- 在一些情况下，ABAQUS/Explicit 分析可能会成为不稳定的。本章的例题描述了怎样识别和矫正不稳定问题。

10 材　　料

ABAQUS 的材料库允许模拟绝大多数的工程材料，包括金属、塑料、橡胶、泡沫塑料、复合材料、颗粒状土壤、岩石以及素混凝土和钢筋混凝土。本书只讨论三种最常用的材料模型：线弹性、金属塑性和橡胶弹性。《ABAQUS 分析用户手册》(*ABAQUS Analysis User's Manual*)第Ⅳ部分“Materials”讨论了所有的材料模型。

10.1　在 ABAQUS 中定义材料

可以在模拟中使用任意数量的不同材料。每一种材料定义都有一个名称。通过设置含材料名称的截面属性，将模型中的不同区域与不同材料定义建立联系。

10.2　延性金属的塑性

许多金属在小应变时表现出近似线弹性的性质(见图 10-1)，材料刚度是一个常数，即杨氏(或弹性)模量。

在高应力(和应变)情况下，金属开始具有非线性、非弹性的行为(见图 10-2)，称其为塑性。

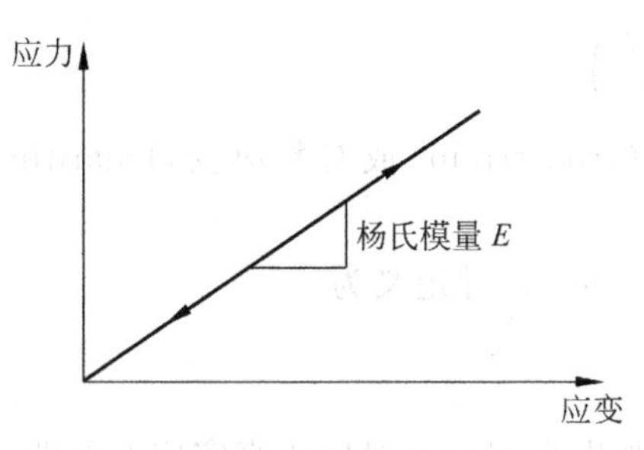

图 10-1　线弹性材料的应力-应变行为，如在小应变下的钢材

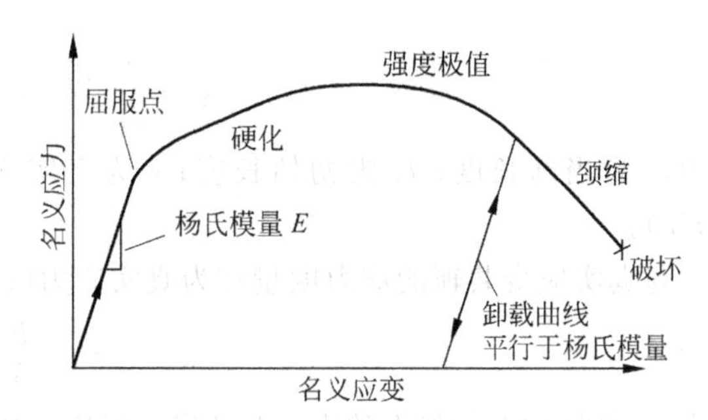

图 10-2　弹塑性材料在拉伸实验中的名义应力-应变行为

10.2.1　延性金属的塑性性质

材料的塑性行为可以用它的屈服点和屈服后的硬化来描述。从弹性到塑性行为的转变发生在材料应力-应变曲线上的某个确定点，即所谓的弹性极限或屈服点(见图 10-2)。在屈服点上的应力称为屈服应力。大多数金属的初始屈服应力为材料弹性模量的 0.05%～0.1%。

金属在到达屈服点之前的变形只产生弹性应变，在卸载后可以完全恢复。然而，一旦在金属中的应力超过了屈服应力，就开始产生永久(塑性)变形。与这种永久变形相关的应变称为塑性应变。在屈服后的区域上，弹性应变和塑性应变累加成了金属的变形。

一旦材料屈服，金属的刚度就会显著下降(见图 10-2)。已经屈服了的延性金属在卸载后将恢复它的初始弹性刚度(见图 10-2)。材料的塑性变形通常会提高材料继续加载时的屈服应力，这一特性称为工作硬化。

金属塑性的另一个重要特性是非弹性变形与几乎不可压缩材料的特性相关，模拟这一效应为在弹-塑性模拟中能够应用的单元类型带来了严格的限制。

在拉伸载荷作用下的金属塑性变形可能在材料失效时经历了高度局部化的伸长与变细，称为颈缩(necking)(见图 10-2)。在金属中的工程应力(变形前每单位面积上的力)称为名义应力(nominal stress)，与之共轭的为名义应变(nominal strain)(变形前每单位长度的长度变化)。当正在发生颈缩时，在金属中的名义应力远低于材料的极限强度。这种材料特性是由试件的几何形状、实验本身的特点以及使用的应力和应变测量引起的。例如，由相同材料的压缩实验所产生的应力-应变曲线就不会有颈缩区域，因为试件在受压载荷下变形时不会变细。描述金属塑性行为的数学模型应该能够考虑到压缩和拉伸行为的不同，它与结构的几何形状或者施加载荷的特性无关。为了实现这一目的，应当将已经十分熟悉的名义应力 F/A_0 和名义应变 $\Delta l/l_0$ 的定义(这里用下标 0 代表材料未变形状态下的值)替换为新的应力和应变度量，它考虑了有限变形中面积的改变。

10.2.2　有限变形的应力和应变度量

只有在极限 $\Delta l \to \mathrm{d}l \to 0$ 的情况下，拉伸和压缩下的应变才是相同的，即

$$\mathrm{d}\varepsilon = \frac{\mathrm{d}l}{l}$$

和

$$\varepsilon = \int_{l_0}^{l} \frac{\mathrm{d}l}{l} = \ln\left(\frac{l}{l_0}\right)$$

其中，l 为当前长度；l_0 为初始长度；ε 为真实应变(true strain)或对数应变(logarithmic strain)。

与真实应变共轭的应力度量称为真实应力(true stress)，并定义为

$$\sigma = \frac{F}{A}$$

其中，F 是施加在材料上的力；A 是当前面积。如果画出真实应力对应于真实应变的曲线，那么在拉伸和压缩的作用下，承受有限变形的延性金属具有相同的应力-应变行为。

10.2.3　在 ABAQUS 中定义塑性

当在 ABAQUS 中定义塑性数据时，必须采用真实应力和真实应变。ABAQUS 需要这些值，以便正确地换算数据。

材料实验的数据常常是以名义应力和名义应变的形式给出的。在这种情况下，必须应用下面给出的公式将塑性材料的数据从名义应力/应变的值转换为真实应力/应变的值。

为了建立真实应变和名义应变之间的关系，首先将名义应变表示为

$$\varepsilon_{\mathrm{nom}} = \frac{l - l_0}{l_0} = \frac{l}{l_0} - \frac{l_0}{l_0} = \frac{l}{l_0} - 1$$

在表达式两边同时加上 1 并取自然对数，可以得到真实应变和名义应变之间的关系：

$$\varepsilon = \ln(1+\varepsilon_{nom})$$

考虑到塑性变形的不可压缩性，并假定弹性变形也是不可压缩的，可以建立真实应力和名义应力之间的关系：

$$l_0 A_0 = lA$$

当前面积与初始面积的关系为

$$A = A_0 \frac{l_0}{l}$$

将当前面积 A 的定义代入到真实应力的定义中，得到

$$\sigma = \frac{F}{A} = \frac{F}{A_0}\frac{l}{l_0} = \sigma_{nom}\left(\frac{l}{l_0}\right)$$

其中，$\frac{l}{l_0}$也可以写成 $1+\varepsilon_{nom}$，将其代入上式便得到真实应力、名义应力和名义应变之间的关系：

$$\sigma = \sigma_{nom}(1+\varepsilon_{nom})$$

在 ABAQUS 中典型的金属塑性模型定义了大部分金属的后屈服特性。ABAQUS 用连接给定数据点的一系列直线来平滑地逼近金属材料的应力-应变关系。可以采用任意多个点来逼近实际的材料行为，这样就有可能得到非常接近真实的材料行为。塑性数据将材料的真实屈服应力定义为真实塑性应变的函数。给出的第 1 组数据定义了材料的初始屈服应力，因而，其塑性应变值应该为零。

在用来定义塑性性能的材料试验数据中一般提供的应变，很可能是材料的总应变而非塑性应变。所以，必须将总应变分解成为弹性和塑性应变分量。从总应变中减去弹性应变，就可得到塑性应变(见图 10-3)。弹性应变定义为真实应力除以杨氏模量的值，其关系式为

$$\varepsilon^{pl} = \varepsilon^{t} - \varepsilon^{el} = \varepsilon^{t} - \sigma/E$$

式中，ε^{pl} 为真实塑性应变；ε^{t} 为真实总应变；ε^{el} 为真实弹性应变；σ 为真实应力；E 为杨氏模量。

1. 将材料试验数据转换为 ABAQUS 输入的例子

下面以图 10-4 中给出的名义应力-应变曲线为例来说明如何将定义材料塑性行为的试验数据转换为适当的 ABAQUS 输入格式，选用显示在名义应力-应变曲线上的 6 个点来确定塑性数据。

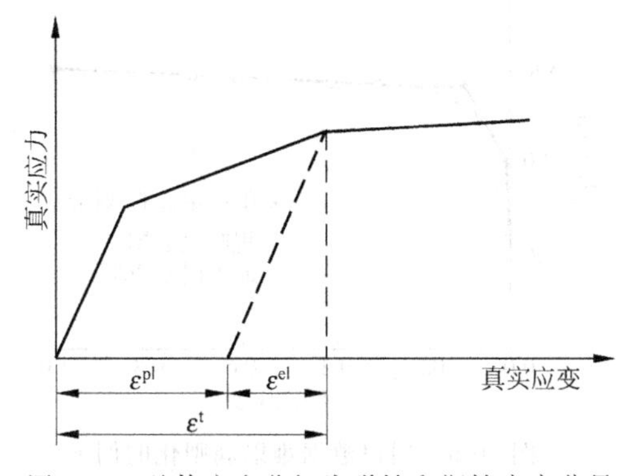

图 10-3　总体应变分解为弹性和塑性应变分量

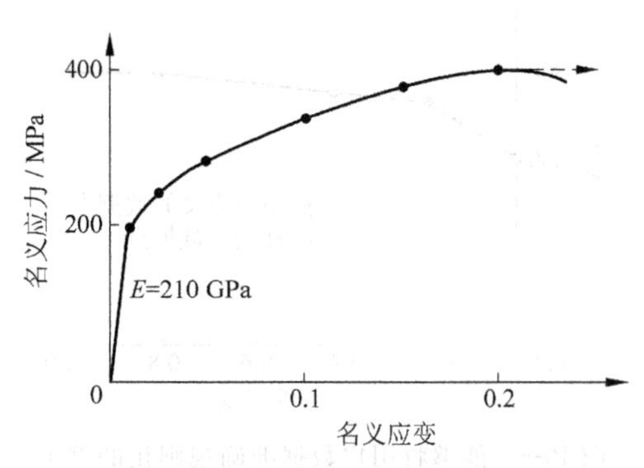

图 10-4　弹-塑性材料行为

第1步是应用真实应力、名义应力、名义应变以及真实应变与名义应变的关系式（前面已给出），将名义应力和名义应变转换为真实应力和真实应变。一旦这些值已知，就可以应用塑性应变与总应变和弹性应变之间的关系式（前面已给出）来确定与每个屈服应力值相关的塑性应变。转换后的数据如表10-1所示。在小应变时，真实值和名义值之间的差别很小；而在大应变时，二者之间就有明显的差别。因此，如果在模拟中的应变是比较大的，提供给ABAQUS准确的应力-应变数据是极为重要的。

表10-1　应力和应变的转换

名义应力	名义应变	真实应力	真实应变	塑性应变
200E+6	0.00095	200.2E+6	0.00095	0.0
240E+6	0.025	246E+6	0.0247	0.0235
280E+6	0.050	294E+6	0.0488	0.0474
340E+6	0.100	374E+6	0.0953	0.0935
380E+6	0.150	437E+6	0.1398	0.1377
400E+6	0.200	480E+6	0.1823	0.1800

2. 在ABAQUS/Explicit中的数据规则化

当进行分析时，ABAQUS/Explicit也许不能精确地使用由用户定义的材料数据，因此为了提高效率，所有以表格形式给出的材料数据将自动地被规则化（regularized）。材料数据可以是温度、外部场变量以及内部状态变量（如塑性应变）的函数。对于每一个材料点的计算，必须通过插值确定材料的状态，并且为了提高效率，ABAQUS/Explicit采用由等距分布的点组成的曲线来拟合用户定义的曲线。这些规则化的材料曲线是在分析中实际采用的材料数据。理解在分析中使用的规则化材料曲线与给定的曲线之间可能存在的差别是很重要的。

为了说明使用规则化材料数据的含义，考虑下面两种情形。图10-5显示了用户定义的非规则化数据的情况。在该例中，ABAQUS/Explicit生成了如图所示的6个规则数据点，准确地重新生成了用户数据。而图10-6显示了用户已经定义的数据难以准确地规则化的情形。在这个例子中，假设ABAQUS/Explicit通过将区域分成10个间隔已经规则化了数据，但是不能准确地重新生成用户数据点。

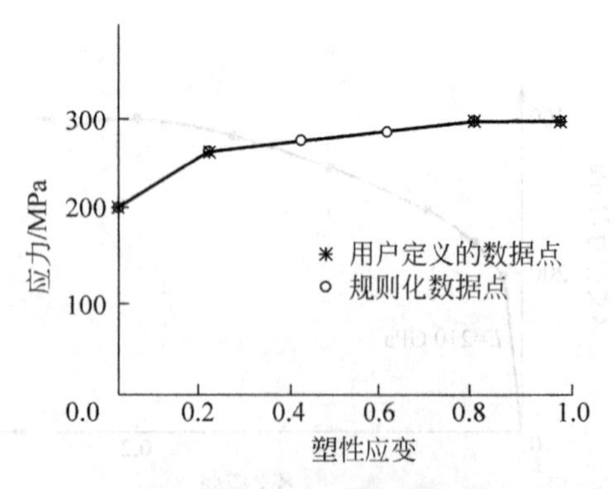

图10-5　能够将用户数据准确规则化的例子

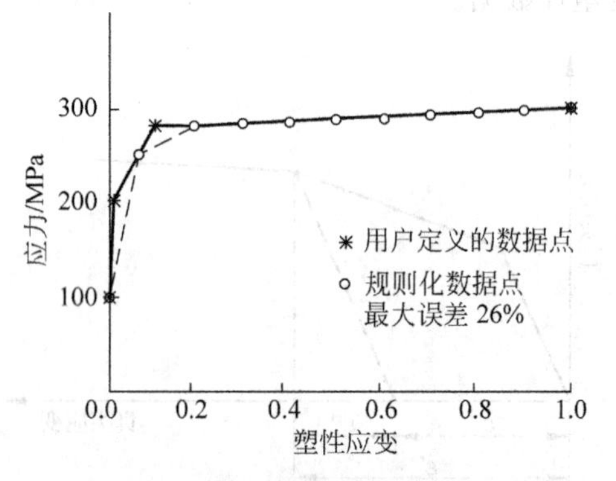

图10-6　用户数据难以规则化的例子

ABAQUS/Explicit 试图用足够多的间隔使得规则化数据与用户定义数据之间的最大误差小于 3%；用户也可以改变这个误差容限。如果需要应用多于 200 个间隔才能得到一条可接受的规则曲线，在数据检测过程中将使分析中止并给出出错信息。在通常情况下，如果用户定义数据中的最小间隔小于独立变量的区间，那么规则化将更加困难。在图 10-6 中，对于应变为 1.0 的数据点使应变值的区间大于在低应变水平时定义的小间隔，去除这最后一个数据点可以使数据更容易地被规则化。

3. 在数据点之间插值

ABAQUS 在提供的数据点之间进行线性插值（或者在 ABAQUS/Explicit 中采用规则化数据）得到材料响应，并假设在输入数据定义范围之外的响应为常数，如图 10-7 所示。因此，在这种材料中的应力绝不会超过 480MPa。当材料中的应力达到 480MPa 时，材料将持续变形，直至应力降至低于该值。

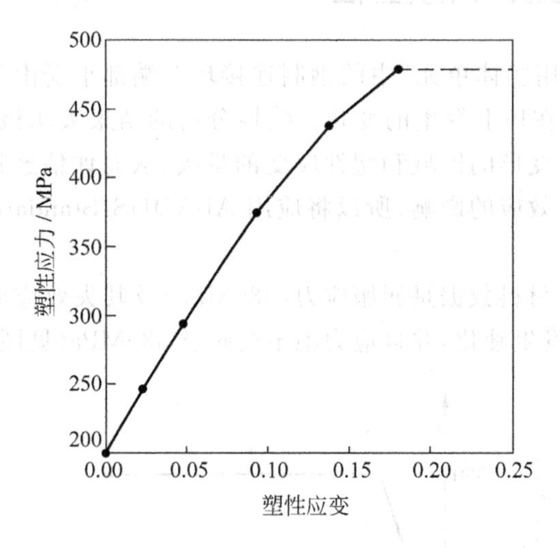

图 10-7　ABAQUS 所用的材料曲线

10.3　弹-塑性问题的单元选取

在金属中塑性变形的不可压缩性质限制了可应用于弹-塑性模拟的单元类型，这是因为模拟不可压缩材料性质将增加对单元的运动学约束。在这种情况下，这个限制要求在单元积分点处的体积要保持常数。在某些单元类型中，这些附加的不可压缩约束使单元产生了过约束。当这些单元不能消除所有这些约束时，就会经历体积自锁（volumetric locking），引起单元的响应过于刚硬。通过从单元到单元或从积分点到积分点之间的静水压应力的迅速变化，表明产生了体积自锁。

当模拟材料不可压缩特性时，在 ABAQUS/Standard 中的完全积分二次实体单元对体积自锁非常敏感，因此，不能应用于弹-塑性问题的模拟。在 ABAQUS/Standard 中的完全积分一次实体单元不受体积自锁的影响，因为在这些单元中 ABAQUS 实际上采用了常数体积应变。因此，它们可以安全地应用于塑性问题。

减缩积分的实体单元在很少的积分点上需要满足不可压缩约束，因此，不会发生过约束，并且可用于大多数弹-塑性问题的模拟。如果应变超过了 20%～40%，在使用 ABAQUS/Standard 中的减缩积分二次单元时需要注意，因为在此量级上它们可能会承受体积自锁。这种影响可以通过加密网格来降低。

如果不得不使用 ABAQUS/Standard 的完全积分二次单元，则选用杂交单元(hybrid)，但是，在这些单元中的附加自由度将使分析计算更加昂贵。

可以采用修正的二次三角形和四面体单元族，它们提供了对于一次三角形和四面体单元的改进，并避免了存在于二次三角形和四面体单元的一些问题。特别是，这些单元展示了很小的剪切和体积自锁。在 ABAQUS/Standard 中除了完全积分和杂交单元外，可以使用这些单元；在 ABAQUS/Explicit 中，它们是唯一的二次实体单元。

10.4　例题：连接环的塑性

如果在第 4 章"应用实体单元"中的钢制连接环在端部承受由于事故引起的极端载荷(60kN)，现在要求研究在环上发生的变化。线性分析的结果表明该连接环将发生屈服，需要确定在连接环中塑性变形的区域和塑性应变的量级，从而评估连接环是否会失效。在这个分析中无需考虑惯性效应的影响，所以将应用 ABAQUS/Standard 来检验连接环的静态响应。

仅有的钢材非弹性材料数据是屈服应力(380MPa)及其失效应变(0.15)。假设钢材是理想塑性的，即材料不发生硬化，并且应力绝不会超过 380MPa(见图 10-8)。

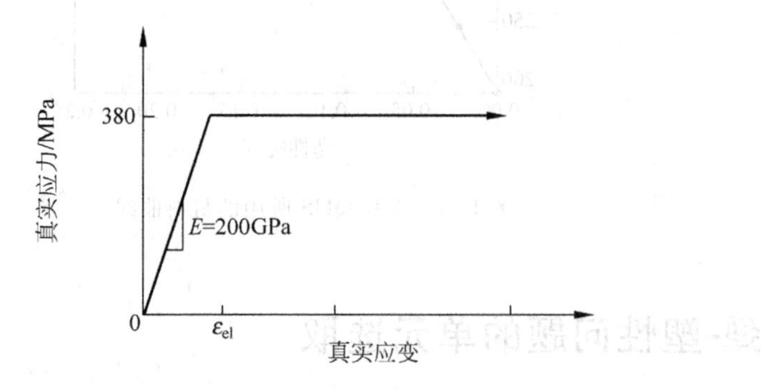

图 10-8　钢材的应力-应变行为

实际上可能会发生某些硬化，但是这种假设是保守的。如果材料发生硬化，实际的塑性应变将小于来自模拟的预测值。

10.4.1　修改模型

打开模型数据库文件 `Lug.cae`，拷贝模型 `Elastic` 生成名为 `Plastic` 的模型。

1. 材料定义

对于 `Plastic` 模型，应用在 ABAQUS 中的经典的金属塑性模型来指定材料的后屈服特性。在塑性应变为零时的初始屈服应力为 380MPa，由于模拟的是理想塑性的钢材，因此不再需要其他屈服应力。因为在模型中的非线性材料行为，所以将进行一般性的非线性模拟。

将塑性数据加入到材料模型中：

(1) 进入 Property 模块，从主菜单栏中选择 **Material→Edit→Steel**。

(2) 在材料编辑器中选择 **Mechanical→Plasticity→Plastic**，调用经典的金属塑性模型。输入初始屈服应力为 380.E6 与相应的初始塑性应变 0.0。

2. 定义分析步和输出要求

进入 Step 模块并编辑分析步定义和输出要求。在 **Edit Step** 对话框的 **Basic** 选项页中，设置总的时间为 1.0。假定在该模拟中的几何非线性效应并不重要。在 **Incrementation**（增量步）选项页中，指定初始增量步的大小为总分析时间的 20%(0.2)。该模拟是连接环在极端载荷下的静力分析，但无法事先预测可能需要多少个增量步。然而，100 个增量步为默认的最大值，它已经是比较合理的大数，对于这个分析应该是足够的。

应用 Visualization 模块从该模拟中观察结果。输出要求将包括在连接环的固定端和孔底部的附近区域的历史数据。在设置输出前，先分别创建如图 10-9 和图 10-10 中所示的几何集合 BuiltIn 和 HoleBot。

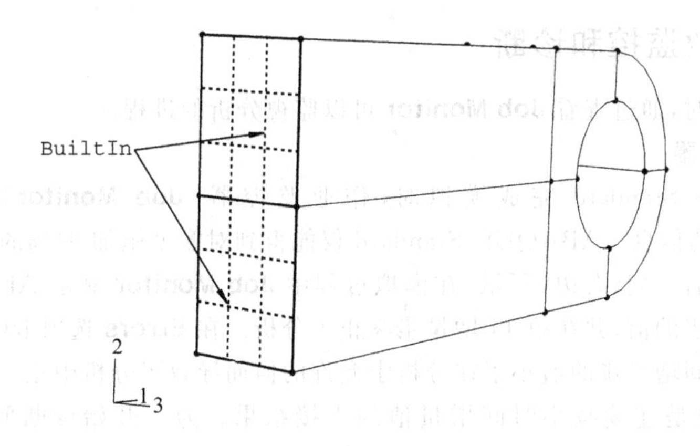

图 10-9 几何集合 BuiltIn

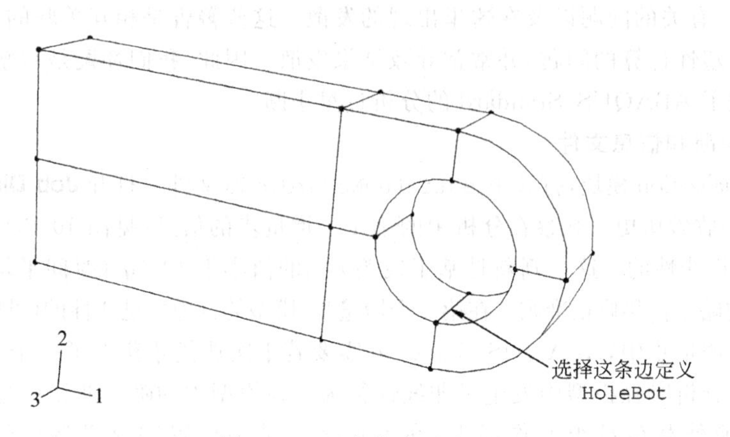

图 10-10 几何集合 HoleBot

从主菜单栏中选择 **Output→Field Output Requests→Manager**。编辑当前的输出要求，使每个增量步都输出已经默认选择的场变量数据。为了利用在 Visualization 模块中绘制 *X-Y* 图曲线的功能，也需要向输出数据库文件中写入一些历史数据。从主菜单栏中选择

Output→History Output Requests→Manager，创建两个新的历史数据输出要求。第 1 个要求输出集合 HoleBot 的位移(*U*)；另一个要求输出集合 BuiltIn 的应力(包括应力不变量)(*S*)、塑性应变和等效塑性应变(*PE*,*PEEQ*)以及总应变(*E*)(选择这个区域是因为在该处最有可能出现应力的最大值)。

3. 加载

在这个模拟中施加的载荷为连接环线弹性模拟中载荷的 2 倍(即从 30kN 变为60kN)。因此，在 Load 模块中，从主菜单栏中，选择 **Load→Edit→Pressure load**，并将施加到连接环上的压力值扩大至 2 倍(即改变量值为 10.0E7)。

4. 定义作业

在 **Job** 模块中创建一个作业，命名为 PlasticLugNoHard，并输入对作业的描述：Elastic-Plastic Steel Connecting Lug。记住保存模型数据文件。

提交作业进行分析，并且监控求解过程。修改任何模型中的错误，并研究任何警告信息的原因。该分析将会过早地中断，原因将在下一节中讨论。

10.4.2　作业监控和诊断

当分析进行时，通过查看 **Job Monitor** 可以监视分析的进程。

1. 作业监控器

当 ABAQUS/Standard 完成模拟时，作业监控器(**Job Monitor**)将包含类似于图 10-11 中所示的信息。ABAQUS/Standard 仅能得到对模型施加 94%的指定载荷前的收敛解答。如在最后一列(右边)所示，在模拟过程中 **Job Monitor** 显示 ABAQUS/Standard 多次减少了增量步的值，并在第 14 增量步终止了分析。在 **Errors** 选项卡(见图 10-11)上的信息表示由于时间增量步的值小于在分析中允许的值而导致了分析中止。这是出现收敛困难的典型标志，也是连续减小时间增量值的直接结果。为了开始诊断问题，单击在 **Job Monitor** 对话框中的 **Warnings** 选项卡。如图 10-12 所示，许多警告信息是关注大的应变增量、与塑性计算有关的问题以及在这里出现的发散。这些警告是相互关联的，由于过大的应变增量会产生塑性计算的问题，并常常导致结果发散。因此，我们怀疑是与塑性计算有关的数值问题导致了 ABAQUS/Standard 的分析过早中断。

2. 作业诊断和信息文件

进入 Visualization 模块，打开 PlasticLugNoHard.odb 文件。打开 **Job Diagnostics** 对话框，检查作业的收敛历史。观察在分析中的第 1 个增量步的信息(见图 10-13)，会发现模型的初始行为是假设线性的。这个判断是基于残差 $r^{\alpha}_{\max}$的值小于 $10^{-8}\tilde{q}^{\alpha}$(时间平均力)的事实，在这种情况下，忽略了位移修正准则。在第 2 个增量步，模型的行为也是线性的(见图 10-14)。

在第 3 个增量步中，ABAQUS/Standard 需要若干次迭代才获得了一个收敛的解答，这表明在这一步分析时在模型中发生了非线性行为。在模型中的唯一非线性是材料的塑性行为，所以在当前外载荷量级的作用下，在连接环的某一位置钢材必然已经开始屈服了。图 10-15 给出了在第 3 个增量步的最后一次(收敛的)迭代的小结。

ABAQUS/Standard 在第 4 个增量步中应用一个 0.3 的增量值进行求解尝试，其含义是在这一增量步中施加了全部载荷的 30%，即 18kN。经过几次迭代后，ABAQUS/Standard 放弃本次求解尝试，而将时间增量值减小到应用在第 1 次求解尝试中的值的

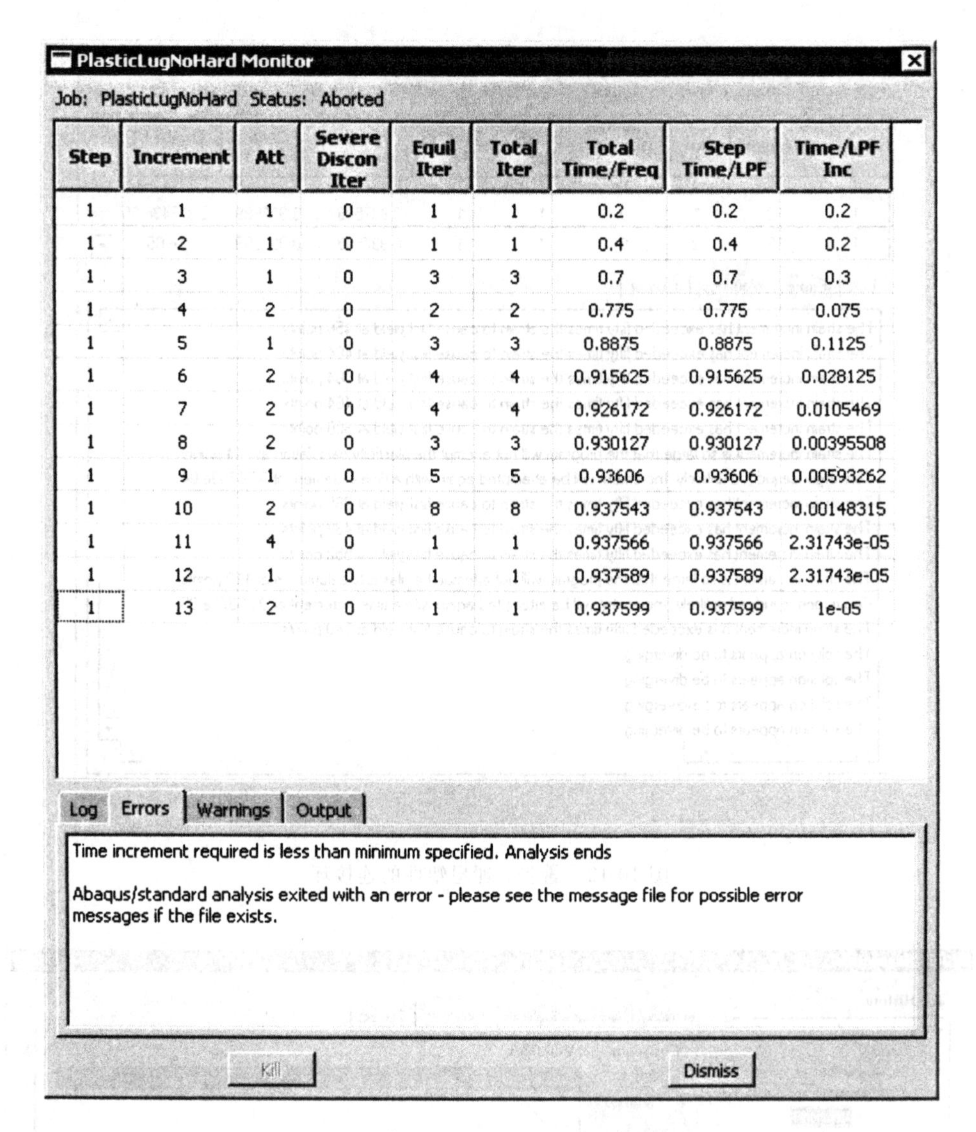

Step	Increment	Att	Severe Discon Iter	Equil Iter	Total Iter	Total Time/Freq	Step Time/LPF	Time/LPF Inc
1	1	1	0	1	1	0.2	0.2	0.2
1	2	1	0	1	1	0.4	0.4	0.2
1	3	1	0	3	3	0.7	0.7	0.3
1	4	2	0	2	2	0.775	0.775	0.075
1	5	1	0	3	3	0.8875	0.8875	0.1125
1	6	2	0	4	4	0.915625	0.915625	0.028125
1	7	2	0	4	4	0.926172	0.926172	0.0105469
1	8	2	0	3	3	0.930127	0.930127	0.00395508
1	9	1	0	5	5	0.93606	0.93606	0.00593262
1	10	2	0	8	8	0.937543	0.937543	0.00148315
1	11	4	0	1	1	0.937566	0.937566	2.31743e-05
1	12	1	0	1	1	0.937589	0.937589	2.31743e-05
1	13	2	0	1	1	0.937599	0.937599	1e-05

图 10-11　作业监控器：理想塑性的连接环

25%。这种对增量值的减小称为缩减(cutback)。应用这较小的增量值，ABAQUS/Standard 仅用了几次迭代就找到了一个收敛的解答。ABAQUS/Standard 在第 5 个以及后续的增量步中又重新遇到了收敛困难，直至最后中断作业。

应用 **Job Diagnositcs** 对话框观察所感兴趣的信息。事实上，在所有遇到的收敛问题的尝试迭代中，具有最大作用力残差的节点位于连接环的固定端附近(开始屈服的地方)，而具有最大位移修正值的节点位于连接环的加载端附近。这说明在载荷端的期望变形超出了固定端的承受能力。模型变形形状图将有助于进一步的推论。

然而，在观察模型变形图前，应当理解在 **Job Monitor** 对话框中显示的许多警告信息与在 **Job Dagnostics** 对话框中观察的收敛行为之间的联系。例如，应该确认这些警告信息所提出的问题是针对整个分析过程的，而不只是简单地针对一个孤立的增量步。为了查看警告信息在迭代历史中的来龙去脉，必须打开信息文件 `PlasticLugNoHard.msg`。

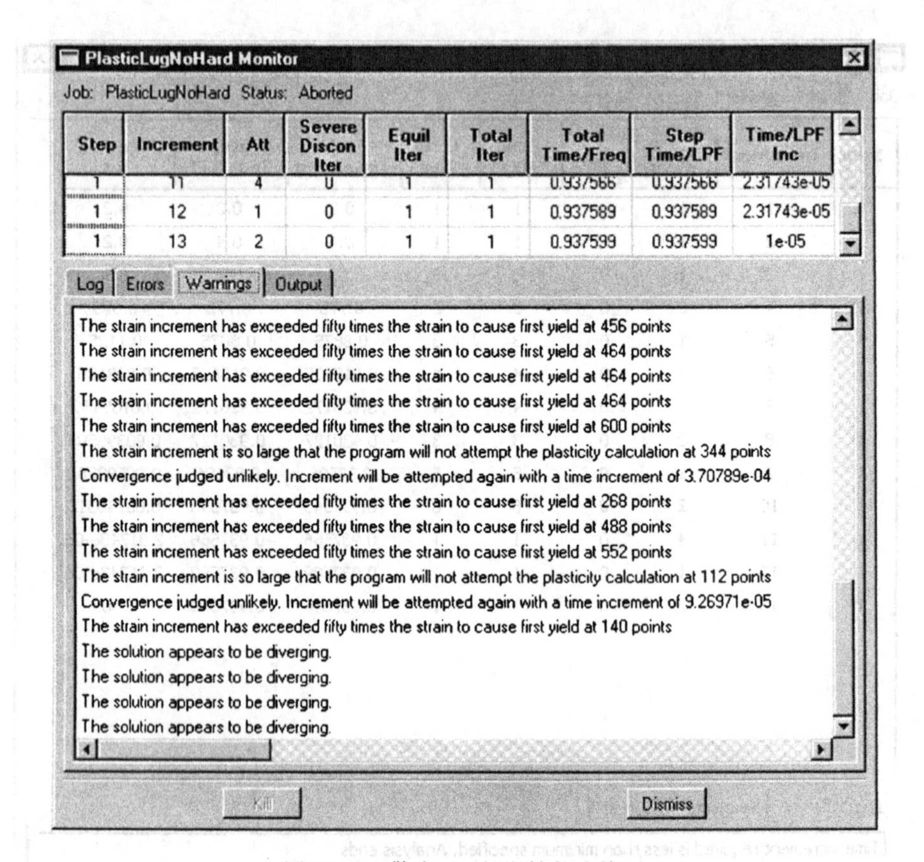

图 10-12　警告：理想塑性的连接环

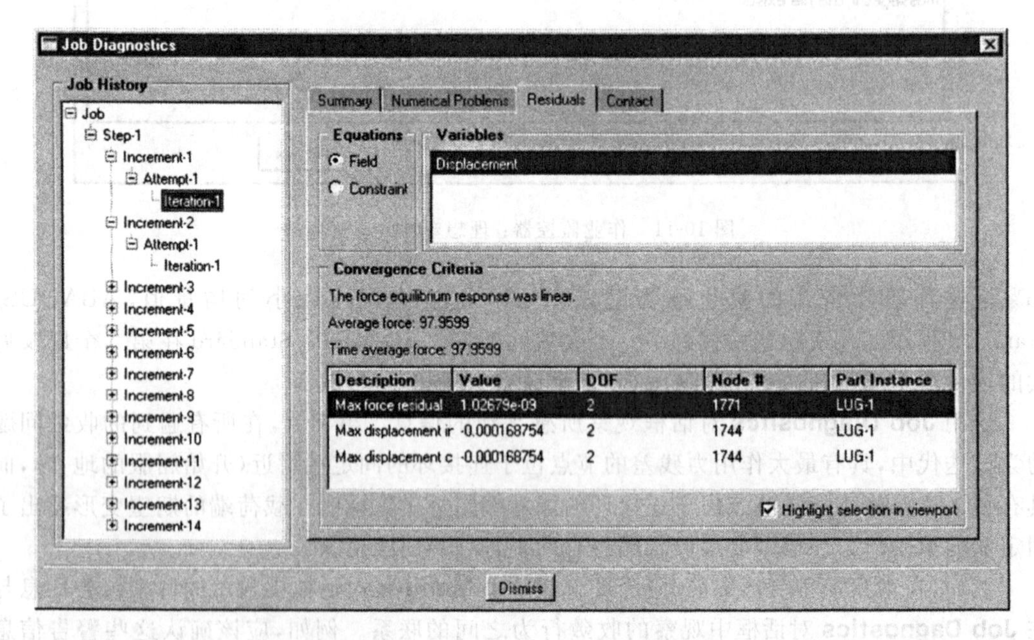

图 10-13　Increment-1 收敛历史

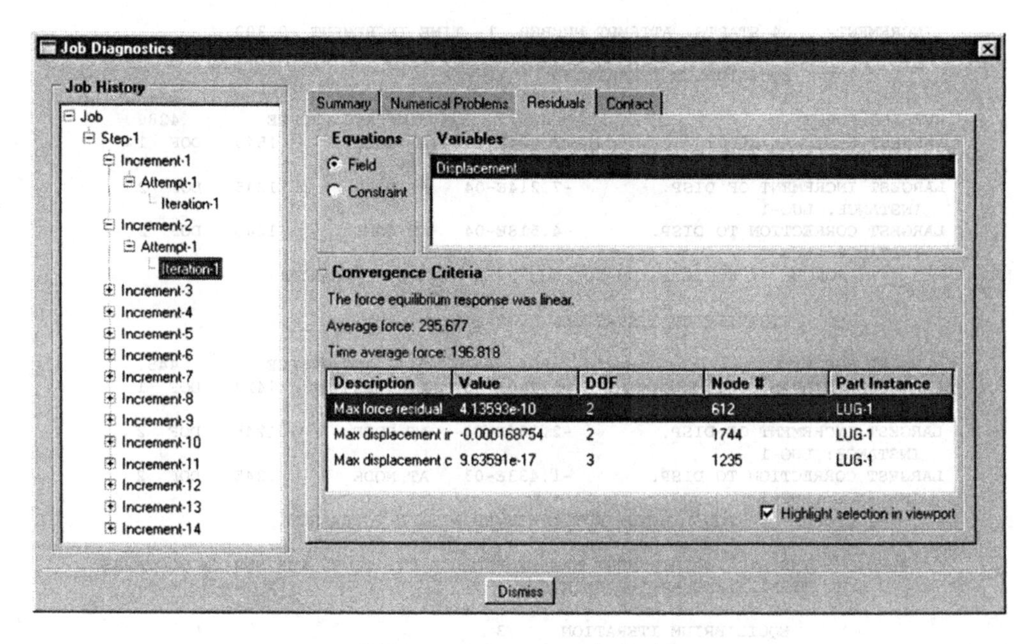

图 10-14　Increment-2 收敛历史

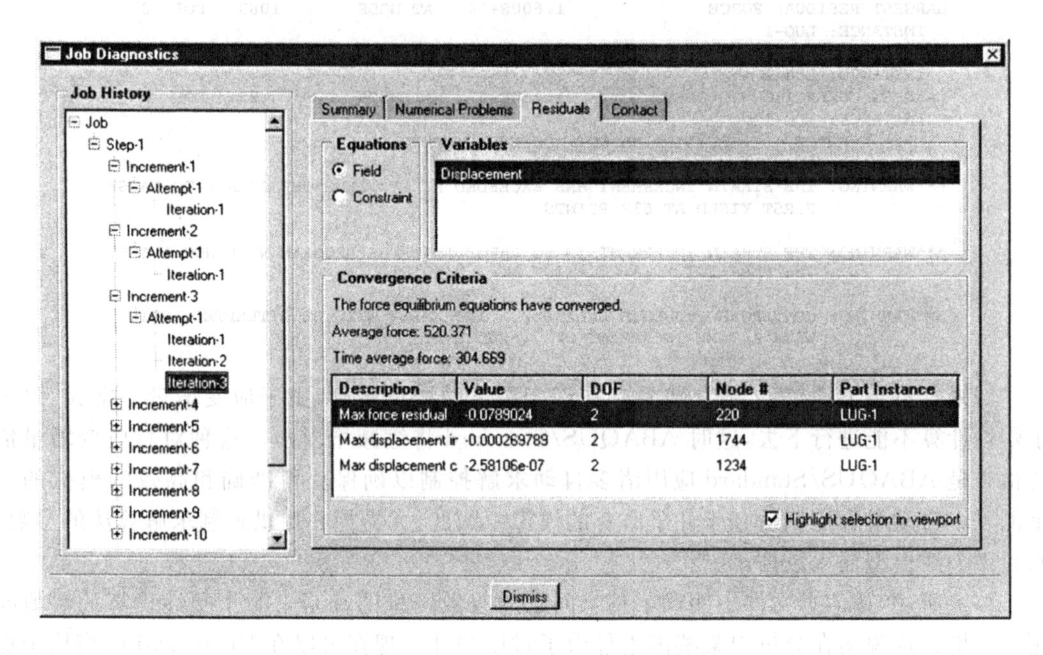

图 10-15　Increment-3 收敛历史

在信息文件中包含了关于模拟过程的详细信息。查看在第 4 个增量步中的第 1 次计算尝试(这是第 1 次出现收敛困难的位置)的信息。对于这次尝试，ABAQUS/Standard 发出了警告信息，指出计算的应变增量已经超过了初始屈服应变的 50 倍。因此，我们看到收敛的困难源于与大的应变增量有关和与塑性计算有关的问题。来自第 4 个增量步的第 1 次计算尝试的一些迭代的总结显示如下。

```
  INCREMENT     4 STARTS. ATTEMPT NUMBER  1, TIME INCREMENT  0.300

                 EQUILIBRIUM ITERATION      1

 AVERAGE FORCE                         800.       TIME AVG. FORCE        428.
 LARGEST RESIDUAL FORCE             -2.824E+03    AT NODE        1540    DOF  1
   INSTANCE: LUG-1
 LARGEST INCREMENT OF DISP.         -7.214E-04    AT NODE        1245    DOF  2
   INSTANCE: LUG-1
 LARGEST CORRECTION TO DISP.        -4.518E-04    AT NODE        1245    DOF  2
   INSTANCE: LUG-1
          FORCE     EQUILIBRIUM NOT ACHIEVED WITHIN TOLERANCE.

                 EQUILIBRIUM ITERATION      2

 AVERAGE FORCE                         866.       TIME AVG. FORCE        445.
 LARGEST RESIDUAL FORCE             -5.790E+03    AT NODE        1427    DOF  1
   INSTANCE: LUG-1
 LARGEST INCREMENT OF DISP.         -2.154E-03    AT NODE        1245    DOF  2
   INSTANCE: LUG-1
 LARGEST CORRECTION TO DISP.        -1.433E-03    AT NODE        1245    DOF  2
   INSTANCE: LUG-1
          FORCE     EQUILIBRIUM NOT ACHIEVED WITHIN TOLERANCE.

 ***WARNING: THE STRAIN INCREMENT HAS EXCEEDED FIFTY TIMES THE STRAIN TO CAUSE
             FIRST YIELD AT 152 POINTS

                 EQUILIBRIUM ITERATION      3

 AVERAGE FORCE                      1.090E+03     TIME AVG. FORCE        501.
 LARGEST RESIDUAL FORCE             1.600E+04     AT NODE        1089    DOF  2
   INSTANCE: LUG-1
 LARGEST INCREMENT OF DISP.         -1.665E-02    AT NODE        1245    DOF  2
   INSTANCE: LUG-1
 LARGEST CORRECTION TO DISP.        -1.450E-02    AT NODE          22    DOF  2
   INSTANCE: LUG-1
          FORCE     EQUILIBRIUM NOT ACHIEVED WITHIN TOLERANCE.

 ***WARNING: THE STRAIN INCREMENT HAS EXCEEDED FIFTY TIMES THE STRAIN TO CAUSE
             FIRST YIELD AT 632 POINTS

 ***WARNING: THE STRAIN INCREMENT IS SO LARGE THAT THE PROGRAM WILL NOT ATTEMPT
             THE PLASTICITY CALCULATION AT 208 POINTS

 ***WARNING: CONVERGENCE JUDGED UNLIKELY.  INCREMENT WILL BE ATTEMPTED AGAIN
             WITH A TIME INCREMENT OF 7.50000E-02
```

如果查看余下的信息文件，将看到在许多后续的增量步中，由于应变增量非常大，以至于塑性计算不能进行下去，这时ABAQUS/Standard将缩减增量步。这种对总应变增量值的检查是ABAQUS/Standard应用诸多自动求解控制以确保获得准确和高效的模拟的一个例子。自动解答控制适合于几乎所有的模拟。因此，无需担心提供控制求解算法的参数，而只需关注模型输入数据。

综上所述，从信息文件中明确了整个问题的收敛困难的确是来源于塑性计算的数值问题的结果。这说明在分析中某些因素导致了过度塑性。现在可以在Visualization模块中更全面地检查前面提到的观点，即载荷端的变形超出了固定端的承受能力。

10.4.3　对结果进行后处理

在Visualization模块中查看结果以了解是什么原因引起的过度塑性。

绘制模型的变形形状

创建模型的变形形状图，并检查这个形状的真实性。

默认的视图是等视图。可以利用在**View**菜单中的选项或用工具栏中的视图工具设置视图,如图 10-16 所示。在这幅图中也取消了透视功能。

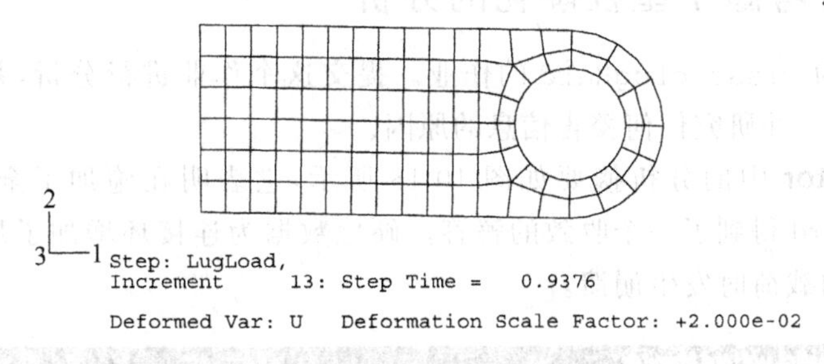

图 10-16　应用没有硬化的模拟结果的模型变形形状

图 10-16 中所示连接环的位移特别是转动是相当大的。但是还不至于大到引起所有在模拟中看到的数值问题。仔细查看在图的标题中给出的信息:应用于该图的变形放大系数为 0.02,即位移被放大到它们真实值的 2%(用户采用的变形放大系数可能与此不同)。

ABAQUS/CAE 在进行几何线性模拟中,总会将模型的变形形状缩放到适合于视区(这与几何非线性的模拟不同,对于后者 ABAQUS/CAE 不缩放位移,而是通过放大或缩小来调整视图,使变形形状适合于视区)。为了绘制真实的位移,设置变形放大系数为1.0。这将产生一个模型图,在这个图中连接环变形,直到与竖轴(整体的 y 轴)平行。

施加 60kN 的载荷已经超出了连接环的极限载荷,并且当沿厚度方向所有积分点上的材料屈服时连接环失效。钢材的理想塑性后屈服特性使得连接环没有刚度能够抵抗进一步的变形。这与前面观察到的典型例子是一致的,我们关注的是最大作用力残差和位移修正的位置。

10.4.4　在材料模型中加入硬化特性

应用理想塑性材料特性模拟连接环,已预测到连接环会因为结构失效而导致灾难性的破坏。我们已经提到钢材在发生屈服后可能会表现出一些硬化特性。猜想包含硬化特性将允许连接环承受 60kN 的载荷,因为它提供了附加刚度。因此,决定在钢材的材料性质定义中增加某些硬化。假设在 0.35 的塑性应变时将屈服应力提高到 580MPa,它代表了该系列钢材的典型硬化,修改后的材料应力-应变曲线如图 10-17 所示。

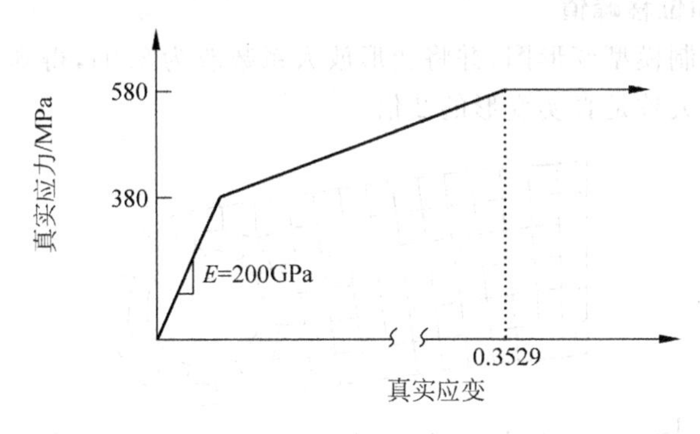

图 10-17　修改后的钢材应力-应变特性

修改塑性材料数据使其包含硬化数据。在 Property 模块中编辑材料定义。在塑性数据表中添加第 2 行的数据,输入屈服应力值 580.E6 和相应的塑性应变值 0.35。

10.4.5　运行考虑了塑性硬化的分析

创建一个名为 PlasticLugHard 的作业。提交这个作业进行分析，并监控求解过程。修改所有模拟错误，并研究任何警告信息的原因。

在 **Job Monitor** 中的分析摘要如图 10-18 所示，它表明在施加了全部 60kN 载荷时 ABAQUS/Standard 得到了一个收敛的解答。硬化数据为连接环增加了足够的刚度，防止其在承受 60kN 的载荷时发生崩溃。

PlasticLugHard Monitor

Job: PlasticLugHard　Status: Completed

Step	Increment	Att	Severe Discon Iter	Equil Iter	Total Iter	Total Time/Freq	Step Time/LPF	Time/LPF Inc
1	1	1	0	1	1	0.2	0.2	0.2
1	2	1	0	1	1	0.4	0.4	0.2
1	3	1	0	3	3	0.7	0.7	0.3
1	4	1	0	6	6	1	1	0.3

Log | Errors | Warnings | Output

Submitted: Thu Apr 03 10:39:45 2003
Started: Solver Input File Processor
Completed: Solver Input File Processor
Started: ABAQUS/Standard
Completed: ABAQUS/Standard
Completed: Thu Apr 03 10:40:44 2003

Kill　　Dismiss

图 10-18　Job Monitor：具有塑性硬化的连接环

在分析中没有发出任何警告信息，因此可以直接对结果进行后处理。

10.4.6　对结果进行后处理

进入 Visualization 模块，打开 PlasticLugHard.odb 文件。

1. 变形形状图和位移峰值

利用新的结果绘制模型变形图，并将变形放大系数改为 2.04，得到类似于图 10-19 所示的图形。显示的变形大致是真实变形的 2 倍。

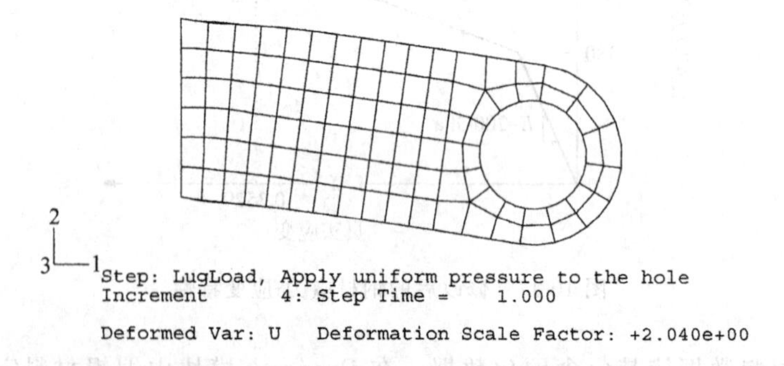

图 10-19　含有塑性硬化模拟的模型变形图

2. Mises 应力的等值线图

绘制在模型中的 Mises 应力等值线图。创建一个采用 10 种颜色分隔的连接环真实变形形状的(即设置变形放大系数为 1.0)填充等值线图,隐去图形标题和状态块。应用视图操纵工具将模型定位和进行尺度缩放,获得类似于图 10-20 所示的结果。

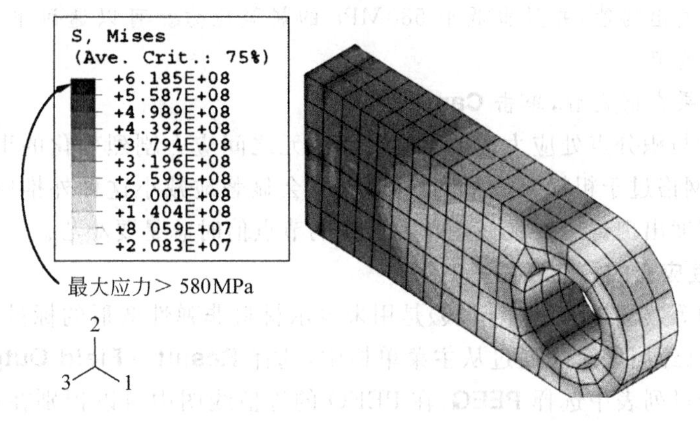

图 10-20 Mises 应力等值线图

在等值线图例中列出的值读者是否会感到奇怪?其最大的应力值高于 580MPa,这应该是不可能的,因为已假设材料在这个应力量级时表现为理想塑性。发生这种令人误解的结果是由于 ABAQUS/CAE 使用的创建单元变量(例如应力)等值线图的算法造成的。创建等值线图的算法需要节点处的数据,然而,ABAQUS/Standard 是在积分点处计算单元变量。通过将积分点处的数据外推到节点,ABAQUS/CAE 计算单元变量的节点值。外推算法的阶数由单元类型决定。对于二阶、减缩积分单元,ABAQUS/CAE 采用线性外推来计算单元变量的节点值。为了显示 Mises 应力的等值线图,ABAQUS/CAE 在每个单元内将应力分量从积分点外推到节点位置并计算 Mises 应力。如果 Mises 应力值中的差值落在了所指定的平均门槛值(threshold)之内,则从围绕节点的每个单元的应力不变量值计算节点的平均 Mises 应力。由外推过程产生的不变量可能超出弹性极限。

试图绘制应力张量的每一分量的等值线图(变量 $S11$,$S22$,$S33$,$S12$,$S23$ 和 $S13$)。可以看到在固定端横截面上的单元中应力有明显变化。这将引起外推的节点应力高于在积分点处的应力,因此,从这些值计算出来的 Mises 应力将会很高。

在积分点处的 Mises 应力决不会超出单元材料的当前屈服应力,但是,在等值线图中报告的外推节点值可能会超出。另外,个别应力分量可能有些值超出当前的屈服应力值;仅要求 Mises 应力的值小于或等于当前的屈服应力值。

可以利用在 Visualization 模块中的查询工具检查在积分点处的 Mises 应力。

查询 Mises 应力:

(1) 在主菜单栏中选择 **Tools→Query**,显示 **Query**(查询)对话框。

(2) 在 **Visualization Queries**(可视化查询)域中,选择 **Probe values**(探测)。

(3) 单击 **OK**,显示 **Probe Values**(探测)对话框。

(4) 通过单击 **S,Mises** 左侧的列,选择 Mises 应力输出,在 **S,Mises** 行中出现一个检查标记。

(5) 确认选择了 **Elements**(单元)和输出位置 **Integration Pt**(积分点)。

(6) 利用光标选择连接环约束端附近的单元。

ABAQUS/CAE 默认地列出了单元的 ID(编号)和类型,以及从第 1 个积分点开始在每一个积分点处的 Mises 应力值。在积分点处的 Mises 应力值均低于在等值线图标中列出的值,并且也低于 580MPa 的屈服应力。可以通过单击鼠标键①保存所探测的值。

(7) 完成结果查询之后,单击 **Cancel**。

外推应力值与积分点处应力值的差别表明单元之间应力剧烈变化的事实,并且对于精确的应力计算,网格过于粗糙。如果网格细划,将会显著地减小这种外推应力的误差,但它总是会以某种程度出现。所以在使用单元变量的节点值时总是要小心。

3. 等效塑性应变的等值线图

在材料中的等效塑性应变(PEEQ)是用来表示材料非弹性变形的标量。如果这个变量大于零,则材料已经屈服了。通过从主菜单栏中,选择 **Result→Field Output**,从弹出的对话框中的输出变量列表中选择 **PEEQ**,在 PEEQ 的等值线图中可以识别在连接环中已经屈服的部分。通过调用 **Contour Plot Options**(等值线图选项)对话框,将等值线的最小值设置为等效塑性应变的一个小量(例如:-1.E-4)。这样,在 ABAQUS/CAE 绘制的模型图中,任何用深蓝色显示的区域仍具有弹性材料的特性(见图 10-21)。从图中可以清楚地看到在连接环与母体结构的相连部分有明显的屈服。在等值线图例中列出的最大塑性应变为 0.1075。当然,这个值可能包含了来自外推过程的误差。利用可视化查询工具 ⓘ 检查在具有最大塑性应变单元中积分点处的 PEEQ 值,将发现在模型中的最大等效塑性应变在积分点处约为 0.067。由于在塑性变形峰值的附近出现了应变梯度,所以这并不一定表明有很大的外推误差。

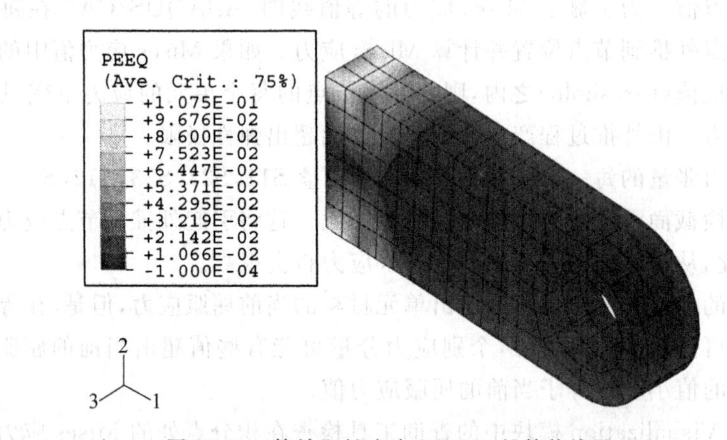

图 10-21　等效塑性应变(PEEQ)的等值线图

4. 创建变量-变量(应力-应变)图

在本书的前面章节中已经介绍了在 ABAQUS/CAE 中的 *X*-*Y* 绘图功能。本节将学习如何用 *X*-*Y* 曲线图来表示一个变量作为另一个变量的函数的变化。我们将利用保存在输出数据库(.odb)文件中的应力和应变数据,创建在连接环约束端附近某个单元中一个积分点上的应力-应变图。

在本讨论应用的模型中，单元的应力-应变数据存储在集合 BuiltIn 中。在这个集合中的所有单元都靠近连接环的约束端。仅考虑图 10-22 中所示用阴影标识的单元。因为在这个单元中的应力和应变值可能是最大的，因此必须绘出在这个单元中的一个积分点处的应力和应变历史。必须选择积分点，使它是在最靠近连接环顶面的一个点，而不是靠近被约束的节点。积分点的编号取决于单元的节点连接顺序，所以需要识别单元的编号及其节点的连接顺序，以确定采用的积分点。

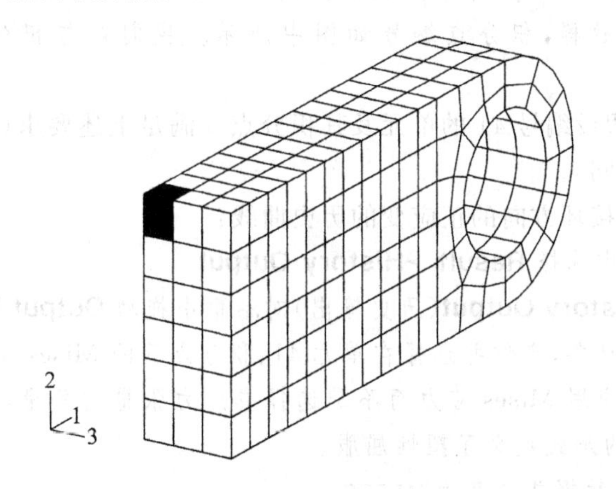

图 10-22　有最大应力和应变的单元

确定积分点号：

(1) 利用 **Query**(查询)工具获得单元编号(ID)。

(2) 创建一个仅包含所考虑单元的显示组(基于 **Element labels**(单元号))，并绘制该单元的未变形形状和显示可见的节点编号。单击自动调整工具 得到类似于图 10-23 所示的图形。

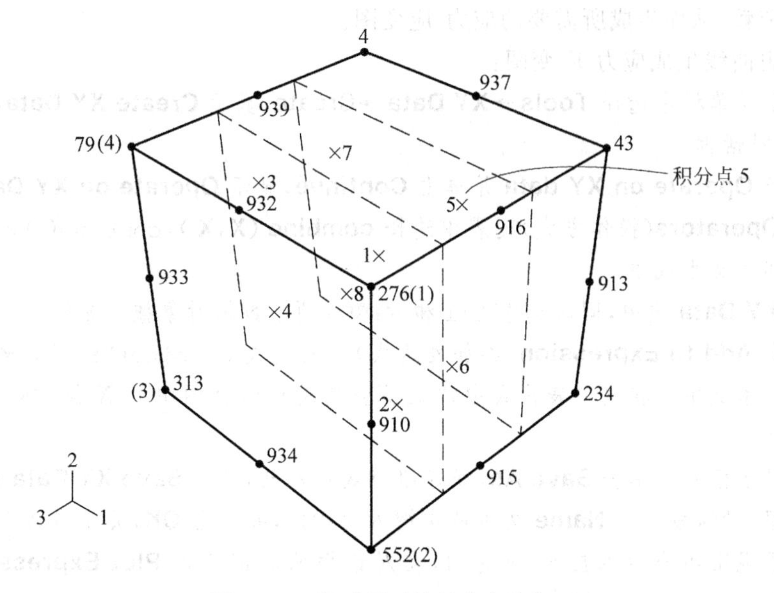

图 10-23　靠近顶面的积分点的位置

(3) 利用 **Query** 工具获得这个角单元的节点的连接顺序(在 **Probe Values** 对话框中，单击 **Nodes** 左边的列)。必须将 **Nodes** 列展开至对话框的底部，才能看到全部节点的列表。现在仅对前面的4个节点感兴趣。

(4) 应用未变形模型形状图比较节点的连接顺序列表，确定哪一个面是C3D20R单元的1-2-3-4面，正如在《ABAQUS分析用户手册》第14.1.4节"Three-dimensional solid element library"中所定义的。例如在图10-23中，276-552-313-79面对应于1-2-3-4面。这样，积分点编号如图中所示。我们对与积分点5相对应的点感兴趣。

在以下讨论中，假设编号41的单元及其积分点5满足上述要求(用户的单元和(或)积分点编号可能与此不同)。

创建应力与沿连接环方向的正应变的历史曲线：

(1) 从主菜单栏中选择 **Result→History Output**。

(2) 在显示的 **History Output**(历史输出)对话框中拖动 **Output Variables**(输出变量)列表中的滑动条，定位并选择在单元41、积分点5的Mises应力。

我们之所以应用Mises应力而不是选择真应力张量的分量，是因为塑性模型是以Mises应力的形式定义了塑性屈服。

(3) 保存该 *X*-*Y* 数据并命名为 `MISES`。

(4) 应用在Output Variables列表中的滑动条，定位和选择相同积分点的正应变(E11)，并将其保存为 `E11`。

采用该应变分量，因为它是在该积分点处所有应变张量的最大分量，应用它可以清楚地显示在该积分点处材料的弹性和塑性行为。

(5) 单击 **Dismiss**，关闭 **History Output** 对话框。

以上创建的每条曲线都是历史变化图(变量相对于时间)。必须将这两个图组合，以消除对时间的依赖，从而生成所需要的应力-应变图。

组合历史曲线生成应力-应变图：

(1) 从主菜单栏中选择 **Tools→XY Data→Create**，显示 **Create XY Data**(创建XY数据)对话框。

(2) 选择 **Operate on XY data** 并单击 **Continue**，显示 **Operate on XY Data** 对话框。

(3) 从 **Operators**(操作方式)列表中选择 **combine (X,X)**，`combine( )`显示在对话框顶部的文本域中。

(4) 在 **XY Data** 域中，同时选中 `E11` 和 `MISES` 两个数据对象拖动光标。

(5) 单击 **Add to Expression**(添加表达式)。表达式 `combine("E11","MISES")` 出现在文本域中。在这个表达式中，"`E11`"将决定该组合图中的 *X* 值，"`MISES`"将决定 *Y* 值。

(6) 在对话框底部单击 **Save As**，保存组合数据对象，显示 **Save XY Data As**(保存 *XY* 数据)对话框。在 **Name** 文本域中键入 `SVE11`，并单击 **OK**，关闭对话框。

(7) 为了观察组合后的应力-应变图，在对话框的底部单击 **Plot Expression**(绘制表达式)。

(8) 单击 **Cancel**，关闭对话框。

如果改变 X 和 Y 轴的范围，则显示的 X-Y 图将更加清楚。这可以应用 **XY Plot Options**（X-Y 图选项）来实现。

设置应力-应变曲线：

(1) 在提示区中单击 **XY Plot Options**，显示 **XY Plot Options** 对话框。

(2) 设置 X 轴（E11 strain）的最大范围为 0.09，Y 轴（MISES stress）的最大范围为 500MPa，最小应力值为 0.0MPa。

(3) 单击 **Titles** 页，并选择 **User-specified**（用户自定义）作为 X 和 Y 轴的 **Title source**（标题来源）。

(4) 在 **Title text**（标题文字）域中输入如图 10-24 所示的 X 和 Y 轴的标题。

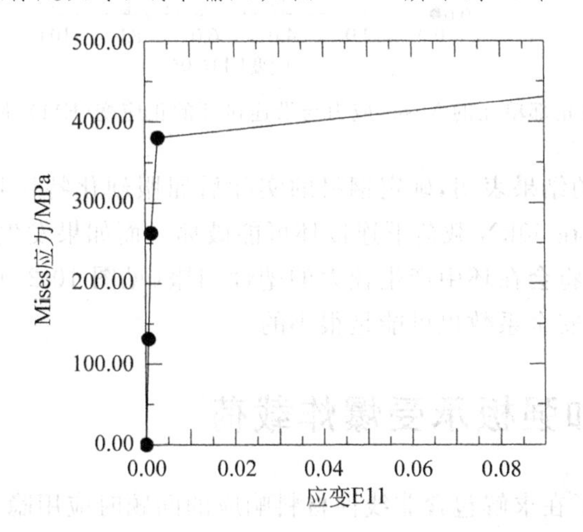

图 10-24 在角部单元上的 Mises 应力与沿连接环的正应变（E11）

(5) 单击 **OK**，关闭 **XY Plot Options** 对话框。

(6) 在曲线上的每个数据点标出一个标记也是很有用的。在提示区中单击 **XY Curve Options**（XY 曲线选项），显示 **XY Curve Options** 对话框。

(7) 从 **XY Data**（XY 数据）域中选择应力-应变曲线（SVE11），高亮度显示 SVE11 数据对象。

(8) 选中 **Show symbol**（显示标记）。接受默认设置，并在对话框的底部单击 **OK**。应力-应变曲线的每个数据点上都出现了一个标记。

现在应该产生一条类似于图 10-24 所示的曲线。在模拟的前两个增量步中，应力-应变曲线显示对应于该积分点的材料行为为线弹性。在分析的第 3 个增量步中，在图中显示材料仍然保持为线性，然而，在这个增量步中材料确实发生了屈服。这一错觉是由于在图中显示的应变范围造成的。如果将显示的最大应变限制为 0.01，并将最小值设置为0.0，那么在第 3 步中的非线性材料行为就可以显示得更加清楚（见图 10-25）。这条应力-应变曲线包含了另外一个明显的错误。它显示材料在 250MPa 时屈服，而这一应力水平远远低于初始屈服应力。然而，这一错误产生的原因是 ABAQUS/CAE 用直线连接曲线上的数据点所致。如果限制增量步的大小，那么在图中较多的数据点将提供更好的关于材料响应的显示，并表明屈服恰好发生在 380MPa。

如果在屈服后钢材硬化，那么来自第 2 次模拟的结果表明连接环将可以承受 60kN 的

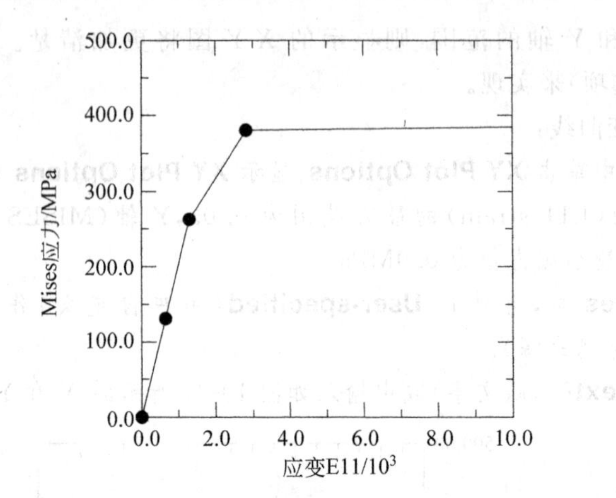

图 10-25　在角部单元的 Mises 应力与沿连接环的正应变(E11)，最大应变 0.01

载荷。综合两次模拟的结果表明，确定钢材的实际后屈服硬化特性是非常重要的。如果钢材只有很少的硬化，则在 60kN 载荷下连接环可能破坏。而如果发生中度的硬化，则连接环能够承受该载荷，尽管将会在环中产生较大的塑性屈服(见图 10-21)。然而，即便是有了塑性硬化，对于该载荷的安全系数也可能是很小的。

10.5　例题：加强板承受爆炸载荷

前一个例题描述了在求解包含非线性材料响应的问题时应用隐式方法可能遇到的某些收敛困难。现在关注应用显式动态方法求解包含塑性的问题。由于在显式方法中无需进行迭代，所以在这种情况下不存在收敛问题，从而明显缩短了计算时间。

在这个例题中，将应用 ABAQUS/Explicit 来评估承受爆炸载荷下的一块加强方板的响应。板的四周被坚实地固定，并且等间距地焊接上了 3 条加强筋。板的构形为 25mm 厚和 2m 见方的钢板。加强筋由 12.5mm 宽和 100mm 高的厚板构成。图 10-26 显示了板的几何形状和材料参数的详细信息。由于板的厚度明显小于任何其他整体尺寸，所以可以应用壳单元来模拟板。

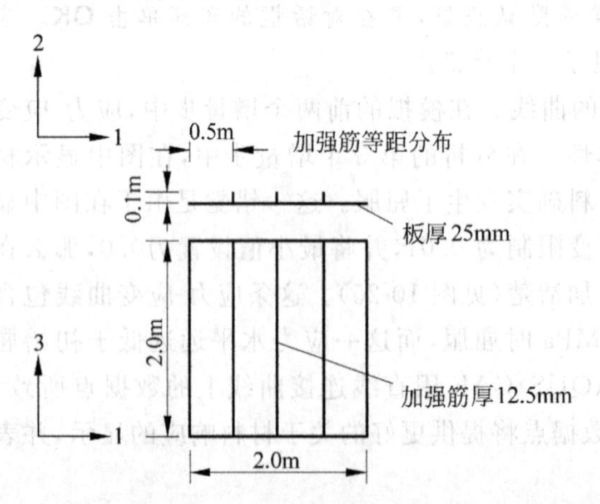

材料属性　　**弹性属性**

一般属性　　$E=210\times10^9$ Pa

$\rho=7800\text{kg/m}^3$　　$\nu=0.3$

塑性属性

真实应力/Pa	真实塑性应变
300×10^6	0.000
350×10^6	0.025
375×10^6	0.100
394×10^6	0.200
400×10^6	0.350

图 10-26　爆炸载荷下平板问题的描述

本例题的目的是确定板的响应,并考察当材料模型的复杂程度增加时板的响应是如何变化的。首先分析采用标准弹-塑性材料模型的行为,接着研究包括材料阻尼和率相关材料性能的影响。

10.5.1 前处理——用 ABAQUS/CAE 创建模型

1. 定义模型的几何

启动 ABAQUS/CAE,并进入 Part 模块。使用拉伸壳的基本性能来表示板,创建一个三维的可变形的部件。应用一个近似的部件尺寸为 5.0,并命名部件为 Plate。对于创建部件的几何形状,下面的过程概述了所建议采用的方法,如图 10-27 所示。

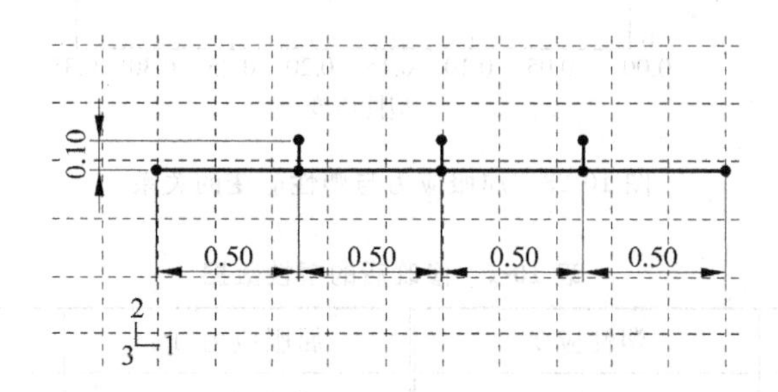

图 10-27 加强板的轮廓图

创建加强板的几何:

(1) 定义板的几何,利用 **Create Lines: Connected** 工具,在点(−1.0,0.0),(−0.5,0.0),(0.0,0.0),(0.5,0.0)和(1.0,0.0)之间画出一系列 4 条相连的水平线。

(2) 定义加强筋几何,在点(−0.5,0.0),(0.0,0.0)和(0.5,0.0)起向上添加 0.1m 长的竖直线,从板向上伸出。

最终的部件图形如图 10-27 所示。

(3) 将图形伸展至 2.0m 的深度,创建这块板。

2. 定义材料性质

进入 Property 模块,定义关于板和加劲筋的材料和截面属性。

创建一个材料,命名为 Steel,其密度为 7800kg/m^3,杨氏模量为 210.0GPa,泊松比为 0.3。在这个阶段尚不知道是否会发生塑性变形,但是知道这种钢材屈服应力的值和屈服后行为的详细情况。我们将在材料定义中包含这些信息。初始屈服应力为 300MPa,在达到 35%的塑性应变时,屈服应力增至 400MPa。为了定义材料的塑性性能,进入屈服应力和塑性应变数据,如图 10-26 所示,其塑性应力-应变曲线如图 10-28 所示。

在分析过程中,ABAQUS 从塑性应变的当前值计算屈服应力的值。正如前面所讨论的,当应力-应变数据是以塑性应变的等间隔分布时,查找和插值的过程是最有效的。为了避免让用户输入规则的数据,ABAQUS/Explicit 会自动地将数据规则化。在本例中,通过应用 0.025 的增量将数据扩展到 15 个等间隔的点,ABAQUS/Explicit 将数据规则化。

为了说明当 ABAQUS/Explicit 不能够将数据规则化时所产生的出错信息,可能设置规则化的允许值(tolerance)为 0.001(在 **Edit Material**(编辑材料)对话框中,选择 **General→Regularization**),并包括一个附加的数据对,如表 10-2 所示。

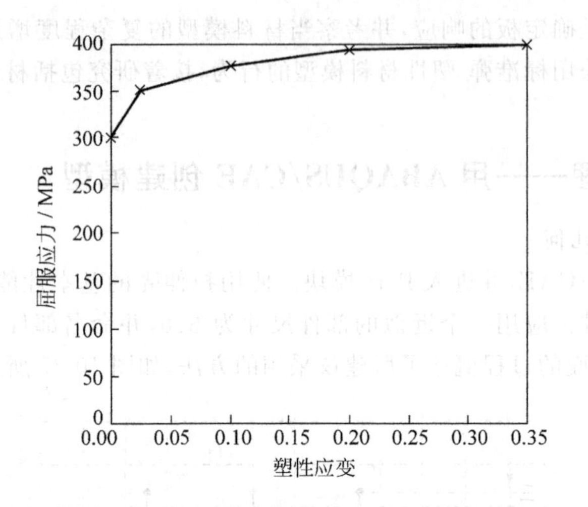

图 10-28　屈服应力与塑性应变的关系

表 10-2　修改后的塑性数据

屈服应力/Pa	塑性应变	屈服应力/Pa	塑性应变
300.0E+6	0.000	375.0E+6	0.100
349.0E+6	0.001	394.0E+6	0.200
350.0E+6	0.025	400.0E+6	0.350

在用户定义的数据中，低允许值和小间隔的组合将导致在规则化材料定义中出现困难。下面的错误信息将写入状态文件(.sta)和显示在Job模块中的 **Job Monitor** 对话框中：

```
***ERROR: Failed to regularize material data. Please check
your input data to see if they meet both criteria as
explained in the "MATERIAL DEFINITION" section of the
ABAQUS Analysis User's Manual. In general, regularization is
more difficult if the smallest interval defined by the user
is small compared to the range of the independent variable.
```

在继续下一步之前，将规则化的允许值设置回到默认值(0.03)，并删除附加的一对数据点。

3. 创建和赋予截面属性

创建两个均匀的壳截面属性，每一个都参考钢材的定义，但是指定不同的壳厚度。命名第1个壳截面属性为 PlateSection，选择 Steel 作为材料，并指定 0.025m 作为 **Shell thickness**(壳厚度)的值。命名第2个壳截面属性为 StiffSection，选择 Steel 作为材料，并指定 0.0125m 作为 **Shell thickness** 的值。

将 PlateSection 定义赋予平板的区域，将 StiffSection 定义赋予加强筋(在视区中用[shift]+单击来同时选择多个区域)。

在这个模型中，加强筋与基础平板在它们的中面相连接，这样，一部分面积的材料会发生重叠，如图 10-29 所示。

如果板和加强筋的厚度与结构的整体尺寸相比很小(如在本例的情况)，那么这些重叠的面积及由此可能产生的多余刚度不会对分析的结果产生太大影响。但是，如果加强筋相

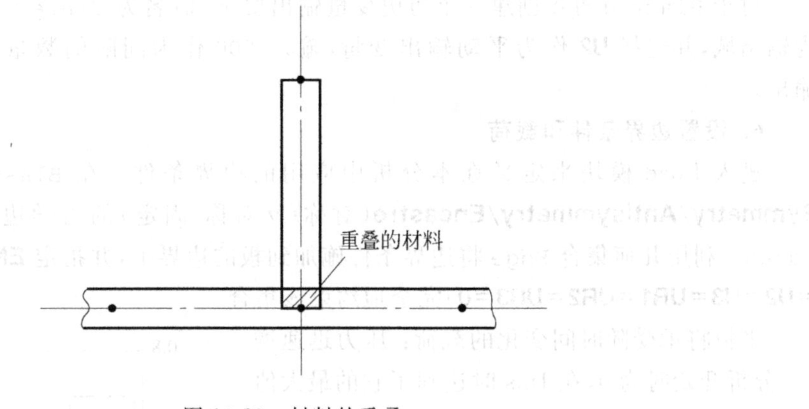

图 10-29 材料的重叠

对于自己的宽度或基板的厚度尺寸来说较短，那么重叠材料的附加刚度将会影响整个结构的响应。在这种情况下，平板的参考平面就需要从它的中面偏移，以消除重叠并使加强筋的端部顶在板面上而又不与板面发生任何材料的重叠。

4. 创建装配件

进入 Assembly 模块，并对板的模型实体化。采用默认的直角坐标系，平板放置在 1-3 面内。

在这一步中，我们可以很方便地创建一个几何集合，以利于指定边界条件和输出要求。为平板的边界创建一个集合，命名为 Edge；并为在平板与中间加强筋交线的中点创建一个集合命名为 Center，如图 10-30 所示。为了创建集合 Center，需要将边界在中间切开，可以应用 **Partition Edge: Enter Parameter**（切割边：进入参数）工具实现。

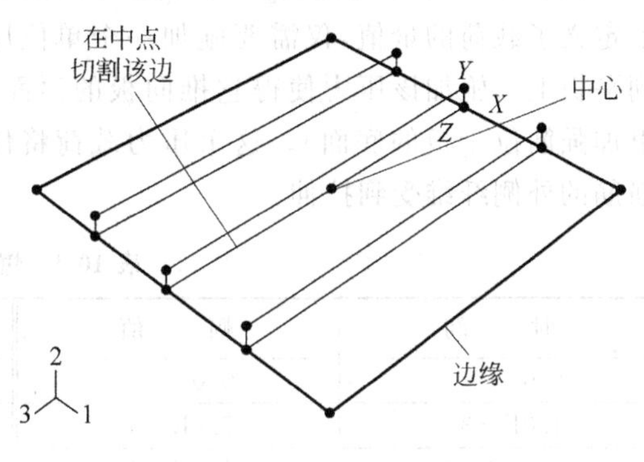

图 10-30 几何集合

5. 定义分析步和输出要求

进入 Step 模块，创建一个单一的动态、显式分析步。命名该分析步为 Blast，并描述为：Apply blast loading。键入 50E-3s 的值作为分析步的时间。

一般情况下，在分析过程中应该试图去限制写入输出数据库的数量，以便保持输出数据库文件尺度的合理性。在本例的分析中，对于结构响应的研究每隔 2ms 保存一次数据应该已提供了足够详细的信息。编辑默认的输出要求 F-Output-1，设置在分析中间隔的数量，使预先选择的场变量数据的保存次数为 25 次。由于该分析步的总时间是 50ms，这样就确保了每 2ms 写一次所选择的数据。

关于模型中所选择区域的一组更详细的输出可以作为历史输出数据保存。编辑默认的历史变量输出要求 H-Output-1，将模型的所有能量（默认地选择）以及平板中点的位移数据作为历史数据写入输出数据库文件，在整个分析过程中共写入 500 次（即模拟时间的每 1.0E−4s 写入一次）。

对于 Blast 分析步创建一个历史变量输出要求,命名为 Center-U2。选择 Center 作为输出域,并选择 **U2** 作为平动输出变量,输入 500 作为间隔的数量,以此在分析中保存输出。

6. 设置边界条件和载荷

进入 Load 模块来定义在本分析中应用的边界条件。在 Blast 分析步,创建一个 **Symmetry/Antisymmetry/Encastre**(对称/反对称/固定)的力学边界条件,命名为 Fix Edges。利用几何集合 Edge 将边界条件施加到板的边界上,并指定 **ENCASTRE**(固定)(**U1=U2=U3=UR1=UR2=UR3=0**)完全地约束该集合。

平板将承受随时间变化的载荷:压力迅速增加,分析开始时为 0,在 1ms 时达到了它的最大值 7.0×10^{5}N,在这个峰值点处持续了 9ms,然后在另一个 10ms 时衰减到了 0。在分析的剩余时间里它一直保持这个零值不变。具体细节见图 10-31。

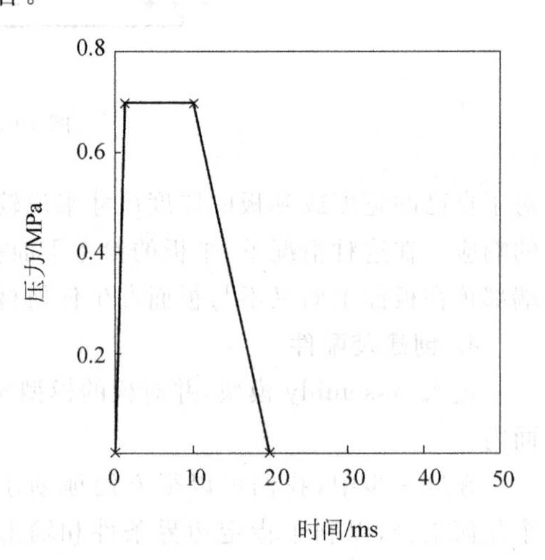

图 10-31 作为时间函数的压力载荷

定义一个列表的幅值(amplitude)曲线,命名为 Blast。输入表 10-3 中给出的幅值数据,并指定光滑参数为 0.0。

接下来定义压力载荷。通过定义幅值实质上定义了载荷的量值,仅需要施加一个单位压力到平板上。施加该压力使得它推向板的顶面(这里加强筋位于板的底面)。这个压力载荷将使加强筋的外侧纤维受到拉伸。

表 10-3 爆炸载荷幅值

时　间	幅　值	时　间	幅　值
0.0	0.0	20.0E−3	0.0
1.0E−3	7.0E+5	50.0E−3	0.0
10.0E−3	7.0E+5		

定义压力载荷:

(1) 从主菜单栏中选择 **Load→Create**。在显示的 **Create Load** 对话框中,命名载荷为 Pressure load,并选择 Blast 作为施加载荷的分析步。选择 **Mechanical** 作为载荷类型,**Pressure** 作为载荷种类,单击 **Continue**。

(2) 选择所有与板有关的表面。当适当的表面选定后,单击 **Done**。

现在在壳体表面的任何一侧显示出箭头标记。为了完成载荷的定义,箭头的颜色在平板的每一侧上必须一致。

(3) 如果有必要,在提示区中选择 **Flip a surface**(翻转表面),在板的一个区域内转换箭头的颜色。重复上述步骤,直到在板的顶面上所有箭头都具有相同的颜色。

(4) 在提示区中选择颜色,代表作用在没有加强筋的一侧板上的箭头。

(5) 在显示的 **Edit Load** 对话框中指定一个均匀的压力值为 1.0Pa,并选择幅值定义为 Blast。单击 **OK**,完成对载荷的定义。

平板的载荷和边界条件如图 10-32 所示。

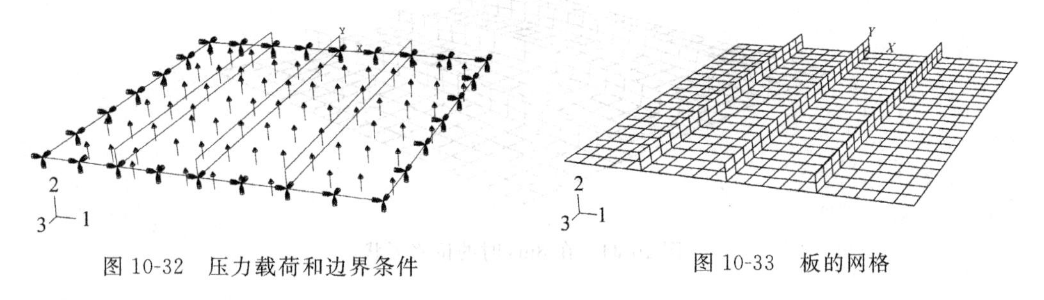

图 10-32 压力载荷和边界条件　　图 10-33 板的网格

7. 创建网格和定义作业

进入 Mesh 模块，以 0.1 的总体单元尺寸在部件实体上播撒种子。此外，选择**Seed→Edge By Number**，并沿加强筋的高度指定创建两个单元。应用来自 **Explicit**(显式)单元库中的四边形壳单元(S4R)，划分板和加强筋的网格，网格划分的结果如图 10-33 所示。这个相对粗糙的网格提供了中等精度，而又保持了求解时间尽量短。

在 Job 模块，创建一个作业命名为 BlastLoad。给定如下的作业描述：Blast load on a flat plate with stiffeners：S4R elements(20×20mesh) Normal stiffeners(20×2)。

将模型保存为模型数据库文件，并提交作业进行分析。监控求解过程，改正任何检查到的模拟错误，并调查任何警告信息的原因。

10.5.2 后处理

1. 绘制未变形模型形状

完成作业后进入 Visualization 模块，并打开由这个作业创建的 .odb 文件(BlastLoad.odb)。在默认的情况下，ABAQUS 画出模型的快图。用填充图方式绘制未变形形状。

2. 改变视图

默认的视图为等视图，它不能提供一个特别清晰的板的视图。为了改进视觉，应用在 **View** 菜单中或在工具条上的视图工具对视图进行旋转。选择视点方法旋转视图。键入视点矢量的 X,Y,Z 坐标(1,0.5,1)以及向上矢量的坐标(0,1,0)。

3. 结果的动画

如前面例题所述，对于在爆炸载荷下平板的动态响应，通过动画显示结果会为用户提供一般性的理解。首先，绘制模型的变形形状图，并改变 **Deformed Shape Plot Options** 以显示 **Filled** 填充图。然后，创建一个变形形状的时间-历史动画。在提示区应用 **Animation Options** 按钮，将播放方式改为 **Play once**(单次播放)。

从动画中可以看到，随着爆炸载荷的施加，板开始挠曲。在整个载荷施加的过程中，板开始振动，在爆炸载荷降至零后，这种振动仍然在持续。最大位移大约发生在 8ms 左右，此时的位移状态如图 10-34 所示。

动画图像可以保存到文件中供以后播放。

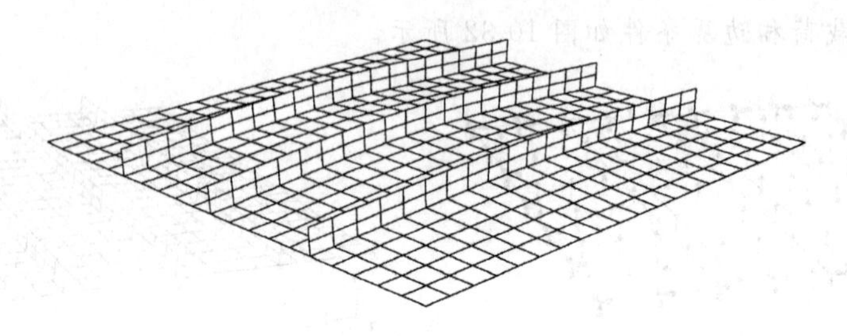

图 10-34　在 8ms 时的位移形状

保存动画：

(1) 从主菜单栏中选择 **Animate→Save As**，弹出 **Save Image Animation**(保存动画)对话框。

(2) 在 **Setting**(设置)域中输入文件名 blast_base。可以在 QuickTime 或者 AVI 中指定动画的格式。

(3) 选择 **QuickTime** 格式，单击 **OK**。

将动画作为 blast_base.mov 文件保存在当前目录下。一旦保存了动画，就可以应用 ABAQUS/CAE 以外的其他标准动画播放工具播放该动画。

4. 历史输出数据

由于从变形图中不容易观察板的变形，所以最理想的是以图形的形式观察中心节点处的挠度响应。由于在中心节点处发生了最大挠度，所以特别感兴趣的是板的中心处的位移模式。

显示中心节点的位移历史，如图 10-35 所示(用 mm 显示位移)。

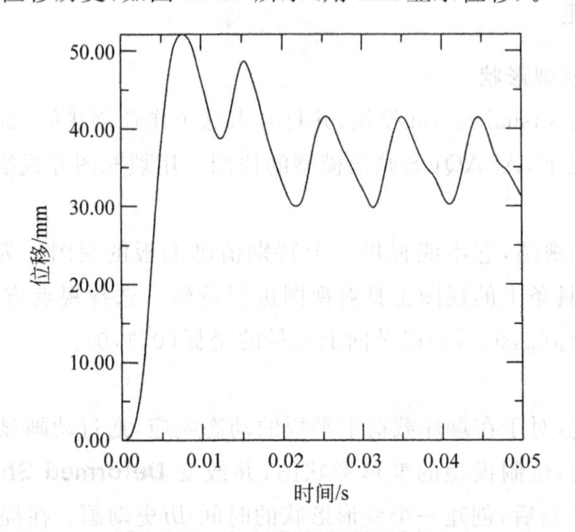

图 10-35　中心位移随时间的变化

生成中心节点位移的历史图：

(1) 从主菜单栏中选择 **Result→History Output**，并绘制在板的中心节点处(集合 Center)的 Spatial displacement: U2。

(2) 保存当前的 *X-Y* 数据，在 **History Output** 对话框中，单击 **Save As**，命名数据为 DISP。

(3) 单击 **Dismiss**。

在这个图中位移的单位是 m。通过创建一个新的数据目标来修改数据，以便创建一个位移（以 mm 为单位）随时间变化的图。

(4) 选择 **Tools→XY Data→Manager**，DISP 数据列在 **XY Data Manager** 的表中。

(5) 在 **XY Data Manager** 中单击 **Create**，在 **Creat XY Data** 对话框中选择 **Operate on XY data**（利用已有 *XY* 数据）。单击 **Continue**。

(6) 在 **Operate on XY Data** 对话框中，用 1000 乘以 DISP，以创建以 mm 而不是以 m 表示位移值的图。在对话框上部的表达式应该显示为"DISP" * 1000

(7) 单击 **Plot Expression**（绘制表达式）以观察修改后的 *X-Y* 数据，保存数据为 U_BASE2。

(8) 关闭 **Operate on XY Data** 和 **XY Data Manager** 对话框。

(9) 在提示区单击 **XY Plot Options**（*XY* 图选项），并将 *Y* 轴的标题改为 Displacement(mm)，单击 **OK**。结果图如图 10-35 所示。

图中显示出在 7.7ms 时位移达到了最大值 52.1mm，而且在爆炸载荷卸载后位移仍然有振荡。

保存在历史输出数据中的其他量是模型的所有能量。能量历史能够帮助用户识别在模型中可能存在的缺陷以及有显著意义的物理影响。显示 5 种不同能量的输出变量的历史——ALLKE，ALLSE，ALLPD，ALLIE 和 ALLAE。

生成模型能量的历史图：

(1) 从主菜单栏中选择 **Result→History Output**。

(2) 在 **History Output**（历史输出）对话框中，保存 ALLKE，ALLSE，ALLPD，ALLIE 和 ALLAE 输出变量的历史结果作为 *X-Y* 数据。

(3) 选择 **Tools→XY Data→Manager**。在 **XY Data Manager** 中，列出了 ALLAE，ALLKE，ALLSE，ALLPD 和 ALLIE，*X-Y* 数据目标。

(4) 在 **XY Data Manager** 对话框中，应用[Ctrl]+单击选择 ALLAE，ALLKE、ALLSE、ALLPD 和 ALLIE，并单击 **Plot** 绘制能量曲线。退出 **XY Data Manager**。

(5) 为了在图中更明显地区分各条不同曲线，在提示区单击 **XY Curve Options**，并改变它们的线形：

- 对于曲线 ALLSE，选择虚线(dashed)线形；
- 对于曲线 ALLPD，选择点线(dotted)线形；
- 对于曲线 ALLAE，选择点划线(chain dased)线形；
- 对于曲线 ALLIE，选择第二最细的线形。

(6) 在提示区，通过单击 **XY Plot Options** 来进一步设置视图，将 *Y* 轴的标题改为 Energy。

(7) 为了改变图例的位置，选择 **Viewport → Viewport Annotation Options**。

(8) 单击 **Legend**（图例）选项卡。通过指定 **% Viewport X**（*X* 方向百分比）和 **% Viewport Y**（*Y* 方向百分比）的值，确定图例左上角的位置。

(9) 将 **% Viewport X** 的值改为 55，**% Viewport Y** 的值改为 50。

这样将定位图例，它的左上角位于距离图窗从左至右 55% 的视区宽，位于距离图窗从下至上50%的视区高的位置上。

(10) 单击 **OK**,结果图如图10-36所示。

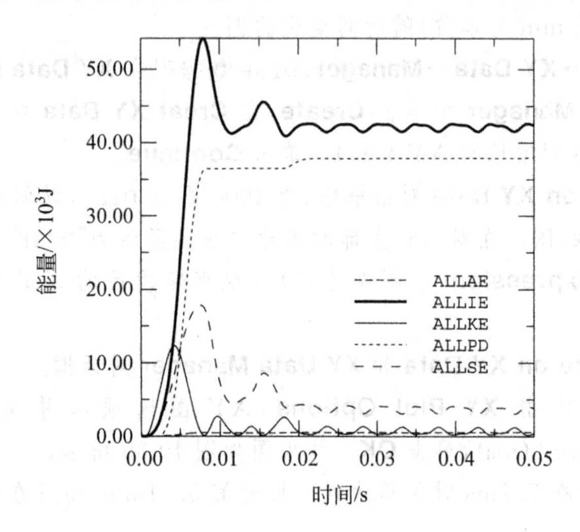

图10-36　能量项作为时间的函数

可以看出,一旦卸除了载荷使板自由振动,动能就随着应变能的减少而增加。当板处于最大挠度时,它具有最大的应变能,板几乎处于完全静止状态,导致动能达到最小值。

注意到塑性应变能上升到一个平台并随后又再次上升。从动能曲线图可以看出,塑性应变能的第2次上升发生在板从最大位移处弹回并向相反方向运动的时刻。因此,在爆炸脉冲之后,可以看到由于回弹引起的塑性变形。

即使这里没有指出沙漏在分析中会成为问题,也要研究伪应变能并确认它是否存在。如在第4章"应用实体单元"中所讨论的伪应变能或"沙漏刚度"是用以控制沙漏变形的能量,而输出变量ALLAE是累积的伪应变能。这些关于沙漏控制的讨论也适用于壳单元。当板变形时,由于能量在塑性变形中耗散,所以总的内能远远大于单独的弹性应变能。因此,在分析中最有意义的是将伪应变能与一个包含了耗散能和弹性应变能的能量作比较。这个变量就是总内能ALLIE,它是所有内部能量的和。伪应变能大约为总内能的1%,表明沙漏不是问题。

从变形形状中能够注意到一件事,中间的加强板承受了几乎是纯粹的面内弯曲。沿加强板的厚度方向上仅应用两个一阶、减缩积分单元是不足以模拟面内弯曲行为的。由于这里沙漏很小,从这种粗糙网格得到的结果似乎已经是足够了,但是为了更加完善,我们将研究细划加强板的网格时结果如何变化。请记住必须小心地细划网格,因为网格细划将增加单元数量和减小单元尺寸,从而增加求解时间。

返回到Mesh模块,并重新指定网格密度。要求沿每一加强板的高度划分4个单元,并重新划分部件实体网格。进入Job模块,创建一个新的作业,命名为BlastLoadRefined。提交这个作业进行分析,当作业运算结束后考察得到的结果。

这样,单元数量的增加使运算时间增加了约20%。另外,作为在加强板中减小最小单元尺寸的结果,稳定时间增量约减小了2倍的因子。因为求解时间的总体增加是两种影响因素的组合,所以细划网格的运算时间增加因子为原始网格的运算时间的1.2×2,即2.4倍。

图 10-37 显示了关于原始网格和加强板网格细划后的伪能量历史。

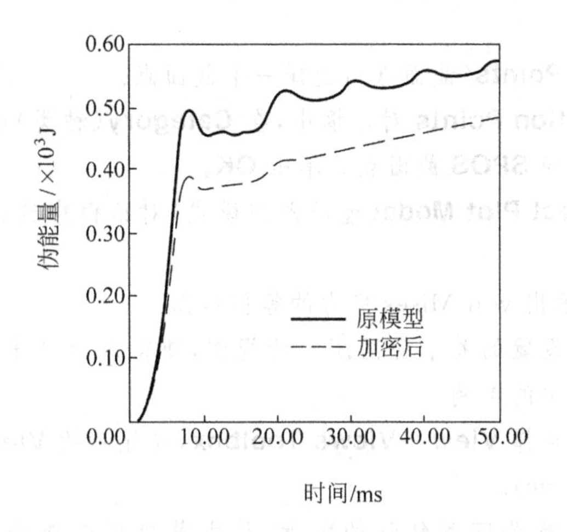

图 10-37 在原始模型和加密网格模型中的伪能量

正如所预料的，在细划网格中的伪能量更低一些。然而，重要的问题是从原始网格到细划网格其结果是否有显著的变化。图 10-38 表明，在这两种情况下板中心节点的位移几乎是一致的，说明最初的网格已经足够精确地反映了整体的响应。然而，细划网格的优点之一是它能更好地反映加强板上应力和塑性应变的变化。

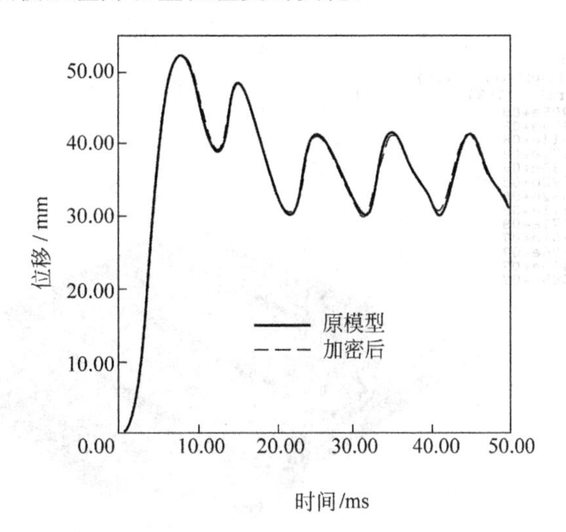

图 10-38 在原始和加密网格的中心点处位移的历史

5. 等值线图

本节将应用 Visualization 模块的等值线绘图功能来显示在板中的 von Mises 应力和等效塑性应变的分布。应用加强板细划网格的模型来创建图，从主菜单栏中选择 **File→Open**，并选择文件 `BlastLoadRefined.odb`。

生成 **von Mises** 应力和等效塑性应变的等值线图：

(1) 从主菜单栏中选择 **Result→Field Output**。

(2) 在显示的 **Field Output**（场输出变量）对话框中，从 **Output Variable** 域中选择应力

输出变量(S)。应力不变量显示在 **Invariant**(不变量)区中,选择 **Mises** 应力不变量。

(3) 单击 **Section Points**(截面点),选择一个截面点。

(4) 在显示的 **Section Points** 对话框中,在 **Category**(种类)中选择 Shell,并从列出的截面点中选择 **SPOS** 截面点。单击 **OK**。

(5) 在显示的 **Select Plot Mode**(选择视图模式)对话框中选择 **Contour**(等值线图),并单击 **OK**。

ABAQUS 显示出 von Mises 应力的等值线图。

应该改变前面设置的关于动画演示的视图,使得应力分布更加清晰。这里也需要重新定位在图中的图例。

(6) 从主菜单栏中选择 **View→Views Toolbox**,在显示的 **Views**(视图)对话框中选择等视图(isometric)。

(7) 为了将图例位置改回到默认的位置,从主菜单栏中选择 **Viewport→ Viewport Annotation Options**。在 **Viewport Annotation Options** 对话框中的 **Legend**(图例)选项页,单击 **Defaults**(默认),重新将图例位置设置到它的默认位置。

(8) 单击 **OK**。

图 10-39 显示了分析结束时在 SPOS 截面点(截面点 5)上的 von Mises 应力的等值线图。

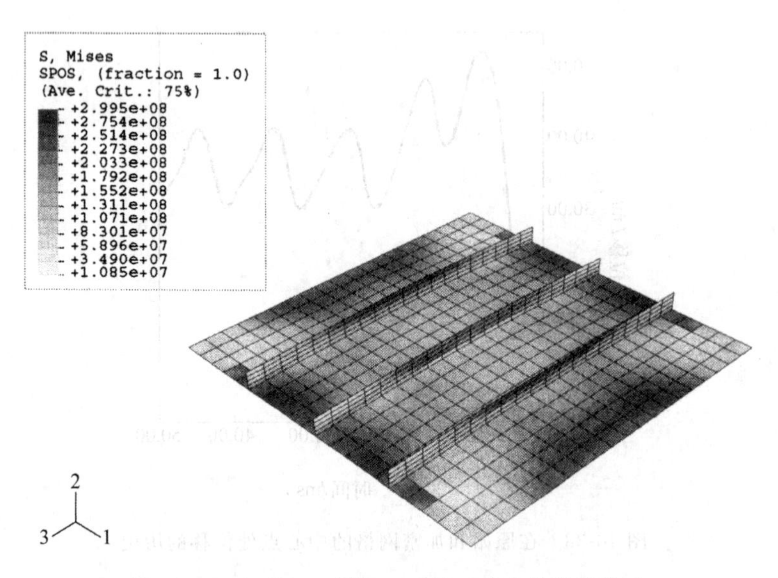

图 10-39　在 50ms 时的 von Mises 应力的等值线图

(9) 类似地绘出等效塑性应变的等值线图。从主菜单栏中选择 **Result→Field Output**,从主要输出变量的列表中选择等效塑性应变(PEEQ)输出变量,并单击 **OK**。

图 10-40 显示了分析结束时在 SPOS 截面点(截面点 5)上的等效塑性应变的等值线图。

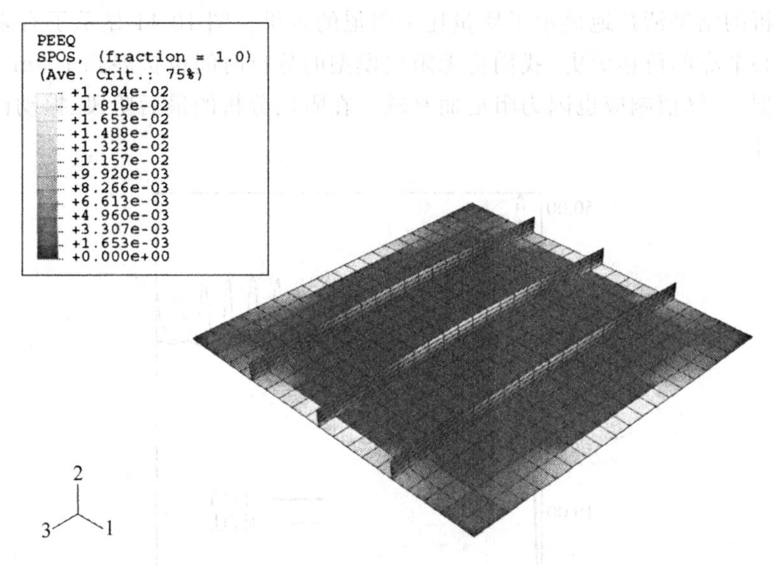

图 10-40 在 50ms 时的等效塑性应变的等值线图

10.5.3 分析的回顾

本分析的目的是研究当板承受爆炸载荷作用时板的变形和结构不同部分的应力。为了判断分析的精确度，需要考虑在建模时所作的假设和近似，并识别模型的一些限制条件。

1. 阻尼

无阻尼的结构将以恒定的振幅持续振动。在该模拟整个 50ms 的时间里，可以看到振动的频率约为 214Hz。等振幅的振动并不是所期望的实际响应，因为在这种类型的结构中振动将随着时间的增加而趋于停止，在 5～10 次振动后，有效的振动便消失了。发生典型的能量损失源于许多种机制，包括支撑的摩擦效果和空气的阻尼。

接下来需要考虑在分析中阻尼的存在，以模拟这种能量的损失。由于在分析中粘度效果而耗散的能量(ALLVD)为非零值，表明已存在着某种阻尼。在默认的情况下，总是存在着体粘性阻尼(在第 9 章“显式非线性动态分析”中讨论过)，将其引进以改善对高速事件的模拟。

在这个壳模型中仅存在着线性阻尼。使用默认值将使该振动最终停止。但是，由于体粘性阻尼很小，所以振动将会持续很长一段时间。因此，必须应用材料阻尼，以引进一个更为真实的结构响应。返回到 Property 模块，修改材料定义。

增加材料阻尼：

(1) 从主菜单栏中选择 **Material→Edit→Steel**。

(2) 在 **Edit Material**(编辑材料)对话框中选择 **Mechanical→Damping**，并指定 50 作为质量比例阻尼系数 **Alpha** 的值，**Beta** 是控制刚度比例阻尼的参数，在目前的状态下，仍设置它为零值。

(3) 单击 **OK**。

板的振动时间周期约为 10ms，因此需要增加分析时间以允许有足够的时间使振动被阻尼衰减。进入 Step 模块，并将分析步 Blast 的时间周期增加到 150E-3。

阻尼分析的结果清楚地显示了质量比例阻尼的效果。图10-41显示了有阻尼和无阻尼情况下的中心节点的位移历史(我们将无阻尼模型的分析时间也扩展到150ms,以便更加有效地比较数据)。峰值响应也因为阻尼而衰减。在阻尼分析的最后阶段,振动已经退化到接近静态的条件。

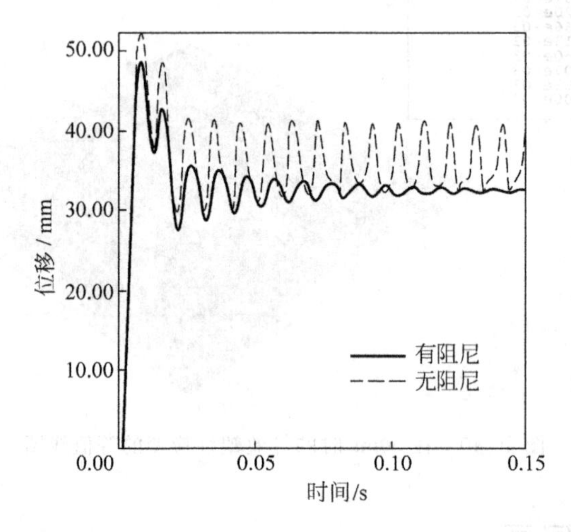

图10-41　有阻尼和无阻尼的位移历史

2. 率相关(rate dependence)

某些材料,比如低碳钢,随着应变速率的增加,屈服应力也会增加。本例中加载速率是很高的,因此应变率相关性可能是非常重要的。

返回到Property模块,并在材料定义中添加率相关性。

在金属塑性材料模型中增加率相关性质:

(1) 从主菜单栏中选择**Material→Edit→Steel**。

(2) 在**Edit Material**对话框中选择**Mechanical→Plasticity→Plastic**。

(3) 选择**Suboptions→Rate Dependent**。

(4) 在显示的**Suboption Edit**(编辑子选项)对话框中,对于**Multiplier**(乘子)键入40.0的值,对于**Exponent**(指数)键入5.0的值,并单击**OK**。

应用率相关行为的定义,等效塑性应变率$\dot{\bar{\varepsilon}}^{pl}$由动态屈服应力与静态屈服应力的比值$(R)$给出,根据公式$\dot{\bar{\varepsilon}}^{pl}=D(R-1)^n$,式中$D$与$n$为材料常数(在本例中为40.0和5.0)。

将分析步Blast的时间周期改回到原来50ms的值。创建一个作业,命名为BlastLoadRateDep,并提交作业进行分析。当分析结束后,打开输出数据库文件BlastLoadRateDep.odb,并对结果进行后处理。

当包含了率相关效应后,随着应变速率的增加,显著地增加了屈服应力。由于弹性模量高于塑性模量,因此,在分析中考虑了率相关,我们预计有较刚硬的响应。图10-42给出了有率相关和无率相关情况下板中点的位移历史,而图10-43给出了塑性应变能的历史,并确认当包括率相关时其响应确实变得刚硬了。当然,其结果对于材料数据是敏感的。在本例中,D和n的值是低碳钢的典型值,但是对于具体的设计分析,需要更为精确的材料数据。

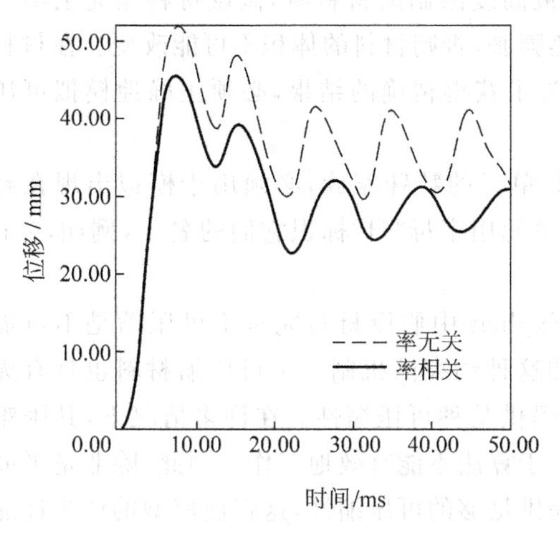

图 10-42 有率相关和无率相关情况下板的中心节点的位移历史

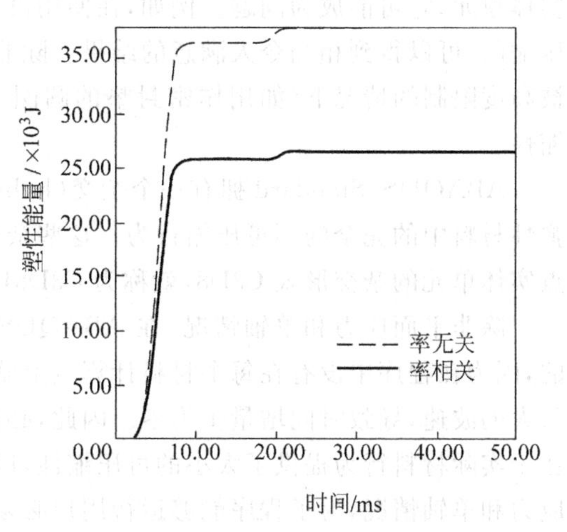

图 10-43 有率相关和无率相关情况下的板的塑性应变能

10.6 超弹性

现在将注意力转到另一类材料非线性，即由橡胶材料表现出来的非线性弹性响应。

10.6.1 概述

典型的橡胶材料的应力-应变行为是弹性的，但是高度的非线性，如图 10-44 所示。这种材料行为称为超弹性(hyperelasticity)。超弹性材料的变形在大应变值时(通常超过100%)仍然保持为弹性，如橡胶。

当 ABAQUS 模拟超弹性材料时，作出如下假设：

- 材料行为是弹性；
- 材料行为是各向同性；
- 模拟将考虑几何非线性效应。

另外，ABAQUS/Standard 默认地假设材料是不可压缩的；ABAQUS/Explicit 假设材料是接近不可压缩的(默认的泊松比是 0.475)。

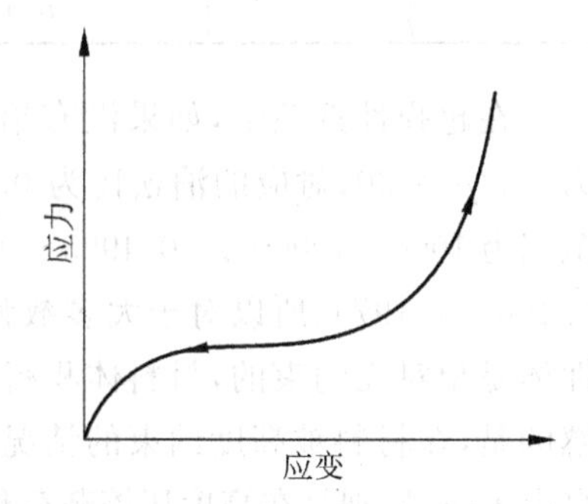

图 10-44 橡胶的典型应力-应变曲线

弹性泡沫是另一类高度非线性的弹性材料。它们与橡胶材料不同，当承受压力载荷时它们具有非常大的可压缩性。在 ABAQUS 中，应用不同的材料模型来模拟它们，而在本书中没有给出详细的讨论。

10.6.2 可压缩性

与材料的剪切柔度相比，大多数固体橡胶材料具有非常小的可压缩性。应用平面应力、壳或膜单元，这一性能不会成为问题。然而，当使用其他单元时，如平面应变、轴对称和三维实体单元，它可能成为问题。例如，在使用没有被高度限制的材料时，假设材料是完全不可压缩的，可以得到相当令人满意的结果。除非热膨胀，否则材料的体积不可能改变。在材料被高度限制的情况下(如用作密封垫的圆圈)，为了获得精确的结果，必须正确地模拟可压缩性。

ABAQUS/Standard 拥有一个杂交(hybrid)单元的特殊家族，必须用于模拟出现在超弹性材料中的完全的不可压缩行为。这些杂交单元用字母"H"标识它们的名字，例如，8 节点实体单元的杂交形式 C3D8，就称为 C3D8H。

除非平面应力和单轴情况，在 ABAQUS/Explicit 中假设材料完全不可压缩是不可能的，因为在程序中没有在每个材料计算点上施加这种约束的机制。不可压缩材料也具有无限大的波速，导致时间增量步为零。因此，必须提供某种可压缩性。在许多情况下，其困难在于实际材料行为提供了太小的可压缩性，以至于算法不能有效地工作。因此，除非是平面应力和单轴情况，为了程序能够运行用户必须提供足够的可压缩性，这将使模型的体积性能比实际材料偏软。因此，由于这个数值上的限制，需要某种判断以确定结果是否足够精确，或者是否可以应用 ABAQUS/Explicit 模拟所有的问题。由材料的初始体积模量 K_0 与它的初始剪切模量 μ_0 的比值，可以评估材料的相对可压缩性。泊松比 ν 也提供了可压缩性的度量，因为其定义是

$$\nu=\frac{3(K_0/\mu_0)-2}{6(K_0/\mu_0)+2}$$

表 10-4 提供了一些代表性的值。

表 10-4　可压缩性与泊松比的关系

K_0/μ_0	泊松比	K_0/μ_0	泊松比
10	0.452	100	0.495
20	0.475	1000	0.4995
50	0.490	10000	0.49995

在超弹性选项中，如果没有给出材料可压缩性的值，ABAQUS/Explicit 假设的默认值为 $K_0/\mu_0=20$，对应的泊松比为 0.475。由于典型的未填充弹性体所具有的 K_0/μ_0 的比值范围为 1000～10000(ν=0.4995～0.49995)，而填充弹性体的 K_0/μ_0 比值范围为50～200(ν=0.490～0.497)，所以对于大多数弹性体，这个默认值提供了更多的可压缩性。然而，如果弹性体是相对无约束的，材料体积行为的这种软化模型通常提供了相当精确的结果。令人遗憾的是，在材料被高度约束的情况下，比如当它与很硬的金属部件接触时，只有非常少量的自由表面，特别是在高度压缩载荷作用下，应用 ABAQUS/Explicit 不大可能得到精确的结果。

如果用户正在定义可压缩性，而不是接受在 ABAQUS/Explicit 中的默认值，对于 K_0/μ_0 比值的上限建议取 100。在动态求解中更大的比值会引入高频振荡，并要求应用极小的时间增量。

10.6.3　应变势能

ABAQUS 应用应变势能(U)(strain energy potential)来表达超弹性材料的应力-应变关系，而不是用杨氏模量和泊松比。有几种不同的应变势能：多项式模型、Ogden 模型、

Arruda-Boyce 模型、Marlow 模型和 van der Waals 模型。还有多项式模型的比较简单的形式，包括 Mooney-Rivlin 模型、neo-Hookean 模型、简缩多项式模型和 Yeoh 模型。

多项式形式的应变势能是常用的形式之一，可以表达为

$$U = \sum_{i+j=1}^{N} C_{ij}(\bar{I}_1 - 3)^i(\bar{I}_2 - 3)^j + \sum_{i=1}^{N}\frac{1}{D_i}(J_{el} - 1)^{2i}$$

其中，U 是应变势能；J_{el}是弹性体积比；$\bar{I}_1$ 和 $\bar{I}_2$ 是在材料中的扭曲度量；N，C_{ij} 和 D_i 是材料参数，可以是温度的函数。参数 C_{ij} 描述了材料的剪切特性，参数 D_i 引入了可压缩性。如果材料是完全不可压缩的(在 ABAQUS/Explicit 中不允许这种条件)，所有的 D_i 值设置为 0，并且可以忽略上述公式中的第 2 部分。如果项数 N 为 1，则初始剪切模量 μ_0 和体积模量 K_0 为

$$\mu_0 = 2(C_{01} + C_{10})$$

$$K_0 = \frac{2}{D_1}$$

如果材料也是不可压缩的，则应变能密度的公式为

$$U = C_{10}(\bar{I}_1 - 3) + C_{01}(\bar{I}_2 - 3)$$

该表达式就是通常所谓的 Mooney-Rivlin 材料模型。如果 C_{01} 也为 0，则材料称为 neo-Hookean。

其他超弹性模型在概念上类似，并描述在《ABAQUS 分析用户手册》第 10.5 节“Hyperelasticity”中。

为了应用超弹性材料，必须向 ABAQUS 提供相关的材料参数。对于多项式形式，它们是 N，C_{ij} 和 D_i。当模拟超弹性材料时，可能已经提供了这些参数，然而，更多的情况是提供了必须模拟的材料的试验数据。幸运的是，ABAQUS 可以直接接受试验数据，并计算出材料的参数(应用最小二乘拟合)。

10.6.4　应用试验数据定义超弹性行为

定义超弹性材料的一种方便的方法是向 ABAQUS 提供试验数据，然后，ABAQUS 应用最小二乘法计算常数。ABAQUS 能够拟合下面的试验数据：

- 单轴拉伸和压缩；
- 等双轴拉伸和压缩；
- 平面拉伸和压缩(纯剪)；
- 体积拉伸和压缩。

在这些试验中观察到的变形模式如图 10-45 所示。与塑性数据不同，对于超弹性材料的试验数据必须作为名义应力和名义应变的值提供给 ABAQUS。

材料的可压缩性重要时才需要给出体积压缩数据。一般情况下，在 ABAQUS/Standard 中它是不重要的，并采用默认的完全的不可压缩行为。如前面提到的，如果没有给出体积试验数据，ABAQUS/Explicit 假设一个小量的可压缩性。

1. 从数据中获得最佳材料模型

应用超弹性材料进行模拟，其结果的质量强烈地依赖于提供给 ABAQUS 的材料试验数据。典型的试验如图 10-45 所示。还可以做几件事来帮助 ABAQUS 计算出尽可能最佳

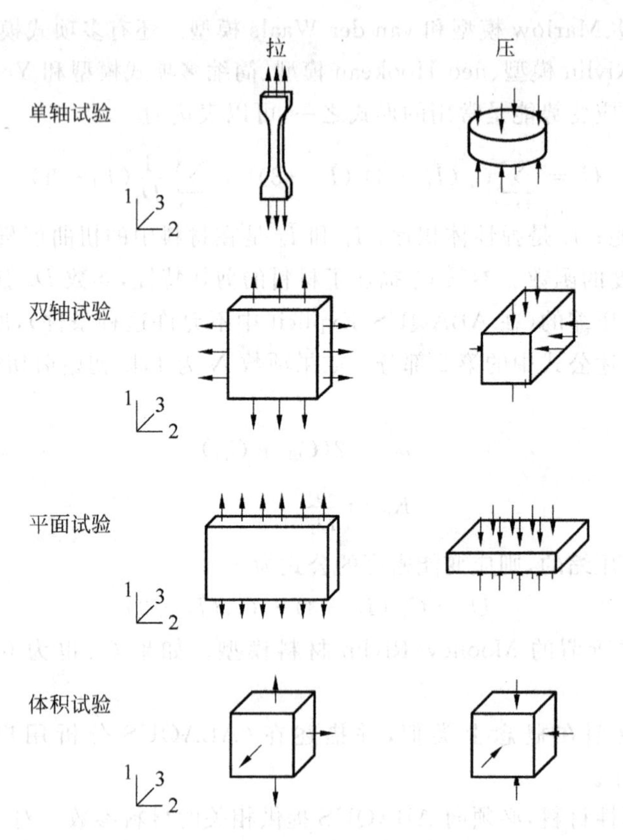

图 10-45 关于定义超弹性材料行为的各种试验的变形模式

的材料参数。

如果可能，尽量从多于一种的变形状态获得更多的试验数据，这样允许 ABAQUS 生成一个更精确和稳定的材料模型。然而，对于不可压缩材料，在图 10-45 中描述的某些试验将产生等效的变形模式。下面是不可压缩材料的等效试验：

- 单轴拉伸↔等双轴压缩；
- 单轴压缩↔等双轴拉伸；
- 平面拉伸↔平面压缩。

如果已经从模拟一种特殊变形模式的其他试验中得到了数据，则无需包括来自另一个特殊试验中的数据。

此外，下面的方法可以改善超弹性材料模型：

- 从可能发生在模拟中的变形模式获得试验数据。例如，如果部件是受到压缩载荷的，需确认试验数据包含了压缩载荷而不是拉伸载荷。
- 拉伸和压缩数据均允许使用，其中压缩应力和应变作为负值键入。如果可能，应根据实际需要使用压缩或拉伸数据，因为同时满足拉伸和压缩数据的单一材料模型的拟合通常比满足每一种单独试验的精度要低。
- 尽可能地包含平面试验的数据，这种试验度量剪切行为，这一点可能非常重要。
- 在所期望的模拟过程中材料实际承受的应变量级上，应提供更多的数据。例如，如果材料只有较小的拉伸应变,如低于 50%,那么就不需要提供大量的高应变值的试验数据(超过 100%)。

- 利用在 ABAQUS/CAE 中的材料评估功能对试验进行模拟,并将试验数据与 ABAQUS 的计算结果进行比较。对于一个特殊的而且非常重要的变形模式,如果计算的结果很差,则应尽量获得关于该变形模式的更多的试验数据。作为例题的描述部分,在第 10.7 节“例题:轴对称支座”中将讨论这一技术。请阅读《ABAQUS/CAE 手册》。

2. 材料模型的稳定性

由试验数据确定的超弹性材料模型,在某些应变量级上常常是不稳定的。ABAQUS 进行稳定性检查以确定可能发生不稳定行为的应变量级,并在数据文件(.dat)中打印警告信息。这些同样的信息输出在 **Material Parameters and Stability Limit Information** 对话框中,并在使用 ABAQUS/CAE 中的材料评估功能时显示。用户必须仔细地检查这些信息,因为如果模拟试验应变的任一部分超出了稳定极限,就可能不是在模拟真实的情况。稳定性检查是对于某些特定的变形进行的,如果变形比较复杂,在指定的应变水平上,材料就有可能是不稳定的。同样地,如果变形比较复杂,材料就有可能在更低的应变水平上成为不稳定的。如果部分模型超出了稳定极限,那么在 ABAQUS/Standard 中的模拟可能是不收敛的。

10.7 例题:轴对称支座

求出图 10-46 所示橡胶支座的轴向刚度,并确定可能限制支座疲劳寿命的最大主应力的任何区域。支座的两端均固结于钢板上。它将承受通过钢板施加的 5.5kN 均匀分布的轴向载荷。横截面几何和尺寸如图 10-46 所示。

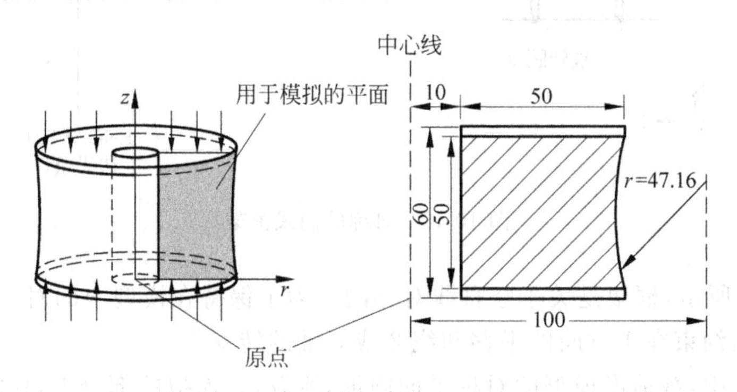

图 10-46 轴对称支座

由于模型的几何形状和载荷均是轴对称的,故采用轴对称单元进行模拟。因此,只需要模拟通过构件的一个平面:每个单元代表一个完整的 360°的圆环。将检查支座的静态响应,所以,应用 ABAQUS/Standard 进行分析。

10.7.1 对称性

由于问题是对称于通过支座中心的水平线,所以没有必要模拟该轴对称部件的整个截面。仅模拟半个截面,可以将应用的单元数量减半,因此,自由度数量也能大致减半。这样会显著地减少分析运算的时间和对存储的需求。也就是说,允许使用更为精细的网格。

许多问题都存在一定程度的对称性。例如,一般的镜面对称、环形周期对称、轴对称或重复性对称(见图10-47)。通常希望模拟的结构或构件可能存在不止一种的对称性。

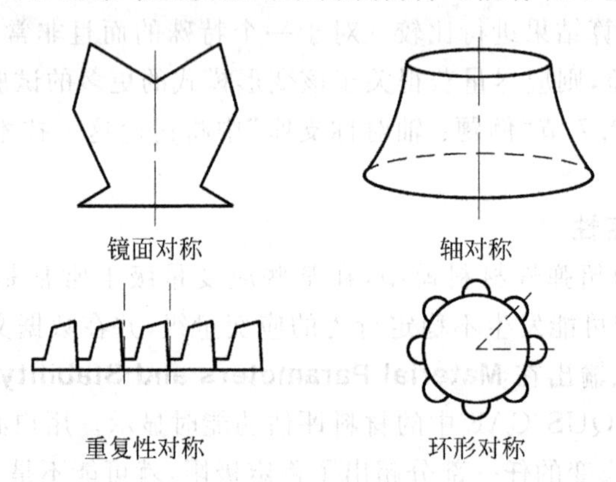

图10-47 对称的各种形式

当只是模拟对称构件中的一部分时,应该增加边界条件,以保证所建模型与整个部件的行为一致。也可能不得不调整施加的载荷,以反映所模拟结构的真实性。考虑图10-48所示的门式框架。

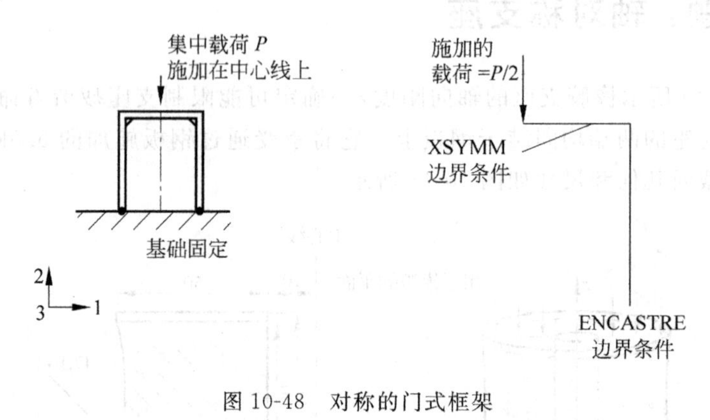

图10-48 对称的门式框架

如图10-48所示,框架是关于竖直线对称的。为了保持在模型中的对称性,在对称线上的任何节点必须约束在1方向的平移和绕2或3轴的转动。

在框架问题中,载荷沿模型的对称平面施加,所以,在模拟的部分上,仅需要施加整体载荷值的一半。

在轴对称分析中,应用轴对称单元,如该橡胶支座的例子,我们需要模拟的仅是部件的横截面。单元的数学描述中将自动地包含轴对称效应。

10.7.2 前处理——用ABAQUS/CAE创建模型

1. 定义部件

运行ABAQUS/CAE,进入Part模块,创建一个轴对称、可变形的平面壳部件,命名部件为`Mount`,并指定大致的部件尺寸为`0.3`。因为考虑了对称性,所以只需模拟支座的下半部分。可以采用以下建议的方法创建部件的几何模型。

绘制支座的几何形状：

(1) 基于图 10-46 中给出的信息，由在下面位置处创建 6 个独立点开始：(0.010, 0.0)，(0.060, 0.0)，(0.010, 0.005)，(0.060, 0.005)，(0.010, 0.030)和(0.100, 0.030)。

(2) 用辅助线定位圆弧与对称平面的交点。应用在前一步定义的点，通过点(0.010, 0.030)创建一条水平辅助线(即在对称平面上)。另外，创建一个辅助圆，其圆心在点(0.100, 0.030)，而点(0.060, 0.005)位于圆周上，如图 10-49 所示。

(3) 在点之间创建一系列的连线和圆弧以完成部件的几何形状，如图 10-50 所示。

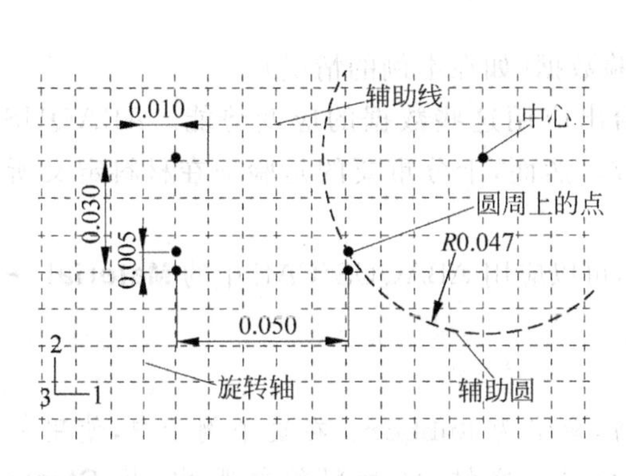

图 10-49　应用辅助几何创建部件

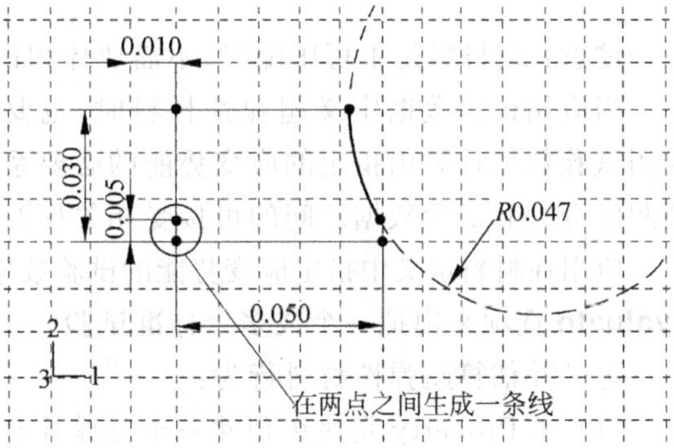

0.010
0.030
0.005
R0.047
0.050
2
3
1
在两点之间生成一条线

图 10-50　最终的部件几何造型

2. 材料属性：橡胶的超弹性模型

对于应用在支座上的橡胶材料，已经提供了某些试验数据。有三组不同的试验数据——单轴试验、双轴试验和平面(剪切)试验。数据如图 10-51 所示并列在表 10-5、表 10-6 和表 10-7 中。这些数据是以名义应力与相应的名义应变的形式给出的。

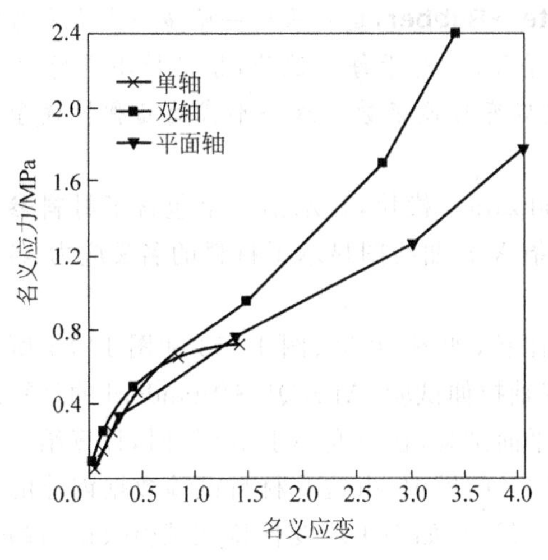

图 10-51　橡胶材料的材料试验数据

表 10-5　单轴试验数据

应力/Pa	应变
0.054E+6	0.0380
0.152E+6	0.1338
0.254E+6	0.2210
0.362E+6	0.3450
0.459E+6	0.4600
0.583E+6	0.6242
0.656E+6	0.8510
0.730E+6	1.4268

表 10-6　双轴试验数据

应力/Pa	应变
0.089E+6	0.0200
0.255E+6	0.1400
0.503E+6	0.4200
0.958E+6	1.4900
1.703E+6	2.7500
2.413E+6	3.4500

表 10-7　平面试验数据

应力/Pa	应变
0.055E+6	0.0690
0.324E+6	0.2828
0.758E+6	1.3862
1.269E+6	3.0345
1.779E+6	4.0621

注意：当材料是不可压缩时，不需要体积试验数据（如在本例的情况）。

当应用试验数据定义超弹性材料时，也要给出应用这些数据的应变势能。ABAQUS应用试验数据计算出指定的应变势能的必要系数。然而，十分重要的是验证在材料定义所预测的行为和试验数据之间的可接受相关程度。

应用在材料定义中指定应变势能的试验数据，可以应用ABAQUS/CAE中的 **Material→Evaluate** 选项来模拟一个或多个标准试验。

定义并估算超弹性材料行为：

(1) 在Property模块中创建一个超弹性材料，命名为Rubber。在这个例子中，使用一阶、多项式应变势能函数来模拟橡胶材料。这样，在材料编辑器中，从 **Strain energy potential**（应变势能）列表中选择 **Polynomial**（多项式），应用在材料编辑器中的 **Test Data**（试验数据）菜单选项，输入上面所给出的试验数据。

注意：一般情况下，可能不清楚指定哪一种应变势能。这时，可以在材料编辑器中的 **Strain energy potential** 列表中选择 **Unknown**（未知）。然后可以通过运行应用于多种应变势能试验数据的标准试验，应用 **Evaluate** 选项以指导选择。

(2) 从主菜单栏中选择 **Material→Evaluate→Rubber**，运行采用一阶多项式应变势能的标准的单个单元试验（单轴、双轴和平面）。对于每个试验，指定最小应变为0，最大应变为1.75。仅估算一阶多项式应变势能函数。这个形式的超弹性模型就是已知的Mooney-Rivlin材料模型。

当模拟完成后，ABAQUS/CAE进入Visualization模块，显示出一个包含了材料参数和稳定性信息的对话框。此外，对每个试验，一条 *X-Y* 曲线图显示了材料的名义应力-名义应变曲线和一条试验数据曲线图。

对于各种类型的试验，计算和试验的结果比较，如图10-52、图10-53和图10-54所示（为了清晰，没有显示某些计算数据点）。对于双轴拉伸试验，ABAQUS/Standard的计算结果与试验结果吻合得非常好。对于单轴拉伸和平面试验，在应变小于100%时，计算结果与试验结果吻合得也很好。对于应变可能大于100%的模拟，由这些材料试验数据创建的超弹性材料模型可能不适用于一般性的模拟分析。然而，如果主应变保持在试验数据与超弹性模型吻合良好的应变量级之内，那么该模型对于这个模拟还是足以适用的。

如果发现结果超出了此量级或者要求进行不同的模拟，则必须要求得到更好的材料数据；否则，计算结果将是不可信的。

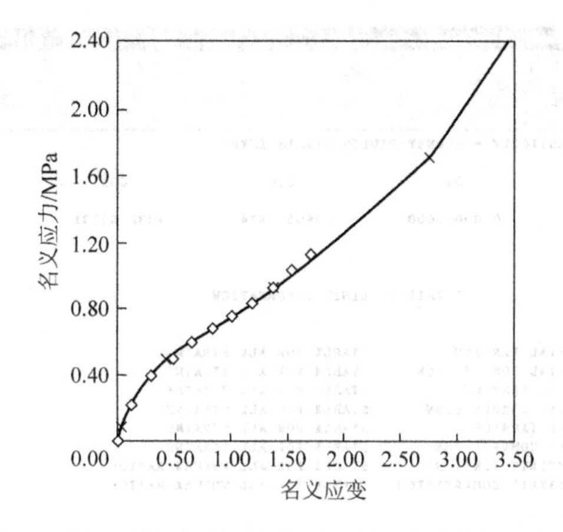

图 10-52　试验数据(实线)和 ABAQUS/Standard 的计算结果(虚线)比较：双轴拉伸

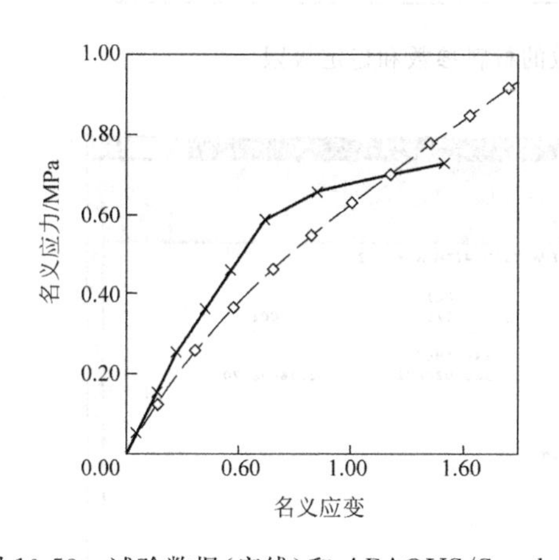

图 10-53　试验数据(实线)和 ABAQUS/Standard 的计算结果(虚线)比较：单轴拉伸

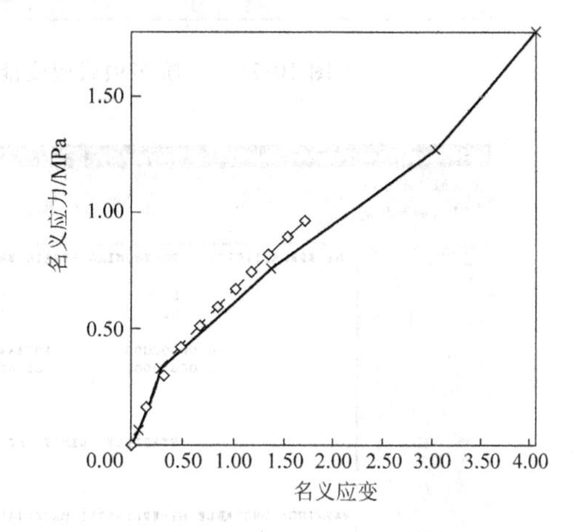

图 10-54　试验数据(实线)和 ABAQUS/Standard 的计算结果(虚线)比较：平面剪切

3. 超弹性材料参数

在这个分析中，假设材料是不可压缩的($D_1=0$)，因此没有提供体积试验数据。为了模拟可压缩行为，除了其他的试验数据，还必须提供体积试验数据。

ABAQUS 通过材料试验数据计算超弹性材料参数——C_{10}、C_{01} 和 D_1，显示在 **Material Parameters and Stability Limit Information** 对话框中，如图 10-55 所示。应用这些材料试验数据和这个应变能函数，材料模型在所有的应变上是稳定的。

但是，如果指定采用了二阶($N=2$)多项式应变能函数，则将看到如图 10-56 所示的警告。如果对于这个问题只有单轴试验数据，那么在超过一定的应变量级后，就会发现由 ABAQUS 创建的 Mooney-Rivlin 材料模型将具有不稳定的材料行为。

4. 完成材料和截面定义并赋予截面属性

因为该载荷不足以大到引起钢材的非弹性变形，所以模拟钢材仅应用线弹性性质($E=200\times10^9$ Pa，$\nu=0.3$)。返回到 Property 模块并创建一个具有这些性质的材料，命名为

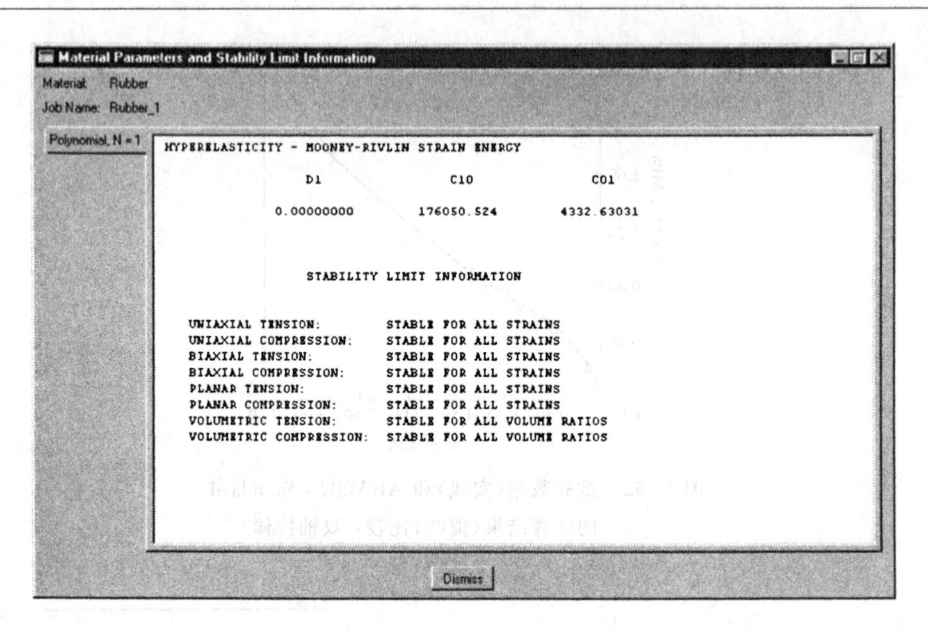

图 10-55 一阶多项式应变能函数的材料参数和稳定极限

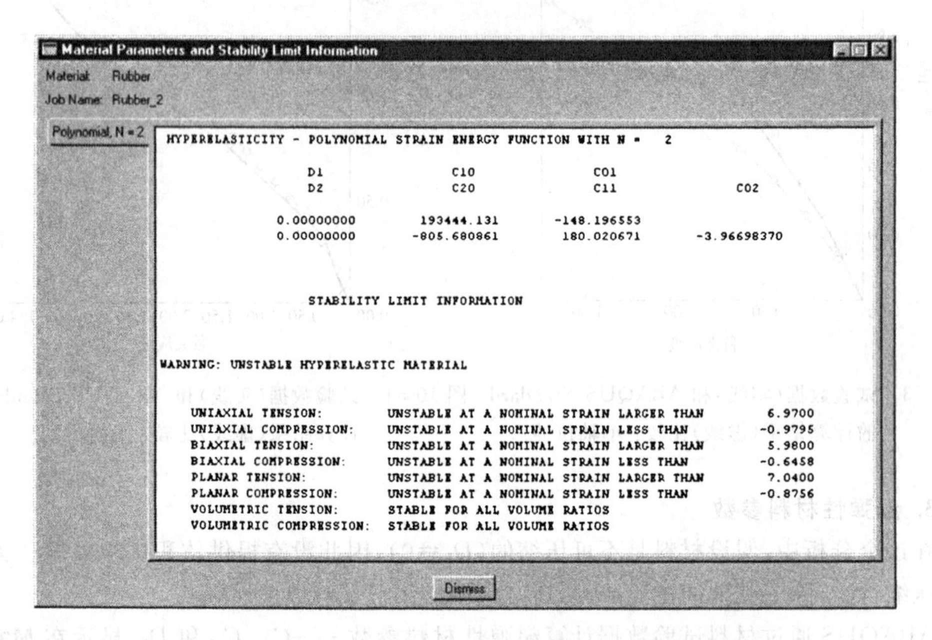

图 10-56 关于二阶多项式应变能函数的材料参数和稳定极限

Steel。另外，创建两个截面定义：一个命名为 RubberSection，代表橡胶材料；另一个命名为 SteelSection，代表钢材。

在赋予截面属性之前，应用 **Partition Face**（切割面）：**Shortest Path Between 2 Points**（通过两点间最小距离）工具将部件切割成两个区，如图 10-57 所示。

上部区域代表橡胶支座，下部区域代表钢板。给每个区域赋予相应的截面定义。

5. 创建装配件和分析步定义

在 Assembly 模块中生成部件的实体。在这个模拟中，可以接受默认的 $r-z$(1—2)轴

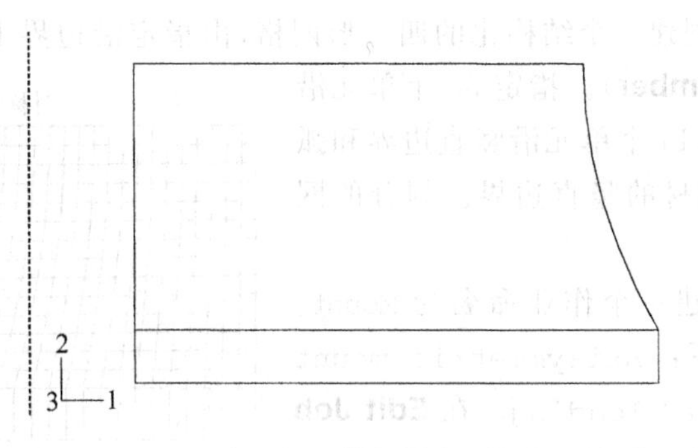

图 10-57　应用切割将部件分成两个区域

对称坐标系。在 Step 模块中定义一个单一的静态、一般分析步，命名为 Compress mount。如果在模型中应用了超弹性材料，那么 ABAQUS 假设模型可以经历大的变形。但是，在 ABAQUS/Standard 的默认状态下，没有包括大变形和其他几何非线性的影响。因此，通过选择 **Nlgeom**(几何非线性)，必须在模拟中包括它们，否则 ABAQUS/Standard 将中止分析并发出输入错误信息。设置分析步的总时间为 1.0，初始时间增量为 0.01(即总时间步的 1/100)。

为了控制输出，在钢板区域左下角的顶点创建一个命名为 Out 的几何集合。

在每个增量步，将预先选择的变量和名义应变作为场变量输出写到输出数据库文件。另外，将在钢板底部的一个单独点的位移作为历史数据写到输出数据库文件，以便能够计算支座的刚度。应用为此创建的几何集合 Out。

6. 施加载荷和边界条件

在 Load 模块中，指定在对称面区域上的边界条件(如图 10-58 所示，$U2 = 0$；当然，使用 YSYMM 也将给出可接受的结果)。

由于模型的轴对称性质不允许结构作为刚体沿径向移动，所以不需要沿径向(整体 1 方向)的边界约束。如果没有边界条件施加于它们的径向位移，ABAQUS 将允许节点沿径向移动，即使这些节点初始时是在对称的轴上(即那些径向坐标为 0.0 的节点)。由于希望在这个分析中允许支座径向变形，所以无需施加任何边界条件。再次提示，ABAQUS 将自动防止刚体运动。

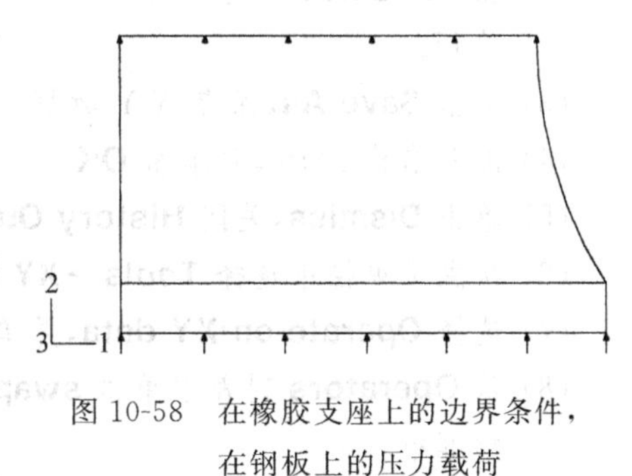

图 10-58　在橡胶支座上的边界条件，在钢板上的压力载荷

支座必须承受 5.5kN 的最大轴向载荷，它均匀地分布在钢板上。因此，在钢板底部施加一个分布载荷，如图 10-58 所示。压力的量级为

$$p = 5500/[\pi(0.06^2 - 0.01^2)] \approx 0.50 \times 10^6 \text{Pa}$$

7. 创建网格和作业

对于橡胶支座，使用一阶、轴对称的杂交实体单元(CAX4H)。因为材料是完全不可压缩的，所以必须使用杂交单元。单元是不希望承受弯曲的，所以在这些完全积分的单元上，无需考虑剪切自锁。因为有可能当下面的橡胶发生变形时，钢板可能会出现弯曲，所以采用单层的非协调元模式单元(CAX4I)来模拟钢板。

在 Mesh 模块中创建一个结构化的四边形网格，由指定沿边界上的单元数量播撒种子（**Seed→Edge By Number**）。指定 30 个单元沿橡胶的每条水平边界，14 个单元沿竖直边界和弧形边界，1 个单元沿钢材的竖直边界。划分的网格如图 10-59 所示。

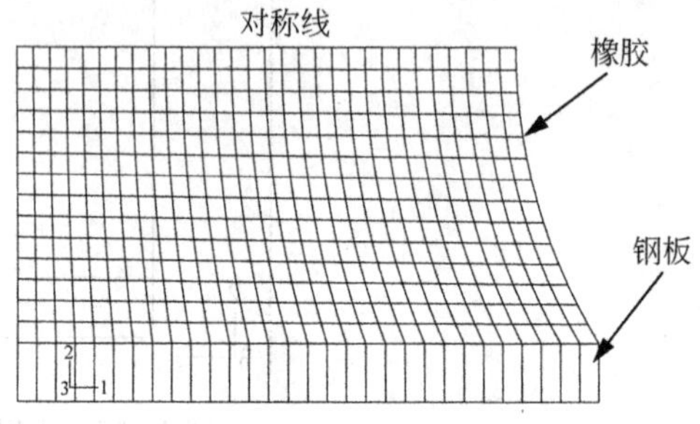

图 10-59　橡胶支座的网格

在 Job 模块中创建一个作业命名为 Mount。对该作业描述如下：Axisymmetric mount analysis under axial loading。在 **Edit Job**（编辑作业）对话框的 **General** 选项页，选中 **Print model definition data**（打印模型定义数据）。这样将模型定义的数据打印到打印输出文件（.dat）中。

将模型保存到模型数据库文件中，并提交作业进行分析。监控求解过程，修改任何监控到的模拟错误，并调查产生任何警告信息的原因和做出必要的改正。

10.7.3　后处理

进入 Visualization 模块，打开文件 Mount.odb。

1. 计算支座的刚度

通过创建用钢板的位移作为施加载荷函数的 X-Y 曲线图，确定支座的刚度。首先创建钢板上节点的竖向位移图，并将这些数据写入到输出数据库文件中。在本模型中，就是输出在集合 Out 中的节点的数据。

创建竖向位移的历史曲线并调换 X 和 Y 轴：

（1）从主菜单栏中选择 **Result→History Output**，显示 **History Output** 对话框。

（2）在 **Variables**（变量）页中，应用滚动条定位和选择在集合 Out 中节点的竖向位移 $U2$。

（3）单击 **Save As**，保存 X-Y 数据，显示 **Save XY Data As** 对话框。

（4）键入名称 DISP，并单击 **OK**。

（5）单击 **Dismiss**，关闭 **History Output** 对话框。

（6）从主菜单栏中选择 **Tools→XY Data→Create**，显示 **Create XY Data** 对话框。

（7）选择 **Operate on XY data**，并单击 **Continue**，显示 **Operate on XY Data** 对话框。

（8）从 **Operators** 列表中单击 **swap(X)**（交换），swap( ) 出现在对话框顶部的文本编辑框中。

（9）在 **XY Data** 域选择 DISP，并单击 **Add to Expression**，在对话框顶部的文本编辑框中出现 swap("DISP") 表达式。

（10）单击在对话框底部的 **Save As**，保存交换后的数据对象，显示 **Save XY Data As** 对话框。

（11）在 **Name** 文本域键入 SWAPPED，并单击 **OK**，关闭对话框。

（12）为了观察交换后的时间-位移图，在 **Operate on XY Data** 对话框的底部单击 **Plot Expression**。

现在已经有了 1 条时间-位移曲线，而需要的是显示载荷-位移曲线。因为在模拟中施加在支座上的力与在分析中的总体时间成正比,所以这一点很容易实现。为了绘出力-位移曲线,所有要做的是由载荷的量级(5.5kN)乘以曲线 SWAPPED。

由一个常量乘以曲线:

(1) 在 **Operate on XY Data** 对话框中单击 **Clear Expression**(清空表达式)。

(2) 在 **XY Data** 域中选择 SWAPPED,并单击 **Add to Expression**,表达式"SWAPPED"出现在对话框顶部的文本框中。现在光标应该是在文本框的末尾。

(3) 通过键入* 5500,用施加载荷的量级乘以在文本框中的数据对象。

(4) 在对话框的底部单击 **Save As**,保存相乘后的数据对象。显示 **Save XY Data As** 对话框。

(5) 在 **Name** 文本域键入 FORCEDEF,并单击 **OK**,关闭对话框。

(6) 为了观察力-位移图,在 **Operate on XY Data** 对话框的底部单击 **Plot Expression**。

现在已经创建了具有支座的力-挠度特性曲线(由于并没有改变所画的实际变量,所以轴的标题并不反映该曲线)。为了得到刚度,需要对曲线 FORCEDEF 求导。通过应用在 **Operate on XY Data** 对话框中的 differentiate( )算子(微分算子)来实现计算。

获得刚度:

(1) 在 **Operate on XY Data** 对话框中清除当前的表达式。

(2) 从 **Operators** 列表中单击 **differentiate(X)**(求导),differentiate( )出现在对话框顶部的文本框中。

(3) 在 **XY Data** 域中选择 FORCEDEF,并单击 **Add to Expression**,表达式 differentiate("FORCEDEF")出现在文本框中。

(4) 单击在对话框底部的 **Save As**,以保存求导得到的数据对象,显示 **Save XY Data As** 对话框。

(5) 在 **Name** 文本域中键入 STIFF,并单击 **OK**,关闭对话框。

(6) 为了绘出刚度-位移曲线,在 **Operate on XY Data** 对话框的底部,单击 **Plot Expression**。

(7) 单击 **Cancel**,关闭对话框。

(8) 在主窗口的提示区中单击 **XY Plot Options**(XY 图选项),显示 **XY Plot Options** 对话框。

(9) 单击 **Titles**(标题)页,并选择 **User-specified** 作为 X 和 Y 轴的 **Title source**。

(10) 通过填写关于 X 和 Y 轴的 **Title text**(标题文本)域,输入如图 10-60 所示的标题。

(11) 单击 **Axes**(轴)页,并指定十进制格式(decimal),每根轴仅应用一组十进制。

(12) 单击 **OK**,关闭 **XY Plot Options** 对话框。

随着支座的变形,其刚度几乎增加了40%。这是橡胶的非线性特性和它在变形时支座形状发生改变的结果。另一种可以直接创建刚度-位移曲线的方法是将上述所有的运算组合为一个表达式。

直接定义刚度曲线:

(1) 从主菜单栏中选择 **Tools→XY Data→Create**,显示 **Create XY Data** 对话框。

(2) 选择 **Operate on XY data**,并单击 **Continue**,显示 **Operate on XY Data** 对话框。

(3) 清除当前的表达式,并从 **Operators** 列表中单击 **differentiate(X)**,在对话框顶部

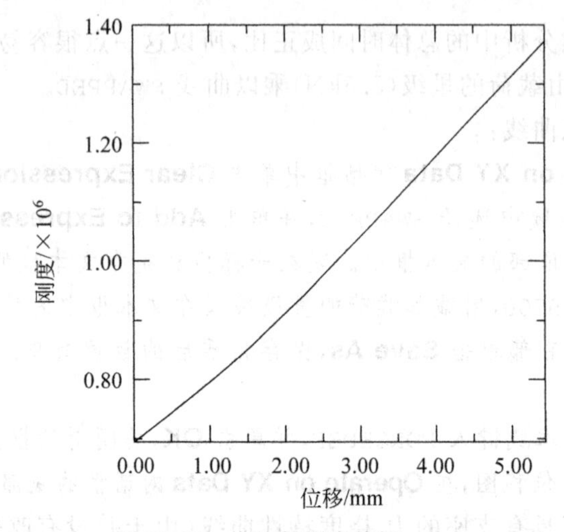

图 10-60　支座的刚度特性

的文本框中出现 differentiate( )。

(4) 从 **Operators** 列表中单击 **swap(X)**，在文本框中出现 differentiate(swap( ))。

(5) 在 **XY Data** 域中选择 DISP，并单击 **Add to Expression**，在文本框中出现表达式 differentiate(swap("DISP"))。

(6) 将光标直接放在文本框中的 swap("DISP")数据对象后面，并输入* 5500，用为常数的总力值乘以交换后的数据。在文本框中出现 differentiate(swap("DISP")* 5500)。

(7) 通过单击在对话框底部的 **Save As**，保存求导后的数据对象。显示 **Save XY Data As** 对话框。

(8) 在 **Name** 文本域中键入 STIFFNESS，并单击 **OK**，关闭对话框。

(9) 单击 **Cancel**，关闭 **Operate on XY Data** 对话框。

(10) 设置的 X 和 Y 轴的标题(如果还没有这样做)，如图 10-60 所示。

(11) 从主菜单栏中选择 **Tools→XY Data→Plot**。

(12) 从曲线列表中选择 STIFFNESS 曲线，观察图10-60 所示的图形，它反映了支座的轴向刚度随着支座变形的变化情况。

2. 模型形状图

现在绘制支座变形前和变形后的形状图。可以根据变形图评估变形后的网格质量，以决定是否需要细分网格。

绘制变形前和变形后的模型形状：

(1) 从主菜单栏中选择 **Plot→Undeformed Shape**，或者使用工具条中的 工具绘制变形前的模型形状(见图 10-61)。

(2) 选择 **Plot→Deformed Shape**，或者使用 工具绘制支座的模型变形形状图(见图 10-62)。

如果图遮掩了图的标题，通过单击 工具可以移动图，并按住鼠标键①向下将变形形状图移动到理想的位置。另外，也可以关闭图的标题(**Viewport→Viewport Annotation Options**)。

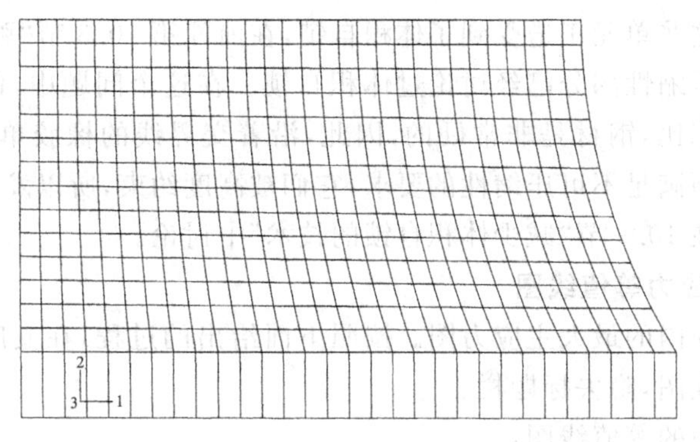

图 10-61　橡胶支座变形前的模型形状

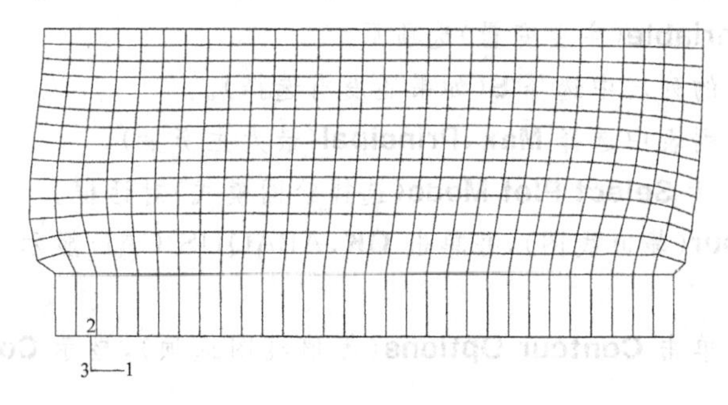

图 10-62　在 5500 N 载荷作用下橡胶的模型变形形状

钢板被推向上，导致橡胶在边缘处肿胀。应用工具条中的工具放大网格的左下角。单击鼠标键①，然后按住向下以定义新视图的第 1 个角。移动鼠标创建一个框，使其包含想要观察的区域，然后放开鼠标键，可以得到类似于图 10-63 所示的图。从主菜单栏中选择 **View→Specify**，可以缩放和移动图形。

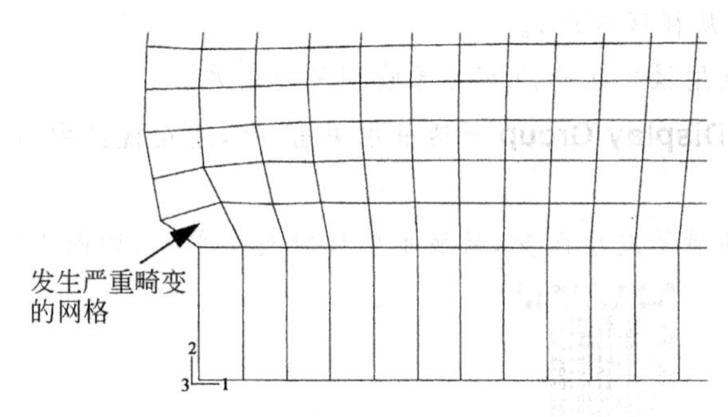

图 10-63　在橡胶支座模型的角部的畸变

由于该区域的网格设计并不适合在这里所发生的变形，所以在模型的这个角点处某些单元发生了很严重的扭曲。尽管在分析开始时单元的形状是好的，但随着橡胶向外肿胀，单元严重扭曲，特别是在角处的单元。如果载荷进一步增加，单元将过度畸变以至于导致分析终止。在第 10.8 节“大变形的网格设计”中将讨论针对这种问题如何改进网格设计。

在模型的右下角，由扭曲单元展示的梯形表明它们发生了自锁。在这些单元中的静水压应力的等值线图(没有在分享公共节点的单元中平均)显示出在相邻单元之间的压应力的迅速变化。这表明这些单元正遭受到了体积自锁，在前面第10.3节“弹-塑性问题的单元选取”中，在塑性不可压缩性部分已经讨论过体积自锁。在这个问题中，体积自锁是由于超约束引起的。与橡胶相比，钢材是非常硬的，因此，沿着交界线的橡胶单元不能够侧向变形。由于这些单元也必须满足不可压缩性的要求，它们被高度约束，所以发生了自锁。涉及体积自锁的分析技术将在10.9节“减少体积自锁的技术”中讨论。

3. 绘制最大主应力等值线图

绘制在模型平面内的最大主应力图。按照下面给出的过程，在支座的实际变形形状上创建一个填充等值线图，隐去标题栏。

绘制最大主应力的等值线图：

(1) 从主菜单栏中选择 **Result→Field Output**，显示 **Field Output** 对话框，默认地选择 **Primary Variable**(主要变量)选项页。

(2) 从输出变量的列表中选择 **S**(如果还没有选择)。

(3) 从不变量的列表中选择 **Max.Principal**(最大主变量)。

(4) 单击 **OK**，显示 **Select Plot Mode**(选择绘图模式)对话框。

(5) 选中 **Contour**(等值线图)，并单击 **OK**，ABAQUS/CAE 显示面内最大主应力的等值线图。

(6) 在提示区中单击 **Contour Options**(等值线图选项)，显示 **Contour Plot Options** 对话框。

(7) 拖动均匀等值线间隔的滑动条到8。

(8) 单击 **OK** 以观察等值线图，并关闭对话框。创建一个显示组，仅显示在橡胶支座中的单元。

(9) 选择 **Tools→Display Group→Create**，显示 **Create Display Group** 对话框。

(10) 从 **Item** 列表中选择 **Elements**，从 **Selection Method** 列表中选择 **Pick from viewport**(从视区选取)。

(11) 在视区中利用鼠标选择所有与橡胶相关的单元。

(12) 在 **Create Display Group** 对话框中单击 ⊕，用在视区中所选择的单元替换当前的显示组。

在视区中的显示发生改变，只显示出橡胶支座单元，如图10-64所示。

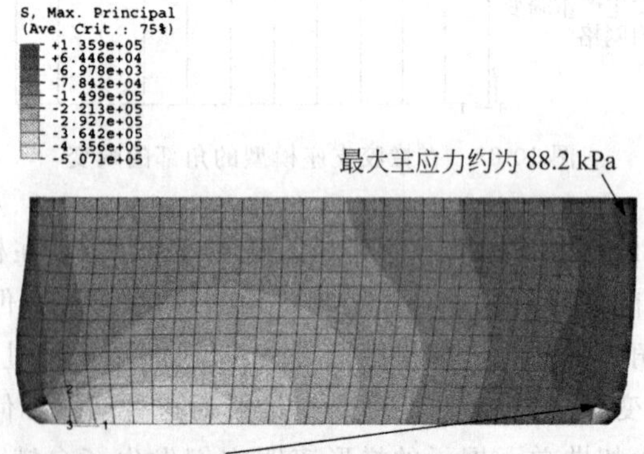

图10-64　在橡胶支座中的最大主应力等值线图

（13）单击 **Dismiss**，关闭 **Create Display Group** 对话框。

从图例中可以看到，模型中的最大主应力为 135kPa。尽管该模型的网格划分相当精细，因此，应力外推的误差应该很小，但是可能希望利用查询工具 ⓘ 来确定积分点处更为精确的最大主应力值。

当观察积分点处的数值时，会发现最大主应力的峰值发生在模型右下角部分的其中一个畸变单元上。因为单元畸变和体积自锁的程度，这一数值很可能是不可靠的。如果略去了这个值，那么最大主应力出现在对称面附近的区域上，其值约为 88.3kPa。

检查模型中主应变的变化范围，最简单的方法是显示等值线图例中的最大值和最小值。

检验名义主应变的量值：

（1）从主菜单栏中选择 **Viewport → Viewport Annotation Options**，显示 **Viewport Annotation Options**（视区标识选项）对话框。

（2）单击 **Legend**（图例）选项页，并选中 **Show min/max values**（显示最小值/最大值）。

（3）单击 **OK**。最大值和最小值出现在视区中等值线图例的底部。

（4）从主菜单栏中选择 **Result→Field Output**，显示 **Field Output** 对话框。默认地选择 **Primary Variable** 选项页。

（5）从输出变量的列表中选择 **NE**。

（6）从不变量的列表中选择 **Max . Principal**（最大主变量）。

（7）单击 **Apply**。等值线图变为显示最大名义主应变的值。从等值线图例中可以看到最大名义主应变的值。

（8）从 **Field Output** 对话框的不变量列表中，选择 **Min. Principal**（最小主变量）。

（9）单击 **OK**，关闭 **Field Output** 对话框。等值线图变为显示最小名义主应变的值。从等值线图例中可以看到最小名义主应变值。

最大和最小名义主应变的值表明，模型中的最大拉伸名义应变大约为 88%，最大压缩名义应变大约为 48%。由于在模型中的名义应变保持在一定的范围之内，这是 ABAQUS 的超弹性模型与材料数据吻合得很好的范围，因此可以确信，从材料模拟的角度而言由支座预测的响应是合理的。

10.8　大变形的网格设计

橡胶支座角点处的单元畸变是我们不希望的结果。在这些区域的结果是不可靠的，如果继续增加载荷，有可能导致分析失败。通过采用一个更好的网格设计，这个问题可以得到改正。图 10-65 中显示的网格就是一个可选择的网格设计，采用它可以减小在橡胶模型左下角的单元畸变。

有关对面角点处网格畸变的问题，将在第 10.9 节“减少体积自锁的技术”中描述。左下角区域的单元在初始、未变形构形下是相当扭曲的。但是，随着分析的进行和单元的变形，它们的形状实际上得到了改善。图 10-66 所示的位移形状图显示在该区域中单元，畸变的程度减小了，但在橡胶模型右下角的网格畸变的程度仍然是十分显著的。

最大主应力的等值线图（图 10-67）显示，右下角处非常局部化的应力只有轻微减小。

大畸变问题的网格设计比小位移问题更加困难。网格必须使单元的形状在整个分析中

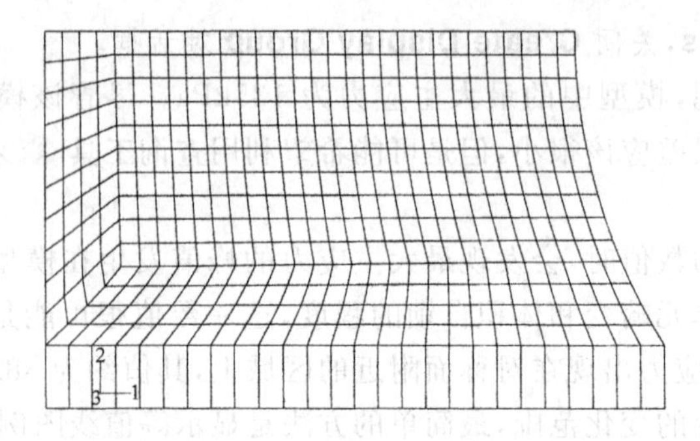

图 10-65　在模拟中修改网格,使在橡胶模型左下角的单元畸变最小化

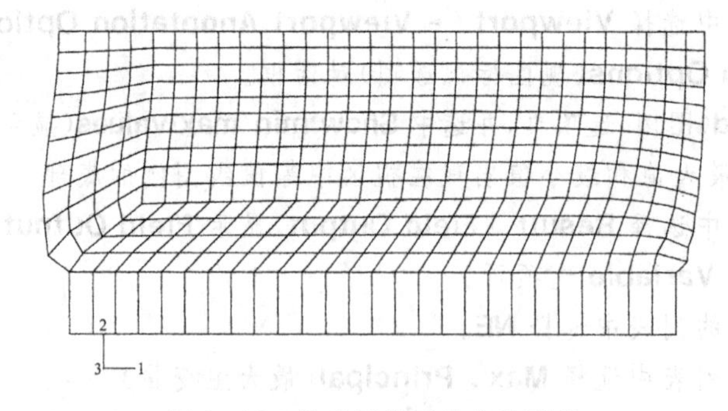

图 10-66　修改网格后的位移形状

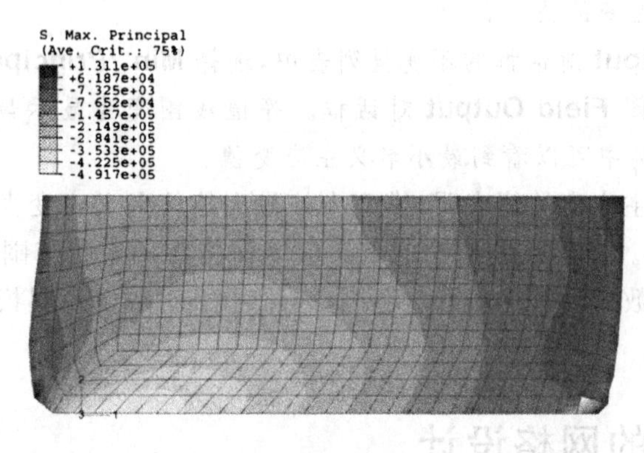

图 10-67　在修改后的网格中的最大主应力等值线图

是合理的,而不仅仅是在开始时。利用经验、手算或者来自粗糙单元模型的结果,必须估计模型将如何变形。

10.9　减少体积自锁的技术

采用两种技术消除在该问题中的体积自锁。第1种方法是将橡胶模型底部两个角区的网格细划,以减小在这些区域中的网格畸变。另一种方法是在橡胶材料模型中引入少量的可压缩性。提供的可压缩性是小量的,应用几乎不可压缩材料得到的结果与应用完全不可压缩材料得到的结果非常类似。可压缩性的存在减轻了体积自锁。

通过设置材料常数 D_1 为一个非零值,引入可压缩性,选择这个值以使初始泊松比 ν_0 接近于 0.5。在《ABAQUS 分析用户手册》第 10.5.1 节“Hyperelastic behavior”中给出的方程，对于应变势能的多项式形式，可以应用 μ_0 和 K_0 的形式（分别为初始剪切和体积模量）建立 D_1 和 ν_0 的关系。例如，前面从试验数据中得到的超弹性材料参数（见第 10.7.2 节“前处理——用 ABAQUS/CAE 创建模型”中的“超弹性材料参数”）为 $C_{10} = 176051$ 和 $C_{01} = 4332.63$，设 $D_1 = 5.E-7$，可得到 $\nu_0 = 0.46$。

引入了上述特性的模型如图 10-68 所示（通过在 ABAQUS/CAE 中改变边界的种子数目，很容易生成这个网格）。

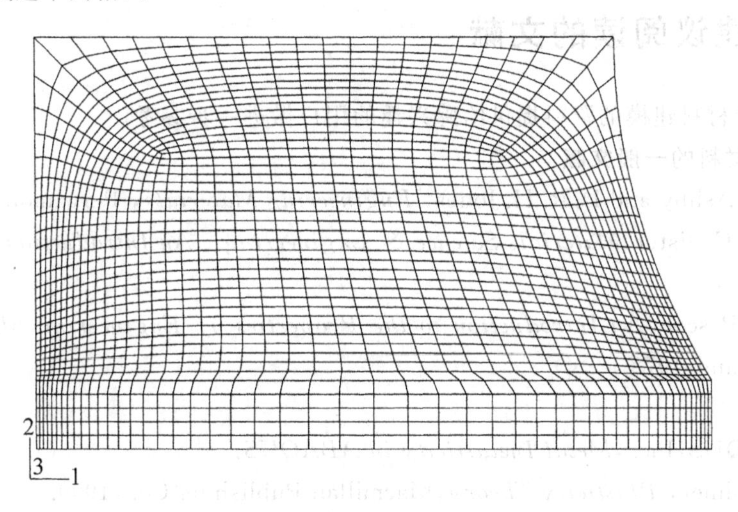

图 10-68　将两个角部细划后的网格

与此模型对应的位移形状如图 10-69 所示。由图 10-69 可见，橡胶模型关键区域的网格畸变已经明显减小了，并且消除了体积自锁。

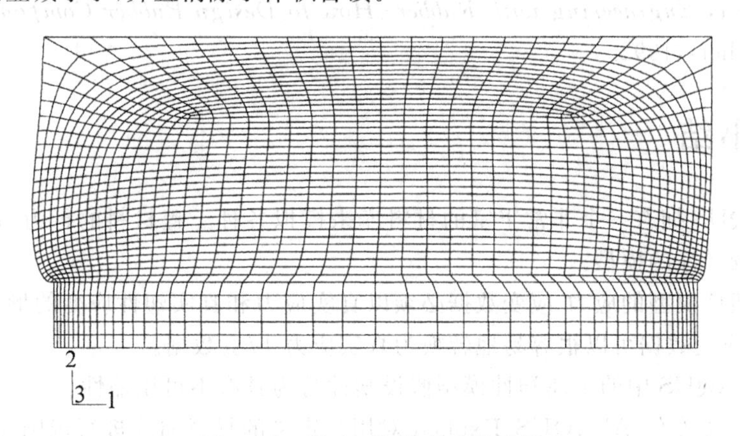

图 10-69　修改后网格的位移形状

10.10　相关的 ABAQUS 例题

- 《ABAQUS 基准手册》(*ABAQUS Benchmarks Manual*)第 1.1.7 节，“Pressurized rubber disc”(受压橡胶盘)。

- 《ABAQUS基准手册》(*ABAQUS Benchmarks Manual*)第1.1.9节，"Necking of a round tensile bar"(受拉圆棒的颈缩)。
- 《ABAQUS基准手册》(*ABAQUS Benchmarks Manual*)第3.1.4节，"Fitting of rubber test data"(橡胶试验数据的拟合)。
- 《ABAQUS基准手册》(*ABAQUS Benchmarks Manual*)第3.2.1节，"Uniformly loaded, elastc-plastic plate"(承受均匀载荷的弹塑性板)。

10.11　建议阅读的文献

以下关于材料建模的资料提供给感兴趣的用户做进一步参考。

1. 有关材料的一般文献

- M. F. Ashby and D. R. H. Jones, *Engineering Materials*, Pergamon Press, 1980.
- W. D. Callister, *Materials Science & Engineering—An Introduction*, John Wiley, 1994.
- K. J. Pascoe, *An Introduction to the Properties of Engineering Materials*, Van Nostrand, 1978.

2. 塑性

- ABAQUS, Inc., *Metal Inelasticity in ABAQUS*.
- J. Lubliner, *Plasticity Theory*, Macmillan Publishing Co., 1990.
- C. R. Calladine, *Engineering Plasticity*, Pergamon Press, 1969.

3. 橡胶弹性

- ABAQUS, Inc., *Modeling Rubber and Viscoelasticity with ABAQUS*.
- A. Gent, *Engineering with Rubber* (*How to Design Rubber Components*), Hanser Publishers, 1992.

10.12　小结

- ABAQUS拥有一个非常丰富的材料库来模拟各种工程材料的行为，包括金属塑性和橡胶弹性的模型。
- 金属塑性模型的应力-应变数据必须以真实应力和真实塑性应变的形式定义。名义应力-应变数据可以很容易地转换为真实应力-应变数据。
- 在ABAQUS中的金属塑性模型假设塑性行为具有不可压缩性。
- 为了提高效率，ABAQUS/Explicit对用户定义的材料曲线进行规则化处理，即以等间距分布的数据点来拟合曲线。
- 在ABAQUS/Standard中的超弹性材料模型允许真正的不可压缩性。而在ABAQUS/Explicit中的超弹性材料模型不能做到：在ABAQUS/Explicit中的超弹性材料默认的泊松比为0.475。为了更准确地模拟不可压缩性，某些分析可能需要增加泊松比的值。
- 多项式、Ogden、Arruda-Boyce、Marlow、van der Waals、Mooney-Rivlin、neo-Hookean、简

缩多项式和 Yeoh 应变能函数可以应用于橡胶弹性(超弹性)。所有的模型均允许直接用试验数据来确定材料的系数。试验数据必须指定作为名义应力和名义应变的值。

- 可以应用 ABAQUS/CAE 中的材料估算功能来验证由超弹性材料模型预测的特性和试验数据之间的相关性。
- 稳定性警告可能表明超弹性材料模型对于所要分析的应变范围是不合适的。
- 如果仅需要模拟模型的一部分,则可以利用存在的对称性以减小模拟的尺度。通过施加适当的边界条件来反映结构其余部分的影响。
- 大畸变问题的网格设计比小位移问题更加困难。在分析的任何阶段,网格中的单元决不能成为过分扭曲的。
- 允许小量的可压缩性可以减小体积自锁。必须小心以确保引入可压缩性的量值不至于明显地影响整体问题的结果。

11 多步骤分析

ABAQUS模拟分析的一般性目标是确定模型对所施加载荷的响应。回顾术语载荷(load)在ABAQUS中的一般性含义，它代表了使结构的响应从它的初始状态到发生变化的任何事情，如非零边界条件或施加的位移、集中力、压力以及场等。在某些情况下载荷可能相对简单，如在结构上的一组集中载荷。在另外一些问题中施加在结构上的载荷可能会相当复杂，例如，在某一时间段内不同的载荷按一定的顺序施加到模型的不同部分，或载荷的幅值是随时间变化的函数。采用术语**载荷历史**(load history)来代表这种作用在模型上的复杂载荷。

在ABAQUS中，用户将整个的载荷历史划分为若干个**分析步**(step)。每一个分析步是用户指定的一个"时间"段，在该时间段内ABAQUS计算该模型对一组特殊的载荷和边界条件的响应。在每一个分析步中，用户必须指定响应的类型，称之为分析过程，并且从一个分析步到下一个分析步，分析过程也可能发生变化。例如，可以在一个分析步中施加静态恒定载荷，如自重载荷，而在下一个分析步中计算这个施加了载荷的结构对于地震加速度的动态响应。隐式和显式分析均可以包含多个分析步骤，但是，在同一个分析作业中不能组合隐式和显式分析。为了组合一系列的隐式和显式分析步，可以应用结果传递或输入功能。在《ABAQUS分析用户手册》(*ABAQUS Analysis User's Manual*)第7.7.2节"Transfering results between ABAQUS/Explicit and ABAQUS/Standard"中讨论了这个功能；而本书不做进一步的讨论。

ABAQUS将它的所有分析过程主要划分为两类：线性摄动(linear perturbation)和一般性分析(general)。在ABAQUS/Standard或在ABAQUS/Explicit分析中可以包括一般分析步；而线性摄动分析步只能用于ABAQUS/Standard分析。对于两种情况的载荷条件和"时间"定义是不相同的，因而，从每一种过程得到的结果必须区别对待。

在一般分析过程中，即**一般分析步**(general step)，模型的响应可能是非线性的或者是线性的；而在采用摄动过程的分析步中，即所谓的**摄动分析步**(perturbation step)，响应只能是线性的。ABAQUS/Standard处理这个分析步作为由前面的任何一般分析步创建的预加载、预变形状态的线性摄动(即所谓的基本状态(base state))。ABAQUS的线性模拟功能比之单纯线性分析的程序更加广义。

11.1 一般分析过程

每个一般分析步都是以前一个一般分析步结束时的变形状态作为起点，因此，模型的状态包括在一系列一般分析步中对于定义在每个分析步中载荷的响应。任何指定的初始条件定义了在模拟中第1个一般分析步的起始状态。

所有的一般性分析过程分享相同的施加载荷和定义"时间"的概念。

11.1.1 在一般分析步中的时间

在模拟中，ABAQUS有两种时间尺度。增长的**总体时间**(total time)，它贯穿于所有的一般分析步，并且是每个一般分析步的总步骤时间的累积。每个分析步也有各自的时间尺度，称为**分析步时间**(step time)，对于每个分析步它从零开始。随时间变化的载荷和边界条件可以以其中任何一种时间尺度来定义。对于一个如图11-1所示分析的时间尺度，它的历史分解为3个分析步，每个100s长。

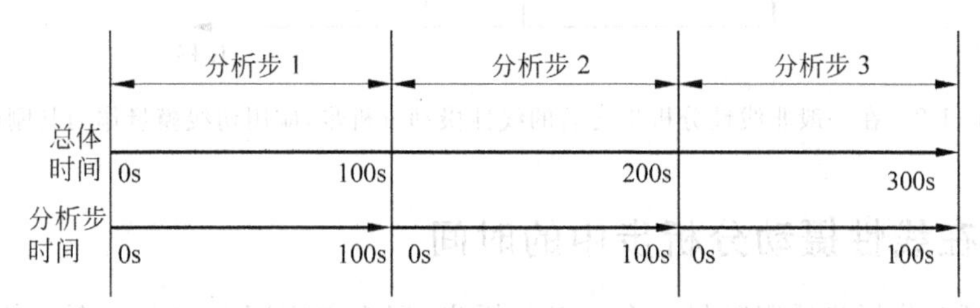

图11-1 对于一个模拟的分析步时间和总时间

11.1.2 在一般分析步中指定载荷

在一般分析步中，载荷必须以总量而不是以增量的形式给定。例如，如果一个集中载荷的值在第1个分析步中为1000N，并在第2个一般分析步中增加到3000N，那么在这两个分析步中给出的载荷量值应该是1000N和3000N，而不是1000N和2000N。

在默认情况下，所有前面定义的载荷都传递到当前的分析步。在当前的分析步中，可以定义另外的载荷以及改变任何前面定义的载荷(例如，改变它的量值或失去活化(deactivate))。任何前面定义的载荷，如果在当前的分析步中没有指定对其进行修改，那么它将继续遵循它的相关幅值的定义，所提供的幅值曲线是以总体时间的形式定义的。否则，这个载荷将保持在前一个一般分析步结束时的量值上。

11.2 线性摄动分析

线性摄动分析步只能应用在ABAQUS/Standard中。

线性摄动分析步的起点称为模型的基态。如果在模拟中的第1个分析步是线性摄动分析步，则基态就是用初始条件所指定的模型的状态。否则，基态就是在线性摄动分析步之前一个一般分析步结束时的模拟的状态。尽管在摄动分析步中结构的响应被定义为线性，但模型在前一个一般分析步中可以有非线性响应。对于在前面一般分析步中有非线性响应的模型，ABAQUS/Standard应用当前的弹性模量作为摄动分析的线性刚度。这个模量对于弹-塑性材料是初始弹性模量，对于超弹性材料是切线模量(见图11-2)。在《ABAQUS分析用户手册》第6.1.2节“General and linear perturbation procedures”描述了对于其他材料模型应用的弹性模量。

在摄动步中的载荷应该足够小，这样模型的响应将不会过多地偏离切线模量所预测的响应。如果模拟中包括了接触，则在摄动分析步中两个接触面之间的接触状态不发生改变：在基态中闭合的点仍保持闭合，而脱离的点仍保持脱离。

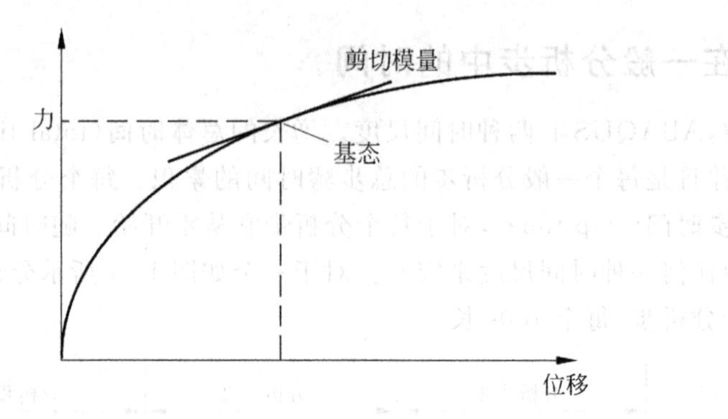

图 11-2　在一般非线性分析步之后的线性摄动分析步，应用切线模量作为其刚度

11.2.1　在线性摄动分析步中的时间

如果在摄动分析步后跟随另一个一般分析步，那么它应用在前面一个一般分析步结束时的模型的状态作为它的起点，而不是在摄动分析步结束时的模型的状态。这样，来自线性摄动分析步的响应对模拟不产生持久的影响。因此，在 ABAQUS/Standard 分析过程的总时间中并不包含线性摄动分析步的步骤时间。事实上，ABAQUS/Standard 将摄动分析步的步骤时间定义成一个非常小的量(10^{-36})，这样，将它添加到总累积时间上时没有任何影响。唯一的例外是模态动态过程(modal dynamics procedure)。

11.2.2　在线性摄动分析步中指定载荷

在线性摄动分析步中所给定的载荷和边界条件总是在该分析步内有效。在线性摄动分析步中给定的载荷量值(包括预设的边界条件量值)总是载荷的摄动(增量)，而不是载荷的总量值。因此，任何结果变量的值仅作为摄动值输出，不包含在基态中的变量的值。

作为一个简单的加载历史的例子，考虑图 11-3 所示的弓和箭，它包含了一般和摄动分析步。

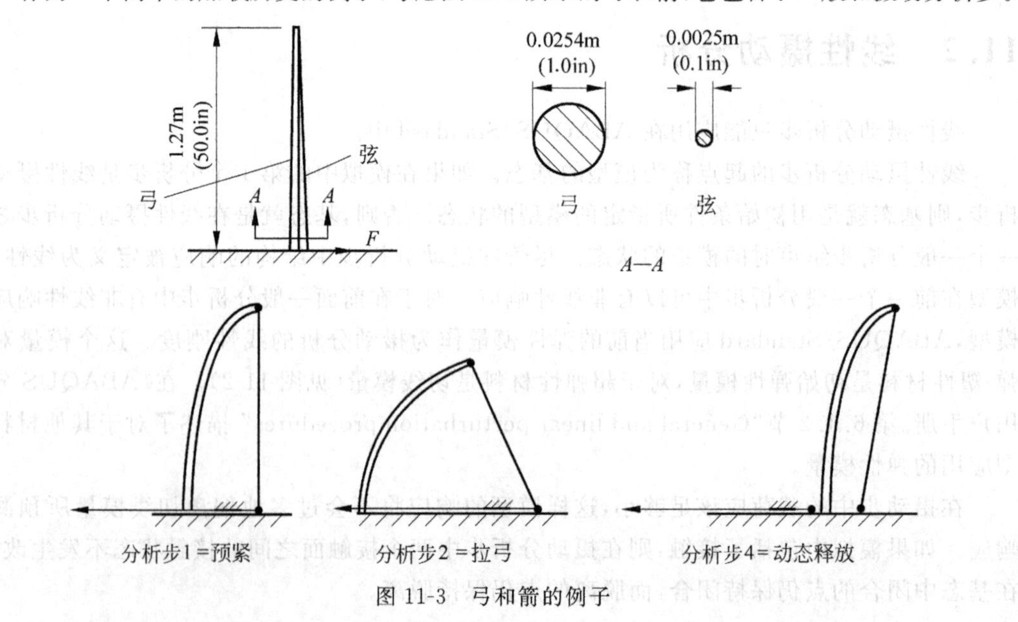

图 11-3　弓和箭的例子

分析步 1 可能是给弓上弦，预张拉弓弦。分析步 2 是在上弦之后用箭将弦向后拉开，这样在系统中储存更多的应变能。然后，分析步 3 可能是一个线性摄动分析：分析特征频率值，以研究这个加载系统的固有频率。这个分析步也可以被包含在分析步 1 和分析 2 之间，即在弦刚刚被张拉后，并又在拉开将要发射前，以研究弓和弦的固有频率。接着，分析步 4 是一个非线性动态分析，此时松开了弓弦，因此在系统中由分析步 2 向后张拉弓弦所储存的应变能将转换为箭的动能，并使其离开弓。所以这个分析步继续发展了系统的非线性响应，但是此时包含了动态效应。

在这个例子中很明显，每一个非线性一般分析步必须应用前一个非线性一般分析步结束时的状态作为它的初始状态。例如，历史的动态部分没有载荷，动态响应是由于释放了储存在静态分析步中的某些应变能引起的。这种效果在输入文件中引入了一个内在的顺序依赖关系：非线性一般分析步是一个接着一个输入的，按照所定义事件的发生顺序，在这个序列中的适当时间插入线性摄动分析步，以研究系统在这些时间中的线性行为。

一个更复杂的载荷历史描述在图 11-4 中，它以不锈钢水槽的加工和应用的步骤为例演示了分析的过程。应用冲头、冲模和夹具将薄钢板加工成水槽，这个成型仿真过程包括了一组一般分析步。典型地，分析步 1 可能涉及施加夹持力，并在分析步 2 模拟冲压过程，分析步 3 将涉及移开工具，允许水槽回弹到最终的形状。这些步骤的每一步都是一般分析步，所以将它们组合一起就模拟了一个连续的载荷历史，这里每一步的起始状态就是前一步结束时的状态。很明显，在这些分析步中包含了许多的非线性效应（塑性、接触、大变形）。在第 3 步结束时，水槽上存在着由成型过程引起的残余应力和非弹性应变。作为加工过程的直接结果，其厚度也要发生变化。

然后安装水槽：沿着水槽的边缘和与工作台顶部接触的部位施加边界条件。用户可能感兴趣和必须模拟水槽在各种不同载荷条件下的响应。例如，可能需要模拟有人站在水槽上以确保水槽不会发生断裂。因此，分析步 4 将采用线性摄动分析步来分析水槽对局部压力载荷的静态响应。请记住，由分析步 4 得到的结果将是来自水槽成型过程后的状态的摄动。如果在这个分析步中水槽中心的位移仅有 2mm，读者也许会感到奇怪，因为从成型模拟开始后水槽的变形是远大于 2mm 的。这个 2mm 的挠度仅仅是在成型后（即分析步 3 结束时）从水槽的最终构形中由人体重量引起的附加变形。从未变形的钢板构形度量，总的挠度是这个 2mm 和在分析步 3 结束时的变形之和。

水槽也要适应废水排水系统，因此必须模拟它对在某些频率上简谐载荷的稳态动力响应。因而分析步 5 是第 2 个线性摄动分析步，应用施加在排水设备接触点上的载荷，采用直接的稳态动力过程。对于这一步的基态是前面一般分析步结束时的状态，即在成型过程（分析步 3）结束时的状态。忽略了前一个摄动分析步（分析步 4）的响应。因此，这两个摄动分析步是分离的，并独立地模拟水槽对于施加在模型基态上的载荷的响应。

如果在分析中还包含了另外一个一般分析步，那么在该分析步开始时结构的条件是前一个一般分析步（分析步 3）结束时的状态。因此，分析步 6 将是一个一般分析步，模拟水槽盛满水的情形。在该分析步中的响应可以是线性的，也可以是非线性的。紧随着这个一般分析步，分析步 7 的模拟可能是重复分析步 4 中的分析。然而，在这种情况下，基态（结构在前一个一般分析步结束时的状态）是分析步 6 结束时模型的状态。因此，此时的响应为水槽盛满水，而不是空水槽的响应。因为水的质量将在很大程度上改变响应，而在分析中没有给

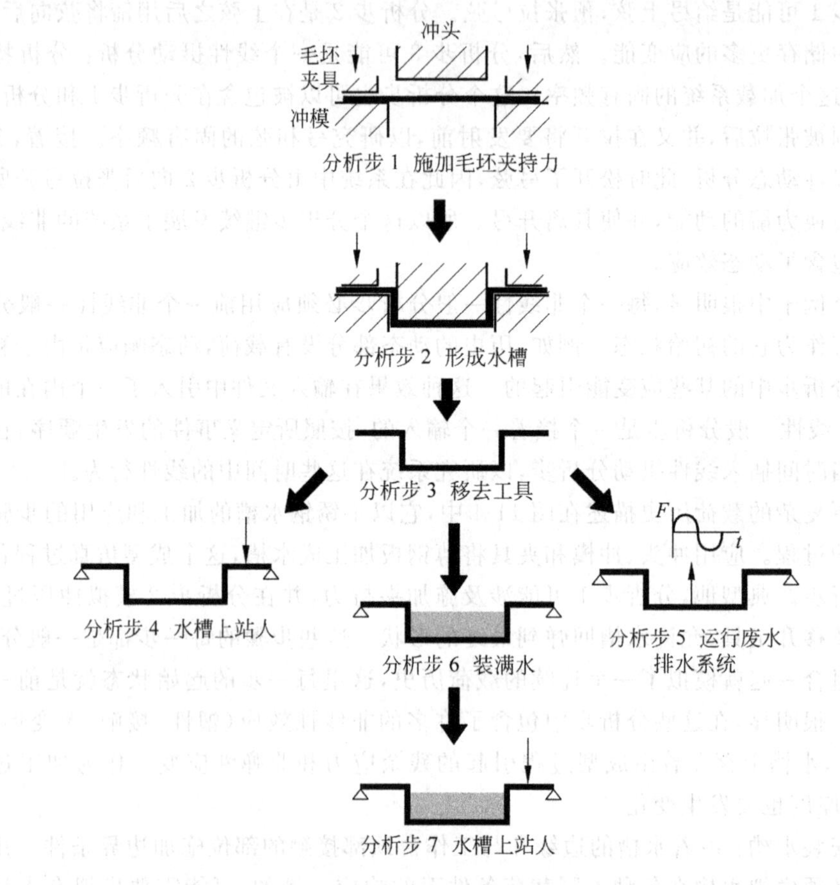

图 11-4 水槽制造和使用的分析步

予考虑,因此进行另一个稳态动力模拟将产生不准确的结果。

在 ABAQUS/Standard 中,以下的过程总是采用线性摄动分析步:

- 线性特征值屈曲(linear eigenvalue buckling);
- 频率提取(frequency extraction);
- 瞬时模态的动态分析(transient modal dynamics);
- 随机响应分析(random response);
- 响应谱分析(response spectrum);
- 稳态动力分析(steady-state dynamics)。

静态过程可以是一般过程或是线性摄动过程。

11.3 例题:管道系统的振动

在本例题中,需要分析管道系统中一根长为 5m 管段的振动频率。管材由钢制造,并有 18cm 的外径和 2cm 的壁厚(见图 11-5)。

管的一端被牢固地夹住,另一端仅能够沿轴向运动。管道系统中这段 5m 长的管段可能受到频率达到 50Hz 的谐波载荷。未加载结构的最低振动频率为 40.1Hz,但是这个值没

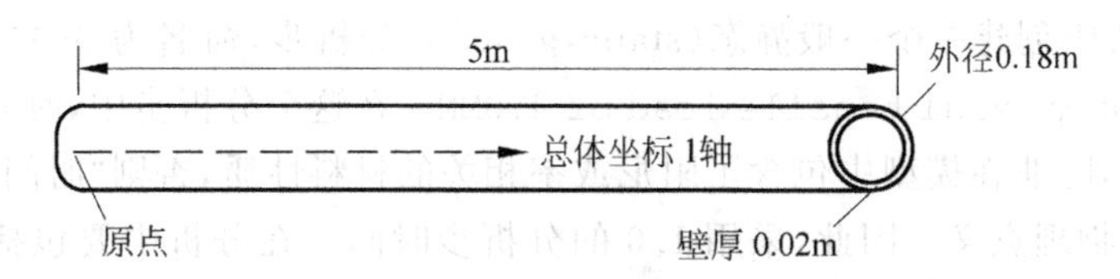

图 11-5 管道系统被分析部分的几何尺寸

有考虑到施加到管道结构上的载荷对它产生怎样的影响。为了保证这一段管不发生共振，要求用户确定其所需要的工作载荷量值，以使最低的振动频率高于 50Hz。已知管段在工作时将承受轴向拉伸，从考虑 4MN 的载荷值开始。

由于结构的横截面是对称的，所以管的最低振动模态将是沿任何与管轴垂直方向的正弦波变形。应用三维梁单元来模拟这一段管。

分析需要一个自然频率提取过程，因此，应用 ABAQUS/Standard 作为分析工具。

11.3.1 前处理——用 ABAQUS/CAE 创建模型

1. 部件的几何形体

在 Part 模块中，创建一个三维的、可变形的平面线框(planar wire)部件(记住要采用略大于模型的最大尺寸的近似部件尺寸)，命名部件为 Pipe。应用 **Create Lines: Connected** 工具绘制一条长 5.0m 的水平线段，通过对绘图进行尺寸标注使其保证精确地满足这个长度。

2. 材料与截面属性

管材由钢制造，采用弹性模量为 200×10^9 Pa，泊松比为 0.3。在 Property 模块中应用这些材料性质创建一种线弹性材料，命名为 Steel。由于在该模拟中要求提取特征模态和特征频率，以及对于该分析过程需要质量矩阵，所以必须定义钢材的密度(7800kg/m^3)。

下一步是创建 Pipe(管道)的轮廓(profile)，命名为 PipeProfile，并指定管道的外半径为 0.09m，壁厚为 0.02m。

创建一个 Beam(梁)的截面性质(Beam section)，命名为 PipeSection。在 **Edit Beam Section**(编辑梁截面)对话框中，指定截面积分在分析过程中进行，并将材料 Steel 和轮廓 PipeProfile 赋予截面定义。

最后，将截面 PipeSection 赋予到全部的几何区域。此外，定义近似的 $\boldsymbol{n}_1$ 方向作为矢量(0.0,0.0,−1.0)(默认)。在这个模型中，实际的 $\boldsymbol{n}_1$ 矢量将与这个近似的矢量重合。

3. 组装件和集合

在 Assembly 模块里，创建一个 Pipe 部件的实体。为了方便，创建包括管道左端点和右端点的几何集合，并分别命名为 Left 和 Right。这些区域以后将用来对模型施加载荷和边界条件。

4. 分析步

在这个模拟过程中，需要研究施加 4MN 拉力载荷时钢管段的特征模态和特征频率，因而，分析将分为两个步骤：

分析步 1 一般分析步：施加 4MN 拉力；

分析步 2 线性摄动分析步：计算模态和频率。

在Step模块中创建一个一般静态(static,general)分析步,命名为Pull I,采用下面的分析步描述:Apply axial tensile load of 4.0MN。在这个分析步中,时间的实际量值将对结果产生影响,除非在模型中包含了阻尼或率相关的材料性质,否则"时间"在静态分析过程中没有实际的物理意义。因此,采用1.0的分析步时间。在分析中要包括几何非线性的效果,并指定一个初始时间增量为总分析步时间的1/10。这样导致ABAQUS/Standard在第1个增量步施加10%的载荷。接受默认的允许增量步数目。

在加载状态下,需要计算管道的特征模态和特征频率。因此,创建第2个分析步,应用线性摄动的频率提取过程,命名这个分析步为Frequency I,并给出它的描述如下:Extract modes and frequencies。尽管只对第1阶(最低阶)特征模态感兴趣,但还是提取了模型的前8阶特征模态。由于要求少量的特征值,所以采用子空间迭代(subspace iteraction)特征值求解器。

5. 输出要求

由ABAUQS/CAE创建的对于每个分析步默认的输出数据要求是足够的;不需要创建另外的输出要求。

为了能够向重新启动文件输出数据,从主菜单栏中选择**Output→Restart Requests**。对于标记Pull I的分析步,每10个增量步向重新启动文件写入一次数据;对于标记Frequency I的分析步,每个增量步向重新启动文件写入一次数据。

6. 载荷与边界条件

进入Load模块,在第1个分析步,在钢段的右端施加一个4×10^6 N的拉力,这样它沿轴的正方向(整体坐标1轴)变形。在默认的情况下,在整体坐标系中施加力。

管段在它的左端被完全夹持,另一端也被夹持。然而,由于在这一端上必须施加轴向力,所以只约束了自由度2～6(U2,U3,UR1,UR2和UR3)。在第1个分析步中,对Left和Right集合施加适当的边界条件。

在第2个分析步中,要求出已伸长管段的自然频率。这不包括施加的任何摄动载荷,并从前一个一般分析步中完全继承了固定的边界条件。因此,在这个分析步中,无需指定任何附加的载荷或边界条件。

7. 定义网格和作业

在管段中播撒种子和划分网格,采用30个均匀的空间二次管道单元(PIPE32)。

在继续下面的工作之前,从主菜单栏中选择**Model→Rename→Model-1**,并重新命名模型为Original。这个模型将作为后面的第11.5节"例题:重启动管道的振动分析"中应用在例题讨论中的模型的基础。

在Job模块中创建一个作业,命名为Pipe,采用如下的描述:Analysis of a 5 meter long pipe under tensile load。

将模型保存到模型数据库文件中,并提交作业进行分析。监控求解过程,纠正任何模拟中的错误,并调查任何警告信息的原因,当必要时采取修正的措施。

11.3.2　对作业的监控

在作业运行时单击**Job Monitor**。在分析结束时,它的内容类似于图11-6所示。它显示了两个分析步,与线性摄动分析步对应的时间非常小:频率提取过程或任何线性摄动过程都不会对模型的一般载荷历史作出贡献。

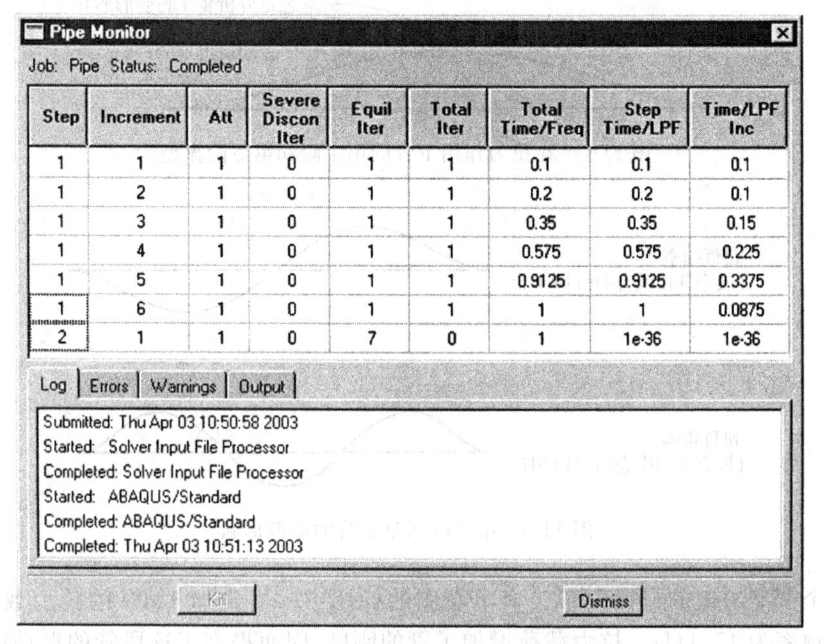

Step	Increment	Att	Severe Discon Iter	Equil Iter	Total Iter	Total Time/Freq	Step Time/LPF	Time/LPF Inc
1	1	1	0	1	1	0.1	0.1	0.1
1	2	1	0	1	1	0.2	0.2	0.1
1	3	1	0	1	1	0.35	0.35	0.15
1	4	1	0	1	1	0.575	0.575	0.225
1	5	1	0	1	1	0.9125	0.9125	0.3375
1	6	1	0	1	1	1	1	0.0875
2	1	1	0	7	0	1	1e-36	1e-36

图 11-6　**Job Monitor**：原始的管道振动分析

11.3.3　后处理

来自线性摄动分析步的变形形状

进入 Visualization 模块，打开由这个作业创建的输出数据库文件 Pipe.odb。可视化模块自动地应用在输出数据库文件中的最后一个画面。来自这个模拟的第 2 个分析步的结果是管的自振振型和相应的自振频率。绘制第 1 阶振型。

绘制第 1 阶振型：

(1) 从主菜单栏中选择 **Result→Step/Frame**，显示 **Step/Frame** 对话框。

(2) 选择分析步 Frequency I 和画面 Mode 1。

(3) 单击 **OK**。

(4) 从主菜单栏中选择 **Plot→Deformed Shape**。

(5) 应用 **Deformed Shape Plot Options**(变形图绘图选项)，在模型的变形图上叠加未变形图，并在两个图上显示节点符号。将节点符号的颜色改为绿色，符号形状改为实心圆。

(6) 单击自动缩放工具 ，使全部画面缩放并充满视区。

默认的视角为等视图。尝试旋转模型以便发现观察第 1 阶特征模态的最佳视角。旋转模型后应该能够得到类似于图 11-7 所示的画面。

因为这是一个线性摄动分析步，所以未变形图是这个结构的基态形状。这使得我们可以很容易地观察管相对于其基态的运动。应用在提示区中的 **ODB Frame**(输出画面)选项来绘制其他振型形状，可以发现这个模型有多个重复的振型，这是管道具有对称横截面的结果。某些更高阶的振动模态形状如图 11-8 所示。

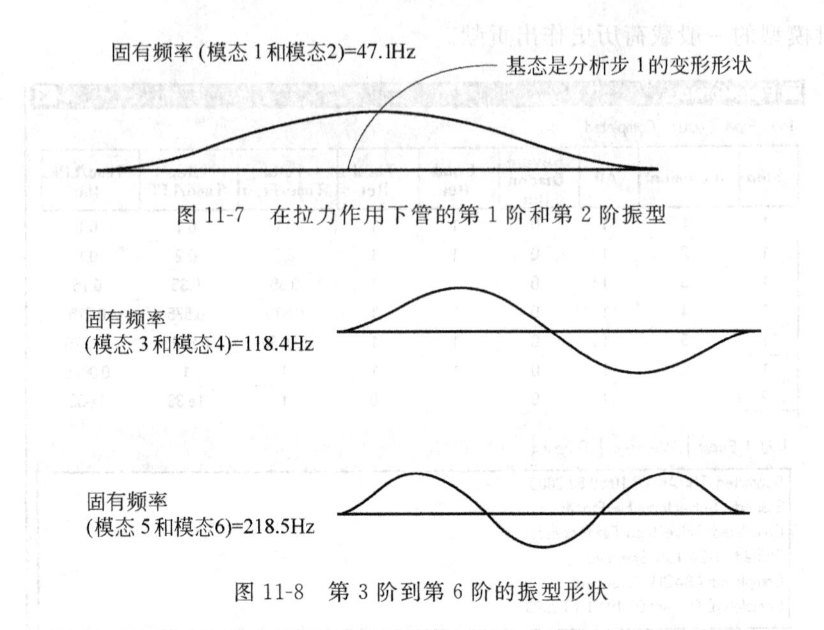

图 11-7 在拉力作用下管的第 1 阶和第 2 阶振型

图 11-8 第 3 阶到第 6 阶的振型形状

与每个振型对应的自振频率会显示在图的标题中。当施加 4MN 的拉力载荷时，管的最低自振频率为 47.1Hz。拉力载荷增加了管的刚度，因而提高了这段管的振动频率。这个最低自振频率仍然在谐振载荷的频率范围之内，因此，当施加这个载荷时，管的共振可能是问题。

因此，需要继续模拟并在管段上施加附加的拉伸载荷，直到发现这段管的自振频率提高到一个可接受的水平。可以利用在 ABAQUS 中的重新启动功能，在一个新的分析中继续前一个模拟分析的载荷历史，而无需重复整个分析和增加所施加的轴向载荷。

11.4 重启动分析

没有必要将多步骤模拟定义在单一作业中。实际上，一般理想的情况是分阶段运行一个复杂的模拟。这样，在继续下一个分析阶段之前，允许用户去检验结果，并确认分析是否正在按照预料的情况进行。ABAQUS 的重启动分析(restart analysis)功能允许重新启动一个模拟，并计算模型关于新增载荷历史的响应。

在《ABAQUS 分析用户手册》第 7.1.1 节“Restarting an analysis”中详细讨论了重启动分析功能。

11.4.1 重启动文件和状态文件

ABAQUS/Standard 的重启动文件(.res)和 ABAQUS/Explicit 的状态文件(.abq)包含了继续进行前面的分析所必需的信息。在 ABAQUS/Explicit 中，为了重新启动一个分析也要用到打包文件(.pac)和选择结果文件(.sel)，在第 1 个作业完成后必须保存这两个文件。此外，这两个产品需要输出数据库文件(.odb)。对于大型模型，重新启动文件可能会很大，当需要重新启动数据时，默认情况下每个增量步或者间隔都会将数据写入重新启动文件中。因此，控制重启动数据写入的频率是非常重要的。有时在一个分析步中允许覆盖写入重启动文件中的数据是很有用的，这意味着对于每个分析步在分析结束时仅有一组重启动数据，它对应于在每个分析步结束时的模型状态。然而，如果由于某种原因中断了分析的过程，诸如计算机故障，分析可以从最后一次写入重启动数据的地方继续进行。

11.4.2 重启动分析

当利用前面分析的结果重新启动一个模拟时，在模拟的载荷历史中要指定一个特殊点，作为重新启动分析的出发位置。然而，在重启动分析中应用的模型必须与在原始分析中到达重启动时刻所用的模型一致。具体要求是：

- 重启动分析的模型不能修改或增加任何已经在原始分析模型中定义过的几何体、网格、材料、截面、梁截面轮廓、材料方向、梁截面方向、相互作用性质或者约束。
- 类似地，它不能修改在重启动位置当时或者之前的任何分析步、载荷、边界条件、场或者相互作用。

然而，在重启动分析模型中可以定义新的集合和幅值曲线。

1. 继续被中断的作业

重启动分析可以直接从前面分析的指定分析步和增量步中继续进行。如果给定的分析步和增量步并没有对应于前面分析的结束位置(例如，如果分析由于计算机故障而中断)，在进行任何新的分析步之前，ABAQUS 将试图完成这个原始的分析步。

在 ABAQUS/Explicit 中进行的某些重启动分析是简单地继续一个长的分析步(例如，它可能是由于作业超过了时间限制而中止)，通过使用在命令行中的 recover 命令，可以重新启动运行这个作业，给出如下：

```
abaqus job=jobname recover
```

2. 继续增加新的分析步

如果前一个分析顺利完成，而且已经观察了结果，希望在载荷历史中增加新的分析步，那么指定的分析步和增量步必须是前面分析中的最后分析步和最后增量步。

3. 改变分析

有时已经观察了前面分析的结果，可能希望从一个中间点重启动分析，并以某种方式改变余下的载荷历史，例如，增加更多的输出要求、改变载荷或者调整分析控制。这可能是必要的，例如，当一个分析步超过了其最大增量步的数目时。如果由于超过了增量步的最大数目而重新启动一个分析，ABAQUS/Standard 认为这个分析是整个分析步的一部分，它会试图完成该分析步，并立刻再一次超出增量步的最大数目。

在这种情形下，应该设置在指定的分析步和增量步中必须中止当前的分析步，然后模拟可以用一个新的分析步继续。例如，如果一个分析步仅允许最多 20 个增量步，它少于完成这个分析步所需要的增量步数目，则需要在整个分析步的定义中定义一个新的分析步，它包括施加的载荷和边界条件。新的分析步与原始分析步中运算的规定相同，而仅作如下修改：

- 应该增加增量步的数目。
- 新的分析步的总时间应该是原分析步的总时间减去完成第 1 次运算分析的时间。例如，如果分析步的时间原来指定为 100s，而在 20s 的步骤时间完成了分析，在重启动分析中的分析步时间应该为80s。

- 任何指定以分析步的时间形式定义的幅值(amplitude)需要重新定义,以反映分析步的新的时间尺度。以总时间形式定义的幅值无需改变,应用在上面给出的修改。

在一般分析步中,由于任何载荷的量值或给定的边界条件总是总体量值,所以它们保持不变。

11.5 例题:重启动管道的振动分析

为了演示如何重新启动一个分析,采用在第11.3节"例题:管道系统的振动"中的管段例题,并重新启动模拟,增加两个新的载荷历史分析步。在第一次模拟中预估到当管段被轴向伸长后是容易产生共振的;现在需要确定再施加多大的轴向载荷将增加管段的最低振动频率使其达到一个可接受的水平。

分析步3将是一个一般分析步,在管段上增加轴向载荷达到8MN,而分析步4将再次计算特征模态和特征频率。

11.5.1 创建重启动分析模型

打开模型数据库文件Pipe.cae(如果还没有打开它),在主菜单栏中选择**Model→Copy Model→Original**,将命名为`Original`的模型复制到命名为`Restart`的模型。下面讨论对于该模型的修改。

1. 模型属性

为了进行重启动分析,必须改变模型的属性以指明模型将再次使用来自前面分析的数据。从主菜单栏中选择**Model→Edit Attributes→Restart**。在显示的**Edit Model Attributes**(编辑模型属性)对话框中,指定从Pipe作业中读取重启动分析的数据,并指定重启动的出发点位于在分析步`Frequency I`的结束处。

2. 分析步定义

进入Step模块,创建两个新的分析步。第1个新分析步是一般静态分析步,命名为`Pull II`,并立刻将其插入在分析步`Frequency I`之后。给予该分析步如下描述:`Apply axial tensile load of 8.0 MN`,并设置该分析步的时间长度为`1.0`,初始时间增量为`0.1`。

第2个新分析步是频率提取步,命名为`Frequency II`,并立刻将其插入分析步`Pull II`之后,给予该分析步如下描述:`Extract modes and frequencies`,应用子空间迭代法特征值求解器提取管段的前8阶振型和频率。

3. 输出要求

对于分析步`Pull II`,每10个增量步向重启动文件写入一次数据。另外,每个增量步向输出数据库文件写入预选的场变量数据。

对于频率提取分析步,接受默认的输出要求。

4. 载荷定义

在Load模块中修改载荷定义,这样在第2个一般静态分析步中(`Pull II`)施加在管段上的拉力载荷提高到2倍。为了修改载荷,在主菜单栏中选择**Load→Edit→Load-1**,并在分析步`Pull II`中将作业力的值改为`8.0E+06`。

5. 作业定义

在 Job 模块中创建一个作业，命名为 PipeRestart，采用如下描述：Restart analysis of a 5 meter long pipe under tensile load。如果还没有设置作业类型，则将其设置为 **Restart**（重启动）（如果作业类型没有设置为 **Restart**，ABAQUS/CAE 将忽略模型的重启动属性）。

将模型存入模型数据库文件，并提交作业进行分析。监控求解的进程，改正任何模拟中的错误，并研究任何警告信息的原因，采取必要的改正措施。

11.5.2 监控作业

当作业运行时检查 **Job Monitor**。当分析完成后，它的内容类似于图 11-9 所示。

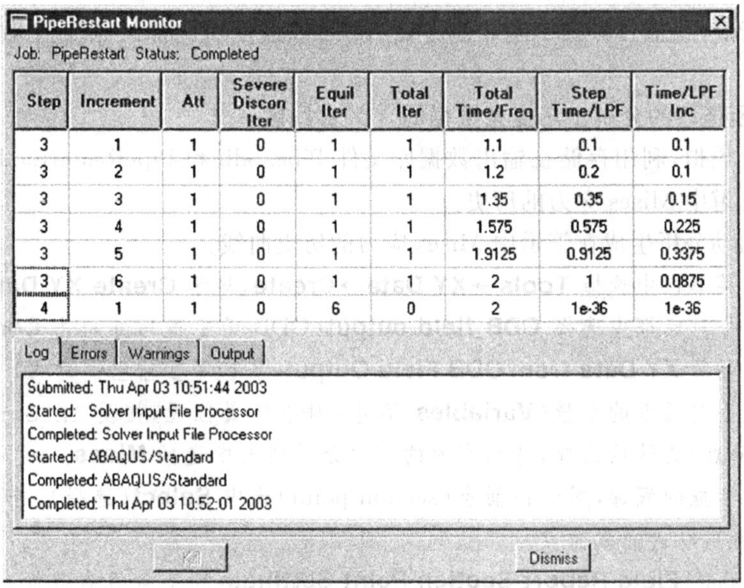

PipeRestart Monitor

Job: PipeRestart Status: Completed

Step	Increment	Att	Severe Discon Iter	Equil Iter	Total Iter	Total Time/Freq	Step Time/LPF	Time/LPF Inc
3	1	1	0	1	1	1.1	0.1	0.1
3	2	1	0	1	1	1.2	0.2	0.1
3	3	1	0	1	1	1.35	0.35	0.15
3	4	1	0	1	1	1.575	0.575	0.225
3	5	1	0	1	1	1.9125	0.9125	0.3375
3	6	1	0	1	1	2	1	0.0875
4	1	1	0	6	0	2	1e-36	1e-36

Log | Errors | Warnings | Output

Submitted: Thu Apr 03 10:51:44 2003
Started: Solver Input File Processor
Completed: Solver Input File Processor
Started: ABAQUS/Standard
Completed: ABAQUS/Standard
Completed: Thu Apr 03 10:52:01 2003

Kill Dismiss

图 11-9 **Job Monitor**：重启动管道振动分析

由于分析步 1 和分析步 2 在前面的分析中已经完成，所以这次分析从分析步 3 开始。现在对应于这个模拟，共有两个输出数据库文件(.odb)：关于分析步 1 和分析步 2 的数据在 Pipe.odb 文件中；关于分析步 3 和分析步 4 的数据在 PipeRestart.odb 文件中。当显示结果时，需要记住在每一个文件中保存的是哪些结果，而且需要确保 ABAQUS/CAE 正在应用正确的输出数据库文件。

11.5.3 对重启动分析的结果做后处理

切换到 Visualization 模块，并打开来自重启动分析的输出数据库 PipeRestart.odb。

1. 绘制管道的振型

类似于在前面关于这个模拟的后处理，同样绘制管道的前 6 个振型。应用关于原分析过程的描述，可以绘制振型图。这些振型和它们的自振频率如图 11-10 所示。

在 8MN 轴向载荷作用下，现在最低模态的自振频率为 53.1Hz，它大于所要求的最小

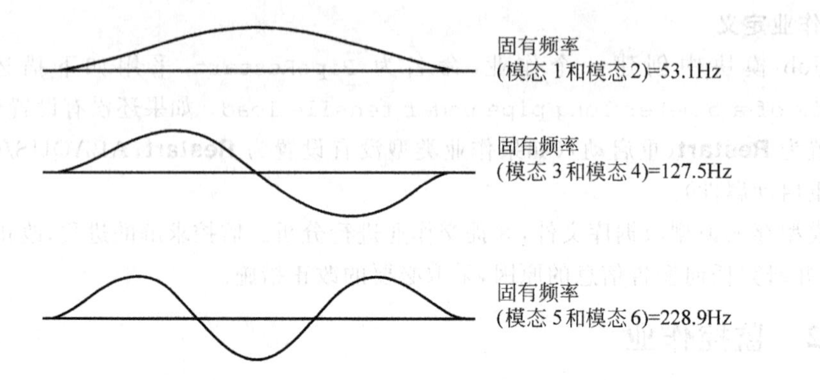

图11-10 在8MN拉伸载荷作用下第1阶至第6阶特征模态的振型和频率

频率50Hz。欲使最低自振频率刚好超过50Hz,可以改变所施加的载荷值并重复这个重启动分析。

2. 绘制所选取的分析步场变量数据的 *X-Y* 曲线图

对于整个模拟,利用存储在输出数据库文件Pipe.odb和PipeRestart.odb中的场变量数据绘制在管道中Mises应力的历史。

对于重启动分析生成在管道中Mises应力的历史曲线:

(1) 从主菜单栏中选择**Tools→XY Data→Create**,显示**Create XY Data**对话框。

(2) 从这个对话框中选择**ODB field output**(ODB场变量),并单击**Continue**执行操作。显示**XY Data from ODB Field Output**(从场变量输出创建*XY*数据)对话框。

(3) 在这个对话框的变量(**Variables**)页中,对于变量位置,接受Integration Point(积分点)的默认选择,并从有效的应力分量列表中选择**Mises**。

(4) 在对话框的底部,对于截面点(section point)选中**Select**(选择),并单击**Settings**(设置),以选择截面点。

(5) 在弹出的**Field Report Section Point Settings**(场变量报告截面点设置)对话框中,对于管道截面选取**beam**类型和选取任何的有效截面点,单击**OK**,退出对话框。

(6) 在**XY Data from ODB Field Output**(从场变量输出创建*XY*数据)对话框的**Elements/Nodes**(单元/节点)页中,选择**Elements**作为**Item**,选择**Element labels**(单元编号)作为**Selection Method**(选取方式)。在模型中有30个单元,而且它们的编号是从1～30连续排列。在对话框右边显示的**Labels**(编号)文本域内键入任意单元编号(例如,25)。

(7) 在**XY Data from ODB Field Output**对话框的**Steps/Frames**(分析步/画面)页中,选取Pull II作为提取数据的分析步。

(8) 在对话框的底部单击**Plot**,观察在这个单元中Mises应力的历史。

绘图描绘了重启动分析中在单元中每个积分点处的Mises应力历史。由于重启动分析是前面作业的继续,所以对于从整个分析中(原分析和重启动分析)观察结果常常是很有用的。

生成在管道中关于整个分析的Mises应力的历史曲线:

(1) 在 **XY Data from ODB Field Output** 对话框的底部，通过单击 **Save** 保存当前的图形。保存了两条曲线(每一条曲线对应一个积分点)，并赋予曲线默认的名字。

(2) 重新命名其中任一条曲线为 RESTART，并删除另外一条。

(3) 从主菜单栏中选择 **File→Open**，或应用在工具栏中的 工具打开文件 Pipe.odb。

(4) 随后的过程已经在前面列出，保存关于前述的同一个单元和积分点/截面点的 Mises 应力历史的曲线，将这条曲线命名为 ORIGINAL。

(5) 从主菜单栏中选择 **Tools→XY Data→Manager**(如果还没有选择)。
在 **XY Data Manager**(XY 数据管理器)中列出了 ORIGINAL 和 RESTART 曲线。

(6) 用[Ctrl]+单击同时选择这两条曲线，并单击 **Plot** 来创建关于整个模拟的在管道中 Mises 应力历史的曲线图。

(7) 为了改变线的形式，在提示区中单击 **XY Curve Options**(XY 曲线选项)，显示 **XY Curve Options** 对话框。

(8) 为 RESTART 曲线选取虚线(dotted)线型。

(9) 单击 **OK**。

(10) 为了改变图形标题，在提示区中单击 **XY Plot Options**(XY 曲线选项)。显示 **XY Plot Options** 对话框。默认地选择了 **Scale**(比例)页，单击 **Titles**(标题)页。

(11) 对于 X 轴单击 **Title source**，并选择 **User-specified**，命名新的标题。类似地，修改 Y 轴的标题。

(12) 单击 **OK**。

由这些命令创建的曲线如图 11-11 所示。

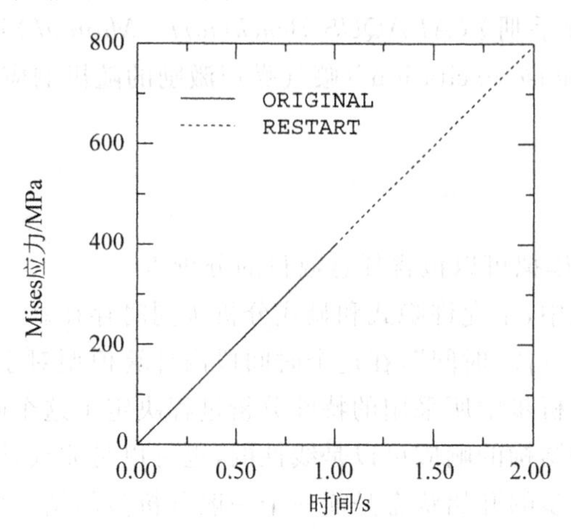

图 11-11 在管道中 Mises 应力的历史

通过只选择 RESTART 一条曲线，可以绘出在分析第 3 步中相同单元的 Mises 应力历史(见图 11-12)。

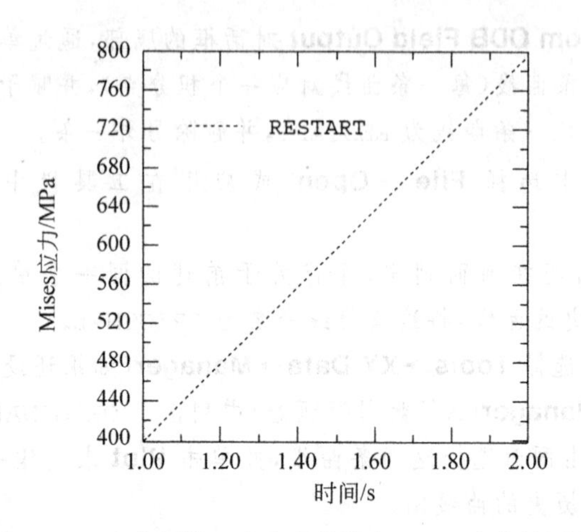

图 11-12 在分析第 3 步中在管道中 Mises 应力的历史

11.6 相关的 ABAQUS 例题

- 《ABAQUS 实例手册》(*ABAQUS Example Problems Manual*)第 1.3.4 节,"Deep drawing of a cylindrical cup"(圆柱状杯子的深冲压)。
- 《ABAQUS 实例手册》(*ABAQUS Example Problems Manual*)第 2.2.2 节,"Linear analysis of the Indian Point reactor feedwater line"(印度 Point 反应堆供水线的线性分析)。
- 《ABAQUS 基准手册》(*ABAQUS Benchmarks Manual*)第 1.4.3 节,"Vibration of a cable under tension"(拉伸缆索的振动)。
- 《ABAQUS 基准手册》(*ABAQUS Benchmarks Manual*)第 1.4.10 节,"Random response to jet noise excitation"(喷气噪声激励的随机响应)。

11.7 小结

- 一个 ABAQUS 模拟可以包含任意数目的分析步。
- 在一个分析作业中,不允许隐式和显式分析步同时存在。
- 一个分析步就是一段"时间",在这个时间段内计算模型对于一组给定载荷和边界条件的响应。在分析步中所采用的特殊分析过程决定了这个响应的特征。
- 在一般分析步中结构的响应可以是线性的,也可以是非线性的。
- 每一个一般分析步的开始状态是前一个一般分析步的结束状态。这样,在一个模拟中模型的响应涉及一系列的一般分析步。
- 线性摄动分析步(仅适用于 ABAQUS/Standard)计算结构对于摄动载荷的线性响应。这个响应是相对于基态而言的,而基态定义为在前一个一般分析步结束时的模型状态。
- 只要保存了重启动文件,就可以重新启动分析。对于整个模拟过程,重启动文件可以用来继续一个中断的分析或者增加新的载荷历史。

12 接　触

许多工程问题都涉及两个或多个部件之间的接触。在这些问题中，当两个物体彼此接触时，垂直于接触面的力作用在两个物体上。如果在接触面之间存在摩擦，可能产生剪力以阻止物体的切向运动(滑动)。接触模拟的一般目的是确定表面上发生接触的面积和计算所产生的接触压力。

在有限元分析中，接触条件是一类特殊的不连续约束，它允许力从模型的一部分传递到另一个部分。因为只有当两个表面发生接触时才会有约束产生，而当两个接触的面分开时，就不存在约束作用了，所以这种约束是不连续的。分析必须能够判断什么时候两个表面发生接触并采用相应的接触约束。类似地，分析必须能够判断什么时候两个表面分开并解除接触约束。

12.1　ABAQUS 接触功能概述

在 ABAQUS/Standard 和 ABAQUS/Explicit 中的接触模拟功能具有明显的差异，所以将分别对它们进行讨论，并在本章的最后提供两者功能的比较。

在 ABAQUS/Standard 中的接触模拟或者是基于表面(surface)或者是基于接触单元(contact element)。因此，必须在模型的各个部件上创建可能发生接触的表面。然后，必须判断哪一对表面可能发生彼此接触，称之为接触对。最后，必须定义控制各接触面之间相互作用的本构模型。这些接触面相互作用的定义包括诸如摩擦行为等。

在 ABAQUS/Explicit 中的接触模拟可以利用通用(“自动”)接触算法或者接触对算法。通常定义一个接触模拟只需简单地指定所采用的接触算法和将会发生接触作用的表面。在某些情况下，当默认的接触设置不满足需要时，可以指定接触模拟的其他方面内容，例如，考虑摩擦的相互作用力学模型。

12.2　定义接触面

表面是由其下层材料的单元面来创建的。下面的讨论假设是在 ABAQUS/CAE 中定义表面。在《ABAQUS 分析用户手册》(*ABAQUS Analysis User's Manual*)第 2.3 节“Defining surfaces”中讨论了关于在 ABAQUS 中可以创建的各类表面的条件。在开始接触模拟之前请先阅读这部分内容。

1. 实体单元上的接触面

对于二维和三维的实体单元，可以通过在视区中选择部件实体的区域来指定部件中接触表面的部分。

2. 在结构、面和刚体单元上的表面

定义在结构、表面和刚体单元上的接触面，可以有四种方法：单侧(single-sided)表面、双侧(double-sided)表面、基于边界(edge-based)的表面和基于节点(node-based)的表面。仅在 ABAQUS/Explicit 中可以用双侧表面。

应用单侧表面时,必须指明是单元的哪个面来形成接触面。在正单元法线方向的面称为 SPOS,而在负单元法向方向的面称为 SNEG,如图 12-1 所示。已经在第 5 章"应用壳单元"中讨论过,单元的节点次序定义了正单元法向。可以在 ABAQUS/CAE 中查看正单元法向。

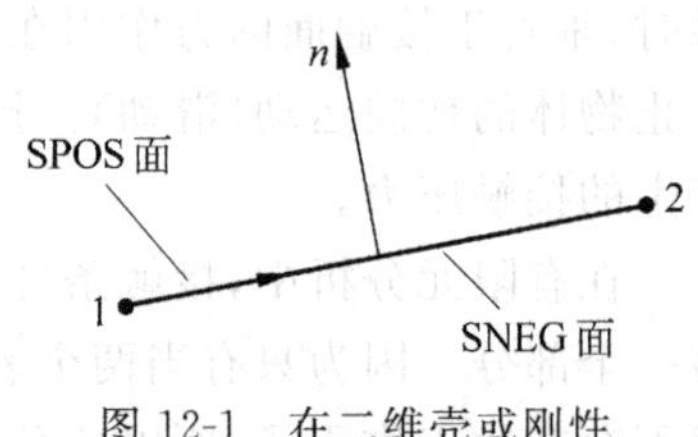

图 12-1　在二维壳或刚性单元上的表面

在 ABAQUS/Explicit 中的双侧表面是更为常用的,因为它自动地包括了 SPOS 和 SNEG 两个面和所有的自由边界。接触既可以发生在构成双侧接触面单元的面上,也可以发生在单元的边界上。例如,在分析的过程中,一个从属节点可以从双侧表面的一侧出发,并经过边界到达另一侧。目前,对于三维的壳、膜、面和刚体单元,仅在 ABAQUS/Explicit 中有双侧表面的功能。通用接触算法和在接触对中的自接触算法强化了在所有的壳、膜、面和刚体表面的双面接触,即使它们只定义了单侧面。

基于边界的表面考虑在模型周围边界上发生接触。例如,可以应用它们模拟在壳边界上的接触。另外,基于节点的表面定义了在节点集和表面之间的接触,可以应用并取得同样的效果,如图 12-2 所示。

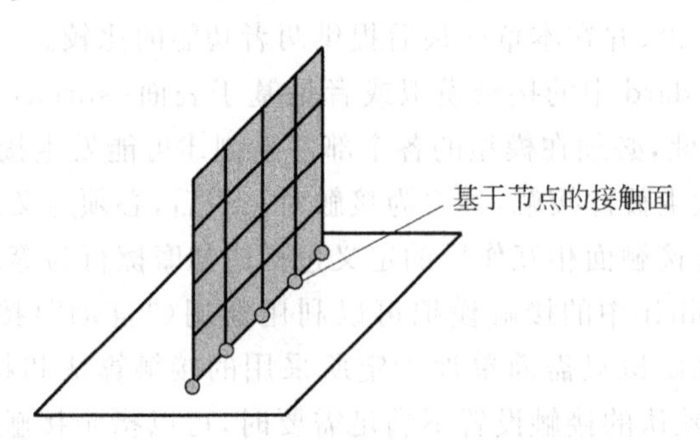

图 12-2　对于壳边界的接触应用基于节点的区域

3. 刚性表面

刚性表面是刚性体的表面,可以将其定义为一个解析形状,或者是基于与刚体相关的单元的表面。

解析刚性表面有三种基本形式。在二维中,一个解析刚性表面是一个二维的分段刚性表面。可以在模型的二维平面上应用直线、圆弧和抛物线弧定义表面的横截面。定义三维刚性表面的横截面,可以在用户指定的平面上应用对于二维问题相同的方式定义。然后由这个横截面绕一个轴扫掠形成一个旋转表面,或沿一个矢量拉伸形成一个长的三维表面,如图 12-3 所示。

解析刚性表面的优点在于只用少量的几何点便可以定义并且计算效率很高。然而在三维情况下,应用解析刚性表面所能够创建的形状范围是有限的。

离散形式的刚性表面是基于构成刚性体的单元面,这样,它们可以创建比解析刚性表面几

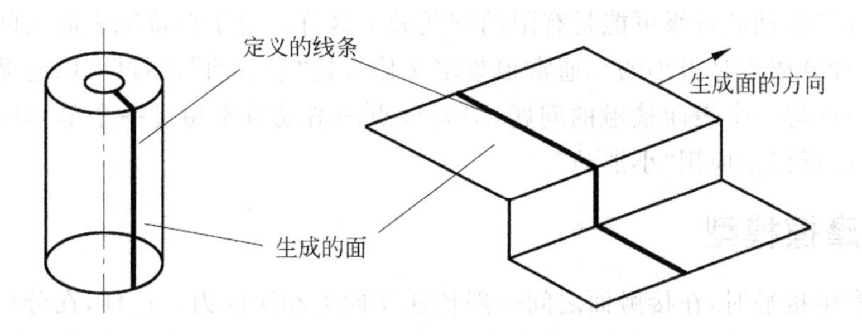

图 12-3 解析刚性表面

何上更为复杂的刚性面。定义离散刚性表面的方法与定义可变形体表面的方法完全相同。

目前,在 ABAQUS/Explicit 中解析刚性表面还只能应用于接触对算法。

12.3 接触面间的相互作用

接触面之间的相互作用包含两部分:一部分是接触面间的法向作用,另一部分是接触面间的切向作用。切向作用包括接触面间的相对运动(滑动)和可能存在的摩擦剪应力。每一种接触相互作用都可以代表一种接触特性,它定义了在接触面之间相互作用的模型。在 ABAQUS 中有几种接触相互作用的模型。默认的模型是没有粘结的无摩擦模型。

12.3.1 接触面的法向行为

两个表面分开的距离称为间隙(clearance)。当两个表面之间的间隙变为零时,在 ABAQUS 中施加了接触约束。在接触问题的公式中,对接触面之间能够传递的接触压力的量值未作任何限制。当接触面之间的接触压力变为零或负值时,两个接触面分离,并且约束被移开。这种行为代表了"硬"接触。图 12-4 描述了其接触压力与间隙的关系。

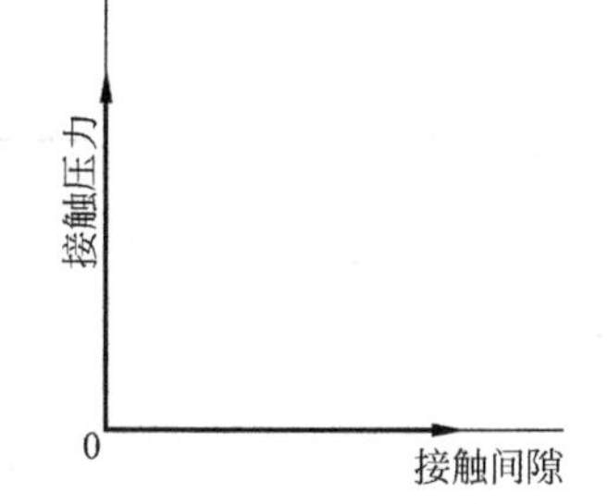

图 12-4 "硬"接触的接触压力与间隙的关系

当接触条件从"开"(间隙值为正)到"闭"(间隙值等于零)时,接触压力会发生剧烈的变化,有时可能会使得在 ABAQUS/Standard 中的接触模拟难以完成。但是在 ABAQUS/Explicit 中则不是这样,其原因是对于显式算法不需要迭代。在本章的后面将讨论应用于克服接触模拟困难的若干技术。另外一些信息包括《ABAQUS 分析用户手册》第 21.2.9 节"Common difficulties associated with contact modeling in ABAQUS/Standard";第 21.4.6 节"Common difficulties associated with contact modeling using the contact pair algorithm in ABAQUS/Explicit";"Contact in ABAQUS/Standard"讲义和"Advanced Topics: ABAQUS/Explicit"讲义。

12.3.2 表面的滑动

除了要确定在某一点是否发生接触外,一个 ABAQUS 分析还必须计算两个表面之间的相互滑动。这可能是一个非常复杂的计算。因此,ABAQUS 在分析时对哪些滑动的量级是小的和哪些滑动的量级可能是有限的问题做了区分。对于在接触表面之间是小滑动的模型问题，其计算成本是很小的。通常很难定义什么是"小滑动"，不过可以遵循一个一般的原则：对于一点与一个表面接触的问题，只要该点的滑动量不超过一个单元典型尺度的一小部分，就可以近似地应用"小滑动"。

12.3.3 摩擦模型

当表面发生接触时，在接触面之间一般传递切向力和法向力。这样，在分析中就要考虑阻止表面之间相对滑动的摩擦力。库仑摩擦(Coulomb friction)是经常用来描述接触面之间相互作用的摩擦模型，该模型应用摩擦系数 μ 来表征在两个表面之间的摩擦行为。

默认的摩擦系数为零。在表面拽力达到一个临界剪应力值之前，切向运动一直保持为零。根据下面的方程临界剪应力取决于法向接触压力：

$$\tau_{\mathrm{crit}} = \mu p$$

式中，μ 是摩擦系数；p 是两接触面之间的接触压力。这个方程给出了接触表面的临界摩擦剪应力。直到在接触面之间的剪应力等于极限摩擦剪应力 μp 时，接触面之间才会发生相对滑动。对于大多数表面，μ 通常是小于单位1的。库仑摩擦可以用 μ 或 τ_{crit} 定义。图12-5中的实线描述了库仑摩擦模型的行为：当它们处于粘结状态时(剪应力小于 μp)，表面之间的相对运动(滑移)为零。如果两个接触表面是基于单元的表面，则也可以指定摩擦应力极限。

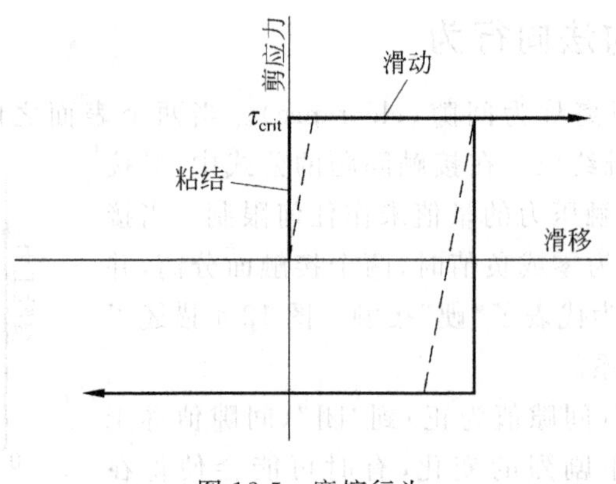

图12-5 摩擦行为

在ABAQUS/Standard的模拟中，在粘结和滑移两种状态之间的不连续性可能导致收敛问题。因此，在ABAQUS/Standard模拟中，只有当摩擦力对模型的响应有显著影响时才应该在模型中包含摩擦。如果在有摩擦的接触模拟中出现了收敛问题，首先应该尝试的诊断和修改问题的方法之一就是在无摩擦的情况下重新运算。一般情况下，对于ABAQUS/Explicit引入摩擦并不会引起附加的计算困难。

模拟理想的摩擦行为可能是非常困难的。因此，在默认的大多数情况下，ABAQUS使用一个允许"弹性滑动"的罚摩擦公式，如图12-5中的虚线所示。"弹性滑动"是在粘结的接触面之间所发生的小量的相对运动。ABAQUS自动地选择罚刚度(虚线的斜率)，因此这个允许的"弹性滑动"是单元特征长度的很小一部分。罚摩擦公式适用于大多数问题，包括在大部分金属成形问题中的应用。

在那些必须包含理想的粘结-滑动摩擦行为的问题中，可以在 ABAQUS/Standard 中使用“Lagrange”摩擦公式和在 ABAQUS/Explicit 中使用动力学摩擦公式。在计算机资源的消耗上，“Lagrange”摩擦公式是更加昂贵的，因为对于每个采用摩擦接触的表面节点，ABAQUS/Standard 应用附加的变量。另外，求解的收敛速度会是更慢的，一般地是需要附加的迭代。在本书中不讨论这种摩擦公式。

在 ABAQUS/Explicit 中摩擦约束的动力学施加方法是基于预测/修正算法。在预测构型中，应用与节点相关的质量、节点滑动的距离和时间增量来计算用于保持另一侧表面上节点位置所需要的力。如果在节点上应用这个力计算得到的切应力大于 τ_{crit}，则表面是在滑动，并施加了一个相应于 τ_{crit} 的力。在任何情况下，对于在处于接触中的从属节点与主控表面的节点上，这个力将导致沿表面切向的加速度修正。

通常在从粘结条件下进入初始滑动的摩擦系数不同于已经处于滑动中的摩擦系数。前者典型地代表了静摩擦系数，而后者代表了动摩擦系数。在 ABAQUS 中用指数衰减规律来模拟静摩擦和动摩擦之间的转换（见图 12-6）。在本书中不讨论这个摩擦公式。

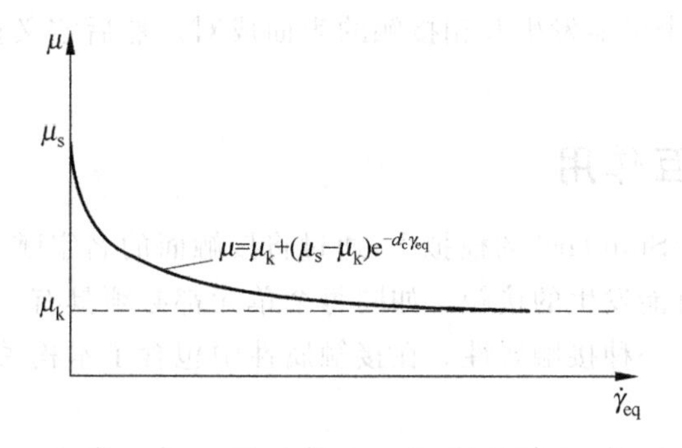

图 12-6 指数衰减摩擦模型

在模型中由于包含了摩擦，所以在 ABAQUS/Standard 的求解方程组中增加了非对称项。如果 μ 小于 0.2，那么这些非对称项的量值和影响都非常小，并且正则、对称求解器工作效果是很好的（除非接触面具有很大的曲率）。对于更高的摩擦系数，将自动地采用非对称求解器，因此它将改进收敛的速度。非对称求解器所需的计算机内存和硬盘空间是对称求解器的 2 倍。大的 μ 值通常并不会在 ABAQUS/Explicit 中引起任何困难。

12.3.4 其他接触相互作用选项

在 ABAQUS 中的其他接触相互作用模型取决于分析程序和使用的算法，并可能包括粘性接触行为（contact adhesive behavior）、软接触行为（soften contact behavior）、扣紧（fasterner）（例如，点焊）和粘性接触阻尼（viscous contact damping）。在本书中没有讨论这些模型，关于它们的详细信息请参阅《ABAQUS 分析用户手册》。

12.3.5 基于表面的约束

在模拟过程中，束缚（tie）约束用来将两个面束缚在一起。在从属面上的每一个节点被约束为与在主控面上距它最接近的点具有相同的运动。对于结构分析，这意味着约束了所有平移（也可以选择包括转动）自由度。

ABAQUS应用未变形的模型构型以确定哪些从属节点将被束缚到主控表面上。在默认的情况下，束缚了位于主控表面上给定距离之内的所有从属节点。这个默认的距离是基于主控表面上的典型单元尺度。可以通过两种方式之一使这个默认值失效：通过从被约束的主控表面上指定一个距离，并使从属节点位于其中；或指定一个包括所有需要约束节点的节点集合。

也可以调整从属节点，使其刚好位于主控表面上。如果必须调整从属节点跨过一定的距离，而它是从属节点所附着的单元侧面上一大段长度，那么单元可能会严重扭曲。所以，应尽可能地避免大的调整。

对于在不同密度的网格之间的加速网格细划，束缚约束是特别有用的。

12.4 在ABAQUS/Standard中定义接触

在ABAQUS/Standard中，在两个结构之间定义接触首先是要创建表面。下一步是创建接触相互作用，使两个可能发生互相接触的表面成对。然后定义控制发生接触表面行为的力学性能模型。

12.4.1 接触相互作用

在一个ABAQUS/Standard的模拟中，通过将接触面的名字赋予一个接触的相互作用来定义两个表面之间可能发生的接触。如同每个单元都必须具有一种单元属性一样，每个接触相互作用必须赋予一种接触属性。在接触属性中包含了本构关系，诸如摩擦和接触压力与空隙的关系。

当定义接触相互作用时，必须确定相对滑动的量级是小滑动还是有限滑动。默认的是更为普遍的有限滑动公式。如果两个表面之间的相对运动小于一个单元面上特征长度的一个小的比值，那么应用小滑动公式是合适的。在许可的条件下使用小滑动公式可以提高分析的效率。

12.4.2 从属和主控表面

ABAQUS/Standard使用单纯主-从接触算法：在一个表面（从属面）上的节点不能侵入另一个表面（主控面）的某一部分，如图12-7所示。该算法并没有对主面做任何限制，它可以在从面的节点之间侵入从面，如图12-7所示。

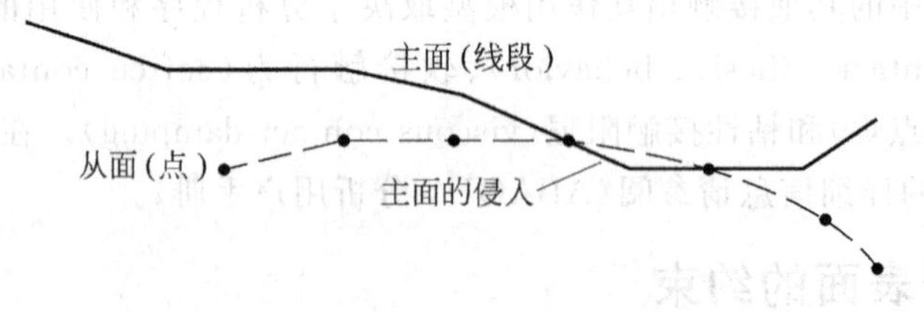

图12-7 主控表面可以侵入从属表面

这种严格的主-从关系的后果是必须非常小心和正确地选择主面和从面，从而获得最佳可能性的接触模拟。一些简单的规则如下：

- 从面应该是网格划分更精细的表面；
- 如果网格密度相近，从面应该取自采用较软材料的表面。

12.4.3 小滑动与有限滑动

当应用小滑动公式时，ABAQUS/Standard 在模拟开始时就建立了从面节点与主控表面之间的关系。ABAQUS/Standard 确定了在主控表面上哪一段将与在从面上的每个节点发生相互作用。在整个分析过程中都将保持这些关系，绝不会改变主面部分与从面节点的相互作用关系。如果在模型中包括了几何非线性，小滑动算法将考虑主面的任何转动和变形，并更新接触力传递的路径。如果在模型中没有考虑几何非线性，则忽略主面的任何转动或变形，载荷的路径保持不变。

有限滑动接触公式要求 ABAQUS/Standard 经常地确定与从面的每个节点发生接触的主面区域。这是一个相当复杂的计算，尤其是当两个接触物体都是变形体时。在这种模拟中的结构可以是二维的或者是三维的。ABAQUS/Standard 也可以模拟一个变形体的有限滑动自接触问题。

在变形体与刚性表面之间接触的有限滑动公式不像两个变形体之间接触的有限滑动公式那么复杂。主面是刚性面的有限滑动模拟可以应用在二维和三维的模型上。

12.4.4 单元选择

在 ABAQUS/Standard 中为接触分析选择单元时，一般来说，最好在那些将会构成从面的模型部分使用一阶单元。在接触模拟中二阶单元有时可能会出现问题，其原因是这些单元从常值压力计算等效节点载荷的方式。表面面积为 A 的一个二阶、二维单元对于常值压力 P 的等效节点载荷如图 12-8 所示。

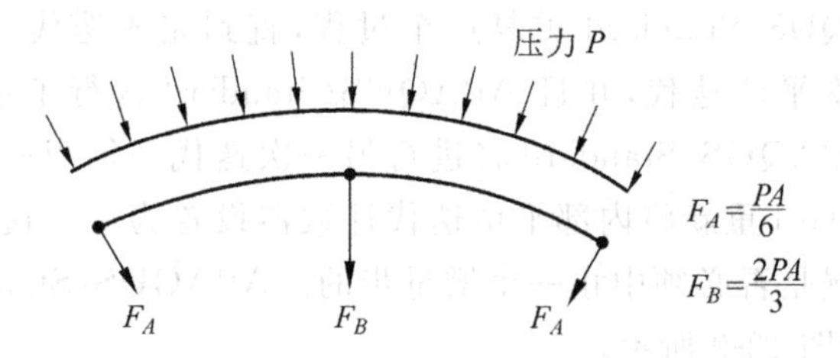

图 12-8 作用在二维、二阶单元上的常值压力的等效节点载荷

接触算法的关键在于确定作用在从面节点上的力。如果力的分布如图 12-8 所示，算法是难以区分它究竟是代表了常值接触压力还是在单元面上的实际变化。对于一个三维、二阶实体单元的等效节点力则更容易引起混淆，因为对于常值压力，它们甚至连符号都不相同，这使得接触算法难以正确地计算，特别是对于非均匀的接触。因此，为了避免这类问题，在应用于定义从面的任何二阶、三维实体或楔型体的单元中，ABAQUS/Standard 自动地增加了一个中面节点。对于常值压力作用下采用中面节点的二阶单元的面上的等效节点力具有相同的符号，尽管这些节点力的量值仍有很大差异。

对于施加的压力，一阶单元的等效节点力的符号和量值总是保持一致性，因此，由给定节点力的分布所表示的接触状态不是模棱两可的。

如果几何形状是复杂的并需要利用自动网格生成器，应该使用在ABAQUS/Standard中的修正的二阶四面体单元(C3D10M)。该单元是为了应用在复杂的接触模拟问题中而设计的，规则的二阶四面体单元(C3D10)在其角点处的接触力为零，导致很差的接触预测值。因此，在接触问题中决不能使用它们。而修正的二阶四面体单元可以准确地计算接触压力。

12.4.5 接触算法

理解ABAQUS/Standard应用来解决接触问题的算法，有助于理解和诊断在信息文件中的输出，成功地完成接触模拟。

ABAQUS/Standard中的接触算法如图12-9所示，它是围绕在第8章"非线性"中所讨论的Newton-Raphson方法建立的。ABAQUS/Standard在每个增量步开始时检查所有接触相互作用的状态，以建立从属节点是开放还是闭合。在图12-9中，p表示从属节点上的接触压力；h表示从属节点侵入主控表面的距离。如果一个节点是闭合的，那么ABAQUS/Standard要确定它是处于滑动还是粘结。ABAQUS/Standard对每个闭合节点施加一个约束，而对那些改变接触状态从闭合到开放的任何节点解除约束。然后ABAQUS/Standard进行迭代，并利用计算的修正值来更新模型的构形。

在检验力或力矩的平衡前，ABAQUS/Standard首先检验在从属节点上接触条件的变化。任何节点在迭代后其间隙成为负值或零，则它的状态从开放改变为闭合。任何节点其接触压力成为负值，则它的状态从闭合改变为开放。如果在当前的迭代步中检测到任何接触变化，ABAQUS/Standard标识其为严重不连续迭代(severe discontinuity iteration)，并不再进行平衡检验。

在第1次迭代后，ABAQUS/Standard修正接触约束以反映接触状态的变化，并试图进行第2次迭代。ABAQUS/Standard重复这个过程，直到完成迭代并且不改变接触状态。这个迭代成为了第1次平衡迭代，并且ABAQUS/Standard进行了正常的平衡收敛检验。如果收敛检验失败，ABAQUS/Standard将进行另一次迭代。每当一个严重不连续迭代发生时，ABAQUS/Standard重新将内部平衡迭代计数器设置为零。这个迭代计数器是用来确定由于收敛速率太慢是否必须中止一个增量步的。ABAQUS/Standard重复整个过程直至获得收敛的结果，如图12-9所示。

对于每个完成的增量步，在信息文件和状态文件中的总结将显示出有多少次迭代是严重不连续迭代和多少次是平衡迭代。对于每个增量步，其总的迭代数目是这两者之和。

通过分开这两类迭代，可以看到ABAQUS/Standard应用接触算法非常好地获得了平衡。如果严重不连续迭代的数目很多，并只有很少的平衡迭代，那么ABAQUS/Standard难以确定合适的接触状态。对于任何需要严重不连续迭代超过了12次的增量步，ABAQUS/Standard会默认地放弃，而应用更小的增量尺度再次进行增量步计算。如果这里没有严重不连续迭代，从一个增量步到下一个增量步的接触状态不会发生改变。

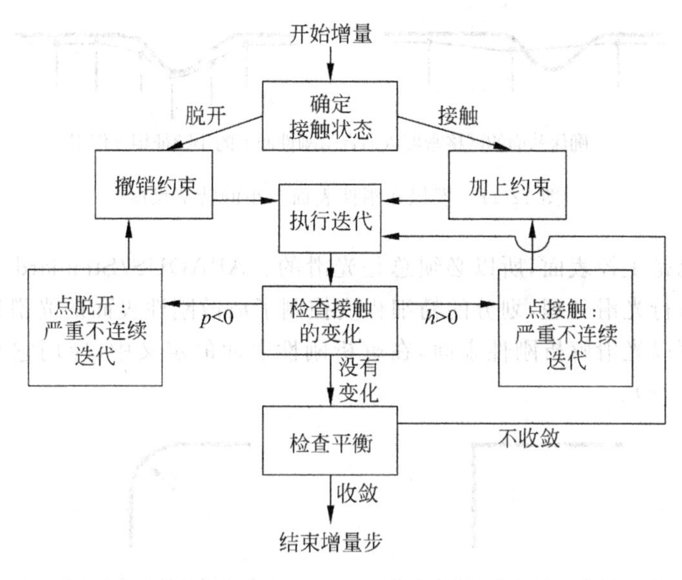

图 12-9 接触逻辑

12.5 在 ABAQUS/Standard 中的刚性表面模拟问题

当在 ABAQUS/Standard 中模拟包含刚性表面的接触时，有几个问题必须给予考虑。在《ABAQUS 分析用户手册》第 21.2.9 节"Common difficulties associated with contact modeling in ABAQUS/Standard"中详细讨论了这些问题。这里说明其中部分很重要的问题。

- 在接触相互作用中，刚性表面总是主控表面。
- 刚性表面必须足够大以保证从属节点不会滑出该表面和落到其背面(fall behind)。如果这种情况发生，解答通常是不能收敛的。延展刚性表面或包含沿周边的角点(见图 12-10)可防止从属节点落到主控表面的背面。

落入刚性面背面的点引起收敛问题
延展刚性面以避免点落入面的背面

图 12-10 延展刚性表面防止收敛问题

- 为了与刚性表面的任何特征相互作用，变形体的网格要划分得足够精细。如果与刚性表面接触的变形单元跨过 20mm，则没有点描述在刚性表面上具有的 10mm 宽的特征尺度：刚性特征尺度将会侵入变形的表面，如图 12-11 所示。
- 在变形表面上采用足够细划的网格，ABAQUS/Standard 将防止刚性表面对从面的侵彻。
- 在 ABAQUS/Standard 中的接触算法要求接触相互作用的主控表面是光滑的。刚

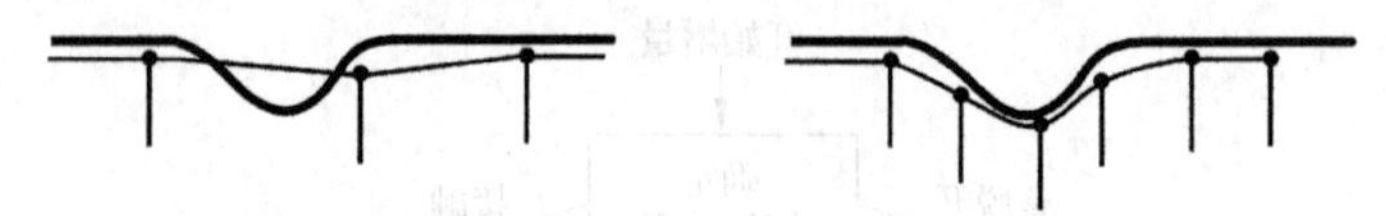

确保从面的网格密度以适合与刚性面上的小特征相互作用

图 12-11　模拟在刚性表面上小的特征尺度

性表面总是主控表面，所以必须总是光滑的。ABAQUS/Standard 不会对离散的刚性表面进行光滑处理，划分的精细程度控制了离散刚性表面的光滑度。通过定义倒角半径可以光滑解析刚性表面，在解析刚性表面的定义中，应用它来光滑任意尖角（见图 12-12）。

刚性面上的尖角会引起收敛问题　　定义倒角光滑解析刚性面上的尖角

图 12-12　光滑一个解析刚性表面

- 刚性表面的法向必须总是指向将与其发生相互作用的变形表面。如果不是这样，ABAQUS/Standard 将在变形表面上的所有节点检验是否发生了严重的过盈（overclosure），模拟将可能由于收敛困难而中断。

将从构成表面的每条线段和弧线段的起点至终点逆时针旋转 90°的矢量得到的方向定义为解析刚性表面的法向（见图 12-13）。

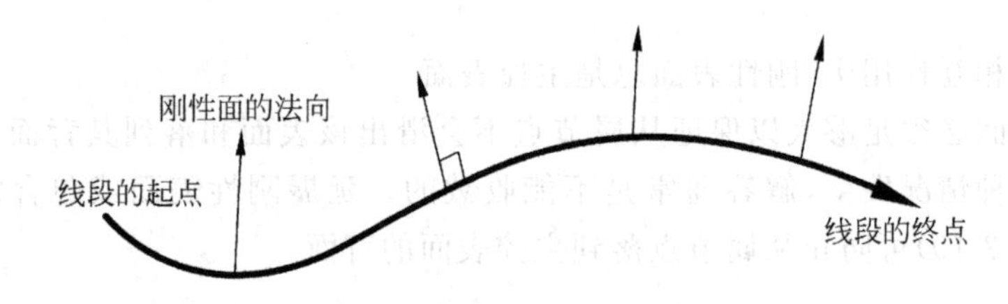

图 12-13　解析刚性表面的法向

当创建表面时，通过指定面定义由刚性单元创建的刚性表面的法向。

12.6　ABAQUS/Standard 例题：凹槽成型

这是将一块长金属薄板加工成凹槽的模拟，以此说明刚性表面的应用以及在 ABAQUS/Standard 中成功的接触分析常常需要用到的一些更为复杂的技术。

该问题包括一条带型可变形材料，称为毛坯，以及工具——冲头、冲模和毛坯夹具（与毛坯接触）。这些工具可以模拟成为刚性表面，因为它们比毛坯更加刚硬。图 12-14 显示了这些部件的基本布局。毛坯厚度为 1mm，在毛坯夹具与冲模之间受到挤压。毛坯夹具的力为 440kN。在成型过程中，这个力与毛坯和毛坯夹具、毛坯和冲模之间的摩擦力共同作用，控制如何将毛坯材料压入冲模。必须确定在成型过程中作用在冲头上的力；对于作用在毛坯夹具上的力和在工具与毛坯之间的摩擦系数，也必须评估所采用的这些特殊的设置对于将毛坯加工成凹槽是否适合。

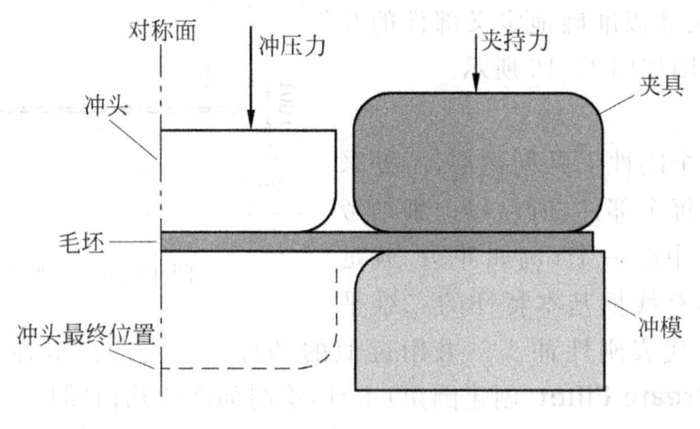

图 12-14 成型分析

应用二维、平面应变模型。如果结构在出平面的方向上很长，假设在模型的出平面方向上没有应变是有效的。因为成型过程对于沿凹槽中心的平面是对称的，所以只需取凹槽的一半进行模拟。

各个部件的尺寸如图 12-15 所示。

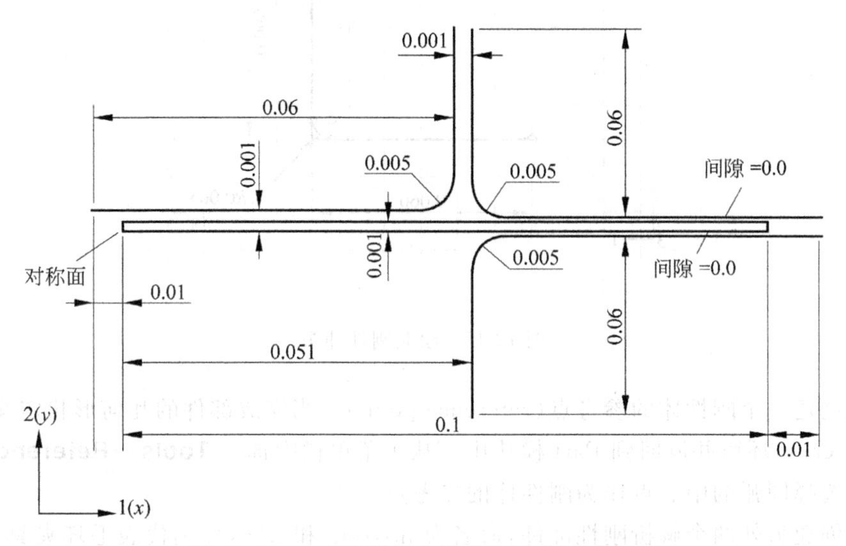

图 12-15 在成型模拟中部件的尺寸(单位：m)

12.6.1 前处理——用 ABAQUS/CAE 创建模型

1. 定义部件

开始 ABAQUS/CAE，并进入 Part 模块。需要创建 4 个部件：1 个可变形的部件代表毛坯，3 个刚性部件代表工具。

2. 可变形的毛坯

基于平面壳体特征，创建一个二维、可变形的实体部件代表可变形的毛坯。采用大致的部件尺寸为 0.25，并命名为 Blank。为了定义几何形状，应用连线工具绘制一个任意尺寸的矩形。然后，标注该矩形的水平和竖直方向的尺寸，并编辑这些尺寸以准确地定义部件的几何形状。最终的绘图如图 12-16 所示。

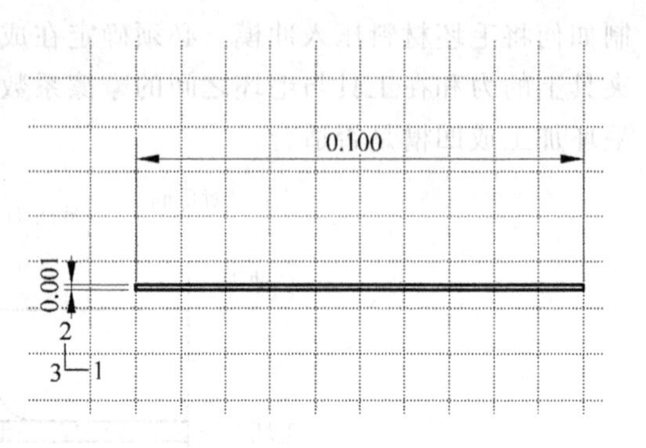

图 12-16　可变形的毛坯图

3. 刚性工具

必须分别对每个刚性工具创建部件，并采用类似的技术创建每个部件，所以只详细地考虑创建这些工具其中的一个（例如冲头）就足够了。创建一个具有线框基本特征的二维平面的解析刚性部件代表刚性冲头。采用近似的部件尺寸为 0.25，命名为 Punch。应用 **Create Lines** 和 **Create Fillet**（创建倒角）工具，绘制部件的几何图形。为了准确地定义几何，必要时要创建和编辑尺寸。最终的图形如图 12-17 所示。

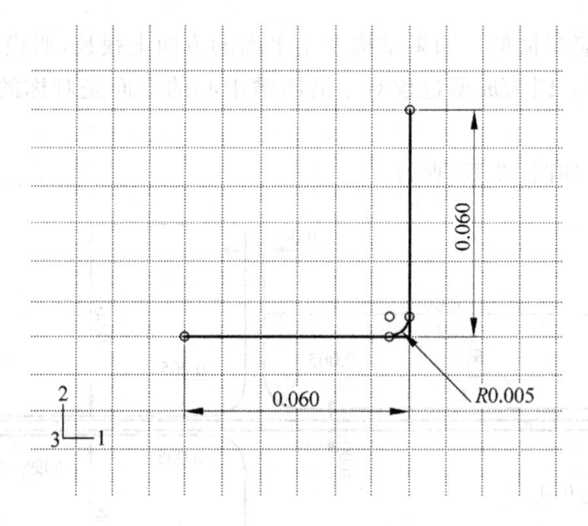

图 12-17　绘制刚性冲头

必须创建一个刚性体的参考点（reference point）。当完成部件的几何形状定义后，退出绘图（Sketcher）环境并返回到 Part 模块中。从主菜单栏中选择 **Tools→Reference Point**，在视图中选择圆弧的中心点作为刚性体的参考点。

下面创建另外两个解析刚性部件，命名为 Holder 和 Die，分别代表毛坯夹具和刚性冲模。由于部件互相之间有相像之处，所以定义新部件几何图形的最简单方式是旋转对于冲头所创建的图形（前面讨论的部件镜像工具不能应用于解析刚性部件）。例如，编辑冲头特征并应用名字 Punch 保存绘图。然后创建一个部件，命名为 Holder，并将 Punch 绘图添加到部件定义中。围绕原点将图形旋转 90°。最后创建一个部件，命名为 Die，并将 Punch 绘图添加到部件定义中。在这种情况下，围绕原点将图形旋转 180°。如果希望人工创建部件，则这些部件的图形如图 12-18 和图 12-19 所示。确认在每个部件的圆弧中心创建一个参考点。

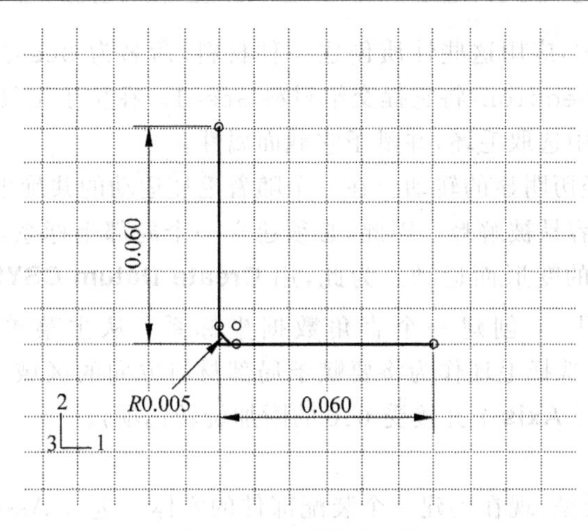

图 12-18 刚性夹具图

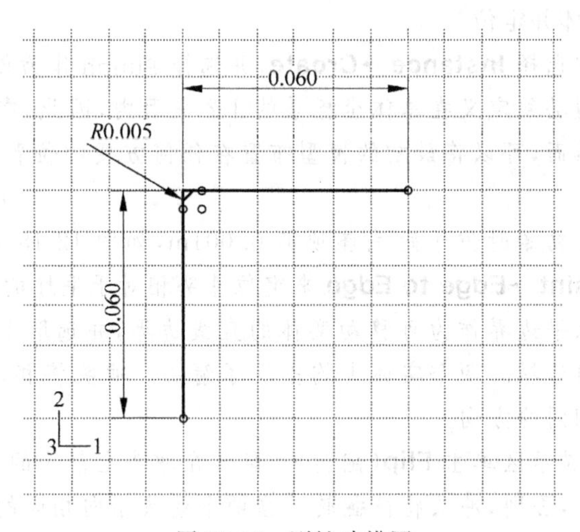

图 12-19 刚性冲模图

4. 材料和截面特性

毛坯由高强钢制成(弹性模量 $E=210.0\times10^9$ Pa, $\nu=0.3$),它的非弹性应力-应变行为如图 12-20 所示并列在表 12-1 中。当塑性变形时,材料经历了一定的工作硬化。有可能在此分析中塑性应变将会很大;因此,提供的硬化数据高达 50% 的塑性应变。

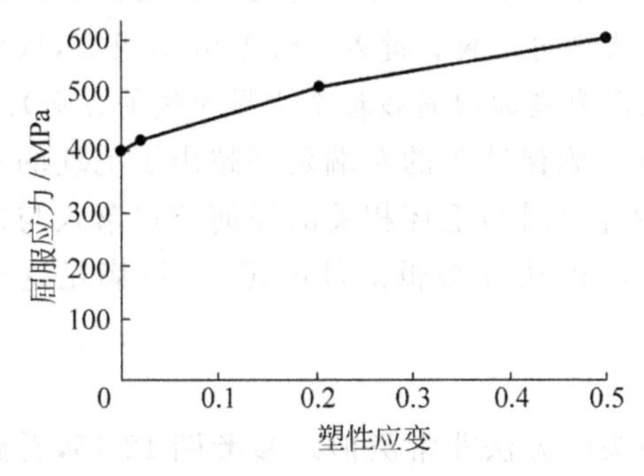

图 12-20 屈服应力与塑性应变的关系

表 12-1 屈服应力与塑性应变数据

屈服应力/Pa	塑性应变
400.0E6	0.0
420.0E6	2.0E−2
500.0E6	20.0E−2
600.0E6	50.0E−2

在 Property 模块中，应用这些性质创建一种材料，命名为 Steel。创建一个均匀的实体截面，命名为 BlankSection，将它提交给材料 Steel。在位于工具栏下方的 **Part**（部件）列表中，从列出的部件中选取毛坯，并赋予它截面属性。

当毛坯变形时将经历明显的转动。在一个随着毛坯运动的共旋坐标系下显示应力和应变的值，从而使结果更容易被解释。因此，必须建立一个局部坐标系，它开始时与整体坐标系一致，但是随着单元的变形而运动。为此，用 **Create Datum CSYS**（创建数据坐标系）：**3 Points**（三点法）工具创建一个直角数据坐标系。从主菜单栏中选择 **Assign→Material Orientation**，选择毛坯作为将要赋予局部材料方向的区域。在视区中，选取数据坐标系作为 **CSYS**（选择 **Axis-1** 并接受 0.0 的附加旋转选项）。

5. 装配部件

为了定义分析的模型，现在创建一个装配部件的实体。进入 Assembly 模块，开始创建一个毛坯的实体，然后创建和定位刚性工具的实体，应用的技术描述如下。

1）创建冲头的实体并定位

(1) 从主菜单栏中选择 **Instance→Create**，并选择 Punch 作为创建实体的部件。二维平面应变模型必须定义在总体坐标系的 1-2 平面内，因此，在创建完实体后就不要再旋转它。然而，可以将最初的模型布置在任何方便的位置，1 方向将垂直于对称平面。

(2) 冲头的底部在初始时位于距毛坯顶部 0.001m，如图 12-15 所示。从主菜单栏中，选择 **Constraint→Edge to Edge** 来定位冲头相对于毛坯的竖向关系。

(3) 选取冲头的水平边界作为可移动实体的直线边界，并选取毛坯顶部的边界作为固定实体的直线边界。两个实体上均出现了箭头。冲头将移动，使它的箭头与毛坯的箭头指向相同的方向。

(4) 如果必要，在提示区单击 **Flip**（翻转）来翻转在冲头上箭头的方向，这样两个箭头指向相同的方向，否则，冲头将被翻转。当两个箭头指向相同的方向时，单击 **OK**。

(5) 为了在两个实体之间指定分开的距离，键入 0.001m。在视区中，冲头移动到了指定的位置。单击自动缩放工具，这样在视区中整个装配件会被适当地重新缩放。

(6) 冲头的竖直边界距毛坯的左端边界为 0.05m，如图 12-15 所示。定义另外一个 **Edge to Edge**（边对边）约束，以定位冲头相对于毛坯的水平向关系。选择冲头的竖直边界作为可移动实体的直边界，毛坯的左端边界作为固定实体的直边界。如果必要时翻转冲头的箭头，以使两者的箭头方向一致。键入 −0.05m 的距离，以指定两个边界之间的分离（采用负号距离是因为施加的偏移量是边界法线的方向）。

现在已经定位了冲头相对于毛坯的位置，检查以确保冲头的左端延展超出了毛坯的左端边界。这个工作是必要的，它是为了避免在接触计算时与毛坯相关的任何节点落入与冲头相关的刚性表面的背面。如果必要，返回到 Part 模块并编辑部件的定义，以满足这个要求。

2）创建夹具的实体并定位

创建和定位夹具实体的过程与创建和定位冲头的方法非常类似。参考图 12-15，看到夹具初始时的定位，其水平边界到毛坯顶面边界的偏置距离为 0.0m，其竖直边界到冲头的竖直边界的偏置距离为0.001m。定义必要的 **Edge to Edge** 约束，以定位夹具。记住在必要时可翻转箭头的方向，并确认夹具的右端延展超出了毛坯的右端边界。如有必要，返回到 Part 模块并编辑部件的定义。

3) 创建冲模的实体并定位

创建和定位冲模实体的过程与创建和定位其他工具的方法非常类似。参考图12-15，看到冲模的初始位置，其水平边界到毛坯底面边界的偏置距离为0.0m，其竖直边界到毛坯的左端边界的偏置距离为0.051m。定义必要的 **Edge to Edge** 约束，以定位冲模。记住在必要时可翻转箭头的方向，并确认冲模的右端延展超出了毛坯的右端边界。如有必要，返回到 Part 模块并编辑部件的定义。

最终的装配图显示在图12-21中。

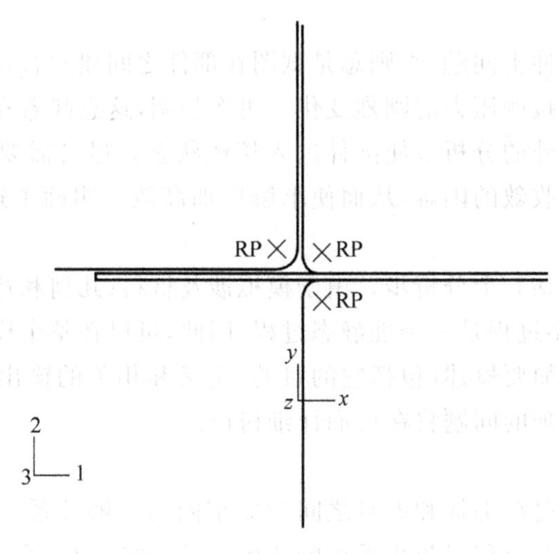

图12-21 模型装配

6. 几何集合

创建几何集合是为了便于指定载荷和边界条件以及控制数据输出。必须创建6个几何集合：在每个刚性体的参考点上各1个，在毛坯的对称平面1个，在毛坯中面的每端各1个。最后两个集合需要在这些位置上首先存在一个顶点，可以通过边界切割来满足这个需求。

开始创建如下的几何集合：

- `RefPunch` 在冲头刚性体的参考点；
- `RefHolder` 在夹具刚性体的参考点；
- `RefDie` 在冲模刚性体的参考点；
- `Center` 在毛坯的左侧竖直边界(对称平面)。

接下来，平分切割毛坯的竖直边界，并在新的顶点创建集合。

在毛坯的中面创建顶点和集合：

(1) 应用 **Partition Edge**(切割边)：**Enter Parameter**(参数法)工具分割毛坯的左边和右边竖直边界。对于每条边界，指定一个无量纲的边界参数0.5来平分切割边界。现在，在毛坯的每条竖直边界上都有了一个位于其中面的顶点。

(2) 在左中面顶点定义一个集合，命名为 MidLeft；在右中面顶点定义一个集合，命名为 MidRight。

7. 定义分析步和输出要求

在 ABAQUS/Standard 的接触分析中有两个主要的困难：在接触条件约束之前部件的刚体运动和接触条件的突然改变。当 ABAQUS/Standard 试图去建立所有接触面的准确条件时，它们导致了严重的不连续迭代。因此，只要有可能，就要采取预防措施以避免这些情况发生。

消除刚体运动并不特别困难，只需简单地确认是否有足够的约束以防止在模型中所有部件的全部刚体运动。这可能意味着应用初始边界条件使部件进入接触状态，而不是直接地施加载荷。应用这个算法可能比原来预计的需要更多的分析步，但问题的求解应该进行得更加平稳。

除非模拟一个动力冲击问题，否则总是试图在部件之间建立合理的平稳的接触方式，以避免大的过盈接触以及接触压力的剧烈变化。再次强调，这意味着在施加全部载荷之前，一般在分析中需要增加额外的分析步使部件进入接触状态。尽管需要更多的分析步，但这种算法最大程度地减小了收敛的困难，从而使求解更加高效。明确了这一点就可以定义这个例题的分析步了。

这个模拟过程将包括 5 个分析步。由于模拟涉及材料、几何和边界的非线性，必须使用一般分析步。另外，成型过程是一个准静态过程，因此，可以在整个模拟中忽略惯性的影响。下面给出每个分析步的简要概述(包括它的目的、定义和相关的输出要求的细节)。关于载荷和边界条件是如何施加的问题将在后面详细讨论。

1) 分析步 1

这一分析步的目的是在毛坯和夹具之间建立牢固的接触关系。在该步中，将固定毛坯中面的端点沿竖直方向的位移以防止毛坯的初始移动，并应用一个位移边界条件将夹具向下压在毛坯上。

由于所给问题的准静态性质和考虑到实际的非线性响应，在 Initial(初始)分析步之后，创建一个静态的一般分析步，命名为 Establish contact I。键入下面对分析步的描述：Push the blank holder and die together，并包含几何非线性的影响。这个分析步应该由一个增量步完成，因此设置初始时间增量等于总体时间(例如 1.0)。为了限制输出的量，在这个分析步结束时仅写入预先选择的场变量输出。另外，可以删除对于这个分析步的历史输出要求。在后面的分析步中，当需要应用历史数据来跟踪变量的输出时，可以届时提出要求。此外，将接触诊断写到信息文件中。

2) 分析步 2

由于在前一步中建立了毛坯、夹具、冲模之间的接触，在毛坯中面右端的约束就不再需要了，所以在第 2 个静态、一般分析步中将撤除这个约束。命名第 2 个分析步为 Remove right constraint，并在 Establish contact I 分析步之后插入该分析步。键入下面对分析步的描述：Remove the middle constraint at right。由于前一步考虑了几何非线性的影响，所以在这一步及所有随后的一般分析步中都将自动包括这些影响并且不能撤除。因为对于模型唯一所做的改变是撤除了毛坯在竖直方向的约束，所以这个分析步也应该由一个时间增量步完成，因此，设置初始时间增量等于总体时间(再次设置它们等于 1.0)。指定的场变量输出要求将继承前一步的设置。同样对于该步也必须要求接触诊断的输出。

3) 分析步 3

在许多成型过程中,夹具夹持力的大小是一个可控制的因素,因此,在分析中应该将它作为一个可变载荷来引进。在这一步中,将用一个力来代替将夹具下移所用的边界条件。

创建第 3 个静态、一般分析步,命名为 Holder force,并在 Remove right constraint 分析步之后插入该分析步。键入下面对分析步的描述:Apply prescribed force on blank holder。这个分析步也将由一个时间增量步完成,因此,再次设置初始时间增量等于总体时间。对于该分析步,要求接触诊断输出。

4) 分析步 4

在分析开始时,当建立在毛坯、夹具、冲模之间的接触时,冲头和毛坯是分开的,以避免任何过盈接触。在这一步中,冲头将沿 2 方向向下移动,直到刚好与毛坯发生接触。另外,将撤除毛坯中面左端的竖向约束,并在毛坯顶部表面上施加一个小的压力,将其拉向冲头的表面。

创建第 4 个静态、一般分析步,命名为 Establish contact II,并在 Holder force 分析步之后插入该分析步。键入下面对分析步的描述:Move the punch down a little while applying a small pressure to blank top。由于在这个分析步中建立接触条件可能是非常困难的,所以设置初始时间增量为 10%的总体时间。对分析步 4 要求接触诊断输出。另外,要求在每个时间增量步把在冲头参考点(几何集合 RefPunch)上的反作用力作为历史数据输出。

5) 分析步 5

在第 5 并且是最后的分析步中,将撤除作用在毛坯上的压力载荷,并将冲头向下移动完成成型操作。

创建第 5 个静态、一般分析步,命名为 Move punch,并在 Establish contact II 分析步之后插入该分析步。键入对分析步的描述:Full extent。由于摩擦滑移、接触状态变化和非弹性材料行为,在该分析步中存在着强烈的非线性,因此,将最大增量步的数目设为一个大值(例如 1000)。设置初始时间增量为 0.0001,总体时间为 1.0,并且最小时间增量步长为 1E-06。采用这些设置,在响应的高度非线性部分,ABAQUS/Standard 可以采用更小的时间增量而又不至于中止分析。对于该分析步,指定每 20 个增量步输出一次预先选择的场变量。继承前一步对冲头反作用力的历史输出要求。记住还要指定接触诊断输出要求。另外,对于分析步 5 要求每 200 个增量步写入一次重启动文件。

8. 监控自由度的值

可以要求 ABAQUS 监控在某个选定点处的自由度的值。该自由度的值显示在 **Job Monitor** 中,并将其在每个增量步写入状态文件(.sta),以及在分析的进程中在指定的增量步写入信息文件(.msg)。另外,当提交分析时将自动地生成一个新的视区,在其中将显示该自由度的整个时间历史曲线。可以应用这些信息监控求解的过程。

在这个模型中将监控在整个分析步中冲头的参考点的竖向位移(自由度 2)。开始之前,通过从位于工具栏下方的 **Step**(分析步)列表中选择分析步 1,从而激活第 1 个分析步(Establish contact I)。对这一分析步施加的监控定义将自动扩展到随后的分析步。

选择所监控的自由度：

(1) 从主菜单栏中选择 **Output→DOF Monitor**，显示 **DOF Monitor**(自由度监视器)对话框。

(2) 选中 **Monitor a degree of freedom throughout the analysis**(在分析中监视一个自由度)。

(3) 从所列出的点列表中选择 **RefPunch**。

(4) 在 **Degree of freedom**(自由度)文本框中键入 2。

(5) 接受默认的将结果写入信息文件的频率(每个增量步)。

(6) 单击 **OK**，退出 **DOF Monitor** 对话框。

9. 定义接触相互作用

在毛坯的顶部与冲头之间、毛坯的顶部与夹具之间和毛坯的底部与冲模之间，必须定义接触。在这些接触相互作用中的任何一个，刚性表面必须为主面。每个接触相互作用必须参考一个控制相互作用行为的接触相互作用的属性。

本例假设在毛坯与冲头之间的摩擦系数为零，在毛坯与其他两个工具之间的摩擦系数为 0.1。因此，需要定义两个接触相互作用的属性：一个有摩擦，另一个没有摩擦。

在 Interaction 模块中定义以下表面：在毛坯的顶面边界为 BlankTop；在毛坯的底面边界为 BlankBot；冲模面向毛坯的侧面为 DieSurf；夹具面向毛坯的侧面为 HolderSurf；冲头面向毛坯的侧面为 PunchSurf。

现在定义两个接触相互作用的属性。命名第 1 个属性为 NoFric，由于在 ABAQUS 中默认的是无摩擦接触，接受切向行为的默认属性设置。应该命名第 2 个属性为 Fric，对于这个属性采用摩擦系数为 0.1 的 **Penalty**(罚函数)摩擦公式。

最后，定义在表面之间的相互作用，并对每一个定义参考合适的接触相互作用属性。对于所有的情况，在 Initial 分析步中定义相互作用，并应用默认的有限滑移公式(Surface-to-surface contact(Standard))定义下面的相互作用：

- Die-Blank：在 DieSurf(主面)和 BlankBot(从面)表面之间参考 Fric 接触相互作用属性。
- Holder-Blank：在 HolderSurf(主面)和 BlankTop(从面)表面之间参考 Fric 接触相互作用属性。
- Punch-Blank：在 PunchSurf(主面)和 BlankTop(从面)表面之间参考 NoFric 接触相互作用属性。

Interaction Manager 显示了在 Initial 分析步中创建的每个相互作用并传递到所有后续的分析步，如图 12-22 所示。

Name	Initial	Establish Contact I	Remove right constraint	Holder force	Establish contact II	Move Punch
Die-Blank	Created	Propagated	Propagated	Propagated	Propagated	Propagated
Holder-Blank	Created	Propagated	Propagated	Propagated	Propagated	Propagated
Punch-Blank	Created	Propagated	Propagated	Propagated	Propagated	Propagated

图 12-22 **Interaction Manager** 的内容

10. 各分析步的边界条件

1) 分析步 1 的边界条件

回顾加工过程的第 1 阶段是在毛坯夹具和冲模之间夹持毛坯。在分析的第 1 个增量步开始时，在各个部件之间的接触可能还没有完全建立起来，即使它们的表面开始时是重合的。当接触还没有完全地建立时可能会出现问题：部件有可能进行刚体运动，或者是接触状态在脱离与闭合之间的振荡，称为震颤(chattering)。在多部件接触分析中，震颤是特别普遍的。

在这个模拟中，为了避免刚体运动和震颤，将固定毛坯中面端点的竖向位移以防止毛坯的初始运动。采用毛坯中面端点的原因是约束决不能施加在区域上，该区域也是部分的接触表面。如果在发生接触的方向上通过边界条件约束接触区域，就会有两个约束施加到单一自由度上。这可能引起数值问题，并且 ABAQUS/Standard 可能在信息文件中发出零主元(zero pivot)的警告信息。

建立接触的方法之一是将力施加到夹具上。然而，因为在夹具与毛坯之间的接触可能还没有完全地建立起来，夹具可能发生竖向的刚体运动。因此，最好是借助于施加位移的方法移动夹具，这样将确保在这两个表面之间的牢固接触。另外，将冲模稍微向上移动，以建立在它与毛坯之间的牢固接触。施加位移的量值必须足够大，以确保建立牢固的接触；而又必须足够小，以确保不会发生塑性屈服。

约束夹具和冲模的是自由度 1 和 6，而自由度 6 是模型在平面内的旋转。对于刚性表面，所有的边界条件施加到它们相应的刚体参考点上。完全地约束冲头，并在毛坯位于对称面(几何集合 Center)上的区域施加对称边界约束。

表 12-2 概括了在这个分析步中施加的边界条件。

表 12-2 在分析步 1 中施加的边界条件的总结

边 界 名 称	几 何 集 合	边 界 条 件
Center 边界	Center	XSYMM
RefDie 边界	RefDie	$U1 = UR3 = 0.0, U2 = 1.E-08$
RefHolder 边界	RefHolder	$U1 = UR3 = 0.0, U2 = -1.E-08$
RefPunch 边界	RefPunch	$U1 = U2 = UR3 = 0.0$
MidLeft 边界	MidLeft	$U2 = 0.0$
MidRight 边界	MidRight	$U2 = 0.0$

2) 分析步 2 的边界条件

现在，在毛坯与夹具和毛坯与冲模之间已经建立了接触，并且毛坯在 2 方向被完全地约束了。因此，解除在毛坯中面右端的边界条件。为此，打开 **Boundary Condition Manager**(边界条件管理器)，并单击 **Remove right constraint** 下面在边界条件 **MidRightBC** 行的单元格。在对话框的右边单击 **Deactivate**(解除)。

3) 分析步 3 的加载与边界条件

在这个分析步，必须解除用来向下移动夹具的边界条件，并代之以一个集中力。由于在夹具与毛坯之间是牢固接触的，所以采用集中力代替施加在夹具上的位移边界条件应该不会出现问题。在该模拟中，需要的夹持力为 440kN。一般地必须小心，以确保新施加的力与原来由边界条件生成的反力具有相同的量级，这样接触条件才不会发生剧烈变化。

在分析步 3 中，应用 **Boundary Condition Manager** 编辑 **RefHolderBC** 边界条件，以撤除对 **U2** 的约束。

从主菜单栏中选择 **Load→Create**，并创建力学的一个集中力，命名为 RefHolderForce。在 Holder force 分析步，将载荷施加到集合 RefHolder，指定 **CF2**(2 方向力)的量级为-440.E3。

4) 分析步 4 的加载与边界条件

在这一步中，必须沿 2 方向向下移动冲头，直到刚好达到与毛坯接触。为了将毛坯拉到冲头的表面，必须撤除在集合 MidLeft 上的竖向约束，并且一个小的压力(负压力，即拉力)必须施加在毛坯的顶表面。

在分析步 4 中，应用 **Boundary Condition Manager** 解除 **MidLeftBC** 边界条件，并改变 **RefPunchBC** 边界条件，对于 **U2** 指定-0.001 的值。

选取合适的施加压力的量值可能是比较困难的。在该分析中，必须应用一个压力量级(1000Pa)，它在毛坯上产生一个力，该力比夹具力小 3 个数量级。一个正向压力作用在表面上，然而，在这个模拟中希望压力作用背离表面，因此应用了负压力。采用这项技术以防止 BlankTop 和 Punch 表面的震颤。

从主菜单栏中选择 **Load→Create**，并创建一个力学的压力载荷，命名为 Small pressure。在 Establish contact II 分析步，将载荷施加到 BlankTop 表面上，指定的量值为-1000.0。

5) 分析步 5 的加载与边界条件

在这一步中，解除施加到表面 BlankTop 上的压力载荷，并向下移动冲头以完成成型加工。当在一个静态分析步中卸去压力载荷时，在整个分析步中力的量值是逐渐下降到零的。因此，压力将继续拉着表面 BlankTop，并将其紧紧地贴在冲头上，保持两个表面之间的接触，特别是在这个分析步的初期阶段。在成型过程开始时这有助于防止冲头与毛坯之间的震颤。只要这个由压力创建的力小于需要移动冲头的力，它几乎对解答没有影响。在该分析步中，应用 **Load Manager**(载荷管理器)解除 Small pressure(小的压力)载荷。应用 **Boundary Condition Manager** 编辑 **RefPunchBC** 边界条件，指定 **U2** 的值为－0.031。这代表了冲头的总位移，并考虑到 0.001m 的初始偏移量。

作为参考，在图 12-23 中显示了 **Boundary Condition Manager** 的内容。

在继续之前，将模型名字改为 Standard。

Name	Initial	Establish Contact I	Remove right constraint	Holder force	Establish contact II	Move Punch
CenterBC		Created	Propagated	Propagated	Propagated	Propagated
MidLeftBC		Created	Propagated	Propagated	Inactive	Inactive
MidRightBC		Created	Inactive	Inactive	Inactive	Inactive
RefDieBC		Created	Propagated	Propagated	Propagated	Propagated
RefHolderBC		Created	Propagated	Modified	Propagated	Propagated
RefPunchBC		Created	Propagated	Propagated	Modified	Modified

图 12-23　Boundary Condition Manager 的内容

11. 划分网格和定义作业

在设计网格之前，必须考虑所使用的单元类型。当选择单元类型时，必须考虑模型的几个方面，诸如模型的几何形状、可能出现的变形类型、施加的载荷等。在本模拟中，以下几点是需要考虑的重要因素：

- 在表面之间的接触。对于接触模拟，应该尽可能地使用一阶单元(除了四面体单元)。对于接触模拟，当应用四面体单元时，必须应用修正的二阶四面体单元。
- 在施加载荷作用下希望毛坯发生显著的弯曲。当承受弯曲变形时，完全积分的一阶单元将展示剪切自锁。因此，必须应用减缩积分单元或者是非协调模式单元。

非协调模式单元或者减缩积分单元都适合于这个分析。在这个分析中，采用增强沙漏控制的减缩积分单元。减缩积分单元有助于缩短分析的时间，而增强沙漏控制减少了在模型中沙漏的可能性。在 Mesh 模块中，采用具有增强沙漏控制的 CPE4R 单元(见图 12-24)划分网格。通过指定沿每条边界上单元的数目，在毛坯的边界上播撒种子。沿着毛坯的水平边界指定 100 个单元，并在沿毛坯竖直边界的每个区域上指定 2 个单元(回顾前面已经分割的边界，因此这里沿着每条竖直边界上有 4 个单元)。

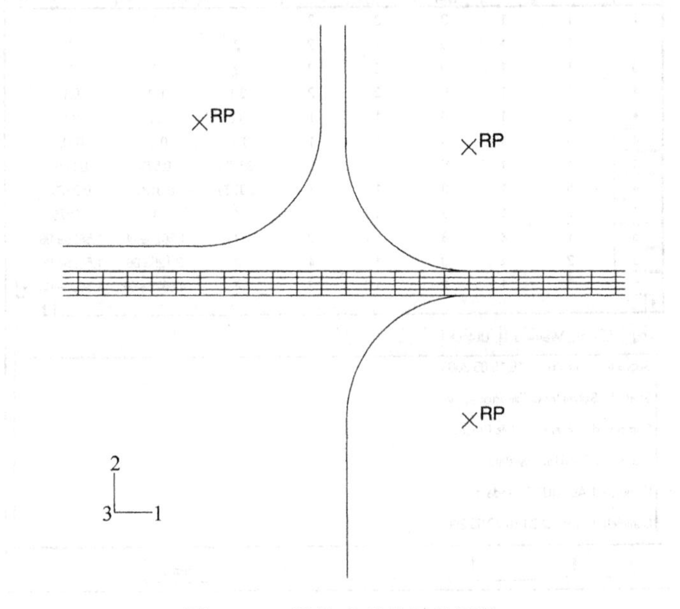

图 12-24 凹槽成型分析的网格

由于应用解析刚性表面模拟成型工具，所以无需对它们划分网格。然而，如果采用离散的刚性单元模拟成型工具，网格应该足够细划以避免接触收敛困难。例如，如果采用 R2D2 单元模拟冲模，在弯曲的角处至少需要用 10 个单元模拟。这样将创建一个足够光滑的表面，可以精确地捕捉角处的几何形状。当使用离散刚性单元时，总是要应用足够数量的单元来模拟这种曲线。

在 Job 模块中创建一个作业，命名为 `Channel`。给予作业如下的描述：`Analysis of the forming of a channel`。将模型保存到数据库文件中，并提交作业进行分析，监控求解过程，改正在模拟中发现的任何错误，并研究产生任何警告信息的原因。

一旦分析在进行中，所选择用于监控的自由度(冲头的竖向位移)的值的X-Y 曲线将显示在一个独立的视区中。从主菜单栏中选择 **Viewport→Job Monitor**：**Channel**，以跟踪冲头在 2 方向的位移随着整个分析运算时间的变化。

12.6.2　监视作业

完成这个分析需要执行大约 200 个增量步。**Job Monitor** 的开始部分如图 12-25 所示。冲头位移的值显示在 **Output** 选项页中。这个模拟包括了很多严重不连续迭代。在分析步 5 的第 1 个增量步，ABAQUS/Standard 曾经历了一个确定接触状态的非常困难的时期，它经历了 4 次尝试才发现了 `PunchSurf` 和 `BlankTop` 表面的合适构形。一旦它找到了正确的构形，ABAQUS/Standard 仅需要单一迭代步就取得了平衡。在这个困难发生之后，ABAQUS/Standard 迅速地将增量步长增加到一个更合理的值。**Job Monitor** 的结束部分如图 12-26 所示。

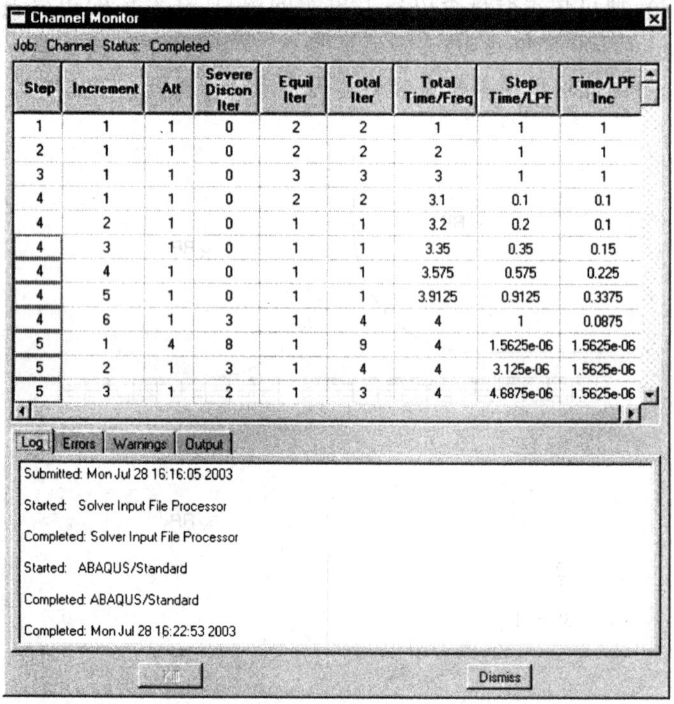

Channel Monitor

Job: Channel Status: Completed

Step	Increment	Att	Severe Discon Iter	Equil Iter	Total Iter	Total Time/Freq	Step Time/LPF	Time/LPF Inc
1	1	1	0	2	2	1	1	1
2	1	1	0	2	2	2	1	1
3	1	1	0	3	3	3	1	1
4	1	1	0	2	2	3.1	0.1	0.1
4	2	1	0	1	1	3.2	0.2	0.1
4	3	1	0	1	1	3.35	0.35	0.15
4	4	1	0	1	1	3.575	0.575	0.225
4	5	1	0	1	1	3.9125	0.9125	0.3375
4	6	1	3	1	4	4	1	0.0875
5	1	4	8	1	9	4	1.5625e-06	1.5625e-06
5	2	1	3	1	4	4	3.125e-06	1.5625e-06
5	3	1	2	1	3	4	4.6875e-06	1.5625e-06

Log | Errors | Warnings | Output

Submitted: Mon Jul 28 16:16:05 2003

Started: Solver Input File Processor

Completed: Solver Input File Processor

Started: ABAQUS/Standard

Completed: ABAQUS/Standard

Completed: Mon Jul 28 16:22:53 2003

Kill　Dismiss

图 12-25　**Job Monitor** 的开始部分：凹槽成型分析

12.6.3　ABAQUS/Standard 接触分析的故障检测

在 ABAQUS/Standard 中，完成接触分析一般比完成任何其他类型的分析更加困难。因此，为了帮助用户进行接触分析，理解所有可能的选项是十分重要的。

如果一个接触分析的运算陷入了困境，首先要检查的是接触表面的定义是否正确。最容易的方法是运行 **datacheck**（数据检查）分析，并在 Visualization 模块中绘出表面的法线。对于表面和结构单元，在变形图中或在未变形图中可以绘出所有的法线。在 **Undeformed Shape Plot Options** 和 **Deformed Shape Plot Options** 对话框中，应用 **Normals** 选项显示这些法线，以确认表面法线是否沿着正确的方向。

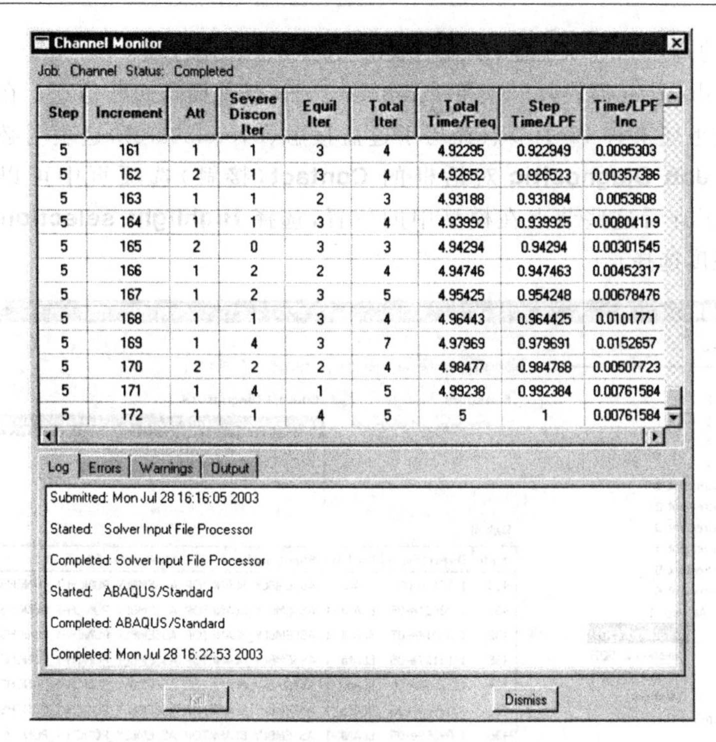

Step	Increment	Att	Severe Discon Iter	Equil Iter	Total Iter	Total Time/Freq	Step Time/LPF	Time/LPF Inc
5	161	1	1	3	4	4.92295	0.922949	0.0095303
5	162	2	1	3	4	4.92652	0.926523	0.00357386
5	163	1	1	2	3	4.93188	0.931884	0.0053608
5	164	1	1	3	4	4.93992	0.939925	0.00804119
5	165	2	0	3	3	4.94294	0.94294	0.00301545
5	166	1	2	2	4	4.94746	0.947463	0.00452317
5	167	1	2	3	5	4.95425	0.954248	0.00678476
5	168	1	1	3	4	4.96443	0.964425	0.0101771
5	169	1	4	3	7	4.97969	0.979691	0.0152657
5	170	2	2	2	4	4.98477	0.984768	0.00507723
5	171	1	4	1	5	4.99238	0.992384	0.00761584
5	172	1	1	4	5	5	1	0.00761584

图 12-26　**Job Monitor** 的结束部分：凹槽成型分析

即使接触面的定义是完全正确的，应用 ABAQUS/Standard 进行接触分析仍可能存在一些问题。这些问题的原因之一可能是默认的收敛准则和限制的迭代次数，它们是相当苛刻的。在接触分析中，有时允许 ABAQUS/Standard 多迭代几次的效果可能更好于放弃当前的增量步而重新迭代，这也就是为什么 ABAQUS/Standard 在模拟中明确地区分严重不连续迭代和平衡迭代的原因。

对于几乎每一个接触分析，诊断接触信息都是十分重要的。这个信息对于发现错误或问题可能是至关重要的。例如，由于所有的严重不连续迭代都涉及同一个从属节点，所以可以发现振荡。如果发现了这一问题，就必须修改该节点周围区域的网格或在模型中增加约束。接触诊断信息也可以识别仅有单一从属节点与表面相互作用的区域，这是一种非常不稳定的状态，并可能会引起收敛问题。再次提醒用户应该修改模型，在这类区域内增加单元的数目。

1. 接触诊断

为了说明在 ABAQUS/CAE 中如何理解接触诊断信息，考虑在分析步 4 中的第 6 个增量步的迭代。如图 12-25 所示，这是第 1 个出现严重不连续迭代的增量步。ABAQUS/Standard 需要 3 次迭代才在模型中建立了正确的接触条件，即冲头是否与毛坯发生了接触。第 4 次迭代没有对模型的接触条件产生任何改变，所以 ABAQUS/Standard 检查力的平衡，并发现本次迭代的解答满足了平衡收敛条件。因此，一旦 ABAQUS/Standard 确定了正确的接触状态，它很容易求得平衡解答。

为了进一步研究在本增量步中模型的行为，查看在 ABAQUS/CAE 中的可视化诊断信息。写到输出数据库文件中的诊断信息提供了在模型中接触条件变化的详细信息。例如，在一个严重不连续迭代中，应用可视化诊断工具可以获得在模型中接触状态发生改变的每一个从属节点的节点编号和位置，以及所属的接触相互作用性质。

进入 Visualization 模块打开文件 Channel.odb 查看接触诊断信息。在第 1 个严重不连续迭代中，在毛坯上有 46 个节点经历了过盈接触(overclosure)，这表明必须改变它们的接触状态。从 **Job Diagnositic** 对话框的 **Contact**(接触)选项页中可以看到这些(见图 12-27)。为了查看这些节点在模型中的位置，选择 **Highlight selections in viewport**(在视区中高亮度选择)。

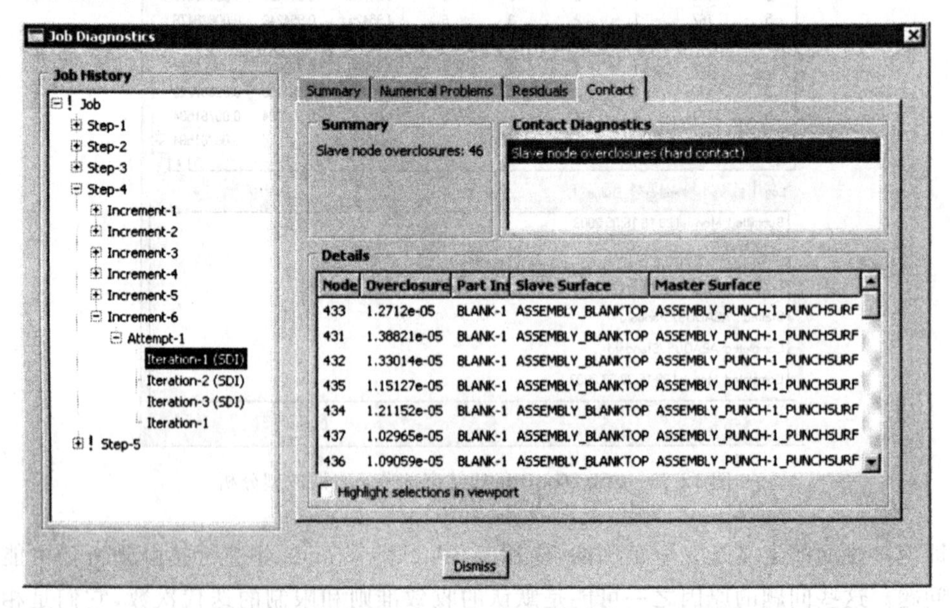

图 12-27　在第 1 个严重不连续迭代中出现过盈接触

ABAQUS/Standard 解除这些节点的接触约束，并进行另一次迭代。在这次迭代中有一个节点经历了负向接触压力，这表明必须改变它的接触状态，从闭合变为分开(见图 12-28)。

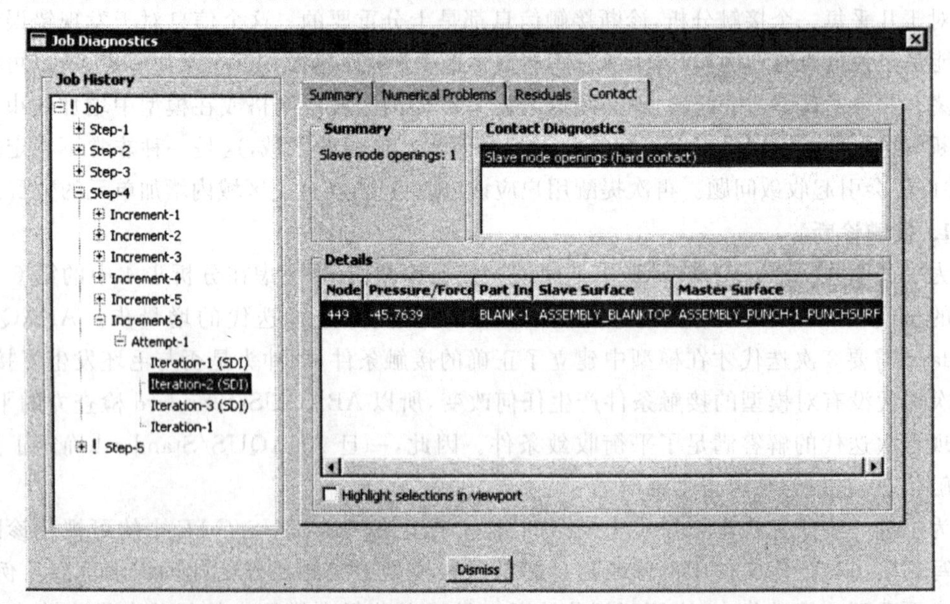

图 12-28　在第 2 个严重不连续迭代中出现接触分开

在第3次迭代中,ABAQUS/Standard改变了这个节点的接触约束,并进行另一次迭代,在这次迭代中有一个节点经历了过盈接触(见图12-29)。

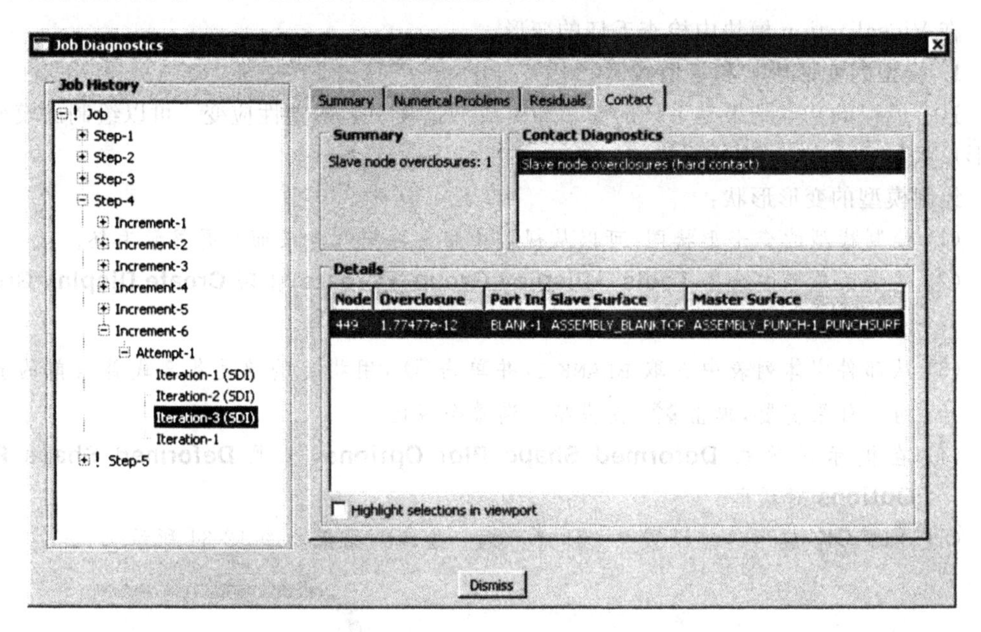

图12-29 在第3个严重不连续迭代中的过盈接触

在进行了必要的修改之后,ABAQUS/Standard试图进行第4次迭代。这时ABAQUS/Standard检查了接触条件没有发生变化,所以,进行了正常的平衡收敛检查。该解答满足了力的残差容限检验,而相对于最大的位移增量,位移的修正值是可以接受的,如图12-30所示。这样,在第1次平衡迭代中产生了关于该增量步的收敛的解答。

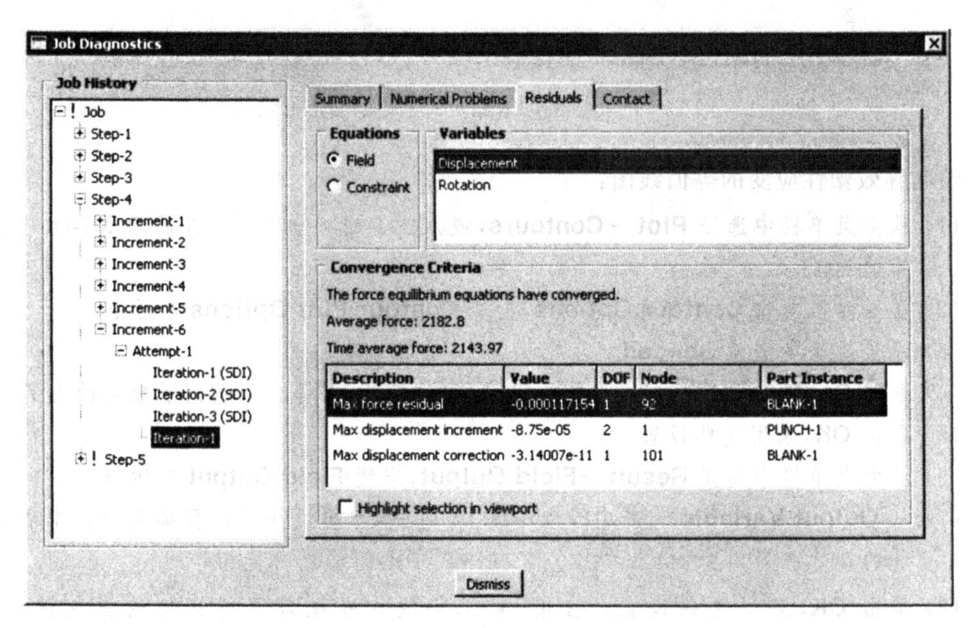

图12-30 第1次(收敛的)平衡迭代

12.6.4　后处理

在 Visualization 模块中检查毛坯的变形。

1. 模型的变形形状和等值线图

这个模拟的基本结果是毛坯的变形和由成型过程引起的塑性应变。可以绘制出模型的变形形状和塑性应变,如下面描述。

绘制模型的变形形状:

(1) 绘制模型的变形形状图。可以从视区中移去冲模和冲头而只是显示毛坯。

(2) 从主菜单栏中选择 **Tools→Display Group→Create**,出现 **Create Display Group** 对话框。

(3) 从部件实体列表中选取 BLANK-1,并单击 ,用指定的单元集合代替当前的显示组。如果需要,单击 ,使模型充满整个视区。

(4) 在提示区单击 **Deformed Shape Plot Options**,出现 **Deformed Shape Plot Options** 对话框。

(5) 单击 **OK**,应用这些设置并关闭对话框。绘制的结果如图 12-31 所示。

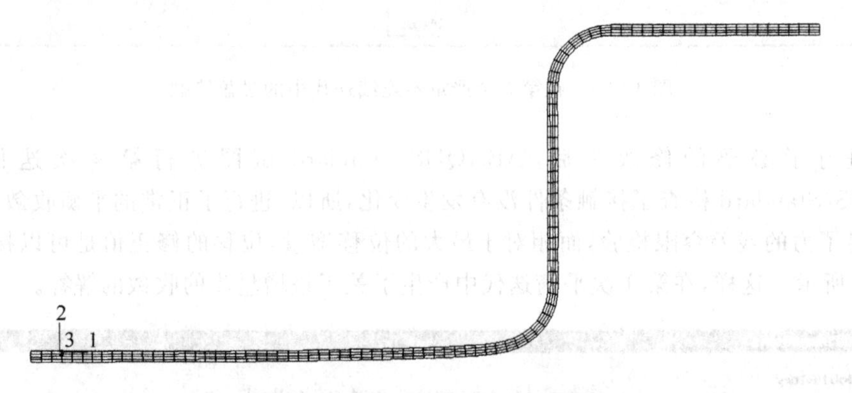

图 12-31　在分析步 5 结束时毛坯的变形形状

绘制等效塑性应变的等值线图:

(1) 从主菜单栏中选择 **Plot→Contours**,或从工具箱中单击 以显示 Mises 应力的等值线图。

(2) 在提示区单击 **Contour Options**,出现 **Contour Plot Options** 对话框。

(3) 设置显示类型为 **Shaded**。

(4) 拖拽 **Contour Intervals**(等值线间隔)滑动标距,将等值线的间隔数目改为 **7**。

(5) 单击 **OK**,采用这些设置。

(6) 从主菜单栏中选择 **Result→Field Output**,出现 **Field Output** 对话框。

(7) 从 **Output Variable** 列表中选取 PEEQ。PEEQ 为塑性应变的整体度量。非整体度量的塑性应变为 PEMAG。PEEQ 和 PEMAG 在比例加载时是相等的。

(8) 单击 **OK**,应用这些设置。应用 工具放大在毛坯上感兴趣的任何区域,如图 12-32 所示。

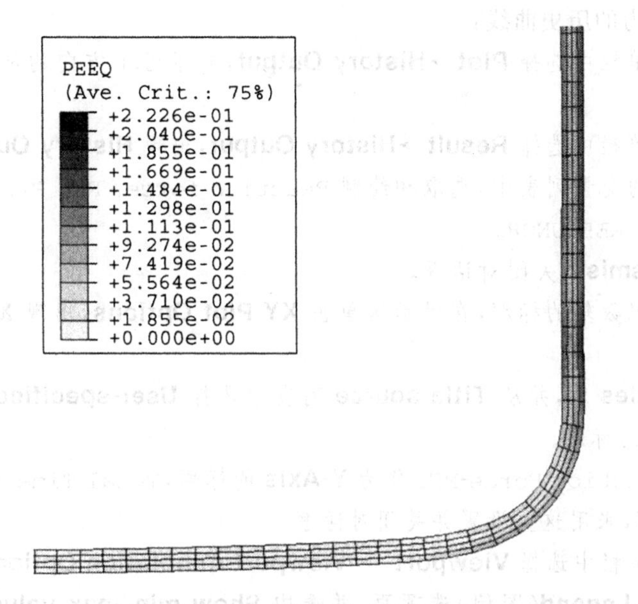

图 12-32 在毛坯一个角处的标量塑性应变变量 PEEQ 的等值线图

最大的塑性应变是 30.8%，将其与该材料的失效应变比较，以确定在成型过程中材料是否会被撕裂。

2. 在毛坯和冲头上的反作用力的历史曲线图

检查将冲头推向毛坯所需要的力是否远远大于由施加在毛坯表面上的压力所创建的力是十分重要的。在分析步 5 开始时，由施加在毛坯上的压力所产生的力大约为 100N (1000Pa×0.1m×1.0m)。图 12-33 中的实线显示了在冲头的刚性体参考点上反作用力 RF2 的变化。

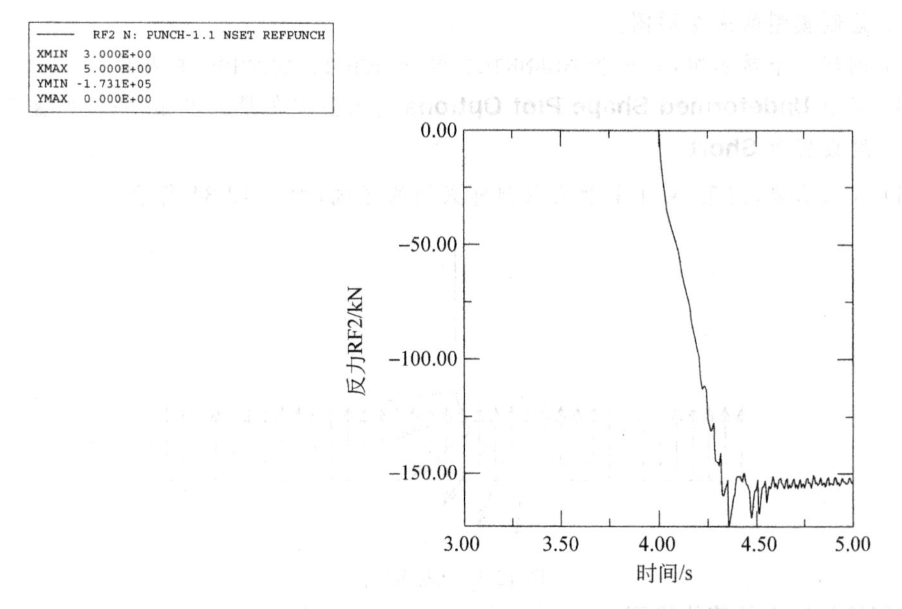

图 12-33 在冲头上的力

创建反作用力的历史曲线：

(1) 从主菜单栏中选择 **Plot→History Output**，显示沿1方向的反作用力随时间的变化曲线。

(2) 从主菜单栏中选择 **Result→History Output**，出现 **History Output** 对话框。

(3) 从有效的变量列表中，选取和绘制 Reaction force：RF2 PI：PUNCH-1 Node *xxx* in NSET REFPUNCH。

(4) 单击 **Dismiss**，关闭对话框。

(5) 为了标记数轴的标题，在提示区单击 **XY Plot Options**，出现 **XY Plot Options** 对话框。

(6) 单击 **Titles** 表，并从 **Title source** 列表中选择 **User-specified** 来设置 **X-Axis** 和 **Y-Axis** 的标题。

(7) 指定 Reaction Force-RF2 作为 **Y-Axis** 的标题，Total Time 为 **X-Axis** 的标题。

(8) 单击 **OK**，采用这些设置并关闭对话框。

(9) 从主菜单栏中选择 **Viewport → Viewport Annotation Options**，在弹出的对话框中，单击 **Legend**（图例）选项页，并选中 **Show min/max values**（显示最小/最大值）选项。

(10) 单击 **OK**，采用这些改变并关闭对话框。

在分析步5中，冲头的力迅速增加至大约160kN，如图12-33所示，它的运算在总时间的4.0～5.0期间。冲头的力明显地远大于由压力载荷所创建的力(100N)。

3. 绘制在表面上的等值线图

ABAQUS/CAE包括一些专门设计用于接触分析后处理的功能。在Visualization模块中，可以应用 **Display Group** 功能将表面集合入显示组，类似于单元和节点的集合。

显示接触表面的法向矢量：

(1) 绘制模型的未变形图。

(2) 创建一个显示组，只包含BLANKTOP和PUNCH-1.PUNCHSURF表面。

(3) 应用 **Undeformed Shape Plot Options** 进入法向矢量的显示，并将矢量箭头的长度设置为 **Short**。

(4) 如果需要，应用 工具放大任何感兴趣的区域，如图12-34所示。

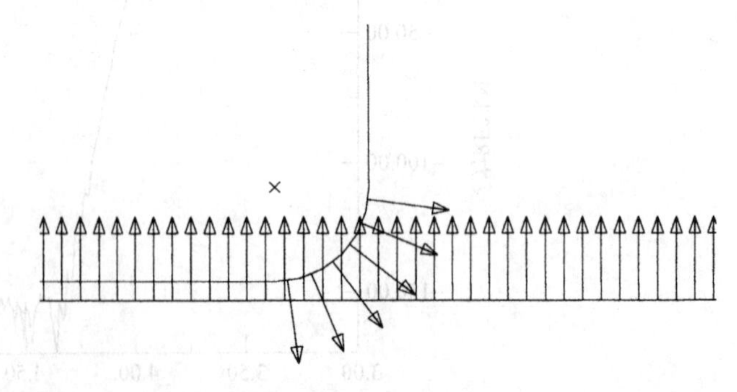

图12-34　表面法向

绘制接触压力的等值线图：

(1) 再次绘制塑性应变的等值线图(关掉出现的关于基本变量选择的警告对话框)。
(2) 从主菜单栏中选择 **Result→Field Output**,出现 **Field Output** 对话框。
(3) 从 **Output Variable** 列表中选取 CPRESS。
(4) 单击 **OK**,施加这些设置。
(5) 从显示组中移除 PUNCH-1.PUNCHSURF 表面。为了更好地显示在二维模型中的基于表面的变量等值线图,可以延展平面应变单元来构造等效的三维视图。可以采用类似的方法延展轴对称单元。
(6) 从主菜单栏中选择 **View→ODB Display Options**,出现 **ODB Display Options**(ODB 显示选项)对话框。
(7) 选择 **Sweep & Extrude**(扫描和拉伸)选项页,进入 **Sweep & Extrude** 选项。
(8) 在对话框的 **Extrude**(拉伸)域选中 **Extrude elements**(拉伸单元),并将 **Depth**(拉伸深度)设为 0.05,延展模型以达到显示等值线图的目的。
(9) 单击 **OK**,应用这些设置。

为了从合适的视角来显示模型,应用 工具旋转模型,如图 12-35 所示。

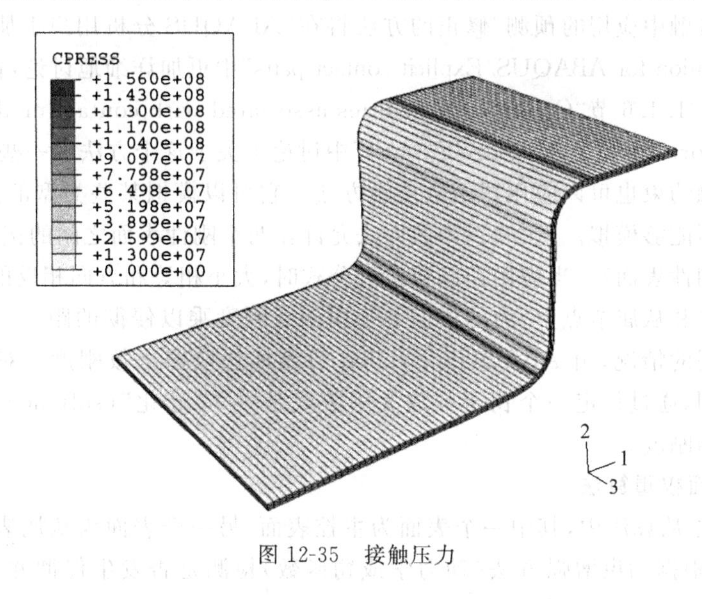

图 12-35 接触压力

12.7 在 ABAQUS/Explicit 中定义接触

ABAQUS/Explicit 提供了两种模拟接触相互作用的算法。通用接触(general contact)算法允许非常简单地定义接触,对于接触表面的类型限制很少(参阅《ABAQUS 分析用户手册》第 21.3.1 节"Defining general contact interactions")。接触对(contact pair)算法对于接触表面的类型有比较严格的限制,并常常要求更加小心地定义接触,但它允许模拟一些采用通用接触算法还不能够模拟相互作用行为(参阅《ABAQUS 分析用户手册》第 21.4.1 节"Defining contact pairs in ABAQUS/Explicit")。通过指定自接触,默认地定义典型的通用接触相互作用,应用 ABAQUS/Explicit 自动地定义一个基于单元的表面(element-based surface),它包括了在模型中的所有物体。为了细划接触区域,可以包含或者不包含指定的表面对。通过指定每一个单独的能够发生相互作用的表面对，定义接触对相互作用。

12.7.1　ABAQUS/Explicit 接触的数学描述

在 ABAQUS/Explicit 中接触的数学描述包括约束增强方法（constraint enforcement method）、接触表面权重（contact surface weighting）、跟踪搜索（tracking approach）和滑移公式（sliding formulation）。

1. 约束增强方法

对于一般的接触，ABAQUS/Explicit 应用罚函数接触方法强化接触约束，它在当前构型中寻找"节点进入表面"和"边进入边"的侵彻。由 ABAQUS/Explicit 自动地选择罚函数刚度，它建立了接触力与侵彻距离之间的关系，使其对时间增量步的影响达到最小化，并且侵彻是不明显的。

对于表面与表面之间的接触，ABAQUS/Explicit 默认地使用了动力学接触公式，它应用预测/修正的方法获得了接触条件下的精确柔度。在增量步开始时假设没有发生接触。如果在增量步结束时产生了过盈，则修改加速度的值以获得正确的增强了接触约束的构形。关于在动力学接触中应用的预测/修正的方法将在《ABAQUS 分析用户手册》第 21.4.4 节"Contact formulation for ABAQUS/Explicit contact pairs"中更加详细地讨论，在《ABAQUS 分析用户手册》第 21.4.6 节"Common difficulties associated with contact modeling using the contact pair algorithm in ABAQUS/Explicit"中讨论了关于这个方法的一些应用限制。

通常的接触约束也可以应用罚函数接触方法。它可以模拟某些类型的接触，这些接触用动力学方法不能够模拟。例如，罚函数方法允许在两个刚性表面之间的接触模拟(除了两个表面是解析刚性表面)。当应用罚函数接触公式时，大小相等和方向相反的接触力施加在侵彻点处的主控和从属节点上，力的量值等于罚函数刚度乘以侵彻的距离。类似于在通用接触算法中应用的情况，由 ABAQUS/Explicit 自动地选取罚函数刚度。对于表面对表面的接触相互作用，通过指定一个罚函数放大因数或是一个"软化"（softened）的接触关系可以更改罚函数的刚度。

2. 接触表面权重算法

在单纯的主-从算法中，其中一个表面为主控表面，另一个表面为从属表面。当两个物体发生接触时，根据约束增强方法（动力学或罚函数）检测是否发生侵彻并施加接触约束。单纯的主-从权重（不考虑约束增强方法）仅阻止从属节点对主控表面的侵彻，并不检测主控节点可能对从属表面进行的侵彻，如图 12-36 所示，除非在从属表面上采用了足够精细的网格，以避免来自主控节点的侵彻。

平衡主-从接触简单地应用了两次单纯主-从接触算法，在第 2 次搜索过程中将主从表面对调。一套接触约束是以表面 1 作为从属表面，另一套接触约束是以表面 2 作为从属表面。由这两次计算的加权平均获得了加速度的修正值或接触力。对于动力学平衡主-从接触，所做出的第 2 次修正是为了求解任何残余的侵彻。在《ABAQUS 分析用户手册》第 21.4.4 节"Contact formulation for ABAQUS/Explicit contact pairs"描述了有关内容。图 12-37 描述了采用动力学柔度的平衡主-从接触约束。

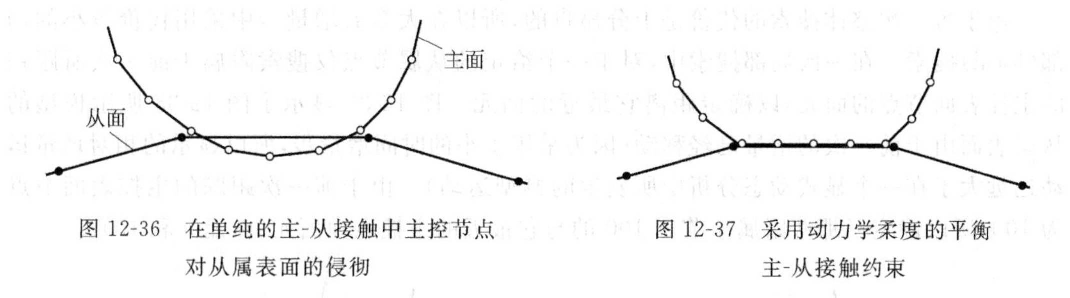

图 12-36 在单纯的主-从接触中主控节点对从属表面的侵彻

图 12-37 采用动力学柔度的平衡主-从接触约束

平衡算法使接触物体之间的侵彻达到最小化，这样在大多数情况下提供了更为准确的结果。

通用接触算法尽可能采用平衡主-从权重算法。对于包含基于节点表面的通用接触算法，该表面仅可能作为单纯的从属表面，可以应用单纯主-从权重。对于接触对算法，根据所涉及的两个表面的性质和采用的约束增强方法，对于给定的接触对，ABAQUS/Explicit 将决定采用哪一种权重。

3. 搜索算法

因为在接触表面上的一个节点有可能与相对接触面上的任何一个单元面发生接触，所以 ABAQUS/Explicit 使用了成熟的搜索算法来跟踪接触表面的运动。虽然搜索算法对用户是明确的而且很少需要特别关照，但是在某些情况下需要给予特殊的考虑，并需要对它有一定的理解。下面的讨论将针对接触对相互作用。在通用接触算法中使用了相对更加明确的整体/局部搜索算法，而不需要用户进行控制。

在每一个分析步的开始，将进行一次彻底的、整体(global)的搜索，对于每一个在接触对中的从属节点，要确定与其距离最近的主控表面面元。这种搜索借助于所谓的“bucket sort”(颠簸行进的行为)，但是整体搜索的成本是相当高的。默认每 100 个增量步仅进行一次整体搜索。图 12-38 显示了用整体搜索方法确定在主控表面上的所有面元中，哪一个面元是距离从属节点 50 最近的面元。通过搜索确定了最近的主控面元是单元 10 的面元，并确定节点 100 是在这个主控面元上距离从属节点 50 最近的节点。因此，该节点被指定为跟踪主控表面节点(tracked master surface node)。对于每一个从属节点，整体搜索的目的是为了确定与其距离最近的主面面元和它所跟踪的主控表面节点。

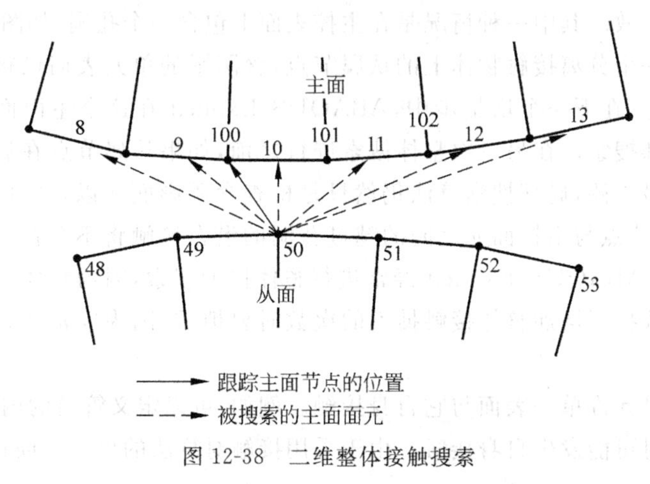

图 12-38 二维整体接触搜索

由于每一次整体搜索的代价是十分昂贵的，所以在大多数增量步中采用代价较小的局部(local)搜索。在一次局部搜索中，对于一个给定的从属节点仅搜索附属于前一次所跟踪的主控表面节点的面元，以确定距离它最近的面元。图 12-39 显示了图 12-38 所示模型的从属表面由于前一次的增量已经移动(因为采用了小的时间增量步，所以显示的相对增量运动远远大于在一个显式动态分析中所发生的典型运动)。由于前一次跟踪的主控表面节点为 100，所以确定了那些附属于节点 100 的与它最近的主控表面面元(面元 9 和 10)。

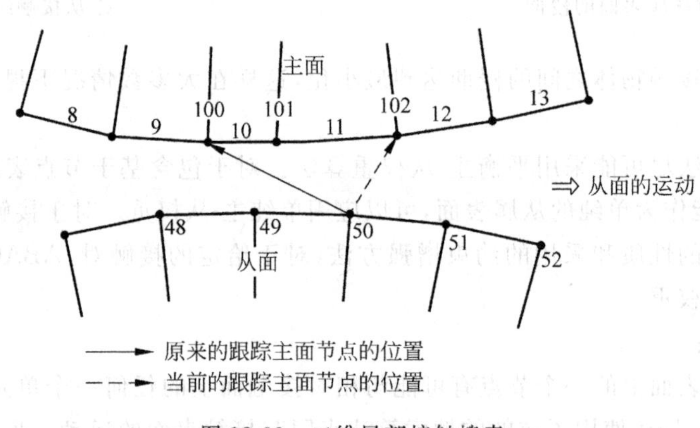

图 12-39 二维局部接触搜索

在这种情况下，面元 10 距离节点 50 最近。下一步是从附属于面元 10 的节点中确定当前跟踪的主控表面节点。这时在面元 10 上的节点 101 成为与从属节点 50 最近的节点。这种局部搜索继续进行，直到所跟踪的主控表面节点在前后两次迭代中保持相同节点为止。在本例中，所跟踪的主控表面节点从 100 变为 101，因此局部搜索继续进行。再次迭代，从附属于节点 101 的主控面元中确定最近的主面面元，在本例中为面元 10 和 11。确定面元 11 为最近的面元，并且确定节点 102 为新跟踪的主控表面节点。由于节点 102 是真正的距离从属节点 50 最近的主面节点，所以进一步的迭代不会改变所跟踪的主控表面节点，于是局部搜索结束。

由于时间增量步很短，所以对于大多数情况，从一个增量步到下一个增量步，接触中物体移动的量很小，对于跟踪接触表面的运动，局部接触搜索是合适的。然而，有一些情况可能引起局部搜索失效。其中一种情况是在主控表面上包含一个孔洞，如图 12-40 所示。

对于属于另一个分离接触物体上的从属节点，含阴影的单元表面已被标识出作为最近的主面面元。这样，在下一个增量步中，ABAQUS/Explicit 在这个主面面元以及与它接触的邻域内进行局部搜索。在另一次整体搜索进行之前，如果从属节点在后面的位移中越过了孔洞并到达了另一侧，局部搜索算法仍然只是检查含阴影面元以及它的邻域。在局部接触搜索中，在从属节点与主控面元之间的越过孔洞的潜在接触将不会被识别。为了克服这个问题，可以强迫 ABAQUS/Explicit 经常进行整体接触搜索，因为整体搜索可以识别越过孔洞的接触。当选择了增加整体接触搜索的次数时要慎重，因为经常的整体接触搜索的成本是昂贵的。

另一个情况是允许单一表面与它自身接触。例如，可以定义管道的内表面为一个表面，当管道受到撞击时可能发生自身接触。由于采用接触对算法的单一表面接触的广泛性和复

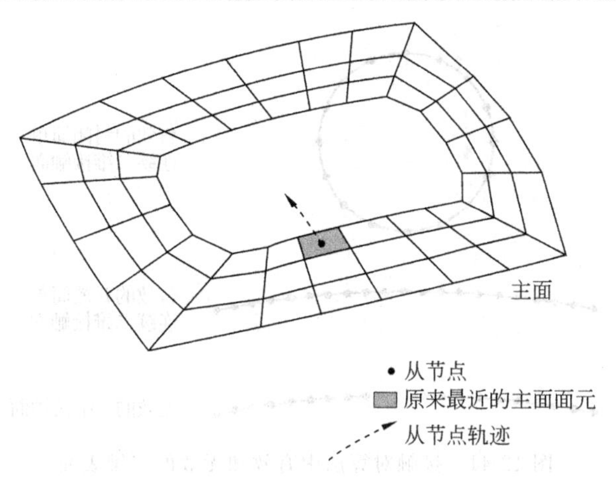

图 12-40 局部搜索可能失效的一个例子

杂性，所以需要每隔几个增量步就进行一次整体接触搜索，使得单一表面的接触比双面接触明显地更加昂贵。

4. 滑移公式

当定义表面与表面接触相互作用时，必须决定相对滑移的量是很小值还是有限值。默认的（对于一般接触相互作用是唯一的选项）是更为普遍适用的有限滑移公式。如果两个表面之间的相对运动小于一个单元面的一个很小比例的特征尺度，则小滑移公式是适用的。当将结果应用于一个更有效率的分析时，应用小滑移公式。

12.8 ABAQUS/Explicit 建模中需要考虑的问题

下面讨论在建模中需要考虑的几个问题：表面的正确定义、过约束（overconstraint）、网格细划和初始过盈。

12.8.1 正确定义表面

使用每一种接触算法定义表面都必须遵循一定的规则。对于在接触中可以包含的表面的类型，通用的接触算法没有什么限制，但二维的、基于节点的和解析刚性的表面只能用于接触对算法。

1. 连续表面

使用通用接触算法的表面可以跨越多个互不相连的物体。两个以上的表面面元可以享用一条边界。相反地，在接触对算法中应用的所有表面必须是连续的和简单连接的。连续性要求具有下面的含义，即是否设置了适用于接触对算法的有效的或者无效的表面定义。

- 在二维尺度内，表面必须是一条简单的、无内部交叉点并带有两个端点的曲线，或者是一个闭合的环。图 12-41 显示了有效和无效的二维表面的例子。
- 在三维尺度内，属于有效表面的一个单元面的边界可以在这个表面的周界上，或者与另一个面共享。两个单元面组成一个接触表面不能在一个共享的节点处连接，必须跨过一条公共的单元边界连接。一条单元边界不能与两个以上的表面面元共享。图 12-42 描述了有效和无效的三维表面。

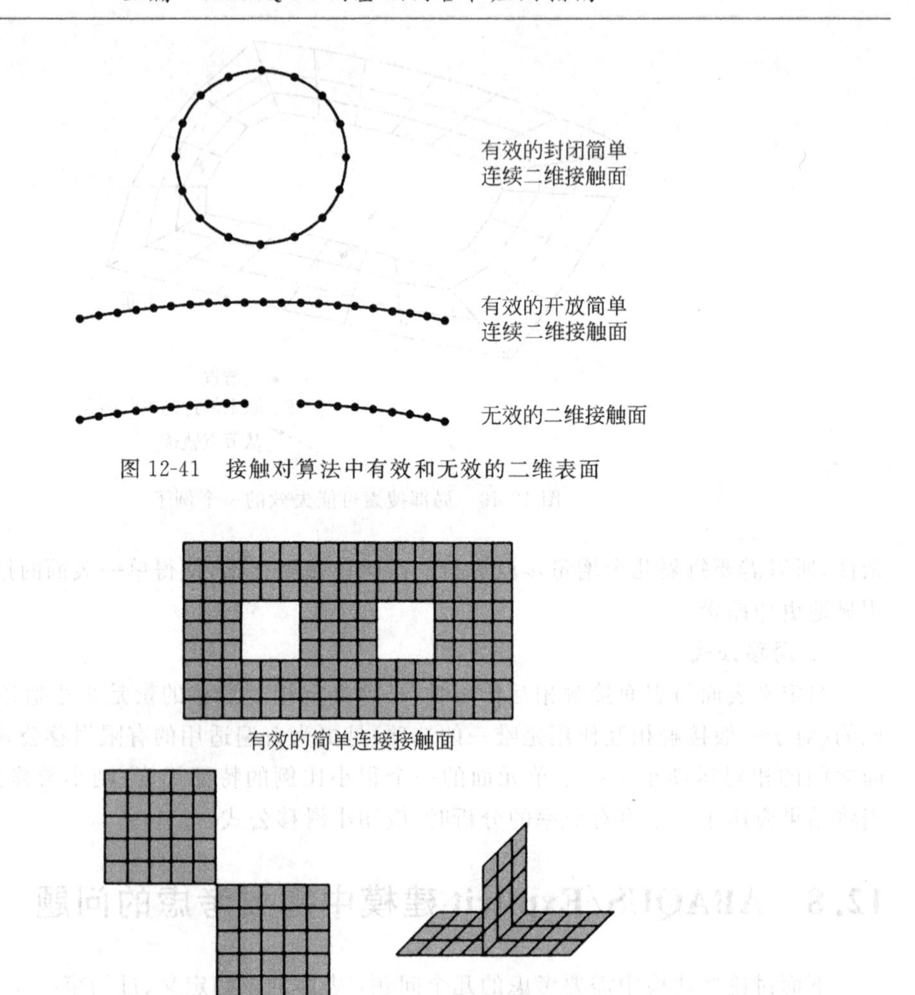

图 12-41　接触对算法中有效和无效的二维表面

图 12-42　接触对算法中有效和无效的三维表面

- 另外，也可能定义三维、双侧表面。在这种情况下，在同一个表面定义中包含壳、膜或刚体单元的两个侧面，如图 12-43 所示。

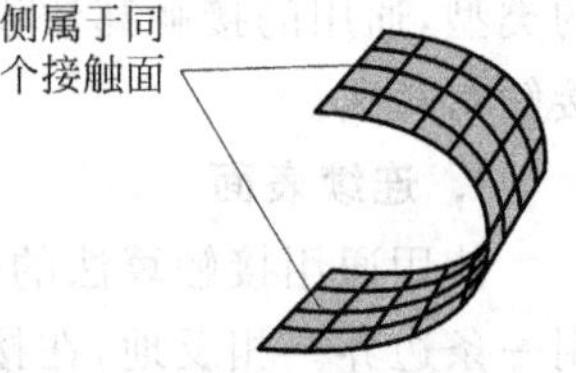

图 12-43　有效的双侧表面

2. 延伸表面

ABAQUS/ Explicit 不会自动地将用户定义的表面延伸出其周界。如果来自一个表面上的节点与另一个表面发生接触，并且它沿着该表面移动直至到达边界，那么它有可能“落出边界”。这种行为可能是特别麻烦的，因为该节点很可能不久又从该表面的背面重新进入，因而违反了动力学约束并引起该节点加速度的急剧变化。因此，将表面延伸至稍微超出实际发生接触的区域是一个很好的建模实践。一般建议用表面完全覆盖每一个接触物体，这样附加的计算耗费是最小的。

图 12-44 所示是由六面体单元组成的两个简单的箱型体。在上面的箱型体上有一个接触表面，它仅定义在箱体的上表面。尽管这是 ABAQUS/Explicit 允许的表面定义，但这种

缺乏超过“原始边界”的延伸定义可能会带来麻烦。在下面的箱型体上，表面围绕侧壁卷曲了一段距离，从而延伸超过了平的上表面。如果接触只发生在箱体的上面，那么通过避免任何接触节点运动到接触表面的背后，这种延伸表面的定义使接触中可能出现的问题最小化。

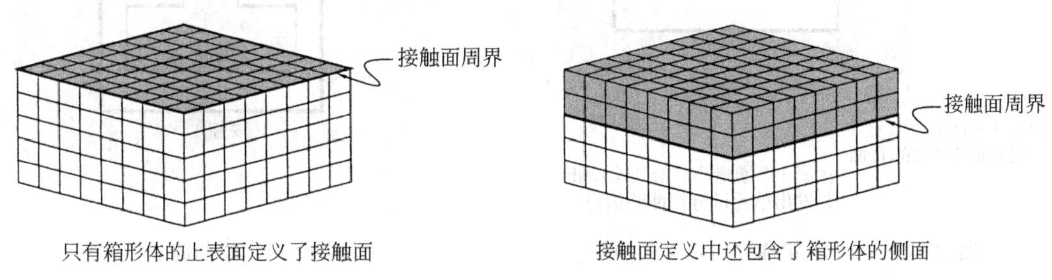

图 12-44 表面的周界

3. 网格缝隙

两个节点具有相同的坐标(双节点)可以在一个有效的显示是连续的表面生成一道缝隙或裂纹，如图 12-45 所示。节点沿着表面滑动，可能会通过这一裂纹并滑入接触表面的背面。一旦检测出这种侵彻，可能会引起较大的、无物理意义的加速度修正值。在 ABAQUS/CAE 中定义的表面绝不会出现两个节点具有相同的坐标，但是，输入的网格模型可能有双节点。在 Visualization 模块中可以通过绘制模型的自由边界检测到网格缝隙。不在预料内的边界就可能是双节点区域。

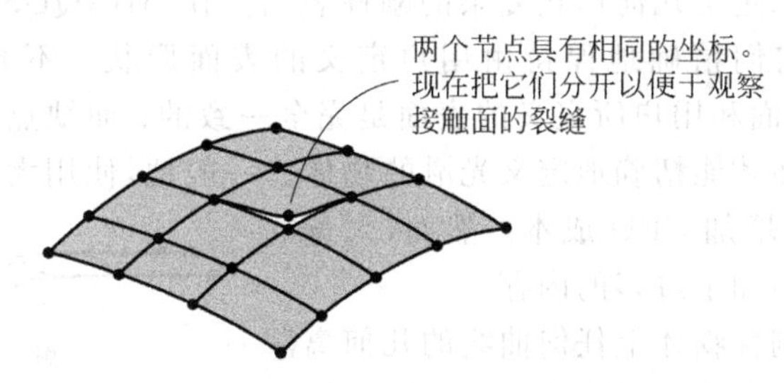

图 12-45 双节点单元网格示例

4. 完整的表面定义

图 12-46 描述了在两个部件之间简单连接的二维模型。对于模拟这种连接，在图中显示的接触定义是不适当的，因为表面不能代表物体几何形状的完整描述。在分析开始时，发现表面 3 上的一些节点位于表面 1 和表面 2 的背面。图 12-47 显示了对这一连接的恰当的表面定义。这些表面是连续的并描述了接触物体的完整的几何形状。

5. 高度卷曲的表面

在通用接触算法中，对卷曲的表面不需要进行专门处理。但是，在接触对算法中，当采用的表面含有高度卷曲的面元时，必须应用的跟踪算法比采用表面不包含高度卷曲的面元所要求的算法更加昂贵。为了尽可能地保持求解的效率，ABAQUS 会监视表面的卷曲，并当表面成为高度卷曲时发出警告。如果相邻面元的法线方向相差 20°以上，ABAQUS 发出警告信息。一旦一个表面被认定是高度卷曲的，ABAQUS 将会用一个更为精确的搜索方法代替原来较为高效的接触搜索方法，以克服由高度卷曲表面所带来的问题。

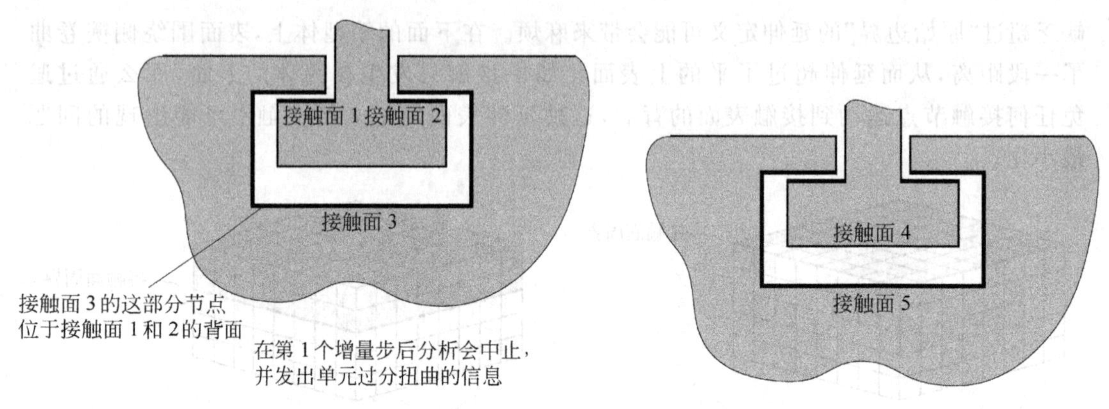

图 12-46　一个不正确表面定义的例子　　图 12-47　正确的表面定义

为了达到求解的效率，ABAQUS 并不是在每个增量步都检查高度卷曲的表面。对于刚性表面的高度卷曲检查只是在分析步开始时进行，因为刚性表面在分析中不会改变形状。对于变形表面的高度卷曲检查，默认地每 20 个增量步检查 1 次。但是，在某些分析中可能有的表面会迅速地增加卷曲，使得默认的每 20 个增量步检查 1 次成为不合适的。可以将卷曲检测的频率改变为理想的增量步数目。在某些分析中，当表面卷曲小于 20°时，可能也需要使用更加精确的与高度卷曲表面相关的接触搜索算法。已经定义的高度卷曲的角度值也可以重新定义。

6. 刚体单元离散

应用刚体单元可以定义几何形状复杂的刚性表面。在 ABAQUS/Explicit 中的刚体单元不进行光滑处理，它们精确地保持由用户定义的表面形状。不光滑表面的优点在于 ABAQUS 所应用的表面和用户所定义的表面是完全一致的；而缺点则是必须使用更加高度细划的网格构成表面才能精确地定义光滑的物体。一般地，使用大量的刚体单元来定义刚性表面，不会显著地增加 CPU 成本。然而，大量的刚体单元确实明显地增加了过多的内存。

用户必须保证在刚性物体上任何曲线的几何离散是合适的。如果刚体离散得过于粗糙，在变形物体上的接触节点可能会“触礁”，从而导致错误的结果，如图 12-48 所示。

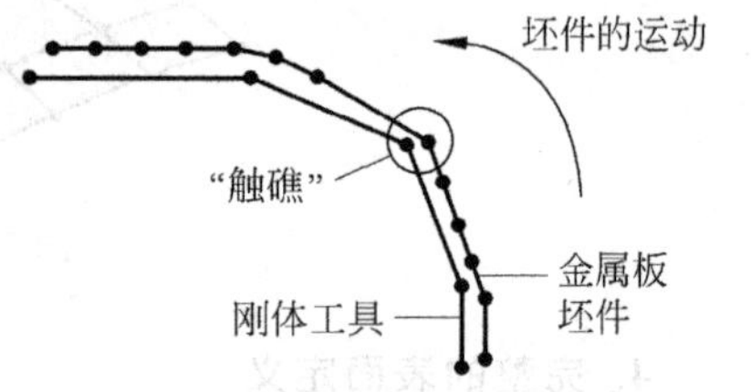

图 12-48　粗糙刚体离散的潜在影响

在一段时间内，撞到尖角上的节点被阻止了沿着刚性表面的进一步滑行。一旦释放了足够多的能量使它能够滑移并越过尖角，那么在接触到临近的面之前，该节点将动态地滑动，如此的运动会引起解答的振荡（noisy）。刚性表面划分得越细致，接触从属节点的运动就越平滑。在通用接触算法中包含某些数值误差舍入特性，以避免出现成为对离散刚性表面所关切的节点触礁问题。另外，采用罚函数增强的接触约束会减少触礁发生的可能性。对于刚性物体，对于由拉伸或是由表面旋转形成的刚体表面，通常使用解析刚体来模拟。

12.8.2　模型的过约束

就像在一个给定的节点上决不能定义几个相互矛盾的边界条件一样，通常也决不能在同一个节点上定义多节点约束和应用动力学方法增强接触条件，因为这样可能会产生矛盾的动力学约束。除非这些约束是完全地相互正交，否则模型将会过约束。当ABAQUS/Explicit试图满足这些矛盾的约束时，运算结果将会是相当混乱的。罚函数接触约束和多点约束作用在同一个节点上不会产生矛盾，因为罚函数约束不像多点约束那样严格。

12.8.3 网格细划

对于接触分析以及所有其他类型的分析，当网格细划时，结果都会得到改进。对于应用单纯主从算法的接触分析，从属表面的网格适当细化是特别重要的。这样主控表面上的面元才不可能过度地侵入从属表面。为了具有适当的接触柔度，平衡主从算法在从属表面上并不需要高度的网格细划。在刚性体和变形体之间应用单纯的主从接触，网格细划通常是特别重要的。在这种情况下，变形体总是单纯的从属表面，因此，必须足够细划以适应刚性体的任何形状特征。当从属表面的离散与在主控表面上的特征尺度相比较是很粗糙的，图12-49显示了一个可能会发生侵彻的例子。变形表面的网格越细划，刚性表面的侵彻程度就越低。

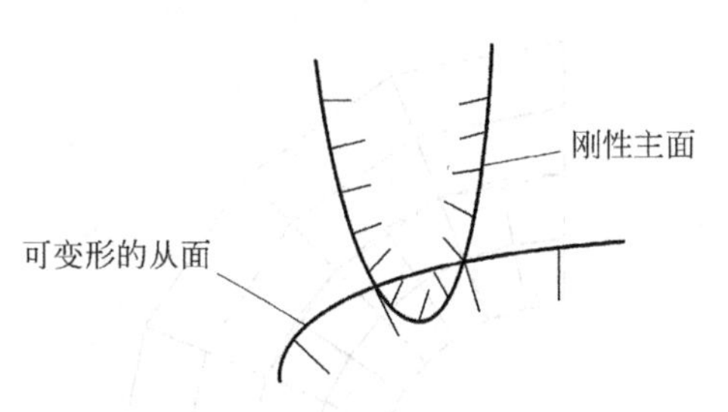

图12-49　从属表面离散不适当的例子

束缚约束

束缚(tie)约束防止了在初始时相互接触的表面发生侵彻、分离或相对滑动。因此，束缚约束是一种简单意义的网格细划。由于在两个表面之间存在的任何缝隙，无论它多么小，都将导致节点不能与对面的边界发生束缚。在分析开始时，必须调整节点以保证两个表面准确地接触在一起。

束缚约束的公式约束了平移自由度和可选择的转动自由度。当应用束缚接触于结构单元时，必须保证任何没有约束的转动不会带来问题。

12.8.4 初始过盈接触

为了消除任何初始的过盈，ABAQUS/Explicit将自动地调整在接触表面上未变形的节点坐标。当应用平衡主从算法时，两个表面均被调整；当应用单纯主从算法时，仅调整从属表面。为了消除过盈接触，与调整表面相关的位移不会对在分析的第1个分析步中定义的接触引起任何的初始应变或应力。当存在矛盾的约束时，重新定位节点可能不会完全地解决初始过盈。在这种情况下，当采用接触对算法时，在分析刚开始阶段可能会导致网格的严重扭曲。通用接触算法存储了任何无法消除的初始侵彻，将其作为偏置量以避免过大的初始加速度。

在随后的分析步中，为了消除初始过盈而进行的任何节点调整都将引起应变，并常常引起网格的严重扭曲，因为整体的节点调整发生在一个单一、非常短暂的增量步内。当采用动力学接触方法时，这个问题更是明显的事实。例如，如果一个节点的过盈量是1.0×10^{-3}m，而时间增量是1.0×10^{-7}s，那么施加到该节点上以修正过盈接触的加速度就是2.0×10^{11}m/s。将如此大的加速度施加到一个单一节点上，将发出关于变形速度超过材料中波速的典型的警告信息，并在几个增量步之后，发出关于网格严重扭曲的警告。一旦施加了如此大的加速度，将使相关单元发生明显的变形。对于动力学接触，即便是一个非常小的初始过盈量，都可能会引起极大的加速度。通常，在分析步2以及后续的分析步中，所定义的任何新的接触表面都不能有过盈，这一点非常重要。

图 12-50 显示了一种常见的两个接触表面有初始过盈的情况。所有在接触表面上的节点刚好位于同一段圆弧上，但是由于内部表面的网格比外部表面网格更加精细，并且由于单元的边界是直线段，所以在精细的、内部表面上的某些节点初始地侵入了外部表面。假设采用的是单纯主从方法，图 12-51 显示了由 ABAQUS/Explicit 施加到从属表面节点上的初始的、应变自由的位移。在不加外力的情况下，这种几何构型是无应力的。如果采用默认的、平衡主从方法，就会得到一组不同的初始位移场，并且计算得到的网格中不是完全无应力的。

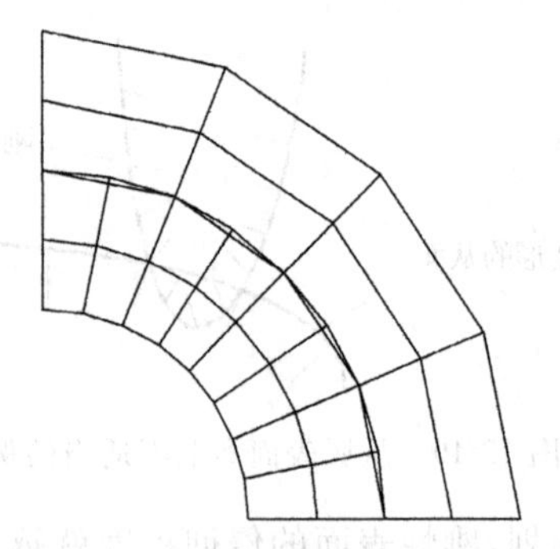

图 12-50　两个接触表面的原始过盈

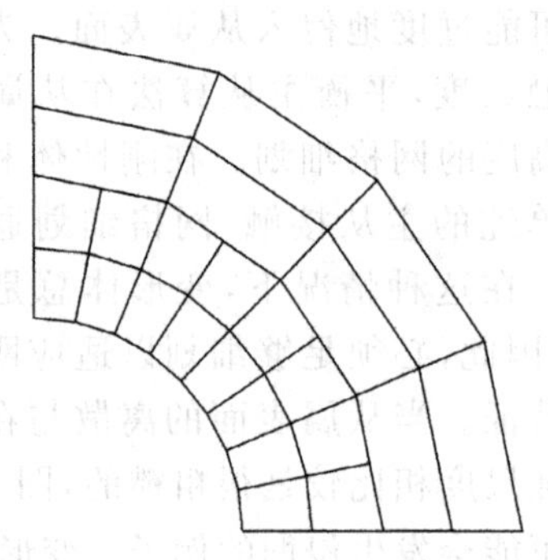

图 12-51　修正的接触表面

12.9　ABAQUS/Explicit 例题：电路板跌落试验

本例研究一块由可挤压的保护泡沫封装的电路板以一定的角度跌落到刚性表面上的行为，目的是评估当电路板从 1m 的高度落下时，泡沫封装是否能够保护电路板不受损坏。采用在 ABAQUS/Explicit 中的通用接触功能来模拟在不同部件之间的相互作用。图 12-52 标出了以 mm 表示的电路板和泡沫封装的尺寸，并给出了材料参数。

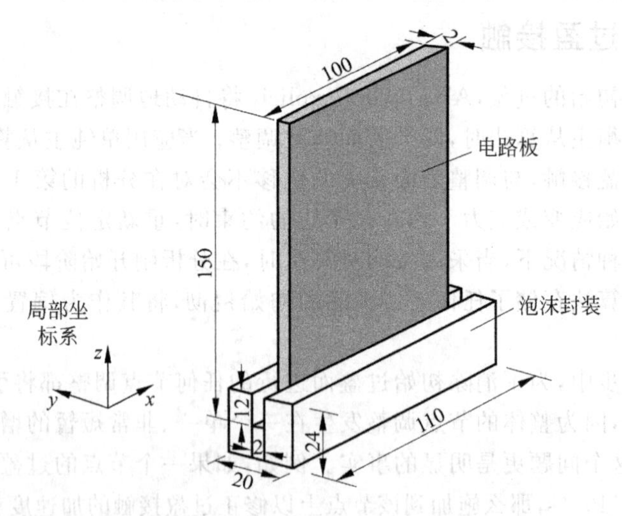

图 12-52　尺寸(单位：mm)和材料性质

材料属性

电路板材料(塑性)：$E=45\times10^9$ Pa；$\nu=0.3$；$\rho=500\text{kg/m}^3$

泡沫封装材料是可挤压泡沫：$E=3\times10^6$ Pa；$\nu=0.0$；$\rho=100\text{kg/m}^3$

(泡沫塑性数据将在后面给出)

12.9.1 前处理——用 ABAQUS/CAE 创建模型

1. 定义模型的几何形状

打开 ABAQUS/CAE，并进入 Part 模块。创建四个部件，分别代表泡沫封装、电路板、芯片和地面。也需要创建一些数据点，以辅助部件实体的定位。

定义封装的几何形体：

(1) 封装是一个三维实体结构。采用一个可拉伸实体的基本特征来创建一个三维的、可变形的部件代表封装，将部件命名为 Packaging。采用的大致部件尺寸为 0.1，并绘制一个 0.02m×0.024m 的矩形作为轮廓，指定 0.11m 作为拉伸长度。

(2) 从主菜单栏中选择 **Shape→Cut→Extrude**，在封装中创建一个切口，用来安插电路板。

① 选择封装的左端面作为拉伸切口的平面。在绘图平面中，在封装轮廓的右侧选择一条竖直线作为竖直方向。

② 在草图中，创建一条穿过封装中心的辅助线。

③ 绘制切口的轮廓，如图 12-53 所示。应用 **Edit Dimension Value**(编辑尺寸)工具在封装上水平地定位 0.002m×0.012m 切口的中心。

④ 在 **Edit Cut Extrusion**(编辑拉伸切割)对话框中出现完整的草图，选择 **Through All**(穿透)作为端部条件，并选择箭头方向代表在封装中的切口。

(3) 在切口底面的中心创建一个数据点，如图 12-54 所示。这个点将用来定位电路板相对于封装的位置。

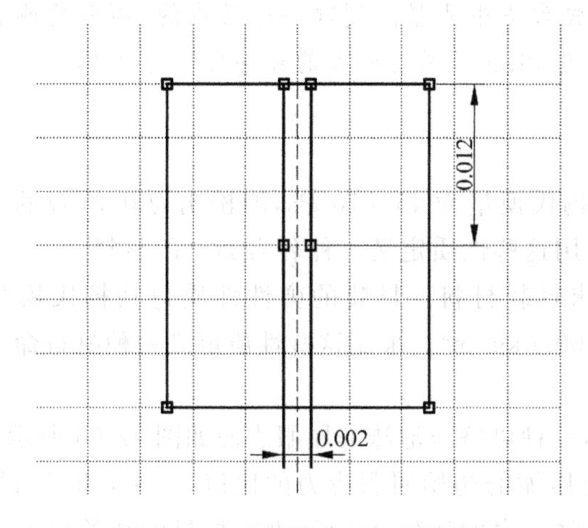

图 12-53 在封装中切口的轮廓

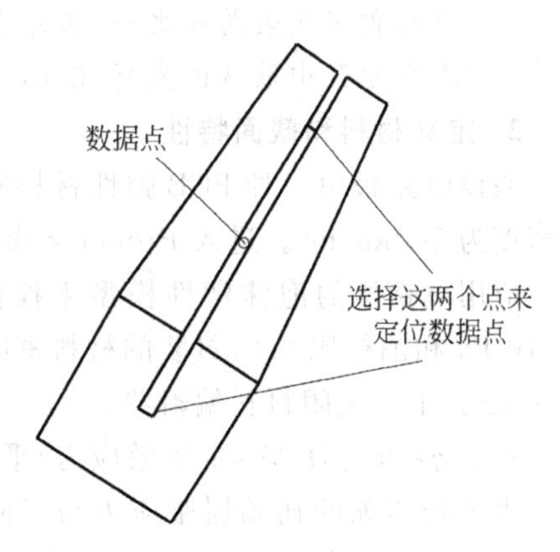

图 12-54 在封装切口中心的数据点

① 从主菜单栏中选择 **Tools→Datum**，显示 **Create Datum**(创建数据)对话框。

② 接受默认的 **Point**(点)选择作为数据类型，选择 **Midway between 2 points**(两点之间的中点)作为方法，并单击 **OK**。

③ 选择两个点，这两个点位于切口底面的中心并在切口的任何一端，在这两个点之间创建数据点。

ABAQUS/CAE 创建的数据点如图 12-54 所示。

定义电路板的几何形体：

(1) 电路板可以模拟成为一个薄的平板，上面附着芯片。创建一个三维的、可变形的平面壳体来代表电路板，将部件命名为 Board。采用的近似部件尺寸为 0.5，并绘制一个 0.100m×0.150m 的矩形。

(2) 创建 3 个数据点，如图 12-55 所示。这些点将被用来定位电路板上的芯片。

① 从主菜单栏中选择 **Tools→Datum**，出现 **Create Datum** 对话框。

② 接受默认的 **Point** 选择作为数据类型，选择 **Offset from point**（从某点处偏置）的方法，并单击 **Apply**。

③ 选择电路板的左下方角点作为偏置的参考点，并输入其中一个点的坐标，如图 12-55 所示。

④ 重复步骤 b 和 c，创建其他两个数据点。

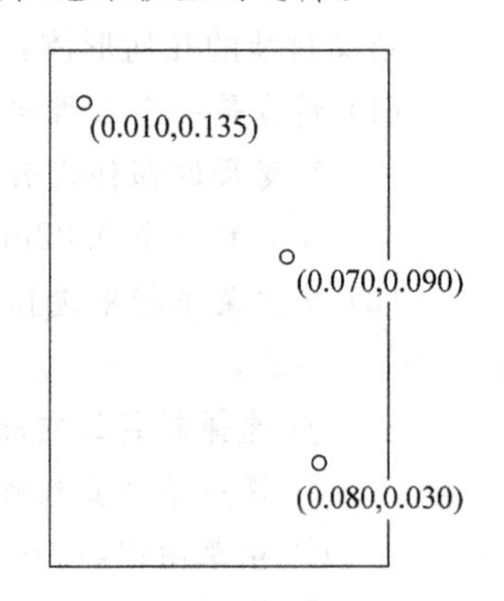

图 12-55　应用数据点定位芯片与电路板的相对位置

括号中的数据(x,y)是坐标，以 m 为单位，它基于电路板左下方角点的局部坐标的原点

定义地面和芯片：

(1) 电路板将要碰撞的表面是足够刚性的，创建一个三维的离散刚体平面壳来代表地面，将部件命名为 Floor。采用大致的部件尺寸为 0.5。刚性表面必须足够大以保证任何变形体都不会落到边界的外面。绘制一个 0.2m×0.2m 的正方形作为轮廓，在部件的中心设置一个参考点。

(2) 可以将附着在电路板上的芯片模拟成为集中质量。创建一个三维的、离散的刚性点部件来代表芯片之一，将部件命名为 Chip。采用大致的部件尺寸为 0.5，并接受在提示区中默认的坐标(0,0,0)。

2. 定义材料和截面特性

假设电路板由一种 PCB 弹性材料制成，杨氏模量为 45×10^9 Pa，泊松比为 0.3，板的质量密度为 500kg/m^3。进入 Property 模块，采用这些性质定义一种名为 PCB 的材料。

应用可挤压的泡沫塑性模型来模拟泡沫封装材料。封装的弹性性质包括杨氏模量 3×10^6 Pa 和泊松比 0.0，封装的材料密度为 100.0kg/m^3。采用这些性质定义一种材料命名为 Foam。不要关闭材料编辑器。

在 p-q(压应力-Mises 等效应力)平面中，一种可挤压泡沫的屈服表面如图 12-56 所示。

由单轴压缩的初始屈服应力与三向均匀压缩的初始屈服应力的比值 σ_c^0/p_c^0，和三向均匀拉伸的屈服应力与三向均匀压缩的初始屈服应力的比值 p_t/p_c^0，决定材料的初始屈服行为。在本例中，选择第 1 个数据项为 1.1，第 2 个数据项(作为正值给出)为 0.1。

在材料模型定义中也包含硬化的影响。表 12-3 总结了屈服应力-塑性应变的数据。可挤压泡沫的硬化模型遵循图 12-57 所示的曲线。在材料编辑器中，选择 **Mechanical→Plasticity→Crushable Foam**。输入上面给出的屈服应力比值。单击 **Suboptions**(子选项)，选择 **Foam Hardening**(泡沫硬化)，并输入表 12-3 中的硬化数据。

定义一个均匀(homogeneous)的壳截面，命名为 BoardSection，选用材料 PCB，指定壳的厚度为 0.002m，并将这个截面定义赋予部件 Board。定义一个均匀的实体截面，命名为

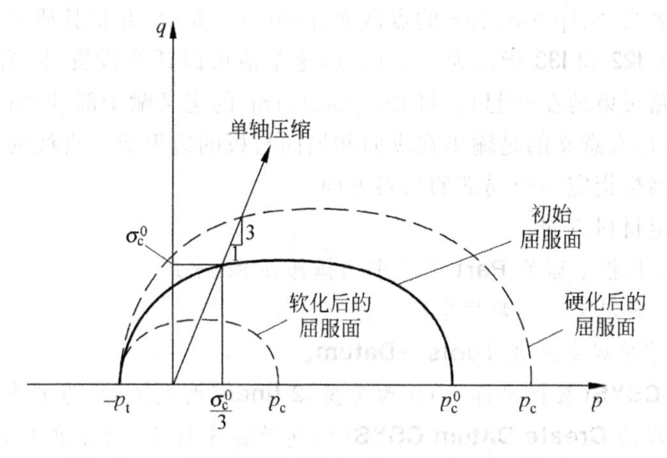

图 12-56 可挤压泡沫模型：在 p-q 平面的屈服表面

FoamSection，选用材料 Foam，指定厚度为 1.0m，并将这个截面定义赋予部件 Packaging。

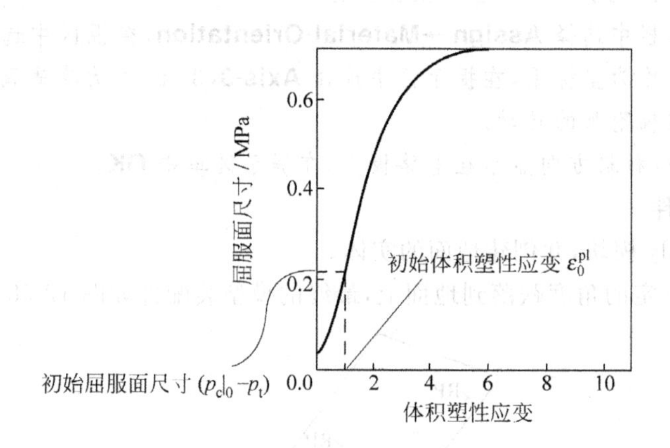

图 12-57 泡沫硬化材料数据

表 12-3 可挤压泡沫模型的屈服应力-塑性应变数据

单向压缩的屈服应力/Pa	塑性应变	单向压缩的屈服应力/Pa	塑性应变
0.22000E+6	0.0	0.45827E+6	1.0
0.24651E+6	0.1	0.49384E+6	1.2
0.27294E+6	0.2	0.52484E+6	1.4
0.29902E+6	0.3	0.55153E+6	1.6
0.32455E+6	0.4	0.57431E+6	1.8
0.34935E+6	0.5	0.59359E+6	2.0
0.37326E+6	0.6	0.62936E+6	2.5
0.39617E+6	0.7	0.65199E+6	3.0
0.41801E+6	0.8	0.68334E+6	5.0
0.43872E+6	0.9	0.68833E+6	10.0

定义一个命名为 ChipSection 的点截面(point section),并将其质量设置为 0.005kg。对于转动惯量 **I11**,**I22** 和 **I33** 指定为 1.0 单位(这个值可以任意设置,因为只有芯片的平移自由度才会与电路板束缚在一起)。将 ChipSection 的定义赋予部件 Chip 的参考点。

对于电路板,最有意义的是输出在纵向和横向与板的边界成一直线的应力结果。因此,需要为电路板的网格指定一个局部的材料方向。

为电路板指定材料方向:

(1) 从位于工具栏下面的 **Part** 列表中选择部件 Board。

(2) 为材料方向定义一个数据坐标系:

① 从主菜单栏中选择 **Tools→Datum**。

② 选择 **CSYS**(数据坐标系)作为类型,**2 lines**(两线法)作为方法,并单击 **OK**。

③ 在出现的 **Create Datum CSYS**(创建数据坐标系)对话框中,选择直角坐标系(rectangular coordinate system),并单击 **Continue**。

④ 在视区中,选择电路板的底部水平边界作为局部 x 轴,板的右侧竖直边界位于 X-Y 平面内。

在视区中出现了一个黄色的数据坐标系。

(3) 从主菜单栏中选择 **Assign→Material Orientation**,在视区中选择电路板,选择数据坐标系作为坐标系,在提示区中选择 **Axis-3**(3 轴)作为壳表面的法线,键入 0.0 作为绕该轴附加的转动。

在视区中,材料方向显示在电路板上,在提示区单击 **OK**。

3. 创建装配件

进入 Assembly 模块,并创建地面的实体。

电路板将以一定的角度跌落到地面上,最终的模型装配件如图 12-58 所示。

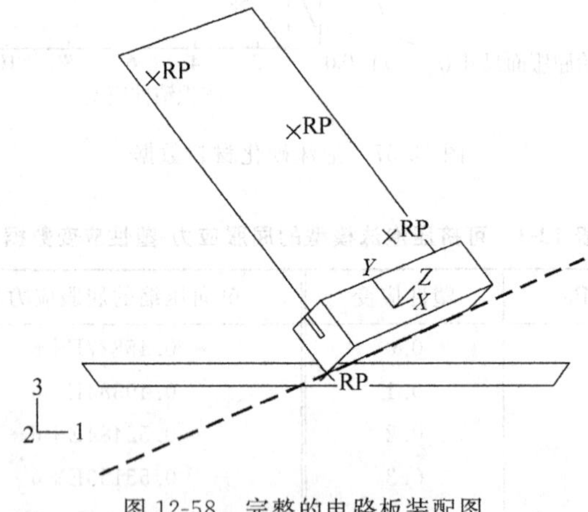

图 12-58 完整的电路板装配图

首先需要应用在 Assembly 模块中的定位工具定位封装的位置,然后定位电路板相对于封装的位置。

定位封装:

(1) 从主菜单栏中选择 **Tools→Datum**,创建附加的数据点来帮助定位封装。

① 选择 **Point**(点)作为类型,选择 **Enter coordinates**(输入坐标)作为方法,并单

击 **Apply**。

② 在(0,0,0)和(0.5,0.707,0.25)处创建两个数据点。

③ 单击自动调整(auto-fit)工具,以便观察在视区中的数据点。

(2) 在 **Create Datum**(创建数据)对话框中,选择 **Axis**(轴)作为类型,选择 **2 points**(两点法)作为方法,单击 **Apply**。通过在前面创建的两个数据点的定义创建一个数据轴。

提示:在视区中取消对参考点的显示,选择位于(0,0,0)处的数据点。

(3) 创建封装的实体。

(4) 约束封装,这样使它的底边与数据轴成直线。

① 从主菜单栏中选择 **Constraint→Edge to Edge**。

② 选择图 12-59 中所示的封装边界,作为可移动实体的直边。

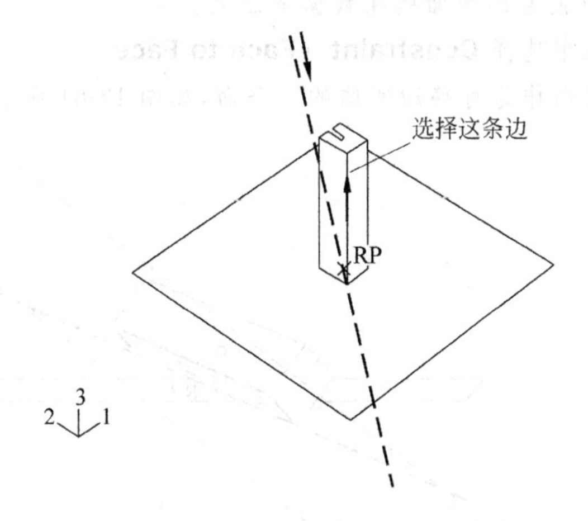

图 12-59　在可移动的实体上选择一条直边

提示:为了更好地观察模型,从主菜单栏中选择 **View → Specify**,并选择 **Viewpoint**(视点法)作为方法。对于视点矢量键入(-1,-1,1)和向上矢量(0,0,1)。

③ 选择数据轴作为固定实体。

④ 如果需要,在提示区上单击 **Flip** 来翻转在封装上的箭头方向,当箭头指向如图 12-59 所示的相反方向时,单击 **OK**。

提示:可能需要放大和旋转模型以便看清在数据轴上的箭头,这个箭头的方向取决于最初是如何定义数据轴的。如果数据轴上的箭头指向与图中显示的方向相反,则封装上的箭头也必须与图中显示的方向相反。

ABAQUS/CAE 定位封装如图 12-60 所示。

注意:ABAQUS/CAE 将定位约束作为装配件的特征进行存储。如果在定位装配件时出现了错误,则可以应用 **Feature Manager**(特征管理器)删除定位约束。

(5) 在(-0.5,0.707,-0.5)处创建第 3 个数据点,并再次单击自动调整工具。

(6) 在 **Create Datum** 对话框中,选择 **Plane**(平面)作为类型,选择 **Line and point**(点线法)作为方法,单击 **Apply**。应用在前面创建的数据轴和在上一步创建的数据点

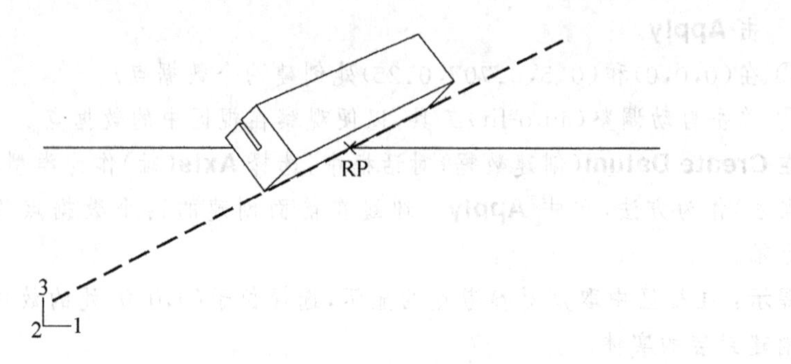

图 12-60 位置 1：约束封装的底边沿着数据轴对齐

的定义创建一个数据平面。

(7) 约束封装，这样使它的底面躺在数据平面上。

① 从主菜单栏中选择 **Constraint→Face to Face**。

② 选择封装的面作为可移动实体的一个面，如图 12-61 所示。

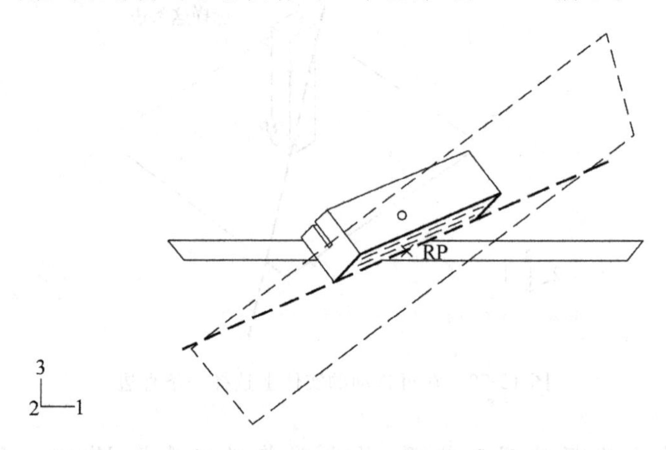

图 12-61 在可移动的实体上选择一个面

③ 选择数据平面作为固定的实体。

④ 如果需要，在提示区中单击 **Flip**。当两个箭头指向同一个方向时，单击 **OK**。

⑤ 接受与固定平面默认的距离 0.0。

(8) 最后，约束封装使其接触到地面的中点。

① 从主菜单栏中选择 **Constraint→Coincident Point**。

② 选择封装上最低的顶点作为可移动实体上的点，并选择地面上的参考点作为固定实体上的点。

ABAQUS/CAE 定位封装，如图 12-62 所示。

(9) 现在，将地面向下移动一个微小的距离，以保证在封装和地面之间没有初始过盈接触。

① 将相对位置约束转换到绝对约束，以避免矛盾。从主菜单栏中选择 **Instance→Convert Constraints**。在视区中选择封装，并在提示区中单击 **Done**。

② 从主菜单栏中选择 **Instance→Translate**。

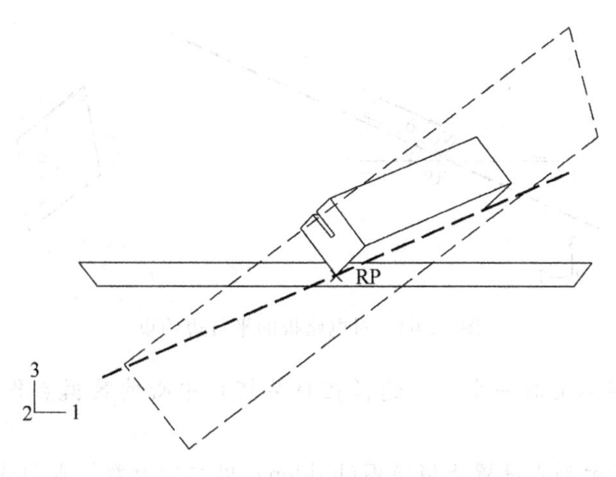

图 12-62　封装相对于地面的最终位置

③ 在视区中选择地面。

④ 输入(0.0,0.0,0.0)作为平移矢量的起始点,(0.0,0.0,-0.0001)作为平移矢量的终点。

⑤ 单击 **OK**,以接受新的定位。

定位电路板:

(1) 创建电路板的实体。在 **Create Instance**(创建实体)对话框中选择 **Auto-offset from other instances**(自动偏置于其他实体)。

(2) 从主菜单栏中选择 **Constraint→Parallel Face**。选择电路板的面作为可移动实体上的面,选择封装上较长一侧的面作为在固定实体上的一个面。如果必要,在提示区中单击 **Flip**,以保证在两个面上的箭头指向图 12-63 所示的方向。单击 **OK**,完成约束。

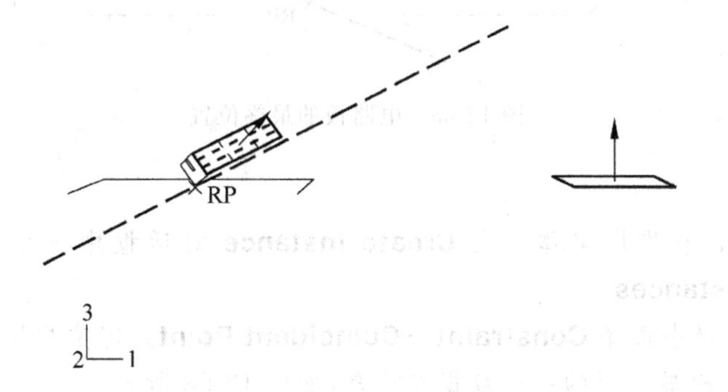

图 12-63　对电路板的平行面约束

(3) 从主菜单栏中选择 **Constraint→Parallel Edge**。选择电路板的顶边作为可移动实体上的一条边。沿着封装的长度,选择一条边作为固定实体上的一条边。如果必要,在提示区中单击 **Flip**,以保证在两条边上的箭头指向相同的方向,如图 12-64 所示。单击 **OK**,完成约束。

(4) 从主菜单栏中选择 **Constraint→Coincident Point**。选择电路板底边的中点作为

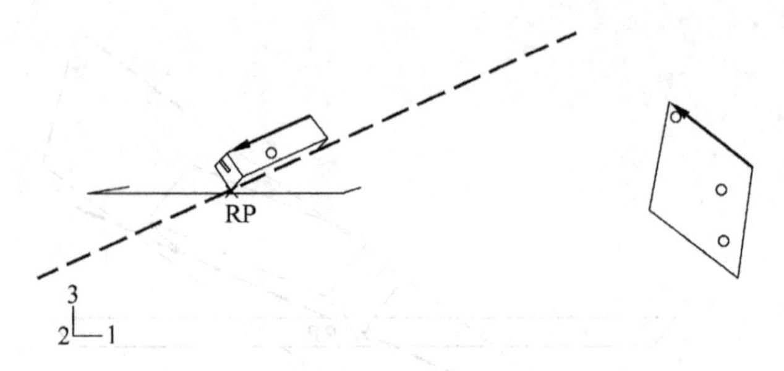

图 12-64 对电路板的平行边约束

在可移动实体上的一个点。选择在封装切口中心的数据点作为固定实体上的一个点。

提示：将演示形式设置为消隐图(hidden)，以方便对数据点的选择。

图 12-65 显示了电路板的最终位置。电路板和在封装中的狭槽具有相同的厚度(2mm)，因此在两者之间有一个紧密配合(snug fit)。

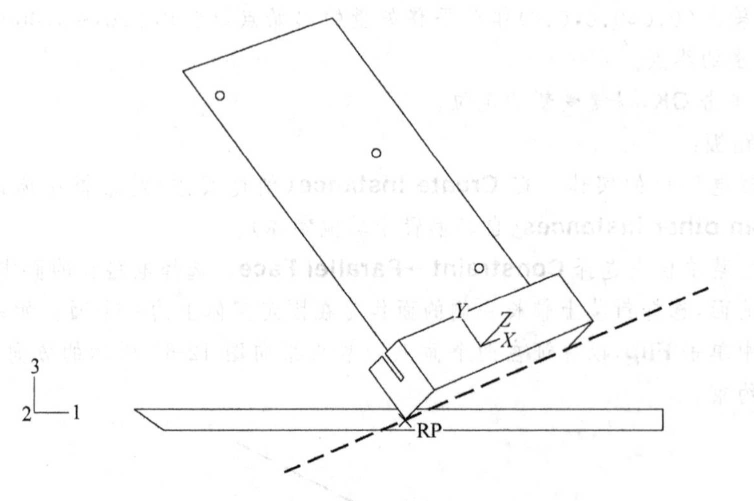

图 12-65 电路板的最终位置

定位芯片：

(1) 创建第 1 个芯片实体。在 **Create Instance** 对话框中选中 **Auto-offset from other instances**。

(2) 从主菜单栏中选择 **Constraint→Coincident Point**。定位芯片使得芯片上的参考点与电路板最上面的一个数据点重合，如图 12-58 所示。

(3) 类似地，创建另外两个芯片的实体，并定位它们使得它们的参考点分别与电路板上的另外两个数据点重合。

至此已经完成了装配。

在离开装配件模块前创建如下的几何集合，将应用它们指定输出要求：

- TopChip，顶部芯片的参考点；
- MidChip，中间芯片的参考点；
- BotChip，底部芯片的参考点；

- BotBoard，电路板的底边。

4. 定义分析步和输出请求

在 Step 模块中，创建一个单一动态、显式(dynamic, explicit)分析步，命名为 Drop；将时间长度设置为 0.02s。接受默认的历史和场变量输出要求。此外，要求每隔 0.1×10^{-3}s 输出 3 个芯片中每一个的位移(U)、速度(V)和加速度(A)的历史。

提示：定义第 1 个芯片的历史数据输出请求，应用 **History Output Requests Manager**(历史变量输出要求管理器)复制这个请求并编辑定义区域，以定义其他芯片的输出请求。

5. 定义接触

在 ABAQUS/Explicit 中的任何一种接触算法均可以适用于这个问题。但是，采用接触对算法定义接触是更加繁琐的，因为与通用接触算法不同，包含在接触对算法中的表面不能跨越多于一个物体。本例采用通用接触算法，以演示其对于更复杂几何问题的接触定义的简便性。

在 Interaction 模块中定义接触相互作用属性，命名为 Fric。在 **Edit Contact Property** 对话框中选择 **Mechanical→Tangential Behavior**，选择 **Penalty**(罚函数)作为摩擦公式，并在列表中指定摩擦系数为 0.3，接受所有其他的默认。

在 Drop 分析步中创建一个 **General contact(Explicit)**，命名为 All。为了指定自接触，对于默认的未命名的、所有能够包含的表面，由 ABAQUS/Explicit 自动定义，即在 **Edit Interaction**(编辑相互作用)对话框中，对于 **Contact Domain**(接触定义域)接受默认的选择 **All * with self**(全部 * 自接触)。对于一个整体模型，这是在 ABAQUS/Explicit 中定义接触的最简单方法。接受 Fric 作为 **Global property assignment**(整体接触属性)，并单击 **OK**。

6. 定义束缚约束

使用束缚(tie)约束将芯片固定在电路板上。首先为电路板定义一个表面，命名为 Board。在提示域中选择双侧(**Both sides**)，以指定表面是双侧的。从主菜单栏中选择 **Constraint→Create**。定义一个束缚约束，命名为 TopChip。选择 Board 作为主控表面，TopChip 作为从属节点区域。因为只对芯片质量的影响感兴趣，所以在 **Edit Constraint**(编辑约束)对话框中，关闭 **Tie rotational DOFs if applicable**(如果能够应用，则束缚转动自由度)，并单击 **OK**。在模型上出现黄色的小圆圈代表了约束。类似地，为中间和底部的芯片创建束缚约束，分别命名为 MidChip 和 BotChip。

7. 设置载荷和边界条件

在 Load 模块，约束地面参考点的所有自由度。例如，可以使用 **ENCASTRE** 边界条件。

可以采用两种方法模拟电路板从 1m 的高处下落。可以模拟电路板和泡沫封装在离地面 1m 的高处，并让 ABAQUS/Explicit 计算在重力影响下的运动。然而，这种方法是不现实的，因为完成“自由落体”部件的模拟将需要大量的时间增量。更为有效的方法是模拟电路板和泡沫封装在一个十分接近于地面的初始位置(如在本例中所做的那样)，并指定一个 4.439m/s 的初始速度来模拟从 1m 高处的下落。在初始步中创建一个场，指定电路板、芯片和封装的初始速度为 $V3=-4.43$m/s。

8. 划分模型网格和定义作业

在Mesh模块中，沿着电路板的长度和高度方向用10个单元播撒种子。在封装的边界上播撒种子数目，如图12-66所示。

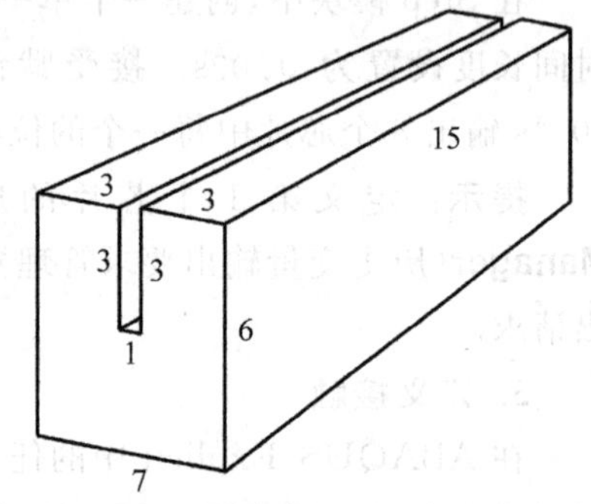

图12-66　在封装网格边界上播撒种子的数目

靠近将发生碰撞的角上，封装的网格过于粗糙以至于无法提供高度精确的结果。然而，这个网格适用于低成本的预研。应用扫描(swept)划分网格技术，从ABAQUS/Explicit单元库中，采用S4R单元划分电路板，C3D8R单元划分封装。对于封装网格，应用增强沙漏控制(enhanced hourglass control)以控制沙漏的影响。对于地面，指定一个整体种子为1.0，并使用一个ABAQUS/Explicit的R3D4单元。

在Job模块中创建一个作业，命名为Circuit，并描述为Circuit board drop test。对于这个分析，必须使用双精度(double precision)，以使在求解中的噪声最小化。在作业编辑器的**Precision**(精度)选项页中，选择**Double**(双)作为ABAQUS/Explicit的精度。将模型保存到模型数据库文件中，并提交作业进行分析。监视求解的过程，修正检测到的任何模拟错误，并研究任何警告信息的原因。

12.9.2　后处理

进入Visualization模块，并打开由这个作业创建的输出数据库文件(Circuit.odb)。

1. 查看材料方向

可以在Visualization模块中查看由方向定义得到的材料方向。

绘制材料方向：

(1) 首先，改变视角使其达到更为方便的设置。从工具栏中单击▦，从出现的**Views**(视图)对话框中选择1-3视图设置。

(2) 从主菜单栏中选择**Plot→Material Orientations**，显示出模拟结束时在电路板上材料的方向。材料方向以不同的颜色绘制：材料1方向为蓝色，材料2方向为黄色，材料3方向(如果出现)为红色。

(3) 为了观察初始的材料方向，选择**Result→Step/Frame**。在出现的**Step/Frame**对话框中选择Increment 0，单击**Apply**。ABAQUS显示出初始的材料方向。

(4) 为了在分析结束时重新保存对结果的显示，在**Step/Frame**对话框中选择最后一个增量步，并单击**OK**。

2. 结果的动画显示

创建一个变形的时间-历史动画，用于观察电路板和泡沫封装在碰撞过程中的运动和变形。

创建时间历史动画：

(1) 从主菜单栏中选择**Plot→Deformed Shape**，或者在工具箱中单击图标，显示出在分析结束时的模型变形形状。

(2) 在提示区中单击**Deformed Shape Plot Options**，显示**Deformed Shape Plot**

Options 对话框。

(3) 在这个对话框中，选择显示格式(render style)为 **Hidden**(消隐图)，并单击 **OK**。

(4) 从主菜单栏中选择 **Animate→Time History**，在提示区中显示出动画控制器，并开始模型变形形状的动画。

(5) 在提示区中，在一个完整的循环结束后单击 ◻，停止动画。改变动画选项，使 ABAQUS 以更快的速率摆动(swing)，演示动画。

(6) 为了打开 **Animation Options**(动画选项)对话框，从主菜单栏中选择 **Options→Animation**，或者在提示区中单击 **Animation Options**。

(7) 进行如下操作：

① 选择 **Swing**(摇摆)。

② 拖动画面播放速度(frame rate)滑块到快速(**Fast**)。

(8) 单击 **OK**，并采用上述设置重新演示动画。

由于选择了 **Swing** 重复方式，当动画到达分析的结尾时，它不再跳回到分析的开始时刻，而是从结尾处一幕幕倒序播放。因为增加了画面的播放速度，所以 ABAQUS 以一个很快的速度播放动画。在碰撞后大约 4ms 时刻，泡沫和电路板的变形状态如图 12-67 所示。

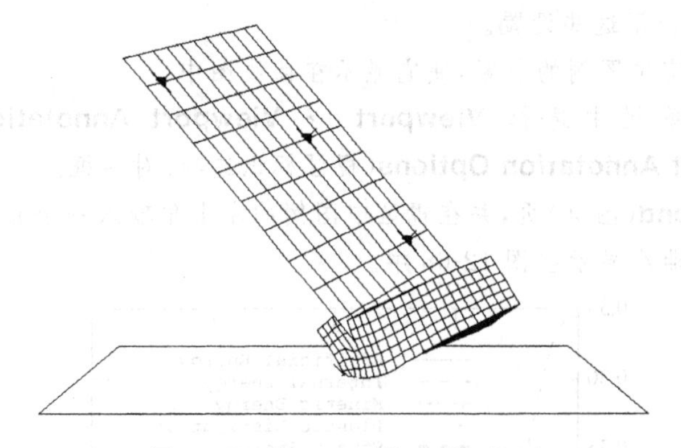

图 12-67 在 4ms 时的变形网格图

3. 绘制模型的能量历史

绘制各种能量变量随时间的变化图。由于加速度和支撑反力从一个增量步到下一个增量步可能发生明显的变化，所以为了提供对于结果的精确表述，采用足够多的数据点来绘制这些变量的时间历史是十分重要的。

绘制能量历史：

(1) 在 **History Output** 对话框中选择 **ALLAE** 输出变量，并将数据保存为 `Artificial Energy`。

(2) 选择 **ALLIE** 输出变量，并将数据保存为 `Internal Energy`。

(3) 选择 **ALLKE** 输出变量，并将数据保存为 `Kinetic Energy`。

(4) 选择 **ALLPD** 输出变量，并将数据保存为 `Plastic Dissipation`。

(5) 选择 **ALLSE** 输出变量，并将数据保存为 `Strain Energy`。

(6) 单击 **Dismiss**，关闭对话框。

(7) 从主菜单栏中选择 **Tools→XY Data→Manager**，出现 **XY Data Manager**(*XY* 数

据管理器)对话框。

(8) 在这个对话框中选择所有5条曲线,并单击 **Plot** 来观察 *X-Y* 绘图。在视区中绘制出所选择的曲线。

(9) 单击 **Dismiss**,关闭对话框。设置所显示的视图。改变曲线的线型,改变在 *X* 轴上显示的小数点后面有效位数,取消小刻度标记,并改变 *X* 轴和 *Y* 轴的标题。

(10) 在提示区中单击 **XY Curve Options**,出现 **XY Curve Options** 对话框。

(11) 在这个对话框中,为在视区中显示的每一条曲线设置不同的线型和宽度,然后单击 **Dismiss**。

(12) 在提示区中单击 **XY Plot Options**,出现 **XY Plot Options** 对话框。

(13) 在这个对话框中:

① 单击 **Axes**(轴)页,并将在 *X* 轴中显示的数字中小数位数设置为零。

② 单击 **Tick Marks**(刻度)页,并将在两个轴中显示的最小刻度标记的数目设置为零。

③ 单击 **Titles**(标题)页,并将两个 *X* 轴和 *Y* 轴的标题设为用户自定义形式。键入 *X* 轴标题为 Time,*Y* 轴标题为 Energy。

(14) 单击 **OK**,应用这些设置。

现在重新定位图例的位置,使它显示在曲线图中。

(15) 从主菜单栏中选择 **Viewport → Viewport Annotation Options**。出现 **Viewport Annotation Options**(视区标识选项)对话框。

(16) 单击 **Legend**(图例)页,并在视区中图例的左上角输入一个相对位置(50,75)。

能量历史曲线显示在图12-68中。

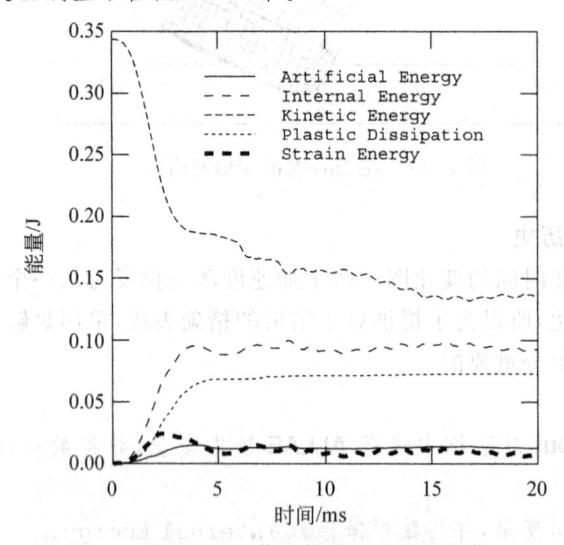

图12-68　能量结果随时间的变化

首先,考虑动能的历史。在模拟的开始阶段,部件为自由落体,所以动能很大。初始碰撞使泡沫封装产生了变形,这样减小了动能。然后,部件绕碰撞角旋转,直到在大约7ms时泡沫封装的一侧与地面发生碰撞,进一步减小了动能。在余下的模拟中,物体几乎一直保持着接触。

在碰撞中,泡沫封装的变形将在封装和电路板中的能量从动能转换到内能(internal energy)。从图 12-68 可以看到,在动能减小的同时内能增加。实际上,内能由弹性变形能(elastic energy)和塑性耗散能(plastically dissipated energy)组成,这两者也绘制在图 12-68 中。弹性能上升到峰值后随着弹性变形的恢复而下降,但是塑性耗散能随着泡沫的永久变形继续上升。

另一个重要的能量输出变量是伪能量(artificial energy),在本分析中它在内能中占据了显著的比例(大约有 15%)。通常情况下,伪能量应该保持只是内能的一个小的比例。这个规律的例外是由于增强沙漏控制而产生的伪能量。这个沙漏控制的方法考虑了在分析中的真实(物理)能量。因此,在本例中并不关注伪能量的较大值。

4. 在电路板中的应力和应变

我们希望检查的下一个结果是在电路板上邻近芯片区域的应力和应变。如果在部件上的应力或应变超过了极限值,则将芯片固定在电路板上的焊点可能失效。研究在单元集合 BotBoard 顶面(SPOS)的横向和纵向的应力历史,它包括在最下面一个芯片的邻近区域的单元。

绘制应力历史:

(1) 在 **History Output** 对话框中,选择在集合 BotBoard 中任一单元在 SPOS 面上的 S11 应力分量,并将数据保存为 Lateral。

(2) 选择在集合 BotBoard 中的相同单元在 SPOS 面上的 S22 应力分量,并将数据保存为 Longitudinal。

(3) 单击 **Dismiss**。

(4) 从主菜单栏中选择 **Tools→XY Data→Manager**,出现 **XY Data Manager**(XY 数据管理器)对话框。

(5) 在这个对话框中选择上面定义的两条曲线,并单击 **Plot**,显示X-Y 曲线图。

(6) 单击 **Dismiss**,关闭对话框。

用前面类似的方法设置视图的显示,获得类似于图 12-69 的图。

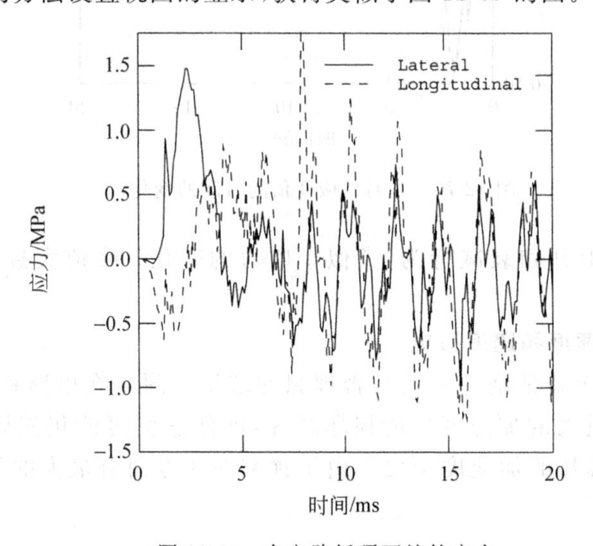

图 12-69 在电路板顶面处的应力

应力曲线显示,在大部分的时间中芯片处的纵向应力在－1MPa～1MPa之间变化,某些峰值达到2MPa;横向应力遵循类似的趋势,只是峰值明显减小。纵向应力的峰值出现在大约7ms时,这一点已经从前面的动能曲线图和模型动画中得知,此刻正是泡沫封装的一条边碰撞到了地面。

我们希望识别在各个方向上的峰值应变,因此,主对数应变的最大值和最小值是我们最感兴趣的。

绘制对数应变的历史:

(1) 在 **History Output** 对话框中,选择在集合 BotBoard 中的相同单元在 SPOS 面上的主对数应变 LEP1,并将数据保存为 Minimum。

(2) 选择在集合 BotBoard 中的相同单元在 SPOS 面上的主对数应变 LEP2,并将数据保存为 Maximum。

(3) 单击 **Dismiss**,关闭对话框。

(4) 绘制上面定义的两条曲线。

对于这个绘图,保留在前面对视图的设置仍然有效,但是有些已不适合,所以改变一些设置使得 X-Y 图更加有用,如图12-70所示。

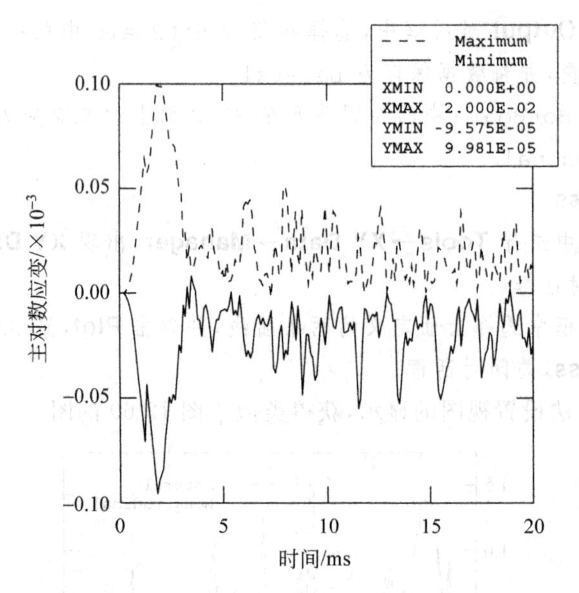

图12-70　主对数应变值随时间的变化

应变曲线显示出上升和衰减行为,类似于应力的变化。峰值大致为0.01%压缩和0.01%拉伸。

5. 在芯片上的加速度和速度历史

另一个能够有助于评估泡沫封装是否理想的结果是附着在电路板上芯片的加速度和速度。在碰撞中,过大的加速度可能损坏芯片,即使它们可能仍然附着在电路板上。因此,需要绘制3个芯片的加速度历史。由于预测在3方向有最大的加速度,所以绘制变量 $A3$。

绘制加速度历史：

(1) 在 **History Output** 对话框中，选择在集合 TopChip，MidChip 和 BotChip 中节点的加速度 A3；并保存这 3 个 *X*-*Y* 数据对象。

(2) 单击 **Dismiss**。

(3) 绘制上面创建的三条曲线。

在视区中显示出 *X*-*Y* 曲线。用前面类似的方法设置视图的显示，获得类似于图 12-71 的图。

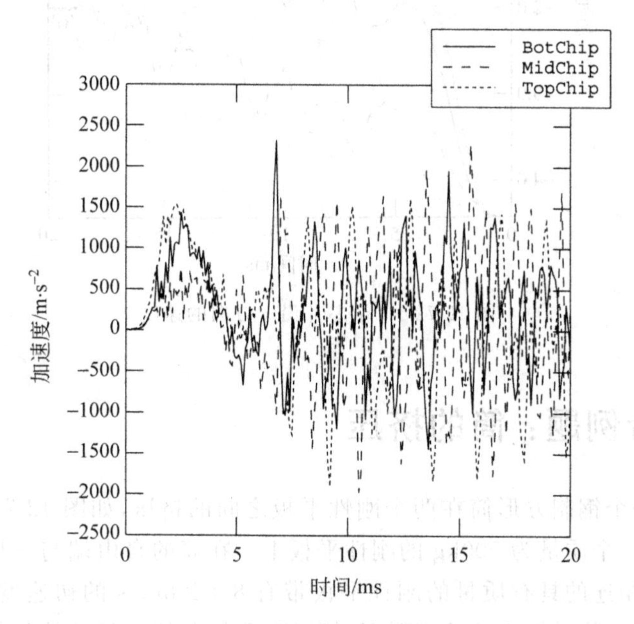

图 12-71　3 个芯片沿 *z* 方向的加速度

在分析的开始阶段，位于电路板顶部 TopChip 的加速度曲线比其他芯片的加速度曲线光滑，在大约 2ms 时达到一个峰值。然而，对于 MidChip 的加速度峰值，在大约 15ms 时达到 $2300m/s^2$，而对于 BotChip 的加速度峰值，在大约 7ms 时达到 $2300m/s^2$，此时正是封装的侧边与地面接触。这个结果可能是被在初始碰撞后电路板发生的旋转加速了。

最后一个曲线如图 12-72 所示，显示了在碰撞过程中 3 个芯片的速度是如何变化的。在模拟开始时，所有的芯片从 1m 处下落都具有相同的向下速度。在初始碰撞后所有的芯片减速，但是在电路板转动中，速度的曲线迅速分离。只有靠近电路板底部的部件 BotChip，在分析结束时才接近于零速度。

绘制速度历史：

(1) 在 **History Output** 对话框中，选择在集合 TopChip、MidChip 和 BotChip 中节点的速度 V3，并保存 *X*-*Y* 数据对象。

(2) 单击 **Dismiss**。

(3) 绘制上面定义的 3 条曲线。

在视区中显示出 *X*-*Y* 曲线。用前面类似的方法设置视图的显示，获得类似于图 12-72 的图。

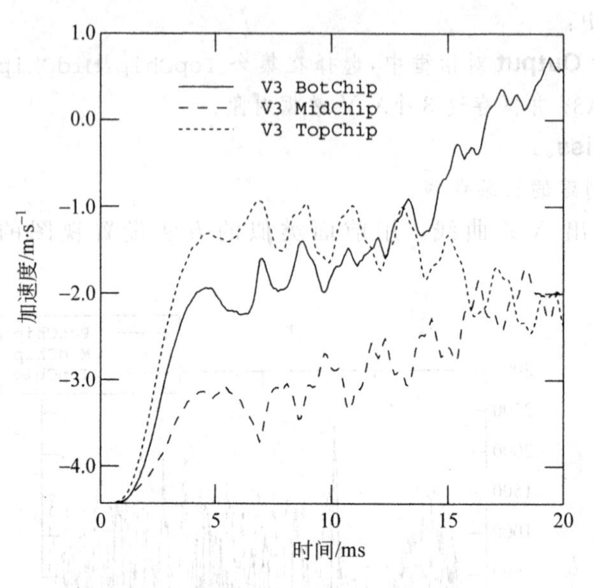

图 12-72　3 个芯片沿 z 方向的速度

12.10　综合例题：筒的挤压

现在来分析一个钢制方形筒在两个刚性平板之间的挤压，如图 12-73 所示。筒一端自由，另一端固定在一个质量为 500kg 的刚性平板上。在筒的自由端与一块固定的刚性平板碰撞前，筒和与它相连的具有质量的刚性平板带有 8.9408m/s 的初速度。在碰撞过程中，筒会将大量的初始动能转换为塑性变形而耗散掉，我们分析的目的就是估计筒对动能的这种吸收能力。在筒发生屈曲、自身开始重叠时，正确模拟这个自接触十分重要。这个例子的一个实际应用就是汽车中的防撞器。由于筒的变形出现了屈曲，所以要根据它的最低阶屈曲模态设计网格，以便能光滑地模拟后屈曲响应。为此，在通过 ABAQUS/Explicit 分析挤压前，要先用 ABAQUS/Standard 得到筒的前 10 阶屈曲模态。

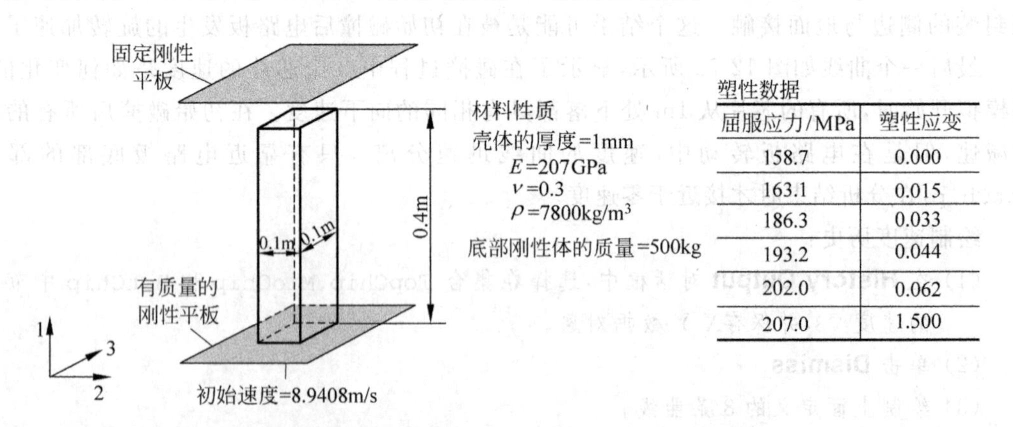

塑性数据

屈服应力/MPa	塑性应变
158.7	0.000
163.1	0.015
186.3	0.033
193.2	0.044
202.0	0.062
207.0	1.500

图 12-73　问题描述：钢制方形筒在两平板间的挤压

12.10.1 前处理——用 ABAQUS/CAE 创建模型

用 ABAQUS/CAE 创建本次模拟所需要的模型。

1. 定义模型的几何形体、材料和截面特性

由于筒壁的厚度(0.001m)只有其最小平面尺寸(0.1m)的百分之一,所以我们把筒简化模拟为一个壳结构。虽然初始构形存在两个对称面,但是由于不知道模型最低阶的屈曲模态是否对称,我们仍需模拟整个结构。

打开 ABAQUS/CAE,进入 Part 模块。创建两个部件:三维可变形体,采用拉伸方法生成一个壳代表方筒;三维离散刚体,用平面壳代表刚性平板。前一个部件取名为 Tube,大致尺寸 0.3,拉伸长度 0.4m。后一个部件取名为 Plate,大致尺寸 1.0。带有尺寸标识的轮廓图如图 12-74 和图 12-75 所示。轮廓图可以用 **Create Rectangle**(创建矩形)工具得到。为了方便,轮廓图的中心取在原点。取平板的中心(0.0,0.0,0.0)为刚体的参考点。

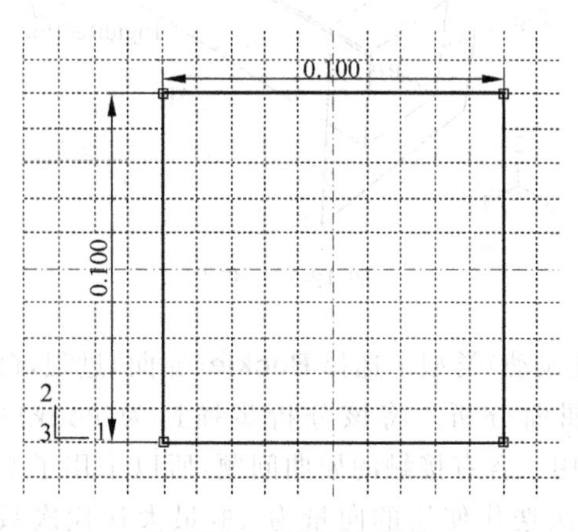

图 12-74 筒的横截面

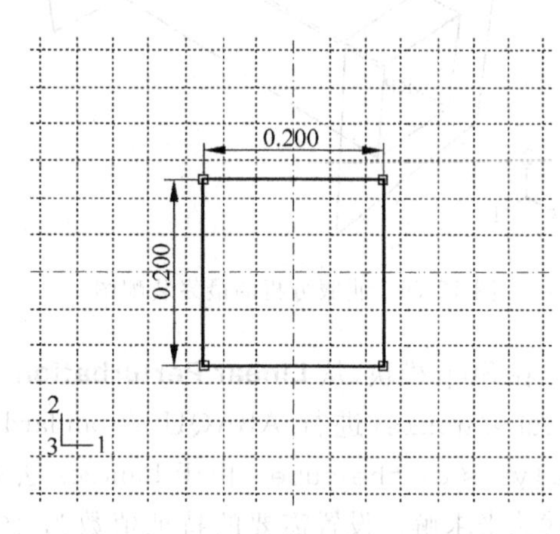

图 12-75 平板

筒由钢制成,可以用一个均匀的弹塑性材料来模拟。在 **Property** 模块中,创建一个弹塑性材料,取名为 Steel,材料数据见图 12-73。

接下来,创建一个均匀的壳截面,取名为 TubeSection,材料为 Steel。在 **Shell Thickness**(壳厚度)处输入 0.001。为了提高运算效率,采用默认的 **Simpson** 积分方法,在壳的厚度方向上布置 3 个积分点(3 个是最小值)。虽然更多的积分点会提高解的精度,但是计算费用也会增加。在 **Edit Section** 对话框中,单击 **Integration**(积分)按钮,设置积分点数为 3 个。将截面特性赋予筒部件。

刚性平面的质量用一个点质量模拟。在 **Create Section**(创建截面)对话框中选择 **Other** 类型,在其中选择 **Point** 截面。将创建的这个点截面命名为 MassSection。在 **Edit Section** 中,设置点质量为 500.0kg。将这个截面特性赋予刚性平面的参考点。

2. 创建装配件和定义分析步

在 Assembly 模块,分别创建一个筒和平板的实体。在主菜单栏,选择 **Instance → Translate**;用从(0,0,0)指向(0,0,0.4)的平移矢量平移平板,单击 **OK** 接受平移结果。这个平板将作为模型的顶端。创建第二个平板的实体,不用平移它。这个平板已经位于了模型的底部。

最后的装配件如图12-76所示。

接下来，创建如下的几何集合以方便相互作用和载荷的定义(见图12-77)。

- Top：筒顶端的所有边，它们与顶端的刚性平板接触。
- Bot：筒底端的所有边，它们与底端的刚性平板接触。
- RigidRefTop：顶端刚性平板的参考点。
- RigidRefBot：底端刚性平板的参考点。
- All：整个筒。

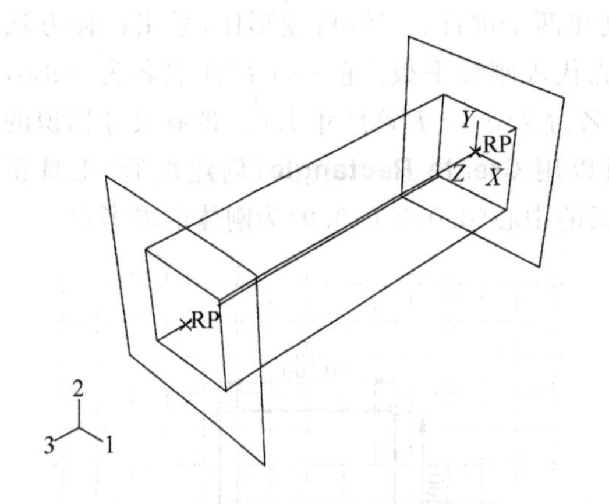

图12-76　屈服分析的最终装配图

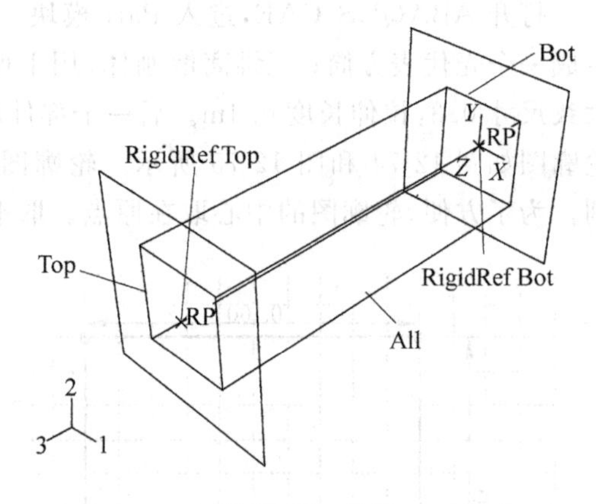

图12-77　集合

在Step模块，从 **Linear Perturbation**(线性振动)类型中选择 **Buckle**(屈曲)过程，命名为TubeBuckle，进行ABAQUS/Standard的屈曲分析。将该分析步描述为Buckling analysis of the tube。由于Lanczos法不适用于含有接触的屈曲问题，所以采用子空间迭代法来求解。设置需要的特征值数为10，每次迭代使用的向量为18，最大迭代次数为50。这里不需要修改对.odb文件的默认输出设置。

3. 定义接触

在本例中，必须定义筒与每个刚性平板之间的接触。进入Interaction模块，在主菜单栏选择 **Tools→Surface→Create**。在顶端的刚性平板上创建一个名为TopSurf的表面，在提示区里选择指向相对筒一侧表面的箭头。类似地，为底部刚性平板中将与筒发生接触的一侧创建一个名为BotSurf的表面。

在屈曲分析中，假设接触是无摩擦的。在ABAQUS中无摩擦接触是默认的接触属性。在主菜单栏选择 **Interaction→Property→Create**；定义一个名为NoFric的接触属性，接受该属性的所有默认设定。

用上面创建的表面和接触属性，定义一个顶端平板与筒之间的接触相互作用。在主菜单栏中，选择 **Interaction→Create**。取名为TopSurf-Tube。将它定义在 **Initial**(初始)分析步中，选择 **Surface-to-surface contact**(**Standard**)(隐式面与面接触)作为接触类型。选择TopSurf为主面；从面选择 **Node Region**(节点区域)类型，然后选择Top。

在线性振动过程(如特征值屈曲分析等)中，分析步开始的接触条件在整个分析步过程中保持不变。因此，必须保证顶端刚性平板与筒之间在分析步开始时已经建立了接触，这个接触约束将保持贯穿整个屈曲分析的过程。为此，在 **Edit Interaction**(编辑相互作用)对话

框的 **Slave Node Adjustment**(从节点调整)选择域中,设置节点距主面 0.01m 以内的节点都要调整到主面上,以确保接触。单击 **OK**,完成对接触相互作用的定义。顶端平板与筒上出现了黄色的小方块,代表定义了相互作用关系。

4. 定义粘贴约束

底部平板将和筒用粘贴约束粘结在一起。

定义粘贴约束:

(1) 从主菜单栏中选择 **Constraint→Create**。

(2) 在 **Create Constraint**(创建约束)对话框中,命名为 BotSurf-Tube,选择约束类型为 **Tie**(粘贴),单击 **Continue**。

(3) 在提示区右侧,单击 **Surfaces** 按钮。

(4) 在 **Region Selection**(区域选择)对话框中,选择 BotSurf 作为主面,Bot 作为 **Node Region**(节点区域)类型的从面。

(5) 接受弹出的 **Edit Constraint**(编辑约束)对话框中的所有默认设置,单击 **OK**。在底部平板与筒上出现了黄色的小圆圈,代表定义了相互作用关系。

5. 载荷和边界条件

进入 Load 模块。在 **Initial**(初始)步创建一个 **Displacement/Rotation** 类型的边界条件,取名为 FixBot。将这个边界条件施加在底部平板的刚体参考点上,只有 **U3** 方向是自由的。在此步中再创建一个同样类型的边界条件,取名为 FixTop,施加在顶端平板的刚体参考点上,约束住所有的自由度。

载荷类似于在挤压分析中可能经历的形式。载荷大小并不重要,ABAQUS/Standard 输出的屈曲载荷值是施加载荷的相对大小。在 **TubeBuckle** 分析步,在 RigidRefBot 上施加一个 **U3** 方向的集中力,大小为 500.0N,将这个载荷命名为 ForceBot。可以隐去局部坐标系的显示,以便更清楚地观察施加的载荷。选择 **View→Assembly Display Options**,进入 **Datum**(数据)页,取消 **Show datum coordinate systems**(显示数据坐标系)。一个代表载荷的黄色箭头此时就清晰可见了。

6. 创建网格、定义作业和添加输出请求

在 Mesh 模块,以 1.0 为整体单元尺寸在平板上"撒种子",以 0.0125 为整体单元尺寸在筒上撒种子。选择 **Structured**(结构化)剖分技术划分整个模型的网格。平板选用 **Standard**(隐式)单元类中的 **linear, discrete rigid**(线性、离散刚体)单元(**R3D4**)。筒选择 **Standard** 单元类中的 **linear shell**(线性壳)单元(**S4R**)。在筒的划分中接受默认的单元沙漏控制。划分的结果如图 12-78 所示。

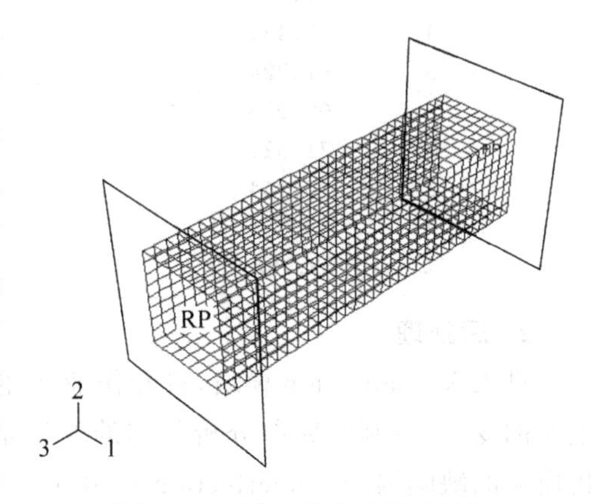

图 12-78 用于屈曲分析的网格

在继续下一步前,将模型名称改为 Buckle。选择 **Model→Rename→Model-1**。在 Job 模块中,创建一个名为 TubeBuckle 的屈曲分析作业,描述为 Tube crush—buckling analysis。

在运行分析前，需要通过 **Keyword Editor**（关键词编辑器）添加向结果文件（.fil）中输出数据的请求。

用关键词编辑器添加输出请求：

(1) 在主菜单栏选择 **Model→Edit Keywords**，并选中当前的模型。

(2) 找到含有* RESTART 关键词的文本块。选择* RESTART 块，单击 **Add After** 按钮在其后添加一个新块。

(3) 填入如下数据来向结果文件中写入位移。

```
* Node File
U,
```

(4) 单击 **OK**，保存修改并退出编辑器。

现在，把模型保存到模型数据库中，提交作业。

12.10.2 屈曲分析的结果

1. 输出文件

在屈曲分析运行完毕后，查看数据文件里输出的特征值。输出显示了 10 个特征屈曲模态和 10 个相应的特征值。要得到实际的屈曲载荷，将特征值和所施加的载荷相乘即可。例如，第一个模态的屈曲载荷为 35.377×500.0 = 17689(N)。

```
E I G E N V A L U E   O U T P U T
BUCKLING LOAD ESTIMATE = ("DEAD" LOADS) + EIGENVALUE * ("LIVE" LOADS).
          "DEAD" LOADS =  TOTAL LOAD BEFORE   * BUCKLE STEP.
          "LIVE" LOADS =  INCREMENTAL LOAD IN * BUCKLE STEP

MODE NO     EIGENVALUE

       1        35.377
       2        47.315
       3        47.315
       4        60.431
       5        61.724
       6        65.038
       7        71.521
       8        76.964
       9        83.751
      10        83.752
```

2. 后处理

进入 Visualization 模块，打开作业产生的输出数据库（TubeBuckle.odb）。观察特征模态的变形，以判断屈曲分析得到的变形是否能够提供很好的 ABAQUS/Explicit 挤压分析所需的缺陷因子（imperfection seeds）。

绘制特征模态：

(1) 创建并绘制一个 **TUBE-1** 实体的显示组。

(2) 从主菜单栏中选择 **Result→Step/Frame**。

(3) 在弹出的 **Step/Frame**(分析步/帧)对话框中选择一阶模态(Mode 1),单击 **OK**。

(4) 绘制模型的变形图。在视图窗中显示出一阶模态。

(5) 在视图窗中旋转筒,从各个侧面观察它的变形。

(6) 通过 **Deformed Shape Plot Options**(变形图选项)选择显示格式为 **Hidden**(消隐图)。

(7) 重复步骤(3),观察二阶特征模态。

从图 12-79 显示的第 1,2 阶模态可以看出,它们相似于挤压分析中预期的变形。通过对其余的 8 个模态的查看表明,它们也与预计的变形相似。

现在通过 ABAQUS/Standard 已经获得了屈曲模态。下面,就可以开始建立 ABAQUS/Explicit 的挤压分析了。

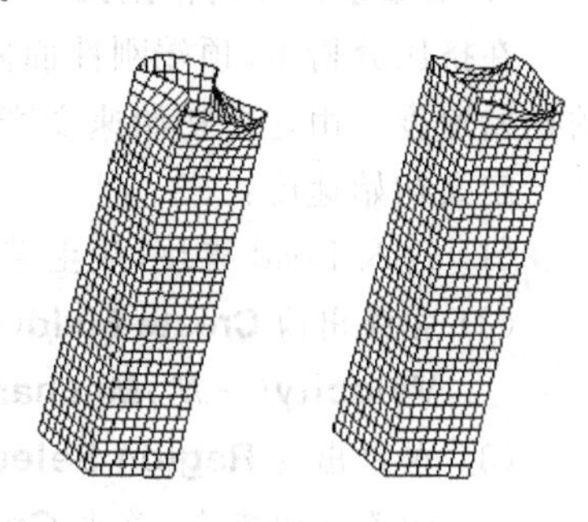

图 12-79　特征模态 1(左)和特征模态 2(右)

12.10.3　修改模型创建筒的挤压分析

将修改用于屈曲分析的模型以创建挤压分析。挤压分析的模型包括筒自接触的定义和使筒与顶端刚性面发生碰撞的初速度的定义。此外,还需要通过关键词编辑器将通过屈曲分析得到的模态设置为挤压分析的缺陷因子。在对模型进行修改前,先要通过 **Model→Copy Model→Buckle** 将屈曲模型复制生成一个名为 Crush 的新模型。

1. 分析步定义

我们将用一个显式动态分析步代替原来屈曲分析中的分析步。初始分析步中所有专门用于 ABAQUS/Standard 的数据都必须删除。本例中唯一一个这样的数据是为特征值分析而定义的接触相互作用。进入相互作用模块,删除名为 TopSurf-Tube 的相互作用。

进入 Step 模块,删除名为 TubeBuckle 的分析步。此时会弹出一个对话框,警告所有与这个分析步有关的载荷、边界条件、相互作用和输出请求都会被删除;单击 **Yes**。创建一个新的显式动态分析步,取名为 TubeCrush,描述为 Impact of square tube with free deceleration;设置分析步时间为 0.03。

2. 表面和相互作用

在挤压过程中,筒会出现屈曲,因此其内、外表面的很多区域都会和其他区域发生接触。由于无法事先判断哪些指定的区域会发生接触,所以必须允许接触以一种十分广泛的方式发生,即筒内、外表面的任何区域都有可能和其他区域发生接触。我们将使用自接触和接触对算法中的双侧面(double-sided)接触特征来定义挤压分析中的接触条件。此外还有另一种方法,就是使用通用接触算法。

回到 Interaction 模块,创建一个包含了筒所有四个侧面的双侧表面,并命名为 Tube。

创建一个名为 Fric 的新的接触属性。使用 Penalty(罚函数)摩擦公式,设置摩擦系数为 0.1。

在 **TubeCrush** 分析步中创建一个名为 Tube-Self 的新的相互作用来模拟分析过程中筒外表面的自接触。选择 **Self-Contact(Explicit)**(显式自接触)作为接触类型,Tube 作为接触面,Fric 作为接触属性。

在 **TubeCrush** 分析步中创建另一个名为 TopPlate-Tube 的相互作用来代表顶端刚性面与筒间的接触。选择 **Surface-to-surface contact(Explicit)**(显式面对面接触)作为接触类型，TopSurf为主面，Tube为从面，NoFric为接触属性。

3. 初始条件和网格定义

在挤压分析中，顶端刚性面固定不动，筒和含有质量的底部刚性面带有一个8.9408m/s的初始速度。由这个初始速度产生的动量使筒与顶端刚性面发生了挤压碰撞。

定义初始速度：

(1) 进入Load模块，从主菜单栏中选择 **Field→Create**。

(2) 在弹出的 **Create Field**(创建场)对话框中，在 **Initial** 步中定义一个名为Velocity的 **Velocity**(速度)**Mechanical**(力学)场。单击 **Continue**。

(3) 在弹出的 **Region Selection**(区域选择)对话框中，选择RigidRefBot作为施加初始条件的集合，单击 **Continue**。

(4) 在 **Edit Field**(编辑场)对话框中，定义一个大小为8.9408m/s沿3方向的平移速度(**V3**)。单击 **OK**。

在顶端刚性平板上显示出了土黄色箭头，代表初始速度。

(5) 类似地，定义筒在3方向上也具有8.9408m/s的速度。将这个场命名为VelocTube，并将它赋予集合All。

在Mesh模块中，将剖分模型的单元改为相应的显式类型。

4. 使用屈曲特征模态扰动网格

选择施加扰动的量级大小时，我们的目的是建立一个网格的变形模式。通过这个模式，网格能够正确地实现后屈曲变形。一般来讲，用于不同特征模态的扰动量级分别只有相应结构尺寸(比如壳的厚度)的百分之几。因为最小特征模态和挤压分析关系最密切，所以相应的扰动量级应该最大。增大缺陷因子可以使挤压过程更加平滑；但另一方面，过大的缺陷因子会使问题脱离实际。

当结构具有许多间隔很近的特征值时，它的后屈曲响应对引入的网格缺陷可能是高度敏感的。这种情况下，网格缺陷的微小改变都会引起后屈曲行为的很大变化。此时，需要通过敏感性研究以确定实际的网格缺陷。在方筒挤压分析中，第一个特征值比第二个小得多，所以可以确切地认为第一个特征模态是起主导作用的。虽然第二个和第三个特征值相差较小，但它们与第一个特征值相距很大，对后屈曲的响应没有太大的影响。而一个诸如薄壁短圆筒的结构，可能会有几个几乎相等的低阶特征值。在这种结构中就难以判断最低阶特征模态是否起主导作用了。

引入最大值为壳厚度2%的网格缺陷。由于ABAQUS/Standard放大了屈曲分析中得到的特征值输出，所以每个模态的最大变形均为1.0m，选择缺陷因子为1.0将恰好用ABAQUS/Standard输出的位移扰动网格。使用 **Keywords Editor**(关键词编辑器)将扰动缺陷引入到后屈曲分析的模型中。

引入缺陷：

(1) 进入Job模块。从主菜单栏中选择 **Model→Edit Keywords→Crush**，打开方筒挤压模型的关键词编辑器。

(2) 在关键词编辑器中，选择包含第二个* INITIAL CONDITIONS选项的文本块，单击 **Add After** 在其后添加一个新的文本块。

(3) 使用* IMPERFECTION选项设置后屈服分析中需要考虑的缺陷。通过FILE参数指定模态形状将从 TubeBuckle 结果文件中导入,STEP 参数规定模型数据将从第一个分析步读取。在数据行输入前 10 个模态的模态编号和比例因子。输入完毕后的文本块内容如下:

```
* Imperfection,file= TubeBuckle,step= 1
1,2.0E-5
2,0.8E-5
3,0.4E-5
4,0.18E-5
5,0.16E-5
6,0.10E-5
7,0.10E-5
8,0.08E-5
9,0.02E-5
10,0.02E-5
```

(4) 另外,选中输入文件中输出设置部分* NODE FILE 选项文本块中的一系列数据,将其删除。在挤压分析中不必再输出节点数据。

(5) 单击 **OK**,保存设置并退出编辑器。

5. 允许挤压分析

为 Crush 模型创建一个名为 TubeCrush 的作业,描述为 Tube crush—crushing analysis。将模型保存到模型数据库文件中,提交作业进行分析。监视求解过程,修正模型中的错误,分析产生警告信息的原因。

12.10.4 挤压分析的结果

1. 状态文件

在状态文件中有一些关于高度离面的表面翘曲的警告。考虑到如图 12-80 所示的严重变形网格,存在几条警告信息是不足为奇的。这种挤压分析的特点是需要高度细划的网格来消除某些单元中存在的高度翘曲。对于这道练习题目,不用再进一步细划网格,我们可以简单地将这个运算结果接受为一种近似结果。

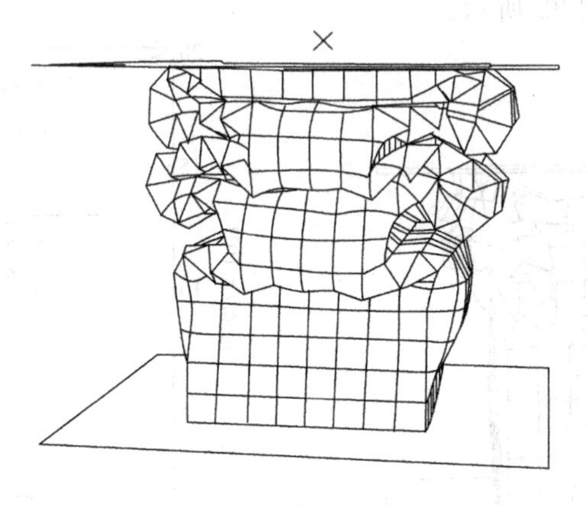

图 12-80 最终的变形网格

```
STEP 1  ORIGIN  .00000E+00

   Global time estimation algorithm will be used.
   Scaling factor :  1.0000

                  STEP     TOTAL      CPU     STABLE      CRITICAL  KINETIC
INCREMENT         TIME     TIME       TIME    INCREMENT   ELEMENT   ENERGY    MONITOR
        0  0.000E+00 0.000E+00  00:00:00 1.392E-06     1601  2.003E+04 0.000E+00
Results number  0 at increment zero.

*** WARNING: Master surface TUBE of contact pair #  1 contains facets with
             out-of-plane warping of at least 20.000 degrees in increment 260.
             Large warping that develops during an analysis often corresponds
             to severe distortion of the underlying elements. It may be
             appropriate to rerun the analysis with a refined mesh.
```

2. 后处理

在成功运行了模拟分析后，进入 Visualization 模块对筒挤压分析的结果进行后处理。可以通过动画来演示变形历史。这个动画每隔存储在输出数据库中的 20 个状态显示一次变形网格。观察变形历史可以帮助用户从概念上判断筒的挤压变形是否正确。最后的变形网格如图 12-80 所示。观察变形网格时会发现，由于 ABAQUS/Explicit 计算接触时考虑了壳厚的影响，所在接触的区域之间会存在一个很小的缝隙。

为了说明在进行后屈曲分析前进行扰动的重要性，图 12-81 显示了没有初始缺陷因子的分析最后得到的变形网格。与含有扰动的网格产生的光滑屈曲不同，没有扰动的网格产生了尖锐的折叠，变形形状显然不符合物理实际。即使引入很小的缺陷因子来扰动网格，都足以使后屈曲行为过程光滑进行。

一种确定能量吸收的方法就是观察相关能量的历史曲线。由于大部分能量都以塑性变形的形式耗散，所以我们要绘制塑性耗散能量(ALLPD)曲线。为了显示在筒挤压过程中整个模型动能的改变，我们还绘制了动能(ALLKE)曲线。为了考证网格质量，绘制伪应变能(ALLAE)也是很有用的。创建这三个能量的 *X-Y* 曲线。通过 *XY* 曲线选项改变曲线的线型和数轴的标题，如图 12-82 所示。

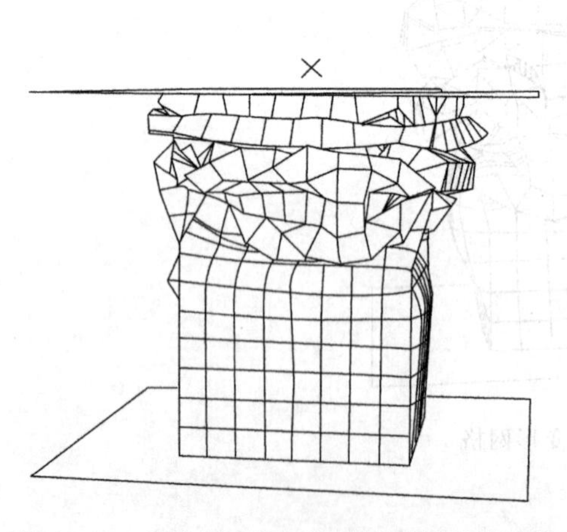

图 12-81　没有引入初始缺陷因子的变形网格

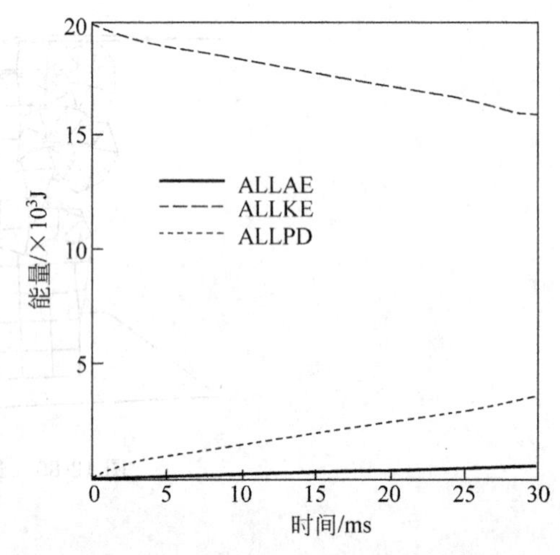

图 12-82　ALLPD、ALLKE 和 ALLAE 的历史曲线

在分析结束时，有 3600J 的能量以塑性变形的形式耗散，模型的总动能相应减少了 4400J。在分析结束时的伪应变能是 800J，为塑性耗散的 18%。理想情况下，伪应变能应该只占总能量或塑性耗散很小的百分比（在前面的例子里，我们曾引入了 5%的一般标准）。在这个例子中，高比例的伪应变能说明网格应该被进一步细划以提高解的质量。因为分析结束时的变形如此严重，所以需要高度细划的网格才能使结果中沙漏刚度的影响变得很小。再次提及，我们可以简单地将运算的结果接受为一种近似结果，而无需再进一步细划网格了。

12.11 ABAQUS/Standard 和 ABAQUS/Explicit 的比较

在 ABAQUS/Standard 和 ABAQUS/Explicit 中的力学接触算法具有本质的区别。这些区别体现在如何定义接触条件。主要的区别如下：

- ABAQUS/Standard 在施加接触约束时应用严格的主从权重（参阅《ABAQUS 分析用户手册》第 21.2.1 节“Defining contact pairs in ABAQUS/Standard”）。约束从属表面的节点不能侵入主控表面，而主控表面上的节点原则上可以侵入从属表面。ABAQUS/Explicit 包括这个公式，但是典型地它默认应用平衡主从权重（参阅《ABAQUS 分析用户手册》第 21.3.4 节“Contact formulation for general contact”和第 21.4.4 节“Contact formulation for ABAQUS/Explicit contact pairs”）。
- ABAQUS/Standard 和 ABAQUS/Explicit 都提供了有限滑动接触公式（参阅《ABAQUS 分析用户手册》第 21.2.2 节“Contact formulation for ABAQUS/Standard contact pairs”和第 21.4.4 节“Contact formulation for ABAQUS/Explicit contact pairs”）。但是，在 ABAQUS/Standard 中的二维有限滑动公式要求主控表面是光滑的；而在 ABAQUS/Explicit 的主控表面是由面元构成的，除非是光滑的解析刚性表面。
- ABAQUS/Standard 和 ABAQUS/Explicit 都提供了小滑移接触公式（参阅《ABAQUS 分析用户手册》第 21.2.2 节“Contact formulation for ABAQUS/Standard contact pairs”和第 21.4.4 节“Contact formulation for ABAQUS/Explicit contact pairs”）。但是，在 ABAQUS/Standard 中的小滑移公式根据从属节点的当前位置向主控节点传递载荷。ABAQUS/Explicit 总是通过固定点（anchor point）传递载荷。
- ABAQUS/Explicit 在接触逻辑中可以考虑壳和膜的当前厚度和中面偏移，而 ABAQUS/Standard 不能够做到。
- ABAQUS/Explicit 通用接触算法的许多优势在 ABAQUS/Standard 中是不具备的。

由于存在上述差异，所以在一个 ABAQUS/Standard 分析中定义的接触不能导入一个 ABAQUS/Explicit 分析中，反之亦然（参阅《ABAQUS 分析用户手册》第 7.7.2 节“Transferring results between ABAQUS/Explicit and ABAQUS/Standard”）。

12.12 相关的ABAQUS例题

- 《ABAQUS基准手册》(*ABAQUS Benchmarks Manual*)第3.2.10节"Indentation of a crushable foam plate"(可压缩泡沫板的压痕)。
- 《ABAQUS 实例手册》(*ABAQUS Example Problems Manual*)第1.1.15节"Pressure penetration analysis of an air duct kiss seal"(空气管道接触密封的压力侵入分析)。
- 《ABAQUS实例手册》第1.3.4节"Deep drawing of a cylindrical cup"(圆柱形杯的深拉伸)。

12.13 建议阅读的文献

下面的参考文献提供了关于应用有限元方法进行接触分析的更多信息,感兴趣的读者可以针对这一主题进行更为深入的研究。

接触分析的一般书籍:

- Belytschko, T., W. K. Liu, and B. Moran, *Nonlinear Finite Elements for Continua and Structures*, Wiley & Sons, 2000.
- Crisfield, M. A., *Non-linear Finite Element Analysis of Solids and Structures, Volume Ⅱ: Advanced Topics*, Wiley & Sons, 1997.
- Johnson, K. L., *Contact Mechanics*, Cambridge, 1985.
- Oden, J. T., and G. F. Carey, *Finite Elements: Special Problems in Solid Mechanics*, Prentice-Hall, 1984.

12.14 小结

- 接触分析需要一个谨慎的、逻辑的方法。如果必要,将分析过程分解成几个步骤,并缓慢地施加载荷以保证建立良好的接触条件。
- 一般地在ABAQUS/Standard中,对每一部分的分析最好采用不同的分析步,即便仅仅是将边界条件改为加载。总是会发现最后所使用的分析步数目要比预期的多,但是模型应该是收敛得更为容易。如果在一个分析步中试图施加上所有的载荷,那么接触分析是难以完成的。
- 在对结构施加工作载荷之前,在ABAQUS/Standard中的所有部件之间取得稳定的接触条件。如果有必要,可施加临时的边界条件,在后面的阶段中可以将它们消除。这些临时提供的约束不会产生永久变形,不会影响最终结果。
- 在ABAQUS/Standard中,不要对接触面上的节点施加边界条件,在接触的方向上约束节点。如果有摩擦,在任何自由度方向上不要约束这些节点:可能出现零主元信息。
- 在ABAQUS/Standard中的接触模拟,总是要尽量采用一阶单元。

- ABAQUS/Explicit 提供了两种不同的模拟接触算法：通用接触和接触对。
- 通用接触相互作用允许对模型的许多部分或者所有的区域定义接触；接触对相互作用描述在两个表面之间的接触或在一个单一表面和它自身之间的接触。
- 应用在 ABAQUS/Explicit 通用接触算法中的表面可以跨越多个互不相连的物体。两个以上表面的面元可以分享一条共同边界。与此相反，应用在接触对算法中的所有表面必须是连续的并简单地连接。
- 在 ABAQUS/Explicit 中，在壳、膜或者刚体单元上的单侧表面必须定义，这样当表面横越时法线方向不发生翻转。
- ABAQUS/Explicit 不能够平滑刚性表面。它们是由面元构成，就像单元的面层。在采用接触对算法时，离散刚性表面的粗糙网格可以产生振荡的结果。通用接触算法的确包括了一些数值舍入功能。
- 在 ABAQUS 中，束缚(tie)约束是一种有实用意义的网格细划。
- 在第 1 个分析步前为了消除任何初始过盈，ABAQUS/Explicit 会调整节点坐标不产生应变。如果调整值与单元的尺寸相比过大，单元可能会严重扭曲。
- 在后续的分析步中为了消除初始过盈，在 ABAQUS/Explicit 中的任何节点调整将会引起应变，它可能潜在地引起网格的严重扭曲。
- 在《ABAQUS 分析用户手册》中包含了许多关于在 ABAQUS 中接触模拟的详细讨论。《ABAQUS 分析用户手册》第 21. 1. 1 节“Contact interaction analysis: overview”是开始进一步阅读这个主题的好地方。

13 ABAQUS/Explicit 准静态分析

显式求解方法是一种真正的动态求解过程，其最初发展是为了模拟高速冲击问题。在这类问题的求解中，惯性发挥了主导性作用。当求解动力平衡的状态时，非平衡力以应力波的形式在相邻的单元之间传播。由于最小稳定时间增量一般是非常小的值，所以大多问题需要大量的时间增量步。

在求解准静态问题时，显式求解方法已经证明是有价值的。另外 ABAQUS/Explicit 在求解某些类型的静态问题方面也比 ABAQUS/Standard 更容易。在求解复杂的接触问题时，显式过程相对于隐式过程的一个优势是不存在收敛问题，因此更加容易。此外，当模型很大时，显式过程比隐式过程需要较少的系统资源，如内存。关于隐式与显式过程的详细比较请参见第 2.4 节“比较隐式与显式过程”。

将显式动态过程应用于准静态问题需要一些特殊的考虑。根据定义，由于一个静态求解是一个长时间的求解过程，所以在其固有的时间尺度上分析模拟常常在计算上是不切合实际的，它将需要大量的小的时间增量。因此，为了获得较经济的解答，必须采取一些方式来加速问题的模拟。但带来的问题是随着加载速度的增加，静态平衡的状态卷入了动力学的因素，惯性力的影响更加显著。准静态分析的一个目标是在保持惯性力的影响不显著的前提下用最短的时间进行模拟。

准静态(quasi-static)分析也可以在 ABAQUS/Standard 中进行。当惯性力可以忽略时，在 ABAQUS/Standard 中的准静态应力分析用来模拟含时间相关材料响应(蠕变、膨胀、粘弹性和双层粘塑性)的线性或非线性问题。关于在 ABAQUS/Standard 中准静态分析的更多信息，请参阅《ABAQUS 分析用户手册》(*ABAQUS Analysis User's Manual*)第 6.2.5 节“Quasi-static analysis”。

13.1 显式动态问题类比

为了能够更直观地理解在缓慢、准静态加载情况和快速加载情况之间的区别，应用图 13-1 来类比说明。

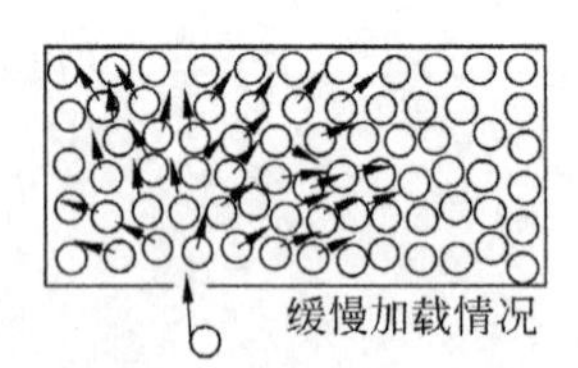

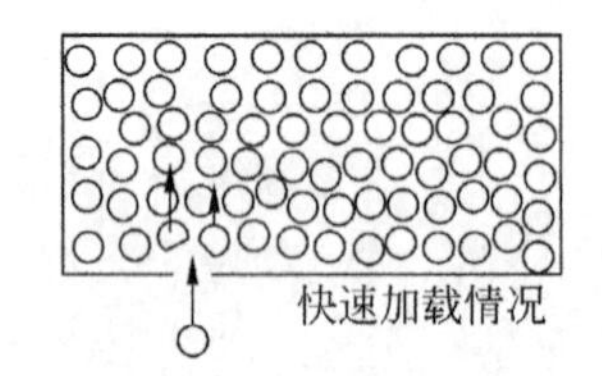

图 13-1 缓慢和快速加载情况的类比

图中显示了两个载满了乘客的电梯。在缓慢的情况下，门打开后有人步入电梯。为了腾出空间，邻近门口的人慢慢地推他身边的人，这些被推的人再去推他身边的人，如此继续下去。这种扰动在电梯中传播,直到靠近墙边的人表示他们无法移动为止。一系列的波在电梯中传播,直到每个人都到达了一个新的平衡位置。如果这个人稍稍加快速度,他会比前面更用力地推动他身边的人,但是最终每个人都会停留在与缓慢的情况下相同的位置。

在快速情况下,门打开后他以很高的速度冲入电梯,电梯里的人没有时间挪动位置来重新安排他们自己以便容纳他。他将会直接撞伤在门口的两个人,而其他人则没有受到影响。

对于准静态分析,实际的道理是同样的。分析的速度经常可以提高许多而不会严重地降低准静态求解的质量。缓慢情况下和有一些加速情况下的最终结果几乎是一致的。但是,如果分析的速度增加到一个点,使得惯性影响占主导地位时,解答就会趋向于局部化,而且结果与准静态的结果是有一定区别的。

13.2 加载速率

一个物理过程所占用的实际时间称为它的自然时间(nature time)。对于一个准静态过程在自然时间中进行分析,一般有把握假设将得到准确的静态结果。毕竟,如果实际事件真实地发生在其固有时间尺度内,并在结束时其速度为零,那么动态分析应该能够得到这样的事实,即分析实际上已经达到了稳态。可以提高加载速率使相同的物理事件在较短的时间内发生,只要解答保持与真实的静态解答几乎相同,而且动态效果始终保持是不明显的。

13.2.1 光滑幅值曲线

对于准确和高效的准静态分析,要求施加的载荷尽可能地光滑。突然、急促的运动会产生应力波,它将导致振荡或不准确的结果。以可能最光滑的方式施加载荷要求加速度从一个增量步到下一个增量步只能改变一个小量。如果加速度是光滑的,随其变化的速度和位移也是光滑的。

ABAQUS有一条简单、固定的光滑步骤(smooth step)幅值曲线,它自动地创建一条光滑的载荷幅值。当定义一个光滑步骤幅值曲线时,ABAQUS 自动地用曲线连接每一组数据对,该曲线的一阶和二阶导数是光滑的,在每一组数据点上,它的斜率都为零。由于这些一阶和二阶导数都是光滑的,故可以采用位移加载,应用一条光滑步骤幅值曲线,只用初始的和最终的数据点,而且中间的运动将是光滑的。使用这种载荷幅值允许进行准静态分析而不会产生由于加载速率不连续引起的波动。一条光滑步骤幅值曲线的例子如图 13-2 所示。

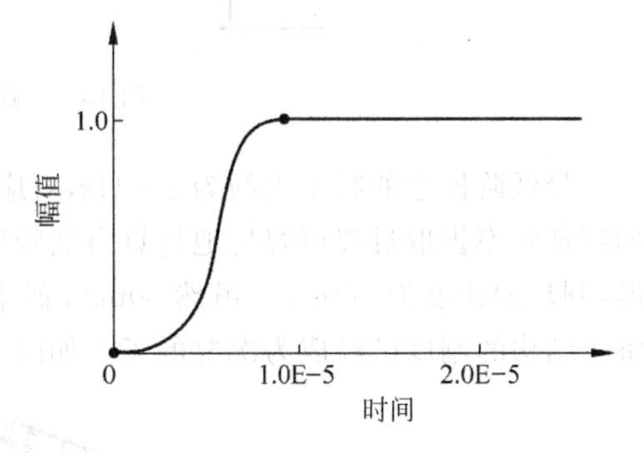

图 13-2 采用光滑步骤幅值曲线的幅值定义

13.2.2 结构问题

在静态分析中,结构的最低阶模态通常控制着结构的响应。如果已知最低模态的频率和相应的周期,则可以估计出得到适当的静态响应所需要的时间。为了说明如何确定适当的加载速率,考虑在汽车门上的一根梁被一个刚性圆环从侧面侵入的变形,如图 13-3 所示。

实际的实验是准静态的。

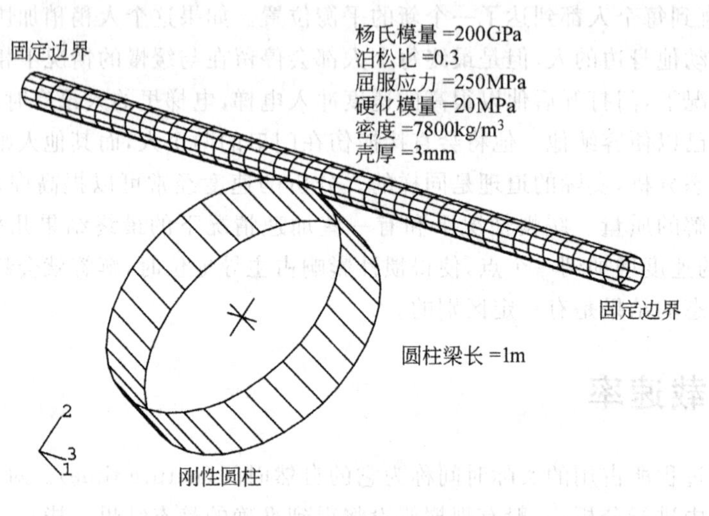

图 13-3　刚性圆环与梁的碰撞

采用不同的加载速率，梁的响应变化很大。当刚性圆环以一个极高的碰撞速度 400m/s 碰撞梁时，在梁中的变形是高度局部化的，如图 13-4 所示。为了得到一个更好的准静态解答，考虑最低阶的模态。

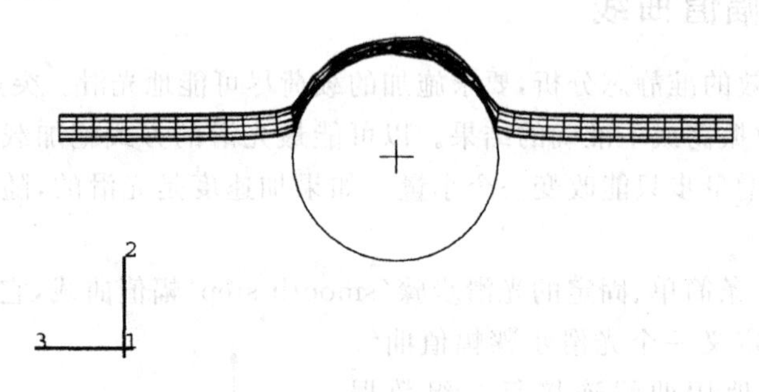

图 13-4　碰撞速度为 400m/s

最低阶模态的频率大约为 250Hz，对应于 4ms 的周期。应用在 ABAQUS/Standard 中的特征频率提取过程可容易地计算自然频率。为了使梁在 4ms 内发生所希望的 0.2m 的变形，圆环的速度为 50m/s。虽然 50m/s 似乎仍然像是一个高速碰撞速度，而惯性力相对于整个结构的刚度已经成为次要的了。如图 13-5 所示，变形形状显示了很好的准静态响应。

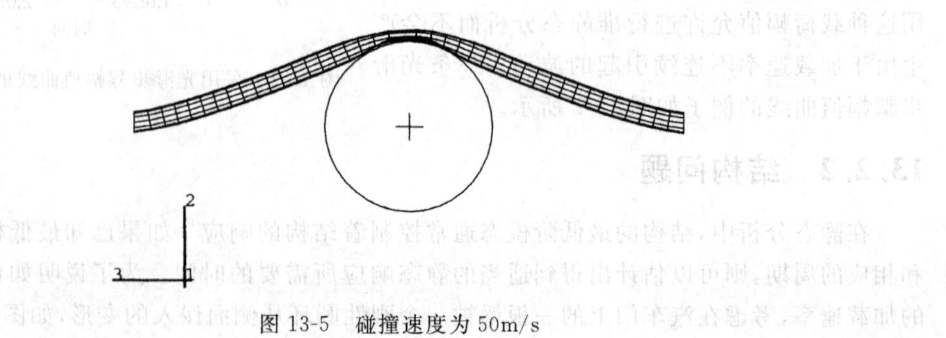

图 13-5　碰撞速度为 50m/s

虽然整个结构的响应显示了所希望的准静态结果，但通常理想的是将加载时间增加到最低阶模态周期的 10 倍，以确保解答是真正的准静态。为了更进一步改进结果，刚性圆环的速度可能会逐渐增大，例如，应用一条光滑步骤幅值曲线，从而减缓初始的冲击。

13.2.3 金属成型问题

为了获得低成本的求解过程，人为地提高成型问题的速度是必要的。但是，速度提高多少仍可以获得可接受的静态解答呢？如果薄金属板毛坯的变形对应于其最低阶模态的变形形状，则可以应用最低阶结构模态的时间周期来指导成型的速度。然而在成型过程中，刚性的冲模和冲头能够以如此的方式约束冲压，使坯件的变形可能与结构的模态无关。在这种情况下，一般性的建议是限制冲头的速度小于 1% 的薄金属板的波速。对于典型的成型过程，冲头速度是在 1m/s 的量级上，而钢的波速大约为 5000m/s。因此根据这个建议，一个 50 的因数为冲头提高速度的上限。

为了确定一个可接受的冲压速度，建议的方法包括以各种变化的冲压速度运行一系列的分析，这些速度在 3～50m/s 的范围内。由于求解的时间与冲压的速度成反比，所以运行分析是以冲压速度从最快到最慢的顺序进行。检查分析的结果，并感受变形形状、应力和应变是如何随冲压速度而改变的。冲压速度过高的一些表现是与实际不符的、局部化的拉伸与变薄，以及对起皱的抑制。如果从一个冲压速度开始，例如 50m/s，并从某处减速，在某点上从一个冲压速度到下一个冲压速度的解答将成为相似的，这说明解答开始收敛于一个准静态的解答。当惯性的影响变得不明显时，在模拟结果之间的区别也就不明显了。

随着人为地增加加载速率，以逐渐和平滑的方式施加载荷成为越来越重要的方式。例如，最简单的冲压加载方式是在整个成型过程中施加一个定常的速度。在分析开始时，如此加载会对薄金属板坯引起突然的冲击载荷，在坯件中传播应力波并可能产生不希望的结果。当加载速率增加时，任何冲击载荷对结果的影响更加明显。应用光滑步骤幅值曲线，使冲压速度从零逐渐增加，可以使这些不利的影响最小化。

回弹

回弹经常是成型分析的一个重要部分，因为回弹分析决定了卸载后部件的最终形状。尽管 ABAQUS/Explicit 十分适合于成型模拟，但对回弹分析却遇到某些特殊的困难。在 ABAQUS/Explicit 中进行回弹模拟最主要的问题是需要大量的时间来获得稳态的结果。特别是必须非常小心地卸载，并且必须引入阻尼以使得求解的时间比较合理。幸运的是，在 ABAQUS/Explicit 和 ABAQUS/Standard 之间的紧密联系允许一种更有效的方法。

由于回弹过程不涉及接触，而且一般只包括中度的非线性，所以 ABAQUS/Standard 可以求解回弹问题，并且比 ABAQUS/Explicit 求解得更快。因此，对于回弹分析更合适的方法是将完整的成型模型从 ABAQUS/Explicit 输入(import)到 ABAQUS/Standard 中进行。

在本书中不讨论输入功能。

13.3 质量放大

质量放大(mass scaling)可以在不需要人为提高加载速率的情况下降低运算的成本。对于含有率相关材料或率相关阻尼(如减震器)的问题，质量放大是唯一能够节省求解时间的选择。在这种模拟中,不要选择提高加载速度,因为材料的应变率会与加载速率同比例增加。当模型参数随应变率变化时,人为地提高加载速率会人为地改变分析过程。

稳定时间增量与材料密度之间的关系如下面的方程所示。正如在第9.3.2节"稳定性限制的定义"中所讨论的,模型的稳定极限是所有单元的最小稳定时间增量。它可以表示为

$$\Delta t = \frac{L^e}{c_d}$$

式中,L^e 是特征单元长度;c_d 是材料的膨胀波速。线弹性材料在泊松比为零时的膨胀波速为

$$c_d = \sqrt{\frac{E}{\rho}}$$

这里,ρ 是材料密度。

根据上面的公式,人为地将材料密度 ρ 增加因数 f^2 倍,则波速就会降低 f 倍,从而稳定时间增量将提高 f 倍。注意到当全局的稳定极限增加时,进行同样的分析所需要的增量步就会减少,而这正是质量放大的目的。但是,放大质量对惯性效果与人为地提高加载速率恰好具有相同的影响。因此,过度地质量放大,正像过度地提高加载速率,可能导致错误的结果。为了确定一个可接受的质量放大因数,所建议的方法类似于确定一个可接受的加载速率放大因数。两种方法的唯一区别是与质量放大相关的加速因子是质量放大因数的平方根,而与加载速率放大相关的加速因子是与加载速率放大因数成正比。例如,一个100倍的质量放大因数恰好对应于10倍的加载速率因数。

通过使用固定的或可变的质量放大,可以有多种方法来实现质量放大。质量放大的定义也可以随着分析步而改变,有很大的灵活性。详细的内容请参阅《ABAQUS分析用户手册》第7.15.1节"Mass scaling"。

13.4 能量平衡

评估模拟是否产生了正确的准静态响应,最具有普遍意义的方式是研究模型中的各种能量。下面是在ABAQUS/Explicit中的能量平衡方程:

$$E_I + E_V + E_{KE} + E_{FD} - E_W = E_{total} = \text{constant}$$

式中,E_I是内能(包括弹性和塑性应变能);E_V是粘性耗散吸收的能量;E_{KE}是动能;E_{FD}是摩擦耗散吸收的能量;E_W是外力所做的功;E_{total}是系统中的总能量。

为了应用一个简单的例子来说明能量平衡,考虑图13-6所示的单轴拉伸实验。

准静态实验的能量历史显示在图13-7中。如果模拟是准静态的,那么外力所做的功几乎等于系统内部的能量。除非有粘弹性材料、离散的减震器或者使用了材料阻尼,否则粘性耗散能量一般是很小的。由于在模型中材料的速度很小,所以在准静态过程中,惯性力可以忽略不计。由这两个条件可以推论,动能也是很小的。作为一般性的规律,在大多数过程中,变形材料的动能将不会超过其内能的一个小的比例(典型的为5%~10%)。

当比较能量时,请注意ABAQUS/Explicit报告的是整体的能量平衡,它包括了任何含有质量的刚体的动能。由于当评价结果时我们只对变形体感兴趣,所以当评价能量平衡时应在E_{total}中扣除刚体的动能。

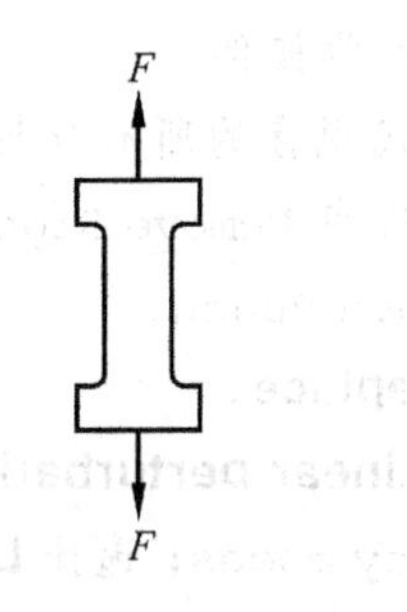

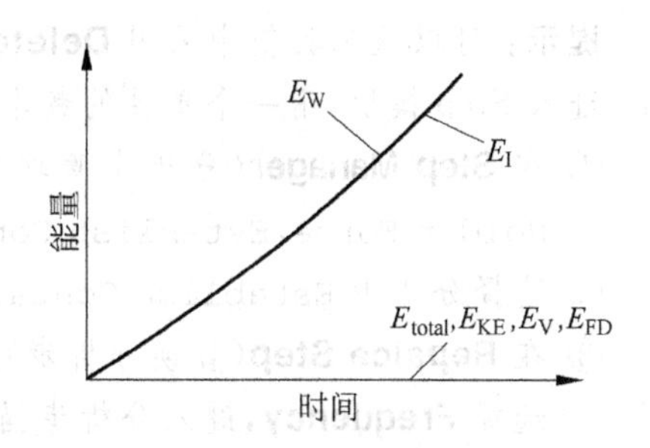

图 13-6 单轴拉伸实验

图 13-7 准静态拉伸实验的能量历史

例如，如果正在模拟一个采用滚动刚体模具的传输问题，则刚体的动能可能占据模型整个动能的很大部分。在这种情况下，必须扣除与刚体运动有关的动能，才可能做出与内能有意义的比较。

13.5 例题：ABAQUS/Explicit 凹槽成型

本例应用 ABAQUS/Explicit 求解第 12 章“接触”中的凹槽成型问题。然后，比较分别来自 ABAQUS/Standard 和 ABAQUS/Explicit 的分析结果。

我们需要修改由 ABAQUS/Standard 分析所创建的模型，这样才能在 ABAQUS/Explicit 中运行它。这些修改包括在材料模型中增加密度、改变单元库并改变分析步。为了获得正确的准静态响应，在运行 ABAQUS/Explicit 分析前，应用在 ABAQUS/Standard 的频率提取过程来确定所需要的计算时间。

13.5.1 前处理——用 ABAQUS/Explicit 重新运算模型

在开始前，打开关于凹槽成型例题的模型数据库文件，它被创建在第 12.6 节“ABAQUS/Standard 例题：凹槽成型”中。

1. 确定合适的分析步时间

对于一个准静态过程，在第 13.2 节“加载速率”中讨论了确定合适的分析步时间的过程。如果知道坯件的最低阶固有频率，即基频，就可以确定分析步时间的一个大致的下限。一种获得这个信息的方法是在 ABAQUS/Standard 中运行频率分析。在这个成型分析中，冲压对坯件产生的变形类似于它的最低阶模态。因此，如果想模拟整个结构而并非局部的变形，选择第 1 个成型阶段的时间是大于或等于坯件最低阶模态的周期是十分重要的。

运行固有频率提取过程：

(1) 将已存在的模型复制成为一个新的模型，命名为 Frequency，并对 Frequency 模型进行如下全面的修改：在频率提取分析中，用一个单独的频率提取分析步取代现在所有的分析步。此外，删除所有的刚性工具和接触相互作用，它们与确定毛坯的基频无关。

(2) 在 Property 模块中，为 Steel 材料模型增加一个 7800 的密度。

(3) 在 Assembly 模块中，删除冲模、冲头和夹具部件的实体。对于频率分析不需要这些刚体部件。

提示：可以从工具箱中采用 **Delete** 工具删除这些部件。

(4) 进入 Step 模块，用一个单独的频率提取分析步替代现存的所有分析步。

① 在 **Step Manager**(分析步管理器)中，删除分析步 Remove Right Constraint，Holder Force，Establish Contact II 和 Move Runch。

② 选择分析步 Establish Contact I，并单击 **Replace**。

③ 在 **Repalce Step**(替换分析步)对话框中，从 **Linear perturbation** 过程列表中选择 **Frequency**，键入分析步描述为 Frequency modes；选择 **Lanczos** 特征值选项，并要求 5 个特征值。重新将分析步命名为 Extract Frequencies。

④ 取消 **DOF Monitor**(自由度监视器)选项。

注意：由于频率提取分析步是一个线性扰动过程，故将忽略材料的非线性性质。在这个分析中，坯件的左端约束沿 x 方向的位移和绕法线的转动，但是，没有约束沿 y 方向的位移。因此，提取的第 1 阶模态是刚体模态。对于在 ABAQUS/Explicit 中的准静态分析，第 2 阶模态的频率将确定合适的时间段。

(5) 在 Interaction 模块中，删除所有的接触相互作用。

(6) 进入 Load 模块，在 **BC Manager**(边界条件管理器)中检查在 Extract Frequencies 分析步中的边界条件。除了边界条件名称 CenterBC 以外，删除所有的边界条件。将这个留下的采用了对称边界条件的毛坯约束施加到左端。

(7) 在创建和提交作业前，如果有必要则重新划分网格。

(8) 进入 Job 模块，创建一个作业，命名为 Forming-Frequency，采用如下的作业描述：Channel forming -- frequency analysis。提交作业进行分析，并监控求解过程。

(9) 当分析完成时，进入 Visualization 模块，并打开由这个作业创建的输出数据库文件。从主菜单栏中选择 **Plot→Deformed Shape**，或者应用在工具箱中的工具。绘制出一阶屈曲模态的模型变形形状。进一步绘出毛坯的二阶模态，将未变形的模型形状叠加在模型变形图上。

频率分析表明坯件有一个 140Hz 的基频，对应的周期为 0.00714s。图 13-8 显示了二阶模态的位移形状。对于成型分析，现在知道最短的分析步时间为 0.00714s。

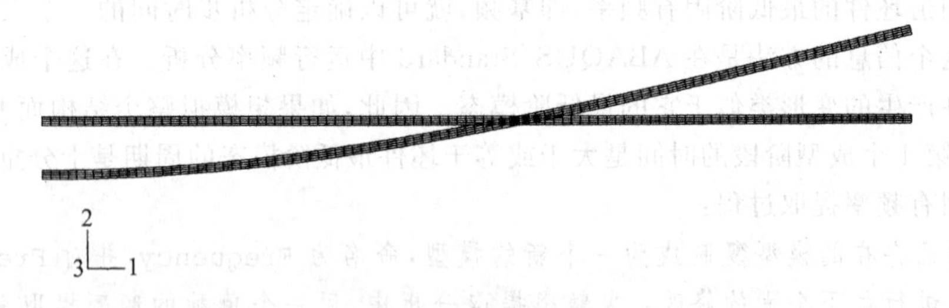

图 13-8　由 ABAQUS/Standard 频率分析的毛坯二阶模态

2. 创建 ABAQUS/Explicit 成型分析

成型过程的目标是采用 0.03m 的冲头位移准静态地成型一个凹槽。在选择准静态分析的加载速率时，建议在开始时用较快的加载速率，并根据需要减小加载速率，更快地收敛到一个准静态解答。然而，如果希望在第 1 次分析尝试中就增加能够得到准静态结果的可能性，则应当考虑分析步时间比相应的基频缓慢 10～50 倍的因数。在这个分析中，对于成型分析步，从 0.007s 的时间开始。这是基于在 ABAQUS/Standard 中进行的频率分析，它显示出毛坯具有 140Hz 的基频，对应于 0.00714s 的时间周期。这个时间周期对应于 4.3m/s 的常数冲头速度。仔细检查动能和内能的结果，以检验结果中并没有包含显著的动态影响。

将 Standard 模型复制成一个新模型，命名为 Explicit。如果必要，通过从位于工具栏下方的 **Model**(模型)列表中选择 Explicit 模型作为当前的模型。所有接下来的模型改变都是对于 Explicit 模型的。

在 ABAQUS/Standard 分析中，在冲头和坯件之间模拟一个初始的缝隙以便于接触计算。在 ABAQUS/Explicit 分析中则不需要采取这种预防措施。因此，在 Assembly 模块中，沿 **U2** 方向将冲头平移－0.001m。在出现的关于相对和绝对约束的警告对话框中，单击 **Yes**。

在毛坯夹具上施加一个集中力，为了计算夹具的动态反应，必须在刚性体的参考点上赋予一个点质量。夹具的实际质量是不重要的，重要的是它的质量必须与毛坯的质量(0.78kg)具有同一个数量级，以使在接触计算中的振荡最小化。选择数值为 0.1kg 的点质量。在 Property 模块中创建一个点的截面定义，命名为 Pointmass。在 **Edit Section** 对话框的 **Inertial Properties** 域中，键入 0.1 点质量的值。在参考点 RigidRefHolder 应用这个截面定义。此外，编辑 Steel 材料定义来包括 $7800kg/m^3$ 的质量密度。

进入 Step 模块。这里需要为 ABAQUS/Explicit 分析创建两个分析步。在第 1 个分析步中施加夹具力；在第 2 个分析步中施加冲头压下力。除了命名为 Establish Contact I 的分析步之外，删除所有其他的分析步，并用一个单一的显式动态分析步替换这个分析步。键入分析步描述为 Apply holder force，并指定 0.0001s 的分析步时间。这个时间对于施加夹具载荷是适合的，因为它足够长，避免了动态效果，而且又足够短，防止了对整个作业运行时间的明显冲击。将分析步重新命名为 Holder force。创建第 2 个显式动态分析步，命名为 Displace punch，分析步的时间为 0.007s，键入 Apply punch stroke 作为分析步的描述。

为了帮助确定分析是如何接近于准静态假设的，研究各种能量的历史是非常有用的。特别有用的是比较动能和内部应变能。能量历史默认地写入了输出数据库文件。

在这个金属成型分析的第 1 次尝试中，对于施加的夹具力和冲头压力，应用具有默认的光滑参数表格形式的幅值曲线。进入 Load 模块，为施加的夹具力创建一个名为 Ramp1 的表格形式的幅值曲线。在表 13-1 中输入幅值数据。为冲头压力定义第 2 个表格形式的幅值曲线，命名为 Ramp2。在表 13-2 中输入幅值数据。

表 13-1 Ramp1 和 Smooth1 的递增幅值数据

时间/s	幅值
0.0	0.0
0.0001	1.0

表 13-2 Ramp2 和 Smooth2 的递增幅值数据

时间/s	幅值
0.0	0.0
0.007	1.0

在 **Load Manager**(载荷管理器)中,在命名为 Holder force 的分析步中创建一个集中力,命名为 RefHolderForce,在施加的点上指定 RefHolder 和一个沿着 **CF2** 方向大小为 -440000 的力。对于这个载荷,将幅值定义改变为 Ramp1。

在 **Boundary Condition Manager**(边界条件管理器)中,删除命名为 MidLeftBC 和 MidRightBC 的边界条件。编辑 RefDieBC 边界条件,这样在 Holder force 分析步中沿着 **U2** 方向的约束为零,不改变其他方向的约束。对于 RefHolderBC 边界条件,解除沿着 **U2** 方向的约束,而其他方向的约束保持不变。在 Displace Punch 分析步中,改变位移边界条件 RefPunchBC,使沿着 **U2** 方向的位移为 -0.03m。对于这个边界条件,应用幅值曲线 Ramp2。

3. 监视自由度的值

在这个模型中,将在整个分析步中监视冲头的参考节点的竖向位移(自由度 2)。在 ABAQUS/Standard 成型分析中,由于已经设置了 **DOF Monitor** 监视 RefPunch 的竖向位移,所以无需做出任何改变。

4. 创建网格和定义作业

在网格 Mesh 模块中,将用于划分坯件网格的单元族改变为 **Explicit**,并指定增强沙漏控制,并划分坯件网格。因为已经将工具模拟成了解析刚性表面,因此无需将它们剖分网格。

在 Job 模块中创建一个作业,命名为 Forming-1,给予作业如下的描述:Channel forming --attempt 1。

在运行成型分析前,若希望知道该分析将需要多少个增量步,进而了解该分析需要多少计算机时间。可以通过运行数据检查(data check)分析来获得关于初始稳定时间增量的近似值,或者应用在第 13.3 节"质量放大"中的关系式进行估计。在这个例题中,从一个增量步到下一个增量步的稳定时间增量不会有太大变化,因此知道了稳定时间增量,就可以确定完成成型阶段的分析需要多少个增量步。一旦分析开始,就能够知道每一个增量步需要多少 CPU 时间,进而知道整个分析需要多少 CPU 时间。

利用在 13.3 节"质量放大"中表述的关系式,关于这个分析的稳定时间增量近似为 1×10^{-7}s。因此,对于 0.007s 的分析步时间,成型阶段需要大约 185000 个增量步。

将模型保存到模型数据库文件中,并提交作业进行分析。监视求解过程,改正任何检测到的模拟错误,并调查任何警告信息的原因。完成整个分析可能需要运行 10min 或更长的时间。

一旦分析开始运行,在另一个视区中会显示出用来监视(冲头的竖向位移)的自由度值的 *X-Y* 曲线图。从主菜单栏中选择 **Viewport→Job Monitor: Forming-1**,在分析运行的整个时间跟踪沿着 2 方向冲头位移的发展进程。

5. 评价结果的策略

在查看最关心的结果之前,如应力和变形形状,需要确定结果是否是准静态的。一个好的方法是比较动能与内能的历史。在金属成型分析中,大部分内能是由于塑性变形产生的。在这个模型中,坯件是动能的主要因素(忽略夹具的运动,没有与冲头和模具相关的质量)。为了确定是否已经获得了一个可接受的准静态解答,坯件的动能应该小于其内能的几个百分点。对于更高的精确度,特别是对回弹应力感兴趣时,动能应该是更低的。这个方法非常有用，因为它应用于所有类型的金属成型过程，而且不需要对模型中的应力有任何直观的理解。许多成型过程可能过于复杂，不可能对结果有一个直观的判断。

虽然是衡量准静态分析的良好和重要的证明，但仅凭动能与内能的比值还不足以确认解的质量。还必须对这两种能量进行独立评估，以确定它们是否是合理的。当需要准确的回弹应力结果时，这一部分的评估更加重要，因为一个高度精确的回弹应力解答高度地依赖于准确的塑性结果。即使动能是非常小的量。如果它包含了高度的振荡，则模型也会经历显著的塑性。一般说来，我们希望光滑加载以产生光滑的结果。如果加载是光滑的，但是能量的结果是振荡的，则结果可能是不合适的。由于一个能量的比值无法显示这种行为，所以必须研究动能本身的历史，以观察它是光滑的还是振荡的。

如果动能不能显示出准静态的行为，在某些节点上观察速度的历史可能是有用的，以帮助理解在各个区域中模型的行为。这种速度历史可以表明在模型的哪些区域是振荡的，并产生大量的动能。

6. 评估结果

进入 Visulization 模块，打开由这个作业(`Forming-1.odb`)创建的输出数据库，绘制动能和内能。

创建能量历史的曲线：

(1) 从主菜单栏中选择 **Plot→History Output**，显示出整个模型的伪应变能历史曲线。

(2) 从主菜单栏中选择 **Result→History Output**，显示出 **History Output** 对话框。

(3) 从变量的列表中选择 `Kinetic energy: ALLKE for Whole Model`。

(4) 单击 **Plot**，创建一条 ALLKE 的历史曲线。

显示出整个模型的动能历史曲线(见图 13-9)。

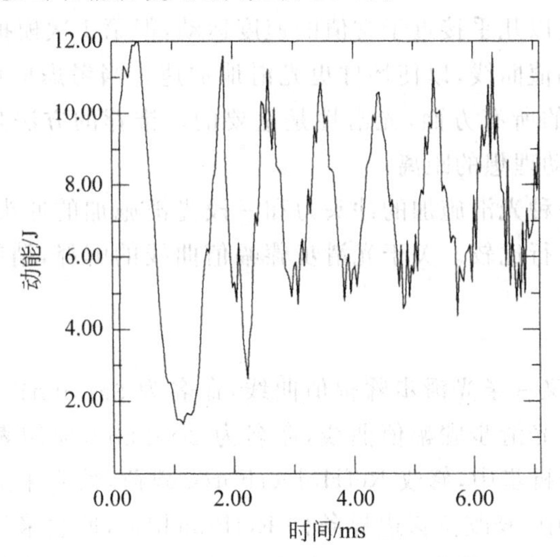

图 13-9 成型分析的动能历史：尝试 1

(5) 类似地，创建模型内能的历史曲线 ALLIE(见图 13-10)。

显示在图 13-9 中的动能历史发生显著的振荡。另外，动能的历史与坯件的成型没有明确的关系，表明这个分析是不适合的。在这个分析中，冲头的速度保持为常数，而主要地依赖于坯件运动的动能却远非是恒定值。

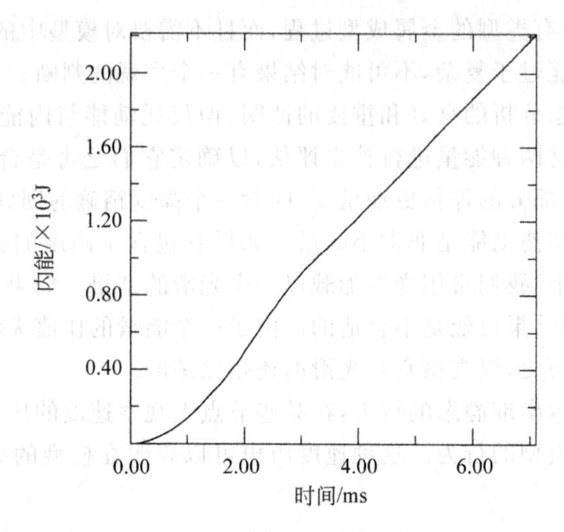

图 13-10　成型分析的内能历史：尝试 1

在除了开始阶段以外的整个分析步中，比较图 13-9 和图 13-10，表明动能是内能的一个很小的百分数（小于 1%）。即使对于这种严重的加载情况，还是满足了动能必须相对地小于内能的准则。

尽管模型的动能只是内能的一个小的分数，它还是有一定的振荡。所以，应该以某种方式改变模拟以获得更平滑的解答。

13.5.2　成型分析——尝试 2

即使冲头实际上是以几乎接近于常值的速度运动，但第 1 次模拟尝试的结果表明，理想的方式是采用不同的幅值曲线，以使坯件更光滑地加速。当考虑应用什么类型的加载幅值时，记住在准静态分析的所有方面，光滑性是重要的。推荐的方法是尽可能光滑地移动冲头，在理想的时间内移动理想的距离。

现在我们将应用一种光滑施加的冲头力和一段光滑施加的冲头位移来分析成型阶段，并与前面获得的结果进行比较。关于光滑步骤幅值曲线的解释，请阅读第 13.2.1 节“光滑幅值曲线”。

1. 尝试的步骤

在 Load 模块中定义一条光滑步骤幅值曲线，命名为 Smooth1。输入表 13-1 中给出的幅值数据。创建第 2 条光滑步骤幅值曲线，命名为 Smooth2，应用表 13-2 中给出的幅值数据。在 Holder force 分析步中，修改 RefHolderForce 载荷，使它采用 Smooth1 的幅值。在 Displace punch 分析步中，修改位移边界条件 RefPunchBC，使它采用 Smooth2 的幅值。通过将分析步开始时的幅值设置为 0.0 和将分析步结束时的幅值设置为 1.0，ABAQUS/Explicit 创建了一个幅值定义，它的一阶和二阶导数都是光滑的。因此，应用一条光滑步骤幅值曲线对位移进行控制，也使我们确信了其速度和加速度是光滑的。

在 Job 模块中创建一个作业，命名为 Forming-2，给予作业如下描述：Channel forming --attempt 2。

将模型保存到模型数据库文件中，并提交作业进行分析。监视求解过程，改正任何检测到的模拟错误，并调查任何警告信息的原因。完成整个分析可能需要运行 10min 或更长的时间。

2. 评估第 2 次尝试的结果

动能的结果如图 13-11 所示。动能的响应明显地与坯件的成型相关：在第 2 个分析步的中间阶段出现了动能的峰值，它对应于冲头速度最大的时刻。因此，动能是适当的和合理的。

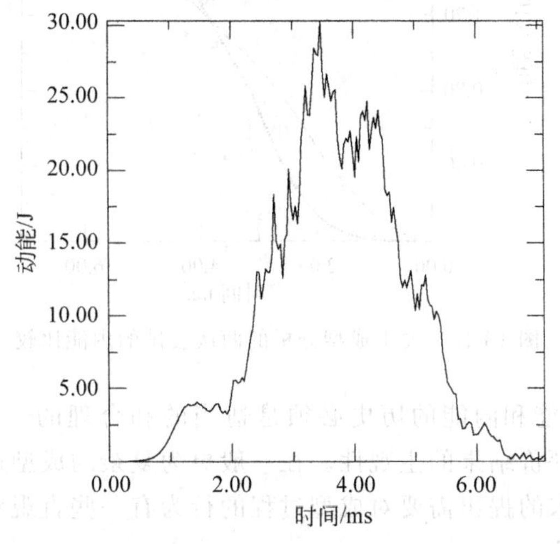

图 13-11　成型分析的动能历史：尝试 2

关于第 2 次尝试的内能历史如图 13-12 所示，显示了从零上升到最终值的光滑增长。再次看出，动能与内能的比值是相当小的，并显示出是可接受的。图 13-13 比较了在两次成型尝试中的内能。

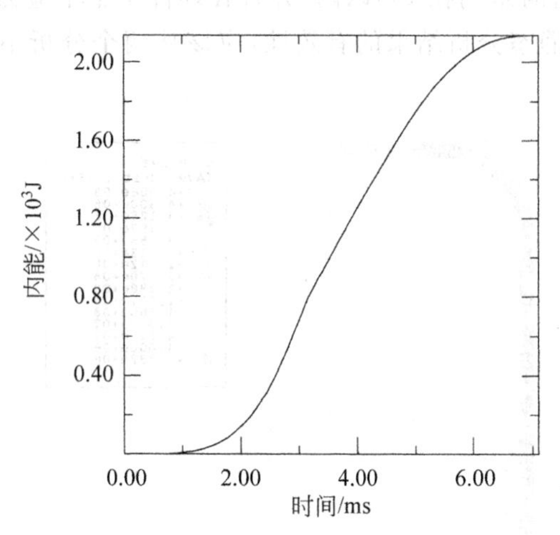

图 13-12　成型分析的内能历史：尝试 2

13.5.3　两次成型尝试的讨论

评价结果可接受性的初始原则是动能与内能相比必须是小量。我们发现即使对于最严重的情况——尝试 1，这个条件似乎仍然得到了满足。增加光滑步骤幅值曲线有助于减小在动能中的振荡，从而得到令人满意的准静态响应。

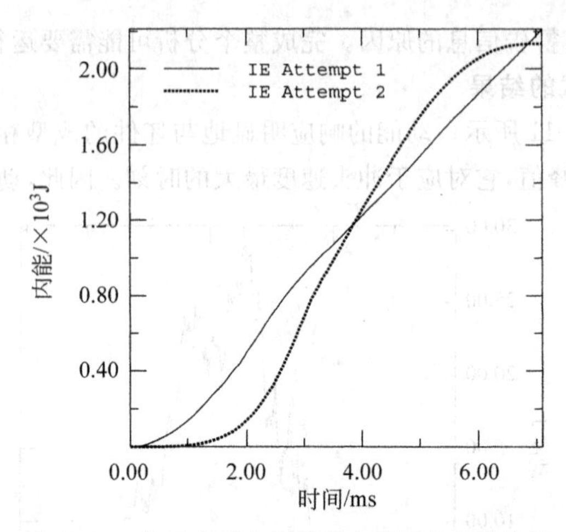

图 13-13　关于成型分析的两次尝试的内能比较

附加的要求——动能和内能的历史必须是适当的和合理的——是非常有用的和必要的，但是它们也增加了评价结果的主观性。在一般更为复杂的成型过程中，强调这些要求可能很困难，因为这些要求的提出需要对成型过程的行为有一些直观考虑。

1. 成型分析的结果

我们现在已经确定了关于成型分析的准静态解答是合适的，接下来可以研究感兴趣的某些其他结果了。图 13-14 显示了应用 ABAQUS/Standard 和 ABAQUS/Explicit 得到的在坯件中 Mises 应力的比较。从图中可以看出，在 ABAQUS/Standard 和 ABAQUS/Explicit 分析中应力峰值的差别在 1%以内，并且在坯件中整个应力的等值线图是非常类似的。为了进一步检验准静态分析结果的有效性，应该从两个分析中比较等效塑性应变的结果和最终变形的形状。

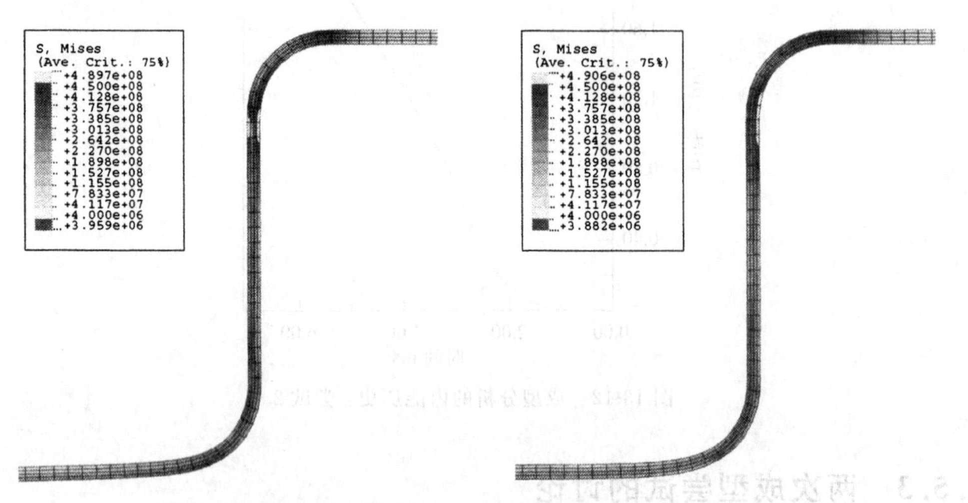

图 13-14　在 ABAQUS/Standard(左)和 ABAQUS/Explicit(右)
凹槽成型分析中 Mises 应力的等值线图

图 13-15 显示了在坯件中等效塑性应变的等值线图，而图 13-16 显示了由两个分析预测的最终变形形状的覆盖图。对于 ABAQUS/Standard 和 ABAQUS/Explicit 的分析，等

效塑性应变的结果彼此相差在5%以内。另外，最终变形形状的比较显示出显式准静态分析的结果与ABAQUS/Standard静态分析的结果吻合得极好。

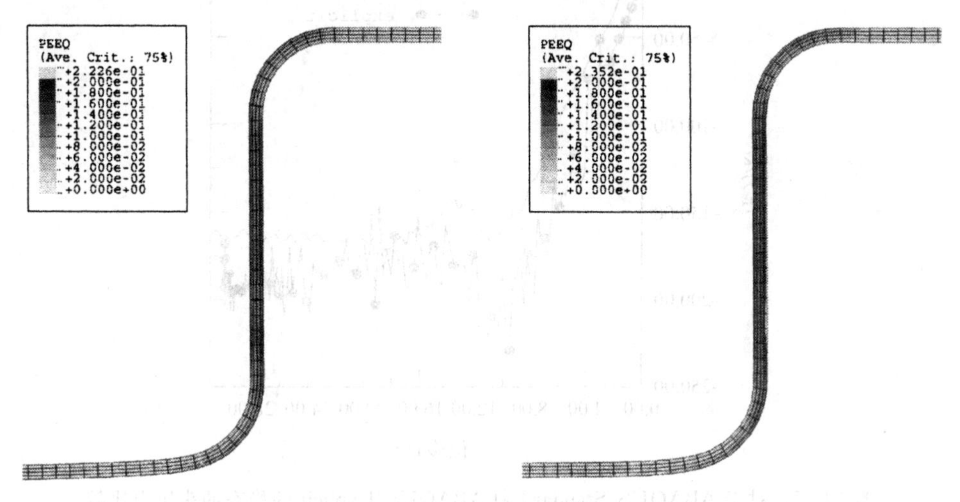

图 13-15　在ABAQUS/Standard(左)和ABAQUS/Explicit(右)凹槽成型分析的PEEQ的等值线图

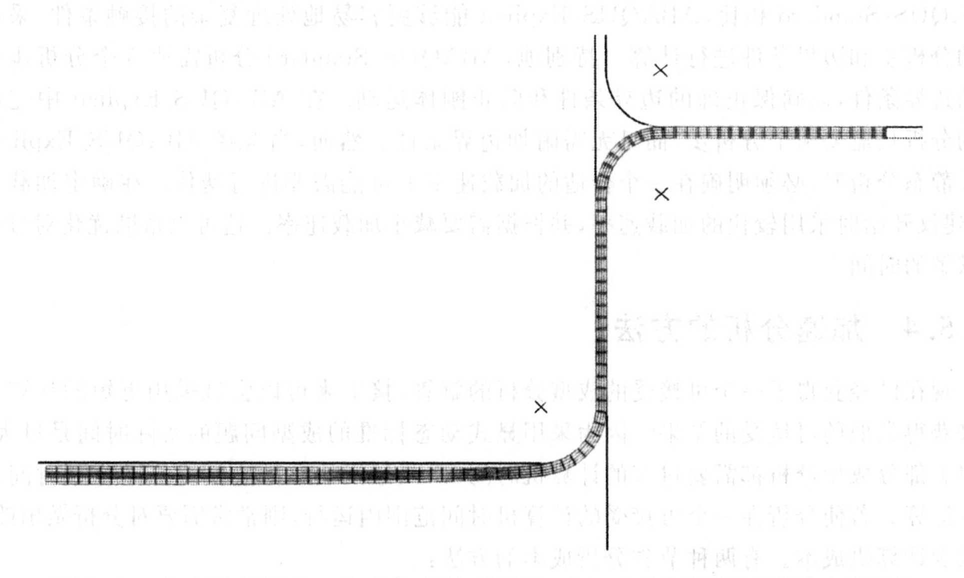

图 13-16　在ABAQUS/Standard和ABAQUS/Explicit成型分析的凹槽最终变形形状

还应该比较由ABAQUS/Standard和ABAQUS/Explicit分析预测的稳态冲头压力。由图13-17可见，由ABAQUS/Explicit预测的稳态冲头压力值比由ABAQUS/Standard预测的值大约高12%。在ABAQUS/Standard和ABAQUS/Explicit结果之间的这个差别主要源于两个因素。首先，ABAQUS/Explicit规则化了材料数据。其次，在两个分析软件中摩擦效果的处理稍有区别：ABAQUS/Standard使用罚函数摩擦，而ABAQUS/Explicit使用动力学摩擦。

从这些比较中可以明显看出，ABAQUS/Standard和ABAQUS/Explicit都有能力处理

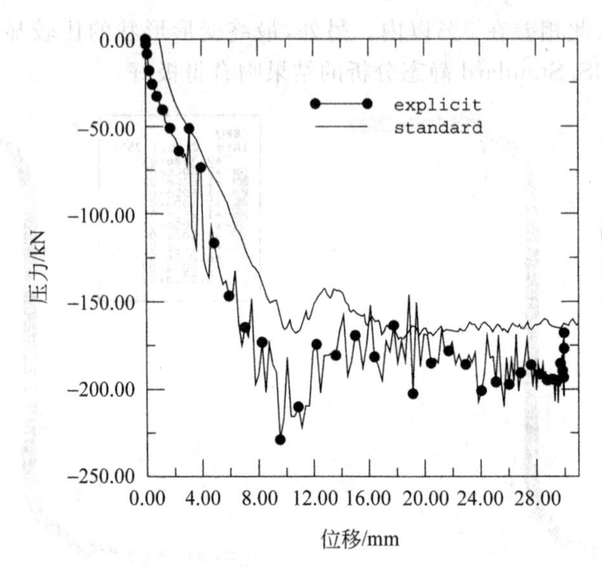

图 13-17　对于 ABAQUS/Standard 和 ABAQUS/Explicit 的稳态冲头压力比较

诸如本例题的困难接触分析。然而，在 ABAQUS/Explicit 中运行这类分析有某些优势：与 ABAQUS/Standard 相比，ABAQUS/Explicit 能够更容易地处理复杂的接触条件、采用较少的分析步和边界条件进行计算。特别地，ABAQUS/Standard 分析需要 5 个分析步和附加的边界条件，以确保正确的边界条件和防止刚体运动。在 ABAQUS/Explicit 中完成同样的分析只需要两个分析步，而且无需附加边界条件。然而，当选择 ABAQUS/Explicit 进行准静态分析时，必须明确在一个合适的加载速率下可能需要进行迭代。在确定加载速率时，建议开始时采用较快的加载速率，并根据需要减小加载速率。这可以帮助优化对分析进行求解的时间。

13.5.4　加速分析的方法

现在已经获得了一个可接受的成型分析的解答，接下来可以尝试采用更短的计算机时间来获得类似的可接受的结果。因为采用显式动态标准的成型问题的实际时间是过大的，所以大部分成型分析都需要过多的计算机时间，以至于无法按照它们自己的物理时间尺度进行运算。若使分析在一个可接受的计算机时间范围内运行，则常常需要对分析做出改变，以减少计算机成本。有两种节省分析成本的方法：

(1) 人为地增加冲头的速度，从而在一个更短的分析步时间内发生同样的成型过程。这种方法称为加载速率放大(load rate scaling)。

(2) 人为地增加单元的质量密度，从而增大稳定时间极限，允许分析采用较少的增量步。这种方法称为质量放大(mass scaling)。

这两种方法等效地做相同的事情，除非模型具有率相关材料或者阻尼。

1. 确定可接受的质量放大

第 13.2 节"加载速率"和第 13.2.3 节"金属成型问题"讨论了如何确定可接受的加载速率或质量的放大因子，以加速准静态分析的时间尺度。目标是在保持惯性力不显著的前提下，以最短的时间模拟过程。求解的时间加快多少是有界的，而且还要能够得到一个有意义的准静态解答。

在第 13.2 节"加载速率"中已经讨论过确定一个合适的加载速率放大因子的方法，可以用同样的方法确定一个合适的质量放大因子，两种方法之间的区别是加载速率放大因子 f 与质量放大因子 f^2 的效果相同。最初，假设分析步的时间为坯件基频周期的阶数时会产生适当的准静态结果。通过研究模型的能量和其他结果，我们相信这些结果是可以接受的。这项技术产生了大约 4.3m/s 的冲头速度。现在用质量放大来加速求解时间，并将结果与没用质量放大求解的结果进行比较，以确定由质量放大得到的结果是否可以接受。假设这种放大仅可能降低结果的质量，而不会使其得到改进。目的是应用质量放大以减少计算机时间，并仍能产生可接受的结果。

我们的目标是确定放大因子的值为多少时仍能产生可接受的结果，以及在哪一点上质量放大产生的结果成为不可接受的。为了观察可接受的和不可接受的放大因子的影响，在稳定时间增量尺度上，研究放大因子从$\sqrt{5}$～5 的范围，特别选择了$\sqrt{5}$，$\sqrt{10}$和 5。这些加速因子换算成质量放大因子后分别为 5，10 和 25。

应用质量放大因子：

(1) 进入 Step 模块，并创建一个包含坯件的集合，命名为 Blank。

(2) 编辑分析步 Holder force。

(3) 在 **Edit Step**（编辑分析步）对话框中，单击 **Mass Scaling**（质量放大）页并选中 **Use scaling definitions below**（使用如下放大定义）。

(4) 单击 **Create**，接受半自动质量放大的默认选择。选择集合 **Blank** 作为施加的区域，并输入 5 作为放大因子。

在作业模块中创建一个作业，命名为 Forming-3 --sqrt5，给予作业的描述为：Channel forming --attempt 3，mass scale factor= 5。

保存模型并提交作业进行分析。监视求解过程，改正检测到的任何模拟错误，并调查任何警告信息的原因。

当作业运行结束时，将质量放大因子改为 10，创建和运行一个新的作业，命名为 Forming-4 --sqrt10。当这个作业结束时，再次将质量放大因子改为 25，创建和运行一个新的作业，命名为 Forming-5 --5。对后面两个作业的每一个，适当修改作业描述。

首先查看质量放大对等效塑性应变和变形形状的影响，然后查看能量历史是否提供了分析质量的一般性标志。

2. 评估应用质量放大的结果

在这个分析中，感兴趣的结果之一是等效塑性应变 PEEQ。由于已经看到了图 13-15 所示在没有质量放大分析结束时的 PEEQ 等值线图，可以比较来自每一个放大分析与未放大分析的结果。图 13-18 显示了加速因子为$\sqrt{5}$（质量放大因子为 5）的 PEEQ，图 13-19 显示了加速因子为 $\sqrt{10}$（质量放大因子为 10）的 PEEQ，图 13-20 显示了加速因子为 5（质量放大因子为 25）的 PEEQ。图 13-21 比较了对于每一种质量放大情况下的内能和动能的历史。质量放大因子为 5 的情况所得到的结果没有受到加载速率的明显影响。质量放大因子为 10 的情况显示了一个较高的动能与内能比，当与采用低加载速率获得的结果比较时，该结果似乎还是合理的。因此，这表明已经接近了这个分析可以加速多少的极限。最后一种情况，质量放大因子为25，显示了强烈的动态影响的证据：动能与内能比非常高；而且比较三种情况下的最终变形也表明，最后一种情况下的变形形状受到了明显的影响。

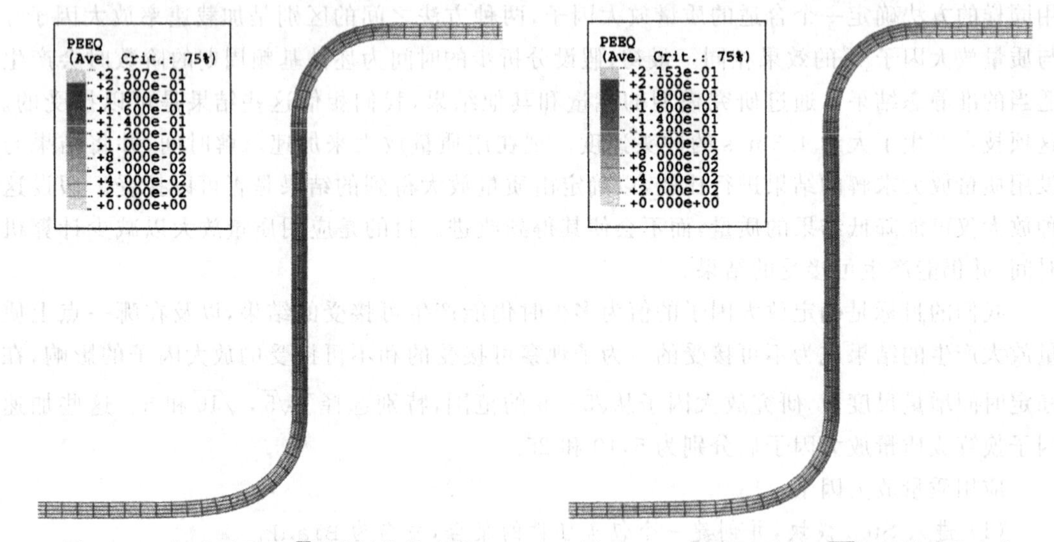

图 13-18　加速因子为$\sqrt{5}$的等效塑性应变 PEEQ(质量放大因子为 5)

图 13-19　加速因子为$\sqrt{10}$的等效塑性应变 PEEQ(质量放大因子为 10)

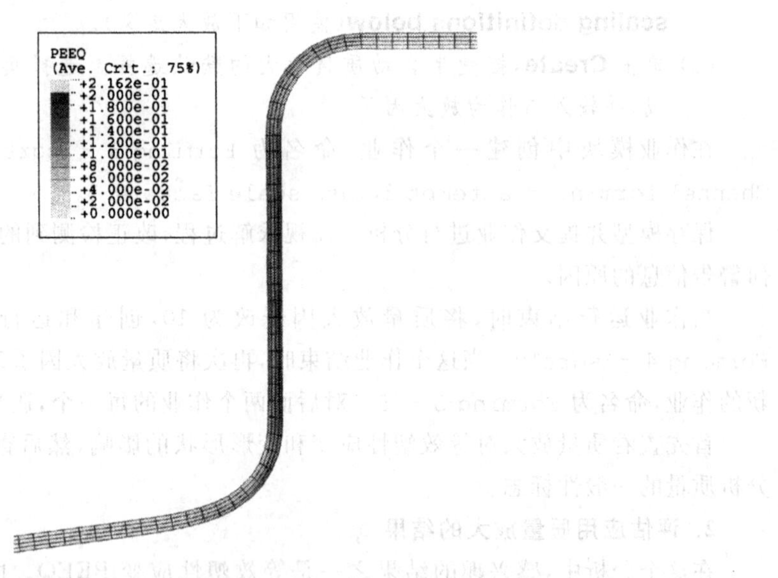

图 13-20　加速因子为 5 的等效塑性应变 PEEQ(质量放大因子为 25)

3. 加速方法的讨论

随着质量放大的增加，求解的时间减少。由于动态效果越来越显著，结果的质量也在随之下降，但是通常存在着某一放大因子的水平，它改进了求解的时间，但并不牺牲结果的质量。很明显，加速因子为 5 过大了，以至于无法产生这个分析的准静态结果。

更小的加速因子不会明显地影响结果，比如$\sqrt{5}$。对于大多数应用，这些结果是合适的，包括回弹分析。当放大因子为 10 时，结果的质量开始退化，而一般的量和结果的趋势仍然

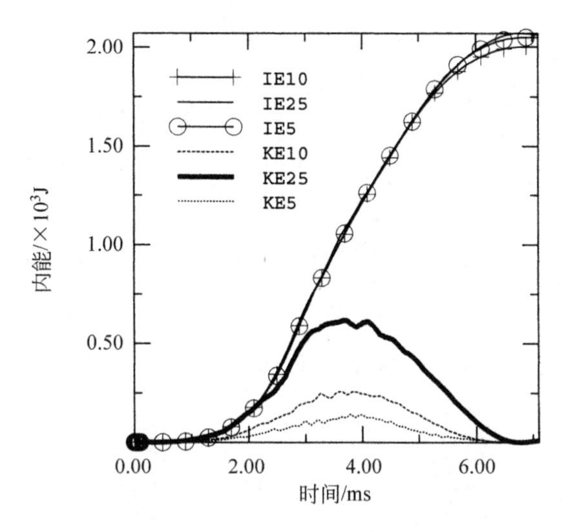

图 13-21 质量放大因子为 5、10 和 25，对应的加速因子为$\sqrt{5}$、$\sqrt{10}$和 5 的动能和内能的历史

保持未受影响。相应地，动能与内能的比明显增加了。本例结果适用于大部分情况，但不适用于精确的回弹分析。

13.6 小结

- 如果一个准静态分析以其固有时间尺度进行，那么其解答几乎与一个真正的静态解答相同。
- 采用加载速率放大或质量放大的方法来获得准静态的解答，使用较少的 CPU 时间常常是必要的。
- 只要解答不发生局部化，加载速率常常可以增加一些。如果加载速率提高过大，惯性力会给解答带来不利的影响。
- 质量放大是提高加载速率的另一种方法。当使用率相关材料时，最好采用质量放大的方法，因为提高加载速率将人为地改变材料的参数。
- 在静态分析中，结构的最低阶模态控制着响应。如果知道了最低阶的自然频率以及对应的最低阶模态的周期，则可以估计获得正确的静态响应所需要的时间。
- 有必要以各种加载速率运行一系列的分析，以确定一个可接受的加载速率。
- 在大部分的模拟过程中，变形材料的动能决不能超过其内能的一个很小的百分比(典型地为 5%～10%)。
- 在准静态分析中，为了描述位移，使用一条光滑步骤幅值曲线是最有效的方式。

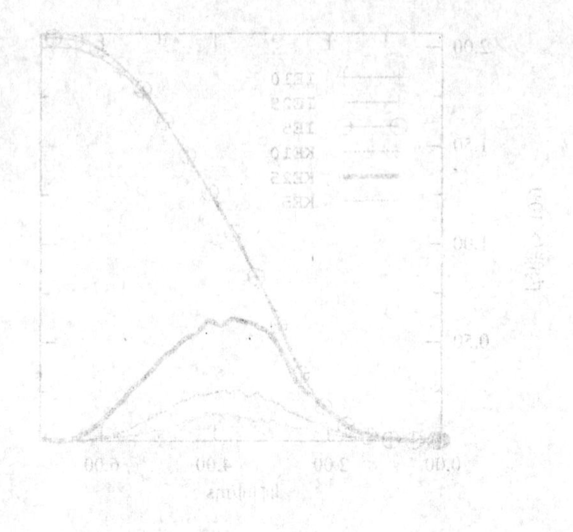

下　篇

ABAQUS 在科学研究和工程问题中的应用实例

14　在土木工程中的应用(1)
——荆州长江大桥南汊斜拉桥结构三维仿真分析

14.1　斜拉桥结构三维仿真问题描述

这个问题所研究的斜拉桥是位于湖北省荆州市的荆沙长江公路大桥南汊通航孔主桥(见图 14-1),主跨布置成(160＋300＋97)m,墩号为㊶,㊷,㊸,㊹号墩,桥梁全长 557m。该斜拉桥为双索面漂浮体系斜拉桥结构,㊷,㊸号主塔墩设置横向减振限位支座,㊶号墩设置竖向承压支座,㊹号墩设置竖向拉压支座。本桥桥塔为 H 形结构,混凝土标号 C40。㊷号主塔墩(如图 14-2 所示)H 形高塔承台以上塔高 124.8m,塔顶标高 150.2m(黄海高程,下同)。㊸号主塔墩 H 形低塔承台以上塔高 89.4m,塔顶标高 125.2m。

主梁为等高度双肋板式(即 Π 形)预应力混凝土(C60 混凝土)结构,如图 14-3 所示。桥梁纵轴线处梁高 2.465m;主梁顶面设双向 2.0％的横坡,即主梁边缘处梁高 2.2m。主梁顶面宽 26.5m,底面宽 27.0m。将南汊通航孔主桥主梁从㊶号墩位处开始至㊹号墩位处共划分成 75 个梁段。

公路大桥南汊通航孔主桥的主梁用高标号 C60 混凝土,即高强度混凝土制造。C60 混凝土的标准强度 $R_a^b=42.0\text{MPa}$,$R_l^b=3.40\text{MPa}$;设计强度 $R_a=32.5\text{MPa}$,$R_l=2.65\text{MPa}$。

斜拉索采用低松弛镀锌高强度钢丝(直径 7mm,强度级别 1570MPa),热挤黑色聚乙烯(PE)及彩色聚乙烯(PE)索套防护。全桥斜拉索由 121Φ7,151Φ7,187Φ7,211Φ7,253Φ7 五种规格组成。南汊通航孔主桥高塔墩(㊷号塔墩)最长斜拉索为 M21(PES7-253)号拉索,长 188.75m,自重 15.29t;最短斜拉索为 S01(PES7-187)号斜拉索,长 51.73m,自重 3.10t。低塔最长斜拉索为 M22(PES7-253)号拉索,长 134.75m,自重 10.91t;最短斜拉索为 M36(PES7-187)号拉索,长 38.65m,自重 2.32t。

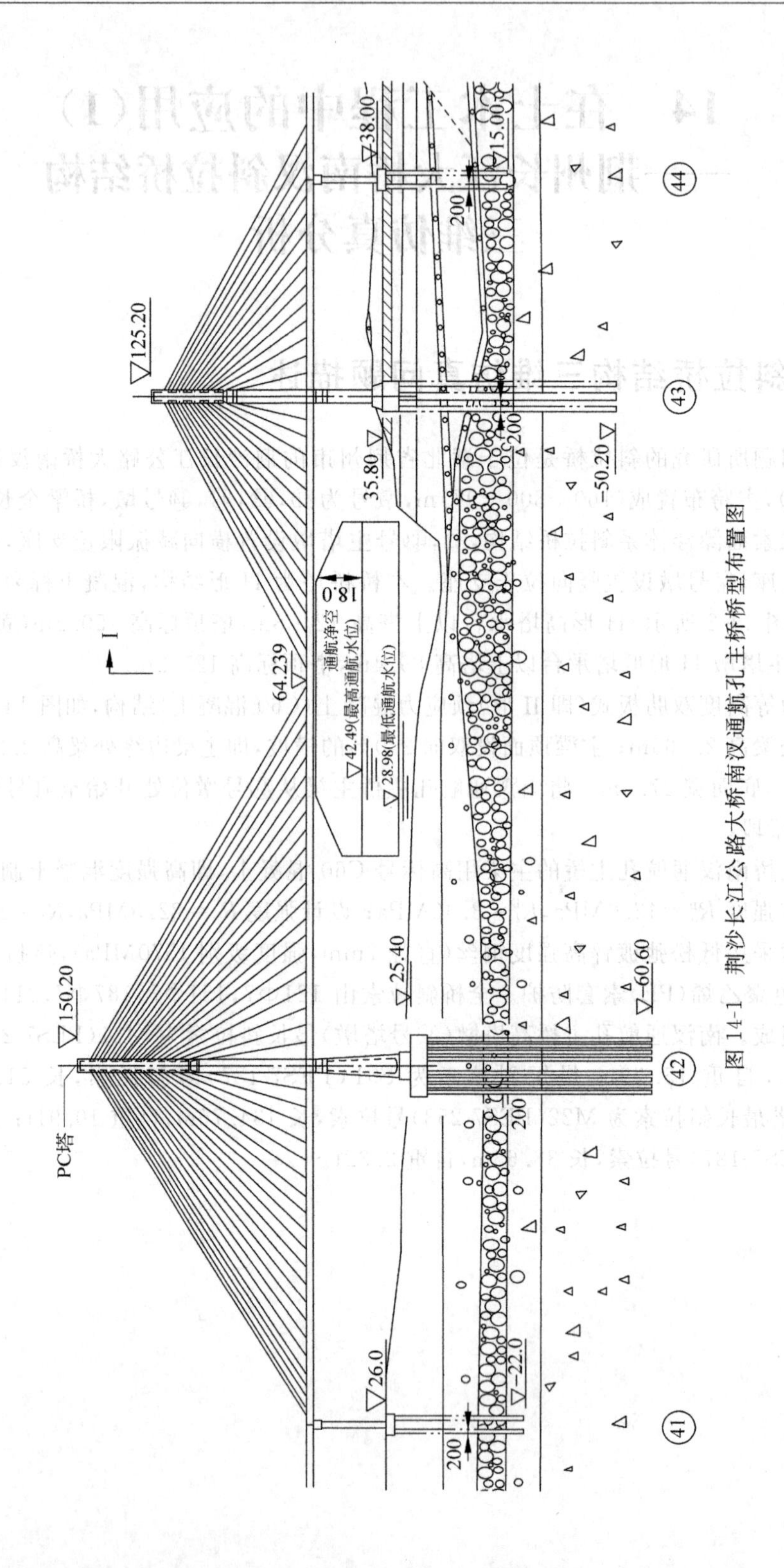

图 14-1　荆沙长江公路大桥南汊通航孔主桥桥型布置图

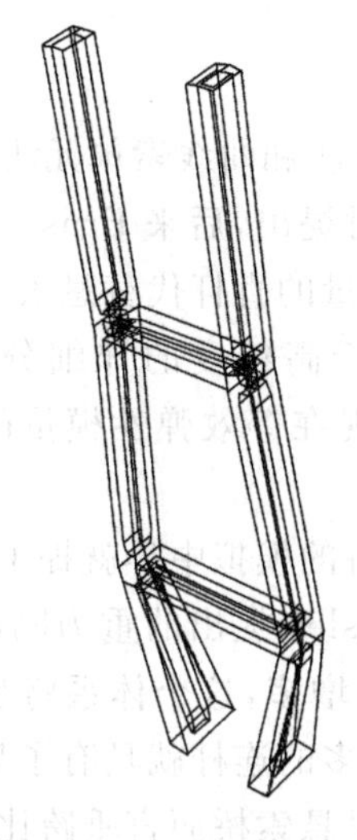

图 14-2 高塔结构图

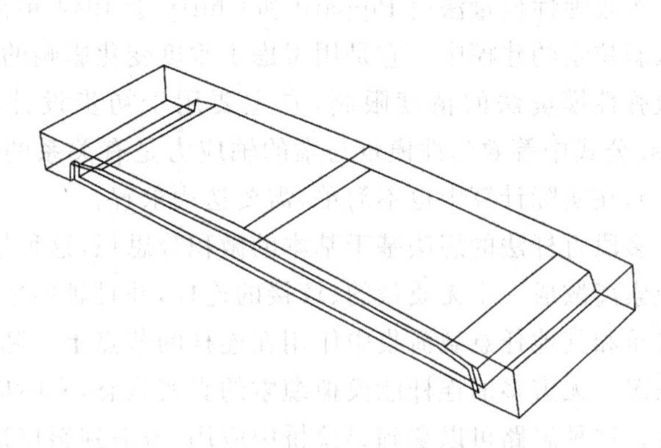

图 14-3 典型桥面板

14.2 斜拉桥建模

斜拉桥结构涉及几何非线性问题。这种非线性是由于大位移、弯矩和轴力之间的相互作用而产生的。任何一个实际的工程问题都希望能根据设计方案,从理论上、计算上以及实验上对其进行校核,将方案做得最经济实用,风险降到最低。斜拉桥当然也不例外。而且,在这种本身很复杂、投入很大的项目上多作校核显得更为重要。本实例分析的目的包括:根据设计载荷,对设计模型进行静力和动力分析,以确保结构符合所要求的强度;确定构件在自由状态(初始构形)下的几何尺寸,使得成桥后在恒载作用下得到与设计相符合的应力分布。

对于设计之后的分析,用于设计的近似方法已经不能提供足够的精确度,必须建立准确的模型,借助计算机精确地分析结构。对于斜拉桥这样的结构,尤其在施工阶段,线性分析的结果不能令人满意,必须考虑非线性问题。因此,模型一定要能体现非线性特性。

14.2.1 桥塔建模

对桥塔结构的研究本身就可以是一个不小的课题。在这种以全桥为研究对象的模型中,更应该着眼于整体,在桥塔上做一些简化也是合理的。桥塔的各段均是形状较规则的箱梁,在各段的结合部分结构稍显复杂,但这些都不是问题的关键。整个斜拉桥的薄弱环节在主梁和拉索上,我们应该把注意力放到这些关键环节上。另一方面,如果在桥塔上分得过细,整个模型将相当庞大,现有的模拟计算环境将难以胜任。当然,这不是说桥塔就不重要了。其实在一些专门的研究中,比如针对桥塔的技术革新的研究,就将桥塔研究得很细,但在这个问题中没有必要。

我们将桥塔简化为一些梁单元的组合。这个简化还有一点需要注意——拉索的固定位置。我们的处理方式是在桥塔上固结一些沿桥主梁方向的梁单元,使这些单元在刚度上比桥塔的刚度高一个量级,这样就能够比较真实地给出拉索的位置。

14.2.2　拉索建模

斜拉桥拉索建模主要有三种方法：等效弹性模量法、多段直杆法和曲线索单元法。

等效弹性模量法由 Pippard 和 Chitty 于 1944 年在分析拉杆时提出，后来 Ernst 等将其引入斜拉索的建模中。它是用考虑了垂度变化影响的有效弹性模量的直杆代替悬索。由于等效弹性模量法的精度限制，它主要用于初步设计，而不宜用于高精度的详细分析中。Ernst 公式中等效弹性模量与索的轴应力是有关系的(轴应力出现在等效弹性模量的表达式中)，在实际计算中也不简单，需要迭代求解。

多段直杆法的想法基于基本的微积分思想，这种想法在悬索桥的模拟中早就提了出来。将拉索离散成一串无质量的、铰接的连杆，并且轴向刚度采用 Pugsley 提出的重力刚度；主缆自重和其他任意载荷集中作用在连杆的节点上。随着连杆数目增多，这个体系将趋于真实情况。无穷多的连杆能模拟缆索的真实状态，实际应用中，有限多的连杆就具有了足够的精度。这种思路可以拿到斜拉桥中应用，考虑到斜拉桥的拉索相对悬索桥而言垂跨比小，因此只需要较少的连杆。

曲线索单元法将拉索分成一个或多个曲线单元，其单元刚度矩阵由多项式或拉格朗日插值函数通过在公共节点上的连续性来确定。也有些曲线单元拉索从拉索的真实形状(悬链线)出发，适用于索的专门研究；在斜拉桥的模拟中，有一些不必要。

相比之下，采用多段直杆法比较方便。ABAQUS 中提供了非线性分析的能力和一些常见的杆件单元，合理地利用它们足以在设计要求允许的精度范围内模拟拉索的力学行为。

我们用 30 根铰接的杆单元模拟拉索的行为。杆单元只能承受轴向载荷，常被用于模拟主要受轴向力的细长结构。拉索虽有抗弯、抗扭刚度，但在斜拉桥的具体环境下，拉索是细长结构，抗轴向拉伸的刚度较大，而抗弯、抗扭刚度相比之下很小。我们正是利用了这一相似之处，用杆单元模拟拉索。单元数越多，每个单元的长度越小，就越接近理想情形。但实际设计上拉索的最大垂跨比也不到 1%(从计算结果看约为 0.4%)，这样，30 个杆单元模拟一根拉索已经可以给出满意的准确度。拉索是不能承受压力的，在这一点上与杆的性质有出入。但在斜拉桥的实际施工中，斜拉索一开始就经过了预张拉，所以拉索始终工作在拉伸状态，我们的模拟是合理的。杆的自重在有限元里集成的时候被处理为节点上的集中载荷，最终被杆内的拉力所平衡。

斜拉索两边的支承用铰接约束模拟，这和实际情况也比较接近。

14.2.3　桥面体系

桥面体系包括主梁、桥面板和筋板。在模拟中，人们常常采用鱼刺模型，即将桥面视为理想的抗弯、抗剪、抗扭和抗轴力的均匀骨架单元。这种简化主要是从计算量的角度考虑的，这样的模拟方式必然会导致一些桥面体系的参数无法体现。我们将桥面板和主梁用实体单元模拟，这与鱼刺模型相比更真实一些。特别是在分析静力的时候，相比之下更有优势。下面的筋板很薄(32cm)，而长度和宽度则较大(分别为 25m 和 2m)，为了划分网格的方便，我们用厚壳单元模拟。

为了模拟弯曲，我们只能选择 C3D20 或 C3D20R 单元。我们也曾就这个桥的部分模型做过比较，用 C3D8R 计算得到的桥面中部位移约为用 C3D20 或 C3D20R 算得的 2 倍，有理由相信后者更精确。因此,我们的模型中选择了 C3D20R 单元。

14.2.4　数值方法的选取

在同一个问题的求解上,往往有隐式 ABAQUS/Standard 和显式 ABAQUS/Explicit 两种方式。

显式方法需要一个只依赖于模型的最高自然频率而与载荷类型及持续时间无关的微小时间增量。一般增量步比较多,但是每步所花费的机时较小。

隐式方法并没有时间增量步长的限制,增量的大小通常参考精度和收敛情况来决定。通常隐式模拟所用的增量步数要比显式模拟小几个数量级。然而,由于在每个步长中必须求解一整套平衡方程,所以隐式方法每一增量步的成本比显式方法高得多。显式方法对计算机环境的要求也要低很多。

在我们将要进行的斜拉桥静力分析和动力分析中,数学上的求解都有隐式和显式两种方案。当然,对于静力学问题,显式方法是将其处理为准静态问题,并最终用动态分析的方法解决。

ABAQUS/Explicit 中提供的单元相对 ABAQUS/Standard 来说,可以选择得很少,主要都是线性单元。尽管其在积分速度上具有优势,但是我们基于精度上的考虑,最终选择了隐式算法。

ABAQUS 提供了伪应变能的方法来分析模拟的可信度。伪应变能是被 ABAQUS 引入用来控制沙漏变形所耗散的主要能量,如果伪应变能过高,说明过多的应变能可能被用来控制了沙漏变形。图 14-4 是用 ABAQUS/Explicit 得到的部分桥梁模型的伪应变能与总内能的比较,图中显示伪应变能与总内能之比约为 2%,不能忽略,可见模拟是有问题的。图 14-5 是用 ABAQUS/Standard 得到的能量比较,伪应变能与总内能相比可以忽略。在 ABAQUS 提供的其他输出中可以看到,伪应变能不到总内能的万分之一。可见相比而言,用 ABAQUS/Standard 提供的 C3D20R 模拟桥面系统,得到的结果可信度要高得多。

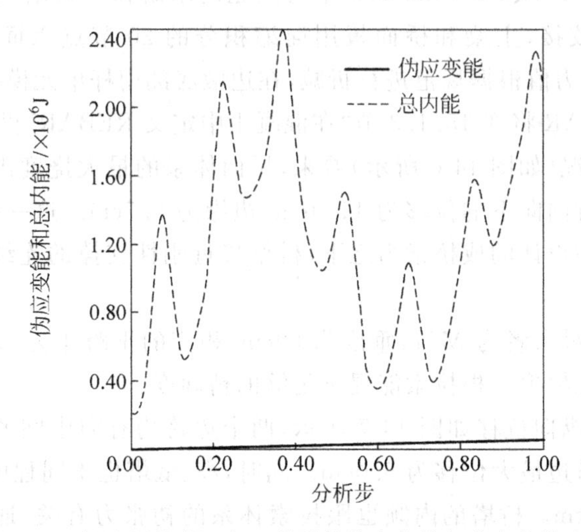

图 14-4　ABAQUS/Explicit 得到的伪应变能与总内能的比较

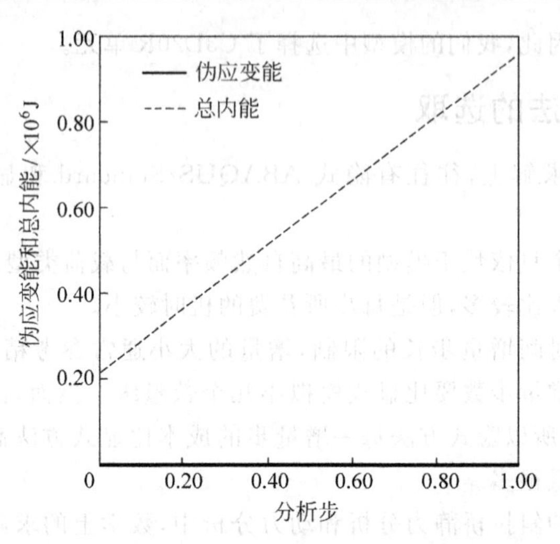

图 14-5 ABAQUS/Standard 得到的伪应变能与总内能的比较

14.3 静力分析和施工过程仿真

本章按一次性加载和逐段加载两种方式讨论斜拉桥结构的静力学行为。

14.3.1 一次性加载方式的静力学分析

斜拉桥的静力学分析是研究斜拉桥在静载荷作用下的应力、应变和挠度的情况。这些因素决定于一个桥梁力学性能的设计是否合理，将说明桥梁能否按设计意图正常使用。这对检验桥梁的设计合理性是很有意义的。

我们的静载荷只包括了桥梁的自重。当然，还可以把车载等作为外载荷加到模型上，计算桥梁的受力、挠度等。设计的时候，设计人员利用反应谱的方法，把地震载荷等也折算成静载荷加载到了桥梁上。

如前所述，采用 ABAQUS/Standard 作为问题的求解器。桥塔用箱梁单元，拉索用杆单元，拉索的连接用铰接，主梁和桥面板用简缩积分的 20 节点六面体单元，预应力筋用 REBAR 模拟，其预应力值根据规范进行折减，在边墩底部用杆单元模拟简支边界条件。

提示：关于 REBAR 将在 15.1.3 节“在混凝土中定义 REBAR”里讨论。

从计算的位移情况（如图 14-6 所示）看来，桥面体系的最大挠度出现在中跨的第 37 号梁段上，梁段中心 2 方向向下的位移为 11.4cm，边缘为 9.5cm。这一位移相对本桥的跨度而言是很小的，表明在设计的成桥索力之下，桥梁接近刚性支撑的连续梁状态，设计索力是合理的。

所有拉索中垂度最大者为 M21，垂度为 69cm，相应的垂跨比为 0.4%。这又反过来说明了用 30 个拉杆单元模拟一根拉索能提供足够的精确度。

整个桥面体系的纵向位移如图 14-7 所示，两个边跨均有向中间的位移，高塔边最大纵向位移为 6.0cm，低塔边最大位移为 5.0cm。同时，高、低塔也不同程度地向中跨倾斜，位移分别为 6.1cm 和 4.0cm。桥塔的内倾也跟拉索体系的初张力有关，通过加配重，桥面体系的平衡状况改善之后，桥塔的倾斜明显减小，相应地，桥塔的受力状况也将好转。

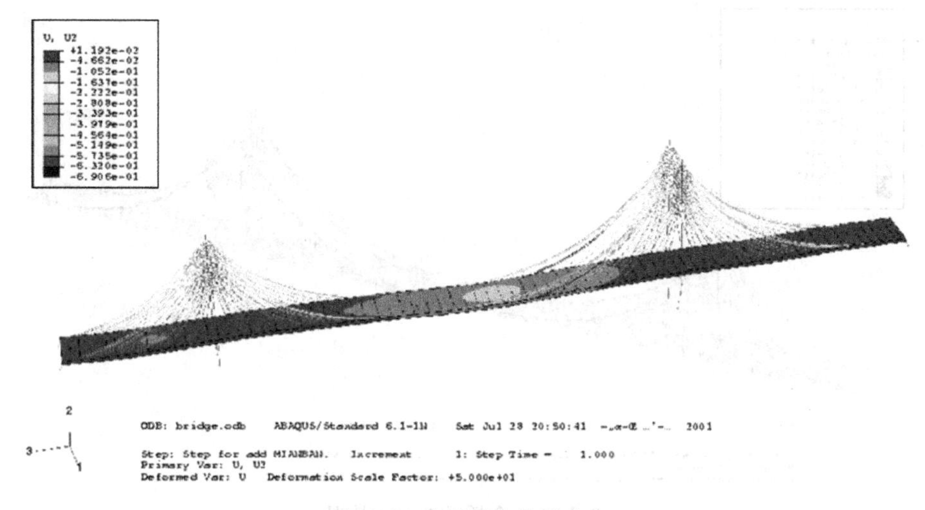

图 14-6 全桥竖向位移分布

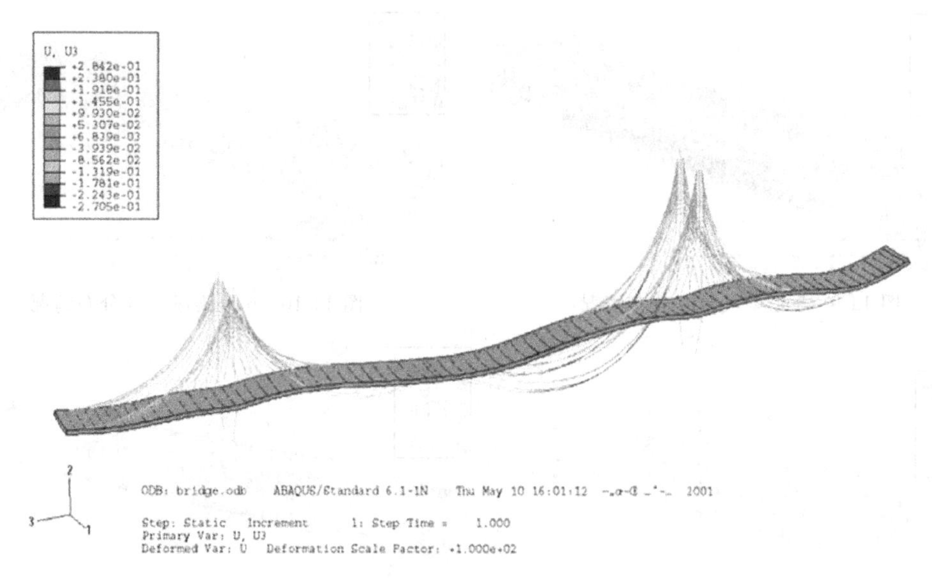

图 14-7 全桥纵向位移分布

桥面体系的 3 方向应力如图 14-8～图 14-17 所示，最大压应力出现在第 20，23 号梁段的主梁下表面，压应力值为－15MPa。主梁的材料为 C60 高标号混凝土，其标准强度 R_a^b＝42.0MPa，设计强度 R_a＝32.5MPa，该压应力小于标准强度的一半，满足规范要求。在主梁上表面与拉索连接的位置及预应力筋的锚固点均有明显的应力集中，出现较大的拉压应力，这主要源于我们将连接面简化为单点，拉索及预应力筋对主梁的作用力为集中力造成的。在实际情况下，该位置有锚板将拉索及预应力筋对主梁的作用力转化为分布力，并布有密集的钢筋，还有护罩板等措施。因此，该位置一方面不会有像计算得到的较大的拉压应力；另一方面，其强度也远远超过 C60 混凝土的设计强度。

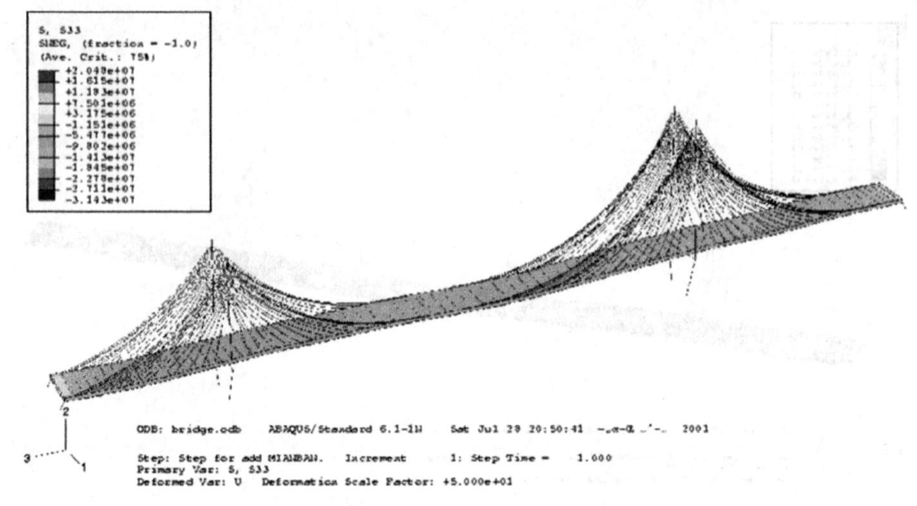

图 14-8　全桥 S33 分布情况

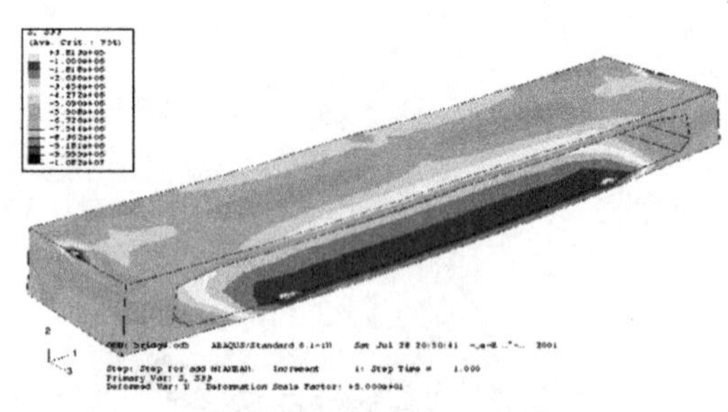

图 14-9　5 号梁段 S33 分布情况

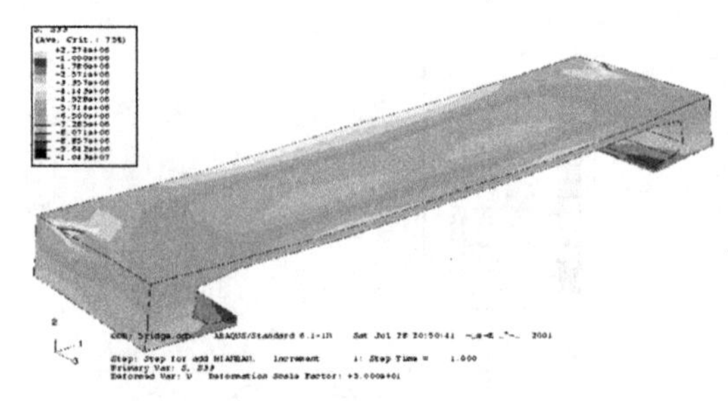

图 14-10　6 号梁段 S33 分布情况

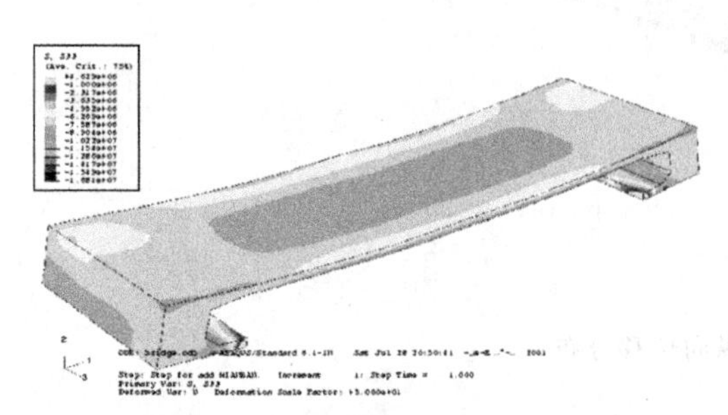

图 14-11　9 号梁段 S33 分布情况

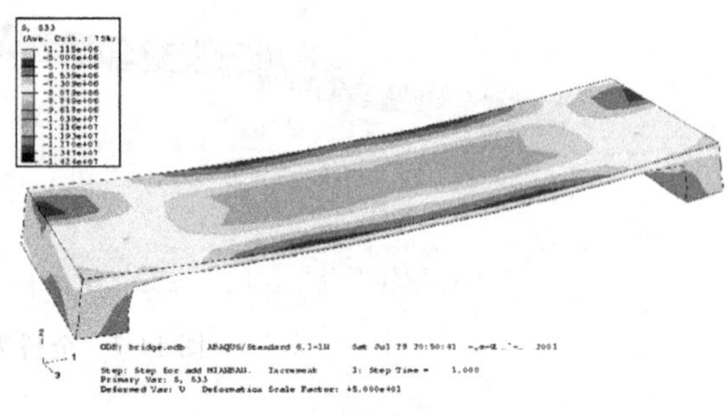

图 14-12　10 号梁段 S33 分布情况

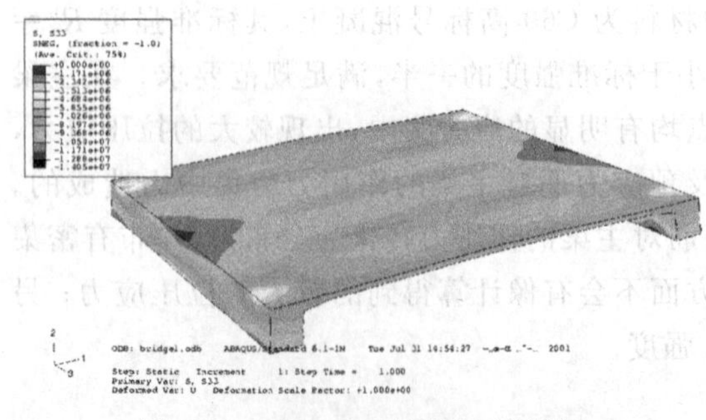

图 14-13　20～23 号梁段(高塔处)
S33 分布情况

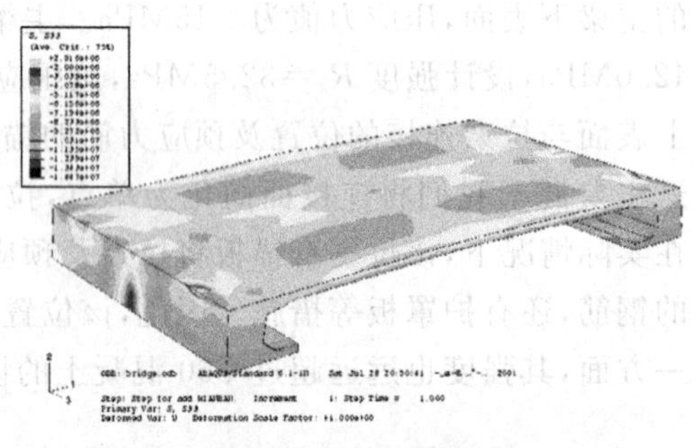

图 14-14　43～45 号梁段(跨中合龙处)
S33 分布情况

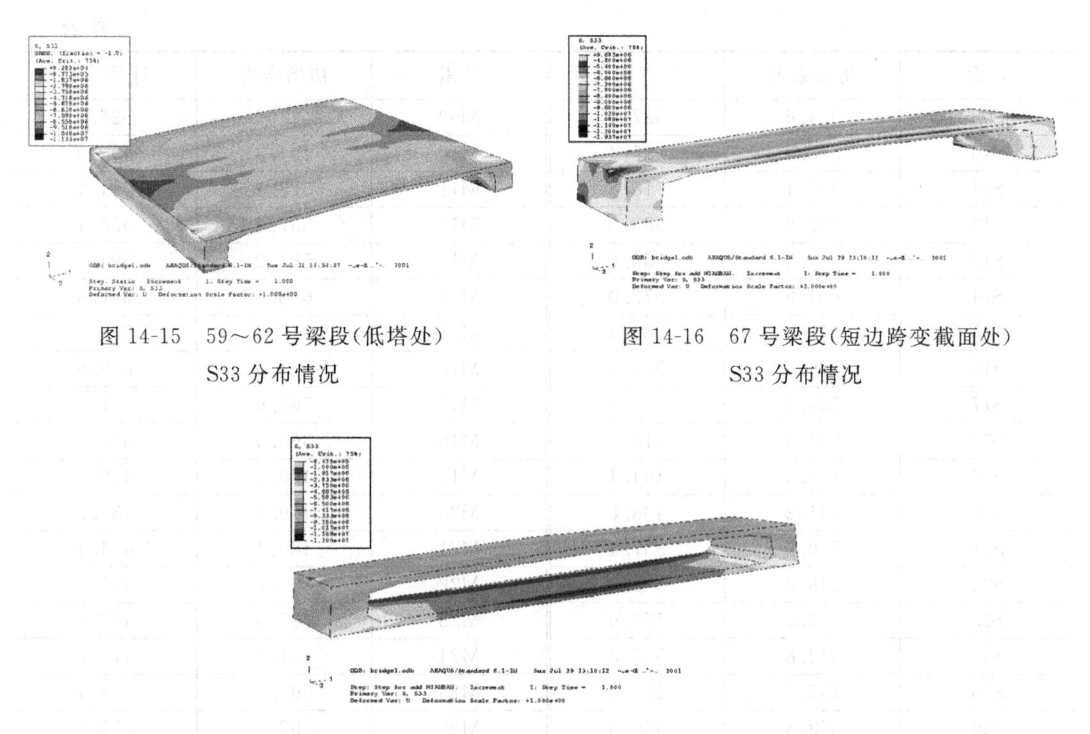

图 14-15 59～62 号梁段(低塔处)S33 分布情况

图 14-16 67 号梁段(短边跨变截面处)S33 分布情况

图 14-17 68 号梁段(短边跨变截面处)S33 分布情况

同其他很多斜拉桥一样，该斜拉桥的桥面体系自身是很不平衡的，两个边跨共长 257m，比中跨长 300m 短约 14%。为了体系的平衡，除了截面形状的变化外，边跨的最末几块桥面梁段配有较大的配重，且由于剪力滞后效应，加于边主梁上的预应力不能有效传递到底板上。另外，由于加于底板本身的预应力较小，使在低塔一侧的几块加有配重的梁的下底板压应力储备通常在－1MPa 左右，个别位置仅－0.5MPa。合龙处的主梁上、下表面的应力均在－6MPa 左右，由于合龙预应力筋偏于内侧，致使该处中部外侧下缘压应力储备较小，为－2MPa。

拉索体系的索力如表 14-1 所示。从计算得到的索力来看，整个拉索体系的受力是比较均匀的。最大索应力在 S14 上，大小为 607.6MPa。拉索采用的是低松弛镀锌高强度钢丝，强度级别 1570MPa，因此有约 2.5 倍的安全裕度，满足规范要求。

表 14-1 拉索的索力情况 MPa

拉索	初始索力	计算索力	拉索	初始索力	计算索力
S01	598.1	562.3	M01	577.4	555.9
S02	460.7	437.1	M02	448.5	427.5
S03	474.9	459.8	M03	455.8	441.8
S04	473.8	472.0	M04	491.8	484.5
S05	393.6	395.8	M05	422.7	420.0
S06	485.4	484.9	M06	477.8	470.9
S07	485.2	480.9	M07	496.4	498.8
S08	501.7	491.9	M08	510.7	510.4

续表

拉索	初始索力	计算索力	拉索	初始索力	计算索力
S09	534.6	527.4	M09	527.7	526.8
S10	508.9	515.4	M10	494.3	492.9
S11	537.1	518.8	M11	522.1	521.1
S12	591.0	553.0	M12	557.4	558.1
S13	606.3	566.6	M13	591.2	594.2
S14	604.9	572.0	M14	603.8	607.6
S15	617.8	583.7	M15	549.3	551.3
S16	526.4	507.6	M16	561.5	560.8
S17	526.2	518.9	M17	565.6	557.4
S18	522.4	518.8	M18	563.5	552.0
S19	457.3	484.1	M19	463.2	439.3
S20	491.2	493.6	M20	469.2	438.3
S21	539.9	537.1	M21	489.4	454.4
S22	548.0	535.7	M22	507.2	495.0
S23	542.2	522.6	M23	487.3	482.6
S24	542.8	515.8	M24	481.4	479.8
S25	495.3	476.3	M25	567.8	558.4
S26	578.8	570.3	M26	567.3	557.6
S27	564.4	561.7	M27	529.4	521.3
S28	587.8	583.3	M28	565.7	562.4
S29	575.2	568.1	M29	529.7	531.9
S30	483.9	484.7	M30	455.1	462.0
S31	491.4	496.1	M31	534.1	550.4
S32	461.8	474.1	M32	505.9	519.1
S33	413.9	431.5	M33	464.4	471.8
S34	501.9	514.2	M34	502.1	500.9
S35	470.4	477.9	M35	466.3	462.4
S36	570.2	575.7	M36	575.7	588.6

14.3.2 逐段加载方式的静力学分析

1. 传统方式的不足

前面的静力学分析方法被广泛地应用于现实中，并证明了其正确性。但在斜拉桥的建桥过程模拟中，这样的模拟方式与实际过程有很大出入。前面的模拟都基于这样一个假设：整个模型，包括所有的桥面板、主梁和拉索，是在同一个初始时刻建成的，给它们相应的初始条件，在这个基础之上建立起一个平衡状态。但是实际的情况是：建成桥塔之后，桥面和拉索成对逐步地加入到结构中，新的部分加入模型时，原有桥梁的建成部分本身是平衡的。比如，桥塔的位移有两部分原因，一是自身的重力，二是拉索的拉力。在一次性加载中，初始时刻桥塔的自重没有被平衡，自重引起的桥塔位移将影响拉索和桥面体系的受力；而在逐段加载中，在最初就求得了桥塔部分的平衡状态，桥塔的重力不会影响拉索和桥面体系受力的求解。如果材料的性质与加载的历史相关，这个差别就显得更重要了。

对斜拉桥这种复杂的结构，在其成桥过程中，整个桥的内力在不断地变化，甚至有些部位的受力情况与成桥之后的情况相差甚远。例如，有些桥面梁板在成桥后受压的部位可能在施工过程中受拉伸变形。用一次性加载的方式，可能会无法估计到一些危险情况。例如，满足成桥后的强度、刚度和稳定需求，不一定满足施工过程中的强度、刚度和稳定要求。在我国近几年的桥梁建设中，就发生过桥面系在施工过程中因强度不足而失效的重大事故。另外，在实际施工中，为了改善结构受力的一些辅助设施(如支架、悬挂设施和临时墩等)的作用在一次性加载中都无法得到体现。这些辅助设施的引入也使得实际情况与一次性加载模拟的结果差别很大。

2. MODEL CHANGE(模型替换)简介

在下面的工作中，我们用逐段加载的方式来模拟施工过程。尽管在分析过程中不能产生新的单元，但可以通过下面的方式取得同样的效果：在模型定义时生成单元，在第一个分析步开始时让这些单元"死亡"，以后再逐步"激活"它们，形成结构。ABAQUS 提供的 MODEL CHANGE 模块就有这个功能，我们用它来实现逐段加载。在一个分析步中，可以用 MODEL CHANGE 将模型的一部分移出，在后继的分析中，可以再将它们引入到模型中。我们就是利用了它的这一功能，建立起整个模型。先将拉索和梁段从模型中移去(REMOVE)，再逐个激活(ADD)，这就模拟了斜拉桥的施工过程。

提示：ABAQUS/CAE 并不支持 MODEL CHANGE 功能，需要通过关键词编辑器或其他文本编辑器直接对输入文件(.inp)进行修改。

1) 单元移去

在单元移去的分析步刚开始，ABAQUS 把将要移去部分施加给剩余部分的作用力存储下来，在整个分析步中，逐渐将这个作用力减小为零。也就是说，只有到了分析步结束，移去部分对剩余部分的作用才真正被完全移去。这样处理是为了保证移去部分对整个模型的影响平滑。但是该分析步从一开始就不进行有关移去单元的计算，直至在后面的某个分析步中再用 MODEL CHANGE 将其重新激活。

2) 单元再激活

将移去部分重新激活有两种不同的方式：WITH STRAIN(保留应变)激活和 STRAIN FREE(无应变)激活。

WITH STRAIN 中，被激活的单元被认为是从一个"非退火"状态开始加入到模型中来的。激活后，单元的应变是基于初始构形，而不是激活过程开始时刻的即时构形。激活过程中，采用了如下的机制：设 $\boldsymbol{u}^{g}$ 为被激活单元与结构其余部分共享的节点位移或由边界条件指定的节点位移。在激活分析步中的 t 时刻，给被激活单元加一个位移

$$\boldsymbol{u}^{e} = \alpha(t)\boldsymbol{u}^{g} \tag{14-1}$$

式中，$\alpha(t)$在分析步中线性地从 0 变为 1。实际处理时，给被激活单元的刚度矩阵乘以$\alpha(t)$，有利于刚度集成。这样，在模型的其余部分看来，好像是被激活部分的刚度由小逐渐变大，并最终在分析步末达到其真实值。

另一种称为 STRAIN FREE 的激活方式中，在分析步开始时刻单元就被完全激活，此后关于它的应变和变形梯度都是基于这个时刻的即时构形的，也就是说，这个时刻的即时构形将是这些单元的新的初始构形。这时，单元是处于一个"退火"状态的，即应力应变均为零。因为这些单元在一个退火状态被激活，也就是说零应力状态，它们施加给模型其他部分

的节点力也为零。这样,这些单元可以被立即激活而不影响解的平滑。

在一个小变形分析中,由于重新激活时刻的位移较小,可以认为其质量、体积、初始长度和方向都不变。而在大变形分析中,新构形可能与建立模型时定义的初始构形相差很远,这样,单元质量和体积都可能会有显著的差异,因此,需要重新生成质量矩阵。对于梁、壳等结构单元,其法线方向也将重新计算。

3) 两种激活方式的比较

为了说明 WITH STRAIN 激活和 STRAIN FREE 激活二者的差异,给出一个简单的算例。一个大的长方体由相同大小的两个小立方体组成,其中 C 点是其棱 AB 的中点,如图 14-18(a)所示。现在给出三种加载方案:(a)直接在 C 点加一个指向 C 点的大小为 500kN 的集中力;(b)先从模型中移去右边一半,施加相同大小的集中力,然后用 WITH STRAIN 方式激活被移去的一半;(c)同样先移去模型右边一半,施加 500kN 的集中力,最后用 STRAIN FREE 方式激活被移去的一半。

图 14-18 是三种加载方式的 Mises 应力分布。情形(b)的分布情况跟情形(a)很接近,相差不到1%,而二者与情形(c)相差甚远。可见用 WITH STRAIN 方式激活的部分对已经平衡的部分的内力分布产生了影响,造成了其内力重新分布;而用 STRAIN FREE 方式时其右边部分应力很小,对模型的其余部分没有什么影响。

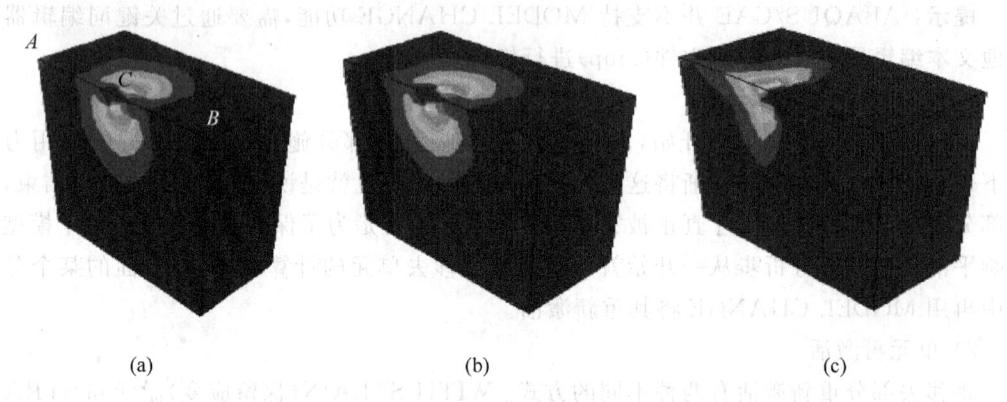

图 14-18　三种加载方式下的 Mises 应力分布

(a) 一次性加载;(b) WITH STRAIN;(c) STRAIN FREE

3. 逐段加载分析

对斜拉桥桥面的铺设过程,很难说哪个方案更合适。单就混凝土部分来说,其成型的时候(即浇注的时候),混凝土很软,从浇注完成到 28 天龄期其强度逐渐增加,其内部可能会有一些应力变化,但不至于引起已成型部分的应力有多大程度的重分布。但是混凝土之所以能在结构工程中有如此广泛的应用,是因为与钢筋的结合使用。为了结构整体的性能,在浇注之前预埋的钢筋与已成型部分是一体的,而且新架设的拉索也是固定在这些钢筋上面的,所以说新架设部分对已成型部分还是有影响的。如果截面形状变化不大,翘曲不明显,二者模拟的结果差别不大。

下面先用两种不同的方式模拟这个过程,然后指出各自的优缺点。

1) STRAIN FREE 方式

成桥之后的桥面体系沿桥方向的应力分布如图 14-19 所示。最大拉应力为 11.5MPa,

出现在拉索锚固区,不会成为危险。另外,合龙段的下表面有较大的拉应力,大小在4MPa左右。此外,在交接处的梁段中心有较大的拉应力。这是STRAIN FREE处理方式本身的问题,因为这种处理方式使得这些位置偏软。实际情况下,由于有钢筋将前后架设的梁段连成一个整体,而后者的这个位置正好有一个横梁,实际上这个位置的拉应力远不止这么大。

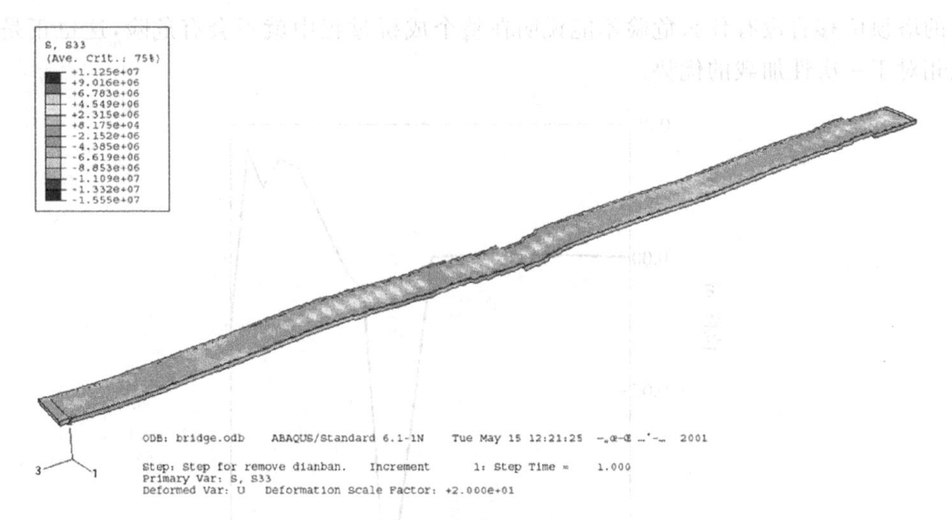

图 14-19 桥面体系应力(S33)

图14-20是成桥后2方向的位移情况。在37～40和4～7梁段处的位移不合理,这和前面一次性加载模拟的结果相符。拉索体系的初拉力调整或者配重可以改善这种状况。其实,求解的过程显示,在高塔侧加载第10,33梁段之后,整个体系的竖向位移都是很合理的;但是9,34梁段后马上就有了很大的倾斜。这种倾斜一直保持到第6,37梁段加载之前,这两个梁段加载之后,整个体系向相反的方向倾斜,向上、向下的最大位移分别达到11cm和19cm。成桥之后的最大位移就出现在这个地方。

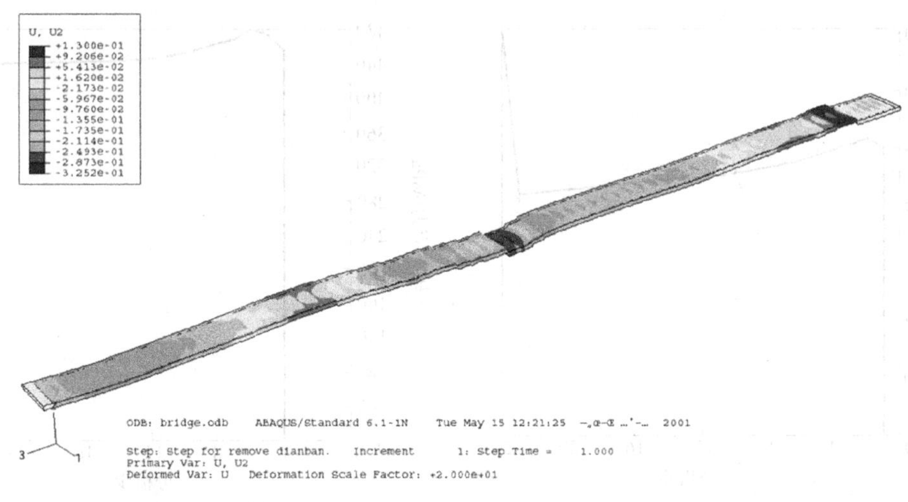

图 14-20 桥面体系的竖向位移

桥塔顶部的纵向位移能反映出桥面体系的不平衡。图14-21是成桥过程中高塔塔顶的纵向位移情况,图中横坐标为分析步数。在第12个分析步(加载第10,33梁段)以前,纵向位移很小,体系的平衡还没有成为问题。接下来的两个分析步后,塔顶向内倾斜了10cm。这是因为两边梁段的截面形状发生了变化,两侧不平衡。可见斜拉桥对平衡很敏感。在实际施工中决不允许出现这样的危险情况,必须通过配重予以调整,否则后果将不堪设想。从最终的塔顶位移看没有什么危险不能说明在整个成桥过程中就不会有危险,这也正是逐段加载相对于一次性加载的优势。

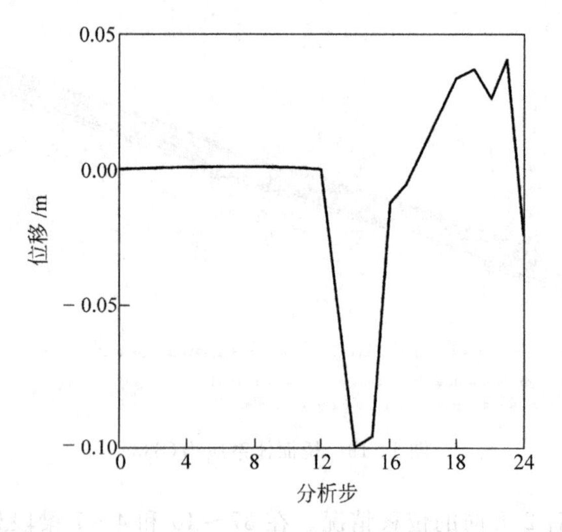

图14-21　高塔塔顶纵向位移

整个加载过程中,索力的变化不大,但是在后来体系转换,即拆除桥塔上的临时支座,使之成为漂浮体系时,有较明显的索力调整,越靠近桥塔的拉索索力突变越明显。图14-22、图14-23为拉索M1和S4在整个过程中的主应力变化情况。

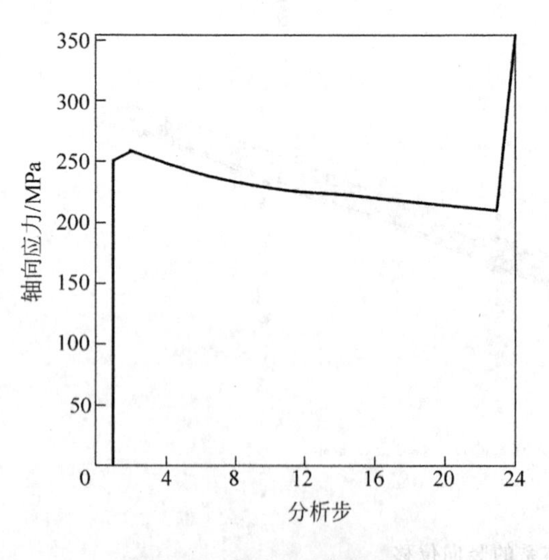

图14-22　拉索M1轴向应力

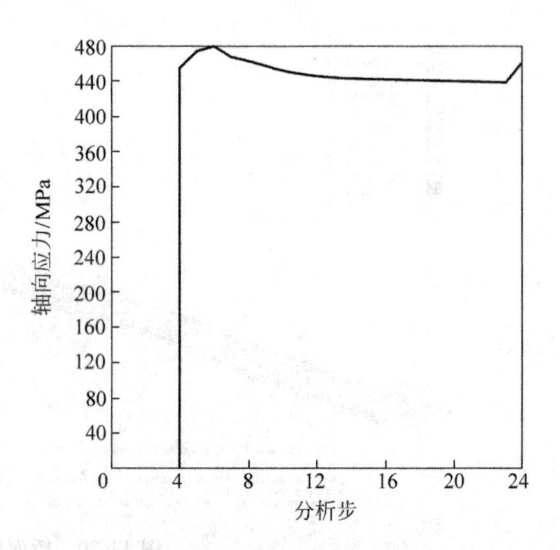

图14-23　拉索S4轴向应力

2）WITH STRAIN 方式

从成桥之后的桥面体系沿桥方向的应力分布情况看，在合龙段附近的主梁下表面有很大的拉应力，这是由前面讲到的 WITH STRAIN 处理方式决定了的。在合龙之前，43，45 号梁段有较大的位移差，约为 6cm，WITH STRAIN 就决定了 ABAQUS 欲使 44 号梁段的左、右两端的位移分别和 43，45 号梁段保持一致，这样处理必然导致这里的应力集中。但 WITH STRAIN 模拟合龙前的施工过程还是很有意义的。图 14-24 是合龙前 2 方向的位移情况，高塔侧跨中悬臂端的位移值是 −18.5cm。同样，求解的过程显示，在高塔边，加载第 9，34 号梁段后开始有明显的倾斜，中跨向上，边跨向下。加载第 6，37 号梁段前后，高塔边整个体系的竖向位移发生了很大变化，中跨有了明显的向下位移，而边跨的位移开始向上。低塔部分相比之下位移没有高塔边那样大的起伏，但为了成桥后的桥面挠度，同样需要加配重和预设倾角以保证预拱度。

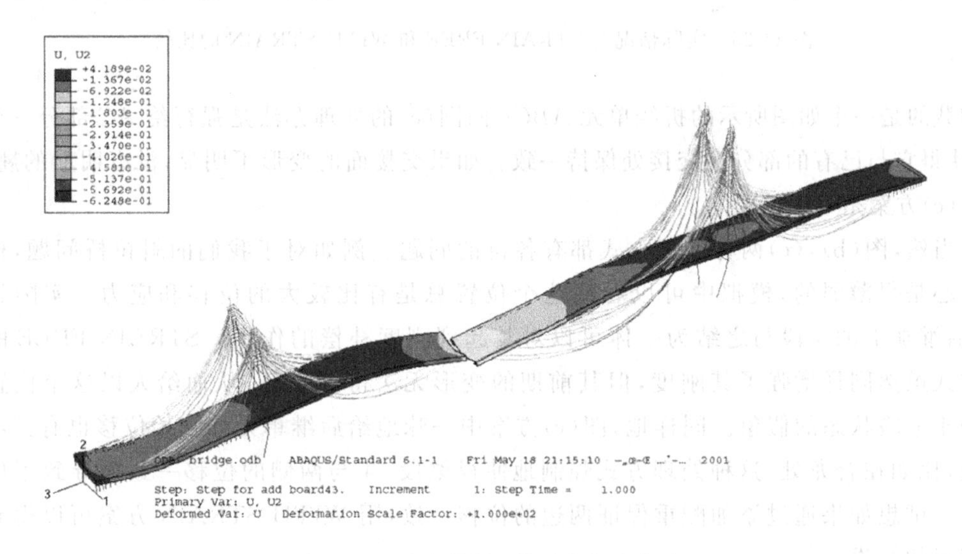

图 14-24　合龙前桥面体系的竖向位移

3）分析讨论

下面讨论 STRAIN FREE 和 WITH STRAIN 方式与具体施工的一些差异。图 14-25 中，设 *OA* 为已经完工的结构部分，并假设由于施工或设计的原因，*A* 点有了一个向下的位移。在下一步施工中，将人为地调整梁段 *AC* 的初始位置，使得 *C* 点的位移尽量小，如图 14-25(a)所示。这样，即使中间某些位置的位移有出入，但整体结构还是能满足设计要求的。在有限元计算中情况就不一样了。我们的节点坐标是在分析之初建立的，不可能在分析中动态地重新定义节点坐标。实际施工不存在这个问题，新加载的部分可以认为是在该时刻的即时构形里任意定义的。这个问题对有限元模拟几乎是不可克服的。当然，理论上可以通过试算，利用得到的结果重新在初始构形里调整节点的坐标。这样反复试算和调整，最终将得到满意的结果，但这个工作量很大，实际上是不可行的。

ABAQUS 提供的 STRAIN FREE 和 WITH STRAIN 可以简单地理解为图 14-25(b)和图 14-25(c)。图(b)中在单元 *AC* 加载时将该时刻的即时构形重新认定为其初始构形，实

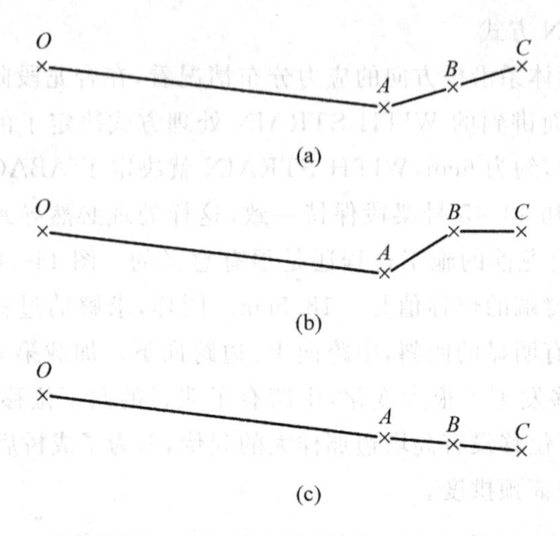

图 14-25　实际情况与 STRAIN FREE 和 WITH STRAIN 的比较

际加载的是一个如图所示的折线单元 ABC；而图(c)的处理办法是强行给 AC 部分一个位移，使得它与已有的部分在交接处保持一致。如果交接面的变形不明显，没有明显的翘曲，用图(c)方案是可以接受的。

当然，图(b)，(c)两种处理方式都有各自的问题。例如对于我们的斜拉桥问题，桥面板中心是很薄弱的，模拟中可以看到这个位置总是有比较大的位移和应力。实际施工中，后继加上的梁段与之结为一体可以对其起到刚度补偿的作用。STRAIN FREE 的处理方式虽然同样增强了其刚度，但其前期的变形无法得到恢复，从而给人以这个位置一直处于危险状态的假象。同样地，图(c)方案中一味地给后继单元加初始位移也有其不妥之处，比如在合龙处，这种处理方式强制地使得梁段 44 与两侧的位移一致而导致了应力集中。试想如果通过添加配重保证两边的位移一致，用 WITH STRAIN 方案可以得到比较满意的结果。

14.4　动态分析

为了使桥梁能够经受地震和风振，在现代桥梁设计中动态分析是必不可少的内容。我们的动态分析包括两个部分：模态分析和地震反应时程分析。

14.4.1　模态分析

在求解斜拉桥的自振模态的过程中，通常采用鱼刺模型，即将桥塔、桥面体系处理成梁单元，而将拉索处理成杆单元。并且，在处理拉索的时候，就目前的跨度而言，索的弹性模量折减与否对动力性能的影响很小，故通常不予折减，而作为线性弹性单元处理。

这样的处理一直被沿用于设计中，不过这个模型在正确反应实际情况的截面扭曲上值得商榷。尽管如此，这样的处理方式还是很有指导作用的。现在的计算机技术又有了飞速发展，建立模型的时候可以简化得少一些，进而更接近真实情况。对拉索的处理，实际上用到了一个切线刚度的概念,即在位移不大的情况下忽略刚度矩阵的变化,把一个非线性问题线性化处理。

下面给出荆沙长江公路斜拉桥的自振频率计算结果。图 14-26 为 1 阶振型,对应的频率为 0.18459Hz。从振型上看是纵漂。1 阶频率远远低于 2 阶频率,主要是跟斜拉桥桥面体系与桥塔的连接方式有关。本桥采用了漂浮体系,整个桥面体系显得比较柔,因而基本周期长,频率低。这对该结构在地震作用下的反应十分有利。由于盆式橡胶支座的作用,在实测的时候将很难测出这阶振动,但是在地震的时候,作用力比较大,这阶振动将会出现。

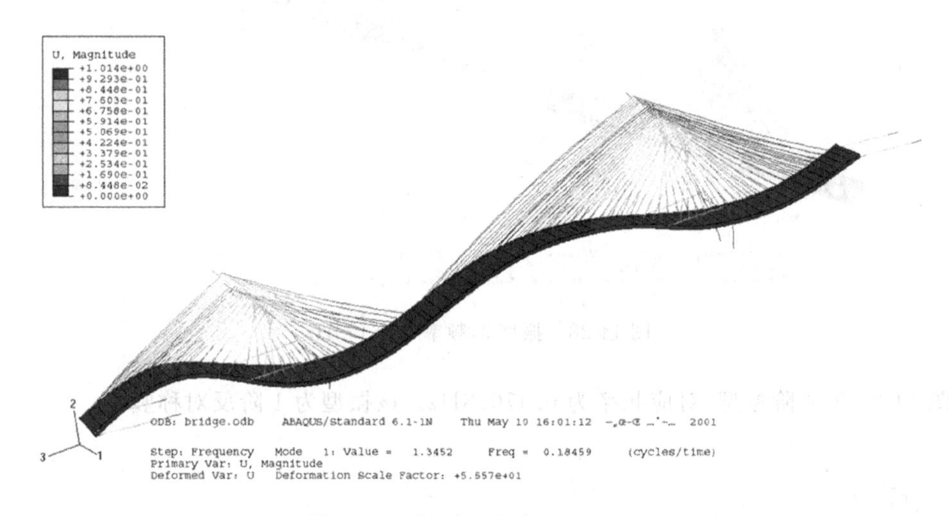

图 14-26 振型 1,频率 0.18459Hz

图 14-27 为 2 阶振型,对应频率为 0.28296Hz。该振型为 1 阶对称竖弯。

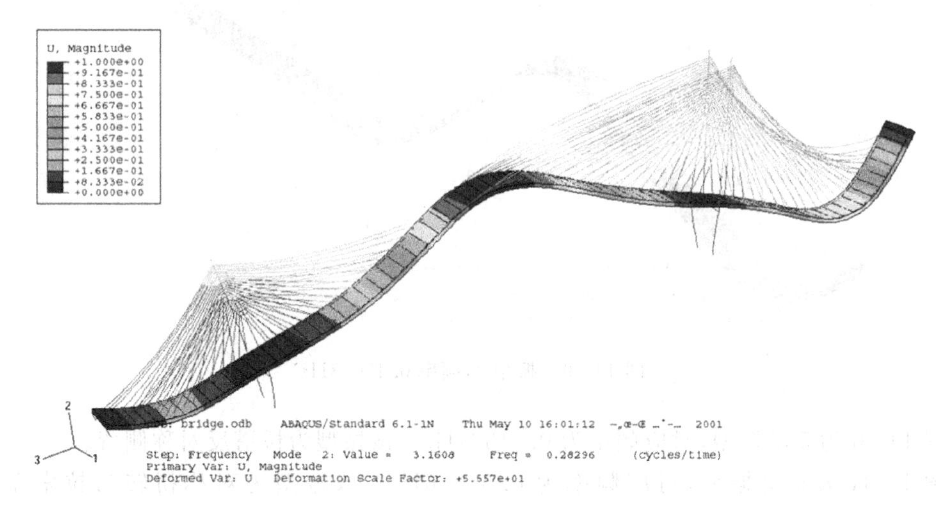

图 14-27 振型 2,频率 0.28296Hz

图 14-28 为 3 阶振型，对应频率为 0.36452Hz。该振型为 1 阶对称侧弯。

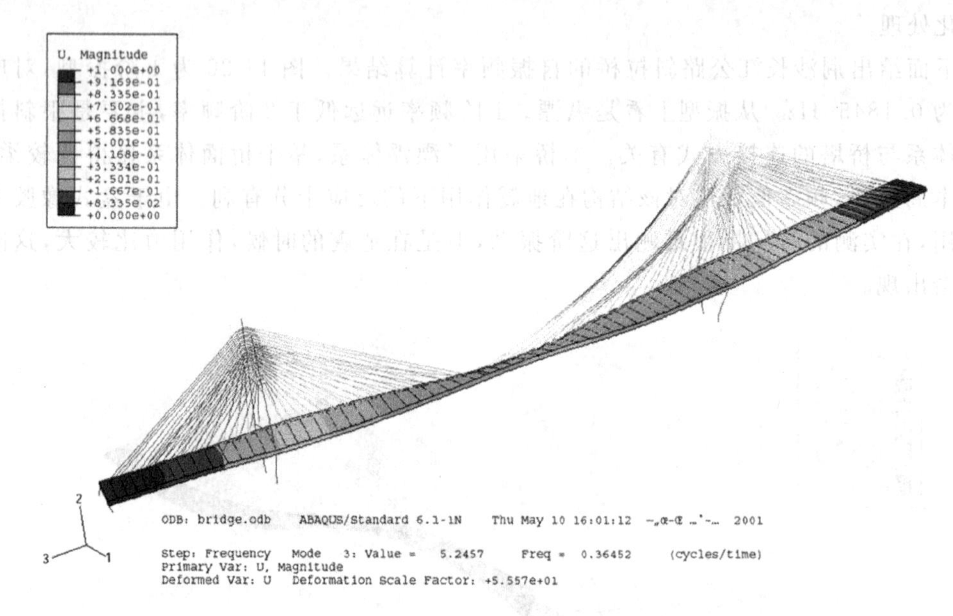

图 14-28　振型 3，频率 0.36452Hz

图 14-29 为 4 阶振型，对应频率为 0.47058Hz。该振型为 1 阶反对称竖弯。

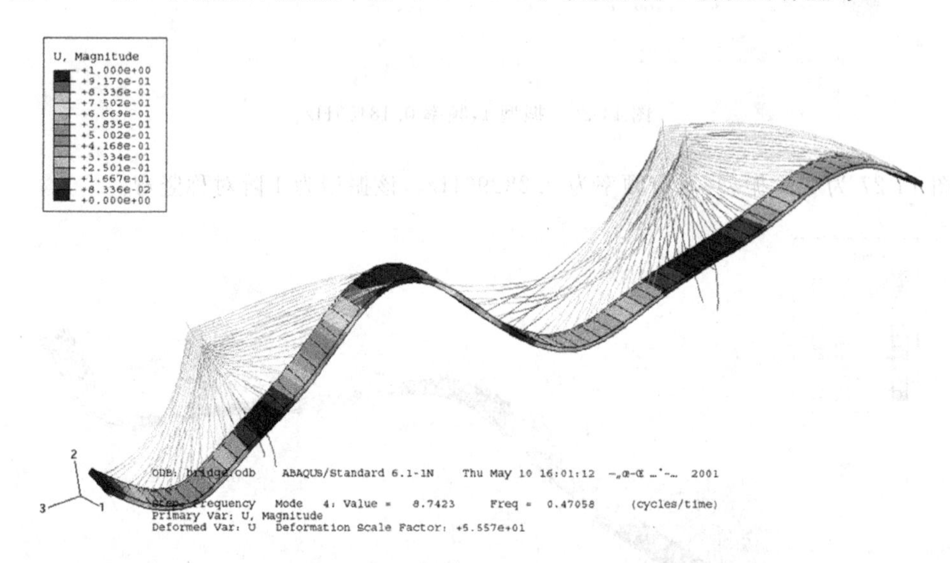

图 14-29　振型 4，频率 0.47058Hz

图 14-30 为 5 阶振型，对应频率为 0.51384Hz。该振型为桥塔反对称侧弯。

图 14-31 为 6 阶振型，对应频率为 0.58846Hz。该振型为对称扭转与拉索振动的耦合。

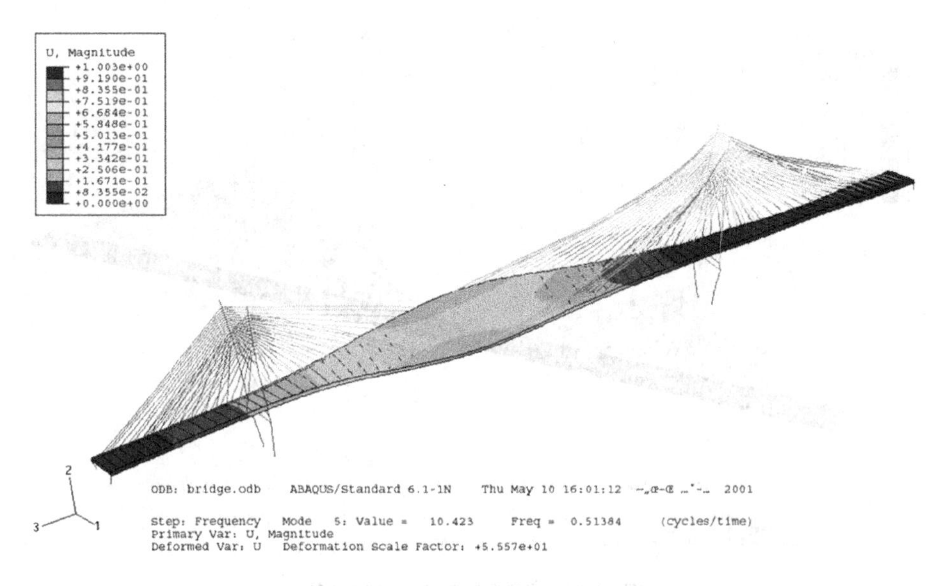

图 14-30 振型 5,频率 0.51384Hz

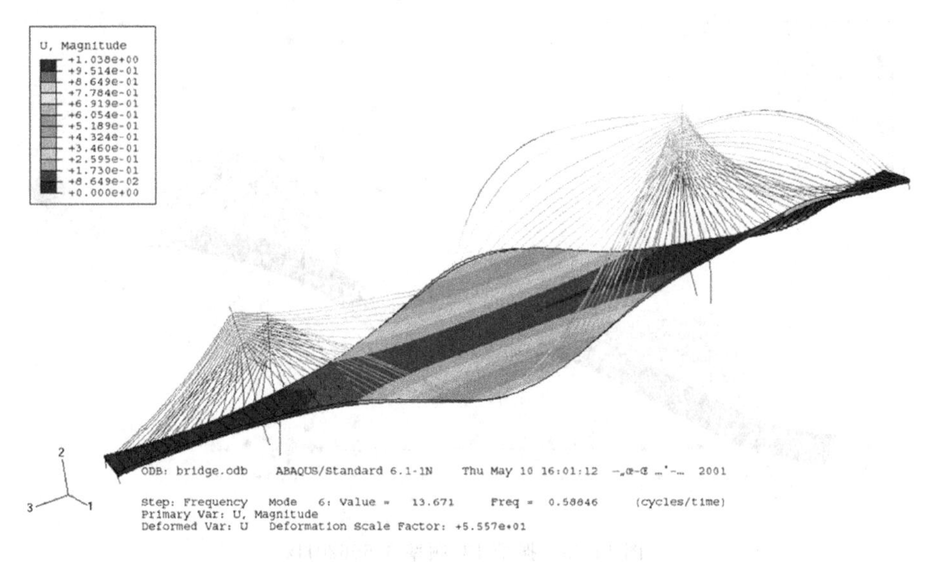

图 14-31 振型 6,频率 0.58846Hz

图 14-32 为 7 阶振型,对应频率为 0.65425Hz。该振型为拉索 M21 的振动。在此之后一直到 12 阶全为拉索的振动,频率很接近。

图 14-33 为 13 阶振型,对应频率为 0.66620Hz。该振型为桥面对称竖弯与拉索振动的耦合。

第 14～31 阶振动为拉索振动,频率同样很接近。

图 14-34 为 32 阶振型,对应频率为 0.77994Hz。该振型为桥塔对称侧弯与拉索振动的耦合。

第 33～45 阶振动为拉索振动。

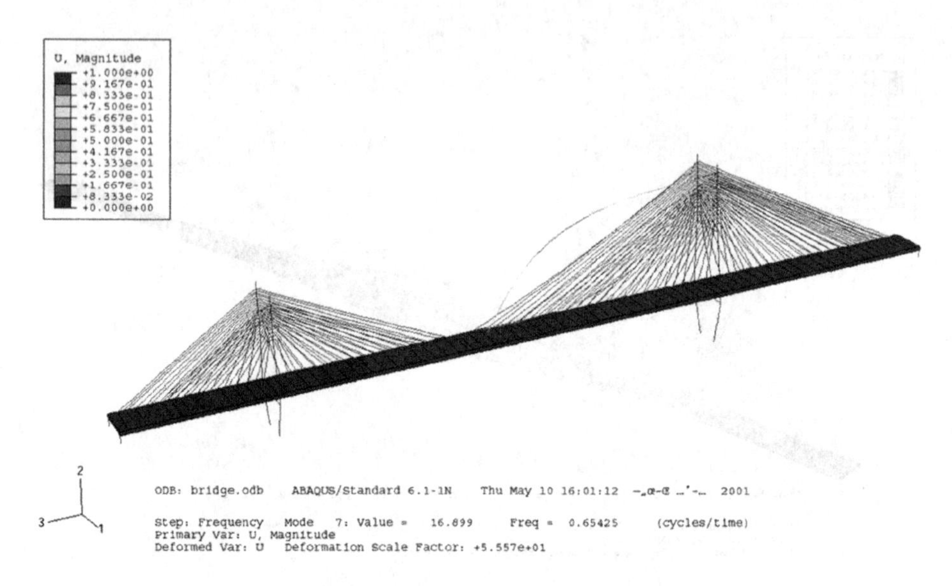

图 14-32　振型 7，频率 0.65425Hz

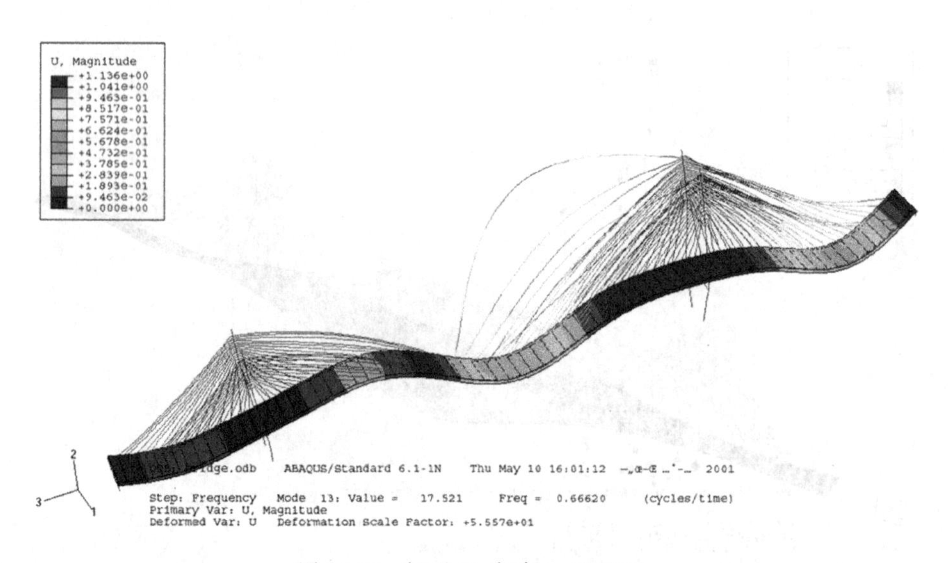

图 14-33　振型 13，频率 0.66620Hz

图 14-35 为 46 阶振型，对应频率为 0.82465Hz。该振型为桥面对称竖弯与拉索振动的耦合。

图 14-36 为 50 阶振型，对应频率为 0.84960Hz。该振型为桥面反对称扭转与拉索振动的耦合。

现将这些频率列于表 14-2 中。作为比较，同时给出上海南浦大桥的自振频率。之所以选择南浦大桥，是因为二者非常相似：双塔、双索面、竖琴式、漂浮体系、预应力混凝土斜拉桥。由于我们的计算模型中拉索是由若干个杆单元组成的，而南浦大桥的模拟中拉索仅由一根拉杆模拟，这种模型处理方式上存在的差异，导致南浦大桥振动结果中没有给出拉索的振动。因此在表 14-2 中也仅列出了以桥塔和桥面为主的振动。在荆沙长江斜拉桥的仿真

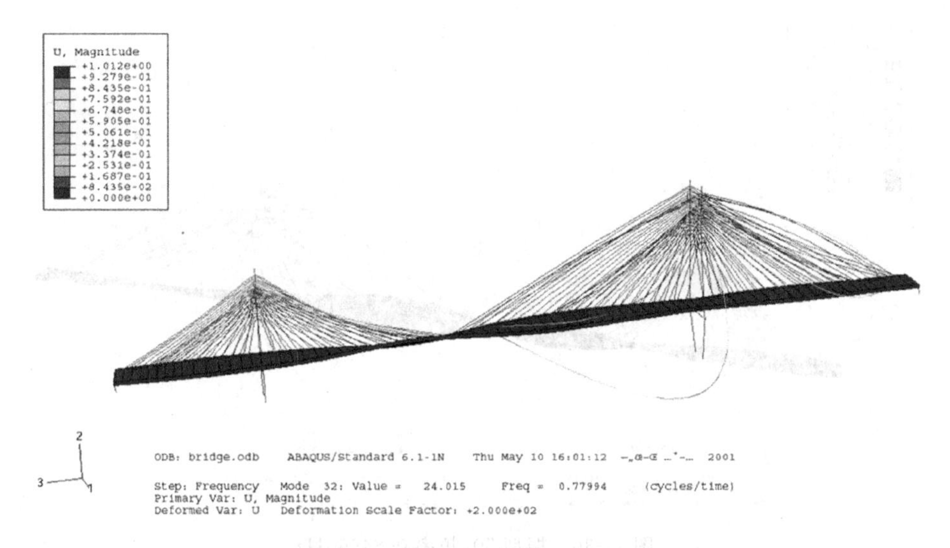

图 14-34 振型 32,频率 0.77994Hz

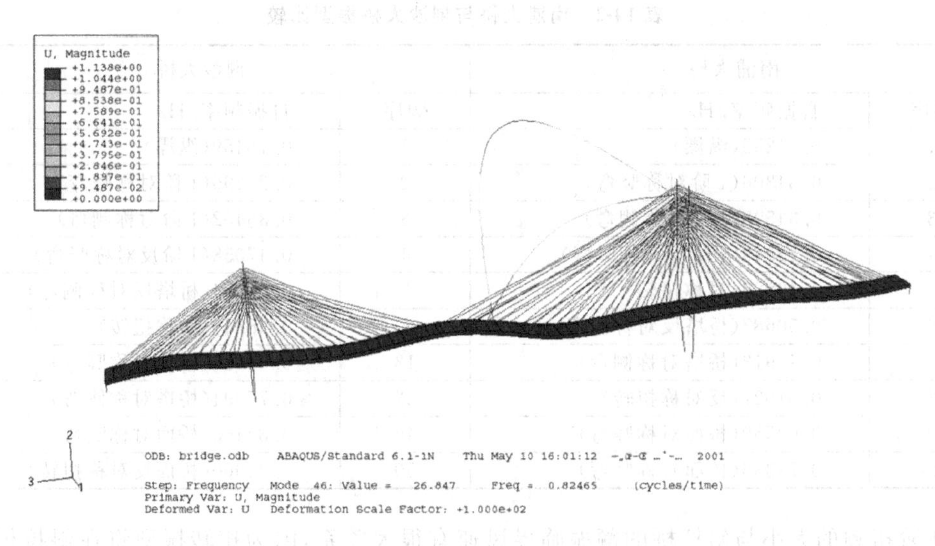

图 14-35 振型 46,频率 0.82465Hz

计算中,第 7 阶振动即为索的单独振动,频率比较靠前。

从表 14-2 中可以看出二者的自振频率分布很接近。南浦大桥主跨 350m,荆沙大桥主跨 300m,后者相对刚度大一些,所以荆沙大桥的大部分同阶频率高于南浦大桥的对应频率,说明我们的模拟计算是合理的。大量资料中给出的斜拉桥自振频率均在这个范围之内。

漂浮体系的斜拉桥是一种长周期结构,其第 1 阶振型为纵漂振型,基本周期较长,$f_1=0.18459\text{Hz}$,$T_1=5.42\text{s}$。该振型对顺桥向地震反应的贡献占绝对优势。从抗震的要求出发,希望结构柔一些,因为柔的结构振动周期长,地震反应小。

1 阶对称竖向弯曲振型对斜拉桥的地震响应和抗风稳定性有很大影响,同时对车辆振动的反应也起主要作用。

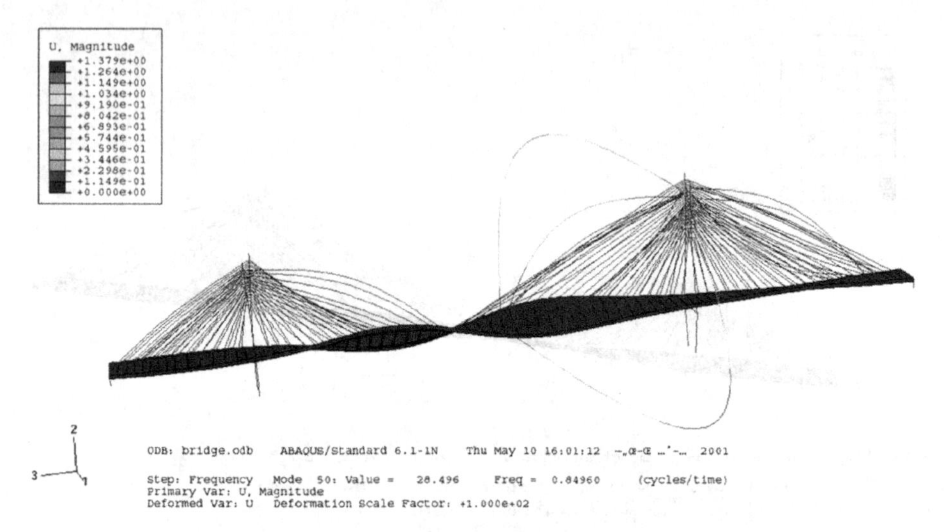

图 14-36　振型 50,频率 0.84960Hz

表 14-2　南浦大桥与荆沙大桥振型比较

南浦大桥		荆沙大桥	
顺序	自振频率/Hz	顺序	自振频率/Hz
1	0.14255(纵漂)	1	0.18459(纵漂)
2	0.34306(1 阶对称竖弯)	2	0.28296(1 阶对称竖弯)
3	0.34598(1 阶对称侧弯)	3	0.36452(1 阶对称侧弯)
4	0.42349(1 阶反对称竖弯)	4	0.47058(1 阶反对称竖弯)
5	0.49886(对称扭转)	5	0.51384(桥塔反对称侧弯)
6	0.50687(桥塔反对称侧弯)	6	0.58846(对称扭转)
7	0.53913(桥塔对称侧弯)	13	0.66620(桥面对称竖弯)
8	0.61027(反对称扭转)	32	0.77994(桥塔对称侧弯)
9	0.63359(桥面对称竖弯)	46	0.82465(桥面对称竖弯)
10	0.73336(桥面对称竖弯)	50	0.84960(桥面反对称扭转)

1 阶扭频的大小与斜拉桥的颤振临界风速有很大关系,因为扭转振型将在斜拉桥的颤振中占主要成分。临界风速基本与扭频成线性关系。通常把斜拉桥的 1 阶扭转频率与 1 阶挠曲频率之比作为衡量抗风稳定性的指标。这里的比值为 2.08,高于设计要求 2.0,符合要求。

二维模型求解结构的振动有它的局限性:它求解不出横向振动和扭转振动,但还是能求解与面内的弯曲相关的振型和频率。三维计算结果与二维计算结果相比,所有面内振型完全一致,频率也很接近。

14.4.2　地震反应时程分析

为了更深入地研究该结构的地震特性,我们将地震记录输入到模型中看其响应情况。计算中,将 EI-CENTRO 地震的加速度历史记录作为加速度载荷加载到桥墩上,数据离散为间隔 0.01s。对于主跨为 300m 左右的斜拉桥,其阻尼比分布在 0.01～0.02 之间,取阻尼比为 0.015。

正如前面理论部分的讨论,处理这种动态响应问题有两种处理方式,即直接积分法和振型叠加法。对于涉及非线性的问题,如果要精确地求解响应,应该用直接积分法,但直接积分法效率特别低。在一般的地震反应时程分析中,人们追求的往往只是定性的结果,并且在成桥之后,斜拉桥的非线性特征表现得并不明显,所以在建模的时候就处理为线性问题。在这个问题上追求太高的精确度是没有意义的,本研究忽略几何非线性的影响是允许的。

在这种情况下采用振型叠加法,ABAQUS 采用所谓的线性扰动分析方法。尽管在扰动步骤中结构的响应设定为线性,但是模型在前面的一般步骤中可以有非线性的响应。对于在前面一般步骤中有非线性响应的模型,ABAQUS 用当前的弹性模量(切线模量)作为扰动分析程序的线性刚度。

振型叠加法利用振型的正交性,将原本耦合的方程组解耦成各自独立的二阶常微分方程,分别用杜哈美积分求得各自的响应,最后叠加就得到了原系统的响应。这些二阶常微分方程的解就是外载荷在相应振型上的响应。图 14-37 为与 1 阶振型响应的广义位移和广义速度,图 14-38 为广义加速度。广义位移反映了该振型对结构响应的贡献。

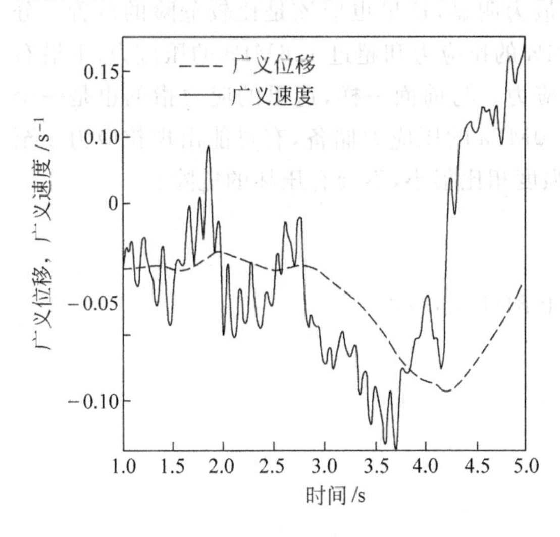

图 14-37　相应于 1 阶振型的广义位移和广义速度

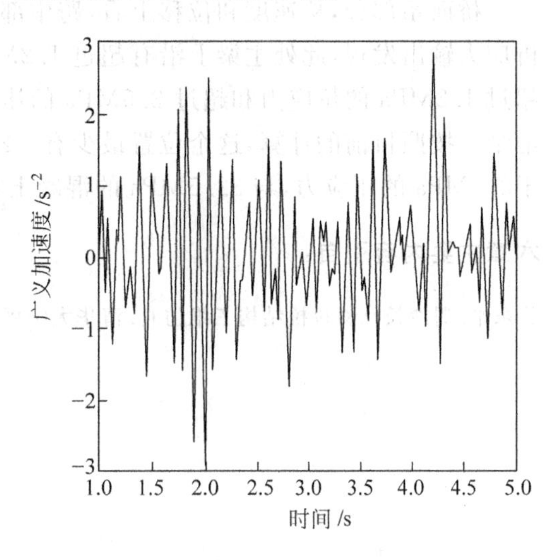

图 14-38　相应于 1 阶振型的广义加速度

观察求得的前 50 个振型,影响桥梁纵向振动的主要是第 1 阶振动。取出桥面上一个点的纵向位移和速度记录,如图 14-39 所示。两条曲线与图 14-37 中的曲线极其相似,这主要是因为所考虑的 50 个振型中,其他振型中桥面上节点位移的水平分量相比起来太小。如果考虑的振型更多,可能差异会更大一些;反之,如果只取 1 阶振型运用振型叠加法,这些曲线将完全一样。这主要是由振型叠加法的原理决定的。同时还应该看到,对于桥面系的纵向运动来说,50 阶振动和 1 阶振动求得的结果竟如此接近,这也正是振型叠加法的出发点。

图 14-40 是拉索 M21 的轴向应力情况。注意到应力在零上下变化,它表示的是在平衡位置附近的一个扰动,考虑实际应力时应该是图中应力与静力平衡状态下的应力之和。可以把拉索在静力平衡状态下的应力看成预应力储备,这种储备保证了即使在扰动中应力减小,拉索始终处于拉伸状态。这里看来拉索的强度没有危险。

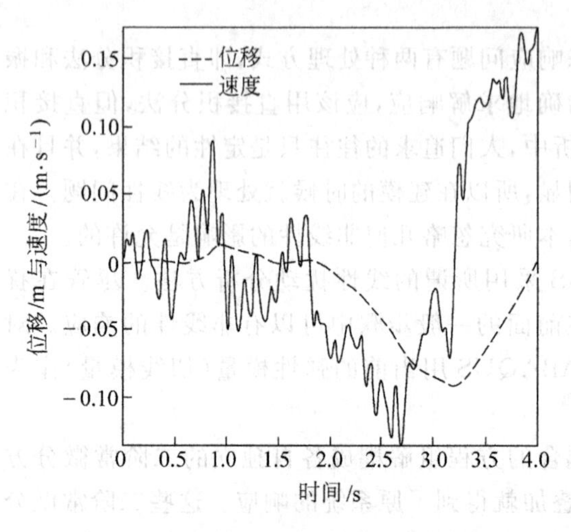

图 14-39　桥面某点的纵向位移和速度

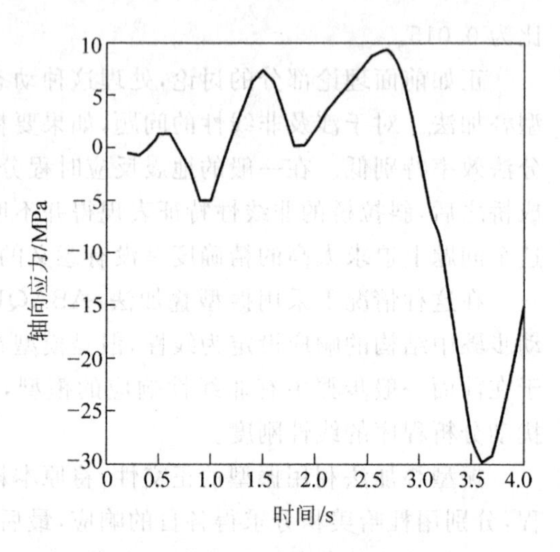

图 14-40　拉索 M21 的轴向应力

桥面系部分，从速度和位移上看，跨中部最为明显，这里也应该是比较危险的位置。分析应力输出发现，此处主梁上沿有超过 1.2MPa 的拉应力和超过 1.6MPa 的压应力，下沿有超过 1.2MPa 的拉应力和超过 2.5MPa 的压应力。与前面一样，这里的应力指的也是一个增量。按照目前的计算，这个位置最少有−2.0MPa 的压应力储备，有可能出现拉应力。至于2.5MPa 的压应力，与 32.5MPa 的混凝土强度相比很小，不会有压坏的危险。

本章主要内容引自：

黄东平. 荆沙长江斜拉桥结构三维仿真. 清华大学硕士学位论文，2001

15 在土木工程中的应用(2)

本章通过三个例子,钢筋混凝土圆柱形结构倾倒时的冲击分析、牙轮钻头进行岩石破碎分析和大型储液柜的地震作用分析,进一步讨论 ABAQUS 在土木工程中的应用。

15.1 钢筋混凝土圆柱形结构的倾倒分析

首先使用 ABAQUS 中的弥散裂纹混凝土模型和混凝土损伤塑性模型进行钢筋混凝土结构倾倒时的冲击分析,研究混凝土受冲击作用时的裂纹和损伤现象以及混凝土中加强筋的作用。

15.1.1 分析模型

本结构为一厚壁容器,通过简化得到一个中空的圆柱体,外径 3940mm,内径 1670mm,高度 5737mm,模型如图 15-1 所示。容器内壁贴有一个钢筒,能使结构的强度得到提高。在圆柱体中有环向、径向以及垂直分布的加强筋,使结构经受冲击作用时能阻止混凝土中微小裂纹的传播。

结构置于水平刚性地面。考虑结构在自由倾倒时与地面所发生的碰撞,假设倾倒时圆柱体与地面之间为点接触,且倾倒过程中与地面不发生滑移。按照能量守恒原理,圆柱体与地面碰撞瞬间的角速度为 1.244rad/s。

计算中不考虑圆柱体的倾倒过程,从与地面碰撞发生的瞬间开始考虑,在初始构形中即认为圆柱体与地面发生接触,并给整个圆柱体赋予碰撞瞬间的旋转角速度。

模型中存在两个接触对,分别为圆柱体内表面和钢筒之间的接触及圆柱体外表面和地面之间的接触。这两个接触均使用硬接触来模拟,即从面的节点接触主面之前没有任何接触压力,一旦从面节点和主面发生接触,传递的接触应力没有限制。

由于模型体积过大,在分析过程中还考虑了重力作用,重力加速度方向为 Z 轴负向。

由于混凝土圆柱体的外表面与地面之间的间隙为零,所以增量步开始时就发生接触,圆柱体将在重力的作用下以初始角速度撞击刚性地面。

15.1.2 ABAQUS 混凝土本构模型

使用两种混凝土本构模型进行碰撞过程的分析:弥散裂纹混凝土模型和混凝土损伤塑性模型。

1. 弥散裂纹混凝土模型

弥散裂纹混凝土本构模型使用定向的损伤弹性(弥散裂纹)以及各向同性压缩塑性来表示混凝土的非弹性行为。在 ABAQUS 中使用“*CONCRETE”和“*TENSION STIFFENING”选项定义(在特性模块中定义材料时可以选择),还可以附加“*SHEAR RETENTION”和“*FAILURE RATIOS”选项。在弥散裂纹混凝土模型中可以输出积分

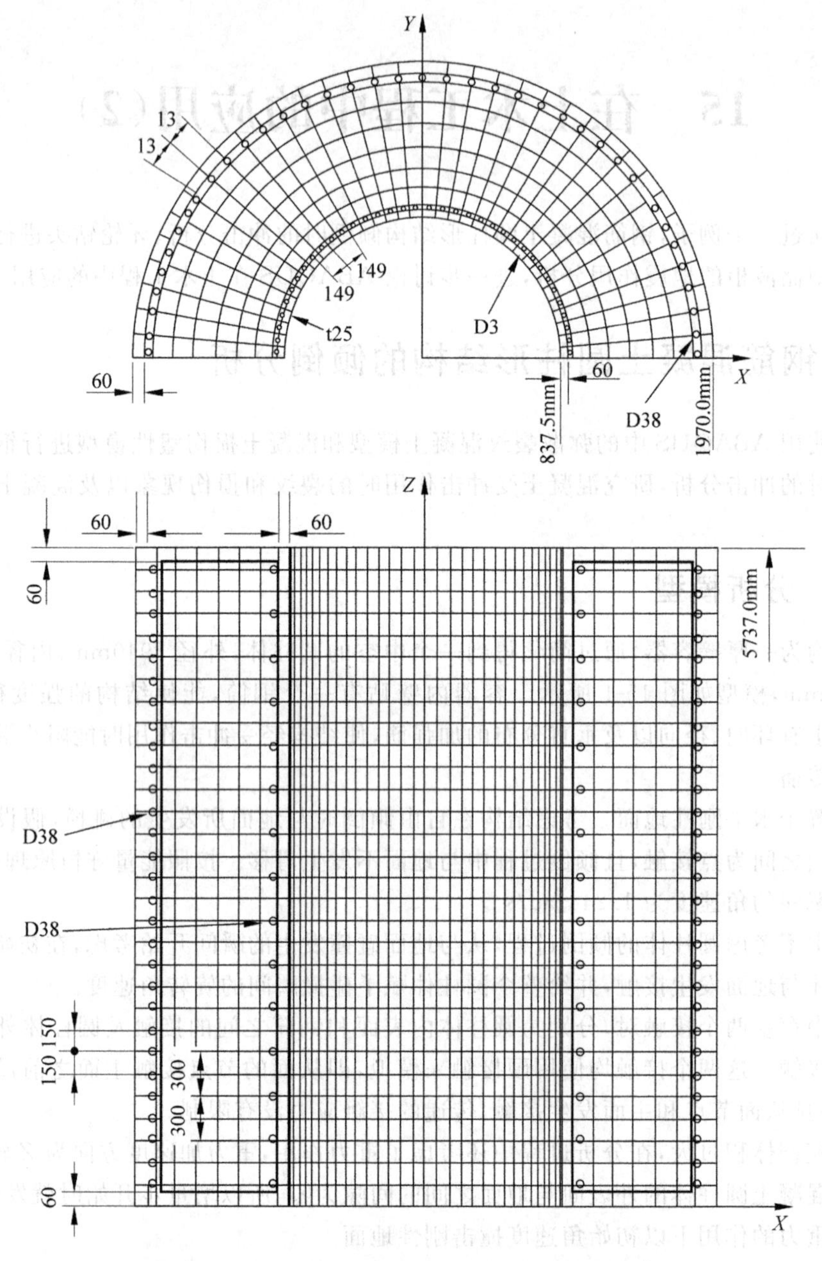

图 15-1　混凝土模型及内部加强筋分布(半个圆柱体)

点上的如下变量：

CRACK：混凝土中裂纹的单位法向向量；

CONF：积分点上的裂纹数目。

1) 裂纹及裂纹探测

裂纹被认为是混凝土行为中的一个重要特征，当应力到达一个失效面时认为裂纹产生，这个失效面称作“裂纹探测面”。一旦裂纹已经产生，其方向就被存储起来，同一积分点上后续产生的裂纹只能和这个方向正交，所以对于一个三维实体单元来说，同一积分点上最多只能产生三条裂纹。

ABAQUS 使用弥散裂纹模型,而不是跟踪单个的宏观裂纹。产生裂纹后各个积分点上本构的计算是相互独立的,裂纹的影响体现在积分点的计算上,它只会影响积分点的应力以及关联的刚度,所以需要将弥散混凝土模型中的裂纹与宏观裂纹区分开来。ABAQUS 模拟中,弥散裂纹的影响是通过给定"*TENSION STIFFENING"实现的,即改变混凝土的拉伸刚度,在压缩载荷作用下裂纹还可以闭合。所以在后面将看到,产生裂纹后单元还可以承受一部分应力;而宏观裂纹将导致结构承载能力的完全丧失,并造成脱落现象。但是 ABAQUS 中无法将发生开裂的单元从结构中移除。

2) 失效后续行为

可以使用穿越裂纹的直接应变来给定失效后续行为。用"*TENSION STIFFENING"选项来定义,它允许用户定义产生裂纹后混凝土的应变软化行为。这一选项也可以用来模拟混凝土中加强筋与混凝土本身之间的交互作用。

使用 TYPE = STRAIN 方式时,失效后应力应变关系通过指定失效后的应力与穿越裂纹的应变之间的关系来实现,如图 15-2 所示。拉伸强化参数的选择是重要的,通常较大的拉伸强化有利于数值求解;太小的拉伸强化将引起混凝土中局部的裂纹失效,从而导致整个模型响应的不稳定性。对于钢筋混凝土,通常假定失效后的应变软化使应力线性减小为零,此时的全应变大约为失效应变的 10 倍。由于通常混凝土的失效应变为 10^{-4},所以在全应变为 10^{-3}时,应力减小为零的拉伸强化是合理的。

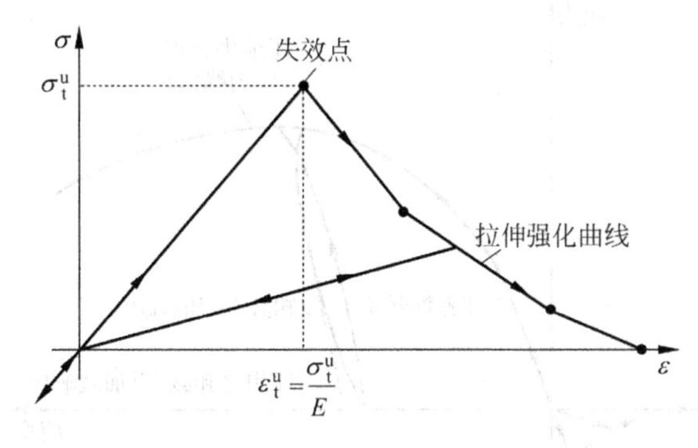

图 15-2 拉伸强化模型

3) 压缩行为

当主应力分量为压缩应力时,混凝土的响应用简单的弹塑性理论来模拟,即以等效压力和 Mises 等效偏斜应力表示的屈服面来表达,并使用关联塑性和各向同性硬化。屈服面如图 15-3 所示。这种模型对实际情况进行了简化,它假设当变形超出极限应力点时弹性响应不受非弹性变形的影响,这其实并不符合实际情况。另外,当混凝土处于极大的压应力状态时,它将表现出非弹性响应,这一行为也没有在模型中表现出来。对压缩行为相关的简化只提高了计算的效率。从计算的角度看,关联流动假设使本构方程积分的 Jacobian 矩阵满足了一定的对称性,所以平衡方程求解无需非对称方程求解的技巧。

素(纯)混凝土弹性范围外的单轴压缩应力-应变行为使用"*CONCRETE"选项来定义。用户以表格的形式给定压缩应力相对于塑性应变的数据(均为绝对值);如果需要,也可以给定与温度或场变量相关的数据。应力-应变数据可以定义到极限应力以外,一直到应

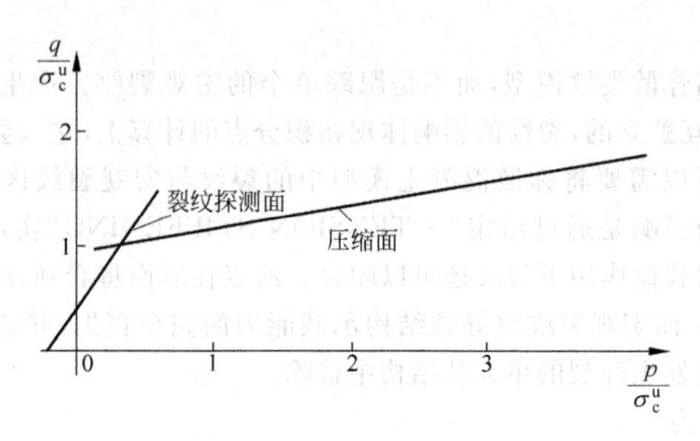

图 15-3　p-q 面上的屈服与失效面

变软化范围。

4）单轴和多轴行为

混凝土的开裂和压缩行为是通过试件的单轴响应表示的，如图 15-4 所示。当混凝土压缩加载时，开始表现为弹性；随着应力的增加，产生部分不可恢复应变，即非弹性应变。到达极限应力后，材料失去强度，不能承担任何载荷。如果在非弹性应变发生后的某个点卸载，卸载的响应比初始的弹性响应要软——混凝土的弹性性质受到了损伤。这一表现在模型中被忽略了，因为模型假定单调应变变化，只有偶尔较小的卸载情况发生。

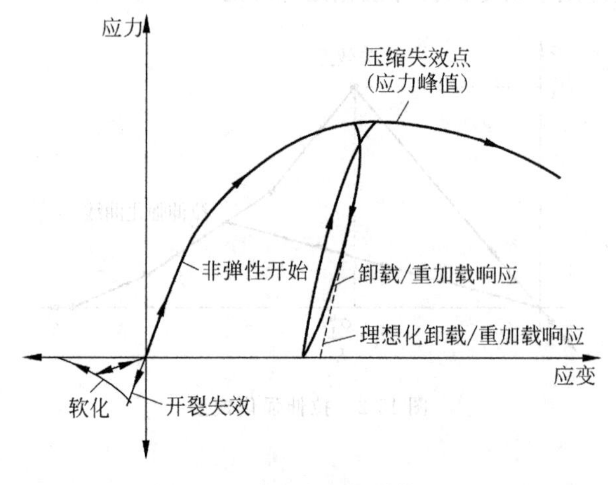

图 15-4　素混凝土的单轴行为

当混凝土试件处于单轴拉伸加载时，其响应初始为弹性，直到应力到达 7%～10%的压缩极限应力时，混凝土发生开裂。裂纹的产生速度相当快，几乎没有实验机能够跟踪开裂后的实际行为，所以在模型中假设裂纹引起了材料的损伤，即张开裂纹引起弹性刚度的损失。同时也假定裂纹没有永久的应变，当穿越裂纹的载荷由拉伸变为压缩时，裂纹可以完全关闭。

在多轴应力状态时，通过失效面和应力空间流动的概念将单轴观察的行为予以推广。这些面按照实验数据拟定。图 15-3 表示的是 p-q 平面上的屈服与失效面。平面应力下的屈服与失效面如图 15-5 所示。

5) 失效面

失效面的形状使用“ * FAILURE RATIOS”选项来定义，可以使用与温度或场变量相关的数据。使用这一选项需要给定如下 4 个数据：

(1) 极限双轴压缩应力对于极限单轴压缩应力的比值；

(2) 失效时的单轴拉伸应力对于单轴压缩极限应力比值的绝对值；

(3) 双轴压缩时极限应力对应的塑性应变主分量的大小对于单轴压缩极限应力时塑性应变大小的比值；

(4) 平面应力状态下，当其他主应力为极限压缩应力时，裂纹产生的主拉伸应力对于单轴拉伸时裂纹产生的拉伸应力的比值。

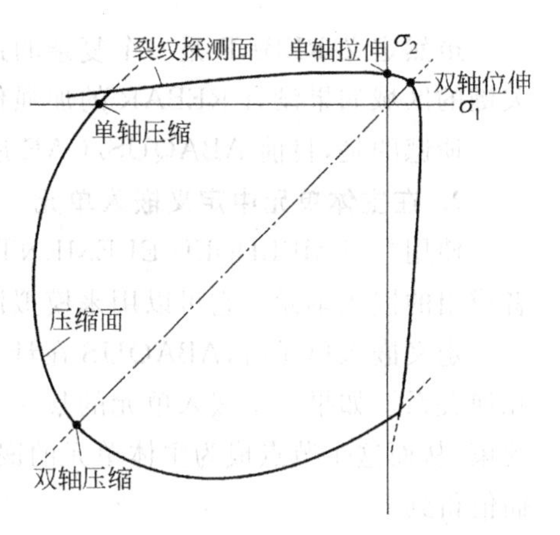

图 15-5 平面应力下的屈服与失效面

2. 混凝土损伤塑性模型

混凝土损伤塑性模型使用各向同性损伤弹性结合各向同性拉伸和压缩塑性的模式来表示混凝土的非弹性行为。它使用“ * CONCRETE DAMAGED PLASTICITY”，“ * CONCRETE TENSION STIFFENING”，“ * CONCRETE COMPRESSION HARDENING”选项来定义，还可以附加“ * CONCRETE TENSION DAMAGE”和“ * CONCRETE COMPRESSION DAMAGE”选项(这些选项既可以在特性模块材料定义的相应选项中配置，也可以直接编辑输入文件(.inp)，具体内容请参阅 ABAQUS 相关的用户手册)。

这是一个基于塑性的连续介质损伤模型。它假定混凝土材料的两个主要失效机制是拉伸开裂和压缩破碎。屈服(或失效)面的演化通过两个硬化变量控制：$\tilde{\varepsilon}_t^{pl}$ 和 $\tilde{\varepsilon}_c^{pl}$，这两个变量分别和拉伸压缩加载下的失效机制相联系。称 $\tilde{\varepsilon}_t^{pl}\tilde{\varepsilon}_c^{pl}$ 分别为拉伸等效塑性应变和压缩等效塑性应变。

混凝土损伤塑性模型与弥散裂纹模型相比具有一定的优越性，它可以用于单向加载、循环加载以及动态加载等场合，并具有较好的收敛性。所以对于结构倾倒这一动态过程，使用混凝土损伤塑性模型较好，但由于这是一个损伤的塑性模型，机制比较复杂，在此不做讨论。

15.1.3 混凝土中的加强筋

对于混凝土中的加强筋有两种模拟方法：定义 REBAR 和使用嵌入单元。下面分别加以介绍。

1. 在混凝土中定义 REBAR

在 ABAQUS 中混凝土的加强筋或者复合材料的纤维通常是由定义 REBAR 来实现的。REBAR 本身不是单元，因为它没有尺度，但是其作用是相当于基于一维应变理论的杆单元，可以单个或者成批地定义在某一平面内。通常 REBAR 使用金属塑性，可嵌入多种单元中。

使用这种方式来定义加强筋，混凝土的行为和 REBAR 之间认为是相互独立的。REBAR 和混凝土之间的相互作用，例如捆绑滑移、销子效应等，都是通过在混凝土中引入一些“拉伸强化”来近似实现的，从而允许通过 REBAR 穿越裂纹传递一定的载荷。

虽然定义REBAR是一个复杂的过程，但是必须在模型中准确地定义REBAR，模型中关键的区域如果没有REBAR的加强作用将导致分析过程无法进行。

遗憾的是，目前ABAQUS/CAE还不支持REBAR的显示。

2. 在主体单元中定义嵌入单元

使用“＊EMBEDDED ELEMENT”选项可以在模型中的某一“主体”单元定义单个的或者成组的嵌入单元。它可以用来模拟混凝土中的加强筋。

定义嵌入单元后，ABAQUS在计算的时候将搜索嵌入单元的节点和主体单元之间的几何关系。如果一个嵌入单元的某一节点位于一个主体单元之内，这个节点的自由度将被约束，从而这个节点成为主体单元的嵌入节点。嵌入节点的自由度将由主体节点的自由度插值得到。

ABAQUS能够自动搜索，从而判断嵌入单元附近的单元是否包含嵌入节点。用户也可以给ABAQUS指定需要搜索的单元集，从而减少搜索的时间。

嵌入单元是整个模型的一部分，所以在ABAQUS/CAE中能够显示嵌入单元。（但是，ABAQUS/CAE目前还不支持对嵌入的定义。）

15.1.4　分析结果

下面根据不同的混凝土本构模型和不同的加强筋模拟方法，分别进行各种分析。由于模型和方法的不同，结果的分析也有一定的差异。例如弥散混凝土模型可以输出开裂的单元数目和开裂方向，而混凝土损伤塑性模型中没有单元开裂的概念，取代的是混凝土塑性损伤变量。

1. 弥散裂纹混凝土模型分析

模型中圆柱体内壁的钢筒采用普通弹塑性模型模拟。另外，ABAQUS中不考虑REBAR的密度和塑性。

混凝土材料属性如表15-1所示，压缩行为和拉伸行为分别如图15-6和图15-7所示。

表15-1　混凝土的密度、弹性及失效比

材料	密度/kg·m^{-3}	弹性		失效比			
		弹性模量/MPa	泊松比	1	2	3	4
混凝土	2400	30.41×10^3	0.2	1.16	0.07	1.28	0.333

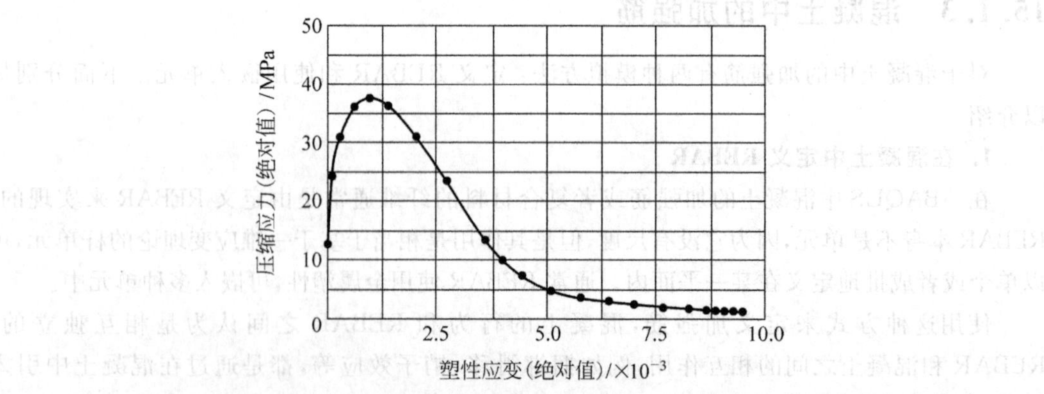

图15-6　混凝土压缩行为

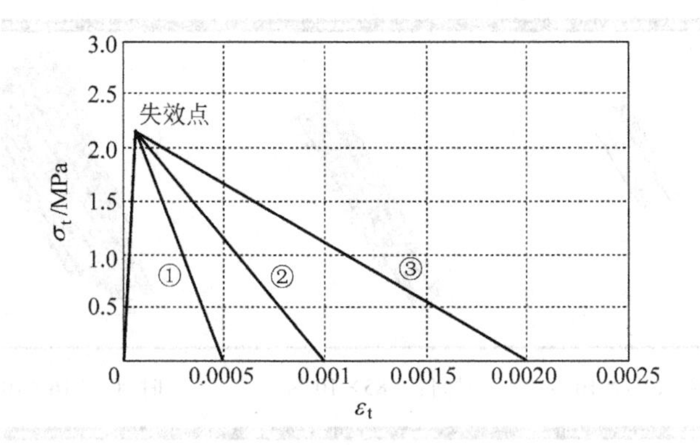

图 15-7　混凝土拉伸行为

1）素混凝土模型

混凝土结构与地面发生碰撞后模型中的 Mises 应力分布与撞击方向的塑性应变(PE11)分布如图 15-8 所示。

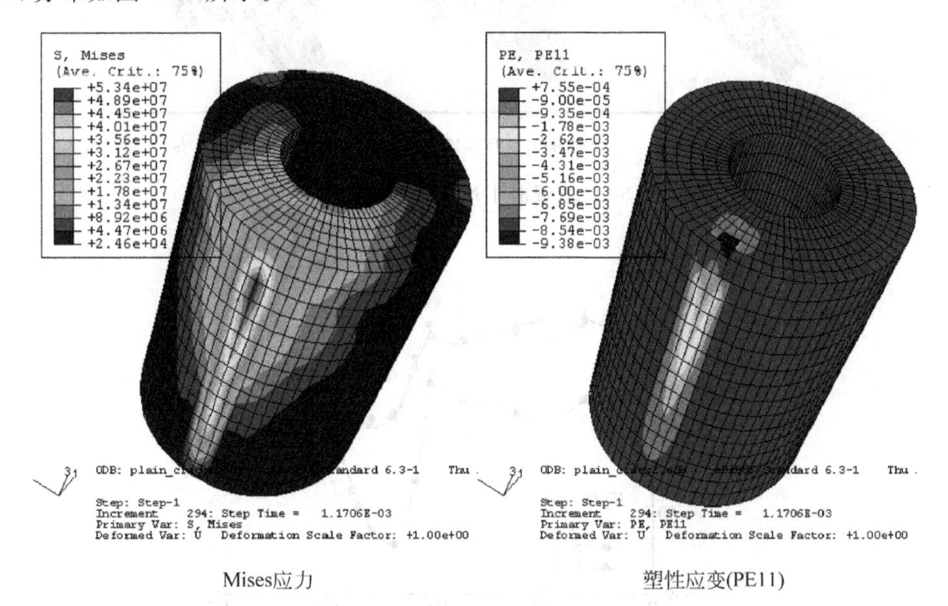

Mises应力　　塑性应变(PE11)

图 15-8　素混凝土模拟云图

撞击过程中有部分单元产生了裂纹。最初有裂纹产生的时间为 6.31×10^{-5}s。在这一增量步共有 12 个单元产生裂纹，到最后时间 9.53×10^{-4}s 时裂纹的数目增加到 921 个。裂纹的增加过程如图 15-9 所示。

从图中可以看出，应力和变形较大的区域集中在和地面碰撞的区域，成扩散状分布。裂纹也在这一区域的单元中产生。模型中其他地方应力较小，且应力分布均匀。有一个奇怪的现象是：最初和地面接触的那部分单元没有裂纹产生，它们应该承担了更大的碰撞作用力。找出这样的一个单元(1515)，其应力分量曲线如图 15-10 所示。

从图 15-10 中可以看出，应力分量 S11 的数值比其他应力分量要大很多，所以单元在碰撞方向承担了较大的应力。由于所有的应力分量均为负值，表明单元处于三向压缩状态。

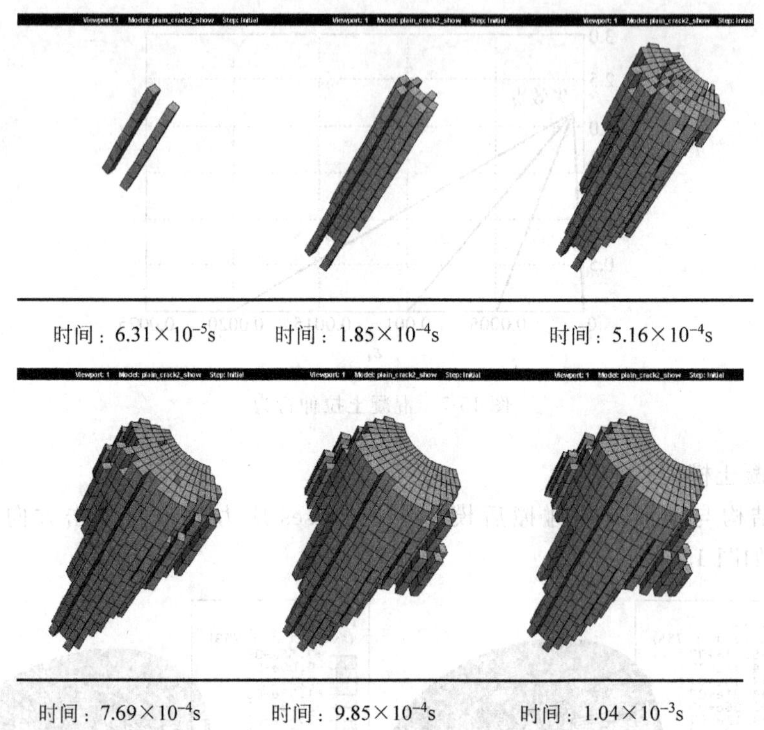

图 15-9　素混凝土产生裂纹单元的变化

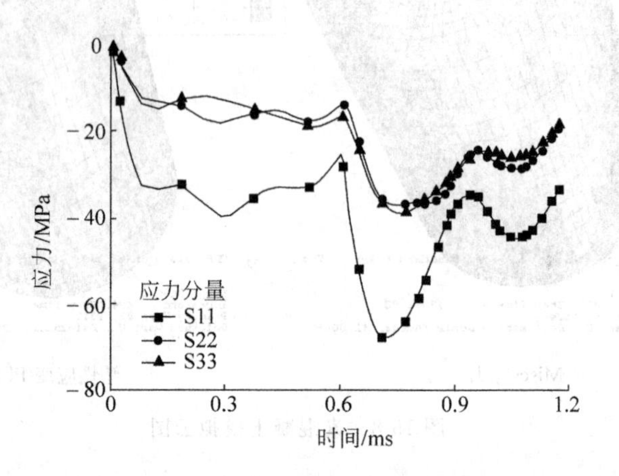

图 15-10　单元 1515 的应力变化曲线

没有拉应力的作用,单元不会产生裂纹。

相反,取出一个产生了裂纹的单元(1480),其应力历史如图 15-11 所示。从图中看出,应力分量 S11 为拉伸应力。虽然拉伸应力的峰值不大,但是由于混凝土拉伸强度非常低,即使在很小的拉伸应力作用下单元还是有裂纹产生,所以拉伸作用是导致混凝土中产生裂纹的主要因素。

2) REBAR 加强混凝土模型

在这部分分析中,在素混凝土中加入了 REBAR 来代表钢筋,其分布如图 15-1 所示。共有三种分布的 REBAR:径向、环向和竖直方向。

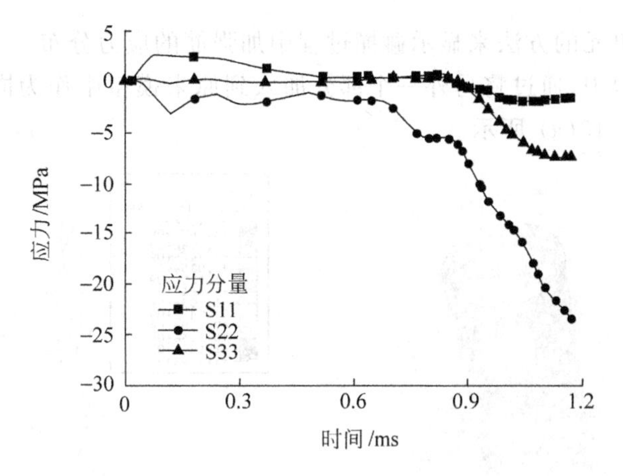

图 15-11　单元 1480 的应力变化曲线

裂纹的增加过程如图 15-12 所示。可以看出定义 REBAR 后，混凝土裂纹产生的区域没有多大变化。和素混凝土相比，虽然在裂纹数目上减少了 43 个，但占全部裂纹的比例不到 5%，说明此时 REBAR 没有起到减小单元拉伸应力的作用。可以这样理解，没有施加初始预应力的 REBAR 加入混凝土中只是增加了混凝土变形的刚度，但是由于 REBAR 和混凝土一起变形，在较小的拉伸应力下混凝土就会产生裂纹。

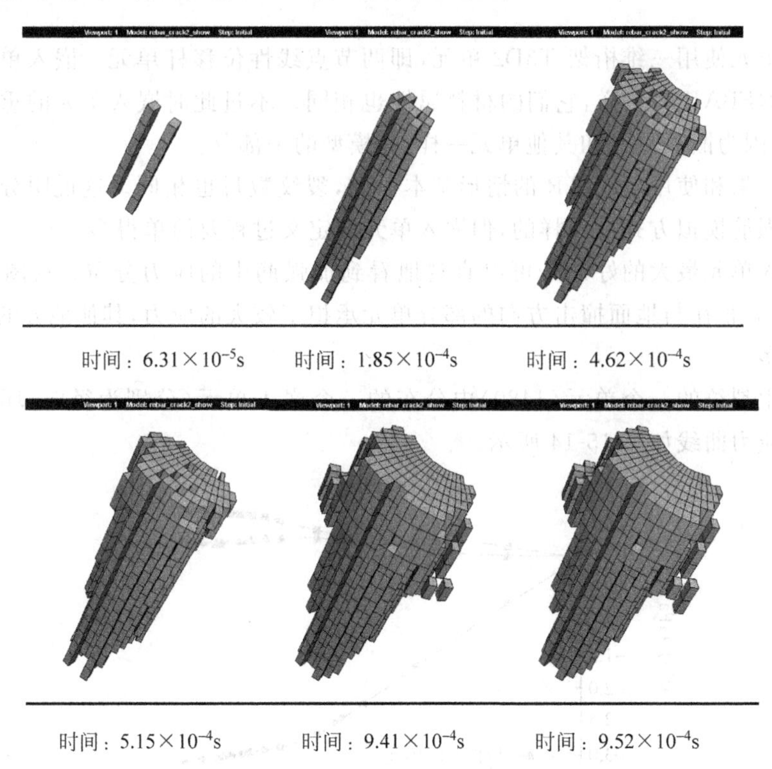

图 15-12　REBAR 加强混凝土产生裂纹单元的变化

3）嵌入单元加强混凝土模拟

由于 ABAQUS/CAE 中不支持 REBAR 的显示，无法看出 REBAR 中应力的分布，所以下面使用了嵌入单元的方法来显示碰撞过程中加强筋的应力分布。

在嵌入单元模拟中，通过将另外一个部分加入到原来模型中作为嵌入单元来模拟混凝土中的钢筋，如图15-13(a)所示。

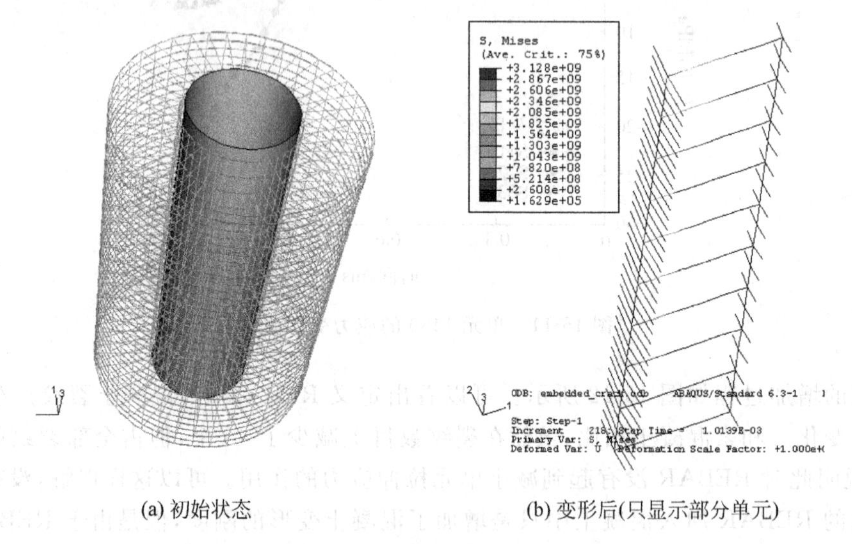

(a) 初始状态　　　　(b) 变形后(只显示部分单元)

图15-13　嵌入单元及变形后应力分布

嵌入的单元使用三维桁架T3D2单元，即两节点线性位移杆单元。嵌入单元的分布与尺寸和使用REBAR时一样，它们的材料属性也相同。不过此时嵌入单元的重量会加入到整个模型中，因为嵌入单元和其他单元一样，是模型的一部分。

模拟的结果和使用REBAR的情形基本一致，裂纹数目也相同。这说明分布和材料相同的两种加强筋模拟方式是一样的，但嵌入单元的定义过程要简单得多。

使用嵌入单元最大的好处是可以直观地看到加强筋中的应力分布。从图15-13(b)可以看出，只有分布在与地面撞击方向的部分单元承担了较大的应力，其他地方的应力与此相比则要小得多。

找出发生裂纹的一个单元(1480)内分布的三个嵌入单元(分别为径向、环向和竖直方向)，它们的应力曲线如图15-14所示。

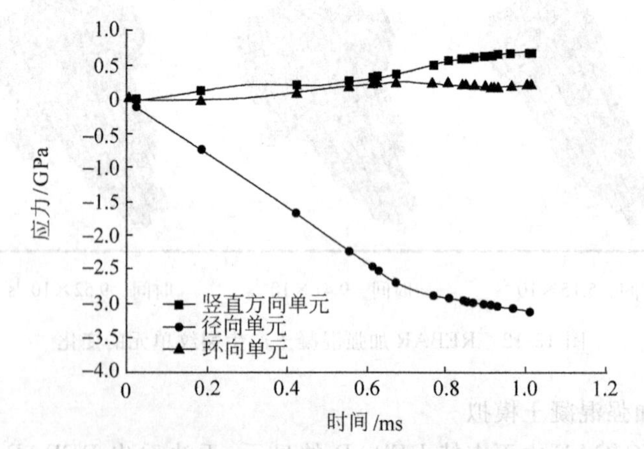

图15-14　主单元内部嵌入单元的应力曲线

从三个方向的嵌入单元应力曲线看,径向(碰撞方向)的应力比其他两个方向要大得多,而不管哪个方向的嵌入单元都比混凝土主单元内的应力又要大一个数量级以上,说明结构内的大部分应力还是由混凝土中的加强筋承担。

2. 混凝土损伤塑性模型分析

混凝土损伤塑性模型具有较好的数值收敛性。整个碰撞过程能够持续到碰撞速度接近于零,结构内的应力基本上达到平衡。碰撞后模型中 Mises 应力与撞击方向塑性应变(PE11)云图如图 15-15 所示。

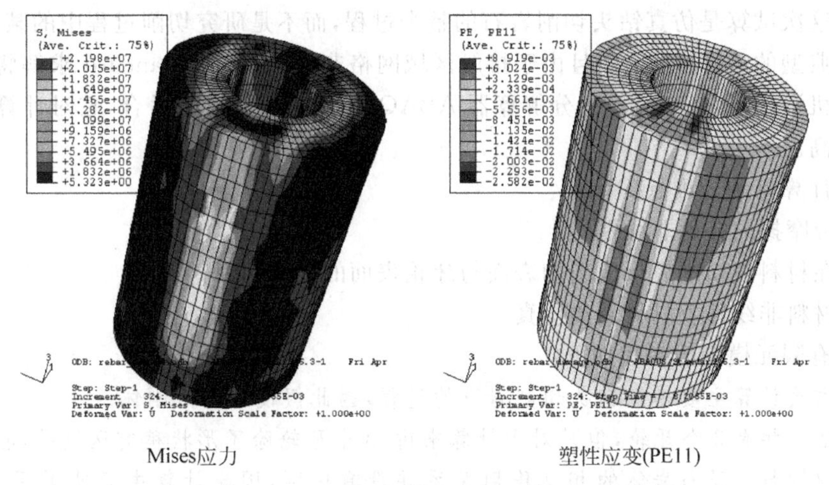

图 15-15　混凝土损伤塑性模型模拟云图

损伤塑性模型中没有裂纹的概念,无法与弥散混凝土模型中的裂纹数目及分布进行对比。碰撞区域单元的应力变化历史如图 15-16 所示。从曲线的变化过程中可知,在 1.0ms 附近,撞击的应力达到最大值,随后即缓慢恢复到零状态。

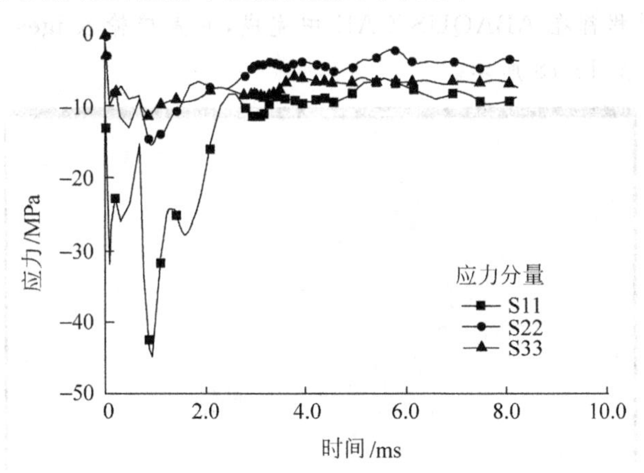

图 15-16　单元 1515 应力变化曲线

混凝土损伤塑性模型较弥散裂纹模型更优越。它可以用于单向加载、循环加载或者动态载荷等情形。它使用非关联多硬化塑性和各向同性损伤弹性相结合的方式描述了混凝土破碎过程中发生的不可恢复的损伤。这一特性使得损伤塑性具有更好的收敛性,并在模拟过程中得到了验证。由于对损伤塑性模型的认识有限,这里只做了初步的计算。

15.2　牙轮钻头破岩过程模拟

牙轮钻头是石油勘探开发常用的岩石破碎工具，载荷条件十分恶劣。近年来，国外各大生产厂家纷纷采用相关的分析软件辅助开展牙轮钻头的设计分析，以提升产品的技术水平。本节对采用ABAQUS软件模拟牙轮钻头破岩过程进行了尝试。

1. 计算过程

由于这次试算是仿真钻头切削岩石的整个过程，而不是研究切削过程中的某个状态，因此这是个典型的动态过程；而且由于接触区域网格非常细，使用Standard求解将会占用较高的计算机资源，而使用显式积分解算器ABAQUS/Explicit较为适合，它对计算机内存要求不是很高。

这一计算有3个难点：

(1) 带摩擦的接触非线性；

(2) 在材料被切削后形成新的表面与牙轮表面的接触判断；

(3) 材料非线性及材料剥离仿真。

建立有限元模型的步骤如下：

(1) 本次计算主要模拟钻头切削岩石的过程，因此假设牙轮为刚体。

(2) 钻头共有3个牙轮，但是对于计算来讲，3个牙轮除了形状稍有区别外，在钻岩过程中的行为及与岩体的相互作用关系并没有区别，因此计算中只使用了1个牙轮。另外在3个牙轮同时切削过程中，当1个牙轮切削岩石后，在岩石上形成新的表面，这样后1个牙轮会对新的表面进行切削。这反映在计算中就是后1个牙轮与新的表面发生接触，需要软件进行接触判断分析。本次计算虽然只有1个牙轮切削，但是从第2圈起牙轮也与新的表面接触，因此并没有降低计算的难度。

(3) 全部建模过程都在ABAQUS/CAE中完成，并直接输入iges格式的三维图形，如图15-17和图15-18所示。

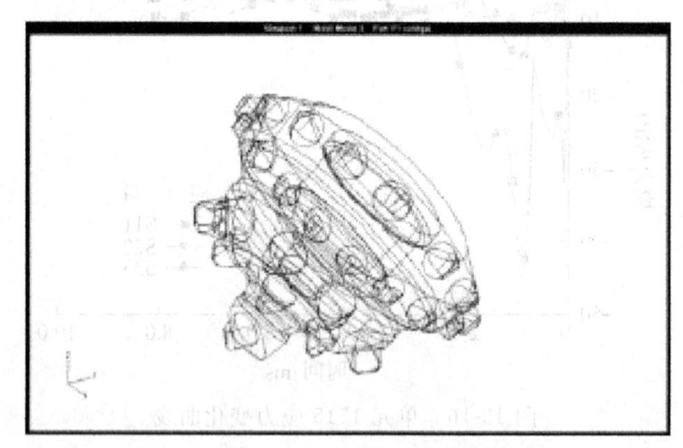

图15-17　牙轮线框图

(4) 划分网格时，在岩体圆柱的中心可能被牙轮切削的部分划分较细的网格，在四周划分较粗的网格，这样既降低模型规模，减少计算时间，同时又保证一定的准确度，如图5-19所示。

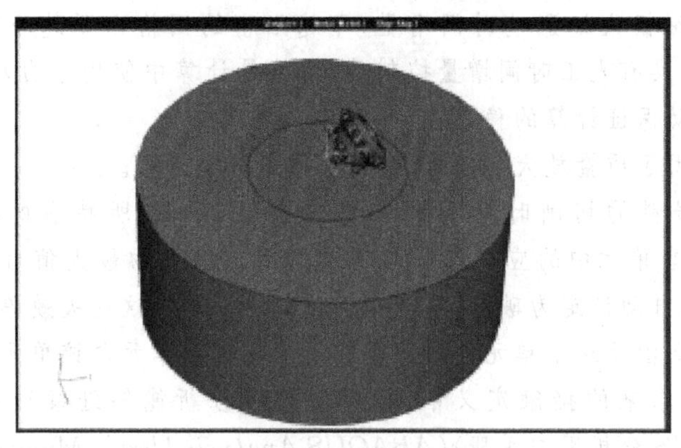

图 15-18　牙轮工作图

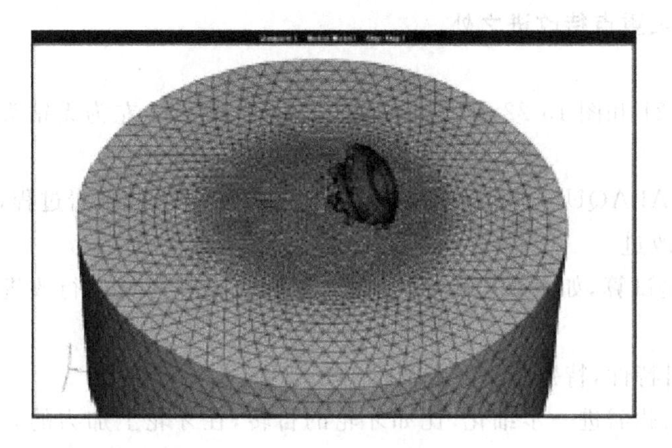

图 15-19　计算网格

(5) 牙轮作为刚体有一个参考点(RP),如图 15-20 所示。在参考点上作用一个向下的力(朝向岩体),同时牙轮绕参考点转动(公转)。

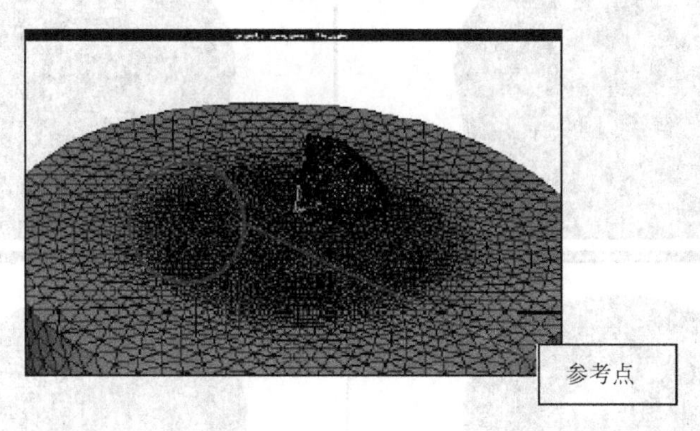

图 15-20　参考点位置

(6) 在岩体四周施加约束,保证岩体不会因为牙轮的压力而运动,从而保证牙轮对岩体进行有效的切削。

(7) 岩体本构采用剑桥模型,岩体与牙轮之间定义了摩擦接触。

(8) 网格的粗细极大地影响时间增量，即越细密的网格需要越小的时间增量。虽然ABAQUS具有人工时间增量控制功能，但是计算中使用了自动时间增量功能，这样程序自动保证计算的稳定。

(9) 计算中使用了质量放大功能，从而有效减少计算时间。

(10) 在考虑岩料的切削时用到了ABAQUS/Explicit所特有的单元失效(element failure)，当单元中的应力或应变超过了用户设定的最大值后，ABAQUS可以将这些单元自动设定为破坏，不再能够承载。如果在这些失效单元的表面上定义了接触，那么由于这个单元失效而暴露出来的周围单元与该单元的接触面会自动地被包含入原来的接触定义中，从而使接触分析能够继续进行。详细内容参见《ABAQUS分析用户手册》(*ABAQUS Analysis User's Manual*)。本例考虑岩料是否被切削的判断条件为Shear failure参数。

2. 计算结果及重点待改进之处

1) 结果图片

结果如图15-21和图15-22所示。从上往下按时间顺序，左为无钻头模型，右为带钻头模型应力图。

从结果来看，ABAQUS/Explicit较好地模拟了牙轮钻头的破岩过程，形成了破碎坑。

2) 进一步的改进

本次计算只是试算，如果对模型结构、载荷工况及材料参数进行改进，则计算结果会更为准确。

(1) 岩石材料特性，特别是岩石剥离的判定条件。

(2) 牙轮的加载需进一步细化，比如牙轮的自转，在牙轮上加力的方式(时间、距离、力函数等)，使用3个牙轮等。

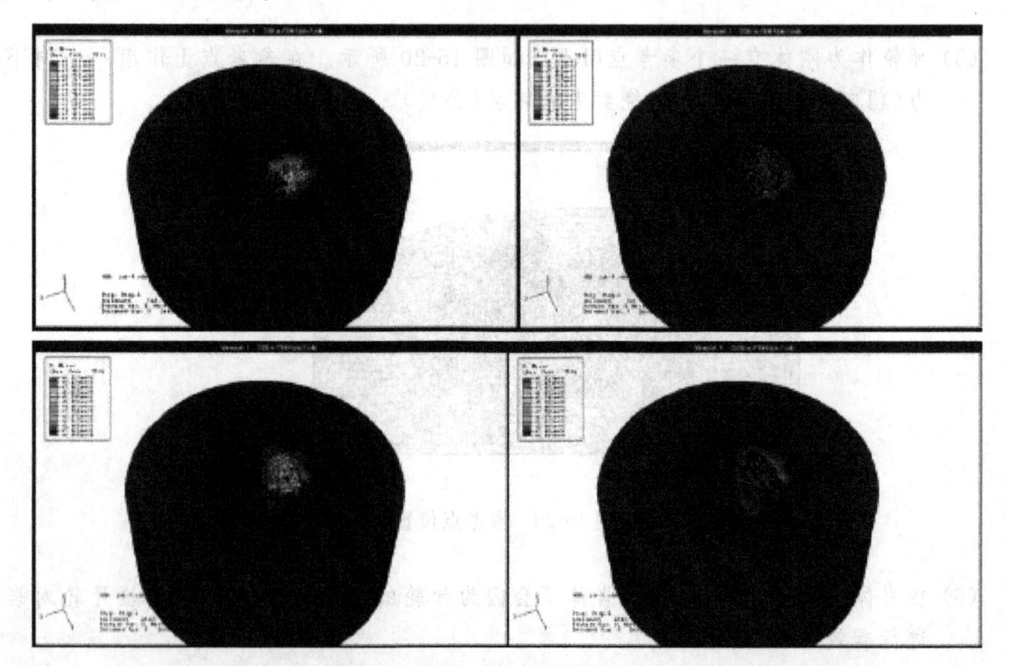

图15-21　牙轮钻头破岩过程

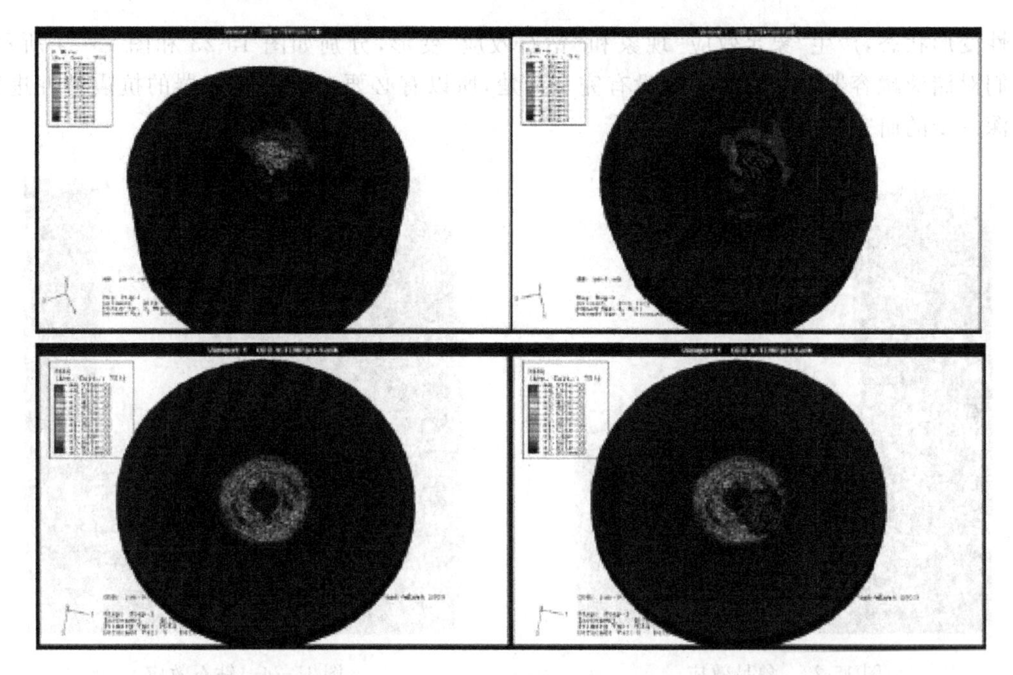

图 15-21(续)

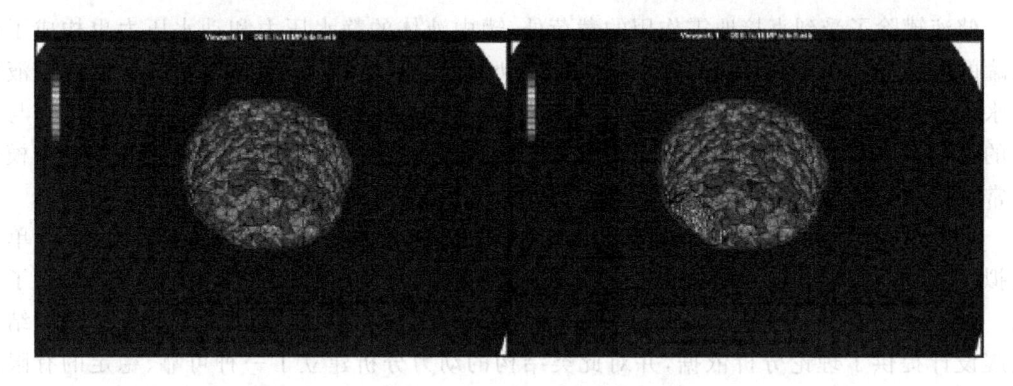

图 15-22　破岩结果放大图

(3) 改进岩体网格,比如更加细化、更均匀等。

(4) 细化网格会大大增加计算的时间,因此在不影响精度的条件下,尽可能使用一些参数或技巧进一步减少计算时间。

通过本节例题,我们可以体会到 ABAQUS 在处理岩石破碎、动态接触非线性方面的性能。

15.3 大型储液罐的动力分析

15.3.1 问题描述

储液罐是一种大直径、薄壁壳体容器,抵抗载荷能力差。在地震载荷作用下的动力响应包含很多非线性特征。罐壁底部在环向拉应力和轴向压应力的联合作用下,往往易于进入塑性变形状态，产生“象足效应”现象和“钻石效应”变形，分别如图 15-23 和图 15-24 所示。人们对储液罐容器的抗震特性还没有完全清楚，所以有必要对储液罐容器的抗震特性进行更深一步的研究。

图 15-23　象足效应

图 15-24　钻石效应

储液罐除了受到直接地震作用的载荷外，罐中液体的静水压力和动水压力也构成了储液罐的外载荷。储液罐容器的变形对液体的动水压力分布和大小具有很大的影响，而液体动水压力的分布和大小又是罐体结构发生位移和产生变形的主要原因。这种罐体结构与液体的相互作用问题在力学上属于流固耦合问题。这个需要多重非线性分析的流固耦合模型非常复杂，其解的稳定性与相当多的参数都非常敏感。

本例用 ABAQUS 对“象足效应”现象进行三维非线性动力响应数值模拟，应用壳单元模拟储液罐，使用附加质量模拟动水压力，并对模拟计算结果和相关的试验数据进行了对比。本例中提出了一个用于有限元数值模拟的新的附加质量分布公式，为储液罐容器结构抗震设计提供了理论分析依据，并对此类结构的动力分析建立了一种可靠、稳定的有限元方法。

15.3.2　储液罐有限元模型

1. 几何模型

储液罐计算模型的几何形状如图 15-25 所示。

采用整体坐标系定义储液罐模型位置，坐标原点位于罐底中心。3 轴方向竖直向上，1 轴为地震加速度载荷作用方向。

在储液罐内壁与液体交界面处，本例附加了一层 4 节点用户定义单元，代表所储存液体的惯性质量，即附加质量。用户单元与罐壁的壳单元共享节点。关于用户定义单元（UEL）的讨论，将在第 22 章“ABAQUS 用户单元子程序”中进行介绍。

整个储液罐计算模型的有限元网格由 5038 个一阶、减缩积分的一般壳单元，3840 个用户定义单元（UEL）和 128 个梁单元组成，节点数为 4441，自由度数为 26646。

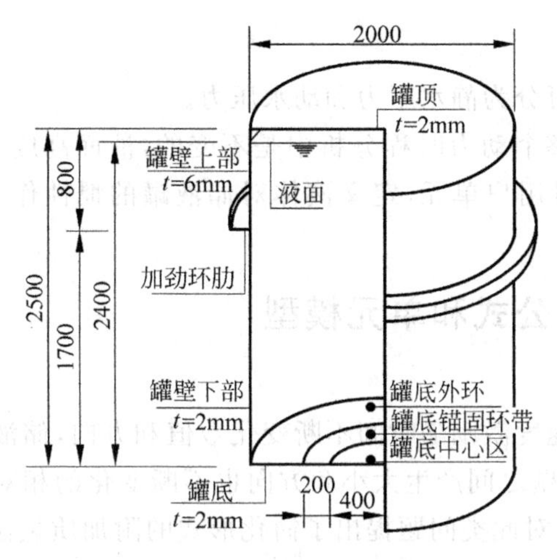

图 15-25 储液罐几何模型

2. 材料特性

试验模型罐顶和其上的横梁通过增加罐顶刚度特性参数的钢板来近似模拟。罐壁和罐底采用铝,加劲肋梁采用高强度钢材;铝和钢材均为弹塑性材料模型,考虑材料屈服后的硬化特性。

3. 罐底边界约束条件

为尽可能接近储液罐试验模型边界约束条件,计算模型罐底被分为 3 个部分:半径为 0.4m 的中心圆板部分,半径 0.4~0.6m、宽为 0.2m 的圆环形锚固板带和剩下的外圈圆环板带。

对于圆环形锚固板带,除了 1 轴的平动自由度为地震作用加速度激励的方向外,其余 5 个自由度(2 轴和 3 轴的平动自由度,绕 1 轴、2 轴和 3 轴的转动自由度)均加以约束固定。

对于外圈圆环板带,仅对 3 轴竖直方向的平动自由度加以约束固定。

在圆环形锚固板带和罐壁根部,施加地震载荷作用加速度激励。

4. 载荷

1) 地震载荷作用

对于储液罐动力时程分析,地震载荷作用加速度数据文件由日本 IHI 公司提供,图 15-26 表示其加速度波形曲线。

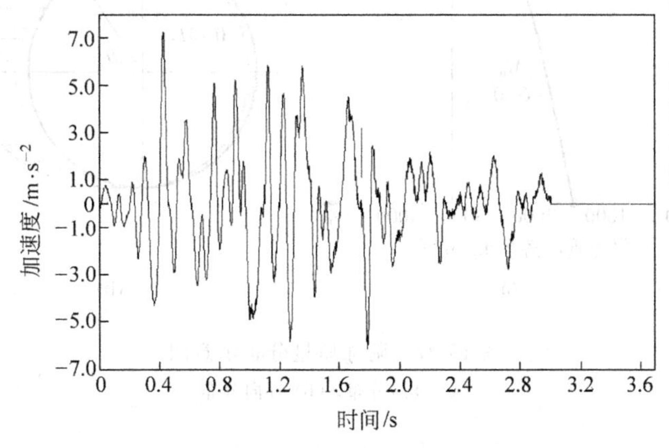

图 15-26 地震载荷作用加速度曲线

2）液体作用

液体对罐壁的作用可分为静水压力和动水压力。

静水压力可认为在整个动力时程分析中是不变的，液面高度为 $h_w=2.4$m。动水压力采用附加质量模拟；通过用户单元，定义液体对储液罐的惯性作用，在下面一节中将详细描述。

15.3.3 附加质量公式和单元模型

1. 附加质量法概述

地震载荷作用的加速度激励随时间不断变化数值和方向，储液罐产生与之相应的往复加速晃动，液体与储液罐壁之间产生大小和方向也不断变化的相对惯性作用力以及相对滑动。Westergaard(1933) 对此类问题提出了简化形式的附加质量法。液体对罐壁某点处产生的动水压力，认为等效于在这点附加一定质量的液体与罐壁一起运动而产生的惯性力，而不再考虑除此之外的其他部分液体在这点处对罐壁动水压力的贡献。这是一种解耦的算法，为分析此类工程问题提供了方便。

2. 附加质量的分布

储液罐在地震载荷作用下，罐体的变形对液体的动水压力分布具有很大的影响，所以不同的储液罐在与加速度方向相对的罐壁上的附加质量 M_u 的大小及分布也有所不同。对于本书中的储液罐模型，附加质量分布规律可以采用下面的经验公式表述：

$$M_u=[3150-0.706\rho_w\sqrt{H(h_w-y)}](\cos\theta)^{\frac{1}{4}} \tag{15-1}$$

其中，$\rho_w=1000\text{kg/m}^3$，为水的容重；$H=2.5$m，为储液罐高；$h_w=2.4$m，为罐中储液高度；y 是罐中储液罐壁沿 3 轴方向的高度变量；θ 是罐壁沿圆周方向的位置方位角变量。当 $\theta=0$ 时，附加质量 M_u 沿 3 轴的竖向分布如图 15-27(a)所示。图 15-27(b)表示在距离罐底任意高度位置处附加质量 M_u 沿圆周方向的分布示意图。

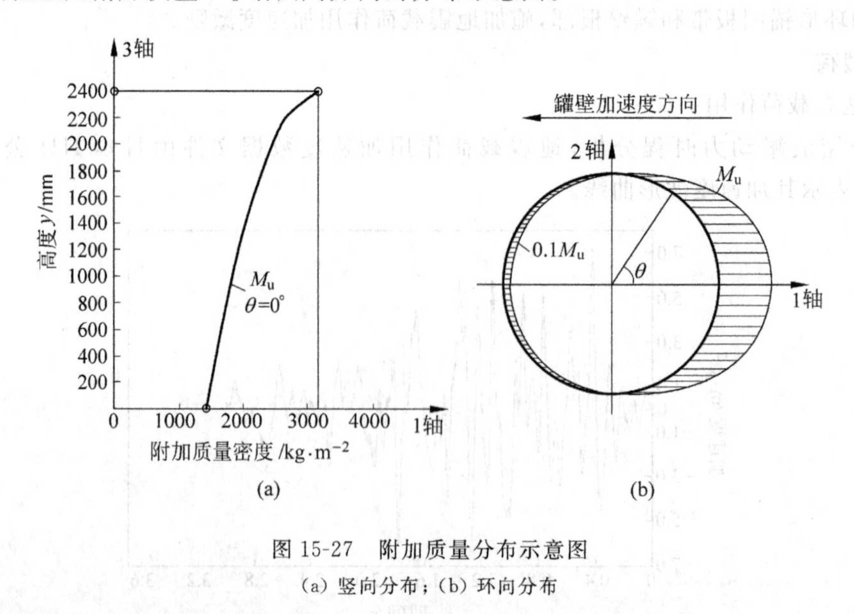

图 15-27 附加质量分布示意图

(a) 竖向分布；(b) 环向分布

本文采用的实验模型是等比例刚度缩小的模型，虽然公式(15-1)是根据该实验模型提出，但是对于一般的大型储液罐也同样适用，具有普遍意义。然而，对于大型储液罐的实验难以进行，有可能从将来的震害事故中观测。

本例利用 ABAQUS 有限元软件对储液罐进行动力响应数值模拟分析。在储液罐与所储存液体的交界面处，做一层用户单元，附加到储液罐壁上。这样交界面处的有限元网格包含两种独立但几何形状完全相同的网格。一种网格是罐壁的一般壳单元网格，另一种网格是用户定义单元网格。两个有限元网格对应有共同的节点，其单元相互作用如图 15-28 所示。

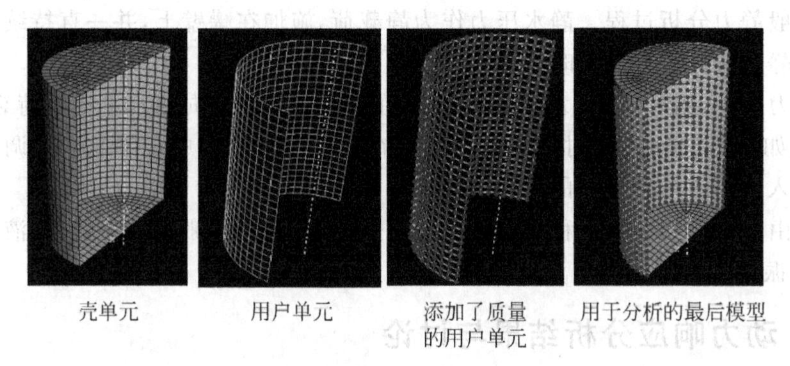

图 15-28 附加质量单元与壳体单元相互作用

编写 ABAQUS 的用户单元子程序 UEL，来定义用户单元对储液罐动力平衡方程的作用，实现动水压力的模拟，对具有附加质量的模型储液罐进行有限元模拟分析。

3. 用户单元的作用机理

在对储液罐进行动力响应分析时，忽略液体表面波动的影响，采用附加质量进行简化处理。它将液体对于流固耦合系统的影响归结为修改后总体结构动力平衡方程中液体带来的附加质量矩阵和刚度矩阵，从而实现罐中液体对储液罐壁的惯性作用的数值模拟。

在一般分析过程中，用 NEWTON 法求解总体动力平衡方程：

$$\widetilde{\boldsymbol{K}}^{NM}\boldsymbol{c}^{M} = \boldsymbol{R}^{N} \tag{15-2}$$

设

$$\boldsymbol{u}_{i+1}^{M} = \boldsymbol{u}_{i}^{M} + \boldsymbol{c}_{i+1}^{M}$$

然后进行迭代求解。$\boldsymbol{R}^N$ 是第 N 自由度的余量矩阵；$\widetilde{\boldsymbol{K}}^{NM} = -\dfrac{\mathrm{d}\boldsymbol{R}^N}{\mathrm{d}\boldsymbol{u}^M}$是 Jacobian 矩阵。

在动力分析过程中，用户定义单元和储液罐模型壳单元共有节点，所以仅需要定义用户单元对整体模型余量矩阵 $\boldsymbol{R}^N$ 的单元贡献 $\boldsymbol{F}^N$ 和对整体模型 Jacobian 矩阵$\widetilde{\boldsymbol{K}}^{NM}$的单元贡献 $-\mathrm{d}\boldsymbol{F}^N/\mathrm{d}\boldsymbol{u}^M$。

记全微分$-\mathrm{d}\boldsymbol{F}/\mathrm{d}\boldsymbol{u}^M$ 表示对 Jacobian 矩阵$\widetilde{\boldsymbol{K}}^{NM}$的单元贡献，包括 $\boldsymbol{F}^N$ 对 $\boldsymbol{u}^M$ 的全部直接微分和间接微分。

Jacobian 矩阵$\widetilde{\boldsymbol{K}}^{NM}$的单元贡献将包括下面三项：

$$-\frac{\partial \boldsymbol{F}^N}{\partial \boldsymbol{u}^M} \quad -\frac{\partial \boldsymbol{F}^N}{\partial \dot{\boldsymbol{u}}^M}\left(\frac{\mathrm{d}\,\dot{\boldsymbol{u}}}{\mathrm{d}\boldsymbol{u}}\right)_{t+\Delta t} \quad -\frac{\partial \boldsymbol{F}^N}{\partial \ddot{\boldsymbol{u}}^M}\left(\frac{\mathrm{d}\,\ddot{\boldsymbol{u}}}{\mathrm{d}\boldsymbol{u}}\right)_{t+\Delta t} \tag{15-3}$$

在 ABAQUS 中，使用 Hilber-Hughes-Taylor 方案，其中：

$$\left(\frac{\mathrm{d}\dot{\boldsymbol{u}}}{\mathrm{d}\boldsymbol{u}}\right)_{t+\Delta t}=\frac{\gamma}{\beta\Delta t};\quad \left(\frac{\mathrm{d}\ddot{\boldsymbol{u}}}{\mathrm{d}\boldsymbol{u}}\right)_{t+\Delta t}=\frac{1}{\beta\Delta t^2} \tag{15-4}$$

式中，β 和 γ 是 NEWMARK 积分方案常数；$-\partial \boldsymbol{F}^N/\partial\dot{\boldsymbol{u}}^M$ 是用户单元的阻尼矩阵；$-\partial \boldsymbol{F}^N/\partial\ddot{\boldsymbol{u}}^M$ 是用户单元的惯性质量矩阵。

15.3.4　动力响应分析过程

将动力响应分析过程分为三个步骤：

（1）一般静力分析过程。静水压力作为静载荷，施加在罐壁上，并一直持续到动力时程分析结束；静力分析过程设定时长为 0.0001s。

（2）动力分析过程。在动力分析过程中，在罐底施加 1 方向的水平地震荷载作用，加速度时程曲线如图 15-26 所示，时长共 3.001s。在动力分析过程中，ABAQUS 调用用户子程序 UEL，引入罐中液体对罐壁的惯性作用。

（3）自由衰减振动。此过程仍为动力分析过程，在加速度激励结束后，储液罐动力响应也经由自由振荡最后停止。

15.3.5　动力响应分析结果与讨论

“象足效应”及“钻石效应”现象的模拟结果如图 15-29 所示。“象足效应”现象通常是发生在储液罐罐壁根部沿圆周的径向凸向位移。“钻石效应”现象是发生在储液罐罐壁根部沿圆周一定部位的径向凹向位移。

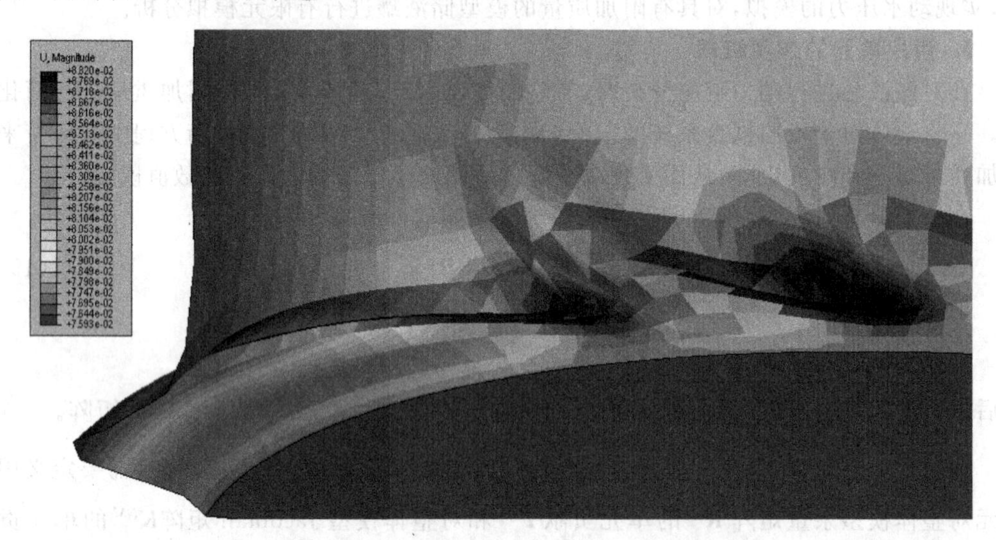

图 15-29　“象足效应”和“钻石效应”模拟结果

图 15-30 为沿环向 180°位置罐壁根部变形竖向分布的计算结果与实验数据对照图。“象足效应”最大变形点处的径向位移动力实验数据为 10mm，发生在离底面 50mm 高处；有限元数值模拟结果最大“象足效应”变形值为 9.85mm，与实验数据吻合较好。其最大变形值的位置在离底面 70mm 高处，略高于实验数据中最大位移值的位置。

图 15-31 为罐壁 50mm 高处截面变形的环向分布图。“象足效应”变形引起罐壁径向突

出变形，沿环向分布于 135°和 225°之间。最大“象足效应”变形发生沿环向的 180°处，变形值为9.24mm。在图 15-31 中也显示出“钻石效应”的凹向径向位移。

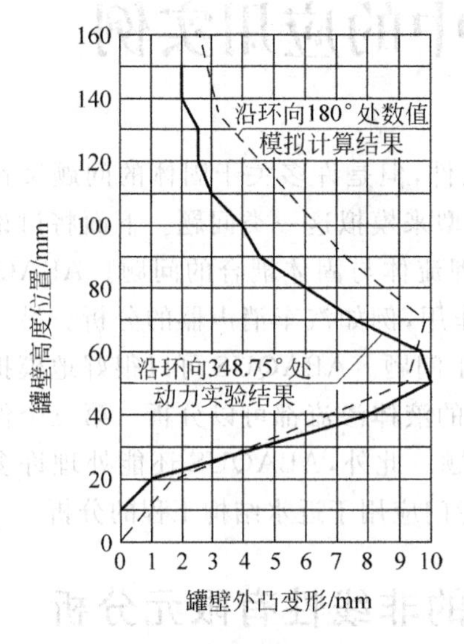

图 15-30　罐壁根部变形竖向分布图

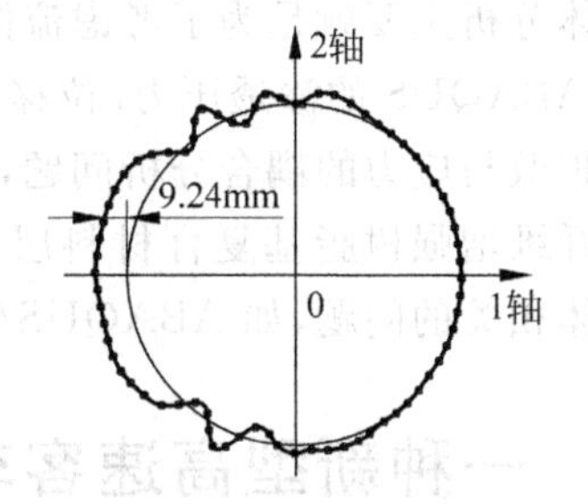

图 15-31　罐壁 50mm 高处变形的环向分布图

本章主要内容引自：

[1]　卢剑锋. 冲击载荷作用下材料和结构力学行为有限元模拟. 清华大学硕士论文，2003
[2]　邵增元，江礼军. 使用 ABAQUS 软件进行牙轮钻头破岩过程模拟. ABAQUS 中国年会论文，ABAQUS-China 办事处，2003
[3]　刘焕忠. 附加质量法在储液罐动力分析中的应用研究. 清华大学硕士论文，2004

16 在多场耦合问题中的应用实例

ABAQUS虽然是主要处理固体问题的有限元软件，但是许多关于固体的问题又都涉及流体的内容。ABAQUS中含有很丰富的单元和模型来模拟这一类问题。下面将讨论三个例子。一个是利用ABAQUS提供的流体单元处理流体与固体耦合的问题。ABAQUS中的流体分析主要就是为了考虑流体对固体的相互作用，例如汽车消声器的分析。另一个是利用ABAQUS的渗透压力/位移耦合单元处理水工问题。ABAQUS可以很好地模拟孔洞液体扩散与应力的耦合分析问题，对饱和与未饱和的液体渗流都可以分析。第三个例子是模拟纤维增强树脂基复合材料层合板的热固化问题。此外，ABAQUS还能处理许多其他与流体相关的问题，如ABAQUS/Aqua模块就是专门应用于近水结构工程的分析。

16.1 一种新型高速客车空气弹簧的非线性有限元分析

16.1.1 引言

空气弹簧是铁道车辆悬挂系统中极其关键的部件，它的力学性能极大地影响着列车运行的舒适性。这里以适用于运行速度在160～200km/h的高速客车上的D_{580}空气弹簧为研究对象。我们采用ABAQUS非线性有限元分析技术，对该空气弹簧进行了较全面的静态力学性能分析，讨论了通过改变影响空气弹簧力学性能的几个主要参数来找出空气弹簧力学性能的变化规律，最后与试验结果进行了比较。

16.1.2 CAD模型和ABAQUS有限元模型

D_{580}空气弹簧是在国外类似产品基础上，由铁道部科学研究院机车车辆研究所自行开发的自由膜式空气弹簧。该弹簧主要由四部分组成，分别为上盖板、支撑橡胶堆、本体橡胶胶囊和附加空气室。图16-1为其CAD模型，第一幅图为空气弹簧的本体总装图，第二幅为沿轴向剖开后的示意图。空气弹簧的本体通过管道连接到附加空气室。

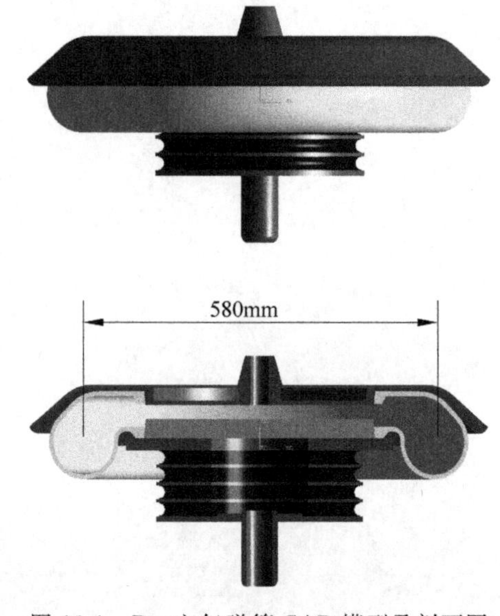

图16-1 D_{580}空气弹簧CAD模型及剖面图

空气弹簧的分析比较特殊，这个问题涉及了有限元力学分析中的各类非线性问题，并要对空气弹簧中的气体进行适当的模拟，才可能得到有价值的结果。这就要求有限元分析必须能很好地处理各类非线性问题，并且应该有丰富的单元类型来模拟复杂的模型。ABAQUS恰好满足了这些要求。

因为空气弹簧模型具有轴对称结构，而本例主要研究空气弹簧的垂向和横向力学特性，所以将空气弹簧沿轴向剖开，取一半建立有限元模型。

将空气弹簧在 ABAQUS 中的模型分为四部分：胶囊部分、橡胶堆部分、流体部分、上、下盖板刚体部分，如图 16-2 所示。

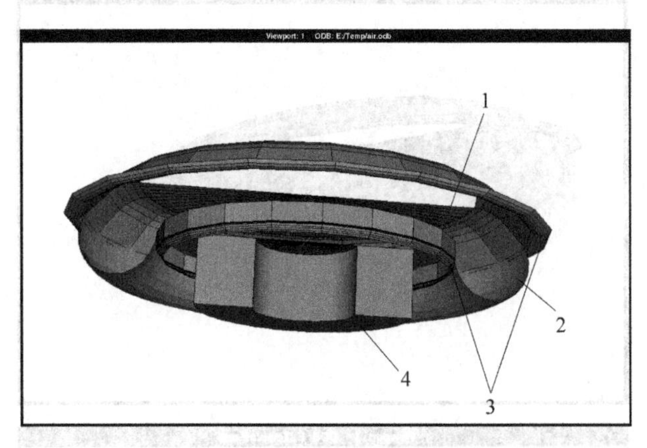

图 16-2 D_{580}空气弹簧 ABAQUS 计算模型

1. 流体单元部分；2. 橡胶囊；3. 上、下刚体盖板；4. 下座橡胶堆

考虑上、下刚体盖板为刚性曲面，其他部分为变形体，对该模型的可变形部分进行有限元网格划分后得到如图 16-3 所示的单元网格图。在本书中，选取三维杂交实体单元计算支撑橡胶堆，四节点壳单元计算橡胶囊，使用 ABAQUS 提供的相关气体单元计算胶囊中的气体，最后在上下盖板与胶囊的接触相关部分定义适当的接触条件。胶囊中的帘线是胶囊力的主要承载部分，运用 ABAQUS 提供的相关功能可以进行模拟。

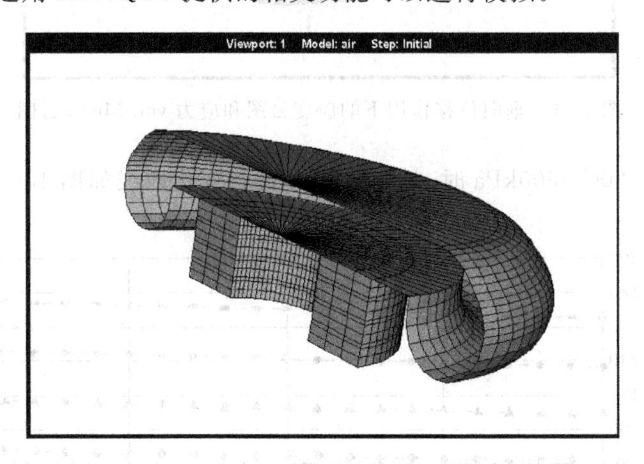

图 16-3 D_{580}空气弹簧的有限元模型

经过统计，计算中共定义了 3075 个节点，440 个三维八节点实体单元，1000 个四节点壳单元，1160 个四节点和 80 个三节点流体单元。

16.1.3　空气弹簧的有限元计算结果

附加气室容积为70L,胶囊帘线排列角度为8°,空气弹簧的工作高度为210mm。在胶囊内压500kPa的工况下,得到的空气弹簧垂向位移-载荷计算结果如图16-4所示。

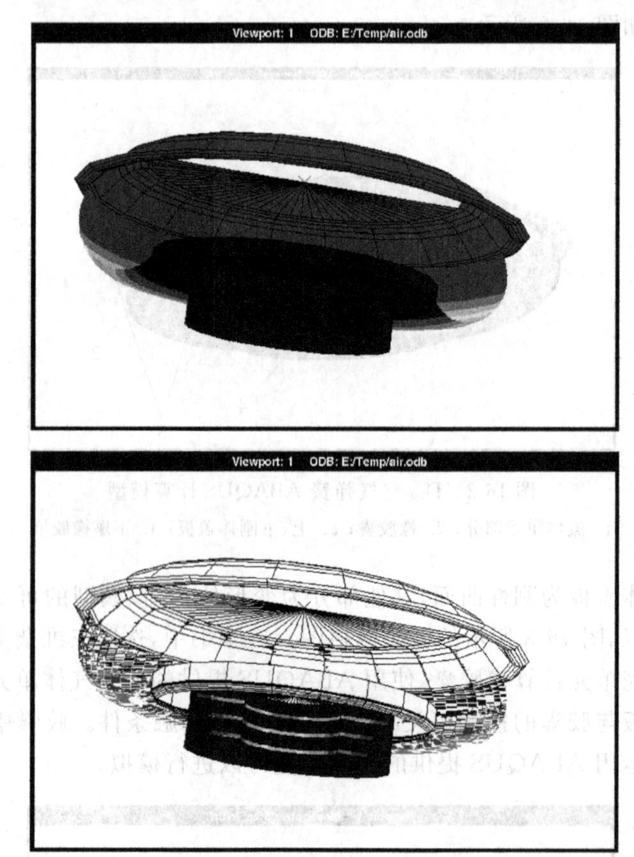

图16-4　垂向位移作用下的应变云图和应力 von Mises 云图

当胶囊内压为200～600kPa时,相应的载荷-位移变化曲线如图16-5所示,具体数据见表16-1。

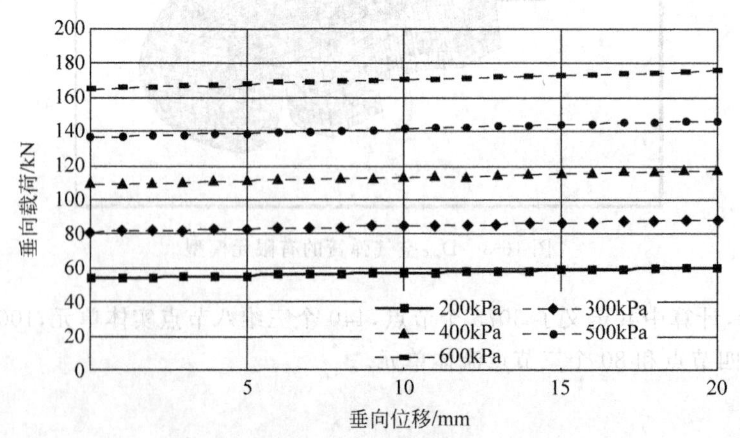

图16-5　垂向位移-载荷计算结果曲线

表 16-1 胶囊内压与空气弹簧垂向刚度的关系

胶囊内压/kPa	$K(=F/d=常数)/kN \cdot m^{-1}$
200	298.8
300	316.4
400	428.1
500	485.1
600	537.8

从图 16-5 可知，垂向的位移和载荷大致成正比关系。随胶囊内压的变化，垂向刚度不断增大。所以，D_{580}空气弹簧的垂向性能是比较稳定的，适应载荷变化的范围比较大。

相应地对 D_{580}空气弹簧的模型也进行了横向的力学性能分析。图 16-6 为计算得到的应变云图和应力 von Mises 云图。

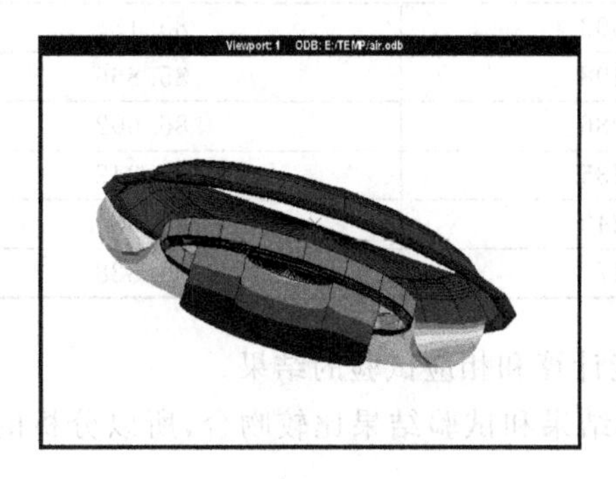

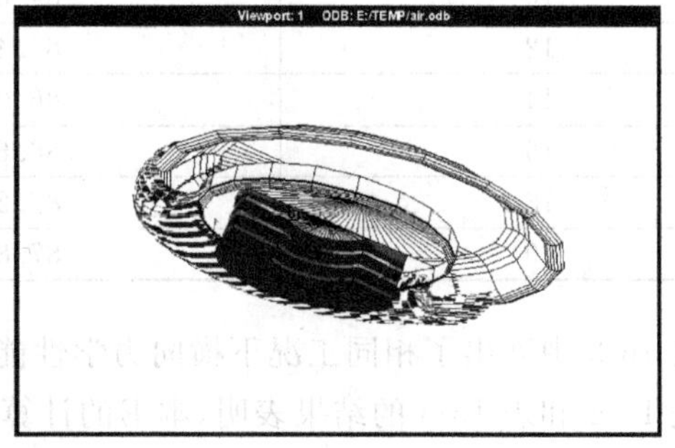

图 16-6 横向位移作用下的应变云图和应力 von Mises 云图

图 16-7 为空气弹簧横向位移-载荷计算结果相应的变化曲线。从图中可以看到 D_{580}空气弹簧的横向力学基本性质：随着横向位移的增大，空气弹簧的反作用力加大。当位移在 50mm 以下时，基本呈线性；但是，当横向位移超过 50mm 时，空气弹簧的横向刚度开始减小。另外，当胶囊内压增大时，空气弹簧的横向刚度也增大，这是与垂向性能一致的。从图 16-7 中可以看出，空气弹簧的垂向刚度随胶囊内压的变化不大。

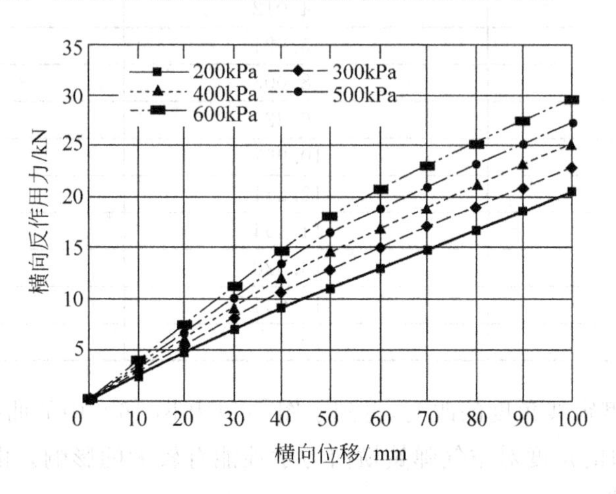

图 16-7 横向位移-载荷计算结果曲线

16.1.4　计算结果与试验结果的比较

表16-2中列出了垂向力学性能计算和相应试验的结果，具体工况为胶囊内压300kPa、工作高度210mm。

表16-2　垂向载荷位移计算与试验结果

垂向位移/mm	垂向载荷试验结果/kN	垂向载荷计算结果/kN
0	81.5	81.5
2	82.284	82.216
4	82.715	82.942
6	83.362	83.668
8	84.048	84.398
10	84.803	85.13
12	85.498	85.866
14	86.086	86.602
16	86.635	87.342
18	87.243	88.084
20	87.87	88.828

表16-3中列出了相同工况下横向力学性能计算和相应试验的结果。

表16-2和表16-3的结果表明，本书的计算结果和试验结果比较吻合，所以分析的方法是合理的。

在此基础上，本书考虑了几个空气弹簧力学性能的主要参数对它的影响，希望作为设计新型空气弹簧的理论依据。

表16-3　横向位移载荷试验与计算结果

横向位移/mm	横向反作用力试验结果/kN	横向反作用力计算结果/kN
0	0	0
10	4.012	2.742
20	5.921	5.442
30	8.003	8.112
40	9.325	10.718
50	10.997	12.894
60	12.231	14.918
70	14.154	16.95
80	16.328	18.972
90	17.004	20.948
100	19.35	22.87

通过对相同模型帘线角度的改变，得到了图16-8和图16-9中的曲线。

D_{580}上盖板裙边的角度对空气弹簧横向力学性能有较大的影响。由本书计算的结果得到图16-10中的曲线。

附加气室容积对垂向刚度的影响如图16-11。

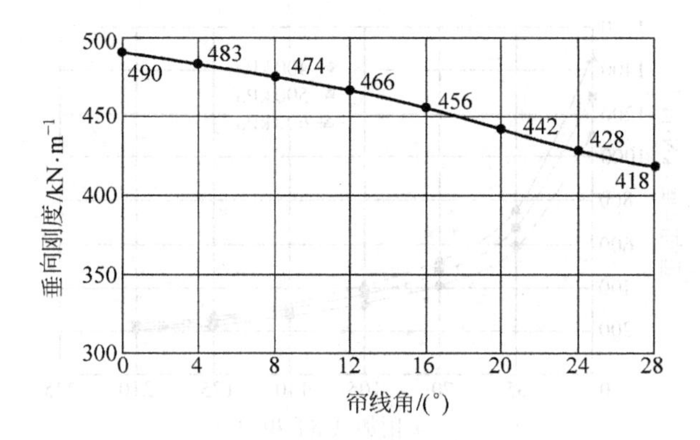

图 16-8　帘线角对垂向刚度的影响

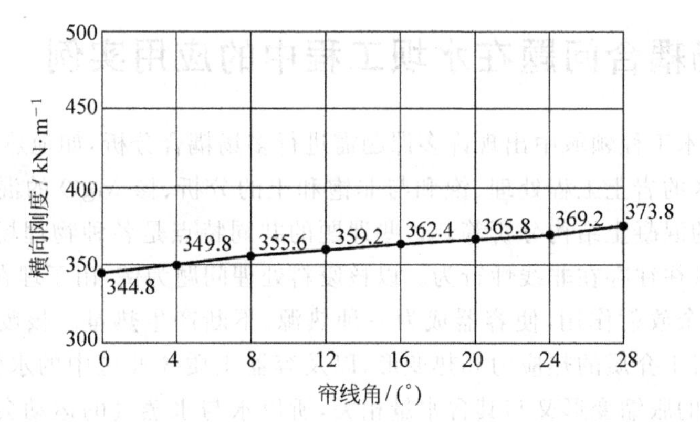

图 16-9　帘线角对横向刚度的影响

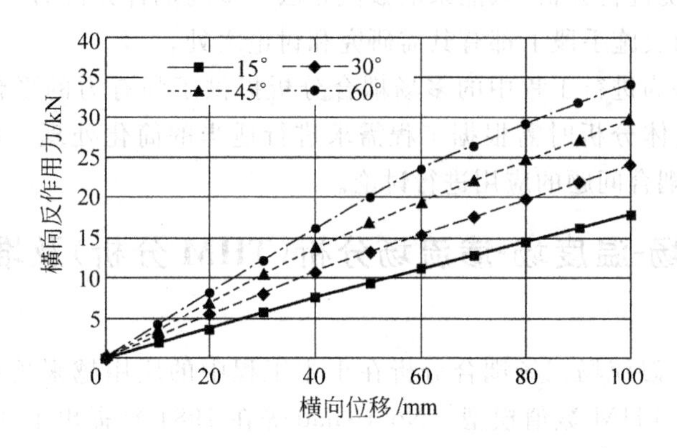

图 16-10　裙边角度与空气弹簧横向力学性能

当有支撑橡胶堆时，垂向刚度为 474kN/m，横向刚度为 341.8kN/m；当没有支撑橡胶堆时，垂向刚度为 494kN/m，横向刚度为 385.8kN/m。可以看出橡胶堆对空气弹簧的垂向和横向刚度的影响分别达到了 4.2%和 12.9%。

上述计算结果表明，胶囊帘线角度、上盖板裙边角度、附加气室的容积和支撑橡胶堆是影响空气弹簧力学性能的几个主要因素。

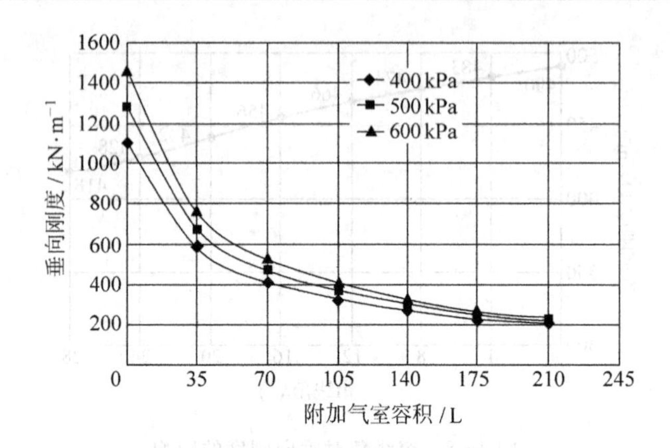

图 16-11　附加气室容积和空气弹簧垂向刚度

16.2　多场耦合问题在水坝工程中的应用实例

近年来在土木工程领域中出现许多课题需进行多场耦合分析，如地热能源开发、核废料的处理、冻土地区的岩土工程处理、饱和与非饱和土的分析、掺 MgO 的混凝土坝的施工过程分析、火灾下的混凝土结构分析等。这些课题的共同特点是各种物理场相互之间的影响和作用较强烈，且往往存在非线性行为。以核废料处理问题为例，由于埋在地下深处的容器内的核废料的残余放射作用，使容器成为一种热源，不断产生热量。核废料容器温度的升高，导致其周围岩土介质的热应力和热变形，以及容器土质缓冲区中的水体和水蒸气运动；缓冲区土体骨架的胀缩变形又与其含水量相关，所以水与水蒸气的运动会引起土体骨架的变形与应力，因此这是典型的三场耦合分析课题，称为 THM(thermo-hydro-mechanic)问题。要对这样的系统进行分析，只能采取数值方法。多场耦合分析的有限元法，势必在理论基础、有限元列式和实施手段上都有其需研究和讨论之处。

ABAQUS 软件为进行工程中的多场耦合分析提供了强有力的平台，但由于多场耦合分析的复杂性，在具体分析时需根据工程需求进行适当的简化处理。本节结合 ABAQUS 在若干工程中多场耦合问题的应用进行讨论。

16.2.1　变形场-温度场-渗流场分析(THM 分析)及堆石坝实例

1. THM 分析

变形场-温度场-渗流场三场耦合分析在土木工程中的应用越来越重要。早在 20 世纪 80 年代就有人研究 THM 数值模型。Noorishad 等在 1984 年提出了 THM 的有关列式和有限元法原理，其列式是基于 Biot 理论进行扩展的，但直至 1996 年才报道了相应的有限元软件 ROCMAS。在 20 世纪 80 年代末与 90 年代中期，陆续出现过若干个 THM 模型的专用程序，如 THAMES，MOTIF，FRACON，FEMH，FRIP，FRACTURE 和 GEORACK。

这些程序都是专用程序，可供选择的单元较少，算法的适应性有限，前后处理界面也未实现人机对话的图形化方式，只能由少数专门人员用于研究课题的分析，难以进行形状复杂的大型工程分析。考虑了 THM 模型的数值分析程序还有有限差分程序 FLAC 和离散元程序 UDEC，但这些程序在求解多种材料组成和三维问题时还存在较大困难。尤其是

UDEC 程序，由于过多地引入人为假定和经验参数，且理论上还存在一系列疑问，其计算结果往往不收敛。相比而言，ABAQUS 是分析 THM 问题的较理想的平台。在 ABAQUS/Standard 中，THM 模型所满足的方程有三大类。

1）平衡方程

（1）流体的质量守恒方程

$$\phi \frac{\partial (S_l \rho_l)}{\partial t} + S_l \rho_l \left[\frac{\partial \varepsilon_V}{\partial t} + \frac{(1-\phi)}{\rho_s} \frac{\partial \rho_s}{\partial t} \right] = -\nabla \cdot \boldsymbol{q}_{rl} \tag{16-1}$$

其中，ϕ 为多孔介质的孔隙率；S_l 为液相的饱和度；ρ_s 为固相的密度；ε_V 为固相的体积应变；ρ_l 为液相的密度；$\boldsymbol{q}_{rl}$ 为液相流密度矢量。

（2）内能平衡方程

$$\frac{\partial}{\partial t}[(1-\phi)\rho_s e_s + \phi e_l S_l \rho_l] = -\nabla \cdot (\boldsymbol{I}_m^k + \boldsymbol{I}_l^k) \tag{16-2}$$

其中，e_s 为固相中单位质量的内能；e_l 为液相中单位质量的内能；I_m^k 为平均热传导系数（各相平均）；I_l^k 为液相热传导密度。

（3）动量守恒方程

$$\nabla \cdot \boldsymbol{\sigma} + \rho_m \boldsymbol{g} = 0 \tag{16-3}$$

其中，$\boldsymbol{\sigma}$ 为宏观的总应力张量。

2）本构方程

（1）液相的饱和度是毛细压力 P_c 与温度 T 的函数

$$S_l = S_l(P_c, T) \tag{16-4}$$

（2）达西定律：对液相而言

$$\boldsymbol{q}_{rl} = -\boldsymbol{K}(T,\phi) \cdot K_{rl} \boldsymbol{I} \cdot (\nabla P - \rho_l g \, \nabla z) \tag{16-5}$$

其中，$\boldsymbol{K}(T,\phi)$ 表示渗透系数，$\boldsymbol{K}$ 是温度 T 和多孔介质孔隙率的函数；相对渗透率 K_{rl} 是饱和度的函数，所以 ABAQUS 给出的达西定律是广义的达西定律。

对蒸气相，气流由温度梯度所支配，其计算式为

$$\boldsymbol{q}_{rV} = -\rho D_{TV} \boldsymbol{I} \cdot \nabla T \tag{16-6}$$

其中，D_{TV} 为等温下的汽扩散系数。

（3）液相和固相的密度公式

$$\frac{\rho_l^w}{\rho_{l0}^w} = 1 + \beta_{lpo}(p - p_0) - \beta_{lTo}(T - T_0) \tag{16-7}$$

$$\frac{\rho_s}{\rho_{s0}} = 1 + \frac{\bar{p} - \bar{p}_0}{K_g} - \beta_{Tg}(T - T_0) - \frac{\mathrm{trace}(\boldsymbol{\sigma}' - \boldsymbol{\sigma}'_0)}{(1-\phi)3K_g} \tag{16-8}$$

其中，β_{lpo}，β_{lTo} 是假定的常数，下标 o 表示参考状态；ρ_l^w 为液相的单位体积的质量；ρ_s 为固相的质量密度；K_g 为体积模量；β_{Tg} 为因相骨架的热膨胀系数；$\boldsymbol{\sigma}'$ 为有效应力张量。
有效应力与总应力的关系为

$$\boldsymbol{\sigma}' = \boldsymbol{\sigma} - \boldsymbol{I} S_l P$$

在 ABAQUS/Standard 中 Bishop 因子与液相饱和度 S_l 相等。

（4）应力-应变的增量公式

$$\mathrm{d}\boldsymbol{\sigma}' = \mathbf{D} : \left(\mathrm{d}\boldsymbol{\varepsilon} - \boldsymbol{I}\beta_T \mathrm{d}T + \left(\frac{S_l}{3K_g} + \frac{P_l}{3K_g} \frac{\mathrm{d}S_l}{\mathrm{d}p_l} \right) \boldsymbol{I} \mathrm{d}P_l + \boldsymbol{I}\beta_{sw} \frac{\mathrm{d}S_l}{\mathrm{d}p_l} \mathrm{d}P_l \right) \tag{16-9}$$

对于膨胀土，ABAQUS基于试验给出了非线性孔隙弹性和Drucker-Prager类型的塑性模型。非线性弹性孔隙模型中，真空率e是随有效的等效压应力σ'_M改变的，其公式为

$$de=\eta\mathrm{dln}(\sigma'_M) \tag{16-10}$$

其中，η为材料参数。

3）约束方程

$$P_c=P_g-P_l \tag{16-11}$$

$$\boldsymbol{\varepsilon}=\frac{1}{2}(\nabla\boldsymbol{u}+(\nabla\boldsymbol{u})^T) \tag{16-12}$$

$$\varepsilon_V=\nabla\cdot\boldsymbol{u} \tag{16-13}$$

其中，$\boldsymbol{u}$为位移向量，P_g为气体总压力。

由THM问题的方程可知，其有限元法的基本变量有位移（或速度）、压力、温度三类，而且都是空间域和时间域的函数。ABAQUS/Standard的求解策略是对位移（或速度）场和渗流场两个场进行直接耦合分析，而把温度场分离出来，进行间接的耦合，即可以先进行温度场分析，然后把温度场分析的结果作为边界条件、初始条件和参数输入到位移-渗流场的耦合分析中去。

由此，位移场和渗流场的耦合方程的有限元形式为

$$\begin{aligned}&[K]\{\bar{C}_\sigma\}-[L]\{\bar{C}_u\}=\{P\}-\{I\}\\&[B]^T\{\bar{v}\}+[\hat{H}]\{\bar{u}\}=\{Q\}\end{aligned} \tag{16-14}$$

其中，$[B]^T$与$[L]$为耦合矩阵。

引入差分算子

$$\{\bar{\delta}_{t+\Delta t}\}-\{\bar{\delta}_t\}+\Delta t[(1-\xi)\{\bar{v}_t\}+\xi\{\bar{v}_{t+\Delta t}\}]$$

其中，$0\leqslant\xi\leqslant1$。为了数值稳定性，令$\xi=1$，从而求解格式为

$$\begin{aligned}&[K]\{\bar{C}_\sigma\}-[L]\{\bar{C}_u\}=\{p\}-\{I\},\\&-[B]^T\{\bar{C}_\sigma\}-\Delta t[H]\{\bar{C}_u\}=\Delta t\{Q_{t+\Delta t}\}+[B]^T\{\bar{v}_{t+\Delta t}\}+[H]\{\bar{u}_{t+\Delta t}\}\end{aligned} \tag{16-15}$$

对位移场-渗流场-温度场问题，ABAQUS/Standard还可考虑每个场中的非线性问题，如可求解饱和介质和非饱和介质同时都存在的混合区域问题。本节用ABAQUS/Standard分析的深厚覆盖层坝基堆石坝的变形场-渗流场耦合问题，就是饱和区与非饱和区同时存在的混合问题。

2. 堆石坝分析实例

由于其较好的安全性、经济性以及适用性，堆石坝在近几年得到广泛的应用。其设计和施工技术已日趋成熟，科学试验和理论研究工作也取得了一定的进展。堆石坝的发展使坝址选择有了更多的余地。由于堆石坝的主体为堆石，防渗性能较差，渗流不仅对蓄水有影响，对堆石坝的稳定影响也较大，因此防渗、排水对堆石坝起着控制作用。

西南某水电工程的坝基有103.5～148.0m的深度覆盖层，层次结构复杂，自下而上可分七层，如图16-12和图16-13所示。各覆盖层的渗透系数不一致。覆盖层的最大渗透系数为2.1×10^{-2}cm/s，最小的渗透系数为5.75×10^{-5}cm/s，相差较大；且覆盖层的允许渗透坡降较小。各覆盖层的厚度也不同。覆盖层的渗透系数较基岩的渗透系数大一个量级以上，是需进行防渗处理的。由于覆盖层深厚，在现有的技术条件下，难以将覆盖混凝土防渗

墙深入到基岩。因此,形成倒悬挂式防渗墙,覆盖层不能被完全封闭。该工程的防渗体系的合理布置和合理范围对它的成败起着关键作用。为此,采用 ABAQUS 软件对该工程作了全面的位移场、渗流场分析。计算所采用的网格及分析结果分别如图 16-14 与图 16-15、图 16-16 所示。

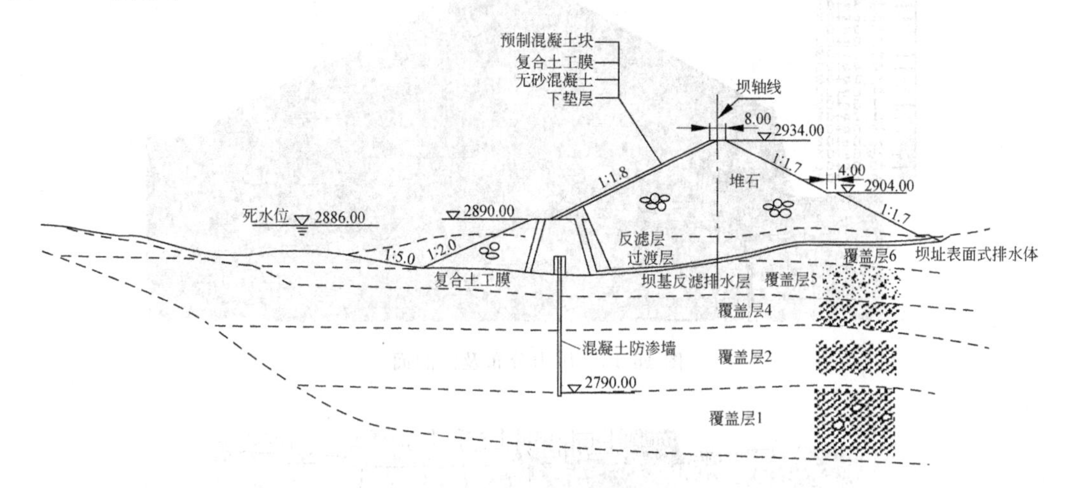

图 16-12　大坝纵剖面

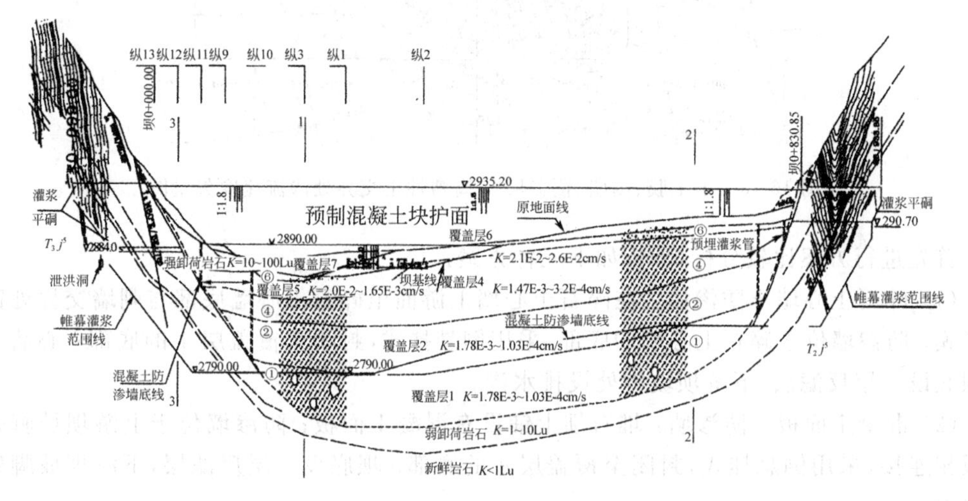

图 16-13　大坝横河剖面

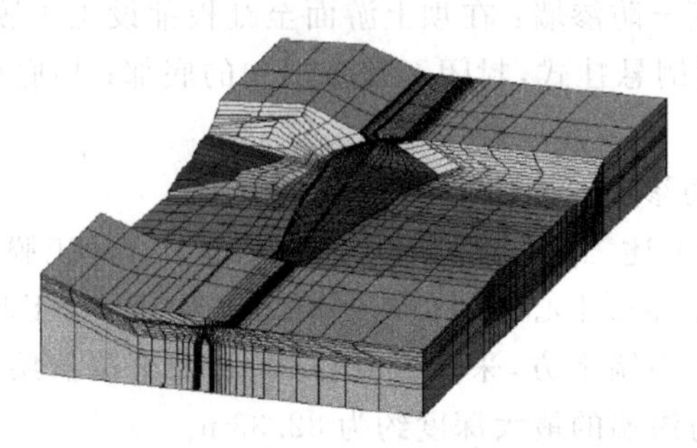

图 16-14　三维渗流场网格图

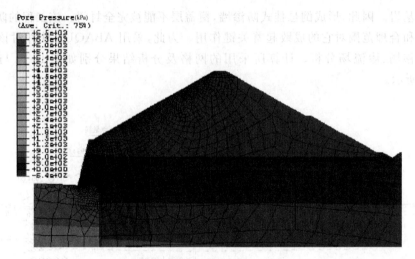

图 16-15　压力分布及浸润面

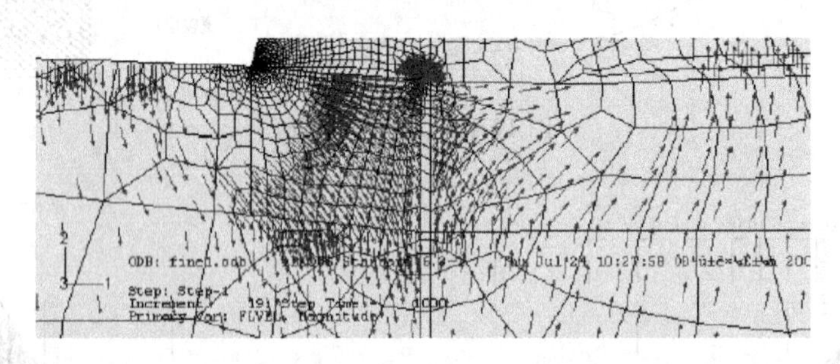

图 16-16　土工膜、刺墙、覆盖层 5、高塑性土交界处渗流速度矢量图

首先进行方案比较分析，分析如下三种方案：

(1) 碎石土心墙＋防渗墙：在碎石土心墙上游面至碎石土心墙底部与刺墙交界处铺设土工膜；防渗墙位于碎石土心墙的底部，采用倒悬挂式，封闭至覆盖层 4 的底部；心墙下游的坝底设一层反滤层，下游坝坡脚处设排水沟。

(2) 混凝土面板＋防渗墙：堆石坝上铺设有混凝土面板；防渗墙位于上游坝坡脚处与趾板相连接，采用倒悬挂式，封闭至覆盖层 4 的底部；坝底设一层反滤层，下游坝坡脚处设排水沟。

(3) 坝面复合土工膜＋防渗墙：在坝上游面至趾板铺设土工膜；防渗墙位于上游坝坡脚处与趾板相连接，采用倒悬挂式，封闭至覆盖层 4 的底部；坝底设一层反滤层，下游坝坡脚处设排水沟。

这三种防渗方案的防渗墙深度约为 37.1m。

经分析比较后，综合上述三种方案，最终采取“坝面复合土工膜＋碎石土心墙＋防渗墙”防渗方案：在上游坝面至碎石土心墙底部与刺墙交界处铺设土工膜；将碎石土心墙前移至上游坝坡脚；防渗墙位于心墙下方，采用倒悬挂式、封闭至覆盖层 2 的底部，如图 16-12 和图 16-13 所示。该方案防渗墙的最大深度约为 82.33m。

从上述分析可以看出：

(1) 对于深厚覆盖层的基础，在现有施工技术条件下，防渗墙不能完全封闭覆盖层时，仍具有筑坝的条件。

(2) 在深厚覆盖层的基础上修筑堆石坝，若覆盖层没有完全被防渗墙封闭时，以下几个问题值得注意：

① 未封闭的覆盖层成为渗流的主要路径。工程的渗流量是否满足要求，在于未被封闭的覆盖层上的渗流量。

② 防渗体下游的水位较高，使得防渗体下游的坝底存在一定的水头。因此，在这种情况下，下游坝底的反滤层的铺设和排水沟的设置尤为重要。

③ 在防渗墙的底部存在着一个很小的区域，这个区域的水力坡降较大，可能造成该处的覆盖层不能满足渗透稳定的要求。减小这个区域的水力坡降的有效办法是增大渗径，加深防渗墙的深度是减小该处的水力坡降的有效措施之一。

(3) 土工膜对坝体的防渗效果非常明显。土工膜的失效使得碎石土心墙的局部水力坡降超出允许值。

(4) 防渗墙的局部开裂开叉对工程的防渗效果不会造成重大影响。

(5) 对于深厚覆盖层的坝基，在覆盖层没有被防渗墙完全封闭的情况下，由于防渗体下游的水位较高，在作渗流场分析时，应将防渗体下游的堆石区考虑在分析的范围内，以确定反滤层及排水沟的效果。计算也表明，位于防渗体下游的堆石区上的渗流满足达西定律适用范围，可以参与渗流场计算。

(6) 由二维与三维模型比较可见，在最高坝段，二维位移-渗流场计算的水力坡降较三维的大。三维分析表明，渗流场有明显的绕渗现象，二维分析不能表现这一现象，进行三维渗流场分析是必要的。

16.2.2 掺 MgO 混凝土拱坝的施工与运行仿真分析(TCM 分析)

众所周知，普通混凝土的自身体积变形一般为微收缩。近年来人们通过对外掺 MgO 混凝土的性能研究和工程实践已经认识到，适当调节水泥的矿物成分，如在混凝土浇筑时加入适量的 MgO，会使混凝土产生膨胀性的自体积变形，有可能改善混凝土的抗裂性能。尤其是把这种混凝土用于大体积混凝土的浇筑施工中，辅以其他的适当措施，可以做到全部或部分取代传统的大体积混凝土浇筑的温控措施，不仅有利于解决大体积混凝土的开裂问题，而且可以实现长块、厚层、通仓连续浇筑，从而达到简化施工工艺，降低工程造价，缩短工期，大大加快施工进度的目的，因此具有重大的技术经济优势和应用发展前景。

大量试验研究表明，当外掺 MgO 的含量在 3%～5%时，MgO 混凝土的膨胀会主要产生在中期，大约 80%的膨胀发生在龄期 20～1000 天之间，早期膨胀较小，后期趋于稳定。这种自膨胀变形十分有利于在大体积混凝土内产生有效的压应力，补偿降温所引起的拉应力，这是改善混凝土抗裂性能，实现快速施工的根本原因。在实验室研究的基础上，MgO 混凝土曾应用于东风、普定、桐头、青溪、水口等水电站的施工中，取得了很好的效果，但主要局限于基础深槽、基础垫层导流洞的回填和封堵及基础约束区等场合。这些应用基本上是温度应力比较均匀的场合，而对于混凝土拱坝这种形状复杂、高度超静定约束、温度应力不均匀的结构，MgO 混凝土的应用能否取得良好效果，人们是存在一定疑虑的。1998 年 12 月—1999 年 3 月在广东省三甲河上游阳春河段，建造了世界上第一个全部用外掺 MgO 混凝土浇筑的拱坝。它为一中型拱坝，坝高 55.5m，坝顶长 145m，坝顶宽 3.87m，坝底宽

9.66m，仅用90天就完成浇筑，实现了不采用横缝、加冷却水管等昂贵手段的快速施工。由于该坝的施工和运行期的各类记录较完整，我们通过对该坝的施工与运行期的温度场和应力场的仿真分析研究了外掺MgO混凝土应用于拱坝的规律，得到了一些认识，可作为设计与施工的规范导则。

MgO是通过其化学作用产生微膨胀效果的，所以这个仿真分析实际上是热-化学-位移(TCM)问题的三场耦合计算。关于热-化学-位移三场耦合计算近来成为一个研究热点，其主要难点在于化学动力学方程与力学方程的耦合格式的确定。我们认为，在掺MgO混凝土拱坝的工程分析中，只是单向耦合，变形场对其他两个场的反作用可以不计。工程中感兴趣的是化学场和温度场对位移场/应力场的作用，这样可简化三场耦合计算过程，把化学场的作用转化为由试验资料经回归后取得体膨胀随时间和龄期变化的经验公式，并作为外载荷施加作用。温度场单独计算后作为热载荷施加作用，从而掺MgO混凝土的应变增量应包括弹性应变增量、温度应变增量、蠕变应变增量和自身体积膨胀变形增量四个部分：

$$\{\Delta\varepsilon_n\} = \{\Delta\varepsilon_n^{e}\} + \{\Delta\varepsilon_n^{T}\} + \{\Delta\varepsilon_n^{c}\} + \{\Delta\varepsilon_n^{S}\} \tag{16-16}$$

其中，$\{\Delta\varepsilon_n\}$为n时间段的总应变增量；$\{\Delta\varepsilon_n^{e}\}$为$n$时间段的弹性应变增量；$\{\Delta\varepsilon_n^{T}\}$为$n$时间段的温度应变增量；$\{\Delta\varepsilon_n^{c}\}$为$n$时间段的蠕变应变增量；$\{\Delta\varepsilon_n^{S}\}$为$n$时间段的自身体积膨胀变形增量。

掺MgO混凝土的增量应力应变关系为

$$\{\Delta\sigma_n\} = [D_n]\{\Delta\varepsilon_n^{e}\} \tag{16-17}$$

其中，$[D_n]$为增量步中点龄期材料矩阵。

将式(16-16)代入式(16-17)整理得

$$\{\Delta\sigma_n\} = [D_n](\{\Delta\varepsilon_n\} - \{\Delta\varepsilon_n^{T}\} - \{\Delta\varepsilon_n^{c}\} - \{\Delta\varepsilon_n^{S}\}) \tag{16-18}$$

位移应变转移关系的增量表达式为

$$\{\Delta\varepsilon_n\} = [B]\{\Delta\delta_n\} \tag{16-19}$$

将式(16-19)代入式(16-18)，有

$$\{\Delta\sigma_n\} = [D_n]([B]\{\Delta\delta_n\} - \{\Delta\varepsilon_n^{T}\} - \{\Delta\varepsilon_n^{c}\} - \{\Delta\varepsilon_n^{S}\}) \tag{16-20}$$

利用虚功原理，可得到有限元的平衡方程组为

$$\int [B]^{T}\{\Delta\sigma_n\}\mathrm{d}\Omega = \{\Delta P_n\} \tag{16-21}$$

式中，$\{\Delta P_n\}$为外载荷增量。从而得到掺MgO混凝土结构的应力场实时仿真分析的基本方程为

$$[K_n]\{\Delta\delta_n\} = \{\Delta P_n\} + \{\Delta P_n^{T}\} + \{\Delta P_n^{S}\} \tag{16-22}$$

其中，

$$[K_n] = \int [B]^{T}[D_n][B]\mathrm{d}\Omega$$

为结构的刚度矩阵。

$$\{\Delta P_n^{T}\} = \int [B]^{T}[D_n]\{\Delta\varepsilon_n^{T}\}\mathrm{d}\Omega$$

为温度变化引起的载荷增量。

$$\{\Delta P_n^{c}\} = \int [B]^{T}[D_n]\{\Delta\varepsilon_n^{c}\}\mathrm{d}\Omega$$

为蠕变变形产生的当量载荷增量。

$$\{\Delta P_n^{\mathrm{S}}\} = \int [B]^{\mathrm{T}} [\overline{D}_n] \{\Delta \varepsilon_n^{\mathrm{S}}\} \mathrm{d}\Omega$$

为自身体积膨胀变形产生的当量载荷增量。

通过求解式(16-22)得到结构的位移增量$\{\Delta\delta_n\}$，再应用式(16-17)计算出应力增量$\{\Delta\sigma_n\}$，并累加得出结构的三维应力场。

由试验资料回归得 MgO 自体积应变为

$$\varepsilon^{\mathrm{S}}(t,T) = G(T)(1 - \mathrm{e}^{-m(T)t^{S(T)}}) \tag{16-23}$$

其中，

$$\begin{aligned} G(T) &= 100.000 + 2.810T - 0.0001\mathrm{e}^{-0.0017^{2401}} \\ m(T) &= 0.0167\mathrm{e}^{0.0017^{2}} + 0.097\mathrm{e}^{-0.022T^{1.66}} - 0.0002T \\ &\quad - 2.528 \times 10^{-8}\mathrm{e}^{0.0017^{245}} - 0.069\mathrm{e}^{-0.0007T^{288}} \\ S(T) &= 0.750 - 0.03T^{1.06} \end{aligned}$$

从而得

$$\Delta\varepsilon_m^{\mathrm{S}} = G(T')m(T')S(T')\mathrm{e}^{-m(T')t_{n-1}^{S(T')}}\, t_{n-1}^{S(T')}(t_n - t_{n-1}) \times 10^{-5} \tag{16-24}$$

在温度应力的计算中考虑了材料性质变化的影响。计算温度应力时总是存在一个零应力的参考温度场，这个参考温度场一旦确定，将不会发生改变，并具有唯一性。由温度变化引起的热弹应力与弹性应力类似，是瞬时的，不存在“记忆”，它仅与瞬时弹性模量、参考温度、膨胀系数、约束和瞬时温度相关。对于变物性参数(如弹性模量等)的材料，在通常的增量公式中计算由温度变化产生的应力增量只反映本增量步内物性变化对应力增量的作用，这是不够的。因为非定常的温度应力总是由当前温度场与零应力温度场之差来决定的，物性变化应当同时影响到每一历史上的增量步，所以必须对上述计算格式进行修正。修正的基本原则是抹掉其具有“历史痕迹”的相对于前一时刻温度场为基准的温度应力，还其具有“瞬时性”的相对于零应力参考温度场为基准的温度应力。

为了得到应力增量的修正表达式，考察 $t=t_1$，$t=t_2$，$t=t_3$ 和 $t=t_n$ 时刻的单元应力

$$\left\{\begin{aligned} \{\sigma_1^{\mathrm{e}}\} &= [\overline{D}_1](\{\Delta\varepsilon_1^{\mathrm{e}}\} - \alpha\{\theta_1\} - \{\varepsilon_1^{\mathrm{eC}}\} - \{\varepsilon_1^{\mathrm{eS}}\}) \\ \{\sigma_2^{\mathrm{e}}\} &= \{\sigma_1^{\mathrm{e}}\}[\overline{D}_2](\{\Delta\varepsilon_2^{\mathrm{e}}\} - \alpha\{\theta_2^{\mathrm{e}} - \theta_1^{\mathrm{e}}\} - \{\varepsilon_2^{\mathrm{eC}}\} - \{\varepsilon_2^{\mathrm{eS}}\}) \\ &\quad + \{\overline{D}_1\}\alpha\{\theta_1^{\mathrm{e}}\} + [\overline{D}_2]\alpha\{\theta_2^{\mathrm{e}} - \theta_1^{\mathrm{e}}\} - [\overline{D}_2]\alpha\{\theta_2^{\mathrm{e}}\} \\ &= \{\sigma_1^{\mathrm{e}}\} + \{\Delta\sigma_2^{\mathrm{e}}\} - ([\overline{D}_2] - [\overline{D}_1])\alpha\{\theta_1^{\mathrm{e}}\} \\ &= \{\sigma_1^{\mathrm{e}}\} + \{\Delta\sigma_2^{\mathrm{e}}\} - \{\Delta\,\tilde{\sigma}_2^{\mathrm{e}}\} \\ \{\sigma_3^{\mathrm{e}}\} &= \{\sigma_1^{\mathrm{e}}\} + \{\Delta\sigma_2^{\mathrm{e}}\} - \{\Delta\,\tilde{\sigma}_2^{\mathrm{e}}\} + [\overline{D}_2]\alpha\{\theta_2^{\mathrm{e}}\} - [\overline{D}_3]\alpha\{\theta_3^{\mathrm{e}}\} \\ &\quad + \{\overline{D}_3\}(\{\Delta\varepsilon_3^{\mathrm{e}}\} - \alpha\{\theta_3^{\mathrm{e}} - \theta_2^{\mathrm{e}}\} - \{\Delta\varepsilon_1^{\mathrm{eC}}\} - \{\Delta\varepsilon_1^{\mathrm{eS}}\} + [\overline{D}_3]\alpha\{\theta_3^{\mathrm{e}} - \theta_2^{\mathrm{e}}\}) \\ &= \{\sigma_2^{\mathrm{e}}\} + \{\Delta\sigma_3^{\mathrm{e}}\} - ([\overline{D}_3] - [\overline{D}_2])\alpha\{\theta_2^{\mathrm{e}}\} \\ &= \{\sigma_2^{\mathrm{e}}\} + \{\Delta\sigma_3^{\mathrm{e}}\} - \{\Delta\,\tilde{\sigma}_3^{\mathrm{e}}\} \\ &\ \ \vdots \\ \{\sigma_n^{\mathrm{e}}\} &= \{\sigma_{n-2}^{\mathrm{e}}\} + \{\Delta\sigma_{n-1}^{\mathrm{e}}\} - \{\Delta\,\tilde{\sigma}_{n-1}^{\mathrm{e}}\} + [\overline{D}_{n-1}]\alpha\{\theta_{n-1}^{\mathrm{e}}\} - [\overline{D}_n]\alpha\{\theta_n^{\mathrm{e}}\} \\ &\quad + \{\overline{D}_n\}(\{\Delta\varepsilon_n^{\mathrm{e}}\} - \alpha\{\theta_n^{\mathrm{e}} - \theta_{n-1}^{\mathrm{e}}\} - \{\Delta\varepsilon_n^{\mathrm{eC}}\} - \{\Delta\varepsilon_n^{\mathrm{eS}}\} + [\overline{D}_n]\alpha\{\theta_n^{\mathrm{e}} - \theta_{m-1}^{\mathrm{e}}\}) \\ &= \{\sigma_{n-1}^{\mathrm{e}}\} + \{\Delta\sigma_n^{\mathrm{e}}\} - ([\overline{D}_n] - [\overline{D}_{n-1}])\alpha\{\theta_{n-1}^{\mathrm{e}}\} \\ &= \{\sigma_{n-1}^{\mathrm{e}}\} + \{\Delta\sigma_n^{\mathrm{e}}\} - \{\Delta\,\tilde{\sigma}_n^{\mathrm{e}}\} \end{aligned}\right. \tag{16-25}$$

其中，

$$\begin{cases}\{\Delta\sigma_1^{e}\}=[\overline{D}_1](\{\Delta\varepsilon_1^{e}\}-\{\Delta\varepsilon_1^{eT}\}-\{\Delta\varepsilon_1^{eC}\}-\{\varepsilon_1^{eS}\})\\ \{\Delta\tilde{\sigma}_1^{e}\}=([\overline{D}_1]-[\overline{D}_{t-1}])\alpha\{\theta_1^{e}\}\end{cases}\tag{16-26}$$

上式是应力增量修正项，其表示形式较为明显地反映出了物性变化对温度应力增量的影响。研究过程中较全面地考虑了拱坝在施工过程和运行过程中的各种影响因素。非稳态温度场计算所计入的影响因素有：各浇筑块的形状、大小、厚度及浇筑顺序，施工进度，水化热(每一浇筑块都需根据本身的龄期改变参数)，混凝土浇筑块的即时入仓温度、浇筑块与岩基之间、各浇筑块之间的热传导、各浇筑块与空气的对流换热、坝面保温防护等变化的边界条件。应力场所计入的影响因素有：随龄期而变化的温度载荷，各浇筑块的蠕变、弹性模量随龄期的变化，温度场空间非线性分布对温度应力和 MgO 自体积变形的影响等。

显然，进行这样复杂的仿真分析是没有现成的软件可用的，为此，在 ABAQUS 软件的基础上进行了二次开发，形成了专用软件。仿真分析的结果与 3 年的实测结果比较，非稳态温度场吻合得很好，应力场的趋势和变化规律是一致的，数量级是接近的，说明仿真分析所考虑的因素是合理的，计算原理是正确的，程序开发是可靠的。计算所采用的有限元模型如图 16-17 所示，主要计算结果见图 16-18 和图 16-19。

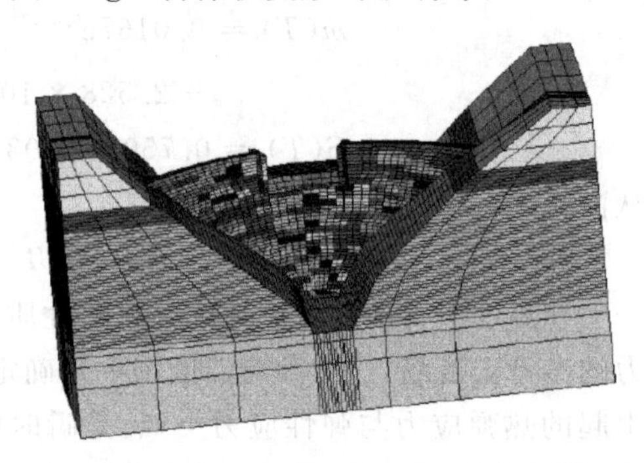

图 16-17　阳春拱坝有限元模型

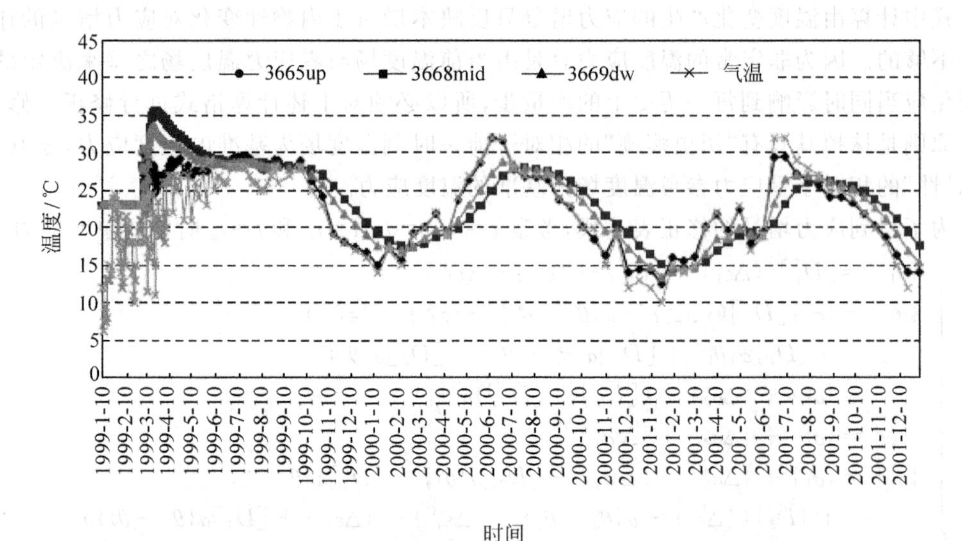

图 16-18　拱冠梁 230 高程沿厚度方向 3 点温度-时间历程

通过用 ABAQUS 进行的仿真分析可以看出，MgO 自体积膨胀变形对拱坝中拉应力的补偿作用是十分有效的。它的补偿作用有如下特点：

(1) 它对拱坝结构的补偿作用的力度较大，具体表现在使最大拉应力 σ_1 的峰值下降的幅度较大，尤其在冬季降温时期的下游坝面上更是如此。就阳春拱坝而言，拉应力 σ_1 下降幅度可达 1.46MPa(坝肩)和 2.4MPa(拱冠)。在其他季节，并不存在 MgO 自体积膨胀变形

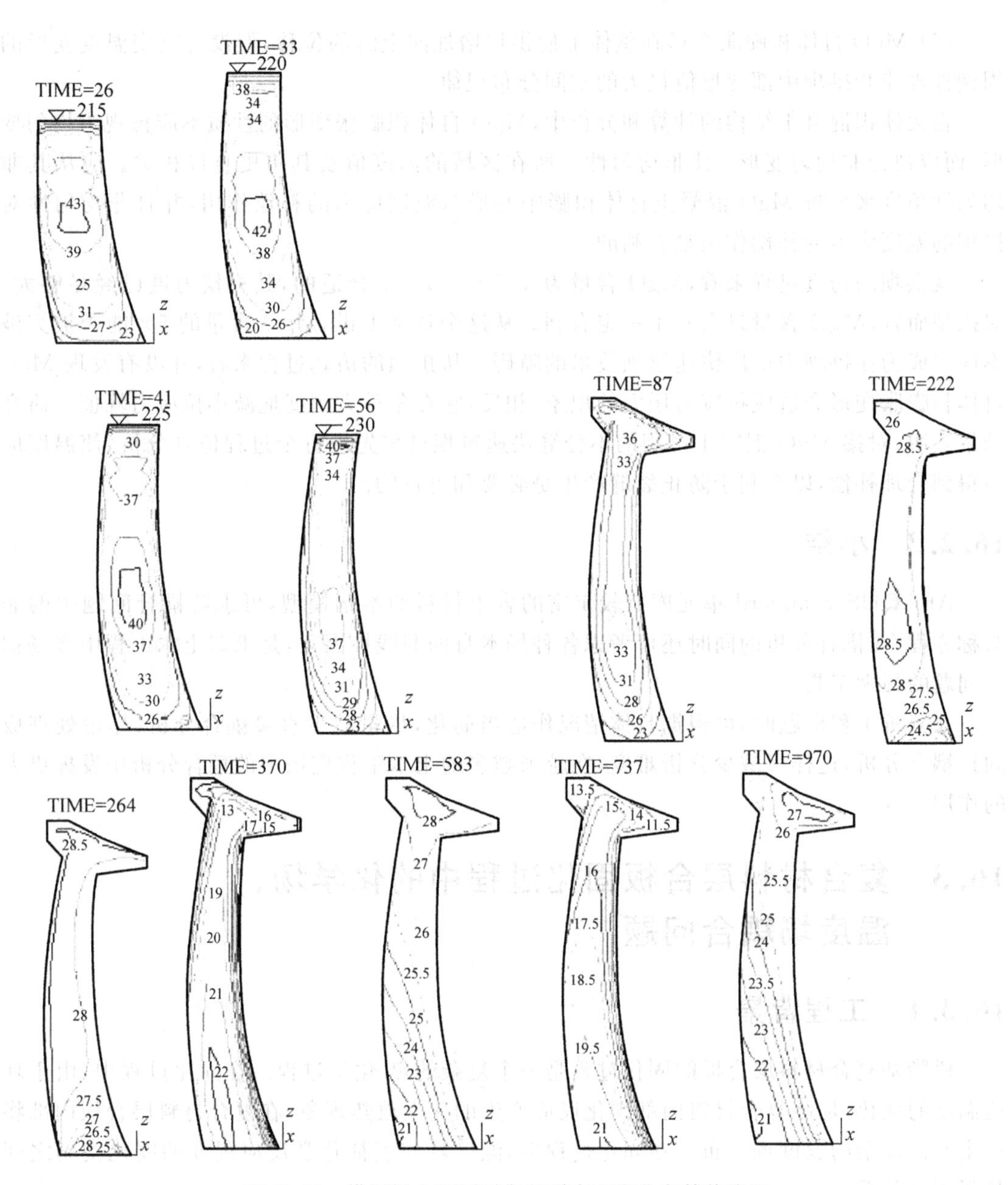

图 16-19 拱冠梁上不同时期的瞬态温度分布等值线图

使拉应力增大的趋势。

(2) 其补偿作用表现出长期性,在运行期效果较明显。在施工期,则蠕变对温度应力的补偿作用更大。

(3) 它与蠕变共同作用会改变主应力的方向,尤其会改变下游坝面 σ_1 的方向,使 σ_1 方向在坝肩附近由平行于岸坡线变为垂直于岸坡线,拱冠处由水平方向变为垂直方向,这种方向改变对于防止拱坝的开裂是有利的。

(4) 因为它是一种不可逆过程,其膨胀量不可能为负,是单方向过程,所以它不改变温度应力的周期性规律,但是起到了光滑化或削峰的作用。

(5) MgO自体积膨胀变形在整体上使拱坝增加向上游的位移,但没有改变温度变形的周期性规律和拱坝中部变形值最大的空间分布规律。

在大体积混凝土结构的计算和分析中,MgO自体积膨胀变形的性质不应再视为均匀变形,而应视为非均匀变形;其非均匀性与所在区域的温度值及其历史直接相关。应从其非均匀性角度来分析MgO混凝土自体积膨胀变形对温度应力的补偿作用,并且非均匀性对拱坝的温度应力的补偿作用是有利的。

就拱坝的仿真过程来看,MgO含量为4.5%～5%是合适的,其补偿力度已经足够大。对拱坝而言,MgO含量过大并不一定有利。从这个意义上讲,MgO含量的5%能否被突破不应当成为在拱坝中推广快速筑坝技术的障碍。从拱坝的仿真过程来看,并没有发现MgO自体积膨胀变形会造成拉应力增大的现象,相反,它在冬季大幅度地减小拉应力峰值。研究结果表明,对掺MgO混凝土拱坝的不分缝快速筑坝过程先进行全过程仿真分析,使温度应力得到合理补偿,以有利于防止裂缝产生是必要和可行的。

16.2.3　小结

ABAQUS/Standard单元库有较丰富的岩土材料的本构模型,可求解耦合问题中的非对称方程,在耦合分析的同时还可考虑各种场本身的非线性因素,是求解土木工程中多场耦合问题的强大工具。

在分析工程课题时,可根据具体情况作适当简化,尽量减少直接耦合分析,尽量处理成间接耦合分析,这样可减少分析难度,在越来越多的土木工程应用中的耦合分析中发挥更大的作用。

16.3　复合材料层合板固化过程中的化学场、温度场耦合问题

16.3.1　工程背景

树脂基复合材料层合板的固化过程是一个复杂的热-化学过程。在固化过程中,由于环境温度的变化,加之复合材料内部固化反应产生的化学放热现象,在复合材料层合板内部将产生非常复杂的温度场分布。在固化过程中,温度场与表征化学反应程度的固化度场之间是强耦合关系。

这里,我们对某种复合材料体系的单向铺层层合板试样的固化过程进行模拟,得到层合板内的温度和固化度分布。该分析过程使用了多个用户子程序,这些子程序在复杂热传导问题的分析中可实现许多重要功能。(对于所有子程序的介绍已经超出了本书的范围,所以在本节只简单介绍了所用到的子程序,感兴趣的读者可以参阅ABAQUS手册中的相关内容。此外,本书的第21章“ABAQUS用户材料子程序”和第22章“ABAQUS用户单元子程序”还将对用户子程序中比较重要的两个子程序进行专门的介绍。)

16.3.2　ABAQUS有限元模型

这里分析的复合材料单向铺层层合板试样是由160层单层厚度为0.1425mm的预浸料

铺成,尺寸是 200mm×200mm×22.8mm。由对称性,取试样的 1/4 建立有限元模型,模型所用单元类型为 DC3D8,节点数量 1331,单元数量 1000,如图 16-20 所示。

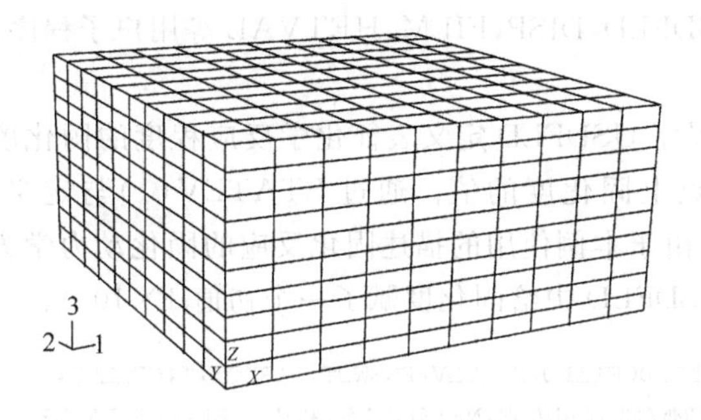

图 16-20　复合材料单向铺层层合板试样的有限元模型

16.3.3　材料属性

该问题是一个热传导问题,需要给出的材料性质有:复合材料的密度、比热、热传导系数和热产生(即内热源,通过用户子程序 HETVAL 定义)。由于复合材料是正交各向异性材料,注意不要忘记定义材料坐标系。表征化学反应程度的固化度场作为用户定义场(user defined field)也需要在材料属性中定义,需要用到用户子程序 USDFLD。

16.3.4　初始条件和边界条件

在固化过程中,环境温度按照给定的工艺温度曲线变化(图 16-21)。复合材料由室温开始升温,需要在复合材料内部定义初始温度场。本例中复合材料表面的边界条件分为两类:

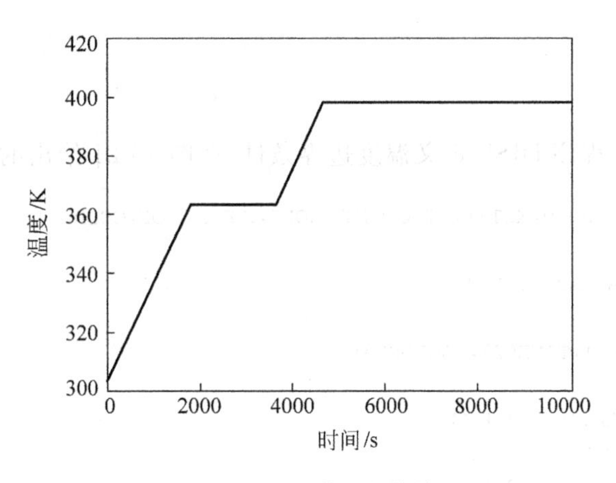

图 16-21　工艺温度曲线

(1) 温度边界条件,通过用户子程序 DISP 来定义。本例中复合材料的下表面被定义为温度边界条件,与环境温度保持一致。

(2) 对流换热边界条件,通过用户子程序 FILM 来定义。本例中复合材料的上表面及侧边界被定义为对流换热边界条件。

16.3.5　用户子程序

本例中用到了 USDFLD,DISP,FILM,HETVAL 等用户子程序,下面分别列出。

1. USDFLD

在本例中用户子程序 USDFLD 定义表征化学反应程度的固化度场,FIELD(1)即是每个增量步中每个积分点上固化度的值。通过 STATEV(1)与定义热产生的用户子程序 HETVAL 传递数据。由于本例使用的描述固化反应的固化动力学方程中固化度初值不能为零,所以在子程序 USDFLD 中给固化度赋了一个初值 1×10^{-4}。

```
      SUBROUTINE USDFLD(FIELD,STATEV,PNEWDT,DIRECT,T,CELENT,
     1 TIME,DTIME,CMNAME,ORNAME,NFIELD,NSTATV,NOEL,NPT,LAYER,
     2 KSPT,KSTEP,KINC,NDI,NSHR,COORD,JMAC,JMATYP,MATLAYO,LACCFLA)
C
      INCLUDE 'ABA_PARAM.INC'
C
      CHARACTER* 80 CMNAME,ORNAME
      CHARACTER* 3 FLGRAY(15)
      DIMENSION FIELD(NFIELD),STATEV(NSTATV),DIRECT(3,3),
     1 T(3,3),TIME(2)
      DIMENSION ARRAY(15),JARRAY(15),JMAC(*),JMATYP(*),COORD(*)
C
      IF (KINC.EQ.1) THEN
      STATEV(1)= 1E-4
      ELSE
      END IF
      FIELD(1)= STATEV(1)
C
      RETURN
      END
```

2. DISP

在本例中用户子程序 DISP 定义温度边界条件,即图 16-21 给出的工艺曲线。

```
      SUBROUTINE DISP(U,KSTEP,KINC,TIME,NODE,NOEL,JDOF,COORDS)
C
      INCLUDE 'ABA_PARAM.INC'
C
      DIMENSION U(3),TIME(2),COORDS(3)
C
      IF(TIME(2).LE.1800.) THEN
      U(1) = 303.+TIME(2)/30.
      ELSE IF(TIME(2).LE.3600.) THEN
      U(1) = 363.
      ELSE IF(TIME(2).LE.4650.) THEN
      U(1) = 363.+(TIME(2)- 3600.)/30.
      ELSE
      U(1) = 398.
      END IF
C
```

```
      RETURN
      END
```

3. FILM

在本例中用户子程序 FILM 定义对流换热边界条件，H(1)给定表面对流换热系数，SINK 给定与图 16-21 工艺曲线一致的环境温度。

```
      SUBROUTINE FILM(H,SINK,TEMP,JSTEP,JINC,TIME,NOEL,NPT,COORDS,
      1     JLTYP,FIELD,NFIELD,SNAME,JUSERNODE,AREA)
C
      INCLUDE 'ABA_PARAM.INC'
C
      DIMENSION COORDS(3),TIME(2),FIELD(NFIELD),H(2)
      CHARACTER* 80 SNAME
C
      H(1) = 15
      IF(TIME(2).LE.1800.) THEN
      SINK = 303.+TIME(2)/30.
      ELSE IF(TIME(2).LE.3600.) THEN
      SINK = 363.
      ELSE IF(TIME(2).LE.4650.) THEN
      SINK = 363.+(TIME(2)-3600.)/30.
      ELSE
      SINK = 398.
      END IF
C
      RETURN
      END
```

4. HETVAL

在本例中用户子程序 HETVAL 定义复合材料内部的反应热。STATEV(1)即为从用户子程序 USDFLD 中传递过来的固化度；STATEV(2)为固化率(固化度的变化率)，由与固化度、温度、升温速率等变量相关的固化动力学方程确定，决定了反应热的放热速率；FLUX(1)表示反应热产生的单位时间、单位体积的热量。本例中，用 Euler 法对固化动力学方程进行数值积分，得到的固化度再通过 STATEV(1)传递回用户子程序 USDFLD；读者也可以采用其他的数值积分方法。由于有些内容涉及相关部门的内部技术，所以未给出函数的具体形式。

```
      SUBROUTINE HETVAL(CMNAME,TEMP,TIME,DTIME,STATEV,FLUX,
      1 PREDEF,DPRED)
C
      INCLUDE 'ABA_PARAM.INC'
C
      CHARACTER* 80 CMNAME
      DIMENSION TEMP(2),STATEV(3),PREDEF(1),TIME(2),FLUX(2),
      1 DPRED(1)
C
      IF(TEMP(1).LT.363.15) THEN
        STATEV(2)=0.0
```

```
    ELSE
      STATEV(2)=<此处函数由与固化度、温度、升温速率等变量相关的固化动力学方程确定>
      STATEV(1)=STATEV(1)+ STATEV(2)* DTIME
    END IF
    FLUX(1)=242971740* STATEV(2)
C
    RETURN
    END
```

16.3.6　结果与分析

图 16-22 和图 16-23 是固化过程中某一时刻复合材料中的温度分布和固化度分布。

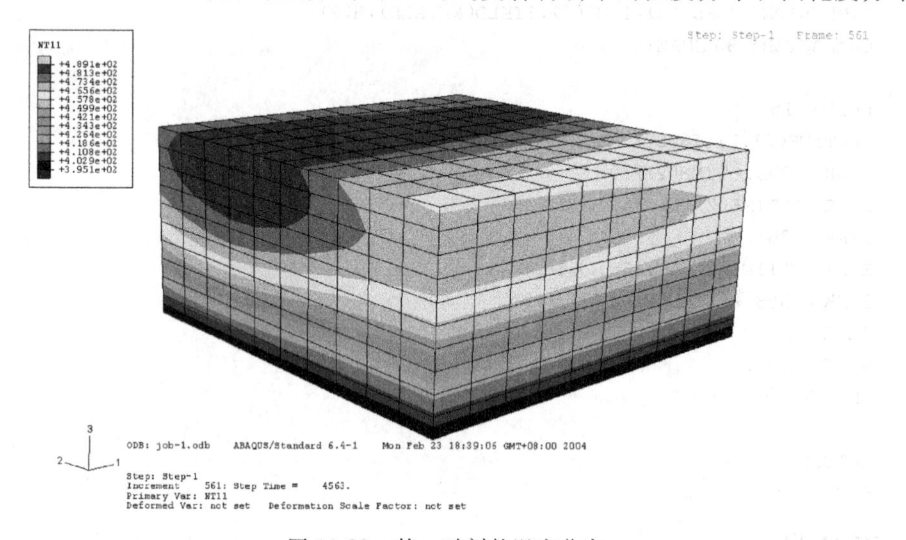

图 16-22　某一时刻的温度分布

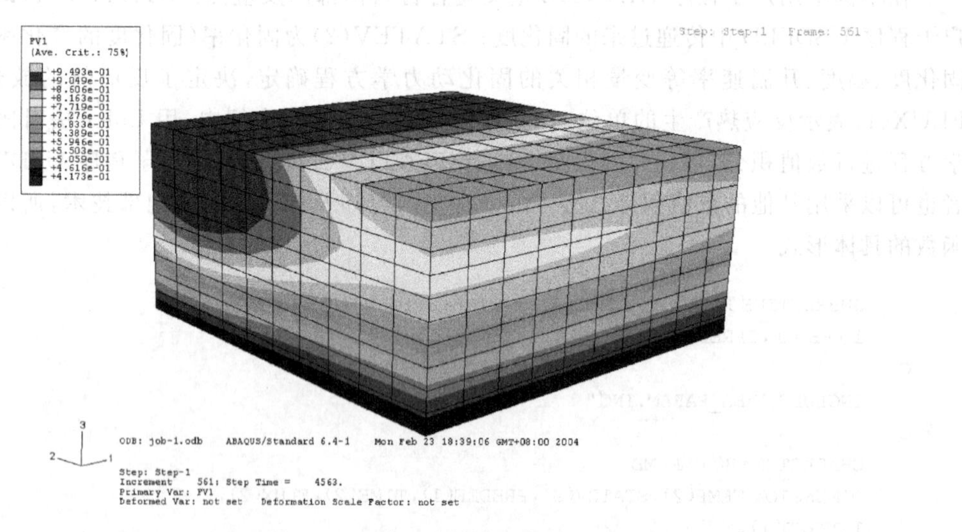

图 16-23　某一时刻的固化度分布

从图 16-22 和图 16-23 可以看出，由于反应热的存在，使得固化过程中复合材料内部的温度高于环境温度，且固化度分布也很不均匀。为了提高复合材料产品的性能与质量，就要对工艺温度进行优化，使固化过程中复合材料内部的温度不致过高，工艺过程结束后产品固化完全、均匀。从下面的图 16-24 和图 16-25 中更能看出复合材料内部温度和固化度变化的历程。图 16-24 和图 16-25 给出了复合材料中心点的温度、固化度变化曲线。

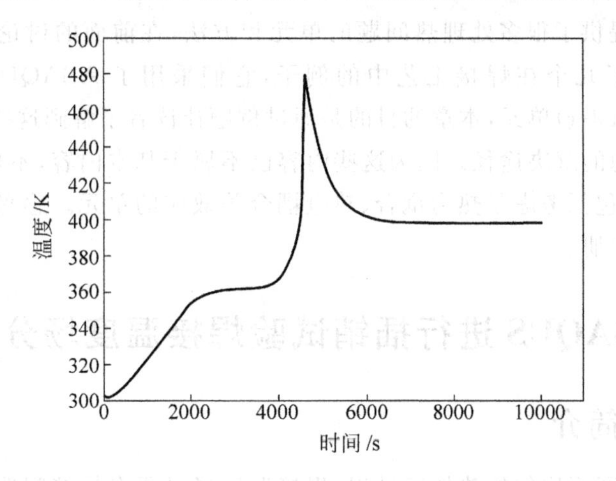

图 16-24 中心点温度变化曲线

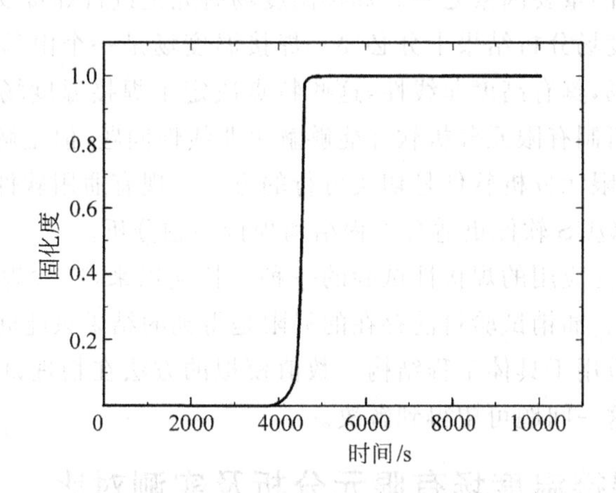

图 16-25 中心点固化度变化曲线

本章主要内容引自：

[1] 方凯，王成国，程慧萍，孟广伟. 一种新型高速客车空气弹簧的非线性有限元分析. 2001 ABAQUS 中国用户年会文集，清华大学，2001

[2] 朱以文，蔡元奇. 用 ABAQUS 分析工程中的多场耦合问题. 2003 ABAQUS 中国用户年会文集，ABAQUS-China 办事处，2003

[3] 阎勇. 树脂基复合材料固化过程数值模拟. 清华大学硕士学位论文，2005

17　在焊接工艺中的应用

ABAQUS中提供了很多处理热问题的单元和方法，在前面的讨论中涉及较少。在这一章里，我们列举了几个在焊接工艺中的例子，它们采用了ABAQUS中的热扩散传导(diffusive heat transfer)单元，本章的目的是通过例题让读者了解到这些单元的功能和使用方法，以及这类问题的解决途径。因为这些内容已不属于基本内容，不可能一一详细讲解。此外，ABAQUS还包括考虑了热力耦合、热电耦合等效应的单元。感兴趣的读者可以参阅ABAQUS的用户手册。

17.1　用ABAQUS进行插销试验焊接温度场分析

17.1.1　问题简介

焊接是一个高度不均匀的热加工过程，焊接温度场是所有焊接问题产生的根源。焊接应力是产生焊接裂纹的重要因素之一。焊接温度场研究是进行焊接安全结构安全性分析的基础，准确的焊接温度场分析结果十分必要。焊接温度场是一个由移动热源产生的迅速加热，快速冷却的温度场，具有高度非线性，这些特点决定了焊接温度场分析的难度。以往的经验告诉我们，自行研制有限元分析软件能够解决非线性问题，但是解决工程实际结构有一定难度。采用通用有限元分析软件是切实可行的方法。现有通用软件在解决非线性问题上各有千秋，但是ABAQUS软件更适合工程结构焊接问题分析。

插销试验是被广泛应用的焊接性试验的一种。长期以来，广大焊接工作者积累了大量插销试验的研究结果。插销试验目前存在的局限是得到的结果只能间接地用于评定焊接工艺的好坏，不能直接应用于具体工程结构。数值模拟的方法在物理试验结果和工程问题之间建立了桥梁，使得这一问题可望得到解决。

17.1.2　平板焊接温度场有限元分析及实测对比

1. 有限元模型

温度场分析的物理模型是A508-3钢薄板手工电弧堆焊，工件尺寸为400mm×200mm×6mm，在板的中心距边缘25mm处开始焊接，焊缝长度为150mm，焊接电流为110A，电弧电压为27V，焊接速度为20 cm/min。使用ABAQUS软件进行分析，考虑到模型的对称性，取平板的1/2进行分析，采用四节点实体单元DC2D4(这是一个四节点的线性热扩散传导单元)，网格划分见图17-1。焊缝附近温度变化很大，网格较密；远离焊缝处温度变化小，网格较稀。分析用热物理参数由实测数据确定。焊接温度场的热源为焊接电弧。焊接电弧是一个移动的分布热源，其热流密度分布为高斯分布，热流密度方程为

$$q(r) = q_m \exp\left(-\frac{3r^2}{R_0^2}\right)$$

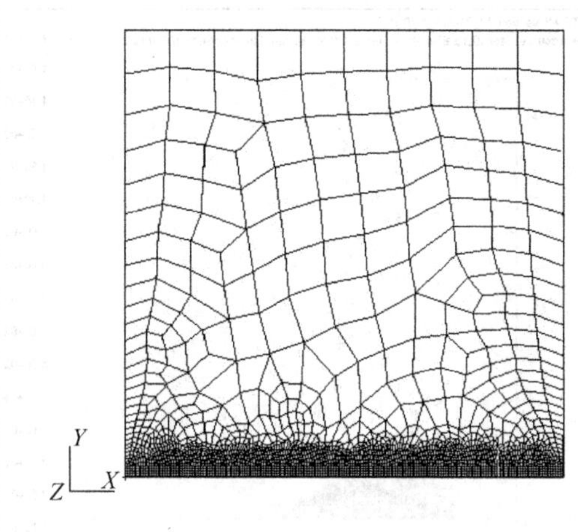

图 17-1　网格划分

其中，q_m 为加热中心的最大热流密度；R_0 为电弧有效加热半径；r 为某点距离电弧加热中心的距离。

热源采用表面热源，由用户子程序 DFLUX 实现。通过读取时间参数 TIME(2)确定热源中心位置，然后根据热流密度方程计算各点的热流密度 FLUX(1)。热分析的边界条件为对流换热边界。

2. 计算结果

图 17-2～图 17-4 分别是起弧 6,24,45s 时的焊接温度场，不同的灰度代表不同的温度区域，其中最内侧为熔池。从图中可以清楚地看到焊接过程中温度的变化。起弧初期输入热量较少，熔池较小；随着时间的增加，熔池宽度增加(图 17-2 和图 17-3)；当热量增加到一定程度，热传导达到准稳态，熔池宽度基本不变(图 17-3 和图 17-4)。焊接温度场的等温线是一组近似椭圆，其形成原因和热源运动及材料非线性有关，这些现象与以往的研究结果相符。

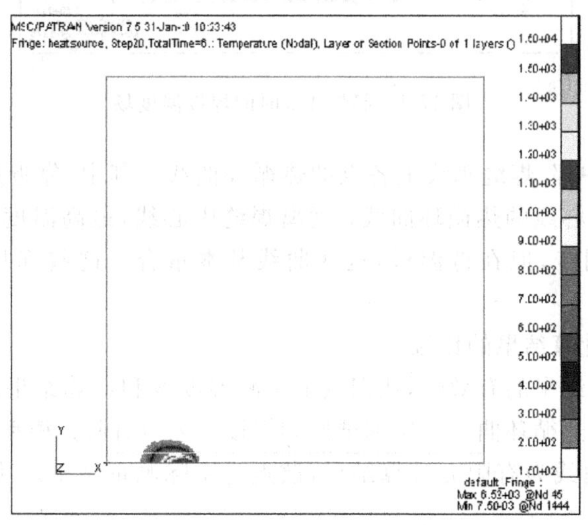

图 17-2　起弧 6s 时的焊接温度场

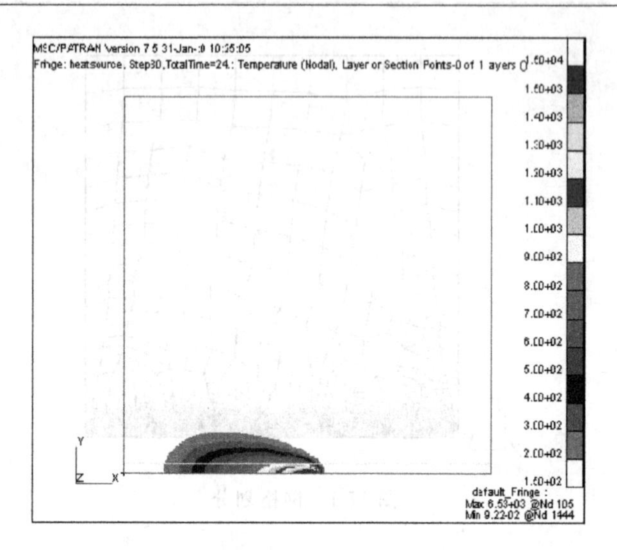

图 17-3　起弧 24s 时的焊接温度场

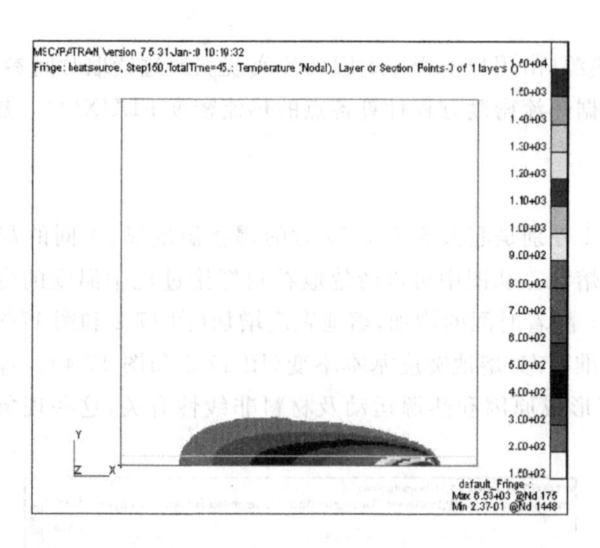

图 17-4　起弧 45s 时的焊接温度场

图 17-5 为焊缝中部、焊缝垂线上各点的热循环曲线。其中，靠近焊缝中心线的热循环曲线包含远离焊缝中心线的热循环曲线；远离焊缝中心线，最高温度逐渐降低；各点的温度变化在高温段不同步，但在低温段，这些曲线基本重合。这些都是焊接热循环曲线的特征。

3. 实测数据与计算结果的比较

为了检验有限元结果的有效性，我们做了实测温度场和计算结果的对比。对比采用焊接工作者经常采用的热循环曲线。实测试件和焊接工艺与有限元模型的参数一致。对比结果见图 17-6。图中曲线为有限元计算结果，散点为实际测量结果。从图中可以看出，两者吻合得较好。

通过计算确定：实际测量热循环曲线的 $t_{8/5}$ 为 12s，有限元计算热循环的 $t_{8/5}$ 为11.9s，两者基本相同，说明有限元分析结果准确、可靠。

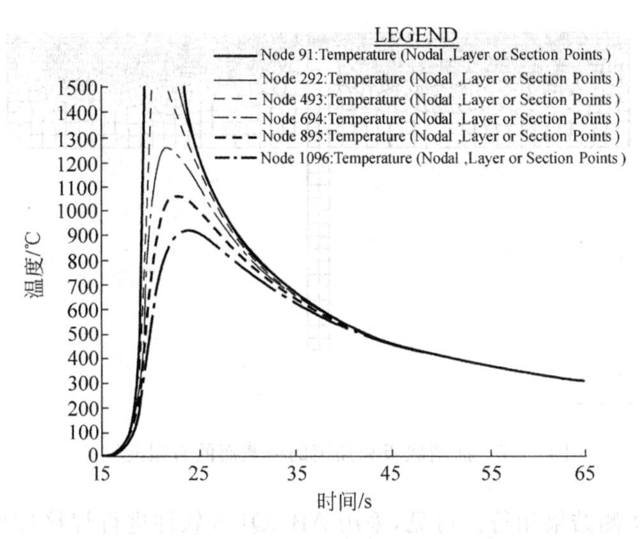

图 17-5 焊缝垂线上各点的热循环曲线

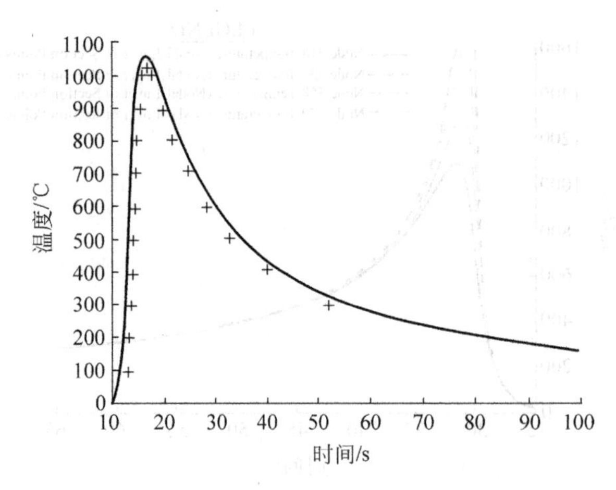

图 17-6 实测结果与计算结果对比曲线

17.1.3 插销试验的温度场

1. 有限元模型

取插销底板和插销的横截面进行分析。底板横截面尺寸为 200mm×36mm，插销直径为 8mm，缺口深度为 1.5mm，缺口尖端圆角半径为 0.1mm，插销长度为 100mm，缺口距离底板表面 2.5mm，有限元网格见图 17-7。

插销缺口上方在电弧经过时被熔化，可以认为和底板是一个整体。插销侧面和底板的销孔为紧密配合，可以较好地传递热量。在有限元模型中，插销侧面和销孔为表面。为了模拟实际情况，在这对表面中定义了热接触表面。通过定义接触表面，保证在分析过程中两个表面的温度相等。

2. 计算结果

图 17-8 是插销中心线上各点的焊接热循环曲线，其特征和插销底板上焊接热循环曲线

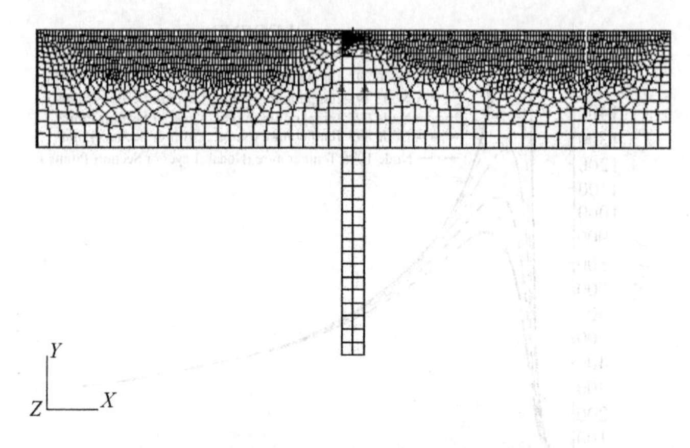

图 17-7　插销底板和插销的横截面的有限元网格

一致，这一结论和实测结果相符。可见，采用 ABAQUS 软件进行焊接过程数值模拟切实可行，焊接温度场的计算结果精度较好，可以为应力分析提供全面、准确的数据。

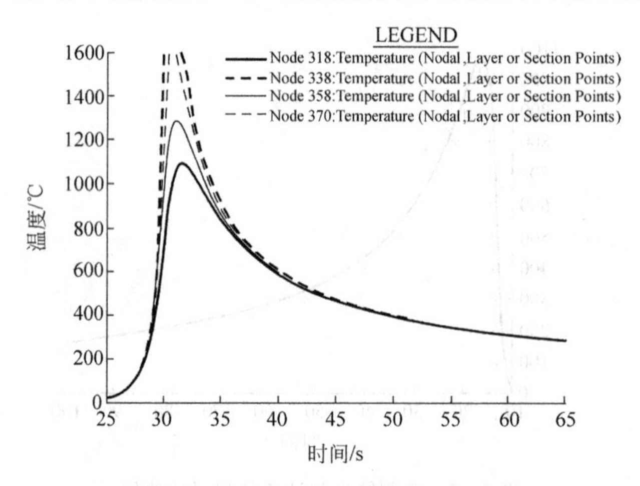

图 17-8　插销中心线上各点的焊接热循环曲线

17.2　焊接接头氢扩散数值模拟

17.2.1　问题简介

焊接氢致裂纹是低合金钢焊接时最容易产生而且危害最为严重的焊接工艺缺陷，它常常是焊接结构失效破坏的主要原因。因此，评定焊接氢致裂纹敏感性，预防氢致裂纹的产生，一直是低合金高强度钢焊接性和焊接工艺研究的最重要内容之一。大量研究工作表明，焊接区扩散氢含量、结构的拘束应力水平及淬硬组织的存在是氢致裂纹产生的三个主要因素。当下述四个条件同时存在时，焊接氢致裂纹将可能发生：①扩散氢含量达到临界浓度；②应力强度足够大；③组织结构对氢敏感；④温度低于 200℃左右。由于氢原子体积小、活性强，即使在较低的温度下氢在金属中也具有较强的扩散能力，因此焊接接头微区中的瞬态氢含量是难以测定的。尽管国内外学者对焊接接头微区氢测定技术进行过多种尝试，但是迄今为止尚无成熟测试技术可以用于焊接接头微区中的瞬态氢含量测定。由于缺乏焊接接头微区中瞬态氢含量的数据，目前尚不能提出氢致开裂的准确判据，也难以深入地认识氢致裂纹产生的机制。如何确定氢致裂纹产生的临界氢浓度，如何准确地预测氢致裂纹产生的时间和位置仍然是焊接界的一个难题。近年来，随着计算机技术的发展，采用数值分析的手段对焊接过程中氢的扩散和聚集行为进行分析受到各国焊接学者的普遍重视。先后发表的一些文章，其中大部分对氢的计算分析是基于 Fick 第二定律，即将焊接接头假定为一个均匀介质，氢扩散的驱动力是氢的浓度梯度。但是，实际焊接接头中母材、热影响区和焊缝金属的微观组织存在着显著的差异，同时，焊接接头还存在着焊接残余应力和应变，实际焊接接头不是一个均匀的介质，Fick 第二定律不能解决焊接接头微观氢扩散及聚集问题。本节采用 ABAQUS 有限元分析软件，对氢在非均质焊接接头中的扩散过程进行了初步的计算模拟。

17.2.2　接头扩散过程的几项基本假设

为了简化计算，本例对焊接接头的氢扩散过程作如下假设：

(1) 氢在焊接接头各区域的扩散只以原子形式进行，扩散过程中不形成氢分子；

(2) 氢逸出金属表面时不受表面效应的影响，即氢一旦扩散到试板表面，氢原子即结合成氢分子，进入大气中；

(3) 在氢扩散计算过程中忽略气孔、夹杂等宏观缺陷的影响；

(4) 氢在焊接接头各部位的扩散系数是各向同性的，即在 X,Y 方向的扩散系数相同；

(5) 氢在不均匀介质边界处的化学势变化连续，并满足质量守恒定律。

17.2.3　初始条件和边界条件

1. 试板几何模型及有限元网格划分

1/2 试板几何模型及尺寸见图 17-9。氢扩散计算有限元网格划分情况见图 17-10。为了节省计算机资源同时保证焊接区氢扩散计算结果的精度，采用了不均匀网格，即焊接区较密，而其他部位较疏。计算发现，当焊接区网格尺寸在 1mm 左右时，能够保证氢扩散计算的精度。本计算使用的模型节点数 2761，单元数 2427。

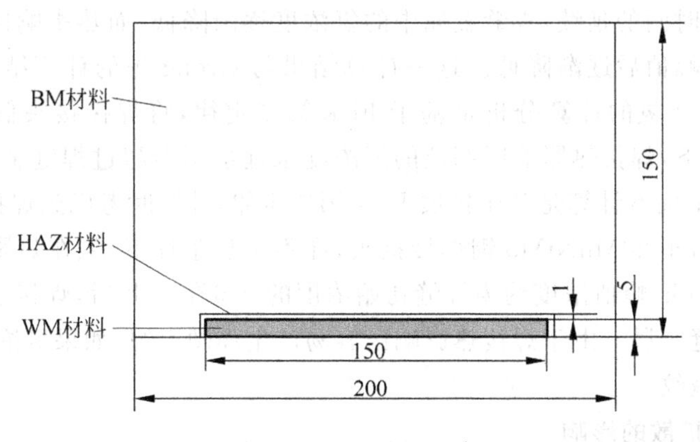

图 17-9　1/2 试板尺寸

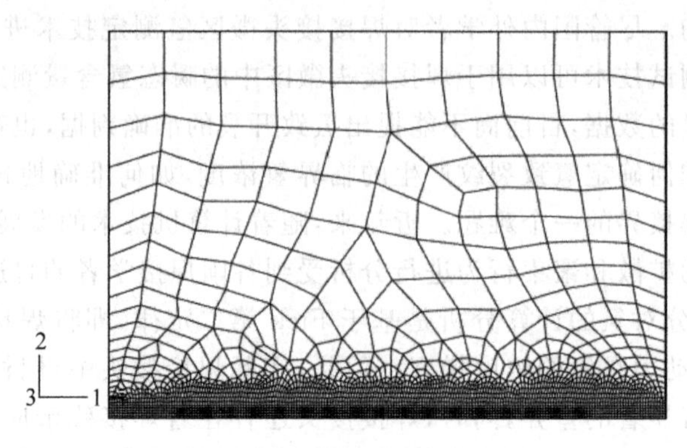

图 17-10　有限元网格划分

2. 初始条件和边界条件

各节点上的氢活度 Φ 根据 $\Phi=C/S$ 计算得到，其中 C 表示氢浓度，S 表示相应温度下的溶解度。由于焊接氢源是以一定速度随焊接电弧移动加入的，本计算采用改变边界条件加入焊接氢源。氢扩散计算的初始条件和边界条件如下。

(1) 初始条件：开始焊接时，试板各部位氢活度 $\Phi_i=0$；初始温度为室温 15℃，即 $T_i=288\text{K}$。

(2) 边界条件：根据假设，在整个扩散过程中，试板边界上各节点处的氢活度为零 ($\Phi_b=0$)；而焊接电弧所到位置处各节点的氢活度为 $\Phi_b=C_0/S$，其中 C_0 是熔敷金属扩散氢含量。

17.2.4　焊接接头氢扩散计算结果

1. 氢在非均质焊接接头的扩散过程

本例采用 DC2D4 单元、瞬态分析过程进行氢扩散计算，通过控制 DCMAX(活度迭代误差)保证计算精度。在瞬态氢扩散分析中，ABAQUS 采取自动调整时间增量的方式来满足计算精度的要求。氢在非均质焊接接头中的扩散过程如图 17-11 所示。图 17-11 中单元 100 和单元 700 是在试板中心部位的焊缝金属位置，其中单元 700 靠近焊接热影响区，单元 900 是试板中心部位焊接热影响区，单元 968 为靠近焊接热影响区的母材。从图 17-11 中可以看到，随着焊后时间的延续，焊缝金属中的氢浓度逐渐降低，而热影响区及母材中的氢浓度逐渐增多，达到峰值后逐渐降低。这一计算结果与 Grong 等的计算结果相似，但有明显区别：Grong 等对于氢的计算分析是基于 Fick 第二定律，将焊接接头假定为一个均匀介质，在此假设条件下，焊接热影响区部位的氢浓度永远也不会超过焊缝金属，热影响区的氢不会产生“集聚”；而本计算是基于扩展 Fick 第二定律，计算时考虑到焊接接头各区域不均匀组织的影响。对于 20MnNiMo 钢焊接接头，在不预热条件下，氢在热影响区中出现峰值浓度的时间约为 30h，峰值浓度约为焊缝初始浓度的 0.6 倍。此后，焊接热影响区中氢浓度将长时间超过焊缝金属。由于焊接热影响区容易产生淬硬组织，如果氢浓度较高，就容易在此产生焊接氢致裂纹。

2. 预热对氢扩散的影响

预热可以降低焊接冷却速度，有利于氢的扩散和逸出。在实际焊接生产中，预热是一种

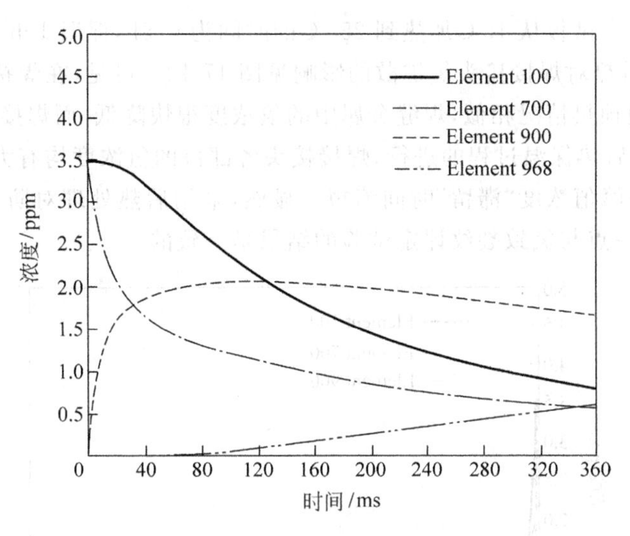

图 17-11 试板焊缝中心部位氢浓度随时间变化情况

广泛使用的防止氢致裂纹的工艺措施。根据实测，在 15℃下，整体预热 150℃的插销试板在试验焊缝焊完后冷却到室温的时间为 3600s 左右。将这种温度变化耦合到氢扩散计算程序中。预热对试板焊缝中心部位氢扩散的影响见图 17-12。与不预热时的计算结果相比，在预热条件下，氢在焊接接头中扩散的速度明显加快，表现在焊缝金属中的氢浓度快速降低，同时焊接热影响区氢出现峰值浓度的时间缩短。在 150℃预热条件下，靠近热影响区的焊缝金属在 1h 后氢浓度从 3.48ppm 降低到 2.0ppm 以下，同时热影响区的氢浓度也在大约 1h 时达到峰值。

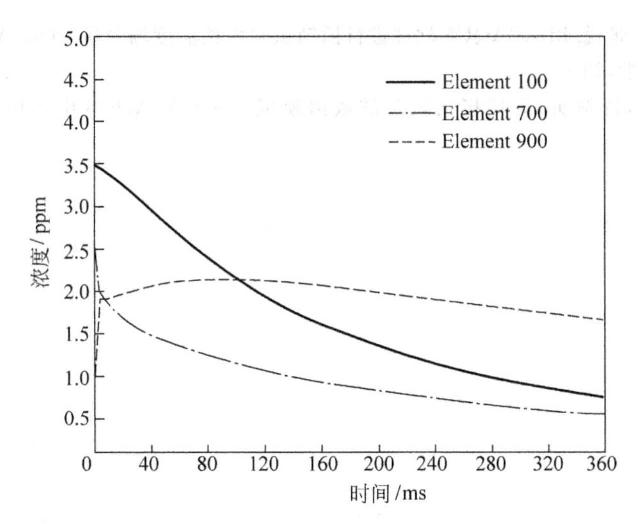

图 17-12 150℃预热对焊接接头氢扩散的影响

3. 焊接后热对氢扩散的影响

焊接后热是指焊接结束后，将焊件立即加热到一定的温度范围内，并保温一段时间，其目的是加速焊接接头中氢的扩散逸出。焊后及时后热处理是防止焊接冷裂纹的有效措施之一。为了了解焊接后热过程中不均质焊接接头氢扩散过程，进行了 250℃保温 10h 后热条件下的氢扩散计算。试板从15℃加热到250℃的时间为0.5h,保温10h后,再经过0.5h冷却到室温15℃。后热对焊接接头氢扩散的影响见图17-13。可见,在焊接后热初期,氢在焊接接头中的扩散同预热情况相似,焊缝金属中的氢浓度很快降低,而焊接热影响区氢很快达到峰值浓度;随着后热保温过程的进行,焊接接头各部位的氢浓度均有大幅度降低,同时使焊接热影响区氢的峰值浓度"滞留"时间缩短。显然,采用后热处理对防止焊接氢致裂纹的产生是有利的,这一点与氢致裂纹评定试验的结果是一致的。

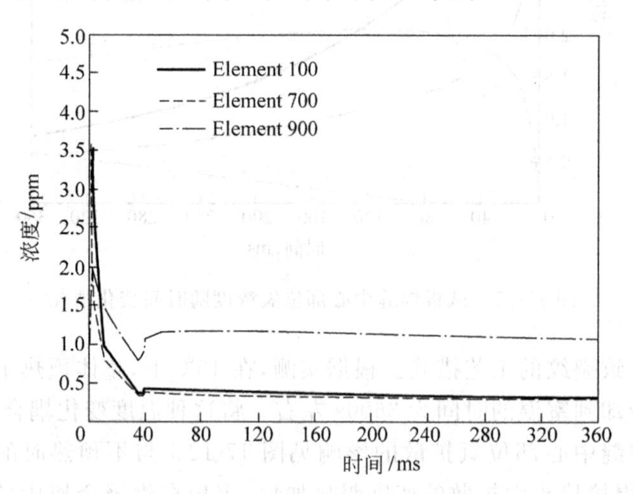

图17-13　250℃保温10h后热处理对焊接接头氢扩散的影响

本章主要内容引自:

[1]　陈佩寅,谭长瑛,张锐.用ABAQUS软件进行插销试验焊接温度场分析.2000 ABAQUS中国用户年会文集,清华大学,2000

[2]　张显辉,谭长瑛,陈佩寅.焊接接头氢扩散数值模拟.2000 ABAQUS中国用户年会文集,清华大学,2000

18　橡胶超弹性材料的应用实例

本章通过研究橡胶这一典型的超弹性材料，介绍应用 ABAQUS 分析超弹性材料的实例。

18.1　问题简介

与普通金属材料不同，橡胶材料受力以后，其变形是一个非常复杂的过程。它的变形伴随着大位移和大应变。橡胶材料本身又是非线性材料，本构关系复杂，无法像一般金属材料那样仅需几个系数便可描述材料特性。此外，橡胶材料的另一个突出特点是在变形过程中其体积几乎不变，加之它的力学行为对温度、环境、应变历史、加载速率等十分敏感，这样就使得描述橡胶的行为更加复杂。

随着计算机以及有限元分析的发展，现在我们可以借助计算机用有限元方法来分析工业中橡胶元件的力学性能，包括选取橡胶的本构模型、拟合本构模型、有限元建模和处理计算结果。

本例题主要讨论了一种橡胶元件中常用的超弹性材料轴对称过盈配合（如圆柱铰、球铰等减振橡胶元件）问题。根据定义，广义平面应变状态是简单拉伸、纯弯曲和平面应变三种状态的线性组合，它是二维平面问题中最一般的情况。凡是受自平衡面内载荷（或约束力）以及端面法向载荷（或约束力）作用的柱形杆，都可按广义平面应变问题处理。本问题符合这些基本条件，所以可以按广义平面应变问题处理。

在广义平面应变状态中，一般存在 $\sigma_x,\sigma_y,\tau_{xy},\sigma_z$ 四个应力分量；如果 $\sigma_z=0$，则退化为平面应力状态。一般来说，允许横截面有轴向的平移或者转动，但变形后仍应保持平面；如果限制此平移和转动，则退化为平面应变状态。在本课题中讨论的是轴对称情况，故不需考虑横截面变形后的转动。

对于两端自由 $P_z=M_x=M_y=0$ 的特殊情况，当截面上的 $\sigma_x+\sigma_y$ 符合线性条件 $\Theta=\sigma_x+\sigma_y=ax+by+c$（$a,b,c$ 为常数）时，广义平面应变解就是平面应力解。因而只需求得本问题在平面应力下的解即可。

当材料行为是不可压缩（泊松比＝0.5）或非常接近于不可压缩（泊松比＞0.475）时，不能用常规单元来模拟（除了平面应力情况），因为在此时单元中的压应力是不确定的。考虑均匀静水压力作用下的一个单元（图 18-1），材料若不可压缩，则其体积在均匀压力下并不改变，单元内部的变形是非确定量，压应力无法由单元内部积分点处的应变得到，或者无法从节点位移得到节点力。

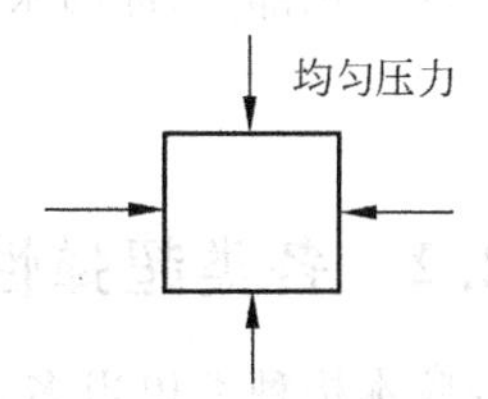

图 18-1　承受静水压力下的单元

对于具有不可压缩材料性质的任何单元，一个纯位移的数学公式是不确定的。ABAQUS 中采用杂交单元来处理。杂交单元包含一个可直接确定单元压应力的附加自由度。节点位移只用来计算偏应变和偏应力。

橡胶就是一种典型的具有不可压缩性质的材料。由于本例题基于平面应力假定，故可以采用常规单元来模拟橡胶这种典型不可压缩材料的响应。

18.2 常用橡胶本构关系模型

橡胶作为一种典型的超弹性材料，它的本构关系非常复杂。在大量的实验数据的基础上，人们建立起来很多理论模型来描述橡胶的力学特征。本节将简单介绍其中一些常用的模型。

18.2.1 超弹性模型本构关系基本理论

连续介质力学里的变形梯度一般写作

$$\boldsymbol{F}=\frac{\partial \boldsymbol{x}}{\partial \boldsymbol{X}}=\frac{\partial x_i}{\partial X_I}\boldsymbol{e}_i\boldsymbol{e}_I \tag{18-1}$$

其中，$\boldsymbol{x}$ 为空间(Euler)坐标，$\boldsymbol{X}$ 为物质(Lagrangian)坐标，$\boldsymbol{e}_i$ 为基矢量，令

$$\boldsymbol{F}=J^{1/3}\boldsymbol{I}\overline{\boldsymbol{F}}=J^{1/3}\boldsymbol{I}(J^{-1/3}\boldsymbol{D}\boldsymbol{x}) \tag{18-2}$$

就将变形梯度分解为了等容变形部分和体积变形部分，相应地也可以将应变能分为等容部分和体积变形两部分。J 是橡胶变形后与变形前的体积比，$J=\mathrm{Det}(\boldsymbol{D}\boldsymbol{x})=|\boldsymbol{F}|$，Det 表示行列式。

$$\mathrm{Det}\overline{\boldsymbol{F}}=1,\quad \mathrm{Det}(J^{1/3}\boldsymbol{I})=J \tag{18-3}$$

分别代表等容(畸度)部分和体积变形部分。类似于左 Cauchy-Green 张量 $\boldsymbol{B}=\boldsymbol{F}\boldsymbol{F}^{\mathrm{T}}$(上标 T 表示转置)，计算其相应的等容形式

$$\overline{\boldsymbol{B}}=\overline{\boldsymbol{F}}\overline{\boldsymbol{F}}^{\mathrm{T}}=J^{-2/3}\overline{\boldsymbol{F}}\overline{\boldsymbol{F}}^{\mathrm{T}}=J^{-2/3}\boldsymbol{B} \tag{18-4}$$

应变能函数可写为

$$U=U(\overline{I}_1,\overline{I}_2,J) \tag{18-5}$$

其中，$\overline{I}_1$ 与 $\overline{I}_2$ 分别为 $\overline{\boldsymbol{B}}$ 的第一与第二不变量，即

$$\begin{cases}\overline{I}_1=\delta_{IJ}\overline{\boldsymbol{B}}_{IJ}=J^{-2/3}I_1\\ \overline{I}_2=\dfrac{1}{2}\delta_{IJ}\delta_{KL}(\overline{\boldsymbol{B}}_{IJ}\overline{\boldsymbol{B}}_{KL}-\overline{\boldsymbol{B}}_{IK}\overline{\boldsymbol{B}}_{JL})=J^{-4/3}I_2\end{cases} \tag{18-6}$$

其中，I_1，I_2 为 $\boldsymbol{B}$ 的第一、第二不变量。

利用应变能函数，可通过下式得到 Cauchy 应力的偏量

$$\boldsymbol{\sigma}'=\frac{2}{J}\mathrm{Dev}\left[\left(\frac{\partial U}{\partial \overline{I}_1}+\overline{I}_1\frac{\partial U}{\partial \overline{I}_2}\right)\overline{\boldsymbol{B}}-\frac{\partial U}{\partial \overline{I}_2}\overline{\boldsymbol{B}}\overline{\boldsymbol{B}}\right] \tag{18-7}$$

而应力的体积部分，即静水压力

$$p=-\frac{\partial U}{\partial J} \tag{18-8}$$

18.2.2 各类超弹性本构模型

橡胶本构种类相当多。由于历史的原因，最早出现的本构模型为多项式形式模型和 Ogden 形式模型，均基于连续介质力学理论。后来出现了基于热力学统计理论的模型，即

橡胶在未承受载荷时分子结构是无序的；拉伸时，熵随着橡胶弹力的增大而减少。

图 18-2 为橡胶材料单轴拉伸实验中的应力-应变关系图。从图中可见，材料是非线性的，易于产生大变形，且在大变形时应力陡然上升。超弹性材料由于应力-应变关系复杂，所以才产生了种类繁多、解析式复杂的本构关系。

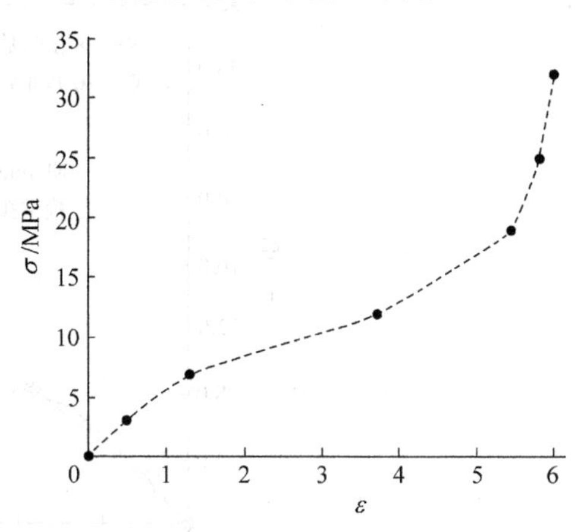

图 18-2　橡胶材料单轴拉伸曲线

可以根据问题的具体要求，选择相应的本构模型来模拟材料的力学性质，力图用参数少、数学上处理简单的模型来得到相对精确的行为描述。

1. 多项式形式及其特殊情况

对于各向同性材料，应变能密度分解成应变偏量能和体积应变能两部分，形式如下：

$$U = f(\bar{I}_1 - 3, \bar{I}_2 - 3) + g(J - 1) \tag{18-9}$$

令 $g = \sum_{i=1}^{N} \frac{1}{D_i}(J-1)^{2i}$，并进行泰勒展开，可得

$$U = \sum_{i+j=1}^{N} C_{ij}(\bar{I}_1 - 3)^i(\bar{I}_2 - 3)^j + \sum_{i=1}^{N} \frac{1}{D_i}(J - 1)^{2i} \tag{18-10}$$

参数 N 为选择的多项式阶数。D_i 的值决定材料是否可压；如果所有的 D_i 都为 0，则代表材料是完全不可压的。对于多项式模型，无论 N 值是多少，初始的剪切模量 μ_0 和初始的体积模量 k_0 都仅依赖于多项式第一阶（$N=1$）的系数：

$$\mu_0 = 2(C_{10} + C_{01}), \quad k_0 = \frac{2}{D_1} \tag{18-11}$$

2. Mooney-Rivlin 模型和 Neo-Hookean 模型

设所有 $C_{ij}=0(j\neq 0)$，则得到减缩的多项式模型：

$$U = \sum_{i=1}^{N} C_{i0}(\bar{I}_1 - 3)^i + \sum_{i=1}^{N} \frac{1}{D_i}(J - 1)^{2i} \tag{18-12}$$

对于完全多项式，如果 $N=1$，则只有线性部分的应变能保留下来，这就是 Mooney-Rivlin 形式，如图 18-3 所示。

$$U = C_{10}(\bar{I}_1 - 3) + C_{01}(\bar{I}_2 - 3) + \frac{1}{D_1}(J - 1)^2 \tag{18-13}$$

对于减缩多项式，$N=1$ 就得到 Neo-Hookean 形式：

$$U = C_{10}(\bar{I}_1 - 3) + \frac{1}{D_1}(J - 1)^2 \tag{18-14}$$

这种形式是最简单的超弹性材料本构关系模型，如图 18-4 所示。

Mooney-Rivlin 形式被看做是 Neo-Hookean 形式的扩展，其中有一项由等容 Cauchy-Green 张量的第二不变量决定。在很多情况下，Neo-Hookean 形式相比于 Mooney-Rivlin 形式能得到更接近实验数据的结果。两种模型的精确程度相当，它们的应变能都是不变量的线性函数，且不能反映应力应变曲线在大应变部分的“陡升”行为，但能很好地模拟小应变和中等应变时材料的特性。

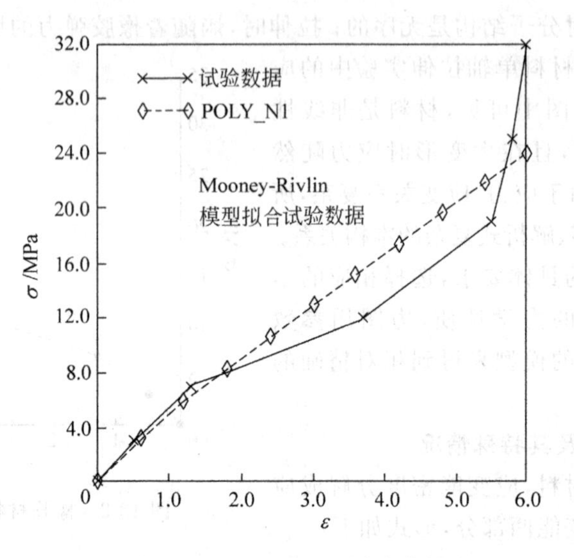

图 18-3 Mooney-Rivlin 形式本构模型

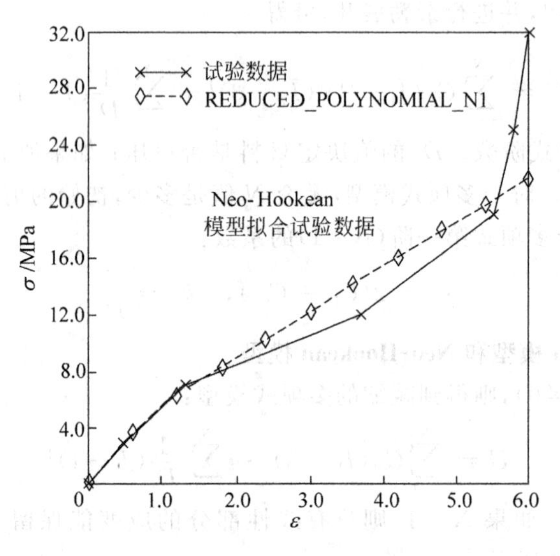

图 18-4 Neo-Hookean 形式本构模型

3. Yeoh 形式

Yeoh 形式是 $N=3$ 时减缩多项式的特殊形式，此时

$$U=\sum_{i=1}^{3} C_{i0}(\bar{I}_1-3)^i+\sum_{i=1}^{3}\frac{1}{D_i}(J-1)^{2i} \tag{18-15}$$

它产生典型的 S 形橡胶应力-应变曲线，如图 18-5 所示。在小变形情况下，C_{10} 代表初始剪切模量；由于第二个系数 C_{20} 一般为负，在中等变形时出现软化；但由于第三个系数 C_{30} 为正，在大变形情况下材料又变硬。

4. Ogden 形式

Ogden 应变能以三个主伸长率 $\lambda_1,\lambda_2,\lambda_3$ 为变量。应变能密度形式如下：

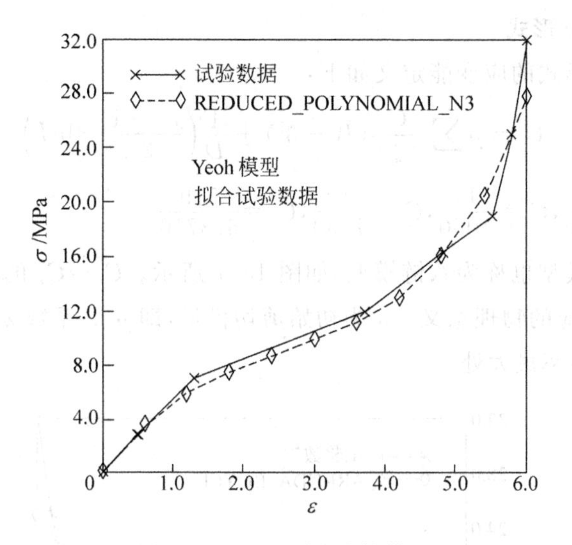

图 18-5 Yeoh 形式本构模型

$$U=\sum_{i=1}^{N}\frac{2\mu_i}{\alpha_i^2}(\bar{\lambda}_1^{\alpha_i}+\bar{\lambda}_2^{\alpha_i}+\bar{\lambda}_3^{\alpha_i}-3)+\sum_{i=1}^{N}\frac{1}{D_i}(J-1)^{2i} \tag{18-16}$$

其中 $\bar{\lambda}_i=J^{-1/3}\lambda_i$，从而 $\bar{\lambda}_1\bar{\lambda}_2\bar{\lambda}_3=1$。Ogden 应变能函数的第一部分只与 $\bar{I}_1$ 和 $\bar{I}_2$ 有关。

如果 $N=1,\alpha_1=2,\alpha_2=-2$，则得到 Mooney-Rivlin 模型。如果 $N=1,\alpha_1=2$，Odgen 模型变成 Neo-Hookean 模型。在 Ogden 模型中(图 18-6)，μ_0 由全部系数决定：

$$\mu_0=\sum_{i=1}^{N}\mu_i \tag{18-17}$$

初始体积模量 k_0 取决于 D_1，与前述一致。

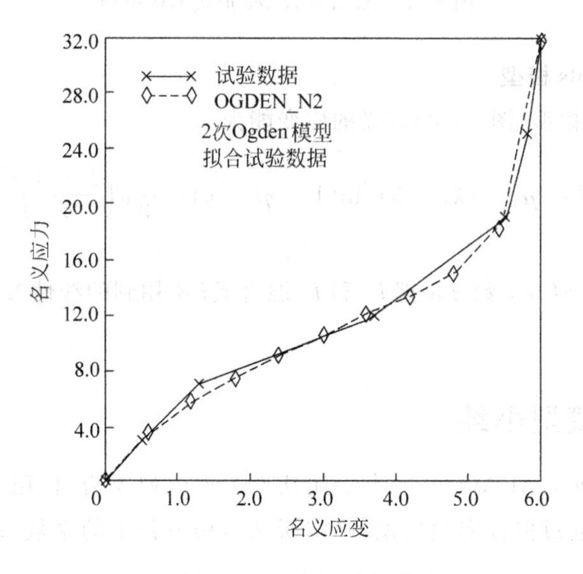

图 18-6 Ogden 形式本构模型

5. Arruda-Boyce 形式

Arruda-Boyce 形式的应变能定义如下：

$$U=\mu\sum_{1}^{5}\frac{C_i}{\lambda_m^{2i-2}}(\bar{I}_1^i-3^i)+\frac{1}{D}\left(\frac{J^2-1}{2}-\ln J\right) \tag{18-18}$$

其中，$C_1=\frac{1}{2}$，$C_2=\frac{1}{20}$，$C_3=\frac{11}{1050}$，$C_4=\frac{19}{7050}$，$C_5=\frac{519}{673750}$

Arruda-Boyce 模型也称为八链模型，如图 18-7 所示。$C_1 \sim C_5$ 的值均由热力学统计方法得到，具有各自相应的物理意义。μ 为初始剪切模量，即 μ_0。系数 λ_m 为锁死应变，位置大约在应力应变曲线斜率最大处。

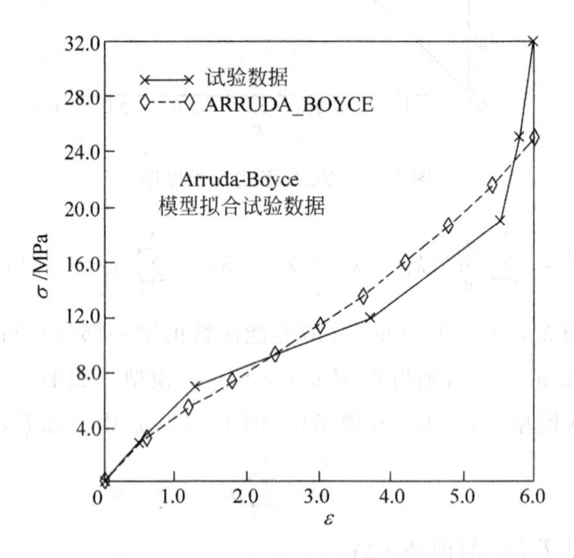

图 18-7　Arruda-Boyce 形式本构模型

6. Van der Waals 模型

Van der Waals 模型(图 18-8)定义的应变能为

$$U=\mu\left\{-(\lambda_m^2-3)[\ln(1-\eta)+\eta]-\frac{2}{3}\alpha\left(\frac{\tilde{I}-3}{2}\right)^{2/3}\right\} \tag{18-19}$$

其中，$\tilde{I}=(1-\beta)\bar{I}_1+\beta\bar{I}_2$，参数 β 是把 $\bar{I}_1$ 和 $\bar{I}_2$ 混合成 $\tilde{I}$ 所用到的线性参数。$\eta=\sqrt{\frac{\tilde{I}-3}{\lambda_m^2-3}}$。共有 4 个独立参数。

18.2.3　本构模型小结

以上的本构模型在 ABAQUS 等有限元软件中均已列表给出，用户可根据实验数据做出选择(表 18-1)。通过拟合实验数据，确定所选本构方程中的系数，这些过程在程序中可自动完成。

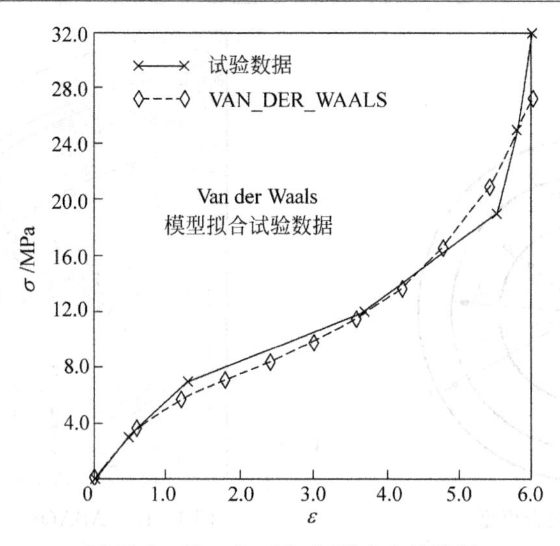

图 18-8 Van der Waals 形式本构模型

表 18-1 本构模型及系数

模　　型	材料的系数
基于热力学统计的本构模型	
(1) Arruda-Boyce 模型	2
(2) Van der Waals 模型	4
唯像的本构模型	
(1) *N* 次多项式	≥2*N*
① Mooney-Rivlin(一次)	2
② 减缩多项式	*N*
③ Neo-Hookean(一次)	1
④ Yeoh(三次)	3
(2) Ogden 模型	2*N*

18.3 过盈配合平面应力下的小变形解

过盈配合模型如图 18-9 所示。内外层 Part1 为钢；中间层 Part2 为橡胶，内外半径分别为 R_s 与 R_r；最外层 Part3 的材料与 Part1 相同，外半径为 b。Part2 和 Part3 之间的过盈量为 δ，同时假设平面应变或应力状态，求整个结构经过过盈配合后的应力应变状态。

具体的模型几何尺寸和材料数据如下：橡胶内径(内层钢外径)$R_s=59.5$mm，外径$R_r=73$mm；外层钢内径 $R_a=71.1$mm，外径 $b=80$mm；过盈量 $\delta=1.9$mm。钢的弹性模量为 $E_s=2.1\times10^5$MPa，泊松比 $\nu_s=0.3$；橡胶的弹性模量 $E_r=1.384$MPa，$\nu_r=0.5$。

由于本问题是一个轴对称模型，故在有限元计算中取完整模型的 1/4，以节约计算成本。该问题的 CAD 建模比较简单，在 ABAQUS/CAE 平台上完成。在 Part 模块中建模如图 18-10 所示。

在 Property 模块中定义材料性质。由于是小变形，可将橡胶视为线弹性材料。弹性模量和泊松比如前所述。

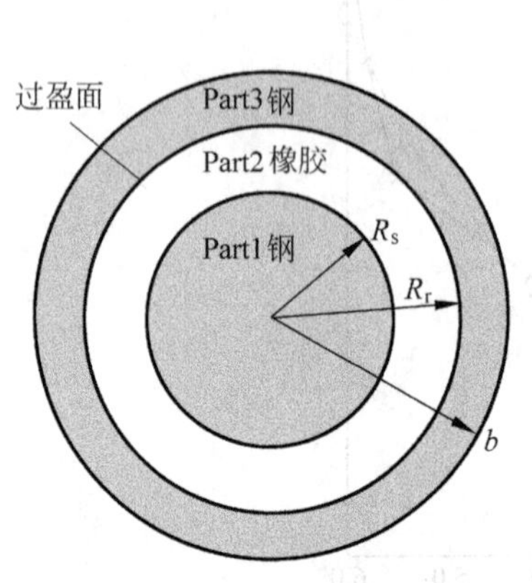

图 18-9　过盈配合模型

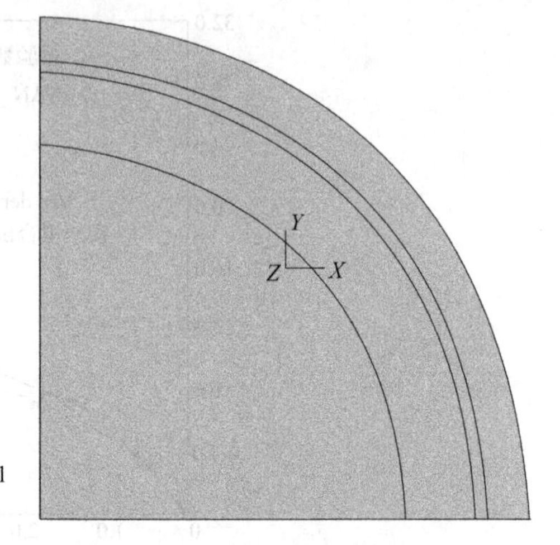

图 18-10　ABAQUS/CAE 模型

在 Step 分析步中定义一个一般的静态分析步，作为分析过盈配合的分析步。

在 Interaction 模块下定义过盈接触。接触需要定义主面和从面。ABAQUS/Standard 应用单纯的主-从接触算法：从面的节点不能穿透主面的任何部分。主、从定义的一般原则是：

(1) 从面应该是网格划分更精细的表面；

(2) 如果网格密度近似，从面应该是由更柔软的材料组成。

故而在本问题中定义接触中的橡胶面为从面，而钢的接触面定义为主面。

在 Interference 中采用 Automatic Shrink Fit 来实现过盈配合。

材料间的摩擦系数设为 0.05。接触对中主面和从面的滑动关系选择为有限滑动(finite sliding)。ABAQUS 中接触对的滑动关系有两种选项：有限滑动和小滑动(small sliding)。如果两个表面的相对运动比单元特征尺度的一小部分还小，则用小滑动公式更加适合，它可以提高分析效率。但本例中我们不能预先判断滑动的量级，所以选择有限滑动。

Mesh 模块中我们采用结构化的网格剖分技术，选择平面应力的线性二阶减缩单元(CPS4R 单元)，网格如图 18-11 所示。

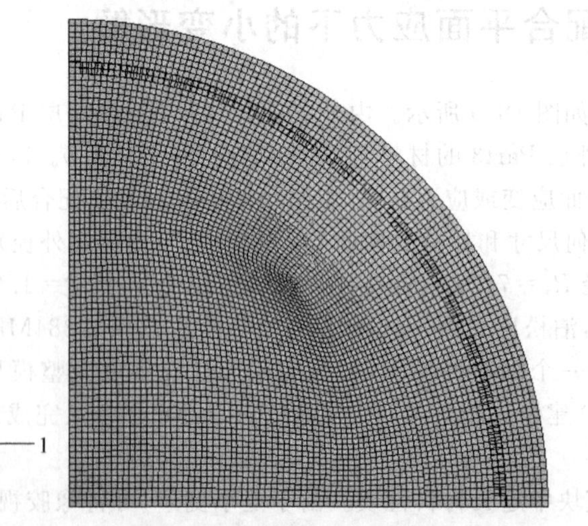

图 18-11　网格示意图

通过 ABAQUS/Standard 求解，Mises 应力结果如图 18-12 所示。

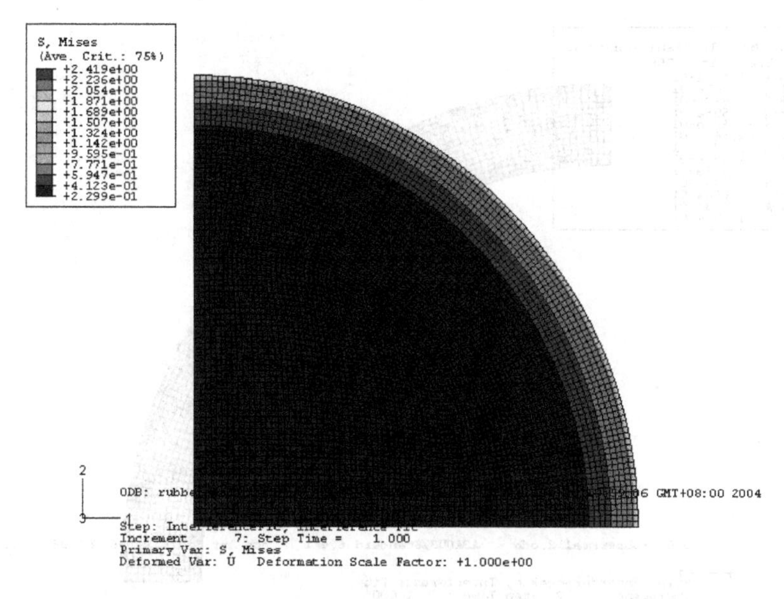

图 18-12 Mises 应力图

橡胶部分的 Mises 应力如图 18-13 所示。

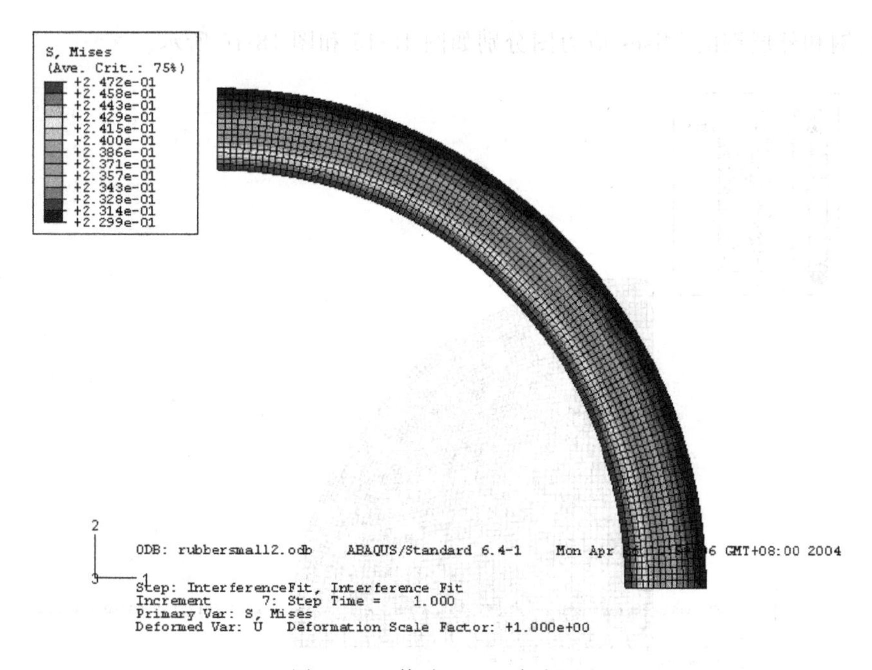

图 18-13 橡胶 Mises 应力图

橡胶面内最大主应力见图 18-14。

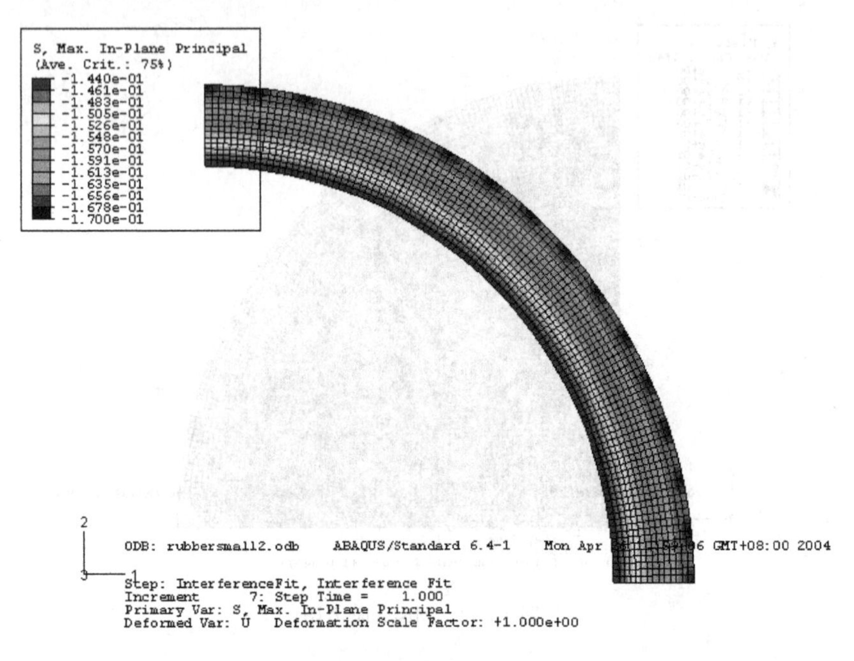

图 18-14　橡胶面内最大主应力

内层钢和外层钢的 Mises 应力图分别如图 18-15 和图 18-16 所示。

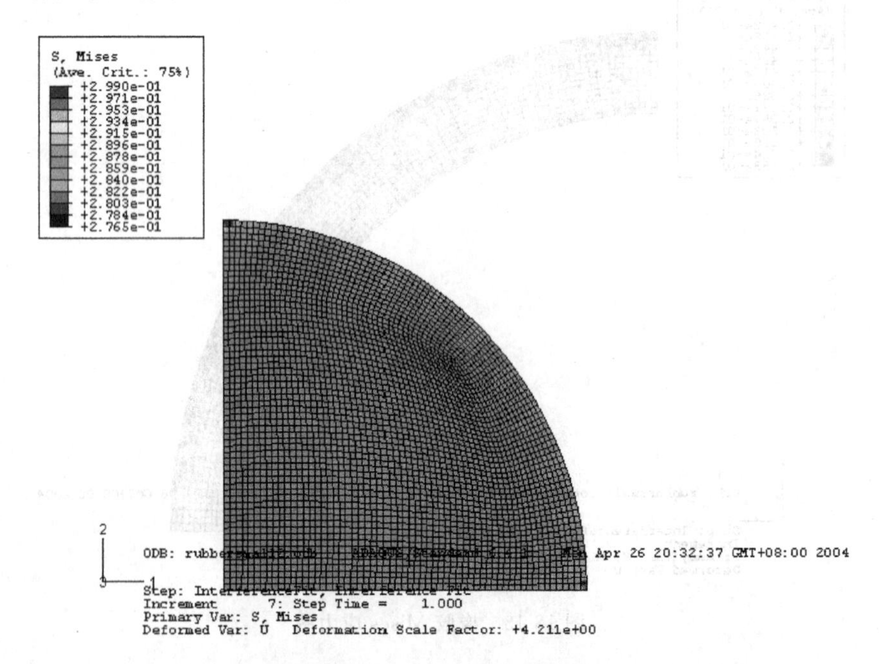

图 18-15　内层钢 Mises 应力图

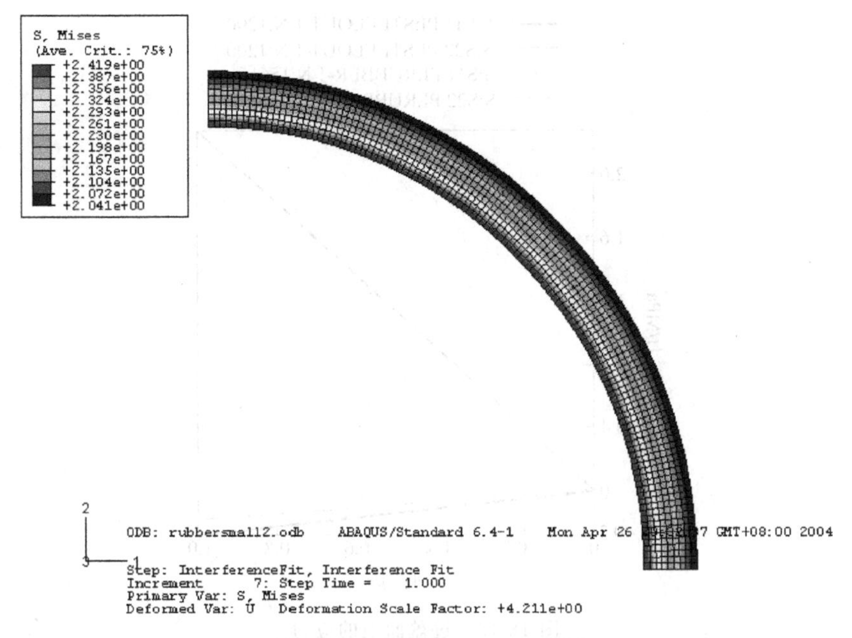

图 18-16　外层钢 Mises 应力图

模型的最大位移分量如图 18-17 所示。由图 18-17 可见，由于橡胶和钢两种材料的弹性模量相差很大，所以钢的位移量很小，而性质较“软”的橡胶被大量“挤出”。橡胶外径处的位移占了过盈量的绝大部分，约为 1.9mm。橡胶内径处的位移与内层钢边界处的径向位移和径向应力都是连续的。在过盈面上，径向应力是连续的，但环向应力不连续，如图 18-18 所示。

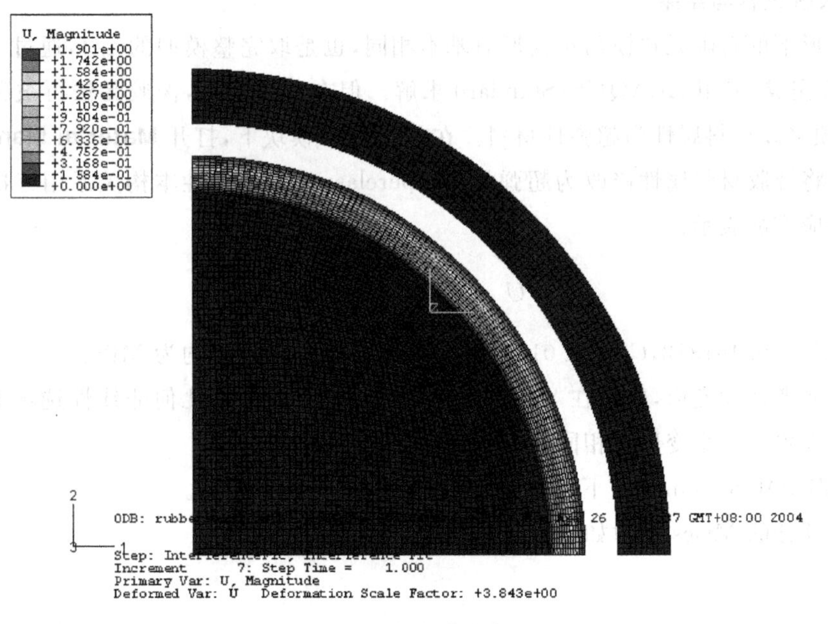

图 18-17　最大位移分量

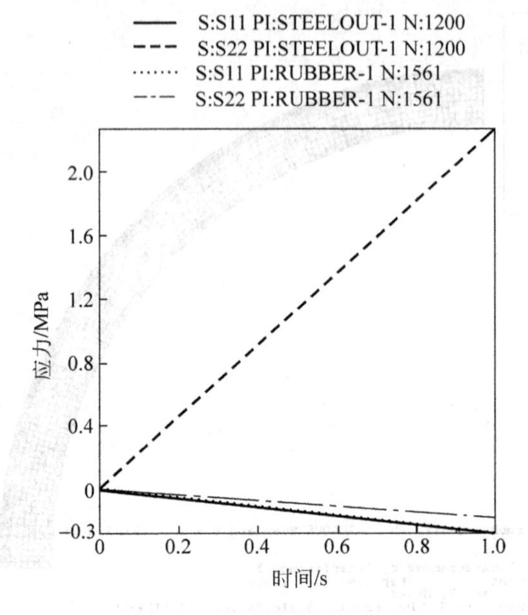

图 18-18　过盈面上的应力

18.4　过盈配合平面应力下的大变形解

在这一节里，我们讨论大变形情况下过盈配合平面应力的解。后面将就本节和前一节的结果进行比较，讨论两种本构关系下过盈配合平面应力解的区别。

1. 求解过程与结果

大变形下的有限元建模与小变形时基本相同，也是取完整模型的 1/4，通过 ABAQUS/CAE 平台完成，采用 ABAQUS/Standard 求解。但在大变形下，橡胶无法再被视为线弹性材料，必须修改材料属性为超弹性材料。在 Property 模块下，打开 **Material Manager**（材料管理器），将橡胶材料属性修改为超弹性（Hyperelastic）。超弹性本构关系用三次减缩多项式形式的应变能表示：

$$U = \sum_{i=1}^{3} C_{i0}(\bar{I}_1 - 3)^i \tag{18-20}$$

其中，取 $C_{10}=0.461312$，$C_{20}=0.01752$，$C_{30}=8.81\times10^{-5}$，单位均为 MPa。

由于要考虑大变形，所以在 Step 模块中，将过盈配合步的几何非线性选项 **Nlgeom** 打开。其余设置均与小变形时相同。

在 ABAQUS/Standard 下求解，Mises 应力如图 18-19 所示。

橡胶部分的 Mises 应力如图 18-20 所示。

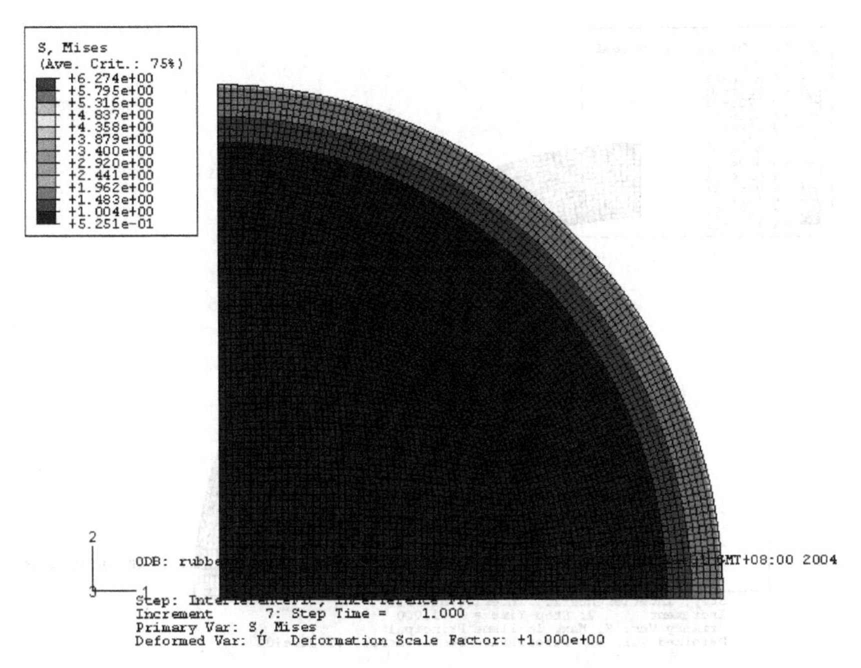

图 18-19 大变形情况下的 Mises 应力图

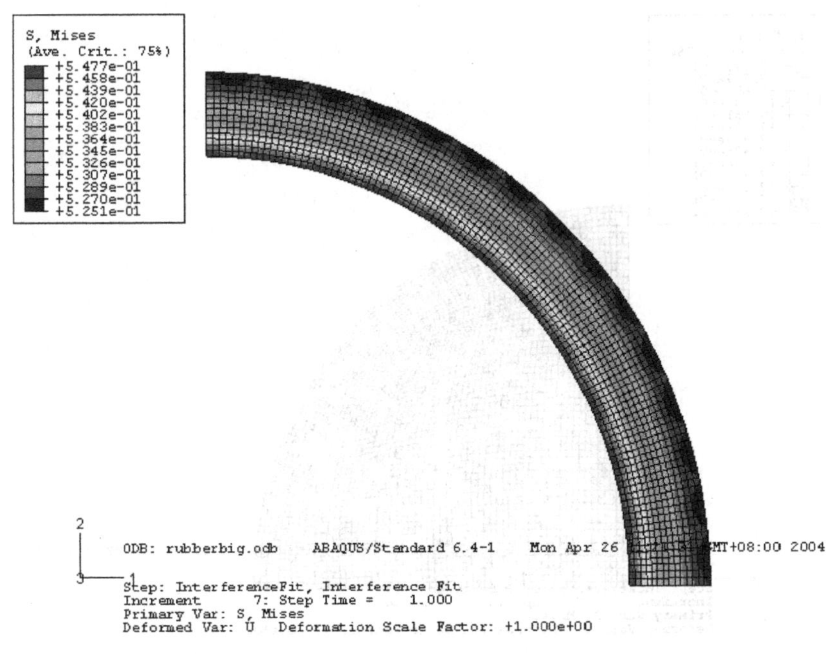

图 18-20 大变形情况下的橡胶 Mises 应力图

橡胶面内最大主应力见图18-21。

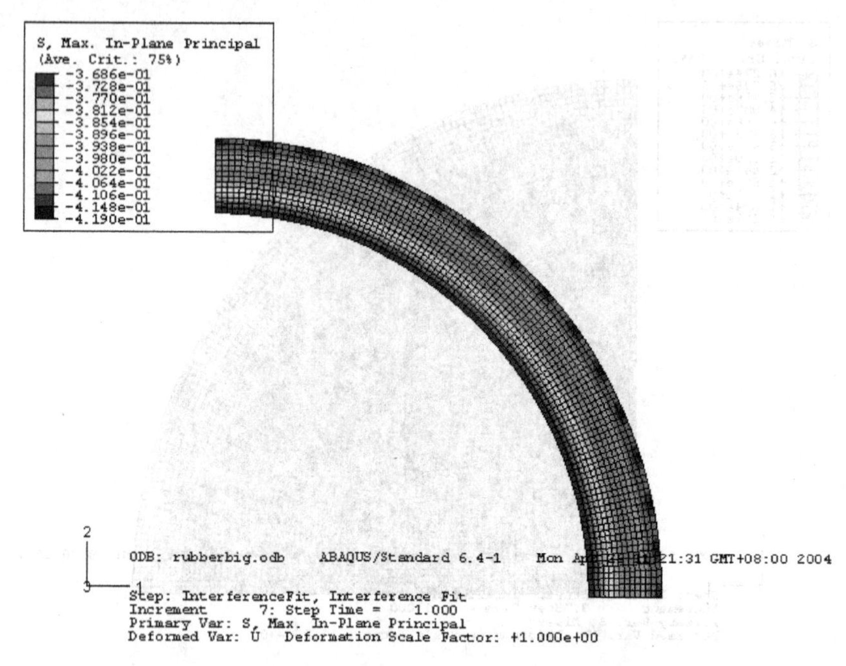

图18-21　大变形情况下的橡胶面内最大主应力

内层钢和外层钢的Mises应力图分别如图18-22和图18-23所示。

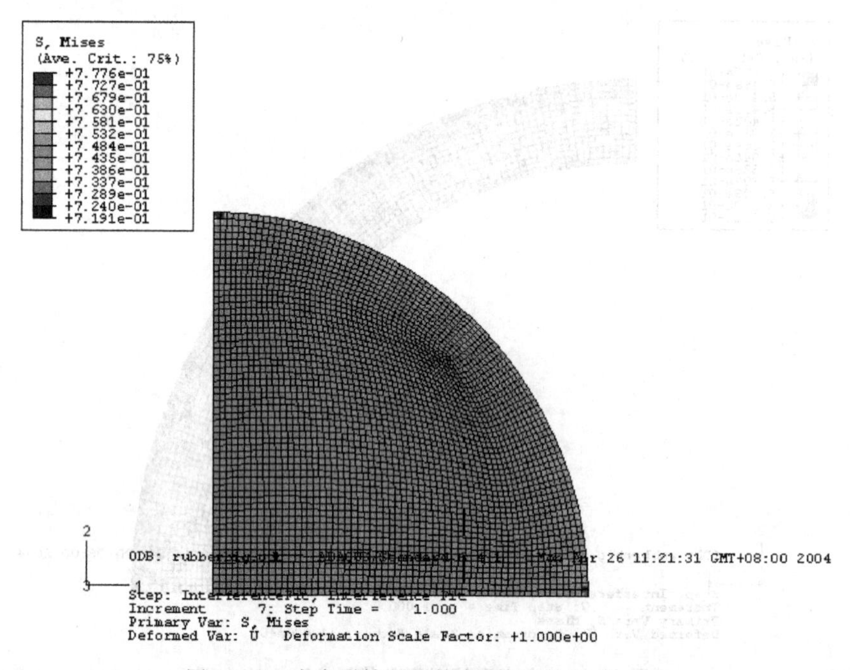

图18-22　大变形情况下的内层钢Mises应力图

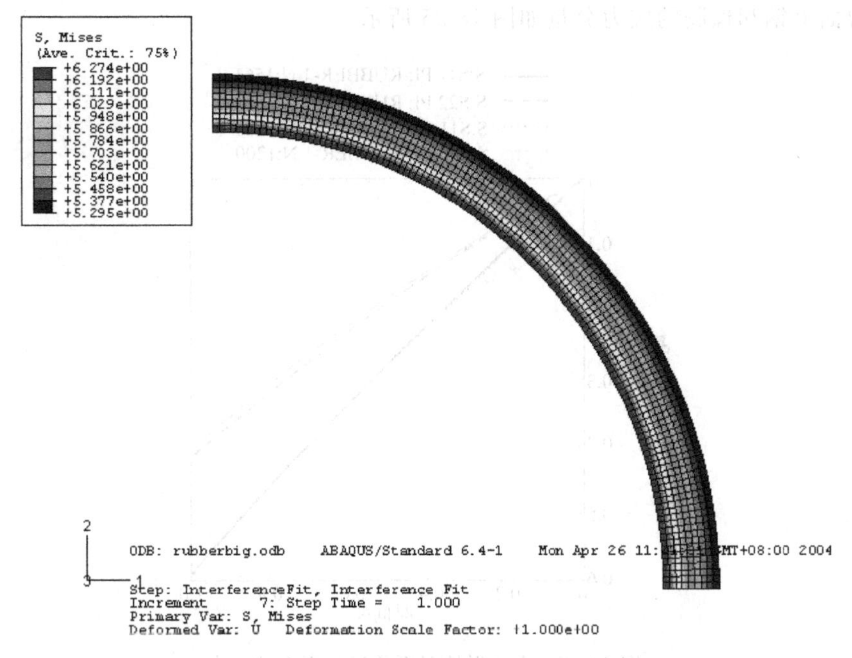

图 18-23　大变形情况下的外层钢 Mises 应力图

模型的最大位移分量如图 18-24 所示。

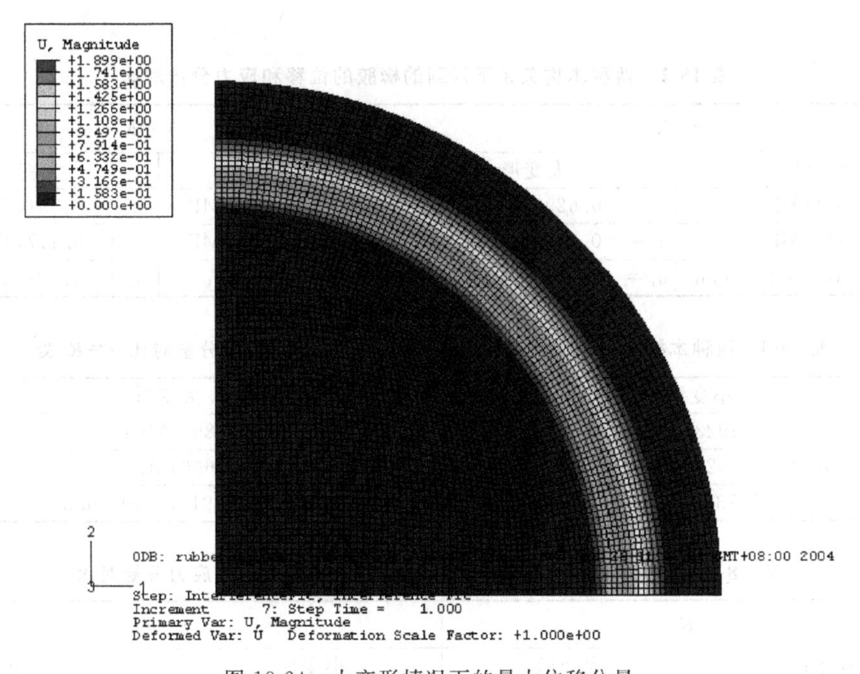

图 18-24　大变形情况下的最大位移分量

过盈面上钢和橡胶的应力分量如图 18-25 所示。

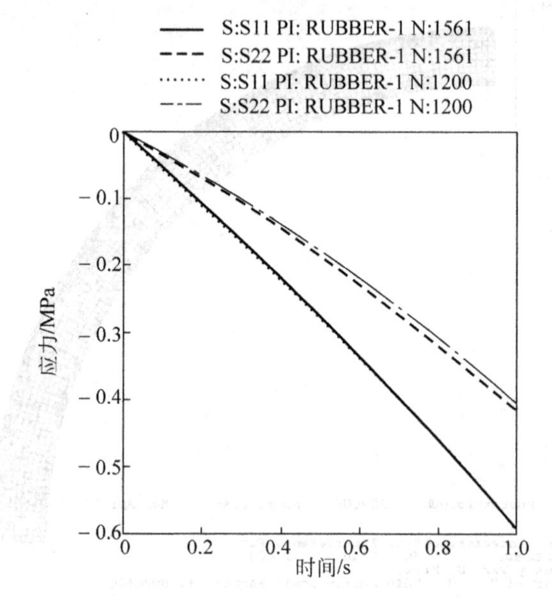

图 18-25　大变形情况下的过盈面上的应力

2. 两种本构关系的解的比较

两种本构关系下得到的平面应力轴对称有限元解的对比如表 18-2、表 18-3 和表 18-4 所示。

表 18-2　两种本构关系下得到的橡胶的位移和应力分量对比

$r=R_s$		$r=R_r$	
小变形	大变形	小变形	大变形
$\sigma_r=-0.28544$MPa	$\sigma_r=-0.62916$MPa	$\sigma_r=-0.262212$MPa	$\sigma_r=-0.59175$MPa
$\sigma_\theta=-0.14451$MPa	$\sigma_\theta=-0.36981$MPa	$\sigma_\theta=-0.169365$MPa	$\sigma_\theta=-0.41777$MPa
$u_r=-5.73751\times10^{-5}$mm	$u_r=-1.49197\times10^{-4}$mm	$u_r=-1.8992$mm	$u_r=-1.8979$mm

表 18-3　两种本构关系下得到的内层钢外径处的位移和应力分量对比（$r=R_s$ 处）

小变形	大变形
$\sigma_r=-0.29238$MPa	$\sigma_r=-0.78952$MPa
$\sigma_\theta=-0.29238$MPa	$\sigma_\theta=-0.76064$MPa
$u_r=-5.73751\times10^{-5}$mm	$u_r=-1.49197\times10^{-4}$mm

表 18-4　两种本构关系下得到的外层钢内外径的位移和应力分量对比

$r=R_r$		$r=b$	
小变形	大变形	小变形	大变形
$\sigma_r=-0.26205$MPa	$\sigma_r=-0.71123$MPa	$\sigma_r=0$MPa	$\sigma_r=-0.03197$MPa
$\sigma_\theta=-2.23216$MPa	$\sigma_\theta=5.886341$MPa	$\sigma_\theta=1.97011$MPa	$\sigma_\theta=-5.28061$MPa
$u_r=7.8236\times10^{-4}$mm	$u_r=2.0858\times10^{-3}$mm	$u_r=7.5052\times10^{-4}$mm	$u_r=1.992\times10^{-3}$mm

可见，由于采用了不同的本构关系函数，位移、应力分量都有了较大的变化，故在计算超弹性材料的过盈配合问题时，应选择恰当的本构关系，否则对结果会带来较大的误差。

18.5　体积刚度及泊松比对过盈配合的影响

本节主要讨论橡胶的可压缩性对过盈配合的影响。算例的几何模型与前两节相同。

18.5.1　体积刚度对过盈配合的影响

在大变形前提下，橡胶的本构模型选择二次多项式形式应变能：

$$U=\sum_{i+j=1}^{2}C_{ij}(\bar{I}_1-3)^i(\bar{I}_2-3)^j+\sum_{i=1}^{2}\frac{1}{D_i}(J-1)^{2i} \tag{18-21}$$

静水压力为：

$$p=-\frac{\partial U}{\partial J}\Rightarrow p=-\sum_{i=1}^{2}2i\,\frac{1}{D_i}(J-1)^{2i-1} \tag{18-22}$$

初始体积模量：

$$K_0=2/D_1 \tag{18-23}$$

选择 5 组不同的材料系数进行分析。与体积变形无关的系数不变，分别为 $C_{10}=0.1699$，$C_{01}=0.3629$，$C_{20}=0.01197$，$C_{11}=0.06863$，$C_{02}=-0.04918$，单位均为 MPa。其余系数的取值如表 18-5 所示。

表 18-5　材料系数的取值

序号	$D_1/(10^{-5}/\text{MPa})$	$D_2/(10^{-5}/\text{MPa})$	K_0/MPa
1	250	300	800
2	25	30	8000
3	2.5	3	80000
4	1.0	1	200000
5	0	0	$+\infty$

计算得到的橡胶在过盈面上的应力分量 σ_r，σ_θ 和位移分量 u_r 与初始体积模量 K_0 的关系如表 18-6 所示。

表 18-6　计算结果

序号	K_0/MPa	σ_r/MPa	σ_θ/MPa	u_r/mm
1	800	−0.665864	−0.408012	−1.89765
2	8000	−0.66649	−0.408705	−1.89765
3	80000	−0.666553	−0.408775	−1.89765
4	200000	−0.666557	−0.408779	−1.89765
5	$+\infty$	−0.66656	−0.408782	−1.89765

由此可见，在橡胶的体积模量较大时，如橡胶在体积模量为线弹性钢体积模量的 1/2 时(对应第 3 组数据)，橡胶的可压缩性对应力的水平影响不大；当橡胶的体积模量较小时(1、2 组数据)，橡胶的可压缩性对过盈配合中的应力有一定影响。因此使用有限元软件计算超

弹性材料时，如果材料受到高度约束(如橡胶过盈配合，橡胶密封垫圈)并且材料的体积模量较小时，在计算时应考虑材料的可压缩性。

18.5.2　泊松比对过盈配合的影响

在小变形假设下，研究改变橡胶的泊松比对过盈配合的影响。取5组泊松比，其余设置不变，计算得到的橡胶在过盈面上的应力分量 σ_r、σ_θ 和位移分量 u_r 如表18-7所示。

表18-7　不同泊松比下的计算结果

序号	ν	σ_r/MPa	σ_θ/MPa	u_r/mm
1	0.5	−0.262212	−0.169365	−1.8992
2	0.497	−0.261025	−0.167987	−1.8992
3	0.49	−0.258316	−0.16483	−1.89921
4	0.475	−0.252782	−0.15832	−1.89922
5	0.45	−0.244308	−0.148177	−1.89925

由表18-7可见，位移分量相对于应力分量受泊松比的影响较小。在泊松比 $0.475\leqslant\nu\leqslant0.50$ 时，应力、位移分量变化不大；而当 $\nu<0.475$ 时，位移分量仍然变化很小，但应力分量有了一定的改变，需要引起注意。在材料的泊松比小于0.475时应考虑材料的可压缩性。

本章主要内容引自：

邹雨，庄茁，黄克智. 超弹性材料过盈配合的轴对称平面应力解答. 工程力学，21(6)，2004

19　岩土材料与结构的弹塑性蠕变分析

19.1　蠕变模型的理论

在载荷作用下，混凝土、软岩及土都具有某种程度的变形随时间逐渐增加的特性，即蠕变特性。尤其在采煤、石油等工程中的软岩和盐岩，其蠕变特性十分明显，对工程结构的稳定性有重要的影响。对混凝土蠕变特性的研究进展也备受关注。因此，本章重点介绍ABAQUS/Standard的蠕变模型和应用。ABAQUS/Standard中的蠕变模型是与塑性模型联系在一起的，例如在帽盖塑性和帽盖硬化塑性模型中就可以通过定义蠕变流动势函数及相应的曲线点数据来给定用户定义的蠕变模型。相关的弹性行为要求必须是各向同性的。在修正的Drucker-Prager帽盖模型中定义的蠕变行为只有在进行土的固结、耦合的热变形分析及准静态行为分析时才被激活。

19.1.1　蠕变的描述

对于蠕变的描述，ABAQUS/Standard提供了两种机理：一种是粘聚机理，它是剪切塑性失效型的；另一种是固结机理，它在帽盖塑性条件下发生。两种机理分别对应两种不同的加载条件。图19-1给出了在应力空间中不同的蠕变机理对应的应力空间区域。

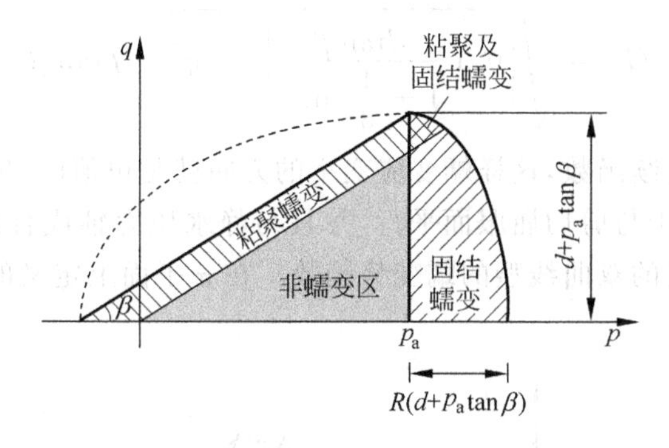

图19-1　应力空间中不同蠕变机理对应的应力空间区域

19.1.2　等效蠕变面和等效蠕变应力

首先考虑粘聚蠕变。定义一个蠕变发生的应力面，这个面上的应力值为等效蠕变应力。蠕变面与塑性屈服面可以重合。在图19-1所示的p-q平面上，等效蠕变面可以移动到与屈服面平行的表面上。ABAQUS /Standard要求用单轴试验确定剪切蠕变特性。等效剪切蠕变应力$\bar{\sigma}^{cr}$的计算如下式：

$$\bar{\sigma}^{cr}=\frac{q-p\tan\theta}{1-\frac{1}{3}\tan\beta} \tag{19-1}$$

这里要求 $\bar{\sigma}^{cr}$ 为正。图 19-2 给出了公式的图示。

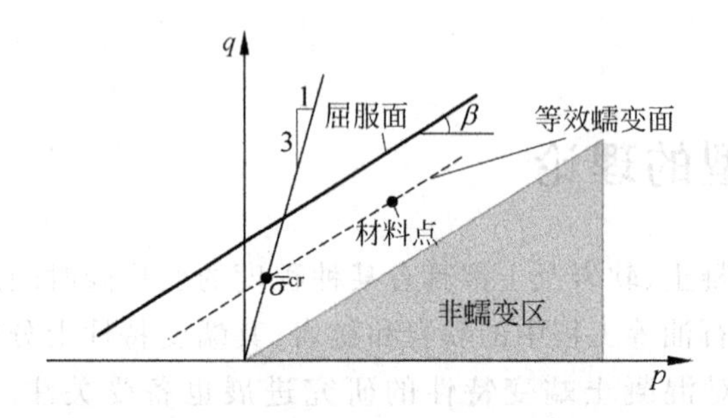

图 19-2　等效剪切蠕变应力 $\bar{\sigma}^{cr}$ 的计算图示

固结蠕变与超过临界值 p_a 的静水压力有关，从而可以在 p-q 平面上定义当静水压力为常数时的等效蠕变应力面。有效蠕变应力 $\bar{p}^{cr}$ 为 p 轴上相应压力值为 $\bar{p}^{cr}=p-p_a$ 的点。这个值在单轴蠕变律的定义中用作驱动力变量。当压力为正值时，计算得到的蠕变体积应变为正，而在张量运算中，正的压力产生的体积蠕变应变为负的(即压缩的)。

19.1.3　蠕变律

由剪切引起的蠕变应变率的计算与修正的 Drucker-Prager 模型中的蠕变应变率的计算类似，是由一个双曲线型的势函数决定的，即

$$G_s^{cr}=\sqrt{\left(0.1\frac{d\tan\beta}{1-\frac{1}{3}\tan\beta}\right)^2+q^2}-p\tan\beta \tag{19-2}$$

这个势函数是光滑的连续函数，这样蠕变应变率的方向就是单值的、确定的。在高侧压力作用下，这个势函数趋向于与剪切屈服面平行，并且与静水压力轴成直角。图 19-3 给出了一组在应力子午面上定义的双曲线型的蠕变势函数。在 π 平面上定义的 von Mises 型的蠕变势函数是一个圆。

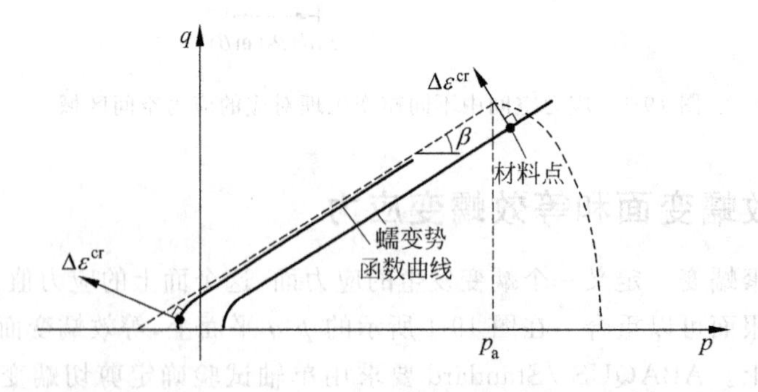

图 19-3　在应力子午面上定义的双曲线型的蠕变势函数

由固结引起的蠕变应变率的计算所采用的势函数类似于帽盖屈服面：

$$G_s^{cr} = \sqrt{(p - p_a)^2 + R_q^2} \tag{19-3}$$

剪切蠕变函数与等效蠕变屈服面不相同意味着材料的刚度阵是不对称的，从而必须使用非对称矩阵求解算法。这种情况称为非关联的流动。

由于蠕变律的复杂性和多样性，工程上很多时候采用用户子程序 CREEP 来定义蠕变律，这一过程通常使用等效的单轴行为描述来实现。在某些简单情况下，可以采用输入数据的方法来定义蠕变律。ABAQUS 中具体的方法如下。

（1）如果使用用户子程序来定义蠕变律，那么相应的 INP 文件中要包含下列语句：

```
* CAP CREEP,MECHANISM= COHESION,LAW= USER
```

或

```
* CAP CREEP,MECHANISM= CONSOLIDATION,LAW= USER
```

也可以在 CAE 界面定义蠕变律，其操作为：

```
Property module:material editor:Mechanical→Plasticity→Cap Plasticity
Suboptions→Cap Creep:Law:User,Mechanism:Cohesion
Suboptions→Cap Creep:Law:User,Mechanism:Consolidation
```

（2）时间硬化的幂蠕变律。对应剪切蠕变，幂蠕变律为

$$\dot{\bar{\varepsilon}}^{cr} = A(\bar{\sigma}^{cr})^n t^m \tag{19-4}$$

式中，$\dot{\bar{\varepsilon}}^{cr}$ 为等效蠕变应变率，$\bar{\sigma}^{cr}$ 为等效剪切蠕变应力，t 为总时间，A,n,m 为蠕变材料的参数（可以是温度等的函数）。对于固结蠕变，用有效蠕变压力 $\bar{p}^{cr}$ 代替上述 $\bar{\sigma}^{cr}$ 即可。

在 ABAQUS 中，当采用 INP 文件输入时，其相应语句为：

```
* CAP CREEP,MECHANISM= COHESION,LAW= TIME
* CAP CREEP,MECHANISM= CONSOLIDATION,LAW= TIME
```

当采用 CAE 界面输入时，其操作为：

```
Property module:material editor:Mechanical→Plasticity→Cap Plasticity
Suboptions→Cap Creep:Law:Time,Mechanism:Cohesion
Suboptions→Cap Creep:Law:Time,Mechanism:Consolidation
```

（3）应变硬化的幂律形式。与时间硬化相对应，应变硬化的幂律的率形式为

$$\dot{\bar{\varepsilon}}^{cr} = \{A(\bar{\sigma}^{cr})^n[(m+1)\bar{\varepsilon}^{cr}]^m\}^{\frac{1}{m+1}} \tag{19-5}$$

当用于处理固结蠕变问题时，用 $\bar{p}^{cr}$ 代替 $\bar{\sigma}^{cr}$ 即可。上式中的 A 与 n 的值均为正值，且 $-1 < m \leqslant 0$；否则不真实。

对于应变硬化幂律模型，应在 INP 文件中包含：

```
* CAP CREEP,MECHANISM= COHESION,LAW= STRAIN
```

或者

```
* CAP CREEP,MECHANISM= CONSOLIDATION,LAW= STRAIN
```

在 CAE 界面输入时则要进行以下操作：

```
Property module:material editor:Mechanical→Plasticity→Cap Plasticity
Suboptions→Cap Creep:Law:Strain,Mechanism:Cohesion
Suboptions→Cap Creep:Law:Strain,Mechanism:Consolidation
```

ABAQUS中还有Singh-Mitchell蠕变模型,应用不如前两个广泛,此处不做深入讨论。

需要说明的是,参数A的取值与蠕变应变率的时间单位有关(比如可以是秒,也可以是年,相差的量级很多)。A可以取很小的值,但当A小于10^{-27}时,在材料计算时会出现较大的数值误差。因此建议选取时间单位要避免出现A值过小的情况。

19.1.4　蠕变积分格式和蠕变模型

ABAQUS蠕变积分格式可以分为解析积分和隐含积分两种。

幂形式的蠕变模型由于简单易用而广受用户青睐,但它的使用范围也有限。一般地说,当应力基本保持不变时宜用时间硬化模型;当应力在分析过程中变化比较大时宜选应变硬化模型。在高应力区,如裂纹尖端,蠕变应变率是应力的幂函数,此时双曲线-正弦蠕变律是应力的幂函数。在低应力区,蠕变律更符合幂硬化律。这里所谓的高应力区指的是$\sigma/\sigma^0 \gg 1$的区域,σ^0为屈服应力。

上述模型不能用于循环载荷下的蠕变模拟。一般地说,在处理循环载荷下的蠕变问题时要使用用户子程序CREEP和UMAT来实现。

19.2　蠕变模型参数选取

蠕变模型参数通常来源于试验或者实测资料。如何根据试验曲线确定这些参数是一个比较重要的技术问题:如果参数取值合理,则解答准确的可能性就高;如果模型参数质量差,则结果的准确性就一定差。

图19-4是一个盐岩圆柱试件,图19-5是其蠕变试验结果曲线,图中标出了试验的侧压力、温度、加载应力变化幅度等各种条件。横轴是时间,纵轴是蠕变应变。

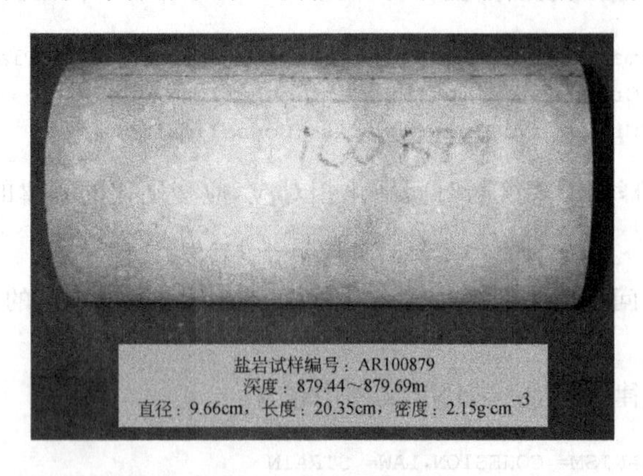

图19-4　盐岩圆柱试样

由于要分析的问题是溶解开采引起的岩石变形,分析过程中开采引起的应力变化很大,因此计算时选用了幂形式的应变硬化蠕变模型。

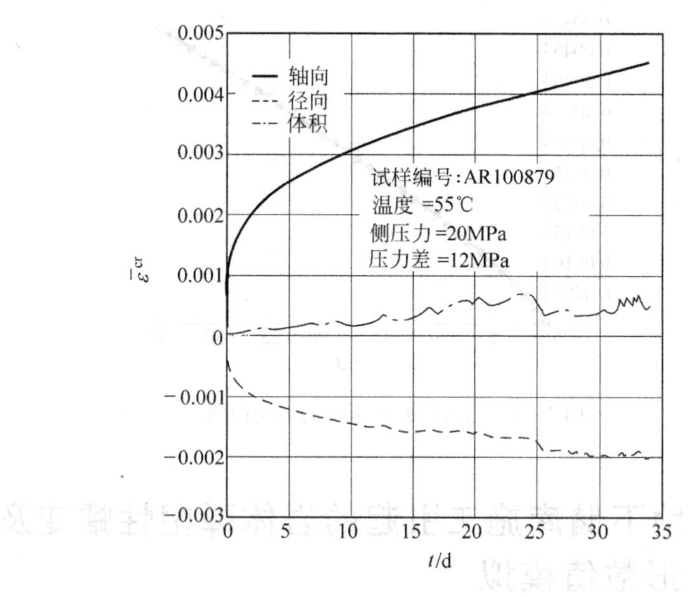

图 19-5 蠕变的试验曲线

接下来要在试验曲线上选取原点以外的 3 个点,3 个点处的斜率可以近似作为该点的蠕变率,从而式(19-4)可以建立 3 个方程,求得 3 个待定系数 A,n 和 m。

根据图 19-5 求得的上述蠕变模型参数为

$$A = 10^{-21.8}, \quad n = 2.667, \quad m = -0.2 \tag{19-6}$$

从而可以确定相应的蠕变模型为

$$\dot{\bar{\varepsilon}}^{cr} = \frac{10^{-5.8}\bar{\sigma}_{eq}^{2.667}}{t^{0.2}} \tag{19-7}$$

式中,$\bar{\sigma}_{eq}$为 von Mises 等效应力。为了避免 A 的取值过小引起数值计算误差,这里 $\bar{\sigma}_{eq}$的单位取为 MPa,时间单位取为 a。

为了初步检验模型的正确性,有必要积分上式,然后作出 $\bar{\varepsilon}^{cr}$-t 全量形式的曲线,再与试验曲线进行比较。这里首先需要确定 von Mises 等效应力 $\bar{\sigma}_{eq}$的值。由图中标注可知,侧压力为 20MPa,压力差为 12MPa,此时 von Mises 等效应力的值约为 7MPa。将 $\bar{\sigma}_{eq}=7\text{MPa}$ 代入上式,对时间积分可得:

$$\bar{\varepsilon}^{cr} = \frac{10^{-5.8}t^{0.8}\bar{\sigma}_{eq}^{2.667}}{0.8} \tag{19-8}$$

相应的图形如图 19-6 所示。

将图 19-6 与图 19-5 比较,发现图 19-5 的试验曲线在前 5 天以内变形初期的蠕变应变率很高;在 5 天以后的加载后期则趋于平稳。图 19-6 的近似简化模型曲线与试验曲线相比,在初期差别较明显;在变形后期则很接近。由于本章算例涉及的时间跨度为 3.5 年,远远大于 5 天的初期阶段,因此简化模型在大部分时间段上满足要求,可以说是一个合理的模型。

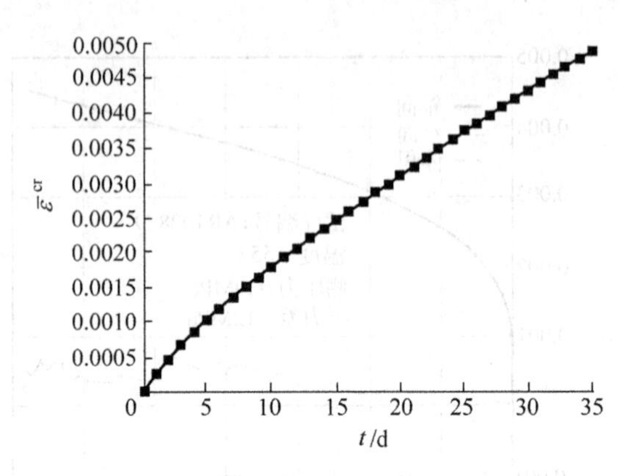

图 19-6　由式(19-8)求得的蠕变曲线

19.3　实例：地下储库施工引起的岩体弹塑性蠕变及套管变形数值模拟

19.3.1　工程背景

天然气在现代社会能源消耗中所占比重日益增加，在北美地区达到40%左右。与地面储藏方式相比，地下储藏具有安全性高、经济性好的优点。所谓地下储藏天然气就是在具有良好蠕变特性的岩盐层中，使用溶解开采手段，“溶化”出一个巨大的储藏室，之后注入高压的液体天然气，储存起来。这个技术自20世纪60年代出现以来发展迅速，目前国内外有多个天然气地下储藏基地。每一个基地有几十至上百个相邻的、相互独立的液体天然气储藏洞室。一般地讲，蠕变性能良好的岩盐经过若干年的时间之后，围岩中的各种缝隙会自然闭合，从而使得整个围岩体系具有良好的密封性，保证不会发生天然气泄漏。然而，岩盐的蠕变有时会给输送/导出天然气的套管造成损坏，从而影响正常的系统运作。

本算例对某天然气储藏基地的一个储藏库进行三维粘弹塑性有限元模拟，分析整个围岩体系在岩石开挖阶段的应力与变形及套管相应的变形，找出可能的破坏区和相应的破坏时间，并对施工完成后岩体的稳定性做出评价。

由于岩石蠕变特性的影响，与时间有关的岩土工程施工过程模拟比较复杂。本研究涉及的非线性主要是材料的非线性，即塑性和蠕变。下面分别介绍问题求解所用的几何模型和建模方法、网格和分网操作、边界条件、本构模型及其参数录入以及数值结果图形后处理等细节内容。

19.3.2　几何模型、网格及边界条件

图19-7是模型的平面图。

从图19-7看出，洞穴的平面形状类似于足球场，两端是半圆形的，圆心处为两个注水的井口，热水从这里注入地下，从而溶化地下盐岩层，造出空腔，用于储气。注意，沿深度方向不同地层的材料是变化的。由于结构有 *XOZ* 和 *YOZ* 两个对称面，计算中可以只取1/4结构进行离散。结构整体网格如图19-8所示，总共采用了13916个节点、11828个8节点长方

体单元对结构进行离散。整个结构从上到下全长 1188m，含有 6 个不同的岩层构造，分别为：上部弹性层 1025m 厚；凝灰岩层 30m 厚；页岩层 5m 厚；钾盐层 40m 厚；含磷岩层 12m 厚；钾盐层 76m 厚。结构的长和宽分别为 140m 和 105m。储藏洞室选在 1100m 深度处的蠕变性能良好的含磷岩层，图 19-9 给出了施工结束时储藏洞室的结构形状示意，两端呈半圆形，中间矩形，洞室内部净高为 12m。洞室中间井孔轴线的下部有一个初始融化产生的深 10m、直径 10m 的凹坑。为了清楚起见，图 19-9 中隐去了上部的弹性层，只显示下部的岩层构造。

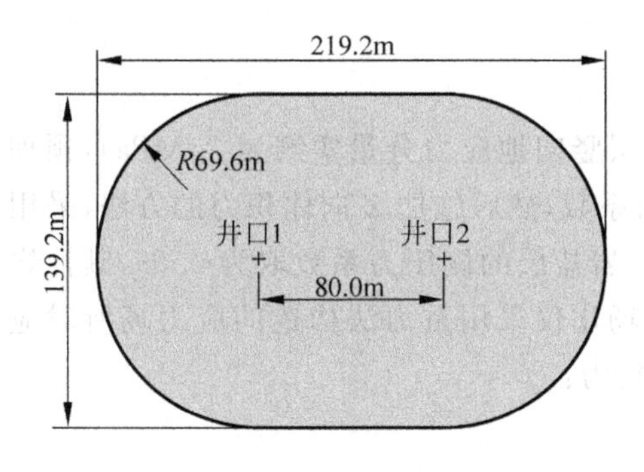

图 19-7 模型平面图

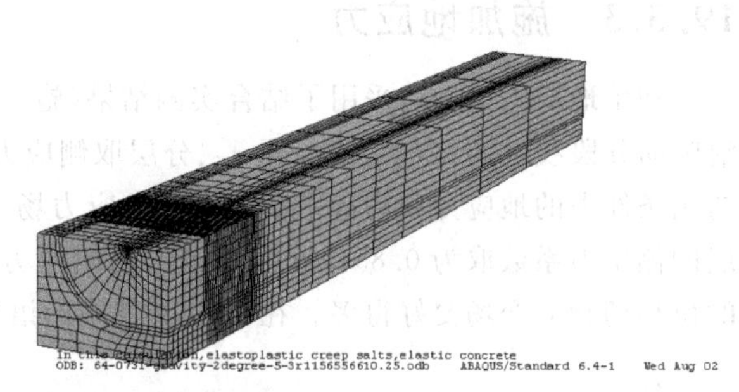

图 19-8 模型网格图

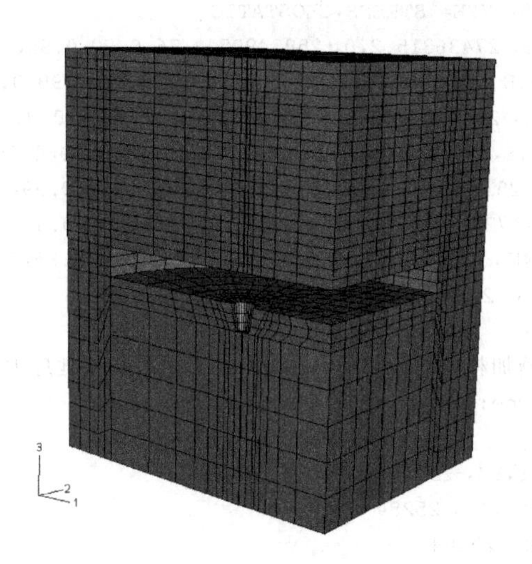

图 19-9 模型内部形状示意图

模型中用于输水的套管尺寸为外径 0.194m、内径 0.172m。套管与岩石之间有摩擦接触的相互作用。上水管和注水管相距 80m。图 19-9 中只给出了注水管的位置，水管在被对称性简化去掉的那一部分上。在溶化开采施工时，围岩融腔表面的液体压力为注入的高压水压力，其值为 13MPa；施工结束时这个压力变为储存的液体天然气的压力。由于施工表面上始终作用着常量液压，这个问题的数值模拟相当于一个计算力学中的移动边界问题，数值计算时与一般的洞室开挖如隧道施工等相比有较高的难度。本例结合 ABAQUS 的 * Internal Surface 模型来施加这个水压力。这个水压力的作用有两个：一是溶解岩层，二是支护岩层。计算时在开挖步施加之前，提前在预计开挖到的表面上施加了水压力。边界条件分别为：对 4 个侧面施加了各面法向的单向位移约束，下底面施加了 Z-向约束，上表面自由。施工的具体模拟步骤为：

(1) 施加地应力。

(2) 移出套管和水泥环单元形成表面自由的井孔，然后再植入套管和水泥环单元，并在套管单元内表面施加液体压力。

(3) 在给定的施工面(内腔面)上施加液体载荷，移出融化开挖掉的单元。

(4) 重复执行步骤(3)，模拟整个洞穴的溶化开采过程。

为了保证计算稳定，采用了20个开挖步模拟融化开挖过程。

19.3.3 施加地应力

初始地应力的构造采用了结合实测结果(施工层竖向地应力分量实测为25MPa)，预加沿竖向分段线性的Z向应力分量σ_Z、分层取侧应力系数，然后施加Z向体积力的方法，采用初始条件中的地应力项构造平衡的初始地应力场。岩盐层的侧压力系数取为0.99，其他岩层的侧压力系数取为0.85。这样构造的初始应力场比仅采用重力法构造的应力场所对应的位移场和应变场要好得多。在INP文件中的语句为：

```
**
** 在分析步的前面首先施加初始地应力：
* INITIAL CONDITIONS,TYPE= STRESS,GEOSTATIC
part-1-1.SET-HALITE-3,-27436315.2,0,-25834995.2,76,0.99,0.99,
part-1-1.SET-SYLVINITE-2,-25834995.2,76,-25590387.2,88,0.99,0.99,
part-1-1.SET-HALITE-2,-25590387.2,88,-25442897.2,95,0.99,0.99,
part-1-1.SET-SYLVINITE,-25442897.2,95,-25381745.2,98,0.99,0.99,
part-1-1.SET-HALITE,-25381745.2,98,-24728575.2,129,0.99,0.99,
part-1-1.SET-SHALE,-24728575.2,129,-24602155.2,134,0.85,0.85,
part-1-1.SET-LIMESTONE,-24602155.2,134,-23843635.2,164,0.85,0.85,
part-1-1.SET-CLASTICS,-23843635.2,164,0,1188,0.85,0.85,
**
** 在第一个分析步中施加相应的体积力，模拟重力，以平衡初始地应力：
**  Name:GRAVITY-1 Type:Gravity
* Dload
part-1-1.SET-CLASTICS,BZ,-23284.8
part-1-1.SET-LIMESTONE,BZ,-25284
part-1-1.SET-SHALE,BZ,-25284
part-1-1.SET-HALITE,BZ,-21070
part-1-1.SET-SYLVINITE,BZ,-20384
part-1-1.SET-HALITE-2,BZ,-21070
part-1-1.SET-SYLVINITE-2,BZ,-20384
part-1-1.SET-HALITE-3,BZ,-21070
```

在给定的位移边界约束下，模型中承受初始地应力的岩层的初始位移很小，小于1mm，对计算结果影响甚微，本例中忽略不计。

19.3.4 井孔模拟的相关操作语句

涉及井孔的操作包括：移出套管和水泥环单元；形成具有自由表面的井孔后再植入套管和水泥环单元；在套管单元内部表面施加液体压力。在ABAQUS中的语句如下：

```
**
**  STEP:REMOVE
**
* STEP,NAME= REMOVE
* STATIC
1.,1.,1E-05,1.
* MODEL CHANGE,REMOVE
PIPE,CONCRETE
* END STEP
**
```

这里把"移出井孔处的套管和水泥环单元"作为一个单独的分析步是为了模拟钻孔过程。钻孔之后,围岩收缩,由此形成的井壁内表面没有内压力。在此之后,实际工程操作是将没有初始应变的套管自由地植入直径稍大的井孔,然后浇注混凝土固井。因此,下面的套管和混凝土保护环相关单元植入时设为 STRAIN FREE 状态。

```
**  STEP:Step-add
**
* STEP,NAME= STEP-ADD
* STATIC
0.01,1.,1E-05,1.
**
**  LOADS
**
* MODEL CHANGE,ADD= STRAIN FREE
PIPE,CONCRETE
**
**  LOADS
**
**  Name:load-pressure type:pressure
* DSLOAD,OP= NEW
_PICKEDSURF279,P,1.328E+ 07
**  NAME:SURFFORCE-1 TYPE:PRESSURE
* DSLOAD,OP= NEW
PART-1-1.PIPE-SURF,HP,1.328E+ 07,1188.,88.
**  Name:gravity-1 type:gravity
* DLOAD
CONCRETE,BZ,-23520.
**
```

在上述过程中,在激活单元的同时,给套管和混凝土单元施加了重力,最后施加了套管内表面液体压力。

19.3.5　在给定的溶解施工面(内腔表面)上施加液体载荷

这个操作比较复杂。首先要使用 internal surface 命令定义建立在模型内部的所谓内部表面。下面给出了最初的溶解开采初始洞穴 Cavern-Center 时的内表面操作命令:

```
* Elset,elset= _CAVERN-CENTER-SURFS_S1,internal,instance= PART-1-1
428,429,430,434,435,436,437,438,439,440,441,442,443,444,445,446
447,1494,1495,1496,1497,1498,1499,1500,1501,1502,1503,1504,1505,1506,1507,1508
1509,1510,1511,1512,1513,1514,1515,1516,1517,1518,1519,1520,1521,1522,1523,1524
```

```
1525,1526,1527,1528,1529,1530,1531,1532,1533,1534,1535,1536,1537,1538,1539,1540
1541,1542,1543,1544,1545
* Surface,type= ELEMENT,name= CAVERN-CENTER-SURFS
_CAVERN-CENTER-SURFS_S1,S1
_CAVERN-CENTER-SURFS_S2,S2
_CAVERN-CENTER-SURFS_S3,S3
_CAVERN-CENTER-SURFS_S5,S5
```

然后才能在载荷步中向内部表面施加分布面载荷,即溶解开采的液体产生的压力:

```
**
** LOADS
**
** Name:SURFFORCE-2 Type:Pressure
* Dsload,op= NEW
CAVERN-CENTER-SURFS,P,1.328e+ 07
**
```

这时所在的分析步就要考虑岩石的蠕变效应。相应的分析步定义为:

```
**
* Step,name= cavern-mining,amplitude= RAMP,inc= 1000,nlgeom= YES,unsymm= YES
* Visco,cetol= 0.1,creep= explicit
0.01,100.,1e-15,100.
**
* MODEL CHANGE,REMOVE
CAVERN-center
**
```

值得注意的是,由于塑性问题的收敛性有时候不能保证,这时就需要采用多个分析步,使用 *restart 语句进行接续运算。因此,结果输出的操作中加入相关的数据操作是必要的:

```
** OUTPUT REQUESTS
**
* Restart,write,frequency= 1
**
```

如果上述的 frequency=0,那么将不会输出中间结果的二进制文件,计算时所用的硬盘空间会较节省,但是如果一个分析步迭代不收敛,就要改进数据后重新从0开始再次计算。对于多分析步的岩土工程弹塑性分析而言,预先输出中间结果以备重启动分析使用的做法将节省更多的计算成本。

19.3.6　材料模型

计算采用的本构模型为:上部弹性层取为线弹性模型;凝灰岩和页岩取为遵守 Mohr-Coulomb 条件的摩擦塑性材料;钾盐层和含磷岩层取为遵守 Drucker-Prager 条件的粘弹塑性材料。它们的率形式的幂硬化蠕变本构方程为

$$\dot{\bar{\varepsilon}}^{cr} = A\bar{\sigma}_{eq}^{n} t^{m} \tag{19-9}$$

式中,$\dot{\bar{\varepsilon}}^{cr}=\sqrt{\frac{2}{3}\dot{\boldsymbol{\varepsilon}}^{cr}:\dot{\boldsymbol{\varepsilon}}^{cr}}$ 为等效蠕变应变率,$\dot{\boldsymbol{\varepsilon}}^{cr}$ 为蠕变应变率张量;$\bar{\sigma}_{eq}^{n}=\sqrt{\frac{1}{2}\boldsymbol{\sigma}':\boldsymbol{\sigma}'}$ 为 Mises

等效应力，$\boldsymbol{\sigma}'$ 偏应力张量；t 是时间。

模型中套管材料高强结构钢的模型为理想弹塑性，初始屈服极限取为 800MPa。

19.3.7　ABAQUS 计算结果

采用上述力学模型，利用 ABAQUS 建立计算模型并求解，得到如下计算结果。

1. 洞室围岩变形

图 19-10 给出了计算得到的岩石中竖向位移分量分布图。施工层的顶板有一定程度的下沉变形，而地板则在地应力的作用下有一定程度的鼓起。经过约 3 年的时间，位移场趋于稳定。这表明整个围岩体系是稳定的。图 19-11 给出了计算得到的岩石中沿路径 AB 的竖向位移分量 $U3$ 随深度而变化的情况。上部弹性岩层及灰岩、页岩层的变形不大，而在钾盐层竖向位移随深度变化较大。这个变形增加能够使岩盐层形成很好的封闭。

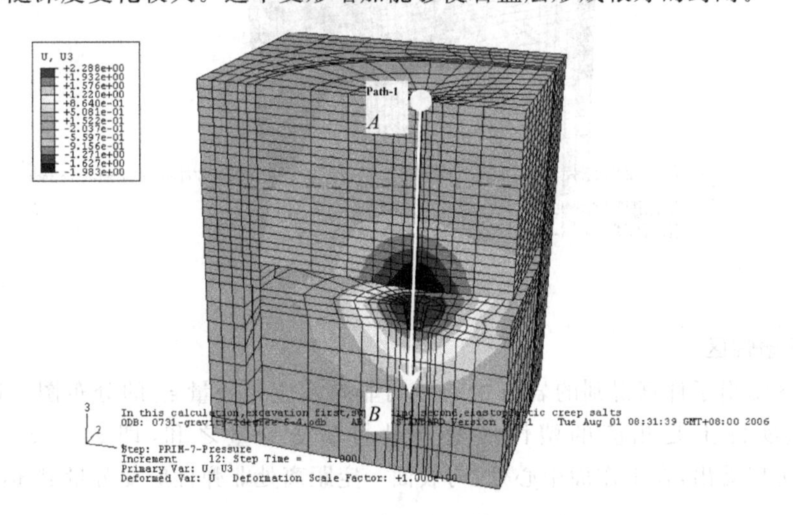

图 19-10　沿竖向的位移分量 $U3$ 场

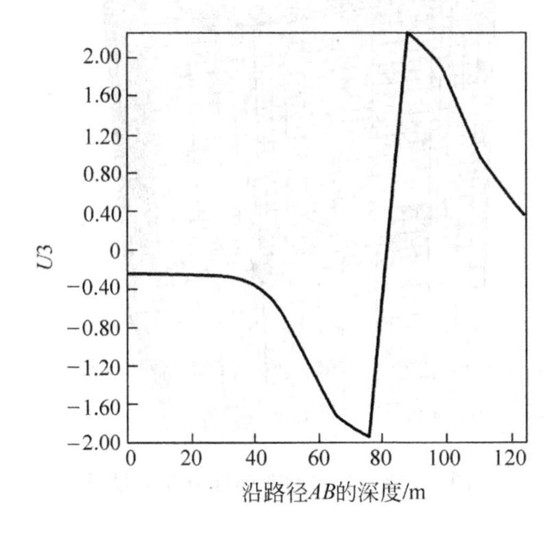

图 19-11　$U3$ 随深度的变化曲线

2. 岩石应力

图 19-12 给出了计算得到的岩石中的竖向应力分量分布图。从图中可以看出，在靠近工作面的顶板和底板岩层中出现了一定的拉应力区。拉应力区之外为拱形的压应力区。这个“压力拱”内的所有裂纹将会闭合，从而将保证围岩的密封性。因此这一“压力拱”对整个围岩结构的力学性能有重要作用。

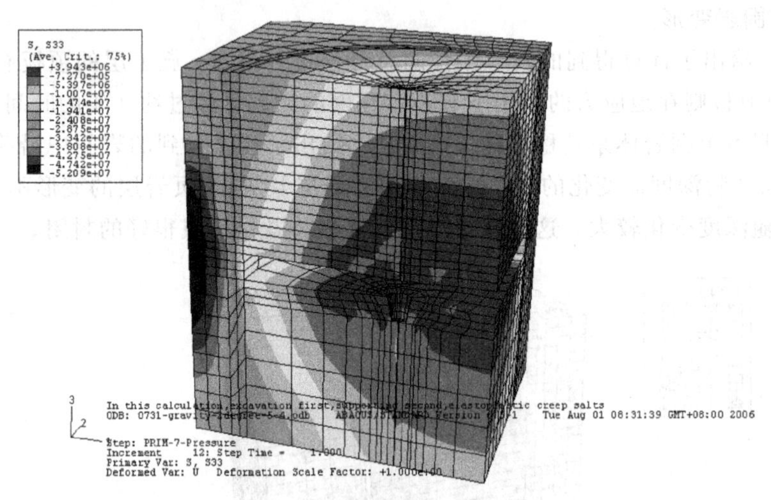

图 19-12　竖向的应力分量场

3. 岩石塑性区

图 19-13 给出了计算得到的岩石中的竖向非弹性应变分量 ε_{33}^{ie} 的分布图。这里的非弹性应变分量实际上是相应的塑性应变分量与蠕变分量之和，即 $\varepsilon_{33}^{ie}=\varepsilon_{33}^{p}+\varepsilon_{33}^{creep}$。从图 19-13 中可以看出，在工作面中心处、与表面一定距离处非弹性应变分量 ε_{33}^{ie} 达到最大值。

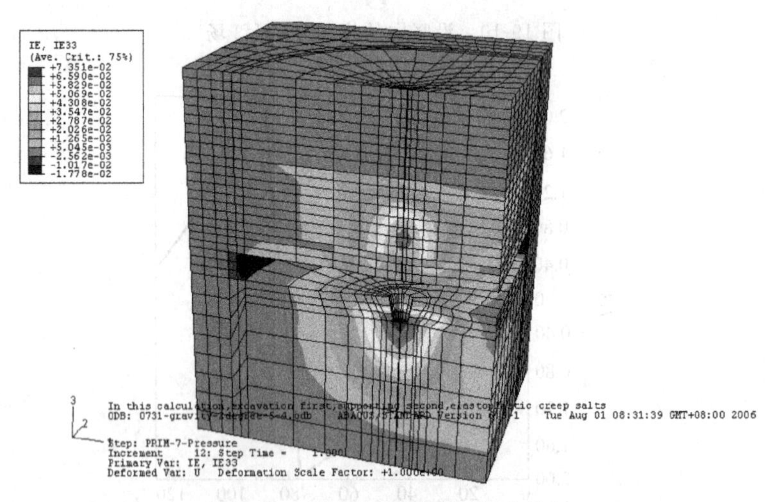

图 19-13　竖向的非弹性应变分量场

4. 套管竖向应力

图 19-14 给出了计算得到的套管中下部 80m 套管段的竖向应力分量分布图。套管全长 1100m。为了突出重点，这里仅取下部 80m 进行分析和显示。从图 19-14 中可以看出，

80m 的管段大部分单元的应力接近或达到初始屈服极限 800MPa。

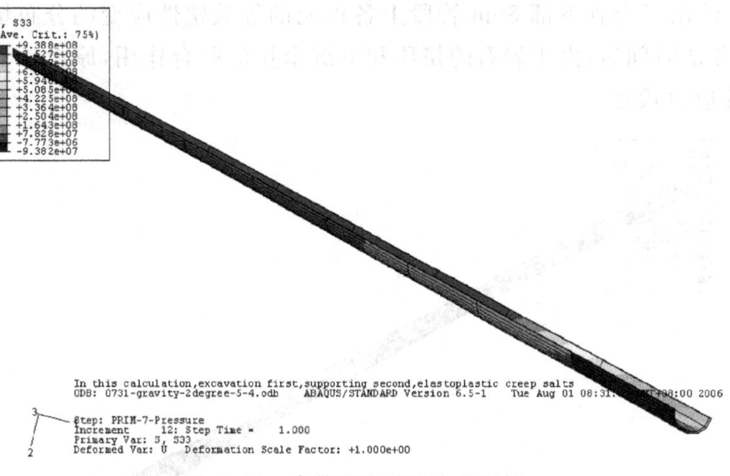

图 19-14 套管竖向的应力分量场

5. 套管下端竖向位移

图 19-15 给出了计算得到的套管中下部 30m 套管段的竖向应力分量分布图。图 19-16 给出了套管下端 80m 管段上各点的竖向位移随深度变化的情况。可以看出，套管下端由于岩石的挤压和下沉的联合作用，产生了较大的竖向位移。这个位移是由岩盐的蠕变和向下牵拉联合作用引起的。

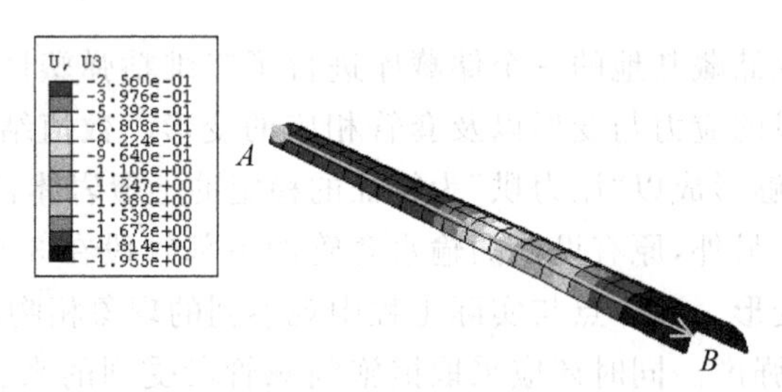

图 19-15 沿套管竖向的 AB 路径上的位移分量 $U3$ 场

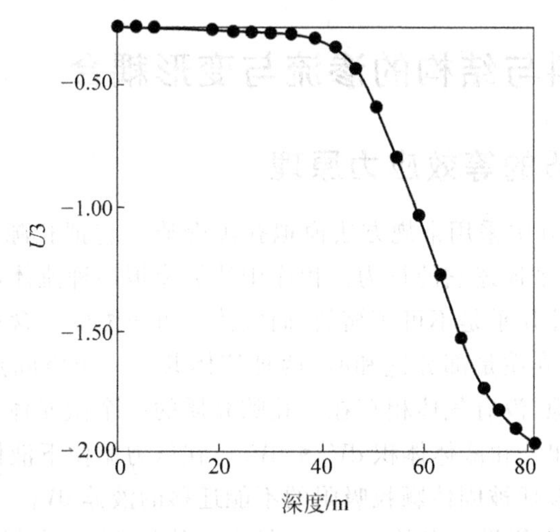

图 19-16 $U3$ 随深度的变化

6. 套管下端 80m 的塑性应变

图 19-17 给出了套管下部 80m 管段上各单元的等效塑性应变的分布情况。从图中看出,经过约 3 年的时间后,由于岩石的挤压和下沉牵拉的联合作用,原设计套管下部管段全部进入了塑性应力状态。

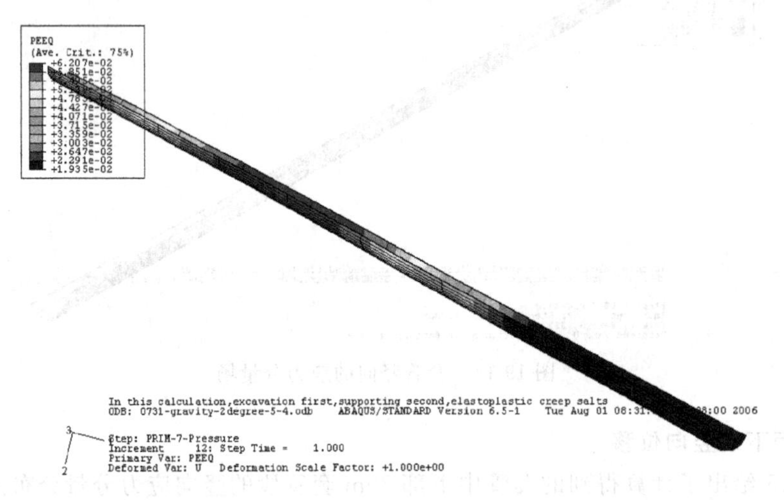

图 19-17 套管下部 80m 管段上等效塑性应变场

19.3.8 小结

本算例对某天然气储藏基地的一个储藏库进行了三维粘弹塑性有限元模拟,分析了围岩体系在岩石开挖阶段的应力与变形以及套管相应的变形。数值结果表明,经过 3 年的溶解开挖施工后,围岩能够形成以"压力拱"为特征的稳定的上覆岩体自承体系,说明储藏洞室的设计是合理可行的。另外,原有设计的输水套管的下部管段在 3 年的岩石洞室开挖施工后发生了较大的塑性变形。这一点与实际工程中观察到的现象相吻合。因此有必要采取特殊措施,增加该管段的强度。同时还应采取措施削减管段受到的来自围岩的挤压和向下牵拉作用。

19.4 岩土材料与结构的渗流与变形耦合

19.4.1 孔隙介质的等效应力原理

ABAQUS/Standard 中采用常规方法模拟孔隙介质。它把孔隙介质看成是多相材料,并且使用有效应力原理来描述它的行为。程序中能够模拟两种流体,其中一种是液体,另一种是气体,并假设了液体几乎是不可压缩的,而气体是可压缩的。含有地下水的土是一种典型的孔隙介质。当孔隙介质是部分饱和时,两种流体共享一个空间点位置;对于饱和孔隙介质,液体完全充满孔隙,没有气体相存在。孔隙介质的一个微元体 dV 包含有固体材料体积为 dV_g、孔隙体积为 dV_v 和液体体积 d$V_w \leqslant$ dV_v。在压力驱使下液体可以在孔隙介质中迁移。在某些系统中,也包括被固体颗粒吸附的不能迁移的液体 dV_t。

ABAQUS/Standard 假设一点的总应力$\boldsymbol{\sigma}$是由液体压力 u_w 和气体压力 u_a 以及固体骨

架材料的有效应力$\bar{\boldsymbol{\sigma}}^*$共同组成的，并可表示为

$$\bar{\boldsymbol{\sigma}}^* = \boldsymbol{\sigma} + [\chi u_w + (1-\chi) u_a]\boldsymbol{I} \tag{19-10}$$

这里$\boldsymbol{I}$是二阶单位张量。规定应力分量中拉应力为正，u_w和u_a都是压力的绝对值。χ是饱和度因子，在完全饱和时为1，完全干燥时为0。我们可以简单地把χ当作介质的饱和度。

为了简化计算，我们忽略气体的压力对变形和渗流的影响。当一个结构体具有良好的透气性且置于空气中时，就可以如此简化。从而式(19-10)可以简化成

$$\bar{\boldsymbol{\sigma}}^* = \boldsymbol{\sigma} + \chi u_w \boldsymbol{I} \tag{19-11}$$

当有吸附的液体存在时，有效应力原理的表达式则为

$$\bar{\boldsymbol{\sigma}}^* = (1-n_t)\,\bar{\boldsymbol{\sigma}} - n_t\,\bar{p}_t \boldsymbol{I} \tag{19-12}$$

式中，$\bar{\boldsymbol{\sigma}}$是骨架材料的有效应力；$\bar{p}_t$是吸附液体的压力；$n_t$是吸附液体占总体积的比率。

19.4.2　基本概念

下面介绍孔隙介质的平衡方程、基本假设和流体的连续方程。在采用隐式算法进行时间积分时采用了牛顿法。孔隙率n是介质中孔隙与总体积的比，即

$$n = \frac{\mathrm{d}V_v}{\mathrm{d}V} = 1 - \frac{\mathrm{d}V_g}{\mathrm{d}V} - \frac{\mathrm{d}V_t}{\mathrm{d}V} \tag{19-13}$$

用上标0表示变量在参考构形中的值，则当前构形中的孔隙率的表达式为

$$\begin{aligned} n &= 1 - \frac{\mathrm{d}V_g}{\mathrm{d}V_g^0}\frac{\mathrm{d}V^0}{\mathrm{d}V}\frac{\mathrm{d}V_g^0}{\mathrm{d}V^0} - \frac{\mathrm{d}V_t}{\mathrm{d}V} \\ &= 1 - J_g J^{-1}(1 - n^0 - n_t^0) - n_t \end{aligned} \tag{19-14}$$

这里定义了

$$\frac{1-n-n_t}{1-n^0-n_t^0} = \frac{J_g}{J} \tag{19-15}$$

$$J = \left|\frac{\mathrm{d}V}{\mathrm{d}V^0}\right|,\quad J_g = \left|\frac{\mathrm{d}V_g}{\mathrm{d}V_g^0}\right|,\quad n_t = \frac{\mathrm{d}V_t}{\mathrm{d}V} \tag{19-16}$$

ABAQUS中采用孔隙比e代替孔隙率n，即

$$e = \frac{\mathrm{d}V_w}{\mathrm{d}V_g + \mathrm{d}V_t},\quad n = \frac{e}{1+e} \tag{19-17}$$

饱和度s是自由液体(即非吸附液体)体积与孔隙体积的比，即

$$s = \frac{\mathrm{d}V_w}{\mathrm{d}V_v} \tag{19-18}$$

自由液体的体积率是

$$n_w = \frac{\mathrm{d}V_w}{\mathrm{d}V} = sn \tag{19-19}$$

自由液体和吸附液体在单位体积中的总体积是

$$n_f = sn + n_t \tag{19-20}$$

19.4.3　孔隙介质的本构行为

ABAQUS/Standard中把孔隙介质看作是包含固体、孔隙、自由液体、吸附液体和气体的混合物，它的力学行为包含了液体和固体对局部压力的响应和材料整体对有效应力的响

应。本小节将讨论上述响应的计算方法及相应的假设。

1. 液体的响应

对孔隙介质中的液体有如下数学表达式

$$\frac{\rho_w}{\rho_w^0} = 1 + \frac{u_w}{K_w} - \varepsilon_w^{th} \tag{19-21}$$

式中，ρ_w 是液体的密度；ρ_w^0 是液体在参考构形中的密度；K_w 是液体的体积模量；ε_w^{th} 是温度变化给液体造成的体积膨胀，用下式计算：

$$\varepsilon_w^{th} = 3\alpha_w(\theta - \theta_w^0) - 3\alpha_w\mid_{\theta^I}(\theta^I - \theta_w^0) \tag{19-22}$$

此处，$\alpha_w(\theta)$是热膨胀系数；θ 是当前的温度；θ^I 是初始温度；θ_w^0 是热膨胀计算的参考温度。这里假设了变形是小变形。

2. 固体颗粒的响应

孔隙介质中的固体颗粒在压力下的力学响应为

$$\frac{\rho_g}{\rho_g^0} = 1 + \frac{1}{K_g}\left(su_w + \frac{\bar{p}}{n - n_t}\right) - \varepsilon_g^{th} \tag{19-23}$$

式中，$K_g(\theta)$为固体物质的体积模量；s 是自由液体的饱和度，且体积热应变的计算式为

$$\varepsilon_w^{th} = 3\alpha_g(\theta - \theta_g^0) - 3\alpha_g\mid_{\theta^I}(\theta^I - \theta_g^0) \tag{19-24}$$

这里，$\alpha_g(\theta)$是固体物质的热膨胀系数；θ_g^0 是计算参考温度，假设了

$$\mid 1 - \rho_g/\rho_g^0 \mid \ll 1 \tag{19-25}$$

3. 吸附液体的响应

某些固体物质吸附液体后会形成胶质。这种物质的简化模型是把这种胶质简化为一个半径为 r_a 的球形体积。当一个单独的这种球体浸泡在液体中时，其半径变化为

$$r_a = r_a^f - \sum_N a_N \exp\left(-\frac{t}{\tau_N}\right) \tag{19-26}$$

这里，r_a^f 是当 $t \to \infty$ 时球体膨胀后的半径，N，a_N 和 τ_N 都是材料参数。式(19-26)可进一步简化为

$$r_a = r_a^f - a_1 \exp\left(-\frac{t}{\tau_1}\right) \tag{19-27}$$

由(19-27)式求得的率形式为

$$r_a = \frac{r_a^f - r_a}{\tau_1} \tag{19-28}$$

4. Darcy 律

孔隙介质中液体的本构行为遵守 Darcy 律或 Forchheimer 律。当流体速度较低时采用 Darcy 律，流速较高时采用 Forchheimer 律。Darcy 律也可看成是 Forchheimer 律的线性化形式。Darcy 律认为通过介质中单位面积的自由液体的体积速率 $s_n v_w$ 与水头的梯度成正比：

$$s_n v_w = -\hat{\boldsymbol{k}}\frac{\partial \phi}{\partial x} \tag{19-29}$$

式中，$\hat{\boldsymbol{k}}$是介质的渗流系数矩阵；ϕ 是水头，其定义为

$$\phi = z + \frac{u_w}{g\rho_w} \tag{19-30}$$

这里，z 是参考点以上的高度坐标；g 是重力加速度；作用方向与 z 相反。另一方面，Forchheimer 律认为，水头的负梯度与介质中单位面积上通过的自由液体的体积的平方成正比，即

$$s_n v_w (1 + \beta \sqrt{v_w v_w}) = -\hat{\boldsymbol{k}} \frac{\partial \phi}{\partial x} \tag{19-31}$$

式中，$\beta(x,e)$是速度的系数。这里非线性的系数渗透矩阵$\hat{\boldsymbol{k}}$依赖于材料的孔隙比。当流体速度趋于零时，Forchheimer 律趋向 Darcy 律。当 $\beta=0$ 时两者相同。

渗透系数矩阵$\hat{\boldsymbol{k}}$是饱和度和材料孔隙比的函数，其量纲是速度的量纲(长度/时间)。

对于一个特定的液体而言，它在给定的孔隙介质中的渗透系数依赖于介质中该液体的饱和度，假设这种依赖是可以分离开的，即

$$\hat{\boldsymbol{k}} = k_s \boldsymbol{K} \tag{19-32}$$

式中，$k_s(s)$为饱和度依赖系数。当完全饱和时，$k_s(s)=1.0$，且矩阵 $\boldsymbol{K}(x,e)$为完全饱和介质的渗透系数矩阵。

5. 饱和度

自由液体的压力为 u_w。忽略其他流体的压力影响，则当 $u_w>0$ 时孔隙介质完全饱和，u_w 为负值时表示介质中的毛细效应。$u_w<0$ 时，对于给定的毛细力 $-u_w$，饱和度的大小有一个范围，如图 19-18 所示，可记为 $s^a \leqslant s \leqslant s^e$，这里 $s^a(u_w)$是吸附现象发生时的临界值，而 $s^e(u_w)$是渗出现象发生时的临界值。程序中假设了当 $s>0$ 时总有自由液体存在。

Bear 曾建议在吸附和渗出两种现象之间的转换沿“扫描”曲线进行，ABAQUS 程序中用图 19-18 中的直线近似代替曲线。

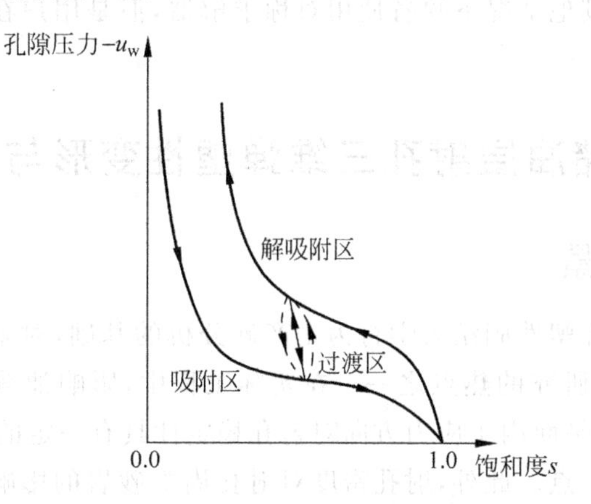

图 19-18 非饱和孔隙介质中液体的吸附和解吸附示意图

19.4.4 弥散和变形耦合问题的求解方法

在 ABAQUS/Standard 中，孔隙介质的变形与流体弥散的系统方程为

$$\left.\begin{aligned} \boldsymbol{K}^{MN} \overline{C}_g^N - \boldsymbol{L}^{MP} \overline{C}_u^P &= \boldsymbol{P}^M - \boldsymbol{I}^M \\ (\hat{\boldsymbol{B}}^{MQ})^{\mathrm{T}} \, \bar{v}^M + \hat{\boldsymbol{H}}^{QP} \, \bar{u}^P &= \boldsymbol{Q}^Q \end{aligned}\right\} \tag{19-33}$$

式(19-33)中的第一式为平衡方程，第二式为流体的流动方程。耦合求解这一组方程的方

法有两种，一种方法是先把前一式单独求解，之后把解答式代入后式，之后再反复迭代，直到满足收敛准则；另一种是两式联立求解。ABAQUS/Standard 采用的是联立求解的方法。

首先在流体流动方程中引入时间积分算子，这个算子是一个简单的单步法：

$$\bar{\delta}^N_{t+\Delta t} = \bar{\delta}^N_t + \Delta t[(1-\zeta)\,\bar{v}^N_t + \delta^N_{t+\Delta t}] \tag{19-34}$$

式中 $0 \leqslant \zeta < 1$。事实上，为保证数值稳定性，选择 $\zeta=1$（意味着采用了向后差分），从而有

$$\bar{v}_{t+\Delta t} = \frac{1}{\Delta t}(\bar{\delta}^N_{t+\Delta t} - \bar{\delta}_t) \tag{19-35}$$

使用这一时间积分算子在时间 $(t+\Delta t)$ 的流体的流动方程可以写为

$$(\hat{\boldsymbol{B}}^{MQ})^{\mathrm{T}}\bar{\delta}^M_{t+\Delta t} + \Delta t\,\hat{\boldsymbol{H}}^{QP}\,\bar{u}^p_{t+\Delta t} = \Delta t\boldsymbol{Q}^Q_{t+\Delta t} + (\hat{\boldsymbol{B}}^{MQ})^{\mathrm{T}}\bar{\delta}^M_t \tag{19-36}$$

进一步使用牛顿线性化方法可得到上述方程的下述形式：

$$-(\boldsymbol{B}^{MQ})^{\mathrm{T}}\bar{C}^M_\delta - \Delta t\boldsymbol{H}^{QP}\bar{C}^P_u = \Delta t[-Q^Q_{t+\Delta t} + (\hat{\boldsymbol{B}}^{MQ})^{\mathrm{T}}\,\bar{v}^M_{t+\Delta t} + \hat{\boldsymbol{H}}^{QP}\,\bar{u}^P_{t+\Delta t}] \tag{19-37}$$

从而，要耦合求解的方程组的最终形式为

$$\left.\begin{aligned}\boldsymbol{K}^{MN}\bar{C}^N_\delta - \boldsymbol{L}^{MP}\bar{C}^P_u &= \boldsymbol{P}^M - \boldsymbol{I}^M \\ -(\boldsymbol{B}^{MQ})^{\mathrm{T}}\bar{C}^M_\delta - \Delta t\boldsymbol{H}^{QP}\bar{C}^P_u &= \boldsymbol{R}^Q\end{aligned}\right\} \tag{19-38}$$

式中

$$\boldsymbol{R}^Q = \Delta t[-\boldsymbol{Q}^Q_{t+\Delta t} + (\bar{\boldsymbol{B}}^{MQ})^{\mathrm{T}}\,\bar{v}^M_{t+\Delta t} + \hat{\boldsymbol{H}}^{QP}u^P_{t+\Delta t}] \tag{19-39}$$

方程组(19-38)就是流体流动与变形耦合问题在一个时间步中要迭代求解的对象。一般来说，方程的系数矩阵是不对称的。稳定的耦合问题的系数矩阵也是非对称的。

ABAQUS/Standard 在求解稳定流动与变形耦合问题以及求解部分饱和问题时缺省使用非对称求解器。在其他情况下缺省使用对称求解器，但是用户在必要时可以选择使用非对称求解器。

19.5　实例：储油层射孔三维弹塑性变形与渗流耦合分析

19.5.1　工程背景

射孔周围砂岩的弹塑性固结力学行为是产砂分析的基础，对采油生产具有十分重要的意义，是目前工程力学研究的热点之一。在实际工程中，影响油藏岩石力学行为的因素较多。目前普遍认为，水平面内主应力方向对射孔稳定性具有一定的影响，但是并没有确凿的理论研究结果证实这一点。此外，射孔密度对射孔周围砂岩的影响也没有详细的研究文献能够作为设计参考。

这里使用 ABAQUS 软件对某油田 2576m 深处的油藏岩石的射孔周围砂岩变形和油流流动进行了三维弹塑性有限元固结数值模拟。ABAQUS 软件能够进行单相流体与固体变形耦合的力学过程分析。它可以进行饱和的及非饱和的孔隙介质渗流与变形耦合计算。这里结合井孔和射孔的开挖过程，岩石的变形固结过程被视为一个耦合发生的流体-固体多场耦合弹塑性问题，计算中采用 Mohr-Coulomb 条件作为岩石的屈服条件。本例研究了水平面内不同的主应力方向对射孔稳定性的影响，同时对每英尺 4 个射孔和每英尺 8 个射孔的设计形式进行了数值模拟。数值结果对射孔设计以及控制采油过程中的产砂量提供了理论参考。

19.5.2 力学模型

为了能够较详细地模拟围绕射孔周边的岩石的力学行为，考虑到射孔尺寸很小，仅有0.5in，故取0.1524m(0.5ft)厚、半径3m的一片岩石进行三维有限元弹塑性固结分析。考虑到模型的对称性，仅取1/2模型分析，如图19-19所示。

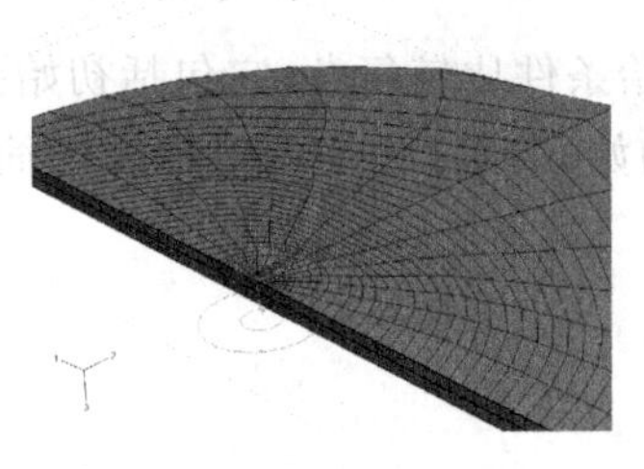

(a) 模型初始网格

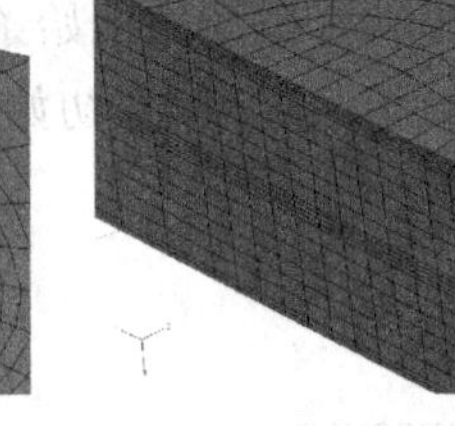

(b) 井孔处局部放大图

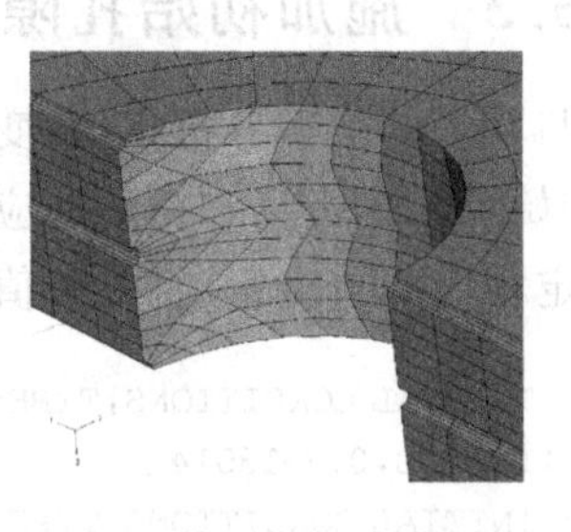

(c) 移除井孔及射孔单元

图 19-19 模型网格及局部放大图

边界条件如图19-20所示。在中间对称面上，y 方向的位移为零；在外缘边界上水平位移为零；在底面上 z 方向的位移为零；在上表面上作用有均布压力。初始条件为：初始孔隙率比为0.351，初始孔隙压力 $p=37.9212\text{MPa}$，初始地应力为：$\sigma_x=-48.263338\text{MPa}$，$\sigma_y=-41.368575\text{MPa}$，$\sigma_z=-55.158199\text{MPa}$，剪应力分量为0。外缘边界上的孔隙压力为 $p=37.9212\text{MPa}$，对称面设为不透水边界。流动压力为 $p_d=36.8\text{MPa}$。在射孔完成之后的固结过程，射孔表面上将作用有值为流体压差的均布面力。射孔表面的孔隙压力边界的值也等于流体压差。岩石材料的弹性模量和泊松比分别为 $E=9370\text{MPa}$，$\nu=0.22$。

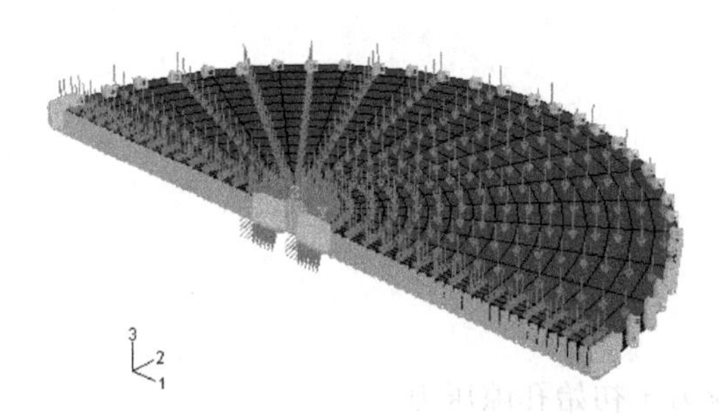

图 19-20 模型的几何形状及约束示意

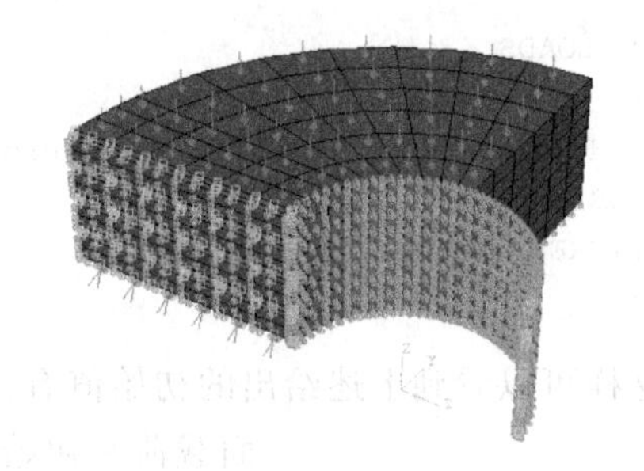

图 19-21 模型中采用了一层弹性膜单元模拟套管的不透水特性

渗透系数 k 随孔隙率比的变化规律如表19-1所示。

表 19-1 渗透系数 k 随孔隙率比的变化规律

渗透系数	孔隙率比	渗透系数	孔隙率比
0.000826	0.33345	0.0012446	0.36518
0.001016	0.351	0.0014478	0.372484
0.0011176	0.35802	0.00254	0.4

岩石的强度参数分别为：内摩擦角 $\varphi=25°$，扩容角 $\theta=10°$，粘结强度 $c=0.5\text{MPa}$。

为了模拟套管的作用（即刚度较大、不透水），在模型中采用了一层弹性膜单元附加在井孔岩石边界外侧。当井孔和射孔完成后且固结过程开始时，膜单元在水平面内被赋予位移约束。图19-21为每英尺8个射孔的几何模型。

19.5.3 施加初始孔隙率、孔隙压力和初始地应力场的注意事项

与单纯的变形分析相比，变形与渗流耦合模型的初始条件比较复杂，它包括初始孔隙率场、初始孔隙压力场和初始地应力场。初始孔隙率场、初始孔隙压力场的赋值较为简单，只要设定相应的节点组、直接赋值就可以了。

```
* INITIAL CONDITIONS,TYPE= RATIO
ALLNODES,0.3513514
* INITIAL CONDITIONS,TYPE= PORE PRESSURE
ALLNODES,3.79212E+ 07
```

由于变形的计算是在有效应力空间进行的，地应力是骨架材料的有效应力，因此，初始地应力赋值是对孔隙介质的固体骨架材料赋有效应力。在应力边界条件的赋值时边界面力所赋的值是名义应力，而名义应力和有效应力之间具有式(19-10)所示的数学关系。这一点必须预先考虑到。如此得到的初始地应力和应力边界条件说明如下。

1）初始地应力赋值

```
* INITIAL CONDITIONS,TYPE= STRESS
ALLELE,-48263338.,-41368575.,-55158100.,0.0,0.0,0.0
```

2）应力边界条件（即面载荷）赋值

```
** LOADS
**
** Name:SURFFORCE-1  Type:Pressure
* DSLOAD
_PICKEDSURF44,P,9.30793E+ 07
**
```

这样可以看到上述给出的初始值有：

$$\text{面载荷}=\text{初始地应力}+\text{初始孔隙压力}$$

由于本研究模型的厚度很小，重力影响忽略不计，因此按照上述步骤建立的初始应力场是平衡的。初始应力场对应的位移接近0，对后续结果没有影响。

3）孔隙压力边界

对于具有渗透行为的边界，需要在边界上设置孔隙压力边界，即给定边界上的流体压力。其默认值为零，即封闭边界。

对于本算例中的模型，由于对称面上以及井壁除射孔之外的地方没有渗流行为，因此仅赋位移边界约束；在射孔表面和外侧边界上有渗流行为，因此相应的节点上要赋孔隙压力初值。具体输入语句如下所述。

```
** BOUNDARY CONDITIONS
**
```

```
* Boundary,op= new
BOTTOM-NODES,3,3
SYMME-NODES,2,2
SIDE-NODES,1,2
BOREHOLE_SURF_NODES,1,2
**
TUNNEL-NODES,8,8,3.38212E+ 07
SIDE-NODES,8,8,3.79212E+ 07
```

4）分析步的设置

对于本文这样的具有初始地应力场、包含施工过程、流体压力场随时变化的渗流与变形耦合问题，一般至少需要初始平衡应力场的建立和固结过程计算两个分析步。其形式分别为：

```
**
**  STEP:Step-1 初始平衡应力场的建立
**
* Step,name= Geostress,nlgeom= YES,unsymm= YES
* Geostatic
....................................
**
**  STEP 2:固结过程计算
**
**********************************************************
* Step,name= CONSOLIDATION,inc= 60,nlgeom= yes,unsymm= YES
* Soils,CONSOLIDATION,utol= 10e6.,end= ss
1.e-2,10.,1.e-6,1.,50.
....................................
```

19.5.4 数值计算结果之一

对每英尺 8 个射孔的几何模型的离散总共采用了 26355 个节点和 5584 个 20 节点三维立方单元，以及 184 个 8 节点膜单元。图 19-22 给出了计算得到的塑性区分布。由于图形的对称性，仅取模型的一半显示结果。这一组结果对应的初始地应力为：$\sigma_x=-48.263338\text{MPa}$，$\sigma_y=-41.368575\text{MPa}$，$\sigma_z=-55.158199\text{MPa}$，$\tau_{xx}=\tau_{yx}=\tau_{zy}=0$。从图中看出，在射孔的周围分布有塑性区。

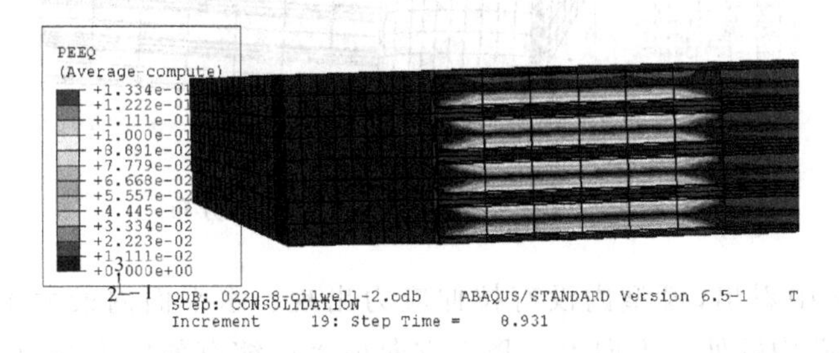

图 19-22 射孔周围亮彩色部分为发生塑性变形的单元区

图 19-23 给出了孔隙压力分布情况，孔隙压力在射孔处达到给定的流动压力值。

图 19-24～图 19-26 给出了应力分量 σ_x，σ_y，σ_z 的分布情况。

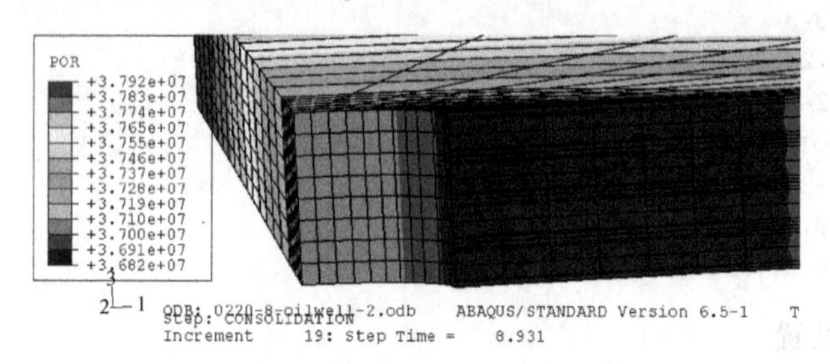

图 19-23　孔隙压力场

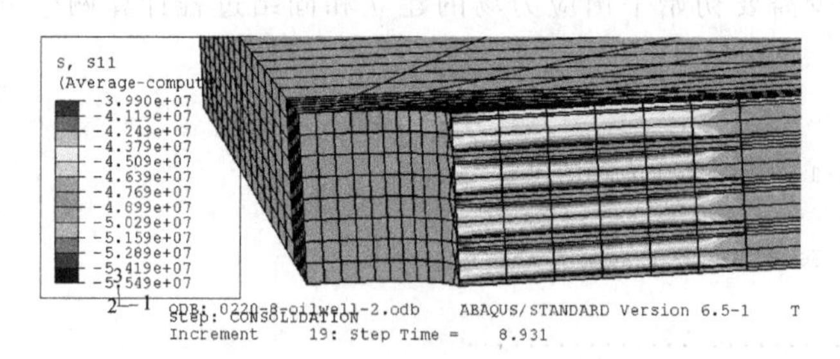

图 19-24　x 方向的正应力 σ_x 的场分布

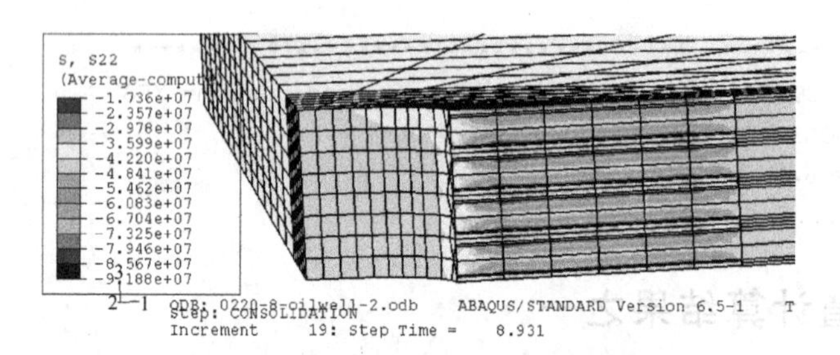

图 19-25　y 方向的正应力 σ_y 的场分布

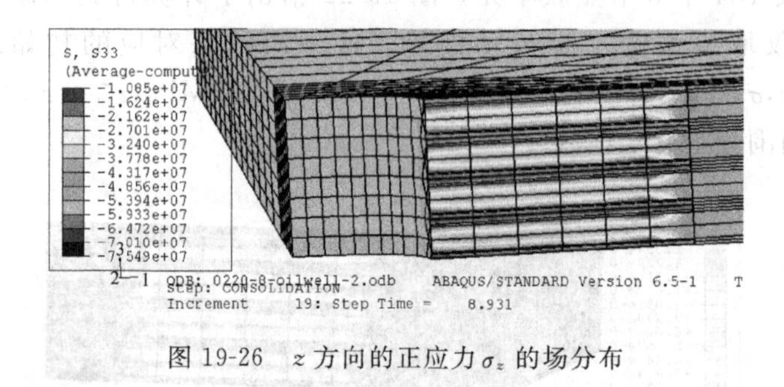

图 19-26　z 方向的正应力 σ_z 的场分布

从应力分布图中看出，模型内没有拉伸应力出现。水平面内最大压缩有效应力约为 97MPa，发生在射孔内壁处 y 方向上。竖直方向最大压缩有效应力约为 75.5MPa，发生在射孔内壁处 z 方向上。

19.5.5 数值计算结果之二

为了检验主应力方向对射孔稳定性的影响，本计算采用的初始地应力为上次初始地应力将 σ_y 和 σ_x 对调以后得到的值，即 $\sigma_x = -41.368575\mathrm{MPa}$，$\sigma_y = -48.263338\mathrm{MPa}$。

此种工况下没有塑性区出现。图 19-27 给出了孔隙压力分布情况，孔隙压力在射孔处达到给定的流动压力值。图 19-28～图 19-30 给出了应力分量 σ_x，σ_y，σ_z 的分布情况。从应力分布图中看出，模型内没有拉伸应力出现。水平面内最大压缩有效应力约为 93MPa，发生在射孔内壁处 y 方向上。竖直方向最大压缩有效应力约为 75.6MPa，发生在射孔内壁处 z 方向上。值得注意的是，射孔开挖完成后，发生在射孔内壁处 y 方向上的压缩有效应力远远超过初始应力场。这说明在射孔开挖过程中，由于沿射孔轴线 x 方向上的位移受到限制，当内表面上作用的流体压力较小时，会导致射孔孔壁局部侧向失稳变形，发生塑性屈曲(plastic buckling)，从而引起局部应力集中，产生较大的 y 向应力。图 19-31 给出了孔隙比的变化情况。

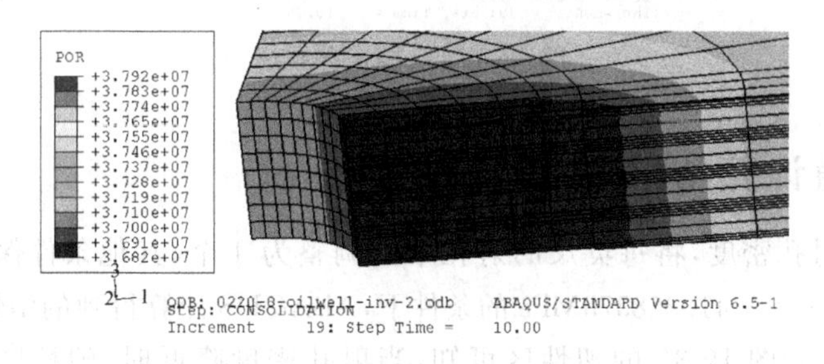

图 19-27 孔隙压力场

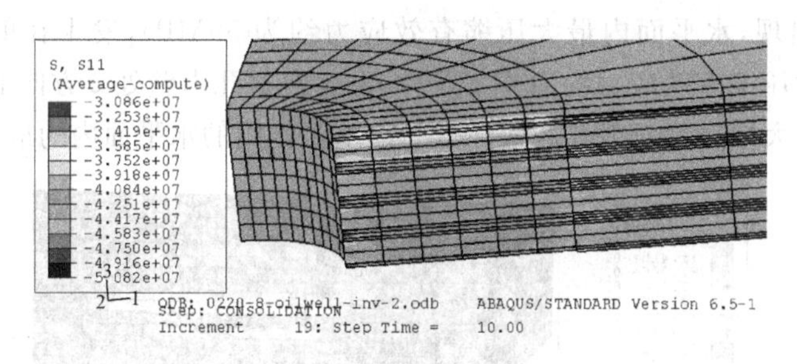

图 19-28 x 方向的正应力 σ_x 的场分布

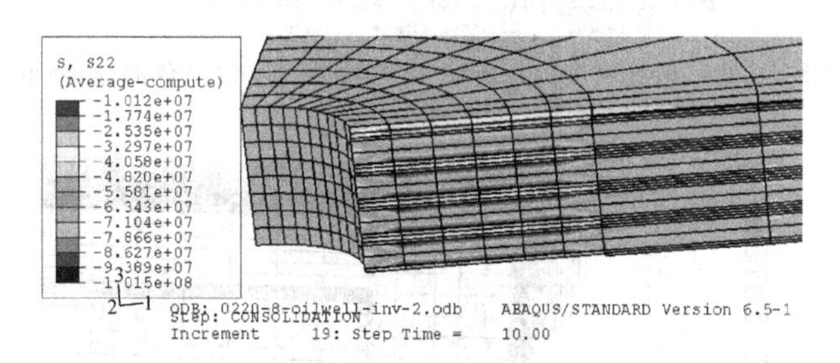

图 19-29 y 方向的正应力 σ_y 的场分布

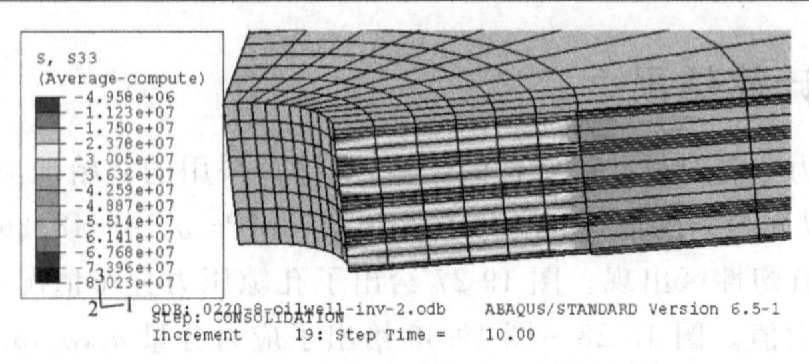

图 19-30　z 方向的正应力 σ_z 的场分布

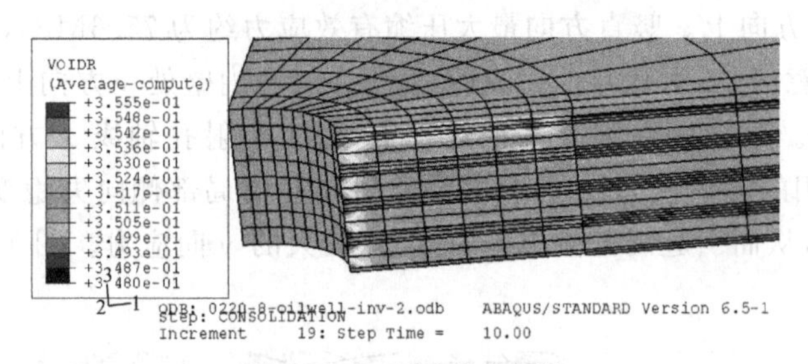

图 19-31　孔隙比分布场

19.5.6　数值计算结果之三

本计算调整射孔密度，将每英尺的射孔个数调整为 4 个，其他条件保持不变。在 $\sigma_x=-48.263338\text{MPa}$，$\sigma_y=-41.368575\text{MPa}$ 的条件下，ABAQUS 计算得到的塑性区如图 19-32 所示。比较图 19-22 和图 19-32 的塑性区可知，当射孔密度降低时，塑性区的范围大幅度减少。图 19-33 至图 19-35 给出了应力分量 σ_x，σ_y，σ_z 的分布情况。从应力分布图中看出，模型内没有拉伸应力出现，水平面内最大压缩有效应力约为 59MPa，发生在射孔内壁处 y 方向上。竖直方向最大压缩有效应力约为 67.3MPa，发生在射孔内壁处 z 方向上。因此可以看出，射孔密度降低能够大幅降低对射孔区塑性行为起主要作用的水平面内的最大正应力幅值。

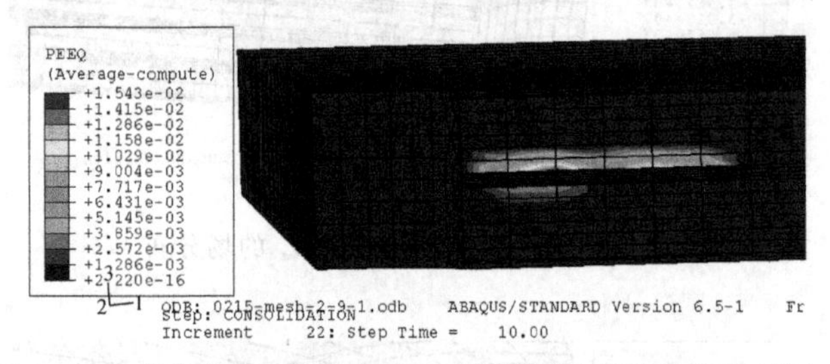

图 19-32　射孔密度为每英尺 4 个时的塑性区(浅色部分)分布

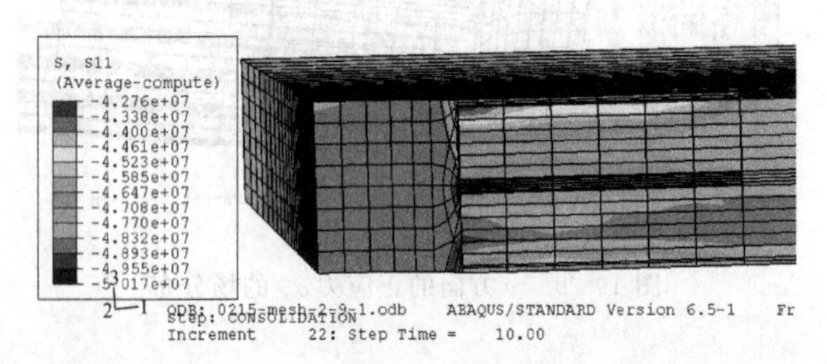

图 19-33　x 方向的正应力 σ_x 的场分布

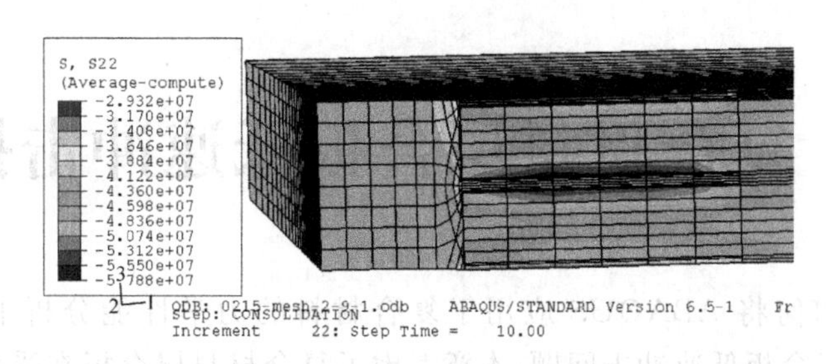

图 19-34 y 方向的正应力 σ_y 的场分布

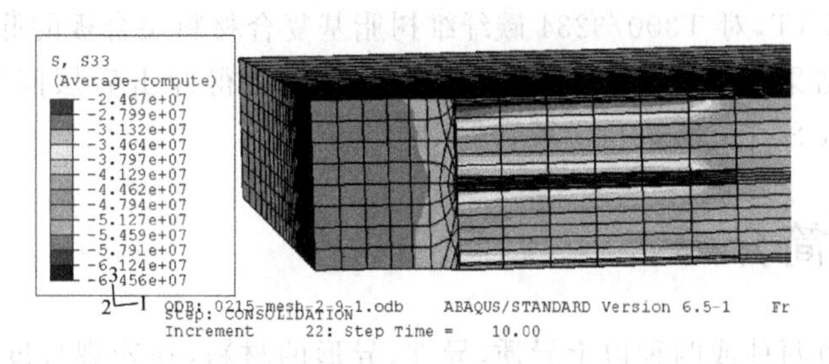

图 19-35 z 方向的正应力 σ_z 的场分布

此外，本算例还对每英尺 4 个射孔，在 $\sigma_x=-41.368575\text{MPa}$，$\sigma_y=-48.263338\text{MPa}$ 的条件下，对射孔围岩进行了弹塑性固结数值分析。ABAQUS 计算得到的塑性区为零，证明在此条件下射孔围岩是稳定的。

19.5.7 小结

本算例对油藏砂岩射孔的弹塑性固结问题作了数值研究。弹塑性有限元固结数值计算结果表明：

(1) 当射孔轴线沿最大水平主应力方向时，在给定条件下，射孔内壁表面将发生塑性屈曲，导致射孔周围有较大塑性区发生。而当射孔轴线垂直于最大水平主应力方向时，在给定条件下，射孔周围没有塑性区发生。

(2) 当射孔密度从每英尺 8 个射孔降低为每英尺 4 个射孔时，同等条件下，射孔内壁周围塑性区明显减少。

20 复合材料层合板低速冲击损伤

本章将介绍如何将 ABAQUS 应用于复合材料的力学性能分析中。针对 z 向增韧(z-pin)复合材料层合板低速冲击问题，本章考虑了复合材料层合板在受低速冲击时的分层及基体开裂等四种损伤形式，引入适当的损伤判据，应用 ABAQUS/Explicit 及相应的用户材料子程序 VUMAT，对 T300/3234 碳纤维树脂基复合材料层合板的低速冲击损伤过程进行有限元模拟。结果表明，采用碳纤维钉 z-pin 增韧使得冲击后层间分层区域面积减小 50%左右，ABAQUS 计算结果与实验数据吻合。

20.1 问题简介

复合材料是由两种或两种以上异质、异性、异形的材料，在宏观尺度上复合而成的一种完全不同于其组分的材料。复合材料通常由增强材料和基体组合而成，增强材料承担结构的各种工作载荷，而基体起到粘结增强材料予以赋形并传递应力和增韧的作用。本章涉及的材料是碳纤维树脂基复合材料，其基体是环氧树脂，增强材料是碳纤维。

纤维增强复合材料的基本结构形式分为单向板和层合板。单向板中纤维起增强和主要承载作用，基体起支撑纤维、保护纤维，并在纤维间起分配和传递载荷作用。由于纤维排布有方向性，单向板一般是各向异性的。通常纤维方向称为纵向，用“1”表示；垂直于纤维方向称为横向，用“2”表示；沿单向板厚度方向用“3”表示。1、2 和 3 轴称为材料主轴，如图 20-1 所示。

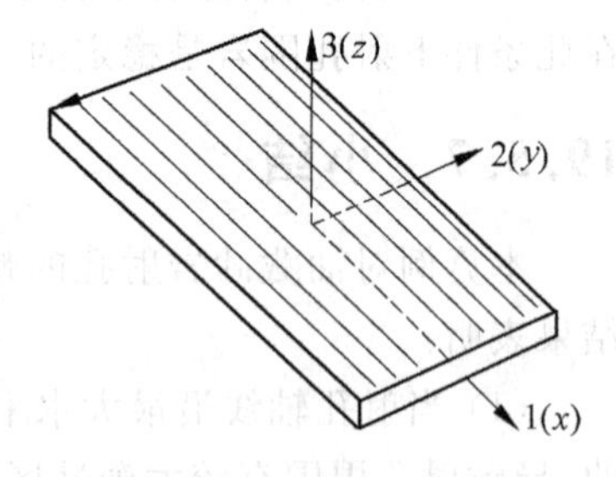

图 20-1 复合材料主轴

层合板是将多层单向板按照某种次序叠放并粘结在一起制成整体的结构板，各单向板(铺层)的材料主方向不同，各个铺层是用与单向板相同的基体材料粘合起来的。层合板可以设计与方向有关的材料强度和刚度，按需要来确定每一层的材料主方向，以满足结构元件的承载要求。

为了提高复合材料层合板的抗冲击性能，在垂直于层板方向用碳纤维钉(z-pin 或 z-fiber)增强，称为 z-pin 增韧。在 z-pin 增韧复合材料中，由于有纤维的存在，即使基体中有了裂纹，甚至裂纹已经开始扩展，仍可能允许增加整个材料的载荷。目前，对于 z-pin 增韧复合材料的研究多基于静态。M. Grassi 等对含有 2%体积含量 z-fiber 的纤维增韧复合材料厚度方向的刚度和面内刚度进行了研究，发现厚度方向刚度提高了 22%～35%，而面内刚度降低在 10%以内，表明 z-pin 增韧技术是能够提高复合材料层合板抗冲击性能的一种经济而有效的方法。Y. C. Gao 等研究了纤维增韧复合材料的断裂韧性，提出了剪切滞后模型，给出了长纤维、短纤维、强纤维、弱纤维的区分标准和相应的增韧公式，并对含有微裂纹的纤维增韧复合材料的增韧机理、损伤过程等进行了研究。N. Sridhar 等对增韧纤维进行了动态脱胶的研究，在剪切滞后模型的基础上，引入应力波的作用，研究了增韧纤维在动态载荷作用下与基体之间滑移、粘着及反向滑移的特性。而对于低速冲击复合材料损伤的研究，目前主要是依靠基于低速冲击实验的数值模拟。C. T. Sun 等假设梁模型内存在穿透的初始脱层及脱层扩展的临界冲击速度，同时利用虚裂纹闭合技术计算应变能释放率，分析复合材料梁受橡胶球冲击时的脱层扩展过程。F. Collombet 等对基体开裂使用基于平均应力的损伤准则，对分层扩展使用临界力准则，建立三维有限元模型来分析冲击损伤。J. P. Hou 等修正了 Tsai-Wu 准则，来估计冲击过程中复合材料层板的损伤。本章根据复合材料层板低速冲击损伤的普遍方法，结合纤维增韧原理，利用 ABAQUS 有限元程序，开发用户材料子程序 VUMAT，引入损伤判据，对纤维增韧复合材料层板低速冲击的损伤过程进行有限元模拟。

20.2　损伤判据及应力更新方案

低速冲击对复合材料层板造成损伤的主要形式有基体开裂、分层、纤维断裂和基体挤裂，其中基体开裂和分层是两种主要的形式。大多数碳纤维树脂基复合材料单向板直到破坏都表现为线弹性，因此对于图 20-2～图 20-4 所示的纤维断裂、基体开裂和基体挤裂的三种破坏形式，可以不考虑塑性变形的影响，其损伤判据及应力更新方案如下所述。

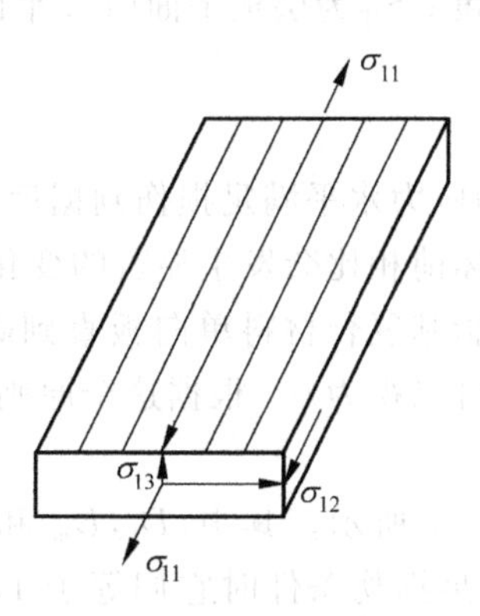

图 20-2　纤维断裂

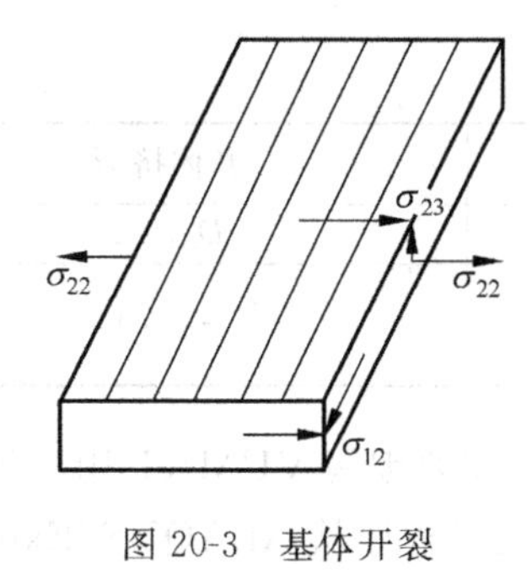

图 20-3　基体开裂

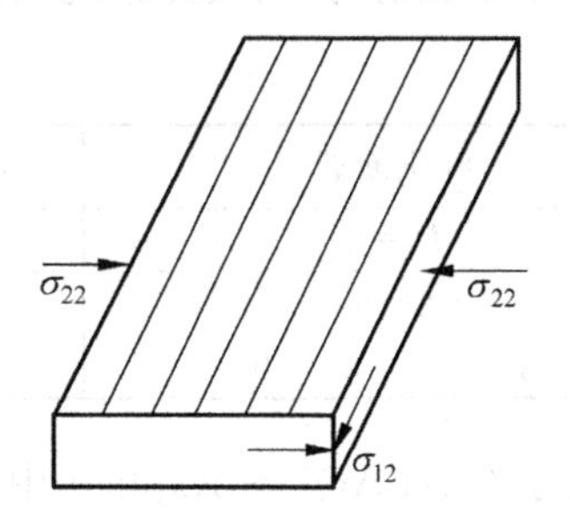

图 20-4　基体挤裂

20.2.1　损伤模式

1. 纤维断裂

对于图 20-2 所示的纤维断裂,其损伤判据为

$$\left(\frac{\sigma_{11}}{X_T}\right)^2+\left(\frac{\sigma_{12}^2+\sigma_{13}^2}{S_f^2}\right)\geqslant 1 \tag{20-1}$$

式中,X_T 为纤维方向(1 方向)拉伸强度;S_f 为纤维失效的剪切强度。

2. 基体开裂

对于图 20-3 所示的基体开裂,其损伤判据为

$$\left(\frac{\sigma_{22}}{Y_T}\right)^2+\left(\frac{\sigma_{12}}{S_{12}}\right)^2+\left(\frac{\sigma_{23}}{S_{m23}}\right)^2\geqslant 1,\quad \sigma_{22}\geqslant 0 \tag{20-2}$$

式中,Y_T 为横向(2 方向)拉伸强度;S_{12} 为层板平面(1-2 平面)剪切强度;S_{m23} 为层板横截面(2-3 平面)剪切强度。

3. 基体挤裂

对于图 20-4 所示的基体挤裂,其损伤判据为

$$\frac{1}{4}\left(\frac{-\sigma_{22}}{S_{12}}\right)^2+\frac{Y_C^2\sigma_{22}}{4S_{12}^2Y_C}-\frac{\sigma_{22}}{Y_C}+\left(\frac{\sigma_{12}}{S_{12}}\right)^2\geqslant 1,\quad \sigma_{22}<0 \tag{20-3}$$

其中,Y_C 为横向(2 方向)压缩强度;S_{12} 为层板平面(1-2 平面)剪切强度。

20.2.2　应力更新方案

当复合材料层合板中单元的应力水平满足损伤判据后,材料将发生破坏,该单元将失去承载能力,相应的应力分量与破坏前相比会发生显著的变化。

如前所述,大多数碳纤维树脂基复合材料单向板直到破坏都表现为线弹性。在材料发生破坏后,单元相应的应力分量可以视为 0。根据这个原则,我们可以对损伤破坏后单元的应力进行更新。

具体的应力更新方案如表 20-1 所示。其中,D_f,D_m 和 D_{mc} 分别代表纤维断裂、基体开裂和基体挤裂的损伤参数,当满足损伤条件时它们等于 1,单元相应的应力分量就置为 0;当损伤条件不满足时,损伤参数则等于 0。一旦损伤参数等于 1 后,其值就保持为 1,表示单元失去了承载能力,与实际情况相同。

表 20-1　应力更新方案

纤维断裂	基体开裂	基体挤裂
$D_f=1$	$D_m=1$	$D_{mc}=1$
$\sigma_{11}=\sigma_{22}=\sigma_{33}=0$ $\sigma_{12}=\sigma_{23}=\sigma_{31}=0$	$\sigma_{22}=0$ $\sigma_{12}=0$	$\sigma_{22}=0$

为了在 ABAQUS/Explicit 中实现损伤后的应力更新,需要编写 VUMAT 用户子程序。ABAQUS/Explicit 是显式求解,而 VUMAT 的主要特点是子程序从 ABAQUS/Explicit 主程序中调入上一个增量步的应力、状态变量、当前增量步的应变增量和其他为实现计算而定义的变量值,经由子程序计算后返回给 ABAQUS/Explicit 主程序当前增量步的应力和状态变量。VUMAT 子程序的流程见图 20-5。

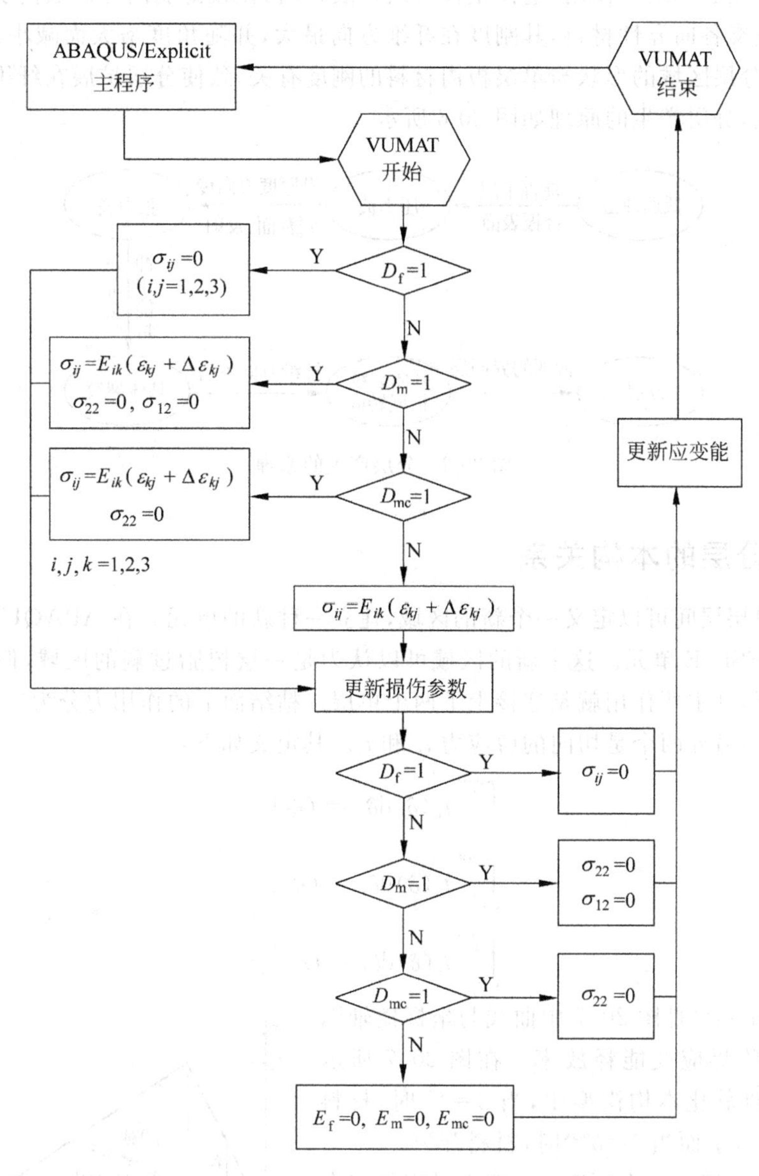

图 20-5 VUMAT 流程图

20.3 损伤分层

20.3.1 分层产生的原理

分层是复合材料层板受低速冲击时的主要损伤形式。当冲击物接触层合板时,产生垂直于层合板表面的压力波,该压力波沿层合板厚度方向传到背面,反射形成张力波。当冲击能量足够大时,冲击力产生基体裂纹,基体裂纹沿厚度方向沿冲击面扩展,到达不同纤维铺设角相邻层的界面时,由于相邻层中纤维铺设角的不同,高强纤维对这些基体裂纹沿厚度方向的自相似扩展起到阻碍作用，迫使基体裂纹扩展转向，在较薄弱的界面层内引发分层。由于各单层为正交各向异性材料，其刚度在纤维方向最大，并随角度增大而减小，在垂直纤维方向最小，而分层区域的形状与单层板内材料的刚度有关，致使分层扩展在纤维方向比垂直于纤维方向快，分层产生的原理如图 20-6 所示。

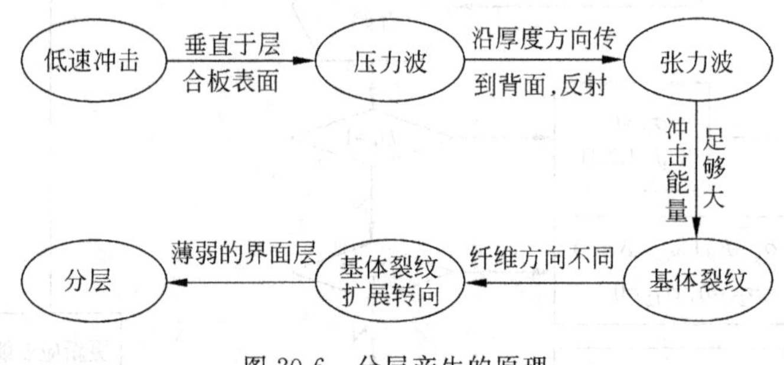

图 20-6　分层产生的原理

20.3.2　分层的本构关系

在各个单层层间可以定义一个新的区域，建立一种新的单元。在 ABAQUS 中，称这种单元为 COHESIVE 单元。这个新的区域可以认为是一层树脂过剩的区域，但又与单纯的树脂区域不同，其主要作用就是连接上下两个单层。粘结面上的作用力分为三种，一个是法向的正应力 t_n，另外两个是切向的剪应力 t_s 和 t_t。其定义如下：

$$\left.\begin{aligned}\int_0^{\delta_n^{max}} t_n(\delta)\,d\delta_n &= G_C^n \\ \int_0^{\delta_s^{max}} t_s(\delta)\,d\delta_s &= G_C^s \\ \int_0^{\delta_t^{max}} t_t(\delta)\,d\delta_t &= G_C^t\end{aligned}\right\} \tag{20-4}$$

式中，$G_C^i(i=n,s,t)$是图 20-7 中曲线与坐标横轴围成的面积，即临界应变能释放率。在图 20-7 所示的线弹性-线性软化本构模型中，当 $\delta=\delta^0$ 时，材料屈服，此时 $\sigma=\sigma_c$；而当 $\delta=\delta^{max}$时，材料开裂。

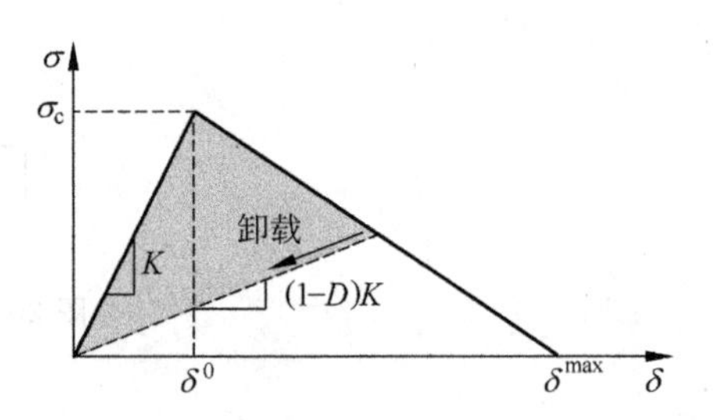

图 20-7　线弹性-线性软化本构模型

假设粘结区域有一个厚度 T_c，那么对应的三个应变就是

$$\varepsilon_n=\frac{\delta_n}{T_c},\quad \varepsilon_s=\frac{\delta_s}{T_c},\quad \varepsilon_t=\frac{\delta_t}{T_c} \tag{20-5}$$

当 $\delta<\delta^0$ 时，为线弹性，此时有

$$t=\begin{Bmatrix}t_n\\t_s\\t_t\end{Bmatrix}=\begin{bmatrix}K_{nn}&&\\&K_{ss}&\\&&K_{tt}\end{bmatrix}\begin{Bmatrix}\varepsilon_n\\\varepsilon_s\\\varepsilon_t\end{Bmatrix} \tag{20-6}$$

当 $\delta^0\leqslant\delta\leqslant\delta^{max}$时，为损伤软化区域，此时有

$$t=\begin{Bmatrix}t_n\\t_s\\t_t\end{Bmatrix}=\begin{bmatrix}(1-D)K_{nn} & & \\ & (1-D)K_{ss} & \\ & & (1-D)K_{tt}\end{bmatrix}\begin{Bmatrix}\varepsilon_n\\\varepsilon_s\\\varepsilon_t\end{Bmatrix} \tag{20-7}$$

其中，D 是损伤系数，$0\leqslant D\leqslant 1$。当 $D=0$ 时，表示材料没有屈服或刚开始屈服；当 $D=1$ 时，表示材料破坏，失去承载能力。

当 $\delta>\delta^{max}$ 时，材料已经失去了承载能力，相当于粘结区域破坏，层合板发生分层。

粘结区域的典型力学行为如图 20-8 所示。图 20-8 中 0 点还未承载，1 点处于弹性区，2 点屈服，3 点已经进入软化区，4 点则刚破坏，5 点已经破坏分层。

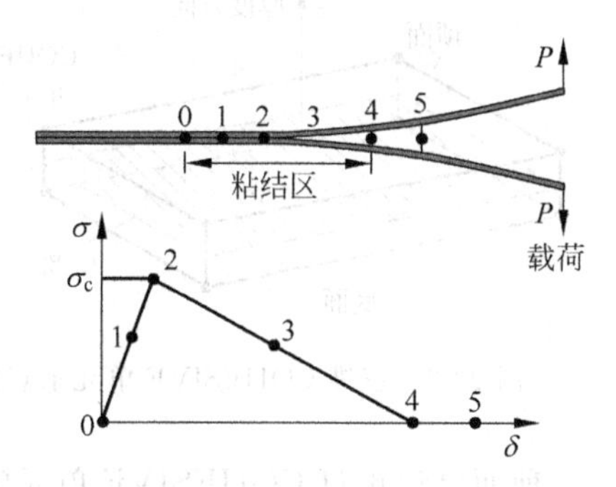

图 20-8　分层前端的粘结区域

由于层合板分层往往不是由某种单一的开裂模式所导致，单独考虑某一种开裂模式都不能对分层进行准确的模拟，所以必须考虑混合模式的开裂准则。

本章使用的 COHESIVE 单元采用 B-K 开裂准则，即

$$G^C=G_n^C+(G_s^C-G_n^C)\left(\frac{G_S}{G_T}\right)^{\eta} \tag{20-8}$$

其中 $G_S=G_s+G_t$，$G_T=G_n+G_S$，对于玻璃环氧树脂复合材料，指数 $\eta=2\sim3$；对于碳纤维环氧树脂复合材料，$\eta=1\sim2$。当给定了 G_n^C，G_s^C 和 η 之后，材料的临界应变能释放率 G_C 就是 G_S/G_T 确定的函数。

20.4　无 z-pin 增韧复合材料层合板有限元建模及分析

本章中有限元建模是用 ABAQUS/CAE 完成的。根据前面的描述和分析，复合材料层合板低速冲击实验可以看成由如下几部分构成：冲击物、层合板单层以及层间的粘结区域。由于我们关心的是层合板在受到低速冲击后的损伤，而对于冲击物，大都是接触面是球面的金属冲击物，弹性模量都比较高，因此可以视为刚性小球。这样的简化，可以减少计算量而不会对计算结果产生很大的影响。

20.4.1　复合材料层合板

复合材料层合板单层可以看成是横观各向异性材料，具有方向性，在计算时需要定义单层的材料方向，即纤维方向。

建立模型时，在 ABAQUS/CAE 中先建立一个整体模型，其厚度是层合板的总体厚度，然后根据层合板的层数在厚度方向上均匀地划分相同数量的区域，每个区域就是一个单层。在每个单层分别定义材料属性和材料方向，采用 C3D8R 单元，即三维 8 节点减缩积分实体单元进行离散。对于边界条件，可以认为层合板是四边简支的。由于冲击过程很短，而且在这期间小球与层合板之间的相互作用力很大，远大于重力的作用，因此在本章中，所有的计算都不考虑重力的作用。

20.4.2　层间COHESIVE单元

在ABAQUS中，可以在层合板的层间事先划分出一个区域，这个区域采用COHESIVE单元，如图20-9和图20-10所示。

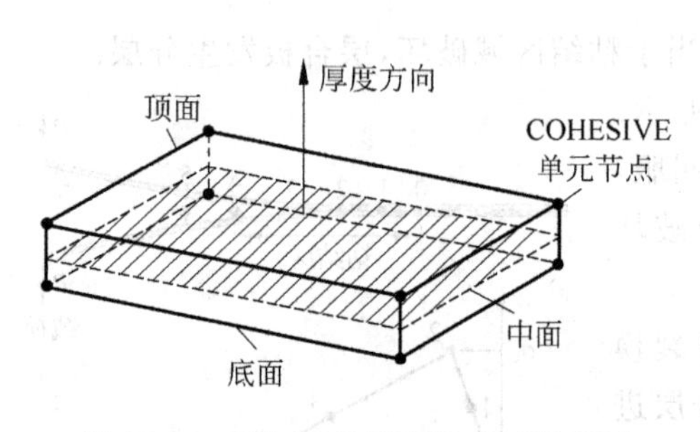

图 20-9　三维COHESIVE单元示意图

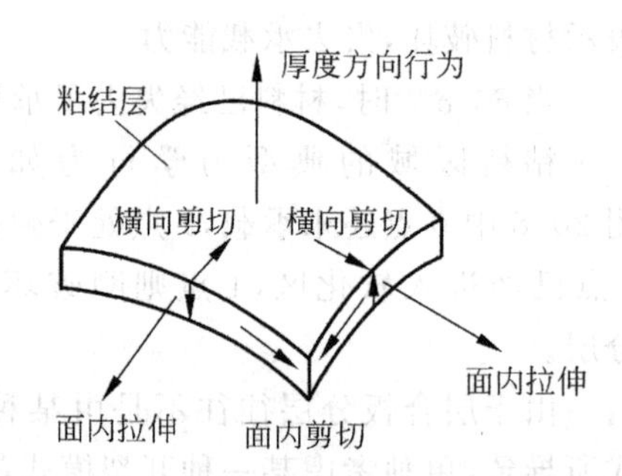

图 20-10　COHESIVE单元受力分析

前面已讨论过COHESIVE单元的性质。在有限元计算中，如果是计算动态问题，就必须考虑惯性力的影响，因此我们必须定义粘结区域的厚度。在ABAQUS中，粘结区域在厚度方向上就只有一个COHESIVE单元，因此粘结区域的厚度也就是COHESIVE单元的厚度。

在ABAQUS/CAE中建模时，可以先将粘结区域的材料属性定义好，再对从ABAQUS/CAE中导出的用于ABAQUS/Explicit计算的输入文件里关于模型的部分编写程序，修改节点坐标，这样就可以建立一个和实际模型接近的有限元模型了。

按照上面的方法，COHESIVE单元的厚度T_c可以专门在输入文件中定义。因为T_c的大小会影响计算结果，所以这样也有利于调整计算模型。

20.4.3　算例分析比较

本算例采用已有的实验参数，对玻璃/环氧树脂层合板及碳/环氧树脂层合板的低速冲击损伤进行模拟。

1. 玻璃/环氧树脂层合板

实验参数如下：

- 刚性小球，质量$m=2.3$kg，冲击速度$v=4.85$m/s；
- 层合板$[0_4/90_2/0_4]$铺层，单层厚度为1.8×10^{-4}m，圆形周边简支，直径$d=0.16$m，密度$\rho=1678$kg/m^3；
- 层合板弹性模量$E_1=30.5$GPa，$E_2=E_3=6.9$GPa；泊松比$\nu_{12}=\nu_{13}=0.344$，$\nu_{23}=0.46$；剪切模量$G_{23}=1.6$GPa，$G_{12}=G_{13}=4.65$GPa；
- 层合板的破坏强度$X_T=700$MPa，$Y_T=100$MPa，$Y_C=237$MPa，$S_{12}=64$MPa，$S_{m23}=200$MPa，$S_{13}=64$MPa，$S_f=120$MPa；
- 层合板层间性质$G_{IC}=120$J/m^2，$G_{IIC}=1200$J/m^2，$\eta=2.6$。

图20-11(a)是有限元模拟得到的分层区域，0°方向长度是7.8cm，90°方向长度是2.6cm，分层区域的面积是16cm^2。图20-11(b)是实验得到的分层区域，呈花生状，0°方向长

度是 8.2cm，90°方向长度是 2.7cm，分层区域面积是 16.8cm²。计算结果与实验数据基本吻合。

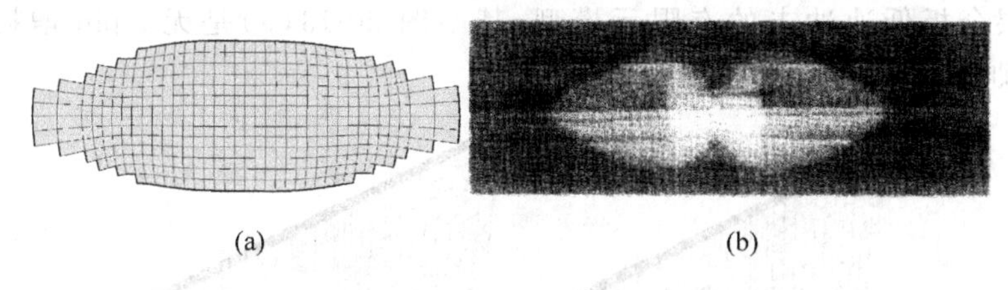

(a) (b)

图 20-11 玻璃/环氧树脂层合板分层区域

2. 碳/环氧树脂层合板

实验参数如下：

- 刚性小球，质量 $m=0.26\text{kg}$，冲击速度 $v=7.08\text{m/s}$；
- 层合板[0/90]交错铺层，共 21 层，厚度为 $2.6\times10^{-3}\text{m}$，圆形周边简支，直径 $d=0.045\text{m}$，密度 $\rho=1583\text{kg/m}^3$；
- 层合板弹性模量 $E_1=139\text{GPa}$，$E_2=E_3=9.4\text{GPa}$；泊松比 $\nu_{12}=\nu_{13}=0.3095$，$\nu_{23}=0.33$；剪切模量 $G_{23}=2.98\text{GPa}$，$G_{12}=G_{13}=4.5\text{GPa}$；
- 层合板的破坏强度 $X_\text{T}=2070\text{MPa}$，$Y_\text{T}=100\text{MPa}$，$Y_\text{C}=237\text{MPa}$，$S_{12}=64\text{MPa}$，$S_{\text{m}23}=200\text{MPa}$，$S_{13}=64\text{MPa}$，$S_\text{f}=120\text{MPa}$；
- 层合板层间性质 $G_\text{IC}=240\text{J/m}^2$，$G_\text{IIc}=750\text{J/m}^2$，$\eta=1.55$。

图 20-12(a)是有限元模拟得到的冲击结束后层合板厚度方向分层的情况，在冲击点下方附近的区域由于受到小球的挤压而没有分层，层间分层的最大尺寸是 20mm。由图 20-12(b)所示试验层间分层的最大尺寸是 19mm，模拟结果与实验得到的数据吻合。

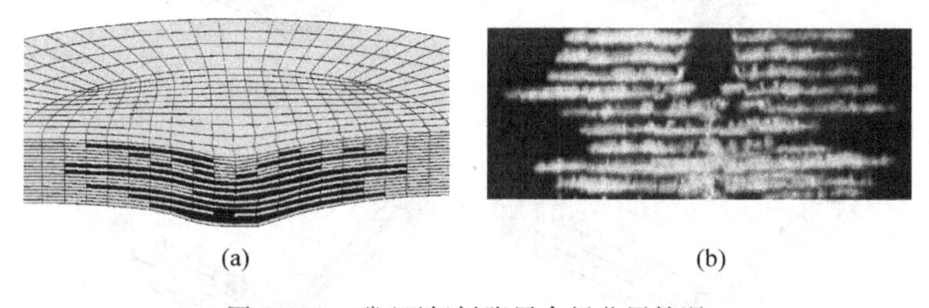

(a) (b)

图 20-12 碳/环氧树脂层合板分层情况

通过两个算例可以发现，对于不同增强材料的环氧树脂基复合材料层合板，本章建立的有限元模型能够对无增韧层合板的层间分层进行有效而准确的模拟。

20.5 z-pin 增韧层合板模拟

z-pin 纤维钉的作用是阻碍层间分层，我们可以只考虑冲击点附近的 z-pin 纤维。为了节省计算成本，忽略远离冲击点的 z-pin 纤维的影响。实验发现，冲击后 z-pin 纤维并没有断开，也就是说冲击载荷在层合板 z 向(厚度方向)上产生的拉应力和剪应力不足以使 z-pin 纤维断裂，而 z-pin 纤维在断裂前可以认为一直都处于弹性区，因此 z-pin 纤维与层合板基体之间的相对位移可以忽略不计。在建模时，我们可以对模型进行简化，将围绕在 z-pin 纤维与基体之间的一圈树脂忽略，视 z-pin 纤维与层合板基体之间的接触采用束缚(tie)约束。图 20-13 是层合板低速冲击的有限元模型，其中图 20-13(a)是无 z-pin 增韧层合板，而图 20-13(b)则是有 z-pin 增韧的层合板。

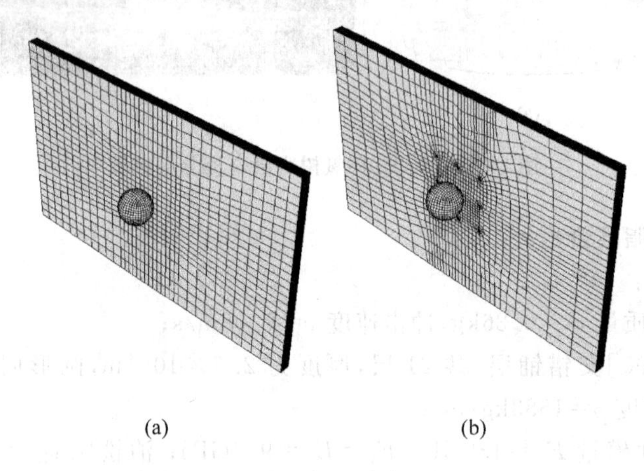

图 20-13　层合板低速冲击有限元模型

1. 低速冲击损伤

层合板受低速冲击后，在层间会有多层出现分层的现象。图 20-14 给出了在各个冲击时间点 z-pin 增韧层合板内的分层情况。

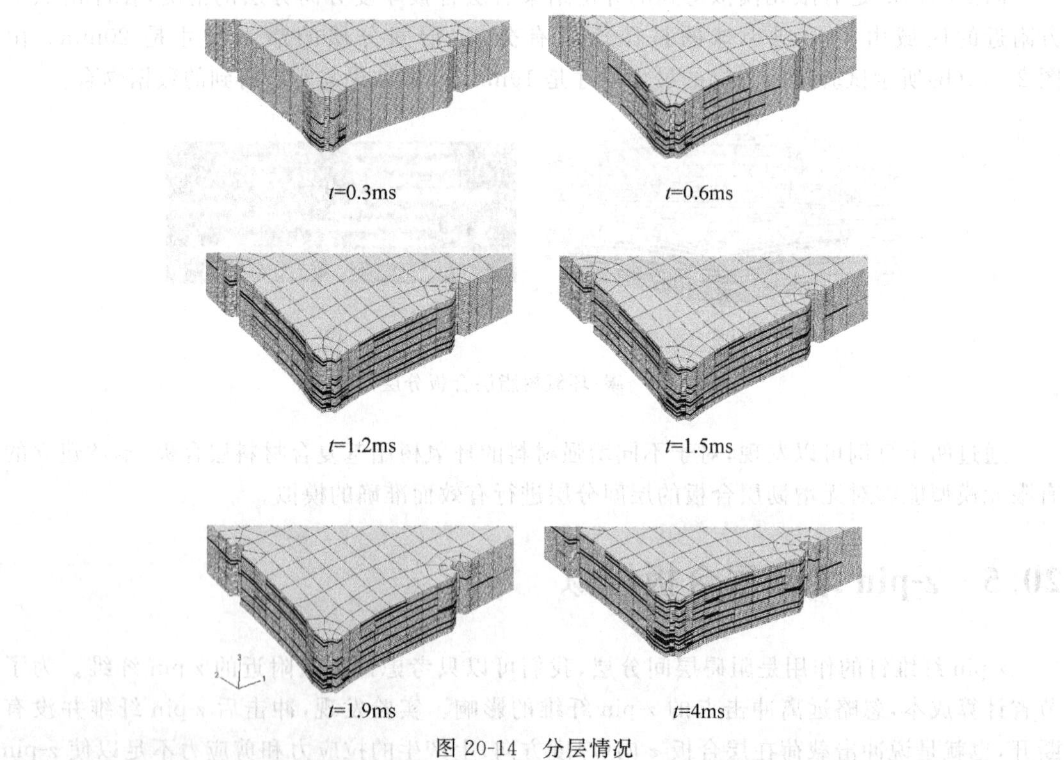

图 20-14　分层情况

将这些出现分层的区域叠在一起，就可以得到层合板的分层区域。图 20-15(a)显示了无 z-pin 增韧层合板在受到冲击后的分层区域。0°方向长度为 3.8cm，90°方向长度为 3.4cm，45°方向长度为 5.6cm，分层区域面积为 11.7cm²。图 20-15(b)显示的是 z-pin 增韧层合板的层间分层区域，0°方向长度为 2.6cm，90°方向长度为 2.6cm，面积为 5.8cm²。由于 z-pin 纤维与层合板基体之间的相互作用，使得层合板层间分层的区域与无 z-pin 增韧的普通层合板相比，减少了 50.6%。

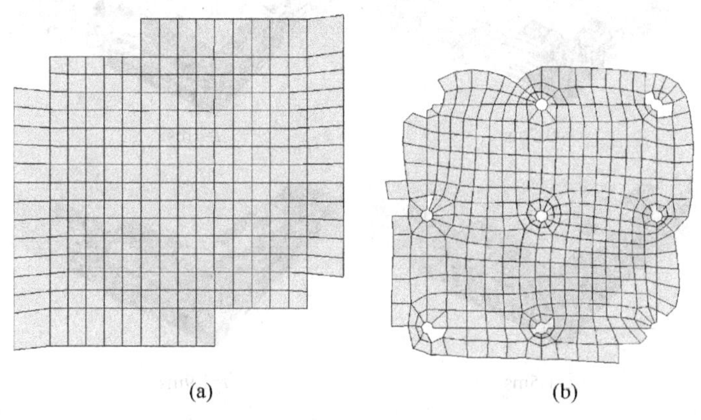

(a) (b)

图 20-15 冲击后层合板内分层区域

层合板内除了分层外，还有基体挤裂和基体开裂，由于冲击能量不足够大，实验发现纤维断裂很少，这里不作讨论。图 20-16 表示 z-pin 增韧层合板在冲击后板内的基体挤裂的情况，在冲击过程中各个时间点的基体开裂情况显示在图 20-17 中。

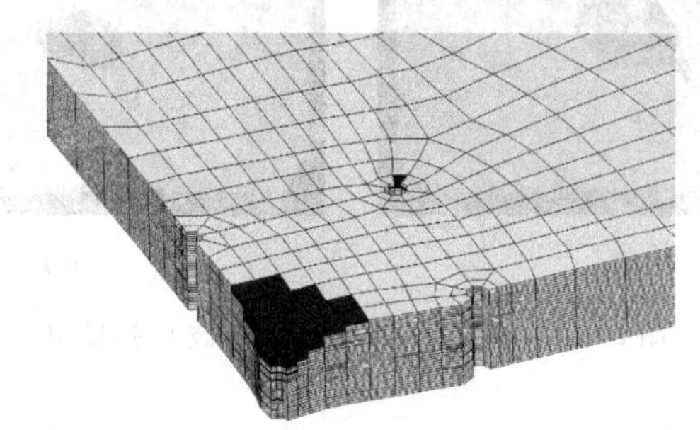

图 20-16 基体挤裂

图 20-18 是层合板低速冲击实验中层合板各单层层间分层叠加后的图像，黑色区域代表分层。其中图 20-18(a)是无 z-pin 的层合板，0°方向长度约为 3.3cm，90°方向长度约为 2.7cm，45°方向上长度约为 7.2cm，分层区域面积约为 9.8cm²。与图 20-18(b)加了 z-pin 的层合板比较，0°方向长度为 3.1cm，90°方向长度为 2.2cm，面积为 4.9cm²，可以发现加了 z-pin 的层合板分层面积减小了 50%。

以上数据表明，有限元模拟结果与实验数据吻合。

2. 冲击响应

图 20-19 给出的是冲击过程中层合板内部损伤产生前冲击小球的冲击载荷与位移之间关系的曲线。在损伤发生前，z-pin 增韧层合板厚度方向的弹簧刚度约为 4.5×10^6 N/m，比无 z-pin 增韧的层合板厚度方向的弹簧刚度 3.7×10^6 N/m 增加了 21.6%。

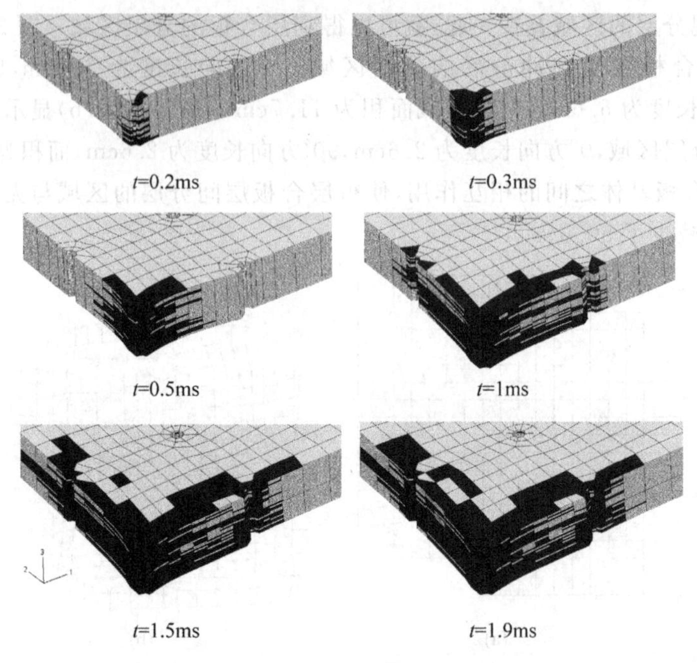

图 20-17　基体开裂

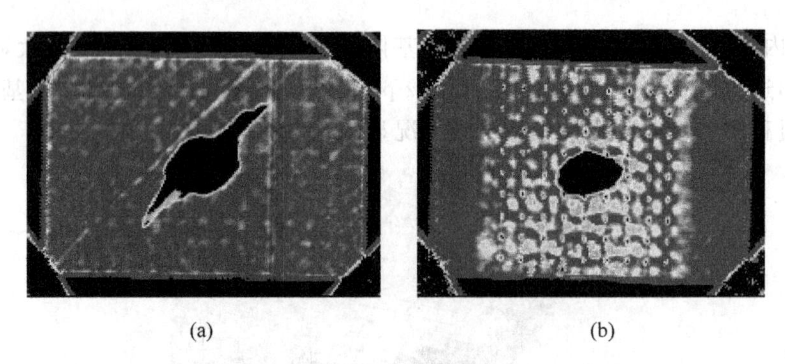

图 20-18　冲击后层合板的超声波 C-扫描图

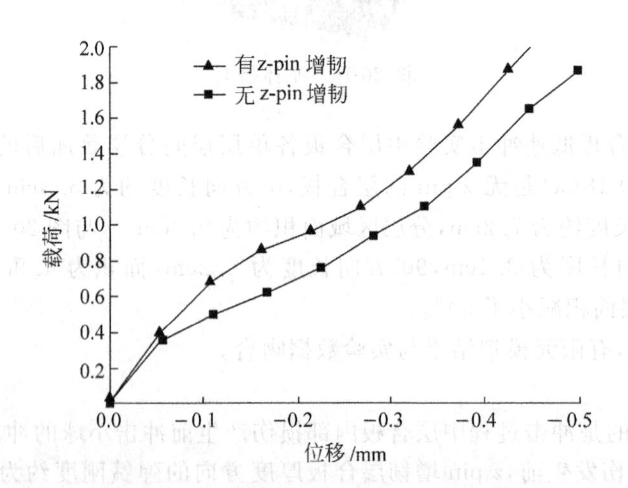

图 20-19　冲击小球的冲击载荷-位移曲线

图 20-20 说明层合板中面中心最大挠度，z-pin 增韧层合板比无 z-pin 增韧层合板的大，表明加入 z-pin 纤维后层合板面内刚度减小。

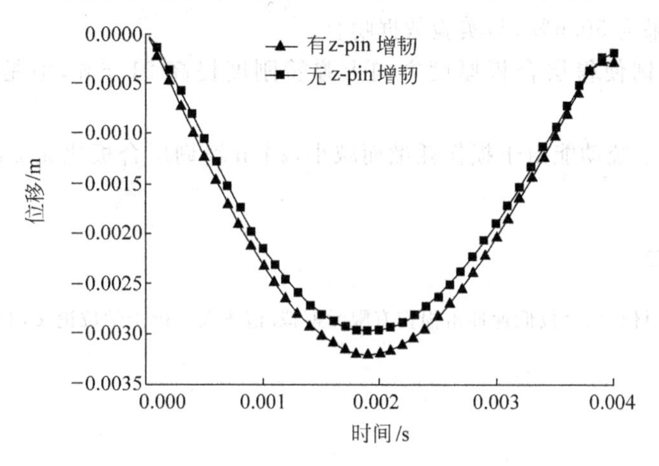

图 20-20 层合板中面中心挠度响应曲线

系统动能由两部分组成，一部分是小球的动能，另一部分是层合板受迫振动和冲击结束后自由振动的动能，而后者所占比例很少。图 20-21 是两种层合板冲击过程中系统动能响应的比较。系统的动能初始时刻是 17.8J。冲击结束时，无 z-pin 增韧的层合板系统动能只有 11J。减少的能量一部分由于层合板损伤而耗散掉，一部分转化为层合板振动的弹性应变能。层合板振动的动能和弹性应变能最后会由于阻尼作用而耗散掉。z-pin 增韧层合板在冲击结束时，系统动能为 12.3J，比无 z-pin 增韧层合板大了 1.3J。多出的这部分能量主要是由于 z-pin 增韧层合板比无 z-pin 增韧层合板内部的损伤耗散少。

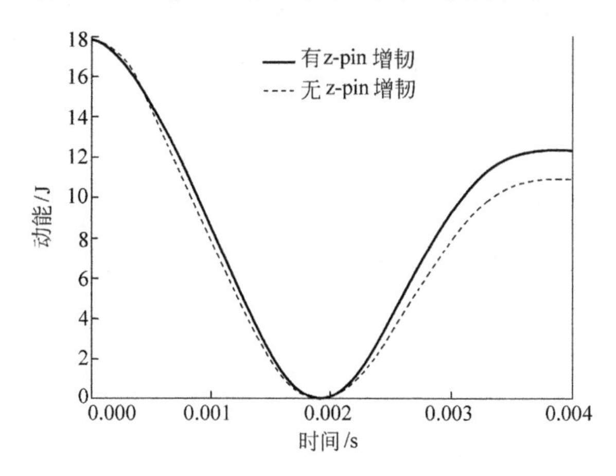

图 20-21 冲击过程系统动能

20.6 小结

本章实现了对层合板低速冲击损伤：纤维断裂、基体开裂、基体挤裂和分层的模拟，并对含有直径 1.12mm，体积含量 1%的 z-pin 纤维增韧复合材料层合板的低速冲击损伤进行了研究，得到以下结论：

（1）实验表明，层合板在z-pin纤维增韧后，低速冲击造成的层间分层面积减小50%。有限元模拟的结果为50.6%，与实验数据吻合。

（2）z-pin增韧使得层合板厚度方向上弹簧刚度提高21.6%，但是其面内刚度相应减小。

（3）冲击后，系统动能由于损伤耗散而减小，z-pin增韧层合板比无z-pin增韧层合板内部的损伤耗散少。

本章主要内容引自：

滕锦. z-pin增韧复合材料层合板低速冲击损伤有限元模拟. 清华大学硕士学位论文，2005

21 ABAQUS 用户材料子程序

虽然 ABAQUS 为用户提供了大量的单元库和求解模型，使用户能够利用这些模型处理绝大多数的问题，但是实际问题毕竟非常复杂，ABAQUS 不可能直接求解所有可能出现的问题，所以 ABAQUS 提供了大量的用户自定义子程序(user subroutine)，允许用户在找不到合适模型的情况下自行定义符合自己问题的模型。这些用户子程序涵盖了建模、载荷到单元的几乎各个部分。

用户子程序具有以下的功能和特点：①如果 ABAQUS 的一些固有选项模型功能有限，用户子程序可以提高 ABAQUS 中这些选项的功能；②通常用户子程序是用 FORTRAN 语言的代码写成；③它可以以几种不同的方式包含在模型中；④由于它们没有存储在 restart 文件中，如果需要的话，可以在重新开始运行时修改它；⑤在某些情况下它可以利用 ABAQUS 允许的已有程序。

要在模型中包含用户子程序，可以利用 ABAQUS 执行程序，在执行程序中应用 user 选项指明包含这些子程序的 FORTRAN 源程序或者目标程序的名字。

提示：ABAQUS 的输入文件除了可以通过 ABAQUS/CAE 的作业模块提交运行外，还可以在 ABAQUS Command 窗口中输入 ABAQUS 执行程序直接运行：

```
ABAQUS job= 输入文件名 user= 用户子程序的 Fortran 文件名
```

ABAQUS/Standard 和 ABAQUS/Explicit 都支持用户子程序功能，但是它们所支持的用户子程序种类不尽相同，读者在需要使用时请注意查询手册。

在接下来的两章里，我们将讨论两种常用的用户子程序——用户材料子程序和用户单元子程序。

本章将通过在 ABAQUS/Standard 中创建 Johnson-Cook 材料模型，介绍编写 ABAQUS/Standard 用户材料子程序 UMAT 的方法。在 ABAQUS/Explicit 中编写用户材料子程序 VUMAT 与之相似，但是由于隐式和显式两种方法本身的差异，它们之间也有一些不同，请读者在具体使用前仔细查阅 ABAQUS 手册中的相关内容。

21.1 问题简介

用户材料子程序(user-defined material mechanical behavior, UMAT)是 ABAQUS 提供给用户自定义材料属性的 FORTRAN 程序接口，它使用户能使用 ABAQUS 材料库中没有的材料模型。ABAQUS 中自有的 Johnson-Cook 模型只能应用于显式 ABAQUS/Explicit 程序中，而我们希望能在隐式 ABAQUS/Standard 程序中更精确地实现本构积分，并且应用 Johnson-Cook 模型的修正形式，这就需要通过 ABAQUS/Standard 的用户材料子程序 UMAT 编程实现。在 UMAT 编程中使用了率相关塑性理论以及完全隐式的应力更新算法。

21.2　模型的数学描述

21.2.1　Johnson-Cook强化模型简介

Johnson-Cook模型用来模拟在冲击载荷作用下的变形。Johnson-Cook强化模型(JC)表示为三项的乘积,分别反映了应变硬化、应变率硬化和温度软化。这里使用JC模型的修正形式:

$$\sigma=(A+B\varepsilon^{n})\left[1+C\ln\left(1+\frac{\dot{\varepsilon}}{\dot{\varepsilon}_{0}}\right)\right](1-T^{*m}) \tag{21-1}$$

模型中包含A,B,n,C,m五个参数,需要通过实验来确定。使参考应变率$\dot{\varepsilon}_0=1$,这样公式中的A即为材料的静态屈服应力。公式中的T^*为无量纲化的温度

$$T^{*}=\frac{T-T_{\mathrm{r}}}{T_{\mathrm{m}}-T_{\mathrm{r}}}$$

其中,T_r为室温;T_m为材料的熔点。Johnson-Cook模型在温度从室温到材料熔点温度的范围内都是有效的。

高应变率的变形经常伴有温升现象,这是因为材料变形过程中塑性功转化为热量。对于大多数金属,90%～100%的塑性变形将耗散为热量,所以JC模型中温度的变化可以用如下的公式计算:

$$\Delta T=\frac{\alpha}{\rho c}\int\sigma(\varepsilon)\,\mathrm{d}\varepsilon \tag{21-2}$$

其中,ΔT为温度的增量;α为塑性耗散比,表示塑性功转化为热量的比例;c为材料的比热;ρ为材料的密度。公式(21-2)考虑的是一个绝热过程,即认为温度的升高完全起因于塑性耗散。

21.2.2　率相关塑性的基本公式

Johnson-Cook本构模型考虑率相关塑性,塑性变形是关联的,即塑性流动沿着屈服面的法线方向,并采用Mises屈服面。

将应变的增量分解为弹性部分和塑性部分:

$$\mathrm{d}\varepsilon=\mathrm{d}\varepsilon^{\mathrm{e}}+\mathrm{d}\varepsilon^{\mathrm{p}} \tag{21-3}$$

将上式两端同时对时间的增量$\mathrm{d}t$微分得到率形式:

$$\dot{\varepsilon}=\dot{\varepsilon}^{\mathrm{e}}+\dot{\varepsilon}^{\mathrm{p}} \tag{21-4}$$

在率相关塑性中,材料的塑性反应取决于加载率,以率的形式给出材料的弹性反应:

$$\dot{\sigma}=E\dot{\varepsilon}^{\mathrm{e}}=E(\dot{\varepsilon}-\dot{\varepsilon}^{\mathrm{p}}) \tag{21-5}$$

为了发生塑性变形,率相关塑性必须满足或者超过屈服条件,塑性应变率为

$$\dot{\varepsilon}^{\mathrm{p}}=\dot{\lambda}\frac{\partial\Psi}{\partial\sigma},\quad \dot{\lambda}=\dot{\bar{\varepsilon}},\quad \sigma'=\sigma-\alpha,\quad \Psi=|\sigma'| \tag{21-6}$$

上式即为流动法则,其中Ψ为塑性流动势能,$\dot{\lambda}$为塑性率参数,α为运动硬化时的背应力。

对于各向同性硬化,不存在背应力,因此有$\alpha=0$,此时有

$$\Psi=|\sigma|=\sigma\,\mathrm{sign}(\sigma) \tag{21-7}$$

$$\dot{\varepsilon}^{\mathrm{p}}=\dot{\lambda}\frac{\partial\Psi}{\partial\sigma}=\dot{\lambda}\frac{\partial|\sigma|}{\partial\sigma}=\dot{\bar{\varepsilon}}\operatorname{sign}(\sigma)\tag{21-8}$$

与率无关塑性不同的是，率相关塑性中等效塑性应变率不能通过一致性条件获得，而是直接通过经验定律给出，成为过应力模型：

$$\dot{\bar{\varepsilon}}=\frac{\varphi(\sigma,\bar{\varepsilon},\alpha)}{\eta}\tag{21-9}$$

式中，φ 是过应力；η 为粘性。在过应力模型中，等效塑性应变率取决于超过了多少屈服应力。

上面一维的率相关塑性公式可以很方便地推广到三维情况。对于小应变的情形，应力度量之间无需区分，这里采用 Cauchy 应力 $\boldsymbol{\sigma}$，塑性率参数由应力和内变量的经验函数给出。对照一维情况，三维情况下分解应变率为弹性和塑性部分：

$$\dot{\boldsymbol{\varepsilon}}=\dot{\boldsymbol{\varepsilon}}^{\mathrm{e}}+\dot{\boldsymbol{\varepsilon}}^{\mathrm{p}}\tag{21-10}$$

应力率和弹性应变率之间的关系为

$$\dot{\boldsymbol{\sigma}}=\boldsymbol{C}:\dot{\boldsymbol{\varepsilon}}^{\mathrm{e}}=\boldsymbol{C}:(\dot{\boldsymbol{\varepsilon}}-\dot{\boldsymbol{\varepsilon}}^{\mathrm{p}})\tag{21-11}$$

塑性流动法则和内变量的演化方程为

$$\dot{\boldsymbol{\varepsilon}}^{\mathrm{p}}=\dot{\lambda}\boldsymbol{r}(\boldsymbol{\sigma},\boldsymbol{q}),\dot{\boldsymbol{q}}=\dot{\lambda}\boldsymbol{h}\tag{21-12}$$

塑性率参数为

$$\dot{\lambda}=\frac{\varphi(\boldsymbol{\sigma},\boldsymbol{q})}{\eta}\tag{21-13}$$

对于 J_2 流动理论，Perzyna(1971)中提出了典型的过应力模型：

$$\varphi=\sigma_{\mathrm{Y}}(\bar{\varepsilon})\left\langle\frac{\bar{\sigma}}{\sigma_{\mathrm{Y}}(\bar{\varepsilon})}-1\right\rangle^{n}\tag{21-14}$$

式中，$\langle\rangle$ 为 Macualay 括号。如果 $f>0$，则 $\langle f\rangle=f$；如果 $f\leqslant 0$，则 $\langle f\rangle=0$。$\bar{\sigma}$ 为 Mises 等效应力，$\bar{\varepsilon}$ 为等效应变，n 为率敏感系数。

对于 Johnson-Cook 模型，可以得到等效塑性应变率的表达式为

$$\dot{\bar{\varepsilon}}=\exp\left[\frac{1}{C}\left(\frac{\bar{\sigma}}{\sigma_0(\bar{\varepsilon})}-1\right)\right]-1\tag{21-15}$$

其中，σ_0 为静态屈服应力。

$$\sigma_0=A+B\bar{\varepsilon}^{n}\tag{21-16}$$

21.2.3 完全隐式的应力更新算法

对率形式的本构方程进行积分的算法称为应力更新算法。在完全隐式的算法中，在步骤结束时计算塑性应变和内变量的增量，同时强化屈服条件。积分算法写为

$$\boldsymbol{\varepsilon}_{n+1}=\boldsymbol{\varepsilon}_n+\Delta\boldsymbol{\varepsilon}\tag{21-17a}$$

$$\boldsymbol{\varepsilon}_{n+1}^{\mathrm{p}}=\boldsymbol{\varepsilon}_n^{\mathrm{p}}+\Delta\lambda_{n+1}\boldsymbol{r}_{n+1}\tag{21-17b}$$

$$\boldsymbol{q}_{n+1}^{\mathrm{p}}=\boldsymbol{q}_n^{\mathrm{p}}+\Delta\lambda_{n+1}\boldsymbol{h}_{n+1}\tag{21-17c}$$

$$\boldsymbol{\sigma}_{n+1}=\boldsymbol{C}:(\boldsymbol{\varepsilon}_{n+1}-\boldsymbol{\varepsilon}_{n+1}^{\mathrm{p}})\tag{21-17d}$$

$$f_{n+1}=f(\boldsymbol{\sigma}_{n+1},\boldsymbol{q}_{n+1})=0\tag{21-17e}$$

在时刻 n 给出一组$(\boldsymbol{\varepsilon}_n,\boldsymbol{\varepsilon}_n^{\mathrm{p}},\boldsymbol{q}_n)$和应变增量 $\Delta\boldsymbol{\varepsilon}$。式(21-17)是一组关于求解$(\boldsymbol{\varepsilon}_{n+1},\boldsymbol{\varepsilon}_{n+1}^{\mathrm{p}},\boldsymbol{q}_{n+1})$的非线性代数方程。

将式(21-17b)代入式(21-17d)得到

$$\begin{aligned}\boldsymbol{\sigma}_{n+1} &= \boldsymbol{C} : (\boldsymbol{\varepsilon}_{n+1} - \boldsymbol{\varepsilon}_n^{\mathrm{p}} - \Delta\boldsymbol{\varepsilon}_{n+1}^{\mathrm{p}}) \\ &= \boldsymbol{C} : (\boldsymbol{\varepsilon}_n + \Delta\boldsymbol{\varepsilon} - \boldsymbol{\varepsilon}_n^{\mathrm{p}} - \Delta\boldsymbol{\varepsilon}_{n+1}^{\mathrm{p}}) = \boldsymbol{C} : (\boldsymbol{\varepsilon}_n - \boldsymbol{\varepsilon}_n^{\mathrm{p}}) + \boldsymbol{C} : \Delta\boldsymbol{\varepsilon} - \boldsymbol{C} : \Delta\boldsymbol{\varepsilon}_{n+1}^{\mathrm{p}} \\ &= (\boldsymbol{\sigma}_n + \boldsymbol{C} : \Delta\boldsymbol{\varepsilon}) - \boldsymbol{C} : \Delta\boldsymbol{\varepsilon}_{n+1}^{\mathrm{p}} \\ &= \boldsymbol{\sigma}_{n+1}^{\mathrm{trial}} - \boldsymbol{C} : \Delta\boldsymbol{\varepsilon}_{n+1}^{\mathrm{p}} = \boldsymbol{\sigma}_{n+1}^{\mathrm{trial}} - \Delta\lambda_{n+1}\boldsymbol{C} : \boldsymbol{r}_{n+1}\end{aligned} \tag{21-18}$$

式中，$\boldsymbol{\sigma}_{n+1}^{\mathrm{trial}} = \boldsymbol{\sigma}_n + \boldsymbol{C} : \Delta\boldsymbol{\varepsilon}$ 是弹性预测的试应力，而数值 $-\Delta\lambda_{n+1}\boldsymbol{C} : \boldsymbol{r}_{n+1}$ 是塑性修正量，它沿着结束点塑性流动的方向。对于 J_2 流动理论，塑性流动的方向为

$$\boldsymbol{r} = \frac{3}{2}\frac{\boldsymbol{\sigma}^{\mathrm{dev}}}{\bar{\sigma}} \tag{21-19}$$

它是屈服面的法向，即 $\boldsymbol{r} = f_\sigma$。在偏应力空间，von Mises 屈服面为环状，所以屈服面的法向通过圆心，如图 21-1 所示。

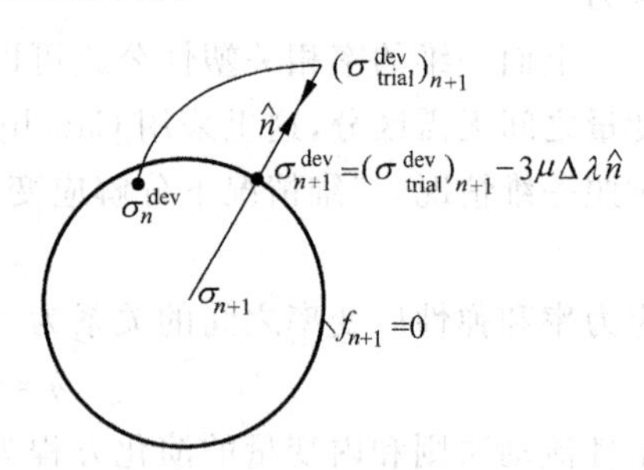

图 21-1　径向返回算法

从图 21-1 可以看出，在弹性预测阶段，塑性应变和内变量保持固定；而在塑性修正阶段，总体应变保持不变。

在迭代开始时，程序对应力和应变设初始值为

$$\boldsymbol{\varepsilon}^{\mathrm{p}(0)} = \boldsymbol{\varepsilon}_n^{\mathrm{p}}, \bar{\varepsilon}^{(0)} = \bar{\varepsilon}_n, \Delta\lambda^{(0)} = 0, \boldsymbol{\sigma}^{(0)} = \boldsymbol{C} : (\boldsymbol{\varepsilon}_{n+1} - \boldsymbol{\varepsilon}^{\mathrm{p}(0)}) \tag{21-20}$$

应力在第 k 次迭代时为

$$\boldsymbol{\sigma}^{(k)} = \boldsymbol{\sigma}^{(0)} - \Delta\lambda^{(k)}\boldsymbol{C} : \boldsymbol{r}^{(k)} \tag{21-21}$$

定义屈服面的单位法向矢量为

$$\hat{\boldsymbol{n}} = \boldsymbol{r}^{(0)} / |\boldsymbol{r}^{(0)}| = \boldsymbol{\sigma}_{\mathrm{dev}}^{0} / |\boldsymbol{\sigma}_{\mathrm{dev}}^{0}|, \quad \boldsymbol{r}^{(0)} = \sqrt{3/2}\,\hat{\boldsymbol{n}} \tag{21-22}$$

且在整个算法的塑性修正状态过程中始终保持不变，因此塑性应变的更新是 $\Delta\lambda$ 的线性函数。

在 k 次迭代时将检查屈服条件：

$$f^{(k)} = \bar{\sigma}^{(k)} - \sigma_{\mathrm{Y}}(\bar{\varepsilon}^{(k)}) = (\bar{\sigma}^{(0)} - 3\mu\Delta\lambda^{(k)}) - \sigma_{\mathrm{Y}}(\bar{\varepsilon}^{(k)}) \tag{21-23}$$

若收敛，则迭代完毕，增量步结束。否则将计算塑性参数的增量：

$$\delta\lambda^{(k)} = \frac{(\bar{\sigma}^{(0)} - 3\mu\Delta\lambda^{(k)}) - \sigma_{\mathrm{Y}}(\bar{\varepsilon}^{(k)})}{3\mu + H^{(k)}} \tag{21-24}$$

并对塑性应变和内变量进一步更新：

$$\hat{\boldsymbol{n}} = \boldsymbol{\sigma}_{\mathrm{dev}}^{0} / |\boldsymbol{\sigma}_{\mathrm{dev}}^{0}|, \quad \Delta\boldsymbol{\varepsilon}^{\mathrm{p}(k)} = -\delta\lambda^{(k)}\sqrt{\frac{3}{2}}\,\hat{\boldsymbol{n}}, \quad \Delta\bar{\varepsilon}^{(k)} = \delta\lambda^{(k)} \tag{21-25a}$$

$$\boldsymbol{\varepsilon}^{\mathrm{p}(k+1)} = \boldsymbol{\varepsilon}^{\mathrm{p}(k)} + \Delta\boldsymbol{\varepsilon}^{\mathrm{p}(k)} \tag{21-25b}$$

$$\boldsymbol{\sigma}^{(k+1)} = \boldsymbol{C} : (\boldsymbol{\varepsilon}_{n+1} - \boldsymbol{\varepsilon}^{\mathrm{p}(k+1)}) = \boldsymbol{\sigma}^{(k)} + \Delta\boldsymbol{\sigma}^{(k)} = \boldsymbol{\sigma}^{(k)} - 2\mu\delta\lambda^{(k)}\sqrt{\frac{3}{2}}\,\hat{\boldsymbol{n}} \tag{21-25c}$$

$$\bar{\varepsilon}^{(k+1)} = \bar{\varepsilon}^{(k)} + \delta\lambda^{(k)} \tag{21-25d}$$

$$\Delta\lambda^{(k+1)} = \Delta\lambda^{(k)} + \delta\lambda^{(k)} \tag{21-25e}$$

然后将更新的变量返回屈服条件进行检查，整个过程将重复直至收敛为止。这就是增量步中应力更新的过程。

21.3 ABAQUS 用户材料子程序

用户材料子程序(UMAT)通过与 ABAQUS 主求解程序的接口实现与 ABAQUS 的数据交流。在输入文件中,使用关键字"* USER MATERIAL"表示定义用户材料属性。

21.3.1 子程序概况与接口

UMAT 子程序具有强大的功能。使用 UMAT 子程序:

(1) 可以定义材料的本构关系,使用 ABAQUS 材料库中没有包含的材料进行计算,扩充程序功能;

(2) 几乎可以用于力学行为分析的任何分析过程,几乎可以把用户材料属性赋予 ABAQUS 中的任何单元;

(3) 必须在 UMAT 中提供材料本构模型的雅可比(Jacobian)矩阵,即应力增量对应变增量的变化率;

(4) 可以和用户子程序 USDFLD 联合使用,通过 USDFLD 重新定义单元每一物质点上传递到 UMAT 中场变量的数值。

由于主程序与 UMAT 之间存在数据传递,甚至共用一些变量,因此必须遵守有关 UMAT 的书写格式。UMAT 中常用的变量在文件开头予以定义,通常格式为:

```
SUBROUTINE UMAT(STRESS,STATEV,DDSDDE,SSE,SPD,SCD,
    1 RPL,DDSDDT,DRPLDE,DRPLDT,
    2 STRAN,DSTRAN,TIME,DTIME,TEMP,DTEMP,PREDEF,DPRED,CMNAME,
    3 NDI,NSHR,NTENS,NSTATV,PROPS,NPROPS,COORDS,DROT,PNEWDT,
    4 CELENT,DFGRD0,DFGRD1,NOEL,NPT,LAYER,KSPT,KSTEP,KINC)
C
     INCLUDE 'ABA_PARAM.INC'
C
     CHARACTER* 80 CMNAME
     DIMENSION STRESS(NTENS),STATEV(NSTATV),
     1 DDSDDE(NTENS,NTENS),DDSDDT(NTENS),DRPLDE(NTENS),
     2 STRAN(NTENS),DSTRAN(NTENS),TIME(2),PREDEF(1),DPRED(1),
     3 PROPS(NPROPS),COORDS(3),DROT(3,3),DFGRD0(3,3),DFGRD1(3,3)

     user coding to define DDSDDE,STRESS,STATEV,SSE,SPD,SCD
     and,if necessary,RPL,DDSDDT,DRPLDE,DRPLDT,PNEWDT

     RETURN
         END
```

UMAT 中的应力矩阵、应变矩阵以及矩阵 DDSDDE,DDSDDT,DRPLDE 等,都是直接分量存储在前,剪切分量存储在后。直接分量有 NDI 个,剪切分量有 NSHR 个。各分量之间的顺序根据单元自由度的不同有一些差异,所以编写 UMAT 时要考虑到所使用单元的类别。下面对 UMAT 中用到的一些变量进行说明:

1) DDSDDE(NTENS,NTENS)

这是一个 NTENS 维的方阵,称作雅可比矩阵,即$\partial \Delta\boldsymbol{\sigma} / \partial \Delta\boldsymbol{\varepsilon}$,$\Delta\boldsymbol{\sigma}$ 是应力的增量,$\Delta\boldsymbol{\varepsilon}$ 是应

变的增量。DDSDDE(I,J)表示增量步结束时第 J 个应变分量的改变引起的第 I 个应力分量的变化。通常雅可比是一个对称矩阵,除非在"* USER MATERIAL"语句中加入了"UNSYMM"参数。

2) STRESS(NTENS)

应力张量矩阵,对应 NDI 个直接分量和 NSHR 个剪切分量。在增量步的开始,应力张量矩阵中的数值通过 UMAT 和主程序之间的接口传递到 UMAT 中;在增量步的结束,UMAT 将对应力张量矩阵更新。对于包含刚体转动的有限应变问题,一个增量步调用 UMAT 之前就已经对应力张量进行了刚体转动,因此在 UMAT 中只需处理应力张量的共旋部分。UMAT 中应力张量的度量为柯西(真实)应力。

3) STATEV(NSTATV)

用于存储状态变量的矩阵,在增量步开始时将数值传递到 UMAT 中。也可在子程序 USDFLD 或 UEXPAN 中先更新数据,然后在增量步开始时将更新后的数据传递到 UMAT 中。在增量步结束时必须更新状态变量矩阵中的数据。

和应力张量矩阵不同的是:对于有限应变问题,除了材料本构行为引起的数据更新以外,状态变量矩阵中的任何矢量或者张量都必须通过旋转来考虑材料的刚体运动。

4) NSTATV

状态变量矩阵的维数,等于关键字"* DEPVAR"中定义的数值。状态变量矩阵的维数通过 ABAQUS 输入文件中的关键字"* DEPVAR"定义,关键字下面数据行的数值即为状态变量矩阵的维数。

5) NPROPS

材料常数的个数,等于关键字"* USER MATERIAL"中"CONSTANTS"常数设定的值。

6) PROPS(NPROPS)

材料常数矩阵,矩阵中元素的数值对应于关键字"* USER MATERIAL"下面的数据行。

7) SSE,SPD,SCD

分别定义每一增量步的弹性应变能,塑性耗散和蠕变耗散。它们对计算结果没有影响,仅仅作为能量输出。

8) 其他变量

STRAN(NTENS):应变矩阵

DSTRAN(NTENS):应变增量矩阵

DTIME:增量步的时间增量

NDI:直接应力分量的个数

NSHR:剪切应力分量的个数

NTENS:总应力分量的个数,NTENS=NDI+NSHR

使用 UMAT 时需要注意单元的沙漏控制刚度和横向剪切刚度。通常减缩积分单元的沙漏控制刚度和板、壳、梁单元的横向剪切刚度是通过材料属性中的弹性性质定义的。这些刚度基于材料初始剪切模量的值,通常在材料定义中通过"* ELASTIC"选项定义。但是使用 UMAT 时,ABAQUS 对程序输入文件进行预处理时得不到剪切模量的数值,所以这时候用户必须使用"* HOURGLASS STIFFNESS"选项来定义具有沙漏模式的单元的沙漏控制刚度,使用“ * TRANSVERSE SHEAR STIFFNESS”选项来定义板、壳、梁单元的横向剪切刚度。

21.3.2 编程

基于上面所述的率相关材料公式和应力更新算法,参照 ABAQUS 用户材料子程序的接口规范,进行 UMAT 的编程。有限元模拟结果将在 21.4 节给出,在 21.5 节中还给出了相应的程序源代码。

由于 UMAT 在单元的积分点上调用,增量步开始时,主程序路径将通过 UMAT 的接口进入 UMAT,单元当前积分点必要变量的初始值将随之传递给 UMAT 的相应变量。在 UMAT 结束时,变量的更新值将通过接口返回主程序。整个 UMAT 的流程如图 21-2 所示。

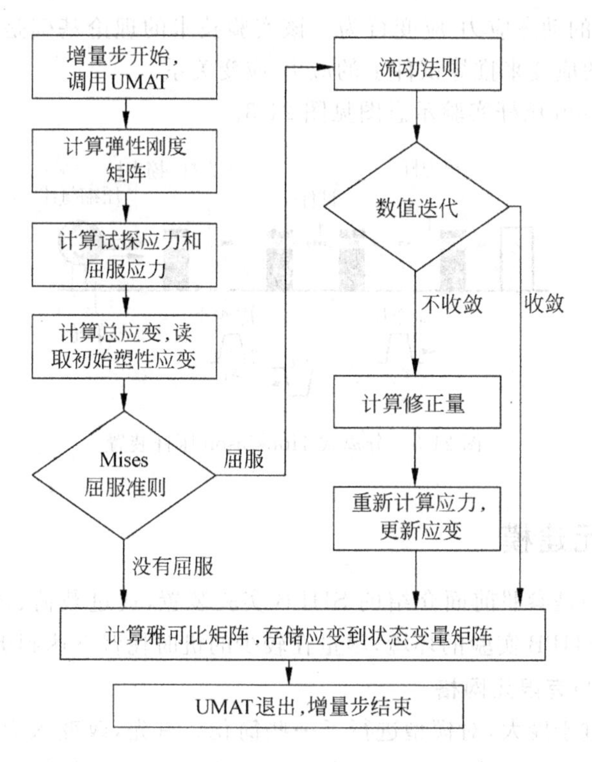

图 21-2 UMAT 流程图

一共有 8 个材料常数需要给定,并申请了一个 13 维的状态变量矩阵,它们表示的物理含义如表 21-1 所示。

表 21-1 UMAT 材料常数

PROPS	1	2	3	4	5	6	7	8
物理性质	杨氏模量	泊松比	塑性耗散比	A	B	n	C	M
STATEV	1～6		7～12	13				
变量意义	弹性应变		塑性应变	等效塑性应变				

下一步将使用建立的UMAT结合ABAQUS/Standard进行分离式Hopkinson压杆(split hopkinson pressure bar,SHPB)实验的有限元模拟,并对结果进行比较。

21.4　SHPB实验的有限元模拟

下面将建立SHPB实验的有限元模型,并把前面所建立的UMAT接入ABAQUS/Standard进行有限元模拟。进行有限元模拟的目的不仅是为了再现SHPB实验的过程,同时也是为了对选择的数值模型和建立的UMAT进行评价。

21.4.1　分离式Hopkinson压杆实验

分离式Hopkinson压杆实验是从经典Hopkinson实验基础之上发展而来的一种实验技术,用来测量材料的动态应力-应变行为。该实验技术的理论基础是一维应力波理论,通过测量两根压杆上的应变来推导试件上的应力-应变关系。

分离式Hopkinson压杆实验示意图见图21-3。

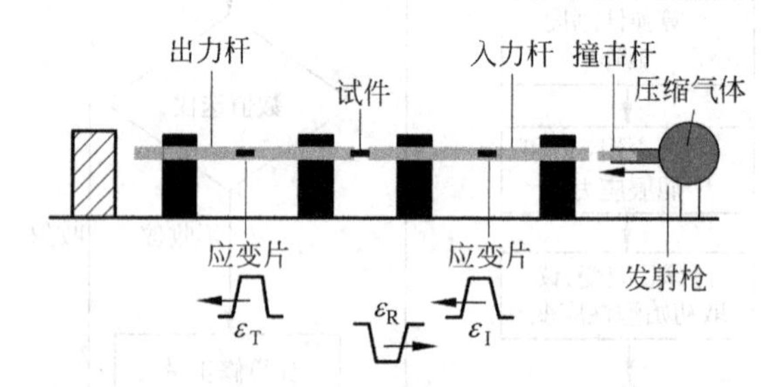

图21-3　分离式Hopkinson压杆装置

21.4.2　有限元建模

有限元模型主要是参照前面介绍的SHPB实验装置,通过载荷、边界条件等的定义在有限元软件中模拟SHPB实验的环境,尽量在较少的机时耗费下达到更高的精度。

1. 模型的简化与有限元网格

为了不使模型过于庞大,对模型进行了一些简化。首先,改变入力杆和出力杆的尺寸,长度由原来的3040mm减小为1000mm,直径增加到25mm,试件的长度和直径也分别变化为22mm和18mm。这样不仅优化了网格的质量,还成倍地减小了模型的规模,其带来的负面影响就是试件能达到的应变将降低。另外,由于撞击杆仅仅起到产生应力脉冲的作用,在数值模型中没必要考虑撞击杆,取代的方法是直接在入力杆的输入端施加均布的应力脉冲。

考虑到实验装置的对称性,也做了一些简化。整个实验装置以及载荷等都是关于杆的中心线轴对称的,所以可以使用轴对称单元进行二维分析。另外也建立了四分之一横截面的三维模型作为补充。

二维轴对称模型和三维模型分别如图21-4和图21-5所示。在模型中,对试件以及入力杆、出力杆和试件接触的部分进行了局部网格加密,这样的网格划分可以取得比较经济的结果。

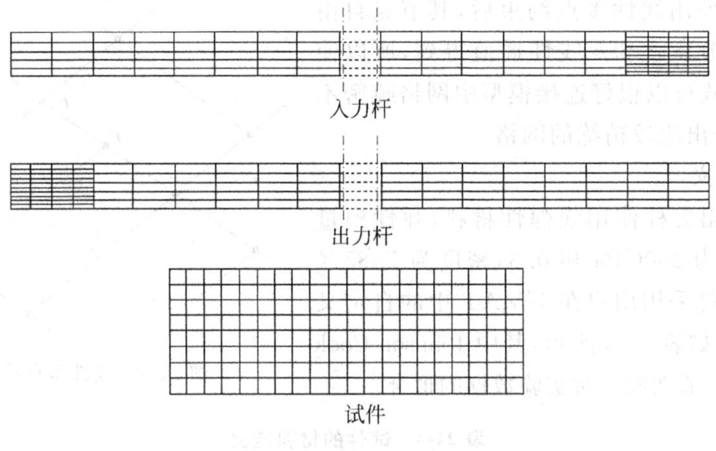

图 21-4 二维轴对称有限元模型

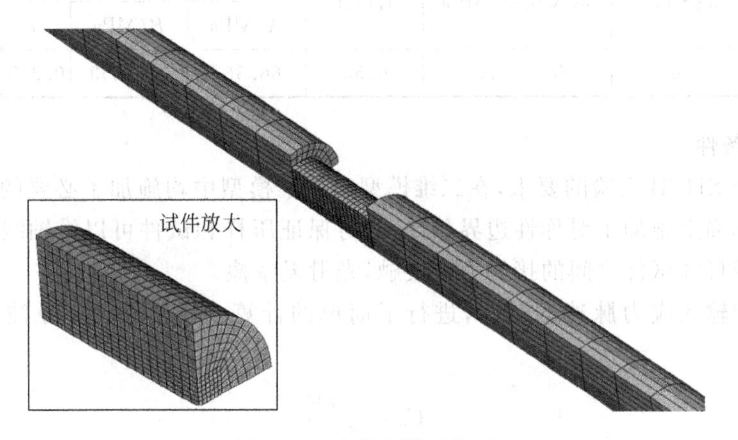

图 21-5 三维有限元模型

单元类型上，选择一阶常规单元。由于没有使用减缩积分单元，所以使用 UMAT 时无需指定单元的沙漏控制刚度。最后的模型中，二维网格单元总数为 1220，三维模型网格的单元总数为 17160。关于单元的详细信息如表 21-2 所示。

表 21-2 模型信息

模型		尺寸($\Phi \times L$) /mm	单元类型	单元个数	总节点数	总单元数
二维模型	入力杆	25×1000	CAX4	530	1475	1220
	试件	18×22	CAX4	160		
	出力杆	25×1000	CAX4	530		
三维模型	入力杆	25×1000	C3D8	7500	21049	17160
	试件	18×22	C3D8	2160		
	出力杆	25×1000	C3D8	7500		

在二维模型局部网格存在疏密连接的部位，一个单元边要同时和两个单元连接，这在通常的有限元网格中是不好实现的。本例在这里使用了 ABAQUS 的多点约束技术(multi-points constrain，MPC)来解决。线性多点约束方式如图 21-6 所示。

图中 p 点使用线性多点约束后，其节点自由度均由旁边的节点 a 和 b 线性插值得到，所以使用多点约束方式可以很好连接模型中网格疏密不同的部位，划分出比较精练的网格。

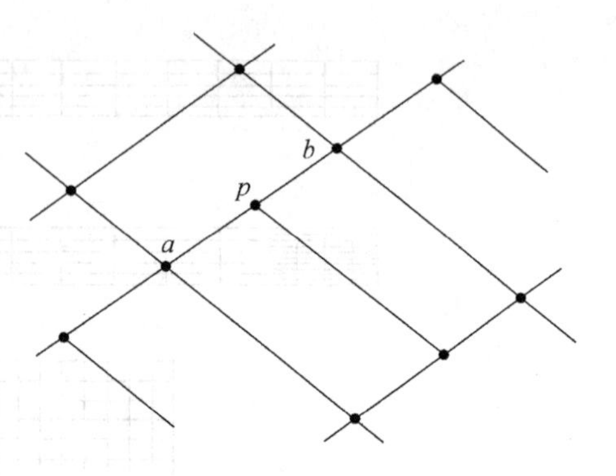

图 21-6　线性多点约束技术

2. 材料定义

入力杆和出力杆使用线弹性材料，弹性模量和泊松比分别为 200GPa 和 0.3，密度为 $7.85\times10^3\text{kg/m}^3$。试件采用用户在 UMAT 中的自定义材料，材料参数如表 21-3 所示，其中 Johnson-Cook 模型中参数的数值来源于对实验数据的拟合。

表 21-3　试件的材料定义

性质	密度/$\text{kg}\cdot\text{m}^{-3}$	杨氏模量/MPa	泊松比	Johnson-Cook 模型参数				
				A/MPa	B/MPa	n	C	M
数值	2.7×10^3	68.0×10^3	0.33	66.562	108.853	0.238	0.029	0.5

3. 边界条件

为了保证 SHPB 实验的要求，在二维模型和三维模型中均施加了必要的边界条件。在对称轴或对称面上施加了对称性边界条件，同时保证压杆和试件可以沿轴线方向自由无约束地运动。压杆和试件之间的接触为硬接触，光滑无摩擦。

为了确定输入应力脉冲的时间，进行了简单的计算。弹性材料中纵波波速的计算公式为

$$C_d = \sqrt{\frac{E}{\rho}} \tag{21-26}$$

其中，E 为材料弹性模量；ρ 为材料密度。由此可以计算输入应力波在压杆中的传播速度为 $C_d=5048\text{m/s}$。

要求在入力杆应力波的输入端不能出现入射波和反射波的重叠，也就是说在输入应力脉冲的时间内，应力波的传播距离不应超过两倍的杆长，即

$$T_s < \frac{2L}{C_d} = \frac{2}{5048} = 4.0\times10^{-4}(\text{s}) = 0.4\text{ms} \tag{21-27}$$

根据这一估计，选择输入应力脉冲的持续时间 $T_s=0.2\text{ms}$，上升时间 $t_r=0.03\text{ms}$。

经过若干次试算，对输入应力脉冲的波形进行了适当的调整，使试件中产生较均匀的应变率。最后输入应力脉冲的波形如图 21-7 所示。

为了确定增量步的最大时间步长，需要先简单计算一下单元的稳定极限。基于一个单元的估算，稳定极限可以用单元特征长度 L^e 和材料波速 C_d 定义如下：

$$\Delta t_{\text{stable}} = \frac{L^e}{C_d} \tag{21-28}$$

压杆单元的特征单元长度 $L^e=10\text{mm}$，由此可以计算出应力波在压杆传递的稳定极限为

$$\Delta t_{\text{stable}} = 0.002\text{ms} \tag{21-29}$$

将它作为 ABAQUS 自动增量控制里面的最大时间步长。

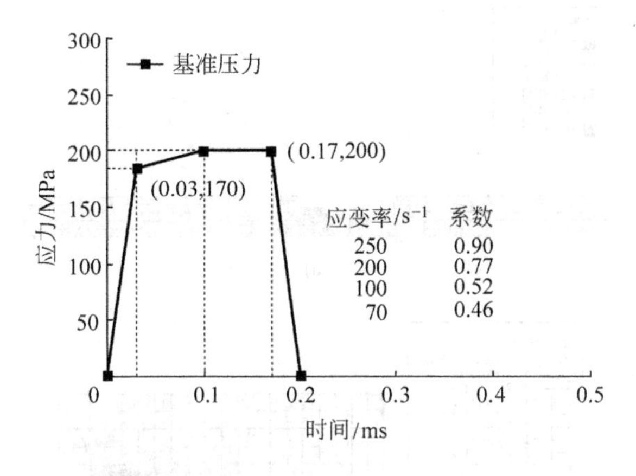

图 21-7 输入应力脉冲

21.4.3 二维动态分析

下面将讨论二维动态分析的结果。为了便于比较，进行了三类的分析，首先是无温度影响时的强化模型，然后是考虑温度影响的强化模型，最后是考虑单元失效的模型。

1. 无温度影响强化模型分析

所进行的SHPB实验正是属于这一情况，可以将ABAQUS/Standard结合UMAT进行有限元模拟结果与实验数据进行对比。

下面是应变率 $250s^{-1}$ 下的动态模拟过程。

在时间 $t=0.198ms$ 左右，应力波前沿到达试件。这一时间和前面使用弹性波波速计算的传播时间是相同的，此前试件上的Mises应力几乎为零，如图21-8所示。

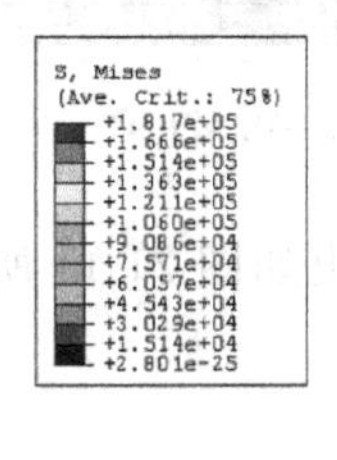

图 21-8 应力波前沿到达试件时的Mises应力($t=0.198ms$)

在时间 $t=0.3ms$，试件经过应力波的上升时间后达到稳定变形的状态，一部分入射波反射回入力杆，一部分应力波经过试件进入出力杆，试件各点的变形都很均匀，如图21-9(a)所示。在图21-9(b)试件的放大图上可以看出，各点Mises应力相差不超过1MPa，这个精度是相当可靠的。

经过稳定变形阶段后，反射波和传递波分别向入力杆和出力杆扩散，试件上Mises应力逐渐减小到较低的水平，试件开始经历卸载，如图21-10所示。图中Mises应力云图的单位为kPa，如不作特别说明，下面各种应力云图中应力单位都为kPa。

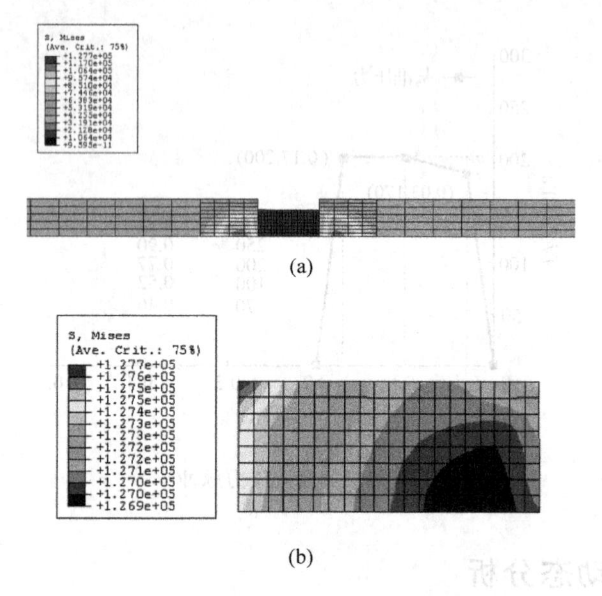

图 21-9　试件经历均匀变形时的 Mises 应力(t=0.3ms)

(a) 全局视图；(b) 试件的放大视图

图 21-10　应力波消退后试件卸载时的 Mises 应力(t=0.42ms)

在离压杆两端 0.2m 处各取一个单元作为输出，其应力历史如图 21-11 所示，从中可直观地看出压杆上应力的传播过程。

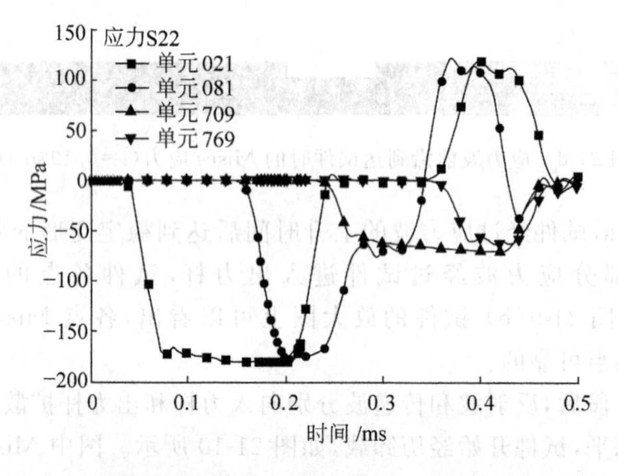

图 21-11　压杆上的应力输出(实际输出)

取出试件同一横截面的三个单元以及试件表面长度方向的三个单元，不同点的应力应变历史比较如图21-12和图21-13所示。

从试件各点的应力应变分布上看，图21-12中应变、应力及应变率历史曲线基本重合，同一横截面内各点的变化历史基本一致。图21-13中试件长度方向各点的变形历史也基本一致，除了初始阶段和最后卸载阶段曲线出现较小波动外，其他阶段曲线也基本重合。出现小幅度波动的原因可能是应力波刚刚到达试件不能立即达到平衡状态，另外应力波经历试件的弹塑性变形后沿其他方向也会出现扩散。

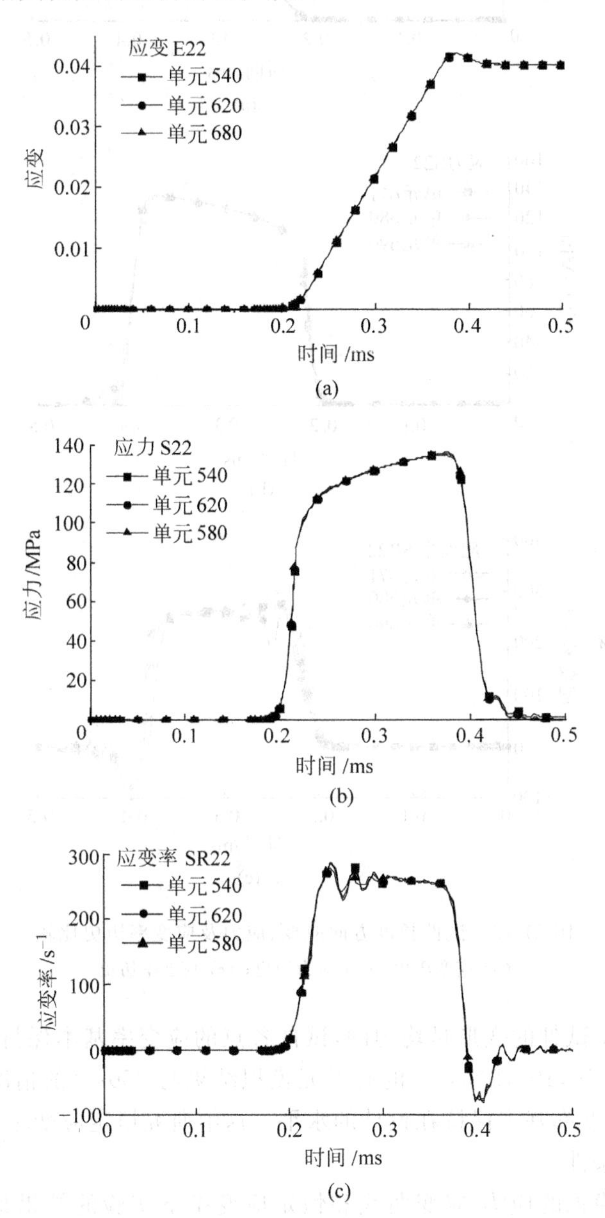

图21-12 试件横截面应变、应力及应变率历史比较

(a) 应变历史；(b) 应力历史；(c) 应变率历史

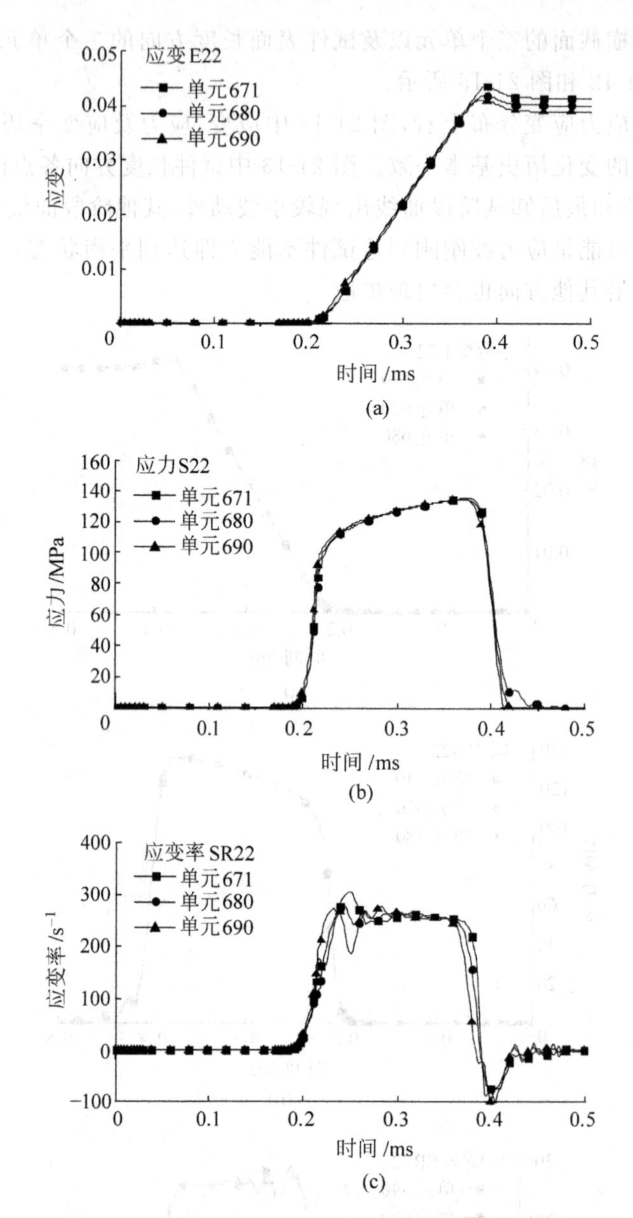

图 21-13　试件长度方向应变、应力及应变率历史比较

(a) 应变历史；(b) 应力历史；(c) 应变率历史

可以认为总体上试件的变形是均匀的，试件各点的应变率基本保持在 $250s^{-1}$。其他三种应变率下(分别为 70，100，$200s^{-1}$)的有限元模拟结果与 $250s^{-1}$ 的情况大体相同，试件的变形均匀，各点的应变率基本保持在设计的水平。这给研究恒定应变率下的应力-应变曲线提供了有力的前提条件。

实际上有限元模拟的应力-应变曲线和恒定应变率下实验的结果也能够很好地吻合。取出试件表面中间的一点，在应变率 $250s^{-1}$ 和 $200s^{-1}$ 下 ABAQUS 有限元模拟结果与实验数据的对比见图 21-14 和图 21-15。

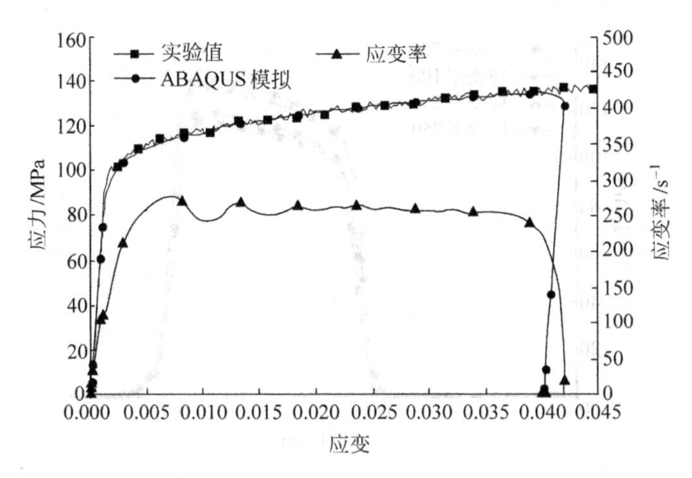

图 21-14 应力-应变曲线的对比及模拟过程中真实应变率变化($250s^{-1}$)

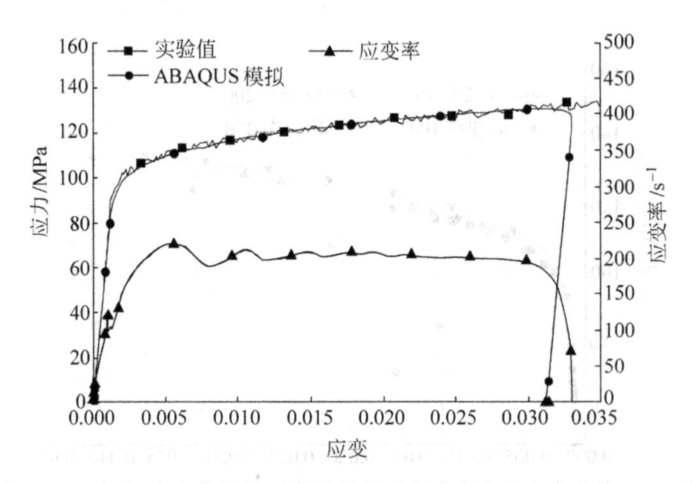

图 21-15 应力-应变曲线的对比及模拟过程中真实应变率变化($200s^{-1}$)

四种应变率(分别为 70,100,200,$250s^{-1}$)下使用 ABAQUS 进行有限元模拟结果的对比见图 21-16～图 21-20。

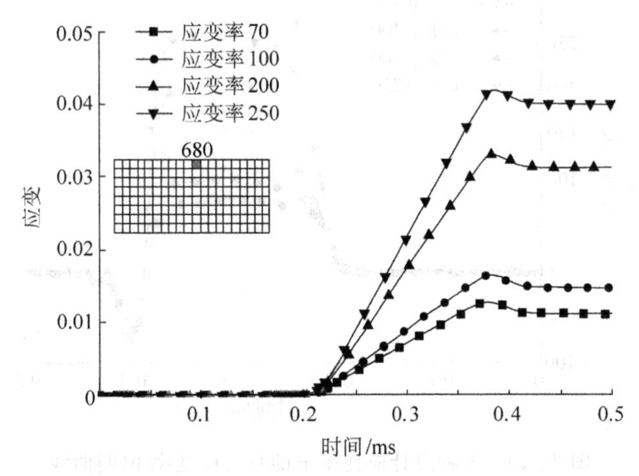

图 21-16 四种应变率下的应变-时间曲线

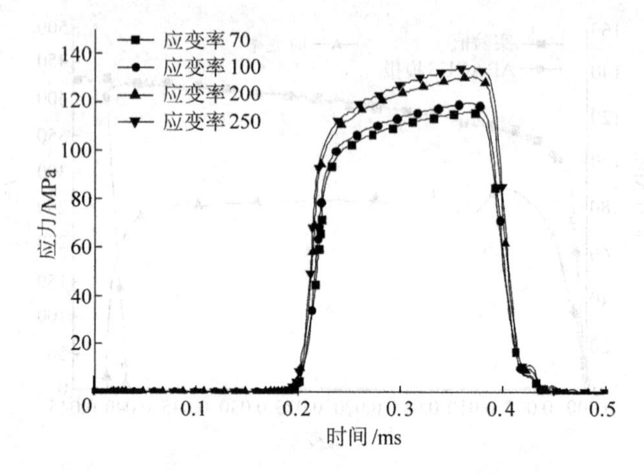

图 21-17　四种应变率下的应力-时间曲线

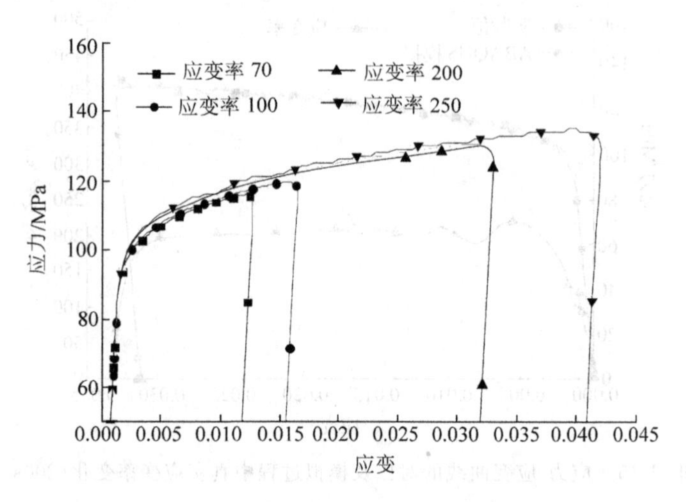

图 21-18　四种应变率下的应力-应变曲线

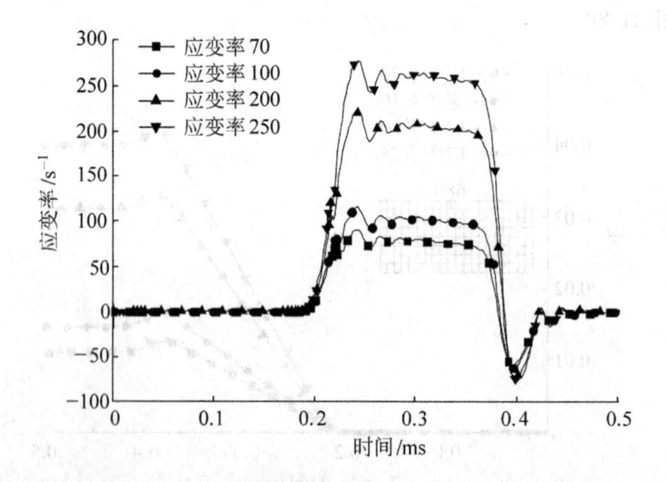

图 21-19　四种设计应变率下的真实应变率-时间曲线

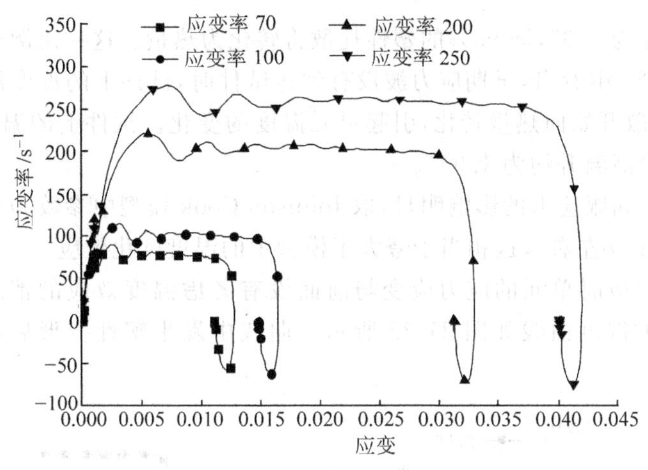

图 21-20 四种应变率下的应变率-应变曲线

在不同的应变率下，材料表现出不同的应力-应变关系，体现出本构模型中应变率的作用。而且应力-应变水平相对于应变率变化较大，在较高的应变率作用下，试件发生了较大的变形，承受的应力也较大。

以上结果说明，选用 Johnson-Cook 强化模型能很好地反映不同应变率作用下材料的力学行为，对于金属材料的冲击问题是适用的。在此基础上建立的用户材料子程序是可靠的。

2. 考虑温度影响的强化模型分析

下面将在 UMAT 中考虑塑性耗散向热量转化所引起的温度的改变，从而影响本构模型中的应力-应变关系。这一过程是非耦合的，看作是绝热过程，即热量在单元中产生，引起单元温度的变化，但是相邻单元之间没有热量的传递。在应变率 $250s^{-1}$ 下试件最终的温度场如图 21-21 所示。

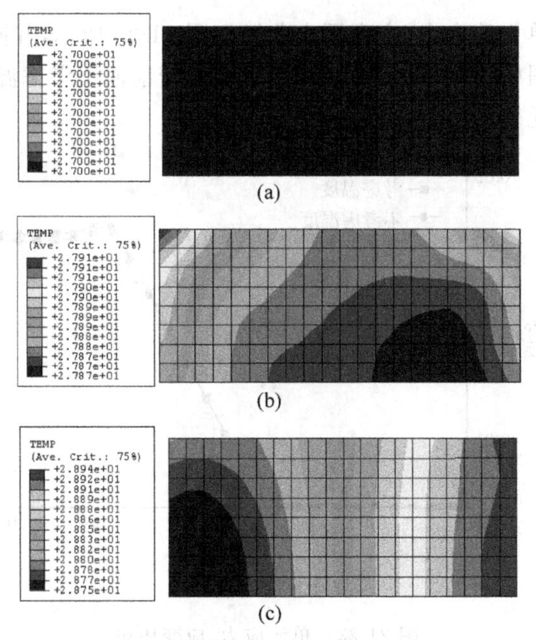

图 21-21 试件上温度场的变化

(a) t=0.198ms 时的温度场；(b) t=0.3ms 时的温度场；(c) t=0.3ms 时的温度场

取塑性耗散比为0.95,即95%的塑性耗散将转化为热量。这一比例对于大多数金属是合适的。从图21-21中看出,早期应力波没有到达试件时,试件上的温度没有变化;经历塑性变形后,塑性耗散开始向热量转化,引起单元温度的变化。试件上的温升较为均匀,变形结束时试件上的最高温升约为1.9℃。

为了使温度对屈服应力的影响明显,取Johnson-Cook模型中参数$m=0.5$(通常对于大多数金属m值在1.0左右),这相当于夸大了模型中的温度软化效应。

将考虑温度效应时单元的应力应变与前面没有考虑温度效应的情况做一下比较,试件表面中间单元的温度曲线如图21-22所示。曲线中发生塑性变形后,单元的温度逐渐上升。

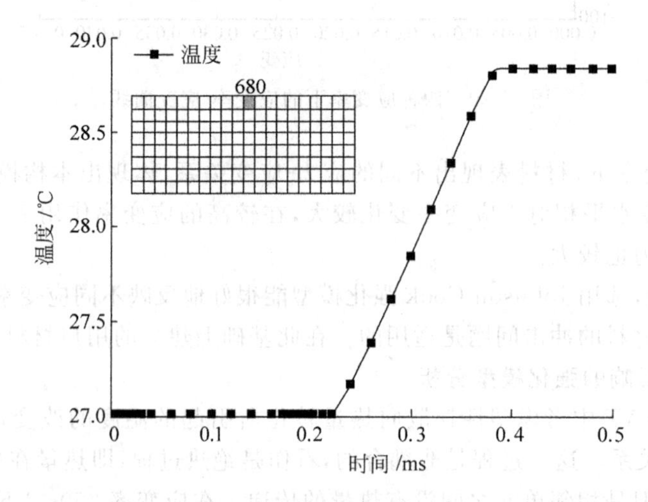

图21-22　单元温度的变化

在温度的影响下单元的应力、应变历史曲线如图21-23所示,并同前面不考虑温度作用的情况进行了对比。图中随着单元温度的升高,应力较前面不考虑温度的情况要略低,而应变则略大。这说明单元表现出温度软化的特征。

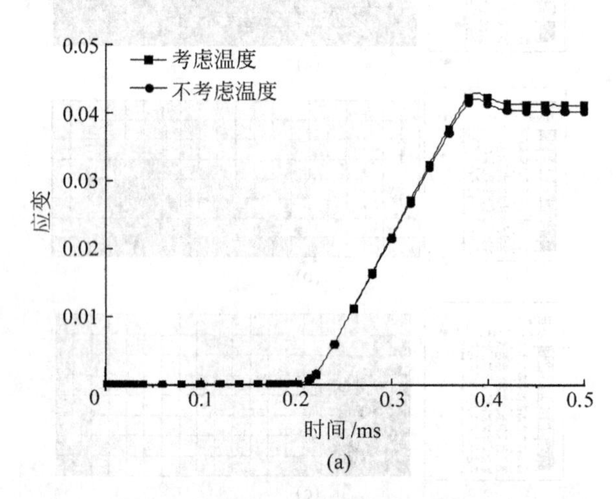

图21-23　单元应力、应变历史

(a) 应变-时间曲线;(b) 应力-时间曲线

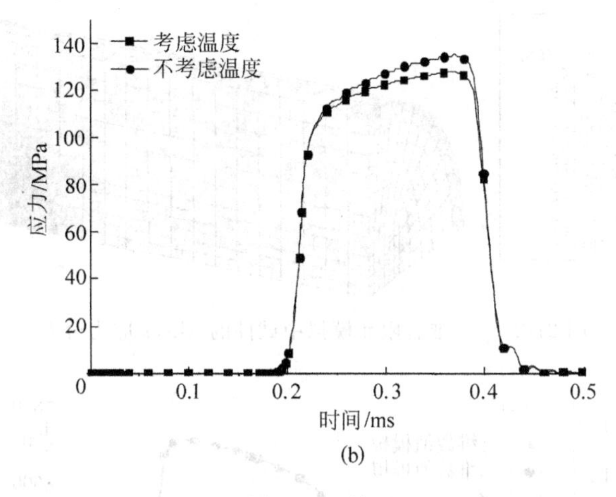

(b)

图 21-23(续)

应力-应变曲线表示如图 21-24 所示。在单元进入塑性后,温度升高的同时,屈服强度和硬化率比前面不考虑温度的情况要小。Johnson-Cook 模型中最后一项关于温度软化的情况在有限元模拟中得到了验证,同时也说明 UMAT 能正确地考虑温度对材料本构关系的影响。

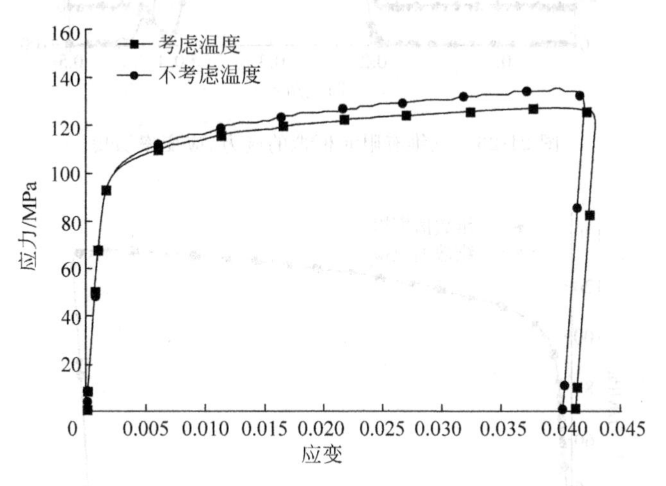

图 21-24 考虑温度效应与不考虑温度效应的比较

21.4.4 三维动态分析

本例题进行的三维动态分析也相当成功,试件在模拟过程中各处应力都比较均匀,最大应力和最小应力的差别不超过 1MPa。图 21-25 为试件的 Mises 应力分布。

变形过程中单元的应力、应变以及应变率历史都与二维的情况非常吻合,如图 21-26 所示。

图 21-27 是应力-应变曲线。

这是对编写的 UMAT 用于三维实体单元的一个验证。UMAT 虽然是从一维 Johnson-Cook 模型中建立起来,但是在 UMAT 中率相关塑性公式将它扩展到了三维情况,

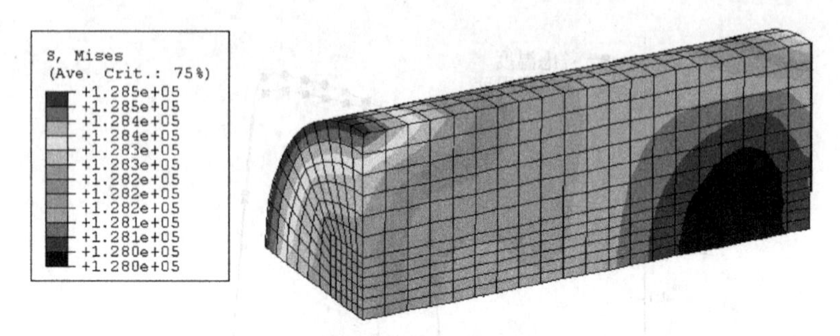

图 21-25　三维有限元模拟中试件的 Mises 应力分布

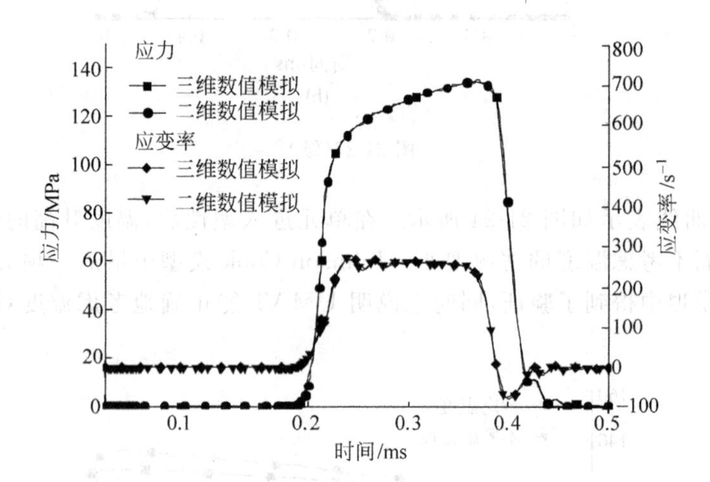

图 21-26　三维有限元模拟的应力、应变率历史

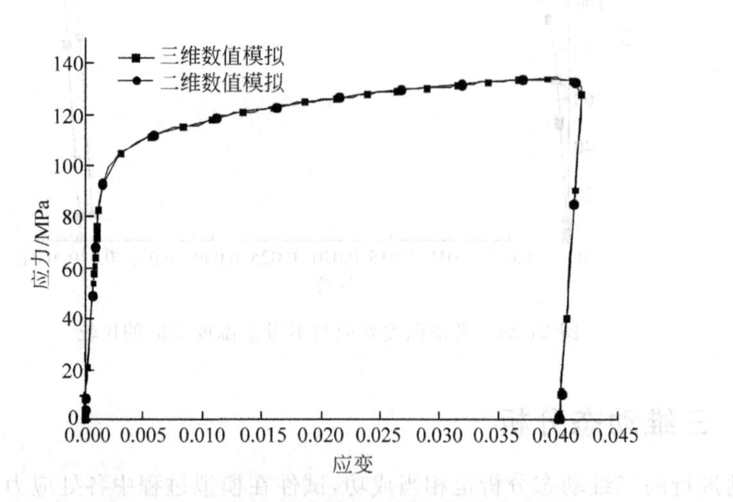

图 21-27　三维有限元模拟中的应力-应变曲线

所以能用于三维实体单元也是意料之中。

虽然取得的结果是一致的，但是计算时间上却有很大差别。在个人计算机上，使用轴对称二维网格完成一次计算只需要 10min，然后完成一次三维网格的计算需要 3h。相比而言，使用轴对称二维模型要经济得多。

21.5 UMAT 的 Fortran 程序

21.5.1 UMAT

```
      SUBROUTINE UMAT(STRESS,STATEV,DDSDDE,SSE,SPD,SCD,
     1 RPL,DDSDDT,DRPLDE,DRPLDT,STRAN,DSTRAN,
     2 TIME,DTIME,TEMP,DTEMP,PREDEF,DPRED,MATERL,NDI,NSHR,NTENS,
     3 NSTATV,PROPS,NPROPS,COORDS,DROT,PNEWDT,CELENT,
     4 DFGRD0,DFGRD1,NOEL,NPT,KSLAY,KSPT,KSTEP,KINC)
C
      INCLUDE 'ABA_PARAM.INC'
C
      CHARACTER* 80 MATERL
      DIMENSION STRESS(NTENS),STATEV(NSTATV),
     1 DDSDDE(NTENS,NTENS),DDSDDT(NTENS),DRPLDE(NTENS),
     2 STRAN(NTENS),DSTRAN(NTENS),TIME(2),PREDEF(1),DPRED(1),
     3 PROPS(NPROPS),COORDS(3),DROT(3,3),
     4 DFGRD0(3,3),DFGRD1(3,3)
C
      DIMENSION EELAS(6),EPLAS(6),FLOW(6)
      PARAMETER (ONE= 1.0D0,TWO= 2.0D0,THREE= 3.0D0,SIX= 6.0D0,HALF= 0.5d0)
      DATA NEWTON,TOLER/40,1.D- 6/
C
C ---------------------------------------------------------------
C     UMAT FOR JOHNSON- COOK MODEL
C ---------------------------------------------------------------
C     PROPS(1) - YANG'S MODULUS
C     PROPS(2) - POISSON RATIO
C     PROPS(3) - INELASTIC HEAT FRACTION
C     PARAMETERS OF JOHNSON- COOK MODEL:
C         PROPS(4) - A
C         PROPS(5) - B
C         PROPS(6) - n
C         PROPS(7) - C
C         PROPS(8) - m
C ---------------------------------------------------------------
C
      IF (NDI.NE.3) THEN
        WRITE(6,1)
 1      FORMAT(//,30X,'*** ERROR - THIS UMAT MAY ONLY BE USED FOR ',
     1            'ELEMENTS WITH THREE DIRECT STRESS COMPONENTS')
      ENDIF
C
C     ELASTIC PROPERTIES
C
      EMOD= PROPS(1)
      ENU= PROPS(2)
      IF(ENU.GT.0.4999.AND.ENU.LT.0.5001) ENU= 0.499
```

```
      EBULK3= EMOD/(ONE- TWO* ENU)
      EG2= EMOD/(ONE+ ENU)
      EG= EG2/TWO
      EG3= THREE* EG
      ELAM= (EBULK3- EG2)/THREE
C
C     ELASTIC STIFFNESS
C
      DO 20 K1= 1,NTENS
        DO 10 K2= 1,NTENS
          DDSDDE(K2,K1)= 0.0
 10     CONTINUE
 20   CONTINUE
C
      DO 40 K1= 1,NDI
        DO 30 K2= 1,NDI
          DDSDDE(K2,K1)= ELAM
 30     CONTINUE
        DDSDDE(K1,K1)= EG2+ ELAM
 40   CONTINUE
      DO 50 K1= NDI+ 1,NTENS
        DDSDDE(K1,K1)= EG
 50   CONTINUE
C
C    CALCULATE STRESS FROM ELASTIC STRAINS
C
      DO 70 K1= 1,NTENS
        DO 60 K2= 1,NTENS
          STRESS(K2)= STRESS(K2)+ DDSDDE(K2,K1)* DSTRAN(K1)
 60     CONTINUE
 70   CONTINUE
C
C    RECOVER ELASTIC AND PLASTIC STRAINS
C
      DO 80 K1= 1,NTENS
         EELAS(K1)= STATEV(K1)+ DSTRAN(K1)
         EPLAS(K1)= STATEV(K1+ NTENS)
 80   CONTINUE
      EQPLAS= STATEV(1+ 2* NTENS)
C
C    CALCULATE MISES STRESS
C
      IF(NPROPS.GT.5.AND.PROPS(4).GT.0.0) THEN
        SMISES= (STRESS(1)- STRESS(2))* (STRESS(1)- STRESS(2)) +
     1          (STRESS(2)- STRESS(3))* (STRESS(2)- STRESS(3)) +
     1          (STRESS(3)- STRESS(1))* (STRESS(3)- STRESS(1))
        DO 90 K1= NDI+ 1,NTENS
              SMISES= SMISES+ SIX* STRESS(K1)* STRESS(K1)
 90     CONTINUE
        SMISES= SQRT(SMISES/TWO)
C
```

```
C     CALL USERHARD SUBROUTINE,GET HARDENING RATE AND YIELD STRESS
C
C
        CALL USERHARD(SYIEL0,HARD,EQPLAS,PROPS(4))
C     DETERMINE IF ACTIVELY YIELDING
C
        IF (SMISES.GT.(1.0+ TOLER)* SYIEL0) THEN
C
C     MATERIAL RESPONSE IS PLASTIC,DETERMINE FLOW DIRECTION
C
          SHYDRO= (STRESS(1)+ STRESS(2)+ STRESS(3))/THREE
          ONESY= ONE/SMISES
          DO 110 K1= 1,NDI
            FLOW(K1)= ONESY* (STRESS(K1)- SHYDRO)
 110      CONTINUE
          DO 120 K1= NDI+ 1,NTENS
            FLOW(K1)= STRESS(K1)* ONESY
 120      CONTINUE
C
C   READ PARAMETERS OF JOHNSON- COOK MODEL
C
          A= PROPS(4)
          B= PROPS(5)
          EN= PROPS(6)
          C= PROPS(7)
          EM= PROPS(8)
C
C     NEWTON ITERATION
C
          SYIELD= SYIEL0
          DEQPL= (SMISES- SYIELD)/EG3
          DSTRES= TOLER* SYIEL0/EG3
          DEQMIN= HALF* DTIME* EXP(1.0D- 4/C)
          DO 130 KEWTON= 1,NEWTON
              DEQPL= MAX(DEQPL,DEQMIN)
              CALL USERHARD(SYIELD,HARD,EQPLAS+ DEQPL,PROPS(4))
              TVP= C* LOG(DEQPL/DTIME)
              TVP1= TVP+ ONE
              HARD1= HARD* TVP1+ SYIELD* C/DEQPL
              SYIELD= SYIELD* TVP1
              RHS= SMISES- EG3* DEQPL- SYIELD
              DEQPL= DEQPL+ RHS/(EG3+ HARD1)
          IF(ABS(RHS/EG3) .LE. DSTRES) GOTO 140
 130      CONTINUE
          WRITE(6,2) NEWTON
 2        FORMAT(//,30X,'*** WARNING -  PLASTICITY ALGORITHM DID NOT ',
    1        'CONVERGE AFTER ',I3,' ITERATIONS')
 140      CONTINUE
          EFFHRD= EG3* HARD1/(EG3+ HARD1)
C
C     CALCULATE STRESS AND UPDATE STRAINS
```

```
C
          DO 150 K1= 1,NDI
             STRESS(K1)= FLOW(K1)* SYIELD+ SHYDRO
             EPLAS(K1)= EPLAS(K1)+ THREE* FLOW(K1)* DEQPL/TWO
             EELAS(K1)= EELAS(K1)- THREE* FLOW(K1)* DEQPL/TWO
 150      CONTINUE
          DO 160 K1= NDI+ 1,NTENS
             STRESS(K1)= FLOW(K1)* SYIELD
             EPLAS(K1)= EPLAS(K1)+ THREE* FLOW(K1)* DEQPL
             EELAS(K1)= EELAS(K1)- THREE* FLOW(K1)* DEQPL
 160      CONTINUE
          EQPLAS= EQPLAS+ DEQPL
          SPD= DEQPL* (SYIEL0+ SYIELD)/TWO
          RPL =  PROPS(3)* SPD/DTIME
C
C     JACOBIAN
C
          EFFG= EG* SYIELD/SMISES
          EFFG2= TWO* EFFG
          EFFG3= THREE* EFFG2/TWO
          EFFLAM= (EBULK3- EFFG2)/THREE
          DO 220 K1= 1,NDI
             DO 210 K2= 1,NDI
                DDSDDE(K2,K1)= EFFLAM
 210         CONTINUE
             DDSDDE(K1,K1)= EFFG2+ EFFLAM
 220      CONTINUE
          DO 230 K1= NDI+ 1,NTENS
             DDSDDE(K1,K1)= EFFG
 230      CONTINUE
          DO 250 K1= 1,NTENS
             DO 240 K2= 1,NTENS
                DDSDDE(K2,K1)= DDSDDE(K2,K1)+ FLOW(K2)* FLOW(K1)
     1                                   * (EFFHRD- EFFG3)
 240         CONTINUE
 250      CONTINUE
        ENDIF
      ENDIF
C
C     STORE STRAINS IN STATE VARIABLE ARRAY
C
      DO 310 K1= 1,NTENS
        STATEV(K1)= EELAS(K1)
        STATEV(K1+ NTENS)= EPLAS(K1)
 310  CONTINUE
      STATEV(1+ 2* NTENS)= EQPLAS
C
      RETURN
      END
C
C
```

```
C
      SUBROUTINE USERHARD(SYIELD,HARD,EQPLAS,TABLE)
C
      INCLUDE 'ABA_PARAM.INC'
C
      DIMENSION TABLE(3)
C
C     GET PARAMETERS,SET HARDENING TO ZERO
C
      A= TABLE(1)
      B= TABLE(2)
      EN= TABLE(3)
      HARD= 0.0
C
C     CALSULATE CURRENT YIELD STRESS AND HARDENING RATE
C
      IF(EQPLAS.EQ.0.0) THEN
        SYIELD= A
    ELSE
        HARD= EN* B* EQPLAS** (EN- 1)
        SYIELD= A+ B* EQPLAS** EN
    END IF
      RETURN
      END
```

21.5.2 UMATHT(包含材料的热行为)

```
      SUBROUTINE UMATHT(U,DUDT,DUDG,FLUX,DFDT,DFDG,STATEV,TEMP,
     $
DTEMP,DTEMDX,TIME,DTIME,PREDEF,DPRED,CMNAME,NTGRD,NSTATV,
     $
PROPS,NPROPS,COORDS,PNEWDT,NOEL,NPT,LAYER,KSPT,KSTEP,KINC)
C
      INCLUDE 'ABA_PARAM.INC'
C
      CHARACTER* 80 CMNAME
C
      DIMENSION DUDG(NTGRD),FLUX(NTGRD),DFDT(NTGRD),
     $
DFDG(NTGRD,NTGRD),STATEV(NSTATV),DTEMDX(NTGRD),TIME(2),
     $      PREDEF(1),DPRED(1),PROPS(NPROPS),COORDS(3)
C
C
      COND= PROPS(1)
      SPECHT= PROPS(2)
C
C     INPUT SPECIFIC HEAT
      DUDT= SPECHT
      DU= DUDT* DTEMP
      U= U+ DU
```

```
C
C       INPUT FLUX =  - [K]* {DTEMDX}
        DO I= 1,NTGRD
           FLUX(I)= - COND* DTEMDX(I)
        END DO
C
C       INPUT ISOTROPIC CONDUCTIVITY
C
        DO I= 1,NTGRD
           DFDG(I,I)= - COND
        END DO
C
        RETURN
        END
```

本章主要内容引自：

卢剑锋.冲击载荷作用下材料和结构力学行为有限元模拟.清华大学硕士学位论文,2003

22　ABAQUS用户单元子程序(1)

在本章中将列举3个在近几年开发的ABAQUS/Standard用户单元子程序(UEL)。第1个例子是一个非线性的索单元,我们的目的是通过这个比较简单的例子让读者了解用户单元子程序的基本开发过程。第2个例子是一个刚度矩阵随载荷变化的梁单元,模拟地震载荷下钢筋混凝土梁单元的非线性力学行为。第3个例子是一个用于计算应变梯度理论的单元。应变梯度塑性理论是当今比较热点的科研问题,发展了多种理论模型。为了验证新的理论模型,需要用数值分析结果与实验数据对照来评估理论模型的正确与否。列举这个例子的目的是说明用户单元子程序可以求解范围广泛的问题,但是由于内容比较艰深,子程序也很长,我们并没有给出这个例子的全部子程序。

另外,到目前为止,ABAQUS还只有隐式求解器ABAQUS/Standard支持用户自定义单元,而显式求解器ABAQUS/Explicit中还不支持这一功能。

22.1　非线性索单元

22.1.1　背景

钢索斜拉桥和斜拉索结构广泛应用于土木工程建筑中。索力的计算分析是设计和施工的关键环节。清华大学工程力学系在采用ABAQUS对荆沙长江斜拉桥进行计算机仿真分析(见第15章"ABAQUS在土木工程中的应用(1)——荆州长江大桥南汉斜拉桥结构三维仿真分析")时,也曾尝试了自行建立索单元。本节介绍的就是这方面的工作。

香港理工大学土木与结构工程系采用ABAQUS有限元软件进行计算,完成了香港汀九斜拉桥和青马悬索桥的结构计算和分析。对于钢索计算,他们采用梁单元进行模拟。由于梁单元含有弯曲刚度,计算的高阶频率值偏高。

一般假设索是单向受拉力的构件。随着应变的非线性增加,索力呈非线性增加。尽管ABAQUS单元库中有500个以上的单元类型,但是还没有索单元。本例发展了三维非线性索单元模型,形成ABAQUS的用户单元子程序,可以利用ABAQUS输入文件调入到具体的分析中。通过静态和动态例题的计算比较,索单元工作良好。

22.1.2　基本公式

在三维索单元计算中,如图22-1所示,坐标x和位移u的变量表达式为

$$\begin{cases} x_{ji} = x_j - x_i \\ u_{ji} = u_j - u_i \end{cases} \quad (x,y,z) \quad (u,v,w) \tag{22-1}$$

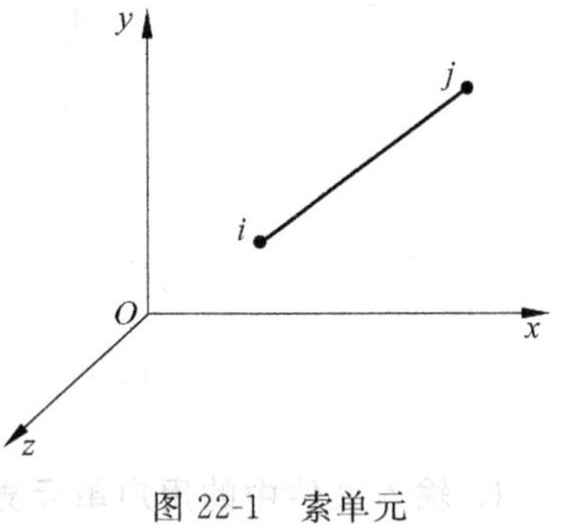

图22-1　索单元

应变的公式为

$$\varepsilon = \frac{1}{L^2}\left[x_{ji}u_{ji} + y_{ji}v_{ji} + z_{ji}w_{ji} + \frac{1}{2}(u_{ji}^2 + v_{ji}^2 + w_{ji}^2)\right] \tag{22-2}$$

式中,L 为索的长度,索的张力为

$$N = \varepsilon AE + N_0 \tag{22-3}$$

式中,A 为截面面积;E 为弹性模量;N_0 为初始张力。

在总体坐标系下,单元刚度矩阵为

$$\boldsymbol{K}^e = \begin{bmatrix} \boldsymbol{K} & -\boldsymbol{K} \\ -\boldsymbol{K} & \boldsymbol{K} \end{bmatrix} \tag{22-4}$$

在此,单元刚度矩阵 $\boldsymbol{K}^e$ 为 6×6 阶,其子阵 $\boldsymbol{K}^e$ 分别由线性和非线性项组成,即

$$\boldsymbol{K} = \boldsymbol{K}_L + \boldsymbol{K}_{NL} \tag{22-5}$$

在式(22-5)中的 $\boldsymbol{K}_L$ 和 $\boldsymbol{K}_{NL}$ 均是 3×3 的对称矩阵,分别为

$$\boldsymbol{K}_L = \frac{EA}{L^3}\begin{bmatrix} x_{ji}^2 & x_{ji}y_{ji} & x_{ji}z_{ji} \\ & y_{ji}^2 & y_{ji}z_{ji} \\ & & z_{ji}^2 \end{bmatrix}, \quad \boldsymbol{K}_{NL} = \frac{N}{L}\begin{bmatrix} 1 & 0 & 0 \\ & 1 & 0 \\ & & 1 \end{bmatrix}$$

索单元的节点质量为

$$m = \frac{1}{2}\rho AL \tag{22-6}$$

式中,ρ 为密度。索单元的集中质量矩阵为

$$\boldsymbol{M}^e = \begin{bmatrix} m & 0 \\ 0 & m \end{bmatrix} \tag{22-7}$$

结构的运动方程为

$$\boldsymbol{M}\ddot{\boldsymbol{u}} = \boldsymbol{F}^{ext} - \boldsymbol{K}\boldsymbol{u} \tag{22-8}$$

式(22-8)中,$\boldsymbol{F}^{ext}$ 为作用在结构上的外力。在不断变化的索的变形中,求解该运动方程,得到节点的位移值。

22.1.3　应用举例

由 5 个单元组成的两端铰接的索杆结构,高 5m,长 10m,6 个节点号码依次为 101～106,如图 22-2 所示。计算自由振动的频率和周期。

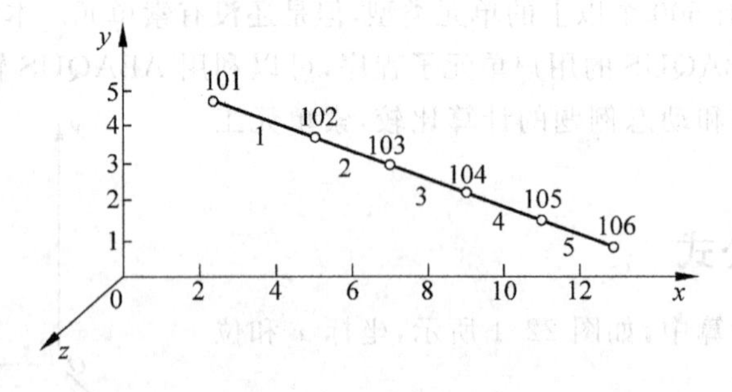

图 22-2　由 5 个单元组成的两端铰接的索杆结构

1. 输入文件中的用户单元界面

ABAQUS 输入文件(.inp)中的用户单元界面如下:

```
* HEADING
Two dimensional overhead hoist frame
using 2 nodes self- developed truss element,
Initial force N is defined in property(5) and
referenced by user element
SI Units
1- axis horizontal,2- axis vertical
......
* USER ELEMENT,NODES= 2,TYPE= U1,PROPERTIES= 5,COORDINATES= 3,VARIABLES= 12
1,2,3
* UEL PROPERTY,ELSET= UTRUSS
1.963E- 5,2.0E11,0.3,7800,10.0E5
* ELEMENT,TYPE= U1,ELSET= UTRUSS
......
```

2. 计算结果和比较

表 22-1 列出了由用户索单元计算的图 22-2 所示结构的固有周期,并与应用 ABAQUS 梁单元 B31 的计算结果进行了比较。

表 22-1 ABAQUS 用户索单元和梁单元 B31 计算的频率比较

振动模态	索单元固有周期	梁单元固有周期
1	112.42	112.48
2	112.42	112.48
3	213.83	213.95
4	213.83	213.95
5	249.51	222.55
6	294.32	222.75
7	294.32	294.48
8	345.99	294.48
9	345.99	346.19
10	474.60	346.19
11	653.22	422.37
12	767.91	423.69

索单元与梁单元前 4 阶模态的周期基本一致;索单元的第 6～9 阶模态与梁单元第 7～10阶模态的周期基本一致。从第 11 阶模态开始,随着梁单元弯曲变形的增加,梁的弯曲刚度逐渐发挥作用并和轴向刚度耦合,与同阶模态的索单元相比,梁单元的振动周期显著降低,而频率高于索单元。

22.1.4 非线性索单元用户子程序

本节介绍用户开发的非线性索单元的子程序,由 FORTRAN 语言编写。读者可以仿照此程序开发自己的单元接口程序,核心内容是给出单元刚度矩阵。用户开发单元的缺点是不能采用 ABAQUS 的后处理进行显示,只能从数据文件(.dat)中读取结果。另外,ABAQUS 的接触算法等某些功能也无法应用。以下是程序源代码。

```
subroutine uel(rhs,amatrx,svars,energy,ndofel,nrhs,nsvars,
     * props,nprops,coords,mcrd,nnode,u,du,v,a,jtype,time,dtime,
     * kstep,kinc,jelem,params,ndload,jdltyp,adlmag,predef,npredf,
     * lflags,mlvarx,ddlmag,mdload,pnewdt,jprops,njprop,period)
C
      Include 'aba_param.inc'
C     All coordinates in global
C
    dimension rhs(mlvarx,* ),amatrx(ndofel,ndofel),
     * svars(12),energy(8),props(5),coords(mcrd,nnode),
     * u(ndofel),du(mlvarx,* ),v(ndofel),a(ndofel),time(2),
     * params(3),jdltyp(mdload,* ),adlmag(mdload,* ),
     * ddlmag(mdload,* ),predef(2,npredf,nnode),lflags(* ),
     * jprops(* )
C
      dimension sresid(6),uji(3),xji(3),smatrx(3,3)
C
C     Material properties
      area= props(1)
      e   = props(2)
      anu = props(3)
      rho = props(4)
C     Initial tension force in user element
      fn0 = props(5)
C
C     Geometry,stiffness and mass parameters
      dx  = coords(1,2)- coords(1,1)
      dy  = coords(2,2)- coords(2,1)
      dz  = coords(3,2)- coords(3,1)
      alen= sqrt(dx* dx+ dy* dy+ dz* dz)
      ang = atan(dy/dx)
      ak  = area* e/alen
      am  = 0.5d0* area* rho* alen
C
      do i= 1,3
      uji(i)= u(i+ 3)- u(i)
      xji(i)= coords(i,2)- coords(i,1)
      end do
      strain= (xji(1)* uji(1)+ xji(2)* uji(2)+ xji(3)* uji(3)
     *         + 0.5* (uji(1)** 2+ uji(2)** 2+ uji(3)** 2))/alen** 2
      tforce= e* area* strain+ fn0
      eal= e* area/alen** 3
C
C     Stiffness matrix parameters
      smatrx(1,1)= eal* xji(1)** 2+ tforce/alen
      smatrx(1,2)= eal* xji(1)* xji(2)
      smatrx(1,3)= eal* xji(1)* xji(3)
      smatrx(2,1)= smatrx(1,2)
      smatrx(2,2)= eal* xji(2)** 2+ tforce/alen
      smatrx(2,3)= eal* xji(2)* xji(3)
      smatrx(3,1)= smatrx(1,3)
```

```
      smatrx(3,2)= smatrx(2,3)
      smatrx(3,3)= eal* xji(3)** 2+ tforce/alen
C
      do 6 k1= 1,ndofel
      sresid(k1)=  0.0d0
      do 2 krhs= 1,nrhs
      rhs(k1,krhs)= 0.0d0
2     continue
      do 4 k2= 1,ndofel
      amatrx(k2,k1)= 0.0d0
4     continue
6     continue
C
      if (lflags(3).eq.1) then
C     Normal incrementation
       if (lflags(1).eq.1.or.lflags(1).eq.2) then
C     * Static
C     Element stiffness matrix
      do i= 1,3
      do j= 1,3
      amatrx(i,j)= smatrx(i,j)
      amatrx(i,j+ 3)= - smatrx(i,j)
      amatrx(i+ 3,j)= - smatrx(i,j)
      amatrx(i+ 3,j+ 3)= smatrx(i,j)
      end do
      end do
C
C     Reaction force
        if (lflags(4).ne.0) then
      do i= 1,3
      force = ak* (u(i+ 3)- u(i))
      dforce= ak* (du(i+ 3,1)- du(i,1))
      sresid(i)= - dforce
      sresid(i+ 3)= dforce
      rhs(i,1)= rhs(i,1)- sresid(i)
      rhs(i+ 3,1)= rhs(i+ 3,1)- sresid(i+ 3)
      end do
        else
      do k= 1,3
      force = ak* (u(k+ 3)- u(k))
      sresid(k)= - force
      sresid(k+ 3)= force
      rhs(k,1)= rhs(k,1)- sresid(k)
      rhs(k+ 3,1)= rhs(k+ 3,1)- sresid(k+ 3)
      end do
        end if
C
       else if(lflags(1).eq.11.or.lflags(1).eq.12) then
C     * Dynamic
      alpha = params(1)
      beta  = params(2)
```

```
      gamma = params(3)
C
      dadu = 1.0d0/(beta* dtime** 2)
      dvdu = gamma/(beta* dtime)
C
      do 14 k1= 1,ndofel
      amatrx(k1,k1)= am* dadu
      rhs(k1,1)= rhs(k1,1)- am* a(k1)
14    continue
      do i= 1,3
      do j= 1,3
      amatrx(i,j)= amatrx(i,i)+ (1.0d0 +  alpha)* smatrx(i,j)
      amatrx(i+ 3,j+ 3)= amatrx(i+ 3,j+ 3)+ (1.0d0 +  alpha)* smatrx(i,j)
      amatrx(i,j+ 3)= amatrx(i,j+ 3)- (1.0d0 +  alpha)* smatrx(i,j)
      amatrx(i+ 3,j)= amatrx(i+ 3,j)- (1.0d0 +  alpha)* smatrx(i,j)
      end do
      end do
C
      do i= 1,3
      force = ak* (u(i+ 3)- u(i))
      sresid(i)=  - force
      sresid(i+ 3)=  force
      rhs(i,1)= rhs(i,1)- ((1.0d0+ alpha)* sresid(i)
     *          - alpha* svars(i))
      rhs(i+ 3,1)= rhs(i+ 3,1)- ((1.0d0+ alpha)* sresid(i+ 3)
     *          - alpha* svars(i+ 3))
      end do
C
      do 16 k1= 1,ndofel
      svars(k1+ 6)= svars(k1)
      svars(k1)= sresid(k1)
16    continue
       end if
C
      else if(lflags(3).eq.2) then
C     Stiffness  matrix
      do i= 1,3
      do j= 1,3
      amatrx(i,j)= smatrx(i,j)
      amatrx(i,j+ 3)= - smatrx(i,j)
      amatrx(i+ 3,j)= - smatrx(i,j)
      amatrx(i+ 3,j+ 3)= smatrx(i,j)
      end do
      end do
C
      else if(lflags(3).eq.4) then
C     Mass matrix
      do 40 k1= 1,ndofel
      amatrx(k1,k1)= am
40    continue
      else if(lflags(3).eq.5) then
```

```
C
C       Half- step residual calculation
        alpha =  params(1)
        do i= 1,3
        force = ak* (u(i+ 3)- u(i))
        sresid(i)=  - force
        sresid(i+ 3)=  force
        rhs(i,1)= rhs(i,1)- am* a(i)- (1.0d0+ alpha)* sresid(i)
     *          + 0.5d0* alpha* (svars(i)+ svars(i+ 6))
        rhs(i+ 3,1)= rhs(i+ 3,1)- am* a(i+ 3)- (1.0d0+ alpha)* sresid(i+ 3)
     *          + 0.5d0* alpha* (svars(i+ 3)+ svars(i+ 9))
        end do
C
        else if(lflags(3).eq.6) then
C       Initial acceleration calculation
        do 60 k1= 1,ndofel
        amatrx(k1,k1)= am
60      continue
        do i= 1,3
        force = ak* (u(i+ 3)- u(i))
        sresid(i)=  - force
        sresid(i+ 3)=  force
        rhs(i,1)= rhs(i,1)- sresid(i)
        rhs(i+ 3,1)= rhs(i+ 3,1)- sresid(i+ 3)
        end do
C
        do 62 k1= 1,ndofel
        svars(k1)= sresid(k1)
62      continue
C
        else if(lflags(3).eq.100) then
C       Output for perturbations
         if (lflags(1).eq.1.or.lflags(1).eq.2) then
C       * static
        do i= 1,3
        force = ak* (u(i+ 3)- u(i))
        dforce = ak* (du(i+ 3,1)- du(i,1))
        sresid(i)= - dforce
        sresid(i+ 3)= dforce
        rhs(i,1)= rhs(i,1)- sresid(i)
        rhs(i+ 3,1)= rhs(i+ 3,1)- sresid(i+ 3)
        end do
C
        do kvar= 1,nsvars
        svars(kvar)= 0.0d0
        end do
        do j= 1,6
        svars(j)= rhs(j,1)
        end do
         else if(lflags(1).eq.41) then
C       * Frequency
```

```
      do 90 krhs= 1,nrhs
      do i= 1,3
      dforce = ak* (du(i+ 3,krhs)- du(i,krhs))
      sresid(i)= - dforce
      sresid(i+ 3)= dforce
      rhs(i,krhs)= rhs(i,krhs)- sresid(i)
      rhs(i+ 3,krhs)= rhs(i+ 3,krhs)- sresid(i+ 3)
      end do
90    continue
      do kvar= 1,nsvars
      svars(kvar)= 0.0d0
      end do
      do j= 1,6
      svars(j)= rhs(j,1)
      end do
C
       end if
      end if
C
      return
      end
```

22.2 UEL在钢筋混凝土梁柱非线性分析中的应用

在强地震地面运动下，一般结构都可能产生构件的屈服或整体结构进入非弹性工作阶段。随着地震反应的加剧，变形也加剧，应用目前通用的集中塑性铰模型进行分析势必带来一定的误差。

鉴于钢筋混凝土材料的非线性力学行为及钢筋与混凝土相互作用的复杂特点，直接从试验中获取数据建立钢筋混凝土的本构模型被认为是普遍接受的方法。Takeda模型最早是由Takeda，Sozen和Nielsen(1970)等在实验曲线的基础上总结出来的一种复杂的退化三线型模型。该模型反映了钢筋混凝土构件在外载下从混凝土开裂到钢筋屈服及刚度退化的特点，是目前模拟钢筋混凝土考虑材料非线性的比较理想的模型。

本例在ABAQUS/Standard环境下开发了钢筋混凝土梁单元弹塑性有限元模型，通过用户自定义单元(UEL)实现Takeda模型梁截面变刚度的非线性特性，模拟钢筋混凝土结构在地震载荷作用下的动态响应。通过简单构件的算例和数据对比证明了所开发的梁单元的适用性。

22.2.1 Takeda模型

Takeda模型是1970年Takeda等在美国伊利诺依州立大学模拟地震实验室对钢筋混凝土柱构件进行三项试验，测得的由Takeda名字命名的钢筋混凝土构件恢复力(即结构或构件在外载荷去除后恢复原来形状的能力)概念模型。该模型具有刚度连续变化和能量吸收特性，反映了钢筋混凝土构件由混凝土开裂到钢筋屈服、往复加卸载刚度降低等特点，用来模拟强震作用下钢筋混凝土塑性区的弹塑性行为。它描述了钢筋混凝土在外载荷下丰富的滞回关系特性，目前被认为是模拟强震作用下钢筋混凝土塑性区弹塑性行为最理想的模型。本例所开发的 UEL 中形成单元刚度矩阵时所采用的本构模型即为 Takeda 模型。

1. 骨架曲线

骨架曲线为非对称三折线曲线，由广义力-位移转变为剪应力-剪应变关系曲线，如图 22-3 所示。

以第一象限为例，K_1，K_2，K_3 分别代表构件初始剪切刚度、开裂剪切刚度和屈服剪切刚度。相应折点代表混凝土开裂时及钢筋屈服时的剪切应力。

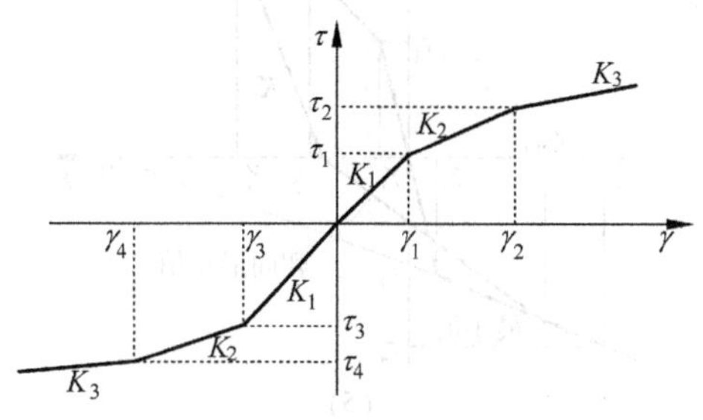

图 22-3 Takeda 模型骨架曲线

2. 滞回关系曲线

图 22-4 中(1)～(18)比较全面地描述了构件在外载荷往复作用下的各种滞回规律特性。

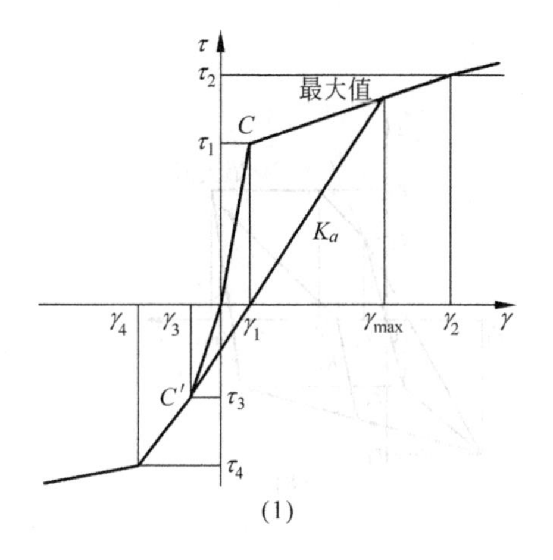

(1)

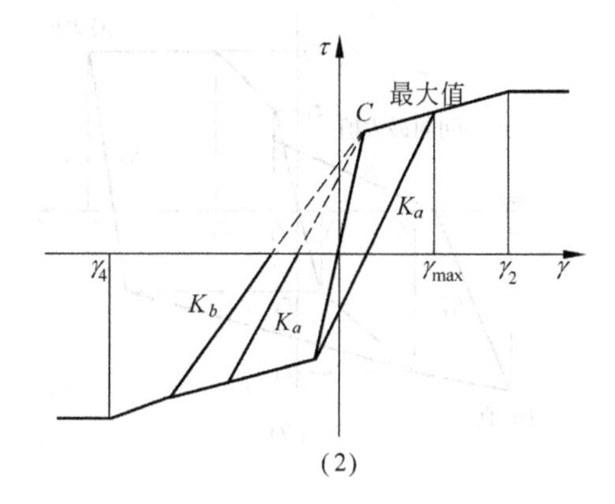

(2)

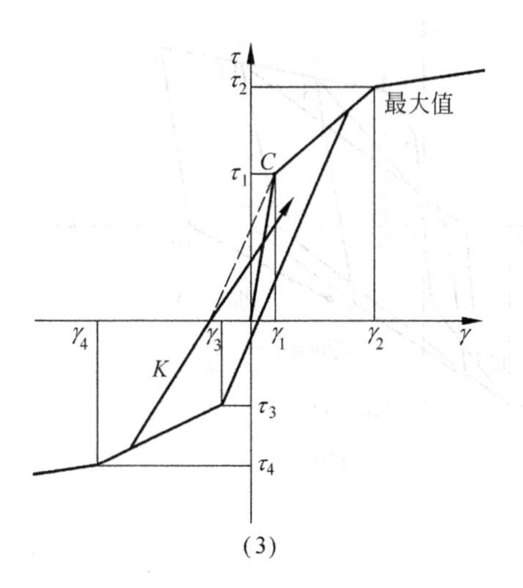

(3)

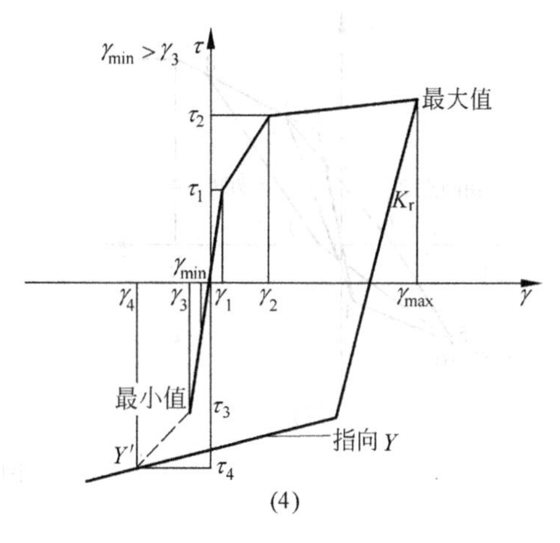

(4)

图 22-4 Takeda 模型滞回关系曲线

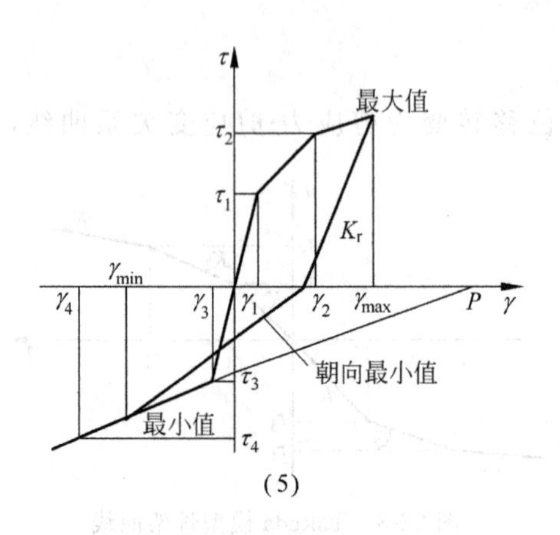

(5)

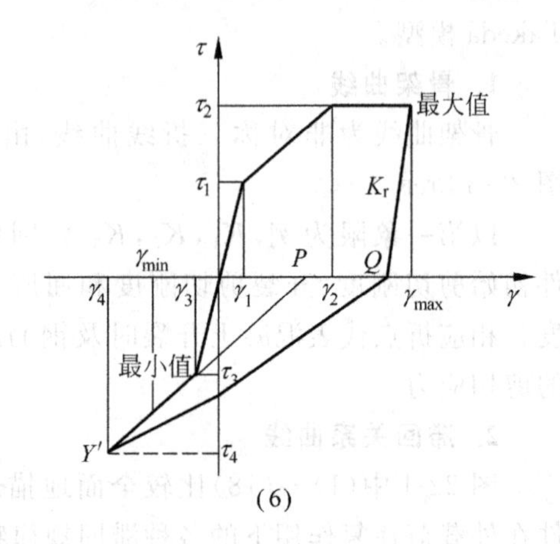

(6)

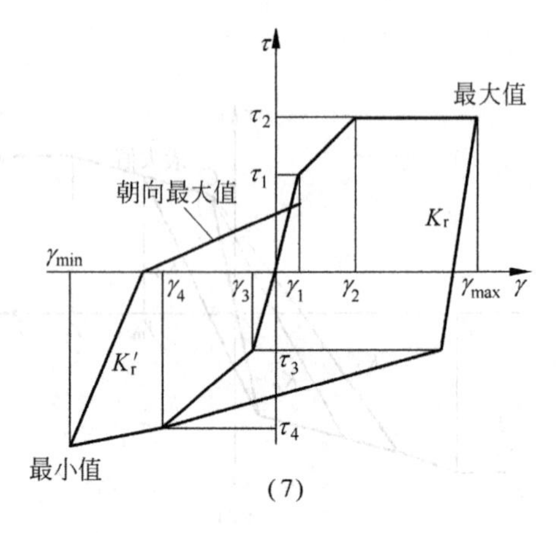

(7)

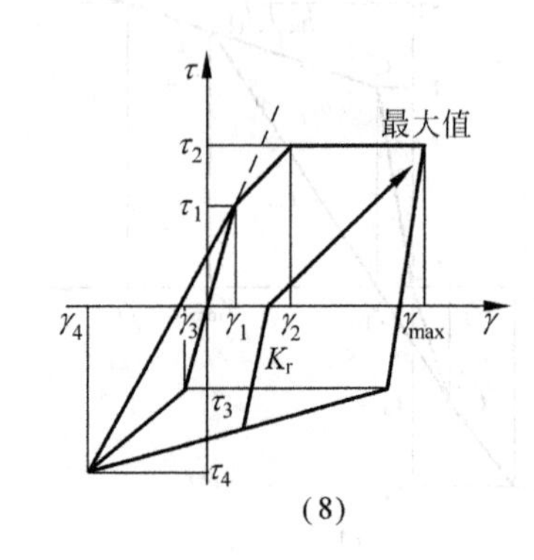

(8)

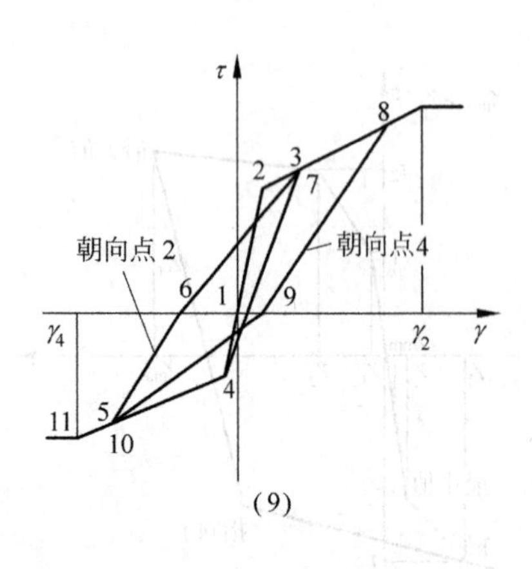

(9)

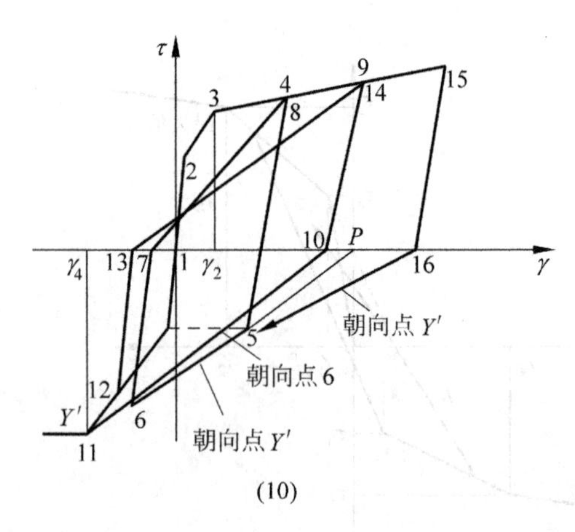

(10)

图 22-4(续)

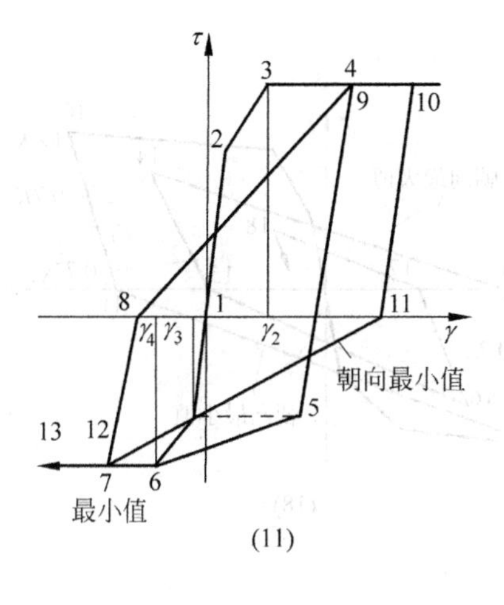

(11)

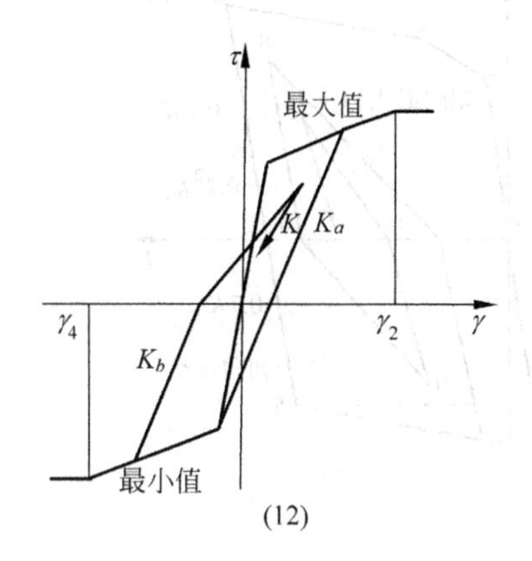

(12)

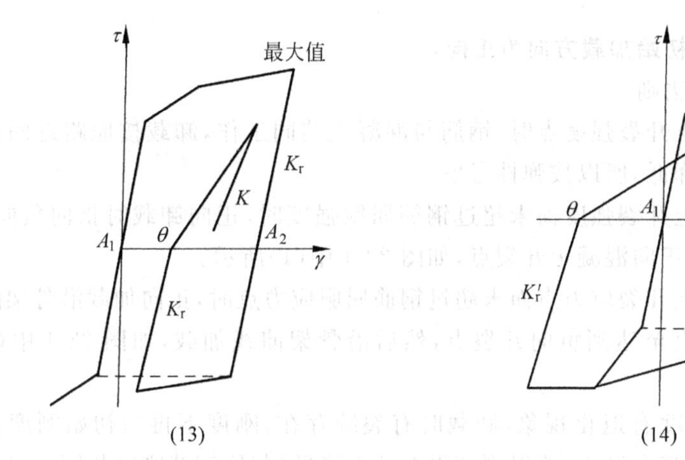

(13)

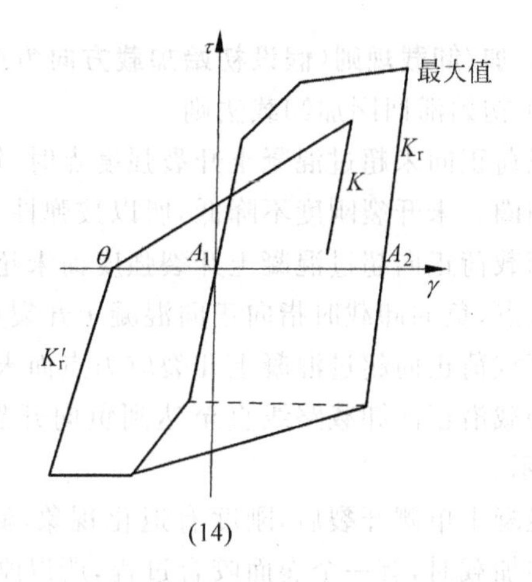

(14)

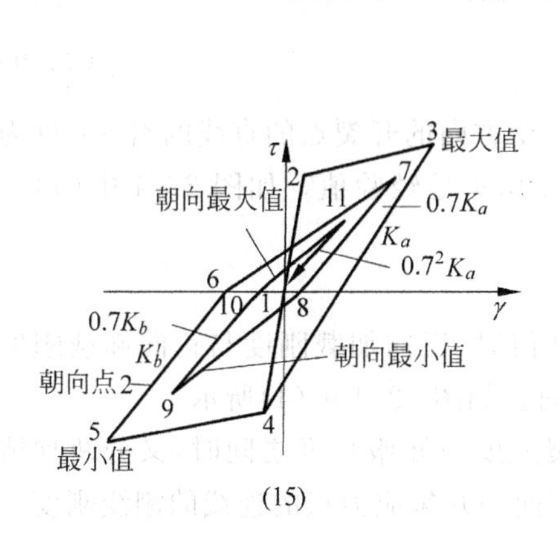

(15)

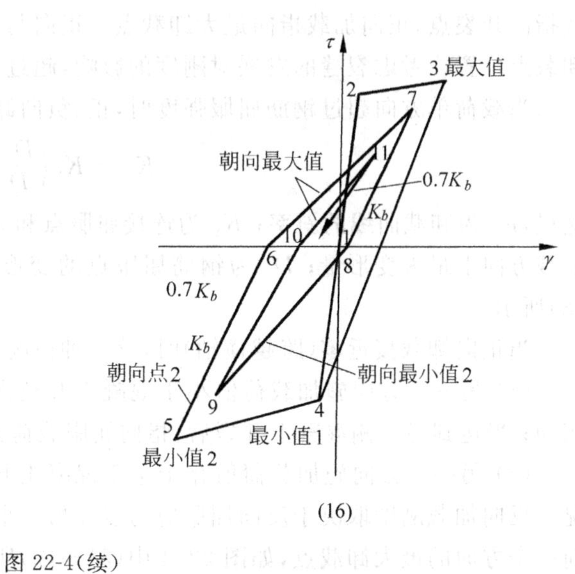

(16)

图 22-4(续)

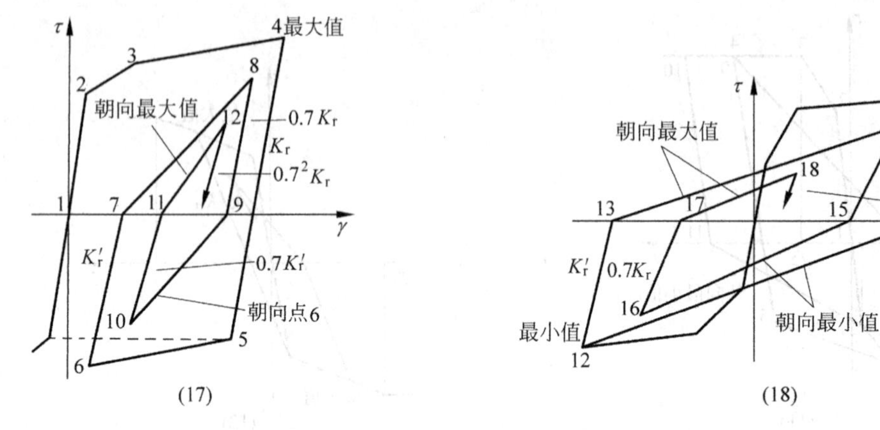

图22-4(续)

3. 加/卸载规则(假设初始加载方向为正向)

1) 初始滞回圈加卸载法则

载荷正向未超过混凝土开裂强度点时，钢筋与混凝土共同工作，卸载按原路返回，不形成滞回圈。未开裂刚度不降低，所以按弹性考虑。

当载荷正向超过混凝土开裂强度而未超过钢筋屈服强度时，正向卸载时指向负向混凝土开裂点，负向卸载时指向正向混凝土开裂点，如图22-4中(1)所示。

当载荷正向超过混凝土开裂应力点而未超过钢筋屈服应力点时，正向加载沿骨架曲线，负向加载沿正向卸载路线直至达到负向开裂点，然后沿骨架曲线加载，如图22-4中(2)～(3)所示。

混凝土单侧开裂后，刚度有退化现象，卸载时有裂缝存在，刚度不再与初始刚度相同；反方向加载时，有一个裂面咬合过程，所以刚度没有再次降低(与原卸载刚度相同)。反向卸载指向开裂点，正向加载指向最大卸载点。正向与反向卸载刚度依赖于超过开裂点加载后卸载点位置。考虑裂缝的发展对刚度的影响，超过开裂点越大，卸载时刚度降低越多。

当载荷单方向超过钢筋屈服强度时，正、负向卸载刚度按下式计算：

$$K_r = K_y\left(\frac{D_y}{D}\right)^{0.4} \tag{22-9}$$

这里，K_r为卸载曲线的斜率；K_y为连接屈服点和另一个方向的开裂点的直线的斜率；D为加载方向上最大变形量；D_y为钢筋屈服点的变形量；0.4是经验值。如图22-4中(4)～(8)所示。

当正向卸载接近零(跨越横轴)时，分三种情况：

(1) 另一个方向施加载荷值小于混凝土开裂强度值时，反向加载刚度与正向卸载刚度相同；当达到另一侧混凝土开裂后，指向屈服载荷方向。如图22-4中(4)所示。

(2) 另一个方向施加载荷值介于小于混凝土开裂强度与屈服强度之间时，又分两种情况。反向加载刚度取决于反向屈服应力点和另一个方向的开裂应力点的连线的割线刚度和前一个方向的最大卸载点，如图22-4中(5)～(6)所示。

(3) 另一个方向施加载荷值大于屈服应力时，沿反向骨架继续加载，达到另一方向屈服应力，正反向卸载刚度相同。如图22-4中(7)所示。

2）一个或多个滞回圈出现后的加卸载法则

循环一周之后，继续加卸载点均在骨架曲线上，分三种情况：

(1) 初始滞回环形成如图 22-4 中(1)～(3)所示。沿骨架加载，再卸载，卸载刚度取决于卸载点与负向开裂点。卸载至零，反向加载，刚度继续降低，反向加载刚度取决于反向加载大小。刚度随反向加载增大而降低。如图 22-4 中(9)所示。

(2) 初始滞回环形成如图 22-4 中(8)所示。继续加载指向前一滞回圈的顶点，沿骨架继续加载，正向卸载刚度与初始卸载刚度相同。反向加载最大值在负开裂点与屈服点之间，反向加载刚度取决于反向屈服应力点和另一个方向的开裂应力点的连线的割线刚度和前一个方向的最大响应卸载点，如图 22-4 中(10)所示。正负卸载刚度相同(式 22-9)。

(3) 初始滞回环形成如图 22-4 中(7)所示。继续加载指向前一滞回圈的顶点，沿骨架继续加载，正向卸载刚度与初始卸载刚度相同。卸载到零，再反向加载，反向一次加载最大值超过负向屈服点，反向加载刚度取决于正向卸载到零点与最大值负向加载点，如图 22-4 中(11)所示。正负卸载刚度相同(式 22-9)。

循环一周之后，中途卸载，未达到骨架曲线载荷值，骨架曲线上卸载刚度按前一个滞回圈相应卸载刚度的 70%衰减，且与循环次数成 0.7 的幂次方折减，如图 22-4 中(12)～(18)所示。

3）模型特点

从图 22-4 以及上述加卸载规则可以看到，Takeda 模型有如下特点：

- 考虑钢筋混凝土构件，骨架曲线为三折线；考虑了非对称配筋特点，模型可以是非对称。
- 模型基于静力-变形关系原理，以载荷应力历史为函数来控制加/卸载过程中的刚度变化，进而预测钢筋混凝土结构的动力反应。
- 试验观测到，钢筋混凝土试件在地震过程中某一时刻，刚度及能量吸收能力会突然改变，该模型可近似模拟这一过程。
- 应用该模型进行动力反应计算，钢筋混凝土结构中的能量吸收过程已被考虑，无需再考虑额外的能量吸收设置。
- 基于各种水平的外力激励，如周期载荷和地震载荷，运用该模型所得计算结果与试验结果比较，能够达到比较满意的精度。

22.2.2 单元列式

本例采用 2 节点 Hermite 单元，能模拟梁的轴向变形和弯曲变形。忽略剪切变形影响，满足经典梁理论，即假设变形前垂直于梁中心线的截面，变形后仍保持为平面，且仍垂直于中心线。如图 22-5 所示。

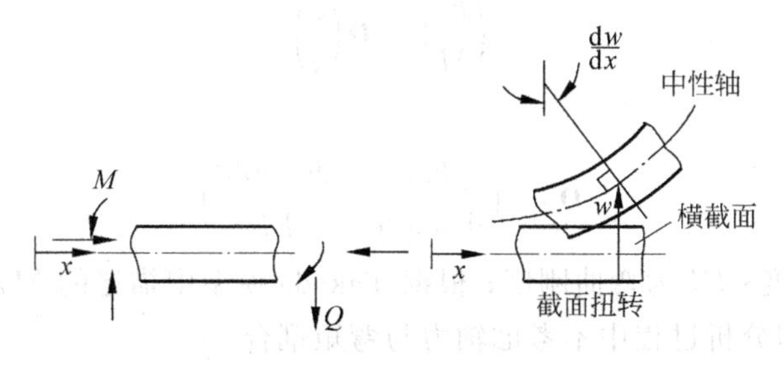

图 22-5 梁单元示意图

形成静态单元刚度矩阵和力向量

设单元长度为 l，水平位移为 u，挠度为 ω，转角为 θ。则单元的位移可表示如下：

$$(u,\omega,\theta)^{\mathrm{T}} = \boldsymbol{N}\boldsymbol{a}^{\mathrm{e}} \tag{22-10}$$

其中，$\boldsymbol{N}$ 为插值函数，用下式表示：

$$\boldsymbol{N} = \begin{bmatrix} N_{11} & N_{12} & N_{13} & N_{14} & N_{15} & N_{16} \\ N_{21} & N_{22} & N_{23} & N_{24} & N_{25} & N_{26} \end{bmatrix}$$

其中

$$N_{11} = (1-\xi)/2$$
$$N_{14} = (1-\xi)/2$$
$$N_{22} = 1 - 3\xi^2 + 2\xi^3$$
$$N_{23} = l(\xi - 2\xi^2 + \xi^3)$$
$$N_{25} = 3\xi^2 - 2\xi^3$$
$$N_{26} = l(\xi^3 - \xi^2)$$

其余元素为0。

$$\boldsymbol{a}^{\mathrm{e}} = (u_1, \omega_1, \theta_1, u_2, \omega_2, \theta_2)^{\mathrm{T}}$$

单元 $\boldsymbol{B}$ 矩阵用于联系轴向应变 ε、曲率 κ 与单元位移 $\boldsymbol{a}^{\mathrm{e}}$：

$$\begin{pmatrix} \varepsilon \\ \kappa \end{pmatrix} = \boldsymbol{LU} = \boldsymbol{LN}\boldsymbol{a}^{\mathrm{e}} = \boldsymbol{B}\boldsymbol{a}^{\mathrm{e}} \tag{22-11}$$

$\boldsymbol{L}$ 为微分算子，$\boldsymbol{B}(=\boldsymbol{LN})$ 矩阵如下：

$$\boldsymbol{B} = \begin{bmatrix} B_{11} & B_{12} & B_{13} & B_{14} & B_{15} & B_{16} \\ B_{21} & B_{22} & B_{23} & B_{24} & B_{25} & B_{26} \end{bmatrix}$$

其中

$$B_{11} = -1/2$$
$$B_{14} = 1/2$$
$$B_{22} = 12\xi - 6$$
$$B_{23} = l(6\xi - 4)$$
$$B_{25} = 6 - 12\xi$$
$$B_{26} = l(6\xi - 2)$$

其余元素为0。

通过本构矩阵 $\boldsymbol{D}$ 联系轴向力 F、弯矩 M 与轴向应变和曲率：

$$\begin{pmatrix} F \\ M \end{pmatrix} = \boldsymbol{D}\begin{pmatrix} \varepsilon \\ \kappa \end{pmatrix} \tag{22-12}$$

其中

$$\boldsymbol{D} = \begin{pmatrix} EA & \mathrm{dcouple} \\ \mathrm{dcouple} & EI \end{pmatrix}$$

式中，EA 为拉伸刚度；EI 为弯曲刚度；根据Takeda模型中描述的 M-κ 关系变化，dcouple为耦合刚度，取0，即分析过程中不考虑轴力与弯矩耦合。

单元刚度矩阵为

$$\boldsymbol{K}^{e} = \int_{0}^{l} \boldsymbol{B}^{\mathrm{T}} \boldsymbol{D} \boldsymbol{B} \, \mathrm{d}l \tag{22-13}$$

$\boldsymbol{K}^{e}$ 为对称阵：

$$\begin{bmatrix} K_{11} & 0 & 0 & K_{14} & 0 & 0 \\ 0 & K_{22} & K_{23} & 0 & K_{25} & K_{26} \\ 0 & K_{23} & K_{33} & 0 & K_{35} & K_{36} \\ K_{14} & 0 & 0 & K_{44} & 0 & 0 \\ 0 & K_{25} & K_{35} & 0 & K_{55} & K_{56} \\ 0 & K_{26} & K_{36} & 0 & K_{56} & K_{66} \end{bmatrix}$$

其中

$$\begin{aligned} & K_{11} = -K_{14} = EA/l && K_{22} = -K_{25} = 12EI/l^{3} \\ & K_{23} = K_{26} = 6EI/l^{2} && K_{33} = 4EI/l \\ & K_{35} = -6EI/l^{2} && K_{36} = 2EI/l \\ & K_{44} = EA/l && K_{55} = 12EI/l^{3} \\ & K_{56} = -6EI/l^{2} && K_{66} = 4EI/l \end{aligned}$$

上面为局部坐标系下的刚度矩阵，通过坐标转换，可得到在整体坐标系下的刚度矩阵：

$$\bar{\boldsymbol{K}}^{e} = \boldsymbol{\lambda}^{\mathrm{T}} \boldsymbol{K}^{e} \boldsymbol{\lambda} \tag{22-14}$$

$\boldsymbol{\lambda}$ 为坐标转换矩阵，用下式计算：

$$\boldsymbol{\lambda}^{\mathrm{T}} = \begin{bmatrix} \boldsymbol{\lambda}_{0}^{\mathrm{T}} & 0 \\ 0 & \boldsymbol{\lambda}_{0}^{\mathrm{T}} \end{bmatrix}, \quad \text{其中 } \boldsymbol{\lambda}_{0}^{\mathrm{T}} = \begin{bmatrix} \cos\alpha & -\sin\alpha & 0 \\ \sin\alpha & \cos\alpha & 0 \\ 0 & 0 & 1 \end{bmatrix}$$

式中，$\cos\alpha = \mathrm{d}x/l$，$\sin\alpha = \mathrm{d}y/l$，$\mathrm{d}x$ 为单元两节点的横坐标之差，$\mathrm{d}y$ 为单元两节点的纵坐标之差，l 为单元长度，$l = \sqrt{\mathrm{d}x^{2} + \mathrm{d}y^{2}}$。

采用数值积分方式形成单元力向量：

$$\boldsymbol{F}^{e} = \int_{0}^{l} \boldsymbol{B}^{\mathrm{T}} \begin{Bmatrix} F \\ M \end{Bmatrix} \mathrm{d}l \tag{22-15}$$

在本例中，插值函数是三次的，因此采用两点高斯积分。

梁单元的节点质量为

$$m = \frac{1}{2} \rho A L$$

在式中，ρ 为密度。梁单元的集中质量矩阵为

$$\boldsymbol{M}^{e} = \begin{bmatrix} m & 0 \\ 0 & m \end{bmatrix}$$

根据 UEL 中标志量 LFLAGS 的取值，可形成最终的刚度阵(AMATRX)和右手端矢量(RHS)。

根据 Takeda 模型的特点，梁截面的弯曲刚度在分析过程中是在变化的，因此上述单元刚度阵 $\boldsymbol{K}^{e}$ 中所含的 EI 是在变化的。本程序的核心任务就是要得到当前载荷条件下弯曲刚度 EI 的值，进而形成当前刚度矩阵 $\boldsymbol{K}^{e}$。

首先判断初始加载方向是正向还是负向，两种情况下所遵循的刚度变化规律是一样的。

下面仅以一种情况为例进行介绍。

每一增量步，ABAQUS 把单元节点位移向量 $\boldsymbol{u}$ 及位移向量增量 d$\boldsymbol{u}$ 传入 UEL。然后 UEL 通过应变阵 $\boldsymbol{B}$ 插值计算，得到两个 Gauss 积分点的曲率 κ 和曲率增量 dκ，及单元中最大曲率及曲率增量。

根据前面得到的单元最大曲率和曲率增量，通过 $M_{n+1}=M_n+EI\mathrm{d}\kappa_{n+1}$，得到单元中所有截面处的最大弯矩 M，并在加载历史中保存此量。

此时需要确定当前处在加载阶段还是卸载阶段，加载阶段弯矩做正功，卸载阶段弯矩做负功。因此，若 $M\mathrm{d}\kappa>0$，则加载；$M\mathrm{d}\kappa<0$，则卸载。然后确定当前 M 值所处的范围。在不同的弯矩范围内加载或卸载，对应不同的弯曲刚度。进而根据 M 的取值确定当前弯曲刚度。

根据前面得到的当前弯曲刚度确定节点处的弯矩和轴力，然后通过数值积分得到单元的静态刚度矩阵和静态载荷列向量。

最后，UEL 根据标志量 IFLAGS 的取值确定分析类型（动态或静态等），并形成对应各种分析类型的最终的单元刚度矩阵和载荷列向量。

详见图 22-6 所示流程图。

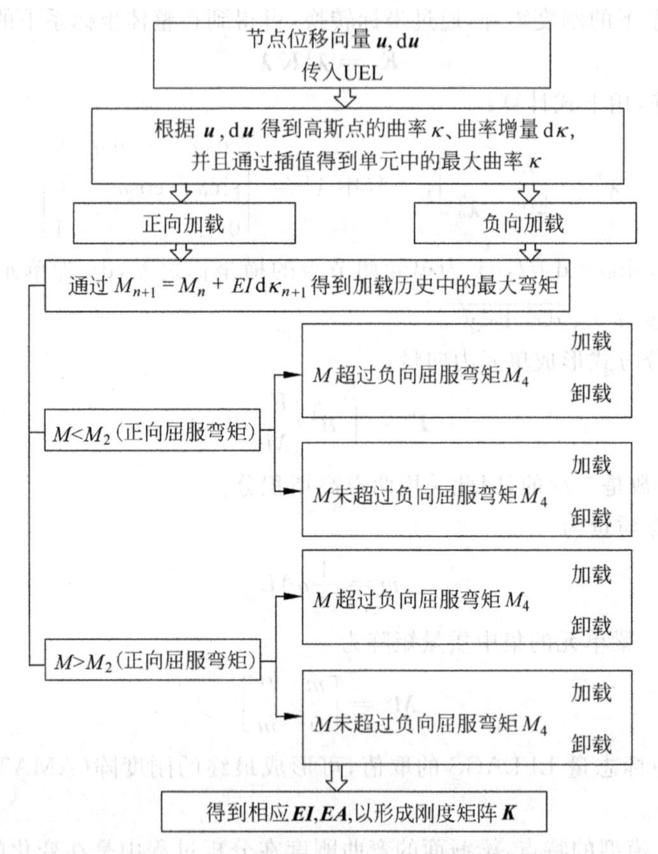

图 22-6　形成非线性梁单元的 UEL 流程图

在程序中有几点值得注意：

• 在 Takeda 模型中，初始滞回环和后来的滞回环具有不同的加/卸载规律，并且初始滞回环形成后的卸载刚度与当前滞回环数成指数关系,因此需要记载当前滞回环数。程序中用状态变量 SVARS(33)标志当前环数。如果从一个方向开始卸载,则更新 SVARS(33)的值,即在加载和卸载的过渡点更新滞回环数。

- SVARS(10)、SVARS(11)存放滞回曲线最高点对应的弯矩和曲率;SVARS(12)、SVARS(13)存放滞回曲线最低点对应的弯矩和曲率。由 SVARS(10)、SVARS(12)判断在加载历史中是否使危险截面处弯矩超出正负方向开裂/屈服弯矩,并据此确定当前加/卸载应遵循的规律。
- 加载过程中,弯矩 M 的最大值可能不断更新,即后一滞回环的最高点可能超过前一滞回环的最高点。由于有些加载曲线要指向弯矩最大点,因此该量也要保存,并在每次卸载时更新此量。程序中用状态变量 SVARS(18)、SVARS(31)存放更新前最大正向弯矩及相应曲率;SVARS(19)、SVARS(30)存放更新前最大负向弯矩及相应曲率。
- 程序中用状态变量 SVARS(17)来记录前一增量步弯曲刚度,因为有些情况下,当前刚度不能超过前一增量步刚度。

22.2.3 UEL 加载测试

本例通过定义 Takeda 模型梁单元弹塑性广义本构关系(弯矩-曲率),考虑了构件材料和几何形状综合特性。加载测试分成两部分,均遵循以下基本假定:

- 变形符合平截面假定,忽略剪切变形对梁轴弯曲的影响;
- 单元内所有截面的曲率相同;
- 整个截面满足定义的弯矩-曲率关系。

1. 静力加载测试

静力加载测试以验证滞回规律为主要内容。

1) 试件描述

原试件如图 22-7 所示。截面为边长 150mm 的正方形,沿轴方向配 8 根直径 10mm 的钢筋,横向约束采用直径为 6mm 的箍筋,每 100mm 布置一根。为模拟上部结构质量对钢筋混凝土柱的影响,在试件上部捆绑一重量为 11309N 的重锤,下面静态分析中用一定轴力来等效。试件下部固定,上部施加一随时间变化的水平力。试件材料参数见表 22-2。

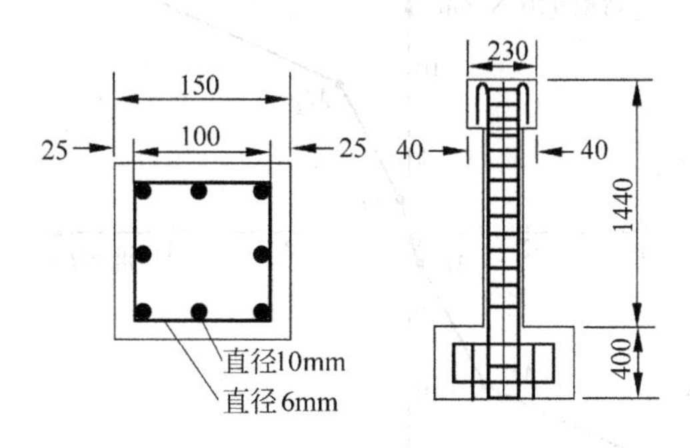

图 22-7 试件示意图

表 22-2　试件材料参数

材料	弹性模量/MPa	抗压强度/MPa	抗拉强度/MPa	弯曲强度/MPa
混凝土	3.52×10^4	38.25	2.35	5.66
材料	弹性模量/MPa	屈服强度/MPa	最大应力/MPa	屈服应变
钢筋	1.855×10^5	368	539	0.002003

2）单元划分

试件总长 1440mm，沿杆件长度划分 4 个单元。塑性区长度 $L=2h=2\times150=300$(mm)。在塑性区布置 1 个自定义单元 1，长 300mm；其余均匀布置 3 个 ABAQUS 梁单元 B21。如图 22-8 所示。图中共有 5 个节点，4 个单元。

3）边界及载荷条件

节点 1 固定，在节点 2 施加一水平方向力 F，一固定轴力 N，如图 22-9 所示。当 F 大小及方向随时间周期变化时，得到节点 1 处截面弯矩-曲率曲线，该曲线由一些滞回环组成，且曲线变化规律满足 Takeda 模型。

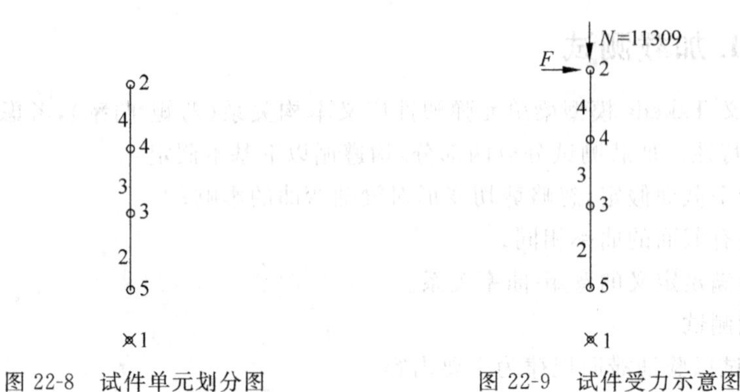

图 22-8　试件单元划分图　　　　图 22-9　试件受力示意图

4）测试结果及单元滞回性能分析

试件 Takeda 模型的骨架曲线如图 22-10 所示。对于如图 22-11 所示的 F-t 曲线，所得截面 1 处弯矩关于曲率的滞回规律如下所述。

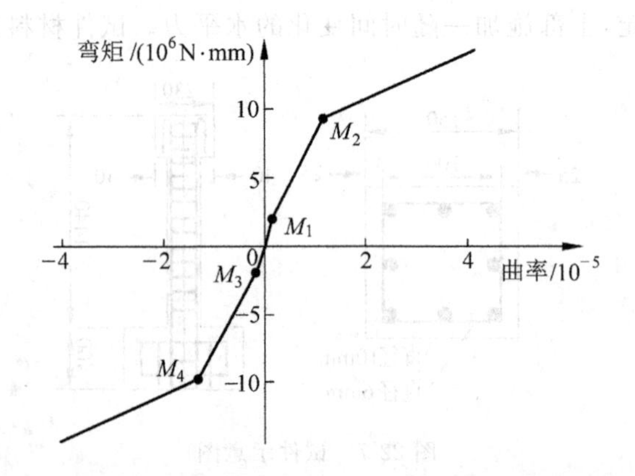

图 22-10　本试件 Takeda 模型骨架曲线

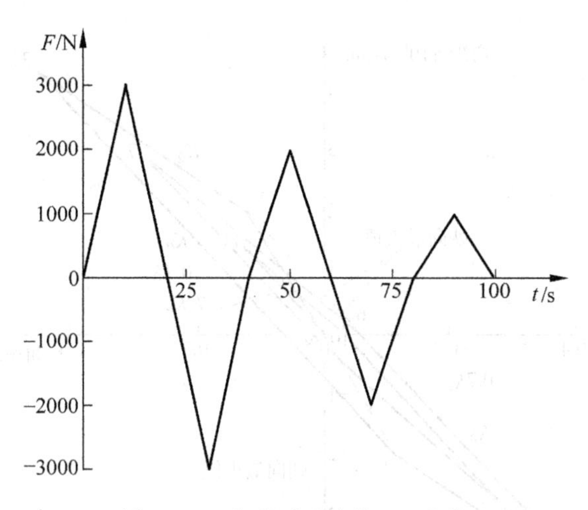

图 22-11 加载过程中的 F-t 曲线

在第一个滞回环中,正向加载沿骨架曲线,加载路线沿 1—2—3,K_2 为混凝土开裂后弯曲刚度;在 3 点卸载,卸载直线指向负向混凝土开裂点 4,此时卸载刚度记为 K_a;然后继续沿骨架曲线运行,K_4 为混凝土开裂后弯曲刚度,运行到 5 点卸载,卸载直线指向正向混凝土开裂点 2,此时卸载刚度记为 K_b。当 $K_b \geqslant K_a$ 时,实际卸载刚度 $K=K_a$;当 $K_b<K_a$ 时,$K=K_b$。至此第一个滞回环形成。

一个或多个滞回环形成后,正向加载路线指向滞回曲线的顶点,如图 22-12 中 6—7,若到达骨架曲线,则按骨架曲线运行;在 7 点卸载时,卸载刚度按前一滞回环相应卸载刚度的 0.7 倍衰减,即 $K=0.7K_a$,若此时卸载直线斜率小于前一段加载直线斜率,则不考虑衰减,卸载刚度仍为 K_a;负向加载路线指向滞回环最低点,如图 22-12 中 8—9,若到达骨架曲线,则按骨架曲线运行;在 9 点卸载,卸载刚度按前一滞回环相应卸载刚度的 0.7 倍衰减,即 $K=0.7K_b$,若此时卸载直线斜率小于前一段加载直线斜率,则不考虑衰减,卸载刚度仍为 $0.7K_b$;当加卸载反复进行时,按以上规律形成多个滞回环。在此加/卸载过程中,载荷作用点 2 的时间-位移曲线如图 22-13 所示。

对于不同的 F-t 曲线,可以得到类似的滞回曲线和端部节点位移-时间曲线。静态测试结果表明,本例开发的用户梁单元(UEL)基本反映了 Takeda 模型中各加/卸载阶段的刚度滞回衰减规律,模型物理意义明确。

2. 单调加载测试

Takeda 模型骨架曲线中的开裂弯矩及屈服弯矩均采用日本规范经验公式计算,其中开裂刚度取初始刚度的 0.5,屈服刚度取初始刚度的 0.1。单元长度取 150mm(近似等效塑性铰长度)。

单元划分可分成三种情况:按 150mm 在塑性铰区域布置 1 个弹塑性用户自定义单元;以同样单元长度在塑性铰区布置 4 个自定义单元;沿构件全长布置自定义单元。

计算结果与试验数据的对比如图 22-14 所示。从图中可以看出,布置 4 个自定义单元的结果与试验数据很好地吻合;布置了 1 个自定义单元的情况与试验曲线有些偏离。这一结果证明了钢筋混凝土试件在外载荷作用下发生弹塑性变形是一个局部概念,塑性区域长度直接影响计算结果,存在一个比较理想的区域与试件实际变形特征相符。

本例利用自定义单元计算了该试件的滞回曲线,如图 22-15 所示。

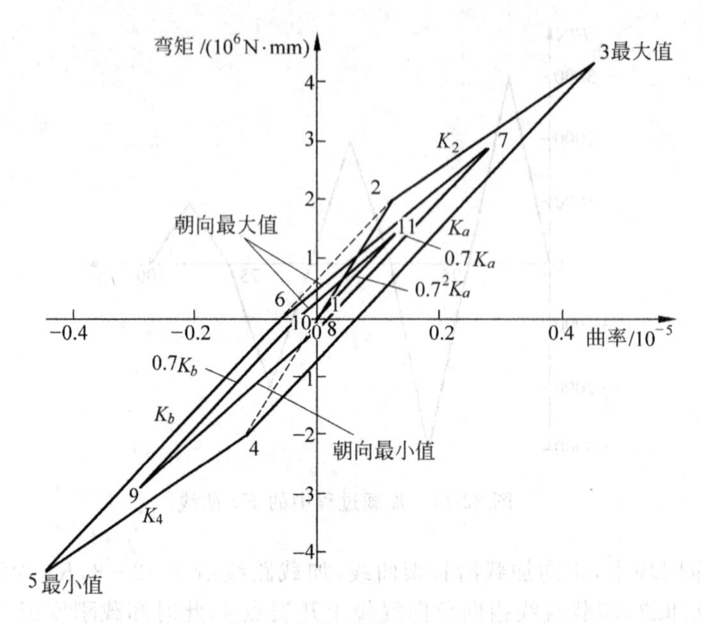

图 22-12　第一种载荷情况下的弯矩-曲率曲线

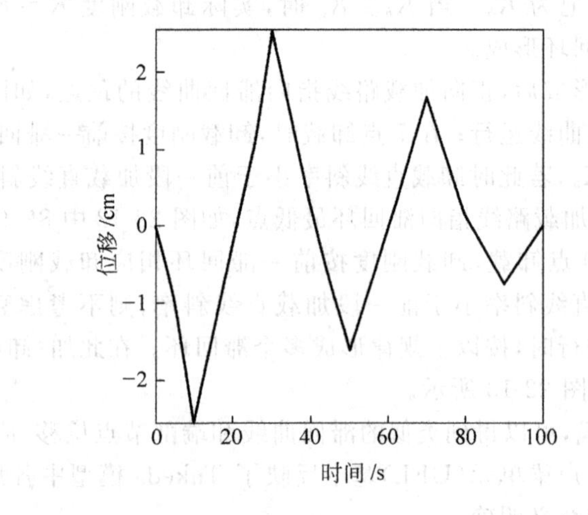

图 22-13　节点 2 的水平位移

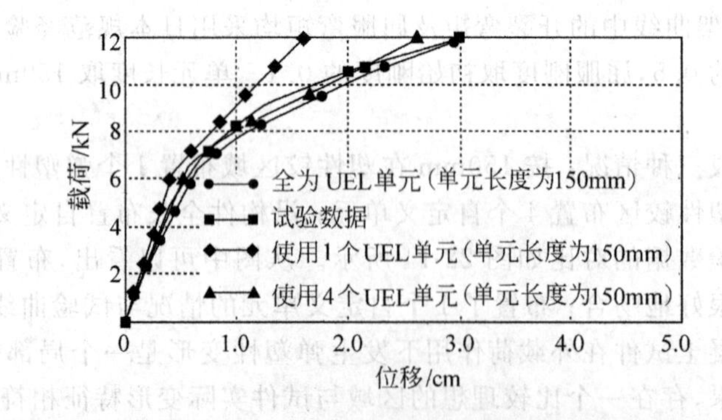

图 22-14　用户定义的 Takeda 梁模型的计算结果与试验数据的对比

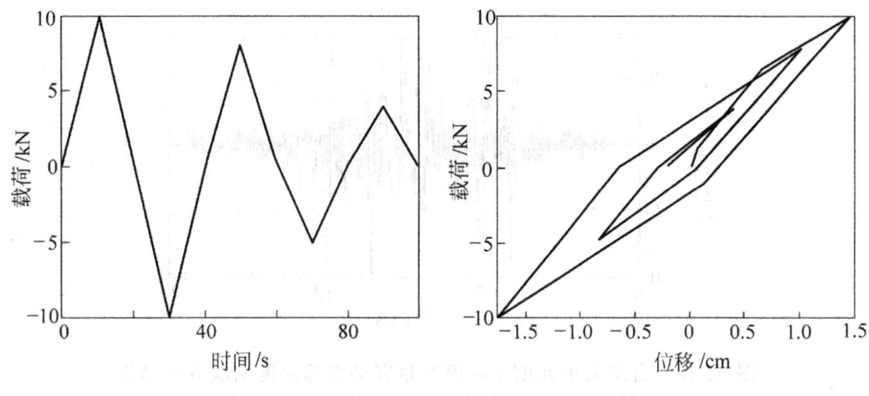

图 22-15　利用 Takeda 单元模型的计算结果

22.2.4　动态分析(时程分析)

应用自定义单元对上述构件进行了动态响应分析。地震波采用日本兵库县南部(1995)神户海洋气象台观测到的南北方向的加速度波，最大加速度幅值 812gal，持续时间 30s，如图 22-16 所示。动态模拟取前 15s 进行计算。

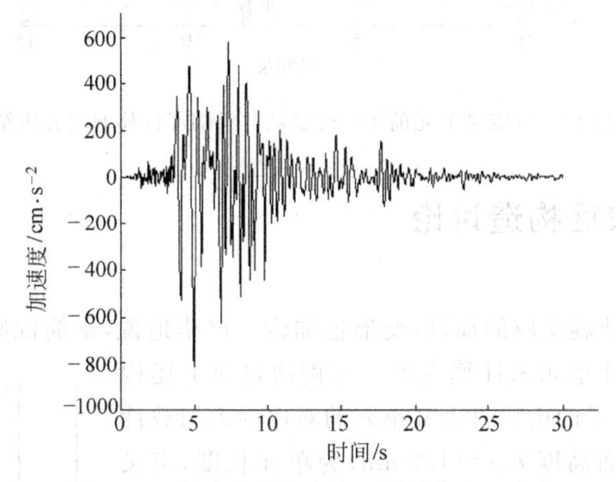

图 22-16　神户海洋气象台观测的南北地震波

应用自定义单元计算非线性悬臂梁，其端部的加速度、速度和位移动态响应随时间变化的曲线如图 22-17～图 22-19 所示。

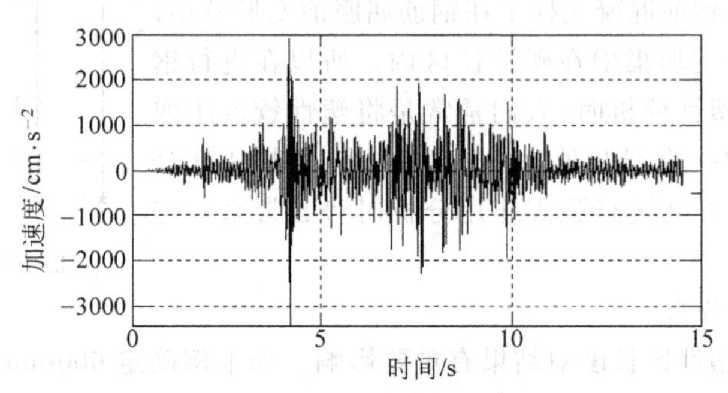

图 22-17　自定义单元前 15s 悬臂梁端点加速度响应曲线

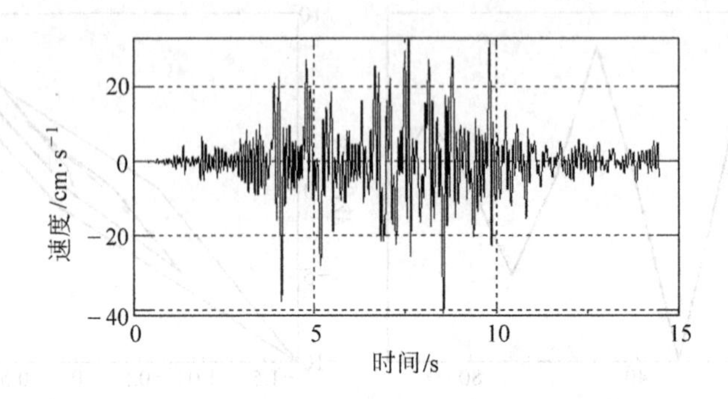

图 22-18　自定义单元前 15s 模型悬臂梁端部速度响应分析结果

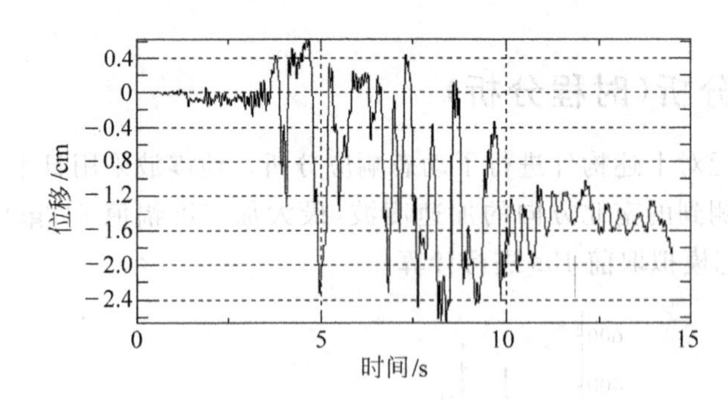

图 22-19　自定义单元前 15s 模型悬臂梁端部位移响应分析结果

22.2.5　塑性铰区构造讨论

1. 塑性铰长度

在强震下，随着地震反应的加剧，变形也加剧。严格地说，钢筋混凝土柱子在全长范围内，都应该使用弹塑性单元来计算变形。本例通过对上述构件模型进行了不同数量的用户自定义单元的对比静力加载计算，分别按以构件截面高度 h_0（＝150mm）为单元长度，定义1～4 个单元、全长布置(图 22-20)。发现当改变单元数量使布置长度达 4 倍截面高度时，变形基本与全长布置单元相同(图 22-21)。所以一定存在一个最佳定义弹塑性单元作用区域的范围。实际上，钢筋混凝土柱子在钢筋屈服前变形较小；钢筋屈服后，大部分变形集中在塑性铰区内。所以在进行钢筋混凝土柱子的弹塑性分析时，人们常常是将塑性铰区用弹塑性单元模拟，如取一个经验值为 $1.5h_0 \sim 2.0h_0$，其他部分用弹性单元模拟，这样在进行强震作用分析时势必带来一定的误差。

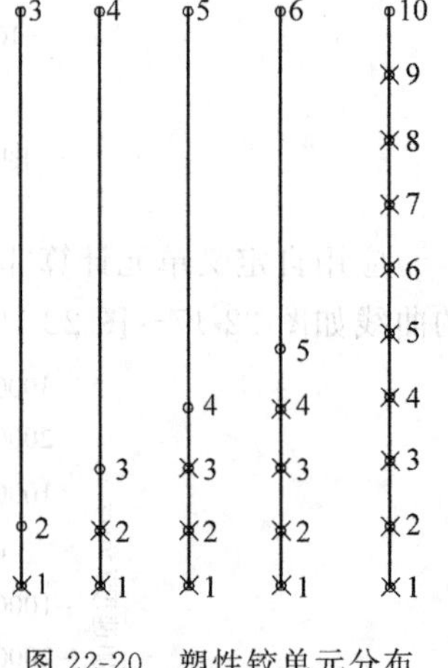

图 22-20　塑性铰单元分布

2. 单元长度与分布

通过分析发现塑性区长度对结果有重要影响。如本例确定 600mm 长范围定义弹塑性单元与全长布置等效。下面再讨论一下单元划分的影响。通过分析发现(图 22-22)，在相

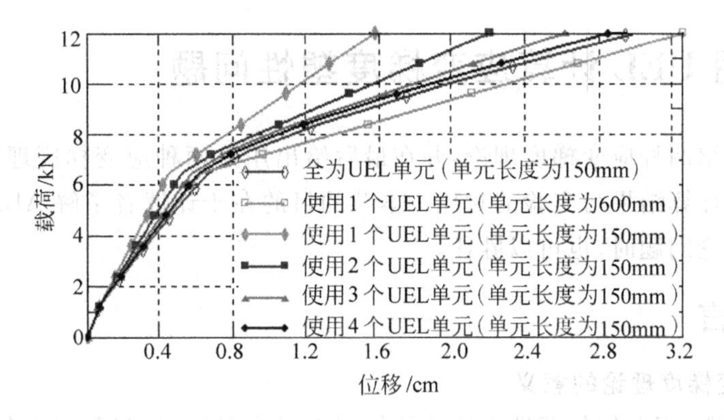

图 22-21 相同单元长度不同单元数量的计算结果比较

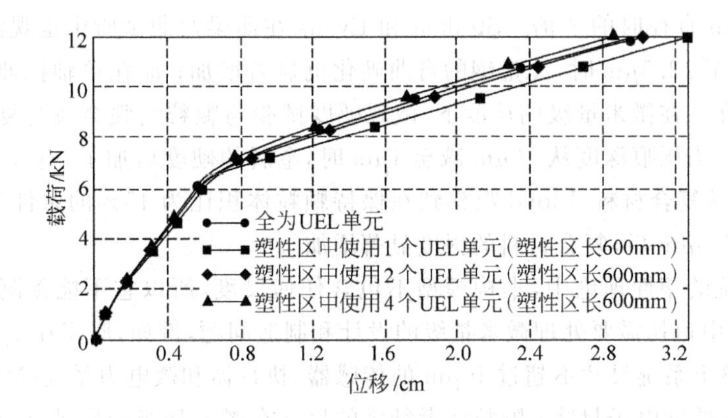

图 22-22 相同塑性区长度不同单元数量的计算结果比较

同长度塑性区内,弹塑性单元分布越少,则单元刚度越低。因为整个单元的刚度是根据单元端部截面的弯矩确定的,如取 600mm 长为 1 个单元,则整个单元的刚度都是由根部弯矩确定,刚度降低很快,甚至低于全部用弹塑性单元。本算例取两个 300mm 与全长分布最接近。

22.2.6 结论与讨论

静态测试结果表明,本自定义单元基本反映了 Takeda 模型中各加/卸载阶段的刚度衰减规律,物理模型成立,只要关键参数取值合理就可以用于工程分析。因此,本例发展的钢筋混凝土梁单元模型结合 ABAQUS/Standard 可以应用于工程结构的数值计算,如平面框架和刚架的结构分析。

在 ABAQUS 中可以很方便地实现用户自定义单元。对于多自由度的大型结构而言,单元划分会影响计算结果的准确性,从截面弯矩-曲率关系出发分析单元截面特性,仍被认为是一种理想的方法。此模型限于在定轴力下的平面问题研究,考虑空间问题及变轴力下双向弯矩耦合的模型有待于进一步开发。

在分析中定义了塑性铰区长度(单元数量)。建议根据研究问题的需要,考虑构件延性、几何尺寸、地震波等影响。对于不同问题和不同因素,自定义单元的数量应该适量调整。

22.3　应用 UEL 计算应变梯度塑性问题

本节主要介绍两种应变梯度理论，并在最后给出用这两种应变梯度理论编写的用户单元子程序的数值计算结果与实验的对比。本节的目的在于让读者了解 ABAQUS 即使在面对如此复杂的理论问题时，也可以胜任。

22.3.1　引言

1. 研究应变梯度理论的意义

很多试验表明，当非均匀塑性变形特征长度在微米量级时，材料具有很强的尺度效应。例如，Fleck 等在细铜丝的扭转试验中观察到，当铜丝的直径为 12μm 时，无量纲的扭转硬化将增加至 170μm 直径时的 3 倍。Stolken 和 Evans 在薄梁弯曲试验中也观察到，当梁的厚度从 100μm 减至 12.5μm 时，无量纲的弯曲硬化也显著增加；而在单轴拉伸情况中这种尺度效应并不存在。在微米量级的尺度下，微观硬度试验与颗粒增强金属基复合材料中也观察到尺度效应。当压痕深度从 10μm 减至 1μm 时，金属的硬度增加了一倍。对于碳化硅颗粒加强的铝-硅基复合材料，Lloyd 观察到在保持颗粒体积比为 15% 的条件下，将颗粒直径从 16μm 减为 7.5μm 后，复合材料的强度显著增加。

由于在传统的塑性理论中，本构模型不包含任何尺度，所以它不能预测尺度效应。然而，在工程实践中迫切需要处理微米量级的设计和制造问题，例如，厚度在 1μm 或者更小尺寸下的薄膜；整个系统尺寸不超过 10μm 的传感器、执行器和微电力系统(MEMS)；零部件尺寸小于 10μm 的微电子封装；颗粒或者纤维的尺寸在微米量级的先进复合材料及微加工等。现在的设计方法，如有限元方法(FEM)和计算机辅助设计(CAD)，都是基于经典的塑性理论，而它们在这一微小尺度不再适用。另一方面，现在按照量子力学和原子模拟的方法在现实的时间和长度的尺度下处理微米尺度的结构依然很困难。所以，建立连续介质框架下、考虑尺寸效应的本构模型就成为联系经典塑性力学和原子模拟之间必要的桥梁。

促使建立细观尺寸下连续介质理论的另一个目的是在韧性材料的宏观断裂行为和原子断裂过程之间建立联系。在一系列值得注意的试验中，Elssner 等测量了单晶铌/蓝宝石界面的宏观断裂韧度和原子分离功，使原子点阵或强界面分离所需要的力约为 $0.03E$ 或者 $10\sigma_Y$(E 为弹性模量，σ_Y 为拉伸屈服应力)。而按照经典的塑性理论，Hutchinson 指出裂纹前方最大应力水平只能达到 4 至 5 倍 σ_Y。很明显这远远小于 Elssner 等在试验中观察到的结果，不足以使原子分离。考虑应变梯度的影响有望解释这一现象。

2. 应变梯度理论简介

目前发展的应变梯度理论有很多种，包括 CS 理论(偶应力理论)、SG 理论(拉伸和旋转梯度理论)、MSG 理论(基于细观机制的应变梯度塑性理论)以及 TNT 理论(基于 Taylor 关系的非局部应变梯度理论)等。我们利用 ABAQUS 用户单元主要进行了 MSG 和 TNT 两种理论应变梯度塑性的有限元分析。对于 MSG 塑性和 TNT 塑性都包括形变理论和流动理论，TNT 塑性还包括了有限变形问题的形变和流动理论的分析。下面一节对 MSG 理论和 TNT 理论加以简单的介绍。

22.3.2 两种应变梯度理论

1. 基于细观机制的MSG应变梯度塑性理论

基于位错机制的MSG应变梯度塑性理论是由位错理论出发的，它通过一个多尺度、分层次的框架，由微观位错机制推导出了宏细观的应变梯度塑性理论。这个理论相比于其他理论，物理机制更明确，构造方法系统，而且第一次提出了材料长度的表达式。图22-23是MSG应变梯度塑性理论的原理图。在微观层次上塑性是由位错运动产生的，在细观层次上引入应变的梯度与微观的几何必须位错密度相关联，通过细观和微观的功等效由微观塑性推导出细观的本构理论。

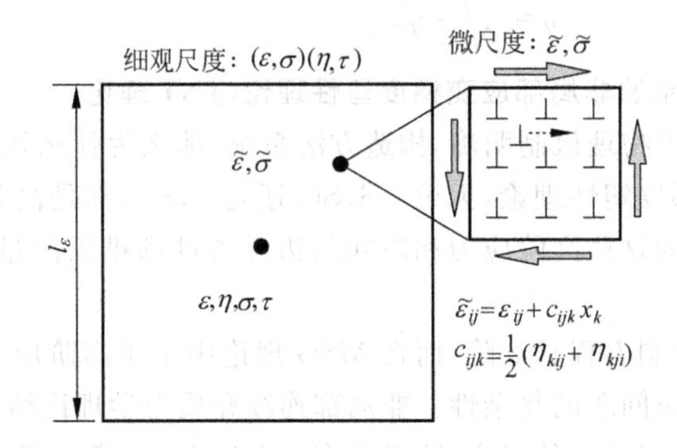

图22-23 MSG理论中采用的多尺度框架

为了在细观尺度下的应变梯度塑性和微尺度下的Taylor硬化关系之间建立联系，在MSG理论框架中采用如下的基本假设：

(1) 假设微尺度的流动应力由位错运动控制，并且遵守应变梯度律给出的Taylor硬化关系

$$\tilde{\sigma}=\sigma_Y\sqrt{f^2(\tilde{\varepsilon})+l\eta} \tag{22-16}$$

(2) 微观尺度和细观尺度的联系是塑性功相等

$$\int_{V_{\text{cell}}}\tilde{\sigma}'_{ij}\delta\tilde{\varepsilon}_{ij}\,\mathrm{d}V=(\sigma'_{ij}\delta\varepsilon_{ij}+\tau'_{ijk}\delta\eta_{ijk})V_{\text{cell}} \tag{22-17}$$

(3) 在微尺度胞元中假设经典塑性的基本结构成立，其J_2形变理论可以表示为

$$\tilde{\sigma}'_{ij}=(2\tilde{\varepsilon}_{ij}/3\tilde{\varepsilon})\tilde{\sigma}_e \tag{22-18}$$

其中$\tilde{\sigma}_e=\sqrt{\frac{3}{2}\tilde{\sigma}'_{ij}\tilde{\sigma}'_{ij}}$，$\tilde{\varepsilon}=\sqrt{\frac{2}{3}\tilde{\varepsilon}_{ij}\tilde{\varepsilon}_{ij}}$。微尺度的屈服条件为

$$\tilde{\sigma}_e=\tilde{\sigma} \tag{22-19}$$

基于以上的理论假设，应变梯度塑性MSG形变理论本构关系可以建立如下：

$$\sigma'_{ij}=2\varepsilon_{ij}\sigma/3\varepsilon \tag{22-20}$$

$$\tau'_{ijk}=l_\varepsilon^2[\sigma(\Lambda_{ijk}-\Pi_{ijk})/\varepsilon+\sigma_Y^2 f(\varepsilon)f'(\varepsilon)\Pi_{ijk}/\sigma] \tag{22-21}$$

其中

$$\sigma=\sigma_Y\sqrt{f^2(\varepsilon)+l\eta} \tag{22-22}$$

式中

$$l = 18\alpha^2\left(\frac{\mu}{\sigma_{\mathrm{ref}}}\right)^2 b \tag{22-23}$$

为材料特征长度。

$$\Lambda_{ijk} = \left[2\eta_{ijk} + \eta_{kji} + \eta_{kij} - \frac{1}{4}(\delta_{ik}\eta_{ppj} + \delta_{jk}\eta_{ppi})\right]/72 \tag{22-24}$$

$$\Pi_{ijk} = \varepsilon_{mn}\left[\varepsilon_{ik}\eta_{jmn} + \varepsilon_{jk}\eta_{imn} - \frac{1}{4}(\delta_{ik}\varepsilon_{jp} + \delta_{jk}\varepsilon_{ip})\eta_{pmn}\right]/54\varepsilon^2 \tag{22-25}$$

其中应变梯度表示为

$$\eta_{ijk} = u_{k,ij} = \varepsilon_{ik,j} + \varepsilon_{jk,i} - \varepsilon_{ij,k} \tag{22-26}$$

$$\eta = \sqrt{\frac{1}{4}\eta'_{ijk}\eta'_{ijk}} \tag{22-27}$$

2. 基于 Taylor 关系的非局部应变梯度塑性理论(TNT 理论)

MSG 应变梯度理论物理机制明确,构造方法系统,那么为什么还要发展 TNT 理论呢?因为前面提到的应变梯度塑性理论,无论 CS、SG 还是 MSG,都是高阶理论,引入了高阶应力和附加的边界条件,而这些高阶应力和附加的边界条件都难以测量,难以想象,因此难以实用。

经典的塑性问题控制方程是 2 阶,而在 MSG 理论中由于高阶应力的影响,其控制方程是 4 阶,这就增加了解决问题的复杂性。非局部连续介质力学理论给我们以启发,采用应变的非局部加权积分来确定应变的梯度,这样就有了 TNT——基于 TAYLOR 关系的非局部塑性理论。这种理论既保持 MSG 理论的所有优点,同时与经典的塑性理论相比又不增加方程的阶数。但也正是由于 TNT 理论的非局部性质,使其在求取解析解方面比较困难,也正因为如此,有限元解对 TNT 理论尤其重要。

TNT 作为非局部塑性理论,有 3 个基本特点:

(1) 流动应力遵从 TAYLOR 硬化关系,这是 TNT 塑性理论的出发点。

(2) 应变梯度和几何必须位错密度是非局部量,表示为应变的加权平均。这是 TNT 塑性理论的核心概念。

(3) TNT 塑性理论保持经典塑性理论的基本结构。这个特点使得 TNT 塑性理论具有很强的实用潜力。

和经典的塑性理论相比,TNT 塑性理论的特别之处在于屈服条件的不同:流动应力不仅依赖于应变,还同时依赖于应变的梯度。这里应变的梯度是非局部量。确定应变梯度的非局部积分如下所述。

将应变 ε_{ij} 在一点附近 Taylor 展开:

$$\varepsilon_{ij}(x+\xi) = \varepsilon_{ij}(x) + \varepsilon_{ij,m}\xi_m + o(|\xi|^2) \tag{22-28}$$

式中,ξ 为以 x 为坐标原点的局部坐标。在包含 x 的表示体元内对上式作积分:

$$\int_{V_{\mathrm{cell}}}\varepsilon_{ij}(x+\xi)\xi_k\mathrm{d}V = \varepsilon_{ij}(x)\int_{V_{\mathrm{cell}}}\xi_k\mathrm{d}V + \varepsilon_{ij,m}\int_{V_{\mathrm{cell}}}\xi_k\xi_m\mathrm{d}V \tag{22-29}$$

假定特征尺寸 l_ε 足够小,可忽略 l_ε 的高阶小量,于是梯度 $\varepsilon_{ij,k}$ 可以表示为应变的积分形式:

$$\varepsilon_{ij,k} = \int_{V_{\mathrm{cell}}}[\varepsilon_{ij}(x+\xi) - \varepsilon_{ij}(x)]\xi_m\mathrm{d}V\left(\int_{V_{\mathrm{cell}}}\xi_k\xi_m\mathrm{d}V\right)^{-1} \tag{22-30}$$

从而由关系式(22-26)和式(22-27)可以得出应变梯度 η 的值。

TNT 形变理论的本构关系：

$$\sigma_{kk} = 3K\varepsilon_{kk} \tag{22-31}$$

$$\sigma'_{ij} = \frac{2\sigma_{\mathrm{ref}}\sqrt{f^2(\varepsilon)+l\eta}}{3\varepsilon}\varepsilon'_{ij} \tag{22-32}$$

式中的 l 为由(22-23)式给出的材料长度，η 为非局部变量，由(22-27)式给出。

TNT 流动理论的本构关系：

$$\dot{\sigma}_{kk} = 3K\dot{\varepsilon}_{kk} \tag{22-33}$$

$$\dot{\sigma}'_{ij} = 2\mu\dot{\varepsilon}'_{ij} - \mu\alpha\frac{3\sigma'_{ij}6\mu\sigma'_{kl}\dot{\varepsilon}'_{kl}-\sigma^2_{\mathrm{ref}}l\dot{\eta}}{2\sigma_e 3\mu\sigma_e+\sigma^2_{\mathrm{ref}}f_{\mathrm{p}}f'_{\mathrm{p}}} \tag{22-34}$$

加载时 $\alpha=1$，卸载时 $\alpha=0$。

22.3.3 ABAQUS 用户单元的使用

如上文所述，由于 MSG 理论和 TNT 理论本身的复杂性，用它们做解析解比较困难。只是对于很少几个简单问题才有解析解。为比较理论与实验以及解析解的符合程度，必须用有限元计算加以验证。考虑到应变梯度的本构关系与经典理论完全不同，因为应力梯度变化的非局部性，不是仅由一处高斯点的应变积分决定该点应力，所以在有限元实现中不能利用现有的程序。但是由于 ABAQUS 具有的用户子程序功能，为实现应变梯度的有限元计算提供了方便的条件。

为了保证用户子程序能够完成计算应变梯度问题的功能，编写时必须遵守 ABAQUS 规定的法则，包括 INCLUDE 声明、命名约定、重新定义变量、编译和链接、测试和调试、用户可用及不可用的通道号、中断分析等。在我们编写的关于应变梯度的用户子程序中，用的是 9 节点矩形单元。由于节点变量包括应变梯度和高阶应力的分量，故在编程过程中不能利用原有的几何关系，也不能利用 ABAQUS 提供的前后处理程序，但可以方便地利用它的求解器。我们在用户子程序中计算出有限元的刚度矩阵和右端项，再利用 ABAQUS 的求解器解线形代数方程。在用户子程序 UEL 中需要保存的变量，如计算出的广义应变、广义应力等，都必须存在 ABAQUS 指定的变量 SVARS 中，下一次调用 UEL 时再从变量 SVARS 中读取出需要的变量值。用户子程序的调试可通过读写输出文件来获得信息。子程序中可以将调试信息写在 ABAQUS 的消息文件(.msg，通道号为 7)或数据文件(.dat，通道号为 6)中。读这些文件可得到调试信息，从而验证程序是否已满足了计算的要求。

22.3.4 有限元计算的结果

1. MSG 理论的有限元计算结果

图 22-24 是利用 MSG 理论计算微压痕的曲线。坐标横轴是压痕深度的倒数，坐标纵轴是无量纲化的硬度的平方，其中 H 是微压痕的硬度，H_0 是 h 取值很大时的压痕硬度，它与压痕的深度 h 无关。图中的试验点是 McElhaney 等在 1998 年对多晶铜所作的结果。可见，利用 MSG 理论计算的结果曲线在从 1/10 微米到几微米很大的范围内与试验结果符合得非常好，计算拟合的材料特征长度 $l=1.52$ 也符合多晶铜由(22-23)式的计算结果以及试验对铜的估算值，这表明 MSG 理论能够比较准确地反映微米到亚微米量级材料的塑性行为。

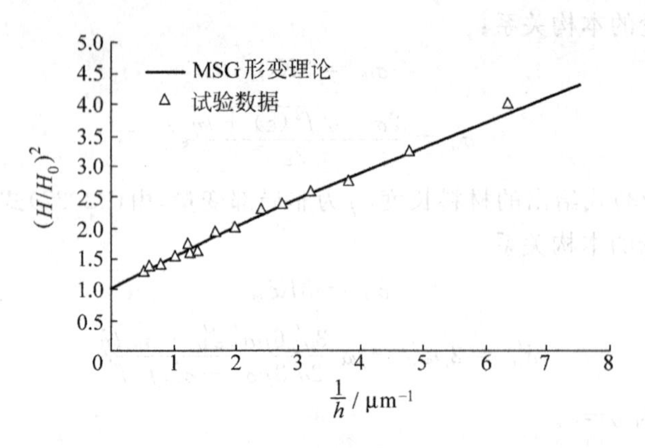

图 22-24　MSG 理论拟合微压痕试验结果

下面讨论利用 MSG 本构的平面问题程序计算 I 型静止裂纹的结果。整个计算区域为 $1000l$，远场施加的是弹性位移边界条件，外加 K 场强度为 20。图 22-25 给出了双对数坐标下裂尖的奇异性曲线，即裂纹延长线上（实际上取的是最靠近裂纹面的一列高斯点，$\theta=1.0143°$）的等效应力对应距裂尖距离的曲线。横坐标是无量纲化的点到裂尖的距离，纵坐标是无量纲化的等效应力。图中给出了利用 MSG 形变理论和 MSG 流动理论两种结果，同时也给出了同一问题经典塑性理论的计算结果。容易看出 MSG 形变理论和流动理论的计算结果相差得非常小，这表明，虽然裂纹尖端场不是严格的比例加载，但是利用 MSG 形变理论的计算结果还是足够准确的。图中也可以看出，三种理论计算的裂尖塑性区大小完全相同，说明塑性区大小与应变梯度效应无关。MSG 理论给出的曲线在约 $0.3l$ 处与经典塑性理论分开，MSG 理论的结果比经典理论高很多，在 $0.1l$ 处（对应于铜约是 $0.4\mu m$）等效应力是经典理论的两倍还多。这在某种程度上可以解释裂尖的断裂问题。

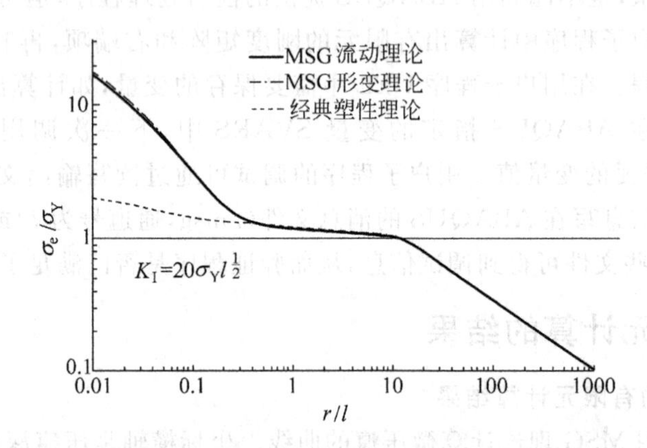

图 22-25　MSG 理论计算 I 型裂纹尖端场的奇异性曲线

2. TNT 理论的有限元计算结果

对于 TNT 理论我们同样编写了平面问题和轴对称问题的用户子程序。利用轴对称程序计算了微尺度下的浅压头压痕问题，利用平面问题程序计算了静态裂纹 I 型问题。

图 22-26 是应用 TNT 小变形形变理论预测的多晶铜的压痕硬度。坐标横轴是压痕深度的倒数，坐标纵轴是无量纲化的硬度的平方。从图 22-26 中可以看出：理论预测的压痕

硬度的平方与压痕深度的倒数成线性关系；压痕深度从几微米到零点几微米的范围内，理论预测值与实验符合得都非常好。这说明 TNT 非局部塑性理论能很好地描述材料在微米和亚微米量级时的机械行为。经典塑性理论由于不包含尺度，所以所预测的压痕硬度与压痕深度无关，在图上应为一条水平线(图中未给出)。

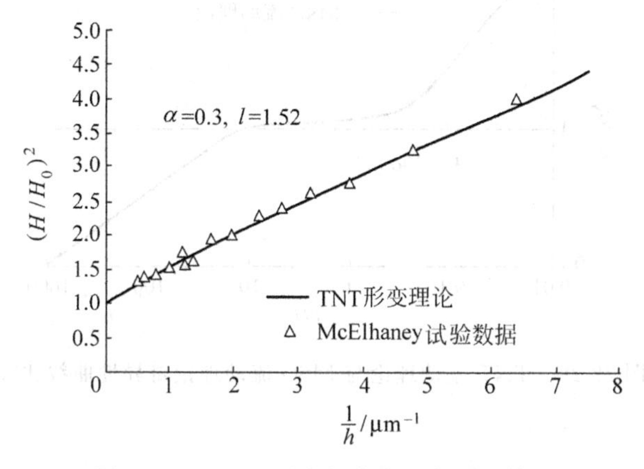

图 22-26 TNT 理论拟合微压痕试验结果

下面讨论利用 TNT 本构的平面问题程序计算 I 型静止裂纹的结果。边界条件和网格划分与 MSG 理论相同。图 22-27 给出了双对数坐标下裂尖的奇异性曲线，图中的虚线为经典塑性理论的预测值，实线为 TNT 理论的预测值。可见 TNT 曲线在弹性部分和经典塑性理论完全重合，塑性部分中有一部分也和经典塑性理论一致；从 $r=0.3\sim0.4l$ 开始，TNT 塑性理论的预测值开始超过经典塑性理论的预测值。经典塑性理论的双对数曲线的奇异性为 $N/(N+1)$，与 HRR 场一致，而 TNT 非局部塑性理论的奇异性曲线的奇异性甚至超过了 1/2。在 $r=0.1l$ 处 TNT 塑性理论的预测值比经典塑性理论的预测值高出一倍多，这为解释韧性材料中的解理断裂提供了一种新的解释机理。在 TNT 塑性理论的曲线与经典理论的曲线分开的 $r=0.3\sim0.4l$ 处，对于铜 $l=4\sim5\mu m$，r 约为 $1.5\mu m$，是位错间距的 10 多倍，连续介质塑性理论仍然是适用的。整体来看，这条曲线可以把裂纹尖端场区分为 4 个区：最靠近裂尖的无位错区或稀疏位错区(这个区里连续介质塑性理论不适用)、TNT 塑性理论控制区、HRR 场控制区和弹性 K 场。

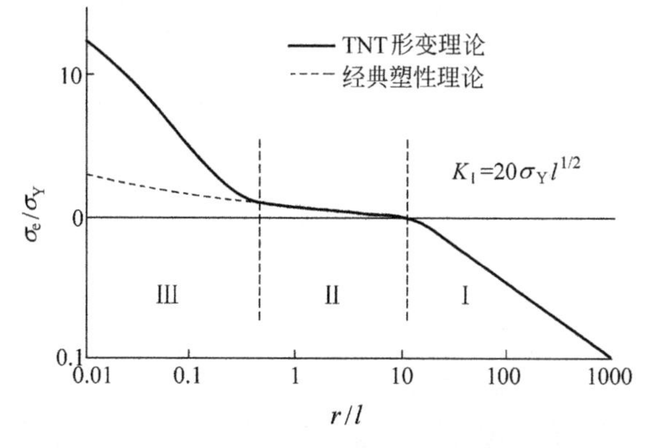

图 22-27 TNT 形变理论计算 I 型裂纹尖端场奇异性曲线

图 22-28 是 TNT 流动塑性理论与 MSG 流动塑性理论计算裂纹尖端场的结果比较。很明显，两种理论预测的曲线完全重合。

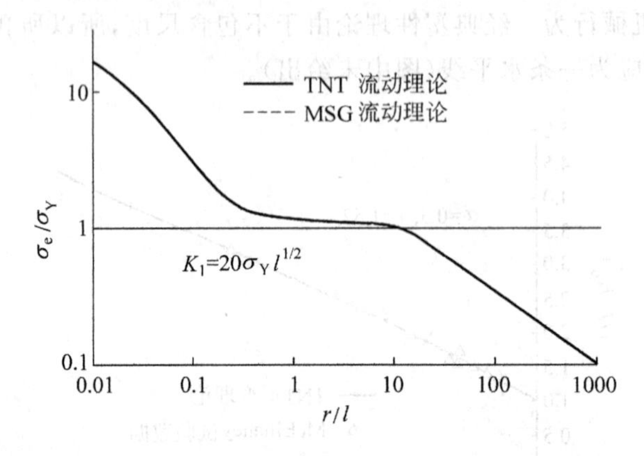

图 22-28　TNT 流动理论与 MSG 流动理论奇异性曲线比较

本章主要内容引自：

[1]　黄东平，庄茁. 发展 ABAQUS 用户单元——非线性索单元. 2000 年 ABAQUS 用户年会，清华大学，2000

[2]　张丽. 发展钢筋混凝土弹塑性梁单元有限元模型. 清华大学硕士学位论文，2005

[3]　邱信明，黄克智. 利用 ABAQUS 用户单元计算应变梯度塑性问题. 2000 年 ABAQUS 用户年会，清华大学，2000

23 ABAQUS 用户单元子程序(2)

本章将介绍另一个近期发展的 ABAQUS/Standard 用户单元子程序(UEL)。

四边形面积坐标方法是 20 世纪末提出的构造二维四边形有限元模型(平面膜元、板壳单元)的新工具。与那些传统的等参模型相比,基于四边形面积坐标的单元对网格畸变不敏感。目前已经成功地构造出一批高性能模型,均显示了新型坐标的优越性。

本章介绍的是一个基于四边形面积坐标方法的新型 4 节点膜元 AGQ6-I 在几何非线性(大转动)问题中的应用。可以看到该模型在网格畸变情况下有着优异的性能,明显优于 ABAQUS 单元库中的同类单元。

23.1 四边形面积坐标方法与单元 AGQ6-I 简介

23.1.1 四边形面积坐标基本公式

四边形具有各种不同的形状。如图 23-1 所示,定义四个无量纲参数 g_1,g_2,g_3 和 g_4 作为四边形的形状特征参数:

$$g_1 = \frac{A'}{A}, g_2 = \frac{A''}{A}, g_3 = 1 - g_1, g_4 = 1 - g_2 \tag{23-1}$$

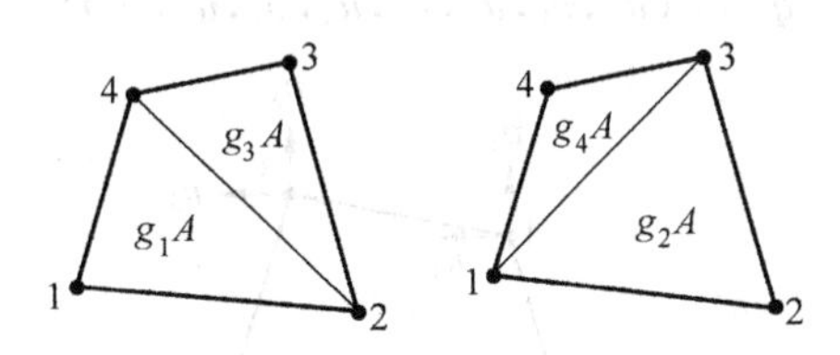

图 23-1 形状参数 g_1,g_2,g_3 和 g_4 的定义

其中 A 表示四边形面积,A'和 A''分别表示△124 和△123 的面积。

如图 23-2 所示,四边形内任一点 P 的面积坐标(L_1,L_2,L_3,L_4)定义为

$$L_i = \frac{A_i}{A} \quad (i = 1,2,3,4) \tag{23-2}$$

其中 $A_i(i=1,2,3,4)$是由 P 点分别与四边形单元各边 $\overline{23}$,$\overline{34}$,$\overline{41}$和$\overline{12}$所组成的 4 个三角形的面积。

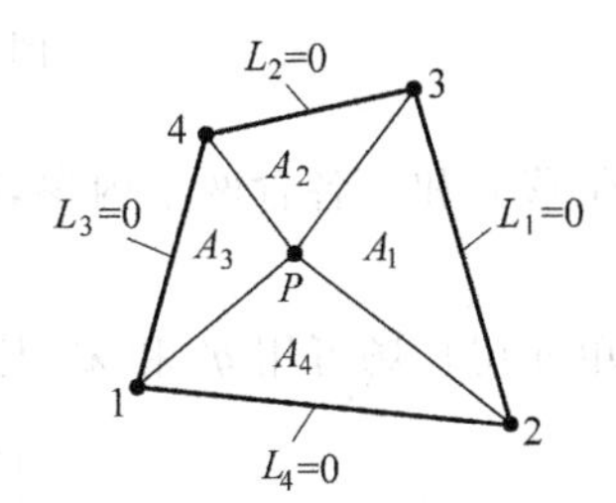

图 23-2 四边形面积坐标 L_i 的定义

L_1,L_2,L_3,L_4 可用直角坐标(x,y)表示为

$$L_i = \frac{1}{2A}(a_i + b_i x + c_i y) \qquad (i = 1,2,3,4) \tag{23-3}$$

$$a_i = x_j y_k - x_k y_j, \quad b_i = y_j - y_k \quad c_i = x_k - x_i$$
$$(i = 1,2,3,4;\ j = 2,3,4,1;\ k = 3,4,1,2) \tag{23-4}$$

而$(x_i, y_i)(i=1,2,3,4)$是直角坐标系下四个角节点的坐标。显然，式(23-3)始终是一个线性函数。于是，直角坐标与四边形面积坐标的一阶导数变换式为

$$\begin{Bmatrix} \frac{\partial}{\partial x} \\ \frac{\partial}{\partial y} \end{Bmatrix} = \frac{1}{2A} \begin{bmatrix} b_1 & b_2 & b_3 & b_4 \\ c_1 & c_2 & c_3 & c_4 \end{bmatrix} \begin{Bmatrix} \frac{\partial}{\partial L_1} \\ \frac{\partial}{\partial L_2} \\ \frac{\partial}{\partial L_3} \\ \frac{\partial}{\partial L_4} \end{Bmatrix} \tag{23-5}$$

面积坐标还可以用四边形等参坐标(ξ, η)表示为

$$\left.\begin{aligned} L_1 &= \frac{1}{4}(1-\xi)[g_2(1-\eta)+g_3(1+\eta)] \\ L_2 &= \frac{1}{4}(1-\eta)[g_4(1-\xi)+g_3(1+\xi)] \\ L_3 &= \frac{1}{4}(1+\xi)[g_1(1-\eta)+g_4(1+\eta)] \\ L_4 &= \frac{1}{4}(1+\eta)[g_1(1-\xi)+g_2(1+\xi)] \end{aligned}\right\} \tag{23-6}$$

23.1.2　4 节点平面膜元 AGQ6-I 基本公式

如图 23-3 所示四边形 4 节点平面膜元 AGQ6-I，其节点位移自由度定义如下：

$$\boldsymbol{q}^e = (u_1, v_1, u_2, v_2, u_3, v_3, u_4, v_4)^T \tag{23-7}$$

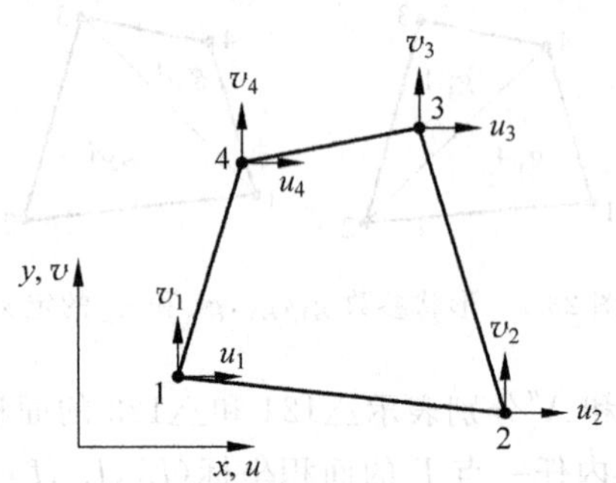

图 23-3　含内参的四边形 4 节点平面膜元

设位移 u 和 v 各含两个内参，组成单元内部自由度

$$\boldsymbol{\lambda}^e = (\lambda_1, \lambda_1', \lambda_2, \lambda_2')^T \tag{23-8}$$

则单元位移场可用 $\boldsymbol{q}^e$ 和 $\boldsymbol{\lambda}^e$ 表示为两部分之和

$$\begin{Bmatrix} u \\ v \end{Bmatrix} = \begin{Bmatrix} u^0 \\ v^0 \end{Bmatrix} + \begin{Bmatrix} u^\lambda \\ v^\lambda \end{Bmatrix} = \boldsymbol{N}_q \boldsymbol{q}^e + \boldsymbol{N}_\lambda \boldsymbol{\lambda}^e \tag{23-9}$$

其中 u^0 和 v^0 是基本位移场；u^λ 和 v^λ 是内参位移场；$\boldsymbol{N}_q$ 是形函数矩阵；$\boldsymbol{N}_\lambda$ 是内参形函数矩阵。

$$\boldsymbol{N}_q = \begin{bmatrix} N_1^0 & 0 & N_2^0 & 0 & N_3^0 & 0 & N_4^0 & 0 \\ 0 & N_1^0 & 0 & N_2^0 & 0 & N_3^0 & 0 & N_4^0 \end{bmatrix} \tag{23-10}$$

$$\boldsymbol{N}_\lambda = \begin{bmatrix} N_{\lambda_1} & 0 & N_{\lambda_2} & 0 \\ 0 & N_{\lambda_1} & 0 & N_{\lambda_2} \end{bmatrix} \tag{23-11}$$

其中

$$N_i^0 = -\frac{1}{2}g_k + L_i + L_j + \xi_i\eta_i g_k \bar{P} \quad (i = \overleftrightarrow{1,2,3,4};\ j = \overleftrightarrow{2,3,4,1};\ k = \overleftrightarrow{3,4,1,2}) \tag{23-12}$$

$$\bar{P} = \frac{3(L_3 - L_1)(L_4 - L_2) - (g_2 - g_3)(L_3 - L_1) - (g_1 - g_2)(L_4 - L_2) - \frac{1}{2}(g_2 g_4 - g_1 g_3)}{1 + g_1 g_3 + g_2 g_4} \tag{23-13}$$

且

$$N_{\lambda_1} = L_1 L_3;\quad N_{\lambda_2} = L_2 L_4 \tag{23-14}$$

于是利用微分变换式(23-5),可将单元应变场表示为

$$\boldsymbol{\varepsilon}^{\mathrm{e}} = \boldsymbol{B}_q \boldsymbol{q}^{\mathrm{e}} + \boldsymbol{B}_\lambda \boldsymbol{\lambda}^{\mathrm{e}} \tag{23-15}$$

其中

$$\boldsymbol{\varepsilon}^{\mathrm{e}} = (\varepsilon_x, \varepsilon_y, \gamma_{xy})^{\mathrm{T}} \tag{23-16}$$

$$\boldsymbol{B}_q = (\boldsymbol{B}_{q_1}, \boldsymbol{B}_{q_2}, \boldsymbol{B}_{q_3}, \boldsymbol{B}_{q_4}) \tag{23-17}$$

$$\boldsymbol{B}_{q_i} = \begin{bmatrix} \dfrac{\partial N_i^0}{\partial x} & 0 \\ 0 & \dfrac{\partial N_i^0}{\partial y} \\ \dfrac{\partial N_i^0}{\partial y} & \dfrac{\partial N_i^0}{\partial x} \end{bmatrix} \quad (i = 1,2,3,4) \tag{23-18}$$

$$\begin{cases} \dfrac{\partial N_i^0}{\partial x} = \dfrac{b_i}{2A} + \dfrac{b_j}{2A} + \dfrac{\xi_i\eta_i g_k}{2A(1 + g_1 g_3 + g_2 g_4)}\bar{P}_x \\ \dfrac{\partial N_i^0}{\partial y} = \dfrac{c_i}{2A} + \dfrac{c_j}{2A} + \dfrac{\xi_i\eta_i g_k}{2A(1 + g_1 g_3 + g_2 g_4)}\bar{P}_y \end{cases}$$

$$(i = \overleftrightarrow{1,2,3,4};\ j = \overleftrightarrow{2,3,4,1};\ k = \overleftrightarrow{1,2,3,4}) \tag{23-19}$$

$$\begin{cases} \bar{P}_x = \sum\limits_{i'=1}^{4} b_{i'}\xi_{i'}\eta_{i'}[3(L_{j'} - L_{m'}) + (g_{j'} - g_{k'})] \\ \bar{P}_y = \sum\limits_{i'=1}^{4} c_{i'}\xi_{i'} i\eta_{i'}[3(L_{j'} - L_{m'}) + (g_{j'} - g_{k'})] \end{cases}$$

$$\begin{cases} i' = \overleftrightarrow{1,2,3,4};\quad j' = \overleftrightarrow{2,3,4,1} \\ k' = \overleftrightarrow{1,2,3,4};\quad m' = \overleftrightarrow{4,1,2,3} \end{cases} \tag{23-20}$$

且

$$\boldsymbol{B}_\lambda = [\boldsymbol{B}_{\lambda_1} \quad \boldsymbol{B}_{\lambda_2}] \tag{23-21}$$

$$\boldsymbol{B}_{\lambda_i} = \begin{bmatrix} \frac{\partial N_{\lambda_i}}{\partial x} & 0 \\ 0 & \frac{\partial N_{\lambda_i}}{\partial y} \\ \frac{\partial N_{\lambda_i}}{\partial y} & \frac{\partial N_{\lambda_i}}{\partial x} \end{bmatrix} \quad (i = 1,2) \tag{23-22}$$

$$\begin{cases} \frac{\partial N_{\lambda_i}}{\partial x} = \frac{b_i}{2A}L_k + \frac{b_k}{2A}L_i \\ \frac{\partial N_{\lambda_i}}{\partial y} = \frac{c_i}{2A}L_k + \frac{c_k}{2A}L_i \end{cases} \quad (i = \overleftrightarrow{1,2};\ k = \overleftrightarrow{3,4}) \tag{23-23}$$

最终的单元线性刚度矩阵可写为

$$\boldsymbol{K}^{\mathrm{e}} = \boldsymbol{K}_{qq} - \boldsymbol{K}_{\lambda q}^{\mathrm{T}}\boldsymbol{K}_{\lambda\lambda}^{-1}\boldsymbol{K}_{\lambda q} \tag{23-24}$$

其中

$$\boldsymbol{K}_{qq} = \iint_A \boldsymbol{B}_q^{\mathrm{T}}\boldsymbol{D}\boldsymbol{B}_q t\,\mathrm{d}A, \boldsymbol{K}_{\lambda\lambda} = \iint_A \boldsymbol{B}_q^{\mathrm{T}}\boldsymbol{D}\boldsymbol{B}_\lambda t\,\mathrm{d}A, \boldsymbol{K}_{\lambda q} = \iint_A \boldsymbol{B}_\lambda^{\mathrm{T}}\boldsymbol{D}\boldsymbol{B}_q t\,\mathrm{d}A \tag{23-25}$$

式中，t 为单元的厚度；$\boldsymbol{D}$ 为弹性矩阵，对于各向同性弹性材料有

$$\boldsymbol{D} = \frac{E}{1-\mu^2}\begin{bmatrix} 1 & \mu & 0 \\ \mu & 1 & 0 \\ 0 & 0 & \frac{1-\mu}{2} \end{bmatrix} \tag{23-26}$$

其中，E 和 μ 分别为杨氏模量和泊松比。对于平面应变问题，将式(23-26)中的 E 和 μ 分别置换成 $E/(1-\mu^2)$ 和 $\mu/(1-\mu)$ 即可。

23.2　单元AGQ6的完全拉格朗日(TL)格式

23.2.1　基本公式

在平面几何非线性问题中，应该采用如下指标形式的Green应变张量

$$E_{\alpha\beta} = \frac{1}{2}(u_{\alpha,\beta} + u_{\beta,\alpha} + u_{\gamma,\alpha}u_{\gamma,\beta}) \tag{23-27}$$

其中指标 α，β 和 γ 在1和2之间轮换；位移 u_1 即为 u，u_2 即为 v。在几何非线性有限元计算中，可以把上式简化为

$$E_{\alpha\beta} = \frac{1}{2}(u^0_{\alpha,\beta} + u^0_{\beta,\alpha} + u^0_{\gamma,\alpha}u^0_{\gamma,\beta}) + \frac{1}{2}(u^\lambda_{\alpha,\beta} + u^\lambda_{\beta,\alpha}) = \frac{1}{2}(u_{\alpha,\beta} + u_{\beta,\alpha} + u^0_{\gamma,\alpha}u^0_{\gamma,\beta}) \tag{23-28}$$

于是Green应变张量可以写成矩阵形式为

$$\boldsymbol{E}^{\mathrm{e}} = \boldsymbol{B}_q\boldsymbol{q}^{\mathrm{e}} + \boldsymbol{B}_\lambda\boldsymbol{\lambda}^{\mathrm{e}} + \frac{1}{2}\boldsymbol{AGq}^{\mathrm{e}} \tag{23-29}$$

其中

$$\boldsymbol{G} = [\boldsymbol{G}_1 \quad \boldsymbol{G}_2 \quad \boldsymbol{G}_3 \quad \boldsymbol{G}_4] \tag{23-30}$$

$$\boldsymbol{G}_i = \begin{bmatrix} \partial N_i^0/\partial X & 0 \\ 0 & \partial N_i^0/\partial X \\ \partial N_i^0/\partial Y & 0 \\ 0 & \partial N_i^0/\partial Y \end{bmatrix} \quad (i = 1,2,3,4) \tag{23-31}$$

$$\boldsymbol{A} = \begin{bmatrix} \partial u^0/\partial X & \partial v^0/\partial X & 0 & 0 \\ 0 & 0 & \partial u^0/\partial Y & \partial v^0/\partial Y \\ \partial u^0/\partial Y & \partial u^0/\partial Y & \partial u^0/\partial X & \partial v^0/\partial X \end{bmatrix} \tag{23-32}$$

其中

$$\begin{bmatrix} \dfrac{\partial u^0}{\partial X} & \dfrac{\partial v^0}{\partial X} & \dfrac{\partial u^0}{\partial Y} & \dfrac{\partial v^0}{\partial Y} \end{bmatrix}^{\mathrm{T}} = \boldsymbol{G}\boldsymbol{q}^{\mathrm{e}} \tag{23-33}$$

可以看到，由于采用了 TL 格式，所有的求导计算都是关于初始构型坐标(拉格朗日坐标)(X,Y)。我们应该注意$\partial/\partial X$(或$\partial/\partial Y$)与线性分析中的$\partial/\partial x$(或$\partial/\partial y$) 是没有区别的。

利用驻值条件

$$\frac{\partial U^{\mathrm{e}}}{\partial \boldsymbol{\lambda}^{\mathrm{e}}} = \boldsymbol{0} \tag{23-34}$$

通过凝聚可以得到内参向量 $\boldsymbol{\lambda}^{\mathrm{e}}$；$U^{\mathrm{e}}$ 为单元应变能，在二维线弹性问题中 U^{e} 可以写为

$$U^{\mathrm{e}} = \iint_A \boldsymbol{E}^{\mathrm{e}\,\mathrm{T}} \boldsymbol{D}\boldsymbol{E}^{\mathrm{e}} t\mathrm{d}A \tag{23-35}$$

将式(23-29)和式(23-35)代入式(23-34)得

$$\boldsymbol{\lambda}^{\mathrm{e}} = -\boldsymbol{R}^{-1}\left(\boldsymbol{G}_1 + \frac{1}{2}\boldsymbol{G}_2\right)\boldsymbol{q}^{\mathrm{e}} \tag{23-36}$$

其中

$$\boldsymbol{R} = \iint_A \boldsymbol{B}_\lambda^{\mathrm{T}}\boldsymbol{D}\boldsymbol{B}_\lambda t\,\mathrm{d}A, \quad \boldsymbol{G}_1 = \iint_A \boldsymbol{B}_\lambda^{\mathrm{T}}\boldsymbol{D}\boldsymbol{B}_q t\,\mathrm{d}A, \quad \boldsymbol{G}_2 = \iint_A \boldsymbol{B}_\lambda^{\mathrm{T}}\boldsymbol{D}\boldsymbol{A}\boldsymbol{G} t\,\mathrm{d}A \tag{23-37}$$

于是，Green 应变张量可以改写成如下形式

$$\boldsymbol{E}^{\mathrm{e}} = (\boldsymbol{B}_q - \boldsymbol{B}_\lambda\boldsymbol{R}^{-1}\boldsymbol{G}_1)\boldsymbol{q}^{\mathrm{e}} + \frac{1}{2}(\boldsymbol{A}\boldsymbol{G} - \boldsymbol{B}_\lambda\boldsymbol{R}^{-1}\boldsymbol{G}_2)\boldsymbol{q}^{\mathrm{e}} \tag{23-38}$$

定义如下的应变位移增量关系

$$\mathrm{d}\boldsymbol{E} = \boldsymbol{B}^{\Delta}\mathrm{d}\boldsymbol{q}^{\mathrm{e}} \tag{23-39}$$

其中

$$\boldsymbol{B}^{\Delta} = (\boldsymbol{B}_q - \boldsymbol{B}_\lambda\boldsymbol{R}^{-1}\boldsymbol{G}_1) + (\boldsymbol{A}\boldsymbol{G} - \boldsymbol{B}_\lambda\boldsymbol{R}^{-1}\boldsymbol{G}_2) \tag{23-40}$$

第二类 Piola-Kirchhoff(PK2)应力矢量 $\boldsymbol{S}^{\mathrm{e}}$ 为

$$\boldsymbol{S}^{\mathrm{e}} = \boldsymbol{D}\boldsymbol{E}^{\mathrm{e}} \tag{23-41}$$

其中

$$\boldsymbol{S}^{\mathrm{e}} = (S_x, S_y, S_{xy})^{\mathrm{T}} \tag{23-42}$$

因此，单元节点内力向量 $\boldsymbol{f}^{\mathrm{int}^{\mathrm{e}}}$ 和切线刚度矩阵 $\boldsymbol{K}_{\mathrm{T}}^{\mathrm{e}}$ 可写为

$$\boldsymbol{f}^{\mathrm{int}^{\mathrm{e}}} = \iint_A \boldsymbol{B}^{\Delta^{\mathrm{T}}}\boldsymbol{S}^{\mathrm{e}} t\mathrm{d}A \tag{23-43}$$

$$\boldsymbol{K}_{\mathrm{T}}^{\mathrm{e}} = \boldsymbol{K}_{\mathrm{mat}}^{\mathrm{e}} + \boldsymbol{K}_{\mathrm{geo}}^{\mathrm{e}} \tag{23-44}$$

其中，$\boldsymbol{K}_{\mathrm{mat}}^{\mathrm{e}}$ 为材料切线刚度矩阵；$\boldsymbol{K}_{\mathrm{geo}}^{\mathrm{e}}$ 为几何切线刚度矩阵，

$$\boldsymbol{K}_{\mathrm{mat}}^{\mathrm{e}}=\iint_A \boldsymbol{B}^{\Delta\mathrm{T}}\boldsymbol{D}\boldsymbol{B}^{\Delta}t\mathrm{d}A,\quad \boldsymbol{K}_{\mathrm{geo}}^{\mathrm{e}}=\iint_A \boldsymbol{G}^{\mathrm{T}}\boldsymbol{M}\boldsymbol{G}t\,\mathrm{d}A-\sum_{i=1}^{2}\beta_i\boldsymbol{H}_i \tag{23-45}$$

$$\begin{cases}\boldsymbol{H}_i=\iint_A \boldsymbol{G}^{\mathrm{T}}\begin{bmatrix}l_{1i}\boldsymbol{I} & l_{3i}\boldsymbol{I}\\ l_{3i}\boldsymbol{I} & l_{2i}\boldsymbol{I}\end{bmatrix}\boldsymbol{G}t\mathrm{d}A\quad (i=1,2)\\ \begin{bmatrix}l_{11} & l_{12}\\ l_{21} & l_{22}\\ l_{31} & l_{32}\end{bmatrix}=\boldsymbol{D}\boldsymbol{B}_{\lambda},\quad \boldsymbol{I}=\begin{pmatrix}1 & 0\\ 0 & 1\end{pmatrix}\end{cases} \tag{23-46}$$

$$\boldsymbol{M}=\begin{bmatrix}S_x\boldsymbol{I} & S_{xy}\boldsymbol{I}\\ S_{xy}\boldsymbol{I} & S_y\boldsymbol{I}\end{bmatrix} \tag{23-47}$$

$$(\beta_1,\beta_2)^{\mathrm{T}}=\boldsymbol{R}^{-1}\iint_A \boldsymbol{B}_{\lambda}^{\mathrm{T}}\boldsymbol{S}^{\mathrm{e}}t\mathrm{d}A \tag{23-48}$$

于是,单元 AGQ6 的 TL 格式就建立起来了。利用式(23-6),所有的矩阵都可以采用常规的数值积分来计算。

23.2.2 单元 AGQ6-I 的 TL 格式用户子程序

```
      SUBROUTINE UEL(RHS,AMATRX,SVARS,ENERGY,NDOFEL,
     1 NRHS,NSVARS,PROPS,NPROPS,COORDS,MCRD,NNODE,U,
     2 DU,V,A,JTYPE,TIME,DTIME,KSTEP,KINC,JELEM,PARAMS,
     3 NDLOAD,JDLTYP,ADLMAG,PREDEF,NPREDF,LFLAGS,MLVARX,
     4 DDLMAG,MDLOAD,PNEWDT,JPROPS,NJPROP,PERIOD)
C
      INCLUDE 'ABA_PARAM.INC'
C
      DIMENSION RHS(MLVARX,* ),AMATRX(NDOFEL,NDOFEL),
     1 PROPS(* ),SVARS(* ),ENERGY(8),COORDS(MCRD,NNODE),
     2 U(NDOFEL),DU(MLVARX,* ),V(NDOFEL),A(NDOFEL),TIME(2),
     3 PARAMS(* ),JDLTYP(MDLOAD,* ),ADLMAG(MDLOAD,* ),
     4 DDLMAG(MDLOAD,* ),PREDEF(2,NPREDF,NNODE),
     5 LFLAGS(* ),JPROPS(* )
C
      REAL* 8 : : DJACB,DV,ak,A01,A02,A03,Area0,SX0,SY0
      REAL* 8,DIMENSION(4) : : X0,Y0,b0,c0,g0,L0,KSAI,EITA
      REAL* 8,DIMENSION(3) : : POSGP,WEIGP
      REAL* 8,DIMENSION(8,8) : : ESTIF,KMAT,KGEO,HM1,HM2,HM3,HM4
      REAL* 8,DIMENSION(4,8) : : GM1,GM,GM2
      REAL* 8,DIMENSION(4,4) : : RM,SMATX,LMATX
      REAL* 8,DIMENSION(3,4) : : BMi,AM,LM
      REAL* 8,DIMENSION(3,8) : : BM,BMbar,BMgeo
      REAL* 8,DIMENSION(3,3) : : CMATX
      REAL* 8,DIMENSION(2,4) : : DERIV_N,X,NX0
      REAL* 8,DIMENSION(2,2) : : JACBM,NX0i
      REAL* 8,DIMENSION(3) : : EARR,SARR
      REAL* 8,DIMENSION(4) : : UX0,BETA
      REAL* 8,DIMENSION(8) : : Fint
C
```

```
      parameter(zero= 0.d0,half= 0.5d0,one= 1.d0,
     1 two= 2.d0,three= 3.d0,four= 4.d0,six= 6.d0,
     2 eight= 8.d0,twelve= 12.d0,quarter= 0.25d0)
C
C     material properties
      E =  props(1)
      anu =  props(2)
      t =  props(3)
      ak =  E/(one- anu** 2)
      CMATX =  zero
      CMATX(1,1)= one; CMATX(1,2)= anu
      CMATX(2,1)= anu; CMATX(2,2)= one
      CMATX(3,3)= (one- anu)/two
      CMATX= CMATX* ak
C
C     geometry
C
      DO i= 1,4
      X0(i)= coords(1,i)
      Y0(i)= coords(2,i)
      X(1,i)= coords(1,i)+ u(2* i- 1)
      X(2,i)= coords(2,i)+ u(2* i)
      END DO
C
      DO i= 1,4
      j= i+ 1
      IF(j> 4)j= 1
      k= j+ 1
      IF(k> 4)k= 1
      b0(i)= Y0(j)- Y0(k)
      c0(i)= X0(k)- X0(j)
      END DO
C
      A01= half* (X0(2)* Y0(4)+ X0(1)* Y0(2)+ X0(4)* Y0(1)
     1 - X0(2)* Y0(1)- X0(4)* Y0(2)- X0(1)* Y0(4))
      A02= half* (X0(2)* Y0(3)+ X0(1)* Y0(2)+ X0(3)* Y0(1)
     1 - X0(2)* Y0(1)- X0(3)* Y0(2)- X0(1)* Y0(3))
      A03= half* (X0(3)* Y0(4)+ X0(2)* Y0(3)+ X0(4)* Y0(2)
     1 - X0(3)* Y0(2)- X0(4)* Y0(3)- X0(2)* Y0(4))
      Area0= A01+ A03
C
      g0(1)= A01/Area0
      g0(2)= A02/Area0
      g0(3)= one- g0(1)
      g0(4)= one- g0(2)
C
      POSGP(1)= - 0.774596669241483d0; POSGP(3)= - POSGP(1)
      POSGP(2)= ZERO
      WEIGP(1)= 0.555555555555556D0; WEIGP(3)= WEIGP(1)
      WEIGP(2)= 0.888888888888889D0
C
```

```
      KSAI(1)= - one; KSAI(2)= one; KSAI(3)= one; KSAI(4)= - one
      EITA(1)= - one; EITA(2)= - one; EITA(3)= one; EITA(4)= one
C
C     matrices BM & GM1 & GM2 & HM
C
      RM= ZERO; GM1= ZERO; GM2= ZERO
      HM1= ZERO; HM2= ZERO; HM3= ZERO; HM4= ZERO
      DO igaus= 1,3
      DO jgaus= 1,3
C
      L0(1)= quarter* (one- POSGP(igaus))* (g0(2)* (one-
     1 POSGP(jgaus))+ g0(3)* (one+ POSGP(jgaus)))
      L0(2)= quarter* (one- POSGP(jgaus))* (g0(4)* (one-
     1 POSGP(igaus))+ g0(3)* (one+ POSGP(igaus)))
      L0(3)= quarter* (one+ POSGP(igaus))* (g0(1)* (one-
     1 POSGP(jgaus))+ g0(4)* (one+ POSGP(jgaus)))
      L0(4)= quarter* (one+ POSGP(jgaus))* (g0(1)* (one-
     1 POSGP(igaus))+ g0(2)* (one+ POSGP(igaus)))
C
      SX0= zero; SY0= zero
      DO ii= 1,4
      jj= ii+ 1; IF(jj> 4)jj= 1; kk= jj+ 1
      IF(kk> 4)kk= 1; mm= kk+ 1; IF(mm> 4)mm= 1
      SX0= SX0+ b0(ii)* KSAI(ii)* EITA(ii)*
     1       (three* (L0(jj)- L0(mm))+ (g0(jj)- g0(kk)))
      SY0= SY0+ c0(ii)* KSAI(ii)* EITA(ii)*
     1       (three* (L0(jj)- L0(mm))+ (g0(jj)- g0(kk)))
      END DO
      DO i= 1,4
      j= i+ 1; IF(j> 4) j= 1; k= j+ 1; IF(k> 4) k= 1
      NX0(1,i)= (b0(i)+ b0(j))/Area0/two
     1       + KSAI(i)* EITA(i)* g0(k)* SX0/two/Area0
     2       /(one+ g0(1)* g0(3)+ g0(2)* g0(4))
      NX0(2,i)= (c0(i)+ c0(j))/Area0/two
     1       + KSAI(i)* EITA(i)* g0(k)* SY0/two/Area0
     2       /(one+ g0(1)* g0(3)+ g0(2)* g0(4))
    END DO
C
      DO i= 1,2
      j= i+ 1; IF(j> 4) j= 1; k= j+ 1; IF(k> 4) k= 1
      NX0i(1,i)= (b0(i)* L0(k)+ b0(k)* L0(i))/Area0/two
      NX0i(2,i)= (c0(i)* L0(k)+ c0(k)* L0(i))/Area0/two
      END DO
C
      DERIV_N(1,1)= - quarter* (one- POSGP(jgaus))
      DERIV_N(1,2)= quarter* (one- POSGP(jgaus))
      DERIV_N(1,3)= quarter* (one+ POSGP(jgaus))
      DERIV_N(1,4)= - quarter* (one+ POSGP(jgaus))
      DERIV_N(2,1)= - quarter* (one- POSGP(igaus))
      DERIV_N(2,2)= - quarter* (one+ POSGP(igaus))
      DERIV_N(2,3)=  quarter* (one+ POSGP(igaus))
```

```
      DERIV_N(2,4)= quarter* (one- POSGP(igaus))
C
      JACBM= MATMUL(COORDS,TRANSPOSE(DERIV_N))
      DJACB= JACBM(1,1)* JACBM(2,2)- JACBM(1,2)* JACBM(2,1)
      DV= DJACB* WEIGP(igaus)* WEIGP(jgaus)* T
C
      BM= zero
      DO i= 1,4
      BM(1,2* i- 1)= NX0(1,i); BM(2,2* i)= NX0(2,i)
      BM(3,2* i- 1)= BM(2,2* i); BM(3,2* i)= BM(1,2* i- 1)
      END DO
      BMi= ZERO
      DO i= 1,2
      BMi(1,2* i- 1)= NX0i(1,i); BMi(2,2* i)= NX0i(2,i)
      BMi(3,2* i- 1)= BMi(2,2* i); BMi(3,2* i)= BMi(1,2* i- 1)
      END DO
C
      GM= ZERO
      DO i= 1,4
      GM(1,i* 2- 1)= NX0(1,i)
      GM(2,i* 2)= NX0(1,i)
      GM(3,i* 2- 1)= NX0(2,i)
      GM(4,i* 2)= NX0(2,i)
      END DO
C
      UX0= MATMUL(GM,U)
      AM= ZERO
      AM(1,1)= UX0(1); AM(1,2)= UX0(2)
      AM(2,3)= UX0(3); AM(2,4)= UX0(4)
      AM(3,1)= UX0(3); AM(3,2)= UX0(4)
      AM(3,3)= UX0(1); AM(3,4)= UX0(2)
C
      LM= MATMUL(CMATX,BMi)
      DO k= 1,4
      LMATX= ZERO
      DO i= 1,2
      LMATX(i,i)= LM(1,k)
      LMATX(i+ 2,i+ 2)= LM(2,k)
      LMATX(i,i+ 2)= LM(3,k)
      LMATX(i+ 2,i)= LM(3,k)
      END DO
      SELECT CASE (K)
      CASE (1)
      HM1= HM1+ DV* MATMUL(TRANSPOSE(GM),MATMUL(LMATX,GM))
      CASE (2)
      HM2= HM2+ DV* MATMUL(TRANSPOSE(GM),MATMUL(LMATX,GM))
      CASE (3)
      HM3= HM3+ DV* MATMUL(TRANSPOSE(GM),MATMUL(LMATX,GM))
      CASE (4)
      HM4= HM4+ DV* MATMUL(TRANSPOSE(GM),MATMUL(LMATX,GM))
      END SELECT
```

```
      END DO
C
      RM= RM+ DV* MATMUL(TRANSPOSE(BMi),MATMUL(CMATX,BMi))
      GM1= GM1+ DV* MATMUL(TRANSPOSE(BMi),MATMUL(CMATX,BM))
      GM2= GM2+ DV* MATMUL(MATMUL(MATMUL(TRANSPOSE(BMi),
     1 CMATX),AM),GM)
C
      END DO
      END DO
C
      CALL BRINV(RM,4)
C
C    stiffness matrix
C
      ESTIF= zero; KMAT= zero; KGEO= zero
      Fint= ZERO
C
      LOOP1: DO igaus= 1,3
      LOOP2: DO jgaus= 1,3
C
      L0(1)= quarter* (one- POSGP(igaus))* (g0(2)* (one-
     1 POSGP(jgaus))+ g0(3)* (one+ POSGP(jgaus)))
      L0(2)= quarter* (one- POSGP(jgaus))* (g0(4)* (one-
     1 POSGP(igaus))+ g0(3)* (one+ POSGP(igaus)))
      L0(3)= quarter* (one+ POSGP(igaus))* (g0(1)* (one-
     1 POSGP(jgaus))+ g0(4)* (one+ POSGP(jgaus)))
      L0(4)= quarter* (one+ POSGP(jgaus))* (g0(1)* (one-
     1 POSGP(igaus))+ g0(2)* (one+ POSGP(igaus)))
C
      SX0= zero; SY0= zero
      DO ii= 1,4
      jj= ii+ 1; IF(jj> 4)jj= 1; kk= jj+ 1
      IF(kk> 4)kk= 1; mm= kk+ 1; IF(mm> 4)mm= 1
      SX0= SX0+ b0(ii)* KSAI(ii)* EITA(ii)*
     1        (three* (L0(jj)- L0(mm))+ (g0(jj)- g0(kk)))
      SY0= SY0+ c0(ii)* KSAI(ii)* EITA(ii)*
     1        (three* (L0(jj)- L0(mm))+ (g0(jj)- g0(kk)))
      END DO
      DO i= 1,4
      j= i+ 1; IF(j> 4) j= 1; k= j+ 1; IF(k> 4) k= 1
      NX0(1,i)= (b0(i)+ b0(j))/Area0/two
     1        + KSAI(i)* EITA(i)* g0(k)* SX0/two/Area0
     2        /(one+ g0(1)* g0(3)+ g0(2)* g0(4))
      NX0(2,i)= (c0(i)+ c0(j))/Area0/two
     1        + KSAI(i)* EITA(i)* g0(k)* SY0/two/Area0
     2        /(one+ g0(1)* g0(3)+ g0(2)* g0(4))
      END DO
C
      DO i= 1,2
      j= i+ 1; IF(j> 4) j= 1; k= j+ 1; IF(k> 4) k= 1
      NX0i(1,i)= (b0(i)* L0(k)+ b0(k)* L0(i))/Area0/two
```

```
      NX0i(2,i)= (c0(i)* L0(k)+ c0(k)* L0(i))/Area0/two
      END DO
C
      BM= zero
      DO i= 1,4
      BM(1,2* i- 1)= NX0(1,i); BM(2,2* i)= NX0(2,i)
      BM(3,2* i- 1)= BM(2,2* i); BM(3,2* i)= BM(1,2* i- 1)
      END DO
      BMi= ZERO
      DO i= 1,2
      BMi(1,2* i- 1)= NX0i(1,i); BMi(2,2* i)= NX0i(2,i)
      BMi(3,2* i- 1)= BMi(2,2* i); BMi(3,2* i)= BMi(1,2* i- 1)
      END DO
C
      GM= ZERO
      DO i= 1,4
      GM(1,i* 2- 1)= NX0(1,i)
      GM(2,i* 2)= NX0(1,i)
      GM(3,i* 2- 1)= NX0(2,i)
      GM(4,i* 2)= NX0(2,i)
      END DO
C
      UX0= MATMUL(GM,U)
      AM= ZERO
      AM(1,1)= UX0(1); AM(1,2)= UX0(2)
      AM(2,3)= UX0(3); AM(2,4)= UX0(4)
      AM(3,1)= UX0(3); AM(3,2)= UX0(4)
      AM(3,3)= UX0(1); AM(3,4)= UX0(2)
C
      BMbar= BM- MATMUL(MATMUL(BMi,RM),GM1)+
     1 MATMUL(AM,GM)- MATMUL(MATMUL(BMi,RM),GM2)
C
      DERIV_N(1,1)= - quarter* (one- POSGP(jgaus))
      DERIV_N(1,2)= quarter* (one- POSGP(jgaus))
      DERIV_N(1,3)= quarter* (one+ POSGP(jgaus))
      DERIV_N(1,4)= - quarter* (one+ POSGP(jgaus))
      DERIV_N(2,1)= - quarter* (one- POSGP(igaus))
      DERIV_N(2,2)= - quarter* (one+ POSGP(igaus))
      DERIV_N(2,3)=  quarter* (one+ POSGP(igaus))
      DERIV_N(2,4)= quarter* (one- POSGP(igaus))
C
      JACBM= MATMUL(DERIV_N,TRANSPOSE(coords))
      DJACB= JACBM(1,1)* JACBM(2,2)- JACBM(1,2)* JACBM(2,1)
      DV= DJACB* WEIGP(igaus)* WEIGP(jgaus)* T
C
      KMAT= KMAT+ DV* MATMUL(TRANSPOSE(BMbar),
     1 MATMUL(CMATX,BMbar))
C
      BMgeo= BM- MATMUL(MATMUL(BMi,RM),GM1)+
     1 half* (MATMUL(AM,GM)- MATMUL(MATMUL(BMi,RM),GM2))
      EARR= MATMUL(BMgeo,U)
```

```
      SARR= MATMUL(CMATX,EARR)
      SMATX= ZERO
      DO i= 1,2
      SMATX(i,i)= SARR(1)
      SMATX(i+ 2,i+ 2)= SARR(2)
      SMATX(i,i+ 2)= SARR(3)
      SMATX(i+ 2,i)= SARR(3)
      END DO
      BETA= MATMUL(RM,MATMUL(TRANSPOSE(BMi),SARR))
C
      KGEO= KGEO+ DV* (MATMUL(TRANSPOSE(GM),MATMUL(SMATX,GM)
     1  )- BETA(1)* HM1- BETA(2)* HM2- BETA(3)* HM3- BETA(4)* HM4)
C
      Fint= Fint+ DV* matmul(transpose(BMbar),SARR)
C
      END DO LOOP2
      END DO LOOP1
C
      ESTIF= KMAT+ KGEO
C
C      initialize rhs and lhs
      do k1= 1,ndofel
      do krhs= 1,nrhs
         rhs(k1,krhs)= zero
      enddo
      do k2= 1,ndofel
      amatrx(k1,k2)= zero
      enddo
      enddo
C
      do k1= 1,8
      rhs(k1,1) =  rhs(k1,1) -  Fint(k1)
      do k2= 1,8
      amatrx(k1,k2) =  ESTIF(k1,k2)
      end do
      end do
C
      do k1= 1,nsvars
      svars(k1) =  zero
      end do
C
      return
      end
C
C     calculate the inverse of matrix A without using Jacobin
      subroutine BRINV(A,N)
C
      include 'aba_param.inc'
C
      parameter(zero= 0.d0,one= 1.d0)
C
```

```
      略
C
      return
END
```

23.3 算例：细长悬臂梁的几何非线性(大转动)分析

如图 23-4 所示的细长悬臂梁，自由端承受两种载荷：第一种是始终沿竖直方向的集中力；第二种是集中弯矩，随端部一起转动。

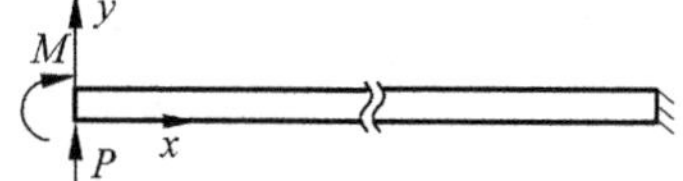

图 23-4 细长悬臂梁受两种载荷作用

这是一个大位移问题，应变也较大。两种载荷下悬臂梁最主要的变形都是弯曲，轴向变形则较不明显。本例采用的单元包括：面积坐标单元和等参元、协调元和非协调元、一次单元和二次单元、减缩积分单元和完全积分单元，详见表 23-1。当考虑集中力作用时，悬臂梁长 10m，高 147.8mm，厚 100mm；杨氏模量 E=100MPa，泊松比 μ=0。悬臂梁的长宽比约为 70。使用两种网格划分形式：对于 4 节点单元采用 1×10 的平行四边形和梯形网格划分；对于 8 节点单元采用 1×5 的平行四边形和梯形网格划分。在弯矩载荷的情况中，梁的长度加大到 100m，其他参数不变，采用 1×400 个梯形网格划分。

横向载荷的大小为 269.35N，始终沿竖直方向作用在悬臂梁的自由端，端部位移应大于 8m。

弯矩载荷大小为 3384.78N・m，作用在悬臂梁自由端；弯矩通过一个"分布耦合约束"施加在梁端部，这个约束将端部的所有节点和端部的一个参考点耦合在一起，并将弯矩作用在这个参考点上，从而将弯矩和端部所有节点耦合起来。这种情况的解析解为 $ML/EI=2\pi n$，其中 I 是截面惯性矩，n 表示悬臂梁转过的圈数。在本例中 $n=2$。在悬臂梁长 100m 的情况中，将弯矩缩小至 1/10，保持精确解仍为 $n=2$。

表 23-1 单元名称及说明

	单元名称	具体说明	高斯积分点数
四边形面积坐标单元(TL 格式)	AGQ6-I	4 节点广义协调元	3×3
四边形等参元(TL 格式)	Q4	4 节点协调元	3×3
	Q4-2	4 节点协调元	2×2
	Q6	4 节点非协调元，未通过强式分片检验	3×3
	Q6-2	4 节点非协调元，未通过强式分片检验	2×2
	QM6	4 节点非协调元，通过强式分片检验	3×3
	QM6-2	4 节点非协调元，通过强式分片检验	2×2
ABAQUS 单元(UL 格式)	CPS4	4 节点协调元，完全积分	—
	CPS4I	4 节点非协调元	—
	CPS4R-enhanced	4 节点协调元，减缩积分，附加沙漏控制	—
	CPS8R	二次 8 节点单元，减缩积分	—
	CPS8	二次 8 节点单元，完全积分	—

23.3.1　受横向集中力 *P* 作用，1×10 平行四边形网格

结果如图 23-5 所示。由于网格畸变，所有单元的精度都比 1×10 矩形网格时有所下降。

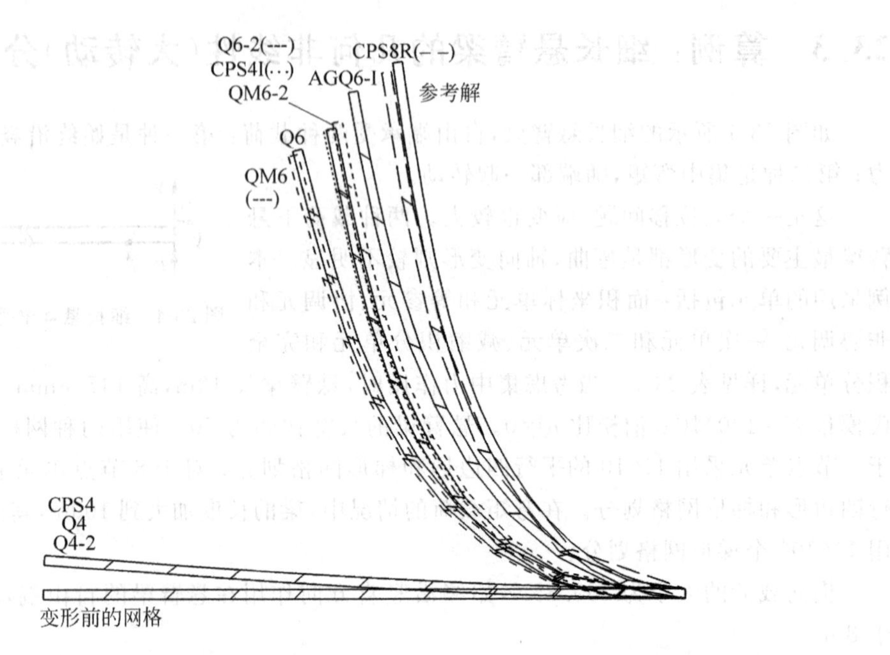

图 23-5　悬臂梁受横向集中力作用的变形图，1×10 平行四边形网格

CPS8R 是所有单元中与参考解最接近的，而 AGQ6 是所有一次单元中最接近参考解的。紧随 AGQ6 之后的是 2×2 积分单元，其中 Q6-2 稍软，性能稍好；QACM4-2 和 QM6-2 几乎重合。CPS4I 比 2×2 积分单元稍差。再接下来是除 AGQ6 以外的其他三种 3×3 积分单元，它们的变形图比较接近，从好到差依次为 Q6，QACM4，QM6。协调元 Q4-2，Q4 和 CPS4 重合，结果很差，非常刚硬。

23.3.2　受横向集中力 *P* 作用，1×10 梯形网格

结果如图 23-6 所示。5 种 ABAQUS 单元全部参与比较。其中 CPS8R 最好，CPS8 次之，这说明完全积分单元的性能偏刚硬。CPS4I 和带沙漏控制的 CPS4R 等价，都对网格畸变很敏感，其性能比矩形网格时下降很多，过于刚硬，甚至约为 CPS4 的精度。AGQ6 仅稍逊于 CPS8R，同时明显优于 CPS8，更是远远优于所有其他一次单元。除 AGQ6 外所有一次单元的性能排序如下：Q6-2 最软；Q6 次之；接下来是几乎重合的 5 种单元 QACM4-2，QM6-2，QACM4，CPS4I 和 CPS4R-eh；QM6 紧随其后；协调元 Q4-2，Q4 和 CPS4 最差。

23.3.3　受弯矩载荷 *M* 作用，1×400 梯形网格

本例中梁长为 100m。结果如图 23-7 所示。AGQ6-I 精确地转过了两圈，从其他的 4 节点单元中挑选出性能最好的 Q6 和 Q6-2 进行计算，对比发现它们的变形和转过的角度精度非常差。CPS4I 单元的响应也显得过于刚硬，远逊于 AGQ6-I。

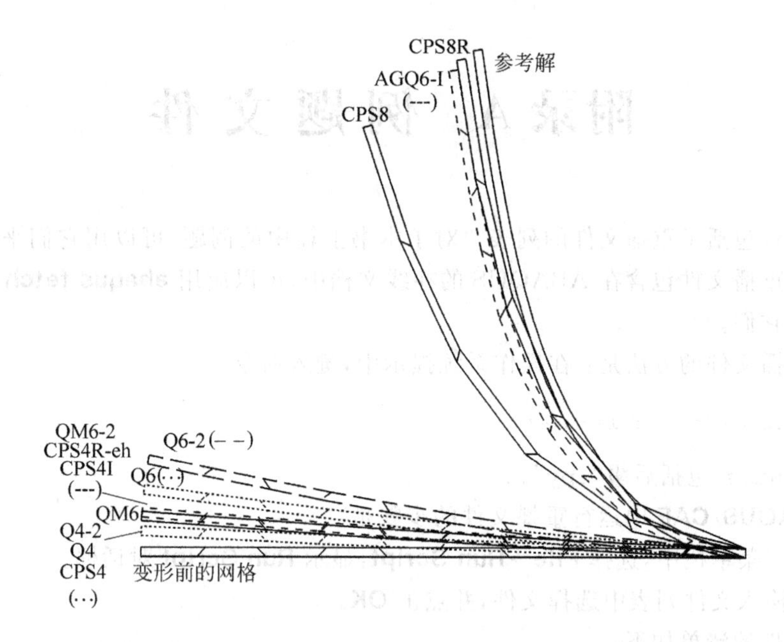

图 23-6 悬臂梁受横向集中力作用后的变形图,1×10 梯形网格

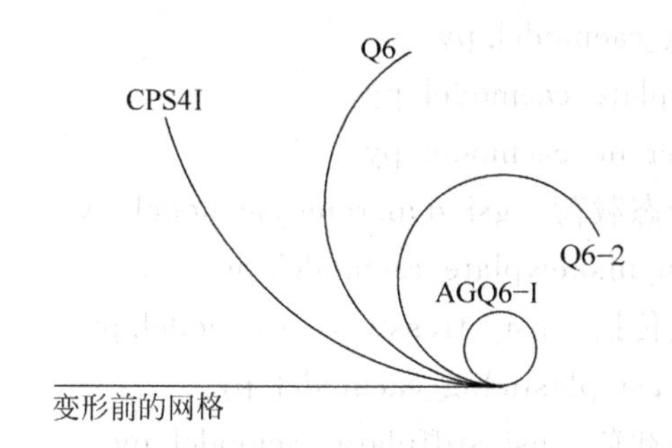

图 23-7 长度为 100m 的悬臂梁受端部弯矩作用后的变形图,1×400 梯形网格

本章主要内容引自:

[1] Yu Du,Song Cen. Geometrically Nonlinear Analysis with a 4-node Membrane Element Formulated by the Quadrilateral Area Coordinate Method. Finite Elements in Analysis and Design,2008,44(8):427-438.

[2] 吴长春,焦兆平. 用于几何非线性分析的内参型非协调元法. 力学学报,1993,25(4):505-513.

[3] Song Cen,Xiao-Ming Chen,Xiang-Rong Fu. Quadrilateral membrane element family formulated by the Quadrilateral Area Coordinate method. Computer Methods in Applied Mechanics and Engineering, 2007,196(41-44):4337-4353.

附录A 例题文件

这个附录包括了重播文件的列表。对于本书上篇中的例题,可以用它们来创建完整的模型。这些重播文件包含在 ABAQUS 的在线文档中,可以应用 **abaqus fetch** 命令从压缩文件中提取它们。

提取重播文件的方法是:在操作系统提示中,键入命令

```
abaqus fetch job= 〈file name〉
```

这里〈file name〉包括后缀“.py”。

在 **ABAQUS/CAE** 中运行重播文件的步骤是:

(1) 从主菜单栏中,选择 **File→Run Script**,显示 **Run Script** 对话框。

(2) 从输入文件列表中选择文件,并点击 **OK**。

重播文件的清单如下:

(1) 桥式吊架 gsi_frame_caemodel. py

(2) 连接环 gsi_lug_caemodel. py

(3) 斜板 gsi_skewplate_caemodel. py

(4) 货物吊车 gsi_crane_caemodel. py

(5) 货物吊车——动态载荷 gsi_dyncrane_caemodel. py

(6) 非线性斜板 gsi_nlskewplate_caemodel. py

(7) 在棒中的应力波传播 gsi_stresswave_caemodel. py

(8) 连接环的塑性 gsi_plasticlug_caemodel. py

(9) 加强板承受爆炸载荷 gsi_stiffplate_caemodel. py

(10) 轴对称支座 gsi_mount_caemodel. py

(11) 管道系统的振动 gsi_pipe_caemodel. py

(12) 凹槽成型 gsi_channel_caemodel. py

(13) 电路板跌落试验 gsi_circuit_caemodel. py